AF400140

Horizonte

Die RWTH Aachen auf dem Weg ins 21. Jahrhundert

Springer

Berlin
Heidelberg
New York
Barcelona
Hongkong
London
Mailand
Paris
Singapur
Tokio

Horizonte

Die RWTH Aachen auf dem Weg ins 21. Jahrhundert

Herausgegeben von Roland Walter und Burkhard Rauhut

Mit 526 Abbildungen

 Springer

Prof. Dr. Roland Walter
Leiter des Geologischen Instituts und Inhaber des Lehrstuhls für Geologie und Paläontologie.
Rektor der RWTH Aachen bis zum 31. August 1999.

Prof. Dr. Burkhard Rauhut
Leiter des Instituts und Inhaber des Lehrstuhls für Statistik und Wirtschaftsmathematik.
Rektor der RWTH Aachen seit dem 1. September 1999.

Redaktion
Prof. Dr. Burkhard Rauhut, Leiter des Instituts und Inhaber des Lehrstuhls für Statistik
und Wirtschaftsmathematik (Koordination);
Prof. Dr. Max Kerner, Leiter des Lehr- und Forschungsgebiets Mittlere und Neuere Geschichte;
Prof. Dr. Reiner Kopp, Leiter des Instituts und Inhaber des Lehrstuhls für Bildsame Formgebung;
Prof. Dr. Jürgen Schnakenberg, Leiter des Instituts und Inhaber des Lehrstuhls für Theoretische Physik D.

Publizistische Betreuung
Dieter Beste, Marion Kälke und Dr. Norbert Poßberg, MEDIAKONZEPT, Düsseldorf

ISBN-13:978-3-642-64318-7

Die Deutsche Bibliothek – CIP-Einheitsaufnahme
Horizonte : die RWTH Aachen auf dem Weg ins 21. Jahrhundert / hrsg. von Roland Walter und Burkhard Rauhut. -
Berlin ; Heidelberg ; New York ; Barcelona ; Hongkong ; London ; Mailand ; Paris ; Singapur ; Tokio : Springer, 1999
   ISBN-13:978-3-642-64318-7   e-ISBN-13:978-3-642-60242-9
   DOI: 10.1007/978-3-642-60242-9

Einbandgestaltung: MEDIO, Berlin
Layout, Satz und grafische Gestaltung: MEDIO, Berlin

SPIN: 10741399   68/3020 – Gedruckt auf säurefreiem Papier

Vorwort

Roland Walter und
Burkhard Rauhut

Die Rheinisch-Westfälische Technische Hochschule Aachen, im Jahre
1870 als polytechnische Schule gegründet, erlebt bereits zum zweiten Mal den Übergang von einem Jahrhundert in das nächste – dieses Mal sogar als Jahrtausendwechsel. Für die Hochschule ist dies ein
Anlaß zur Reflexion über die zukünftige Entwicklung – wenn auch
von dem eher zufälligen Datum selbst, das lediglich aufgrund des
Zahlsystems herausragt, ursächlich keine Veränderungen ausgehen
werden.

Bleibt also im 21. Jahrhundert alles beim alten? Wohl kaum, denn
die stürmische Entwicklung, die Wissenschaft und Technik im ausgehenden Jahrhundert kennzeichnen, wird nicht nachlassen. Was
vor kurzem noch undenkbar erschien ist heute gang und gäbe, und
so scheint aus heutiger Sicht die nahe und fernere Zukunft eine
schier unendliche Fülle neuer technischer Möglichkeiten bereitzuhalten. Wissenschaftlerinnen und Wissenschaftler an der RWTH
Aachen sind darum gefordert, das Erstrebenswerte mit dem Machbaren abzustimmen. Alle Beiträge in diesem Buch orientieren sich
an dieser Perspektive, wenngleich sie auch nicht immer direkt angesprochen wird.

Das vorliegende Buch ist deshalb kein wissenschaftliches Werk im
engeren Sinne. Alle Autoren haben sich bemüht, ihre Texte allgemeinverständlich zu verfassen. Jedermann soll von der Wissenschaft
– authentisch – erfahren können, mit welchen wissenschaftlichen,
technischen und damit einhergehend auch gesellschaftlichen Entwicklungen im kommenden Jahrhundert zu rechnen ist.

In insgesamt 90 Beiträgen werden aktuelle Entwicklungslinien
der Forschung an der RWTH Aachen nachgezeichnet, gegliedert in
acht Themenkomplexen. Doch es geht nicht nur um eine Darstellung
der immensen Bandbreite der Forschung an dieser Hochschule. Die
Wissenschaftlerinnen und Wissenschaftler der RWTH sehen sich
auch in der Pflicht, die Öffentlichkeit über die von ihnen angewandten Methoden und ihre Ergebnisse wie auch über die Problematiken
ihrer wissenschaftlichen Fragestellungen zu informieren.

Nicht zuletzt auch, um damit Neugier, Verständnis, Zustimmung
und vielleicht auch Begeisterung zu wecken!

Inhaltsverzeichnis

Kapitel Acht: Wirtschaft, Gesellschaft, Kultur 679

Prolog

Wie vor jeder Jahreswende möchte man erst recht an der Wende zu einem neuen Jahrhundert in die Zukunft blicken können. Tatsächlich sind allgemeine Grundtendenzen der Entwicklung von Gesellschaft, Politik und Wirtschaft erkennbar. Aus heutiger Sicht halten sie am Übergang zum 21. Jahrhundert große Herausforderungen für Wissenschaft und Technik bereit: Die Wissenschaftler müssen lernen, mit einer explodierenden Wissensfülle umzugehen. Sie müssen flexibel und rasch auf wirtschaftlich, gesellschaftlich oder politisch aktuelle Fragestellungen reagieren, sie müssen die Folgen neuer technischer und naturwissenschaftlicher Entwicklungen systematischer und umfassender als bisher reflektieren und bewerten. Universitäten und Forschungseinrichtungen werden sich noch stärker als heute schon international orientieren und global organisieren müssen. Die Wissenschaft darf im härter werdenden Wettbewerb um Forschungsmittel ihre Forschungs- und Handlungsfreiheit nicht verlieren.

Die Rheinisch-Westfälische Technische Hochschule Aachen – kurz RWTH Aachen – erlebt bereits zum zweiten Mal einen Jahrhundertwechsel. Als eine der großen europäischen technischen Hochschulen mit Weltniveau fühlt sie sich aufgerufen, auf der Grundlage des Expertentums ihrer Wissenschaftlerinnen und Wissenschaftler die Zukunft mitzugestalten. Wer ist diese RWTH Aachen? Mit welchen Strategien wollen die, die an ihr lehren und forschen, auf diese Herausforderungen antworten? ▶▶

Tradition – Innovation – Vision

Prolog: Tradition – Innovation – Vision

Roland Walter

◀◀ Die Rheinisch-Westfälische Technische Hochschule Aachen wurde 1870 gegründet, zunächst als Polytechnische Schule und dann zehn Jahre später als Technische Hochschule. Bis in die Mitte dieses Jahrhunderts hat sie mit ihrem wissenschaftlichen und technischen Know-how die Industrialisierung Deutschlands, insbesondere des Ruhrgebiets, und nach dem Zweiten Weltkrieg auch den Wiederaufbau begleitet.

Am Anfang standen die drei technischen Fakultäten für Bergbau und Hüttenkunde, für Maschinenwesen und für Architektur und Bauingenieurwesen sowie die Fakultät für Allgemeine Wissenschaften (Mathematik und Naturwissenschaften). Die Zahl der Studierenden betrug zunächst mehrere hundert, später wenige tausend. In den siebziger Jahren nahm sie in der Folge der Öffnung der Universitäten in Deutschland auf über 37.000 zu. Gleichzeitig erweiterte sich das Fachbereichsspektrum um die aus der Fakultät für Maschinen-

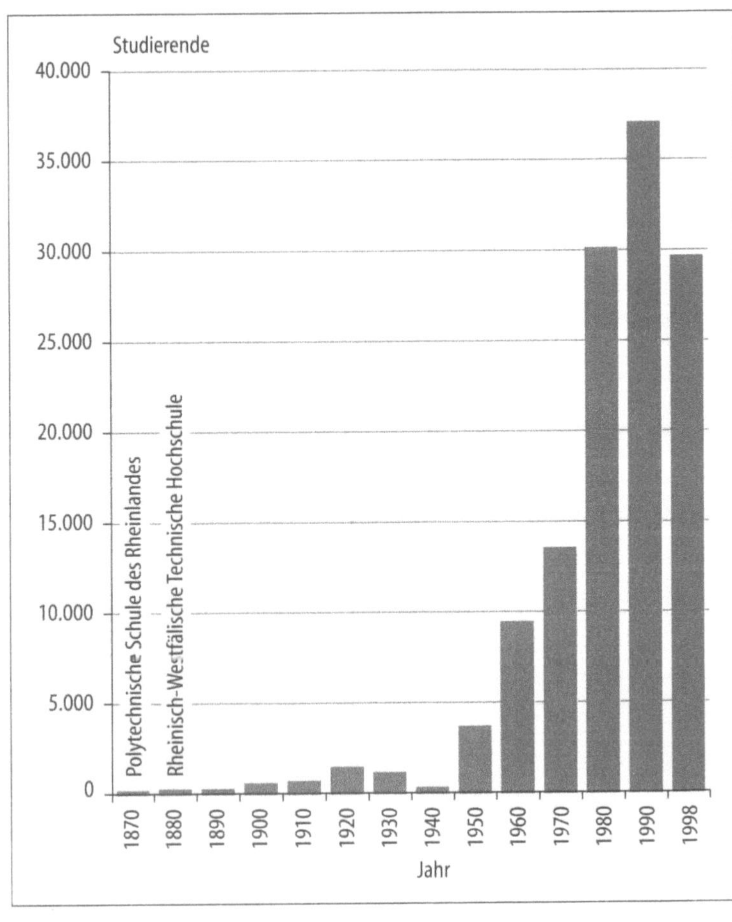

Bild 1 Entwicklung der Studierendenzahlen

bau hervorgehende Fakultät für Elektrotechnik, um eine selbständige Fakultät für Architektur, eine Philosophische Fakultät, eine Fakultät für Wirtschaftswissenschaften und eine Medizinische Fakultät (Bild 1 und 2).

Der Schwerpunkt von Forschung und Lehre und wissenschaftlicher Dienstleistung an der RWTH Aachen liegt bei den Ingenieurwissenschaften und Naturwissenschaften. Dem entspricht die Verteilung ihrer Studierenden. Mit rund 45 Prozent belegt der größte Teil der Studentinnen und Studenten Fächer der Ingenieurwissenschaften, etwa 20 Prozent studieren Naturwissenschaften, jeweils rund zehn Prozent der Studierenden sind in wirtschaftswissenschaftlichen und medizinischen Fächern und etwa 15 Prozent in den Geistes- und Gesellschaftswissenschaften eingeschrieben. Dieser Schwerpunktsetzung folgt auch die Verteilung der Professoren auf die fünf Wissenschaftsbereiche.

Auf fast 1,3 Milliarden Mark – das entspricht etwa dem Etat einer mittleren Großstadt – beliefen sich 1998 die regulären Ausgaben der Hochschule für Personal, laufende Sachmittel und Investitionen (Bild 3). Daran ist die Medizin mit ihren besonders hohen Personalkosten fast zur Hälfte beteiligt. Die von den Wissenschaftlern der Hochschule bei der Deutschen Forschungsgemeinschaft, aus der Wirtschaft und aus nationalen und europäischen Forschungsprogrammen eingeworbenen Forschungsmittel beliefen sich 1998 auf über 220 Millionen Mark.

Zu den Ressourcen einer wissenschaftlichen Hochschule gehören auch ihre Immobilien. Über einen Zeitraum von über 130 Jahren baute die RWTH im jeweils westlichen Vorland der Stadt Aachen auf einer Fläche von heute insgesamt 220 Hektar ihre Hörsaalgebäude, Institute und Werkstätten – zunächst entlang dem inneren Ring der Stadt,

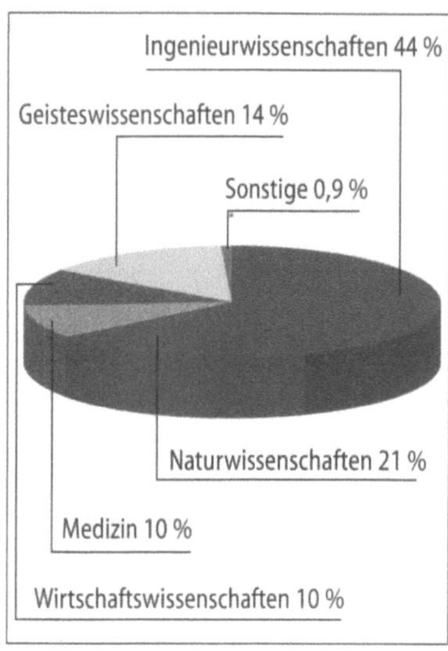

Bild 2 Anteil der Studierenden nach Wissenschaftsbereichen im Wintersemester 1998/99

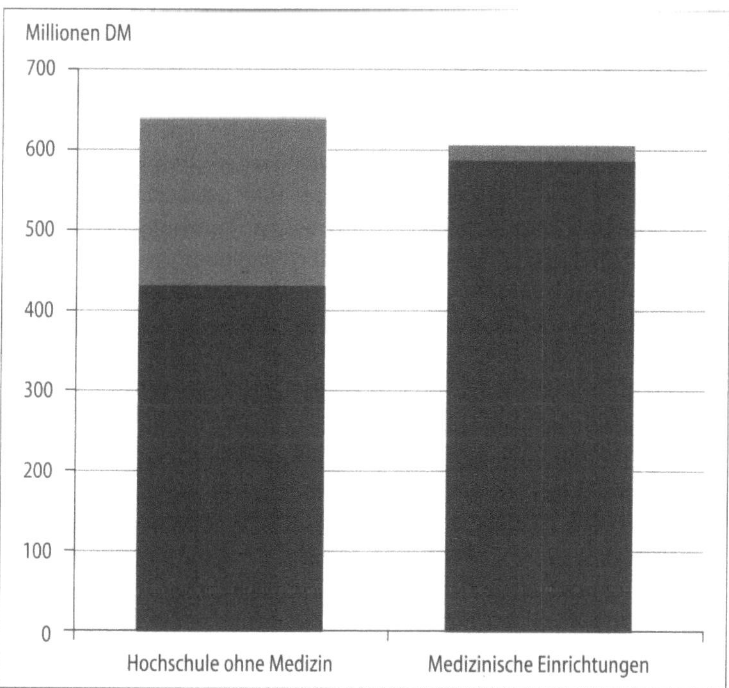

Bild 3 Haushaltsvolumen und Drittmittel (rot) im Haushaltsjahr 1998

Bild 4 RWTH-Gebäude und -grundstücke im Westen der Stadt Aachen

dann auch jenseits des äußeren Rings und heute weit draußen. Die RWTH ist also über Jahre und Jahrzehnte hinweg mit der Stadt gewachsen und von der Anlage her keine in sich abgeschlossene Campus-Universität, wie sie nach amerikanischen Vorbildern in den sechziger und siebziger Jahren auch in Deutschland entstanden (Bild 4).

Im Jahr 1996 gab sich die RWTH ein Leitbild. Es beschreibt das Leistungsprofil, welches die Hochschule nach außen der Wissenschaft, der Wirtschaft und der Öffentlichkeit bieten will (Bild 5). Nach innen dient es der Verständigung über ihr Selbstverständnis. Als Hauptziele nennt das Leitbild: Forschung auf hohem Qualitätsniveau in allen Bereichen, dabei eine enge Verknüpfung von Natur-, Ingenieur-, Wirtschafts- und Geisteswissenschaften und medizinischer Forschung und Entwicklung; die Heranbildung eines hochqualifizierten und verantwortungsbewußten akademischen Nachwuchses für Wirtschaft, Gesellschaft sowie Forschung und Lehre; den Ausbau dauerhafter internationaler Beziehungen; den Transfer ihrer Forschungsergebnisse in die Praxis zum Nutzen des Wirtschaftsstandortes Deutschland; die Intensivierung des öffentlichen Dialoges zwischen Wirtschaft und Gesellschaft, insbesondere zur Förderung einer reflektierten Einstellung zum Fortschritt in Technik, Naturwissenschaft und Medizin.

Dieses Leistungsprofil und die Herausforderungen, die sich aus den heute absehbaren Entwicklungstrends in Gesellschaft, Wirtschaft und Politik für Forschung und Lehre ergeben, sind die Grundlage der strategischen Planungen der RWTH für die ersten zehn bis 15 Jahre des kommenden Jahrhunderts. Forschung und Entwicklung, Lehre und Studium, Technologietransfer, gesellschaftlicher Dialog, Selbststeuerung und Profilbildung sind die Kernprozesse, mit denen sie ihre Ziele verfolgt.

Bild 5 Strategische Handlungsebenen der RWTH

Forschung ist die zentrale Aufgabe der Technischen Hochschule Aachen. Sie schafft neues Wissen in großer fachlicher Breite. Die Aufmerksamkeit gilt dabei allen Stufen des Erkenntnisgewinns von einer nicht zweckgerichteten Grundlagenforschung über eine zunehmend anwendungsorientierte Forschung und Entwicklung bis hin zur Begleitung technischer Projekte in die Produktreife. Dazu verfügt die RWTH über besondere Fachkompetenz im Bereich der Ingenieur- und Naturwissenschaften und deren Bezügen zu den Lebens-, Wirtschafts- und Sozial- und Geisteswissenschaften.

Innovative, problemorientierte Forschung

„Zukunft nachgefragt" heißt eine Delphistudie des Bundesforschungsministeriums von 1998 zur globalen Entwicklung in Wissenschaft und Technik. Sie definiert zwölf Themenfelder mit der wirtschaftlich und gesellschaftlich bedeutendsten Innovationsdynamik (Bild 6). Von den Informationswissenschaften bis hin zur Teilnahme an globalen Großexperimenten sind RWTH-Wissenschaftler auf allen aktuellen Innovationsgebieten mit entscheidenden Forschungsbeiträgen vertreten. Die zahlreichen Einzelbeiträge dieses Buches belegen jeweils konkret die Zukunftsorientierung der Forschung und Entwicklung an der RWTH.

Die besondere Aufmerksamkeit der Hochschule gilt zur Zeit neuen Forschungsfeldern, unter anderem den Informations- und Kommunikationstechnologien, dem Wissenschaftlich-Technischen Hochleistungsrechnen, den Lebenswissenschaften (insbesondere der Biotechnologie), der Mikrosystemtechnik sowie den Themen Mobilität/Verkehr und Multimedia. Den zur Stärkung dieser Forschungsgebie-

Bild 6 Innovationsgebiete der Delphi-Studie des Bundesforschungsministeriums

te notwendigen fachbereichsinternen oder auch fachbereichsübergreifenden Themen- und Strukturwandel vollzieht sie erforderlichenfalls auch durch Umwidmung ihrer Ressourcen.

Die Eigendynamik von Forschung begünstigt und erfordert die wissenschaftliche Spezialisierung. Andererseits nimmt die Komplexität aktueller wissenschaftlicher und technischer Problemstellungen laufend zu. Besonders erfolgreiche Forschung wird deshalb heute in der Regel nicht mehr von Einzelforschern in disziplinärer Isolation, sondern in interdisziplinär kooperierenden Forschergruppen betrieben. Aus diesem Grund sieht die RWTH besondere Chancen der Innovation in den Grenz- und Zwischenbereichen ihrer Disziplinen und baut ihre interdisziplinären Forschungsstrukturen aus (Bild 7).

Fünf interdisziplinäre Foren

Beispiele besonders erfolgreicher interdisziplinärer Zusammenarbeit an der RWTH sind fünf Interdisziplinäre Foren: ein Weltraumforum, ein Werkstoff-Forum, ein Umweltforum, ein Informatik-Forum und ein Forum Technik und Gesellschaft. Es sind freiwillige Zusammenschlüsse von Professoren aller Fachbereiche zu fachübergreifender Zusammenarbeit innerhalb der Hochschule und auch mit externen Partnern. Dazu gehören der Austausch von Informationen über Forschungs- und Entwicklungsaktivitäten, die Planung und Koordination gemeinsamer Forschungsprojekte, die Förderung der Zusammenarbeit der RWTH-Institute mit Firmen der Technologieregion Aachen sowie die Planung von interdisziplinären Lehrveranstaltungen und von wissenschaftlicher Weiterbildung. Heute sind über 200 Professoren Mitglied eines oder mehrerer dieser Foren.

Daneben verwirklicht sich die konkrete projektorientierte Zusammenarbeit der RWTH-Wissenschaftler in auf Zeit angelegten interdisziplinären Forschungsnetzwerken und -verbünden, wie zum Beispiel den Sonderforschungsbereichen der Deutschen Forschungsgemeinschaft (DFG). Deren Ziel ist die Förderung von Forschung auf

Bild 7 Interdisziplinäre Forschungsstrukturen

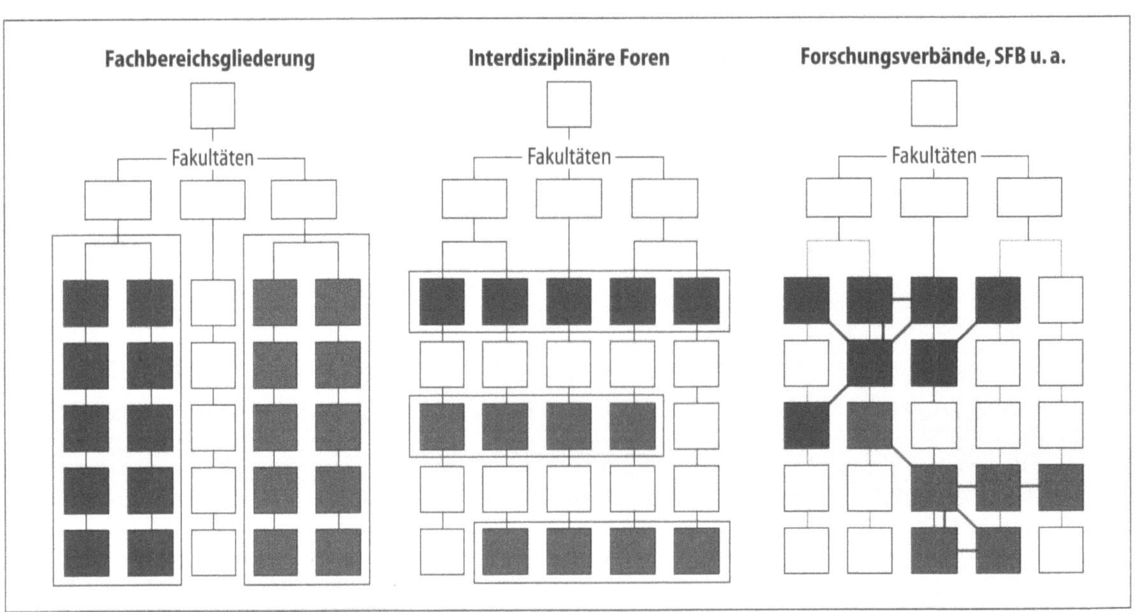

komplexen Themengebieten über einen längeren Zeitraum unter Beteiligung verschiedener Forschergruppen einer Hochschule oder auch außeruniversitärer Forschungseinrichtungen. Jeder der zur Zeit 16 DFG-Sonderforschungsbereiche der RWTH kann als ein Zentrum exzellenter interdisziplinärer Forschung gelten. Das gleiche gilt für eine Vielzahl weiterer großer und weniger umfangreicher Forschungsverbünde zu aktuellen ingenieur-, natur- und lebenswissenschaftlichen Querschnittsthemen.

In der Wissenschaft qualifiziert sich Forschungsleistung seit jeher nach dem Rang der publizierten oder zum Patent angemeldeten Einzelergebnisse und nach den Ehrungen und Auszeichnungen, die die Wissenschaftler erfahren. Heute gilt zunehmend auch die Höhe der von den Wissenschaftlern eingeworbenen Forschungsmittel als ein Maß für die Forschungsleistung einer wissenschaftlichen Hochschule. Das Volumen solcher aus der Wirtschaft, aus nationalen und europäischen Forschungsprogrammen und bei der Deutschen Forschungsgemeinschaft eingeworbenen Drittmittel hat sich für die RWTH seit den achtziger Jahren laufend erhöht. Im Vergleich mit anderen deutschen Universitäten nimmt die Hochschule hier eine Spitzenstellung ein (Bild 8).

Um ihr Profil einer forschungsstarken Hochschule zu schärfen, wird für die RWTH Aachen Qualitätssicherung in Zukunft zu einem zentralen Thema werden müssen. Dafür haben sich interne und besonders auch externe Evaluationen nach internationalen Standards als geeignete Wege erwiesen. Nur ein Vergleich mit exzellenten Partnerhochschulen macht die eigenen Stärken und Schwächen deutlich. Für die Umwelt- und Materialwissenschaften, für das Fach

Qualität der Forschung

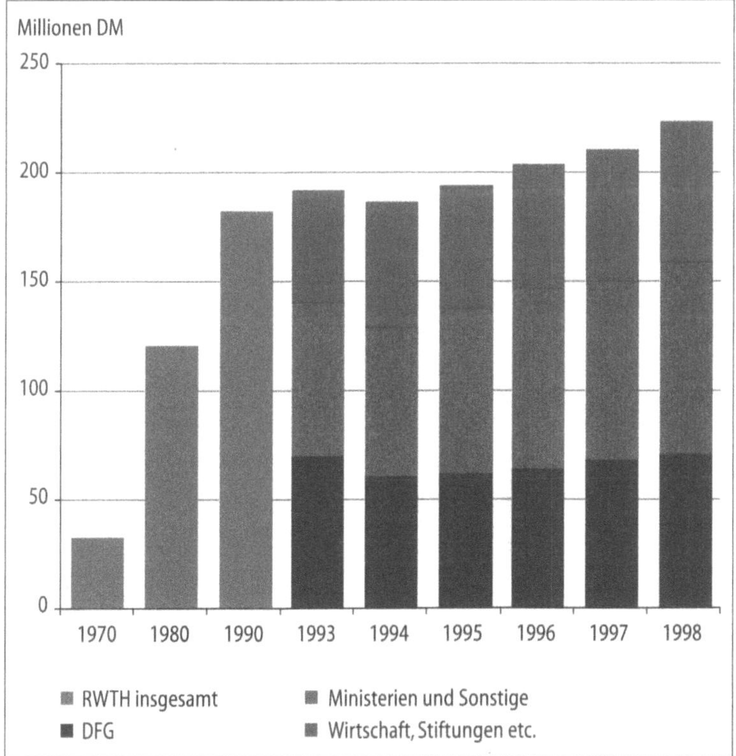

Bild 8 Entwicklung des Drittmittelvolumens (Ausgaben)

Chemie und für die Energietechnik wurde der Weg einer landesweiten externen Evaluation bereits erfolgreich beschritten. In einzelnen ingenieurwissenschaftlichen Instituten werden auch die in der Wirtschaft bereits bewährten Qualitätsmanagement-Systeme angewandt, um die Erreichung intern formulierter Qualitätsziele zu bewerten. Dies geschieht zum Beispiel anhand der Normen ISO 9000 ff oder des Regelwerks des Europäischen Modells für Qualitätsmanagement (ETQM). Sie sollten in Zukunft auch für andere Wissenschaftsbereiche der RWTH weiterentwickelt und erprobt werden.

Daueraufgabe einer eher langfristigen Qualitätssicherung wird es sein, das Innovationspotential der RWTH durch laufende inhaltliche, personelle und materielle Erneuerungen zu erhalten und weiter zu steigern. Dabei darf die inhaltliche Erneuerung nicht nur durch die jeweils disziplinäre Eigendynamik eines Fachgebietes bestimmt sein, sondern sie sollte gleichzeitig auch immer die ingenieur- und naturwissenschaftliche Schwerpunktbildung der Hochschule stärken und festigen.

Wissenschaftlicher Nachwuchs

Eine der kostbarsten Ressourcen einer Universität ist die wissenschaftliche Kreativität ihrer jungen Wissenschaftlerinnen und Wissenschaftler. Auch das Potential der an den RWTH-Instituten betriebenen Forschung hängt unmittelbar an der Fach- und Methodenkompetenz ihres wissenschaftlichen Nachwuchses. Als eine neue Form der Ausbildung und Betreuung sowie Kooperation der Doktoranden haben sich die acht derzeit an der RWTH eingerichteten Graduiertenkollegs der Deutschen Forschungsgemeinschaft bewährt.

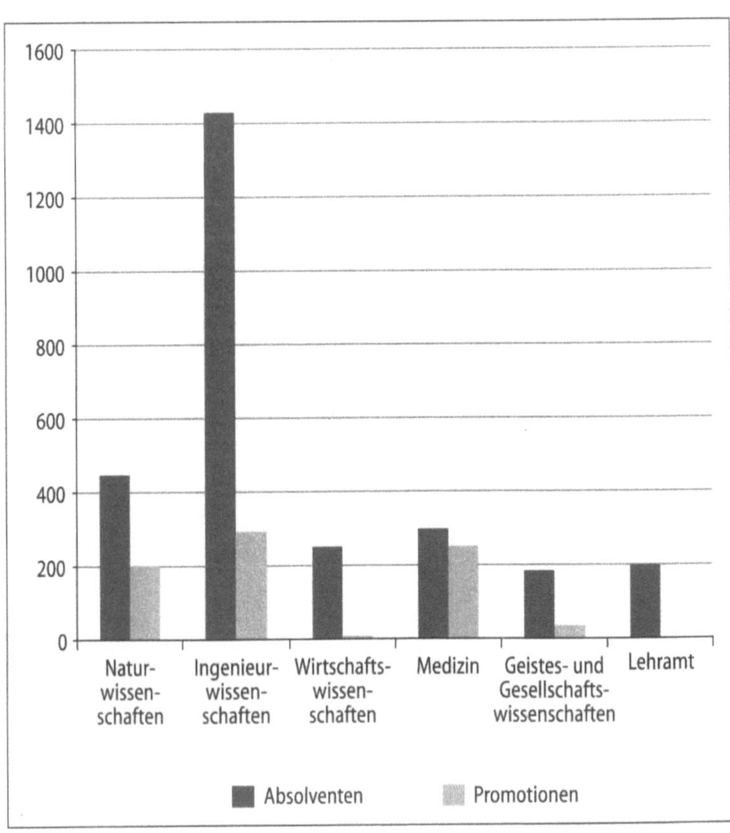

Bild 9 Absolventen und Promotionen 1998

Ihre Promotionsthemen stehen jeweils in einem größeren – interdisziplinären – Forschungszusammenhang und werden im Rahmen eines gemeinsamen Ausbildungsprogramms von mehreren kooperierenden Hochschullehrern angeleitet. Angesichts der Vielfalt inländischer und ausländischer Studienabschlüsse und entsprechend der unterschiedlichen Vorbildung zukünftiger Doktorandinnen und Doktoranden werden in Zukunft auch andere Formen der Ausbildung wie etwa Promotionsstudien mit einer angemessenen Zahl von Postgraduierten-Kursen entwickelt werden müssen (Bild 9).

Die RWTH Aachen empfängt wichtige Anregungen für ihre Forschung und Entwicklung von externen Partnern. In ihrem unmittelbaren Umfeld sind das vor allem ihre neun An-Institute und die ihr unmittelbar benachbarten Fraunhofer-Institute. Sie kooperiert eng mit nichtuniversitären Forschungseinrichtungen, beispielsweise mit dem benachbarten Forschungszentrum Jülich oder dem Deutschen Zentrum für Luft- und Raumfahrt, und sie steht mit den Forschungs- und Entwicklungsabteilungen der Industrie in einem offenen problemorientierten Informations- und Ideenaustausch. In gleichberechtigter Partnerschaft mit der Wirtschaft setzt sie ihr hohes Potential an persönlicher Motivation und Wissen sowie an Forschungsergebnissen und Erfindungen zur Lösung wirtschaftlich und gesellschaftlich relevanter Fragen und Probleme ein. Sie hat geeignete Mechanismen und Innenstrukturen entwickelt, um das Verhältnis zwischen Grundlagenforschung, anwendungsorientierter Forschung und Marktanwendung durchlässig zu gestalten und einen ungehinderten Transfer ihrer neuen Erkenntnisse und Forschungsleistungen in die Praxis zu gewährleisten. Umgekehrt fließen für wissenschaftliche Leistungen Fördermittel aus der Wirtschaft in die Hochschule.

Zu den vorrangigen Zielen der RWTH gehört die Fortentwicklung der Integration Europas durch gemeinsame Forschungsvor-

Kooperation in der Forschung

Internationale Kooperation

Bild 10 Lernen durch Mitarbeit in der Forschung

Bild 11 Europakooperationen (Auswahl) der RWTH

Ac Aachen; **Be** Berlin; **Bn** Bonn; **Bo** Bochum; **Br** Braunschweig; **Da** Darmstadt; **De** Delft; **Do** Dortmund; **Dr** Dresden; **Fl** Florenz; **H** Hamburg; **Ha** Hannover; **Ka** Karlsruhe; **Kö** Köln; **Ld** London; **Le** Leuven; **Lü** Lüttich; **Li** Lissabon; **Lk** Linköping; **Lo** Louvain; **Ly** Lyon; **M** München; **Ma** Maastricht; **Md** Madrid; **Mi** Mailand; **Mü** Münster; **Pa** Paris; **St** Stuttgart; **To** Torino; **Tr** Trondheim; **Ve** Venedig; **Wi** Wien

haben mit europäischen Partnern. Zu ihrer Realisierung ist die Einbindung der Hochschule in verschiedene Netzwerke leistungsfähiger Universitäten und Technischer Hochschulen von besonderer Bedeutung (Bild 11). Als Beispiele können gelten das ALMA-Dreieck der eng benachbarten Hochschulen Aachen, Lüttich und Maastricht, IDEA als eine spezifische Arbeitsgemeinschaft des Imperial College (London), der TU Delft, der ETH Zürich und der RWTH Aachen, das LEUVEN-Netzwerk aus KU Leuven, UC Louvain, Imperial College, Ecole des Mines (Paris), TU Delft und NTH Trondheim oder schließlich auch die Conference of European Schools for Advanced Engineering Education and Research (CESAER), eine Vereinigung von 32 besonders leistungsfähigen Technischen Hochschulen und Universitäten aus elf EU-Ländern, Skandinavien und der Schweiz.

Besonders wichtig ist der RWTH darüber hinaus ein intensiver Wissens- und Erfahrungsaustausch mit renommierten Hochschulen in außereuropäischen Hochtechnologie-Ländern wie den USA und Japan im Rahmen von formalisierten Partnerschaften oder durch wissenschaftliche und persönliche Kontakte zwischen Forschern und Graduiertenstudierenden beider Seiten.

Eine besondere Herausforderung bedeuten für die RWTH ihre vielfältigen Kontakte zu den großen Technischen Hochschulen und

Universitäten Chinas, Südostasiens und Indiens und in Mittel- und Südamerika. Hier haben im Laufe der vergangenen Jahrzehnte zahlreiche Abkommen über wissenschaftliche Zusammenarbeit und Mithilfe beim Aufbau von Lehre und Forschungskapazitäten zu einer auf Dauer angelegten Einbindung der RWTH in ein dichtes globales Wissenschaftsnetzwerk geführt.

Exzellent ausgebildete Absolventen sind noch immer der wichtigste Beitrag der Universitäten zum Wissens- und Technologietransfer. Dazu muß die universitäre Lehre untrennbar mit der Forschung verknüpft sein. Die RWTH Aachen sieht es deshalb als eine ihrer vorrangigen Aufgaben an, Forschung und Lehre sinnvoll aufeinander zu beziehen und zu koordinieren. Mit ihrem breiten Fächerspektrum in den Natur- und Ingenieurwissenschaften und zahlreichen Studiengängen der Wirtschafts-, Geistes- und Sozialwissenschaften und in der Medizin bietet die RWTH interessierten, leistungsfähigen und -willigen Studierenden vielfältige Möglichkeiten, eine wissenschaftliche und berufliche Qualifikation zu erlangen, die ihrer Begabung und ihren persönlichen Zielsetzungen entspricht.

Ein Blick auf die Studierendenzahlen der fünf großen Wissenschaftsbereiche der RWTH zeigt, daß hier die Ingenieur- und die Naturwissenschaften den größten Zuspruch erfahren. Die rückläufige Tendenz der Neueinschreibungen der Jahre 1990 bis 1996 ist inzwischen zum Stillstand gekommen. Abgesehen von einem weiterhin konjunkturbedingten Rückgang im Studiengang Bauingenieurwesen werden im Maschinenbau und in der Elektrotechnik seit 1997 wieder deutliche Zuwächse bei den Immatrikulationen registriert (Bild 12).

Der Anteil derjenigen Studierenden, die aus dem Ausland an die RWTH Aachen kommen, liegt gleichbleibend bei rund zehn Prozent der Gesamtstudierendenzahl. Der Anteil junger Frauen unter den Studierenden schwankt stark zwischen über 50 Prozent in der Medizin und den Geistes- und Gesellschaftswissenschaften und wenig

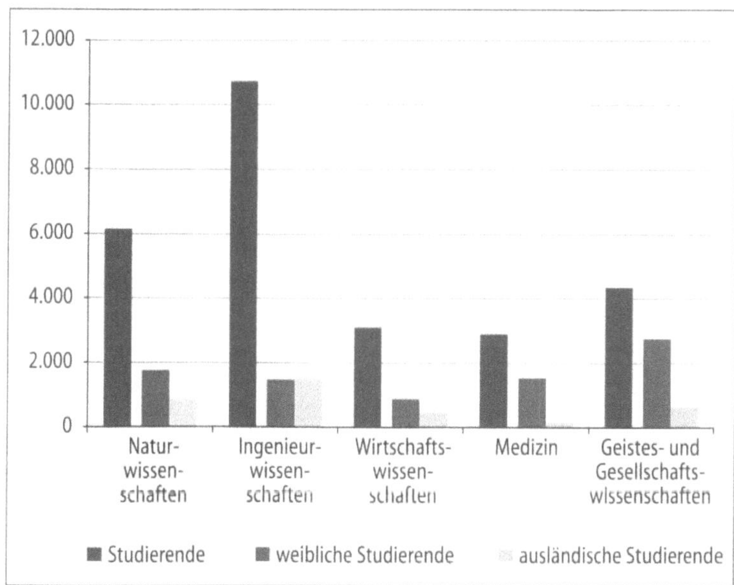

Bild 12 Studierende im Wintersemester 1998/99

Bild 13 Klassischer Hörsaal und team-orientierte Ausbildung in Kleingruppen

mehr als zehn Prozent in den Ingenieur- und Naturwissenschaften. Der geringe Frauenanteil in den ingenieur- und naturwissenschaftlichen Studiengängen ist unbefriedigend. Schon seit einigen Jahren bemühen wir uns deshalb darum, die Zurückhaltung junger Frauen, solche „Männerberufe" zu ergreifen, aufzubrechen. Dies geschieht durch Einladungen an Schülerinnen, die Institute der Hochschule zu besichtigen, oder etwa durch ausführliche Information über die heutigen Arbeitsbedingungen im Ingenieurberuf.

Neben einer notwendig hohen disziplinären Fach- und Methodenkompetenz vermitteln die Fakultäten der RWTH zunehmend auch interdisziplinäre Lehrinhalte entsprechend der in ihrer Forschung praktizierten Interdisziplinarität. Die in der Forschung erreichte enge Verknüpfung mit der Praxis bietet darüber hinaus die besondere Chance einer anwendungs- und berufsnahen Lehre. Auf die schnellen Veränderungen der beruflichen Erfordernisse und die fortschreitende Differenzierung des Arbeitsmarktes reagiert die RWTH mit der Vermittlung auch außerfachlicher und fachübergreifender Qualifikationen, etwa wirtschaftlicher Grundkenntnisse, und mit der Förderung und Schulung persönlicher Eigenschaften wie Flexibilität und persönliche Mobilität, Fähigkeit zu lebenslangem Umlernen, Sprachkompetenz und Kommunikationsfähigkeit. Gemeinsam mit anderen weltweit führenden Ausbildungsstätten für Ingenieure sieht sich die RWTH Aachen zu einer grundsätzlichen, perspektivischen Auseinandersetzung mit dem sich wandelnden Bild des Ingenieurs im 21. Jahrhundert aufgefordert. Für ihre Professoren bedeutet dies, den Sachinhalten des Studiums übergeordnete Qualifikationsziele permanent zu reflektieren.

Qualität in der Lehre

„Qualität der Lehre" ist an der RWTH Aachen ein sehr umfangreiches und komplexes Konzept, das zwischen den Qualitätsansprüchen unterscheidet, die Studierende, Lehrende, Arbeitgeber und die Gesellschaft an die Hochschulausbildung stellen. Aufgrund von Studierendenbefragungen wurden zum Beispiel sowohl auf zentraler als auch auf Fakultätsebene Maßnahmen ergriffen, um die allgemeine Studiensituation zu verbessern. Die Professoren sehen sich aufgefordert, die Lehrinhalte ihrer Fächer und ihre Lehrmethoden an den jeweils neuesten Stand der Erkenntnisse und gleichzeitig auch an die Anforderungen der zukünftigen Tätigkeitsfelder der Absolventinnen und Absolventen anzupassen – unter Nutzung moderner Arbeits- und Präsentationstechniken und teamorientierter Arbeitsformen. Der beste und untrüglichste Indikator für die gute Qualität von Lehre und Studium an der RWTH Aachen ist letztlich die hohe Akzeptanz ihrer Absolventinnen und Absolventen auf dem nationalen und internationalen Arbeitsmarkt.

Ein entscheidendes Qualitätsmerkmal universitärer Forschung und Lehre ist ihre Internationalität. Während Forschung sich traditionell international orientiert, sind Lehre und Studium bisher überwiegend national bestimmt und organisiert. Demgegenüber machen die Europäisierung und Globalisierung des Ausbildungswesen und ein vehementer Internationalisierungstrend in der Wirtschaft für die RWTH die Internationalität ihrer Lehre und ihrer Studiengänge zu einer Entwicklungsnotwendigkeit.

Zum einen geht es um die Mobilität ihrer eigenen Studierenden und Wissenschaftler. Die Möglichkeit, daß motivierte und geeignete Studierende durch Studien- und Arbeitsaufenthalte in anderen Ländern wissenschaftliche, kulturelle und insbesondere auch sprachliche Erfahrungen sammeln können, muß in allen RWTH-Studiengängen zu einer Option des Studienplans entwickelt werden. Modularisierung der Studieninhalte, die Einführung eines international kompatiblen Kreditsystems und eine curricular integrierte Fremdsprachenvermittlung sind die hierzu notwendigen Vorbereitungen. Bestehende internationale Verbundstudiengänge mit ausländischen Partnern und Studienprogramme mit Doppeldiplomierung sind ebenfalls Schritte in diese Richtung.

In gleicher Weise müssen die internationale Attraktivität und die Wettbewerbsfähigkeit der Studienangebote der RWTH-Fakultäten gesteigert werden. Dabei geht es um die internationale Vermarktung und Durchlässigkeit der bewährten Diplomstudiengänge und auch um die Einführung von parallel zum Hauptstudium eingerichteten Masterstudiengängen für qualifizierte ausländische Bewerber mit Bachelor-Abschluß. Mit ihren neu konzipierten wissenschaftlich orientierten Masterprogrammen trägt die RWTH dem internationalen Bedürfnis nach aktuellem anwendungs- und methodenorientierten Fachwissen auf hohem Niveau Rechnung (Bild 14). Die Hochschule hat sich zunächst gegen eigene Bachelorstudiengänge in den Ingenieurwissenschaften entschieden. Nach der Auffassung ihrer Fakultäten haben wichtige, die Endqualifikation der Absolventen bestimmende Elemente wie anspruchsvolle mathematisch-naturwissenschaftliche Grundausbildung, Eigenverantwortlichkeit der

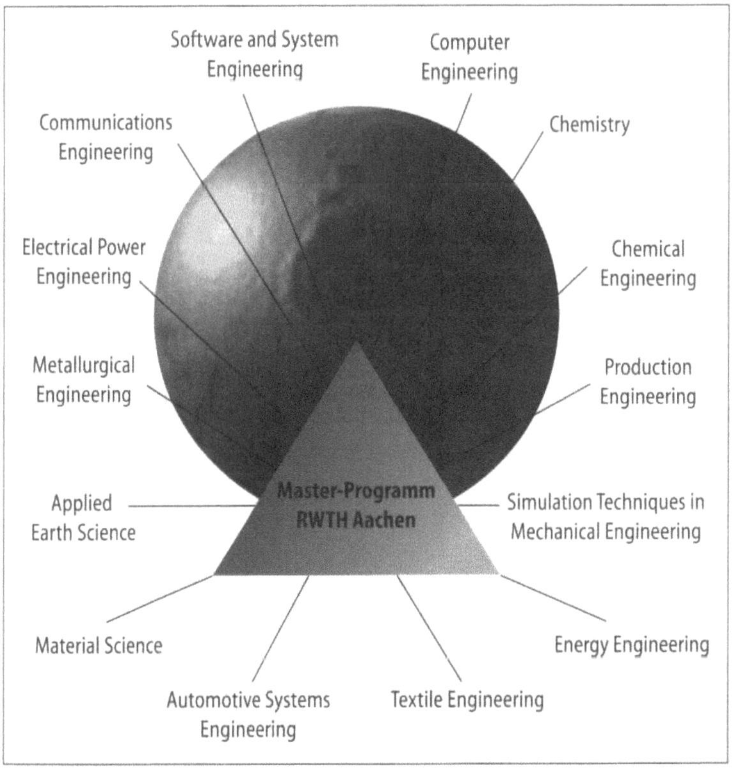

Internationalität von Lehre und Studium

Bild 14 Masterstudiengänge der RWTH

Studierenden für die Organisation des eigenen Bildungsprozesses und Lernen durch Mitarbeit in der Forschung keinen Platz in solchen Kurzstudiengängen.

Studienberatung

Der Erfolg eines Studiums hängt nicht nur ab von der Qualität des Studienangebots und seiner Vermittlung. Ganz wesentlich wird er bestimmt von einer wirklich fundierten Studienentscheidung der Studierenden vor Beginn des Studiums. Die RWTH mißt deshalb der frühzeitigen Information der künftigen Studierenden über Studieninhalte und Berufsbilder im Rahmen einer soliden Studienberatung besondere Bedeutung bei. Gute Studienberatung heißt dabei, die individuellen Interessen und Fähigkeiten der Studierwilligen und die inhaltlichen und methodischen Ansprüche eines Faches sowie seine Position auf dem Arbeitsmarkt gemeinsam abzuwägen, den künftig Studierenden dann aber die Entscheidung über ihren persönlichen Studienweg selbst zu überlassen.

Wissenschaftliche Weiterbildung

Genauso steht es in der persönlichen Verantwortung eines jeden Hochschulabsolventen, seine im Verlauf eines Studiums erworbene fachliche Qualifikation durch lebenslanges Lernen auf hohem Niveau zu halten und ständig weiterzuentwickeln. Angesichts der hohen Geschwindigkeit, mit der aktuelles Wissen veraltet, sieht es die RWTH als ihre Verpflichtung an – und es ist auch ihr gesetzlicher Auftrag –, für das breite Fächerspektrum ihrer Absolventen ein umfassendes Weiterbildungsangebot zu entwickeln. Diese fach- und themenspezifische Weiterbildung knüpft jeweils an eine wissenschaftliche Erstausbildung an. Neben einer unmittelbaren berufsorientierten Vertiefung oder Neuorientierung geht es dabei zunehmend auch um die fächerübergreifende Vernetzung und Erweiterung der neuesten wissenschaftlichen Erkenntnisse. Als eine der weltweit führenden Technischen Hochschulen wird sich die RWTH Aachen mit ihrem Angebot an wissenschaftlicher Weiterbildung bewußt nicht nur auf den regionalen, sondern auch auf einen global zu identifizierenden Bedarf beziehen müssen.

Technologietransfer und regionale Einbindung

Der vehemente Globalisierungstrend in der Wirtschaft und das Zusammenwachsen Europas stellen die Bundesrepublik Deutschland als Wirtschaftsstandort und Arbeitsplatz auf ganz neue Weise vor die Herausforderung einer weltweiten Konkurrenz. Politik und Wirtschaft erwarten deshalb von den deutschen Universitäten und insbesondere von den Technischen Hochschulen neben der Grundlagenforschung auch problemorientierte, wirtschaftlich rasch umsetzbare Forschungsergebnisse und auf dem Arbeitsmarkt unmittelbar einsetzbare Fachleute. Die RWTH Aachen kommt diesem Bedarf an wissenschaftlicher Dienstleistung auf der Basis ihrer mannigfaltigen hochschulspezifischen Wirtschaftskontakte und Kooperationsabkommen mit kleinen und großen Industrieunternehmen sowie mit Kommunen und Kammern erfolgreich nach.

Sie betreibt ihren Technologietransfer auf verschiedenen Wegen. Ein idealer Transfer vollzieht sich einerseits in der Weitergabe wissenschaftlicher Forschungsergebnisse – etwa anwendungsnaher Entwicklungen oder auch Beratungsleistungen – in die Wirtschaft, andererseits auch in der Vermittlung wissenschaftlich relevanter Probleme aus der Wirtschaft in die Hochschule.

Für einen personellen Transfer sorgen die vielen hervorragend qualifizierten Absolventen der Hochschule, die jährlich von der Wirtschaft aufgenommen werden, und ebenso die praxiserfahrenen Wissenschaftler, die über Lehraufträge oder im Zuge von Berufungen zu Lehr- und Forschungstätigkeiten in der Hochschule gewonnen werden können. Insbesondere in solchem „Transfer der Köpfe" sieht die RWTH eine besonders dauerhafte und hocheffiziente Wechselwirkung von Wissenschaft und Wirtschaft.

Schließlich kommt ein materieller Transfer dadurch zustande, daß für Forschungsergebnisse und sachkundige wissenschaftliche Beratung Forschungsmittel und Leistungsentgelte aus der Wirtschaft in die Hochschule fließen (Bild 16).

Wenn heute deutsche Unternehmen nach den Namen öffentlicher Forschungseinrichtungen gefragt werden, die für Innovationen, welche auf neuen Ergebnissen der öffentlichen Forschung basieren, von besonderer Bedeutung waren, dann wird neben der Fraunhofer-Gesellschaft die RWTH Aachen am häufigsten genannt. Dabei spielt für High-Tech-Unternehmen die Entfernung keine Rolle. Eine Betrachtung des Technologietransfers der RWTH zeigt zum Beispiel, daß der Großteil der Firmen, mit denen ihre Fakultät für Maschinenwesen zusammenarbeitet, außerhalb der Region ansässig sind – zu einem Drittel in Süddeutschland.

Trotzdem trägt gerade auch die RWTH Aachen seit vielen Jahren aktiv zum erfolgreichen Strukturwandel des Aachener Wirtschaftsraums bei, der sich von einer durch Bergbau, metallverarbeitender Industrie und Textilgewerbe geprägten Industrieregion in einen international wettbewerbsfähigen High-Tech-Standort wandelt. Aus

Bild 15 Technologiezentrum am Europaplatz

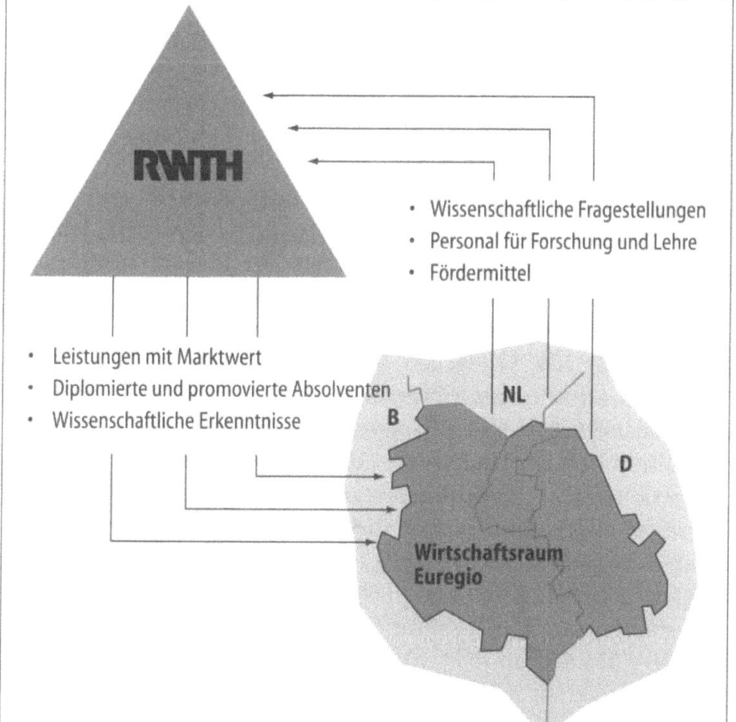

Bild 16 Technologietransfer als Wechselwirkung von Universität und Wirtschaft

Bild 17 High-Tech-Firmen in der Pascalstraße

einem lebhaften Know-how-Transfer über Personen und gemeinsame Projekte erwachsen den Unternehmen der Region und darüber hinaus der Euregio Maas-Rhein Konkurrenzvorteile, und es erschließen sich ihnen neue Marktsegmente.

Im Zusammenwirken mit Kommunen, Kammern und Wirtschaftsförderungsgesellschaften führt heute wie auch in der Vergangenheit das Innovationspotential der Hochschule zur Ansiedlung von namhaften in- und ausländischen Unternehmen in der Region. Dabei baut die RWTH ihre Zusammenarbeit mit den regionalen Know-how-Trägern noch weiter aus. Beispiele sind der 1991 gegründete Regionale Industrieclub Informatik Aachen e. V. (REGINA), in dem inzwischen über 50 Mitglieder aus Unternehmen und Forschungseinrichtungen der Region miteinander kooperieren, oder der 1997 gegründete Arbeitskreis Biotechnologie, der Wirtschaft, Wissenschaft, Banken und Wirtschaftsförderungsorganisationen der Euregio zur wissenschaftlichen und wirtschaftlichen Kooperation zusammenbringt.

Technologieorientierte Unternehmensgründungen

Auch technologieorientierte Unternehmensgründungen von Absolventen der RWTH Aachen tragen zur Standortsicherung der Region bei. Mit 450 Spin-offs in den letzten 15 Jahren gilt sie heute als eine der erfolgreichsten Gründerhochschulen in Deutschland. In Forschungsnähe zur Hochschule gelegen, greifen die jungen Unternehmerinnen und Unternehmer aktuelle Forschungs- und Entwicklungsergebnisse auf, entwickeln diese bis zur Marktreife weiter und bieten entsprechende Produkte, Verfahren oder Dienstleistungen an. Langfristig schaffen gerade solche High-Tech-Unternehmen zukunftsfähige neue Arbeitsplätze.

Die RWTH Aachen sieht in solchen Existenzgründungen aus der Hochschule heraus hochinteressante und attraktive Berufsperspektiven für ihre Absolventinnen und Absolventen. Ihre Fakultäten integrieren deshalb zunehmend die Vermittlung von fachübergreifenden Schlüsselqualifikationen der Marktorientierung und Existenzgründung in ihre regelmäßigen Lehrangebote. Betriebswirtschaftlich orientierte Studienbausteine mit Zertifizierung und Gründungskollegs als interdisziplinäre Praxisprojekte, die zur Entwicklung marktfähiger Produkte führen, dienen diesem Zweck.

Dem Anspruch, als regionaler Wirtschaftsfaktor dem Wirtschaftsraum Aachen nachhaltige Impulse zu geben, wird die RWTH schließlich auch durch die Tatsache gerecht, daß sie mit ihren über 10.000 Bediensteten und rund 30.000 Studierenden erhebliche Kaufkrafteffekte in den regionalen Handel, den Wohnungsmarkt und viele Dienstleistungsbetriebe einbringt.

In einer immer komplexeren Welt gewinnt neben den wirtschaftlichen Erfolgen der Technikentwicklung auch zunehmend die Frage an Bedeutung, wie ihre Anwendung in den jeweiligen ökonomischen, ökologischen und gesellschaftlichen Kontext eingebettet werden kann. In vielen Fällen stellt sich auch angesichts langfristiger oder heute noch nicht absehbarer Risiken die Frage nach ihrer ethischen und politischen Legitimation.

Technikreflexion und öffentlicher Dialog

Technikfolgenabschätzung, die Bewertung technologischer Risiken und die Beurteilung der Nachhaltigkeit technischer Maßnahmen und Entwicklungen bedürfen ganzheitlicher Lösungsansätze unter Einschluß der Geistes- und Gesellschaftswissenschaften. Ein Ort des hierfür notwendigen Meinungs- und Erfahrungsaustausches der Wissenschaftler ist an der RWTH das Interdisziplinäre Forum Technik und Gesellschaft. Mit Kolloquien zu Themen wie „Technik und Angst", „Expertenkultur und Demokratie" und „Grenzen der Informationstechnik" werden diese Probleme an der Schnittstelle zwischen Technik und Gesellschaft auch verstärkt der Öffentlichkeit mitgeteilt. Die Behandlung technikinduzierter Problemstellungen wird zunehmend Gegenstand disziplinärer und interdisziplinärer Lehrveranstaltungen sein müssen.

Da sich die Bürger zunehmend intensiver an den Entscheidungen über die Anwendung von Technik beteiligen wollen, haben sie ein Anrecht darauf, von der Wissenschaft aktiv und sachgerecht informiert zu werden, um sich besser orientieren zu können. Defizite bestehen in der Öffentlichkeit insbesondere in der Kenntnis der modernen wissenschaftlichen Arbeitsmethoden, der Ergebnisse aktueller Forschung und vor allem auch der offenen Fragen, die sich der Wissenschaft heute stellen. Hier stellt sich die Anforderung, auch komplexe Themengebiete in allgemeinverständlicher Sprache darzustellen und zu erläutern.

Komplexe Interaktion mit der Öffentlichkeit

Die Akteure solcher Information – einer lebendigen interaktiven Kommunikation zwischen Wissenschaft und Gesellschaft, zwischen Experten und Laien – sind auf der Seite der Wissenschaft zunächst einmal alle Hochschulangehörigen, jeder an seinem Ort. Die Institute veranstalten öffentliche Vorträge und zunehmend auch Tage der offenen Tür. Der „Dies academicus" als Studieninformationstag und das Aachener Wissenschaftsfest gehören dazu. Das Außen-Institut der RWTH organisiert Ringvorlesungen, Diskussionen und wissenschaftsrelevante Ausstellungen. Und aktuell wird die Öffentlichkeit

Bild 19 Informationsmaterial der Pressestelle

jeweils über die Pressestelle der Hochschule in Printmedien, Hörfunk und Fernsehen informiert (Bild 19).

Zu den Akteuren einer vertieften Kommunikation zwischen Wissenschaft und Gesellschaft gehören insbesondere auch die Studierenden des höheren Lehramts an der RWTH Aachen. Sie werden durch ihr Studium an einer großen Technischen Hochschule mit ingenieur- und naturwissenschaftlichem Schwerpunkt in die Lage versetzt, nach Abschluß ihres Studiums bereits in der Schule auf ein rational bestimmtes Verhältnis der Schülerinnen und Schüler zu Fragen und Problemen der Entwicklung und Nutzung neuer Technologien hinzuwirken.

Den Absolventinnen und Absolventen der RWTH Aachen fällt schließlich auch ganz allgemein eine entscheidende Rolle als Kommunikatoren zwischen Hochschule und Öffentlichkeit zu. Die Universitäten sind heute mehr denn je darauf angewiesen, daß „ihre" Ehemaligen Kontakt zu ihrer Alma mater halten und für „ihre" Hochschule engagiert tätig werden. Und so muß sich auch die RWTH Aachen auf verschiedenen Ebenen verstärkt darum bemühen, den Kontakt zu ihren Absolventinnen und Absolventen weiter zu intensivieren und dauerhaft zu gestalten. Denn sie können ihr unmittelbar Impulse aus der Praxis zur Verbesserung ihrer Ausbildungsleistung geben. Sie können den Studienanfängern und Studierenden Orientierung vermitteln und den Absolventen beim Eintritt in das Berufsleben Wege öffnen. Zudem können die Absolventinnen und Absolventen „ihre" Alma mater bei besonderen Projekten, wie Sachausstattungen oder Baumaßnahmen, die für die Hochschule sonst nicht realisierbar wären, aus ihren beruflichen Funktionen heraus finanziell unterstützen. Und schließlich ist auch für eine wettbewerblich orientierte Außendarstellung der RWTH Aachen der berufliche Erfolg ihrer Absolventinnen und Absolventen immer ein wichtiger Ausweis für eine gute Ausbildung.

Über viele Jahrzehnte hinweg hat die FAHO als Absolventenvereinigung und Freundesgesellschaft der RWTH Aachen diese Rolle und diese Aufgaben übernommen; auch auf Institutsebene gibt es einige sehr erfolgreiche Beispiele solcher Ehemaligenvereine. Die überaus große Zahl der Studierenden und künftigen Absolventinnen und Absolventen wird es in Zukunft jedoch notwendig machen, daß auch die Hochschule als Ganzes und vor allem ihre Fakultäten und Institute im Rahmen eines ganzheitlichen hochschulübergreifenden Konzeptes hier zusätzliche Aktivitäten entfalten.

Die RWTH Aachen wird den Herausforderungen der Zukunft nur gerecht werden können, wenn sie sich auf hohem Niveau entscheidungs- und handlungsfähig erweist. Ihre Handlungsfähigkeit wird bestimmt durch zwei Faktoren: eine weitgehende Autonomie nach außen und eine effiziente Organisation im Innern.

Kern einer Autonomie nach außen ist für die RWTH Aachen die Freiheit von Forschung und Lehre. Das schließt die Freiheit ein, sich aus eigener Entscheidung an von ihr erkannten Bedürfnissen Dritter zu orientieren. Innovation, Qualität und Verantwortlichkeit in Forschung und Lehre sind in entscheidendem Maß davon abhängig, ob sich diese in größtmöglicher politischer Unabhängigkeit und geisti-

Bild 20 Hauptgebäude der RWTH Aachen

ger Freiheit entwickeln und entfalten können. Viele aktuelle Probleme besonders im Überlappungsbereich zwischen Natur-, Ingenieur- und Geistes- und Gesellschaftswissenschaften lassen sich nur unabhängig von kurzfristigen gesellschaftlichen, wirtschaftlichen und politischen Interessen verantwortlich lösen. Die Freiheit von Forschung und Lehre zu gewähren heißt deshalb auch, ihre finanzielle Unabhängigkeit langfristig sicherzustellen. Eine von der Landesregierung angekündigte künftige Konzentration des Staates auf politische Kernaufgaben wie hochschulübergreifende strategische Planung, Finanzierung und Controlling und eine in diesem Zusammenhang den Hochschulen in Aussicht gestellte mittelfristige Planungs- und Finanzsicherheit weisen in diese Richtung.

Für die RWTH Aachen besitzt die Stärkung ihrer Autonomie nach außen zentrale Bedeutung. Sie bildet die Grundlage einer positiven Motivation ihrer Mitglieder und Angehörigen und deren Identifikation mit ihrer Aufgabe und ihrer Hochschule.

Akademische Selbstverwaltung

Die Wahrnehmung solcher Autonomie setzt aber auch Entscheidungs- und Handlungsfähigkeit der Hochschule nach innen voraus. Nur bei Vorliegen klarer interner Planungs- und Entscheidungskriterien und funktionsgerechter effektiver Umsetzungsmechanismen kann die RWTH flexibel und zeitnah auf die künftigen wissenschaftlichen, wissenschaftspolitischen und ökonomischen Herausforderungen reagieren.

Die Organisation von Forschung, Lehre und wissenschaftlicher Dienstleistung fällt grundsätzlich in die Zuständigkeit der Fachbereiche und Institute (Bild 21). Hier werden die fachlichen Profile und Identifikationen entwickelt. Hier wird über die Mittelzuweisung an die einzelnen Professuren entschieden. Zunehmend wird jedoch die fächer- und studiengangorientierte Fachbereichsstruktur überlagert von querschnittsorientierten Organisationsformen wie interdisziplinär strukturierten Studiengängen oder fakultätsübergreifenden For-

Bild 21 Struktur der RWTH-Selbstverwaltung

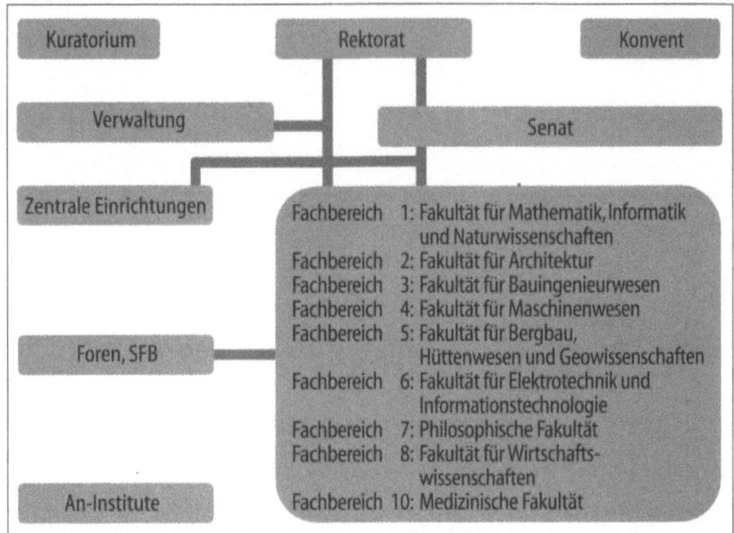

schungsnetzwerken. Dieser Matrixstruktur werden in Zukunft auch fachbereichsübergreifende Managementstrukturen Rechnung tragen müssen.

Die Aktivitäten und Interessen der Fachbereiche zu koordinieren und zu dem besonderen Profil einer zukunftsorientierten Technischen Hochschule zusammenzuführen, ist Aufgabe der Hochschulleitung, des Rektorats. Das Rektorat leitet die Hochschule. Es hat dafür zu sorgen, daß die begrenzten finanziellen, personellen und räumlichen Ressourcen optimal, das heißt leistungs- und belastungsorientiert auf die Fachbereiche und zentralen Einrichtungen verteilt und von diesen ebenso genutzt werden. An den dazu notwendigen Informations-, Beratungs- und Entscheidungsprozessen sind nach der Maßgabe des Universitätsgesetzes und der Grundordnung der RWTH Senat und Senatskommissionen beteiligt. Soll Qualitätsmanagement in Zukunft nicht nur eine leere Worthülse bleiben, bedeutet das sowohl auf Fachbereichsebene wie auch für die zentrale Ebene deutlich steigende Anforderungen an die Qualität der Empfehlungen und Entscheidungen der akademischen Selbstverwaltung. Und mehr denn je wird die RWTH Aachen auf eine zeitgemäß organisierte, kompetente und dienstleistungsorientierte Verwaltung angewiesen sein.

Ein hochentwickeltes Controlling-System verbessert die Entscheidungsprozesse

Vor dem Hintergrund der Stagnation der verfügbaren öffentlichen Mitteln und sich laufend verändernder externer und auch interner Rahmenbedingungen erfolgt an der RWTH die Verteilung von Ressourcen grundsätzlich nach leistungs- und belastungsbezogenen Kriterien. Als Entscheidungsgrundlage dient der Hochschule ein weit entwickeltes Controlling-System (Bild 22) mit einer hoch differenzierten und gut ausgebauten Daten- und DV-Infrastruktur. Es betrifft die Mittelverteilung (Finanz-Controlling), die Stellenbewirtschaftung (Stellen-Controlling), die Gebäudeflächenbewertung (Flächen-Controlling) und viele weitere Bereiche wie etwa Dateien zur Geräteinfrastruktur, Studierenden- und Absolventen-Zahlenspiegel und Datensammlungen für übergreifende Hochschulvergleiche (Benchmarking). Mit einem solchen umfassenden Informa-

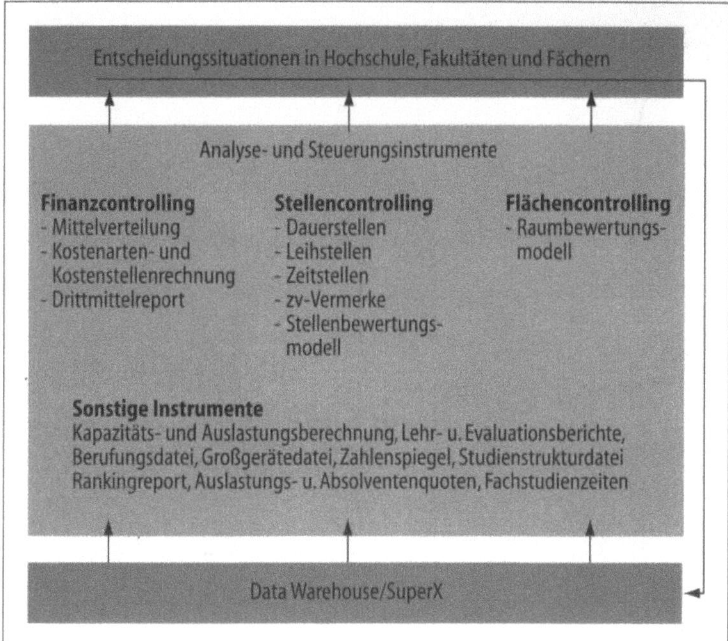

Bild 22 Controlling-Konzept der RWTH

tionssystem steht der Hochschulleitung, den Fakultäten und den einzelnen Fächern ein Steuerungsinstrument zur Verfügung, das die an der RWTH gewollte subsidiär-dezentral orientierte Entscheidungsfindung auf allen Ebenen wirkungsvoll unterstützen kann.

Die RWTH Aachen verfolgt ihre Ziele in Forschung und Lehre gemeinsam mit vielen anderen großen europäischen und außereuropäischen Technischen Universitäten und Hochschulen. In der Forschung kooperiert sie mit den Forschungs- und Entwicklungsabteilungen der Industrie und mit zahlreichen nicht-universitären Forschungseinrichtungen in der ganzen Welt.

Zunehmend geht diese Kooperation aber zusammen mit einem sich verstärkenden Wettbewerb mit den gleichen Partnern nicht nur um die besten Ideen und Problemlösungen, sondern auch um die besten Wissenschaftlerinnen und Wissenschaftler, um qualifizierte Studentinnen und Studenten und vor allem auch um ausreichende Forschungsmittel. Besonders unter den Universitäten und anderen Bildungsanbietern wird der Wettbewerb wegen der zunehmenden internationalen Mobilität der Studierenden, wegen der Ablösung traditioneller Lehrformen durch elektronische Medien und wegen des sich verstärkenden Trends zu mehr berufsqualifizierendem Studium und berufsnaher Weiterbildung deutlich schärfer.

Die RWTH sieht in solchem Wettbewerb einen Ansporn zur Weiterentwicklung ihrer eigenen Stärken. Dazu gehört ihre Multidisziplinarität bei gleichzeitig enger interdisziplinärer Verknüpfung ihrer Einzelfächer. Dazu gehört die hieraus resultierende enge Verknüpfung von Grundlagenforschung, anwendungsorientierter Forschung, Entwicklung und Technologietransfer und entsprechend auch ihr Angebot an sowohl theorieorientierter als auch praxisbezogener Aus- und Weiterbildung. Zu ihren Wettbewerbsvorteilen zählt die RWTH Aachen auch die gute Akzeptanz und das hohe Ansehen

Wettbewerb und Profilbildung

Bild 23 RWTH-Neubaugebiet Seffent-
Melaten

**Konzentration auf wenige Fächer oder
Angebot einer großen Bandbreite?**

ihrer Absolventinnen und Absolventen auf dem weltweiten Arbeitsmarkt. Langfristig wird die Hochschule diesen Wettbewerb mit anderen Anbietern von Forschungsleistungen und wissenschaftlicher Ausbildung aber nur dann erfolgreich bestehen können, wenn die nationale Hochschulpolitik die Bedingungen flexibel genug gestaltet, um auch den Wettbewerbsbedingungen eines internationalen Umfelds gerecht werden zu können, das den Akteuren schnellere Handlungsmöglichkeiten bietet.

Voraussetzung für den Erfolg der RWTH Aachen im weltweiten Wettbewerb ist eine konsequente Profilbildung als forschungsstarke Technische Hochschule. Spezialisierung ist unumgänglich, doch führt sie in die Klemme, wenn sie den Kontakt zu benachbartem Wissen verliert. Gerade weil heute Entdeckungen in der Regel dort gelingen, wo verschiedene Fächer einander berühren oder überschneiden, muß sich die RWTH sehr genau fragen, wie groß ihre Bandbreite sein muß, damit sie wissenschaftlich fruchtbar bleibt, beziehungsweise wieviel Konzentration sie sich erlauben kann, ohne provinziell zu werden.

Seit ihrer Gründung orientiert sich die Hochschule Aachen schwerpunktmäßig an ingenieur- und naturwissenschaftlichen Themen und Aufgaben. Ihre ingenieur- und naturwissenschaftlichen Fakultäten blicken auf 130 Jahre erfolgreiche Lehre, Forschung und Entwicklung zurück. Immer wieder haben sie sich den sich zeitlich verändernden wissenschaftlichen und technischen Fragestellungen und den jeweiligen wirtschaftlichen und gesellschaftlichen Erfordernissen erfolgreich zugewandt. Heute erweist sich die Lebenswissenschaft Medizin als unverzichtbar für eine umfassende und ganzheitliche Bearbeitung komplexer natur- und technikwissenschaftlicher Probleme. Und aus dem gleichen Grund bieten auch die an der RWTH vertretenen Wirtschaftswissenschaften und die geistes- und sozialwissenschaftlichen Disziplinen die besondere Chance einer jeweils zu Natur und Technik komplementären Sichtweise. Forschung und Lehre stellen sich zunehmend auf dieses fächer- und fakultätsübergreifende Konzept einer sich an den Fragen der Zukunft orientierenden Technischen Hochschule ein.

Das Leitthema „Mensch – Natur – Technik" der Weltausstellung „Expo 2000", die zum Jahrhundertwechsel in Deutschland stattfindet, beschreibt sehr konkret die Pole, zwischen denen sich in den nächsten Jahrzehnten Wissenschaft und Technik weltweit bewegen werden. Auch alle an der RWTH Aachen vertretenen Disziplinen lassen sich entsprechend ihren Inhalten und Methoden näher an dem einen, dem anderen oder an dem dritten Eckpunkt dieser Triade (Bild 24) positionieren: die Ingenieurwissenschaften in enger Verbindung zur Technik, die Geisteswissenschaften näher beim Menschen, die Medizin zwischen Mensch und Naturwissenschaft oder als Medizintechnik ein Stück auch in Richtung Technik usw. Insofern ist die Triade geeignet, die inhaltliche und methodische Vielfalt der Forschung und der Lehre an der RWTH augenfällig darzustellen und die schwerpunktmäßige Orientierung dieser Hochschule an technik- und naturwissenschaftlichen Themen und Aufgaben der Zukunft zu demonstrieren. Aber auch insbesondere in den Übergangsfeldern zwischen Natur-, Technik- und Lebenswissenschaften und den Geistes- und Gesellschaftswissenschaften werden sich in der Zukunft durch die Entwicklung und Nutzung neuer Technologien Fra-

Triade „Mensch – Natur – Technik" markiert die Pole, zwischen denen sich Wissenschaft und Technik bewegen werden.

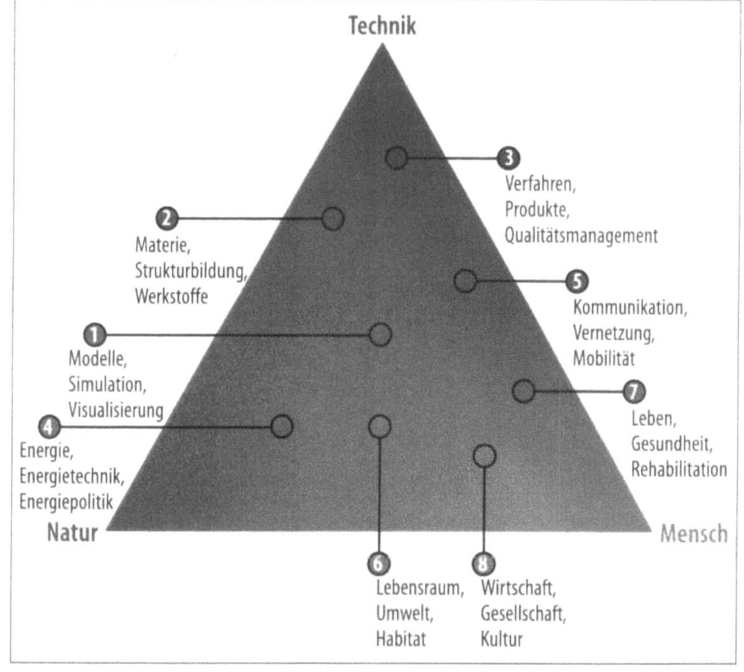

Bild 25 Thematische Einordnung der Kapitel dieses Buches in die Triade „Mensch – Natur – Technik"

gen und Probleme von größter gesellschaftlicher Relevanz ergeben. In dem Maße, wie auch die Geistes- und Gesellschaftswissenschaften sich thematisch auf diese Überlappungsbereiche einstellen, stellen sie eine für die RWTH unverzichtbare Ergänzung ihrer Ingenieur-, Natur- und Lebenswissenschaften dar.

Die Rheinisch-Westfälische Technische Hochschule Aachen besitzt ein wissenschaftliches Potential, das einzigartig ist in seiner multidisziplinären Vielfalt, in seinen interdisziplinären Vernetzungsmöglichkeiten und mit seinen konkreten Ansätzen zu transdisziplinären Problemlösungen. Die nachfolgenden Kapitel enthalten dafür eine Fülle von Belegen.

Autor   Prof. Dr. Roland Walter war bis zum 31. August 1999 Rektor der RWTH Aachen.

Modelle
Simulation
Visualisierung

Kapitel Eins

Computer verändern nicht nur unsere alltägliche Lebens- und Arbeitsumwelt, sondern sie versehen in diesen Tagen auch die naturwissenschaftlich-technische Forschung mit einer neuen Qualität. Die Beantwortung einer wissenschaftlichen Frage oder die Lösung eines technischen Problems beginnt mit einer Vermutung oder mit einer Idee. Daraus entstehende theoretische Konzepte mußten bisher in einem Wechselspiel mit häufig aufwendigen Laborexperimenten weiterentwickelt werden, bis schließlich eine Antwort oder Lösung gefunden wurde. Nun können Experimente weitgehend mit dem Computer simuliert werden, und aufwendige und langwierige Untersuchungen lassen sich zumindest besser planen – in vielen Fällen kann man schon ganz auf das reale Experiment verzichten. Immer häufiger gelingt es nämlich, die gerechneten Abläufe zu visualisieren, so daß man sie auf dem Monitor mit dem Auge verfolgen und entsprechende Rückschlüsse auf das gestellte Problem ziehen kann. Aber auch für die Theoriebildung wird der Computer zu einem unverzichtbaren Werkzeug. Immer noch müssen zunächst die Bestimmungsgleichungen einer physikalischen oder technischen Problemstellung in einem Modell, das heißt als ein Abbild in der Sprache der Mathematik formuliert werden. Während man bisher allerdings die Methoden der mathematischen Analyse zumeist mit kaum kontrollierbaren Näherungen einsetzen mußte, um Vorhersagen über das System zu gewinnen, setzt man heute das Modell in ein Computerprogramm und gewinnt aus einer Simulation sehr schnell sehr genaue und zuverlässige Aussagen. Auf den Rechnern der RWTH Aachen verschmelzen Experiment und Theoriebildung zunehmend zu einem integrierten Verfahren, denn hier ist die Kompetenz vorhanden, naturwissenschaftliche und technische Fragestellungen in Algorithmen zu fassen.

1

Modelle, Simulation, Visualisierung

Was treiben eigentlich die Mathematiker?

Wolfgang Dahmen

Numerische Simulation in technischen und naturwissenschaftlichen Anwendungsfeldern

Die Bedeutung der Ingenieurwissenschaften und der Informatik für technologischen Fortschritt fällt ins Auge. Die Rolle der Mathematik ist dabei selbst für Mitglieder der Hochschule weit schwerer erkennbar. Wir kennen doch alle die Grundrechenarten, heißt es, was bleibt denn da in der Forschung noch zu tun? Man begreift häufig Mathematik oberflächlich als einen festen Fundus von Regeln, Gesetzmäßigkeiten und Manipulationsvorschriften, den man sich mühsam erarbeiten muß, um dann zumindest Teile in „sinnvollen" Bereichen des praktischen Lebens auch anwenden zu können. Anwender sind dabei meist gar keine Mathematiker, sondern Spezialisten des jeweiligen Anwendungsgebietes wie Ingenieure, Chemiker, Physiker, Biologen oder Wirtschaftswissenschaftler. Dieser Fundus wird dabei unwillkürlich als statisch und im wesentlichen abgeschlossen empfunden. Wohlgesinnte billigen darüber hinaus der Mathematik immerhin noch die Rolle eines Trainingsfeldes zur Stärkung strukturierten Denkens zu.

„Die Informatik hat den antiquierten und verschrobenen Saurier Mathematik längst abgelöst, genügend große Rechner werden letztlich alle Probleme bewältigen. Die Informatik ist die Mathematik der Zukunft." Etwas überspitzt könnte man so formulieren, was anscheinend viele Wissenschaftspolitiker glauben – weit gefehlt! Abgesehen davon, daß eine strikte Abgrenzung von Mathematik und Informatik wenig sinnvoll ist, bleibt folgende Tatsache festzuhalten. Die Mathematisierung immer weiterer Wissenschaftsfelder – und damit letztlich der gesamten Gesellschaft – nimmt ganz im Gegenteil rapide zu! In diesem Zusammenhang finde ich es übrigens merkwürdig, daß sich gerade Personen des öffentlichen Lebens häufig damit brüsten, nichts von Mathematik zu verstehen.

Mir wird es also wohl nicht leicht fallen, im folgenden Vorurteile dieser Art zu widerlegen und meine These zu untermauern; dabei geht es keineswegs um Image-Rettung sondern vielmehr um die Notwendigkeit eines neuen Bewußtseins in der Öffentlichkeit über den sinnvollen Einsatz und die Möglichkeiten der Mathematik bei der Entwicklung tragfähiger und zukunftsweisender Wissenschaftsstrukturen. Nicht zuletzt ständig knapper werdende Ressourcen lassen jegliche Aufklärung hierzu immer dringlicher erscheinen.

Tatsächlich befindet sich der Fundus Mathematik in einem äußerst dynamischen Entwicklungsprozeß – was also treibt ihn an? Eine erste Antwort ist einfach: zum großen Teil die Beschäftigung der Mathematik mit sich selbst – ein weiter Bereich mathematischer Forschung versteht sich primär als Antwort auf höchste intellektuelle Herausforderungen. Dies wird und muß auch in Zukunft eine

Die Mathematisierung der Wissenschaften nimmt zu

wesentliche Quelle mathematischer Forschung sein. Sie macht das Wesen der Mathematik aus – ihre Stringenz, Kompromißlosigkeit und Kraft. Darüber kann auch die Tatsache nicht hinwegtäuschen, daß aus rein innermathematischen Fragestellungen im nachhinein durchaus unerwartete Anwendungen praktischer Art entspringen können – aus der Zahlentheorie erwuchsen Möglichkeiten der Kodierung, und die Radon-Transformation wurde zur Grundlage der Computertomographie.

Worum es bei dieser Selbstbeschäftigung geht, ist mit wenigen Worten nicht zu umreißen. Einerseits erleichtern mathematische Fragestellungen, die aufgrund der zur Formulierung notwendigen theoretischen Voraussetzungen nur wenigen Experten überhaupt zugänglich sind, dem Außenstehenden kaum die Würdigung mathematischer Bemühungen. Andererseits werden in der Mathematik durchaus auch Fragen untersucht, die zwar leicht zu verstehen sind, aber auf den ersten Blick recht nutzlos wirken.

Um zu demonstrieren, daß dieser Eindruck trügen kann, möchte ich ein einfaches Beispiel der letzten Kategorie angeben: Man unterteile ein Intervall von 0 bis 1 auf dem Zahlenstrahl in mehrere Teilstücke unterschiedlicher Länge; die Summe aller Teilstücke beträgt also 1. Ein Spieler wählt eines dieser Teilstücke, ohne es jedoch seinem Gegenspieler zu verraten. Mit wie vielen geschickt gestellten Ja-nein-Fragen kann der Gegenspieler das gewählte Teilintervall ermitteln?

Die einfache Strategie, der Reihe nach zu fragen, „ist das soundsovielte das gesuchte Intervall?", würde bei vielen kurzen Intervallen am Anfang der Liste entsprechend viele Fragen erfordern. Wenn man Pech hat, muß man dabei die ganze Liste der Intervalle abarbeiten. Eine viel geschicktere Strategie des Fragens lautet so: Man unterteile das Intervall von 0 bis 1 zunächst in zwei Hälften und frage, ob die linke Hälfte mindestens die Hälfte des gesuchten Intervalls enthält. Falls ja, ersetze man das Intervall von 0 bis 1 durch das von 0 bis 0,5, falls nein, durch jenes von 0,5 bis 1. Man fahre dann in gleicher Weise fort. Dieser Unterteilungsprozeß ist schematisch in Bild 1 verdeutlicht. Der dickere Balken bezeichnet das gesuchte

Ein einfaches Beispiel, mit dem der Nutzen der Mathematik demonstriert werden kann

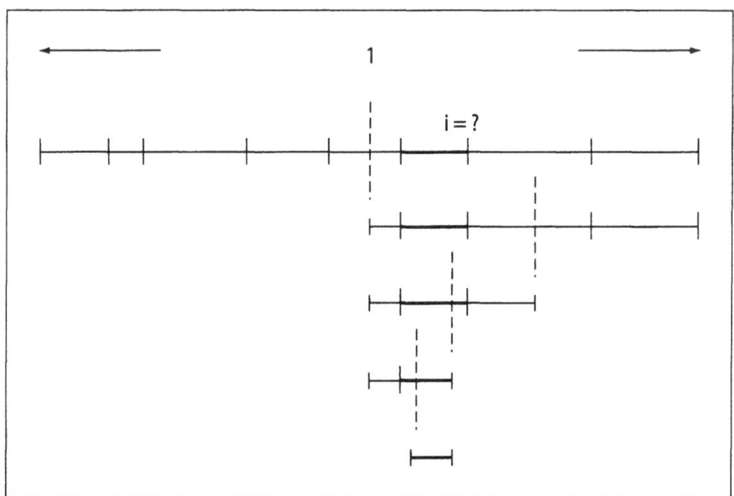

Bild 1 Intervallverfeinerung

Intervall. Im letzten Schritt der Intervallschachtelung hat man ein Teilintervall gefunden, das im gesuchten Teilstück enthalten ist und es somit identifiziert.

Es ist nun nicht mehr schwer nachzuweisen, daß die Anzahl N der nötigen Fragen grob einer Relation genügt, nach der 2^N dem Kehrwert der Länge des gesuchten Stücks entspricht. Der Witz ist, daß der Fragenaufwand nicht von der Anzahl der Teilstücke, sondern nur von der Länge des gesuchten Intervalls abhängt.

„Nun gut, ganz hübsch, aber was soll's?" mag eine typische Reaktion sein. Ein zweiter Blick läßt jedoch erkennen, daß derartige Probleme etwas mit Informationsorganisation zu tun haben. Im Kontext der Informationstheorie gewinnen solche Überlegungen in der Tat an Bedeutung. Vereinfacht ausgedrückt kann man sagen: Die Aufdeckung „überraschender Abkürzungen" gehört zum Kern des Wirkens mathematischer Konzepte. Interessanter noch ist hier die Tatsache, daß die Lösungsstrategie auch in ganz anderen Zusammenhängen wertvolle Dienste leistet und ein Prinzip demonstriert, das ich später noch einmal aufgreifen möchte.

Dennoch, ein Nichtmathematiker, der mit Prioritätensetzungen etwa in der Wissenschaftspolitik befaßt ist, mag sich von einem eher „zufällig" anmutenden Anwendungssegen der reinen Mathematik nicht recht überzeugen lassen. Den muß ich dann auf das andere Standbein verweisen. Damit sind all die vielfältigen Forschungsaktivitäten gemeint, die zumindest vorwiegend durch praktische, außermathematische Anwendungen initiiert werden. Ohne dabei absolute Objektivität beanspruchen zu wollen, sehe ich gerade in diesem Bereich eine derzeit enorme Entwicklungsdynamik. Nun ist eine Trennung zwischen angewandter und reiner Mathematik weder möglich noch sinnvoll. Im Gegenteil, es gibt deutliche Anzeichen für ein wieder stärkeres Zusammenwachsen beider Bereiche, und das ist gut so.

Das mag dem Nichtmathematiker immer noch wenig helfen, da auch das Innenleben der angewandten Mathematik schwer durchschaubar anmutet – ein generelles Problem der Mathematik, man sieht dem „Endprodukt" ihren Anteil nicht an. Dennoch, mit ein wenig Bereitschaft, die bloße Oberfläche des Endprodukts zu hinterfragen, sind zumindest Einfluß und Auswirkungen mathematischer Konzepte deutlich zu erkennen. Zum Beispiel ist die mathematische Spieltheorie eine wesentliche Grundlage der modernen Wirtschaftswissenschaften. Ich möchte im folgenden versuchen, den Blick für solche Zusammenhänge ein wenig zu schärfen. Insbesondere möchte ich aufzeigen, daß gerade wegen der enormen Leistungssteigerung der elektronischen Datenverarbeitung die Mathematik wie vielleicht nie zuvor im Verbund mit Naturwissenschaften und Informatik gefragt ist.

Vor allem die numerische Simulation erobert zunehmend Schlüsselpositionen in unterschiedlichsten Wissenschaftsbereichen. Hierzu einige Beispiele: Die mathematische Modellierung der geometrischen Formung von Makromolekülen wie DNA-Ketten läuft auf ein riesiges Optimierungsproblem hinaus [1]. Dies kann im Prinzip Bereiche erschließen, die weder Experiment noch Mikroskopen

Die Aufdeckung „überraschender Abkürzungen" gehört zum Kern des Wirkens mathematischer Konzepte

Auf die numerische Simulation kann man vielfach nicht mehr verzichten

zugänglich sind. Prognoserechnungen für die Ausbreitung von Aids
[2] oder von kontaminiertem Grundwasser bei Bodenverhältnissen
verschiedener Porösität, Ölexploration, die Simulation chemischer
Reaktionsprozesse oder Halbleiterdesign sind längst Schauplätze
wissenschaftlichen Hochleistungsrechnens geworden. Die Bestimmung des Druckfeldes um ein Flugzeug im Betrieb ist entscheidend
für verbesserte Auslegung zukünftiger Konstruktionen. Die Simulation von Schadstoffausbreitungen mag lebenswichtig sein. Und Wet-
tervorhersagen beruhen auf der numerischen Simulation von Luft-
strömungen. Die Möglichkeiten der numerischen Simulation sind
damit längst nicht ausgeschöpft – in allen Fällen ist eine aufwendige
mathematische Aufbereitung die Kernvoraussetzung dafür, solche
Probleme überhaupt mit Hilfe von Computern bearbeiten zu können.

Ich möchte nun die spezielle Rolle der Mathematik dabei etwas
genauer beleuchten. Ausgangspunkt von Simulationsrechnungen ist
in vielen Fällen ein nach den Prinzipien der Kontinuumsmechanik
erstelltes mathematisches Modell. Die Gegenstände der Simulation
sind Größen, die den Ablauf eines physikalischen Prozesses kennzeichnen, wie etwa Druck oder Temperatur im untersuchten
Medium. Es ist wichtig, sich klar zu machen, daß man somit eigentlich nicht einzelne Zahlen sondern Funktionen von typischerweise
drei Ortsvariablen x, y, z und einer Zeitvariablen t bestimmen möchte, die jedem Punkt im untersuchten Gebiet zu bestimmten Zeitpunkten physikalische Werte zuordnen. Diese Funktionen sind nun
durch spezielle Vorgaben wie Ausgangstemperatur oder Begrenzung
des Strömungsgebiets – sogenannte Rand- und Anfangswerte –
sowie durch physikalische Gesetzmäßigkeiten festgelegt. Letztere
werden meistens durch Bilanzen von Erhaltungsgrößen wie Masse,
Impuls und Energie ausgedrückt. Diese Bilanzen besagen, wie zeitliche oder räumliche Änderungsraten der gesuchten Größen miteinander verknüpft sind. Mathematisch lassen sich solche Änderungsraten durch partielle Ableitungen der Funktionen nach den
einzelnen Variablen x, y, z, t in Ort und Zeit ausdrücken. Die gesuchten Funktionen sind in diesem Sinne also Lösungen von Differentialgleichungen.

Die Theorie von Differentialgleichungen ist seit je ein zentraler
Bereich mathematischer Forschung, von dem vielfältige entscheidende Impulse ausgegangen sind. Zentrale Fragen dabei sind, unter
welchen Bedingungen solche Differentialgleichungen überhaupt
eine Lösung haben und welche strukturellen Eigenschaften diese
gegebenenfalls besitzen. Für obige Anwendungen ist es natürlich
entscheidend, diese Lösungen konkret zu bestimmen. Leider lassen
sich dafür bei praktisch relevanten Problemen keine geschlossenen
mathematischen Lösungsausdrücke etwa mit Hilfe elementarer
Funktionen (wie zum Beispiel Sinus oder Logarithmus) angeben.
Man muß sich vielmehr damit begnügen, die gesuchte Funktion nur
anzunähern. An dieser Stelle kommen numerische Lösungsverfahren ins Spiel.

Eine typische Strategie, solche Näherungen zu konstruieren, ist
im Prinzip einfach. Man überdeckt das betreffende Gebiet mit einem

**Mathematische Modelle sind Ausgangs-
punkte von numerischen Simulationen**

Netz oder Gitter, das heißt, man zerlegt es in viele kleine Zellen. Für jede Gitterzelle möchte man dann einen Wert bestimmen, der zum Beispiel den Mittelwert der tatsächlichen Lösung in dieser Zelle möglichst gut annähert. Statt der gesamten Funktion sucht man also jetzt eine typischerweise sehr umfangreiche Zahlenkolumne – den Lösungsvektor, der aus den Mittelwerten zu den Gitterzellen besteht. Ersetzt man dann die in der Differentialgleichung verknüpften Ableitungen – sprich Änderungsraten – durch Differenzen benachbarter Zellmittel, geht die Differentialgleichung in ein großes algebraisches Gleichungssystem über. Zu jeder Zelle hat man nun für jede unbekannte Funktion eine Gleichung, in der benachbarte Zellmittel miteinander in Beziehung gesetzt werden. Man nennt dieses Vorgehen Diskretisierung des ursprünglich kontinuierlichen Problems. Die numerische Simulation des durch die Differentialgleichung modellierten physikalischen Ablaufs beruht in vielen Fällen also auf dem Entwurf solcher Diskretisierungen und der Lösung der entsprechenden Gleichungssysteme.

Die Diskretisierung von Differentialgleichungen bildet eine wichtige Grundlage für Simulationsrechnugen

Die Herleitung solcher Gleichungssysteme aus den Differentialgleichungen, die Lösbarkeit dieser Gleichungssysteme sowie die Genauigkeit der numerischen Lösung sind Kernaufgaben der numerischen Mathematik. Ich möchte hier jetzt nur einen Aspekt der Gesamtproblematik herausgreifen, um zu verdeutlichen, welche Probleme alleine die Komplexität solcher Rechnungen aufwerfen. Nehmen wir also die Lösbarkeit eines Gleichungssystems als erwiesen an, erwartet man intuitiv, daß die Qualität der Lösung im Sinne einer möglichst guten Annäherung an die exakte Lösung um so besser wird, je kleiner die Gitterzellen gewählt werden. Der Einfachheit halber sei das Rechengebiet ein Würfel mit Kantenlänge eins. Das einfachste Rechennetz ergibt sich durch Zerlegung des Würfels in kleine Würfel der Kantenlänge h. Für $h = 1/100$ erhält man aber schon rund eine Million Zellen, also eine Million Gleichungen mit ebenso vielen Unbekannten. Die Simulation eines zeitlich instationären Ablaufs verlangt zudem auch die Diskretisierung des betrachteten Zeitintervalls und somit die vielfach wiederholte Lösung solcher Gleichungssysteme. Da scheint auf jeden Fall ein Supercomputer her zu müssen, dem allerdings dann jemand erst sagen muß, was genau er zur Bestimmung der Lösung rechnen soll.

Greifen wir dazu in unseren Mathematik-Fundus. Dort findet sich in der Tat ein klassisches Lösungsverfahren, das heißt ein mathematischer Algorithmus, der aus einer Sequenz von Rechenbefehlen besteht, deren Ausführung durch den Computer am Ende die Lösung des Gleichungssystems ausgibt. Die einfachste Version eines solchen Lösers ist vielen schon aus Schulzeiten bekannt. Die Grundidee läßt sich schon anhand von nur zwei Gleichungen, nämlich $au_1 + bu_2 = c$ und $du_1 + eu_2 = f$, mit zwei Unbekannten (u_1 und u_2) erklären. Hierbei sind a, b, c, d, e und f gegebene Zahlen, die Koeffizienten des Gleichungssystems. Nach dem Prinzip, daß eine Waage im Gleichgewicht bleibt, wenn man die Gewichte auf beiden Waagschalen stets in gleicher Weise verringert oder vergrößert, kann man beispielsweise beide Gleichungen mit beliebigen Zahlen multiplizieren oder voneinander subtrahieren und erhält neue Gleichungen, denen die

Lösung des Ausgangssystems immer noch genügt. Durch derartige geschickte Manipulation kann man es insbesondere so einrichten, daß die neue Gleichung nur noch eine der zwei Unbekannten etwa u_2 enthält. Man hat also eine Unbekannte eliminiert; u_2 ist aber nun als einzig verbleibende Unbekannte in einer Gleichung leicht zu berechnen. Setzt man diesen Wert für u_2 dann in eine der Ausgangsgleichungen ein, bleibt als letzte Unbekannte nur u_1 übrig, die nun wiederum leicht zu bestimmen ist. Kurz gesagt, man kann eine festgelegte Sequenz von elementaren Rechenbefehlen zusammenstellen, nach der ein Computer die Lösung des Gleichungssystems bestimmen kann, wenn immer man ihm als Input die Koeffizienten des Gleichungssystems a, b, c, d, e und f eingibt. Eine solche Sequenz von Rechenbefehlen nennt man Algorithmus. Man kann die Lösung übrigens durchaus auf verschiedenen Wegen, sprich über verschiedene Algorithmen, bestimmen. Die Anzahl der dabei zu verwendenden Operationen kann dabei sehr unterschiedlich ausfallen, ein wesentlicher Punkt, wie wir später sehen werden. Das Auffinden besonders ökonomischer Lösungen verlangt mathematisches Geschick.

Der oben skizzierte Algorithmus entspricht der klassischen Gauß-Elimination. Sie läßt sich mit sorgfältiger Organisation der Schritte im Prinzip auf Gleichungssysteme mit beliebig vielen Unbekannten übertragen. Prima, denkt der Anwender und freut sich über den Fundus der Mathematik. Schaut man dann allerdings etwas genauer hin, ziehen Wolken auf. Unser Algorithmus benötigt nämlich, grob geschätzt, für N Gleichungen mit N Unbekannten im allgemeinen die Größenordnung von N^3 arithmetischen Operationen (Multiplikationen/Additionen), um die N gesuchten Komponenten des Lösungsvektors zu bestimmen. Der Rechenaufwand dieses Verfahrens steigt also kubisch mit der Anzahl der Unbekannten.

Im Fall unseres obigen Beispiels würde eine Simulationsrechnung auf der Grundlage der Gauß-Elimination für 100 Zeitschritte die Größenordnung von 10^{20} Flops (*floating point operations*; vom Rechner näherungsweise realisierte Additionen/Multiplikationen) erfordern, eine Zahl, die man mit Worten nicht mehr ausdrücken kann. Nun ja, unsere heutigen Computer sind doch ungeheuer leistungsfähig. Tatsächlich schaffen heutige Höchstleistungsrechner – man sage und staune – immerhin 1,6 Teraflops, das heißt 1,6 Billionen (10^{12}) Rechenoperationen pro Sekunde. Dennoch, man würde immer noch weit über ein Jahr Rechenzeit benötigen! – So lange kann niemand warten.

Also noch mehr Rechenleistung? Das sicherlich auch, trotzdem muß man sich etwas Neues einfallen lassen? Weder die Steigerung der Rechenleistung noch modernste Datenstrukturen alleine können meines Erachtens die Probleme grundsätzlich lösen. Hier ist die Mathematik selbst gefordert. Sie muß die Rechenkomplexität im Ansatz so weit reduzieren, daß die wissenschaftlich und technologisch wirklich interessanten Probleme, zum Beispiel im Zusammenhang mit Verbrennungsprozzessen, Turbulenz oder Mehrphasendynamik, über numerische Simulation befriedigend behandelbar werden.

Mathematik kann die Komplexität soweit reduzieren, daß Probleme rechenbar werden

Ein Schlüssel dafür liegt in der weitestgehenden Ausnutzung des analytischen Problemhintergrundes bei der Konzeption des Lösungsalgorithmus. Wir arbeiten an solchen Ansätzen am Institut für Geometrie und Praktische Mathematik (IGPM) der RWTH Aachen. Dies geschieht auf der Ebene der Grundlagenforschung wie auch im Rahmen einer Reihe interdisziplinärer Drittmittelprojekte in enger Kooperation mit Kollegen aus den Ingenieurwissenschaften, speziell aus der Fakultät für Maschinenwesen.

Ein erster Schwerpunkt liegt in der Modellierung und Simulation verfahrenstechnischer Prozesse, wie Raffinierung, Destillierung oder Trennung chemischer Substanzen. Diese Arbeiten werden von der Deutschen Forschungsgemeinschaft (DFG) im Projekt „Waveletbasierte Echtzeitoptimierung" des DFG-Schwerpunktprogramms „Echtzeitoptimierung" sowie von der Volkswagenstiftung im Projekt „Reduzierte Modellierung und Simulation von Vielstoffprozessen mit Multiskalenverfahren" gefördert.

Eine zentrale Frage, der wir nachgehen, ist die Anwendung der numerischen Simulation auf die Prozeßüberwachung: Störungen im Prozeßverlauf sollen schnell erkannt und behoben werden können. Mathematisch läuft dies auf die prozeßbegleitende Lösung von Optimierungsproblemen hinaus, in denen die einzelnen Prozeßzustände – Reaktionen, Phasen, chemische Bestandteile – vorkommen. Insbesondere fallen dabei Echtzeitanforderungen in dem Sinne an, daß in einem durch den Prozeßablauf bestimmten Zeitabschnitt eine Lösung des Optimierungsproblems vorliegen sollte, die verfügbare Rechenzeit also durch die Prozeßgeschwindigkeit begrenzt ist. Dies soll wiederum dadurch erreicht werden, daß die Simulation auf mehreren aufsteigenden Diskretisierungsskalen organisiert wird, wobei die jeweils vorher erarbeitete „grobe" Lösung einen guten Startwert für die nächste Auflösungsstufe liefert. Ein Abbruch der Rechnung liefert dann zu jedem Zeitpunkt zumindest eine für diesen Zeitrahmen gute Näherung. Das eigentliche Optimierungsproblem wird dabei sozusagen durch einfachere Varianten steigender Qualität angenähert. Das Vorgehen hat also prinzipielle Ähnlichkeit mit der Lösungsstrategie im eingangs vorgestellten Fragespiel.

Im Rahmen des von der DFG geförderten Sonderforschungsbereichs (SFB) 401 „Strömungsbeeinflussung und Strömungs-Struktur-Wechselwirkungen an Tragflügeln" werden – ebenfalls in enger Kooperation mit Forschungsgruppen der Fakultät für Maschinenwesen – Grundlagenprobleme modernster Flugzeugtechnik behandelt. Der Flugzeugbau ist von einem enormen internationalen Wettbewerb gekennzeichnet, und speziell die Entwicklung von Großraumflugzeugen einer neuen Größendimension stellt dabei auch höchste Anforderungen an die Grundlagenforschung. Eine wesentliche Rolle spielt dabei wiederum die numerische Simulation in der Strömungsmechanik. Die für die Flugeigenschaften eines Flugzeugs kennzeichnenden Beiwerte wie Auftrieb und Widerstand erfordern die Bestimmung des Druckfeldes in der das Flugzeug umströmenden Luft. Wesentlich ist zum Beispiel das Verständnis, wann und unter welchen Vorgaben laminare, also – grob gesagt – durch parallel zur Berandung verlaufende Stromlinien gekennzeichnete Strömung in turbulente umschlägt.

Solchen Simulationen zugrundeliegende mathematische Modelle beruhen in diesem Fall auf den Navier-Stokes-Gleichungen, einem

Sonderforschungsbereich „Strömungsbeeinflussung und Strömungs-Struktur-Wechselwirkungen an Tragflügeln" speziellen System partieller Differentialgleichungen, die allerdings schon im Hinblick auf die Charakterisierbarkeit des Lösungsverhaltens große Schwierigkeiten aufweisen, an denen seit langem viele Mathematiker sowohl theoretisch als auch numerisch intensiv arbeiten. Doch selbst wenn es gelingt, diese Gleichungen annähernd zu lösen, stellen sich die Ergebnisse, wie oben erklärt, zunächst in unübersehbaren Zahlenkolumnen dar. Je komplexer die Anwendung, um so schwieriger gestaltet sich oft die Auswertung der Ergebnisse. Hier leistet die Informatik mit ausgefeilten Visualisierungstechniken wesentliche Hilfe. Bild 2 visualisiert Teile einer Strömungssimulation. Man sieht das Druckfeld über der Tragfläche und nachlaufende Wirbel.

Diese für sich genommen schon schwierige aerodynamische Problematik wird im vorliegenden Zusammenhang noch durch folgende Umstände erheblich verschärft: Die Krafteinwirkungen der Strömung auf das Material sind enorm. Schon bei den jetzt geläufigen Flugzeugen lenken die Flügelspitzen beim Reiseflug um mehr als drei Meter aus der Ruhelage aus. Bei den angestrebten noch größeren Spannweiten wird es um so wichtiger, die Interaktion zwischen Aerodynamik und Strukturmechanik möglichst verläßlich und exakt voraussagen zu können. Verwindungen und Verformungen des Flügels können das Widerstands- und Auftriebsverhalten empfindlich beeinträchtigen und zu starke Schwingungsanregungen fatale Materialschädigungen zur Folge gaben. Unnötige Materialverstärkung wiederum wirkt der gewünschten Ökonomie entgegen. Man muß also beide Phasen, Strömung und Struktur des Flügels, unter Berücksichtigung der Wechselwirkungen behandeln können. Simuliert man mit herkömmlichen Techniken beide Medien etwa abwechselnd, stellt sich die Frage, ob die unterschiedlichen Geschwindigkeiten der physikalischen Abläufe noch richtig erfaßt werden können, ob also das Ergebnis der Simulation überhaupt Sinn macht. Wir wollen deshalb beide Phasen gleichzeitig voll gekoppelt behandeln. Die Herleitung der richtigen Kopplungsbedingungen beinhaltet Fragen der mathematischen Analysis, die wir in einem Teilprojekt des SFB

Die Interaktion zwischen Aerodynamik und Strukturmechanik soll möglichst verläßlich und exakt vorausgesagt werden können

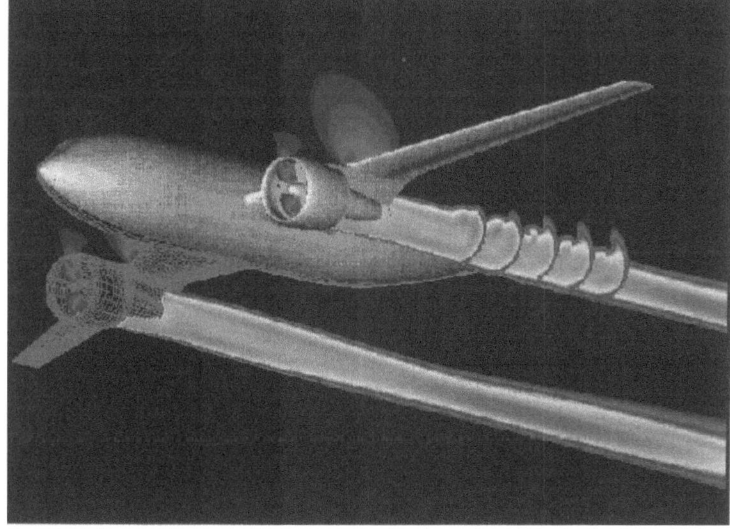

Bild 2 Strömungssimulation

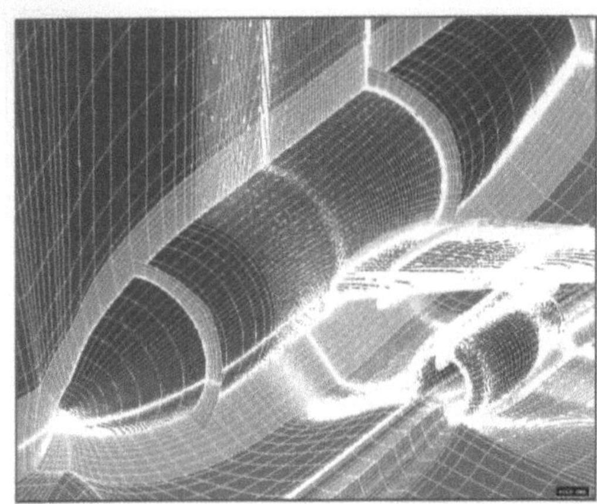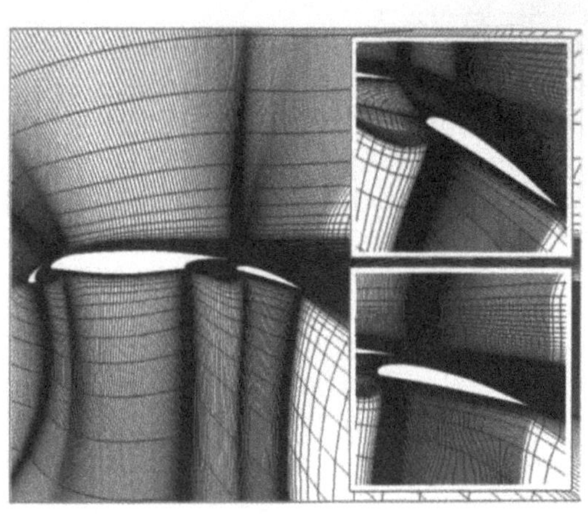

401 bearbeiten. Deutlich wird: Die Lösung derartiger mathematischer Probleme kann somit zukünftige Entwicklungen in der Technik entscheidend beeinflussen.

Bereits der erste Schritt zur Diskretisierung – der in diesem Fall ohnehin sehr komplizierten Differentialgleichungen – wirft erhebliche Schwierigkeiten auf, denn es muß ein Gitter in einem genügend großen Strömungsgebiet um das gesamte Flugzeug erstellt werden. Die Kompliziertheit der Berandung sowie das korrekte Erfassen der Strömung verlangen zudem eine hohe Auflösung, das heißt ein feines Gitter. Gittergenerierung ist somit heute ein hochaktives Forschungsgebiet an der Schnittstelle zwischen Mathematik und Informatik. Einerseits werden Methoden der Differentialgeometrie benötigt, andererseits sind die Algorithmen in ihrer Komplexität ohne modernste Datenorganisationstechniken nicht mehr zu handhaben und zu strukturieren. Bild 3 deutet derartige Gitter an, die mit dem Entwicklungskode „MegaCads" des Deutschen Zentrums für Luft- und Raumfahrt (DLR) erzeugt wurden. Das Teilbild links zeigt ein dreidimensionales Gitter um eine Flugzeughälfte. Es umfaßt 3,2 Millionen Gitterpunkte. Das Teilbild rechts zeigt einen Querschnitt um ein mehrteiliges Flügelprofil. Dunkle Bereiche deuten besonders enge Maschenweiten an. Da jedem Gitterpunkt schon die drei Geschwindigkeitskomponenten und der Druck zugeordnet sind, bekommt man eine Vorstellung von der Komplexität der Rechnung. Obwohl wir uns natürlich bemühen, den Vorgang der Gittergenerierung zu automatisieren, treffen wir dabei auf bisher ungelöste Probleme: Eine Neuerstellung eines solchen Gitters beschäftigt einen sachkundigen Bearbeiter in der Regel mehrere Monate!

Möchte man nun noch die Interaktion der Strömung mit der Flügelstruktur analysieren, ist auch die Flügelbewegung zu erfassen und damit eine dauernde Anpassung des Gitters zu gewährleisten. Diese Anforderungen sind im gewünschten Ausmaß derzeit mit vorhandenen Methoden nicht zu erfüllen. Im Teilprojekt „Gittergeneratoren für umströmte flexible Strukturen" des SFB 401 arbeiten wir deshalb an neuen Gitter-Konzepten. Insbesondere wollen wir die gewaltigen Datenmengen dadurch reduzieren, daß das Gitter auf eine geeignete Abbildung von einem virtuellen Rechengebiet auf den jeweiligen physikalischen Gebietsblock zurückgeführt wird, die nur noch von verhältnismäßig wenigen Kontrollparametern abhängt. Ferner soll die Gitterstruktur nicht mehr vollkommen uniform sein, sondern lokal feinere Auflösung zulassen. Dadurch soll die Rechenarbeit dort konzentriert werden, wo sie aufgrund der Struktur der Lösung wirklich benötigt wird.

Neue Gitterkonzepte

Dies wiederum ist auf den dazugehörigen Lösungsalgorithmus zur näherungsweisen Bestimmung der Strömung anzupassen. Bei Problemen dieser Art muß die Diskretisierung in subtiler Art den analytischen und physikalischen Hintergrund des Problems einarbeiten. Dies leisten sogenannte Finite-Volumen-Verfahren, bei denen über die Berechnung von Zellmitteln der gesuchten Erhaltungsgrößen die physikalischen Bilanzen lokal angemessen erfaßt werden können. Wie schon die Komplexitätsbetrachtungen eingangs andeuteten, geht es in der Folge besonders um eine schnelle Lösung der anfallenden Gleichungssysteme. Die Entwicklung derartiger Verfahren ist Gegenstand des weiteren Teilprojekts „Multiskalenmethoden für Strömungsprobleme" im SFB 401.

Es ist klar, daß eine einzelne Wissenschaftsdisziplin alleine Problemen dieses Typs nicht Herr wird. Eine enge Kooperation zwischen Ingenieurwissenschaften, Mathematik und Informatik ist unabdingbar. Für eine große Klasse von Anwendungen des technisch-wissenschaftlichen Hochleistungsrechnens waren aber gerade die rasanten Entwicklungen in der Numerik im Laufe der vergangenen 15 Jahre von essentieller Bedeutung. Ein Durchbruch konnte dadurch erzielt werden, daß zumindest für gewisse Problemklassen Algorithmen entwickelt werden konnten, die im folgenden Sinne optimal sind: Rechenaufwand und Speicherbedarf bleiben proportional zur Problemgröße. Für Problemgrößen der Ordnung $N = 10^6$ wird die Bedeutung der Reduktion von kubischem Wachstum – einem Rechenaufwand der Ordnung $(10^6)^3 = 10^{18}$ – auf einfache Proportionalität der Ordnung $N = 10^6$ deutlich. Algorithmen, die das schaffen, sind analysisbasiert in dem Sinne, daß der Lösungsprozeß die analytische Struktur des zugrundeliegenden kontinuierlichen Modells weitestgehend ausnutzt. Beispiele sind Mehrgitter- [3], Multilevel- oder Wavelet-basierte Multiskalen-Methoden [4]. Dadurch, daß in all diesen Varianten Diskretisierungen auf mehreren Auflösungsskalen interagieren, wird man dem „unendlichdimensionalen" Charakter des zugrundeliegenden kontinuierlichen Problems besser gerecht. Dem aufmerksamen Beobachter wird nicht entgangen sein, daß etwa ab letztem Drittel der achtziger Jahre die auf vier Tage bezogene Wettervorhersage deutlich treffsicherer geworden ist. Der Einsatz von Mehrgittertechniken erlaubte es schlicht, im verfügbaren Zeitraum nun die Strömungssimulation auf Gittern mit kleineren Zellen durchzuführen und entsprechend höhere Genauigkeiten zu erzielen.

Mehrgittertechniken erlauben Rechnungen mit kleineren Gitterweiten

Die Vorgehensweise dieser Lösungsmethoden unterscheidet sich vom vorher erwähnten Eliminationsverfahren in grundsätzlicher Weise. Zunächst verabschiedet man sich von dem Ansinnen, eine Lösung exakt zu bestimmen. Rundungsfehler, die unvermeidbar beim Einsatz des Rechners entstehen, lassen dies sowieso nicht zu.

Zudem ist die Lösung des zu behandelnden diskreten Problems ja auch nur eine Näherung der (kontinuierlichen) Lösung der eigentlichen Aufgabe. Eine zunächst grobe Anfangsschätzung der Lösung wird schrittweise verbessert, bis eine gewünschte Endgenauigkeit erreicht ist. Daß diese Verbesserungen schnell zu einer hohen Genauigkeit führen, wird unter anderem durch Verknüpfung von Näherungen auf einer ganzen Hierarchie ineinandergeschachtelter Gitter erreicht. Die Effizienzsteigerung solcher Methoden auch für die Anwendung bei komplizierten Strömungssimulationen ist Gegenstand intensiver Forschung.

Die Anzahl der Gitterpunkte der höchsten Auflösungsstufe in der gegebenen Gitterhierarchie bestimmt die Größe des Gleichungssystems. Der nächste Schritt ist nun, sich nicht mit der effizienten Lösung einer vorweg gewählten Diskretisierung zu begnügen, sondern die Diskretisierung selbst dynamisch während des Lösungsvorgangs an die besonderen Gegebenheiten der Lösung anzupassen, um die gewünschte Genauigkeit mit möglichst wenigen Unbekannten zu erreichen. Solche Verfahren heißen adaptiv. Die Fragenstrategie im anfänglichen Beispiel ist ein einfacher Fall adaptiver Informationsverfeinerung. Der nächste Schritt hängt vom Ergebnis der vorherigen Rechnung ab. Ein sogenanntes Zoom-in sorgt für die lokal notwendige Auflösung. Es ist dann nicht mehr verwunderlich, daß die Kombination verschiedener Diskretisierungsskalen dabei wesentlich ist.

Das folgende Beispiel verdeutlicht einen adaptiven Lösungsvorgang. Bild 4 zeigt den Wiedereintritt eines stumpfen, mit Hyperschall

Bild 4 Wiedereintritt eines stumpfen, mit Hyperschall fliegenden Flugkörpers in die Erdatmosphäre

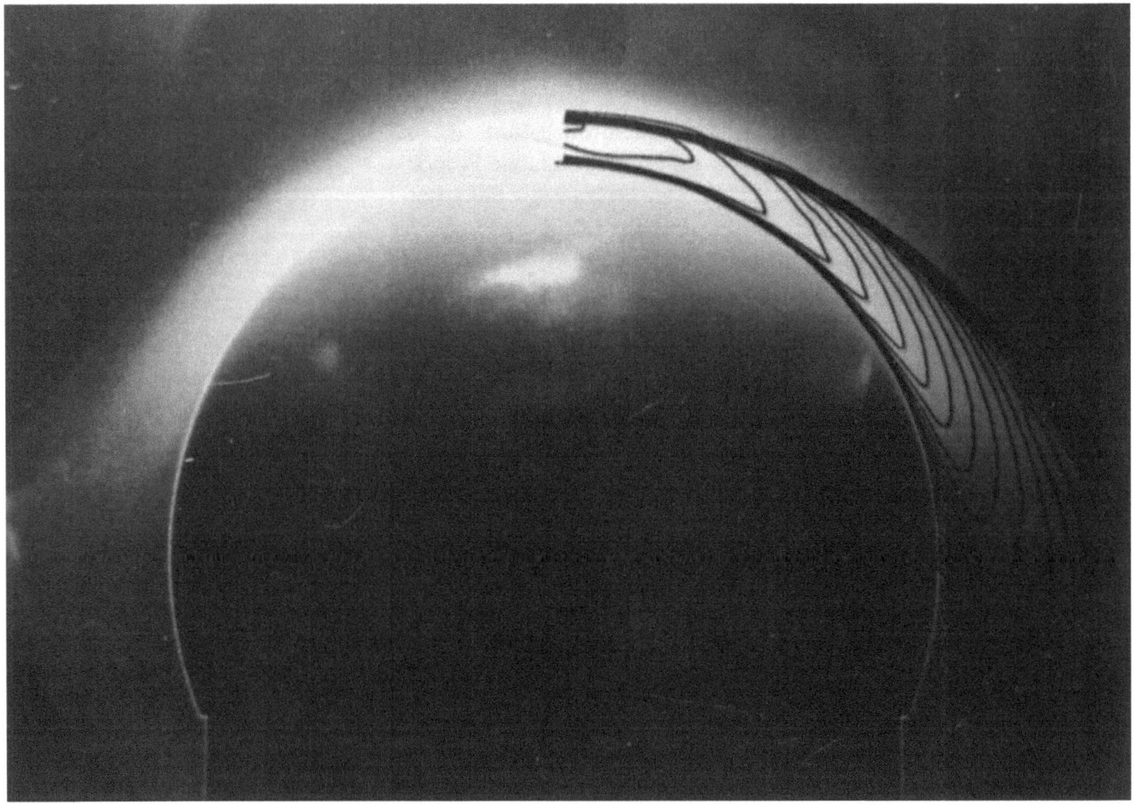

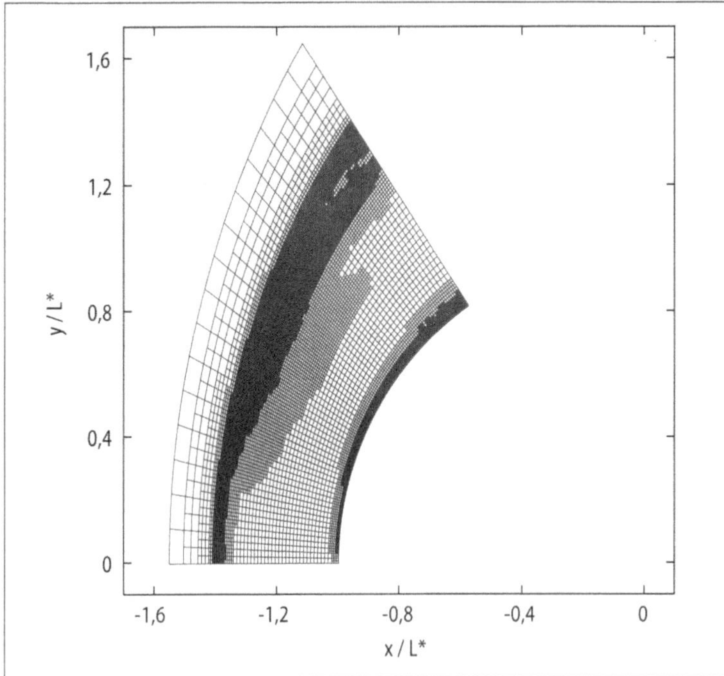

Bild 5 Adaptives Gitter

fliegenden Flugkörpers in die Erdatmosphäre. Bei einer numerischen Simulation ist man vor allem an der entstehenden enormen thermischen Belastung interessiert. Bild 5 zeigt das Gitter, das sich bei einem in Entwicklung befindlichen adaptiven Multiskalenlösers einstellt [5]. Aus Symmetriegründen genügt es, nur einen solchen Ausschnitt des tatsächlichen Strömungsgebiets zu betrachten. Man erkennt den vom Bug abgelösten Verdichtungsstoß, der enorme Änderungen von Druck, Temperatur und Dichte andeutet, die über das numerische Zoom-in hinreichend genau aufgelöst werden.

Die Adaptionsentscheidungen während der Rechnung nutzen natürlich wiederum in subtiler Weise die analytische Struktur des Ausgangsproblems aus. Ein mögliches Adaptionskonzept basiert auf der Wavelet-Analyse; die Grundidee läßt sich in dem zunächst ganz anderen Zusammenhang der Bildübertragung erläutern: Ein digitales Bild ist eine Matrix von Pixelwerten. Ein Pixel entspricht einem (je nach Bildauflösung) kleinen quadratischen Ausschnitt, dem ein (ganzzahliger) Grau- oder Farbwert zugeordnet ist. Insofern kann man sich das Bild als eine Stufenlandschaft vorstellen. Der Speicheraufwand ist also im wesentlichen durch die Anzahl der Bits bedingt, die man zur Kodierung der Pixelwerte benötigt. Um allzu starke Engpässe bei der Übertragung solcher Bilder zu vermeiden, ist man daran interessiert, das Bild (oder sogar nur eine möglichst gute Approximation) mit möglichst wenigen Bits zu kodieren und in derart komprimierter Form zu übertragen. Die in Bild 6 gezeigte Moschee von Lahore ist ein digitales Bild dieser Art.

Um ein mögliches Kompressionsprinzip zu verstehen, betrachte man Teil *a* in Bild 7 als Schnitt durch ein Oberflächenprofil der Stufenlandschaft, die ein Bild repräsentiert. In weiten Bereichen des Fotos variieren die Pixelwerte offensichtlich wenig. Im Teil *a* von Bild 7 sei

Wavelet-Analyse, ein mathematisches Mikroskop

Bild 6 Moschee von Lahore

Bild 7 Haar-Wavelet

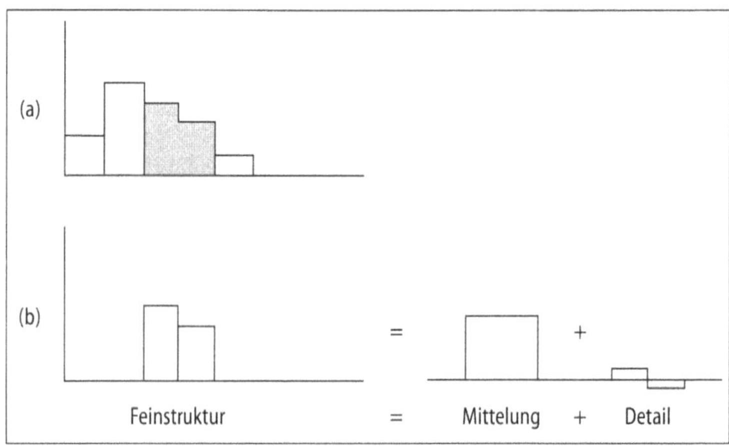

dies durch die schattierten, zwei benachbarten Pixelwerte gekennzeichnet. Wie Teil *b* in Bild 7 zeigt, lassen sich diese Pixel auch zu einem einzigen Mittelwert verschmelzen. Der dabei entstehende (kleine) Fehler ist nur ein kleines Vielfaches der daneben angedeuteten oszillierenden Stufenfunktion. Letztere wird oft als Haar-Wavelet bezeichnet. Die durch das Haar-Wavelet dargestellte Detailinformation entspricht offenbar einem besonders kleinen Koeffizienten, wenn die benachbarten Pixel nahezu gleiche Werte haben.

Auf diese Weise kann man den Vektor der Pixelwerte schrittweise in gröbere Mittelwerte und abgespaltete zugehörige Detailinformationen zerlegen. Das entspricht der Wavelet-Transformation. Die Anzahl der zu kodierenden Werte bleibt dabei zunächst gleich. Die Natur der Wavelet-Koeffizienten ist jedoch eine ganz andere. In Bereichen geringer Bildvariation sind die Wavelet-Koeffizienten nach obiger Überlegung sehr klein. Man braucht deshalb nur wenige Bits, um sie mit hinreichender Genauigkeit zu kodieren. Noch stärkere

Kompression stellt sich ein, wenn man die Koeffizienten unterhalb eines bestimmten Schwellenwertes ganz durch null ersetzt. Bild 8 zeigt jeweils eine um 20 und 50 Prozent komprimierte Version des ursprünglichen Bildes. Ähnliche Techniken kann man zum Entrauschen von Signalen verwenden. Bessere Ergebnisse bekommt man mit glatteren Wavelets. Obgleich das Ausgangsproblem hier diskret ist, basiert die Analyse und Entwicklung effizienter Kompressions- oder Rauschunterdrückungstechniken darauf, daß das Bild als kontinuierliches Objekt in einen Funktionenraum eingebettet wird, um auf entsprechende Hilfsmittel der Funktionalanalysis zurückgreifen zu können.

Bei der Lösung von Differential- und Integralgleichungen lassen sich ähnliche Prinzipien anwenden. Die Zerlegung der Lösung nach

Bild 8 Hier die um 20 (oben) und 50 Prozent (unten) komprimierte Version des ursprünglichen Bildes

unterschiedlichen Skalenanteilen führt auf eine möglichst komprimierte Lösungsdarstellung (möglichst wenige Unbekannte) und gibt Hinweis auf lokal notwendige höhere Auflösung. Gerade in letzter Zeit konnten erhebliche Fortschritte im Verständnis solcher adaptiven Prozesse erreicht werden.

Obige Ausführungen zeigen, wie zunächst zusammenhangslos scheinende unterschiedliche mathematische Konzepte ineinandergreifen. Um solche unter der Oberfläche liegenden Zusammenhänge aufspüren und sich dadurch eröffnende „Abkürzungen" ausnutzen zu können, ist eine auch von der Methoden- und Grundlagenseite her gestützte Forschung wesentlich. Dies muß heutzutage vor allem entsprechende internationale Kooperationen einschließen, von denen auch Studierende höherer Semester profitieren können. Die gegenseitige Befruchtung der verschiedenen Disziplinen wiederum wird auch für die innermathematische Forschung insgesamt nicht ohne Auswirkungen bleiben. Neue, durch komplexe Anwendungen aufgeworfene Fragestellungen lassen verschiedene mathematische Teilgebiete zusammenrücken. Ferner wird deutlich, wie sehr verschiedenste Ebenen von Entwicklung und Forschung von den Grundlagen bis hin zur Industriefertigung aufeinander angewiesen sind. Hierfür richtige Rahmenbedingungen zu schaffen, wird immer mehr Verständnis für diese komplexen Verflechtungen erfordern – eine ebenso große Herausforderung an Wissenschaftsfunktionäre wie an die Wissenschaftlerinnen und Wissenschaftler selbst.

Die oben aufgeführten Beispiele verdeutlichen, wie sehr mathematische Forschung mittlerweile in interdisziplinären Projekten verflochten ist. Dabei ist die komplementäre Expertise des Mathematikers in zunehmendem Masse als direkte Interaktion erforderlich. Etwas vereinfacht kann man in vielen Fällen feststellen: Je höher die Erwartungen der praktischen Anwendungen an die numerischen Simulation sind, um so größer wird die Anforderung an die mathematische Aufbereitung des Problems, um es überhaupt rechenbar zu machen.

Die Erfahrung zeigt, daß der Anspruch der in Reichweite rückenden Problemstellungen stets dem Anwachsen verfügbarer Rechenkapazität vorauseilt. Die weltweit entstehenden Gruppierungen und Kompetenzzentren für Hochleistungsrechnen zeigen die auf diesem Gebiet rasanten Entwicklungen deutlich auf. Die Universität ist gefragt, diese Prozesse durch geeignete Strukturen und Gewichtungen zu unterstützen. Die Koordination komplementärer Kompetenz wird wesentlich das zukünftige Fortschrittspotential bestimmen. Dies ist eine Herausforderung an die Orientierung innerhalb der Mathematik, gleichwohl aber auch an die Bereitschaft der anderen Wissenschaften solche Kompetenz abzurufen.

Der Wandel in der Wissenschaftsgestaltung in den einzelnen Disziplinen schlägt sich natürlich wesentlich in der Lehre nieder. In allen hier aufgezählten Projekten wirken studentische Hilfskräfte, Diplomanden und Promovenden maßgeblich mit. Die dadurch geförderten Examina machen einen signifikanten Anteil im Gesamtbild aus. Gleichzeitig ist damit die Kombination hohen wissenschaftlichen Anspruchs mit zukunftsweisender Anwendungsrele-

Verzahnung unterschiedlicher mathematischer Konzepte

Die Koordination komplementärer Kompetenz wird wesentlich das zukünftige Fortschrittspotential bestimmen

vanz verbunden. Der Wissenschaftsaspekt ist nämlich nicht mehr „nur" für den eigenen wissenschaftlichen Nachwuchs an den Universitäten interessant. Dies wird durch unsere direkten Kontakte mit Unternehmen außerhalb der Universität bestätigt. In einem wachsenden Anteil hochspezialisierter Industrieunternehmen wird der Bedarf an hohem Ausbildungsniveau wachsen. Über die Fähigkeit hinaus, etabliertes Know-how anwenden zu können, wird innovative Entwicklungsfähigkeit in den Vordergrund treten. Hier hat auch die Universität die Chance, ihr Profil zu schärfen. Sie muß dazu allerdings aktiver an der Definition dessen teilnehmen, was man unter Qualität der Lehre versteht. Ein schönes Tafelbild allein und Fließband-Diploma sollten nicht das Maß der Dinge sein. Der gegenwärtige, auch in den Medien propagierte Trend verlangt nach Trennung von Forschung und Lehre, ja spielt oft beide Komponenten gegeneinander aus – eine in meinen Augen fatale Entwicklung. Sollte dies in der üblichen Gießkannen-Manier realisiert werden, wird dies den deutschen Wissenschaftsstandort und seine Innovationskraft in kaum abschätzbarer Weise schwächen.

Es ist daher von entscheidender Bedeutung, klar zu machen, daß eine angemessene Hochschullehre gerade durch die enge Verknüpfung mit der Forschung charakterisiert ist. Dies ist durchaus kein Festhalten an Traditionen, denn die Art dieser Verknüpfung mag und muß sich ändern. Die vorgestellten Beispiele aus unserer Arbeit verdeutlichen, wie sehr dabei auch Grundlagenforschung über die Universitätsgrenzen hinaus wirksam sein kann. Mehr noch, in einer Zeit der Informationsüberflutung ist die richtige Selektion des Lehrstoffs wichtiger denn je. Der Einsatz in der Forschung ist die beste Orientierung für solche Selektion. Eine Einbindung der Lehre in die Forschung und umgekehrt ist eine Grundvoraussetzung für die schnelle Heranführung von Studenten an relevante Themen in Wissenschaft und Anwendungen.

Autor

Prof. Dr. Wolfgang Dahmen hat den Lehrstuhl für Mathematik am Institut für Geometrie und Praktische Mathematik inne. Seine Forschungsschwerpunkte sind Angewandte und Numerische Analysis, insbesondere Multiskalen-Methoden zur Behandlung von Integral- und partiellen Differentialgleichungen, Approximationstheorie und Anwendungen in der geometrischen Datenverarbeitung.

Literaturhinweise

[1] M. Butzlaff, W. Dahmen, S. Diekmann, A. Dress, E. Schmitt und E. V. Kitzing: A hierachical approach to force field calculations through spline approximations, Journal of Mathematical Chemistry, 15, 1994, S. 77 bis 92.

[2] P. Deuflhard, U. Nowak und J. Weyer: Prognoseberechnungen zur AIDS-Ausbreitung in der Bundesrepublik Deutschland, in: Mathematik in der Praxis, Hrsg. von A. Bachem, M. Jünger und R. Schrader, Springer-Verlag, Berlin 1995, S. 361 bis 376.

[3] W. Hackbusch: Multigrid Methods and Applications, Springer-Verlag, New York 1985.

[4] W. Dahmen: Wavelet and Multiscale Methods for Operator Equations, Acta Numerica, Cambridge University Press, 6, 1997, S. 55 bis 228.

[5] W. Dahmen, B. Gottschlich-Müller und S. Müller: Multiresolution schemes for conservation laws, IGPM Report, 159, RWTH Aachen, April 1998, erscheint in: Numerische Mathematik.

Technisch-
wissenschaftliches
Hochleistungsrechnen

Christian Bischof und
Friedel Hoßfeld

Herausforderungen komplexer Systeme an die Computersimulation

Es ist jetzt etwas mehr als 50 Jahre her, daß der amerikanische Mathematiker John von Neumann – gemeinsam mit seinem Kollegen Herman H. Goldstine – sein Manifest über die Notwendigkeit der Entwicklung und die Entwurfsprinzipien des Digitalrechners verfaßte [1]. Anstoß war die Stagnation der analytischen mathematischen Methoden, um partielle Differentialgleichungen zu lösen, vornehmlich in der Strömungsdynamik. Und er wollte mit seinem Konzept des sequentiellen Digitalrechners, dessen Flexibilität den Siegeszug des Computers in Wissenschaft, Wirtschaft und Gesellschaft vorantreiben sollte, einen „digitalen Windkanal" schaffen, um mit numerischen Methoden und der Simulation komplexer Strömungsprozesse die vorherrschende Stagnation zu durchbrechen.

So war 1946 das Geburtsjahr einer grundlegend neuen Methodik, die sich unter dem internationalen Namen „Computational Science & Engineering" zur dritten, Theorie und Experiment ergänzenden Kategorie wissenschaftlichen Forschens entwickelt hat. Ihre Methode ist die Simulation, ihr Instrument der Computer! Der wissenschaftliche Fokus von Computational Science & Engineering, deren strategische und inhaltliche Spannweite im Deutschen mit dem umfassenden Begriff „Wissenschaftliches Rechnen" eingefangen wird, zielt auf komplexe Systeme, das heißt auf Probleme, die mit den analytischen Methoden allein einer Lösung nicht näher gebracht werden können.

Es liegt in der Natur der Sache, daß diese Problemstellungen neben effizienten Algorithmen, Softwarewerkzeugen und Programmiermodellen auch leistungsfähige Computerarchitekturen bis hin zu Supercomputern erfordern. Das Rechenzentrum der RWTH Aachen betreibt zum Beispiel im Auftrag des Landes Nordrhein-Westfalen den sogenannten Landesvektorrechner, eine Fujitsu VPP300/8, während das Forschungszentrum Jülich als Supercomputing-Zentrum des Bundes über einen Supercomputer-Komplex aus drei CRAY-Rechnern verfügt.

Die Mathematik von Differentialgleichungen und Variationsmethoden begann mit der Entwicklung der neueren Astronomie und Physik. Sie war von Anbeginn diesen Wissenschaften auf das engste verbunden. Entsprechend der Vielfalt und Schwierigkeit der behandelten Aufgaben haben sich die großen Mathematiker und Physiker des 18. und 19. Jahrhunderts zunächst wissenschaftlich interessanten und auch technisch brennenden Einzelfragen zugewandt. Sie gelangten zwar noch nicht zu einer geschlossenen Theorie der partiellen Differentialgleichungen, doch spiegeln selbst „kleine" Darstellungen und großartige Lehrbücher der theoretischen Physik die Schönheit und Harmonie in den Differentialgleichungen der Physik.

**John von Neumanns Idee des
„digitalen Windkanaltunnels"**

In einem denkwürdigen Vortrag über „High-Speed Computing Devices and Mathematical Analysis" beim First Canadian Mathematical Congress im Juni 1945 beschrieb John von Neumann erstmalig die numerische Hydrodynamik auf elektronischen Digitalrechnern als ein Schwerpunktgebiet zukünftiger Forschung. Diese Vorstellungen präsentierte er mit seinem epochemachenden Positionspapier „On the Principles of Large Scale Computing Machines" im Mai 1946 dem Mathematical Computing Advisory Panel des Office of Research and Inventions im Navy Department in Washington [1]. Damals faßte er die Situation der theoretischen Hydrodynamik so zusammen: Der Fortschritt in der analytischen Lösung nichtlinearer Probleme stagnierte entlang der ganzen Problemvielfalt. ... Die Mathematiker hätten die analytischen Methoden, die zudem hauptsächlich auf lineare Differentialgleichungen und eingeschränkte Geometrien anwendbar wären, so gut wie ausgereizt.

John von Neumann wollte nichts weniger als den Digital-Windkanal! Er schlug vor, daß man die analytischen durch numerische Methoden ersetzen und das Entwickeln der Digitalrechner sowie ihren Einsatz fördern solle. Denn digitale Maschinen könnten viel schneller gefertigt und mit höherer Flexibilität und Genauigkeit ausgestattet werden als Analogrechner, zu denen er auch die damals für Strömungsexperimente weithin gebrauchten Windkanäle zählte.

Unmittelbar nach seinem Manifest legte John von Neumann gemeinsam mit Arthur W. Burks und Herman H. Goldstine in mehreren Berichten den logischen Entwurf der nach ihm benannten Rechnerarchitektur vor [1]. Damit lag mit den fünf Elementen Leitwerk, arithmetisch-logischer Prozessor, Hauptspeicher, Eingabe und Ausgabe und dem Prinzip der gemeinsamen Speicherung von Programm und Daten das neue Konzept der digitalen Maschine vor, mit dem die Erfolgsgeschichte des Computers in Wissenschaft und Technik begann.

John von Neumann hat entscheidend dazu beigetragen, daß die konzeptionelle und methodische Unsicherheit in den Jahrzehnten nach 1946 allmählich aufgehoben wurde und daß auch eine gewisse Aussöhnung zwischen Experiment und mathematischer Analysis zustande kam. Denn die numerische Lösungsmethodik für die zugrundeliegenden nichtlinearen Gleichungen führte zwingend in die lineare Algebra und ihre der Numerik erschließbaren Konzepte und Algorithmen [2].

Die Computersimulation entwickelte sich in der Tat zunehmend zur nützlichen Quelle der Einsicht in die Prozesse der Strömungsmechanik, wie es sich von Neumann erhofft hatte. Und nicht nur das: Computational Science & Engineering wuchs zur dritten Säule wissenschaftlichen Forschens heran.

Aber trotz aller Fortschritte stellte das Lösen mehrdimensionaler unstationärer Differentialgleichungen schon immer höchste Herausforderungen sowohl an die numerischen Methoden als auch an die Rechnerarchitekturen. Die erste Antwort darauf waren Vektorrechner, welche mit ihrem Pipeline-Prinzip, das heißt der zeitlichen Überlappung von einzelnen Operationsschritten wie am Montagefließband, die sequentielle arithmetische Verarbeitung von Datenstrukturen der linearen Algebra, der aus Gleitpunktzahlen bestehenden Felder oder „Vektoren" optimierten. Aber schon 1982 machte Cray Research den Schritt zu Mehrprozessor-Vektorrechnern mit Multitasking, der zeitgleichen Ausführung von größeren Programmfragmenten, und damit in die Parallelverarbeitung. Damit verbunden wurden auch rechtzeitig offene Systeme entwickelt, etwa in Unix-basierten Betriebssystemen und der Unterstützung des heute im Internet vorherrschenden TCP/IP-Kommunikationsprotokolls. Diese beiden innovativen Strömungen haben das Computing von den Workstations bis zu den Netzwerken getragen. Die heutigen Vektorrechner der obersten Leistungsklasse sind vielfach noch die „Arbeitspferde" für Computational Science & Engineering, wenngleich sich mehr und mehr neue, superskalare Multicomputer die Arbeit mit ihnen teilen.

Diesen Maschinen liegt der Gedanke zugrunde, auf spezielle Prozessoren zu verzichten und sich statt dessen auf die Integration von Prozessoren zu konzentrieren, die auch im PC und in Workstations eingesetzt werden. So kann man vom Preisdruck auf dem sehr viel größeren Markt dieser Bauteile profitieren. Bei Multicomputern können die Prozessoren in einem Zeittakt mehrere verschiedene Gleitpunktoperationen (etwa eine Addition und eine Multiplikation) ausführen, sie werden deshalb als „superskalar" bezeichnet. Ein solcher „Haufen" PCs (*pile of PCs*) als Supercomputer ist sicher eine attraktive Idee. Für ganz bestimmte Klassen von Anwendungen wurden auf billig vernetzten Ensembles von PCs auch erstaunliche Leistungen erzielt. Neben dem einzelnen Prozessor spielt aber auch die Kommunikation zwischen Prozessoren, die Anbindung von großen Speichern und externen Medien eine große Rolle, um ein Computersystem nutzbar zu machen – insbesondere, wenn es im Rahmen eines breiten Anwendungsspektrums genutzt werden soll. Diese Systemaspekte werden nicht vom Massenmarkt getragen, stellen Computerintegratoren vor hohe technische Anforderungen und sind im Höchstleistungsbereich dementsprechend teuer, egal welchen Prozessortyp das System hat.

Vom Vektorrechner zum superskalaren Multicomputer

Damit sind jedoch noch nicht alle Problemfelder im Blick. Denn um Höchstleistungssysteme effizient nutzen zu können, müssen Rechnerstruktur und Algorithmus eng aufeinander abgestimmt sein. Es ist unmittelbar einsichtig, daß die unterschiedlichen Datenflußstrukturen von Algorithmen sich nicht gleichermaßen gut auf ein in seiner Struktur der Datenkommunikation fest vorgegebenes Verbindungsnetzwerk zwischen den Prozessoren abbilden lassen. Hinzu treten Schwierigkeiten bei der gleichmäßigen Lastverteilung. Große Programme setzen sich in der Regel aus sehr verschiedenen Algorithmen zusammen; sie sind algorithmisch heterogen. Die Stärken und Schwächen der verschiedenen Supercomputer-Architekturen, technologische Hindernisse beim schnellen Vektorverarbeiten sowie die großen Leistungsunterschiede bei Algorithmen auf verschiedenen Parallelrechnern führen fast von selber zur Idee des heterogenen Rechnens und der heterogenen Computer. Auf heterogenen Systemen wird die Arbeit auf unterschiedliche Rechner so verteilt, daß die charakteristische Einzelaufgabe, sei sie skalar, vektoriell, vektor-parallel oder massiv-parallel, jeweils auf derjenigen

Heterogene Computer

**Von der Schwierigkeit, einen Algorithmus
auf ein Computersystem abzubilden**

Rechnerarchitektur abgearbeitet wird, die nachweislich am besten für diesen Aufgabentyp geeignet ist. Hierdurch wird sowohl die Effizienz des Rechnens als auch das Kosten-Nutzen-Verhältnis der beteiligten Systeme erhöht. Der Entwurf paralleler Algorithmen sowie das effiziente Umsetzen auf reale Systeme bleibt aber die große Herausforderung an die Mathematik und Informatik. Die Schwierigkeiten liegen an den durch Kommunikation, Parallelismus und Speicherhierarchien bedingten engen Wechselbeziehungen zwischen einem Algorithmus und seiner Abbildung auf ein Computersystem.

Diese Problematik wird vielleicht am deutlichsten, wenn man sich vor Augen hält, daß schon auf nur einem Prozessor, wie er bei High-End-Workstations eingesetzt wird, die Leistung selbst bei einfachen Algorithmen sich um einen Faktor über 100 unterscheiden kann – je nachdem, ob man den Lehrbuchalgorithmus für den Rechner ohne aggressiven Gebrauch der Optimierungsoptionen der Compiler übersetzt oder auf ein auf die Architektur abgestimmtes, unter Umständen in maschinenspezifischer Assemblersprache programmiertes Verfahren zurückgreift. Das Zusammenschalten von mehreren solcher Knoten in einem parallelen System erhöht die Anzahl der Programmierungsfreiheitsgrade weiter.

Da der Programmieraufwand für komplexe Fragen die Produktzyklen bei der Hardware im allgemeinen überschreitet, sind die Programmierwerkzeuge besonders wichtig. Sie dienen nicht nur dazu, die Programmierung zu erleichtern, sondern auch – über verschiedene Hardwaregenerationen hinaus – den Benutzern eine wohldefinierte Programmierabstraktion in die Hand zu geben und so die Investition in parallele Software langfristig attraktiv zu gestalten.

Das Programmiermodell des Message Passing wird auf Parallelrechnern effektiv genutzt. Mit dem Standard des Message-Passing-Interface (MPI) wurde eine Programmierschnittstelle definiert, welche von allen Herstellern paralleler Systeme unterstützt wird. Das MPI-Modell geht davon aus, daß jeder Prozeß direkten Zugriff auf einen eigenen Speicherbereich hat und auf andere Daten durch expliziten Austausch von Botschaften mit anderen Prozessen zugreift. Dieses Programmiermodell ist effizient umsetzbar und transparent; für den darin ungeübten Benutzer ist es aber nicht unbedingt einfach, korrekte und effiziente Programme zu erstellen.

Ein alternatives Programmiermodell ist Shared Virtual Memory (SVM); ein Konzept, das dem Benutzer erlaubt, auf alle Daten wie in einem traditionellen globalen Adreßraum zuzugreifen. Dieses Konzept ist komfortabel, aber die effiziente Umsetzung eines Benutzerprogramms auf parallele Hardware durch Compiler kann nur stattfinden, wenn die vom Benutzerprogramm induzierten Datenzugriffe gewisse Lokalitäts- und Regelmäßigkeitsvoraussetzungen erfüllen. Doch selbst dann ist dies keine einfache Aufgabe. Sie stellt schon bei dichtbesetzten Felddatenstrukturen, wie zum Beispiel in High-Performance Fortran (HPF), höchste Anforderungen an Compiler, da sie in vielen Fällen das Abbilden von SVM auf ein MPI-basiertes Programmiermodell beinhaltet.

Hier sind Werkzeuge zum Verständnis des Programmverhaltens überaus wichtig. Zum einen benötigt man leistungsfähige Werkzeuge zur Suche und Korrektur von Programmfehlern (sogenannte Debugger), um den Benutzer dabei zu unterstützen, Fehler in den teilweise asynchron laufenden Programmen zu finden. Zum anderen geht es um Systeme zum Verständnis der Wechselwirkung zwischen Programm und Architektur. Denn besonders bei großen parallelen Konfigurationen können enorme Leistungsdifferenzen zwischen verschiedenen Implementationen derselben Problemlösung auftreten. Diese Werkzeuge spielen also eine große Rolle beim Verständnis der Skalierbarkeit von Programmen. Beispielhaft für ein Softwarewerkzeug, welches Leistungsanalyse und Fehlerdiagnose unterstützt, ist das Analyse- und Visualisierungssystem VAMPIR. Ursprünglich vom Forschungszentrum Jülich entwickelt, wird es jetzt an der Technischen Universität Dresden optimiert und mittlerweile von der Pallas GmbH in Brühl vermarktet.

Visualisierung und Computersimulation sind wesentliche Grundlagen, um überaus komplexe System- und Prozeßzusammenhänge zu begreifen. Unverzichtbar hingegen werden sie beim Verständnis komplizierter dynamischer Vorgänge, deren Analyse die mehrdimensionale Repräsentation der Prozesse in Raum und Zeit erfordert. Neue Konzepte in Wissenschaft und Produktentwicklung, wie etwa „Virtuelles Labor" und „Virtuelles Produkt", im Rahmen derer die Computersimulation ein Experiment oder einen Prototypen ersetzt, gründen auf dem Potential hocheffizienter Visualisierungs- und Multimediatechniken.

Visualisierung und Virtual Reality

Denn beim menschengerechten, das heißt anschaulichen Repräsentieren visueller, aber auch nichtvisueller Phänomene (etwa Geräusche) spielen computergraphische Methoden eine herausragende Rolle. Immer bessere Computerhardware ermöglicht nicht nur komplexere Simulationen, sondern sie wird auch genutzt, um immer komplexere, effizientere Visualisierungstechniken zu entwikkeln. Vektorisieren und Parallelisieren zum schnellen visuellen Abbilden mehrdimensionaler Daten haben auch in der Computergraphik längst Einzug gehalten. Hat man sich in der Vergangenheit mit statischen Darstellungen oder bestenfalls Animationen zufrieden geben müssen, weil die Leistung der Graphikcomputer unzureichend war, ist heute das interaktive Darstellen selbst komplexer, dynamischer Szenarien bereits fast machbar [3]. Das Eingreifen in Simulationen, die nur auf Hochleistungsvektor- und Parallelcomputern rechenbar sind, wird über schnelles Vernetzen von Visualisierungs- und Simulationscomputer möglich.

Gleichzeitig können auch akustische und haptische, das heißt den Tastsinn betreffende Informationen hinzugefügt werden. So erleben wir gegenwärtig, wie sich die wissenschaftliche Visualisierung und Computersimulation zur multimedialen Erfahrung wandelt [4]. Hier macht es viel Sinn, die traditionell zweidimensional ausgelegte Schnittstelle zwischen Mensch und Computer auf drei Dimensionen zu erweitern: Insbesondere stereoskopische Visualisierungtechniken erlauben im Vergleich zu lediglich perspektivischen Bildern ein wesentlich intuitiveres Verständnis räumlicher Zusammenhänge. In

Bild 1 Druckverteilung auf den Profil- und Nabenoberflächen sowie Isobaren im Kanalmittelschnitt einer vierstufigen Axialturbine. Auf dem Umfang der Nabe sind fünf der 32 Leitschaufeln und fünf der 33 Laufschaufeln aller vier Stufen dargestellt. Der fehlende Teil der Nabe ist durch Linien angedeutet, die entsprechend dem Druckniveau gefärbt sind. Das Visualisieren der Ergebnisse wurde am Rechenzentrum der RWTH Aachen, die Berechnung auf dem Vektorrechner CRAY J90 am Zentralinstitut für Angewandte Mathematik am Forschungszentrum Jülich durchgeführt. Das hier gezeigte Problem umfaßt 650.000 Gitterpunkte – unter der Annahme, daß die Strömung von Schaufelkanal zu Schaufelkanal periodisch ist.

technisch-wissenschaftlichen Anwendungsfeldern haben sich Systeme durchgesetzt, die auf Großbild-Stereoprojektionen basieren. In der sogenannten CAVE (Computer Audio Visual Environment) werden mehrere Projektionsflächen zu einem virtuellen Raum zusammengesetzt. In vielen Fällen aber reichen platzsparende und kostengünstige Systeme aus, die über lediglich eine oder maximal zwei Abbildungsoberflächen verfügen [4]. Ordnet man eine Projektionsfläche horizontal an, erhält man einen Tisch, auf dem virtuelle Objekte manuell bearbeitet und simulierte Prozesse von allen Seiten betrachtet werden können.

Das Vernetzen mehrerer Projektionstische erlaubt eine gemeinsame Analyse und Diskussion von Simulationsergebnissen über räumliche Entfernungen hinweg. Im Gegensatz zu CAVEs, welche aufgrund ihrer mehrfachen Projektionsflächen bis dato teure Spezialhardware erfordern, können Projektionstische bereits mit der neuesten Generation von PCs betrieben werden. Es ist deshalb zu erwarten, daß solche Tische in den nächsten Jahren hochaktuell und zum alltäglichen Werkzeug des Wissenschaftlers werden.

Das Entwickeln von effizienten Algorithmen und zuverlässigen Programmen ist heute an einen Punkt gelangt, wo dreidimensionale Navier-Stokes-Gleichungen zur Strömungsberechnung an komplexen Geometrien, wie etwa Flugzeugen oder Turbinenschau-

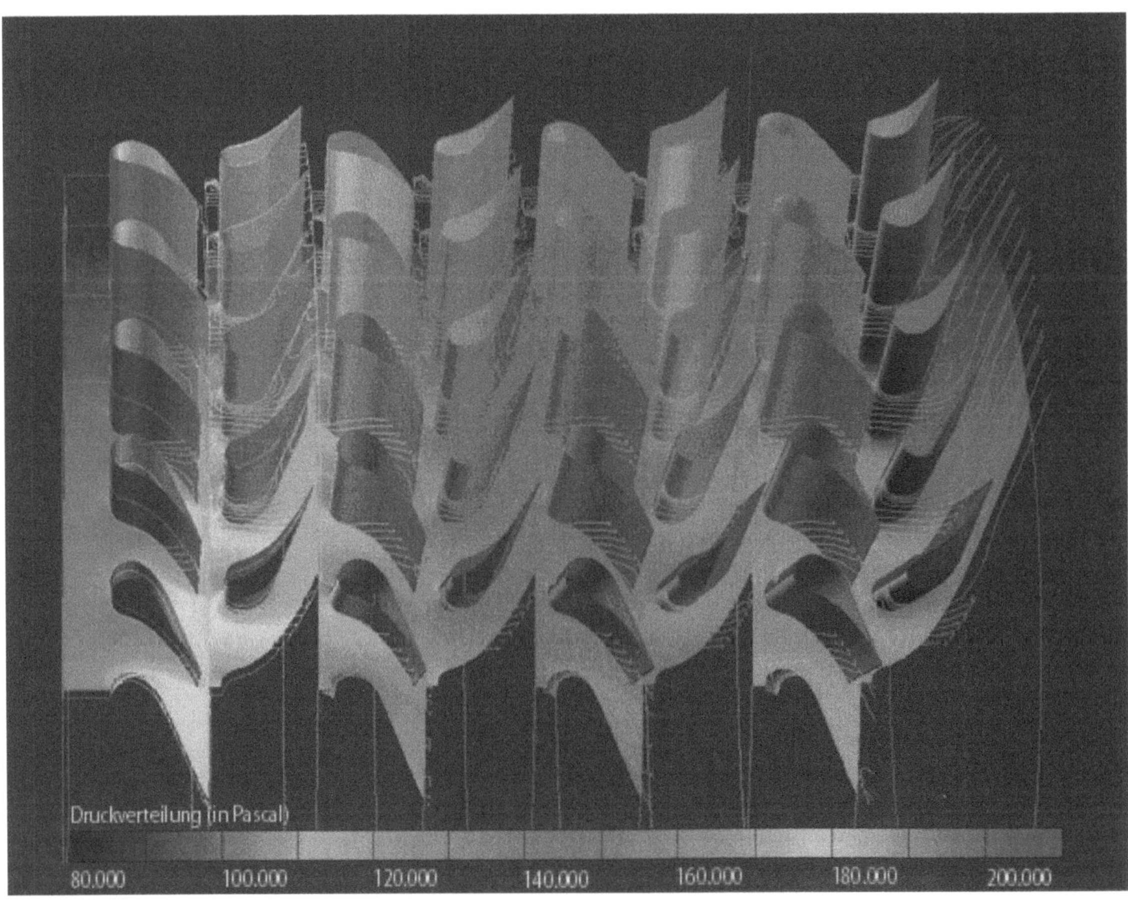

feln, numerisch gelöst werden können. Zum Beispiel wurde am Institut für Dampf- und Gasturbinen der RWTH Aachen (siehe Beitrag von Dieter Bohn, Kapitel 4) das Programm CHTFlow entwickelt. Es löst die dreidimensionalen Navier-Stokes-Gleichungen auf Basis der finiten Volumen. Hier wird ein Zeitschrittverfahren angewendet und die Lösungen der auftretenden linearen Gleichungssysteme mit einem iterativen Gauß-Seidel-Verfahren berechnet [5]. Damit lassen sich realistische Simulationen durchführen, wie etwa die vierstufige Turbine in Bild 1 beziehungsweise Bild 2 zeigt.

Sinn und Zweck einer Turbine ist es, potentielle Strömungsenergie in Form von Druckenergie in mechanische Energie zu verwandeln, welche über die rotierende Welle in der Turbine übertragen wird, zum Beispiel um einen Verdichter oder einen Generator anzutreiben. Die sogenannte Turbinenstufe besteht aus einer stehenden Schaufelreihe, dem Leitrad und einer rotierenden Schaufelreihe, dem Laufrad. Das Leitrad bewirkt ein Umlenken der Strömung in Umfangsrichtung, so daß der Strom mit einem Drall in das nachfolgende Laufrad gelangt. Die Kräfte des Dralls auf den Laufschaufeln treiben die rotierende Welle. Aus diesem thermodynamischen Prozeß ergibt sich eine Absenkung des Drucks und der Temperatur.

Bild 2 Druckverteilung in der ersten Leitschaufelreihe der vierstufigen Turbine. Dadurch, daß diese Verteilung über einen kleineren Bereich (1,65 bar bis 2,1 bar) dargestellt ist, sind die Gradienten innerhalb des Leitrades besser zu erkennen. Der Schaufelbereich (rot), welcher mit hohem Druck beaufschlagt ist, wird Druckseite genannt und der Bereich mit geringem Druck (blau) als Saugseite bezeichnet. In den Darstellungen hier sind die Schaufeln hohl visualisiert, so daß das Innere der Schaufeln zu sehen ist.

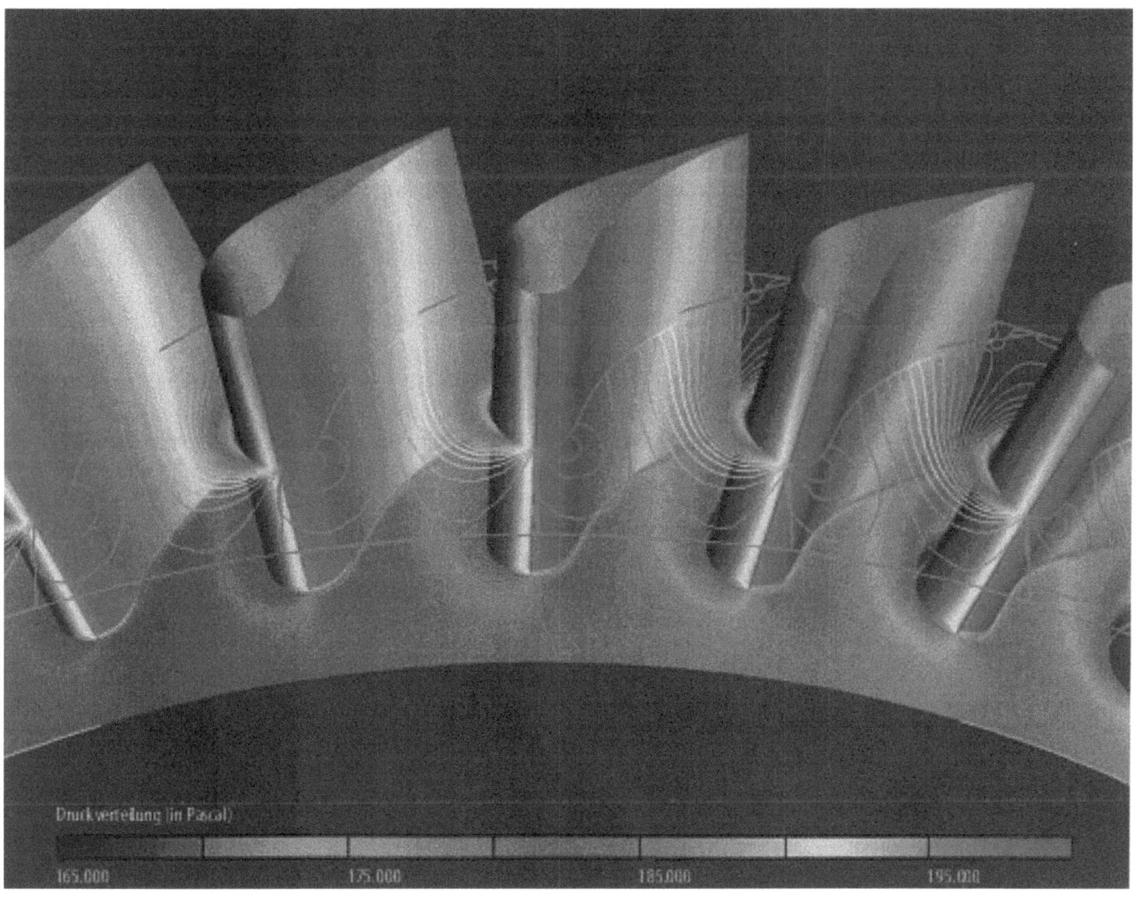

Die aus dem Zusammenwirken von Modellbildung, Computersimulation und Visualisierung entstandene Kombination aus mathematischer Methodik und Informationstechnik hat das wissenschaftliche Rechnen in eine Schlüsseltechnologie verwandelt, die im weltweiten Wettbewerb von Wissenschaft und Wirtschaft unverzichtbar ist. Das Stärken dieser Technologie erfordert jedoch nicht nur bessere Algorithmen, Programmiermethoden, Rechnerarchitekturen und Visualisierungsansätze, sondern aufgrund ihres interdisziplinären Charakters auch die Aufgeschlossenheit für wissenschaftliche Fragen der anderen Fachgebiete. Ohne ein solches fächerübergreifendes Denken kann die Komplexität der Probleme nicht mehr bewältigt werden. Zu diesem Zweck benötigt man wohl auch hierzulande neue Lehrpläne, wie sie in den USA und auch in anderen Ländern Europas für Computational Science & Engineering an vielen renommierten Hochschulen bereits eingeführt wurden.

Autoren   Prof. Christian Bischof, Ph. D., lehrt und forscht am Lehrstuhl für Technisch-Wissenschaftliches Hochleistungsrechnen und ist Leiter des Rechenzentrums.

Prof. Dr. rer. nat. Friedel Hoßfeld hat den Lehrstuhl für Technische Informatik und Computerwissenschaften inne und ist Direktor des John-von-Neumann-Instituts für Computing, Zentralinstitut für Angewandte Mathematik am Forschungszentrum Jülich.

Christian Bischof dankt Herrn Dr. T. Kuhlen vom Rechenzentrum der RWTH Aachen für seine freundliche Unterstützung in Fragen der Virtuellen Realität und Herrn Dipl.-Ing. W. Risch vom Rechenzentrum der RWTH Aachen für das Überlassen der Ergebnisse der Turbinensimulation.

Literaturhinweise   [1] J. von Neumann: Collected Works, Volume V.

[2] J. M. Ortega, R. G. Voigt und C. Romine: A Bibliography on Parallel and Vector Numerical Algorithms, in: Parallel Algorithms for Matrix Computations, Hrsg. von K. A. Gallivan et al., 1990, S. 125 bis 197.

[3] H. Haase, F. Dai, J. Strassner und M. Göbel: Immersive Investigation of Scientific Data, in: Scientific Visualization – Overview, Methodologies and Techniques, Hrsg. von H. Hagen, G. Nielson und H. Müller, IEEE Computer Society Press, 1997.

[4] R. Steffan und T. Kuhlen: A Virtual Workspace Including a Multimodal Human Computer Interface for Interactive Assembly Planning, in: IEEE International Conference on Intelligent Engineering Systems (INES'98), 1998.

[5] R. Emunds, I. Jennions, D. Bohn und J. Gier: The Computation of Adjacent Blade-Row Effects in a 1.5 Stage Axial Flow Turbine, Paper 97-GT-81, ASME Turbo Expo '97, Orlando, USA, Juni 1997.

Egon Krause

Höchstleistungsrechner für die Strömungsmechanik

Supercomputer machen es möglich: Ihre Entwicklung während der letzten 20 Jahre veränderte in der Strömungsmechanik auf ungeahnte Weise die Methodik, mit der Strömungsvorgänge beschrieben werden können. Größere Speicherkapazität und höhere Rechengeschwindigkeit konnten die Leistungsfähigkeit elektronischer Rechner um mehr als das Hundertfache steigern. Zugleich wurde in diesem Zeitraum eine weitere, noch größere Leistungssteigerung der Rechentechnik von etwa zweieinhalb Größenordnungen erreicht, weil algorithmische Methoden verbessert werden konnten; ein Beispiel ist die Erhöhung der Konvergenzrate bei Lösungen linearer Gleichungen mit sehr vielen Unbekannten.

Die Computertechnik wurde nicht zuletzt durch die Ansprüche der Strömungsmechanik vorangetrieben. Denn schon früh hatte sich gezeigt, daß mit dem Einsatz numerischer Methoden auf elektronischen Rechnern Strömungsprobleme gelöst werden konnten, die sich bis dahin einem Durchdringen mit bekannten Methoden beharrlich widersetzt hatten. Die Ergebnisse ließen aber auch erkennen, daß die Lösung der schwierigsten Strömungsprobleme stets den Einsatz der besten Computer erforderte: der Höchstleistungsrechner. Schon heute bilden Nutzer Kollektive, die über leistungsfähige Netze mit Höchstleistungsrechner kommunizieren. Die

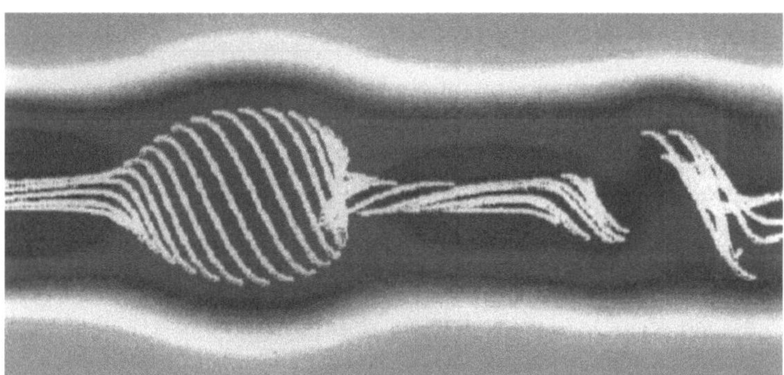

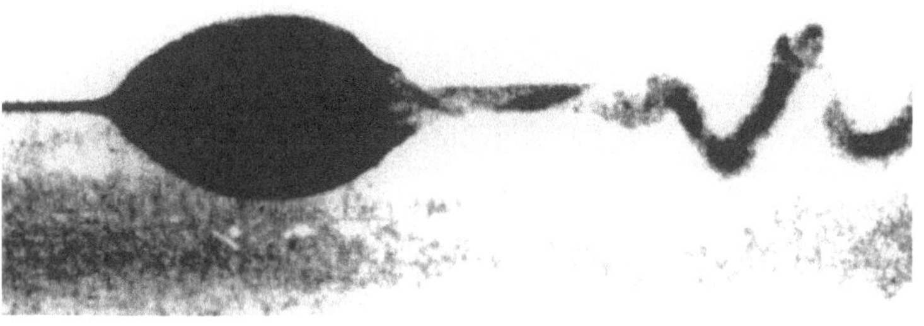

Bild 1 Darstellung des numerisch simulierten Aufplatzvorgangs einer drallbehafteten Rohrströmung (oben) im Vergleich zu experimentellen Daten (unten)

Nachfrage der Strömungsmechanik nach besseren Rechnern wird aber auch künftig nicht nachlassen. Auch die unzähligen Personalcomputer und Workstations, welche heute zu den üblichen Werkzeugen dieses Wissenschaftszweiges gehören und ihre Leistung um ein Vielfaches gesteigert haben, auch die vielen Visualisierungssysteme, fast schon in jedem Forschungsinstitut installiert, werden daran nichts ändern.

Die bisherigen Erfahrungen mit numerischen Strömungssimulationen lassen erkennen, daß die mit zunehmender Leistungsfähigkeit der Rechner auftretenden Detailprobleme nicht mehr allein von den Strömungsmechanikern zu bewältigen sind [1]. Verstärkte Zusammenarbeit mit Mathematikern und Informatikern ergibt sich als notwendige Folge. In den nächsten Jahren wird sich deshalb die Forschungslandschaft strukturell tiefgreifend verändern – ein Trend, den auch die Industrie berücksichtigen muß. Deren bisherigen Versuche, mit wenig Personal und kommerziell erworbenen Programmpaketen dieser Problematik Herr zu werden, werden künftig nicht den erhofften Erfolg bringen. Die rasche Entwicklung der Rechentechnik wird schließlich auch in den Lehrplänen der Universitäten zu berücksichtigen sein. Es gilt, die heute gültigen Studienordnungen der Fakultäten zumindest teilweise zu überdenken, will man nicht den Anschluß an das sich immer noch stark ändernde Höchstleistungsrechnen verlieren.

Verstärkte interdisziplinäre Zusammenarbeit ist aus mehreren Gründen notwendig. Sicher muß die sachgerechte Formulierung von Strömungsproblemen stets aus der Sicht der Strömungsmechanik vorgenommen werden. Aber schon die für die Simulation erforderliche Diskretisierung der Grundgleichungen der Strömungsmechanik, ein System nichtlinearer partieller Differentialgleichungen, die die Erhaltung von Masse, Impuls und Energie beschreiben, beinhaltet schwierige, nicht eindeutig zu beantwortende Fragen der numerischen Mathematik. Unter Diskretisierung versteht man das Umsetzen der beschreibenden Differentialgleichungen auf vorgegebenen, räumlichen Gitternetzen in lineare oder auch nichtlineare algebraische Gleichungen. Die Diskretisierung ist nötig, weil nur algebraische Gleichungen auf elektronischen Rechenanlagen gelöst werden können, nicht aber partielle Differentialgleichungen. Auch die Anlage der Gitternetze verknüpft strömungsmechanische und numerische Fragestellungen: Zum einen müssen die Abstände zwischen den Gitterpunkten hinreichend klein gewählt sein, damit das örtliche Geschehen der Strömung erfaßt werden kann, und zum anderen muß der Lösungsaufwand, der mit der Anzahl der Gitterpunkte zunimmt, in annehmbaren Grenzen gehalten werden.

Heute werden Strömungsberechnungen mit mehreren Millionen Gitterpunkten durchgeführt. Die Rechenzeiten für das Lösen der algebraischen Gleichungen sind immer noch sehr lang, meistens zu lang für industrielle Anwendungen. Bei Entwurfsarbeiten, deren Rechenzeiten höchstens einige Stunden betragen dürfen, werden in der Regel Parameter- und Optimierungsstudien durchgeführt. Rechenergebnisse dürfen hier nicht tagelang auf sich warten lassen, wenn eine zügige Entscheidung ansteht. Die höhere Komplexität der

Nur in interdisziplinärer Zusammenarbeit lassen sich reale Probleme in computerverständliche algebraische Gleichungen übersetzen

untersuchten Probleme und der entsprechend höhere Rechenaufwand verlangen auch künftig Verbesserungen von Lösungsalgorithmen – nicht nur von Methoden der Diskretisierung, sondern auch solchen zur Lösung der durch die Diskretisierung entstandenen algebraischen Gleichungen mit sehr vielen Unbekannten. Die effiziente Auflösung solcher Gleichungssysteme mit Höchstleistungsrechnern ist auch heute noch eine zentrale Aufgabe der numerischen Mathematik und der Informatik.

Effiziente Lösungsalgorithmen können zudem nicht mehr ohne Rücksicht auf die Architektur der Höchstleistungsrechner entwickelt werden. Die für das betrachtete Problem am besten geeignete Programmiersprache wie auch der am besten geeignete Maschinentyp können ausschlaggebend für den Erfolg sein. Die Strömungsmechanik ist heute schon beim Implementieren von Algorithmen auf Mehrprozessor-Vektorrechnern, dem Parallelisieren von Lösungen, deren Portieren auf massiv-parallele Rechnersysteme und bei der Darstellung der dabei anfallenden Datenflut auf die enge Zusammenarbeit mit der Informatik angewiesen.

Bei komplexen Fragestellungen, und besonders wenn Probleme zeitabhängig sind, ist nur noch die bildliche Darstellung mittels Computervisualisierung möglich. Sie kann jedoch nicht ohne Beratung der Strömungsmechanik funktionieren. In vielen Fällen kann man zu Beginn eines solchen Computereinsatzes strömungsmechanische Größen nicht im voraus benennen, die zum Verständnis der Simulation nötig sind. Diese Frage muß bei jeder Problematik neu gestellt werden. So hat sich zum Beispiel gezeigt, daß bei zeitabhängigen Strömungen Strom- und Wirbellinien unter bestimmten Umständen den Strömungsverlauf besser veranschaulichen als etwa

Bild 2 Strömungsuntersuchung im Windkanal. Wissenschaftler des Aerodynamischen Instituts bereiten ein Modell des Raumtransporters „ELAC 1" für den Test vor.

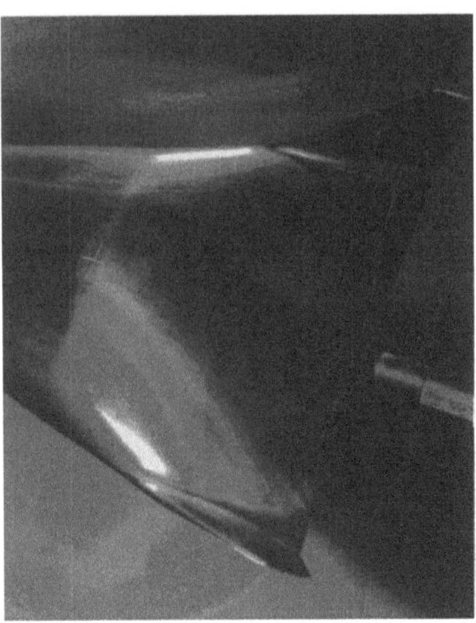

Bild 3 Detail des Strömungskörpers „ELAC 1". Seine Oberflächenstruktur ist für sechs- bis siebenfache Schallgeschwindigkeit ausgelegt.

Numerische Simulation des Wirbelaufplatzens

Lagrangesche Teilchenbahnen, obwohl diese mehr Informationen enthalten – stellen sie doch den Weg einzelner Strömungsteilchen in Abhängigkeit von der Zeit dar [2, 3].

Die Zusammenarbeit mit der Informatik ist besonders auch dann erforderlich, wenn Rechner durch solche mit neuer Architektur ersetzt werden sollen. Derartige Wechsel erfolgen zur Zeit in Abständen von etwa drei Jahren. In naher Zukunft werden Höchstleistungsrechner mit Rechengeschwindigkeiten bis zu zwei Teraflop pro Sekunde und mehr (1 Teraflop entspricht 10^{12} Fließkommaoperationen pro Sekunde) sowie Hauptspeicherkapazitäten bis zu einem Terabyte installiert werden. Da in den einzelnen Anwendungsbereichen in der Regel keine Erfahrungen mit Maschinen dieser Leistungsklasse vorliegen, wird die Zusammenarbeit mit den Informatikern erst recht erforderlich sein, da sich schon jetzt weitere Leistungssteigerungen abzeichnen. Die Konsequenzen sind heute schwer abzuschätzen. Es scheint aber dringend geboten, in absehbarer Zeit langfristigere und umfassendere Strategien zu entwickeln, die die Nutzer besser als bisher möglich auf die Änderungen in der Simulationstechnik vorbereiten.

Im folgenden soll mit drei Beispielen aufgezeigt werden, welche Probleme in der Strömungsmechanik sich in naher Zukunft mit Hilfe numerischer Simulationen auf Höchstleistungsrechnern lösen lassen. Ausgewählt wurden ein Grundlagenproblem – die numerische Simulation der Zerstörung eines schlanken Wirbels, bekannt als Wirbelaufplatzen –, ferner ein Problem aus der angewandten Forschung – die Simulation der Innenströmung in Verbrennungsmotoren während der Ansaug- und Verdichtungsphase – und schließlich das Berechnen der Überschallumströmung des an der RWTH Aachen im Sonderforschungsbereich 253 konzipierten Raumtranporters „ELAC 1".

Wirbel, deren Kerndurchmesser im Vergleich zu ihrer axialen Streckung klein sind, werden als schlank bezeichnet. Sie treten häufig in technischen Strömungen auf und sind auch unter besonderen Bedingungen in der Atmosphäre anzutreffen. Als Tornados, Thromben oder Windhosen können sie verheerende Katastrophen auslösen. Schlanke Wirbel können aber auch so beeinflußt werden, daß der Wirbelkern plötzlich an einer bestimmten Stelle zerstört wird und dort kaum noch rotieren kann.

Dieser Vorgang, als Wirbelaufplatzen in der Literatur bekannt, wurde zuerst in Experimenten beobachtet. Heute kann diese äußerst schwierig zu beschreibende Strömung in Einzelheiten mit numerischen Methoden simuliert werden [3]. So ist es möglich, das Wirbelaufplatzen auch in der Technik zu nutzen. Beispielsweise kann der aufgeplatzte Teil des Wirbels als materieloser Flammenhalter verwendet oder gar für das Mischen unterschiedlicher flüssiger und gasförmiger Medien genutzt werden.

In eigenen Untersuchungen zum Wirbelaufplatzen wurde die drallbehaftete Strömung in einem Rohr mit zunehmenden Durchmesser untersucht [3]. Durch die Querschnittszunahme wird der Strom in axialer Richtung verzögert, so daß der Druck im Wirbelkern ansteigt. Bei hinreichend großem Druckanstieg kann die ursprüngliche, um die Rohrachse rotierende Strömung nicht mehr überall aufrechterhalten werden. Der Wirbelkern bildet dann an einer bestimmten Stelle eine blasenförmige Struktur. Unter gewissen Bedingungen, die heute noch nicht hinreichend bekannt sind, geht das blasenförmige Aufplatzen in ein spiralförmiges über, bei dem der anfänglich gerade Wirbelkern zu einer Spirale verformt wird. Der gesamte Vorgang konnte jetzt erfolgreich simuliert werden.

Diese Simulationsmethode zum Berechnen des Aufplatzvorgangs soll in absehbarer Zeit bei Untersuchungen drallbehafteter Strömungen in Turbinen eingesetzt werden, in denen Wirbelaufplatzen vermutet wird.

Nun ein Beispiel aus der angewandten Forschung. Automobilmotoren wurden in den vergangenen Jahren immer besser. Ihre thermischen Wirkungsgrade liegen aber nach wie vor bei weniger als 50 Prozent. Mehr als die Hälfte der im Brennstoff enthaltenen Energie geht also beim Verbrennungsprozeß ungenutzt verloren. Die Motorenforscher sind deshalb sehr darum bemüht, die Energieausbeute zu erhöhen. Andere Konstrukteure konzentrieren sich darauf, den Schadstoffausstoß in den Abgasen zu senken, besonders die Stickoxid- und Kohlenwasserstoffemissionen, wieder andere befassen sich mit dem Dämpfen des Motorenlärms.

Die genannten Probleme hängen sehr stark mit Strömungsvorgängen zusammen, die sich während der Ansaug- und Verdichtungsphase in den Zylindern ausbilden. Obwohl diese noch nicht einmal eine hundertstel Sekunde dauert, verändert sich Strömung in dieser kurzen Zeit beträchtlich. Die anschließende Verbrennung wird also in erster Linie durch die Strömungsvorgänge beeinflußt. Zukünftige Arbeiten sehen vor, diese im Motor ablaufenden Vorgänge genauer als bisher möglich zu erfassen.

Simulation von Strömungen in Zylindern von Verbrennungsmotoren

Bild 4 Im Sonderforschungsbereich 253 werden die Arbeiten an der Konstruktion „ELAC 1" koordiniert.

Bild 5 Numerisch simulierte Wirbel-
strukturen im Zylinder eines Ottomotors

Die numerische Simulation von Motorinnenströmungen ist in den vergangenen zehn Jahren erheblich fortgeschritten. Mit Hilfe numerischer Integrationen der Grundgleichungen der Strömungs-mechanik auf Höchstleistungsrechnern konnten die in der Ansaug-phase entstehenden Wirbelstrukturen, deren zeitliche Veränderung und gegenseitige Beeinflussung während der Kompression erfaßt werden. Da zunächst nicht bekannt war, ob die errechneten Wirbel-strukturen den tatsächlichen entsprachen, wurden besondere Prüf-stände aufgebaut, welche die simulierten Stömungsvorgänge bestä-tigten [3]. Inzwischen wurden zahlreiche Untersuchungen dieser Art durchgeführt. Die Ergebnisse lassen erwarten, daß in Zukunft die Strömung in Verbrennungsmotoren mit numerischen Simulationen verläßlich erforscht werden kann. Die Simulationsmethoden lassen sich einsetzen, wenn Optimierungsstrategien für den Entwurf von Brennraumgeometrien und die Beeinflussung der Gemischbildung entwickelt werden (Bild 5).

**Strömungssimulation
für Raumtransportsysteme**

In einigen Teilgebieten der Strömungsmechanik, wie zum Beispiel in der Aerodynamik, ist die Simulationstechnik schon so weit vorge-drungen, daß Problemlösungen ohne Höchstleistungsrechner nicht mehr denkbar sind. Numerische Lösungen der strömungsmechani-schen Grundgleichungen sind heute schon unersetzliche Entwurfs-werkzeuge im Flugzeugbau. Dies gilt besonders auch für den Entwurf der nächsten Generation von Raumtransportsystemen. Der heute übliche Weg in den Weltraum mit Hilfe von Startraketen, die nur einmal verwendet werden können, ist zu teuer. Aus diesem Grunde werden in den USA wiederverwendbare Raumtransportsysteme konzipiert. Sie sollen eines Tages nur einmal verwendbare Geräte, wie die Ariane, ersetzen und so Transportkosten wesentlich senken. Diese technologische Entwicklung ist auch für Europa wichtig. Ein unabhängiger Zugang zum Weltraum unter kostengünstigen Bedingungen muß auch in Zukunft garantiert werden. Das letzte Beispiel wird deshalb Einblick in die Entwurfsarbeit für ein wiederverwendbares Raumtransportsystem der nächsten Generation geben.

Bild 6 zeigt die simulierte Überschallströmung um die an der RWTH Aachen im Sonderforschungsbereich (SFB) 253 „Grundlagen des Entwurfs von Raumflugzeugen" untersuchte Konfiguration „ELAC 1" eines Raumtransportsystems. Für den hier gezeigten Fall beträgt die Mach-Zahl (sie beschreibt das Verhältnis der Geschwindigkeit eines Körpers zur Schallgeschwindigkeit) der Anströmung $Ma_\infty = 4$ und das Anstellen der Konfiguration gegenüber der Anströmung zehn Grad. In das Bild eingetragen sind die sich auf der Oberseite der deltaförmigen Konfiguration ausbildenden Wandstromlinien, dargestellt durch die Geschwindigkeitsvektoren in Wandnähe, und die Verteilungen der örtlichen Mach-Zahlen in drei Schnitten. Diese Ergebnisse wurden durch numerische Integration der Grundgleichungen der Strömungsmechanik mit Höchstleistungsrechnern gewonnen. Neben diesen Größen können natürlich auch alle anderen aerodynamischen Größen visualiert und vor allem die aerodynamischen Kräfte berechnet werden.

Die Konfiguration „ELAC 1" stellt die Unterstufe eines zweistufig konzipierten Raumtransportsystems dar, dessen aufgesetzte Oberstufe (hier nicht gezeigt) bei etwa siebenfacher Schallgeschwindigkeit zu seiner Mission im erdnahen oder -fernen Weltraum von der Unterstufe abhebt. Das Gesamtsystem, Unterstufe mit aufsitzender Oberstufe, startet wie ein Flugzeug auf einer Startbahn. Dort landen beide wieder getrennt für sich, die Unterstufe nach Abschluß der Startmission und die Oberstufe nach dem Ende ihrer Orbitalmission. Der für den Aufstieg erforderliche Auftrieb wird zum größten Teil durch die aerodynamische Form der Konfiguration selbst und zu einem geringeren Teil durch den Schub der luftatmenden Triebwerke erzeugt. Der dafür notwendige Sauerstoff wird unmittelbar der Atmosphäre entnommen und braucht nicht wie bei den jetzt verwendeten Systemen mitgeführt zu werden.

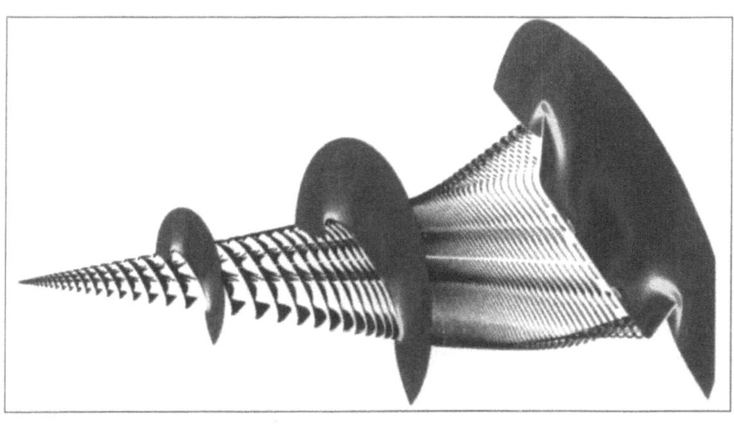

Bild 6 Darstellung der numerisch simulierten Überschallumströmung für das im SFB 253 entworfene Raumtransportsystem „ELAC 1"

Bei heutigen Raumtransportern muß beim senkrechten Start der gesamte Auftrieb durch den Schub der Antriebsraketen erzeugt werden. Dieser muß deshalb auch viel größer sein als bei wiederverwendbaren Transportsystemen, bei denen der Schub im wesentlichen zur Überwindung des Luftwiderstandes benötigt wird und weniger zur Auftriebserzeugung. Der Luftwiderstand ist jedoch erheblich geringer als der für das Gesamtsystem zu erzeugende Auftrieb; gelingt es, entsprechende luftatmende Antriebe zu entwickeln, könnten die Raumtransporter der Zukunft wesentlich preisgünstiger als heute sein.

Für den Entwurf zweistufiger Raumtransportsysteme zählt deshalb zu den wichtigsten Aufgaben, die aerodynamischen Kräfte für die verschiedenen Flugbedingungen abhängig von Höhe und Fluggeschwindigkeit zu ermitteln. Weil schon die Geschwindigkeit für den Start der zweiten Stufe hoch sein muß, sind auch die während des Aufstiegs und erst recht während des Wiedereintritts in die Atmosphäre entstehende Reibungswärme – und damit die thermische Belastung des Systems – sehr hoch. Diese muß ebenfalls vor der Auslegung möglichst exakt ermittelt werden. Wie in Bild 6 andeutungsweise dargestellt, kann heute die Umströmung künftiger Raumtransportsysteme auf Höchstleistungsrechnern in vielen Fällen sehr genau simuliert werden [2, 3].

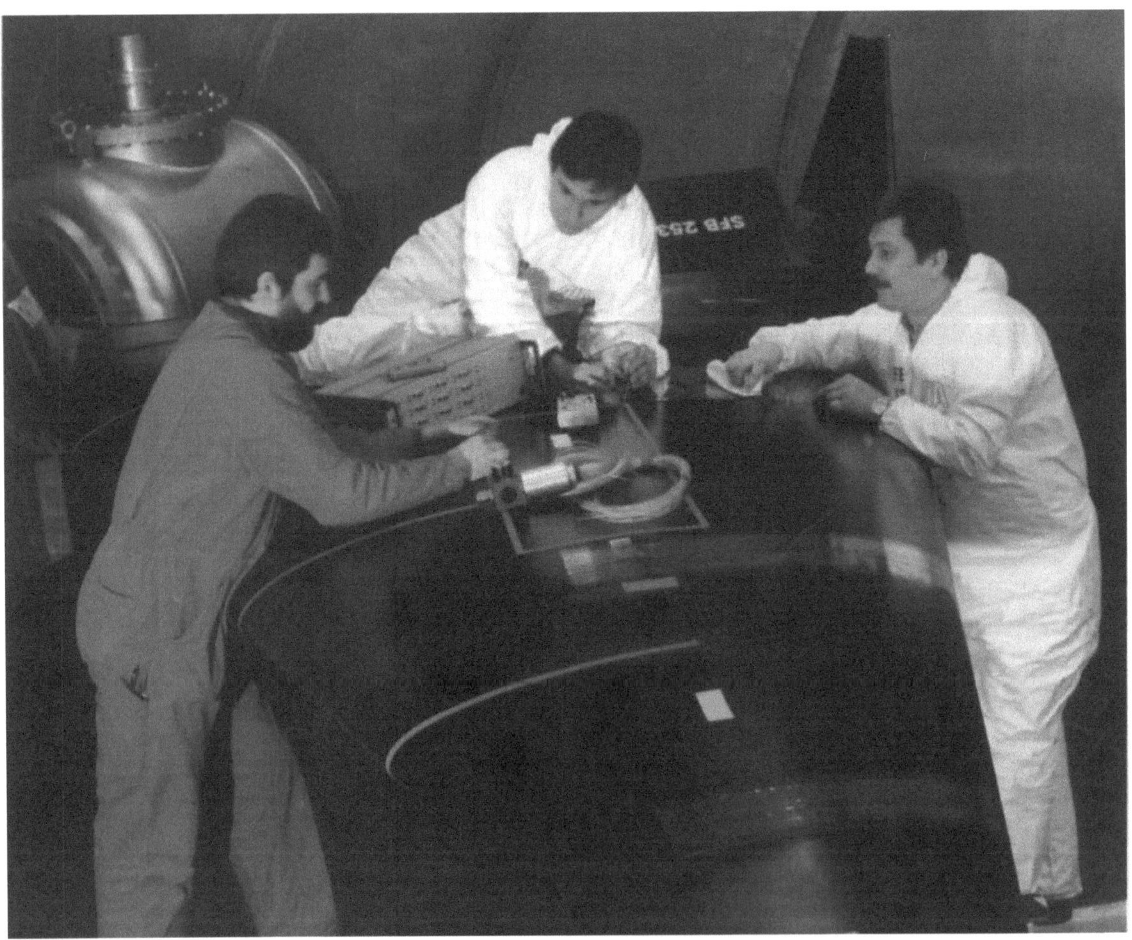

Bild 7 In interdisziplinärer Zusammenarbeit werden die aerodynamischen Kräfte für die verschiedenen Flugbedingungen ermittelt.

Die genannten Beispiele veranschaulichen die zunehmende Bedeutung der Stömungssimulation mit Höchstleistungsrechnern. Sie zeigen auch, daß deren Nutzung heute in vielen Teilgebieten der Strömungsmechanik schon unentbehrlich geworden ist. Das Höchstleistungsrechnen wird großen Einfluß auf zukünftige technologische Entwicklungen haben.

Prof. Egon Krause, PhD, war Inhaber des Lehrstuhls für Strömungslehre und Leiter des Aerodynamischen Instituts.

Autor

[1] High Performance Computing in Science and Engineering, Hrsg. von E. Krause und W. Jäger, Springer-Verlag, Heidelberg 1998.
[2] E. und M. Meinke: CFD-Applications on SNI/Fujuitsu VPP300, in: Supercomputer 97, Anwendungen, Architekturen, Trends, Fokus, Bd. 15, Hrsg. von H.-W. Meuer, München 1997, S. 108 bis 199.
[3] Abhandlungen aus dem Aerodynamischen Institut der RWTH Aachen, 33, 1998.

Literaturhinweise

Virtuelle Werkstoffe

Günter Gottstein und
Lothar Löchte

Computer als Werkzeug und multimedialer Assistent in der Werkstofftechnik

„Der äußerste Bereich ist aus verknüpften Schichten mikrogeschäumter Duranium-Filamente zusammengesetzt. Diese Filamente sind zu Segmenten von 4,7 Zentimetern Dicke und zwei Metern Breite gammageschweißt. ... sie widerstehen der vieltausendfachen Erdbeschleunigung und Temperaturzyklen von Null bis mehreren 1000 Kelvin..." Wir wissen wenig über diesen Werkstoff des 24. Jahrhunderts, der hier im technischen Handbuch des Raumschiffes Enterprise beschrieben wird. Aber eins ist sicher: Wenn es ihn jemals geben wird, dann wird er am Computer „designed" worden sein.

Werkstoffe gehören zum Sockel der menschlichen Zivilisation, sie stärken die Leistungsfähigkeit und Wirtschaftskraft ganzer Industrienationen. Nicht umsonst wurden historische Zeiträume nach ihnen benannt, wie etwa Eisenzeit oder Bronzezeit. Und die Gegenwart gilt als Siliziumzeitalter. Denn mit der Produktion reinen Siliziums in diesem Jahrhundert trat die moderne Elektronik und Kommunikation ihren Siegeszug an. Dennoch sind Werkstoffe und Werkstofftechnik in der breiten Öffentlichkeit wenig bekannt, weil diese in erster Linie die Funktion des Gesamtprodukts, zum Beispiel eines Flugzeugs, wahrnimmt. Kaum jemand weiß hingegen von der werkstofftechnisch hochkompliziert aufgebauten kleinen Schaufel, die dem Höllenfeuer der Flugturbine ausgesetzt ist und dem Flugzeug erst die nötige Schubkraft verleiht. Die Werkstoffindustrien als Schlüsselbereiche für Verkehrs-, Energie- und Kommunikationstechnik gehören deshalb zu den strategischen Förderkatalogen der Industrienationen. Entsprechend hoch ist der Bedarf an Forschung und Produktivität in diesem Wirtschaftssektor.

So kennt die moderne Werkstofftechnik ein breites Band an Materialien, von hart bis weich, von spröde bis zäh (duktil), von Reinststoffen für elektronische Einsätze bis zu hochkomplexen Legierungen für extrem belastete Konstruktionen. Werkstoffe wie Metalle, Legierungen und Keramiken werden bereits seit langer Zeit verwendet, doch erst in diesem Jahrhundert haben die Naturwissenschaftler und Ingenieure verstanden, was die jeweils gewünschten oder unerwünschten Eigenschaften ausmacht und wie sie zu beeinflussen sind. Wir wollen uns hier auf Metalle, nach wie vor die am häufigsten verwendete Werkstoffgruppe, beschränken.

Noch bis zum Anfang dieses Jahrhunderts glaubten die Materialwissenschaftler, daß die chemische Zusammensetzung eines Werkstoffs maßgeblich seine Eigenschaften bestimmt. Das ist jedoch nur der kleinere Teil der Wahrheit, denn bei gleicher chemischer Zusammensetzung können Werkstoffe äußerst unterschiedliche Eigenschaften besitzen. Im Fall der metallischen Werkstoffe be-

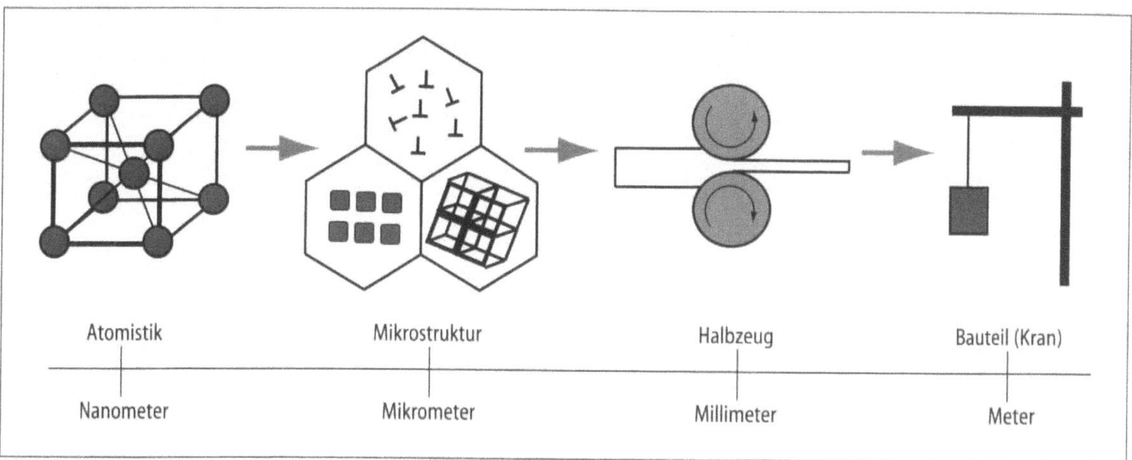

stimmt der kristalline Aufbau das Eigenschaftsspektrum – genauer gesagt sind es die Störungen des perfekten Kristalls. Unter Störungen sind hier Defekte im Kristallaufbau oder auch Unregelmäßigkeiten in der räumlichen Verteilung der chemischen Elemente gemeint. Dieser Aufbau der Elemente, Kristallbaufehler, chemische Phasen und ihre Kristallite bestimmen die Mikrostruktur eines Werkstoffs und damit die makroskopischen Eigenschaften eines Bauteils, das wir daraus herstellen (Bild 1). Um also zu verstehen und verläßlich vorherzusagen, warum zum Beispiel ein Baukran solch enorme Lasten tragen kann, müssen wir die Mikrostruktur des Werkstoffs Stahl, aus dem er hergestellt ist, verstehen und nicht selten bis zum atomistischen Aufbau des Werkstoffs vordringen. Dies ist zwar auch experimentell seit einigen Jahren durch Entwickeln neuer Methoden möglich, aber mit hohem Aufwand verbunden und daher nur sehr begrenzt durchführbar.

Dennoch muß der Ingenieur die Qualität seines Werkstoffs garantieren und Prognosen über seine Leistungsfähigkeit abgeben. Daher ist es bis heute üblich, Eigenschaften durch stark vereinfachte, häufig rein empirische, das heißt aus der Erfahrung gewonnene Gleichungen zu beschreiben. Diese spiegeln zumeist gar nicht oder nur sehr begrenzt die Mikrostruktur und die sie erzeugenden mikroskopischen Mechanismen wider und sind für wirkliche Prognosen ungeeignet. Ständig höhere Ansprüche an die Leistungsfähigkeit der Materialien bei gleichzeitig kostengünstiger Produktion zwingen aber zu einer immer rascheren Werkstoffentwicklung und damit zu aussagefähigeren Werkstoffmodellen. Die rasante Zunahme der Rechenleistung moderner Computer hat nun neue Möglichkeiten eröffnet, physikalisch fundiertere Modelle zu etablieren und so die Werkstoffentwicklung zu optimieren.

Die Mikrostruktur eines Werkstoffs wird maßgeblich durch seine Produktion und Verarbeitung bestimmt. Durch Wahl geeigneter Prozeßparameter, wie etwa Wärmeaustausch, Umformgrad und Temperatur, können die Eigenschaften entscheidend beeinflußt werden. Bauteile aus einem Material mit nominell gleicher chemischer Zusammensetzung können sich somit dramatisch unterschiedlich verhalten. Dabei muß man sich vor Augen halten, daß heute etwa

Bild 1 Größenskalen in den Materialwissenschaften

Bislang herrschen empirische Methoden vor

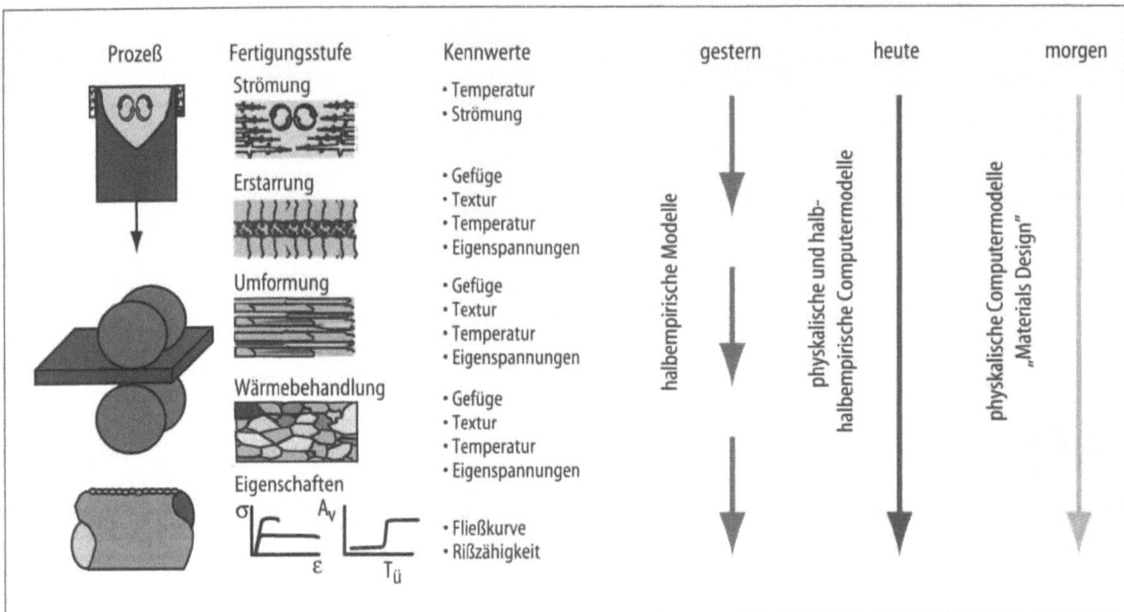

Bild 2 Typischer Prozeßablauf zur Herstellung eines Rohrs und zugehörige Modellierung

zehn bis 15 Jahre vergehen, ehe ein neuer Werkstoff den Markt erreicht, weil Pilotversuche, umfangreiche Testreihen und empirische Prozeßoptimierungen äußerst zeitaufwendig sind. Diese beträchtlichen Vorlaufzeiten müssen reduziert werden, um international konkurrenzfähig zu bleiben. Langfristiges Ziel der Forschung ist es daher, anhand von Zielvorgaben einen Werkstoff quasi am Computer zu konstruieren. Bis dahin ist es aber noch ein weiter Weg.

Wie gelingt es nun, durch Simulation von „virtuellen Werkstoffen" am Computer Eigenschaften zu verbessern, rohstoff- und energiesparend herzustellen und schlußendlich ganz neue Werkstoffe zu entwickeln? Bild 2 gibt als Beispiel einen Überblick über den typischen Produktionsweg eines geschweißten Rohrs, vom Gießen und Erstarren über das Umformen zum Blech, einer Wärmebehandlung und endlich dem Biegen und Schweißen des Bleches zu einem Rohr. Um die Eigenschaften dieses sehr einfachen Bauteils „Rohr" möglichst genau bestimmen zu können, müssen wir einerseits die einzelnen Vorgänge mikroskopisch exakt beschreiben und zum anderen die Modellierung der aufeinanderfolgenden Prozeßstufen miteinander verbinden. Während ersteres ein rein technisch-wissenschaftliches Problem darstellt, ist das Verknüpfen der Modelle nicht zuletzt eine organisatorische Herausforderung. Den Rahmen hierzu bildet der Sonderforschungsbereich (SFB) 370 „Integrative Werkstoffmodellierung" der Deutschen Forschungsgemeinschaft, der vor einigen Jahren an der RWTH Aachen seine Arbeit aufgenommen hat. Da in der Realität erst das Verknüpfen der einzelnen Prozeßschritte mit ihren jeweiligen charakteristischen mikrostrukturellen Veränderungen zum endgültigen Werkstoff beziehungsweise Bauteil führt, ist dieses Verbinden auch beim Modellieren notwendig. Dazu werden die einzelnen Module durch genau definierte Schnittstellen auf eine Verknüpfung zugeschnitten, so daß beispielsweise Software zum Modellieren des Gießvorgangs und Erstarrens die Werkstoffdaten an eine Simulation der nächsten Prozeßstufe, der Umformung, weitergibt.

Konzentrieren wir uns nun auf eine Prozeßstufe, wie sie in der Praxis der Werkstoffherstellung täglich vorkommt. Das umgeformte Blech wird einer Wärmebehandlung unterzogen, damit es die richtigen mechanischen Eigenschaften erhält. Danach wird es zum Rohr gebogen und verschweißt. Dazu müssen wir zunächst wissen, daß ein metallischer Werkstoff beim Umformen verfestigt, das heißt seine Härte aufgrund von Eigenspannungen ansteigt und er somit spröder wird. Dies ist zumeist unerwünscht, denn das Rohr soll ja nicht bei einer ungewollten Belastung versagen. Die Härte aber läßt sich durch eine entsprechende Wärmebehandlung, bei der Eigenspannungen wieder abgebaut werden, rückgängig machen. Dabei werden im Werkstoff neue, eigenspannungsfreie Kristallite (Körner) erzeugt, die auf Kosten der harten Matrix wachsen. Diesen Vorgang nennt der Materialwissenschaftler Rekristallisation.

Die Größe der Kristallite nach dieser Wärmebehandlung ist wiederum entscheidend für mechanische Eigenschaften des Endproduktes. Die Kristallitgröße hängt gleichzeitig von der Härte ab, die beim Umformen eingebracht wurde. Um Rekristallisation auf dem Computer simulieren zu können, benötigen wir Information über die Eigenspannungen, die beim Umformen in den Werkstoff eingebracht wurden. Leider sind diese Eigenspannungen lokal sehr unterschiedlich und experimentell nur schwer zugänglich, sie bestimmen aber in hohem Maße den weiteren Verlauf der Rekristallisation. Zum Modellieren der Rekristallisation werden die Eigenspannungen an ein Softwaremodul zur Beschreibung eben dieser Rekristallisation übergeben. Das Modul simuliert den Rekristallisationsvorgang mit der Methode der „Zellularen Automaten". Diese Methode, sie stammt ursprünglich aus der Informatik, hat in jüngster Zeit auch in der Werkstofforschung viele interessante Anwendungen gefunden.

Das Prinzip ist in Bild 3 erklärt. Zunächst wird der Werkstoff in kleine Zellen und die Zeit in kleine Abschnitte unterteilt (diskretisiert). Die Zellen haben dabei ganz bestimmte Eigenschaften, die sich ändern können. In unserem Fall ist dies zum Beispiel die Eigenspannung oder auch die Temperatur in dieser Zelle. Schritt für Schritt wird nun die zeitliche Entwicklung der Eigenschaften der einzelnen Zellen berechnet. Die Bezeichnung „Automat" rührt daher, daß der Zustand einer Zelle sich automatisch mit den bestimmten Zuständen der Nachbarschaft ändert. Das heißt, die unmittelbare Nachbarschaft der betrachteten Zelle bestimmt die

Simulation einer Rekristallisation

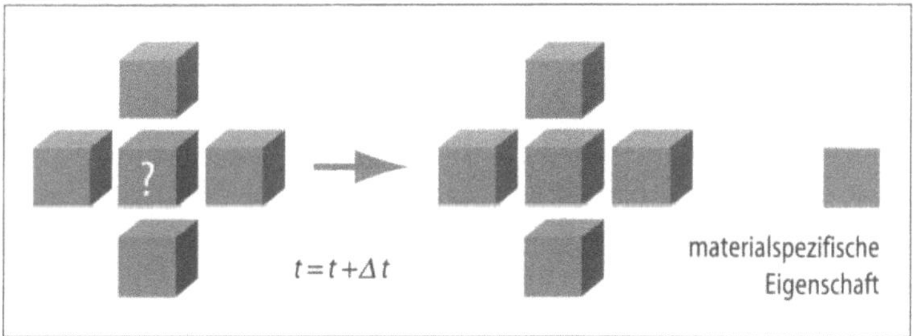

Bild 3 Prinzip des „Zellularen Automaten"

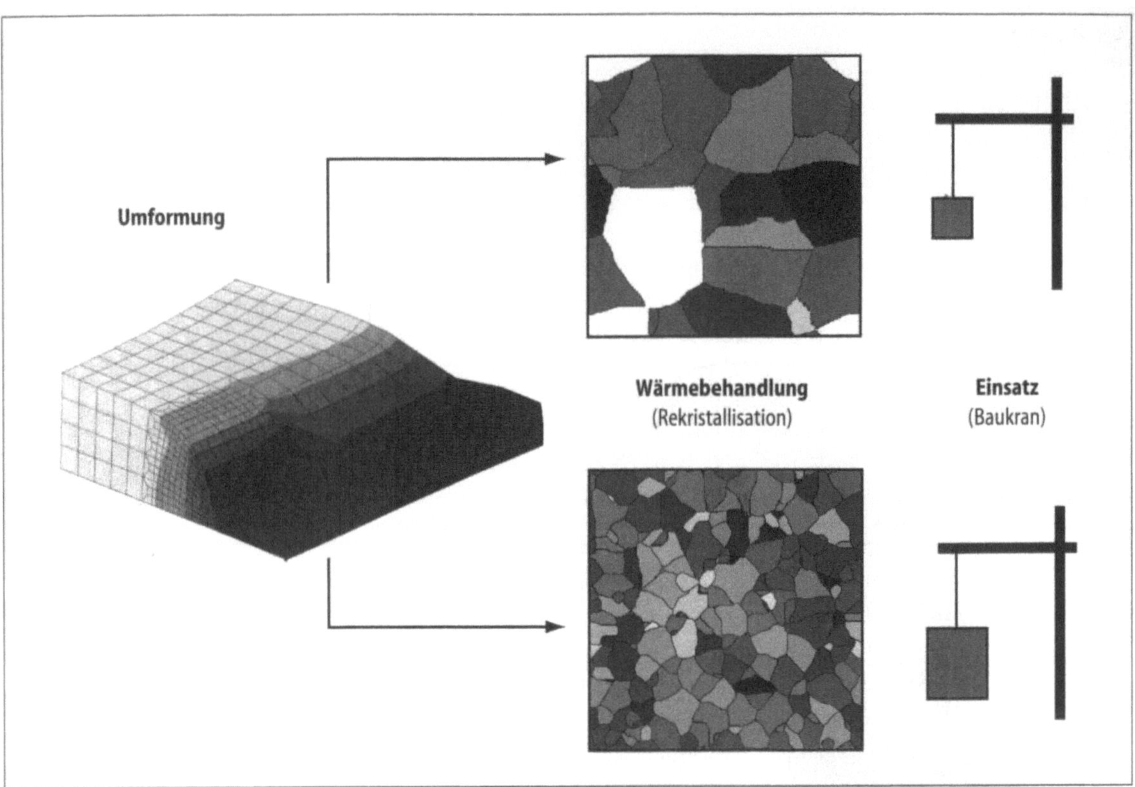

Bild 4 Wärmebehandlung eines umgeformten Blechs und Einsatz des Werkstoffs in einem Baukran im Computerexperiment

Eigenschaft der Zelle im nächsten Schritt. Die Wahl dieser Transformationsvorschrift wird durch den physikalischen Vorgang bestimmt, etwa das Ändern der Eigenspannung. Konkret schaltet im angeführten Beispiel die mittlere Zelle von Eigenspannung „rot" auf „grün", wenn mindestens drei Nachbarn ebenfalls die Eigenschaft „grün" besitzen. Damit wird zum Beispiel das Wachstum eines rekristallisierten Korns simuliert.

Führen wir nun ein Computerexperiment durch, wie es in der täglichen Praxis eines Werkstoffingenieurs häufig vorkommt. Ein Metall wird gezielt umgeformt, um einerseits die gewünschte Geometrie, andererseits aber auch eine bestimmte Eigenspannung einzustellen. Um Unterschiede deutlich zu machen, gehen wir hier von einem Experiment aus, in dem über den Querschnitt einer Probe verschiedene Umformgrade realisiert sind (Bild 4 links). Die so umgeformte Probe wird – im Computerexperiment – einer Wärmebehandlung unterzogen. Nach Abschluß der Rekristallisation beobachten wir die in Bild 4 dargestellten Mikrostrukturen (Mitte), die sich in erster Linie durch ihre Kristallitgrößen unterscheiden. Andere Eigenschaften wollen wir hier der Einfachheit halber vernachlässigen. Was auf den ersten Blick wenig dramatisch erscheint, ist für den Anwender aber drastisch bemerkbar. So könnte ein Kran, aus dem grobkristallineren Werkstoff gebaut, lediglich die Hälfte der Last tragen. Mit orts- und zeitdiskreten Methoden lassen sich auch andere technische Prozeßschritte für beliebige „virtuelle" Werkstoffe am Computer abbilden und quasi kostenfrei behandeln und optimieren. Finite-Elemente-Methoden (FEM) sind ein anderes bekanntes Beispiel. Durch die weltweite Forschungsarbeit auf dem Gebiet der Werkstoffmodellierung sind eine Vielzahl weiterer geeigneter Simulationsmethoden für praktisch jeden Vorgang entwickelt worden.

Die Ergebnisse einer solchen Simulation sind häufig überraschend und nicht vorherzusehen, weil geringe Änderungen der Prozeßparameter gewaltige Konsequenzen haben können. Deshalb ist es für Studierende der Werkstofftechnik nicht gerade einfach, diese komplexen Zusammenhänge zu verstehen. So wird das Fach Materialkunde oder Werkstoffphysik als sehr schwierig empfunden, speziell, weil hohe Ansprüche an dreidimensionales Vorstellungsvermögen und das Verständnis verknüpfter nichtlinearer Zusammenhänge gestellt sind. Aber nur, wer die Prozeßkette vom Gießen bis zum fertigen Bauteil überblickt, wird künftig in der Lage sein, die Auswirkungen der Verfahrens- und Werkstoffparameter auf das Materialverhalten zu verstehen. Das rasche Entwickeln und Optimieren moderner Werkstoffe setzt nun einmal fundiertes Expertenwissen voraus.

Daher ist es zum einen notwendig, Studenten früh auf diese Problematik vorzubereiten. Zum anderen kann man „virtuelle" Werkstoffe (also deren Computersimulation) nutzen, um den Studierenden ein tieferes Verständnis für die Mechanismen und Einflußgrößen im Material zu vermitteln. Zu diesem Zweck wird am Institut für Metallkunde und Metallphysik eine Lernsoftware entwickelt, in die Modellierungs- und Simulationsmethoden aus dem Sonderforschungsbereich eingebettet sind (Bild 5). Werkstoff-Zusammenhänge werden den Studenten mittels Hyperlink-Technologie, dreidimensionaler Darstellungen und interaktiven Computereinsatzes verdeutlicht (Bild 6). Das Verknüpfen verschiedener Betrachtungsebenen (mikroskopisch-atomistisch bis makroskopisch) läßt sich so vereinfachen. Außerdem können komplexe mathematische Zusammenhänge mit einfachen Simulationen anschaulich dargestellt werden. Parameterstudien lassen sich eigenständig und beliebig häufig durchführen. Das vertieft die Einsicht ins Werkstoffverhalten und seine Beeinflußbarkeit.

Durch Visualisieren wird das Lernen zudem vereinfacht und verkürzt, wie der komplexe Vorgang „Rekristallisation" belegt (Bild 6): Als Simulationsparameter stehen verschiedene Materialien (zum Beispiel Aluminium, Kupfer, Messing) zur Auswahl. Die eindring-

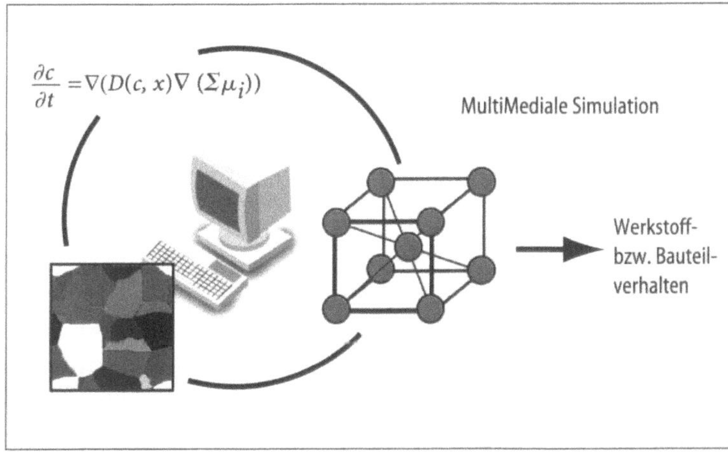

Bild 5 Konzept der Lernsoftware „Werkstoffwissenschaften MultiMedial"

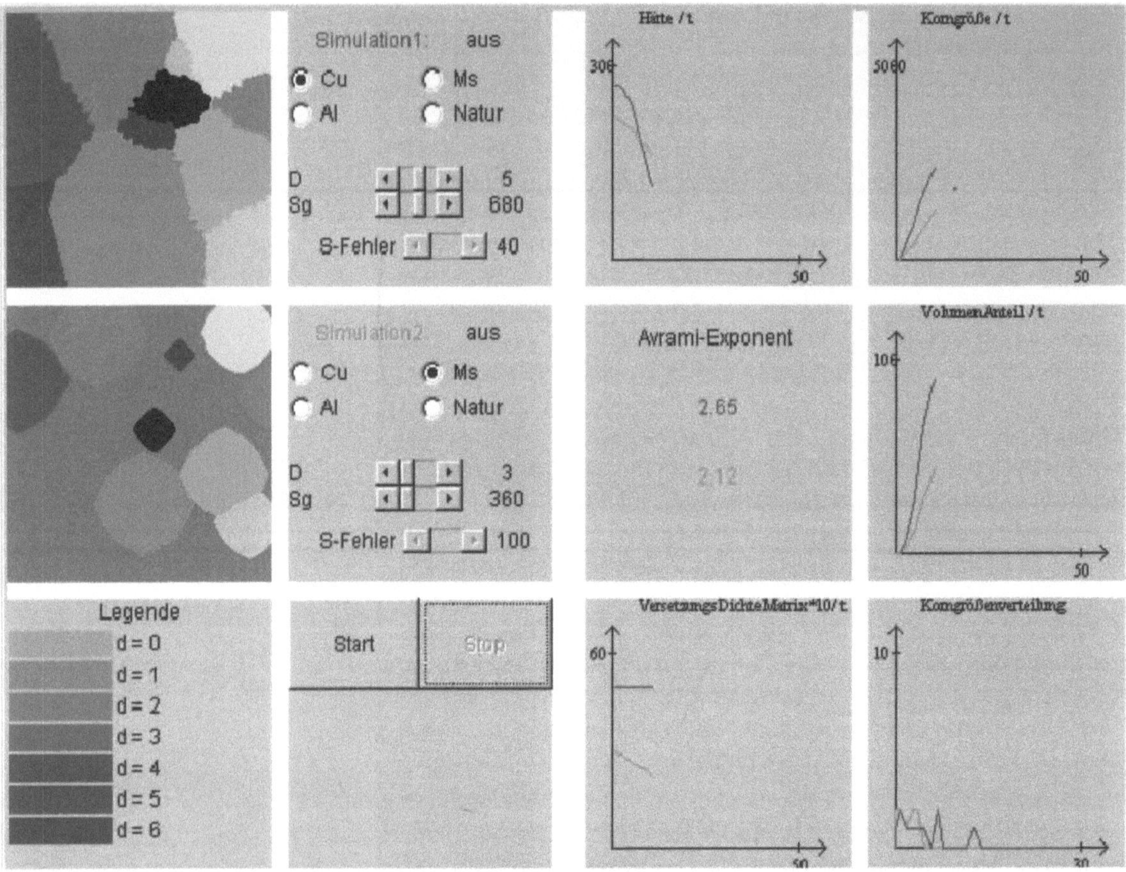

Bild 6 Rekristallisation. Screenshot aus der Lernsoftware „Werkstoffwissenschaften MultiMedial"

liche Information der bildhaften, dynamischen Darstellung zusammen mit der Möglichkeit, in den Prozeß eingreifen zu können, bewirkt viel: Der Softwarenutzer ist nicht nur in der Lage, schnell ein Gespür für komplexe Zusammenhänge und ein tieferes Verständnis für Abhängigkeiten zu entwickeln, wie etwa die Konkurrenz von Rekristallisation und Erholung (Abbau der Eigenspannungen ohne Kornneubildung), sondern er sieht auch die Auswirkungen auf Werkstoff- und Bauteilverhalten in relativ kurzer Zeit ein. Die graphische Oberfläche ist weitgehend selbsterklärend und wird durch Hilfstexte sowie ein Schlagwortverzeichnis unterstützt.

Technisch umgesetzt wird die Lernsoftware mit Hilfe von HTML- (Hyper Text Markup Language)-Texten und der Programmiersprache Java. Diese neuartige Sprache hat zwei wesentliche Vorteile: Sie ist einfach strukturiert und architekturneutral. So wird lediglich ein Browser benötigt, um das Programm per Internet überall auf der Welt oder auch von einer CD zu starten. Je nach Bedarf kann sich der Nutzer vor dem Verlassen des Programms seinen Lernfortschritt überprüfen, so daß sich die Software sowohl für Lehrveranstaltungen als auch für Privatstudien gut eignet.

Es steht außer Zweifel, daß Computer als Werkzeug für die Materialentwicklung künftig unverzichtbar sind. Werkstoffindustrien, die auf Simulation und Modellierung verzichten wollen, haben sich bereits heute aus der Zukunft verabschiedet. Enorme Kosteneinsparungen und Flexibilität am Markt lassen keine Alternative zur Simulation zu. Allerdings: Ein Wunsch-Material vollständig am Computer zu entwickeln, ist derzeit noch ein Traum.

Autoren

Prof. Dr. rer. nat. Günter Gottstein ist Direktor des Instituts für Metallkunde und Metallphysik (IMM). Seine Arbeitsgebiete (Schwerpunkte) sind Kristallplastizität, Rekristallisation, Korngrenzenbewegung, kristallographische Texturen, Hochtemperaturverformung, Versetzungstheorie, Phasenumwandlungen sowie werkstoffphysikalische Simulation.

Dipl.-Ing. Lothar Löchte ist wissenschaftlicher Angestellter am IMM, Mitarbeiter im SFB 370 und Leiter der Arbeitsgruppe Multimedia am IMM. Seine Arbeitsgebiete sind Simulation diffusionsgesteuerter Phasenumwandlungen, aushärtbare Aluminiumlegierungen sowie multimediale Lehre.

Literaturhinweis

Eine Demonstration der Lernsoftware findet man im Internet unter http://www.imm.rwth-aachen.de.

Werkstoffe unter Stress

Josef Betten

Wie man mit mathematischen Modellen die Belastbarkeit von Materialien berechnet

Die letzten Jahrzehnte brachten bedeutende Fortschritte auf dem Gebiet der Werkstoffe – sie gehen auf die Ergebnisse einer intensiven Grundlagenforschung zurück. Technischer Fortschritt und industrielle Weiterentwicklungen sind häufig nur dann möglich, wenn leistungsfähige Materialien zur Verfügung stehen. Dafür lassen sich zahlreiche Beispiele anführen, etwa aus der Luft- und Raumfahrt, aus dem Kraftwerksbau und der Automobiltechnik. Neue Werkstoffe sind zudem ein hervorragendes Mittel, um den Energieverbrauch zu senken: etwa Keramiken in Gasturbinen, hochwarmfeste Werkstoffe in Kraftwerken oder Verbundwerkstoffe in Fahrzeugen und Satelliten.

Die Materialtheorie gehört zur Werkstoffkunde und zur Mechanik. Ihre zentrale Aufgabe besteht darin, Gleichungen aufzustellen, die das physikalische Verhalten von Werkstoffen unter den Bedingungen ihres technischen Einsatzes beschreiben. Dabei sind sie beispielsweise Hitze, Druck, Zug, Biegung, Torsion und Korrosion ausgesetzt. Diese äußeren Einflüsse können das innere Gefüge nachhaltig stören. In der modernen Materialwissenschaft wird das rein experimentelle Vorgehen der früheren Jahrzehnte immer mehr durch mathematische Modellierung abgelöst. Eine Basis dafür liefern die Kontinuumsmechanik und die Rechnung mit Tensoren. Die klassische Kontinuumsmechanik betrachtet den Werkstoff als gleichmäßige Anhäufung von materiellen Punkten (Kontinuum). Als mathematisches Hilfsmittel dient die Tensorrechnung, ohne die wohl kaum ein Einblick in die Grundlagen der modernen Kontinuumsmechanik gelingen könnte.

Die Tensorrechnung entstand an der Schwelle zum 20. Jahrhundert und wurde im Jahre 1901 von den italienischen Mathematikern Gregorio Ricci-Curbastro (1853 bis 1925) und Tullio Levi-Cività (1873 bis 1941) begründet. Albert Einstein (1879 bis 1955) wendete die Tensorrechnung 1916 auch auf seine Relativitätstheorie an. Weitere Anwendungen finden sich in der Differentialgeometrie und, wie bereits erwähnt, in der Kontinuumsmechanik.

Die klassische Kontinuumsmechanik geht von den unmittelbar erfaßbaren Reaktionen eines Werkstoffes auf seine Belastungen aus. In einer umfassenden Materialtheorie dürfen aber auch werkstoffwissenschaftliche Gesichtspunkte nicht fehlen. Jeder Werkstoff weist im Innern eine Struktur auf. Metallische Werkstoffe besitzen ein Gefüge aus zahllosen, mikroskopisch kleinen Körnern. An den Grenzen zwischen ihnen können sich durch die Belastung Poren bilden, feine Risse breiten sich aus, bis das Material bricht (Bild 1). Das Anwachsen solcher Materialschädigungen muß mathematisch, das heißt durch entsprechende Gleichungen, beschrieben werden, damit man das Versagen eines Werkstoffes infolge der Belastung voraussa-

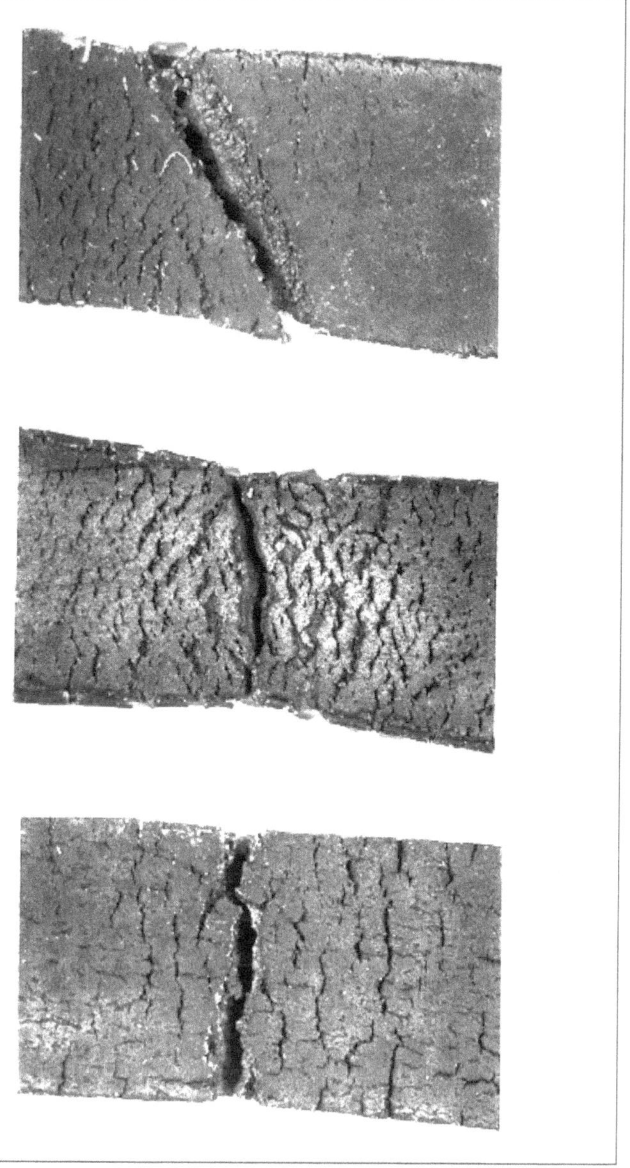

Bild 1 Stereomikroskopische Aufnahmen von Werkstoffproben nach dem Bruch in Abhängigkeit von der Probenorientierung

gen kann. Sowohl die Kontinuumsmechanik als auch die Werkstoffwissenschaften sind demnach als Einheit zu sehen.

Eine der Grundlagen der mathematischen Modellierung von Werkstoffen bildet das sogenannte Hookesche Gesetz. Im Jahre 1678 machte der englische Naturforscher Robert Hooke die Entdeckung, daß der Zusammenhang zwischen der elastischen Verformung eines Körpers und der dazu erforderlichen Kraft bis zur Proportionalitätsgrenze linear ist: *ut tensio sic vis*. Die Kraft erzeugt über dem Materialquerschnitt eine Spannung, die zur Verformung, sprich Verzerrung führt. Bis zur Proportionalitätsgrenze verhält sich ein Hookescher Körper elastisch. Der lineare Faktor, der die Spannung und die aus ihr folgende Verzerrung miteinander verknüpft, wird Elastizitätsmodul genannt. Er stellt eine Materialkonstante dar, die man experimentell bestimmen kann und die von der Temperatur ab-

**Hookesches Gesetz und
Zweiter Hauptsatz der Thermodynamik**

hängt. Das mechanische Verhalten eines Körpers ist elastisch, wenn seine Verformungen bei Entlastung sofort verschwinden. Man spricht auch von reversiblen Verformungen. Jenseits der Proportionalitätsgrenze sind sie irreversibel, das heißt nicht umkehrbar. Der Werkstoff bleibt dauerhaft verformt oder bricht gar.

Das wirkliche Werkstoffverhalten weicht jedoch mehr oder weniger stark von dieser Idealvorstellung ab. Tatsächlich hängt die Höhe der Elastizitätsgrenze von der Beobachtungsgenauigkeit ab. Je genauer die Messungen sind, desto mehr ergibt sich die Elastizitätsgrenze zu Null. Selbst kleinste Verformungen sind mit irreversiblen Vorgängen verbunden, wie Dämpfungsmessungen zeigen. In der Praxis ist stets eine geringe Irreversibilität der Verformungen zu erwarten, auch wenn diese Abweichung vom streng elastischen Verhalten kaum beobachtet werden kann. Die theoretische Begründung dafür liefert der Zweite Hauptsatz der Thermodynamik, der erst 200 Jahre nach Robert Hooke von Rudolf Julius Emmanuel Clausius (1822 bis 1888) aufgestellt wurde.

Oberhalb der sichtbaren Elastizitätsgrenze haben die Verformungen auch einen makroskopisch bestimmbaren irreversiblen Anteil. Dieses inelastische Verhalten kann sich zeitunabhängig oder -abhängig zeigen. Im ersten Fall ist nur die Reihenfolge der Belastungszustände maßgeblich, nicht jedoch die Geschwindigkeit, mit der diese Zustände durchlaufen werden. Dieses Verhalten wird plastisch genannt (nach dem griechischen Verb $\pi\lambda\alpha'\sigma\sigma\varepsilon\iota\nu$, formen, gestalten, bilden). Zeitabhängige irreversible Verformungen obliegen der Geschwindigkeit der Zustandsänderungen. Als Beispiele seien Kriech- und Entspannungsvorgänge (Relaxation) erwähnt.

Mithin kann das mechanische Verhalten von festen Werkstoffen allgemein in drei Kategorien eingeteilt werden: in elastisches, plastisches und Kriechverhalten. Den Aufschluß über das mechanische Verhalten geben Kriechkurven. Man erhält sie aus Experimenten, bei denen Zugproben mit einer konstanten Kraft belastet werden. Beim Aufbringen dieser Last reagiert die Probe sofort mit einer bestimmten Dehnung, die man in einen elastischen und plastischen Anteil aufspalten kann. Danach beginnt das Material zu kriechen. Diesen Vorgang kann man zeitlich in drei Abschnitte unterteilen: verzögertes, stationäres und beschleunigtes Kriechen (Bild 2). Im Bereich des beschleunigten Kriechens (Tertiärstadium) entstehen Korngrenzschäden, die zum interkristallinen Bruch führen.

Betrachtet man in der Materialtheorie nicht nur feste Werkstoffe, sondern auch Flüssigkeiten und Gase, spricht man allgemein von Rheologie, der Lehre vom Fließen. Der Begriff wurde aus dem Griechischen hergeleitet: $\pi\alpha\nu\tau\alpha\ \rho\eta\varepsilon\iota$, *panta rhei*, alles fließt.

Die bisherigen Bemerkungen zur Materialtheorie bezogen sich auf Belastungen in einer bestimmten Richtung im Material, etwa durch Zugkräfte. In einem wirklichen Bauteil wie einer Kurbelwelle, dem Pleuel eines Kolbenmotors, faserverstärkten Höchstdruckbehältern oder Blechen beim Walzvorgang sind die Spannungen im Innern des Materials wesentlich komplizierter. Ein einziger Wert wie der Elastizitätsmodul reicht zur Beschreibung des Werkstoffverhaltens unter räumlicher Spannung nicht mehr aus. Entsprechend den

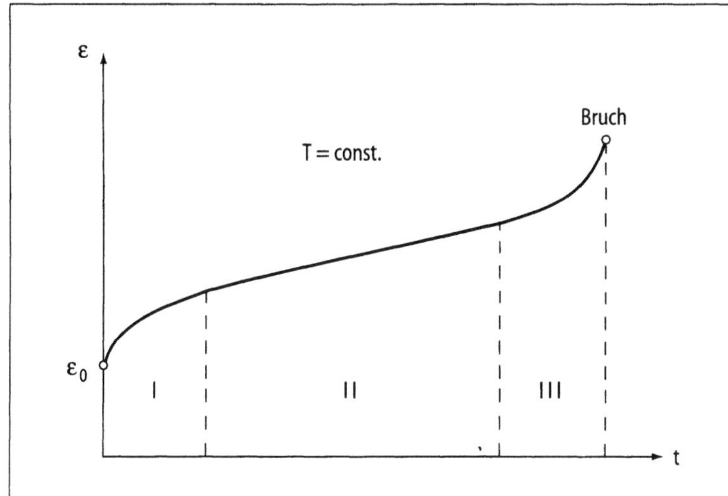

Bild 2 Typische Kriechkurve eines metallischen Werkstoffs. Aufgetragen ist die Dehnung ε eines belasteten Stabes über die Zeit t bei einer konstanten Temperatur T. Man erkennt drei Bereiche: verzögertes (I), stationäres (II) und beschleunigtes Kriechen bis zum Bruch (III).

drei Dimensionen des Raumes greift die Mathematik nun zum Tensor, einer Matrix aus drei Zeilen und drei Spalten. Der Begriff Tensor ist aus dem Lateinischen abgeleitet: *tendere* heißt spannen. Wird ein Werkstoff in allen Richtungen beansprucht, sind insgesamt neun Spannungen an jeder Stelle im Bauteil zu ermitteln. Aufgrund der Symmetriegesetze reduziert sich die Zahl jedoch auf sechs voneinander unabhängige Größen: drei Normal- und drei Schubspannungen. Die drei Normalspannungen resultieren aus den drei räumlichen Komponenten der belastenden Kraft im Materialquerschnitt. Die Schubspannungen sind eine Folge der inneren Verformungen von Werkstoffelementen. Analog zu diesem Spannungstensor ist auch die Verzerrung durch einen Verzerrungstensor zu ersetzen. Die für den einachsigen Fall relativ einfachen Stoffgesetze oder Materialgleichungen nehmen also die Gestalt komplizierter Tensorfunktionen an.

Einige Werkstoffe verhalten sich isotrop. Ihre mechanischen Eigenschaften sind in den verschiedenen Richtungen des Raumes gleichwertig beziehungsweise richtungsunabhängig. Falls jedoch die mechanischen Eigenschaften nicht ohne Berücksichtigung der räumlichen Ausrichtung beschrieben werden können, verhält sich der Werkstoff anisotrop. Seine Eigenschaften sind von der Richtung abhängig, in der sie gemessen werden. Die Anisotropie kann durch eine gerichtete Umformung etwa beim Walzen oder Ziehen entstehen. Dann bilden sich Vorzugsorientierungen der Körner im Gefüge aus, man spricht von Verformungsanisotropie oder Textur. Nur selten ändern sich die Eigenschaften ganz regellos mit der Orientierung. Gewöhnlich lassen sich zum Beispiel Spiegelebenen angeben, zu denen die Eigenschaftsänderungen symmetrisch verlaufen. Existieren drei solcher Spiegelebenen, die aufeinander senkrecht stehen, so nennt man das Material orthogonal anisotrop oder abgekürzt orthotrop.

Ein Beispiel für diesen sehr häufigen Sonderfall der Anisotropie sind gewalzte Bleche. Bei ihnen stehen die Spiegelebenen senkrecht auf der Walzrichtung, der Querrichtung und der Blechnormale, die

Isotrope, anisotrope und orthotrope Werkstoffe

sinnbildlich aus dem Blech herausragt. Diese Richtungen werden auch Orthotropieachsen genannt. Segeltuch verhält sich ebenfalls anisotrop. Beim Holz sind die Orthotropieachsen durch die gewachsenen Fasern vorgegeben. Ein Baum besitzt eine Wachstumsrichtung, Jahresringe im Querschnitt und senkrecht dazu die mehr oder weniger geradlinigen Radien. Im Querschnitt des Baumes wie auch eines gezogenen Drahtes beobachtet man aufgrund der Rotationssymmetrie isotropes Verhalten. Dieser Spezialfall der Anisotropie, der auch bei faserverstärkten Kunststoffen auftritt, nennt man transversale Isotropie: Zu einer Vorzugsrichtung (Wachstumsrichtung oder Drahtachse) gibt es eine senkrechte Ebene, in der sich der Werkstoff isotrop verhält.

Anisotrope Eigenschaften von Werkstoffen lassen sich mit heutigen Computern noch nicht vollständig berechnen

Anisotrope Eigenschaften können nicht durch einfache Größen beschrieben werden. Vielmehr müssen Materialtensoren eingeführt werden, da ihre Komponenten richtungsabhängig sind. So ist die Schädigung, die sich im tertiären Kriechstadium anisotrop ausbreitet, durch einen symmetrischen Tensor zu erfassen. Hinzu kommt ein weiterer Tensor, der die bereits im schadlosen Ausgangszustand vorhandene Anisotropie charakterisiert. Zur Darstellung solcher Tensorfunktionen haben der Autor und Mitarbeiter einige Computerprogramme entwickelt, die als Lösungen vollständige Polynome liefern. Allerdings gibt es heute noch keine leistungsfähigen Computer, die diese Programme vollständig auswerten können. Dieses Ziel ist bisher nur für die transversale Isotropie und die Orthotropie erreicht worden. Allgemeine Fälle können mit den oben erwähnten Programmen erst dann gelöst werden, wenn ein entsprechend leistungsfähiger Computer entwickelt wird.

Als technische Anwendungsbeispiele zur mathematischen Modellierung in der Materialtheorie sollen im folgenden zwei Forschungsprojekte vorgestellt werden, die für die Luft- und Raumfahrt, für den Fahrzeugbau und für die Umformtechnik grundlegende Bedeutung haben. So können Fahrzeuge, insbesondere Lastkraftwagen und Busse, künftig mit Gasantrieb ausgerüstet werden. Sie geben weniger Schadstoffe ab und sind geräuschärmer. Künftige gesetzliche Grenzwerte für Abgase lassen sich mit wasserstoffbetriebenen Fahrzeugen viel leichter erfüllen als mit konventionellen Kraftstoffen. Ähnlich wie bei batteriebetriebenen Fahrzeugen ist auch bei gasbetriebenen die Energiespeicherung problematisch, da man bei konventioneller Bauweise von Behältern ein großes Bauvolumen benötigt. Anders sind akzeptable Reichweiten aber nicht zu erzielen. Es gilt also, die Reichweite zu erhöhen, indem man den Energieinhalt des Tanks steigert – bei gleichzeitiger Verringerung von Größe und Gewicht des Behälters. Das läßt sich erreichen, indem man das Gas stark verdichtet. Durch Verbundbauweise aus faserverstärkten Kunststoffen sinkt das Gewicht des Tanks erheblich. Darüber hinaus können solche Tanks die hohen Drücke der komprimierten Gase aushalten. Unter faserverstärkten Kunststoffen versteht man Glas-, Kohle- oder Aramid-Fasern, die in einen Grundstoff aus Kunstharz eingebettet sind. Ein solcher Werkstoffverbund verhält sich anisotrop. Seine Eigenschaften hängen von der Wirkrichtung der Belastung ab.

Ein für Personenkraftwagen der Mittelklasse geeigneter Gastank, der die Forderung nach geringem Bauvolumen bei größtmöglicher

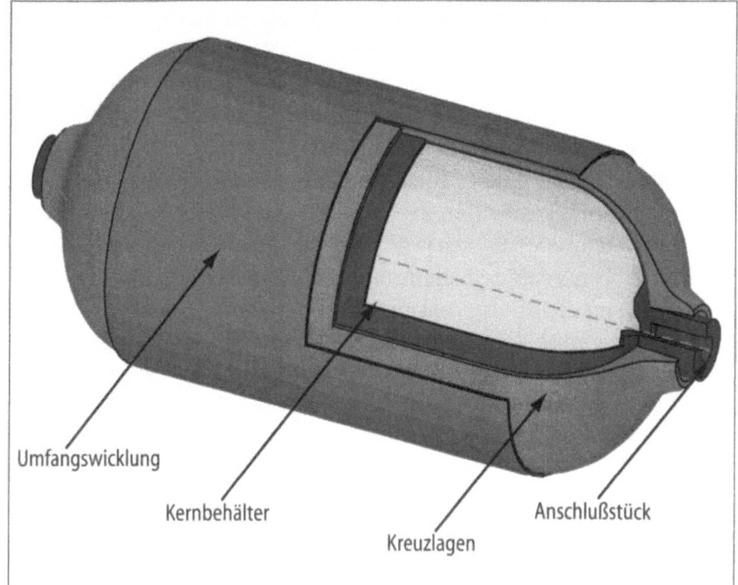

Bild 3 Aufbau eines Gastanks für Personenkraftwagen aus faserverstärktem Kunststoff. Auf den Kernbehälter, bestehend aus Liner und Anschluß, werden die Kreuzlagen gewickelt – ähnlich wie bei einer Garnrolle. Die Fasern kreuzen dabei die Längsachse unter einem optimalen Winkel. Danach wird die Umfangslage zur Verstärkung des zylindrischen Teils aufgebracht.

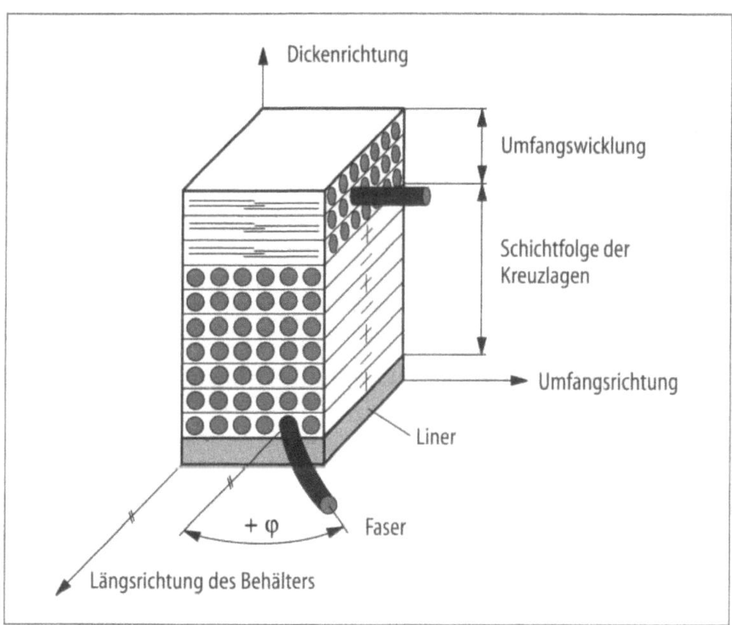

Bild 4 Ausschnitt aus der Laminatschicht des Hybridbehälters

Gasspeicherung erfüllt, hat etwa eine Länge von 65 Zentimetern und einen Durchmesser von 30 Zentimetern (Bild 3). Ein solcher Behälter ist ungefähr so groß wie ein typischer Benzintank in dieser Klasse. Mit einer Tankfüllung kann bei entsprechender Komprimierung des Gases eine vergleichbare Reichweite wie bei einem Benzinfahrzeug erzielt werden. Zur Abdichtung besitzt der Tank einen inneren dünnen Mantel aus hochfestem Stahl oder Kunststoff, den sogenannten Liner. Dieser Mantel ist umhüllt mit einem Laminat aus mehreren Schichten faserverstärkter Kunststoffe, der sogenannten Armierung (Bild 4). Die Aufgabe besteht darin, eine optimale Wicklung der Fasern zu finden, so daß die Beanspruchbarkeit des Behälters zuverlässig vorausgesagt werden kann. Zur Lösung dieser Aufgabe sind neue Computerprogramme zu entwickeln und umfassende numerische Auswertungen durchzuführen.

Ziel eines anderen Forschungsprojektes ist die Herleitung von prozeßbeschreibenden Grundgleichungen und die Entwicklung von Software für Umformvorgänge in Sinterwerkstoffen. Neben den Verbundwerkstoffen halten auch die Sinterwerkstoffe aufgrund ihrer besonderen Eigenschaften in den modernen Maschinenbau Einzug. Zu verstehen, wie sie sich während der Umformung verhalten, ist demnach von größter Bedeutung. Während Metalle bei der plastischen Formgebung ihr Volumen behalten, ändern Sinterwerkstoffe ihre Dichte ganz erheblich. Das hängt damit zusammen, daß sie ursprünglich aus einem lockeren Pulver unter hohem Druck und hohen Temperaturen geformt (gesintert) wurden. Werden sie nach dieser ersten „Urformung" erneut verformt, kommt es zu einer weiteren, nachträglichen Verdichtung ihrer Poren, die es mathematisch zu simulieren gilt (Bild 5).

Ein weiteres Beispiel ist das Rohrpressen mit einem Dorn. In die Umformzone skizziert der Computer ein Gitternetz. In die Knotenpunkte der einzelnen Werkstoffelemente zeichnet er danach die berechneten Geschwindigkeiten nach Größe und Richtung ein. Die Pfeillängen geben die Größe der Geschwindigkeiten in den Gitterpunkten an. Die Pfeilrichtungen tangieren die Stromlinien, die der Rechner gezeichnet hat. Somit erhält man durch Simulation ein recht anschauliches Bild von diesem Umformvorgang (Bild 6).

Durch die Simulation des Werkstoffverhaltens und seine Visualisierung mit Hilfe von leistungsfähigen Computern kann man einen tiefen Einblick in komplizierte physikalische Abläufe gewinnen.

Man muß jedoch betonen, daß ein noch so leistungsfähiger Computer eine ausgereifte Theorie nicht ersetzen kann. Von Georg Hamel (1877 bis 1954), einem berühmten Wissenschaftler, der sich um die Entwicklung der Theoretischen Mechanik verdient gemacht hat, stammt der Ausspruch: „Nichts ist praktischer als eine gute Theorie." Theorie heißt ursprünglich soviel wie Betrachtung (von griechisch $\vartheta\varepsilon\omega\rho\varepsilon\iota\nu$, anschauen). Jedoch hat sich dieser Begriff seit Aristoteles (384 bis 322 vor Christus) über den Gelehrten Blaise Pascal (1623 bis 1662) bis zur Gegenwart gewandelt. Man unterscheidet den klassischen und modernen Begriff einer mathematischen Theorie nach Heinrich Scholz (1884 bis 1956). Diese Begriffe, insbesondere das Wesen einer axiomatisierten Theorie, und den Begriff des mathematischen Modells im Sinne der mathematischen Logik hat der Autor 1971 in seinem Habilitationsvortrag auf die Traglasttheorie der Statik angewandt.

Die Traglasttheorie bemüht sich um Aussagen über das mechanische Verhalten von Tragwerken und Bauteilen. Sie gestattet eine einfache Bestimmung der Tragfähigkeit beziehungsweise Traglast und gibt einen Einblick in den wahrscheinlichen Bruchmechanismus eines Bauteils oder Tragwerks. Das mathematische Modell der Traglasttheorie beruht auf dem Prinzip der virtuellen Verschiebung an der Versagensgrenze. Daraus lassen sich die Traglastsätze ableiten. Zum mathematischen Modell der Traglasttheorie gehören

Kein noch so leistungsfähiger Computer kann eine ausgereifte Theorie ersetzen

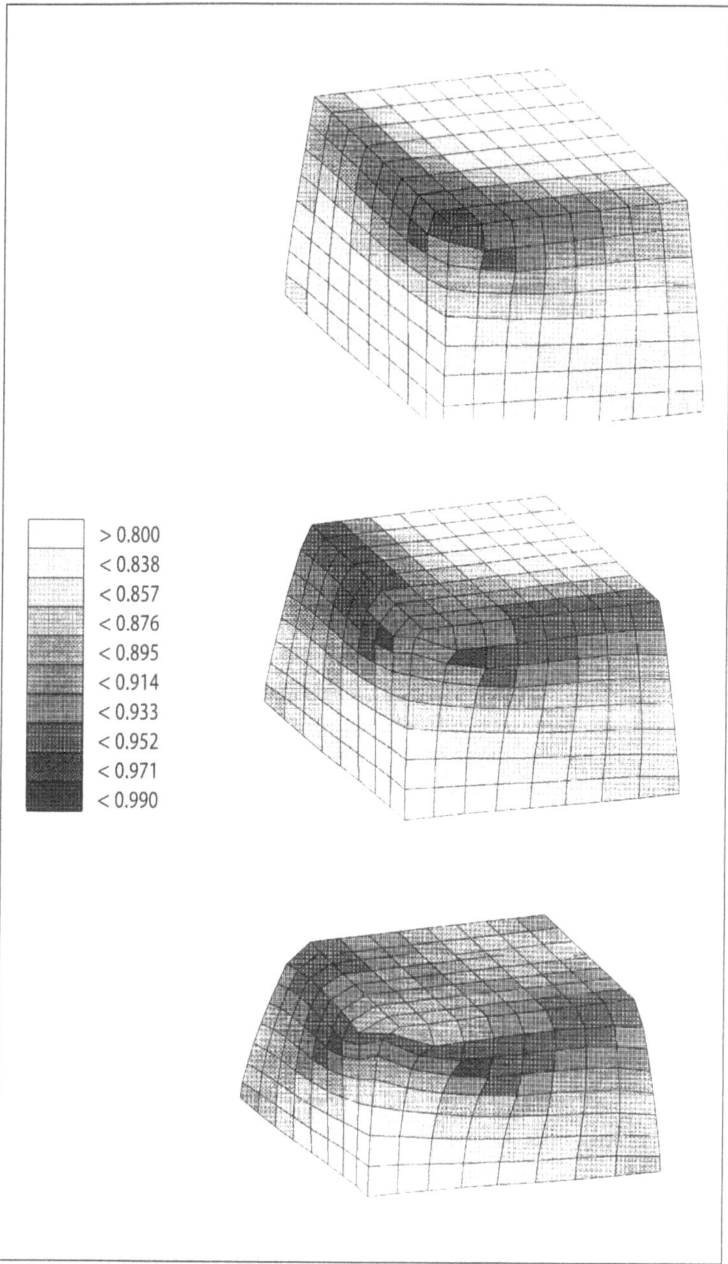

Bild 5 Simulation des Würfelstauchens bei Sinterwerkstoffen. Auf einer Graustufenskala sind verschiedene Dichten des Sinterwerkstoffes aufgetragen. Somit kann man unterschiedliche Dichtezonen im Werkstoff erkennen.

daneben schließlich noch die Voraussetzungen, die einerseits über den erforderlichen Rechenaufwand zur Ermittlung der Tragfähigkeit eines Bauteils entscheiden und andererseits die Güte des Modells bestimmen. Ein mathematisches Modell ist um so besser, je weniger sich die Annahmen und Voraussetzungen von der Wirklichkeit entfernen. Um eine bessere Übereinstimmung mit Meßergebnissen zu erhalten, können die in den Lösungen auftretenden Parameter korrigiert werden. Mathematische Modelle bedürfen also der ständigen Verfeinerung. Die Parameteridentifikation und ihre physikalische Interpretation spielen eine zentrale Rolle in der Materialtheorie.

Bild 6 Simulation des Rohrpressens.
Visualisierung mit Hilfe eines leistungsfähigen Computers

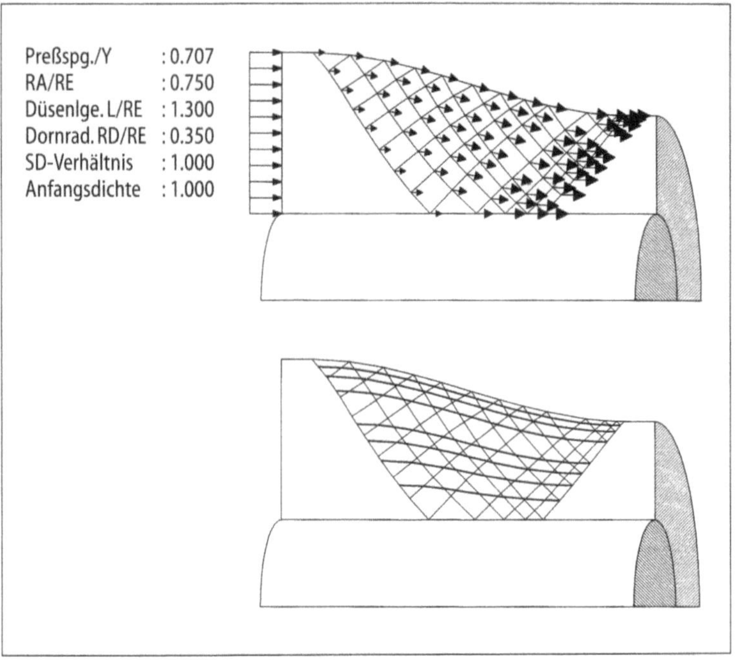

Autor Prof. Dr.-Ing. Josef Betten lehrt und forscht auf dem Gebiet Mathematische Modelle in der Werkstoffkunde am Institut für Werkstoffkunde. Seine Forschungsschwerpunkte sind Tensorrechnung, Kontinuumsmechanik (Elasto-, Plasto- und Kriechmechanik), Viskoelastizität und Viskoplastizität, numerische Verfahren (Finite-Elemente-Methode und andere), Umformtechnik, Schädigungsmechanik und Materialtheorie.

Literaturhinweise

[1] J. Betten: Kontinuumsmechanik, Springer-Verlag, Berlin, Heidelberg, New York 1993.

[2] J. Betten: Tensorrechnung für Ingenieure, Teubner Verlag, Stuttgart 1987.

[3] J. Betten: Die Traglasttheorie der Statik als mathematisches Modell, Schweizerische Bauzeitung, 91, 1973, S. 6 bis 9; Habilitationsvortrag, RWTH Aachen 1971.

[4] J. Betten, H. Zeilinger, und L. E. Loures da Costa: Untersuchung von Höchstdruckbehältern aus Faserverbundwerkstoffen unter Vorspannung, Forschung im Ingenieuwesen, 63, 1997, S. 285 bis 291.

[5] Ph. J. Davis und R. Hersch: Erfahrung Mathematik, Birkhäuser-Verlag, Basel 1985.

Materie
Materialien
Werkstoffe

Kapitel Zwei

Die Erforschung von Materie und Materialien hat es mit einem ungewöhnlich breiten Spektrum von Problemen, Methoden und Anwendungs-
situationen zu tun. Materie, das sind letztlich die Quarks, elementare
Bestandteile von Protonen und Neutronen. Aus Protonen und Neutronen
bilden sich Kerne, zusammen mit Elektronen die Atome, die wiederum
Bausteine der Moleküle sind. Atome und Moleküle können gasförmig,
flüssig oder als Festkörper vorliegen, letztere weisen zum Teil sehr komplexe Strukturen auf. So breit wie das Spektrum der räumlichen Dimensionen ist das der Untersuchungsmethoden: Auf der Seite der Elementarteilchen sind es internationale Großexperimente, mit denen versucht
wird, auch kosmologische Fragen zu klären. Das Management der Großexperimente schlägt Brücken in die Verfahrenstechnik. Die Analyse von
Festkörpern und Materialien bedient sich der gesamten Skala von klassischen und neuen Methoden: Mikroskopie mit Licht und Elektronen,
Streuung mit Neutronen- und Röntgenstrahlen, Kernspinresonanz,
Ultraschall und viele andere mehr. Die Verfügbarkeit all dieser Methoden
stellt höchste Anforderungen an die Ausstattung der beteiligten Institute
und zwingt zu immer engeren Kooperationen, innerhalb der RWTH
Aachen ebenso wie in der internationalen Wissenschaftsszene. Die Forschungsziele finden sich ebenfalls innerhalb einer großen Bandbreite: Sie
reichen von der Grundlagenforschung über die Struktur unserer materiellen Welt bis hin zu gezielten Anwendungen für Werkstoffe, Informationstechnik und medizinische Zwecke. Die Bedingungen für die Entwicklung
neuer Materialien sind ein Spiegel der gesellschaftlichen und politischen
Diskussion der Technologie von morgen: Es geht um Umweltverträglichkeit bei der Herstellung und beim Einsatz, um Schonung der Ressourcen,
Einsparung von Energie, Verhinderung von Verschleiß und Korrosion.
Bedingungen für die Materialforschung leiten sich aber auch aus der
Zukunft der Hochtechnologie ab: Es geht um Miniaturisierung von Bau-
elementen und um die Informationsverdichtung für die Computer von
morgen.

2 Materie, Materialien, Werkstoffe

Teilchenphysik

Siegfried Bethke und
Dieter Rein

Grundlagenforschung und Technologieentwicklung

Teilchenphysik an der Technischen Hochschule Aachen, physikalische Grundlagenforschung an einer Ausbildungsstätte, die Technik in ihrem Namen führt – wie paßt das zusammen? Der scheinbare Widerspruch löst sich schon auf den zweiten Blick auf, denn in der Tat sind Teilchenphysik und Technologieentwicklung, naturwissenschaftliche Ausbildung und Praxisnähe sehr gut miteinander vereinbar: Die erkenntnisorientierte Grundlagenforschung zielt auf das Wissen über die Struktur der Materie und die grundlegenden Kräfte im Universum. Dazu bedarf sie jedoch großer und komplexer Anlagen – Beschleuniger und Detektoren – deren Realisierung fast immer am Rande des technologisch gerade noch Machbaren liegt.

Moderne Teilchenbeschleuniger, wie zum Beispiel der Large-Electron-Positron-Speicherring LEP am europäischen Forschungszentrum CERN bei Genf, gehören zu den größten und präzisesten Maschinen, die je gebaut wurden (Bild 1). In ihnen kreisen hochbeschleunigte Teilchen, die aufeinander gelenkt und zur Kollision gebracht werden können. Beim Zusammenprall entstehen Energiedichten, wie sie zu Beginn der Entstehung unseres Universums, wenige milliardstel Sekunden nach dem Urknall, geherrscht haben müssen. Die unter solchen Bedingungen aus dem Zusammenstoß von Elementarteilchen wiederum entstehenden Teilchen werden in zum Teil hausgroßen Detektoren mit hoher Präzision identifiziert und vermessen, und die damit gewonnenen Daten erlauben Rückschlüsse auf die kleinsten Bausteine der Materie, die Quarks und Leptonen.

Teilchenphysik hat an der RWTH Aachen Tradition. Schon lange bevor das Wort für einen Wissenschaftszweig stand, wurde in Aachen mit Kathodenstrahlen experimentiert, also mit – wie wir heute wissen – beschleunigten Elektronen. Das Konzept aller modernen Beschleuniger geht auf eine Aachener Dissertation zurück, die Rolf Wideröe im Jahr 1928 verfaßte. In den siebziger Jahren haben Wissenschaftler der Aachener Universität zur Entdeckung einer neuen Art fundamentaler Kräfte beigetragen, und zwar den sogenannten neutralen Strömen der Schwachen Wechselwirkung. In den achtziger Jahren waren sie am Nachweis der die schwache Wechselwirkung übertragenden schweren W- und Z-Teilchen beteiligt. Unsere heutigen Vorstellungen über Aufbau und Struktur der Materie fußen wesentlich auf diesen Entdeckungen.

Im folgenden wollen wir kurz das gegenwärtige Weltbild der Physik und seine Ausstrahlungen in die Kosmologie skizzieren und darlegen, welche technischen Leistungen dazu nötig waren und sind. In diesem Zusammenhang werden wir auch Zukunftsprojekte der Aachener Physiker vorstellen und einen Blick auf die gegenwärtig in

Planung und Aufbau befindlichen Großprojekte der internationalen Teilchenphysik werfen – verbunden auch mit einer Diskussion ihrer Ziele und Betrachtung ihrer Kosten.

So weit wir in das Weltall hinausschauen können – heute geht das bis zu einer Entfernung von etwa 10^{26} Metern – sehen wir Materie in der Form von leuchtenden Sternen und Gaswolken. Insgesamt wird die Masse des sichtbaren Universums auf etwa 10^{52} Kilogramm geschätzt. Die Materie ist strukturiert: Von den größten Einheiten, den Galaxienhaufen, die Ausdehnungen von 10^{24} Metern aufweisen, geht es über Galaxien, Sonnensysteme, Planeten und den Menschen hinunter zu Amöben, Viren, Makromolekülen und Atomen. Bild 2 illustriert die typischen Abmessungen und Massen. Der Mikrokosmos, der sich unserer alltäglichen Anschauung entzieht, beginnt etwa mit den Atomen im Größenbereich von 10^{-10} Metern und bei Massen von 10^{-26} Kilogramm. Atome bestehen, wie wir seit Sir Ernest Rutherfords Streuexperimenten von Alpha-Teilchen an Goldfolien im Jahre 1911 wissen, aus einem kleinen, kompakten Kern, der praktisch die gesamte Atommasse auf sich vereint, sowie einer den Kern umgebenden, hunderttausendfach größeren Hülle aus Elektro-

Bild 1 CERN zwischen Genfer Flughafen und Jura-Kette. Die unterirdischen Beschleunigerringe sind markiert. Der größte Ring beherbergt den Elektron-Positron-Collider LEP, an dem auch Aachener Gruppen experimentieren.

Die Physik der Elementarteilchen

Bild 2 Größenordnungen im Universum: von den Galaxien bis zu den Elementarteilchen

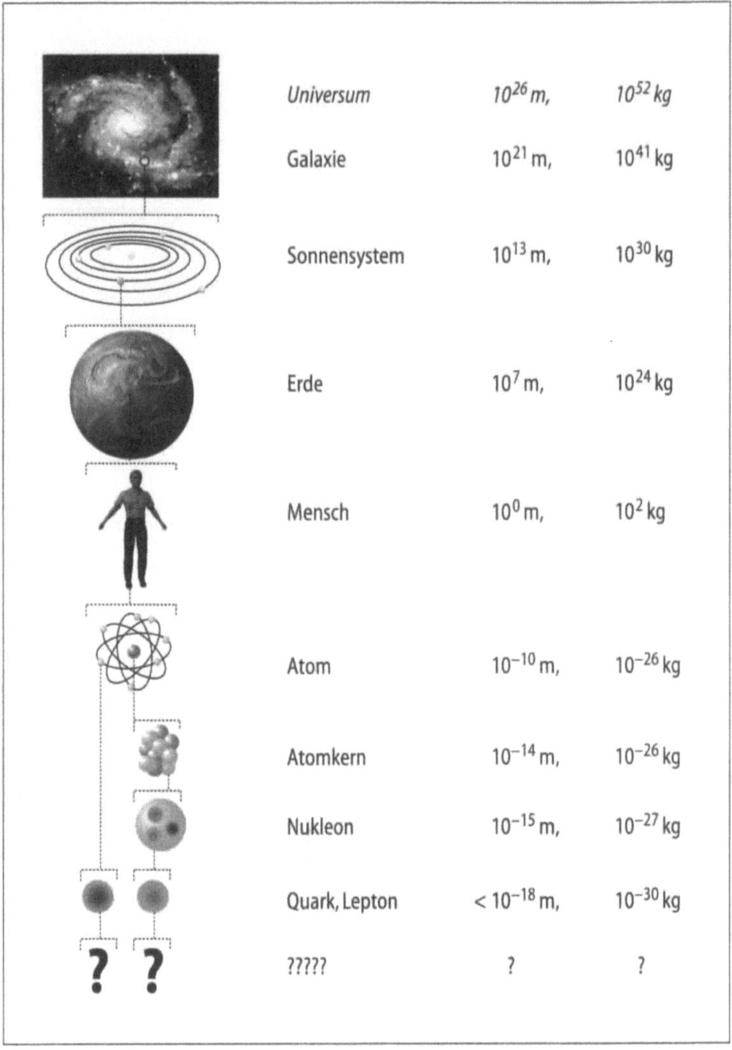

nen. Atomkerne wiederum bestehen aus kleineren Teilchen, den positiv elektrisch geladenen Protonen und den ungeladenen Neutronen, beide unter dem Oberbegriff Nukleonen (Kernteilchen) zusammengefaßt.

Es zeigte sich, daß auch Nukleonen eine Substruktur haben

Bereits im Jahre 1933 fand man einen Hinweis darauf, daß Nukleonen eine weitere Substruktur besitzen, also nicht im eigentlichen Wortsinn als elementar gelten können: Messungen des magnetischen Momentes des Protons ergaben einen etwa 2,5mal höheren Wert, als für ein punktförmiges Teilchen erwartet wird. Nukleonen sind also nicht punktförmig. Sie haben eine Ausdehnung von etwa 10^{-15} Metern. Wenn man sie nun aufeinanderschießt oder hochbeschleunigte Elektronen auf Protonen aufprallen läßt, kann man eine Vielzahl ähnlicher Teilchen erzeugen, die auch eine gewisse Ausdehnung besitzen aber kurzlebig sind. Sie werden unter dem Namen Baryonen (schwere Teilchen) und Mesonen (mittelschwere Teilchen) zusammengefaßt. Alle bekannten Mesonen und Baryonen lassen sich als Zusammenfügungen von zwei oder drei verschiedenen Quarks verstehen. Quarks und Elektronen – oder allgemeiner: Quarks und leichte Elementarteilchen (Leptonen) – haben nach dem heutigen Stand der Forschung keine Ausdehnung. Sie sind punktförmig und besitzen bis zum experimentell getesteten Maß von 10^{-18} Metern keine weitere innere Struktur. Sie gelten deshalb als die elementaren Teilchen schlechthin.

Wir kennen bislang drei Familien von Quarks und Leptonen (Bild 3), und es gibt experimentelle Messungen, die zeigen, daß in der Natur mehr als diese drei Familien nicht vorhanden sind. Die uns umgebende Materie ist allein aus den Bausteinen der ersten Familie, aus u- und d-Quark, Elektron und Elektron-Neutrino, aufgebaut. Die anderen beiden Familien sind sozusagen eine generöse Zugabe der Natur, welche den amerikanischen Physiker und Nobelpreisträger Isidor Isaac Rabi (1898 bis 1988) zu der ketzerischen Frage veranlaßte: *Who ordered that?* Heute wissen wir, daß sie in dem Feuerball des frühesten Universums notwendig waren, und in den Mini-Feuerbällen der hochenergetischen Teilchen-Reaktionen werden sie für uns beobachtbar. Zu den Teilchen kommen noch vier fundamentale Wechselwirkungen oder vier Elementarkräfte, um das Standardmodell der Elementarteilchenphysik zu komplettieren: starke, elektromagnetische und schwache Wechselwirkung sowie die Gravitation.

Somit sind die kleinsten und allgemeinsten, die fundamentalen Bausteine aller Materie im Universum die Quarks und die Leptonen. Heute finden wir sie kondensiert in den Atomen, Molekülen und deren durch Gravitationskräfte zusammengehaltenen Ansammlungen: Planeten, Sonnen und Galaxien. Aber gleich nach dem Urknall, als das Universum noch unvorstellbar heiß war und so dicht, daß es in einem Stecknadelkopf hätte Platz finden können, da muß auf kleinstem Raum ein großes demokratisches Gleichgewicht unter allen elementaren Teilchen und der Strahlung – die unter diesen Bedingungen auch Teilchencharakter hatte – geherrscht haben. Untereinander reagierten sie vermittels fundamentaler Kräfte oder

Drei Familien von Quarks und Leptonen

Bild 3 Elementare Teilchen der Materie (oben) sowie fundamentale Kräfte (unten)

Elementare Teilchen der Materie:

	Familien			elektrische Ladung	Kräfte			
					stark	elektromagnetisch	schwach	Gravitation
Quarks	up (u)	charm (c)	top (t)	2/3	x	x	x	x
	down (d)	strange (s)	beauty (b)	−1/3	x	x	x	x
Leptonen	e-Neutrino (ν_e)	μ-Neutrino (ν_μ)	τ-Neutrino (ν_τ)	0	–	–	x	?
	Elektron (e)	Myon (μ)	Tauon (τ)	−1	–	x	x	x

sowie jeweilige Anti-Teilchen

Fundamentale Kräfte:

Wechselwirkung	relative Reichweite	zugehörige Austauschteilchen	relative Stärke
stark	subatomar	Gluon (g)	1
elektromagnetisch	unendlich	Photon (γ)	$\frac{1}{137}$
schwach	subatomar	W^+, W^-, Z^0	10^{-14}
Gravitation	unendlich	Graviton (G)	10^{-40}

Wechselwirkungen. Wenn wir heute in Experimenten die höchstenergetischen Teilchen-Teilchen-Stöße studieren, dann studieren wir zugleich Bedingungen, wie sie Sekundenbruchteile nach dem Urknall gegeben waren. So gibt der Blick in die kleinsten Dimensionen der Welt zugleich Aufschluß über ihre älteste Vergangenheit. Die Erkenntnisse zur Elementeilchenphysik und zur Kosmologie bedingen einander. Das Kleinste hängt mit dem Größten zusammen.

Sonden zur Auflösung kleinster Strukturen

Wie aber können wir in die kleinsten Dimensionen hineinschauen? Wie kann man Strukturen bis hinunter zu 10^{-18} Metern experimentell untersuchen? Eines der wichtigsten physikalischen Meßprinzipien besagt, daß die Wellenlänge λ der zum Abtasten verwendeten Sonde kleiner sein muß als die typische Größe δ der noch aufzulösenden Strukturen: $\lambda \leq \delta$. Im Fall von optischen Mikroskopen bedeutet dies, daß man Objekte und Strukturen bestenfalls bis hinunter zu etwa einem Mikrometer (10^{-6} Meter) auflösen kann, denn sichtbares Licht hat Wellenlängen im Bereich von 0,4 bis 0,8 Mikrometern. Will man kleinere Strukturen als beispielsweise Bakterien untersuchen, werden kleinere Wellenlängen benötigt. Röntgenlicht, dessen Wellenlänge um drei bis vier Größenordnungen kleiner ist als die von sichtbarem Licht, kann weiterhelfen. Letztlich ist es aber der in den zwanziger Jahren entdeckte Welle-Teilchen-Dualismus, der den Blick in die sehr viel kleineren Dimensionen ermöglicht. Dieser Dualismus besagt, daß Teilchen im subnuklearen Bereich auch Wellencharakter haben mit allen Interferenz- und Beugungseffekten des Lichtes oder anderer elektromagnetischer Wellen. Dabei sind die Energie E des Teilchens und seine äquivalente Wellenlänge λ beziehungsweise seine Frequenz ν durch eine einfache Relation verknüpft: $E = h\nu = hc/\lambda$. In diese Gleichung gehen das Plancksche Wirkungsquantum ($h = 6{,}626 \times 10^{-34}$ Joulesekunde) und die Lichtgeschwindigkeit ($c = 3 \times 10^8$ Meter pro Sekunde) ein. Hohe Teilchenenergien sind also äquivalent zu kleinen Wellenlängen.

Im Elektronenmikroskop werden Elektronen, die eine Spannung von einigen 10.000 Volt durchlaufen haben (und dabei eine Energie von einigen 10.000 Elektronenvolt erreicht haben) als Sonden benutzt. Die Energieeinheit Elektronenvolt (eV) ist eine auf makroskopischer Skala kleine Einheit (1 eV = $1{,}6 \cdot 10^{-19}$ Joule). Zur Charakterisierung von Reaktionen atomarer oder subatomarer Teilchen ist

Mit dem Elektronenmikroskop kann man einzelne Atome „sehen"

sie jedoch gerade angemessen. Mit dem Elektronenmikroskop erreicht man ein Auflösungsvermögen von etwa 10^{-10} Metern und kann somit einzelne Atome in Kristallen „sehen". Noch kleinere Auflösungen erhält man mit Teilchen, Elektronen oder Protonen, die in Teilchenbeschleunigern auf Millionen oder Milliarden Elektronenvolt beschleunigt werden. Damit kann man dann in das Innere von Protonen und Neutronen schauen und deren Subkonstituenten, die Quarks, sehen. Und immer gilt: Je höher die Energie des Projektilteilchens ist, mit dem es auf ein Nukleon auftrifft, desto kleiner ist seine Wellenlänge und desto feiner kann es die Substruktur des getroffenen Nukleons abtasten. Genau genommen ist es allerdings die Energie im Schwerpunktsystem von stoßendem und gestoßenem Teilchen, welche die Wellenlänge bestimmt. Es ist also unvorteilhaft, mit immer höherer Energie auf ein ruhendes Teilchen zu schießen, weil dies durch den Stoß beschleunigt wird und dabei viel kinetische Energie mitnimmt, die für die eigentliche Reaktion im Schwerpunktsystem nicht mehr zur Verfügung steht. Deshalb sind alle modernen Hochenergiebeschleuniger sogenannte Collider, in denen beide Teilchen frontal gegeneinander beschleunigt werden. Mit diesen Maschinen werden die höchste heute mögliche Auflösung und die höchste Energiedichte in der Kollisionsreaktion erreicht.

Zwei der leistungsfähigsten Beschleuniger stehen in Europa: der Elektron-Proton-Collider HERA am Deutschen Elektronen-Synchrotron DESY in Hamburg und der Elektron-Positron-Collider LEP am CERN bei Genf (siehe Bild 1). Der rund sieben Kilometer lange Ringbeschleuniger HERA erreicht eine Schwerpunktsenergie von etwa 300 Gigaelektronenvolt (1 GeV = 10^9 eV). Er erlaubt derzeit die tiefsten Einblicke in die Struktur des Protons. Am CERN bei Genf liegt der 27 Kilometer lange kreisförmige LEP-Tunnel 40 bis 120 Meter tief unter der Erde. In ihm kreisen negativ geladene Elektronen und ihre positiv geladenen Antiteilchen, die Positronen, mit jeweils knapp 100 Gigaelektronenvolt Energie gegeneinander, so daß im frontalen Stoß eine Energie von 200 Gigaelektronenvolt für die Reaktion zur Verfügung steht. Nach der Einsteinschen Masse-Energie-Äquivalenz ($E = mc^2$) können dabei neue Teilchen von mehr als hundertfacher Protonmasse (von mehr als 100 GeV/c^2) entstehen.

Auch Quark-Antiquark-Paare kann man damit erzeugen und sogar die Gluonen, welche Quarks und Antiquarks im Nukleon zusammenhalten und die Bindekraft zwischen ihnen, die sogenannte Starke Wechselwirkung, bewirken. Weil aber die Starke Wechselwirkung die merkwürdige Eigenschaft besitzt, mit wachsender Entfernung immer stärker zu werden, können Quarks, Antiquarks und Gluonen nur mit einem Trick voneinander loskommen: Sie müssen aus der verfügbaren Stoßenergie um sich herum weitere Quarks und Antiquarks erzeugen, sich mit diesen zu Mesonen und Baryonen zusammengruppieren und können so als energiereiche Teilchenbündel, den sogenannten Jets, aus der Kollisionsregion hinausfliegen. Solche Teilchenjets werden im Experiment beobachtet (Bild 4).

Durch die Vermessung dieser Jets kann man nun die Eigenschaften von Quarks und die wechselwirkende Kraft zwischen ihnen studieren – auch wenn es freie und isoliert auftretende Quarks in der Natur nicht gibt. Dazu bedarf es allerdings gigantischer Hilfsmittel: viele 100 Tonnen schwere Detektoren, die in zwiebelschalenartig um die Kollisionszone angeordneten Meßkammern all die Informationen sammeln und analysieren, welche die energiereichen Teilchen und Teilchenbündel mit sich tragen. Solche komplexen Apparate (Bild 5) können nicht mehr von einzelnen Instituten gebaut und betrieben werden. Internationale Kollaborationen mit Hunderten von Wissenschaftlern und Technikern sind notwendig, und die Gesamtkosten der größten Detektoren betragen leicht 100 Millionen Mark.

Die in der Elementarteilchenphysik forschenden Institute der RWTH Aachen – das sind Teile des I. Physikalischen Instituts und das III. Physikalische Institut – arbeiten in der H1-Kollaboration bei HERA/DESY und in den L3- und OPAL-Kollaborationen von LEP am CERN mit. Unsere Diplomanden und Doktoranden verbringen Mona-

Beschleuniger und Detektoren

Menschliche und berufliche Aspekte

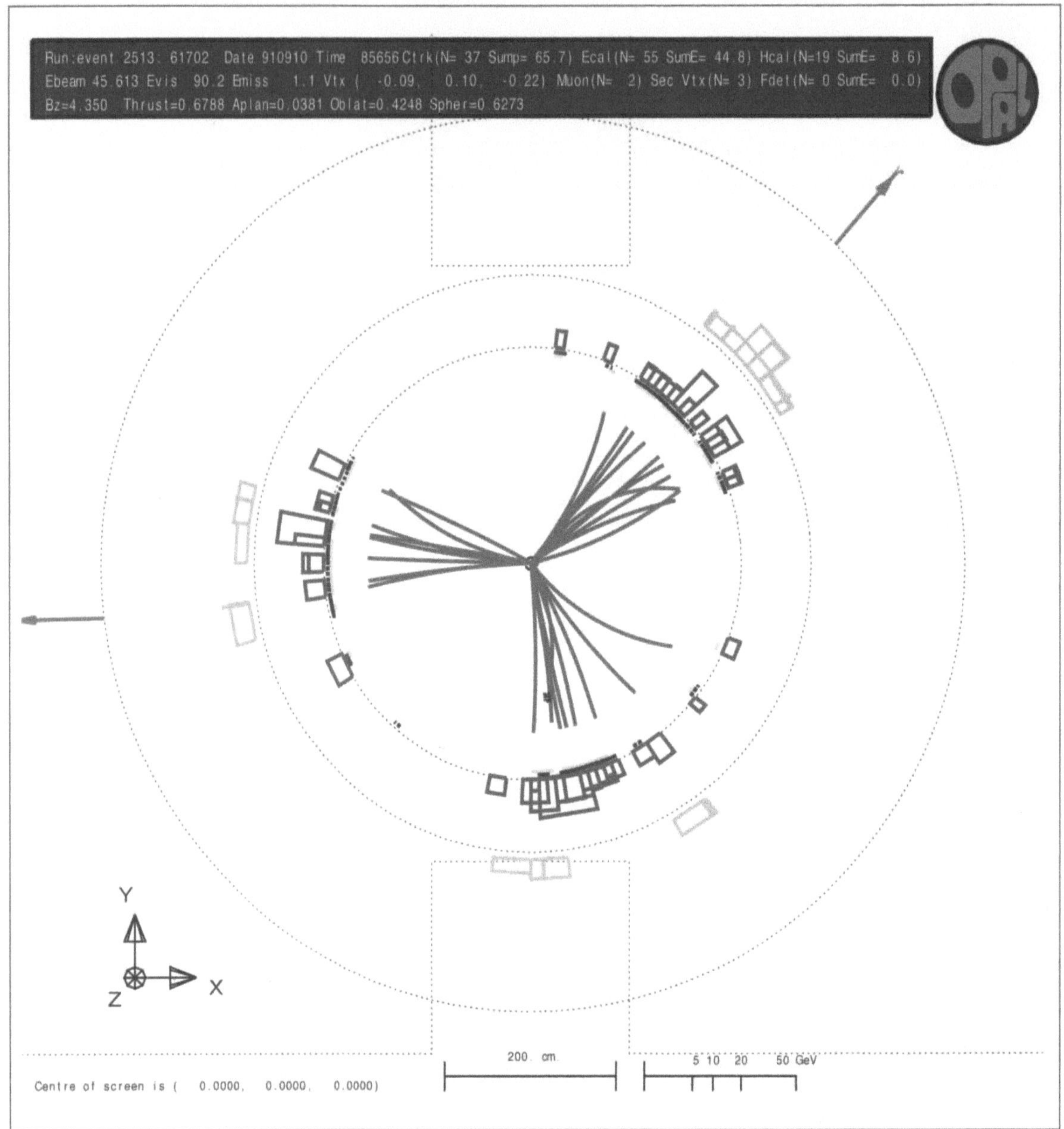

Bild 4 Resultat einer hochenergetischen Elektron-Positron-Vernichtungsreaktion im OPAL-Detektor von LEP. Zu sehen sind die Spuren von drei getrennten Teilchenbündeln, sogenannten Jets, die das Ereignis der Reaktion *Elektron + Positron → Quark + Antiquark + Gluon* signalisieren. Die farbigen Kästchen in den äußeren Schalen des Detektors sind ein Maß für die dort von den Teilchenjets deponierte Energie.

te, manchmal sogar Jahre an diesen Experimenten. Sie gewinnen Teamgeist und lernen unter Termindruck zu arbeiten. Sie werden mit Spitzentechnologien vertraut und bewegen sich zwanglos im internationalen Milieu – allesamt Eigenschaften, die sie fit machen für die unterschiedlichsten anspruchsvollen Positionen in Industrie und Wirtschaft. Junge Elementarteilchenphysiker sind gesuchte Leute, und viele Sparten, bis hin zu Banken und Unternehmensberatungsfirmen, stehen unseren Absolventen offen. – Selbstverständlich bleiben auch einige von ihnen in der Elementarteilchenforschung und machen Karriere an Universitäten und Forschungsinstituten.

Zur Zeit ist ein neuer Beschleuniger am CERN im Bau, und zwar der Large-Hadron-Collider (LHC). Er wird im selben Tunnel wie LEP installiert. Aber er soll Protonen auf Protonen schießen und zwei mal

7000 Gigaelektronenvolt, also 14 Teraelektronenvolt (1 TeV $= 10^{12}$ eV),
Kollisionsenergie erreichen. Die Magneten seines Strahlführungs-
systems müssen ein Magnetfeld von acht Tesla erzeugen. Das geht
nur mit Supraleitungstechnik, die Temperaturen nahe dem absolu-
ten Nullpunkt verlangt. Der LHC-Beschleuniger wird das größte
Tieftemperaturkühlhaus der Welt werden. Hier wird man genügend
Energie im Teilchenstoßprozeß konzentrieren können, um auch
Teilchen zu erzeugen, die nicht nur hundertmal schwerer als das
Proton sind, sondern solche, die fünfhundert- oder sechshundert-
mal das Proton aufwiegen – wenn es sie gibt. Aber das erwarten wir.
Unser theoretisches Standardmodell von den fundamentalen Teil-
chen und Kräften (siehe Bild 3) sagt Teilchen mit bestimmten Eigen-
schaften voraus, die Higgs-Bosonen genannt werden und so funda-

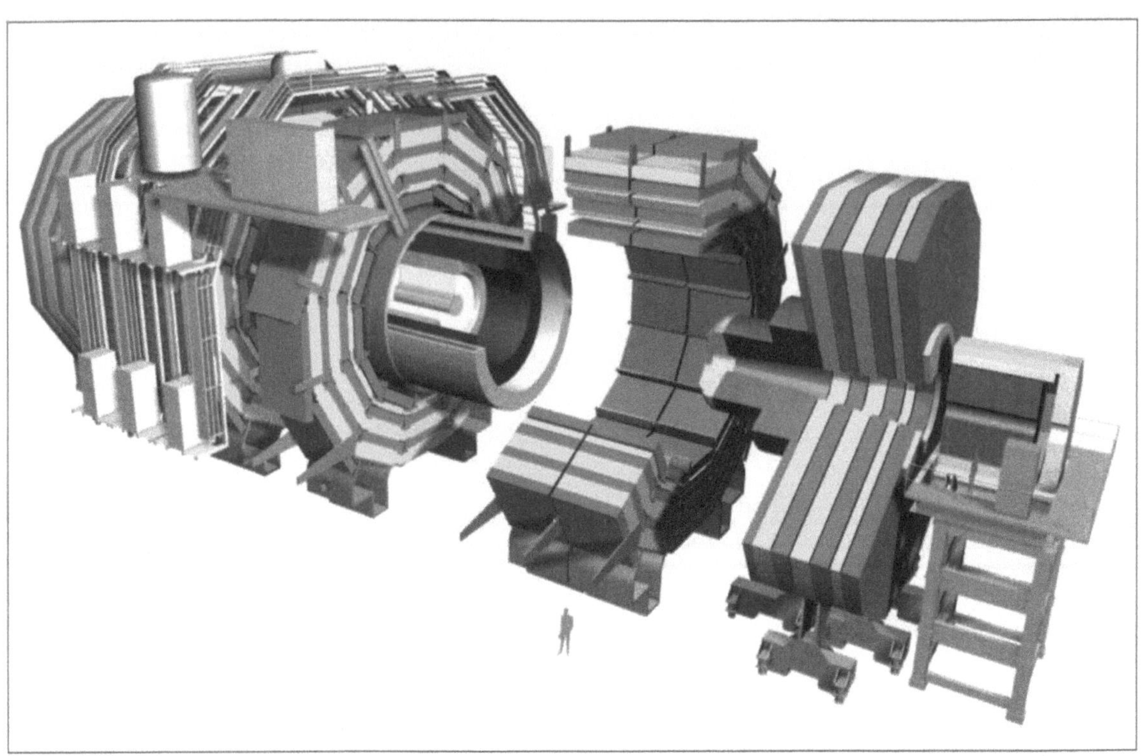

Bild 6 Der künftige Compact-Muon-Solenoid-Detektor am Large-Hadron-Collider im Konstruktionsbild. Die Größendimensionen werden durch den unten eingezeichneten Mann verdeutlicht.

mental sein sollten wie Photonen und Gluonen. Nur ihre Masse kann im voraus nicht bestimmt werden; sie dürfte mehr als 100 Protonmassen betragen, vielleicht erheblich mehr. Zwei riesige Detektoren werden zur Suche nach neuer Physik eingesetzt.

An einem von ihnen, dem Compact Muon Solenoid CMS (Bild 6), ist die RWTH Aachen sowohl in Planung und Aufbau als auch in der Experimentierphase beteiligt. Dieser Detektor stellt alle bisherigen Apparate seiner Art nach Größe und Komplexität in den Schatten. So ist der erwartete Datenfluß aus jedem der beiden LHC-Detektoren so groß wie der derzeitige gesamte Telekommunikationsverkehr auf diesem Planeten. Die Gesamtkosten des CMS-Detektors belaufen sich auf rund 500 Millionen Mark, zu denen die deutschen Gruppen aus den Mitteln, die ihnen das Bundesministerium für Wissenschaft und Bildung, Forschung und Technologie (BMBF) zur Verfügung stellt, 20 Millionen Mark beitragen.

Wenn wir noch weiter in die Zukunft schauen, dann wird vielleicht ein 40 Kilometer langer Linearbeschleuniger Elektronen und Positronen von noch höherer Energie als in LEP aufeinanderschießen. Entwicklungsarbeiten für die dann benötigten extrem leistungsfähigen Beschleunigungselemente finden bei DESY in Hamburg schon statt.

Die vermuteten, noch unbekannten Teilchen zu finden oder aber auch unvermutet neue Teilchen und Wechselwirkungen zu entdecken, ist das ehrgeizige Forschungsziel in unmittelbarer Zukunft. Ab dem Jahr 2005 wird CMS Daten nehmen – welche neuen Pforten für die Naturerkenntnis werden sich dann auftun?

Prof. Dr. rer. nat. Siegfried Bethke ist Inhaber des Lehrstuhls für Experimentalphysik IIIA.

Dr. rer. nat. Dieter Rein ist wissenschaftlicher Angestellter und Leiter der Verwaltung des III. Physikalischen Instituts.

Autoren

[1] Y. Ne'eman und Y. Kirsh: Die Teilchenjäger, Springer-Verlag 1995.
[2] RWTH Themenheft 2/96: Teilchenphysik-Grundlagenforschung und Hochtechnologie.
[3] Teilchenphysik aus heutiger Sicht – eine Bestandsaufnahme, Hrsg. von S. Bethke und D. Rein, Springer-Verlag 1998.
[4] S. Bethke: Quarks und Gluonen – „farbige" Bausteine des Universums, Alma Mater Aquensis 1994/95 und PITHA-Bericht 96/01.

Literaturhinweise

Teilchenspektromie im Weltall

Klaus Lübelsmeyer

Klaus Lübelsmeyer

Kosmologischer Urknall und Antimaterie

Die Suche nach Antimaterie und Dunkler Materie

Das Ziel der internationalen Mission AMS (Alpha-Magnet-Spektrometer) ist hochgesteckt: Es geht um die Suche nach dem Verbleib von Antimaterie und Dunkler Materie im Weltall. Das magnetische Spektrometer – sein Kernstück ist ein zweieinhalb Tonnen schwerer Permanentmagnet – wurde im Juni 1998 zu Testzwecken mit der amerikanischen Raumfähre Discovery für zehn Tage in eine etwa 400 Kilometer hohe Erdumlaufbahn gebracht. Der Detektor war mit allen Komponenten voll funktionsfähig und hat während des Fluges etwa 100 Millionen kosmische Teilchen – Elektronen, Positronen, Protonen, Antiprotonen und schwere Kerne – vermessen. Ende 2003 wird das erweiterte System für drei bis fünf Jahre auf der Internationalen Raumstation ISS montiert, um nach kosmischer Antimaterie und Dunkler Materie zu suchen. Die Internationale Raumstation befindet sich im Aufbau und soll Anfang des neuen Jahrtausends als einzigartiges Laboratorium im praktisch atmosphärefreien erdnahen Weltraum ihren Betrieb aufnehmen (Bild 1).

Die uns umgebende Welt, das Sonnensystem und unsere Galaxie, sind aufgebaut aus drei Sorten stabiler Materiebausteine: den Protonen und Neutronen im Atomkern und den Elektronen der Atomhülle. Aus Überlegungen zur relativistischen Erweiterung der Quantentheorie – die im Unterschied zur klassischen Physik die diskrete, quantenhafte Natur mikrophysikalischer Größen berücksichtigt – stellte der Physiker Paul Dirac in den dreißiger Jahren das Postulat auf, daß zu jedem elementaren Teilchen ein Antiteilchen existiere. Dieses besitze die gleiche Masse und den gleichen Spin, habe aber die entgegengesetzte elektrische Ladung. Das Antiteilchen des positiv geladenen Protons sei das negativ geladene Antiproton, das neutrale Neutron habe ein ebenfalls neutrales Antineutron als Partner, und das Antiteilchen des negativ geladenen Elektrons sei das positiv geladene Positron.

Nach Einstein läßt sich aus Energie Materie und Antimaterie (und umgekehrt) erzeugen. Diese Phänomene sind in den letzten 50 Jahren an den großen Beschleunigern der Elementarteilchenphysik erforscht worden. In allen Teilchenerzeugungs-Experimenten ist eine vollständige Symmetrie in Bestätigung des Diracschen Postulats in der Weise gefunden worden, daß Teilchen und Antiteilchen immer in gleichen Zahlen erzeugt werden. Das heißt, die geltenden physikalischen Gesetze sind in Bezug auf Materie und Antimaterie symmetrisch.

Eine Reihe starker Hinweise wie die kosmische Hintergrundstrahlung, deren Intensität und spektrale Energieverteilung der eines schwarzen Strahlers der Temperatur 2,7 Kelvin entspricht und als Relikt einer Materieansammlung extrem hoher Dichte und Temperatur gedeutet wird, oder die kosmische Häufigkeit der Isotopen

Bild 1 Das AMS-Experiment auf der
Internationalen Raumstation ISS

leichter Kerne legt die Annahme nahe, daß das Weltall in einem ungeheuren Urknall vor etwa 15 Milliarden Jahren aus Energie entstanden ist. In Übertragung der im Mikrokosmos waltenden Gesetze ist es nun äußerst plausibel anzunehmen, daß auch in der ersten, extrem heißen Phase der Entstehung des Weltalls Materie und Antimaterie in gleichen Mengen erzeugt wurde.

Zwar ist heute in der unmittelbaren Umgebung – in unserer Galaxie – mit großer Sicherheit keine Antikernmaterie vorhanden. Das Auftreten von Teilchen-Antiteilchen-Vernichtungsstrahlung wäre ein nicht zu übersehendes Indiz, wurde aber nicht registriert.

Auf der anderen Seite ist in der weiteren Umgebung – in unserem Galaxienhaufen und in Domänen mit Entfernungen von mehr als rund 30 Millionen Lichtjahren – die Existenz von Antimaterie eine empirisch völlig offene Frage. Der beobachtete gewaltige Überschuß an Materie könnte dann ein lokales Phänomen sein. Materie und Antimaterie würden so in diesen weit voneinander entfernten Domänen existieren können, und das Weltall wäre auf einer globalen Skala symmetrisch (Bild 2).

Wegen der Stabilität ihrer Kerne, sind Antihelium- und Antikohlenstoffkerne, die in Antimateriengalaxien primär entstanden sind, die geeignetsten Kandidaten für eine Suche nach kosmischer Antimaterie. Es ist wichtig hervorzuheben, daß die Wahrscheinlichkeit, diese Antikerne durch sekundäre Wechselwirkungen von Materieteilchen im interstellaren Gas zu erzeugen, verschwindend klein ist;

Bild 2 Materie- und Antimateriegalaxien

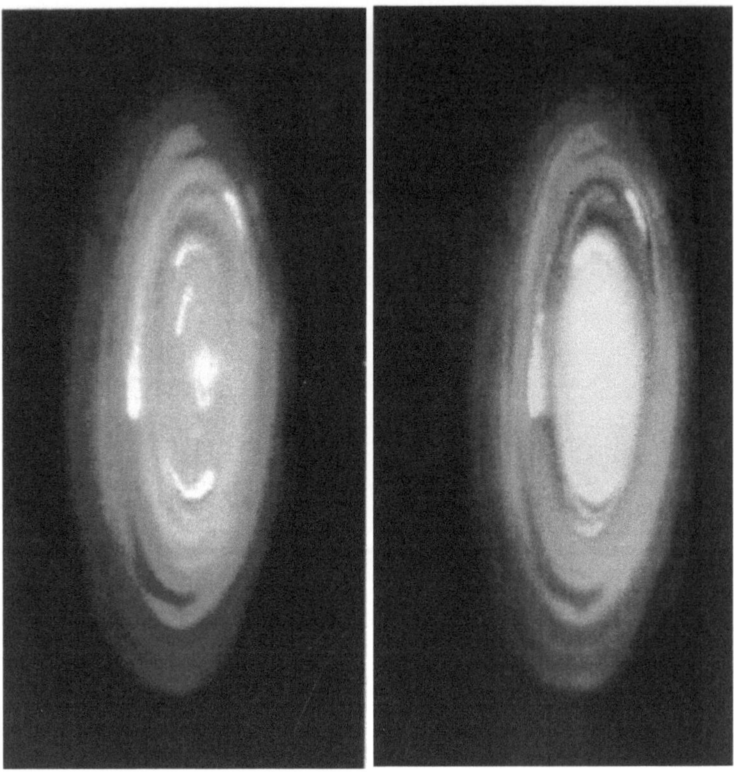

sie beträgt für Antikohlenstoffkerne beispielsweise 10^{-58}. Der Nachweis nur eines Antikohlenstoffkerns im AMS – hierauf ist das Experiment optimiert – reichte also aus, um die Existenz extragalaktischer Antimaterie nachzuweisen.

Weiterhin zeigt eine konservative Abschätzung, daß ein kosmisches Teilchen im Laufe des Weltalters mindestens eine Strecke von 100 Megaparsec – mehr als 300 Millionen Lichtjahre – zurücklegen kann. In dieser Entfernung von der Erde gibt es etwa 1000 Anhäufungen (Cluster) von Galaxien, die als Ursprung von Antimaterie – zum Beispiel durch Anti-Supernova-Explosionen – wirksam sein könnten. AMS wird deshalb auf der Internationalen Raumstation nach Antihelium- und Antikohlenstoffkernen aus Entfernungen von etwa 100 Megaparsec suchen.

Dunkle Materie Eine weitere zentrale Frage der modernen Astrophysik betrifft die Natur der sogenannten Dunklen Materie. Das ist Materie, die keine elektromagnetische Strahlung aussendet. Nach heutigen Erkenntnissen besteht der überwiegende Teil der Gesamtmasse unseres Universums aus dieser rätselhaften Dunklen Materie. Es gibt eine Reihe von Gründen, die anzeigen, daß diese Materie nicht nur aus Staub, Planeten und ausgebrannten Sternen besteht, sondern einen beträchtlichen nichtbaryonischen Anteil hat. Baryonen ist die Sammelbezeichnung für alle Elementarteilchen, also den Kernbausteinen des Atoms und den Hyperonen, deren Ruhemasse gleich oder größer ist als die von Protonen oder Neutronen. Die Teilchen dieser Komponente der Dunklen Materie nennt man WIMPs (Weakly Interacting Massive Particles). Der nichtbaryonische Anteil der Dunklen

Materie verrät sich durch die Wirkung seiner Schwerkraft. Zwar können die WIMP-Teilchen nicht direkt beobachtet werden, aber sie sind durch Annihilationsprozesse, bei denen sie sich gegenseitig vernichten, nachweisbar. Auch hier kann AMS Antworten zur Existenz dieser schwach wechselwirkenden massiven Teilchen liefern. Im Detektor können WIMP-Zerfälle in Elektron-Positron-Paare oder in Protonen und Antiprotonen durch Präzisionsmessungen der Zerfallsspektren nachgewiesen werden.

In den letzten 40 Jahren hat es viele fundamentale Entdeckungen auf dem Gebiet der Astrophysik gegeben. Boden- und satellitengestützte Experimente in der Gamma-, Röntgen-, optischen, Infrarot- und Radio-Astronomie haben dies möglich gemacht. Daten über Flüsse von geladenen kosmischen Teilchen stammen bevorzugt von ballongetragenen Experimenten. Die dabei eingesetzten Spektrometer haben nur eine wenige Tage dauernde Expositionszeit und liefern Meßergebnisse, die auf Wechselwirkungen in der Atmosphäre korrigiert werden müssen, da sich in der geringen Höhe von etwa 40 Kilometern immerhin noch drei Gramm Atmosphäre pro Quadratzentimeter über dem Spektrometer befinden.

Eine internationale Gruppe von Teilchenphysikern aus China, Deutschland, Finnland, Frankreich, Italien, der Schweiz, Taiwan und den USA, die auf eine jahrzehntelange gemeinsame Erfahrung bei der Planung, Durchführung und Auswertung von Teilchenphysik-Experimenten an Großbeschleunigern zurückblicken kann, schlug 1994 das AMS-Experiment zur Suche nach kosmischer Antimaterie und Dunkler Materie vor. Das Projekt wird von einer Reihe nationaler Forschungsagenturen wie dem Deutschen Zentrum für Luft- und Raumfahrt (DLR), dem Schweizer National Fond und der NASA unterstützt und ist das erste von der NASA und den internationalen Kontrollgremien akzeptierte Grundlagenforschungsexperiment für die Internationale Raumstation ISS. Mit einer Höhe von etwa 400 Kilometern über der Erde und damit einer Restatmosphäre von nur 10^{-7} Gramm pro Quadratzentimeter ist die Internationale Raumstation ISS ein idealer Standort, um in einer etwa dreijährigen Aufenthalts- und Meßzeit bei einem Minimum von sekundären Reaktionsprozessen nach extragalaktischen Teilchen zu suchen.

Der AMS-Detektor ist das erste magnetische Spektrometer im Weltall. AMS mißt Impuls, Ladung (mit Vorzeichen) und Masse kosmischer Teilchen. Damit sind Teilchen und Antiteilchen aufgrund ihrer entgegengesetzten Ladung nachweisbar – im Magnetfeld zeigt sich dies in der entgegengesetzten Krümmung ihrer Bahnkurven, den Teilchentrajektorien (Bild 3). Das Instrument ist auf den Nachweis von Antihelium- und Antikohlenstoffkernen optimiert und hat eine Sensitivität, welche die der bisherigen Experimente um einen Faktor von 10^3 bis 10^4 übersteigt (Bild 4).

Für die Suche nach Dunkler Materie werden hochpräzise Spektren von Positronen und Antiprotonen in einem Energiebereich bis 100 Gigaelektronenvolt aufgenommen. Der Detektor ist ebenfalls sensitiv für Gammastrahlen bis zu einer Energie von 300 Gigaelektronenvolt.

Die in den letzten Jahren rasante Entwicklung von immer besserem Material für Permanentmagnete auf Basis der Elemente Neo-

AMS und Astroteilchenphysik

Die internationale Raumstation ist ein idealer Standort, um nach extragalaktischen Teilchen zu suchen

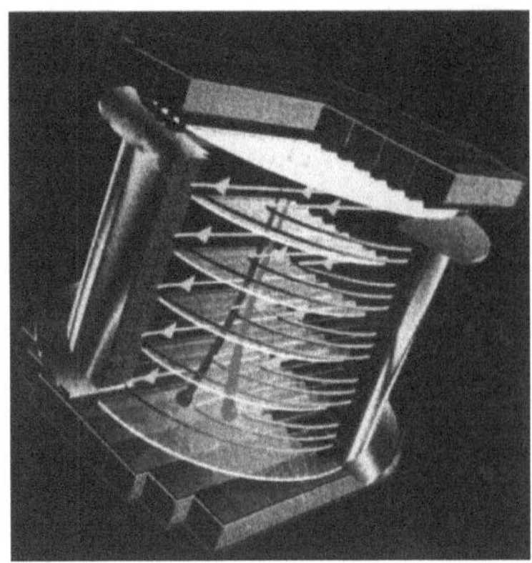

Bild 3 Darstellung des Funktionsprinzips von AMS – entgegengesetzt gekrümmte Spuren für Teilchen und Antiteilchen

dym, Eisen und Bor machte es möglich, ein sensitives Magnetspektrometer zu bauen, das einen Magneten mit einem Gewicht von etwa zweieinhalb Tonnen, einer Ablenkkraft von $BL^2 = 0{,}15$ Tm^2 (magnetische Flußdichte B in Tesla T, Länge L in Meter m), die bei gegebenem Impuls ein Maß für die Krümmung der Spuren ist, und einem (im Vergleich zu bisherigen Experimenten zweihundertmal größeren) Öffnungswinkel von etwa 0,6 m^{2}sr (Raumwinkel in Steradian sr) als zentrale Komponente besitzt (Bild 5). Im Magneten ist ein sechslagiger Siliziumstreifen-Spurdetektor zum Nachweis der entgegengesetzt gekrümmten Spuren geladener Teilchen und Antiteilchen eingebaut. Der Detektor hat eine Meßfläche von sechs Quadratmetern; dessen Mikrostreifen-Sensoren sind aus n-Siliziumwafern gefertigt,

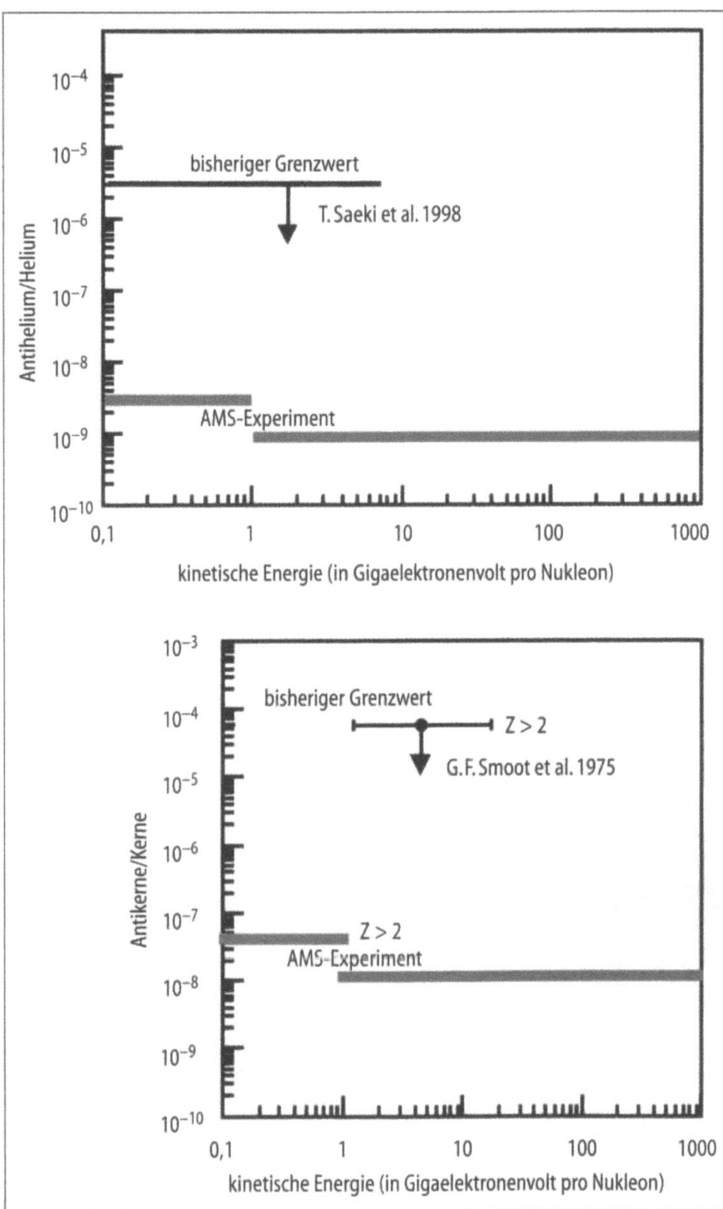

Bild 4 Empfindlichkeit des AMS-Detektors zum Nachweis von Antihelium- (oben) und Antikohlenstoffkernen (unten)

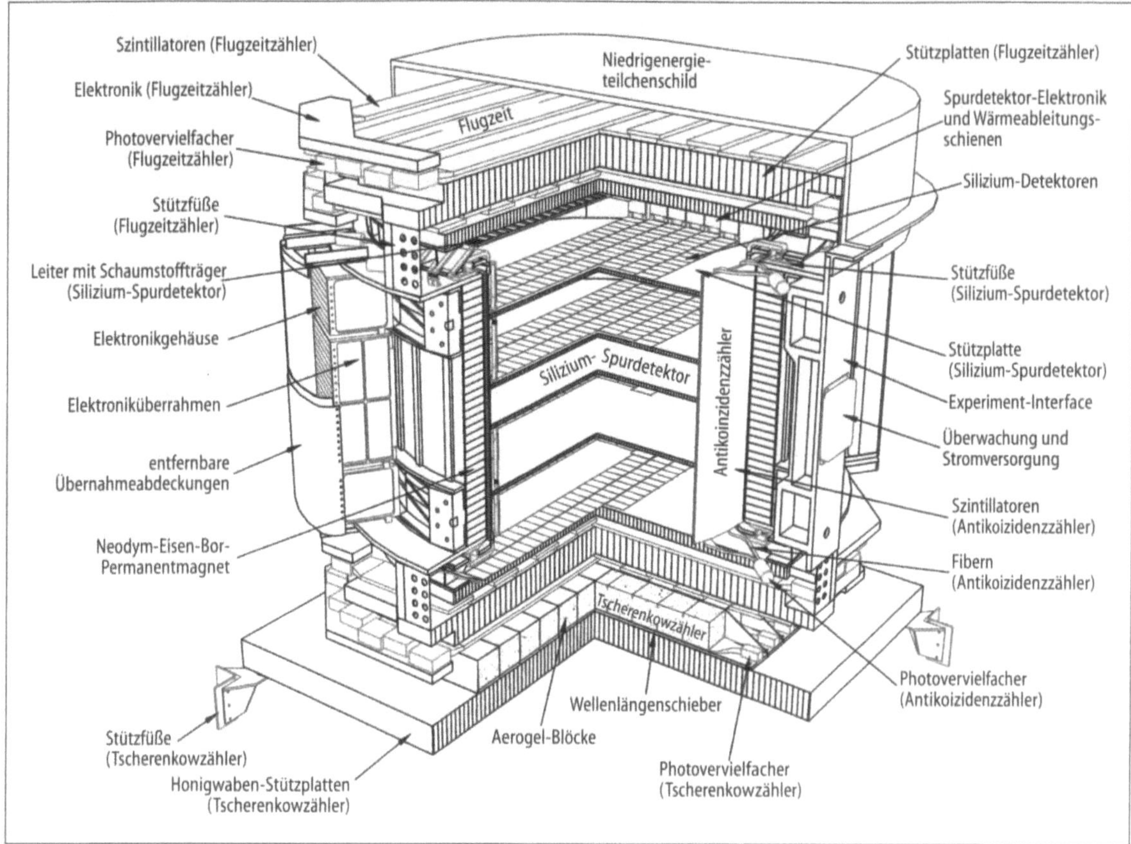

Bild 5 Schematischer Aufbau des AMS-Detektors

die einen hohen elektrischen Widerstand aufweisen und eine Meßgenauigkeit von zehn Mikrometern erlauben.

Gehalten wird der Spurdetektor von einem hochsteifen mechanischen System aus vier inneren, zwölf Millimeter dicken kohlefaserbeschichteten Aluminium-Wabenplatten extrem kleiner Massen, zwei äußeren, 40 Millimeter dicken Wabenplatten und Schalen sowie Flanschen aus höchstwertigen Kohlcfascrvcrbundwcrkstoffen (Bild 6). Von insgesamt acht Spezialfüßen aus einer Titanlegierung wird der Spurdetektor am Flansch des Magneten abgestützt. Die mechanische Postiton des gesamten Systems wird durch ein Infrarot-Lasersystem überprüft.

Abgeschlossen wird das sensitive Volumen des Spurdetektors oben und unten durch jeweils ein zweilagiges System von Flugzeitzählern. Diese messen mit einer zeitlichen Auflösung von 100 Pikosekunden die Geschwindigkeit der einfallenden Teilchen und stellen damit den Trigger für die zeitliche Koordinierung des gesamten Meßvorgangs zur Verfügung.

Der Silizium-Spurdetektor ist zudem von sechzehn Modulen eines Antikoinzidenz-Zählersystems zylindrisch umgeben (Bild 7). Bereits im Trigger können so unerwünschte, durch den Magneten seitlich eintretende Teilchen oder bei Kollisionen im System entstandene sekundäre Teilchen eliminiert werden. Darüber hinaus ist ein Aerogel-Schwellen-Tscherenkowzähler unterhalb des unteren Flugzeitzählersystem montiert. So lassen sich Elektronen und Anti-

Bild 6 Der Silizium-Spurdetektor des
AMS-Experiments

**Endmontage des Detektors und
Raumflug mit dem Orbiter Discovery**

protonen bis zu einer Energie von vier Gigaelektronenvolt trennen. Um die Zahl der Spuren von niederenergetischen Elektronen unterhalb von fünf Megaelektronenvolt genügend stark zu reduzieren, sind die sensitiven Zählereinheiten des AMS-Detektors oberhalb und unterhalb des Spurdetektors durch je eine große Haube mit Seitenschürzen aus zehn Millimeter dickem Kohlenstoffverbundmaterial abgeschirmt.

Vor dem Start ins All mußte das gesamte Meßsystem umfangreiche Vibrations- und Thermovakuumtests bestehen, um die Raumfahrttauglichkeit sicherzustellen. Die aktiven Nachweiskomponenten sind dabei entweder mit energiereichen Teilchen in Teststrahlen oder mit Myonen – instabilen Elementarteilchen – in der Höhenstrahlung kontrolliert beziehungsweise geeicht worden. Die Daten-Ausleseelektronik wurde in wesentlichen Teilen dreifach redundant ausgelegt, und zur Überwachung der Detektor-Komponenten sind vier verschiedene Mikrokontroller im Einsatz. Der Transfer der Daten und Kommandos von der Umlaufbahn zum Kontrollzentrum in Houston, Texas, geschieht über Relais-Satelliten.

Wichtige Komponenten des AMS wie Spurendetektor, Antikoinzidenzzähler, Laser-Alignierungssystem und die Teilchenabschirmung sind im I. Physikalischen Institut der RWTH Aachen geplant, gebaut und getestet worden. Bei ihrer Konstruktion und teilweise auch beim Bau haben wir eng mit Firmen aus dem Aachener Raum zusammengearbeitet. Seit Anfang 1997 ist auch das III. Physikalische Institut der RWTH Aachen mit dem Hauptarbeitsgebiet „Entwicklung und Bau der Kontroll-Elektronik" am AMS-Projekt beteiligt. Zahlreiche Tests fanden am Max-Planck-Institut für Extraterrestrische Physik in Garching statt.

Ende Januar 1998 brachte ein Lufthansa-Frachter den Detektor direkt zum Kennedy Space Center nach Florida. Nach Einbau in das Space-Shuttle-Tragegestell (Bild 8) und eingehenden Tests im Shuttle-Simulator wurde der AMS-Detektor im Fühjahr 1998 in die Discovery eingebaut.

Drei Stunden nach dem erfolgreichem Start am 2. Juni 1998 konnte das Meßgerät in Betrieb gehen (Bild 9). Alle Komponenten arbeiteten planmäßig, so daß nach etwa sechs Stunden mit der Datennahme begonnen werden konnte. Während des zehntägigen Fluges wurden rund 100 Millionen kosmische Teilchenereignisse registriert. Eine vorläufige Analyse der Daten zeigt, daß alle Detektorkomponenten in ihrer Sollfunktion arbeiteten. Bild 10 zeigt ein aufgezeichnetes Massenspektrum kosmischer Teilchen. Protonen und Heliumkerne sind klar zu erkennen. AMS war ebenfalls in der Lage, Teilchen mit positiven Ladungen (zum Beispiel Protonen) und negativen Ladungen (Antiprotonen) zu trennen. Als Beispiel ist in Bild 11 links die negativ gekrümmte Spur eines Antiprotons zu sehen. Um die Spurmeßgenauigkeit des Silizium-Spurdetektors von zehn Mikrometern voll ausnutzen zu können, darf die Tragestruktur keine größere Deformation erfahren. Diese Vorgabe wurde eingehalten: Bild 11 rechts verdeutlicht, daß die Abweichung der mechanischen Komponenten von ihrer Position vor dem Start, danach und während des Fluges maximal drei Mikrometer betrug. Gemessen wurde

Bild 7 Das im AMS-Magneten installierte Antikoinzidenzzählersystem

Bild 8 Das AMS-Experiment auf dem Orbiter-Tragegestell im Kennedy Space Center

mit einem Infrarot-Lasersystem. Die ersten Ergebnisse der Datenauswertung nach der Mission bestätigen somit die Richtigkeit des Grundkonzepts für Konstruktion und Aufbau des Detektorsystems.

Das AMS wird im Mai 2003 für drei bis fünf Jahre auf der Internationalen Raumstation montiert, um nach Kernmaterie, Antikernmaterie und Dunkler Materie aus dem Weltall zu suchen. Dazu werden der jetzige Permanentmagnet durch einen supraleitenden Magneten mit einem sechsmal größeren Magnetfeld ersetzt und drei weitere Detektorkomponenten – ein Übergangsstrahlungsdetektor, ein Tscherenkowzähler und ein Kalorimeter – zusätzlich installiert.

Planung und Herstellung der neuen Komponenten fordern uns Ingenieure und Physiker an der RWTH Aachen erneut heraus. Die-

Meßaufenthalt vom AMS auf der Internationalen Raumstation ISS

Bild 9 Das AMS in der Ladebucht des
Orbiters Discovery (photographiert von
der russischen Raumstation Mir)

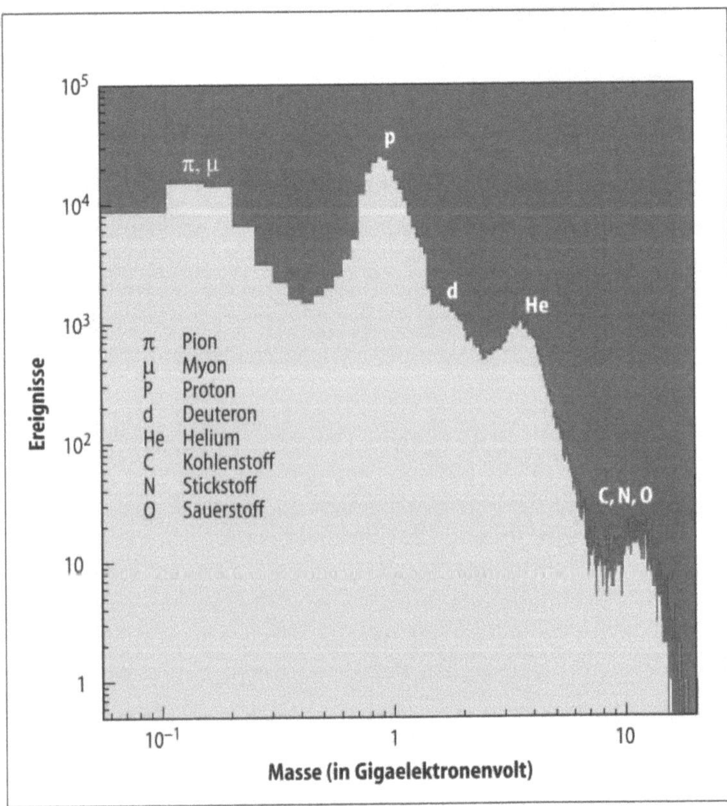

Bild 10 Massenspektrum kosmischer
Teilchen

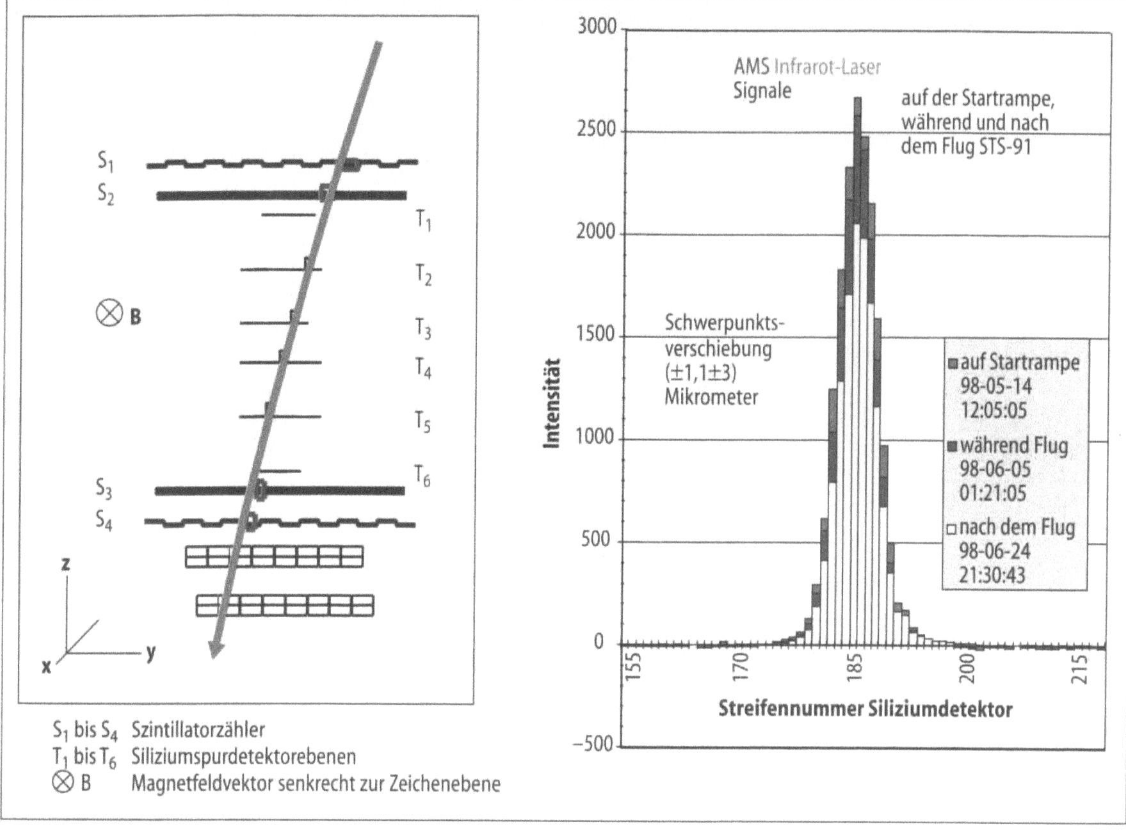

ses bis weit ins nächste Jahrhundert reichende Projekt ist nur zu realisieren, wenn wir es verstehen, neue, zukunftsweisende Technologien – insbesondere auf dem Gebiet neuer Materialien und schneller Elektronik – anzuwenden.

Zu Beginn des neuen Jahrhunderts steht damit ein Experiment der Teilchen-Astrophysik bereit, das erstmalig Flüsse von geladenen Teilchen und Antiteilchen aus dem intergalaktischen Raum störungsfrei vermessen kann. Die ersten Resultate des Probefluges sind so vielversprechend, daß die Hoffnung berechtigt ist, mit dem AMS-Detektor eine neue Phase der Teilchen-Astrophysik einzuleiten.

Prof. Dr. rer. nat. Klaus Lübelsmeyer ist Direktor am I. Physikalischen Institut. In der Forschung konzentriert er sich auf Elementarteilchenphysik an Großbeschleunigern und Astroteilchenphysik.

Bild 11 Spur eines Antiprotons im AMS-Detektor (links) sowie Test der mechanischen Stabilität mit Infrarot-Laserstrahlen (rechts)

Autor

Kristalline Materie

Gernot Heger

Strukturforschung mit Neutronen

Die Kristallstruktur und die magnetische Ordnung von kristalliner Materie lassen sich mit Hilfe von Röntgen- und Neutronenbeugung erforschen, wobei sich beide Verfahren ergänzen. Dadurch erhält man genaue Angaben über den atomaren Aufbau der Kristalle. Aus dieser Kristallstruktur ergeben sich auch die Symmetrieeigenschaften und die Periodizität des Kristallgitters. Weiterhin erhält man Informationen über die chemischen Bindungen sowie die Nachbarschaftsumgebungen der Atome und Moleküle (Packungen und Koordinationen). Atome liegen nicht starr an bestimmten Positionen fest. Selbst im Diamant, dem härtesten kristallinen Festkörper, den wir kennen, schwingen die Atome. Diese Schwingungen nehmen mit steigender Temperatur zu. Baufehler in einem Kristall, etwa durch fehlende Atome (sogenannte Leerstellen), führen zu lokalen Verzerrungen der geordneten Kristallstruktur. Auch diese dynamischen und statischen Auslenkungen der Atomverteilung werden in der Strukturanalyse erfaßt. Bei magnetischen Systemen kann die räumliche Anordnung der lokalen magnetischen Momente mit ihrer Ausrichtung im Kristallgitter untersucht werden. Daraus lassen sich Aussagen über magnetische Wechselwirkungen und magnetische Ordnungszustände, sogenannten Magnetstrukturen, gewinnen.

Die Bedeutung der Untersuchung von kondensierter Materie mit Neutronenstreuung wurde erst vor kurzem durch die Verleihung des Nobelpreises für Physik 1994 an Bertrand Brockhouse und Clifford G. Shull gewürdigt.

Röntgen- und Neutronenstrahlung

Die Röntgenstrahlung besteht wie sichtbares Licht aus elektromagnetischen Wellen, die an den Elektronen der Atome oder Ionen gestreut werden. Neutronen hingegen sind Elementarteilchen der Atomkerne, deren Entdeckung im Jahre 1932 auf James Chadwick zurückgeht. Bei der Namensgebung nahm er an, daß diese Teilchen keine elektrische Ladung besitzen – also neutral sind. Heute weiß man, daß das Neutron aus einem sogenannten Up-Quark und zwei Down-Quarks besteht. Damit sollte es theoretisch eine Gesamtladung von Null haben. Experimentell ist diese Aussage mit einer Meßgenauigkeit von weniger als einem Milliardstel vom billionstel Teil der Elektronenladung erreicht! Die Frage einer – wenn auch extrem kleinen – Restladung des Neutrons bleibt aber von fundamentaler Bedeutung.

Neutronen werden durch Kernreaktionen erzeugt. Für die Untersuchung von Materie ist eine große Leuchtdichte, das heißt ein hoher Fluß von Neutronen geeigneter Energie per Raumwinkel, erforderlich. Gegenwärtig ist dieser Neutronenfluß nur durch Kernspaltung oder durch Spallation erreichbar (Bild 1). Die kinetische Energie der Neutronen berechnet sich aus ihrer Masse und ihrer Geschwindigkeit. Für die Streuuntersuchungen von Materie sind thermische Neu-

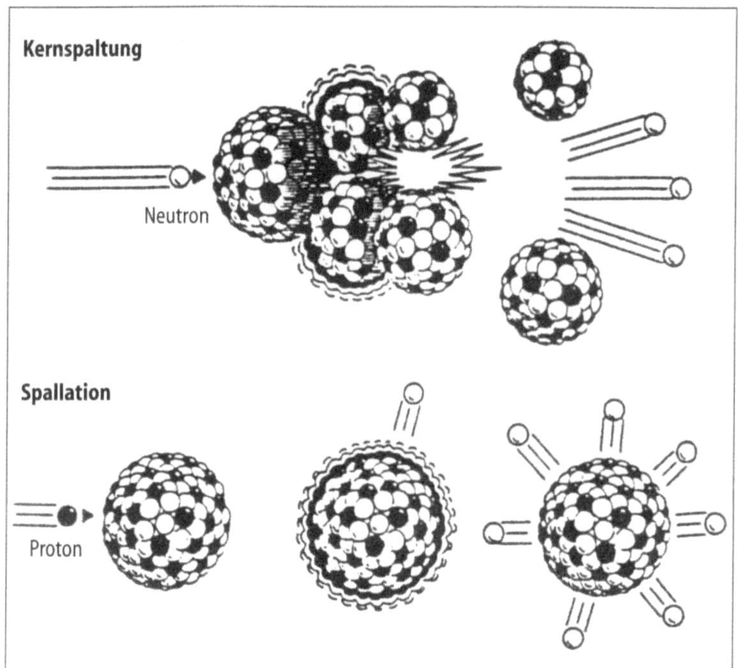

Bild 1 Bei der Kernspaltung wird ein thermisches Neutron von einem Uran-235-Kern absorbiert, der dann in Spaltfragmente und einige Neutronen zerfällt (oben). Bei der Spallation werden durch den Beschuß von schweren Kernen durch hochenergetische Protonen 20 bis 40 Neutronen freigesetzt (unten).

tronen mit Energien im Bereich von einigen Millielektronenvolt erforderlich. Die hochenergetischen Neutronen aus der Kernspaltung und der Spallation liegen aber im Bereich von Millionen Elektronenvolt. Sie werden durch Stoßprozesse moderiert und geben dabei Energie an das Medium der Stoßpartner ab. Über inelastische Stöße mit Atomkernen leichter Elemente – wie leichter oder schwerer Wasserstoff, Bor oder Kohlenstoff – erreichen die Neutronen ein thermisches Gleichgewicht mit dem sogenannten Moderator.

Der thermische Neutronenfluß des leistungsstärksten Forschungsreaktors HFR in Grenoble erreicht bei einer Reaktorleistung von 62 Megawatt 1500 Billionen Neutronen pro Quadratzentimeter und Sekunde und ist damit wesentlich größer als der entsprechende Wert von 200 Billionen Neutronen pro Quadratzentimeter und Sekunde für den FRJ-2-Reaktor im Forschungszentrum Jülich, dessen Leistung 23 Megawatt beträgt.

Die Neutronen haben einen halbzahligen Spin. Aufgrund ihrer inneren Struktur und der damit verbundenen elektrischen Ladungsverteilung besitzen sie ein magnetisches Moment.

Neutronen- und Röntgenstrahlen werden komplementär zur Untersuchung von Materie eingesetzt. Die Röntgenstrahlen sind dabei wesentlich leichter verfügbar. Dementsprechend ist die Röntgenanalytik im Bereich der universitären Forschung, der Industrielabors und der Medizin weit verbreitet.

Einige Eigenschaften von Neutronen sind für die experimentellen Anwendungen besonders interessant. Für Neutronen sind Energie, Wellenlänge und Geschwindigkeit leicht umrechenbar und werden je nach Bedarf verschieden verwendet. Während die Photonen der Röntgenstrahlung sich mit Lichtgeschwindigkeit fortbewegen, sind die thermischen Neutronen relativ langsam, nur etwa zehnmal

Komplementäre Untersuchungsmethoden

schneller als ein Verkehrsflugzeug. Die Energie der Neutronen liegt im Bereich der elementaren Anregungen von kristalliner Materie wie Gitterschwingungen (Phononen) oder Spinwellen (Magnonen). Wegen der Masse des Neutrons können aufgrund von Impuls- und Energieerhaltung diese Anregungen mit inelastischer Neutronenstreuung untersucht werden. Darin besteht ein wesentlicher Unterschied zu der Röntgenstrahlung. Die magnetische Dipolwechselwirkung der Neutronen mit paramagnetischen Atomen, Ionen oder Molekülen erlaubt eine mikroskopische Untersuchung des magnetischen Verhaltens von Materie. Diese Information ist mit Röntgenstrahlen nur teilweise erhältlich. Die Wellenlängen der Röntgen- und Neutronenstrahlen liegen im Bereich der Atomabstände im Festkörper, typischerweise zwischen einem und drei Ångström. Ein Ångström entspricht der unvorstellbar kleinen Strecke eines zehnmilliardstel Meters. Damit eignen sich beide Strahlungsarten sehr gut für Strukturuntersuchungen.

Röntgen- und Neutronenbeugung

Die Beugung am Kristall, die sogenannte elastische kohärente Streuung, liefert im Röntgenfall die Elektronendichteverteilung der Atome und Ionen, deren Ausdehnung entsprechend dem doppelten Atom- oder Ionenradius bei ein bis drei Ångström liegt. Aufgrund der Wechselwirkung der Neutronen mit den Kernpotentialen, die im Vergleich mindestens tausendmal kleiner als die verwendeten Wellenlängen sind und als Punktobjekte wirken, ergibt sich hier die Anordnung der Atomkerne. Wegen dieses prinzipiellen Unterschieds können in der Kristallstrukturanalyse gerade mit Neutronenbeugungsdaten die Atomverteilungen mit den Auslenkungen aufgrund der thermischen Schwingungen und von statischen lokalen Deformationen genau bestimmt werden. Diese Informationen sind aber wiederum für die Auswertung von Röntgenexperimenten zur Untersuchung der Elektronendichte der chemischen Bindungen in einem Kristall von großer Wichtigkeit.

Im Fall der Röntgenstrahlen sind die Einflüsse von leichten Atomen oder Ionen mit wenig Elektronen auf die Streuung gering. Damit ist bei der Strukturbestimmung die Genauigkeit von so wichtigen Elementen wie Wasserstoff, Kohlenstoff oder Sauerstoff im Vergleich zu schwereren Atomen mit vielen Elektronen limitiert. Hier kann der Einsatz von Neutronen vorteilhaft sein, da die Streulängen der Neutronen für alle Isotope die gleiche Größenordnung haben. Die Isotope eines Elements unterscheiden sich bezüglich der Anzahl der Neutronen der Atomkerne, die Elektronenkonfiguration – und damit die Röntgenbeugung – ist davon nicht betroffen.

Atome und Ionen mit nahezu gleicher Elektronenzahl, wie zum Beispiel von im Periodensystem benachbarten Elementen, kann man im Röntgenexperiment nur mit Schwierigkeiten unterscheiden. Auch hier gibt es Beispiele, wo die Neutronenbeugung einen guten Kontrast liefert. Besonders groß sind die Unterschiede für die verschiedenen Isotope der Übergangsmetalle wie etwa Chrom, Mangan und Eisen.

Eine besondere Domäne der Neutronenbeugung ist die Untersuchung der Verteilung von Wasserstoffatomen in einer Kristallstruktur. Das einzige Elektron des Wasserstoffatoms ist dabei in der kovalenten Bindung gegenüber dem Atomkern verschoben. Grund-

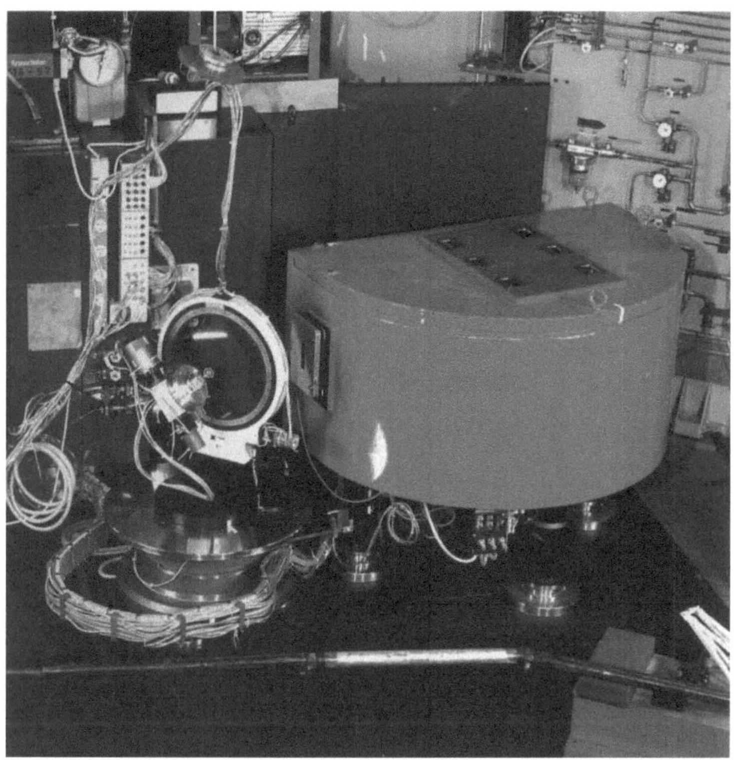

Bild 2 Das Drei-Achsen-Spektrometer UNIDAS wird vom Institut für Kristallographie der RWTH Aachen am FRJ-2 im Forschungszentrum Jülich betrieben. Dieses Verbundgerät des Bundesministeriums für Bildung und Forschung (BMBF) wird für elastische, quasielastische und inelastische Neutronenstreuung an Einkristallen eingesetzt.

sätzlich kann also mit Röntgenstrahlen die Lage des Wasserstoffkerns (des Protons oder – im Fall des schweren Wasserstoffs – des Deuterons) nicht genau bestimmt werden. Für die Kontrastvariation ist besonders interessant, daß die Neutronenstreulängen von leichtem und schwerem Wasserstoff unterschiedliche Vorzeichen haben.

Das Institut für Kristallographie der RWTH betreibt in Aachen eine Reihe von Röntgendiffraktometern zur Untersuchung von polykristallinen Materialien und Einkristallen und darüber hinaus Neutronenstreueinrichtungen am FRJ-2-Reaktor im Forschungszentrum Jülich und am ORPHEE-Reaktor im Centre d'Etude Saclay bei Paris (Bild 2). Dieser besondere Schwerpunkt des Instituts für Kristallographie auf dem Gebiet der Neutronenstreuung wird sich in den kommenden Jahren noch verstärken. Aufgrund unserer Expertise sind wir aufgefordert, für die im Bau befindliche neue deutsche Forschungsneutronenquelle FRM-II in Garching bei München ein neues Neutronen-Einkristall-Diffraktometer zu konzipieren und aufzubauen. Nach der Inbetriebnahme des FRM-II werden wir dieses Gerät dann voraussichtlich ab 2002 auch betreiben.

Die nachfolgenden Beispiele aus aktuellen Projekten sollen die interessanten Möglichkeiten der Strukturforschung mit Neutronenstreuung aufzeigen.

So kann der Ordnungsgrad der Verteilung von Aluminium- und Siliziumatomen in natürlichen Aluminosilikaten Information über die Temperaturvorgeschichte der geologischen Formationen liefern, in denen diese Minerale vorkommen (Geothermometer). In diesem Zusammenhang wurden umfangreiche Untersuchungen zur Diffusion und Ordnung von Aluminium (Al) und Silizium (Si) bei hohen

Aluminosilikate

Temperaturen bis etwa 1000 Grad Celsius in verschiedenen perfekten Sanidin-Einkristallen durchgeführt. Sanidine gehören zu den weit verbreiteten Hochtemperatur-Alkalifeldspäten. Unsere Proben stammen aus der Eifel. Mit der Neutronenbeugung kann gut zwischen den im Periodensystem benachbarten Elementen Aluminium und Silizium unterschieden werden. Damit läßt sich die Verteilung dieser Atome genau bestimmen und ihre durch Tempern veränderte Ordnung in Abhängigkeit von Temperatur und Zeit untersuchen. Indirekte, aber schnellere Bestimmungsmethoden wie die Messung des optischen Achsenwinkels können auf diese Weise geeicht werden.

Cuprat-Hochtemperatur-Supraleiter

1986 entdeckten J. Georg Bednorz und K. Alex Müller die sogenannten Cuprat-Hochtemperatur-Supraleiter und erhielten dafür bereits im folgenden Jahr 1987 den Nobelpreis für Physik. Seit dieser Zeit besteht ein großes Interesse, die Herstellung und die Eigenschaften dieser kristallinen Materialien genau zu verstehen, um neue Phasen mit möglichst hoher Sprungtemperatur (das ist die Temperatur, bei der der elektrische Widerstand verschwindet) zu entwikkeln. Der Einsatz dieser supraleitenden Werkstoffe in Kabeln zum verlustfreien Stromtransport wird weltweit intensiv vorangetrieben [1]. Der aus den Elementen Yttrium (Y), Barium (Ba), Kupfer (Cu) und Sauerstoff (O) aufgebaute Werkstoff $YBa_2Cu_3O_7$ übertraf als erste Phase mit einer Sprungtemperatur von minus 181 Grad Celsius deutlich die für eine ökonomische Kühlung wichtige Siedetemperatur des flüssigen Stickstoffs von minus 195,8 Grad Celsius. Diese Temperatur liegt nur 77,35 Kelvin über dem absoluten Nullpunkt auf der Kelvin-Skala. Er entspricht auf der Celsius-Skala einer Temperatur von minus 273,15 Grad.

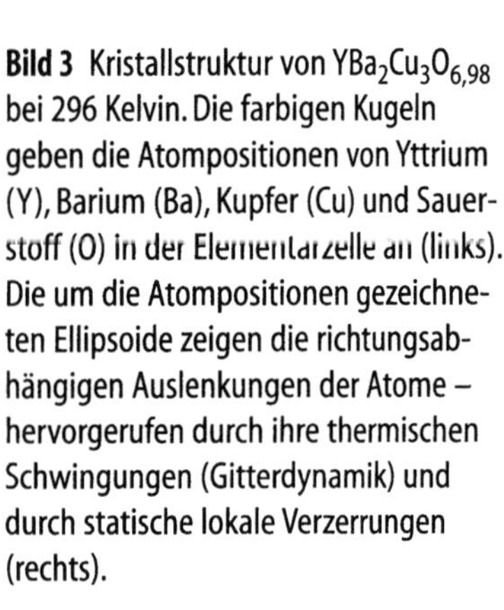

Bild 3 Kristallstruktur von $YBa_2Cu_3O_{6,98}$ bei 296 Kelvin. Die farbigen Kugeln geben die Atompositionen von Yttrium (Y), Barium (Ba), Kupfer (Cu) und Sauerstoff (O) in der Elementarzelle an (links). Die um die Atompositionen gezeichneten Ellipsoide zeigen die richtungsabhängigen Auslenkungen der Atome – hervorgerufen durch ihre thermischen Schwingungen (Gitterdynamik) und durch statische lokale Verzerrungen (rechts).

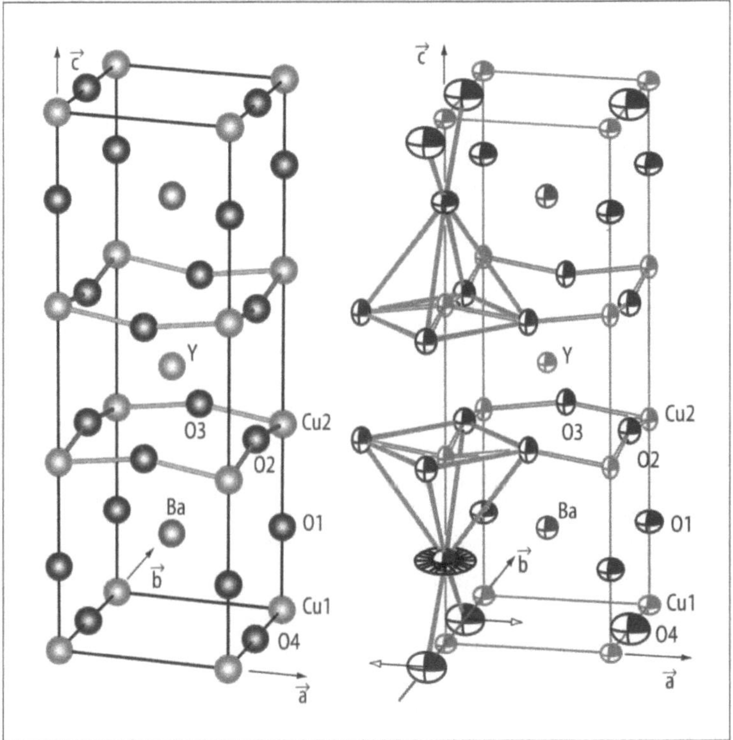

Inzwischen ist es gelungen, von dieser Verbindung große Einkristalle guter Qualität zu züchten. Damit wurden auch detaillierte Untersuchungen der Kristallstruktur und der Gitterdynamik möglich (Bild 3). Der Sauerstoffunterschuß hängt mit dem Realbau der Kristalle zusammen: Sauerstoffleerstellen akkumulieren sich an den Grenzen der Zwillingsdomänen. Perfektere Kristalle haben größere Domänen und einen höheren Sauerstoffgehalt. Die Variation der Gitterkonstanten in Abhängigkeit von der Temperatur konnte durch hochauflösende Dilatationsmessungen sehr genau studiert werden. Damit konnte eine Anomalie bei der Sprungtemperatur nachgewiesen werden [2]. Eine genaue Analyse der mittleren Sauerstoffverteilung mit Hilfe von Neutronenbeugung ergab eine fehlgeordnete Zickzack-Anordnung der Sauerstofflagen in den Kupfer-Sauerstoff-Ketten. Das für den Ladungstransfer zwischen diesen Ketten und den für die Supraleitung entscheidenden Kupferdioxidschichten wichtige Sauerstoffatom zeigt nach unseren Untersuchungen ein anharmonisches Verhalten, das wahrscheinlich besonders stark bei der Sprungtemperatur ausgeprägt ist. Alle Nicht-Sauerstoffatome haben harmonische Potentiale [3].

In der Grundlagenforschung im Bereich der kondensierten Materie sind fehlgeordnete Strukturen und Pseudosymmetrien verbunden mit dynamischer Reorientierung und strukturellen Phasenübergängen von großem aktuellen Interesse. Prinzipiell ist die dynamische Fehlordnung von Molekülen oder Molekülgruppen auf schwache Bindungen zu ihrer Kristallumgebung zurückzuführen. Es ist offensichtlich, daß das Schema der chemischen Bindungen die Symmetrie einer Kristallstruktur bestimmt und nicht umgekehrt. Man kann jedoch feststellen, daß im Fall einer Inkompatibilität zwischen der Symmetrie eines Moleküls und der zugehörigen Punktlage in der Kristallstruktur sich zwangsläufig eine Molekülfehlordnung ergibt. Eine genaue Beschreibung der Atomverteilungen ist erforderlich, um physikalisch relevante Potentiale zu bestimmen. Als Beispiel einer Neutronenbeugungsuntersuchung mit Bezug zu dem Wasserstoffproblem der Strukturanalyse wird die dynamische Fehlordnung der Methylgruppe in 4-Methyl-Pyridin vorgestellt [4]. Aufgrund von nur schwachen intermolekularen Van-der-Waals-Wechselwirkungen schmelzen die 4-Methyl-Pyridin-Kristalle bereits bei 276,8 Kelvin. Eine Änderung der relativen Molekülorientierungen führt bei 254 Kelvin zu einem strukturellen Phasenübergang. Die Dichteverteilung der drei Wasserstoffatome der rotierenden Methylgruppe zeigt im ganzen Temperaturbereich der Experimente von zehn Kelvin bis 260 Kelvin – also oberhalb und unterhalb des Phasenübergangs – eine ringförmige Anordnung. Durch die Kopplung von benachbarten Methylgruppen wird ihre Rotationsachse bei tiefen Temperaturen stabilisiert. Damit können für diese quasifreien Rotatoren die Ergebnisse der Tunnelspektroskopie quantitativ verstanden werden [5].

Die Forschung mit Neutronen liefert also wesentliche Beiträge zu der Strukturforschung, indem sie die Röntgenuntersuchungen auf sinnvolle Weise ergänzt. Die gezeigten Beispiele belegen, daß gerade an der RWTH Aachen diese Möglichkeiten für moderne kristallographische Fragestellungen aus den Bereichen Physik, Chemie, Material-

Molekülfehlordnung in Kristallen

wissenschaften und Geologie genutzt werden. Eine wichtige neue Entwicklung zeigt, daß durch die Kombination von elastischer und inelastischer Neutronenstreuung die Atompotentiale in kristallinen Festkörpern detailliert studiert werden können. Kombinierte Methoden der Röntgen- und Neutronenbeugung unter Einbeziehung der Synchrotronstrahlen werden in Zukunft eine große Bedeutung für die Untersuchung von Proteinstrukturen (Biokristallographie) erlangen.

Im Bereich der methodischen Entwicklungen und bezüglich des Zugangs zu Meßmöglichkeiten mit Neutronen hat die RWTH Aachen in enger Verbindung mit dem Forschungszentrum Jülich eine privilegierte Stellung in Deutschland und darüber hinaus, die noch intensiver genutzt werden sollte. Neben den Möglichkeiten an den nationalen Neutronenquellen FRJ-2 in Jülich, BER-II im Hahn-Meitner-Institut Berlin und dem an der Technischen Universität München im Bau befindlichen FRM-II sind hier besonders die guten Beziehungen zu dem französischen Forschungsreaktor ORPHEE in Saclay bei Paris und zu dem europäischen Hochflußreaktor am Institut Laue-Langevin in Grenoble zu nennen.

Als Langzeitperspektive für die Forschung mit Neutronen, weit in das 21. Jahrhundert hinein, bemühen sich die deutschen Wissenschaftler unter Führung des Forschungszentrums Jülich um die Realisierung einer europäischen Spallations-Neutronenquelle. Für dieses Projekt unter dem Namen ESS (European Spallation Source – A Next Generation Neutron Source for Europe) wurde 1997 eine umfangreiche erste Studie erstellt.

Autor

Prof. Dr. rer. nat. Gernot Heger ist Inhaber des Lehrstuhls für Kristallographie und Leiter des Instituts für Kristallographie. Sein besonderes Interesse gilt der Strukturforschung an kristallinen Materialien mit interessanten physikalischen Eigenschaften. Ein wichtiges Arbeitsgebiet betrifft dabei die Entwicklung von Streumethoden unter Verwendung von Röntgen- und Synchrotronstrahlen sowie Neutronen.

Literaturhinweise

[1] Siemens: Forschung und Innovation, I/1998.
[2] C. Meingast, O. Kraut, T. Wolf, H. Wühl, A. Erb und G. Müller-Vogt: Large a-b Anisotropy of the Expansivity Anomaly at T_C in Untwinned $YBa_2Cu_3O_{7-\delta}$, Physical Review Letters, 67, 1991, S. 1634 bis1637.
[3] P. Schweiss, W. Reichardt, M. Braden, G. Collin, G. Heger, H. Claus und A. Erb: Static and Dynamic Displacements in $RBa_2Cu_3O_{7-\delta}$ (R = Y, Ho; δ = 0.05, 0.5): A Neutron-diffraction Study on Single Crystals, Physical Review B, 49, 1994, S. 1387 bis 1396.
[4] E. Kaiser Morris (Doktorarbeit, Universität Paris XI 1997): Dynamique et désordre du groupe méthyle dans les différentes phases de la 2,6-diméthyl pyracine, 4-méthyl pyridine et 4-méthyl pyridine N-oxyde.
[5] M. A. Neumann, M. R. Johnson und H. P. Trommsdorff: Workshop „Quantum Atomic and Molecular Tunneling in Solids", Forschungszentrum Jülich, September 1997.

Dieter Enders

Neue Methoden zur Herstellung biologisch aktiver Naturstoffe

Das Verhältnis zwischen Bild und Spiegelbild ist geheimnisvoll und
fasziniert uns Menschen schon immer. Durch den täglichen Blick in
den Spiegel sind wir mit unserem Spiegelbild mehr vertraut als mit
dem Original, wie wir es auf einer Photographie sehen. Besonders
augenfällig ist für uns das spiegelbildliche Verhältnis von rechter
und linker Hand. Der englische Physiker William Thomson (1824 bis
1907), seit 1892 Lord Kelvin, prägte 1884 für das Phänomen der
Händigkeit den Begriff Chiralität, abgeleitet vom griechischen Wort
cheir für Hand.

Die Chiralität ist in allen Bereichen des Universums gegenwärtig:
vom Beta-Zerfall des Isotops Kobalt-60 in Nickel-60 über die chemischen Moleküle als Basis von Chemie, Biologie und Medizin bis hin
zur rechtsgängigen Spiralstruktur einer ganzen Galaxie (Bild 1). In
der Architektur gibt es links- oder rechtsgedrehte Säulen. Auch in der
Kunst spielt Chiralität eine bedeutende Rolle: Experten erkennen
sofort, ob ein Gemälde im Original oder fälschlich als Spiegelbild
reproduziert wurde. Leonardo da Vinci unterzeichnete seine berühmte Studie der Hände bemerkenswerterweise in Spiegelschrift. In
der Radierung „Chiralität" des Schweizer Malers Hans Erni für den

Bild 1 Chiralität (Händigkeit) ist in allen
Bereichen des Universums präsent: von
kleinsten Dimensionen in der Kernphy
sik bis hin zu den Spiralstrukturen von
Galaxien. Hier abgebildet die Spiralgala-
xie NGC 2997

Bild 2 Radierung „Chiralität" des Schweizer Malers Hans Erni für Chemie-Nobelpreisträger Vladimir Prelog

Bild 3 Chiralität im Alltag (links) und in der molekularen Chemie (rechts). Objekt und Spiegelbild sind nicht deckungsgleich.

Chemiker und Nobelpreisträger Vladimir Prelog (1906 bis 1998) sind nicht nur eine rechte und linke Hand zu sehen, sondern auch zwei spiegelbildliche Tetraeder (Bild 2). Diese symbolisieren eine von Prelog gemeinsam mit den Chemikern R. S. Cahn (1899 bis 1981) und Christopher K. Ingold (1893 bis 1970) entwickelte stereochemische Nomenklatur – die sogenannte Sequenzregel –, mit der sich tetraedisch aufgebaute, spiegelbildliche Moleküle eindeutig benennen lassen.

Selbstverständlich kann man jedes Objekt vor einen Spiegel stellen und sein Spiegelbild betrachten. Bei symmetrischen Körpern wie einer Kugel oder einem Würfel stellt man leicht fest, daß Objekt und Spiegelbild exakt übereinandergelegt werden können und damit identisch sind. Jeder weiß aber, daß ein rechter und ein linker Schuh nicht deckungsgleich sind, offenbar mangelt es an Symmetrie; rechter und linker Schuh sind nicht identisch, sie sind chiral. Exakt gesprochen ist ein Objekt dann chiral, wenn keine Drehspiegelachse existiert. Das Objekt kann also mit seinem Spiegelbild nicht durch Kombination einer Drehung mit einer Spiegelung (an einer zur Drehachse senkrechten Ebene) zur Deckung gebracht werden. Wir kennen solche chiralen Gegenstände aus dem Alltag, wie etwa die erwähnten Schuhe oder auch Handschuhe, Büchsenöffner, Schrauben und Korkenzieher (Bild 3 links). Bei Weinbergschnecken ist der einheitliche Schraubensinn der Gehäuse stark ausgeprägt, nur etwa jede fünftausendste Schnecke hat ein spiegelbildliches Gehäuse, was man bei Spaziergängen überprüfen kann. Weniger bekannt ist die Tatsache, daß alle Menschen schon als Ungeborene über eine chirale Struktur mit der Mutter verbunden sind, nämlich der Nabelschnur. Sie bildet immer eine linksgängige Dreifach-Helix aus zwei Venen und einer Arterie. Bei Schweineschwänzen sind dagegen rechts- und linksgängig ziemlich gleich verteilt, während die Hopfenpflanze ausschließlich in einer Linksschraube nach oben wächst – sehr zum Ärger mancher Bayern.

Warum ist nun die Frage nach rechts oder links, nach Bild oder Spiegelbild für die Chemie und die mit ihr verwandten Wissenschaften von so großer Bedeutung? Was bisher zur Chiralität von gut sichtbaren, makroskopischen Gegenständen gesagt wurde, gilt natürlich auch für unsichtbar kleine molekulare Dimensionen. Moleküle besitzen eine dreidimensionale räumliche Struktur und

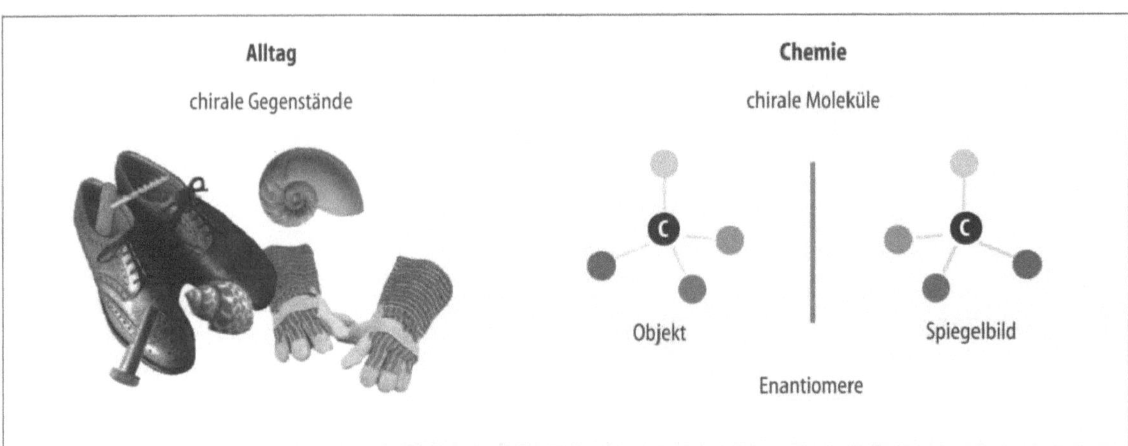

damit jeweils ein Spiegelbild. Mangelt es an Symmetrie, wie bei organischen Molekülen, in denen das zentrale Kohlenstoffatom tetraedrisch von vier verschiedenen Resten umgeben ist (Bild 3 rechts), dann sind Molekül und Spiegelbild-Molekül nicht mehr deckungsgleich und damit verschieden. Solche in ihrer atomaren Zusammensetzung sowie der Art und Reihenfolge der verknüpften Atome (Konstitution) völlig gleichen, aber räumlich spiegelbildlichen Moleküle, nennt man Enantiomere.

Tatsache ist, daß die meisten an den Lebensvorgängen beteiligten organischen Moleküle chiral sind, wie etwa die Aminosäuren, die als Bausteine des Lebens gelten und die Proteine aufbauen, oder die Kohlenhydrate. Leben ist allerdings nur dann möglich, wenn die zugrundeliegenden Moleküle eine einheitliche Händigkeit aufweisen, also enantiomerenrein sind. Die Natur nutzt hierfür die L-Aminosäuren (L von lateinisch *leavo*, links) zum Aufbau der Eiweißstoffe und bei den Kohlenhydraten die D-Zucker (D von lateinisch *dextro*, rechts). D und L bezeichne die räumliche Struktur solcher spiegelbildlichen Moleküle im Vergleich zu einer definierten Bezugssubstanz, dem Glycerinaldehyd. Die grundlegende Frage, warum das irdische Leben diese Form der Chiralität nutzt und nicht die spiegelbildliche, wird seit langem heiß diskutiert. Eine Theorie besagt, daß die Chiralitätsinformation außerirdisch ist, also über Meteoriten auf die Erde gelangte.

So wie jeder weiß, daß der linke Schuh nicht zum rechten Fuß paßt, sondern nur zum linken, erwartet man auch von spiegelbildlichen Molekülen, daß sie unterschiedlich mit der chiralen molekularen Umgebung organischer Moleküle, wie zum Beispiel Enzymen, in Wechselwirkung treten. Daraus resultiert eine verschiedene biologische Aktivität der beiden Enantiomeren von Wirkstoffen. Das ist wichtig für Medikamente, Pflanzenschutzmittel, Geschmacks- und Riechstoffe oder für chemische Signalstoffe wie die Pheromone, zu denen beispielsweise Sexuallockstoffe, Alarmsubstanzen sowie Abwehr-, Angriffs- und Markierungsstoffe gehören. So riecht die S-Form (S von lateinisch *sinister*, links) des Naturstoffs Limonen nach Zitronen, die spiegelbildliche R-Form (R von lateinisch *rectus*, rechts) nach Orangen. Die R,S-Nomenklatur beruht auf der bereits genannten Sequenzregel. Inzwischen sind hunderte Fälle bekannt, bei denen die unterschiedliche biologische Aktivität spiegelbildlicher Moleküle zum Tragen kommt (Bild 4). Die Aminosäure Asparagin schmeckt als S-Enantiomer bitter, als R-Enantiomer dagegen süß. Das weibliche Sexualhormon Östron, das zu den Steroiden gehört, entfaltet seine östrogene Hormonwirkung nur in der sogenannten (+)-Form, während sein spiegelbildliches (–)-Enantiomer keinerlei Wirkung zeigt. (Plus und minus bezeichnen hierbei den Drehwert für das jeweilige Enantiomer, das heißt die Richtung, in der die optisch aktive Substanz die Ebene von linear polarisiertem Licht dreht. Bei einem Enantiomerenpaar ist dieser Drehwert immer gleich groß, die Richtung jedoch entgegengesetzt.) Ein bestimmtes Derivat der Barbitursäure wirkt als reines R-Enantiomer narkotisch, führt in der S-Form jedoch zu Krämpfen. Ein klassisches Beispiel ist der Naturstoff L-Menthol. Sein Spiegelbild D-Menthol riecht zwar

Die meisten der an Lebensvorgängen beteiligten organischen Moleküle sind chiral

genauso nach Pfefferminze, erzeugt aber nicht das in Hustenbonbons oder Kaugummis so geschätzte Kältegefühl.

Die geschilderte Wirkung von spiegelbildlichen Molekülen hat besonders bei Arzneimitteln gravierende Folgen. Wer schluckt schon gerne eine Pille, von der eine Hälfte gar nichts bewirkt oder gar riskante Nebenwirkungen in sich birgt? Leider sind auch heute noch viele Medikamente im Handel, die auf chiralen Wirksubstanzen beruhen, in denen aber Bild- und Spiegelbild-Moleküle zu gleichen Anteilen, als sogenanntes Racemat, gemischt vorliegen. Man kauft also für gutes Geld neben dem Wirkstoff zur Hälfte unnützen enantiomeren Balast, der einmal geschluckt vom Körper zusätzlich verarbeitet und ausgeschieden werden muß. Obwohl die amerikanische Nahrungsmittel- und Gesundheitsbehörde FDA der Pharmaindustrie in ihren Richtlinien freigestellt hat, Arzneimittel als reine Enantiomere oder als Racemat anzubieten, haben sich praktisch alle gro-

Auswirkungen auf Arzneimittel

Bild 4 Beispiele für die unterschiedliche biologische Aktivität von spiegelbildlichen Molekülen (Enantiomere)

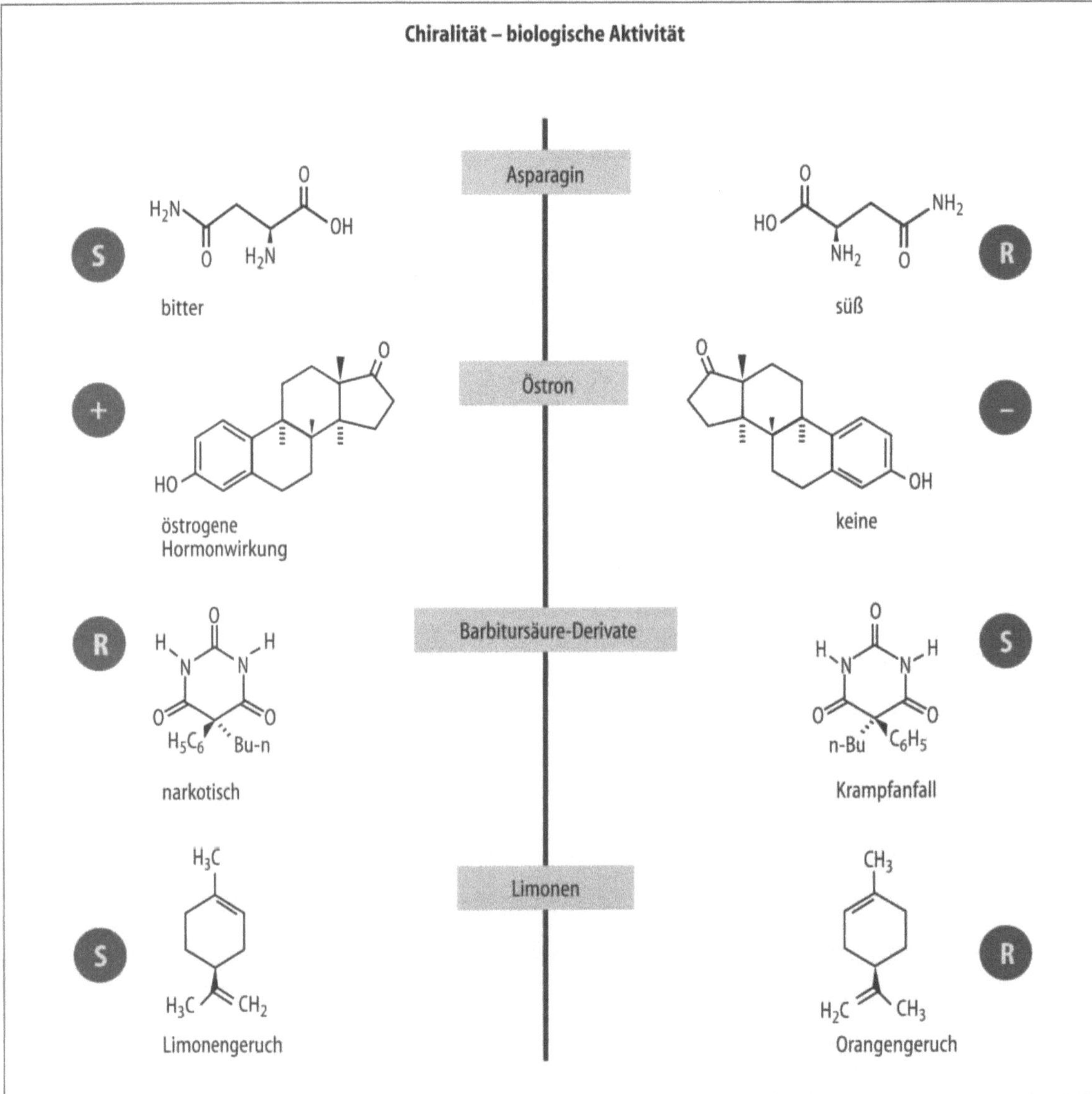

ßen Industrieunternehmen dazu entschlossen, Wirkstoffe nur noch in der enantiomerenreinen Form anzubieten.

Vor diesem Hintergrund ist historisch interessant, daß die weltweite Diskussion über die unterschiedliche Wirkung von Enantiomeren, ausgelöst durch die Contergan-Tragödie in den sechziger Jahren, von Aachen ausging. Contergan, ein Schlafmittel mit dem chiralen Wirkstoff Thalidomid, kam damals als Racemat auf den Markt. Erst nach schweren Mißbildungen an Neugeborenen konnte in Experimenten mit Ratten und Mäusen festgestellt werden, daß nur das S-Thalidomid die embryonale Frucht schädigt. Wäre die Arzneimittelprüfung seinerzeit auf dem heutigen Stand gewesen, hätte die Katastrophe sicherlich verhindert werden können. Allerdings bietet der Einsatz von enantiomerenreinem Contergan keine Lösung, da in diesem speziellen Fall das Bild- und das Spiegelbild-Molekül im Körper relativ leicht ineinander übergehen.

Der Contergan-Fall in den sechziger Jahren

Sensibilisiert durch solche schrecklichen Irrtümer begann in der Folgezeit weltweit eine intensive Suche nach effizienten Methoden zur Herstellung enantiomerenreiner Verbindungen. Dazu verfügt der Chemiker prinzipiell über drei Möglichkeiten: Zum einen sind dies physikalische Trennmethoden wie die klassische Racematspaltung, die der französische Chemiker und Biologe Louis Pasteur (1822 bis 1895) bereits Mitte des 19. Jahrhunderts am Beispiel der Weinsäure erfolgreich demonstrierte. Heute stehen hierfür moderne chromatographische Verfahren bereit. Reine Enantiomere lassen sich aber auch gezielt herstellen, indem man in der Natur vorkommende, enantiomerenreinen Verbindungen als Synthesebausteine verwendet, zum Beispiel Aminosäuren, Hydroxysäuren, Zucker, Terpene und Alkaloide. Eine dritte Möglichkeit eröffnet die asymmetrische Synthese mittels Biokatalysatoren (Enzyme), künstlichen Katalysatoren oder chiralen Hilfsreagenzien (Auxiliare).

Bei allen drei Varianten ist der Mensch auf die chiralen Ressourcen aus der Natur angewiesen. Während beim ersten und dritten Verfahren die Chiralitätsinformation wieder zurückgewonnen werden kann, wird sie beim zweiten Verfahren direkt und irreversibel in die enantiomerenreinen Endprodukte eingebaut.

Von den hier genannten Wegen ist die asymmetrische Synthese der eleganteste, aber auch der schwierigste. Bei chemischen Reaktionen liegen unter normalen Bedingungen – ausgehend von nichtchiralen Vorläufern – die chiralen Produkte unweigerlich als Racemat vor, da beide spiegelbildlichen Reaktionskanäle energetisch völlig gleichwertig sind. Man spricht deshalb auch von symmetrischer Synthese. Auch die zwei resultierenden Enantiomere einer chemischen Verbindung sind praktisch in allen meßbaren Eigenschaften wie Schmelzpunkt, Siedepunkt, Brechungsindex oder spektroskopisches Verhalten völlig identisch. Allein durch die Richtung des Drehwertes (Polarimetrie) und durch die unterschiedliche Wechselwirkung in chiraler Umgebung kann man sie unterscheiden. Es wundert daher nicht, daß sich seit den ersten Erkenntnissen über asymmetrische Synthesen, gewonnen durch den deutschen Chemiker und Nobelpreisträger Emil Fischer (1852 bis 1918) bei der Untersuchung von Zuckern gegen Ende des letzten Jahrhunderts, zunächst alle Ver-

Elegante asymmetrische Synthese

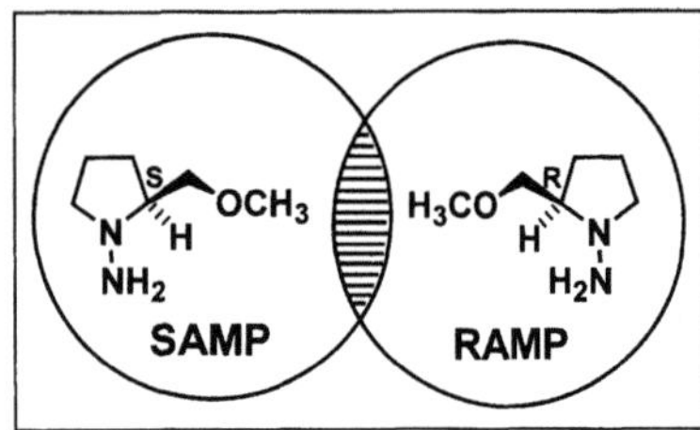

Bild 5 Die beiden spiegelbildlichen chiralen Hilfsreagenzien SAMP und RAMP. Diese international verwendeten Kurzbezeichnungen leiten sich von den jeweiligen chemischen Namen ab: S- und R-1-Amino-2-methoxymethyl-pyrrolidin.

Sonderforschungsbereich 380 „Asymmetrische Synthesen mit chemischen und biologischen Methoden"

suche, nur ein Enantiomer einer chiralen Substanz herzustellen, als außerordentlich schwierig gestalteten.

Die weltweiten intensiven Versuche, die Natur nachzuahmen, führten bis Anfang der siebziger Jahre durchweg nur zu geringen Überschüssen eines Enantiomers. Selbst einzelne Erfolge mit höheren Enantiomerenüberschüssen in den sechziger Jahren brachten keinen Durchbruch der asymmetrischen Synthese. Erst die Arbeiten von Albert Meyers, der 1974 in den USA die Oxazolin-Methode erfand, und die parallel hierzu von uns (damals noch an der Universität Gießen) entwickelte SAMP/RAMP-Hydrazon-Methode demonstrierten, daß bei Kohlenstoff-Kohlenstoff-Verknüpfungen hohe Enantioselektivitäten erreichbar sind. Danach setzte eine stürmische Entwicklung ein, die bis heute anhält und weit über das Jahr 2000 hinaus für alle Naturwissenschaften sowie die Materialforschung – speziell zu Polymeren – große Bedeutung haben wird. Die beiden spiegelbildlichen chiralen Hilfsreagenzien SAMP und RAMP, die Kurzbezeichnungen leiten sich von den chemischen Namen S- und R-1-Amino-2-methoxymethyl-pyrrolidin ab (Bild 5), lassen sich in großen Mengen aus den Aminosäuren S-Prolin und R-Glutaminsäure synthetisieren und sind inzwischen kommerziell erhältlich.

In den neunziger Jahren gelang es in Aachen, eines der international führenden Zentren auf dem Gebiet der asymmetrischen Synthese aufzubauen. Wissenschaftler aus derzeit 15 Arbeitskreisen und sieben Instituten der RWTH Aachen und des benachbarten Forschungszentrums Jülich arbeiten im Sonderforschungsbereich 380 „Asymmetrische Synthesen mit chemischen und biologischen Methoden" interdisziplinär zusammen. Ziel des von der Deutschen Forschungsgemeinschaft geförderten langfristigen Projekts ist die Entwicklung neuer Methoden und praktikabler Verfahren der asymmetrischen Synthese und ihr Einsatz zur Herstellung von Synthesebausteinen, Feinchemikalien sowie Natur- und Wirkstoffen. Hierbei stehen neue chirale Hilfsreagenzien, Chemie- und Biokatalysatoren im Mittelpunkt der Forschungen. Der Bogen zur grundlegenden Weiterentwicklung der asymmetrischen Synthese spannt sich von theoretischen Aspekten wie der Aufklärung von Reaktionsmechanismen über die organische Synthesen, die anorganische Komplexchemie, die Übergangsmetallkatalyse und die Zeolith-Forschung bis hin zu Mikrobiologie, Enzymtechnologie und Bioreaktionstechnik (Reaktorkonzepte) – und damit der technischen Anwendung.

Zur Intensivierung der Lehre an den Aachener Chemie-Instituten wurde 1998 ein Graduiertenkolleg „Methoden der asymmetrischen Synthese" gegründet, das ebenfalls von der Deutschen Forschungsgemeinschaft unterstützt wird. Seit Mitte 1998 laufen Versuche in enger Kooperation mit dem ortsansässigen Pharmaunternehmen Grünenthal, um das frisch gewonnene akademische Wissen möglichst schnell in die industrielle Anwendung zu überführen. Hierbei kommt ein moderner computergesteuerter Syntheseroboter zum Einsatz (Bild 6), mit dessen Hilfe sich sehr schnell ganze Substanzbibliotheken erzeugen lassen, die dann auf ihre biologische Aktivität hin getestet werden. Ziel ist es, bessere Schmerzmittel zu finden.

Bild 6 Computergesteuerter Synthese-automat am Institut für Organische Chemie der RWTH zur Generierung von Substanzbibliotheken mit Hilfe der kombinatorischen Chemie

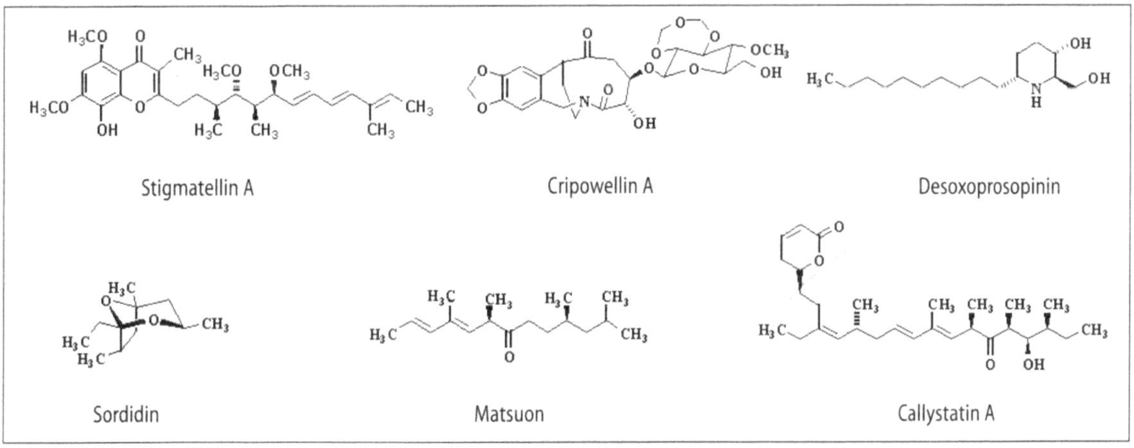

Stigmatellin A

Cripowellin A

Desoxoprosopinin

Sordidin

Matsuon

Callystatin A

Bild 7 Chemische Formeln von interessanten, biologisch aktiven Zielmolekülen

Die Palette der biologisch hochaktiven Naturstoffe, die mit den neuen, in Aachen entwickelten Methoden künftig enantioselektiv synthetisiert werden sollen, ist breit (Bild 7). So konnte kürzlich die erste Totalsynthese von Stigmatellin A erfolgreich abgeschlossen werden. Dieses Molekül spielt in der pflanzlichen Photosynthese eine wesentliche Rolle. Es ist eines der stärksten Inhibitoren der

Elektronentransportkette in Mitochondrien und Chloroplasten und wurde aus gleitenden Bakterien isoliert. Cripowellin A gewannen Forscher der Bayer AG aus Amaryllis-Zwiebeln (*Crinum powelli*). Es besitzt eine völlig neuartige Alkaloid-Struktur. Das Prosopis-Alkaloid Desoxoprosopinin stammt aus einem Savannenbaum und ist ebenfalls wegen seiner biologischen Aktivität von Interesse. Sordidin ist das Aggregations-Pheromon des Bananenkäfers (*Cosmopolitus sordidus*), der weltweit größte Schädling der Bananenstaude. Auch Matsuon ist ein chemischer Signalstoff, nämlich das Sexual-Pheromon der Matsucoccuskiefer-Schildlaus. Callystatin A schließlich, ein cytotoxisches Polyketid aus dem Meeresschwamm *Callyspongia truncata*, stellt ebenfalls eine große Herausforderung für die asymmetrische Synthese dar.

Autor

Prof. Dr. rer. nat. Dieter Enders ist Inhaber des Lehrstuhls für Organische Chemie I und Direktor am Institut für Organische Chemie sowie Sprecher des Sonderforschungsbereichs 380 und des Transferbereichs 11. Seine Forschungsgebiete sind die asymmetrische Synthese und deren Anwendung in der Natur- und Wirkstoffsynthese.

Literaturhinweise

[1] D. Enders und R.W. Hoffmann: Asymmetrische Synthese, Chemie in unserer Zeit, 19, 1985, S. 177 bis 190.

[2] D. Enders, in: Asymmetric Synthesis, Alkylation of Chiral Hydrazones, Hrsg. von J. D. Morrison, Academic Press, Orlando, 3, 1983, S. 275 bis 339.

[3] D. Enders, P. Fey und H. Kipphardt: (S)-(–)-1-Amino-2-methoxymethylpyrrolidine (SAMP) und (R)-(+)-1-Amino-2-methoxymethylpyrrolidine (RAMP), Versatile Chiral Auxiliaries, Organic Syntheses, 65, 1987, S. 173 bis 182.

[4] D. Enders, H. Kipphardt und P. Fey: Asymmetric Synthesis Using the SAMP-/RAMP-Hydrazone Method. (S)-(+)-4-Methyl-3-heptanone, Organic Syntheses, 65, 1987, S. 183 bis 202.

[5] D. Enders und S. Osborne: Determination of the Relative and Absolute Configuration of Stigmatellin A by Chemical Correlation, Journal of the Chemical Society, Chemical Communications, 1993, S. 424 bis 426; G. Geibel, Dissertation RWTH Aachen, 1997.

Bernhard Blümich

Zerstörungsfreie Materialforschung mit magnetischer Resonanz

In der medizinischen Diagnostik gehören sie bereits seit einigen Jahren zu den Standard-Verfahren: die bildgebenden Verfahren der magnetischen Kernresonanz – kurz NMR (Nuclear Magnetic Resonance). Jetzt fassen sie auch in der Materialforschung Fuß [1, 2, 3]. Dabei geht es nicht allein darum, daß dieses Verfahren zerstörungsfrei ist. Interessant sind vor allem die vielen Parameter, die den Bildkontrast bestimmen können. So lassen sich durch geeignete Wahl von Kontrastparametern Eigenschaften sichtbar machen, die mit anderen Methoden gar nicht oder nur ungenau abgebildet werden können. Zudem erlauben viele mikroskopische und optische Verfahren nur das Betrachten von Oberflächen, während man mit NMR auch durch optisch undurchsichtige Materialien wie Kunststoffe und Gummis hindurchschauen kann. Denn die Wellen, mit denen das Objekt betrachtet wird, sind nicht aus dem für das Auge sichtbaren Spektralbereich, sondern Radiowellen.

Die Meßverfahren der NMR lassen sich am besten als Protokolle im Funkverkehr zwischen Sende- und Empfangsstationen im Labor, den sogenannten NMR-Spektrometern, und Atomkernen in starken Magnetfeldern beschreiben. Mit hochenergetischer Kernphysik hat das Verfahren aber nichts zu tun. Vielmehr vollführen viele Atomkerne im Magnetfeld eine Kreiselbewegung, so wie ein althergebrachter Kinderkreisel sich außer seiner Eigendrehung mit der Kreiselachse um das Schwerefeld der Erde dreht. Diese sogenannte Präzessionsbewegung erfolgt bei Atomkernen mit Frequenzen zwischen fünf und 800 Megahertz. Sie liegen also im Bereich der Radiowellen. Die Frequenzen werden dann über Resonanzverfahren bestimmt und zur Identifikation chemischer Strukturen und anderer Stoffgrößen herangezogen. Aus der Breite einer Resonanz erhält man darüber hinaus Information über die Beweglichkeit molekularer Strukturelemente.

Die Empfindlichkeit von NMR-Frequenzen für chemische Strukturen rührt daher, daß der genaue Wert der Präzessionsfrequenz von den Eigenschaften des Magnetfeldes am Ort der Atomkerne bestimmt wird. Ein von außen angelegtes Magnetfeld wird durch die Kreisströme der Elektronen im Molekül verändert, so daß die Atomkerne ein Magnetfeld sehen, in dem Informationen über die chemische Struktur von Molekülen enthalten sind. Dies ist die Grundlage der NMR-Spektroskopie, die das wohl wichtigste analytische Verfahren in der Chemie ist. An Stelle von Magnetfeldänderungen innerhalb eines Moleküls wird in der sogenannten Magnetresonanztomographie die Stärke des angelegten Magnetfeldes über den Durchmesser des ganzen Objektes variiert: Dann ändert sich natürlich die NMR-Frequenz und das Objekt selbst kann über die Verteilung der NMR-

Vom Funkverkehr zwischen
Atomkernen und Laborsendern

Frequenzen abgebildet werden. Dies ist die Grundlage der NMR-Bildgebung oder Magnetresonanztomographie, mit der in Medizin und Materialforschung Bilder von Menschen und vielen Objekten zerstörungsfrei erzeugt werden können.

Die Ausstattung für solche Arbeiten ist verständlicherweise aufwendig. Gebraucht werden nicht nur Laborsender und -empfänger, sondern auch starke, supraleitende Magnete. Sie haben eine axiale Öffnung, in die das zu untersuchende Material eingeführt wird (Bild 1). Im Zentrum für magnetische Resonanz MARC der RWTH Aachen stehen verschiedene dieser speziellen Geräte für interdisziplinäre Arbeiten innerhalb der Hochschule und Kooperationen mit der Industrie bereit. Basierend auf den Erfahrungen mit der NMR im Bereich Materialforschung wurde aber auch ein preiswertes Gerät entwickelt. Es benötigt nur handgroße Permanentmagnete und kann vor Ort zur Untersuchung großer Objekte transportiert werden.

Mit NMR erscheint der schwarze Autoreifen bunt

Weiches Material, das viele Wasserstoffkerne enthält, ist besonders gut für die Analyse mittels NMR geeignet. Gute Beispiele sind menschliches Gewebe und Gummi in Autoreifen. Beides ist weich, weil die magnetischen Kräfte zwischen den Molekülen durch starke thermische Bewegung geschwächt sind. Außerdem ist das Proton, also der Kern des Wasserstoffatoms, in derartigen organischen Substanzen häufig vertreten. Es ist am empfindlichsten meßbar, so daß in den allermeisten Fällen die Signale von Protonen zu Bildern verarbeitet werden.

Wenden wir uns jetzt der Kontrolle von Autoreifen zu: Etwa 50 Prozent allen Gummis wird zu Autoreifen verarbeitet. Kurze Produktionszeiten verlangt die Ökonomie, und ein möglichst langer Gebrauch schützt die Umwelt: Beide Aspekte gilt es zu berücksichtigen. Autoreifen bestehen aus einer Vielzahl unterschiedlicher, in ihren Eigenschaften aufeinander abgestimmter Gummischichten, in

Bild 1 Ein NMR-Spektrometer besteht aus einer computergesteuerten Sende- und Empfangseinheit (links vorne), mit der Hochfrequenzenergie an eine Materialprobe abgegeben wird. Die Probe befindet sich im Innern der Spule eines Schwingkreises, der im Zentrum eines starken, supraleitenden Magneten angebracht ist (rechts hinten).

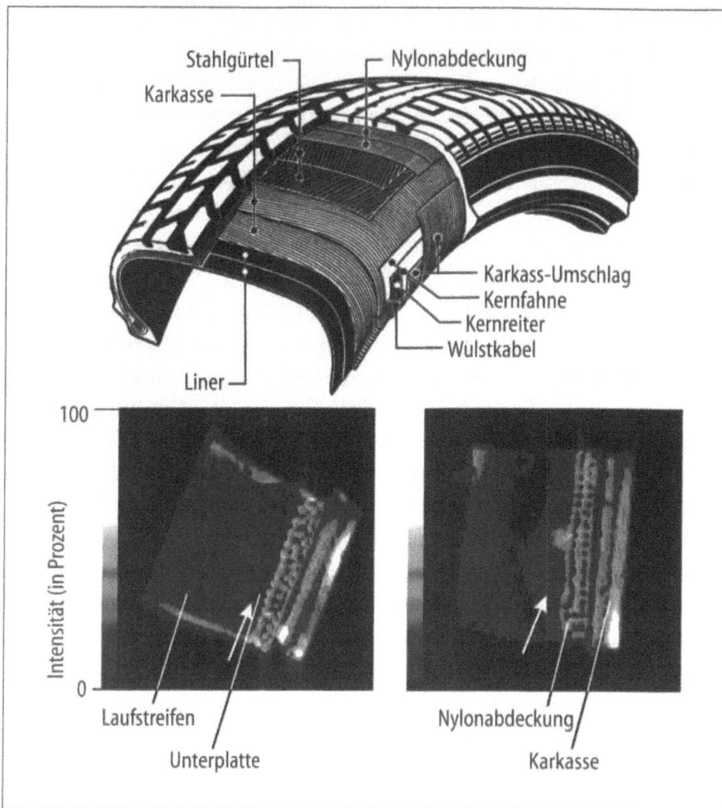

Bild 2 Untersuchungen an Proben von Autoreifen. Aufbau eines Autoreifens aus verschiedenen Gummischichten, Nylonabdeckung und Stahlgürtel (oben) und Protonen-NMR-Bilder (unten). Die wesentlichen Bestandteile des Reifens sind aufgrund der unterschiedlichen molekularen Beweglichkeit deutlich voneinander zu unterscheiden. Wichtige Unterschiede zwischen den beiden Reifen treten im Bereich der Unterplatte auf (Pfeile).

die Stahlgürtel und Nylonabdeckungen zum Verstärken eingearbeitet werden (Bild 2 oben). Die Reifeneigenschaften zu optimieren, wird nicht nur durch den vielschichtigen Aufbau erschwert. Auch örtlich unterschiedliche Vulkanisation im Reifen – eine Folge von Vernetzungsreaktionen in der Heizpresse – macht den Entwicklern zu schaffen. Aufwendige Tests und Analysen begleiten so den Weg eines Reifens bis zur Marktreife. Jedes effiziente Testverfahren ist hier willkommen.

Da Reifengummis mit Ruß gefüllt sind, um ihre Eigenschaften zu verbessern, ist eine optische Analyse des schwarzen Gummimaterials nur bedingt möglich. Mit der NMR-Bildgebung können jedoch Schnittbilder durch Reifenproben gemacht werden, die sich, nutzt man nur die vielfältigen Kontrastmöglichkeiten geschickt aus, bunt gestalten lassen und über ihre Farbe unterschiedliche Materialeigenschaften abbilden (Bild 2 unten). Ein sehr nützlicher Kontrastparameter ist die molekulare Beweglichkeit, die der Breite der Resonanz in der NMR-Spektroskopie entspricht. Denn je größer die molekulare Beweglichkeit ist, desto schmaler wird die Resonanzkurve und desto höher ist die Signalintensität im NMR-Bild. Weiche Gummis bestehen aus hochbeweglichen, schwach vernetzten Fadenmolekülen, harte Gummis haben eine hohe Vernetzungsdichte und Nylonfasern zeigen im allgemeinen eine noch niedrigere Beweglichkeit der Moleküle. Im Schnittbild durch ein Reifensegment erscheinen daher die angeschnittenen Nylonfasern dunkel, während die Gummischichten, je nach Härte, heller sind.

Die Nylonfasern sind dabei in einer weichen Gummischicht eingebettet. Fasern und weiche Gummischicht bilden den oberen Teil der Karkasse, die dem Reifen Festigkeit und Form verleiht. Der untere Teil enthält einen Stahlgürtel, der bei dieser Art von Messung stört und entfernt werden muß. Auf der anderen Seite der Nylonabdeckung ist die Unterplatte des Laufstreifens, die stabilisieren soll, und der Laufstreifen selbst, der im Kontakt mit der Straße ist. Ein Reifen mit guten Fahreigenschaften (Bild 2 links unten, guter Reifen) hat eine harte Unterplatte (Pfeil) mit gerader Trennfläche zur weicheren Lauffläche. Darüber hinaus hat er wenig Fehlstellen, wie zum Beispiel Rußagglomerate. Sie sind häufig als helle, runde Bereiche zu erkennen (Bild 2 rechts unten, schlechter Reifen), in denen sich hoch bewegliche Additive ansammeln. Durch Messen derartiger NMR-Bilder kann die Produktion optimiert werden und lassen sich die gewünschten Eigenschaften mit den tatsächlich vorliegenden Strukturen im Reifen vergleichen. Hierzu ist jedoch der im MARC betriebene Aufbau von entsprechenden Meßgeräten und -verfahren entscheidende Voraussetzung.

Andere Anwendungen der NMR auf Elastomere konzentrieren sich auf die Analyse von Alterungserscheinungen, das zeitliche Verändern des Temperaturprofils beim Vulkanisieren, Abbilden von Temperaturverteilungen bei dynamischer Last und auf Spannungsverteilungen in inhomogen, das heißt räumlich unterschiedlich gedehnten Gummiprodukten [4]. Temperatur und Dehnung beeinflussen das Verhalten der Netzketten in Elastomeren, so daß auch Spannungsverteilungen mit NMR abgebildet werden können. Entsprechend stimmten die Resultate in einem eingeschnittenen und gedehnten Gummiband gut überein: So wurde die Spannungsverteilung zum einen mit NMR gemessen und zum anderen am Institut für Kunststoffverarbeitung der RWTH berechnet (Bild 3). In diesen Bereichen ist zerstörungsfreies Messen unbedingt erforderlich, da andernfalls, zerschneidet man die Probe, auch die zu messende Eigenschaft zerstört wird.

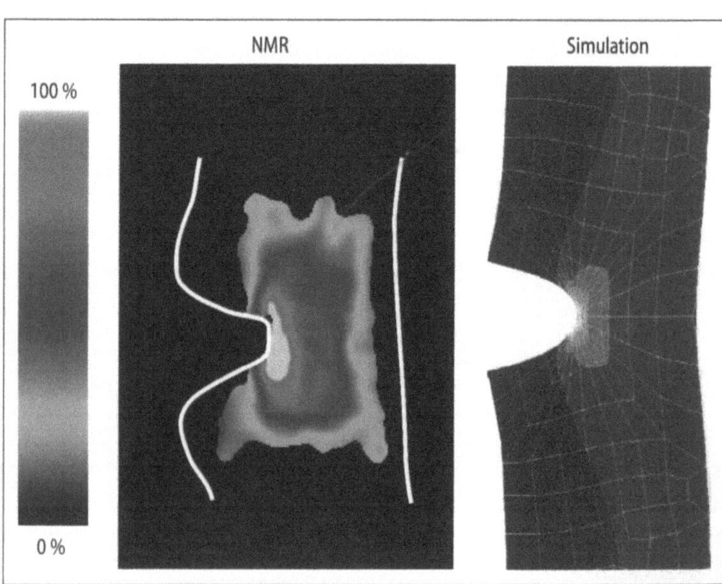

Bild 3 Spannungsverteilung in einem gedehnten Gummiband mit einem Schnitt. NMR-Bild (links) und Computersimulation (rechts). Die Schmetterlingsform der Spannungsverteilung ist in beiden Bildern gut zu erkennen.

Rheologie ist die Wissenschaft vom Fließen. Flüssige Stoffe optimal zu handhaben ist in vielen technischen Bereichen überaus wichtig, zum Beispiel in der Lebensmitteltechnologie beim Fertigen etwa von Pasten oder Soßen, in der Prozeßtechnik, wo vielfältige Stoffflüsse kontrolliert werden müssen, und nicht zuletzt beim Verarbeiten von Kunststoffen durch Extrusion und Mischen. Pasten, Polymerschmelzen und fast alle Fluide im Lebensmittelbereich haben je nach mechanischer Belastung ein hochkomplexes Verhalten, das sich deutlich von dem einfachen Fließverhalten des Wassers unterscheidet. Probleme mit komplexen Fließvorgängen hält auch der Alltag parat: Jeder weiß, wie schwierig es ist, Ketchup in wohl dosierten Mengen durch Schütteln aus der Glasflasche zu befördern. Um Transport und Mischvorgänge solcher Flüssigkeiten zu optimieren, muß man die komplizierten Fließeigenschaften der Fluide grundlegend verstehen und ihr Fließverhalten unter verschiedenen Geschwindigkeiten und in verschiedenen Umgebungen, etwa Rohren und Verarbeitungsmaschinen, abbilden können. Zwar kann man annähernd das Fließverhalten berechnen, doch ein Vergleich mit experimentellen Werten wird durch fehlende optische Transparenz vieler Fluide erschwert.

Mit NMR hingegen lassen sich für jedes Volumenenelement größer als etwa 1000 Kubikmikrometer die Geschwindigkeitsvektoren messen, solange Fluid und Behälter nicht magnetisch und für Hochfrequenz transparent sind [1]. Die Analyse findet in einem Magnetfeldgradienten statt, so daß die Atomkerne verschiedene Magnetfeldstärken beim Fließen erfahren. Damit verändert sich ihre NMR-Frequenz, und die Frequenzänderung innerhalb einer bestimmten Zeit ist ein Maß für die Fließgeschwindigkeit in Richtung des Gradienten. So zeigen Wasser und Ketchup beim Transport in einem Extruder deutliche Unterschiede im Fließverhalten (Bild 4). Ein Extruder funktioniert wie ein Fleischwolf: Er transportiert Pasten und viskose Flüssigkeiten. Wasser ist eine rheologisch einfache Flüssigkeit, wo die stärkste axiale Strömung in der Mitte zwischen der Extruderschnecke und der Extruderinnenwand beobachtet wird. Ketchup ist hingegen eine Dispersion von pflanzlichen Bestandteilen in Wasser und eine rheologisch komplexe Flüssigkeit. Bei hinreichend starker Scherung rutscht er an der Wand ab, so daß der Bereich mit der höchsten axialen Fließgeschwindigkeit an der Extruderinnenwand zu finden ist. Der Wandgleiteffekt macht es so schwer, kleine Mengen Ketchups aus der Glasflasche zu schütteln. Diese Art NMR wird auch verwendet, die Funktion von Hämodialysatoren für den Einsatz bei der Blutwäsche von Nierenpatienten zu optimieren [5] und das Durchmischen verschiedener Komponenten in statischen Mischern zu untersuchen.

Die vielen Informationen, welche Chemie, Technik und Medizin der NMR verdanken, haben ihren Preis in einer teuren Grundausstattung und in anspruchsvollen Meßverfahren. Viele wichtige Erkenntnisse im Bereich der Materialforschung können aber auch mit einfacheren NMR-Geräten gewonnen werden, die statt eines großen, supraleitenden Magneten kleinere Permanentmagnete verwenden. Gewöhnlich sind deren Magnetfelder zu inhomogen für die NMR-

Rheologie komplexer Fluide, oder warum Ketchup so schwer aus der Flasche kommt

NMR-Messungen müssen nicht immer sehr kostspielig sein

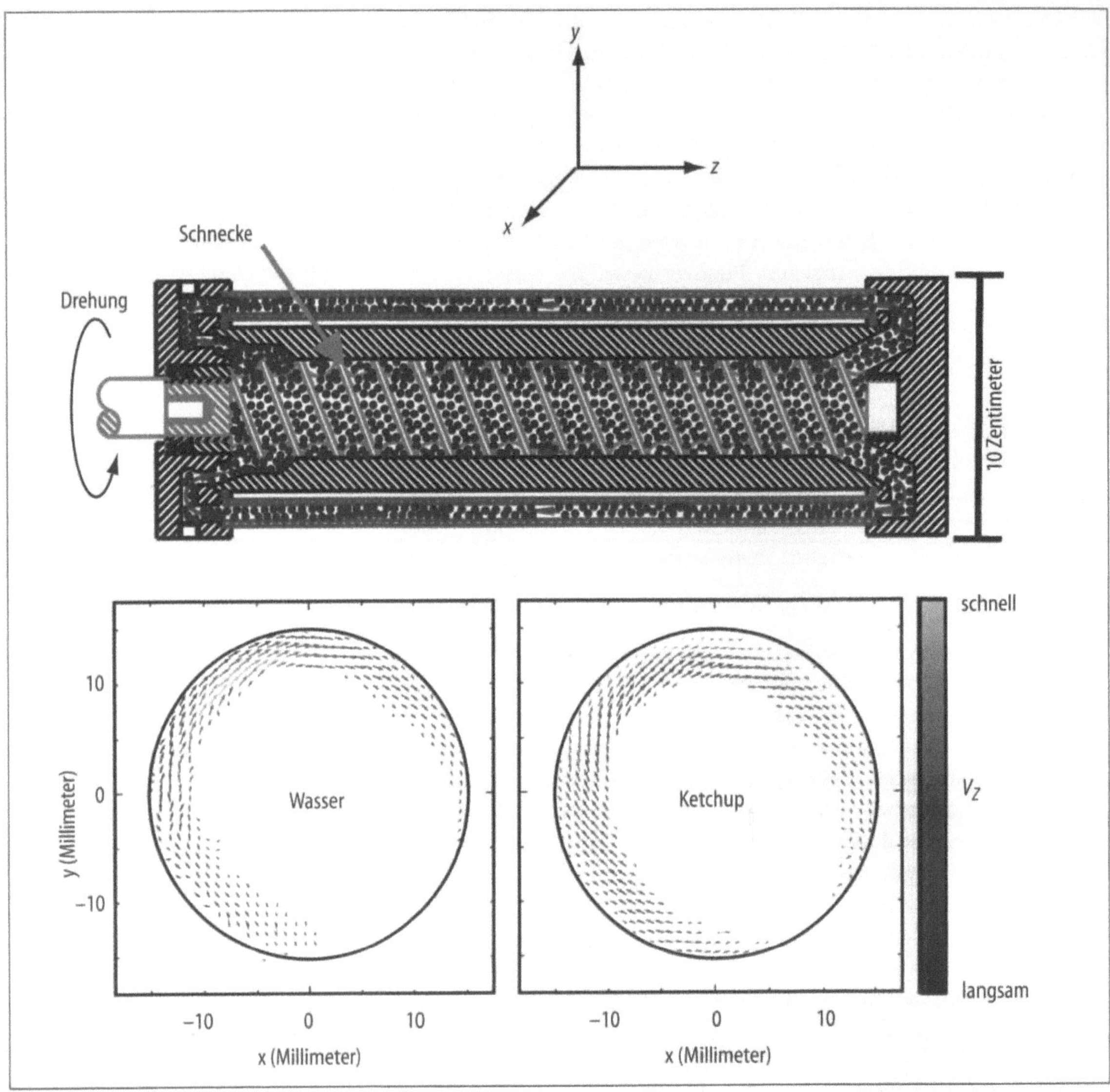

Bild 4 Transport von Fluiden im Extruder. Hier ein Modell (oben). Die Flüssigkeit wird mit Hilfe einer Schnecke befördert. Unten dargestellt sind Geschwindigkeitsvektoren in einer transversalen Ebene (xy) durch den Extruder. Die Pfeilrichtungen geben die transversale Fließrichtung an, die Farbkodierung die Größe der axialen Fließgeschwindigkeit (v_z). Im Bereich ohne Signal läuft die Extruderschnecke durch die Bildebene. Bei Wasser befindet sich der Bereich hoher Fließgeschwindigkeiten in der Mitte zwischen Extruderschnecke und Innenwand (links), bei Ketchup dagegen direkt an der Innenwand (rechts).

Spektroskopie, aber Erkenntnisse über molekulare Beweglichkeit lassen sich auch über NMR-Echos erzielen. Solche Echos ähneln dem Trompetenecho am Königssee, wo ein einmal verlorengegangenes Signal später wiederkommt. Die Stärke, mit der das NMR-Echo im Material erzeugt wird, gibt Auskunft über die Molekülbeweglichkeit und ist wiederum ein Maß für die Netzwerkdichte in Elastomeren oder Materialveränderungen beim Altern von Kunststoffen.

Im Zentrum für Magnetische Resonanz der RWTH wurde eine faustgroße NMR-Sonde entwickelt mitsamt externem Magnetfeld und Hochfrequenzantenne. Ähnlich einer Computermaus wird sie auf das zu untersuchende Objekt aufgelegt und von Meßpunkt zu Meßpunkt verschoben. Daher auch das Akronym MOUSE für Mobile Universal Surface Explorer. Besonders in der Gummi-Industrie kann die NMR-MOUSE Qualität und Vernetzungsdichte charakterisieren. Zudem muß der Autoreifen nicht mehr für die NMR-Untersuchung zerschnitten werden, sondern läßt sich zerstörungsfrei

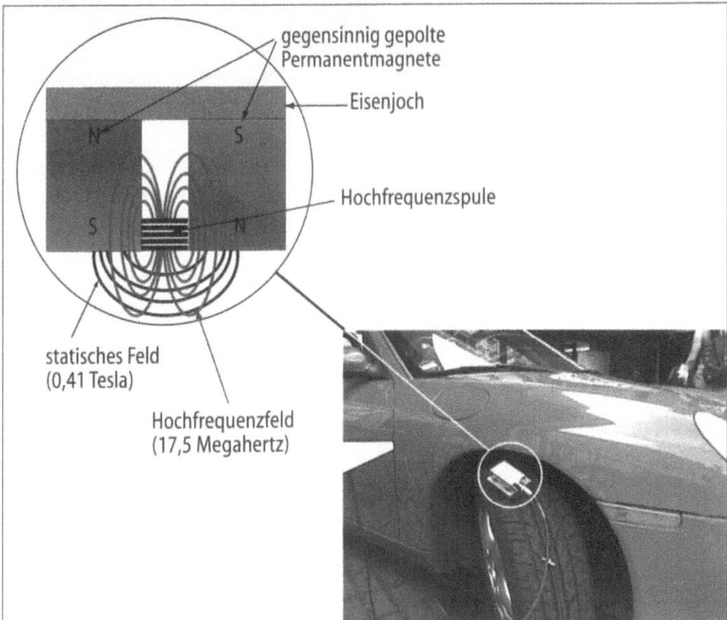

Bild 5 Einsatz der NMR-MOUSE beim Reifentest. Die an der RWTH entwickelte Meßsonde läßt sich direkt am Fahrzeug anwenden.

untersuchen. Dafür ist allerdings die Ortsauflösung geringer als bei großen NMR-Anlagen. Auch können nur Bereiche nahe der Oberfläche erreicht werden. Dennoch – die Erwartungen sind hochgesteckt, was Qualitätsanalyse und Prozeßkontrolle betrifft. Sogar beim Reifentest an der Rennstrecke läßt sich einiges an Zeit und Kosten einsparen. Denn verändert man die Sendefrequenz, kann man in den Reifen hineinmessen und die Meßergebnisse aus den Echos ablesen – mit den für Elastomere und Kunststoffe charakteristischen Kenngrößen. Damit lassen sich schlechte Reifen möglicherweise schon vor der Testfahrt identifizieren und Veränderungen über längere Zeit direkt verfolgen (Bild 5). Sogar das witterungsbedingte Altern einer Polymerschicht auf magnetischem Weißblech konnte mit Hilfe der NMR-MOUSE verfolgt werden.

Diese Arbeiten sind ein Beispiel für die anwendungsnahe Entwicklung von Meßmethoden und -geräten, für die eine Hochschule mit dem Profil der RWTH einzigartige Möglichkeiten der interdisziplinären Zusammenarbeit mit Ingenieuren, Naturwissenschaftlern und Medizinern bietet. Studenten, die ihre Diplom- und Doktorarbeiten auf diesem Gebiet anfertigen, erlernen fachübergreifende Kenntnisse in Chemie, Materialkunde, Hochfrequenztechnik, Computerprogrammierung, Meßmethodik und nicht zuletzt NMR.

Autor

Prof. Dr. rer. nat. Bernhard Blümich ist Inhaber des Lehrstuhls für Makromolekulare Chemie und leitet das Zentrum für Magnetische Resonanz MARC. Seine Forschungsgebiete sind Anwenden und Entwickeln von Methoden der magnetischen Kernresonanz (NMR) mit Ortsauflösung für die Materialforschung und Festkörper-NMR-Spektroskopie.

Literaturhinweise

[1] P. T. Callaghan: Principles of Nuclear Magnetic Resonance Microscopy, Clarendon Press, Oxford 1993.

[2] Spatially Resolved Magnetic Resonance, Hrsg. von P. Blümler, B. Blümich, R. Botto und E. Fukushima, Wiley-VCH (Verlag Chemie), Weinheim 1998.

[3] A. Guthausen, G. Zimmer, S. Laukemper-Ostendorf, P. Blümler und B. Blümich: NMR-Bildgebung und Materialforschung, Chemie in unserer Zeit, 32, 1998, S. 73 bis 82.

[4] P. Blümler und B. Blümich: NMR Imaging of Elastomers, Rubber Chemistry and Technology, 70, 1997, S. 468 bis 518.

[5] S. Laukemper-Ostendorf, H. D. Lemke, P. Blümler und B. Blümich: NMR imaging of flow in hollow fiber filter hemodialyzers, Journal of Membrane Science, 138, 1998, S. 287 bis 295.

Horst R. Maier

Der Natur abgeschaute Funktionshohlräume als Anreiz für neue Anwendungen

Die in den siebziger und achtziger Jahren anzutreffende euphorische Grundstimmung hinsichtlich eines umfangreichen Einsatzes von Keramik in Otto- und Dieselmotoren ist mittlerweile einer realistischen Einschätzung gewichen. Damals geäußerte optimistische Markterwartungen für hochreine, hochfeine und porenfreie Strukturbauteile aus Keramik haben sich nicht erfüllt – zumindest nicht im Motorenbau. Der Grund: Qualitäts- und Zuverlässigkeitsanforderungen konnten – unter wirtschaftlichen Rahmenbedingungen – nur in Ausnahmefällen erreicht werden. Hierzu zählen beispielsweise der Turboladerrotor und Brennkammereinsätze als Serienprodukte in Japan. In Deutschland konzentriert man sich derzeit unter anderem auf keramische Ventile aus Siliziumnitrid sowie keramische Bauteile und Oberflächen zur Reduzierung von Massenkräften, Reibleistung und Geräusch.

Dagegen haben Funktionskeramiken, etwa als Lambdasonde (Zirkonoxid), Klopfsensor (Piezokeramik) oder Elektronikbauteil (Aluminiumoxid), und offen-poröse Keramiken, beispielsweise als Katalysatorträger (Cordierit), unverzichtbare Einsatzfelder gefunden. Ottomotoren mit geregelten Katalysatoren samt integrierter Lambdasonde sind inzwischen umweltentlastender Standard. Ob der Dieselmotor in Zukunft ohne Rußfilter – also alleine mit innermotorischen Maßnahmen – auskommt, wird sich noch erweisen müssen. Hinzu kommt der Bedarf an neuartigen Hohlraumstrukturen für die Schalldämpfung aber auch für Bioimplantate und biotechnische Anwendungen.

Deshalb befassen wir uns am Institut für keramische Komponenten im Maschinenbau in einem unserer Schwerpunkte mit den Grundlagen und Herstellungsverfahren von geschlossen- und offenporösen keramischen Strukturen, also Keramiken mit Funktionshohlräumen. Wir meinen, daß es für solche Werkstoffe in Zukunft große Anwendungspotentiale gibt – das sagt uns auch ein Blick in die Geschichte der Technik und lehrt auch das Beispiel der Natur.

Poröse Baustoffe dämmen Wärme und Schall, und sie schaffen in Wohngebäuden ein angenehmes Raumklima. Die Eigenschaften poröser Werkstoffe schätzte man früh auch in der Industrie, so etwa bei der Handhabung korrosiver Metall- und Glasschmelzen mit Feuerfest-Leichtbausteinen aus Tonerde und Chromoxid.

Ungekapselte Keramik-Faserstrukturen sind aufgrund ihres karzinogenen Risikos ins Zwielicht geraten, und zwar sowohl bei ihrer Verwendung bei Raumtemperatur (etwa als Gebäudeisolation) als auch bei hohen Temperaturen (zum Beispiel als Absorptionsschalldämpfer im Pkw). Ein Ausweg wäre die Entwicklung von neuen zerrüttungsfesten Fasern, die keine sogenannten Whisker bilden. In diesen katzenhaarähnlichen Feinstrukturen liegt die eigentliche Gefahr. Wir favorisieren den Ersatz von Fasern durch belastungsfähige, offen-poröse Monolithen, zumal sie die im Flugzeugbau bewährte Sandwich-Leichtbauweise ermöglichen. Vorbilder für solche Monolithstrukturen sind übrigens keramische Flüssigmetallfilter, die sich bereits seit mehr als 25 Jahren bewährt haben und zu ihrer Herstellung Verfahren nutzen, die auch aus der Produktion von Kunststoffschäumen bekannt sind. Wir sind optimistisch, daß poröse Keramiken eine große Zukunft vor sich haben, denn auch die Natur hat über Millionen von Jahren solche Werkstoffe „entwickelt": Bild 1 zeigt mit Gradienten in der Porengröße aufgebaute Knochenstrukturen.

Rechnergestützte Modellentwicklung als wichtiges Werkzeug

Bei der Entwicklung von Keramiken mit Funktionshohlräumen lassen wir uns von dem Gedanken leiten, Qualität, Ökologie und Ökonomie sowohl bei der Produktion als auch in der Anwendung frühzeitig in Einklang zu bringen beziehungsweise Grundlagen für entsprechende Richtungsentscheidungen zu schaffen. Hierfür hat sich die rechnergestützte Modellentwicklung als ein wichtiges Werkzeug erwiesen. Schon im Forschungs- und Entwicklungsstadium eines neuen Werkstoffs will bedacht sein, daß technischer und wirtschaftlicher Erfolg nur möglich ist, wenn die Kombination von maßgeschneiderten Werkstoffen, werkstoffgerechter Konstruktion und

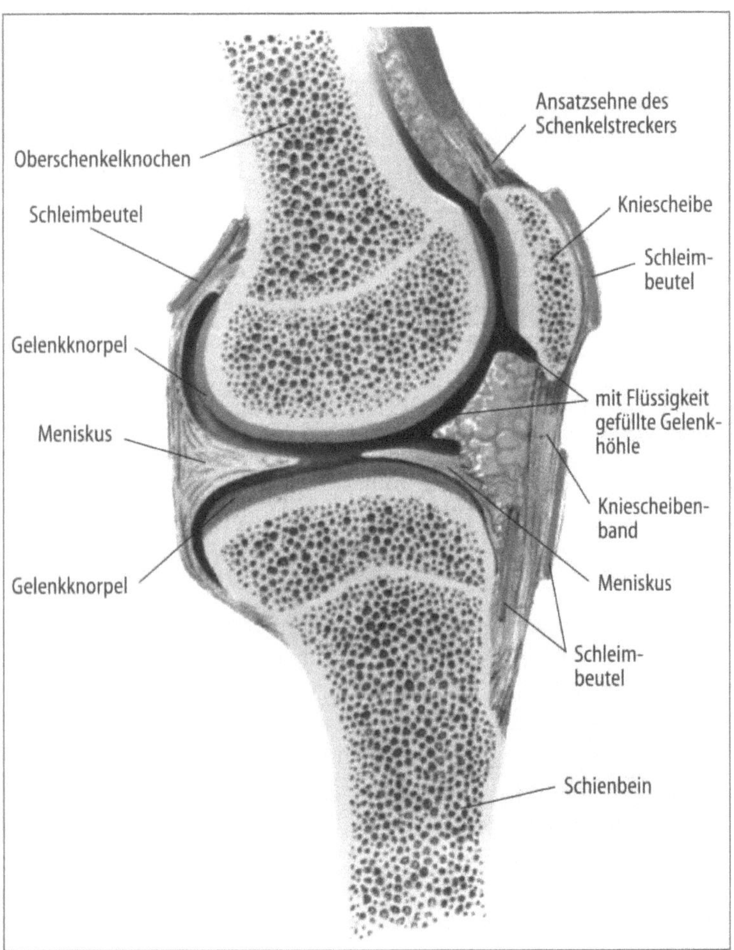

Bild 1 Seitlicher Aufschnitt eines Kniegelenks [1]

Verbindungstechnik, qualitätsgesicherter Fertigung sowie anwendungsorientierter Prüftechnik „stimmt". Gleichzeitig muß schon sehr früh bedacht werden, daß bei späteren Anwendungen geeignete Kommunikationssysteme den Datentransfer zwischen Zulieferern, Herstellern und Anwendern zu unterstützen haben. Und darüber hinaus gilt immer noch die alte Weisheit, daß eine optimale Gesamtlösung immer nur auf der Grundlage einer sinnvollen „Hochzeit aller Werkstoffe" verwirklichbar ist.

Die interdisziplinäre Struktur der RWTH Aachen ist hervorragend dazu geeignet, rechnergestützte Entwicklungsmodelle aufzubauen, die Werkstoff-, Produktions- und Anwendungsfragen miteinander verknüpfen: Ein Potential, das schnelle Wege zum Markt erschließt, denn erkannte Innovationsziele lassen sich in kürzeren Zeiten und mit höherer Treffsicherheit erreichen.

Beispiele für den eigenen Entwicklungsstand von offen-porösen Keramik-Monolithen sind Dieselrußfilter und Schalldämpfer. Zu den in Forschung und Entwicklung angestrebten Anwendungsfeldern gehören unter anderem durchströmbare Brennerstrukturen, Penetrierkühlungen von Hochtemperaturkomponenten, Membranstrukturen in der Bioverfahrenstechnik oder zum Beispiel auch Bioimplantate, die – den Gesetzen der Bionik folgend – Gradienten in der Porengröße aufweisen. Jedem dieser Anwendungsbeispiele ist ein oft noch unbekannten Gesetzen folgendes Porositätsniveau mit definierter Porengrößenverteilung eigen. Auch ergibt sich aus der Funktion beziehungsweise den Zwängen der Integration die optimale Bauteilgestalt der Monolithen.

Ein Beispiel: Abgaspartikel von Dieselmotoren bestehen aus Ruß, organisch löslichen Anteilen, Aschen und Abriebpartikeln. Die typischen aerodynamischen Durchmesser im kalten Abgas liegen zu 80 Prozent unter einem Mikrometer mit einem Häufigkeitsmaximum bei zirka 0,5 Mikrometern. Die sich verschärfenden Mengengrenzwerte können sowohl durch innermotorische Maßnahmen – wie beim Automobil – als auch durch nachgeschaltete Filtersysteme, zum Beispiel bei stationären Anlagen und Nutzfahrzeugen, eingehalten werden. Beim Durchströmen von offen-porösen Wänden werden die Abgaspartikel mit ausreichenden Filterwirkungsgraden überwiegend an der Oberfläche abgelegt. Die hier technisch aber noch nicht zufriedenstellend gelöste Aufgabe besteht darin, den sich aufbauenden Gegendruck zu begrenzen und den Filter mit möglichst geringem Energieaufwand periodisch reinigen zu können – etwa durch Verbrennung oberhalb des Zündpunktes von additivfreiem Ruß, der bei rund 600 Grad Celsius liegt.

Als monolithische Filterelemente haben sich wabenförmige Strukturen aus elektrisch isolierendem Cordierit und elektrisch leitfähigem Siliziumkarbid durchgesetzt (Bild 3 und 4). Aus Gründen des Filterwirkungsgrades und des Gegendrucks ändert sich die Gestaltung der Funktionsräume (Niveau der offenen Porosität und mittlerer Porendurchmesser) mit den verwendeten Wanddicken der Wabenkörper. Die Cordierit-Wabenkörper werden üblicherweise in einer Einheit durch Energiezufuhr über einen Zusatzbrenner regeneriert. Der Gegendruck variiert in weiten Grenzen zwischen voll

Bild 2 Aluminiumtitanat als Wärmedämmkomponente im heißen Bereich

Das Beispiel Dieselrußfilter

 Dieselrußfilter mit elektrischer Regeneration. Siliziumkarbid-Wabenkörper aus Porotherm SW

 Mikrostruktur von Porotherm SW

beladen und voll regeneriert, und es besteht das Risiko, daß die Temperaturbeständigkeit örtlich überschritten wird.

Beim elektrisch leitfähigen Siliziumkarbid, das eine deutlich höhere Temperaturbeständigkeit aufweist, erfolgt die Regeneration durch direkte elektrische Aufheizung einzelner Elemente oder Module, während sich die anderen im Beladungszyklus befinden. Darum schwankt der Gegendruck in engen Grenzen um einen Mittelwert. Nachteilig ist, daß hier eine externe Stromversorgung vorhanden sein muß; Blockheizkraftwerke, Gabelstapler, Baumaschinen und andere praktisch statische Einsatzfelder bieten sich für diese Technologie an. Die Werkstoff-, Verfahrens- und Systementwicklung des sich gegenwärtig in Felderprobung befindlichen Dieselrußfilters aus elektrisch leitfähigem Siliziumkarbid erfolgte in enger Kooperation zwischen der Firma Thomas Josef Heimbach GmbH & Co in Düren und dem Institut für Prozeß- und Anwendungstechnik Keramik der RWTH. Unterstützt wurde das Vorhaben durch das Ministeriums für Wirtschaft, Mittelstand und Technologie des Landes Nordrhein-Westfalen. In einem ganzheitlichen Ansatz wurden neben Qualität und Wirtschaftlichkeit auch ökologische Gesichtspunkte beachtet. So etwa bei der Fertigung des Werkstoffs, dessen Poren ohne umweltschädliche Ausbrennstoffe generiert werden. Diese von der RWTH Aachen und der Industrie getragene Systemlösung wurde 1996 mit dem Preis des Vereins Deutscher Ingenieure für innovative Werkstoffanwendungen honoriert.

Ein weiteres Beispiel: Die gesetzlich erlaubten Schallpegel und die individuelle Klangfarbe von Auspuffanlagen in Otto- und Dieselmotoren werden heute durch maßgeschneiderte Kombinationen von Reflexions- und Absorptions-Schalldämpferprinzipien erzielt. Als Absorbermaterialien verarbeitet man bisher überwiegend vorverdichtete, nichtlasttragende Faserpackungen aus Basaltsteinwolle. Insbesondere bei den hohen Temperaturen der Vorschalldämpfer erweisen sich diese Endlosfasern als nicht langzeitstabil, und die Zerrüttungsprodukte werden als gesundheitsgefährdend eingestuft. Als Ersatzstoff entwickeln wir am Institut für Keramische Komponenten im Maschinenbau belastungsfähige, offen-poröse keramische Monolithstrukturen, die prinzipiell auch eine Sandwich-Leichtbauweise ermöglichen. Diese Forschungsarbeiten finden unter dem Arbeitsbegriff „Ökopor-Keramik" statt, denn es handelt sich um ein besonders umweltfreundliches Herstellverfahren. Die Aufgabe ist nicht leicht: Kosten und Gewicht des Bauteils sollen möglichst niedrig sein, wobei natürlich die Funktionalität des bisherigen Materials erreicht oder sogar noch verbessert werden soll.

Bei der Herstellung von Ökopor-Keramik umgehen wir das Ausbrennen von Kunststoff-Porenbildnern, wir benötigen auch keine umweltbelastenden Treibmittel. Es handelt sich bei unserem Verfahren um ein Aufschmelzen oder Ausbrennen von natürlichen oder mineralischen, ökologisch unbedenklichen Porenbildnern. Diese werden beispielsweise gieß- oder preßfähigen keramischen Massen beigemischt und zu Bauteilen verarbeitet. Beim Sintern in Normalatmosphäre ab etwa 1450 Grad Celsius lassen die Porenbildner Hohlräume in der Keramik zurück, die weitestgehend ihrer eigenen Gestalt entsprechen (Bild 5) und damit in Form und Größe in weiten Grenzen variierbar sind. Die maximale Sintertemperatur und die chemische Zusammensetzung des keramischen Matrixmaterials bestimmen das Porositätsniveau und den Anteil durchströmbarer Hohlräume.

Diese Vorgehensweise haben wir inzwischen zum Patent angemeldet. Für das vorgesehene Produkt, den Schalldämpfer, verfolgen wir den Ökopor-Ansatz mit einer Titanoxid-Matrix und Perlit-Porenbildnern, die als synthetisierter keramischer Rohstoff selbst eine Porosität von 90 Prozent aufweisen.

Als Testanwendung wurde – in Zusammenarbeit mit Automobilzulieferern – der Vorschalldämpfer für einen Ford-Mondeo-Ottomotor mit 66 Kilowatt (90 PS) gewählt. Im Dialog zwischen den Wünschen des Akustikers und dem Können des Keramikers sind folgende Hürden zu nehmen: Welches Niveau der offenen Porosität ist für eine bestimmte akustische Funktion notwendig? Welche Porengrößen sind geeignet und sind Porengrößengradienten erforderlich? Wel-

Ökopor-Keramik: ein umweltfreundliches Herstellungsverfahren

Bild 5 Porenstruktur von Ökopor-
Keramik

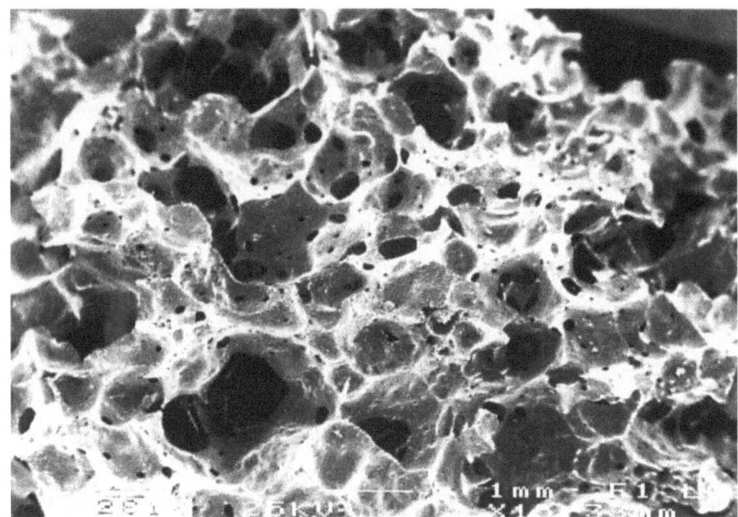

chen Einfluß hat die Anströmung beziehungsweise die Durchströmung von Absorptionselementen? Oder: Welchen Einfluß hat die Form, die Anordnung und das Integrationsprinzip der einzelnen Absorptionselemente im metallischen Gehäuse? Dieser komplex verknüpfte Fragenkatalog für die Gestaltung von „Mikro- und Makro-Funktionshohlräumen" bestärkt uns in der gewählten Vorgehensweise, bei unseren Entwicklungen den üblichen empirischen Weg von *trial and error benchtests* zu verlassen und eine kennwert- und computergestützte Berechenbarkeit – in diesem Fall des akustischen Verhaltens – von monolithischen Schalldämpferstrukturen zu erreichen.

Werkstoffkennwerte des akustischen Verhaltens

Um nun die Wirksamkeit von Schalldämpfern mittels Finite-Elemente-Methode (FEM) numerisch berechnen zu können, müssen die charakteristischen akustischen Eigenschaften des Absorptionsmaterials bekannt sein. Das akustische Verhalten offen-poröser Materialien können wir durch drei charakteristische Werkstoffkennwerte beschreiben: Widerstand gegen Durchströmung, offene Porosität und Strukturfaktor. Der Durchströmungswiderstand des Materials und seine offene Porosität können einfach ermittelt werden. Der Strukturfaktor beschreibt den Einfluß der inneren Struktur des Materials auf das akustische Verhalten. Da theoretische Ansätze zur Beschreibung des Strukturfaktors nur für sehr stark vereinfachte Modelle existieren, ist eine Anpassung auf der Grundlage von Absorptionsgradmessungen notwendig.

Im ersten Schritt haben wir das sogenannte Kundtsche Rohr herangezogen (Bild 6 oben). Es beschränkt sich auf ruhende Atmosphäre und vernachlässigt den wesentlichen Einfluß der beiden letzten Punkte des Fragenkatalogs. Trotz dieser Einschränkung konnten wir durch Bestimmung des frequenzabhängigen Absorptionsgrads die prinzipielle schalltechnische Eignung von offen-poröser Keramik nachweisen. Der hohe Übereinstimmungsgrad zwischen den Modellergebnissen mit angepaßten Materialparametern – FEM-Software SYSNOISE – und den Versuchsergebnissen ist exemplarisch im unteren Teil von Bild 6 dokumentiert.

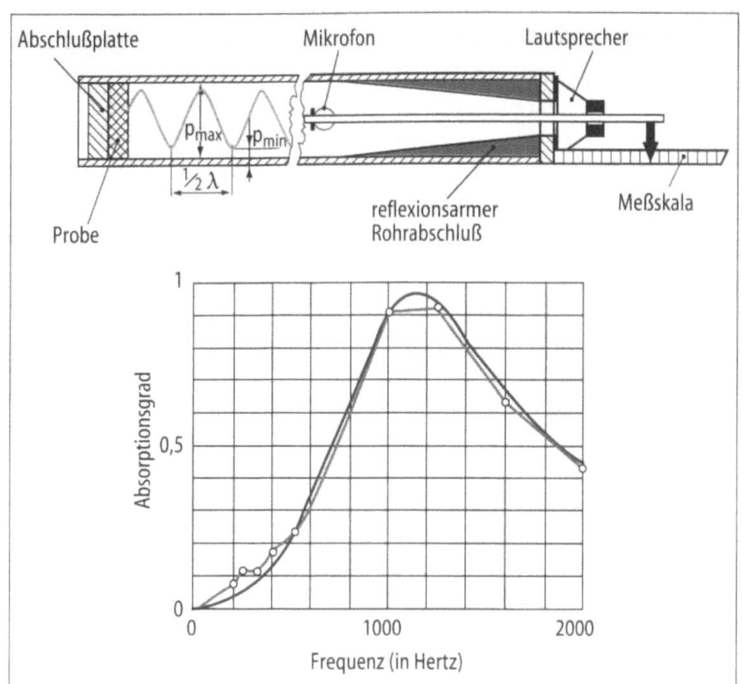

Bild 6 Vergleich des Schallabsorptionsverhaltens, gemessen (rote Kurve) im Kundtschen Rohr (schematische Darstellung; oben) und simuliert mittels Finite-Elemente-Methode (blaue Kurve)

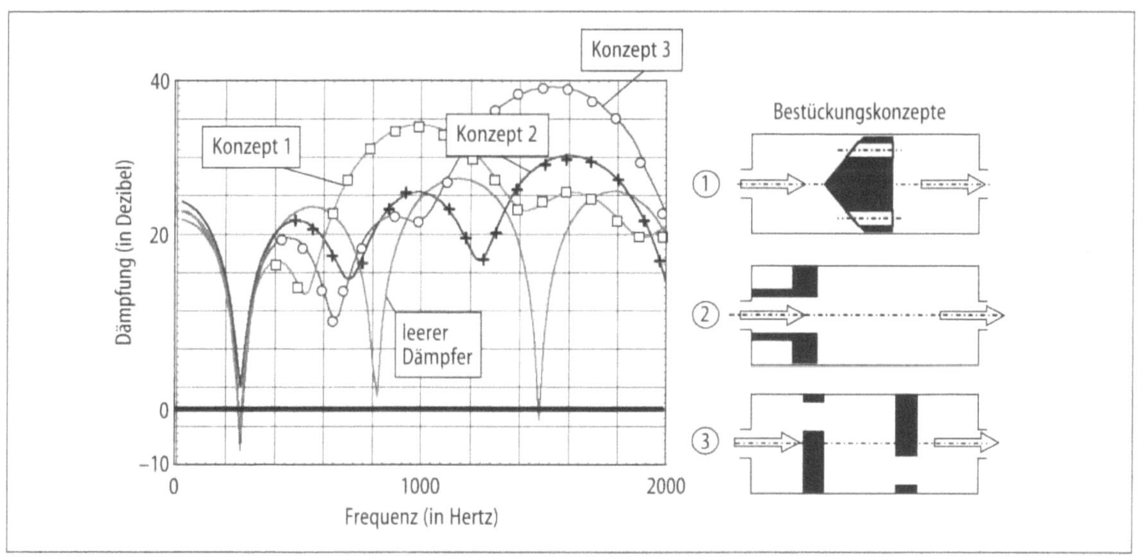

Durch den Vergleich der Lautstärken vor und hinter dem Schalldämpfer kann die Wirksamkeit von Schalldämpfern in Dezibel gemessen werden. Bild 7 zeigt die berechnete Dämpfung des Ford-Mondeo-Vorschalldämpfers, der mit geometrisch verschiedenen Ökoporeinsätzen bestückt wurde, im Vergleich zu einem unbestückten Schalldämpfer.

Daraus lassen sich grundsätzliche Trendaussagen für die Optimierung von Mikro- und Makrostrukturen ableiten: Hinsichtlich der Mikrostruktur sind offene Porositäten im Bereich von 40 bis 80 Prozent und Porengrößen im Bereich von 0,5 bis 2,5 Millimetern von besonderem Interesse. Bei gleicher Mikrostruktur und Struk-

Bild 7 FEM-Simulation des Schalldämpfungsverhaltens. Ökopor-Elemente in unterschiedlicher Anordnung

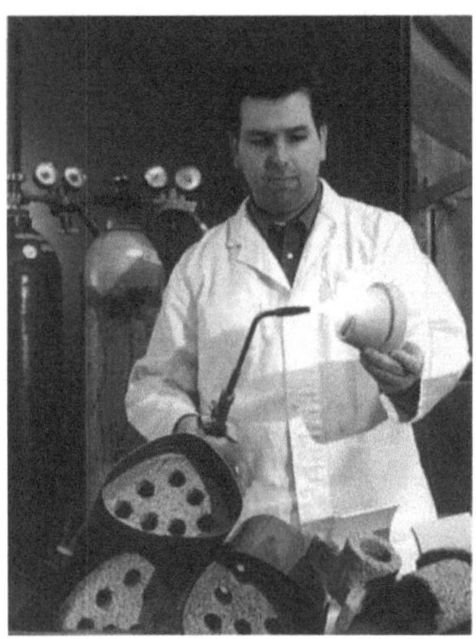

Bild 8 Trotz starker Erhitzung läßt sich das poröse Keramikbauteil mit bloßer Hand anfassen.

Beurteilung des Verhaltens von keramischen Komponenten

turmasse wiederum ist die Gestalt und Anordnung der Absorberelemente von großem Einfluß.

Auf dem Prüfstand wurde im Vorschalldämpfer des Ford Mondeo mit 66 Kilowatt für Ökopor mit 40 Prozent offener Porosität und Porengrößen von zwei bis sechs Millimetern eine ausreichende mechanische, thermische und chemische Stabilität nachgewiesen. Dabei konnten die Gewichtsgrenzen und die Kostengrenzen für die Keramikelemente eingehalten werden. Bei hohen Frequenzen zeigten sich deutliche akustische Vorteile. Die bisher im Niedrigfrequenzbereich noch nicht ausreichende akustische Güte kann nach Vervollständigung des rechnergestützten Modells durch Modifikation der Porenstruktur und der Anordnung unterschiedlicher Elemente im Dämpfertopf weiter gesteigert werden. Die hohe Festigkeit der keramischen Strukturen erlaubt eine Sandwich-Bauweise mit reduzierten Wanddicken des metallischen Gehäuses.

Zur Zeit konzentrieren wir uns auf die Erweiterung des Simulationsmodells hinsichtlich realistischer Anström- und Durchströmungsverhältnisse, die eine Veränderung der akustischen Kennwerte nach sich ziehen. Akustische Kompetenz wird dabei vom Institut für Luft- und Raumfahrt der RWTH am Beispiel eines Flugzeugschalldämpfers für Leichtflugzeuge eingebracht. Unsere Ergebnisse aus dem Kundtschen Rohr (ruhende Atmosphäre und Scheibenanordnung am Ende) werden durch Untersuchungen mit einer speziellen Anordnung von akustischen Schallquellen und Mikrofonen ergänzt, um real durchströmte Absorptionsstrukturen zu beurteilen. Die bislang vorgenommenen aufwendigen Prüfstandsversuche können damit reduziert werden und dienen nur noch dem punktuellen Abgleich des Simulationsmodells. In zukünftigen FEM-Softwarepaketen sind demnach Berechnungsinstrumente zu implementieren, die den Einfluß der Strömungsgeschwindigkeit des Abgases auf das Dämpfungsverhalten berücksichtigen. Als weiteres Auslegungskriterium sollte der Staudruck, der durch den Durchströmungwiderstand des Schalldämpfers auftritt, mit Hilfe desselben Softwarepaketes simulierbar und minimierbar sein. Langfristig wichtig wäre auch das Erfassen der Interaktion von Schalldämpfern mit den vorgeschalteten Komponenten der Abgasanlage bis hin zum Brennraum und mit dem freien Außenraum.

Zur generellen Beurteilung des mechanischen, thermischen und chemischen Verhaltens von keramischen Komponenten in ihrer Funktionsumgebung ist an unserem Institut bereits der Ansatz der „rechnergestützten Bauteilfähigkeit" fest etabliert und hat sich vielfach bewährt. Die Ergebnisse der ebenfalls rechnergestützten Erfassung der Filtrations- und Regenerationsvorgänge beim Dieselrußfilter einerseits und der akustischen Optimierung von Schalldämpfern andererseits fließen als spezifizierende Inputs ein. In analoger Form wird auch die Definition von Funktionshohlräumen in weitere innovative Zukunftsmaßnahmen Eingang finden. Bild 9 zeigt die Porositätsdaten der Keramik für ausgewählte, bestehende Anwendungen.

Das schrittweise Ausnutzen des ökologischen und ökonomischen Potentials offen-poröser Keramiken wird dazu führen, daß solche

Anwendung	Beispiel	Gesamtporosität (in Prozent)	offene Gesamtporosität (in Prozent)	typische Porengröße (in Mikrometern)
Eisen- und Buntmetallgußfilter	Siliziumkarbid, Typ Cerasic, Firma Drache	88	85	500 bis 4000
Pkw-Katalysator	Cordierit, Typ EX-47200/12, Firma Corning	60	45	10 bis 15
Dieselrußfilter	Siliziumkarbid, Typ Porotherm SW, Firma Heimbach	65	57	10 bis 30
Schalldämpfer	Ökoporkeramik, Typ Titanoxid, IKKM, RWTH Aachen	75	45	500 bis 4000
Membran für Bioprozesse	Aluminiumoxid, Typ Schumalith, Firma Schumacher	65	50	0,5 (in enger Bandbreite)

Bild 9 Porositätsdaten von Keramik ausgewählter Anwendungen

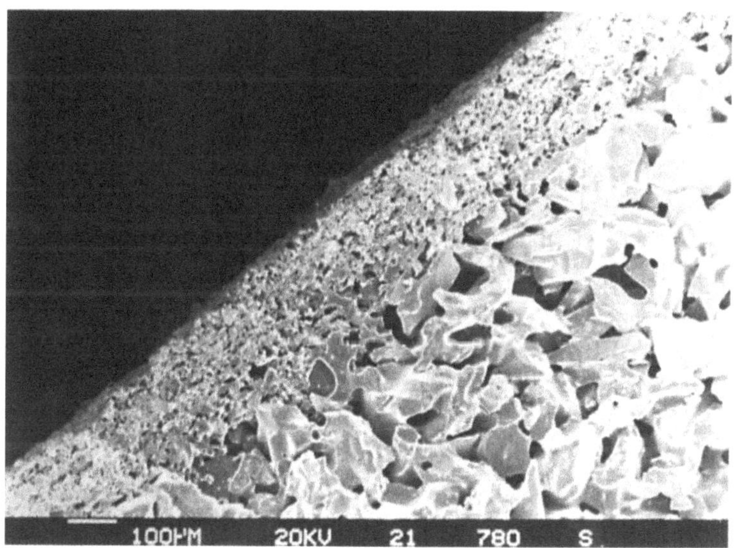

Bild 10 Membranstruktur aus Aluminiumoxid (Porengröße etwa 0,5 Mikrometer) auf Stützkörper aus Siliziumkarbid (Porengröße etwa 100 Mikrometer)

Werkstoffe in den kommenden Jahrzehnten vielfältige neue Funktionen im alltäglichen Leben und in der Technik übernehmen.

Schon in naher Zukunft erwarten wir beispielsweise durchströmbare Brennerstrukturen, die Penetrierkühlung von Hochtemperaturkomponenten oder den Ersatz von Faserstrukturen bei der Wärmeisolation. Alleine die Möglichkeit, keramische Filterstrukturen (wie sie Bild 10 zeigt) durch aggressive Säuren und Laugen, Dampfsterilisation, hohe Temperatur oder elektrische Direktaufheizung reinigen zu können, spricht für neue Anwendungen, zum Beispiel auch in Müllverbrennungsanlagen.

Für die fernere Zukunft erwarten wir Membranstrukturen mit ultrafeinen Poren von 0,01 bis 0,5 Mikrometern. Sie können zum Reinigen oder Aufkonzentrieren von Lösungen und Gasgemischen genutzt werden oder auch zum Abtrennen von Partikeln, Molekülen und Ionen. Nützlich wären sie vor allem für die Lebensmittelindustrie sowie für pharmazeutische, chemische und biologische Prozesse. Von besonderem Reiz ist hier die Kombination mit der elektrischen Leitfähigkeit und der elektrolytisch-katalytischen Wirkung.

Ebenfalls noch „Zukunftsmusik" sind keramische Implantate mit maßgeschneidertem Porenaufbau und Belegung der Porenoberflächen mit unterschiedlich wirkenden Proteinen. Diese Bio-Botenstoffe entscheiden darüber, welche Gewebesorten bevorzugt in die Poren einwachsen und welche abgewehrt werden.

Eine ähnliche Bedeutung können keramische Filter und Membranen mit scharfen Trenngrenzen bei der biokompatiblen Elimination von toxischen Blutinhaltsstoffen erlangen.

Der aufgezeigte Schwerpunkt „poröse Keramik" als Teil unserer Aktivitäten läßt erahnen, welch zukunftsweisende Bedeutung dieser Stoffgruppe bei der weiterführenden „Hochzeit der Werkstoffe" zukommt.

Autor   Prof. Dr.-Ing. Horst Reinhold Maier ist Direktor des Instituts und Inhaber des Lehrstuhls für Keramische Komponenten im Maschinenbau (IKKM).

Die Projektverantwortung wurde von den wissenschaftlichen Mitarbeitern Dr.-Ing. Christos Aneziris (Ökopor-Keramik), Dipl.-Ing. Uwe Schumacher (Dieselrußfilter), Dipl.-Ing. Wolfram Kruhöffer (FEM-Simulation) und Dipl.-Ing. Christian Ragoß (Bio-Implantate) getragen.

Literaturhinweise

[1] Faszination Natur und Technik, ADAC Verlag GmbH, München 1996, S. 237.

[2] H. R. Maier, W. Best, U. Schumacher und W. Schäfer: Characteristics and Design of Diesel Soot Filters Based on Direct Electrical Regeneration, in: ceramic forum international/Berichte der Deutschen Keramischen Gesellschaft, 75, 1998, Nr. 5, S. 25 bis 29.

[3] C. G. Aneziris, E. M. Pfaff und H. R. Maier: Processing of titania foam ceramics by liquid/solid sintering without organic fillers, 9. International Conference on Modern Materials and Technologies (Hrsg.), Florenz 1998; siehe auch: CIMTEC 98, Section F: Non Conventional Routes to Ceramics, Florenz, 14. bis 19. Juni 1998.

[4] M. Heckl und H. A. Müller: Taschenbuch der technischen Akustik, Springer-Verlag 1995.

[5] H. Ermer: Abgasschalldämpfer für Kraftfahrzeuge: physikalische Grundlagen und technische Realisierung, Verlag Moderne Industrie Landsberg/Lech 1993.

Georg Roth

Neue Kohlenstoffformen mit interessanten Eigenschaften

Fullerene, Synonym für eine ganze Serie von neuen molekularen Erscheinungsformen des Elementes Kohlenstoff, unter denen das „Fußballmolekül" C_{60} sicher das bekannteste ist, haben eine Reihe von faszinierenden physikalischen und chemischen Eigenschaften. Sie sind sowohl für die Grundlagen- als auch für die angewandte Forschung hochinteressant. Für ihre Entdeckung im Jahre 1985 erhielten die Wissenschaftler Robert F. Curl, Harold W. Kroto und Richard E. Smalley 1996 den Nobelpreis für Chemie.

Selbst wer in der Schule nur einen rudimentären Chemieunterricht genossen hat, kennt die überragende Bedeutung des Elementes Kohlenstoff, das mit seinen unzähligen Verbindungen die Basis des uns bekannten irdischen Lebens darstellt. Das Element selbst tritt in der Natur in zwei verschiedenen Formen (Modifikationen) auf – dem sehr seltenen Diamant und dem viel häufigeren Graphit, der Hauptbestandteil der Kohle ist. Die beiden Modifikationen unterscheiden sich durch die Anordnung der Atome im kristallinen Festkörper: Im Diamant bilden die Atome ein dreidimensionales Gerüst (Bild 1 links). In der Kristallstruktur des Graphits dagegen sind die Kohlenstoffatome zu ebenen Schichten verknüpft (Bild 1 rechts). Aus diesen unterschiedlichen Strukturen der Atome, die gleichzeitig auch unterschiedlichen chemischen Bindungszuständen entsprechen, folgen drastisch unterschiedliche mechanische, optische und elektrische Eigenschaften – etwa Weichheit, metallischer Glanz und elektrische Leitfähigkeit im Fall des Graphits gegenüber extremer Härte, Transparenz und elektrischer Isolation beim Diamant.

Zur Liste der bekannten Kohlenstoffformen können wir nun – dank der bahnbrechenden Arbeit von Curl, Kroto und Smalley aus dem Jahre 1985 [1] – mit den Fullerenen eine ganze Serie von neuen Gebilden hinzufügen. In diesen Modifikationen bildet der Kohlen-

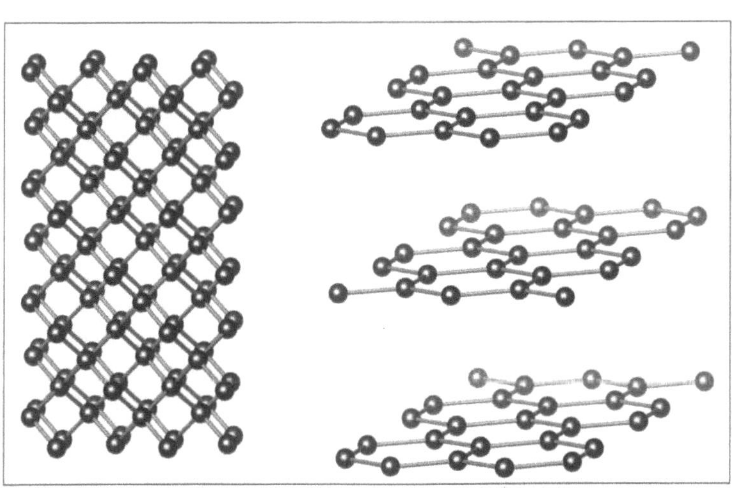

Bild 1 Kristallstrukturen von Diamant (links) und Graphit (rechts)

Bild 2 Molekülstrukturen von C_{60}, C_{70} (oben), C_{76} und C_{78} (unten)

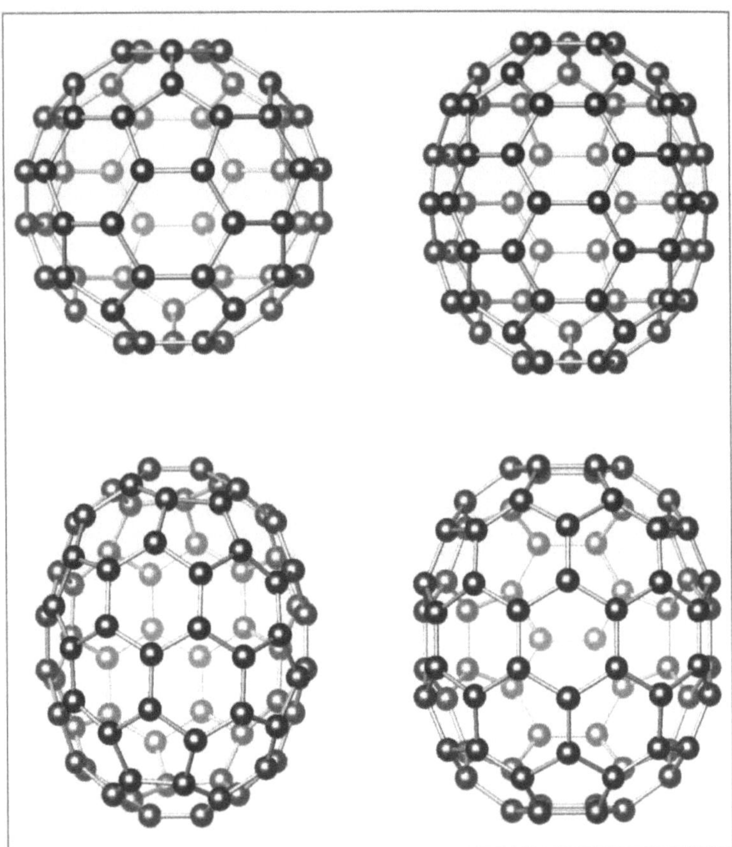

stoff in sich geschlossene Moleküle, die aus Kohlenstoff-Fünf- und -Sechsecken bestehen. Auf Vorschlag der Entdecker nennt man diese Kohlenstoffmoleküle Buckminster-Fullerene oder kurz Fullerene, zu Ehren des amerikanischen Architekten Robert Buckminster-Fuller (1895 bis 1983), an dessen Bauwerke, die von polyederförmigen Kuppeln und Domen geprägt waren, die Fullerene erinnern.

Fullerenmoleküle bilden sich beim Verdampfen von Graphit im elektrischen Lichtbogen in einer Schutzgasatmosphäre (zum Beispiel Helium) bei Temperaturen um 3000 Grad Celsius und Gasdrücken von einigen 100 Millibar. Diese Produktionsmethode wurde in der Arbeitsgruppe um Wolfgang Krätschmer in Heidelberg im Jahre 1991 entwickelt [2] und erlaubt heute die Herstellung von Fullerenen im Gramm- bis Kilogramm-Maßstab. Neben dem schon erwähnten, nahezu kugelförmigen C_{60} (Moleküldurchmesser 710 Pikometer, Bild 2) bilden sich beim Graphitverdampfen in geringeren Mengen auch größere Fullerene wie zum Beispiel die ellipsoidförmigen C_{70} und C_{76} oder das C_{78}, von dem insgesamt fünf verschiedene Molekülformen bekannt sind, bis hin zu Fullerenmolekülen mit weit über 100 Kohlenstoffatomen. Die verschiedenen Molekülsorten lassen sich mit physikalisch-chemischen Methoden voneinander trennen. Viele dieser Moleküle besitzen aufgrund ihres regelmäßigen, symmetrischen Aufbaus eine ästhetische Qualität, die sicher einen erheblichen Teil der Faszination dieses Arbeitsgebietes ausmacht.

Da die Anordnung der Kohlenstoffatome in den Fullerenen grundsätzlich verschieden ist von derjenigen im Diamant oder Graphit, ist zu erwarten, daß diese neuen Kohlenstofformen auch interessante neue, physikalische und chemische Festkörpereigenschaften besitzen. Will man diese Eigenschaften verstehen, so muß man sich zunächst mit der Molekül- und Kristallstruktur beschäftigen.

Läßt man eine Lösung von C_{60} in einem geeigneten Lösemittel langsam eindampfen, dann erhält man Kristalle, deren äußere Form bereits belegt, daß die Moleküle hier wohlgeordnet eingebaut sind (Bild 3 oben). An solchen Kristallen kann man mit Hilfe der Röntgenbeugung die Kristallstruktur bestimmen, die ebenfalls in Bild 3 (unten) gezeigt ist. Die Molekülanordnung im Kristall wird durch das Ziel bestimmt, eine möglichst dichte Packung zu erreichen, ein Ordnungsprinzip, das in der Natur sehr häufig auftritt – viele reine Metalle (unter anderem Kupfer, Silber und Gold) sind nach dem gleichen Prinzip aufgebaut. Allerdings besitzt festes C_{60} eine Besonderheit, die es aus der Vielzahl von dicht gepackten Strukturen heraushebt: Die Moleküle rotieren nämlich bei Raumtemperatur um ihre Schwerpunktlage mit einer Rotationsfrequenz von mehr als einer Milliarden Umdrehungen pro Sekunde (10^9 Hertz). Man nennt solche Strukturen mit rotierenden Molekülen auch „Rotatorphasen". Sie vereinen Eigenschaften eines kristallinen Festkörpers – wohldefinierte Positionen der Molekülschwerpunkte – mit denjenigen von Flüssigkeiten – freie Beweglichkeit bezüglich der Molekülorientierung. Beim Abkühlen eines C_{60}-Kristalls stellt man fest, daß diese Rotation bei etwa minus 18 Grad Celsius (255 Kelvin) stoppt, was sich unter anderem als abruptes Ändern der Kristallabmessungen äußert. Die bei Raumtemperatur frei beweglichen C_{60}-Moleküle rasten bei minus 18 Grad Celsius sozusagen ein und bilden ein System von ineinandergreifenden, dreidimensionalen Zahnrädern, ähnlich wie die Zahnräder in einem Autogetriebe. Das Besondere dieses Effektes liegt weniger in einer möglichen praktischen Anwendung als vielmehr im Bereich der Grundlagenwissenschaft: In vielen auch technisch interessanten Molekülverbindungen werden solche Orientierungs-Unordnungsphänomene beobachtet. Beispiele sind etwa das bekannte Aspirin (chemisch Acetylsalicylsäure), das am Ende des Moleküls eine Methylgruppe trägt, die um ihre Molekülachse nahezu frei rotiert, oder auch viele biologisch wichtige Eiweißmoleküle (Proteine), deren Funktion ganz wesentlich durch bewegliche Molekülgruppen gesteuert wird. Anhand des Modellsystems C_{60} erhofft man sich für die Zukunft neue Erkenntnisse auch für solche medizinisch bedeutsamen Biomoleküle.

So interessant molekulare Unordnungsphänomene auch sein mögen, wenn man sich für die Anordnung der Atome in den Fullerenen interessiert, sind diese Phänomene eher störend. Schon früh ist daher über Wege nachgedacht worden, die Rotation der Moleküle bei Raumtemperatur zu stoppen. Eine derartige Möglichkeit besteht darin, die Fullerenmoleküle unter Zuhilfenahme anderer Moleküle so zu „verpacken", daß sie nicht mehr rotieren können. Ein Beispiel hierfür ist die Verbindung $C_{70}(S_8)_6$ [3], deren Kristallstruktur in Bild 4 dargestellt ist. Hier sind Fullerenmoleküle (C_{70}) mit

Von ordentlichen Molekülen und unordentlichen Kristallen

Neue Erkenntnisse für Biomoleküle

Bild 3 C_{60}-Einkristall (oben) und
C_{60}-Kristallstruktur (unten)

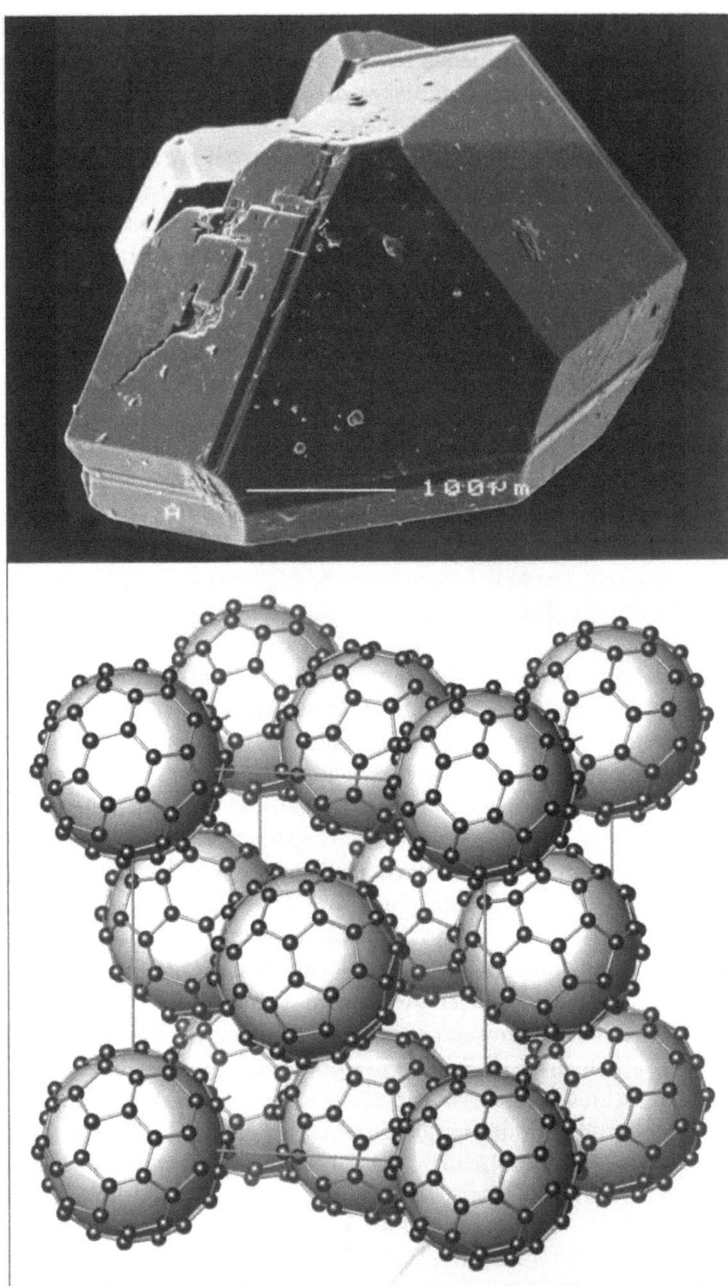

Schwefelmolekülen (S_8-Ringe) kombiniert. Die Schwefelringe bilden
so etwas wie einen dreidimensionalen, molekularen „Eierbecher",
der die Fullerenmoleküle so umschließt, daß sie nicht mehr rotieren
können. Diese „Eierbecher-Methode", die Rotation der Fullerene zu
unterdrücken, funktioniert im übrigen auch bei größeren Fullerenmolekülen wie C_{76} und C_{78} (siehe Bild 2).

Die gewonnenen Daten zur Geometrie der Fullerenmoleküle, die
leider noch für viele Fullerene fehlen, bilden die Basis für jede Interpretation der Festkörpereigenschaften von Fullerenverbindungen.
Zudem lassen sich diese Daten, ergänzt durch die Ergebnisse ande-

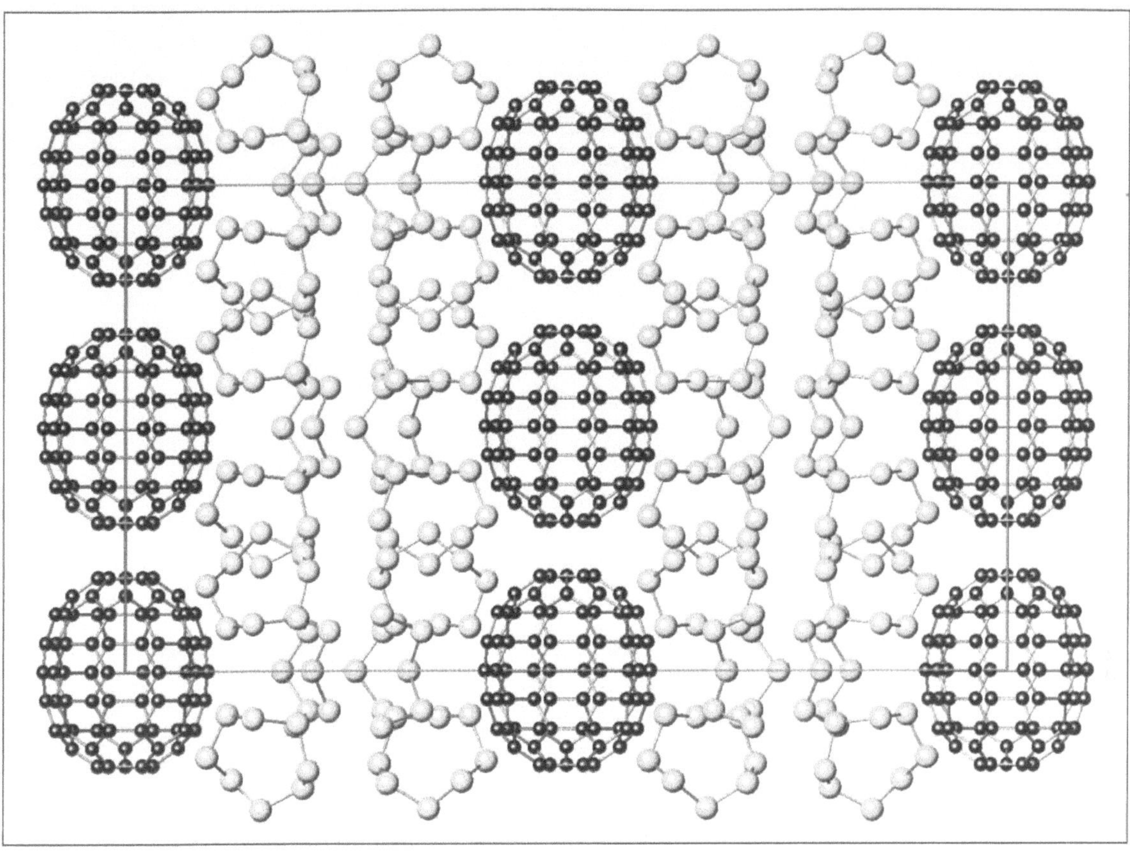

Bild 4 Kristallstruktur von $C_{70}(S_8)_6$

rer, meist spektroskopischer Analyseverfahren, mit den Vorhersagen theoretischer, quantenmechanischer Rechnungen zur Molekülstruktur vergleichen. Sie vertiefen dadurch unser immer noch sehr unzulängliches Verständnis der chemischen Bindung.

Obwohl die Moleküle im C_{60}-Kristall schon recht dicht gepackt sind, bleiben noch Hohlräume zwischen den Molekülen frei, die sich mit weiteren Atomen füllen lassen: Eine solche Verbindung ist K_3C_{60}. Sie entsteht, wenn alle Lücken in der Struktur des C_{60} aufgefüllt werden (Bild 5). Dabei gibt jedes Kaliumatom (K) ein Elektron an das Fullerenmolekül ab, so daß die Verbindung formal aus drei einfach positiv geladenen Kaliumionen und einem dreifach negativ geladenen C_{60}-Ion besteht. Diese Verbindung ist bei Raumtemperatur metallisch leitend und wird bei etwa 18 Kelvin (minus 255 Grad Celsius) supraleitend, sie verliert also jeglichen elektrischen Widerstand. Ersetzt man das Kaliumatom durch die größeren Alkaliatome Rubidium und Cäsium, klettern die Supraleitungstemperaturen auf bis zu 33 Kelvin. Dies wäre bis vor einigen Jahren noch der Weltrekord im Rennen um immer höhere Supraleitungstemperaturen gewesen; heute gibt es in Form der Hochtemperatur-Supraleiter auf Kupfer-Sauerstoff-Basis (Nobelpreis für Physik 1986 an Johannes Georg Bednorz und Karl Alexander Müller) Materialien, die schon bei etwa 120 Kelvin (minus 153 Grad Celsius) supraleitend werden und kurz vor einem breiten technischen Einsatz in der Energietech-

Supraleitung bei 33 Kelvin

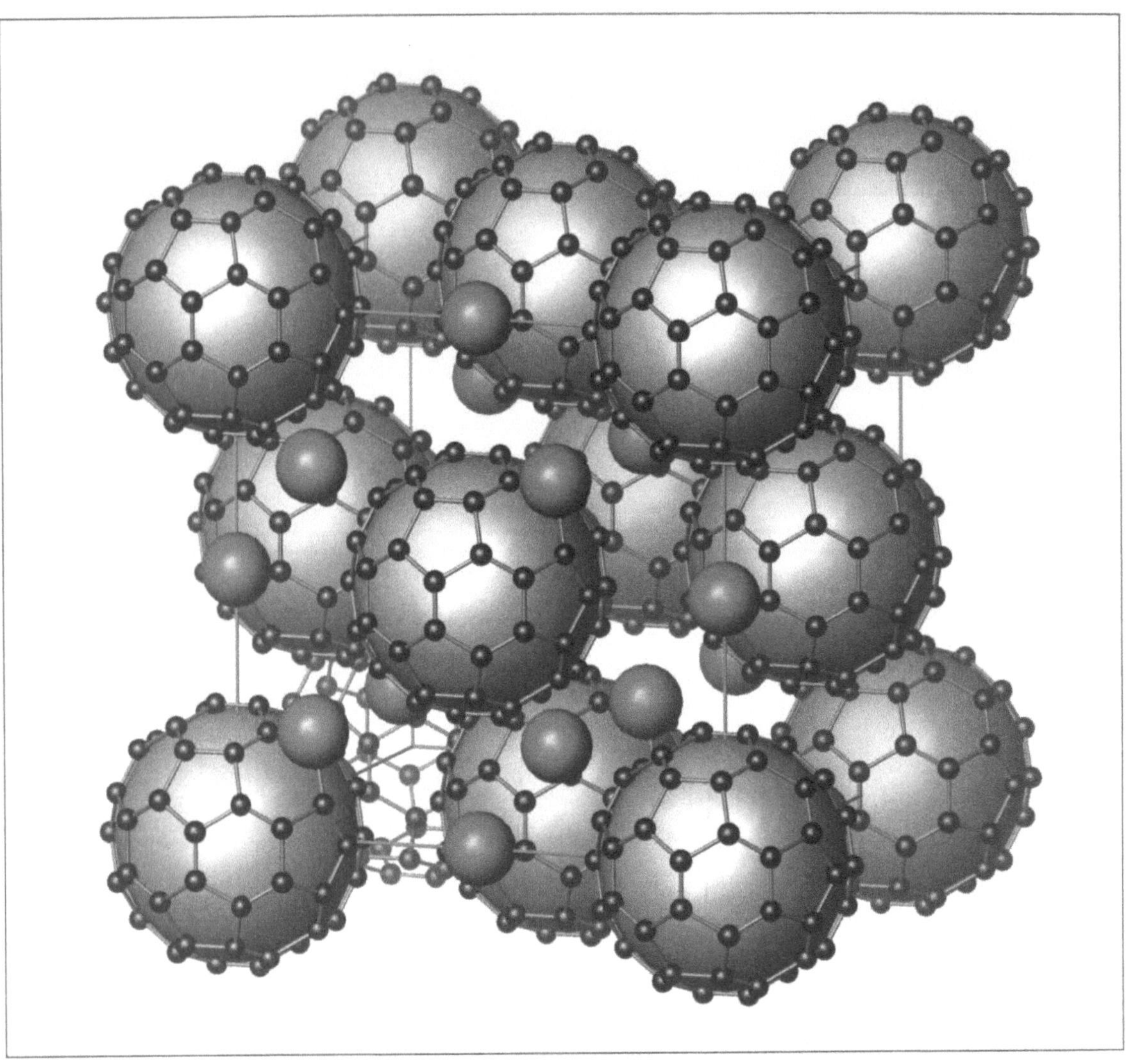

Bild 5 Kristallstruktur des Supraleiters K_3C_{60}

nik und Elektronik stehen. Dennoch werden die Fulleren-Supraleiter auch in Zukunft intensiv untersucht – einerseits mit dem Ziel, die Ursachen der Supraleitung besser zu verstehen, andererseits, um hier möglicherweise Kombinationen mit noch höheren Supraleitungstemperaturen zu finden. Andere Molekülverbindungen mit Fullerenionen zeigen bei tiefen Temperaturen interessante magnetische Eigenschaften (Ferromagnetismus bei 14 Kelvin) wie man sie sonst nur von Strukturen kennt, die magnetische Atome wie etwa das Eisen enthalten. Die Eigenschaft des C_{60}, Elektronen aufzunehmen, läßt sich auch zur Konstruktion von Photozellen oder photoempfindlichen Sensoren auf Fullerenbasis verwenden.

Für den Chemiker werden Fullerene erst dadurch wirklich interessant, daß man sie auf vielfältige Weise chemisch verändern kann. Das Spektrum geht von so einfachen Fullerenabkömmlingen (Derivaten) wie $C_{60}O$ (Bild 6 links oben) oder $C_{120}O$ (Bild 6 unten) bis hin zu sehr komplexen Derivaten wie sie in [4] ausführlich dargestellt sind. Sämtlichen dieser Fullerenderivate ist gemeinsam, daß sich die zusätzlich angebrachten Atomgruppen auf der Außenseite des jeweiligen Fullerenmoleküls befinden. Man nennt diese Verbindungen daher auch exohedrale Fullerenderivate. Da die Seitengruppen nach außen gerichtet sind, verändern sie unmittelbar die chemischen Eigenschaften des Moleküls und man kann für die jeweils gewünschte Anwendung „maßgeschneiderte" Moleküle herstellen. So ist es zum Beispiel gelungen, durch Anbringen geeigneter Gruppen das eigentlich in Wasser unlösliche C_{60}-Molekül wasserlöslich und damit biologisch verfügbar zu machen. Auf diese Weise hat man pharmakologisch wirksame C_{60}-Molekülvarianten entwickelt, die aufgrund ihrer Form, Größe und chemischen Natur selektiv zum Beispiel an die Oberfläche des Human-Immunschwäche-Virus HIV angelagert werden und dessen Funktion hemmen. Eine andere Idee besteht darin, empfindliche, pharmakologisch wirksame Moleküle in Fullerene einzubauen. Sie werden in dieser geschützten Form in den Körper eingeschleust – zum Beispiel durch den Magen-Darmtrakt, in dem empfindliche Wirkstoffmoleküle leicht zerstört werden können. Erst an der Stelle, wo sie wirksam sein sollen, verlassen sie die schützende „Kohlenstoffhülle". Dies würde allerdings – neben anderen bisher ungelösten Problemen – ein definiertes chemisches Öffnen und wieder Schließen des Fullerenmoleküls sozusagen „auf Kommando" erfordern. Hieran wird zwar intensiv geforscht, die Idee eines Fullerenmoleküls als „Pharma-U-Boot" ist aber wohl noch ein gutes Stück von der Realität entfernt.

Tatsächlich lassen sich aber bereits heute Atome oder kleinere Atomgruppen im Inneren von Fullerenmolekülen einschließen: Als Beispiel für ein solches endohedrales Fullerenderivat sei das La@C_{82} (das Symbol @ ist als „in" zu lesen) erwähnt, das aus einem einzelnen Lanthanatom (La), eingeschlossen in einem Käfig aus 82 Koh-

Pharmakologisch wirksame C_{60}-Molekülvarianten

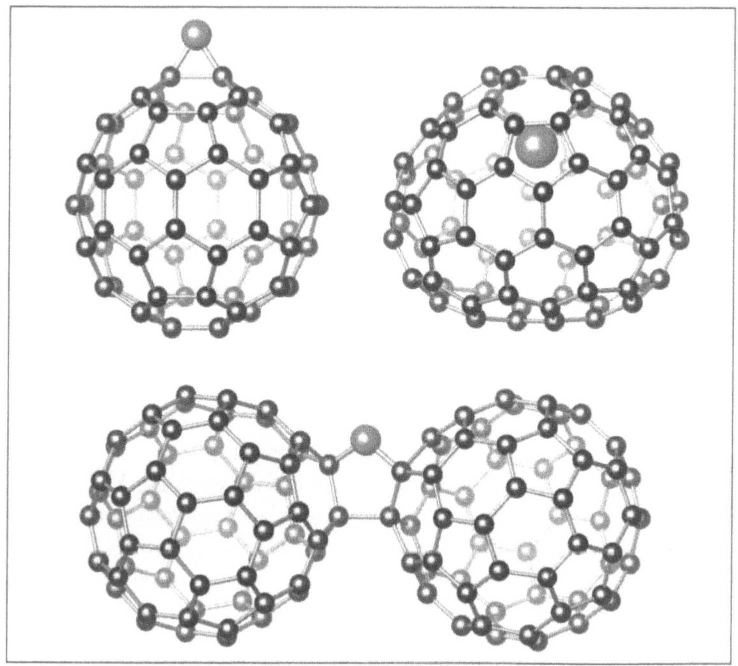

Bild 6 Molekülstrukturen der Fullerenderivate $C_{60}O$ (oben links), La@C_{82} (oben rechts) und $C_{120}O$ (unten)

**Der Einschluß von Fremdatomen
gelingt nur unter extremen
Verbindungen**

lenstoffatomen besteht (Bild 6 oben rechts). Es sind aber auch Moleküle mit zwei oder sogar drei Metallatomen pro Käfig bekannt. Der Einschluß von Fremdatomen gelingt bisher nur entweder direkt bei der Produktion der Fullerene durch gemeinsames Verdampfen von Graphit mit Metallverbindungen oder, nach der Herstellung der Fullerenkäfige, unter hohem Druck beziehungsweise durch Ionenbeschuß. Unter diesen Bedingungen sind empfindliche Wirkstoffmoleküle leider nicht stabil, was das Spektrum an einzuschließenden Spezies derzeit noch sehr einschränkt. Hinzu kommt die extrem geringe Ausbeute bei der Herstellung dieser prinzipiell sehr interessanten Endo-Fullerene, so daß bisher nur sehr wenig über deren Struktur und Eigenschaften bekannt ist. Effizientere Herstellungsmethoden vorausgesetzt, könnte sich dieses Forschungsgebiet aber in Zukunft sehr dynamisch entwickeln.

Schließlich ist auch der Ersatz einzelner Kohlenstoffatome durch andere Atomsorten, insbesondere Bor (B) und Stickstoff (N), möglich. Dabei entstehen die sogenannten Hetero-Fullerene mit Spezies wie $C_{59}N$ oder $C_{58}N_2$. Durch den Ersatz von Kohlenstoff durch andere Atomsorten verändern sich die chemischen Eigenschaften des Moleküls – insbesondere die Bereitschaft, Elektronen abzugeben oder aufzunehmen. Das wiederum läßt auf interessante physikalische Eigenschaften hoffen, zum Beispiel in Analogie zu den supraleitenden Verbindungen mit negativ geladenen C_{60}-Ionen oder auch im Bereich der Katalyse.

Interessante Reaktionen zwischen Fullerenmolekülen können auch eintreten, wenn man die Moleküle sehr nahe zusammenbringt, etwa indem man C_{60}-Kristalle hohen Drücken aussetzt. Dabei bilden sich direkte Kohlenstoff-Kohlenstoff-Bindungen zwischen benachbarten Molekülen aus, die die Moleküle vernetzen und sehr harte, polymerartige Substanzen bilden. Unter geeigneten Temperatur- und Druckbedingungen entstehen Produkte, die sogar Diamant ritzen können, die also härter sind als das bislang härteste bekannte Material. Auch dünne Fullerenschichten kann man durch eine Plasmabehandlung (ein Plasma ist ein Gas, das aus geladenen Teilchen besteht) in ultraharte und besonders glatte Diamantschichten verwandeln. Diese Schichten kombinieren die Eigenschaft einer äußerst geringen Reibung mit hoher Verschleißfestigkeit und sind als Lager- oder Werkzeugbeschichtung geeignet.

Die Vielfalt der Kombinationsmöglichkeiten im Bereich der Fullerenderivate ist riesig groß. Das noch sehr junge Forschungsgebiet der Fullerenchemie wird sich also ganz sicher so bald nicht erschöpfen.

**Von Röhren und Zwiebeln
aus Kohlenstoff**

Neben den Fullerenen als molekularen Formen des Kohlenstoffs mit Moleküldurchmessern in der Größenordnung von einem Nanometer (milliardstel Meter) wurden vor wenigen Jahren auch größere röhrenförmige Objekte entdeckt, die ebenfalls ganz aus Kohlenstoff bestehen und im wesentlichen den Konstruktionsregeln der Fullerene gehorchen. So findet man im „Abbrand" der Graphitelektroden, die zur Kohlenstoffverdampfung benutzt werden, sogenannte Fullerenröhrchen – im englischen Sprachgebrauch als *nanotubes* bezeichnet [5]. Dabei handelt es sich um ein- oder mehrschalige Röhrchen mit Durchmessern zwischen 1,3 und 30 Nanometern bei Längen bis in den Mikrometerbereich. Man kann sie sich als gekrümmte Graphitschichten vorstellen, die zu einer Röhre zusammengefügt sind. Die Röhrchen können am Ende offen oder auch mit einer Kappe ähnlich einem halben Fullerenmolekül geschlossen sein (Bild 7). Die verschiedenen Formen und Größen von Fullerenröhrchen lassen sich leider nicht mehr mit so einfachen chemischen Mitteln trennen oder nach Größe sortieren, wie dies bei den kleineren, nahezu kugelförmigen Fullerenmolekülen möglich ist. Allerdings gelingt es durch geeignete Prozeßführung schon bei der Produktion beispielsweise überwiegend einschalige Nanotubes mit einem Durchmesser von 1,38 Nanometern zu erzeugen.

Fullerenröhrchen können, abhängig von Details ihres atomaren Aufbaus, entweder halbleitend oder aber metallisch leitend sein. Dies hat zu Vorschlägen geführt, metallisch leitende Fullerenröhrchen als mikroskopische Verbindungsdrähte zwischen elektronischen Bauteilen zu verwenden. Die Eignung dieser „Nanodrähte" als Elektronenquellen in optoelektronischen Anzeigen oder als Tunnelspitzen in Rastertunnelmikroskopen wurde bereits nachgewiesen. Die halbleitenden Eigenschaften der Nanotubes eröffnen ein weites Feld an Forschungsthemen, das man mit dem Begriff „molekulare Elektronik" umschreiben kann. Erste Versuche, einen molekularen Transistor auf der Basis eines Fullerenröhrchens herzustellen, waren bereits erfolgreich. Elektronische Bauteile in Molekülgröße könnten der derzeitigen Generation von Bauteilen weit überlegen sein, was Rechengeschwindigkeit und Integrationsdichte betrifft.

Fullerenröhrchen nehmen eine interessante Mittelstellung zwischen der makroskopischen und der molekularen Welt ein: Sie sind zwar einerseits bis zu einigen Mikrometern lang, also im physikalischen Sinn makroskopische Objekte, andererseits ist ihr Durchmesser von wenigen Nanometern aber vergleichbar mit molekularen Dimensionen. Auf diese Weise gelten längs des Röhrchens noch die Gesetze der klassischen Physik, während senkrecht dazu quantenmechanisches Verhalten dominiert. Die Elektronen innerhalb des Röhrchens „spüren" sozusagen, daß sie in zwei Dimensionen geometrisch stark eingeschränkt sind und ändern ihr Verhalten entsprechend. Dies führt zu einer ganzen Reihe von äußerst interessanten quantenphysikalischen Effekten, die derzeit intensiv untersucht werden. Ob Fullerene und Fullerenröhrchen im Bereich der Mikroelektronik Einsatzmöglichkeiten finden, müssen die Forschungsergebnisse der nächsten Jahre erweisen.

Auch die mechanischen Eigenschaften von Nanotubes erscheinen interessant: So liegt ihre Biegefestigkeit deutlich höher als die entsprechenden Werte aller bisher bekannten High-Tech-Fasern. Beansprucht man ein Fullerenröhrchen zu stark, so knickt es ein, ohne allerdings nach dem Zurückbiegen zu brechen. Selbst nach vielen derartigen Deformationszyklen – die natürlich im Nanomaßstab mit Hilfe eines Rasterkraftmikroskops durchgeführt werden – bleibt das Röhrchen intakt. Denn das Ermüden konventioneller Materialien, wie man es etwa an einem Metallrohr bei vielfacher Biegebeanspruchung beobachtet, gibt es im Nanomaßstab nicht. Auch die Kon-

Fullerenröhrchen können halbleitend oder auch metallisch leitend sein

Anwendungen in der Mikroelektronik?

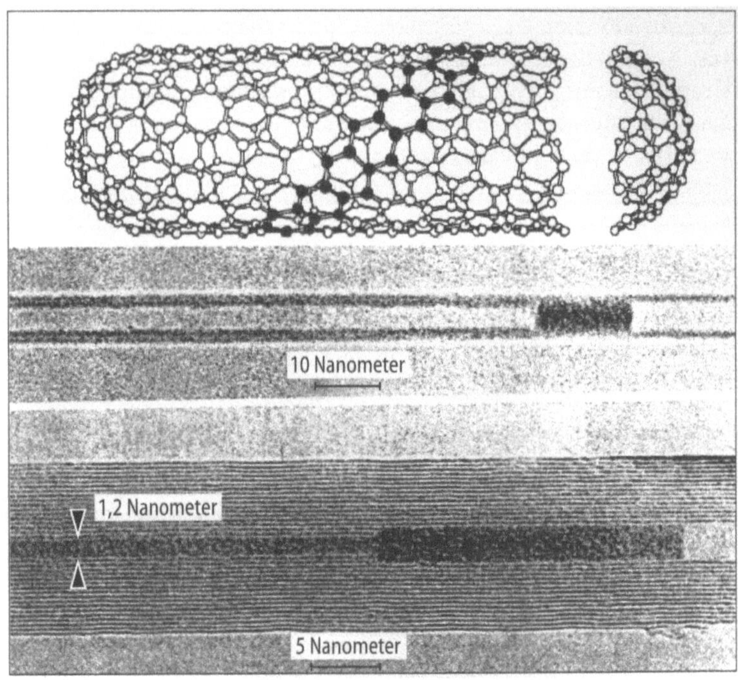

Bild 7 Fullerenröhrchen (*nanotubes*): Atomanordnung (oben), elektronenmikroskopische Aufnahmen eines einschaligen (Mitte) beziehungsweise mehrschaligen Röhrchens (unten) jeweils mit Bleioxid gefüllt

struktion molekularer Maschinen mit Fullerenröhrchen als Wellen oder Achsen wurde bereits vorgeschlagen. Das Umsetzen solcher Ideen steht aber bisher noch aus.

Zudem gibt es bereits chemische Anwendungen von Nanotubes. Im einfachsten Fall kann man sie als „Miniatur-Reagenzgläser" verwenden: So lassen sich Fullerenröhrchen mit Metallatomen füllen, die man dann anschließend zum Beispiel mit Sauerstoff reagieren läßt. Dabei entstehen – aufgrund der engen geometrischen Grenzen innerhalb des Röhrchens – oft ganz andere Verbindungen als die, welche sich unter sonst gleichen Bedingungen bei konventionellen, makroskopischen Reaktionen bilden würden. Hieraus lassen sich wichtige Erkenntnisse über das Entstehen und die Stabilität von Festkörpern gewinnen. Schließlich kann man durch chemische Reaktionen in oder an Nanotubes Substanzen in geometrischen Formen herstellen, die auf anderen Wegen nicht zugänglich wären: So ist es vor kurzem gelungen, den Halbleiter Galliumnitrid (GaN) in Form von sehr dünnen Stäbchen herzustellen, mit dessen Hilfe es möglich ist, blaues Laserlicht zu erzeugen. Diese Farbe fehlte bisher im Spektrum der kommerziell erhältlichen Laserdioden; sie wird zum Beispiel für Laser-Projektions-Fernsehbildschirme benötigt. Nanotubes wirken hier als Matrize: So lassen sich Nanostangen (*nanorods*) von vier bis 50 Nanometern Durchmesser und bis zu 25 Mikrometern Länge herstellen.

Fullerene als Speicher für die Wasserstoffwirtschaft?

Einiges Aufsehen rief auch die Nachricht hervor, daß sich große Mengen an Wasserstoff in Fullerenröhrchen speichern lassen. Ein derartiger Wasserstoffspeicher mit hoher Kapazität und geringem Gewicht, der sich beim Be- und Entladen des Wasserstoffs nicht verbraucht, wäre ein wichtiger Schritt in Richtung Wasserstoffwirtschaft. Er könnte, wie viele Wissenschaftler für das nächste Jahrhundert vorhersagen, das Speichern von chemischer Energie in Form von Kohlenwasserstoffen (etwa Erdöl oder Benzin) ersetzen. Dies würde sowohl die in absehbarer Zeit zur Neige gehenden Erdöl- und Erdgasressourcen schonen als auch der Umwelt zugute kommen. Denn in einer auf Solarenergie basierenden Wasserstoffwirtschaft entstände als „Abgas" lediglich Wasser und nicht etwa das klimaschädliche Kohlendioxid. Die zunächst angegebenen Rekordgehalte an Wasserstoff in Fullerenröhrchen ließen sich allerdings in anderen Labors bisher nicht bestätigen. Dennoch ist die weitere Suche nach Wasserstoffspeichern auf Basis der neuen Kohlenstofformen schon wegen des geringen spezifischen Gewichtes des Kohlenstoffs verlockend.

Erhebliches Entwicklungspotential besitzen auch die jüngst entdeckten Nanoröhrchen, die statt aus Kohlenstoff aus Bornitrid (BN) bestehen. Diese Verbindung hat strukturell eine große Ähnlichkeit mit dem Kohlenstoff, kommt ebenfalls in einer Diamant- und einer Graphit-ähnlichen Form vor, ist aber halbleitend. Auch mehrschalige Röhren aus koaxialen Kohlenstoff- und Bornitrid-Schichten konnten synthetisiert werden. Damit rückt die molekulare Realisierung von koaxialen Metall-Halbleiter-Heterostrukturen, wie sie in ebener Form in modernen Halbleiterbauelementen verwendet werden, in greifbare Nähe.

Eine weitere Kohlenstofform, die ebenfalls nahe mit den Fullerenen verwandt ist, sind die sogenannten Kohlenstoffzwiebeln (*onions*), die, wie schon ihr Name nahelegt, aus mehrschaligen Kohlenstoffkäfigen bestehen und Durchmesser von einigen 100 Nanometern erreichen (Bild 8). Sie entstehen durch Elektronenbeschuß aus äußerst feinen Rußpartikeln, die ihrerseits ein Nebenprodukt der Fullerenherstellung sind. Offenbar fügen sich diese Rußpartikel unter Elektronenbeschuß zu geschlossenen Schalen zusammen, die mitunter auch Fremdmaterial einschließen können. Solche „in Kohlenstoffolie verpackte Nanokristalle" können wiederum technologisch interessant sein – vorausgesetzt man lernt, sie in größeren Mengen und mit definierten Teilchengrößen herzustellen. Denn anders als viele nanokristalline Pulver sind sie vor äußeren Einflüssen geschützt und können zudem nicht zusammenklumpen (agglomerieren). Mögliche Anwendungen, etwa im Bereich der magnetischen Datenaufzeichnung, werden diskutiert.

Anhand von Beispielen aus verschiedenen Wissenschaftsdisziplinen (Physik, Chemie, Kristallographie und Materialwissenschaften) wurden hier einige wissenschaftlich und technisch besonders interessante, zukunftsträchtige Fragen der Fullerenforschung erörtert. Möglichen technischen Einsätzen von Fullerenen steht allerdings der nach wie vor hohe Preis entgegen – so kostet derzeit ein Gramm reines C_{60} noch über 1000 Mark. Eine Anwendung von Fullerenen setzt also voraus, daß diese Moleküle „etwas können", das andere, preiswertere Substanzen nicht oder nur unvollkommen leisten. Einige Beispiele für solche einzigartigen Eigenschaften von Fullerenen wurden skizziert. Langfristig weitaus wertvoller aber könnte der Erkenntnisgewinn sein, der sich im Bereich der Fullerenforschung erzielen läßt.

Großes Entwicklungspotential für Nanoröhrchen

Bild 8 Fullerenzwiebeln (*onions*): elektronenmikroskopische Aufnahme und Atomanordnung (kleines Bild)

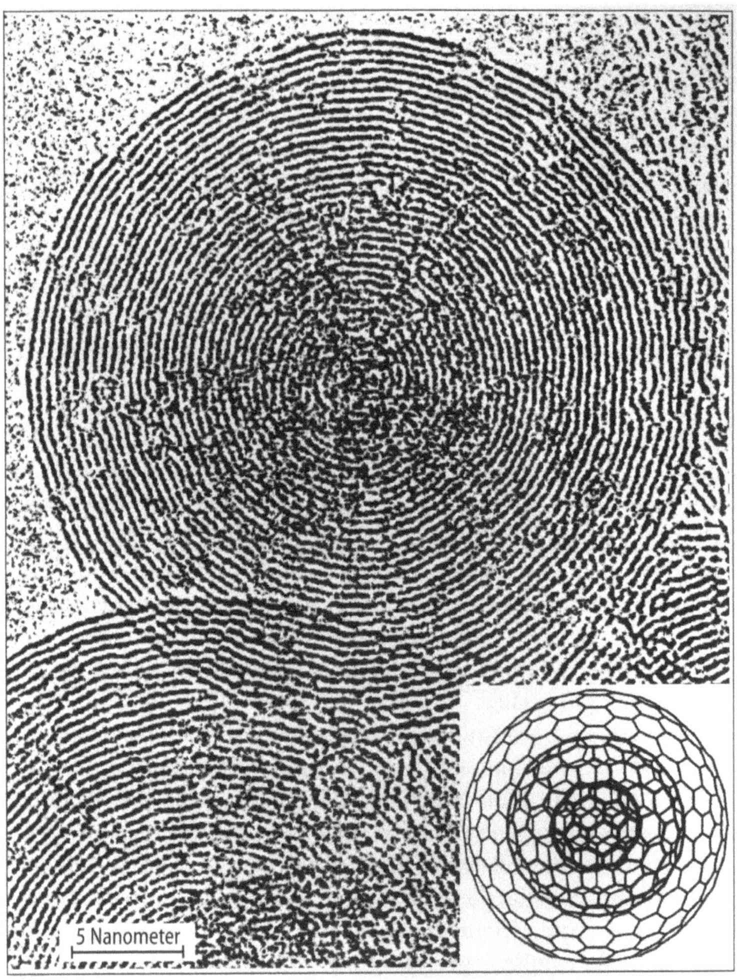

Die erhebliche Spannweite an Konzepten und Methoden, die im Bereich der Fullerenforschung relevant sind, belegt überdies sehr anschaulich, wie wichtig die interdisziplinäre Zusammenarbeit verschiedener Forschungsgebiete heute ist. Dies trifft ganz besonders auf die modernen Materialwissenschaften zu: Um anspruchsvolle, interdisziplinäre Forschungsgebiete – wie etwa die Fullerenforschung – erfolgreich bearbeiten zu können, benötigt man Wissenschaftler, die eine ebenso breite wie solide naturwissenschaftliche Grundausbildung mit der Fähigkeit und Bereitschaft verbinden, dieses Grundlagenwissen in die technische Anwendung zu übersetzen.

Die RWTH Aachen trägt diesem Bedarf Rechnung, indem sie – in Ergänzung zu der seit vielen Jahren international sehr angesehenen Ingenieurausbildung und den nicht minder anerkannten naturwissenschaftlichen Studiengängen – ein naturwissenschaftlich orientiertes, grundständiges Studium der Materialwissenschaften anbieten wird. Mit dieser Initiative ist die RWTH auch für die Anforderungen des neuen Jahrtausends sehr gut gerüstet.

Prof. Dr. rer. nat. Georg Roth vertritt das Lehr- und Forschungsgebiet „Angewandte Kristallographie und Mineralogie" am Institut für Kristallographie. Sein besonderes Interesse gilt den Beziehungen zwischen der Struktur und den Eigenschaften von Kristallen. Zu seinen Arbeitsgebieten der letzten Jahre zählen Festkörper-Ionenleiter, Hochtemperatur-Supraleiter, Fullerene und Fulleren-Verbindungen sowie niedrigdimensionale elektronische Systeme.

Autor

Literaturhinweise

[1] H. W. Kroto, J. R. Heath, S. C. O'Brien, R. F. Curl und R. E. Smalley: C_{60}: Buckminsterfullerene, Nature, 318, 1985, S. 162 bis 163.

[2] W. Krätschmer, L. D. Lamb, K. Fostiropoulos und D. R. Huffmann: Solid C_{60}: a new form of carbon, Nature, 347, 1990, S. 354 bis 358.

[3] G. Roth und P. Adelmann: The crystal structure of $C_{70}S_{48}$: the first a priori structure determination of a C_{70}-containing compound, Journal de Physique, 2, 1992, S. 1541 bis 1548.

[4] Fullerenes and Related Structures, Volume 199, Topics in Current Chemistry, Hrsg. von A. Hirsch, Springer-Verlag, Berlin, Heidelberg, New York 1999.

[5] S. Iijima: Helical Microtubules of Graphitic Carbon, Nature, 354, 1991, S. 56 bis 58.

Die Gestaltung von Werkstoffoberflächen

Wolfgang Bleck, Lars Gerlach,
Joachim Krüger, Elinor Rombach,
Dieter Neuschütz und
Klaus Reichert

Beschichten – eine Schlüsseltechnologie der Zukunft

Spielte früher die Oberflächenbeschichtung bei der Produktgestaltung eher eine untergeordnete Rolle, so sehen Konstrukteure und Entwicklungsingenieure die Oberfläche eines Bauteils heute immer mehr als eigenes Funktionselement. Durch das Aufbringen anwendungsspezifischer Schichtsysteme vor allem bei leicht verfügbaren und kostengünstigen Werkstoffen lassen sich die herkömmlichen Oberflächeneigenschaften deutlich verbessern oder neue Eigenschaften darstellen.

Oft überschneiden sich dekorative und funktionelle Anforderungen an Bauteile. So sollen Sanitärarmaturen, Brillengestelle, Autozierleisten oder Fassadenverkleidungen nicht nur ästhetisch aussehen, sondern auch dauerhaft vor Korrosion geschützt sein. Insbesondere im technischen Bereich, in dem neben Korrosions- und Verschleißbeständigkeit bestimmte Eigenschaften wie Gleitvermögen oder Leitfähigkeit verlangt werden, gibt es heute praktisch keinen Industriezweig, der nicht auf eine leistungsfähige Oberflächentechnik angewiesen ist. Dies hat dazu geführt, daß sie, wie verschiedene Studien belegen [1, 2], für die zukünftige volkswirtschaftliche Entwicklung als entscheidend eingestuft wird. Sie nimmt eine Schlüsselfunktion als Bindeglied zwischen neuen Technologien ein und ist gleichzeitig Voraussetzung für wichtige Innovationen (Bild 1). So sind von etwa 180.000 Einzelbauteilen eines Passagierflugzeugs rund 20.000 galvanisch oberflächenbehandelt.

Die Kombinationsmöglichkeiten zwischen Basiswerkstoffen und Oberflächenschichten sind außerordentlich zahlreich. Die eingesetzten Verfahren reichen vom Tauchbad mit und ohne Außenstrom bis zur lasergestützten Gasphasenabscheidung, die Untersuchungsmethoden vom Kratztest bis zur höchstauflösenden Elektronenmikroskopie. Oft stecken in den funktionsangepaßten, nur nano- bis mikrometerdicken Schichten ganz erhebliche Teile der gesamten Wertschöpfung am Bauteil.

Die Fachgruppe Metallurgie und Werkstofftechnik der RWTH trägt der aufgezeigten Entwicklung Rechnung, indem sie ihre Schwerpunkte in Forschung und Lehre im Gebiet der Oberflächentechnik erweitert hat. Den Studenten soll ein möglichst vollständiger Einblick in dieses komplexe Themengebiet vermittelt werden. Dies geschieht in einem von drei Instituten neu aufgebauten Lehrmodell, das Vorlesungen, Übungen sowie Labor- und Betriebspraktika aus verschiedenen Bereichen anbietet. Dazu gehören die Galvanotech-

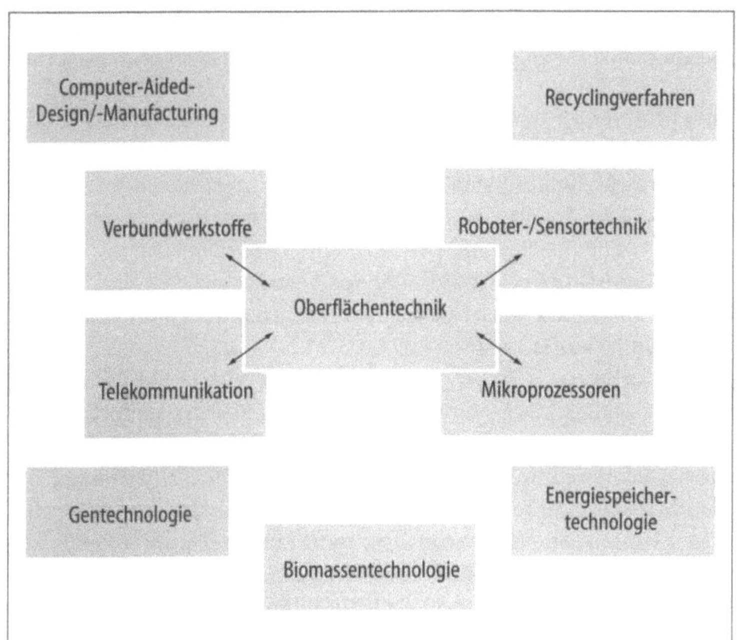

Bild 1 Zehn Schlüsseltechnologien für die Zukunft

nik, insbesondere die Tauchabscheidung aus wäßrigen Lösungen mit und ohne Außenstrom im Institut für Metallhüttenwesen und Elektrometallurgie (IME), dann die Schmelztauchbeschichtung, Gasreaktionen und Oberflächentopographie im Institut für Eisenhüttenkunde (IEHK) und schließlich die Beschichtung aus der Gasphase (Physical Vapor Deposition PVD, Chemical Vapor Deposition CVD) sowie die Oberflächenanalytik am Lehrstuhl für Theoretische Hüttenkunde (LTH).

Auch die zugehörigen Forschungsaktivitäten befinden sich derzeit in einer Phase der Neuorientierung und Modernisierung. Hohe Priorität besitzt die Ausrichtung auf aktuelle Probleme aus der industriellen Praxis, um auch in Zukunft über optimale Voraussetzungen für attraktive Wissensvermittlung und Industriekooperationen zu verfügen.

Ein Beispiel sind die Schmelztauchüberzüge, die mehr als nur Korrosionsschutz bieten können. Unlegierte Stähle sind ohne zusätzlichen Schutz nicht witterungs- und korrosionsbeständig. Beispielsweise werden die dünnen Stahl-Feinbleche in der Haushaltswaren- oder Automobilindustrie mit einem dünnen Zinküberzug versehen, so daß die technologischen Eigenschaften wie Festigkeit, Steifigkeit, gute Umformbarkeit und Eignung für Fügeverfahren mit der Schutzfunktion des metallischen Überzugs kombiniert werden. Neben den Aufgaben des Korrosionsschutzes werden heute aber auch funktionelle Anforderungen an die Beschichtungen gestellt. Die Anwendungsprofile der Anwender reichen dabei von den Umform- und Gleiteigenschaften, der Eignung zum Fügen, Schweißen, Kleben und der Lackierbarkeit über die dekorativen Oberflächenansprüche wie Glanz, Farbe und Struktur bis hin zu definierten Gebrauchseigenschaften. Diese beinhalten neben dem Korrosionsschutz vor allem die Kratz- und Verschleißfestigkeit, die Antifinger-

**Schmelztauchüberzüge –
Korrosionsschutz und mehr**

print-Eigenschaften, schmutzabweisende Attribute und den Haftgrund für nachfolgend vom Verarbeiter aufgebrachte Stücklackierungen.

Die wichtigsten Herstellverfahren, um metallische Überzüge aus Zink, Aluminium und Legierungen zu erzeugen, sind das Schmelztauchen und die elektrolytische Abscheidung. Zink nimmt dabei als Veredelungsmetall für Stahlband die herausragende qualitative und wirtschaftliche Stellung ein. Die Korrosionsschutzwirkung des Zinks unter normalen atmosphärischen Bedingungen beruht auf der Bildung einer dichten und fest haftenden Deckschicht aus Zinkkarbonat. Bei Verletzungen der Deckschicht wird das Blech durch das Zink kathodisch geschützt.

Ein lackiertes Blechteil besteht entweder aus unbeschichtetem oder aus verzinktem Feinblech. Die Lackschicht ist aufgebaut aus Phosphatierung, Grundierung, Füller und Decklack. Gegebenenfalls wird zusätzlich ein Zink-Metallüberzug aufgebracht. Im Falle einer Beschädigung der Oberfläche bis zum Grundwerkstoff kann der das Bauteil umgebende Sauerstoff bis zum Stahlblech vordringen und dort durch chemische Reaktionen Oxidationsprodukte bilden. Die Zinkschicht verhindert zwar nicht die Bildung solcher Oxidationsprodukte, die Unterwanderung der Grundierung mit schädigendem Rotrost wird aber vermieden. Es kommt lediglich zur Bildung des sogenannten Weißrostes, der nicht zu Schädigungen des Bauteils führt (Bild 2). Die Zinkschichtdicke beträgt fünf bis 20 Mikrometer, die Dicke des gesamten Lackaufbaus 80 bis 120 Mikrometer.

In Bild 3 ist eine Schmelztauchveredelungsanlage zur Erzeugung von oberflächenbeschichtetem Stahlblech schematisch dargestellt [3]. Um dieses herzustellen, wird kaltgewalztes Stahlband in

Bild 2 Schematische Darstellung der Korrosion an einem lackierten Blechteil aus unbeschichtetem (links) sowie aus verzinktem Feinblech (rechts)

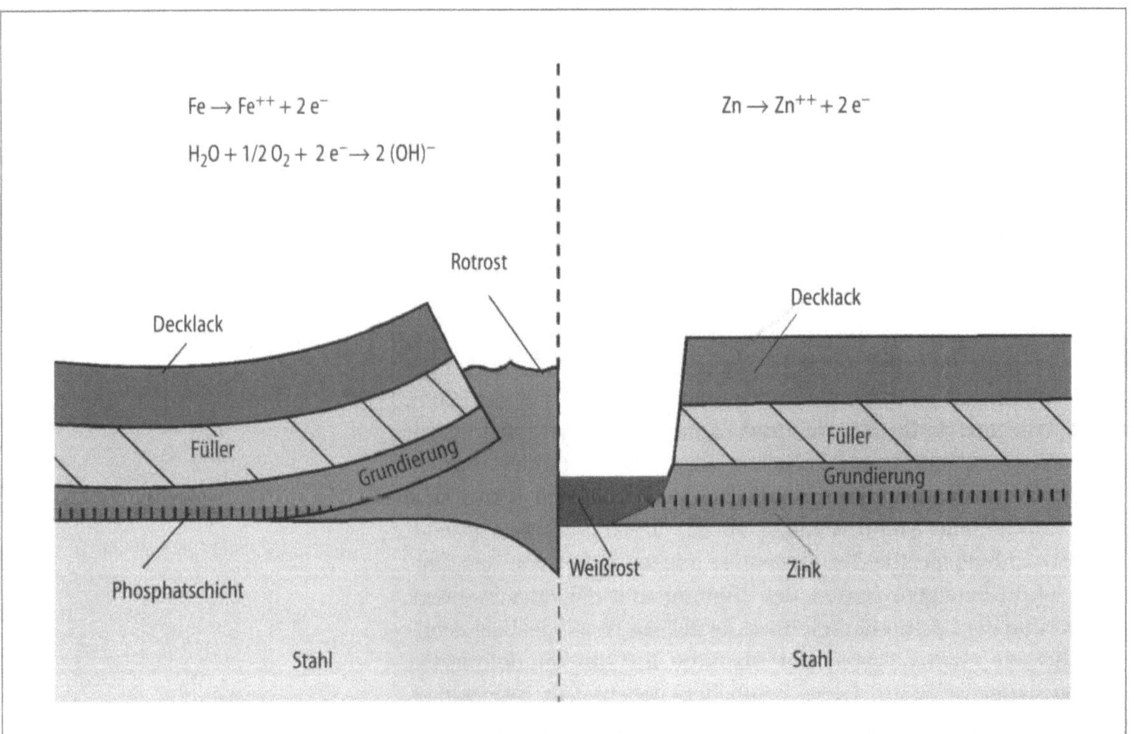

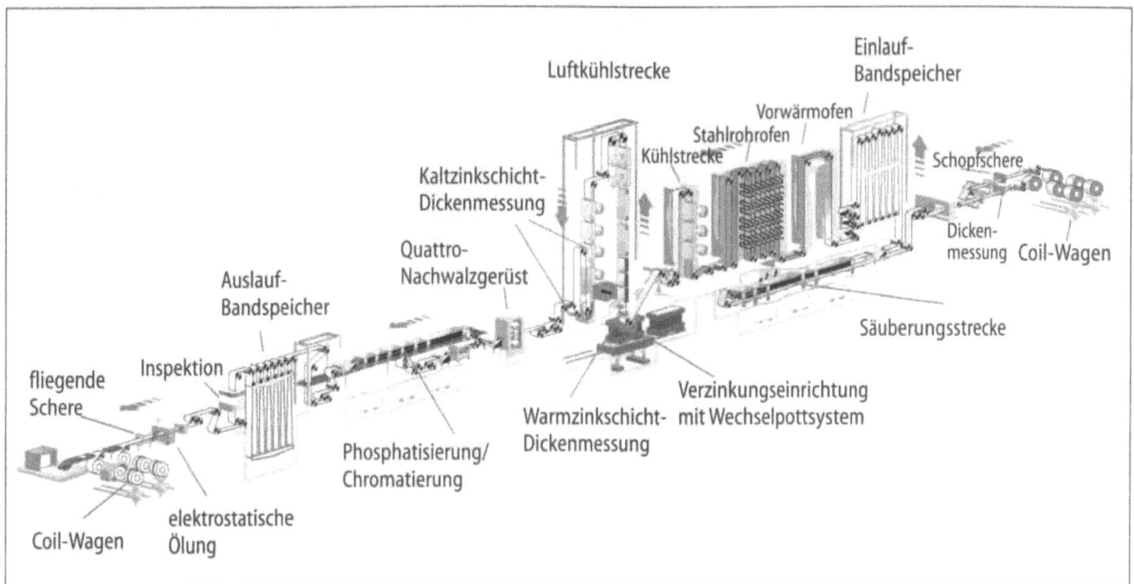

Bild 3 Schematische Darstellung einer Schmelztauchveredelungsanlage zur Erzeugung von oberflächenbeschichtetem Stahlblech

einer Feuerveredelungsanlage rekristallisierend geglüht und oberflächenveredelt. Zu Beginn werden die Stahlbänder in einer Bandreinigung alkalisch entfettet und elektrolytisch gereinigt; dies schafft die Grundlage für beste Oberflächenqualität und Metallüberzugshaftung. Die nachfolgende Wärmebehandlung im Vertikalofen mit integrierter Vorwärmzone, Hochglühzone, Langsam- und Schnellkühlung sowie Überalterungszone ermöglicht optimale Werkstoffeigenschaften. Das Band durchläuft einen Kessel mit flüssigem Zink, das auf der Stahloberfläche aufwächst und durch ein Abstreifdüsensystem in der Dicke geregelt wird. Durch eine nachgeschaltete Dressierwalze lassen sich optimale Oberflächenstrukturen einstellen.

Zur Weiterentwicklung der Schmelztauchverfahren ist mit Mitteln der Hochschulförderung am Institut für Eisenhüttenkunde ein Glüh- und Beschichtungssimulator in Betrieb genommen worden, der in der Lage ist, das oben beschriebene großtechnisch angewandte Schmelztauchverfahren im Labormaßstab zu simulieren. Die Anlage kann bei definierter Glühatmosphäre die Wärmebehandlung einer Blechprobe mit anschließender Metallbeschichtung vornehmen. Der Probentransport erfolgt durch einen Hochgeschwindigkeitsspindelantrieb und ermöglicht einen definierten Tauchvorgang in ein Metallbad mit anschließendem Abstreifen durch Abstreifdüsen und erneuter Wärmebehandlung. Es lassen sich unterschiedliche Aufheiz- und Abkühlgeschwindigkeiten, Glühtemperaturen und Glühatmosphären einstellen, so daß neue Glüh- und Beschichtungsverfahren, neue Werkstoffe und Werkstoffkombinationen entwickelt werden können (Bild 4).

Leiterplatten sind wichtige Bausteine der Kommunikationstechnik. Angetrieben durch die zügige Einführung neuer, platzsparender und leistungsfähiger Bauelemente wie gehäuselose Chips zur Direktmontage der neuesten Generation (Flip Chips und andere) befinden sich die Leiterplatten als elektronische Verbindungselemente auf dem Weg in ihre vierte technologische Generation. Derartige Bautei-

Leiterplatten – Bausteine der Kommunikationstechnik

Bild 4 Mit dem neuen Glüh- und Schmelztauchsimulator lassen sich am Institut für Eisenhüttenkunde großtechnisch angewandte Schmelztauchverfahren im Labormaßstab nachstellen.

le mit äußerst hoher Packungsdichte werden insbesondere in den Bereichen Tele- und Datenkommunikation (Mobiltelefone, PC), Automobile (Global Positioning Systems GPS, Antiblockiersysteme ABS, Airbags) und Unterhaltungselektronik (Camcorder) eingesetzt. Die damit verbundenen Innovationen sind vor allem gekennzeichnet durch steigende Arbeitsfrequenzen, komplexere Komponenten, Miniaturisierung und Kostendruck. Der Miniaturisierungstrend geht jedoch unvermindert weiter (Bild 5) [4].

Bis heute bilden galvanische Beschichtungsverfahren zur selektiven Metallisierung (das heißt zur Tauchabscheidung aus wäßrigen Lösungen mit und ohne Außenstrom) einen festen Bestandteil innerhalb der Leiterplattenfertigung. Für diesen Industriezweig gilt es nicht nur, durch geeignete Prozeßverbesserungen mit den rein technischen Anforderungen Schritt zu halten. Auch der stetige Kostendruck infolge eines Preisanstiegs der Schichtmetalle Kupfer, Gold und Palladium oder infolge eines erhöhten Verfahrensaufwandes ist durch verminderte Fehlerraten und geringere Schichtdicken

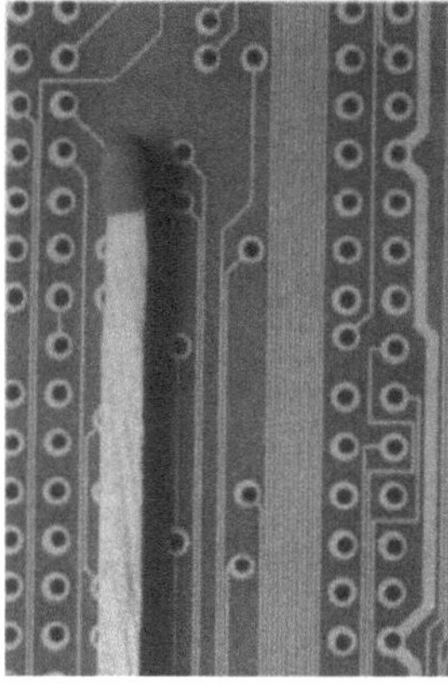

Bild 5 Nahaufnahme einer Leiterplatte (links) und Mikroskopansicht eines beschichteten Bohrlochs (rechts)

aufzufangen. Gerade die deutsche Leiterplattenindustrie, die seit Jahren unter den zehn Besten der Welt geführt wird, ist aufgefordert, diese Stellung zu wahren.

Neue Lösungsansätze aus der Zusammenarbeit zwischen Forschung und Praxis zeigen Wirkung. So wurden bereits Anfang der achtziger Jahre zur Einhaltung strenger Qualitätsstandards erste hochautomatisierte, quasikontinuierliche Galvanoautomaten und kontinuierliche Bandgalvanisieranlagen entwickelt, bei denen die elektronischen Bauteile erst nach der Beschichtung aus ihrer Reihenanordnung ausgestanzt werden. Dank solcher Techniken konnte bis heute der Goldverbrauch in Deutschland trotz drastischer Produktionssteigerungen im Elektronikbereich mit acht Tonnen pro Jahr nahezu konstant gehalten werden (Bild 6) [4].

Infolge des anhaltenden Trends zur Miniaturisierung bei der Leiterplattenherstellung stellt die galvanische Verkupferung nach wie vor einen wichtigen technologischen Teilschritt dar. Um Lochdurchbrüche auf Leiterbahnen, Kurzschlüsse auf Innenlagen oder fehlerhafte Durchkontaktierungen in den Bohrlöchern zu vermeiden, sind Kenntnisse über die Zusammenhänge zwischen Abscheidebedingungen und Schichtstruktur wichtig. So können durch geeignete Elektrolytzusammensetzungen verbunden mit optimierten Kenngrößen für Temperatur, Stromstärke und Strömungsverhältnisse die Stoffaustauschbedingungen im entsprechenden Tauchbad deutlich verbessert werden. In diesem Zusammenhang ist auch ein möglicher Einsatz der computergesteuerten Pulse-Plating-Technik, das heißt Einsatz von Gleichstrom mit definierten Stromumkehrimpulsen, Gegenstand aktueller Forschung.

Auch Fragen bezüglich der effektiveren galvanischen Direktmetallisierung verschiedenster Kunststoffe und Keramiken gewinnen derzeit vor dem Hintergrund neuester dreidimensionaler Schaltungsträger (MID, flexible Folienleiterplatten) wieder verstärkt an Bedeutung. Hier gilt es, in speziell entwickelten Tauchbädern eine ausreichende Benetzbarkeit und ein definiertes Anquellverhalten der Oberflächen einzustellen, um eine optimale Haftfestigkeit der kleinsten Metallisierungselemente zu gewährleisten. Diesen und ähnlichen Forschungsaufgaben will sich das Institut für Metallhüttenwesen und Elektrometallurgie in Zukunft intensiver widmen, da

Bild 6 Vollautomatisierte Galvanoanlage zur Leiterplattenfertigung und Beschichtung von Gestellware

Dünne Schichten machen Turbinenschaufeln fit für das nächste Jahrtausend

der Lehrstuhlnachfolger, Professor Bernd Friedrich, aus dem Bereich der angewandten Elektrochemie kommt.

Hauchdünne, aus der Gasphase abgeschiedene, keramische Schichten werden bei der Entwicklung von Gasturbinenschaufeln der nächsten und übernächsten Generation eine zentrale Rolle spielen. Einige Grundlagen hierzu werden am Lehrstuhl für Theoretische Hüttenkunde (LTH) im Rahmen zweier Sonderforschungsbereiche der Deutschen Forschungsgemeinschaft (DFG) untersucht. Der Wunsch nach einer Steigerung des thermischen Wirkungsgrades einer Gasturbine und demzufolge auch ihres Gesamtwirkungsgrades ist direkt mit einer höheren Gasturbineneintrittstemperatur verbunden. Die bisherigen Entwicklungen zeigen jedoch, daß die angestrebten hohen Heißgastemperaturen nur durch intelligente Kombination von fortschrittlichen Kühltechnologien mit neuartigen Dämmschichten und neuen Werkstoffen zu beherrschen sind.

Als Strukturwerkstoff für die Gasturbinenschaufeln kommen derzeit Superlegierungen, vor allem auf Nickelbasis, zum Einsatz. Die heute gebräuchlichen einkristallinen Superlegierungen sind als Schaufelwerkstoff in Zukunft nur noch zu verwenden, wenn die Schichtsysteme zur Beherrschung der Heißgaskorrosion und der Hochtemperaturoxidation sowie zur Wärmedämmung deutlich verbessert werden können. Im praktischen Einsatz bewährt hat sich ein Schichtverbund aus einer 50 bis 100 Mikrometer dicken inneren M-Chrom-Aluminium-Yttrium-Schicht (MCrAlY, M steht für Nickel oder Cobalt) als Korrosionsschutz und einer 200 bis 300 Mikrometer dicken äußeren, mit Yttriumoxid stabilisierten Zirkonoxidschicht zur Wärmedämmung. Allerdings kommt es bei lokalen Temperaturen über 1000 Grad Celsius zu verstärkter Interdiffusion zwischen der MCrAlY-Schicht und der Superlegierung, was zu einem vorzeitigen Schichtversagen führen kann.

Ein möglicher Ansatz, dies zu verhindern, ist das Aufbringen einer Zwischenschicht an der Phasengrenze zwischen Superlegierung und MCrAlY-Schicht als Diffusionsbarriere. Am LTH wird hierfür die Eignung einer zwei bis zehn Mikrometer dicken Aluminiumoxidschicht in der dichten und thermochemisch stabilen Alpha-Struktur untersucht. Hierzu werden Proben einer Nickelbasislegierung mittels chemischer Gasphasenabscheidung (Chemical Vapor Deposition) mit Aluminiumoxid beschichtet. Das Aluminiumoxid bildet sich durch chemische Reaktion aus einem Gasgemisch von Aluminiumtrichlorid, Wasserstoff und Kohlendioxid. Um den störenden, nämlich stengeliges, poröses Wachstum hervorrufenden Einfluß von Nickel und Chrom aus der Superlegierung auf die Aluminiumoxidabscheidung zu unterbinden, wird zunächst eine sehr dünne Zwischenschicht (weniger als 0,5 Mikrometer) aus Titannitrid aufgebracht. Eine drei Mikrometer dünne Aluminiumoxidschicht erweist sich als außerordentlich wirksame Diffusionsbarriere, die eine Erhöhung der Gasturbineneintrittstemperatur um 100 Grad Celsius gestattet (Bild 7). Der Nachweis der Effektivität dieser Schicht erfolgt

Bild 7 Segment einer Gasturbinenschaufel aus einer Superlegierung auf Nickelbasis (unten) sowie schematische Darstellung (links oben) und lichtmikroskopische Aufnahme des Schichtaufbaus nach praxisnaher Belastung oberhalb 1000 Grad Celsius (rechts oben)

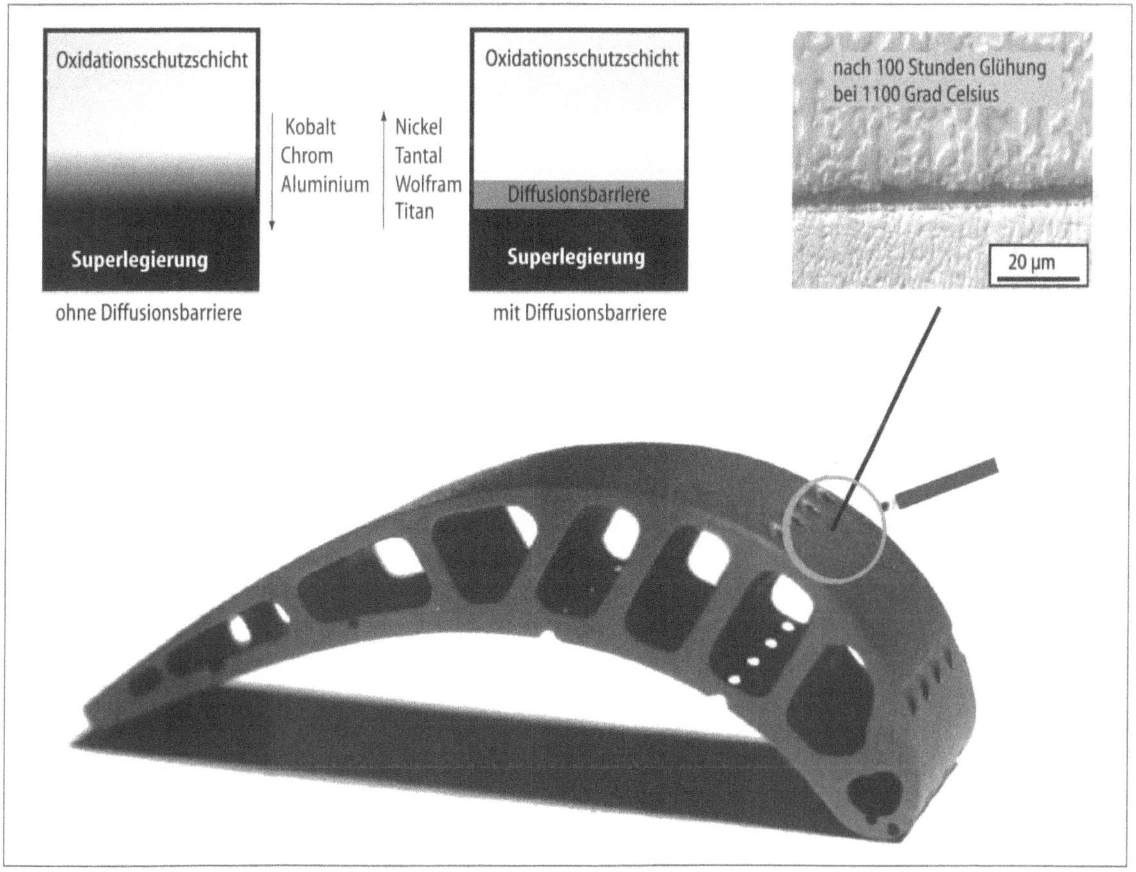

Bild 8 Oberflächenlabor. Ein Mitarbeiter des Lehrstuhls für Theoretische Hüttenkunde belüftet eine Beschichtungsanlage für den Einbau eines neuen Analysegerätes.

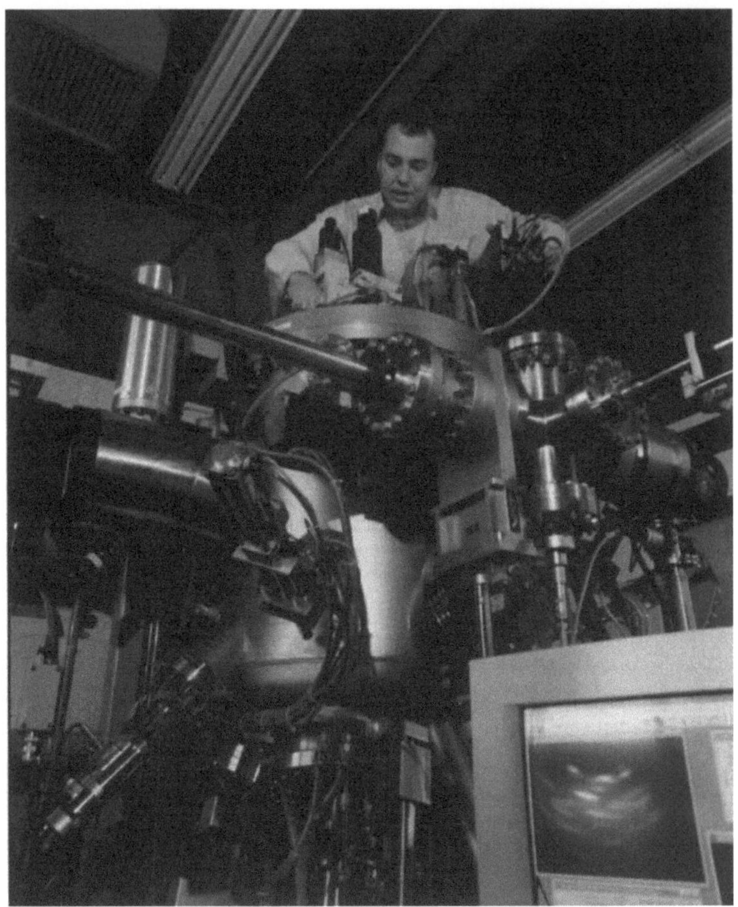

mit elektronenspektroskopischen Analysetechniken im Oberflächenlabor. Bild 8 zeigt eine Ultrahochvakuumkammer, in der frisch erzeugte Schichten in situ, also ohne Zwischentransport und Kontakt zur Atmosphäre, elektronenspektroskopisch auf Zusammensetzung, Bindungszustände und Kristallstruktur untersucht werden.

Der Einsatz einer Diffusionsbarriere sowie weitere Entwicklungen, die auf einen neuen faserverstärkten Werkstoff für Turbinenschaufeln in Verbindung mit neuartigen Kühlmethoden ausgerichtet sind, sollen mittelfristig die Stromerzeugung in Kombikraftwerken aus Gas- und Dampfturbine wesentlich effizienter gestalten. Thermische Gesamtwirkungsgrade von über 60 Prozent im Falle der Verfeuerung von Erdgas wären erreichbar und damit verbunden eine deutliche Einsparung von Primärenergie und Absenkung der anerkanntermaßen schädlichen Kohlendioxidemissionen.

Autoren

Prof. Dr.-Ing. Wolfgang Bleck ist Leiter des Instituts für Eisenhüttenkunde.

Dipl.-Ing. Lars Gerlach ist wissenschaftlicher Mitarbeiter am Institut für Eisenhüttenkunde.

Prof. Dr.-Ing. Joachim Krüger ist Leiter des Instituts für Metallhüttenkunde und Elektrometallurgie.

Dr.-Ing. Elinor Rombach ist wissenschaftliche Mitarbeiterin am Institut für Metallhüttenkunde und Elektrometallurgie.

Prof. Dr.-Ing. Dieter Neuschütz ist Inhaber des Lehrstuhls für Theoretische Hüttenkunde und Metallurgie der Kernbrennstoffe.

Dipl.-Ing. Klaus Reichert ist wissenschaftlicher Mitarbeiter am Lehrstuhl für Theoretische Hüttenkunde und Metallurgie der Kernbrennstoffe.

Literaturhinweise

[1] T. W. Jelinek: Fortschritte in der Galvanotechnik – Eine Auswertung der internationalen Fachliteratur 1996/97, in: Galvanotechnik, 89, 1998 (1), S. 44 bis 71.
[2] Uwe Landau: Galvanotechnik und Elekrometallurgie – von gleichen Quellen zu unterschiedlichen Zielen, in: Elektrolyseverfahren in der Metallurgie. Hrsg. von der Gesellschaft für Bergbau, Metallurgie, Rohstoff- und Umwelttechnik GDMB, Clausthal-Zellerfeld, 1997, S. 29 bis 52.
[3] Voest-Alpine Industrieanlagenbau GmbH, „The World of VAI Technology", Linz 1999.
[4] LPW Blasberg Anlagen GmbH, Neuss.

High-Tech-Beschichtungen für Turbinen und Implantate

Erich Lugscheider und
Ulrich Eritt

Neue Entwicklungen in der Diagnostik und in der Simulation

Die ständig steigenden Anforderungen an Schlüsseltechnologien wie die Energietechnik, die Luft- und Raumfahrt und die Biomedizin erfordern angepaßte Werkstoffverbunde. Dabei spielen Beschichtungen eine wichtige Rolle. Sie verändern die Oberfläche eines Werkstoffes, damit das Bauteil den speziellen Anforderungen im Einsatz gerecht werden kann. Gewünschte Eigenschaften sind zum Beispiel die Härte der Oberfläche, ihr Widerstand gegen Verschleiß oder Korrosion, ihre Fähigkeit zur Wärmeleitung oder ihre Verträglichkeit mit organischen und biologischen Medien in der Umgebung. Je nach Prozeßführung und Wirkprinzip können Schichtdicken von wenigen millionstel Millimetern bis hin zu mehreren Millimetern erzeugt werden. Neueste Entwicklungen im Bereich der Simulationstechnik und der diagnostischen Meßtechnik erlauben die Analyse und Kontrolle der Herstellung. Sie bieten ein großes Potential für die Qualitätssicherung, die Prozeßauslegung und die automatisierte Prozeßsteuerung in der Beschichtungstechnik.

In stationären Gasturbinen sowie in Triebwerken von Flugzeugen kommen Beschichtungen für höchste Temperaturen zum Einsatz. Sie ermöglichen eine Erhöhung der zulässigen Turbinentemperaturen, ohne daß der Werkstoff geschädigt wird, und steigern so die Effizienz der Energieumwandlung. Sie sparen damit Energie und erhöhen die Leistungsdichte.

Ein Schwerpunkt der Forschungen am Lehr- und Forschungsgebiet Werkstoffwissenschaften der RWTH Aachen liegt auf der Entwicklung solcher leistungsfähigen Verbundbeschichtungen für den Hochtemperatureinsatz.

Die thermisch am stärksten beanspruchten Bauteile in einer Gasturbine sind die Brennkammer und die ersten Schaufeln der Hochdruckturbine. In beiden Fällen ist es notwendig, den verwendeten Werkstoff vor den extremen Temperaturen zu schützen. Neben traditionellen Konzepten zur Kühlung durch kalte Luft aus dem Verdichter der Gasturbine werden heute sogenannte Wärmedämmschichten eingesetzt. Keramische Schichten reduzieren die hohen Temperaturen im Heißgas auf für den darunterliegenden Grundwerkstoff erträgliche Maße. In der Hochdruckturbine wirken durch die hohen Temperaturen und die schnelle Rotation der Schaufeln starke Kräfte auf die Schutzschichten. Die Wärmedämmschichten verfügen daher über eine feine Mikrostruktur, die hohe Dehnungen aufgrund der Hitze und der Bauteilverformung ausgleicht. Die Schichten für den Einsatz auf Turbinenschaufeln sind typischerweise nur wenige 100 Mikrometer dick (ein Mikrometer ist der tausendste Teil eines Millimeters). In den Brennkammern und Brenngas führenden Komponenten werden Wärmedämmschichten mit Schichtdicken von bis zu mehreren Millimetern eingesetzt.

Hochtemperaturschichtsysteme haben nicht allein die Wärmedämmung zum Ziel. Sie üben noch weitere Schutzfunktionen aus. Im folgenden soll die Funktionsweise sowie der Aufbau konventioneller und neuer Schichtsysteme für extreme Temperaturbeanspruchungen genauer beschrieben werden.

Der große Vorteil der keramischen Deckschicht ist ihre im Vergleich zu Metallen geringe Wärmeleitfähigkeit. Allerdings verfügt sie nur über einen sehr geringen Wärmeausdehnungskoeffizienten, verglichen mit dem metallischen Grundmaterial der Turbinenschaufel. Heizt sich das beschichtete Bauteil nun während des Betriebes auf, entstehen durch die unterschiedliche Wärmeausdehnung von Grundwerkstoff und Beschichtung mechanische Spannungen, die zum Abplatzen der Schicht führen können. Als Ausgleich wird daher auf den Grundwerkstoff zunächst eine metallische Zwischenschicht aufgebracht. Diese sogenannte Haftvermittlerschicht besitzt auch die Fähigkeit, die Korrosion der Schaufel und die damit verbundenen Materialverluste durch eine schützende Oxidhaut weitgehend zu verhindern. Damit verzögern sich die gefürchteten Korrosionsprozesse. Neue Untersuchungen beschäftigen sich mit einer weiteren Schicht, einer sogenannten Diffusionsbarriere, die unmittelbar auf dem Schaufelwerkstoff aufgebracht wird. Sie soll die werkstoffschädigende Wanderung von Atomen zwischen der Schutzschicht und dem Schaufelmaterial unterbinden. Die Verringerung der Oberflächentemperatur durch ein solches Wärmedämmschichtsystem hängt dabei maßgeblich von der Schichtdicke ab, Temperaturgradienten von über 100 Grad Celsius sind üblich (Bild 1).

Die Herstellung der einzelnen Schichten im Hochtemperaturverbund erfolgt über verschiedene Verfahren. Für keramische Wärmedämmschichten etablierte sich das atmosphärische Plasmaspritzen. Hierbei strömt ein Plasmagas durch eine Düse, die aus einem finger-

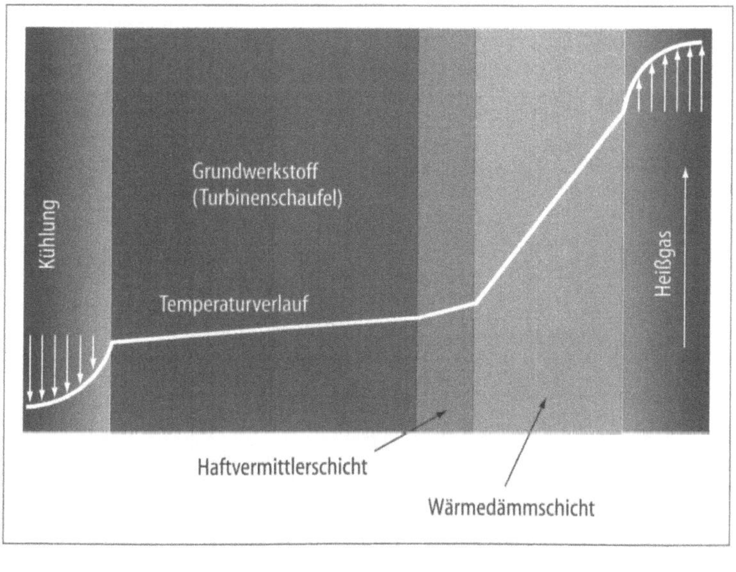

Keramische Deckschichten als Abschluß eines komplizierten Werkstoffaufbaus

Bild 1 Wirkprinzip eines Wärmedämmschichtsystems

förmigen Kathodenkern und einer zylindrischen Anodenhülle besteht. Durch die angelegte elektrische Spannung zündet ein Lichtbogen zwischen der Kathode und der Anode, der das einströmende Plasmagas erhitzt. An der Düsenmündung erreicht das elektrisch leitfähige Plasma bis zu 20.000 Grad Celsius. In den austretenden, hochenergetischen Plasmastrahl wird nun der Beschichtungswerkstoff in Pulverform eingespritzt. Das Plasmagas beschleunigt die Pulverpartikel und schmilzt sie ganz oder teilweise auf. Trifft dieser Partikelstrahl auf das zu beschichtende Bauteil, bilden die einzelnen Partikel eine durchgehende Schicht aus, die sich durch eine lamellenartige Struktur auszeichnet. Für die Haftvermittlerschicht kommen ebenfalls thermische Spritzverfahren zum Einsatz. Die aufgeschmolzenen metallischen Partikel dürfen aber nicht mit dem Sauerstoff in der Umgebungsluft reagieren. Eine dafür geeignete Verfahrensvariante des Plasmaspritzens ist das sogenannte Niederdruckplasmaspritzen (LPPS) oder Vakuumplasmaspritzen (VPS). Beim Hochgeschwindigkeitsflammspritzen (HVOF) minimieren die hohe Geschwindigkeit der Partikel und ihre geringere Temperatur eine Reaktion mit dem Luftsauerstoff.

Innovative Verfahren wie das EB-PVD (Electron Beam-Physical Vapour Deposition) ermöglichen die Herstellung besonders dehnungstoleranter Wärmedämmschichten und konkurrieren dadurch mit dem etablierten Plasmaspritzen. Das EB-PVD erzeugt stengelförmige Schichtstrukturen, welche die unterschiedlichen Dehnungen zwischen der Turbinenschaufel und der Wärmedämmschicht besser ausgleichen. Der Beschichtungswerkstoff wird durch einen Elektronenstrahl verdampft und so in die gasförmige Phase überführt. Die Schicht entsteht durch Kondensation auf dem Bauteil. In modernen Triebwerken wie dem PW4000 von Pratt and Whitney kommen solche Schichten bereits zum Einsatz (Bild 2).

Neben der breiten Anwendung im Hochtemperaturbereich beschäftigt sich ein weiterer Forschungsschwerpunkt mit speziellen Beschichtungen für die Biomedizin. Aufgrund der extrem hohen Anforderungen bietet der sich rasant entwickelnde Markt der biomedizinischen Technik zahlreiche Einsatzfelder für die Beschichtungstechnik. So ermöglichen es neuartige Beschichtungen auf Basis

Bild 2 Der Airbus A330 (oben rechts) wird von einer modernen Fluggasturbine, der PW4000 von Pratt and Whitney (links), angetrieben. Neuartige Verfahren (wie das EB-PVD) ermöglichen es heute, Gasturbinenschaufeln mit besonders dehnungstoleranten Wärmedämmmaterialien zu beschichten (unten rechts).

knochenähnlicher Keramiken, daß beschichtete Implantate fest in das Knochengewebe des Menschen einwachsen.

Die Idee, defekte Gelenke durch künstliche Prothesen zu ersetzen, fasziniert die Menschheit seit über 100 Jahren. So versuchte bereits 1890 der Chirurg Themistokles Gluck, eine Hüftendoprothese aus einer Elfenbeinkugel mit Schrauben und Klebstoff zu implantieren. Insbesondere auf diesem Gebiet wurden in den letzen Jahrzehnten große Fortschritte erzielt. Als problematisch erwies sich jedoch die Anbindung der Prothese an den menschlichen Knochen und das Gewebe. Trotz anfänglich guter Haltbarkeit lockerten sich die Implantate im Verlaufe einer längeren Zeit. Darüber hinaus entzündete sich häufig das umliegende Gewebe, das Implantat mußte dann entfernt werden. In jüngster Zeit haben die sogenannten bioaktiven Werkstoffe das Tor zu einer neuen Ära der Medizintechnik weit aufgestoßen. Diese neuen Biowerkstoffe fördern das Knochenwachstum im Körper, nach der Implantation wächst eine Prothese aus diesem Material also fest mit dem Knochen zusammen. Leider jedoch weisen bioaktive Keramiken bislang nur eine geringere Festigkeit auf, als für viele Prothesen bezüglich ihrer Kraftübertragung und Langzeitfestigkeit notwendig ist.

Durch bioaktive Beschichtungen lassen sich die Vorteile hochfester Metallimplantate mit der guten Bioverträglichkeit keramischer Werkstoffe kombinieren. Die Möglichkeiten, welche die Beschichtungstechnologie für Implantate bietet, sind außerordentlich vielseitig. So kann zum Beispiel durch sogenannte gradierte Schichten (Functionally Graded Materials, FGM) der Übergang zwischen bioaktivem Werkstoff und lasttragendem Grundwerkstoff fließend eingestellt werden, wodurch sich die Haftung der Schicht auf dem Implantat deutlich verbessert. Künftig ist ein weiterer Übergang von der bioaktiven Schicht auf bioresorbierbare Materialien wie beispielsweise Tri-Kalzium-Phosphat oder Kalziumkarbonat denkbar. Durch einen proteinhaltigen Überzug aktiviert, lösen sie sich nach erfolgreicher Implantation im Körper auf (Bild 3).

Erste Hüftendoprothesen schon um 1890

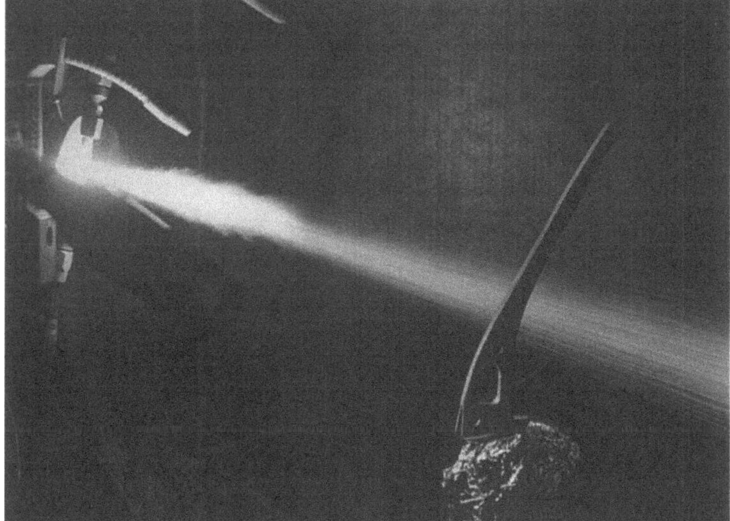

Bild 3 Eine Hüftendoprothese wird durch atmosphärisches Plasmaspritzen beschichtet.

In der Medizintechnik kommen unterschiedlichste Implantatbeschichtungen zum Einsatz. Anwendungsbeispiele sind oberflächenmodifizierte Knie- und Hüftgelenksprothesen, künstliche Herzklappen, vaskuläre Implantate, Ostheosyntheseplatten oder Dentalimplantate. Je nach Einsatz, Werkstoff und Geometrie nutzt man dabei verschiedene Beschichtungstechnologien. Für kleine, filigrane Bauteile, wie zum Beispiel bei Dentalimplantaten oder künstlichen Herzklappen, werden verstärkt die Beschichtungen durch die physikalische Abscheidung aus der Gasphase (Physical Vapour Deposition, PVD) eingesetzt. Europaweit tragen zur Zeit rund 30 Prozent aller Implan- tate eine Beschichtung, dabei liegt dieser Anteil in Deutschland mit zehn Prozent deutlich unter Skandinavien mit etwa 50 Prozent. Das starke Wachstum der Implantattechnologie wird am Beispiel der Marktentwicklung künstlicher Herzklappen deutlich. Für die Herzklappensegel kommen dünne Folien aus Titan zur Anwendung. Für den gesundheitsverträglichen Einsatz im menschlichen Körper könnten Schichten aus Kohlenstoff bedeutsam werden. Sie verbessern die Biokompatibilität und verringern die Blutschädigung. Solche Spezialschichten lassen sich ebenfalls mit dem PVD-Verfahren herstellen (Bild 4 und 5).

Die augenblickliche Entwicklung auf dem Gebiet der Beschichtungen ist durch rasche Veränderungen in der Anlagen- und Pro-

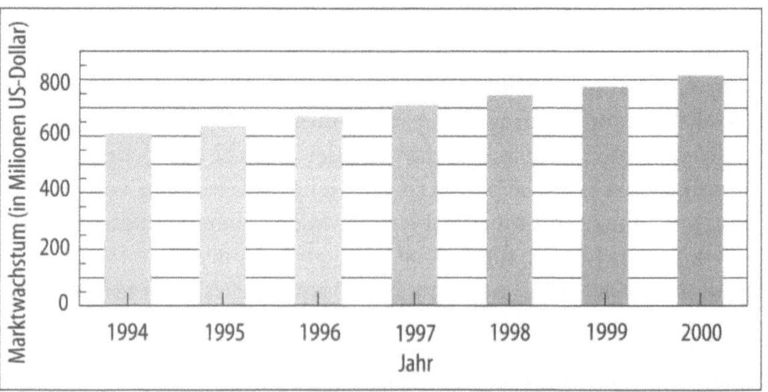

Bild 4 Der weltweite Markt für Herzklappenprothesen wächst. Hier berücksichtigt sind mechanische Prothesen und Bioprothesen.

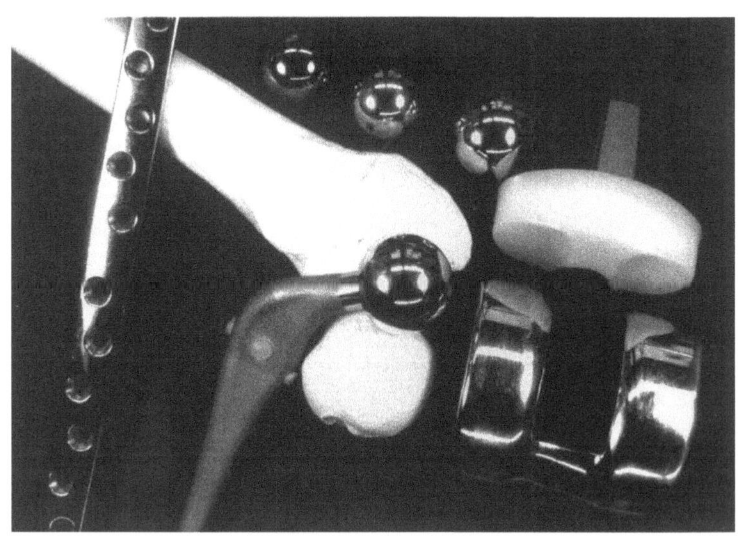

Bild 5 Herstellung von Implantaten mit der Beschichtungs- und Löttechnologie

zeßtechnik geprägt. Sie sind einerseits bedingt durch die unterschiedlichen Anwendungen und Einsatzbereiche, zum anderen auch durch die zur Verfügung stehenden Techniken, mit denen man den Herstellungsprozeß auslegen und kontrollieren kann. In einzelnen Anwendungen, für die die Beschichtungstechnik bereits seit längerer Zeit zur Verfügung steht, kann erst mit neuen Entwicklungen bei der Prozeßdiagnostik die Prozeßführung so kontrolliert werden, daß die hergestellten Schichtsysteme allen Anforderungen genügen. Moderne Meßtechniken erfassen den Prozeß und die resultierenden Schichteigenschaften in Echtzeit. Die rechnergestützte Simulation trägt zum verbesserten Verständnis der bei der Beschichtung eine Rolle spielenden Parametern bei und schneidert Herstellungsprozeß und Anlagen auf die jeweilige Anwendung zu. Über die Nachbildung einzelner physikalischer oder chemischer Teilprozesse bei der Beschichtung können die Fertigungsabläufe im Rechner verglichen und bewertet werden. In Zukunft werden daher insbesondere Konzepte zur Kontrolle der Prozeßparameter für eine Steuerung des Beschichtungsprozesses von Bedeutung sein. Gemeinsam mit neu entwickelten Methoden zur Prozeßdiagnostik zeichnet sich für die Zukunft die Entwicklung von Expertensystemen ab, die eine computergesteuerte Herstellung und Kontrolle von Beschichtungen ermöglicht.

Unter der Vielzahl der Beschichtungsverfahren sind die diagnostischen und simulationstechnischen Hilfsmittel für die Gruppe der thermischen Spritzverfahren am weitesten entwickelt (Bilder 6 bis 8).

Moderne Steuerungen kontrollieren sämtliche, an der Spritzpistole anliegende Parameter wie Leistung, Gasfluß, Kühlwasserdruck und so weiter. Lasergestützte Verfahren (Laser-Doppler-Anemometrie) oder Pyrometrieverfahren erfassen die Eigenschaften einzelner Spritzpartikel während der Flugphase, etwa ihre Geschwindigkeit, ihre Temperatur und ihre Größe. Optische und akustische Meßverfahren diagnostizieren das Bauteil während der Beschichtung und erlauben die Kontrolle der sich einstellenden Schichteigenschaften.

Bessere Prozeßkontrolle für bessere Beschichtungen

Bild 6 Prozeßdiagnostik beim atmosphärischen Plasmaspritzen. Die Eigenschaften der Spritzpartikel lassen sich online analysieren.

Bild 7 Qualitätssicherung beim atmosphärischen Plasmaspritzen. Während des Beschichtens werden die Temperaturen der Bauteile mittels Infrarotthermographie online erfaßt.

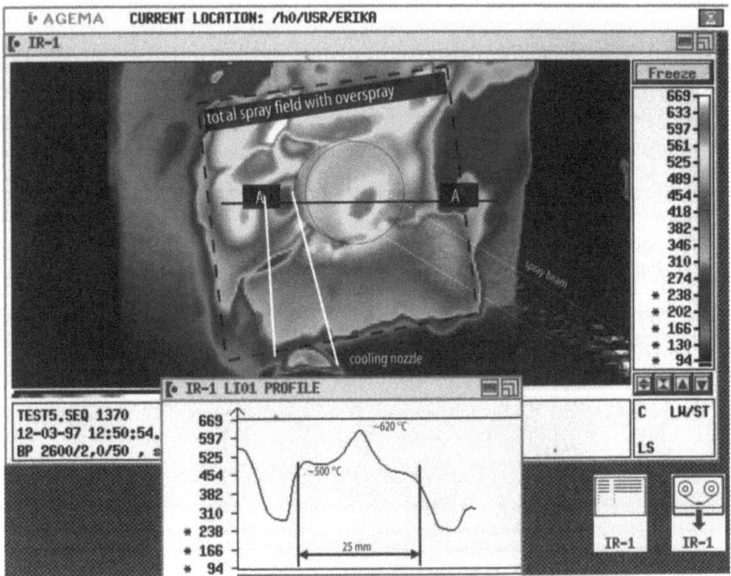

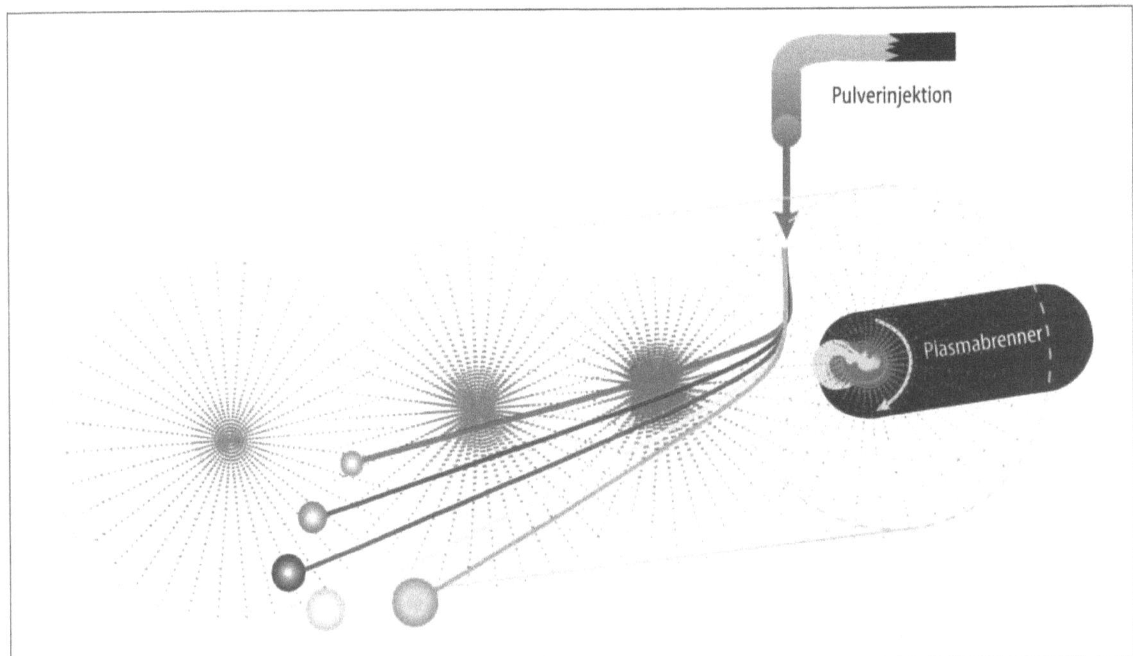

Bild 8 Mit Hilfe von dreidimensionalen Simulationsverfahren gelingt es, die Spritzpulver-Partikelflugbahnen beim atmosphärischen Plasmaspritzen zu berechnen.

Auf diese Weise können zum Beispiel die Temperaturen im Bauteil oder die Rißbildung in den Schichten beobachtet werden. Simulationsrechnungen, wie sie im Sonderforschungsbereich 370 „Integrative Werkstoffmodellierung" der RWTH Aachen vorgenommen werden, ermöglichen bereits heute die Analyse einzelner Betriebspunkte während des Herstellungsprozesses. Über numerische Verfahren lassen sich die dreidimensionalen Flugbahnen der injizierten Werkstoffpartikel, Partikelverteilungen im Heißgasstrahl oder Temperatur- und Spannungsverteilungen in beschichteten Bauteilen berechnen. Diese Daten können zur Auslegung des Prozesses herangezogen werden.

Prof. Dr.-techn. Erich Lugscheider ist Leiter des Lehr- und For-   **Autoren**
schungsgebietes Werkstoffwissenschaften.

Dipl.-Ing. Ulrich Eritt ist wissenschaftlicher Mitarbeiter am Lehr-
und Forschungsgebiet Werkstoffwissenschaften und arbeitet auf
dem Gebiet der Prozeßanalyse und der Modellierung thermischer
Spritzprozesse.

[1] E. Lugscheider, C. Barimani, P. Eckert und U. Eritt: Numerical Prediction   **Literaturhinweise**
     of Fluid Dynamics of an Atmospheric Plasma Jet, Progress in Plasma
     Processing of Materials 1997, Hrsg. von P. Fauchais, Begell House Inc.,
     S. 871 bis 880.
[2] E. Lugscheider und S. Kyeck: Funktionell gradierte Materialien – ein
     neuer Werkstoff für den Einsatz in der Medizintechnik, FDS Workshop,
     Tübingen 1998.
[3] E. Lugscheider: Beschichtungstechnologien entwickeln sich mit den
     Anforderungen, Ingenieur-Werkstoffe, 7, Nr. 2, VDI-Verlag, Juni 1998.
[4] Tagungsband der International Thermal Spraying Conference 98, Niz-
     za, 25. bis 29. Mai 1998.
[5] F. H. Silver: Biomaterials, Mechanical Devices and Tissue Engineering,
     Chapman & Hall, London 1994.

Feuerfeste Werkstoffe in der Gasturbine

Rainer Telle

Der Schlüssel zum optimalen Wirkungsgrad

Die Energiequellen schonen, weniger Schadstoffe ausstoßen und aus der Kernenergie aussteigen: Diese drei Prämissen beeinflussen die Entwicklung neuer Kraftwerke. Die Wind- und Sonnenenergie sind zwar stark im Gespräch, aber trotz der viel diskutierten Kohlendioxidsteuer werden zur Energieerzeugung weiterhin vor allem fossile Heizstoffe verbrannt. Ein Ziel der thermischen Verfahrenstechnik ist es deshalb, die Energieausbeute von Kraftwerken deutlich zu steigern. Diese Erhöhung ihres Wirkungsgrades erfordert möglichst hohe Arbeitstemperaturen und Drücke an den Schaufeln der Turbine, die mit den Verbrennungsgasen betrieben wird. Das Konzept des Kombikraftwerks ermöglicht eine zweite Nutzung der in der Primärturbine abgekühlten und teilweise entspannten Gase durch eine nachgeschaltete Dampfturbine. Der Wirkungsgrad von Gasturbinen erreicht gegenwärtig etwa 38 Prozent. Im kombinierten Gas- und Dampfprozeß werden immerhin 58 Prozent der Brennstoffenergie ausgenutzt.

Ziel der Entwicklungen ist zur Zeit eine Heißgastemperatur von 1250 bis 1300 Grad Celsius an der Turbine, was Verbrennungstemperaturen von 1500 bis über 1700 Grad Celsius erfordert. Die Verbrennungsverfahren variieren zwischen der Kohledruckvergasung, der Druckwirbelschichtfeuerung und der Druckkohlenstaubfeuerung. Da die Druckkohlenstaubfeuerung prinzipiell noch höhere Verbrennungstemperaturen zuläßt, hat dieses Verfahren das größte Potential für verbesserte Wirkungsgrade, da es auch höhere Betriebsdrücke bis 20 bar ermöglicht. Aber gerade dieses Konzept erfordert einen Qualitätssprung in der Werkstoffentwicklung. Zum Schutz der Turbinenschaufeln vor Erosion und Korrosion durch Verbrennungsrückstände der Kohle muß das Rauchgas von Aschepartikeln und Alkalien gereinigt werden. Bei Temperaturen über 1400 Grad Celsius dürfen nicht mehr als fünf Milligramm Partikel je Kubikmeter Reingas auftreten. Ihr Durchmesser darf nicht größer als fünf tausendstel Millimeter sein.

Für die Abscheidung der Kohleaschen, die bei diesen Betriebstemperaturen schmelzflüssig sind, kommt eine Reihe von Verfahren in Betracht. Dazu gehören der Zyklonabscheider, der Prallflächenabscheider, der Umlenkabscheider sowie der Filtrationsabscheider auf der Basis von Schaumkeramik oder Schüttschichten keramischer Formkörper.

Die Kraftwerksbauer stoßen mit diesen Konzepten allerdings in Bereiche vor, für die es bislang keine ausreichenden Werkstoffe gibt. Die unglaubliche Hitze, das mit 60 bis 80 Metern pro Sekunde vorbeiströmende Rauchgas und die chemisch sehr aggressiven Kohleaschen stellen an die einzusetzenden Werkstoffe extreme Anforderungen. Feuerfeste Keramiken, wie sie bisher in den Brennkammern und Heißgasleitungen zum Einsatz kamen, erreichen bei 1350 Grad Celsius ihre Grenzen. Angestrebt werden jedoch 1500 bis 1700 Grad Celsius. Kurzzeitig können sogar 1800 Grad Celsius auftreten.

Konventionell hergestellte Werkstoffe auf der Basis gesinterter und schmelzgegossener Oxide von Aluminium, Chrom, Magnesium oder Zirkonium zeigen wegen ihrer hohen Schmelzpunkte eine vielversprechende Korrosionsbeständigkeit bei höchsten Temperaturen (Bild 1). Feuerfeste Steine aus diesen Oxiden enthalten jedoch verfahrensbedingt mehr oder minder hohe Anteile an Siliziumoxid und Alkalioxid im Bindermaterial. Sie senken den Schmelzpunkt und korrodieren leichter als die Hauptkomponenten. Auch bedingt der mikrostrukturelle Aufbau der Werkstoffe eine zu geringe Beständigkeit gegen kurzfristige Hitzeschocks. Die inneren Gefüge sind noch zu porös und reichern chemisch reaktive Verunreinigungen an. Als besonders korrosionsbeständig sind chromhaltige Verbindungen bekannt, die aber gerne mit Kalium oder Natrium zu höherwertigen Chromaten weiter reagieren und dann toxisch wirken.

Das Steingefüge wird durch die chemische Aggressivität der Flüssigasche und neu ausgeschiedene Oxide teilweise vollständig verändert. So wird ein chromhaltiger Spinellwerkstoff bei 1600 Grad Celsius bereits nach sechs Stunden randlich zersetzt (Bild 2). Die Schmelze dringt entlang der Korngrenzen in das Gefüge ein, isoliert einzelne Körner und spült sie heraus. Dieses eigentlich feuerfeste Material löst sich wie Zucker im Kaffee. Die gelösten Komponenten reagieren mit der Schlacke weiter. Es wachsen sogenannte Sesquioxid-Mischkristalle, die frei in der Schmelze schwimmen. Solche Schadensbilder sind sehr typisch und führen je nach Porosität des Feuerfestmaterials zu einer tiefgreifenden Infiltration, zur Rißbildung sowie zum Materialverlust von mehreren Millimetern pro Tag. Das ist für den Einsatz in Kraftwerken selbstverständlich nicht akzeptabel. Bei anderen technischen Anwendungen erprobte Hochleistungskeramiken auf der Basis von Nichtoxiden wie Siliziumkarbid oder Siliziumnitrid lösen sich unter diesen Bedingungen sogar vollständig auf.

Im Falle der eingesetzten kommerziellen Materialien ist die Vielzahl der reagierenden Komponenten zu groß, um eindeutige Rück-

Bild 1 Physikalische Eigenschaften einiger Oxide

Oxid	Name	spezifisches Gewicht (in Gramm pro Kubikzentimeter)	Schmelzpunkt (in Grad Celsius)	Verhalten in Flüssigasche (variiert mit verwendeter Kohle)
MgO	Periklas	3,57	2840	nicht existent
CaO	Calciumoxid	3,32	2580	nicht existent
Al_2O_3	Korund	3,99	2050	löslich oberhalb von 1400 °C
Cr_2O_3	Eskolait	5,22	2265	schwer löslich
ZrO_2	Baddeleyit	5,6 bis 6,1	2680	löslich oberhalb von 1500 °C, darunter Bildung von $ZrSiO_4$
$MgAl_2O_4$	Spinell	3,55	2135	löslich oberhalb von 1450 °C
$MgCr_2O_4$	Chromspinell	4,43	2330	löslich oberhalb von 1550 °C
$3Al_2O_3 \cdot 2SiO_2$	Mullit	3,16	1850	kristallisiert unterhalb von 1550 °C aus Schmelze
$ZrSiO_4$	Zirkon	3,9 bis 4,8	1680	kristallisiert unterhalb von 1500 °C aus Schmelze
SiO_2	Cristobalit	2,21	1723	bildet Schmelze bzw. erstarrt als Glas bei 800 °C

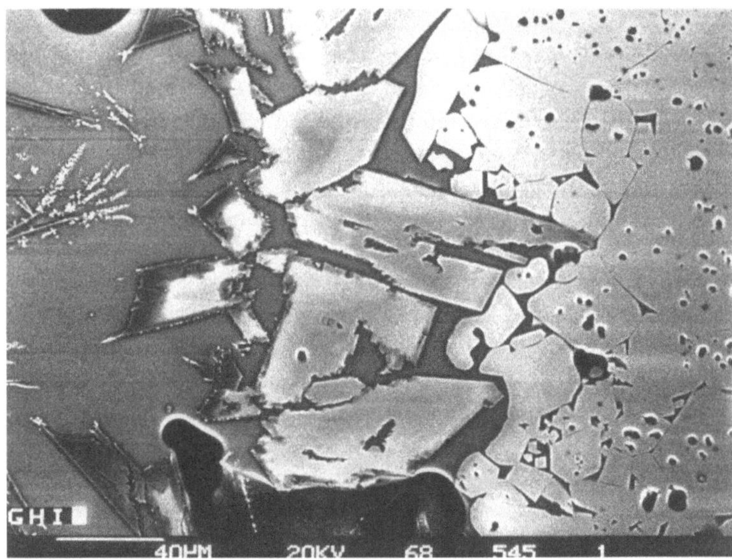

Bild 2 Chromhaltiger Spinellwerkstoff (rechts) im Rasterelektronenmikroskop. Chemisch aggressive Flüssigasche (links) und neu gebildete Oxide, wie zum Beispiel $(Al, Cr, Fe)_2O_4$-Kristalle (Mitte), verändern das Steingefüge.

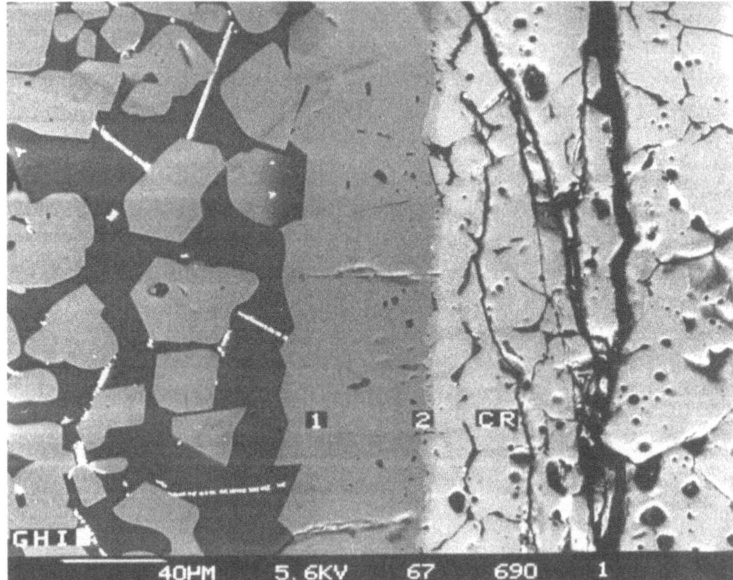

Bild 3 Feuerfester Stein aus Chrom- und Zirkonoxid (Cr_2O_3/ZrO_2) im Rasterelektronenmikroskop (rechts). Durch Kontakt mit Flüssigasche (links) hat sich nach 150 Stunden im Betrieb bei 1550 Grad Celsius an der Grenze eine dichte Spinellschutzschicht abgeschieden (Mitte).

schlüsse ziehen zu können. Insbesondere erweist es sich als schwierig, den Einfluß der Korngrenzen auf das Eindringverhalten der Schlacke zu erfassen. In Experimenten mit hochreinen, porenfreien Modellwerkstoffen wurde der Schmelzangriff untersucht. Dabei überwog die chemische Auflösung gegenüber dem Korngrenzenangriff, die Werkstoffzerstörung lief also nach einem anderen Mechanismus ab. Besonders bemerkenswert waren diese Experimente aber in einer anderen Hinsicht: Während die Flüssigaschen neben den Alkalioxiden vor allem Siliziumoxid, Kalziumoxid, Titanoxid, Eisenoxid und Phosphate in beträchtlichen Mengen zuführen, hatten die aggressiven Schmelzen bereits aus anderen Teilen der feuerfesten Ausmauerung Zirkonoxide und Chromdioxid gelöst. Der eigentliche Feind, die Flüssigasche, hatte sich also auf dem Weg zum Abscheider ande-

re Komponenten einverleibt und wurde dadurch chemisch noch reaktiver.

Die Auswertung dieser Beobachtungen läßt folgende Effekte erkennen: Saubere Korngrenzen halten dem Eindringen der Schlacken länger stand als verunreinigte. Die Schmelze enthält neben den Komponenten der Aschen auch alle anderen feuerfesten Komponenten der Anlage in gelöster Form. Und: Die herausgespülten Körner reagieren mit den Bestandteilen der Schmelze zu komplexen Mischkristallen, die offensichtlich stabiler sind als die Ausgangsmaterialien. Teilweise scheiden sich solche Neubildungen als dichte Schutzschichten auf den Feuerfestmaterialien ab (Bild 3). Allerdings werden dabei der Schmelze hochschmelzende Komponenten durch Kristallisation entzogen, die Restschmelze wird immer dünnflüssiger und dringt über Risse und Poren an anderer Stelle weiter in das Material ein.

Die Erprobung herkömmlicher Feuerfeststeine zeigt, daß völlig neue Strategien für zukünftige Werkstoffe eingesetzt werden müssen. Die Betriebserfahrung alleine reicht nun nicht mehr aus, um den Qualitätssprung hin zur Langzeitstabilität bei solchen hohen Temperaturen zu schaffen. Die Schlußfolgerungen aus den komplexen Vorgängen sind extrem schwierig, da sich die Ergebnisse von Modell- und Laborversuchen kaum auf die realen Bedingungen in den Kraftwerken übertragen lassen. Die Werkstoffe können eigentlich nur unter echten Belastungen geprüft werden. Andererseits ist das Risiko zu versagen beim Austesten unerprobter Komponenten in Großanlagen viel zu groß. Auch ist der Zeitraum zwischen Probeneinbau, Versuchskampagne und Materialausbau sehr lang, so daß nur etwa alle zwei bis drei Monate neue Ergebnisse anfallen.

Daher muß auf die rechnergestützte, thermodynamische und kinetische Simulation des Einsatzverhaltens der Werkstoffe zurückgegriffen werden. Moderne Rechnerprogramme sowie verbesserte Datensätze ermöglichen es heute, auch komplexe Abläufe unter

Neue Werkstoffstrategien

Berücksichtigung der meisten Reaktionsprodukte zu verfolgen und Aussagen über die Mechanismen der Schädigung zu gewinnen. Vor der Entwicklung realer Werkstoffe steht also das Austesten der potentiellen Werkstoffe am Bildschirm. Diesem Vorgehen kommt entgegen, daß bei den herrschenden hohen Temperaturen und langen Versuchsdauern (mehrere Tage bis Wochen) die Einstellung von chemischen Gleichgewichten zugrunde gelegt werden kann. Ausgenommen ist jedoch die Simulation der Korngrenzeninfiltration. Sie ist bislang thermodynamisch noch ungeklärt.

Angesichts der komplexen, im Prozeß wechselnden chemischen Zusammensetzung der Schmelze muß die Simulation schrittweise erfolgen. Am Anfang steht die Berechnung der eigentlichen Kohleverbrennung. Es hat sich gezeigt, daß die Verwendung unterschiedlicher Kohlen aufgrund der verschiedenen Aschen zu völlig anderen Korrosionsreaktionen führen kann. Man benötigt also zunächst eine chemische Analyse der Kohle und läßt diese mit Luft reagieren. Das Resultat ist die chemische Zusammensetzung des Heißgases und der flüssigen Aschen. Beides bringt man im Computer nun mit dem Modell des keramischen Produktes zur Reaktion. Als Ergebnis entstehen die stabilen oder metastabilen Gase, Schmelzen und Feststoffe in Abhängigkeit von Temperatur, Druck und der Konzentration beliebiger Komponenten.

Hierzu benötigt man aber die thermodynamischen Daten aller beteiligten chemischen Verbindungen und ihrer Mischungen im gasförmigen, flüssigen und festen Zustand (Bild 5). Solch ein System hat 15 Komponenten. Die enthaltenen Silikate eingerechnet, umfaßt dieses Modell schätzungsweise 800 verschiedene chemische Verbindungen in unterschiedlichen Aggregatzuständen und Kristallstrukturen. Leider sind nur etwa zehn Prozent dieser Verbindungen hinreichend genau bekannt. Glücklicherweise sind dies jedoch gerade die technisch bedeutsamen Komponenten, so daß man mit dieser Einschränkung zurechtkommt.

Simulation einzelner Prozeßschritte

Bild 5 Zur Simulation von Gas-, Flüssig- und Festphasen benötigt man die thermodynamischen Daten aller beteiligten Verbindungen und ihrer Mischungen. Hier eine Übersicht der in derartigen Rechnungen genutzten Datensätze

Gasphase:

Kohlenstoff (C), Sauerstoff (O), Wasserstoff (H), Stickstoff (N), Schwefel (S) und alle flüchtigen Bestandteile der Schmelzensysteme

Schmelzensysteme:

I.
Siliziumdioxid (SiO_2), Aluminiumoxid (Al_2O_3), Calciumoxid (CaO), Magnesiumoxid (MgO), Eisen(II)oxid (FeO), Natriumoxid (Na_2O), Kaliumoxid (K_2O), Titan(IV)-/Titan(III)oxid (TiO_2/Ti_2O_3)

II.
Siliziumdioxid (SiO_2), Aluminiumoxid (Al_2O_3), Calciumoxid (CaO), Eisen(II)-/Eisen(III)oxid (FeO/Fe_2O_3), Chrom(II)-/Chrom(III)oxid (CrO/Cr_2O_3)

Mischkristallsysteme:		**stöchiometrische Phasen:**	
„Sesquioxid"	Al_2O_3-Cr_2O_3-Fe_2O_3	Mullit	$Al_6Si_2O_{10}$
„Aluminium-Spinell"	$(Fe, Mg, Mn)Al_2O_4$	Magnesiochromit	$MgCr_2O_4$
„Eisen-Spinell"	$Fe(Cr, Al, Fe)_2O_4$	Anorthit	$CaAl_2Si_2O8$
„Olivin"	$(Fe, Mg, Ca)_2SiO_4$	und andere Silikate	

So läßt sich beispielsweise berechnen, welche Oxide aus der flüssigen Asche vor der Reaktionsfront mit dem Feuerfestmaterial kristallisieren oder bei welchen Temperaturen die Schmelze erstarrt, wenn das Kraftwerk abgeschaltet wird. Dabei zeigte sich, daß die Erstarrung des Flüssigascheabscheiders ein kritischer Vorgang ist. Wichtiger aber sind Voraussagen darüber, welche keramischen Werkstoffe unter welchen Bedingungen stabil, das heißt keiner Auflösung unterworfen sind. Auch kann vorausgesagt werden, ob eine solche Reaktion zerstörend auf die keramische Oberfläche einwirkt oder eine Schutzschicht bildet. So zeigt Aluminiumoxid mit weniger als 25 Gewichtsprozent Chromoxid bei 1400 bis 1600 Grad Celsius eine positive Chromoxid-Differenz (Bild 6). Der Mischkristall müßte also theoretisch noch in der Lage sein, dieses spezielle Oxid aufzunehmen. Da dieses aber nur verdünnt in der flüssigen Asche aus den anderen Anlagenteilen stammend vorliegt, erfolgt eher die Auflösung des Aluminiumoxids. Eine höhere Chromkonzentration führt demgegenüber zu einer Aufnahme von Aluminiumoxid aus der Schmelze in den Mischkristall, die Körner wachsen. Dies wurde experimentell bestätigt. Im Temperaturbereich von 1400 bis 1600 Grad Celsius ist also ein Anteil zwischen 23 und 25 Gewichtsprozent Chromoxid im Korund (Aluminiumoxid) stabil. Bei 1700 Grad Celsius muß demgegenüber ein Material mit 45 Gewichtsanteilen Chromdioxid eingesetzt werden. Ähnliche Aussagen erhält man auch für den oben erörterten Spinell bei Verwendung einer anderen Kohle und kann dadurch die Schutzschichtbildung erklären.

Entsprechend lassen sich andere Beschichtungswerkstoffe oder Sinteradditive voraussagen, die eine aktive Korrosion vermeiden helfen. Ebenso kann die Empfindlichkeit von Werkstoffgleichge-

Bild 6 Wechselwirkung von Aluminiumoxid(Al$_2$O$_3$)-Chromoxid(Cr$_2$O$_3$)-Mischkristallen mit Göttelbornkohlenasche. Änderung des Chromoxid-Gehaltes im Chromkorund-Mischkristall nach Schlackenkontakt in Abhängigkeit vom Ausgangsgehalt an Chromoxid

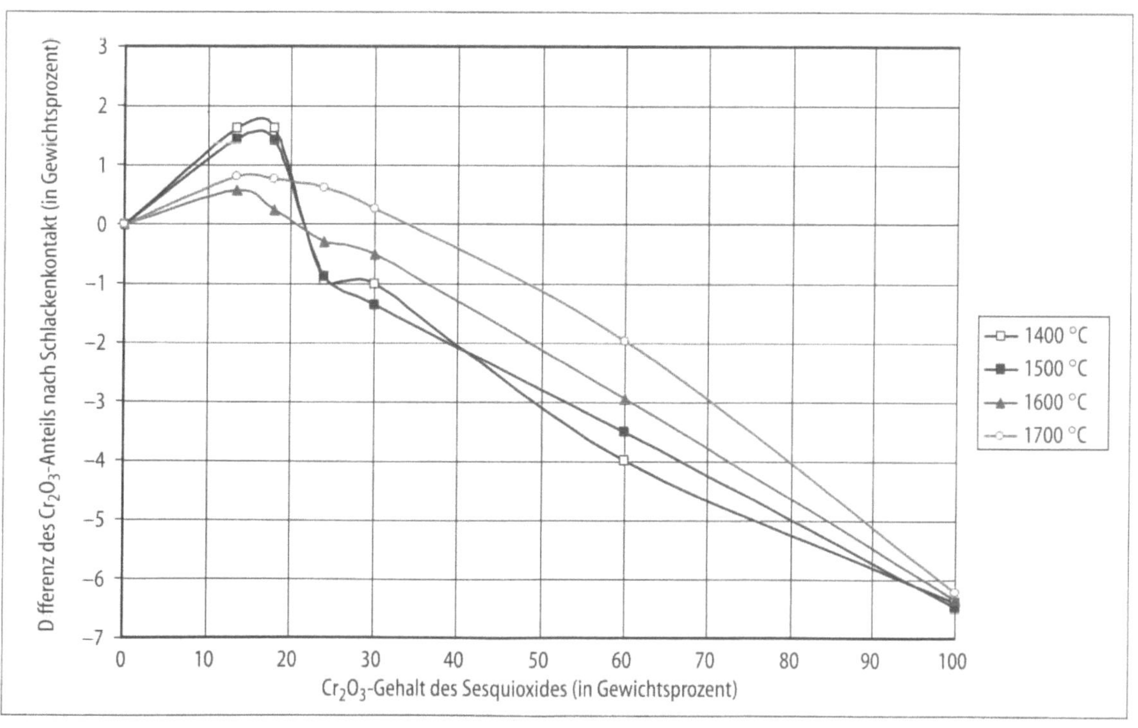

wichten gegenüber der Änderung von Temperatur und chemischer Zusammensetzung der Umgebung ermittelt werden. Es lassen sich aber auch Schlußfolgerungen für die Betriebsweise der Aggregate ziehen. Für einen Werkstoff mit 24 Gewichtsprozent Chromoxid können als Ergebnis der Berechnungen optimale Betriebsbedingungen von 1540 bis 1650 Grad Celsius empfohlen werden (Bild 7). Oberhalb dieser Temperaturspanne führt die zunehmende Schmelzphasenbildung zu einer Überhitzung und zur raschen Zerstörung der Keramik. Der Betrieb unterhalb von 1540 Grad Celsius würde infolge der Mullit- und Spinellbildung aus der Schmelze zu einem Zuwachsen beziehungsweise Einfrieren des Abscheiders führen. Dieser Temperaturbereich wird während des Anfahrens der Anlage vergleichsweise schnell durchlaufen, so daß die gefundene Mullitbildungsreaktion daher als unkritisch einzustufen ist.

Die gezeigten Rechnungen setzen allerdings voraus, daß sich das Feuerfestmaterial in einem Sättigungsgleichgewicht mit der Schmelze befindet. Dynamische Effekte wie die ständige Zulieferung neuer, unreagierter Schmelze können anhand dieser Modelle nicht simuliert werden. Beschreibt man die Vorgänge bei der Schmelzkorrosion als Überlagerung von chemischer Reaktion und physikalischer Strömung, so lassen sich prinzipiell drei Reaktormodelle erzeugen, die das dynamische Verhalten keramischer Werkstoffe voraussagen (Bild 8). Im ersten Fall wird ein geschlossenes System betrachtet, in welchem eine endliche Menge an Festkörpern mit einer begrenzten Menge Schmelze in Wechselwirkung tritt. Die Reaktion findet dann solange statt, bis entweder ein Reaktionspartner aufgebraucht ist, sich ein dynamisches Gleichgewicht zwischen Hin- und Rückreaktion eingestellt hat oder ein Zwischenprodukt entstanden ist, welches eine weitere Reaktion verhindert. Im sogenannten instationä-

Bild 7 Reaktion von Sesquioxid (bestehend aus 24 Gewichtsprozent Chromoxid und 76 Gewichtsprozent Aluminiumoxid) mit Göttelbornkohle. Vorhersage des optimalen Betriebsbereichs eines Flüssigascheabscheiders mit Chromkorund-Auskleidung und -schüttgut. Dargestellt ist der Schmelzeanteil und die kristallisierten Oxide Sesquioxid, Spinell und Mullit bei der Verbrennung von Göttelbornkohle.

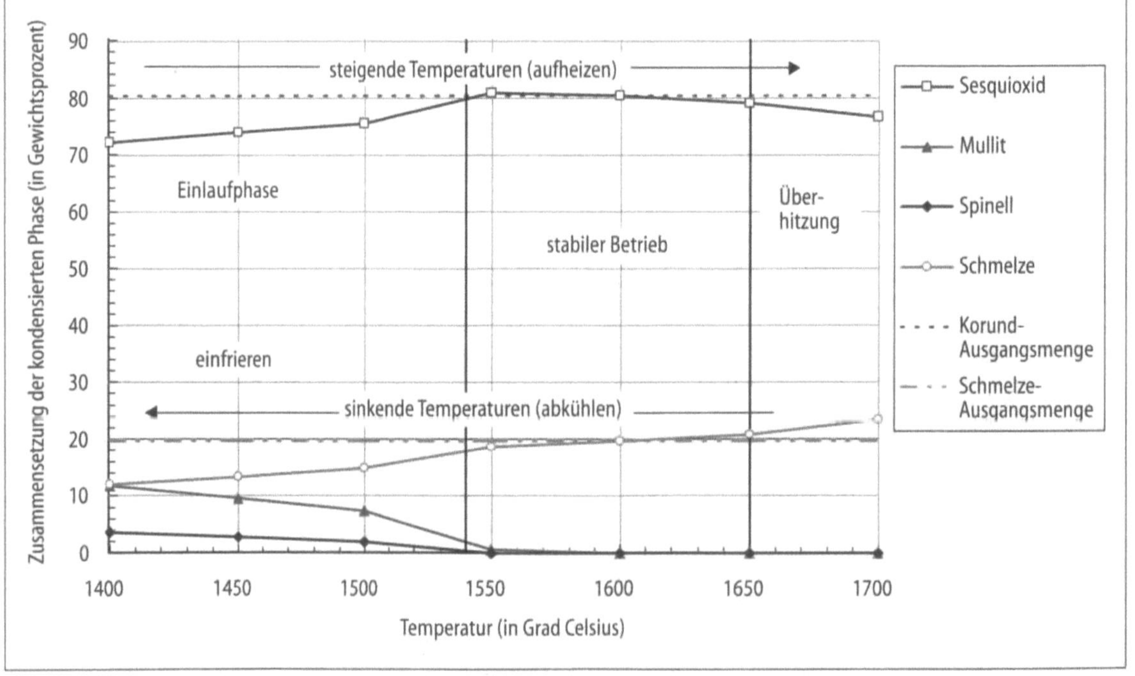

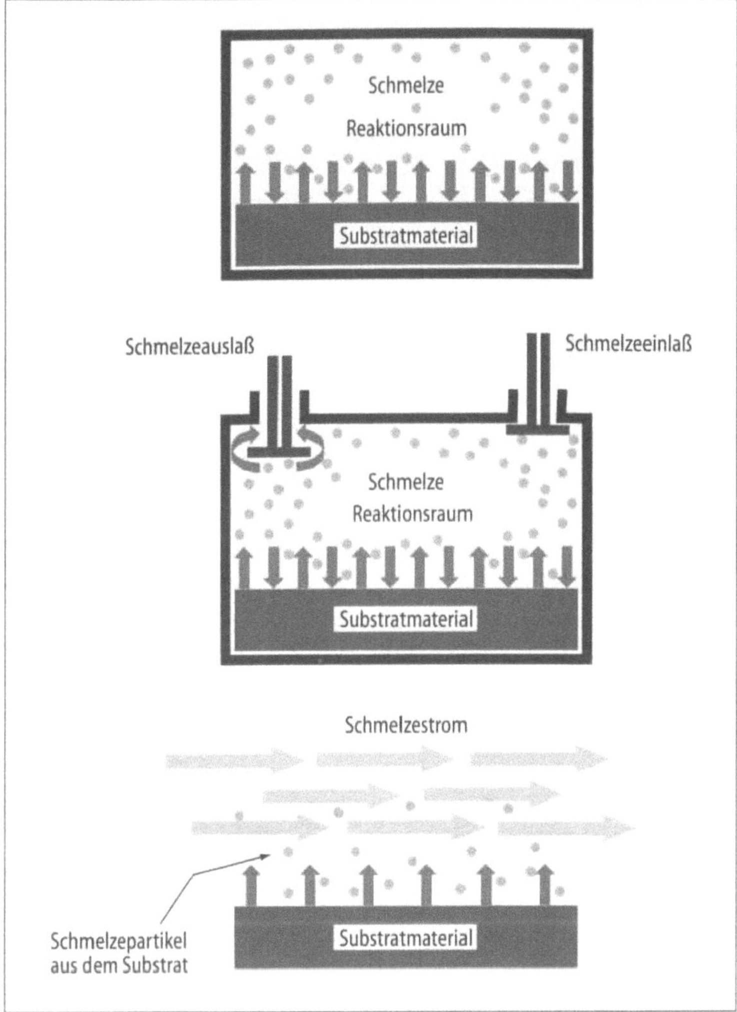

Bild 8 Reaktormodelle zur Beschreibung dynamischer Vorgänge bei vorbeiströmender Schmelze. Stationäres Modell (geschlossener Reaktionsraum; oben); instationäres Modell (offener Reaktionsraum mit zyklischer Stoffzu- und -abfuhr; Mitte) und dynamisches Modell mit überstreichender Strömung (offener Reaktionsraum; unten)

ren System werden ein gedachter Schmelzeneinlaß und ein Schmelzenauslaß, also zwei Ventile, eingebracht, welche das System mit einem sehr großen Schmelzenreservoir verbinden, ohne eine Strömung zu berücksichtigen. Das dritte Reaktormodell geht von einem offenen System mit überstreichendem Schmelzenfluß aus, der permanent Reaktionsprodukte oder gelöstes Material abtransportiert.

Im vorliegenden Falle sind die Verhältnisse wesentlich komplizierter, da zuerst die Kohleverbrennung und Bildung der Flüssigasche simuliert werden muß, danach die weitere Reaktion der Produkte mit dem Feuerfestmaterial der Brennkammer und dem Material des Flüssigascheabscheiders und zuletzt mit dem eigentlich zu untersuchenden keramischen Schüttgut. Dabei ist jeweils zu berücksichtigen, daß dem Prozeß ein gewisser Feststoffanteil entzogen wird, sei es durch Kristallisation oder durch Ascheaustrag.

Die Simulation solcher Reaktionen im Hochtemperaturbereich ist nicht nur interessant, sie erfordert auch wissenschaftliche Ausdauer. Bevor ein aussagekräftiges Diagramm entsteht (Bild 9), vergehen oftmals viele Wochen mit der Suche nach geeigneten Daten. Danach erfolgt die aufwendige Verfeinerung, da viele Daten aus der Literatur

Bild 9 Reaktormodell. Schematische Darstellung des schrittweisen Berechnungsverfahrens für eine Reaktionsfolge im Flüssigascheabscheider

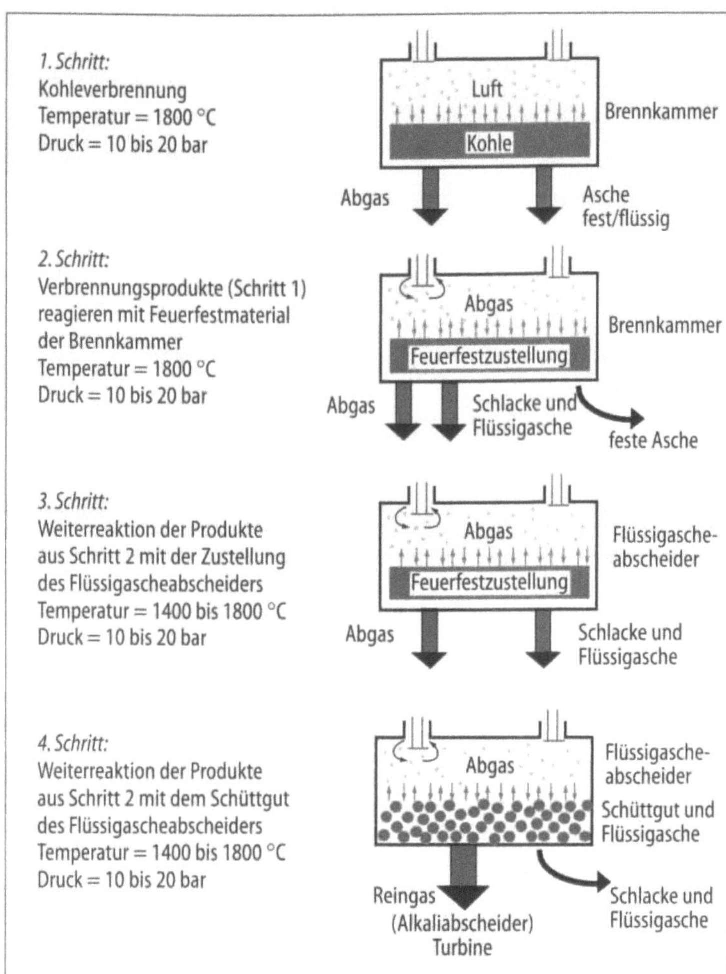

nicht unmittelbar übernommen werden können. Neben der zu überprüfenden Gültigkeit der Werte ergibt sich als Schwierigkeit, daß zur Simulation der in der Regel sehr komplexen Schmelzen oder Mischkristallsysteme nur selten geeignete Modelle für die Mischungsregeln vorliegen. Für die meisten Systeme müssen also einfache mathematische Ansätze genügen. Aus den vorhandenen Koeffizientensätzen sind die Daten zu extrapolieren und den Messungen anzupassen. Gerade die RWTH Aachen und das benachbarte Forschungszentrum Jülich beherbergen viele Forschergruppen, die sich dieser zeitraubenden Grundlagenarbeit widmen.

Trotz der eleganten Berechnungsverfahren, die zunehmend Eingang in die Ausbildung von Ingenieuren der Metallurgie und Werkstofftechnik finden, existieren Effekte, die sich der Berechnung weitgehend entziehen. Ist das Problem der Werkstoffstabilität gegenüber korrosiven Schmelzen und Gasen geklärt, so erhöhen die Korngrenzen und Defekte im Realgefüge die Erfolgschancen für den chemischen Angriff. Es gilt also, neben der reinen chemischen Stabilisierung der Keramik auch eine mikrostrukturelle Optimierung zu erzielen. Diese beginnt – ganz ähnlich wie bei den Hochleistungskeramiken – bei der Reinheit der Korngrenzen, das heißt

bei der Vermeidung von amorphen Bindephasen zwischen den Kristalliten.

Abgesehen von diesen materialbezogenen Entwicklungen beziehen moderne Forscher künftig auch keramische Teile mit komplexeren Aufgaben wie Dichtungs-, Steuer- und Verschlußeinheiten in die Untersuchungen ein. Sie werden sicherlich bald mit integrierten Heizleitern oder Sensoren ausgestattet. Erfahrungen und Konzepte, die sich bei den Hochleistungskeramiken bewährt haben, sollten nunmehr auch auf feuerfeste Werkstoffe angewendet werden. Gelingt es in Zukunft, neben der Integration elektronischer Komponenten auch intelligente Werkstoffe zu finden, die sich durch Schutzschichtbildung der korrosiven Umgebung anpassen, hat der Einsatz keramischer Werkstoffe in der Verfahrenstechnik erst richtig begonnen.

Autor

Prof. Dr. rer. nat. Rainer Telle ist Inhaber des Lehrstuhls für Keramik und Feuerfeste Werkstoffe am Institut für Gesteinshüttenkunde. Seine Arbeitsgebiete sind Kristallchemie, Thermodynamik, Hochtemperaturkorrosion, Bruchmechanik und die Herstellung großkomponentiger Bauteile aus keramischen Werkstoffen.

Literaturhinweise

[1] R. Telle: Keramik-Werkstoffe für extreme Beanspruchungen, in: VDI/GVC-Jahrbuch 1996, Verfahrenstechnik und Chemieingenieurwesen, VDI-Verlag, Düsseldorf 1996, S. 179 bis 199.

[2] J. Adam, A. Sax und R. Telle: Erprobung feuerfester Werkstoffe in einem Flüssigascheabscheider der druckkohlenstaubbefeuerten Gasturbine, Feuerfestkolloquium 1997, Stahl und Eisen Spezial, Oktober 1997, S. 182 bis 184.

[3] K. Hannes, F. Neumann, W. Thielen und M. Pracht: Kohlestaub-Druckverbrennung – Entwicklungsstand und Anforderungen des Prozesses an die Verbrennungsführung, VGB Kraftwerkstechnik, 77, 1997 (5), S. 393 bis 400.

[4] D. Pavone, M. Förster und R. Gwosdek: Abscheidung von geschmolzenen Aschepartikeln mittels Zentrifugalkraftabscheidern unter Berücksichtigung der systembedingten hohen Temperaturen, VDI Berichte, 1290, 1996, S. 245 bis 264.

[5] A. D. Pelton und M. Blander: Thermodynamic Analysis of Ordered Liquid Solutions by a Modified Quasichemical Approach – Application to Silicate Slags, Metallurgical Transactions B, 17B, 1986, S. 805 bis 815.

Verfahren
Produkte.
Qualitäts-
management 
Kapitel Drei

Eine Vielzahl von einzelnen, jedoch teilweise interdisziplinären Projekten lassen sich unter den folgenden Aspekten charakterisieren: Die Entwicklung von Materialien und Verfahren erhält neue Impulse aus einer optimierten Planung, die den Bedarf bis hin zur Qualitätskontrolle erfaßt. In die Optimierung der Planung fließen Methoden der modernen Informationstheorie ein. Entwicklung kann auch in miniaturisierten Maßstäben erfolgen, wenn der Originalmaßstab zu aufwendig ist. Neue Materialien, die Ressourcen, Einsatzmenge des Materials, Gewicht und damit Energie schonen, verlangen nach neuen Entwicklungs- und Konstruktionsverfahren. Chemische Prozesse können durch den Einsatz verbesserter Katalysatoren, Trennungsprozesse durch den Einsatz neuer Membranverfahren und Aufbereitung von Abfall durch den Einsatz neuer Recyclingverfahren umweltverträglicher und effektiver gestaltet werden. Die Miniaturisierung von Produkten erfährt qualitative Fortschritte durch die Mikrosystemtechnik, -fertigung und -montage. In der Medizintechnik steht sogar schon die Entwicklung des Nervensteckers auf der Tagesordnung: Der Übergang von der technischen Sensorinformation in die biologisch kodierte Nerveninformation, zum Beispiel beim künstlichen Sehen. Schließlich weisen Herstellungsverfahren qualitative Fortschritte auf: Werkzeuge (zum Beispiel Werkzeugmaschinen) werden schneller und kleiner, ihre Einsatzmöglichkeiten werden vielfältiger.

3

Verfahren, Produkte, Qualitätsmanagement

Kleiner! Flexibler! Schneller!

Andreas Pfennig

Miniplant und Mikroplant als Bausteine zukünftiger Verfahrensentwicklung

Internationaler Wettbewerb und kürzere Produktlebenszyklen stellen immer höhere Anforderungen an die Verfahrensentwicklung. Sie muß immer schneller zu neuen Produkten und damit neuen technischen Prozessen führen. Gleichzeitig werden Innovationen für hochwertigere Erzeugnisse verlangt. Der Verbrauch von Ressourcen und die Belastungen für die Umwelt müssen dabei stetig verringert werden.

Die Apparate- und Prozeßminiaturisierung wird für das Erreichen dieser Ziele in Zukunft eine sehr wichtige Rolle spielen. Kleinere Apparate erlauben in den ersten Stufen der Verfahrensplanung einen flexibleren Einsatz und leichtere Modifikationen im Prozeßablauf. Heute erleben wir zudem schon einen weit darüber hinausgehenden Schritt in der Entwicklung: Apparate, die in der technischen Großproduktion mehrere Meter hohe Giganten sind, werden im Legomaßstab gebaut. Mikroapparate reduzieren chemische Fabriken auf die Größe einer Streichholzschachtel.

Für die Forschung ist dies Aufgabe und Chance, denn für die neuen Prozesse im Miniaturmaßstab sind geeignete Apparate zu entwickeln, zu optimieren und mit quantitativen Modellen zu beschreiben. Am Lehrstuhl für Thermische Verfahrenstechnik der RWTH werden diese Forschungs- und Entwicklungsarbeiten aktiv mitgestaltet.

Ziel der thermischen Verfahrenstechnik ist die Auslegung und Optimierung technischer Apparate zur thermischen Zerlegung von Mehrstoffgemischen. Als wesentliche Grundoperationen stehen dem Verfahrensingenieur dabei die Destillation, Extraktion, Absorption und Adsorption zur Verfügung. Zum Verständnis einige Vergleiche aus dem Alltag: Das Kochen von Kaffee und das Aufbrühen von Tee gehören zur Extraktion. Beim Waschen von Wäsche und Geschirr werden die Verfahrensschritte Lösen, Extraktion und Desorption durchgeführt. Die Destillation ist vom Branntwein her bekannt. Um Zucker herzustellen, wird Sud aus Rüben oder Zuckerrohr kristallisiert.

Vor der Produktion marktreifer Erzeugnisse steht aber die Entwicklung des Herstellungsverfahrens. In die Fülle möglicher Prozeßabläufe bringt der Verfahrensingenieur eine gewisse Ordnung, indem er zunächst die einzelnen Prozeßschritte einer geringen Zahl von Grundoperationen zuordnet und die entsprechenden Apparate charakterisiert. Erst im nächsten Schritt werden die Einzelapparate zu einem Gesamtprozeß verschaltet. Die Entwicklung dieses Gesamtprozesses für ein neues Produkt führt dabei über mehrere Stationen (Bild 1).

Sobald eine Produktidee besteht, werden im Labor alle am Verfahren beteiligten Substanzen bezüglich ihres Stoffverhaltens sowie

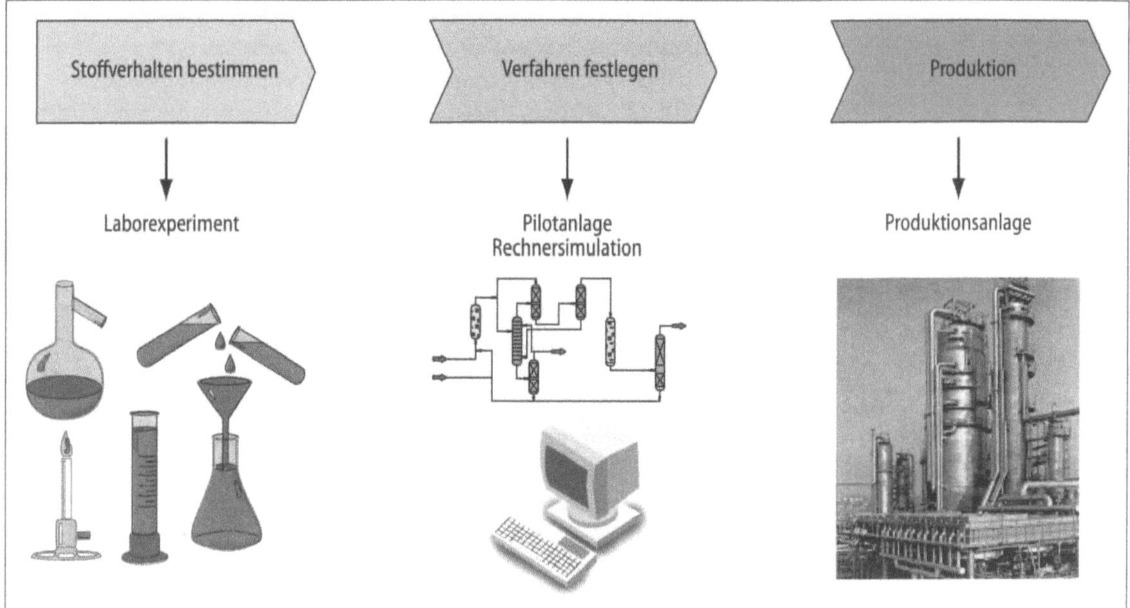

Bild 1 Von der Idee zum fertigen Produkt

einzelne Reaktions- und verschiedene Trennschritte untersucht. Die unterschiedlichen Verfahrensbausteine werden dabei noch weitestgehend unabhängig voneinander betrachtet, Stoffkreisläufe werden nicht geschlossen. Die Stoffzufuhr findet schubweise und diskontinuierlich statt. Es werden Kleinstmengen verwendet. Die Versuchsaufbauten entsprechen in ihrer Größe dem Labormaßstab und finden auf einem Tisch Platz. Im Becherglas-Maßstab wird versucht, das geplante Verfahren auf seine Machbarkeit hin zu untersuchen und es werden erste Optimierungen vorgenommen. Als weitergehende Information läßt sich auf diese Weise ermitteln, welche Qualität die Eingangs- und Zwischenprodukte besitzen müssen, um eine bestmögliche Qualität der Endprodukte zu erreichen.

Die nächste Station beim herkömmlichen Vorgehen ist die Entwicklung des technischen Verfahrens im Technikumsmaßstab. Hierbei wird der Produktionsablauf als Ganzes geplant, analysiert und bewertet. Die einzelnen Verfahrensschritte werden zu Prozeßkreisläufen verschaltet, die Stoffzufuhr erfolgt kontinuierlich. Das wichtigste Mittel zur Untersuchung ist die Pilotanlage (Pilotplant). Sie entspricht der Produktionsanlage, ist jedoch bis zu hundertmal kleiner. Typische Abmessungen für einzelne Apparate im Technikumsmaßstab sind eine Höhe von unter zehn Metern und ein Durchmesser von weniger als einem Meter. Der Stoffmengendurchsatz kann einige 100 Liter in der Stunde betragen. Veränderungen des Ablaufes sind im Technikumsmaßstab leichter zu bewerkstelligen als im endgültigen Produktionsmaßstab, dennoch ist der Aufwand dafür schon erheblich. Von Interesse ist in dieser Phase unter anderem, ob ein Stoff in einem Apparat lange genug verweilt, so daß die gewünschten Reaktionen bis zu einem optimalen Umsatz stattfinden können. Es wird auch festgestellt, ob einzelne Abläufe wiederholt werden müssen, um die notwendige Reinheit zu gewährleisten. Untersucht wird, ob verunreinigte Rohstoffe im Prozeß zum Teil wiederverwendet werden können, ohne die Produktqualität zu gefährden. Abfallstoffe sollen vermieden und Ressourcen nicht verschwendet werden. Dies ist Bestandteil eines produktionsintegrierten Umweltschutzes.

Zuletzt wird ein sogenanntes Scale-up vorgenommen. Darunter ist die Übertragung des optimierten Verfahrens in den Produktionsmaßstab zu verstehen. Ziel ist eine genaue Auslegung der Produktionsapparate, das heißt die Ermittlung ihrer exakten Spezifikationen und Ausmaße. Dafür werden zuverlässige Hochrechnungsmodelle benötigt.

Schneller durch Miniplant

In Bild 2 wird der benötigte Stoffmengendurchsatz für die unterschiedlichen Verfahrensentwicklungsstufen und der dazugehörige zeitliche Planungs- und Entwicklungsaufwand gezeigt. Es ist zu erkennen, daß der Zeitaufwand und die eingesetzte Stoffmenge bei dem hier vorgestellten Ablauf erheblich sind. Entsprechend birgt die gesamte Entwicklung ein recht hohes Planungsrisiko, denn zum Aufbau einer attraktiven Marktposition gehört auch, daß ein neues Produkt frühzeitig, möglichst deutlich vor allen Mitbewerbern, auf den Markt gebracht wird.

Um die Entwicklungszeit deutlich zu verkürzen, bietet die Miniplant anstelle der Pilotplant eine erfolgversprechende Alternative. Sie ist ein miniaturisiertes Abbild der Pilotplant und besteht aus Kleinstbauteilen, die im Labor aufgebaut werden. Der Durchmesser typischer Apparate beträgt 25 bis 150 Millimeter, die Höhe liegt bei unter drei Metern. Spezielle Betriebsgenehmigungen entfallen meist. Wie bei den Laboruntersuchungen müssen wegen der relativ geringen Mengen eingesetzter Stoffe lediglich die im Labor üblichen Handhabungsrichtlinien eingehalten werden. Durch die geringe

Bild 2 Vergleich verschiedener Stufen der Verfahrensentwicklung für einen neuen Produktionsprozeß

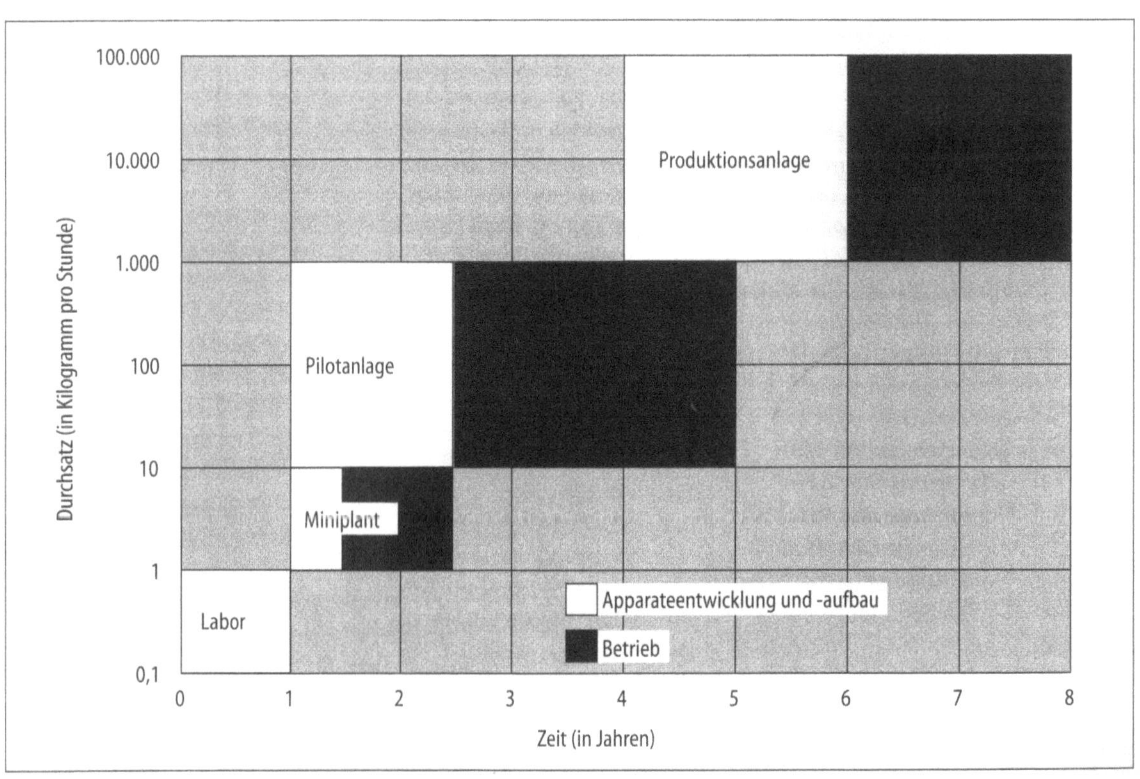

Größe sind Umbauten innerhalb einiger Stunden durch wenige Personen möglich. Somit kann der Betrieb einer Miniplant bei gleicher Qualität der Ergebnisse wesentlich flexibler gestaltet werden. Die Entwicklungszeit wird deutlich verkürzt. Insgesamt beträgt der Zeitvorteil gegenüber der Pilotplant bis zu drei Jahre und der Stoffmengendurchsatz beläuft sich nur noch auf ein bis zehn Kilogramm pro Stunde.

Der wesentliche Forschungsbedarf im Bereich der Miniplanttechnik besteht in der Entwicklung von besseren Modellen und Methoden für den Scale-up. Gegenüber der Maßstabsvergrößerung von der Pilotplant zur Produktionsanlage muß die gleiche Auslegungssicherheit bei der Miniplant ja ausgehend von einem deutlich kleineren Maßstab erreicht werden. Unsicherheiten im Scale-up entstehen zum Beispiel durch veränderte physikalische Rahmenbedingungen bei Klein- und Kleinstmaßstäben. So besitzt eine Miniplant gegenüber einer Produktionsanlage ein deutlich größeres Verhältnis zwischen Oberfläche und Volumen. Wärmeverluste an den einzelnen Apparaten werden hier durch die relativ größeren Oberflächen begünstigt, es muß also intensiver isoliert und genauer geregelt werden. Weitere Probleme ergeben sich durch Feststoffe, die in Kleinstapparaten feinste Rohrleitungen oder Durchlässe verstopfen können. Diese Anforderungen erfordern einerseits spezielle Lösungen für die verkleinerten Apparate, in denen die verfahrenstechnischen Grundoperationen betrieben werden. Andererseits benötigen sie eine deutlich höhere Genauigkeit der zur Simulation des Apparateverhaltens eingesetzten Modelle. Diese Simulationen übertragen die physikalischen Gegebenheiten anhand mathematischer Modelle auf Computer. Rechnersimulation und Miniplantversuche unterstützen sich gegenseitig und führen erst gemeinsam zu einem verläßlichen Scale-up in den Produktionsmaßstab (Bild 3).

Am Lehrstuhl für Thermische Verfahrenstechnik werden dazu Problemlösungen erarbeitet. So werden Apparate der thermischen Trenntechnik, wie Destillationskolonnen und Extraktoren, für die Miniplant in enger Zusammenarbeit mit der Industrie entwickelt und in Miniplants eingebunden. Mit geeigneten Simulationsmethoden, die ebenfalls am Lehrstuhl entwickelt werden, können dann Ergebnisse aus Miniplantversuchen auf die Produktionsanlage hochgerechnet werden.

Die Miniplant ist jedoch nicht das Ende der Miniaturisierung. Die weitere Entwicklung führt zu noch kleineren Bauteilen, den sogenannten Mikrokomponenten. Diese können in Form von standardisierten Bausteinen angeboten werden, die sich zu einer Mikroplant, ähnlich einem Legobaukastensystem, zusammenschalten lassen. Heute sind im Mikromaßstab bereits Pumpen, Mischer, Reaktoren und Wärmetauscher kommerziell verfügbar, weitere Komponenten werden ständig neu entwickelt. Die Abmessungen der Mikrokomponenten können einen Millimeter deutlich unterschreiten. Die umgesetzten Mengenströme liegen bei wenigen Gramm pro Stunde. Der Grad der Miniaturisierung reicht dabei fast an den der Mikroelektronik heran. Entsprechend hoch wird das Marktpotential solcher Mikroplants eingeschätzt.

Das Problem des Scale-up

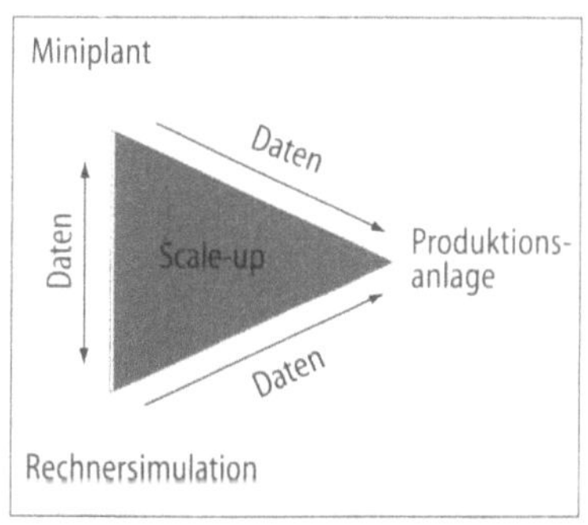

Bild 3 Miniplanttechnik und Rechnersimulation führen zur Produktionsanlage

Das Potential der Mikroanlagen liegt auch darin, daß auf kleinstem Raum neben den verfahrenstechnischen Komponenten die Meß- und die Regeltechnik mit mikroelektronischen Bauteilen integriert werden können. Sogar eine Analytik kann mit Hilfe von Glasfaseroptiken in den Mikroplants eingebaut werden. Wegen der Komplexität der resultierenden Komponenten wird dieses Gebiet auch als Mikrosystemtechnik bezeichnet.

Mikroextraktion

Ein Beispiel für einen Apparat im Mikromaßstab ist der Mikroextraktor (Bild 4). Er besteht aus zwei Kanälen, in denen zwei miteinander nicht mischbare Flüssigkeiten strömen: eine organische (ölige) und eine wäßrige. Die Flüssigkeiten können im Gegenstrom zueinander geführt werden, also mit entgegengesetzter Strömungsrichtung. Die Führung der Flüssigkeiten in den jeweils zugeordneten Kanälen wird durch eine unterschiedliche Beschichtung der Kanalwände erreicht: Der obere Kanal ist wasserabstoßend, der untere wasserliebend beschichtet. So wird das Vermischen der beiden Flüssigkeiten wirkungsvoll verhindert und eine stabile Strömungsführung realisiert. Über die Kontaktfläche zwischen wäßriger und organischer Flüssigkeit kann dann der Stoffaustausch einer gelösten Komponente vollzogen werden und der Übergang, die Extraktion dieser Komponente von einer Flüssigkeit in die andere, findet statt. Die Abmessungen dieses Apparates muten verwegen an: Die Kanäle

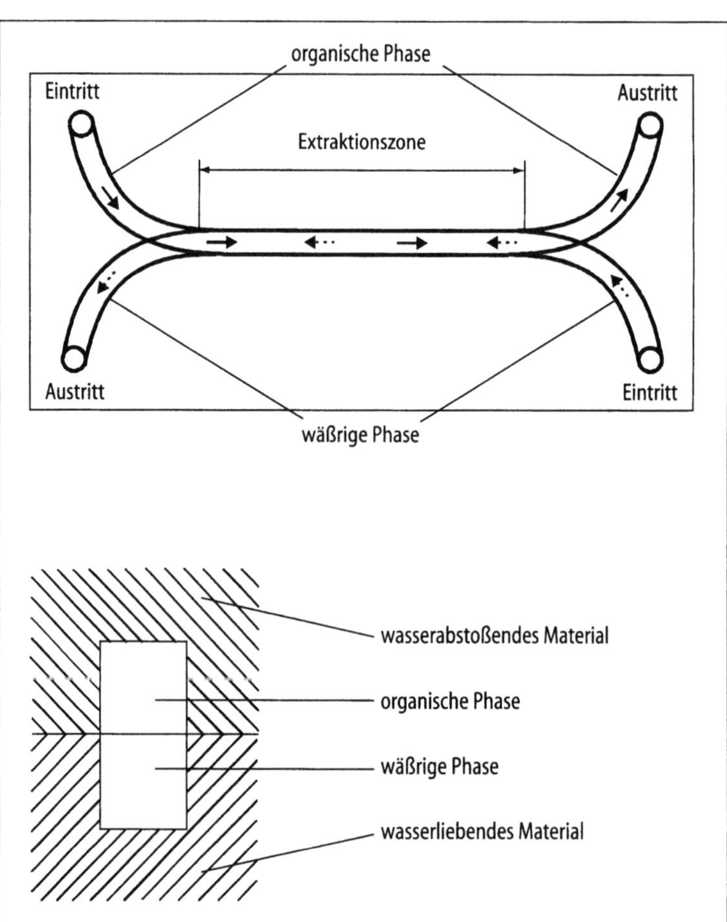

Bild 4 Schematische Darstellung eines Mikroextraktors. Ansicht von oben (oben) und Querschnitt durch die Extraktionszone (unten)

sind zwischen einem zehntel und einem hundertstel Millimeter breit und tief, ihre Länge mißt nur einige Millimeter. Im Vergleich zu der entsprechenden technischen Apparatur ist der Mikroextraktor also ein extremer Winzling.

Wo können solche Mikroapparate nun eingesetzt werden? Eine Möglichkeit eröffnet sich natürlich dort, wo es auf eine geringe Größe der Apparate ankommt. So ließe sich eine Mikrofabrik in den Bauchraum eines zuckerkranken Menschen implantieren. Gesteuert durch den Zuckergehalt des Blutes könnte sie aus körpereigenen Stoffen das lebensnotwendige Insulin produzieren und an das Blut abgeben.

Das große Verhältnis zwischen Oberfläche und Volumen der Mikroapparate läßt sich aber auch für viele chemische Reaktionen nutzen. Bei Reaktionen, die viel Wärme produzieren, kann diese viel leichter abgeführt werden als bei Großgeräten. Solche Reaktionen lassen sich damit leichter steuern und in viel weiteren Bereichen stabil betreiben. Produktqualitäten werden möglich, die in heutigen Anlagen nicht erreichbar sind. Neben- und Abfallprodukte lassen sich damit wirkungsvoll vermeiden. Insgesamt werden Ressourcen gespart und Produkte höherer Qualität erzielt. Darüber hinaus ermöglicht der modulare Aufbau der Anlagen einen schnellen Austausch einzelner Komponenten zu Reparaturzwecken, ohne daß ein Stillstand der gesamten Produktionsanlage notwendig wird.

Um die Maßstabsvergrößerung bei Mikroapparaten durchzuführen, wird ein sogenanntes Numbering-up statt des Scale-up vorgenommen. An die Stelle der maßstabsgerechten Vergrößerung von Apparaten tritt die Parallelschaltung einer großen Vielzahl von Mikroapparaten, wie man dies beispielsweise bei den Prozessoren von Computern heute zur Erhöhung der Leistung bereits praktiziert.

Der Lehrstuhl für Thermische Verfahrenstechnik mit seinen langjährigen Erfahrungen und Kenntnissen aus dem Bereich der thermischen Trenntechnik arbeitet intensiv auf dem Gebiet der Miniaturisierung. Die Apparate- beziehungsweise Prozeßminiaturisierung gilt als Schlüsseltechnologie. Sie wird gemeinsam mit anderen wissenschaftlichen Institutionen und Forschungsabteilungen renommierter Industrieunternehmen konsequent verfolgt. Eine künftige Titelzeile wird dann vielleicht heißen: Noch kleiner! Noch flexibler! Noch schneller!

Mikrofabrik als Körperimplantat

Prof. Dr.-Ing. Andreas Pfennig ist Inhaber des Lehrstuhls für Thermische Verfahrenstechnik.

Autor

Klein ganz groß

Manfred Weck und
Wilfried Mokwa

Mikrosystemtechnik in Forschung und Lehre

Die Mikrosystemtechnik gehört zu den entscheidenden Schlüsseltechnologien von morgen: Nicht umsonst bezeichnet sie das Bundesministerium für Bildung und Forschung (BMBF) als strategisches
Forschungsfeld, dessen Anwendungen das Bild des 21. Jahrhunderts
mitbestimmen werden.

Was aber ist ein Mikrosystem? Eine recht abstrakte Definition
lautet: „Werden Sensoren, Signalverarbeitung und Aktoren in miniaturisierter Bauform so zu einem Gesamtsystem verknüpft, daß sie
empfinden, entscheiden und reagieren können, spricht man von
einem Mikrosystem" [1]. Etwas weniger wissenschaftlich formuliert
sind Mikrosysteme kleinste Gebilde mit Abmessungen im Mikrometerbereich (tausendstel Millimeter), welche die unterschiedlichsten
Aufgaben erfüllen. Ihre wesentlichen Kennzeichen sind daher extreme Miniaturisierung und ein hoher Integrationsgrad.

Die Zukunft hat schon begonnen: Mikrosysteme agieren heute
schon in vielen, zum Teil lebenswichtigen Bereichen – dort, wo es auf
minimale Größe, kleine Masse und geringsten Energieverbrauch
ankommt. Sie finden sich in der minimal-invasiven Chirurgie ebenso wie in Airbagsensoren oder tragbaren Analysesystemen für die
Umwelttechnik. Durch Kombination, zum Beispiel von mechanischen, elektronischen und optischen Elementen auf kleinstem Bau-
raum, lassen sich Systeme realisieren, die noch vor kurzem Utopie
waren. Sogar vollkommen neue, bislang nicht denkbare Funktionen
können verwirklicht werden. Ein üblicher Gassensor beispielsweise
reagiert im wesentlichen nur auf ein ganz bestimmtes Gas in der
Luft. Für alle anderen Gase ist er nahezu unempfindlich. Schon bald
kommen Mikrosysteme auf den Markt, die nicht größer als ein
solcher herkömmlicher Gassensor sind, aber neben einer Vielzahl
verschiedener Sensoren auch noch eine gewisse Intelligenz besitzen.
So können sie die genaue Zusammensetzung eines Gasgemisches
analysieren oder auch Gerüche erkennen. Nicht zu Unrecht werden
solche Systeme als „künstliche Nasen" bezeichnet.

Ein weiteres Beispiel sind Miniaturbrennstoffzellen, die künftig
tragbare elektronische Geräte wie Notebook oder Handy mit Energie versorgen werden. Ihre Kapazität liegt weit über der herkömmlicher Akkus – bei minimaler Baugröße. Auch implantierbare
Dosiergeräte, die zur richtigen Zeit die richtige Menge des richtigen Medikaments im Körper freigeben, lassen sich mikrotechnisch
realisieren.

Neben der Möglichkeit, High-Tech-Produkte zu fertigen, die anders
nicht herstellbar sind, bietet die Mikrosystemtechnik einen weiteren
Vorteil: Ihre Produkte lassen sich, ähnlich denen der Mikroelektronik, wirtschaftlich in Massen fertigen. Viele Mikrosysteme können

durch sogenanntes Batch Processing, also das parallele Herstellen gleichartiger Bauteile, in großen Stückzahlen preiswert produziert werden. So bieten sie ein großes Potential für den Konsumerbereich, der schon der Mikroelektronik zu ihrem beeindruckenden Siegeszug verholfen hat.

An der RWTH Aachen sind verschiedene Teilbereiche der Mikrosystemtechnik schon seit langem Gegenstand der Forschung. Etliche Projekte sind in diesem Themenfeld angesiedelt. Besonders hervorzuheben ist der Sonderforschungsbereich 440 „Montage hybrider Mikrosysteme", der von der Deutschen Forschungsgemeinschaft (DFG) gefördert wird. Er wurde 1997 eingerichtet [2]. An diesem Gemeinschaftsprojekt sind acht Forschungseinrichtungen der RWTH beteiligt. Gemeinsam decken sie nahezu alle Disziplinen der Mikrosystemtechnik ab. In Zusammenarbeit von Instituten aus der Werkstoffkunde, Schweißtechnik, Produktionstechnik, Lasertechnik, Kunststofftechnik sowie Meß- und Prüftechnik werden grundlegende Fragestellungen der Montage von Mikrosystemen bearbeitet. Die Tatsache, daß sowohl Institute aus dem Maschinenbau als auch aus der Elektrotechnik vertreten sind, unterstreicht den interdisziplinären Charakter des Projektes.

Der Sonderforschungsbereich „Montage hybrider Mikrosysteme" hat sich zum Ziel gesetzt, montage- und fügetechnische Grundlagen für die Produktion von Mikrosystemen in hybrider Bauweise zu erarbeiten. Der Begriff „hybrid" steht dabei für Mikroprodukte, die aus unterschiedlichen Komponenten zusammengesetzt sind. Diese wiederum können aus unterschiedlichen Werkstoffen und mit verschiedenen Verfahren hergestellt worden sein. Damit wurde ganz bewußt ein Ansatz gewählt, der über die reine Herstellung von Mikroprodukten aus Silizium, wie in der Halbleitertechnik, hinausgeht. Das Spektrum herstellbarer Mikrosysteme läßt sich so um ein Vielfaches erweitern. Dementsprechend liegt das besondere Augenmerk auf der Entwicklung von Verfahren, die eine flexible Fertigung ermöglichen. Im Vordergrund steht also nicht das Mikrosystem

Sonderforschungsbereich
„Montage hybrider Mikrosysteme"

Bild 1 Handhabung von Mikrobauteilen

Bild 2 Licht- und rasterelektronenmikroskopische Aufnahme einer implantierbaren Mikrospule zur drahtlosen Übertragung von Meßwerten aus dem menschlichen Körper

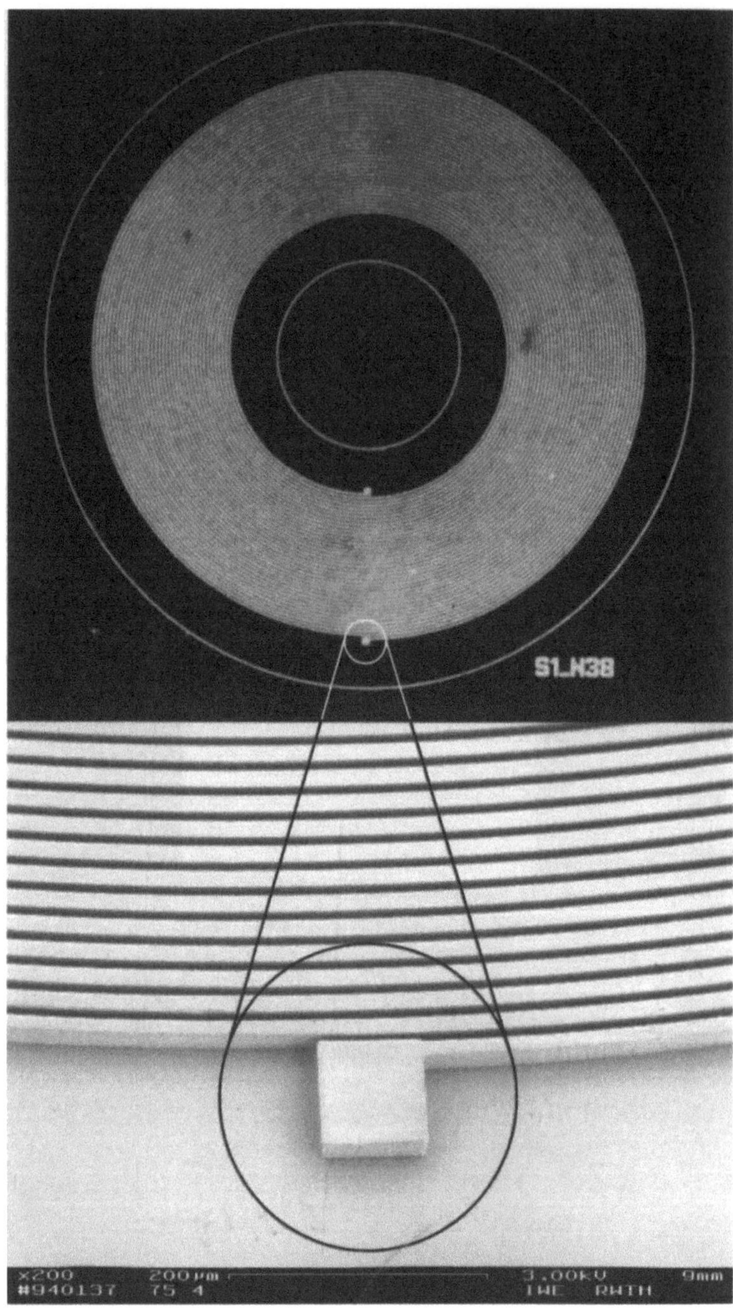

selbst, sondern die Integration hybrider Mikrokomponenten zu einem funktionsfähigen Gesamtsystem.

Die konkreten Aufgaben innerhalb des Sonderforschungsbereichs lassen sich in fünf Teilprojekte gliedern: Handhabung, Fügen, Werkstoffe, Prozeßüberwachung und Gestaltung. Für den Bereich der Handhabung sind vor allem die hohen Genauigkeitsanforderungen entscheidend. Hier werden Geräte und Verfahren zum mikrometergenauen Positionieren von Mikrobauteilen entwickelt. Das Fügen verschiedener Mikrobauteile auf engstem Raum stellt eine weitere große Herausforderung dar. Bestehende Fügetechniken werden auf ihre Eignung für den Mikrobereich überprüft und neue werden entwickelt. In diesem Zusammenhang ist auch die Frage nach geeigneten Werkstoffen zu stellen. Vor allem das Verbinden von Komponenten aus unterschiedlichen Materialien steht hier im Vordergrund. Der Prozeßüberwachung kommt neben der reinen Montagebeobachtung die Aufgabe zu, Informationen zur Steuerung und Regelung der Prozesse bereitzustellen. Ziel ist letztendlich die weitgehende Automatisierung. Eine gute Kenntnis aller dieser Aspekte ist für die erfolgreiche Gestaltung von Mikrosystemen entscheidend. Deshalb müssen die Ergebnisse aus allen Bereichen so aufbereitet werden, daß der Konstrukteur sie unmittelbar nutzen kann.

Ausgehend von diesem Gemeinschaftsprojekt ergeben sich zahlreiche fachübergreifende Kooperationen. Der Standortvorteil der RWTH Aachen, der sich aus der großen Vielfalt und regionalen Dichte verschiedenster Disziplinen der Ingenieur- und Naturwissenschaften ergibt, kommt so voll zum Tragen. Zudem bewirkt die Zusammenarbeit im Sonderforschungsbereich 440 eine Bündelung der Aachener Aktivitäten in der Mikrosystemtechnik. So kann die Forschung auf breiter Front zielgerichtet vorangetrieben werden.

Auch im Lehrbetrieb der RWTH Aachen haben die Mikrotechniken schon seit geraumer Zeit ihren Platz. Bislang wurden sie als Teil verschiedener Disziplinen der klassischen Ingenieurwissenschaften behandelt. Der wachsenden Bedeutung dieses innovativen Technologiezweiges wird inzwischen durch die 1997 eingeführte Studienrichtung „Produktionstechnik für Mikrosysteme" Rechnung getragen

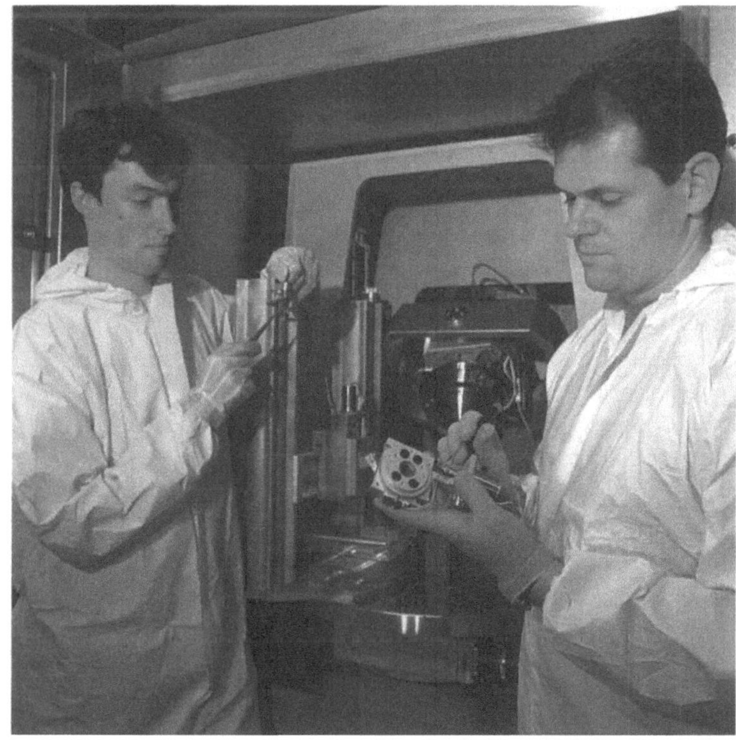

Bild 3 Einrichten eines Mikromontagesystems zur Palettenbestückung mit Mikrobauteilen. Blick in das größte Rasterelektronenmikroskop der Welt

[3]. Hier werden umfassend alle Bereiche dieser Thematik behandelt und den Studierenden vermittelt. Eine Besonderheit stellt hierbei dar, daß diese Studienrichtung fächerübergreifend aufgebaut ist und sowohl von Studenten des Maschinenbaus als auch der Elektrotechnik belegt werden kann. Dies entspricht dem interdisziplinären Charakter der Mikrosystemtechnik und gewährleistet eine umfassende Ausbildung der Studierenden.

Die Inhalte der „Produktionstechnik für Mikrosysteme" sind vielfältig. Wie der Titel schon andeutet, geht es weniger um das eigentliche Mikrosystem, als vielmehr um Techniken, die zu seiner Realisierung eingesetzt werden können. Es werden daher sowohl die Verfahren als auch die zugehörigen Maschinen und Geräte umfassend behandelt. Dazu gehören beispielsweise lithographische Verfahren – weiterentwickelt aus der Halbleitertechnik – spanende Mikrobearbeitung, Mikrobearbeitung mit dem Laserstrahl oder auch Abformtechniken in Kunststoff und Metall. Darüber hinaus zählen Aufbau und Entwicklung von Mikrosystemen sowie Fragestellungen der Montage, Werkstofftechnik und Meßtechnik zum Umfang der Vorlesungen. Die theoretisch erarbeiteten Inhalte werden in Übungen und Praktika anhand von Beispielen verdeutlicht und vertieft.

Forschungsergebnisse finden schnellen Eingang in den Lehrbetrieb

Der besondere Reiz dieser Studienrichtung liegt darin, daß sie im wesentlichen von den am Sonderforschungsbereich 440 beteiligten Instituten getragen wird. Neueste Forschungsergebnisse können auf diese Weise unmittelbar in den Lehrbetrieb einfließen. Vorlesungen, die disziplinübergreifende Fragen der Mikrotechnik behandeln, werden von mehreren Lehrstühlen gemeinsam angeboten, wobei die einzelnen Lehrstuhlinhaber jeweils ihre Spezialdisziplin einbringen. Ein Beispiel für solche Ringvorlesungen ist die Veranstaltung „Herstellungsprozesse für Mikrosysteme". Hier wird das gesamte Spektrum der Herstellungsverfahren für Mikrobauteile und -komponenten von vier Professoren aus den Bereichen Silizium-Mikrotechnik und Mikroelektronik, Lasertechnik, Kunststofftechnik und Produktionstechnik vorgestellt. Den Übungsbetrieb gestalten deren wissenschaftliche Mitarbeiter, die alle an aktuellen Forschungsprojekten im Bereich der Mikrosystemtechnik arbeiten. Der enge Kontakt zwischen Studenten und Wissenschaftlern setzt sich in einer großen Zahl von Studien- und Diplomarbeiten fort. Da viele Institute der RWTH Aachen traditionell einen engen Kontakt zur Industrie pflegen, besteht auch die Möglichkeit zu Studienaufenthalten oder Industriepraktika im In- und Ausland.

Der interdisziplinäre Ansatz dieses neuen Studienganges ist mit Blick auf die spätere berufliche Tätigkeit der Studierenden von großem Vorteil. Als umfassend ausgebildete Ingenieure sind sie in der Lage, aus den möglichen Verfahren und Maschinen die jeweils günstigen auszuwählen. Sie bringen die nötigen Voraussetzungen mit, um alle in der Mikrosystemtechnik anfallenden Fragen kompetent zu beantworten – mit dem notwendigen Hintergrundwissen aus Maschinenbau und Elektrotechnik. In einem Unternehmen werden sie überall dort zum Einsatz kommen, wo es um die verschiedenen Aspekte der Realisierung von Mikrosystemen geht. In der Entwicklung und

Konstruktion, in der Fertigung, in der Qualitätssicherung, aber auch im Vertrieb sind sie kompetente Ansprechpartner.

Die Mikrosystemtechnik ist eine innovative Technologie, die bereits heute aus unserem Alltag nicht mehr wegzudenken ist. Darüber hinaus gilt sie als eine der Schlüsseltechnologien des kommenden Jahrhunderts. Die RWTH Aachen leistet hier ihren Beitrag mit der umfassenden Ausbildung von Ingenieuren und zukunftsorientierter Forschung. Damit trägt sie zur Sicherung des Know-how-Standorts Deutschland bei.

Autoren

Prof. Dr.-Ing. Dr.-Ing. E. h. Manfred Weck ist Inhaber des Lehrstuhls für Werkzeugmaschinen am Laboratorium für Werkzeugmaschinen und Betriebslehre (WZL). Darüber hinaus leitet er die Abteilung Produktionsmaschinen des Fraunhofer-Instituts für Produktionstechnologie (IPT).

Prof. Dr. rer. nat. Wilfried Mokwa ist Inhaber des Lehrstuhls für Werkstoffe der Elektrotechnik I – Mikrostrukturintegration. Vor seiner Berufung im April 1996 hat er die Abteilung Mikrosystemtechnik des Fraunhofer-Instituts für Mikroelektronische Schaltungen und Systeme (IMS) verantwortlich aufgebaut.

Literaturhinweise

[1] Mikrosystemtechnik 1994 bis 1999, Programm im Rahmen des Zukunftskonzeptes Informationstechnik, Bundesministerium für Forschung und Technologie (BMBF), Bonn 1994.
[2] Antrag zum SFB 440 (ehemals SFB 1598), RWTH Aachen, 1996 (unveröffentlicht).
[3] Studieninformation zur Vertiefungsrichtung „Produktionstechnik für Mikrosysteme" an der RWTH Aachen, RWTH Aachen, 1997.

Auf Vielbeinern ins 21. Jahrhundert

Manfred Weck, Matthias Giesler,
Andreas Meylahn und
Dirk Staimer

Neue Werkzeugmaschinen erhalten einen parallelen Bewegungsmechanismus

Im Arbeitsraum fliegen die Späne – ein Fräser wirbelt durch den Stahl und gibt dem Werkstück die gewünschte, hochpräzise Form. Seine Frässpindel führen sechs kreisförmig angebrachte, spinnenbeinige Stäbe in allen Himmelsrichtungen kurvig oder geradlinig um das Rohteil herum. Diese Himmelsrichtungen heißen bei den Maschinenbauern „Achsen", und die Rede ist von „Hexapoden", futuristisch anmutenden Werkzeugmaschinen der neuesten Generation. Solchen Produktionsanlagen mit sogenannter paralleler Bewegungskinematik trauen die Fertigungsexperten einiges zu – sie gehören zu den Hoffnungsträgern der Branche, geht es um mehr Schnelligkeit und Steifigkeit bei gleichzeitig einfachem und kostengünstigem Maschinenaufbau als schlagkräftige Argumente im weltweiten Wettbewerb.

Denn Geschwindigkeit und Beschleunigung, mit der das Werkzeug über die Bauteilkontur geführt werden kann, bestimmen die Zykluszeit der Produktion und damit die Herstellkosten des jeweiligen Produktes. Drastisch kürzere Fertigungszeiten als bisher aber lassen sich durch Hochgeschwindigkeitsbearbeiten erreichen. Gegenüber dem konventionellen Zerspanen wird unter dem Begriff „High Speed Cutting" (HSC) das Arbeiten mit deutlich gesteigerter Schnittgeschwindigkeit verstanden. Das aber stellt hohe Ansprüche an Werkzeug und Maschine. Neben dynamischen und starken Antrieben braucht das Hochgeschwindigkeitsbearbeiten deshalb neue, unkonventionelle Bewegungsapparate, die eine leichte Maschinenkonstruktion möglich machen. Hohe Geschwindigkeiten und Beschleunigungen setzen nun einmal kleine Massen voraus. Außerdem muß die Maschinensteifigkeit verbessert werden – das bringt die gewünschte Präzision. Den Weg dorthin können Hexapode erschließen.

Im Jahr 1994 wurden die ersten Werkzeugmaschinen dieser Art auf einer Messe in Chicago präsentiert. Die Prototypen der Firmen Giddings & Lewis, Ingersoll sowie Geodetic – allesamt Hexapode – wurden wegen ihrer hohen Steifigkeiten und Beschleunigungsvermögens als konventionellen Fünf-Achsen-Fräsmaschinen weit überlegene Maschinen vorgestellt. Bis zu dreimal höhere Steifigkeiten als herkömmliche Maschinen sowie Beschleunigungen im Bereich von 1 g (rund 9,8 Meter je Sekunde zum Quadrat) in allen Achsen zeigten schon damals, welches Zukunftspotential in diesen Konzepten steckt.

Die meisten der heutigen Werkzeugmaschinen sind so aufgebaut, daß die Verfahrachsen in den drei Raumrichtungen sowie die zwei Rotationsachsen zur Werkzeugorientierung seriell, das heißt hintereinander und quasi gestapelt angeordnet sind. Dieser Aufbau bedingt, daß sich die Nachgiebigkeiten der einzelnen Achsen addieren. Daher müssen die einzelnen Vorschubachsen mit steifen Führungen und Lagern sowie mit steifen und somit meist schweren Maschinenkörpern ausgeführt werden (Bild 1). Aufgrund dieser Achsanordnung müssen zudem die einzelnen Achsen auch alle weiteren Achsen, die ihnen bis hin zum Werkzeug folgen, tragen und beschleunigen, womit die Grenzen derartiger Kinematiken deutlich werden. Doch der konventionelle Maschinenaufbau hat auch seine Vorteile: Die einzelnen Achsen sind unabhängig voneinander. Bewegungen im Arbeitsraum lassen sich also einfach und leicht steuern.

Demgegenüber ist die neue Generation der Werkzeugmaschine gekennzeichnet durch das parallele anstatt serielle Anordnen der Vorschubantriebe. Die Antriebe stützen sich dabei an einem festen Gestell oder dem Fundament ab und wirken jeweils direkt auf die zu bewegende Plattform, die einen Spindelkopf, einen Werkzeugträger oder aber eine Roboterhand sein kann. Da die entsprechend den Bewegungsfreiheitsgraden der Plattform mehrzähligen, geschlossenen kinematischen Ketten zwischen festem Gestell und beweglicher Plattform eine parallele Steifigkeitsanordnung darstellen, werden diese Bewegungsmechanismen Parallelkinematiken genannt. Sie vermeiden die genannten Nachteile offener kinematischer Ketten und sind eine vielversprechende Alternative, wenn bei hohen Arbeitsgeschwindigkeiten und -beschleunigungen gute Positioniergenauigkeiten erreicht werden sollen.

Aufgrund der bei Parallelkinematiken direkt zwischen Werkzeugträger und Maschinengestell wirkenden Aktoren werden die beweg-

Bild 1 Konventionelle (links) und neuartige Bewegungskinematiken für Werkzeugmaschinen (rechts). Rechts dargestellt sind zwei mögliche Konzepte zum Positionieren und Orientieren einer Plattform mit sechs Stäben. Bei der ersten Variante wird die Plattform über sechs längenveränderliche Stäbe bewegt (a), bei der zweiten wirken Stäbe konstanter Länge auf die Werkzeugplattform, wobei deren gestellseitige Auflager über einen Linearantrieb bewegt werden (b).

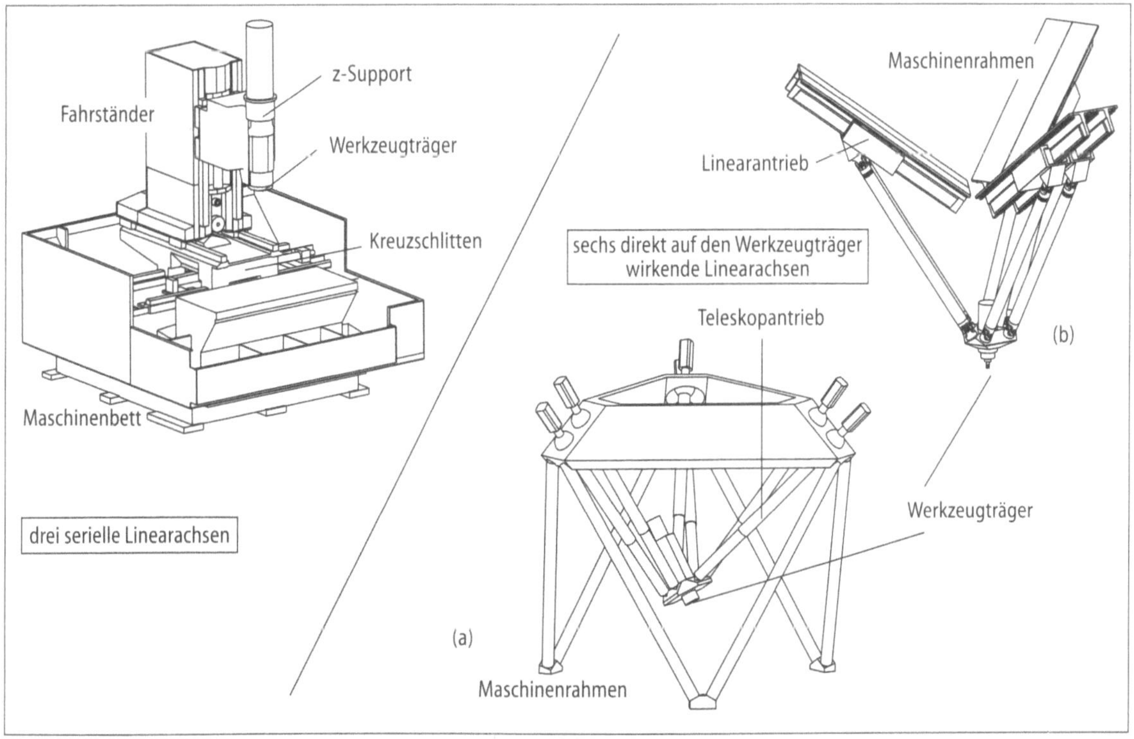

lichen Glieder der Kinematik weitestgehend von den Antriebsmassen befreit, und in den Komponenten herrschen dank der direkten Wirkungsweise nur Zug- und Druckzustände, was kleinere Querschnitte und geringere Massen ermöglicht. So wird zusammen mit der steifen Maschinenstruktur eine Leichtbauweise erreicht, welche die Antriebsdynamik in neue Dimensionen hebt. Diese Vorteile relativieren sich allerdings durch größeren konstruktiven Aufwand bei den Gelenken und höheren Rechenaufwand für die Steuerung. Denn aufgrund der gekoppelten kinematischen Struktur lassen sich nicht mehr einzelne, unabhängige Bewegungsachsen einfach und ohne größeren Aufwand berechnen. Erst die hohe Rechenleistung der heutigen Steuerungen macht Parallelkinematiken im Maschinenbau möglich.

Die bereits erwähnte Hexapod-Struktur ist ein gutes Beispiel für eine solche parallele Stabkinematik. Sie ist so aufgebaut, daß sechs längenveränderliche Stäbe – zum einen im Maschinengestell, zum anderen an einer beweglichen Plattform – über Kugel- beziehungsweise Kardangelenke gelagert sind (Bild 1 rechts). Durch Koordination der sechs Stablängen ist eine allgemeine räumliche Bewegung der Plattform mit drei Translationen und drei Rotationen möglich (sechs Freiheitsgrade). Die Anwendung dieser Kinematik beschränkte sich zunächst auf Flug- und Fahrsimulatoren, da dort im Vergleich zu Werkzeugmaschinen die geforderte Bahn- und Positioniergenauigkeiten um ein Vielfaches niedriger liegen.

Zwei mögliche Konzepte zum Positionieren und Orientieren einer Plattform mit sechs Stäben zeigt Bild 1. Bei der ersten Variante wird die Plattform über sechs längenveränderliche Stäbe bewegt. Diese können als zwei ineinanderfahrende Rohre ausgeführt werden – einem im Gestell kardanisch gelagerten äußeren Rohr und einem darin geführten inneren Rohr, das über einen Kugelrollspindelantrieb bewegt wird und mit der Plattform über ein Kugelgelenk verbunden ist. Eine weitere interessante Variante sind teleskopierbare Kugelrollspindelsysteme, mit denen derzeit Verhältnisse von ausgefahrener Spindel zu eingefahrener Spindel bis drei erreicht werden können. Diese sogenannten Teleskopaktoren bieten einen spürbaren Vorteil – sie ermöglichen den Bau von besonders kompakten Maschinen, was natürlich der Präzision zugute kommt.

Bei der zweiten Variante, einem sogenannten Slide-Konzept, wirken Stäbe konstanter Länge auf die Werkzeugplattform, wobei deren gestellseitige Auflager über einen Linearantrieb bewegt werden. Im Rahmen des vom Bundesministeriums für Bildung und Forschung (BMBF) unterstützten Projektes DYNAMIL (Dynamische, innovative Leichtbaukonzepte für die Produktion 2000) werden am Laboratorium für Werkzeugmaschinen und Betriebslehre (WZL) der RWTH Aachen zusammen mit 18 deutschen Werkzeugmaschinen- und Komponentenherstellern Parallelkinematiken für Werkzeugmaschinen entwickelt, realisiert und untersucht.

Die Prototypen am Werkzeugmaschinenlabor

In Zusammenarbeit mit der Firma Ingersoll Milling Machines wurde eine der ersten Werkzeugmaschinen nach dem Hexapod-Prinzip weiterentwickelt. Bild 2 zeigt den Prototypen, der nun am Werkzeugmaschinenlabor für meßtechnische Arbeiten und weitere Optimierungen bereitsteht. Die das Fräswerkzeug antreibende

Hauptspindel wird von einer Plattform getragen, deren Position und Orientierung sechs längenveränderliche Streben bestimmen. Den speziellen Namen „Horizontal Octahedral Hexapod HOH 600" verdankt diese Maschine seinem Maschinengestell, das einen Oktaeder bildet – eine besonders steife und einfache Stabkonstruktion. Sie verleiht der Maschine ihre hohe Eigensteifigkeit. Die Aktoren bestehen aus einer im Gestell kardanisch gelagerten Hülse, in der ein zweites Bauteil – angetrieben von einem Kugelrollspindelantrieb – linear verfährt. Dessen Ende ist über ein Axiallager sowie Kardangelenk mit der Plattform verbunden. Im Aktor ist ein Meßsystem integriert, daß direkt zwischen den beiden Anlenkpunkten mißt.

Bild 2 Horizontal Octahedral Hexapod HOH 600 der Firma Ingersoll

Das Fräswerkzeug kann in einem Arbeitsraum von 600 Millimetern in x-, y- und z-Richtung verfahren, dabei kann es um plus/minus 15 Grad geschwenkt werden. Ein Überschreiten dieses Winkels ist nur mit steuerungsseitiger Kollisionsüberwachung möglich, da der zulässige Schwenkwinkel bei Parallelkinematiken ortsabhängig ist. Durch die räumliche Anordnung der Aktoren ist es möglich, daß sie in bestimmten Stellungen miteinander kollidieren können oder aber, daß die maximalen Schwenkwinkel in den Gelenken überschritten werden. Diese kritischen Situationen werden in der Maschinensteuerung allerdings durch eine Kollisionsüberwachung verhindert und somit ein sicherer Betrieb gewährleistet.

Die Maschine erreicht Vorschubgeschwindigkeiten von 40 Metern pro Minute sowie Beschleunigungen von bis zu sechs Metern pro Sekunde zum Quadrat. Durch Gewichtsentlastung der Plattform soll dieser Wert weiter gesteigert werden.

Die Maschine erreicht ohne Berücksichtigung der Hauptspindelsteifigkeit statische Steifigkeiten in x- und y-Richtung von 50 Newton pro Mikrometer sowie in z-Richtung von 140 Newton pro Mikrometer. Dies bedeutet, daß für eine Verformung von einem tausendstel Millimeter eine Kraft von 50 Newton beziehungsweise 140 Newton aufgebracht werden muß – es handelt sich also um eine der steifsten Fünf-Achs-Fräsmaschinen. Entsprechend wird der Hexapod speziell beim Bearbeiten von Freiformoberflächen, etwa in der Flugzeug- und Automobilindustrie sowie im Werkzeug- und Formenbau eingesetzt. Denkbar ist auch die Produktion geometrisch komplizierter Werkstücke, wie zum Beispiel Turbinenschaufeln oder spiralverzahnte Kegelräder.

Um aber die Potentiale paralleler Kinematiken auch für das große Spektrum der dreiachsig zu bearbeitenden Werkstücke auszuschöpfen, wird derzeit vom WZL – ebenfalls im Rahmen des BMBF-Verbundprojektes – das dreiachsige Maschinenkonzept DYNA-M entwickelt (Bild 3).

Hierbei handelt es sich nicht um ein vollständig paralleles Konzept wie bei den zuvor vorgestellten Hexapoden, sondern um ein Hybridkonzept, bei dem ein ebenes Koppelgetriebe als zweiachsige, parallele Struktur eine Bewegung des Spindelkastens in der x-y-Ebene bewirkt. Der Antrieb des Koppelgetriebes erfolgt durch zwei direkt auf den Spindelkasten wirkende Linearaktoren. Die z-Bewegung kann dabei vom Werkstückträger oder – wie in Bild 3 dargestellt – durch eine Pinole erfolgen. Da dieses Konzept zunächst für

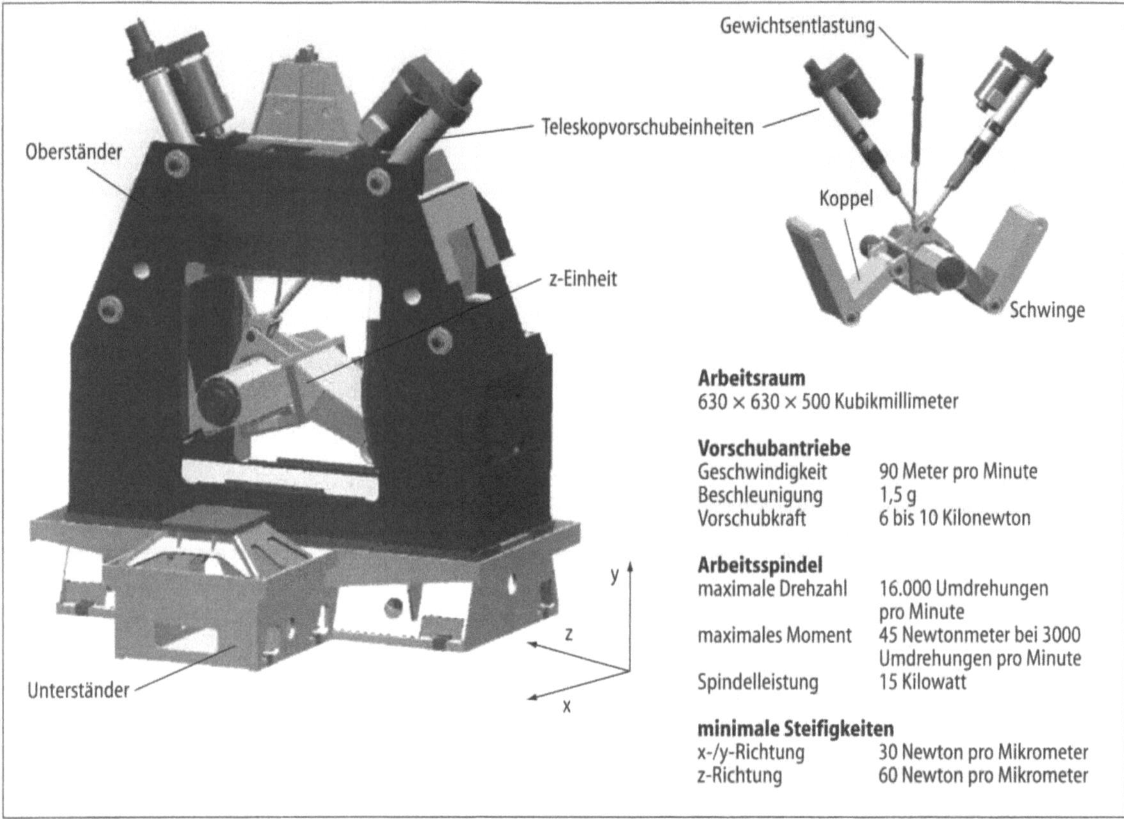

Bild 3 Drei-Achs-Maschine DYNA-M mit ebener Koppelkinematik

Transferstraßen gedacht war, werden bei dieser Variante alle Bewegungen vom Werkzeugträger ausgeführt.

Zum Führen des Spindelkastens schließt sich an die rechts im Maschinengestell angelenkte Schwinge eine Koppel an, die mit dem Spindelkasten fest verbunden ist. Die starre Verbindung ist notwendig, um die freie Drehung des Spindelkastens um die z-Achse zu unterbinden. Ein links an den Spindelkasten anschließender Zweischlag erhöht die Maschinensteifigkeit. Der Antrieb dieser Führungskinematik erfolgt über zwei im oberen Teil des Maschinengestells angelenkte Schubschleifen, die als Lineardirektantrieb oder als Kugelrollspindelantrieb ausgelegt werden können. Der Prototyp wird mit teleskopierbaren Kugelrollspindelantrieben ausgerüstet sein.

Im Vergleich zu vollparallelen Kinematiken verbessert die ebene parallele Kinematik das Verhältnis von Maschinenbauraum zu nutzbarem Arbeitsraum. Auch kommen die Drehgelenke im Führungsgetriebe mit vorspannbaren und einfach abzudichtenden Lagerungen aus.

Rechnerunterstützter Entwurf von Parallelkinematiken

Für eine einfache Bewegung entlang der x-Achse ist es bei Parallelkinematiken erforderlich, alle Achsen zu bewegen. Die Gesetzmäßigkeit, wie die Stellwege der einzelnen Aktoren zur Bewegung des Werkzeuges beitragen, wird durch die Koordinatentransformation beschrieben: Sie ist stark nichtlinear, das bedeutet, daß für das Verfahren des Werkzeuges mit konstanter Geschwindigkeit zum Beispiel entlang der x-Achse die einzelnen Aktoren nicht ebenfalls mit konstanter Geschwindigkeit verfahren, sondern die Geschwindigkeit von der jeweiligen Position des Werkzeuges abhängt. Diese Zusammenhänge sind bei parallelen Kinematiken nur schwer zu durchschauen, und eine Optimierung ist ohne leistungsfähige rechnerunterstützte Konstruktionswerkzeuge kaum erreichbar (Bild 4).

Anders als bei seriellen Kinematiken kann der Positionierarbeitsraum nicht unabhängig von der Orientierung des Werkzeuges beschrieben werden, denn die im Arbeitsraum erreichbare Orientierung des Werkzeuges wird durch Maschinengrenzen wie minimaler Abstand der Antriebsstreben oder maximale Kardanwinkel bestimmt. Nach Auswahl des kinematischen Prinzips sind die konstruktiven Parameter der Kinematik zunächst so zu konfigurieren, daß der geforderte Arbeits- und Orientierungsbereich abgedeckt werden kann. Dreidimensionale CAD-Modelle (Computer Aided Design, CAD) erlauben hier zusammen mit einer Bewegungssimulation ein schnelles Erkennen von kollisionsgefährdeten Stellungen und sorgen für konstruktive Abhilfe. Dies ist insbesondere bei räumlichen Kinematiken mit bis zu sechs Freiheitsgraden erforderlich. Um Kollisionsfreiheit zu garantieren, bedarf es einer Kontrolle der Grenzparameter über den gesamten Positionier- und Orientierungsbereich.

Zudem ist es erforderlich, Größen wie Geschwindigkeit und Beschleunigung, so wie sie am Werkzeug gefordert werden, auf die einzelnen Aktoren zu transformieren, um diese entsprechend dimensionieren beziehungsweise das Übertragungsverhalten optimieren zu können. Ganz besonders aber kommt es auf die Präzision der Werkzeugmaschine an. Ein entscheidender Einfluß geht dabei von der Steifigkeit der zugrunde gelegten Struktur aus. Neben den am Werkzeugträger angreifenden Kräften und Momenten bedingen die an den bewegten Gliedern wirkenden Gewichts- und Massenkräfte sowie -momente elastische Verformungen in den einzelnen Elementen der Struktur. Die hierdurch bewirkte Verdrehung und Verschiebung des Werkzeugträgers gegenüber seiner Sollposition und -orientierung beschränkt die erreichbaren Lagegenauigkeiten der Werkzeugmaschine. Dabei spielt auch hier die Ortsabhängigkeit eine wesentliche Rolle, da die Verschiebung und Verdrehung des Werkzeugträgers von seiner Lage im Arbeitsraum abhängt. Maßgeblich für die Belastbarkeit beziehungsweise für die maximale Positions- und Orientierungsgenauigkeit einer Parallelkinematik ist also die für die Steifigkeit ungünstigste Konfiguration der Struktur innerhalb des Arbeitsraumes. Neben der Entwicklung zur Analyse des Steifigkeits- und Verformungsverhaltens kommt es auf die Erfassung und Bewertung dieser ungünstigsten Lagen an. Zur Ermittlung des Steifigkeitsverlaufes über den gesamten Arbeitsraum hinweg sowie eventuell vorhandener Orientierungsachsen müssen vereinfachte Modelle bezüglich der Geometrie der einzelnen Glieder sowie ihres mechanischen Verhaltens formuliert werden. Mit diesen Modellen sind die Extrema der mit der Maschinenkonfiguration erreichbaren Steifigkeiten bestimmbar. Kommen exaktere Verfahren zum Einsatz - zum Beispiel nach der Methode der Finiten Elemente - sind anschließend die einzelnen Extrema genauer zu untersuchen und gegebenenfalls Optimierungsvorschläge abzuleiten.

Die Erfassung und Bewertung der ungünstigsten Lagen

Bild 4 Rechnergestützte Entwicklung und Konstruktion neuer Werkzeugmaschinenkonzepte

Computer Aided Design (CAD)
Das 3-D-Volumenmodell bildet die Grundlage für sämtliche Untersuchungen des Maschinenverhaltens.

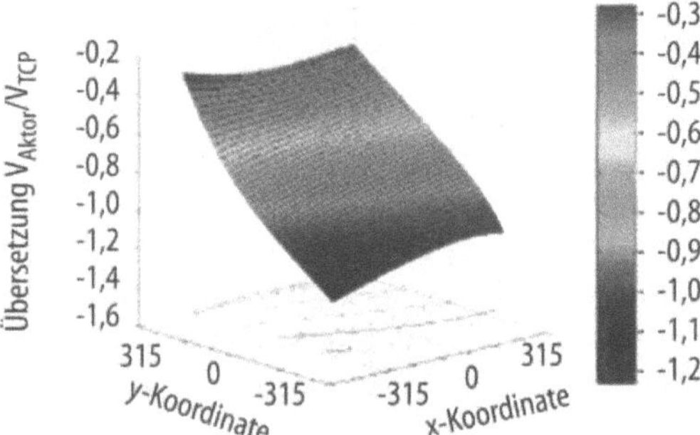

Kinematik
Berechnung von Übersetzungsverhältnissen, Kollisionskontrollen, Arbeitsraumberechnung, Berechnung von Antriebskräften, Berechnung des dynamischen Bewegungsverhaltens

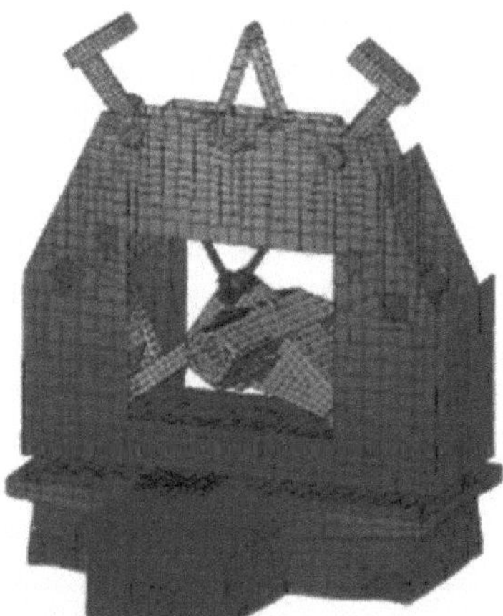

Finite-Elemente-Methode (FEM)
Analyse des statischen und dynamischen Maschinenverhaltens, Optimierung des statischen Verhaltens

Grundvoraussetzung für den Betrieb von parallelen Maschinenkinematiken als Werkzeugmaschine ist die Umrechnung der gewünschten Position und Orientierung der Werkzeugplattform in die Steuergrößen der Aktoren. Beim Hexapoden sind dies die sechs Längen der teleskopischen Beine. Diese sogenannte inverse Transformation läßt sich geschlossen berechnen. Bei der Vorwärtstransformation, bei der umgekehrt aus den Beinlängen die Plattformposition errechnet wird, ist dies nicht der Fall. Das sich hier ergebende nichtlineare Gleichungssystem läßt sich nur durch aufwendige numerische Verfahren iterativ lösen.

Steuerungstechnik von Parallelkinematiken

Um einen sicheren Betrieb des Hexapoden innerhalb des gesamten Bewegungsraumes sicherzustellen, ist es erforderlich, sämtliche Kollisionsmöglichkeiten ständig zu überwachen (Bild 5). Unter Kollisionsüberwachung verstehen wir die Kontrolle maschineninterner Grenzen, die mit den Achsendschaltern konventioneller Maschinen vergleichbar sind. Innerhalb des kubischen Arbeitsraumes des Hexapoden treten solche Kollisionen nicht auf, der Bewegungsraum des Hexapoden umfaßt jedoch ein größeres räumliches Gebiet, das in der Praxis beispielsweise bei Anfahrbewegungen und beim Werkzeugwechsel auch tatsächlich benutzt wird. Beim Hexapoden ist dieser Bewegungsraum begrenzt durch mögliche Berührungen von Beinpaaren, von Kollisionen des Spindelgehäuses mit den Antriebsstreben sowie von den maximalen Winkelauslenkungen der Kardangelenke in der Plattform und in der Basis. Die minimalen und maximalen Beinlängen begrenzen ebenfalls den Bewegungsraum.

Ein wichtiger Aspekt für den Erfolg paralleler Kinematiken für Werkzeugmaschinen ist die erreichbare Genauigkeit dieser neuen Maschinenstrukturen. Für einen Manipulator mit sechs Freiheitsgraden können theoretisch alle mechanischen Fehler durch die Steuerung kompensiert werden. Mit der Übertragung der Genauigkeit

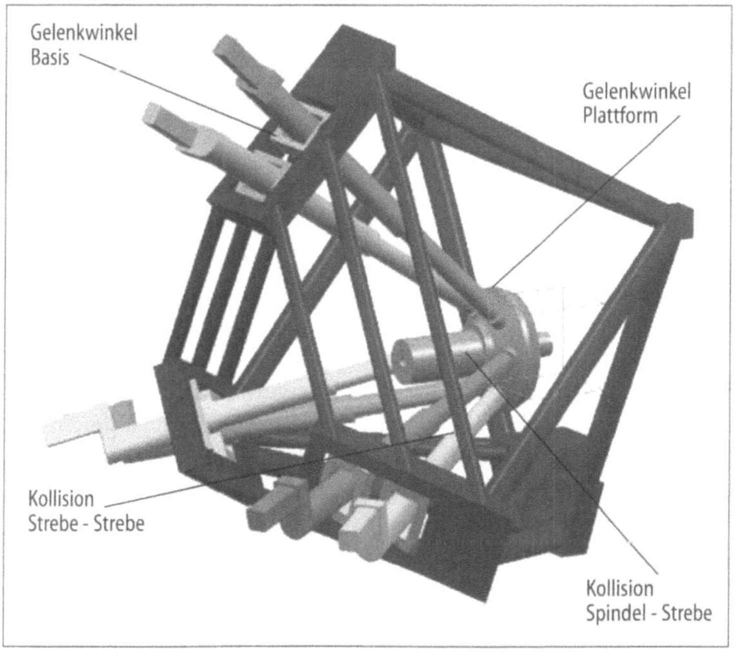

Genauigkeit von Parallelkinematiken

Bild 5 Überwachte Kollisionsmöglichkeiten am Horizontal Octahedral Hexapod

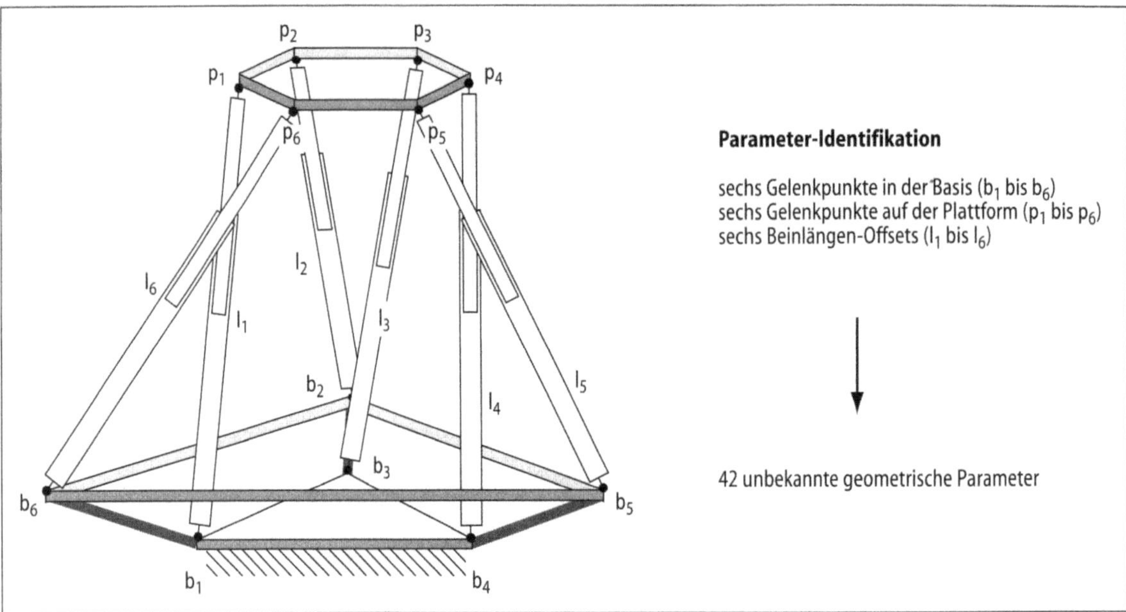

Bild 6 Parameteridentifikation des Horizontal Octahedral Hexapod

von der Hardware zur Software – zum Beispiel des Gestells oder der Plattform – lassen sich die Maschinenkosten erheblich senken.

Das Maschinengestell des Octahedral Hexapod erfordert keine großen Bearbeitungsgenauigkeiten, da die tatsächlichen Gelenkpunkte innerhalb der Steuerung als Parameter gesetzt werden. Das Anpassen der geometrischen Maschinendaten an das tatsächliche kinematische Verhalten der Maschine wird Kalibrierung genannt. Während bei kartesischem Maschinenaufbau die Achsen unabhängig voneinander kalibriert werden können, stellt sich die Kalibrierung paralleler Anordnungen wesentlich schwieriger. Für den Octahedral Hexapod müssen zwölf Gelenkpositionen sowie sechs Beinlängenfehler durch die Kalibrierung bestimmt werden (Bild 6). Dazu haben wir eine Kalibrierstrategie mit Hilfe eines siebten, redundanten Beines entwickelt, das auf dem Maschinentisch montiert sowie mit der Werkzeugaufnahme der Hauptspindel verbunden ist. Das Bein ist mit einem linearen, inkrementellen Wegmeßsystem ausgestattet. Mit mindestens 42 Messungen im Arbeitsraum werden so die unbekannten Maschinendaten bestimmt.

Kurzum: Auch wenn die vorgestellten Maschinenkonzepte ihre Marktfähigkeit erst noch beweisen müssen, zeigen sie zumindest, daß künftig eine Loslösung von der klassischen Werkzeugmaschinenarchitektur möglich ist. Festgelegte Bewegungsmöglichkeiten am sogenannten Tool-Center-Point, Belastungen und die Arbeitsgenauigkeit sind die Randbedingungen für die Auslegung neuer Werkzeugmaschinen mit parallelem Bewegungsmechanismus. Simulationen im Bereich der Kinematik, Dynamik und Systemsteifigkeit sind für die Konstruktion solcher Maschinen unverzichtbar. Die Steuerung von Parallelkinematiken muß neben der Achstransformation für den sicheren Betrieb der Maschine sorgen – etwa mit einer integrierten Kollisionsüberwachung oder Freifahrunterstützung. Und um dafür die erforderlichen Algorithmen implementieren zu können, werden

Steuerungen benötigt, die entsprechend offen sind. Die genaue Bestimmung der Gelenkpositionen von Parallelstabkinematiken mit Hilfe der Kalibrierung ist zum einen unabdingbar für die genaue Steuerung der Maschine, zum anderen eröffnet sie die Möglichkeit, einzelne Komponenten mit geringeren Fertigungs- und Montagetoleranzen herstellen zu können. Werkzeugmaschinen werden in Zukunft also mit deutlich geringerem Aufwand herzustellen und in Betrieb zu nehmen sein.

Autoren

Prof. Dr.-Ing. Dr.-Ing. E. h. Manfred Weck ist Inhaber des Lehrstuhls für Werkzeugmaschinen, Direktor des Laboratoriums für Werkzeugmaschinen und Betriebslehre (WZL) der RWTH Aachen und Direktoriumsmitglied des Fraunhofer-Instituts für Produktionstechnologie (IPT) in Aachen, in welchem er die Abteilung Produktionsmaschinen leitet.

Dipl.-Ing. Mathias Giesler, Dipl.-Ing. Andreas Meylahn und Dipl.-Ing. Dirk Staimer sind wissenschaftliche Mitarbeiter am Lehrstuhl für Werkzeugmaschinen des WZL und unter anderem auf dem Gebiet der Konstruktion, Steuerungstechnik und Kalibrierung von Parallelkinematiken für Werkzeugmaschinen tätig.

Literaturhinweise

[1] K.-H. Wurst und R. Wagner: Neue Maschinenkonzepte für die Hochgeschwindigkeitsbearbeitung, wt-Werkstattstechnik, 85, 1995, S. 167 bis 172.
[2] G. Pritschow und K.-K. Wurst: Zur Gestaltungs- und Konstruktionssystematik von Maschinen mit Stabkinematik, wt-Werkstattstechnik, 87, 1997, S. 46 bis 51.
[3] M. Weck, M. Giesler, G. Pritschow und K.-H. Wurst: Den hohen Anforderungen gerecht – Neue Maschinenkinematiken für die HSC-Bearbeitung, Schweizer Maschinenmarkt, 45, 1997, S. 28 bis 35.
[4] M. Weck und M. Giesler: Dyna-M – Ein neues Werkzeugmaschinenkonzept auf Basis ebener Koppelkinematiken, Berichte aus dem Fraunhofer-Institut für Werkzeugmaschinen und Umformtechnik (IWU), Chemnitz, 1, 1998, S. 97 bis 113.

Diodenlaser

Reinhart Poprawe und
Franz Miller

Ein innovatives Werkzeug im Taschenformat

Sie sind das Herzstück von CD-Spielern, Laserdruckern, Scanner-kassen und der optischen Datenübertragung. Sie sind im Alltag längst verbreitet. Doch kaum jemand bekommt die winzigen Licht-spender direkt zu sehen. Unbemerkt und zuverlässig verrichten sie ihre Präzisionsarbeit: Diodenlaser, kleine Halbleiterchips, die Laserstrahlung aussenden. Ein Licht, das – anders als Tageslicht oder gewöhnliche Lampen, die stark streuen – seine gesamte Ener-gie in einem gebündelten Strahl zusammenhält. Laserstrahlung läßt sich auf engstem Raum fokussieren und in winzigen Zeitinter-vallen pulsen. Diese phantastischen Eigenschaften machen den Laser zu einem universalen Werkzeug – stark genug, um härtesten Stahl zu durchbohren und sanft genug, um empfindliche Augen zu operieren.

Die Diodenlaser sind die kleinsten und jüngsten Varianten der Laserfamilie. Die millimetergroßen Halbleiterelemente liefern Lei-stungen im Milliwattbereich. Das reicht für die Anwendungen in der Unterhaltungsindustrie aus. In der optischen Datenübertragung werden allerdings, insbesondere für die Satellitenkommunikation, höhere Leistungen benötigt. So entstanden Hochleistungsdiodenla-

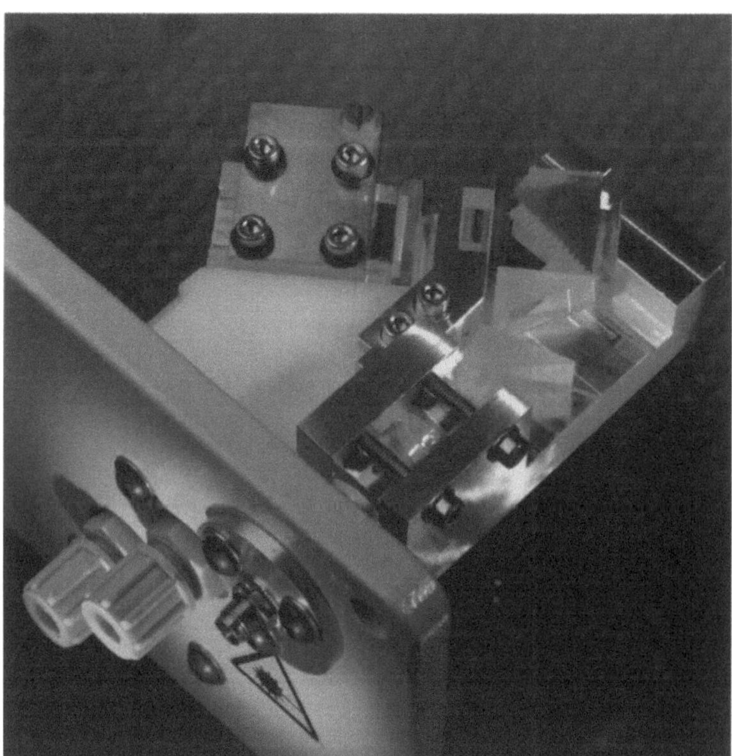

Bild 1 Diodenlasersystem für die Materialbearbeitung

ser. Ihre Verwendung in der Materialbearbeitung steckt zwar noch in den Kinderschuhen; aber ihren großen Brüdern, den konventionellen Gas- und Festkörperlasern, haben sie soviel voraus, daß sie völlig neue Einsatzgebiete erschließen werden. Sie haben einen bis zu zehnmal höheren Wirkungsgrad, sind hundertmal kleiner, sind sehr zuverlässig und langlebig sowie in einer zukünftigen Massenfertigung sehr kostengünstig (Bild 1). Ein Diodenlasersystem, das in eine Schuhschachtel paßt, liefert die gleiche Leistung wie ein Gaslaser so groß wie ein Schrank. Solche unhandlichen Lasergeräte sind in der Materialbearbeitung noch am weitesten verbreitet.

Die konventionellen Gas- und Festkörperlaser werden in zahlreichen Branchen wie etwa im Fahrzeugbau, im Maschinenbau, in der Elektrotechnik und Elektronik, in der Verpackungs- und der metallverarbeitenden Industrie eingesetzt. Diese Industriezweige decken in Deutschland bereits ein Sechstel der gesamten Wertschöpfung von 3500 Milliarden Mark ab. Zu den Standardaufgaben des Lasers zählen das Schneiden und das Markieren (Bild 2); sie machen weltweit etwa 60 Prozent Marktanteile aus. Die metallverarbeitende Industrie setzt Laserschneidanlagen dort ein, wo es auf Flexibilität und Produktvielfalt ankommt. Mit dem Laser können verschiedenste Konturen berührungslos und ohne Werkzeugwechsel abgefahren werden. Führende Hersteller haben das Laserschneiden mit konventionellen Stanzwerkzeugen kombiniert, um sowohl Standard- als auch Sonderaufgaben mit einer einzigen Maschine wirtschaftlich zu erledigen. Das am Aachener Fraunhofer-Institut für Lasertechnik (ILT) entwickelte Hochgeschwindigkeits-Laserschneidverfahren eröffnete

Bild 2 Innovative Variante des 3-D-Markierens: mit einem diodengepumpten Festkörperlaser erzeugte Gravur im Inneren eines Glasblocks

den Anwendern neue Perspektiven. So erhöht die Integration von Lasern in Längsteilanlagen die Produktivität. Durch den nicht mehr notwendigen Wechsel konventioneller Rollenmesser und die kurzfristige Einstellung vorgegebener Schnittbreiten wird die Standzeit der Maschine wesentlich verlängert.

Einen festen Platz hat sich der Laser in der Elektrotechnik und Elektronik erobert. Mit der fortschreitenden Miniaturisierung steigen die Anforderungen an die hierfür benötigten Fertigungsverfahren und Werkzeuge. Der Laser bietet sich durch den flexiblen und gezielten Energieeinsatz förmlich an. So zählen Löten, Mikrostrukturieren, Bonden, Feinschneiden und Feinschweißen sowie Trimmen und Bohren zu seinen Standardaufgaben. Mit einem Anteil von 18 Prozent nimmt die Mikrobearbeitung einen bedeutenden Platz in der Lasermaterialbearbeitung ein. Neue Verfahren wie das laserunterstützte Mikrojustieren werden erhebliche Einsparpotentiale bringen. Aufwendige mechanische Halterungen für Mikrobauteile lassen sich durch Laser auf ein Minimum reduzieren.

Das Schweißen zählt mit einem Marktanteil von 16 Prozent weiterhin zu den interessantesten Laseranwendungen. Im Automobilbau werden Laser bei neu eingeführten Modellen bereits systematisch in die Produktionslinien eingeplant. Vorversuche für den industriellen Serieneinsatz bei Aluminium verliefen erfolgreich. Der neueste Trend im Karosseriebau geht zur sogenannten *Tailored-blank*-Technologie, der maßgeschneiderten Fertigung dünner Bleche. Dabei werden Blechplatinen unterschiedlicher Dicke und Materialart für spezifische technische Anforderungen zusammengeschweißt. So müssen korrosionsgeschützte Bleche nur dort eingesetzt werden, wo starke Beanspruchungen durch äußere Einflüsse auftreten. An Stellen, die lediglich eine optische Funktion erfüllen, reichen hingegen dünne, unbeschichtete Bleche aus. Dadurch werden Gewicht sowie Energie- und Rohstoffverbrauch deutlich reduziert. Aufgrund seiner hohen Fokussierbarkeit, seiner hohen Prozeßgeschwindigkeit und der geringen Wärmebelastung wird der Laser bevorzugt zum Schweißen von Tailored Blanks eingesetzt. Mit Laserschweißanlagen werden bereits jetzt maßgeschneiderte Bleche im Wert von 400 Millionen Mark pro Jahr gefertigt, Tendenz steigend.

Die Oberflächenbearbeitung nimmt zwar nur einen kleinen Marktanteil ein, sie bietet aber ein großes Entwicklungspotential. Härten, Legieren, Beschichten und Reinigen sind bereits industriell erprobte Verfahren. Für den Formen- und Werkzeugbau, den Fahrzeug- und den Turbinenbau werden nun Instandsetzungsverfahren einsatzreif, die teure Investitionen in neue Bauteile erübrigen. So wurden am Aachener ILT Schiffskurbelwellen und Präzisionswerkzeuge zu einem Bruchteil der Anschaffungskosten repariert. Hier eröffnen sich für Laserlohnfertiger mittelfristig neue Geschäftsfelder.

Für die zahlreichen Fertigungsverfahren werden unterschiedliche Laser eingesetzt. Neben den Kohlendioxid-Gaslasern mit Strahlleistungen bis zu 40 Kilowatt kommen zunehmend Festkörperlaser in Kombination mit flexiblen Lichtwellenleitern mit Strahlleistungen bis vier Kilowatt zum Zuge. Die Elektronikindustrie greift für die Mikrobearbeitung vornehmlich auf Excimerlaser im ultravioletten

Bereich und Festkörperlaser zurück. Der Übergang von den konventionellen Lasersystemen zu den Diodenlasern stellt eine Revolution in der Lasertechnik dar, vergleichbar mit dem Sprung von der Radioröhre zum Transistor in der Unterhaltungselektronik.

Allerdings erfordern die Anwendungen wie Schneiden und Schweißen von den Diodenlasern hohe Strahlleistungen und eine hohe Strahlqualität. Dies ist bei allen Fortschritten der letzten Jahre nicht mit den bisherigen Konzepten zu erreichen. Es gilt, technologisches Neuland zu betreten. Aus diesem Grunde initiierten das ILT und die Rofin-Sinar Laser GmbH ein Forschungsprojekt, das die konsequente Erarbeitung wissenschaftlich-technischer Grundlagen in der Halbleiter- und Lasergerätetechnik sowie die industrielle Anwendung der neuen Diodenlaser zum Ziel hat. Im Wettbewerb des Bundesministeriums für Bildung, Wissenschaft, Forschung und Technologie „Innovative Produkte auf der Grundlage neuer Technologien sowie zugehöriger Produktionsverfahren" wählte 1998 eine unabhängige Jury aus 271 Ideenskizzen die fünf besten Leitprojekte aus. Das Projekt „Modulare Strahlwerkzeuge" gehörte zu den Gewinnern. In einem Zeitraum von fünf Jahren werden nun neue leistungsfähige Diodenlasergeräte entwickelt und Anwendungen wie das Schneiden und Schweißen von Blechen, das Beschriften und Bohren sowie das Sintern und Umschmelzen erschlossen.

Das Konsortium aus 15 Industriepartnern und sechs Forschungsinstituten versammelt die führenden deutschen Experten. Ziel ist, den Stellenwert Deutschlands als Weltzentrum der Laserfertigungstechnik langfristig zu sichern. Immerhin hält Deutschland bei industriellen Laseranlagen einen beachtlichen Weltmarktanteil von 30 Prozent und sogar 40 Prozent bei den eingesetzten Laserquellen. Mit einer neuen Generation von Hochleistungsdiodenlasern eröffnen sich darüber hinaus vielfältige Märkte. Letztendlich wird damit eine neue Ära der Produktionstechnik eingeleitet. Deutschland ist darauf angewiesen, stets über die höchstentwickelte Fertigungstechnik zu verfügen – genügend Gründe, das Vorhaben mit öffentlichen Mitteln zu fördern. Die Chancen sind nicht schlecht, denn die deutsche Laserforschung hat in den letzten Jahren den erheblichen Rückstand bei den Hochleistungsdiodenlasern gegenüber den USA deutlich verringert. Dabei ist auch ein umfangreiches und kompetentes Netzwerk zwischen Wissenschaft und Wirtschaft entstanden. Das weltweit führende Know-how bei klassischen Lasern gilt es nun auf Diodenlaser zu übertragen.

Da einzelne Laserdioden höchstens einige Watt Leistung bringen, steht und fällt das Konzept damit, daß es den Laserentwicklern gelingt, eine möglichst große Anzahl einzelner Diodenstrahlen vorteilhaft miteinander zu kombinieren. Denn für das Schweißen und Schneiden von Stahl werden sowohl Leistungen von mehreren Kilowatt als auch eine außerordentlich hohe Qualität des Laserstrahls benötigt. Die Halbleiterspezialisten reihen deshalb auf einen Chip von zehn Millimeter Breite eine Serie vieler Laserelemente nebeneinander. Solche Barren erzeugen heute eine Leistung von 20 bis 30 Watt. Sie werden übereinander gestapelt, und 60 bis 80 solcher Diodenbarren können dann gemeinsam mehr als 1,5 Kilowatt Leistung

Deutschland hat die Chance, den Stellenwert als Weltzentrum der Laserfertigungstechnologie langfristig zu sichern

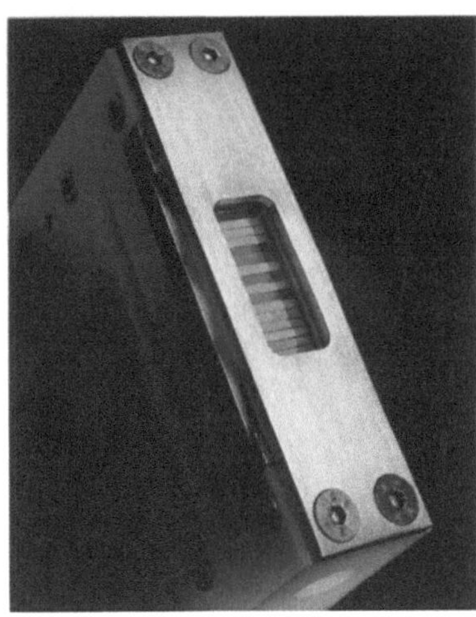

Bild 3 Hochleistungsdiodenlaser sind aus einzelnen Diodenbarren aufgebaut, die übereinander gestapelt Leistungen von mehr als 1,5 Kilowatt erzeugen können.

erzeugen (Bild 3). Dies setzt voraus, daß die Einzelstrahlen mit Mikro- und Makrooptiken so geformt und gebündelt werden, daß ein kräftiger Gesamtstrahl entsteht. Mit dieser Technik war es möglich, in den letzten Jahren sehr kompakte und robuste Lasergeräte zu bauen. Wegen der schlechten Strahlqualität läßt sich dieser Laserstrahl allerdings nicht so fein bündeln wie ein herkömmlicher Laser. Das ist der Grund, warum in der direkten Materialbearbeitung nur bestimmte Fertigungsverfahren wie das Kunststoffschweißen, das Weichlöten, das Wärmeleitungsschweißen, das Transformationshärten oder das laserunterstützte Drehen und Fräsen durchgeführt werden (Bilder 4 bis 6). Diese Verfahren stellen nur geringe Anforderungen an die Fokussierbarkeit des Strahls.

Neue Forschungen belegen, daß es grundsätzlich möglich ist, zu erheblich höheren Strahlqualitäten bei hohen Ausgangsleistungen zu kommen und somit nahezu alle Fertigungsverfahren für den Diodenlaser zu erschließen. Um das breite – wirtschaftlich relevante – Anwendungsspektrum zu erschließen, müssen sowohl die Halbleiter-Strahlquellen als auch die entsprechenden Optiksysteme grundlegend neu entwickelt werden. Im Leitprojekt werden somit völlig neue technische Konzepte erprobt. Dazu bedarf es jedoch einer übergreifenden Forschungskooperation von drei unterschiedlichen Technologiebereichen: der Chiptechnologie, die Halbleiterbauelemente mit höherer Ausgangsleistung, Strahlqualität und Kombinierbarkeit herstellt; der Lasergerätetechnik, die diese Halbleiter montiert, mit mikrooptischen Elementen versieht und eine hochpräzise Kombinationstechnik entwickelt; und der Anwendungstechnik, die diese neuen Laser in Schlüsselanwendungen erprobt und die Erfahrungen zurückspeist.

Das erste Ziel, die Leistung der einzelnen Halbleiterlaser auf über 100 Watt zu vervierfachen und die Strahlqualität zu verbessern sowie die Lebensdauer zu steigern, ist eine sehr anspruchsvolle Aufgabe. Denn solche Strahlquellen gibt es noch nirgends auf der Welt. Doch die Projektpartner Siemens AG, Fraunhofer-Institut für Angewandte Festkörperphysik (IAF) in Freiburg und das Berliner Ferdinand-Braun-Institut für Höchstfrequenztechnik haben in vergange-

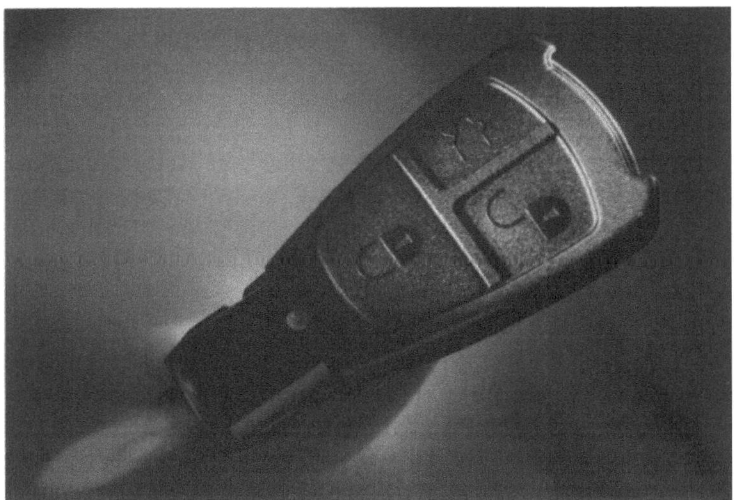

Bild 4 Mit Diodenlaser geschweißtes Kunststoffgehäuse eines elektronischen Fahrberechtigungssystems für Kraftfahrzeuge

nen Projekten genügend Know-how gesammelt, um das zu schaffen. Die Laserelemente werden Schicht für Schicht auf Galliumarsenid-Substrate aufgebaut. Die Herstellungsverfahren gilt es nicht nur zu verbessern, es müssen auch neue Lösungskonzepte wie Trapezlaser und verkoppelte Einzelemitter realisiert werden. Die Brillanz der Diodenlaser zu steigern ist vorrangiges Ziel; denn eine bessere Strahlqualität ist die Voraussetzung für höhere optische Leistungsdichte. Der Aufbau und der Test der neuen Barren erfolgt dann in enger Zusammenarbeit mit dem Aachener ILT und den Komponenten- und Geräteherstellern. Diese Barren werden zunächst auf Mikrokühler montiert, um die entstehende Wärme effektiv abzuleiten. Genauso wichtig sind die mikrooptischen Komponenten, die alle Einzelstrahlen zusammenführen und zu einem Gesamtstrahl formen. All diese Bauteile müssen verbessert werden. Außerdem ist nur mit neuartigen Füge- und Montagetechniken die hohe Qualität zu erreichen. Noch herrscht in den Labors Handarbeit vor.

Parallel zur Erarbeitung der technologischen Grundlagen ist ein breites Spektrum grundlegender Anwendungsuntersuchungen geplant. In Zusammenarbeit zwischen dem ILT und einer Anzahl industrieller Partner untersucht man die Integration in die Fertigungstechnik und entwickelt völlig neue Werkzeuge wie eine optische Schere, verzugsfreies Simultanhärten oder Tiefschweißen. Am Aachener Fraunhofer-Institut für Produktionstechologie (IPT) wird etwa das laserunterstützte Zerspanen erprobt, eine neue Fertigungstechnik, mit der auch härteste Materialien zerspant werden können. Weitere Beispiele, welche die Industrie erprobt und in einzelnen Fällen bereits einsetzt, sind das Weich- und Hartlöten, die Kunststoffbearbeitung, die Mikrotechnik und die Reparatur von Formen und Motorteilen.

Die wichtigste Bedingung für den Erfolg ist die permanente Rückkopplung zwischen Chiptechnologie, Lasergerätetechnik und Anwendung. Nur in dieser Kooperation können innovative und leistungsfähige Produkte entstehen, mit denen die Vorteile der Hochleistungsdiodenlaser voll ausgespielt werden. Nicht nur die deutschen Lasergeräte- und Laseranlagenhersteller werden davon profitieren, sondern auch die Werkzeugmaschinen- und Anlagenbauer. Die Wirkung reicht noch weiter: Die Automobilindustrie, die Elektrotechnik, die Verpackungsbranche und die metallverarbeitende Industrie können mit den neuen Werkzeugen erhebliche Produktivitätsfortschritte erzielen, wie die zahlreichen Beispiele des Leitprojekts belegen. Damit wird letztendlich die internationale Wettbewerbsfähigkeit deutscher Firmen gesteigert.

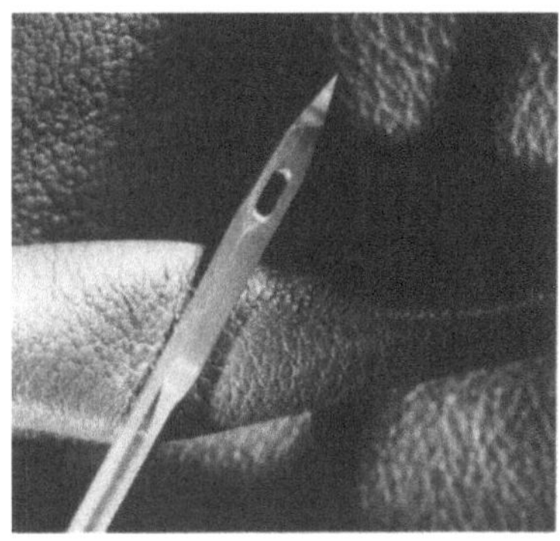

Bild 5 Härten einer Nadel mittels Diodenlaser

Bild 6 Ein Diodenlaser eignet sich auch zur Verbindung von Thermoplasten und thermoplastischen Elastomeren. Hier mehrere Prüfkörper

Autoren

Prof. Dr. Reinhart Poprawe, M.A., ist Leiter des Fraunhofer-Instituts für Lasertechnik und Inhaber des Lehrstuhls für Lasertechnik an der RWTH Aachen.

Franz Miller ist Leiter der Pressearbeit der Fraunhofer-Gesellschaft in München und verantwortlicher Redakteur des Fraunhofer-Magazins.

Stoffumwandlung durch Katalyse

Wilhelm Keim

Bedeutung und Zukunft einer chemischen Technologie

Spätestens seit der Einführung der Katalysatoren für Autoabgase sind die Begriffe Katalyse und Katalysator weithin bekannt. Wenige jedoch wissen, daß die Katalyse ein in der Natur weit verbreitetes Phänomen ist. Ohne sie gäbe es kein Leben auf unserem Planeten. Es gäbe aber auch keine chemische Industrie und deren unzählige Produkte, die in allen Bereichen unseres Lebens eine wichtige, teils existentielle Rolle spielen. So steht hinter Ernährung, Erhaltung unserer Gesundheit, Schaffung vieler Dinge des täglichen Bedarfs die chemische Industrie mit ihrer Vielzahl katalysierter Verfahren. Diese Seite der modernen Chemie hat in den Industrieländern eine immense Bedeutung. Während die Katalyse ursprünglich auf die chemische Industrie beschränkt war, wo mehr als 90 Prozent aller Produkte im Verlaufe ihrer Herstellung katalytische Verfahren durchlaufen, finden wir sie heute im Umweltschutz, in der Bereitstellung von Energie, bei der Herstellung neuer Materialien und vielem mehr.

Die treibende Kraft für den Einsatz von Katalysatoren kann sehr unterschiedlich sein. In der Industrie herrschen wirtschaftliche Gründe vor, denn bei der Suche nach neuen oder verbesserten Verfahren und Produkten führt kein Weg an ihnen vorbei. Es gilt Rohstoffe optimal zu nutzen, Ressourcen zu schonen, Energie einzusparen und umweltverträgliche Verfahren zu betreiben. Die Verbesserung der Selektivität und Aktivität von Katalysatoren steht im Mittelpunkt vieler Forschungsbemühungen. Verschärfte Umweltanforderungen und ein genereller Druck in Richtung milder Prozeßbedingungen weisen ihnen für die Zukunft eine Schlüsselrolle zu.

Mit der zunehmenden Bedeutung des Umweltschutzes müssen auch neue Verfahren zur Entfernung von Schadstoffen aus Luft, Wasser und Boden entwickelt werden. Während sich gute Erfolge in der katalytischen Schadstoffentfernung aus der Luft abzeichnen – als beeindruckendes Beispiel für den Erfolg seien die Autoabgaskatalysatoren genannt –, befinden sich die Entwicklungen bei Wasser und Boden noch in den Kinderschuhen. Viele Experten sehen daher im Umweltschutz das größte Wachstumspotential für die Katalyse.

Homogene, heterogene und Biokatalyse

Wir unterscheiden heute zwischen der homogenen, heterogenen und Biokatalyse. In der Anwendung nehmen heterogene Verfahren mit mehr als 80 Prozent den größten Raum ein. Sie werden auch in der Zukunft dominieren. Waren früher eher das handwerkliche Geschick und die Erfahrung des Chemikers vonnöten, forscht die moderne Wissenschaft auf diesem Gebiet heutzutage mit methodisch gewonnenen Erkenntnissen, die nachvollziehbar sind. Die Zeiten der *black box*, in der alles dem Zufall überlassen war, sind vorbei. Mit den Entwicklungen der Analytik von Oberflächen (*surface science*) gewinnen wir ein fundiertes Verständnis der Vorgänge am Ort des Geschehens auf atomarer Ebene. Von Einkristallen lernen wir komplexe Vielstoffsysteme besser zu verstehen. In der Regel läuft die heterogene Katalyse an festen Stoffen ab, die amorph oder kristallin aufgebaut sind. Die Kristalle bilden Kristallflächen, die im Reaktionsverlauf eine wichtige Rolle spielen. Rastertunnelmikroskope erlauben es, einzelne Atome sichtbar zu machen. Es zeigt sich, daß sich die Atome dynamisch verhalten und nicht statisch an einem festen Ort bleiben.

Die homogene Katalyse läuft meist in flüssiger Phase ab. Diese kann aus gelösten Säuren und Basen oder aus löslichen Metallverbindungen bestehen. Während die chemische Reaktion bei den heterogenen Verfahren an der Oberfläche fester Katalysatoren stattfindet, bilden die homogenen Katalysatoren mit den beteiligten Stoffen eine einzige gemeinsame Lösung. Zur Zeit werden viele Prozesse der chemischen Industrie auf diese Weise durchgeführt. Der größte Vorteil der homogenen Katalyse kann in der Selektivität gesehen werden. Chemische Reaktionen können mit Hilfe von homogenen Übergangsmetallverbindungen des Periodensystems der Elemente verschieden durchgeführt werden. Bei der chemoselektiven Variante wird zwischen zwei Gruppen im Molekül unterschieden. Die regioselektive Katalyse unterscheidet die beteiligten Reaktionspartner nach ihrer Lage im Molekül. Sogenannte stereoselektive Katalysatoren nutzen Eigenschaften spiegelbildlicher Moleküle.

Selektivität bedeutet Vermeidung von Nebenprodukten, beinhaltet aber auch neue Verfahren und neue Produkte. Beispielhaft seien hier die stereorigiden Metallocene des Zirkoniums genannt. Diese Katalysatoren bestehen aus optisch aktiven Verbindungen, die zwei Fünfringe enthalten. Ein Molekül ist optisch aktiv, wenn es sich nicht durch Parallelverschiebung und/oder Drehung mit seinem Spiegelbild zur Deckung bringen läßt, wie zwei Hände (rechts und links), die nicht zur Deckung gebracht werden können, ganz gleich, wie man sie dreht. Solche speziellen Metallocene führten zu einer Revolution der Ziegler-Natta-Polymere. Die zielgerichtete Architektur von Polymeren, die Herstellung bestimmter Molekülstrukturen wird im steigenden Maß möglich. Ein Ende ist hier nicht abzusehen. Wenn es gelingt – und die Aussichten sind gut –, auch Olefine mit funktionellen Gruppen in die Ziegler-Natta-Katalyse einzubinden, dann werden viele neue Kunststoffe der Lohn sein.

Ein wichtiges Kriterium bei homogenen Verfahren nimmt die Steuerung der Richtung einer chemischen Reaktion durch Liganden ein. Auch in der Natur spielen Liganden eine wichtige Rolle. Dort liegen sie als Aminosäuren vor oder als Porphyrin, dessen vier stickstoffhaltige Gruppen sich um ein Metallatom lagern. Diese Konstruktion findet sich beispielsweise im Hämoglobin des Blutes. Hier stehen wir sicherlich noch am Anfang des Verständnisses, aber die Erkenntnisse schreiten rasch voran.

Viele sehen in der Wirkungsweise von Liganden eine Brücke zur Biokatalyse, die von lebenden Organismen ausgeht und die sehr viel komplexer ist als die heterogenen oder homogenen Verfahren. Solche Biokatalysatoren sind unter anderem die Enzyme, die den Stoffwechsel oder den Informationsaustausch steuern. Die von ihnen gelenkten chemischen Reaktionen verlaufen hochgradig selektiv und mit minimalem Energieaufwand. Zur Zeit wird intensiv versucht, diese biologischen Synthesewege der Natur zu nutzen und die Optimierungsstrategien ins Reagenzglas zu übertragen. Sicherlich befindet sich die Übertragung der Funktionsweise von Biokatalysatoren auf homogene Übergangsmetallkatalysatoren noch im Anfangsstadium. Die Gentechnologie mit ihrer Möglichkeit, Proteine mit völlig beliebigen Aminosäureketten herzustellen, läßt aber kaum vorstellbare Perspektiven zukünftiger Entwicklung erahnen. Der Satz „Was im 19. Jahrhundert die Physik, im 20. Jahrhundert die Chemie waren, wird im 21. Jahrhundert die Biologie sein", scheint sich zu bewahrheiten.

Die Katalyse ist eine Schlüsseltechnologie für viele Anwendungen wie: Materialien, Energie, Fahrzeug- und Maschinenbau, Elektronik und Informationstechnologien, Gesundheit und Ernährung, Umweltschutz (Bild 1).

Materialien: Neue Werkstoffe haben die Entwicklung der menschlichen Lebensbedingungen wesentlich geprägt. Die Suche nach neuen Hochleistungswerkstoffen ist zu einer großen Herausforderung an Wissenschaft und Technik geworden. So verlangt die moderne Industriegesellschaft nach maßgeschneiderten Polymeren. Eine moderne Material- und Werkstofforschung wird ohne Katalyse nicht möglich sein. Ein Ende der Entwicklung ist keineswegs abzusehen.

Energie: Auch im Bereich der Energie ist die Verarbeitung der fossilen Rohstoffe (Erdgas, Erdöl, Kohle) und die Umwandlung der nachwachsenden Rohstoffe zu Energieträgern ohne Katalysatoren kaum möglich. Sei es die Verbrennung von Erdgas, die Herstellung und Umsetzung von Synthesegas (Kohlenmonoxid und Wasserstoff), die Erdölverarbeitung, die energetische und chemische Nut-

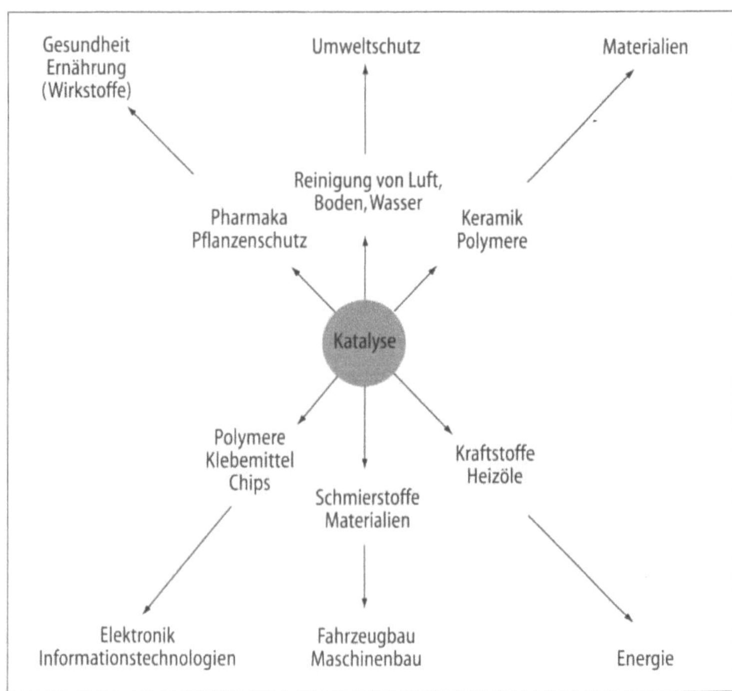

Bild 1 Anwendungsbereiche der Katalyse

zung von Kohle und Biomasse – stets ist die Katalyse dabei. Es zeichnet sich bereits heute ab, daß sie im Energiesektor auch weiterhin eine tragende Rolle spielen wird. So findet zur Zeit in den Raffinerien ein großer Wandel statt. Höhere Anforderungen an die Umweltverträglichkeit führen zu einer veränderten Zusammensetzung von Kraftstoffen und Heizöl. Ein Problem in Heizöl ist der Schwefelgehalt. Schwefel verbrennt zu Schwefeloxiden, die den Regen versäuern. Ein anderes Problem ergibt sich aus den Aromaten wie Benzol. Benzol kann katalytisch so verändert werden, daß es der Umwelt nicht mehr schadet. Auch in der Wasserstoff-Brennstoffzelle sind Katalysatoren im Spiel, etwa bei der Umwandlung von erdöl- oder erdgasstämmigen Produkten zu Wasserstoff. Eine besonders wirkungsvolle Anwendung in der Energieerzeugung ist die Hydrazinzersetzung, die zum Steuern der Satelliten, aber auch beim Einsatz von Rettungssystemen (Schleudersitze im F-16-Kampfjet) benutzt wird. Hydrazin ist eine Verbindung, die aus Wasserstoff und Stickstoff besteht. Beim katalytischen Zerfall wird in sehr kurzer Zeit viel Gas gebildet, das nach dem Prinzip des Rückstoßes die Startraketen des Schleudersitzes treibt.

Katalyse ist Schlüssel für die Brennstoffzellen-Technologie

Fahrzeug- und Maschinenbau: Im Maschinen- und Fahrzeugbau sind durch Katalyse erzeugte Produkte vorrangig im Materialbereich zu finden. So wuchs bei Autos die Zahl der Karosserieteile aus Kunststoff stark an. Selbst Stoßstangen können heute aus Kunststoff gefertigt werden. Ein weiteres Beispiel sind die Schmierstoffe, die bei der Schmierung von gleitenden Metallteilen so wichtig sind.

Elektronik und Informationstechnologien: Auch die moderne Elektronik und Computer wären ohne katalytisch hergestellte Produkte der chemischen Industrie nicht möglich. Sei es das „Reinstsilizium im Chip", seien es die vielen Klebstoffe oder die zahlreichen Materialien für die Bauelemente, die allesamt ihre Existenz katalytischen Verfahren verdanken. Die Katalyse wird einen festen Platz in der zukünftigen Entwicklung in der Elektronik und der Informationstechnologie haben.

Gesundheit und Ernährung: Auf einen besonders beeindruckenden Erfolg der Katalyse kann bei Gesundheit und Ernährung verwiesen werden. Als im Jahre 1913 Fritz Haber und Carl Bosch bei der BASF die Ammoniaksynthese – die Umsetzung von Stickstoff und Wasserstoff zu Düngemitteln – realisierten, begann der Siegeszug der technischen Katalyse. Wohl kaum eine andere chemische Reaktion hat einen größeren Beitrag zur Ernährung der Weltbevölkerung beigetragen.

In engem Zusammenhang hiermit steht der chemische Pflanzenschutz, der in der Agrarproduktion sehr bedeutend ist. Ohne Insektizide, Fungizide und Herbizide ist eine gesicherte Ernährung der Menschheit kaum vorstellbar. Viele der im Pflanzenschutz eingesetzten Produkte haben während ihrer Herstellung katalysierte Reaktionsschritte durchlaufen.

Auch die Gesundheit von Mensch und Tier ist ohne Verwendung von speziellen Wirkstoffen nicht denkbar. Wirkstoffsynthesen stellen besondere Anforderungen an die verwendeten Verfahren. Von großem Interesse sind hier wirksame Substanzen, die es gestatten, selektiv ein Enantiomer herzustellen. Die biologische Aktivität der beiden Enantiomere eines Wirkstoffes (Bild und Spiegelbild), wie zum Beispiel bei Arznei- und Pflanzenschutzmitteln, bei chemischen Signalstoffen (Pheromone) oder bei Geschmacks- und Riechstoffen, ist oft verschieden. Wer schluckt gerne eine Pille, von der eine Hälfte gar nicht wirksam ist oder – schlimmer noch – unerwünschte Effekte zeigt, wie seinerzeit die tragischen Wirkungen des Schlafmittels Contergan, das bei Kindern von Müttern, die das Medikament während der Schwangerschaft eingenommen hatten, schwere Mißbildungen hervorgerufen hatte. Die enantioselektive Katalyse erscheint hier besonders vielversprechend, um gezielt ein Enantiomer herzustellen.

Katalysatoren können Schadstoffe vermeiden

Umweltschutz: Des weiteren müssen neue Verfahren entwickelt werden, um Schadstoffe aus Gasen (Luft), Wasser und Feststoffen (Erde) zu entfernen. Katalysatoren können Schadstoffe vermeiden und beseitigen. Vermeiden kann bedeuten, daß man die Selektivität, mit der eine Verbindung hergestellt wird, verbessert oder daß Schadstoffe erst gar nicht entstehen. Zudem schont Vermeidung die Ressourcen. Wenn unerwünschte Nebenprodukte reduziert werden, lassen sich auch Energie und Rohstoffe einsparen.

Die Beseitigung von Schadstoffen aus Abgasen ist im Vergleich zur Entfernung von Schadstoffen aus Wasser und aus Feststoffen technisch am weitesten fortgeschritten (Autoabgaskatalysatoren). Man unterscheidet die oxidativen Verfahren, hauptsächlich für organische Gaskomponenten (katalytische Nachverbrennung, KNV), und die reduktiv wirkenden, die Stickoxide reduzieren (*selective catalytic reduction*, SCR).

Aus den bisherigen Ausführungen geht hervor, daß es sich bei der Katalyse um ein wahrhaft interdisziplinäres Wissenschaftsgebiet mit hohem Anwendungsbezug handelt. Da ist es nicht überraschend, daß sie in vielen Bereichen der praxisbezogenen Lehre und Forschung der RWTH einen besonders hohen Stellenwert einnimmt. Die Fachgruppe Chemie verfolgt drei Forschungsschwerpunkte: Werkstoffe/mesoskopische Systeme, asymmetrische Synthese/Wirkstoffe sowie Katalyse; letztere besteht aus den Bereichen homogene/heterogene Verfahren am Institut für Technische Chemie und Petrolchemie, heterogene Katalyse am Institut für Brennstoffchemie und physikalisch-chemische Verfahrenstechnik sowie aus Teilbereichen der Institute für Organische und Anorganische Chemie. Die Katalyse im Fachbereich Chemie erfährt auch Unterstützung durch andere Forschergruppen der RWTH. Beispielhaft bildet die metallorganische Chemie, die einen breiten Raum in der Lehre und Forschung der anorganischen Chemie einnimmt, das Rückgrat für die homogene Übergangsmetallkatalyse am Institut für Technische Chemie und Petrolchemie. Dort werden Arbeiten auf folgenden Gebieten durchgeführt: Suche nach selektiven Reaktionen, um Polymere (Kunststoffe) und Oligomere (Schmieröle, Waschmittel) gezielt herzustellen; Reaktionen mit Kohlenmonoxid; Rückführung von Katalysatoren; Synthesegas-Chemie; Vergasungsverfahren; Raffinerieprozesse; Korrosion; Verfahrensentwicklungen. Der Schwerpunkt Katalyse ist auch mannigfaltig mit anderen Fachdisziplinen der RWTH wie Biochemie, Verfahrenstechnik, Biotechnologie und Kristallographie verflochten.

Jeder Katalysator muß vor dem Hintergrund seines geplanten Einsatzfeldes gesehen werden. So ist durch die Wahl eines bestimmten Reaktors meist auch das Verfahren festgelegt, denn die chemische Reaktion benötigt ein Gefäß (Reaktor), in dem sie wirksam werden kann. Für die Herstellung von Alkohol wäre dies ein Glaskolben, in dem die Gärung ablaufen kann. Beim Autoabgaskatalysator ist es die Metalltube unter dem Fahrzeugboden. Sie hat Einfluß auf die Bauform des Fahrzeugs.

Der Katalysator muß oft auf die Bedingungen seines Einsatzes hin abgestimmt werden. Umgekehrt kommt es aber auch häufig vor, daß Reaktor und Verfahren sich nach ihm richten müssen, damit die Reaktion optimal ablaufen kann: Die Reaktorwahl schreibt die Anwendungsform des Katalysators fest. In Wirbelbettreaktoren liegt er als Staubteilchen vor, die durch die eingeleiteten Gase aufgewirbelt werden. Deshalb sind dafür feinteilige, abriebfeste Stoffe notwendig. Die Katalysatorentwicklung muß Aspekte der Verfahrenstechnik berücksichtigen, um zu einer technisch realisierbaren Lösung zu gelangen. Hieraus wird die Überlappung mit der Verfahrenstechnik von der Fakultät für Maschinenwesen besonders anschaulich.

Eine Forschung, von der man praktisch nutzbare Ergebnisse erwartet, kann nicht isoliert an einzelnen Instituten von Hochschulen und außeruniversitären Einrichtungen stattfinden. Zusammenarbeit ist gefordert. Entsprechend gibt es ein enges Netzwerk von Zusammenarbeit im „Forschungsverbund Katalyse Nordrhein-Westfalen", dem 24 Arbeitsgruppen aus einer Anzahl von nordrheinwestfälischen Universitäten, der Max-Planck-Gesellschaft und dem Forschungszentrum Jülich angehören. Dieser Verbund wird federführend vom Institut für Technische Chemie und Petrolchemie der RWTH Aachen betreut. Nicht zuletzt sei auf die notwendige Zusammenarbeit mit der Industrie verwiesen, die in der Katalyseforschung besonders eng ist.

Für die Katalysatorentwicklung sind fachübergreifende Kenntnisse – etwa aus der Verfahrenstechnik – notwendig

Prof. Dr. rer. nat. Wilhelm Keim ist Direktor des Instituts für Technische Chemie und Petrolchemie. Sein Forschungsgebiet ist die homogene Übergangsmetallkatalyse.

Autor

Katalysatoren: Nicht nur im Auto

Wolfgang F. Hölderich und
Gerd Dahlhoff

Die heterogene Katalyse als Wegbereiter neuer effizienter Synthesen und des produktintegrierten Umweltschutzes

Befragt nach den großen Herausforderungen an die moderne Industriegesellschaft im kommenden Jahrhundert, gab der durchschnittliche Deutsche im letzten Jahr zunächst die Sicherung und Schaffung von Arbeitsplätzen, die Bewahrung des Lebensstandards und schließlich den Erhalt der Umwelt an. Daß diese drei, oft in einem Atemzug genannten pauschalen Aussagen durchaus konträr zueinander liegen, zeigt ein Blick auf unseren Globus.

Arbeitsplätze contra Umwelt: Weltweit werden heute etwa 800 Millionen Kraftfahrzeuge betrieben, von deren Herstellung in Deutschland jeder fünfte Arbeitsplatz abhängt. Verkehrsexperten zufolge wird sich die Zahl der Kraftfahrzeuge bis ins Jahr 2030 auf rund 1,6 Milliarden verdoppeln. Wie kann vor dem Hintergrund der Klimaerwärmung der Schadstoffausstoß des einzelnen Fahrzeugs stark reduziert werden und damit Mobilität für den einzelnen auch ökologisch vertretbar bleiben?

Lebensstandard contra Umwelt: In den bevölkerungsreichen Ländern insbesondere in Fernost ist mit einem rasant wachsenden Chemiemarkt zu rechnen, der zunächst dazu dient, die Grundbedürfnisse der dort lebenden Menschen zu befriedigen. Der legitime Wunsch eines Angleichs des Lebensstandards an westliche Verhältnisse wird mit einer weiteren Erhöhung der Chemieproduktion verbunden sein. Wie können die Kapazitäten in der chemischen Industrie ohne schädliche Nebenwirkungen auf die umgebende Umwelt ausgebaut werden?

Immer öfter gehören ökologische und ökonomische Überlegungen zusammen. In Zeiten steigender Energie- und Rohstoffkosten weisen chemische Prozesse mit hohen Kosten für Heizenergie oder Kompression in der finanziellen und ökologischen Bilanz vergleichsweise niedrige Wirkungsgrade auf. Wie kann in solchen Fällen die Nutzung der eingesetzten Ressourcen durch neue Verfahren und intelligente Prozeßführung deutlich verbessert werden?

Ein Weg, der zur Lösung all dieser Fragen beschritten wird, ist die Katalyse. Dieser Zweig der chemisch-technischen Forschung hat sich in den letzten 100 Jahren zu einem ökonomisch wie ökologisch äußerst bedeutenden Anwendungsgebiet in der chemischen Industrie, Petrochemie und Raffinationstechnik entwickelt. Die Katalyse bleibt allerdings nicht auf diese Industriezweige beschränkt. Auch im alltäglichen Leben finden sich einige Anwendungen, und so ist das Wort „Katalysator" inzwischen auch dem an der Technik weniger interessierten Mitbürger bekannt. Gerade weil man diesen Begriff zunächst nur mit der Entgiftung umweltschädlicher Autoabgase am Drei-Wege-Katalysator und der Rauchgasentstickung in Kraftwerken in Verbindung brachte, ist die Katalyse für die breite Öffentlichkeit zu einer Umwelttechnik schlechthin geworden. Dies ist allerdings nur ein Beispiel des sehr weitgefächerten Einsatzes von Katalysatoren als sogenannte *End-of-pipe*-Technologie. Sie besteht darin, Prozesse, die umweltschädliche Stoffe freisetzen, mit nachgeschalteten Trennprozessen und katalytischen Stoffumwandlungen den verschärften Emissionsbestimmungen des Gesetzgebers anzupassen. Aufgrund der unterschiedlichen Natur der gleichzeitig anfallenden umweltschädlichen Stoffe sind diese Verfahren meist aufwendig und sehr teuer. Hier findet sich also wieder der anfangs beschriebene Gegensatz zwischen Nutzen und Ökologie.

Mit Hilfe der heterogenen Katalyse ist dieser Gegensatz jedoch lösbar. Die Rolle von Katalysatoren in der Zukunft wird nicht mehr darin liegen, Schadstoffe erst am Ende teuer aus Produkt- und Prozeßströmen zu filtern, sondern die Entstehung dieser Schadstoffe durch Maßnahmen schon im Prozeß selbst zu unterbinden. Im Rahmen dieses produktintegrierten Umweltschutzes fungieren sie als moderne Werkzeuge für selektive Stoffumwandlung. Katalysatoren sollen helfen, Produkte aus der erdölverarbeitenden und der chemischen Industrie ressourcenschonend zu synthetisieren, wettbewerbsfähig und ohne Neben- oder Abfallprodukte. Damit sind sie ein Schlüssel zur „nachhaltigen Entwicklung", wie sie auf dem Umweltgipfel von Rio de Janeiro gefordert wurde. Die chemische Industrie Deutschlands hat sich der Verpflichtung zu *responsible care*, zum verantwortlichen Handeln, ausdrücklich angeschlossen.

Katalysatoren als Schlüssel für eine nachhaltige Entwicklung

Nicht nur der ökologische, sondern auch der ökonomische Nutzen spielt beim Einsatz von Katalysatoren eine entscheidende Rolle. Ihre Bedeutung für die Volkswirtschaft spiegelt sich im Markt für katalytisch erzeugte Produkte wider. Der Weltmarkt für Katalysatoren liegt bei etwa fünf Milliarden US-Dollar. Der größte nationale Markt für die Herstellung von Chemikalien und petrochemischer Produkte sind die USA. 1992 wurden dort allein in diesem Gebiet Katalysatoren für 1,48 Milliarden US-Dollar eingesetzt. Die Wertschöpfung der damit katalytisch erzeugten Produkte betrug 890 Milliarden US-Dollar. Dies entspricht etwa einem Fünftel des US-Bruttosozialproduktes. Diese Zahlen zeigen, daß die Katalyse in der chemischen Industrie einen hohen Stellenwert einnimmt. Tatsächlich durchlaufen etwa 90 Prozent aller chemischen Produkte im Laufe ihrer Entstehung einen katalysierten Verfahrensschritt.

Was sind Katalysatoren, und worin besteht ihre Wirkungsweise? Der Katalysator ist ein Stoff, der die Geschwindigkeit einer chemischen Reaktion erhöht. Ohne ihn würde sie nur sehr langsam oder gar nicht ablaufen. Besondere Bedeutung kommt der Selektivität eines Katalysators zu, die dafür sorgt, daß unter einer Auswahl verschiedener Möglichkeiten nur der Reaktionsweg beschleunigt wird, der zur Bildung des gewünschten Produkts führt.

Eingeteilt wird die Katalyse grob in heterogen, homogen und enzymatisch katalysierte Prozesse. Bei der heterogenen Katalyse ist der Katalysator ein Feststoff, und die Reaktanden werden in der Gas- oder Flüssigphase über den Katalysator geleitet. Die genannten Beispiele Autoabgaskatalysator und Rauchgasentstickung gehören dieser Gruppe an. Als Feststoffe kommen vorwiegend Metalle wie Eisen, Kobalt, Nickel, Silber, Palladium und Platin sowie Metallderivate wie Oxide und Chloride zum Einsatz. Bei der homogenen Katalyse befinden sich Katalysator und Reaktanden in gleicher Phase und liegen im Normalfall als Flüssigkeit vor. Neben wäßrigen Brönsted- und Lewissäuren beziehungsweise -basen werden als vielseitige, in homogener Lösung wirkende hochselektive Katalysatoren metallorganische Verbindungen genutzt. Die Vorteile der enzymatischen Katalysatoren sind in hoher Effizienz, Multifunktionalität und Selektivität zu sehen.

Die präparativ-technisch arbeitende Katalysatorforschung sieht sich mit neuen Herausforderungen konfrontiert. Sie muß künftig umweltfreundliche, optisch reine Chemikalien für die Pharmaindustrie, für die Landwirtschaft und die Kosmetikbranche liefern. Weiterhin gilt es, hochselektive, ressourcenschonende Verfahren zu entwickeln, die ohne Nebenprodukte oder Abfälle ablaufen. Zur Einsparung von fossilen Ausgangsstoffen wie Erdöl müssen Chemikalien auf Basis nachwachsender Rohstoffe entwickelt werden. Zudem sollen alternative Energieträger in verschiedenen Bereichen der Technik und des täglichen Lebens genutzt werden.

Mit Katalyse gelingt es, hochreine Medikamente zu gewinnen

Ein äußerst komplexes Gebiet der Katalyse ist die enantioselektive Herstellung optisch reiner Verbindungen beispielsweise für Pharmaka. Hierzu müssen Katalysatoren für die selektive Entstehung der gewünschten Form von chiralen Molekülen eingesetzt werden. Chiralität (Händigkeit; von griechisch *cheir*, Hand) bezeichnet die Eigenschaft spiegelbildlicher Moleküle, außer den Spiegelachsen keine weiteren Symmetrieelemente zu enthalten. Diese Eigenschaft kann man sich am Beispiel von linker und rechter Hand leicht veranschaulichen. Im Falle des Thalidomids (Contergan) wirkt die eine Form des spiegelbildlichen Moleküls (Isomer) als Beruhigungsmittel. Das gespiegelte Isomer verursacht bei Neugeborenen tragischerweise Mißbildungen. Diese Tatsache zeigt die enorme Bedeutung, die die Gewinnung einer hochreinen Fraktion nur eines der beiden Isomere für die pharmazeutische Industrie hat.

Weltweit ist die enantioselektive Synthese ein Forschungsschwerpunkt in Industrie und an Hochschulen, an der RWTH zum Beispiel im Sonderforschungbereich (SFB) 380 „Asymmetrische Synthesen mit chemischen und biologischen Methoden". Ein Forschungsansatz arbeitet mit dem *Ship-in-the-Bottle*-Prinzip. Hierbei wurden bereits selektiv optisch aktive Alkohole und Epoxide synthetisiert. Beim *Ship-in-the-Bottle*-Prinzip werden chirale Homogenkatalysatoren wie Platin-, Mangan-, Eisen- oder Rhodiumkomplexe in den großen Hohlräumen einer mineralischen Zeolithstruktur physikalisch immobilisiert. Diese immobilisierten Komplexe können über die Kanäle des porösen Zeolithen nicht entweichen. Durch diese Immobilisierung kann die bei der Homogenkatalyse problematische Abtrennung des Katalysators und seine Rückführung in die chemische Reaktion erheblich vereinfacht werden. Weiterhin ist durch die definierte Zeolithstruktur die Möglichkeit einer selektiven Reaktionsführung gegeben, da nur Moleküle bestimmter Größe entstehen können, die durch die Zeolithhohlräume begrenzt ist.

Im Bereich des produktintegrierten Umweltschutzes wird der heterogenen Katalyse eine herausragende Rolle zukommen. Bereits heute gibt es einige Beispiele. So lassen sich Isobuten und Ammoniak heute großtechnisch zu tertiär-Butylamin verbinden. Butylamin ist ein wertvolles Zwischenprodukt für die Reifen- und Pharmaindustrie. Die BASF in Ludwigshafen entwickelte hierfür einen Katalysator, der nicht nur 99 Prozent Selektivität aufweist, sondern darüber hinaus ausreichend lange stabil bleibt. Da keine anorganischen oder toxischen Verbindungen verwendet werden müssen, erbringt dieser Prozeß im Vergleich zum herkömmlichen dreistufigen Ritter-Verfahren erhebliche Vorteile. Bei diesem Verfahren waren Isobuten sowie die hochgiftigen Zusatzstoffe Cyanwasserstoff und Schwefelsäure notwendig. Aus 4,5 Tonnen Ausgangsmaterial produzierte es eine Tonne tertiär-Butylamin und drei Tonnen Abfall. Der neue BASF-Prozeß hingegen setzt eine Tonne Ausgangsstoffe in nahezu eine Tonne Produkt um. Gefährliche Einsatzstoffe werden vermieden. Umweltschädigende Salze fallen in diesem einstufigen Prozeß nicht mehr an.

Die in den letzten Jahren immer strenger werdenden rechtlichen Bestimmungen für den Umweltschutz erfordern es, auch bei der Produktion von Feinchemikalien und Zwischenprodukten die heterogen-katalytische Oxidation als Verfahrensweg zu etablieren. Ein Beispiel hierfür ist das Propylenoxid, das in Frostschutzmitteln, Bremsflüssigkeiten, Weichmachern, Polyurethanen, Lösungsvermittlern und Trägersubstanzen für Cremes und Kosmetika verwendet wird. Bisher wurde Propylenoxid nach dem Chlorhydrin-Verfahren hergestellt und stellte 1994 etwa ein Fünftel der umstrittenen Chlorchemie. Um eine Tonne Propylenoxid herzustellen, entstehen in diesem Verfahren etwa 800 Gramm chlorierte Kohlenwasserstoffe und rund zwei Tonnen kontaminiertes Kalziumchlorid. Saubere Alternativverfahren sind der homogen katalysierte Oxiran-Prozeß von ARCO sowie das heterogen katalysierte SMPO-Verfahren von Shell. In beiden Verfahren werden organische Peroxide zum Übertragen des Sauerstoffs an das Propen verwendet. Dabei entstehen als Koppelprodukte eine Tonne bis 2,5 Tonnen tertiär-Butanol beziehungsweise Styrol pro Tonne Propylenoxid. Die Wirtschaftlichkeit der Verfahren hängt stark von der Bewertung dieser Koppelprodukte ab. Um diesen Verfahrensnachteil aufzuheben, wird Wasserstoffperoxid verwendet. Das setzt die Entwicklung eines neuen Katalysatorsystems auf der Basis von Titanzeolith voraus. Diese Kombination ermöglicht nach dem ENICHEM-Prozeß die Synthese von Propylenoxid mit hoher Selektivität, ohne daß Nebenprodukte (außer Wasser) entstehen. Chlor als konventionelles Oxidationsmittel kann damit durch umweltfreundliches Wasserstoffperoxid ersetzt werden. Direktoxidationen mit Sauerstoff oder Wasserstoffperoxid im Bereich der Zwischenprodukte gewinnen also mehr und mehr an Bedeutung und können aufwendige mehrstufige Prozesse ersetzen.

Ein in diesem Zusammenhang weiteres bemerkenswertes Verfahren ist der von Isobuten und Formaldehyd ausgehende Citral-Prozeß der BASF. Citral ist ein Zwischenprodukt für die Herstellung von Veilchenaroma, das in Parfums oder Haushaltsreinigern enthalten

Produktintegrierter Umweltschutz – ein Fall für Katalyse

ist. Es dient weiterhin als Baustein für die Synthese von Karotinen und Vitamin A. Aufgrund des hohen Bedarfs ist die Gewinnung des natürlichen Duftstoffs aus Früchten nicht sinnvoll. Auf dem traditionellen Weg erreicht man das gewünschte Produkt über eine fünfstufige Synthesekette ausgehend von Beta-Pinen, welches aus Pinien gewonnen wird. Die Nachteile dieses Verfahrens sind eine schlechte Ausbeute, die Rohstofflage, die chlorhaltigen Nebenprodukte und die lange Syntheseroute.

Das ökologisch und ökonomisch günstigere BASF-Verfahren startet mit den vergleichsweise billigen Ausgangsstoffen Isobuten und Formaldehyd. Der entscheidende Schritt dieser dreistufigen Synthese ist die partielle Oxidation von Isoprenol zu Isoprenal mit molekularem Sauerstoff. Ein Silberkatalysator in einem speziellen Kurzbettreaktor erlaubt Verweilzeiten von tausendstel Sekunden (Bild 1). Die Gesamtausbeute an Citral liegt bei etwa 95 Prozent. Neben der Verringerung der Anzahl der Prozeßschritte konnte so auch der Anfall von chlorhaltigen Nebenprodukten vermieden und die Rohstoffbasis auf einfache Weise verbessert werden.

Um den Ausnutzungsgrad der Einsatzstoffe – und auch die Umweltverträglichkeit – solcher chemischen Prozesse besser zu beurteilen, verwendet man den E-Faktor oder inversen Wirkungsgrad. Er beschreibt die anfallende Masse an Nebenprodukten pro Kilogramm gewünschtes Produkt. Durch die oben angeführten Beispiele ist deutlich geworden, daß dieser inverse Wirkungsgrad mit Hilfe der heterogenen Katalyse für viele industrielle chemische Prozesse fast auf Null gedrückt werden kann. Hieran müssen sich die Prozesse in der chemischen Industrie der Zukunft messen.

Aufgrund der begrenzten Verfügbarkeit von fossilen Rohstoffen wie Erdöl besteht künftig die Notwendigkeit, alternative Einsatzstoffe für Chemikalien aus regenerativen Quellen zu finden. Beispielsweise greift man für die Bereitstellung von Schmierstoffen und Druckübertragungsmedien immer noch auf Erdöl als wichtigste Quelle zurück. Jährlich gehen in Deutschland rund 520.000 Tonnen Schmierstoff verloren, davon etwa 100.000 Tonnen allein

Bild 1 Diesen Kurzrohrreaktor nutzt die BASF zur Synthese von Citral, einem wichtigen chemischen Zwischenprodukt (links). Ein Silberkatalysator erlaubt hierbei extrem kurze Verweilzeiten (rechts).

durch Verdampfung und Vernebelung. Zum Teil enthalten diese Substanzen Chlor-, Fluor- und Phosphatverbindungen, so daß sie nicht ökologisch unbedenklich sind. Aufgrund der begrenzten Ressourcen und der schlechten Umweltverträglichkeit von Schmierstoffen auf Mineralölbasis begann bereits in den achtziger Jahren die Entwicklung umweltfreundlicher Schmierstoffe. Aufgrund des gesteigerten Umweltbewußtseins haben sich die Bemühungen verstärkt, natürliche Substanzen mit geringer Toxizität und guter biologischer Abbaufähigkeit zu erforschen. Man greift auf Talg, Schmalz, aber auch auf pflanzliche Fette wie Soja-, Oliven- und Rapsöl zurück (Bild 2). Bei der Verwendung dieser umweltverträglichen Fluide stellt sich jedoch heraus, daß diese für den Einsatz in tribologischen Systemen nicht uneingeschränkt verwendbar sind. Die Forschung des SFB 442 an der RWTH Aachen konzentriert sich nun darauf, die Belastbarkeit der umweltverträglichen Schmierstoffe hinsichtlich Druck, Temperatur und Alterung entscheidend zu verbessern; die tribologischen Vorgaben an Viskosität, eines hohen Verdampfungs- und Flammpunktes sowie eines niedrigen Erstarrungspunktes werden dabei eingehalten. Hierzu werden chemisch veredelte Rapsöle mit Hilfe der Heterogenkatalyse entwickelt.

Alle bisher vorgestellten Anwendungen der heterogenen Katalyse betreffen den Verbraucher nur indirekt. Eine Anwendung könnte sich allerdings in nicht allzu ferner Zeit buchstäblich vor unseren Augen abspielen: das Wasserstoffmobil und damit die heterogen katalysierte Brennstoffzelle. Daß diese neue Technik nicht mehr fern ist, bestätigt der Automobilhersteller Daimler-Chrysler (Bild 3). Der Konzern will 2005 die erste Serie von Pkw auf den Markt bringen, die durch Brennstoffzellen angetrieben werden. In ihnen wird mittels einer Protonen-Austausch-Membran die Fähigkeit von positiv geladenem Wasserstoff, mit negativ geladenem Sauerstoff zwischen zwei Elektroden zu reagieren, in eine elektrische Spannung umgesetzt. Diese Reaktion wird durch einen heterogenen Platinkatalysator erheblich beschleunigt und damit überhaupt erst technisch nutzbar.

Bild 2 Mittels heterogen katalysierter Reaktionen lassen sich aus Raps umweltfreundliche Schmierstoffe herstellen.

Bild 3 Ein Platinkatalysator beschleunigt die in einer Brennstoffzelle ablaufende Reaktion und macht diese technisch erst nutzbar. Auch Busse, wie der von Daimler-Chrysler entwickelte NEBUS *(new electric bus),* lassen sich mit dieser Technologie antreiben.

Um ein modernes Fahrzeug antreiben zu können, müssen mehrere Brennstoffzellen in Reihe arbeiten.

Die Brennstoffzelle läßt sich nicht nur für Automobile einsetzen. Erste Versuche, Videokameras, Laptops oder militärische Nachtsichtgeräte mit Mini-Brennstoffzellen zu betreiben, laufen bereits. In den Visionen der Ingenieure von Daimler-Chrysler und dem kanadischen Brennstoffzellen-Spezialisten Ballard spielt die heterogenkatalytische Brennstoffzelle eine entscheidende Rolle in der Energieversorgung.

Multifunktionelle Katalyse

Weitere Aufgaben werden in der multifunktionellen Katalyse liegen. Hier werden mehrere Prozeßschritte in einem einzigen Reaktor (*One-pot*-Reaktionen) durchgeführt. Diese Verkürzung des Reaktionsweges vermeidet nicht nur Nebenprodukte, die sonst in den einzelnen Reaktionsschritten anfallen, sondern bringt auch erhebliche Einsparungen im Bereich des Anlagenbaus und des Anlagenbetriebs. Des weiteren muß der Katalytiker in der Lage sein, die reine heterogene Katalyse mit neuen Verfahrenskonzepten zu verknüpfen, um die Katalysatoren deutlich effizienter einzusetzen. Beispiele wären das Arbeiten im superkritischen Bereich, Mikroreaktoren, Kurzbettreaktoren mit niedrigsten Verweilzeiten, wie im erwähnten Citral-Prozeß, oder auch gekoppelte Reaktoren, wie die Verwendung von Riserreaktor und Wirbelbett im Maleinsäureanhydrid-Prozeß von DuPont. Darüber hinaus werden *combinatorial chemistry,* Expertensysteme sowie neuronale Netze zur Rezeptoptimierung aus dem Chemikeralltag nicht mehr wegzudenken sein.

Das Potential der heterogenen Katalyse ist lange noch nicht ausgeschöpft. Mit ihr kommt man dem Ziel näher, einen steigenden Lebensstandard weltweit für alle zu ermöglichen und dabei die ökologischen Gleichgewichte der Natur zu wahren. Dies gilt es zu verwirklichen. Damit sind auch die Katalytiker der RWTH Aachen gefordert.

Autoren

Prof. Dr. rer. nat. Wolfgang F. Hölderich ist Direktor des Instituts für Brennstoffchemie und physikalisch-chemische Verfahrenstechnik,

Lehrstuhl für Technische Chemie und Heterogene Katalyse. Seine Forschungsgebiete sind Technische Chemie und Heterogene Katalyse vornehmlich im Bereich der Zwischenprodukte und Feinchemikalien, multifunktionelle Katalyse, saure und basische Katalysatoren, Oxidationskatalysatoren, Zeolithe, nachwachsende Rohstoffe, Brennstoffzelle, neue Reaktorkonzepte sowie Miniplanttechnik.

Dipl.-Ing. Gerd Dahlhoff ist Doktorand. Sein Forschungsgebiet ist die verfahrenstechnische Umsetzung der katalytischen Beckmann-Umlagerung von Cyclohexanonoxim zu ε-Caprolactam.

Literaturhinweise

[1] Projekt Deutschland 2000, Der Spiegel, 40, 1998.
[2] J. Leslie: Dawn of the Hydrogen Age, Wired, Oktober 1997, S. 138 bis 148.
[3] W. F. Hölderich: New Reactions in Various Fields and Production of Specialty Chemicals, Plenarvortrag anläßlich des 10. Internationalen Katalysekongresses, Budapest, Juli 1992, in: Studies in Surface Science and Catalysis, 75, 1993, S. 127 bis 163.
[4] A. Chauvel, B. Delmon und W. F. Hölderich: New Catalytic Processes Developed in Europe during the 1980's, Applied Catalysis A: General, 115, 1994, S. 173 bis 217.
[5] R. A. Sheldon: Catalysis und Polution Prevention, Chemistry & Industry, Januar 1997, S. 12 bis 15.

Flüssige Brennstoffe im Kommen

Heinrich Köhne,
Heinz-Peter Gitzinger und
Klaus Lucka

Ein neues Verdampfungskonzept zur Verbesserung der Verbrennung von Mitteldestillaten

Alle modernen Verbrennungsverfahren haben ein gemeinsames Konstruktionsmerkmal: Eine ausgeklügelte Technik bereitet aus dem gasförmigen, flüssigen oder festen Brennstoff und der Luft ein zündfähiges Gemisch. Die Gemischbildung stellt ein entscheidendes Kriterium für die Qualität der Verbrennung dar. Bei Inhomogenitäten, gleich welcher Art, bilden sich verstärkt Schadstoffe. So treten bei Mangel an Sauerstoff im Abgas mehr unverbrannte Kohlenwasserstoffe und Ruß auf. Zugleich steigt die Verbrennungstemperatur, aus dem Luftstickstoff und dem Sauerstoff entstehen zusätzlich schädliche Stickoxide.

Um Inhomogenitäten zu verhindern, wird versucht, schon vor der Zündung ein möglichst gleichmäßiges, das heißt homogenes Brennstoff-Luft-Gemisch herzustellen. In vormischenden Verbrennungssystemen für gasförmige Brennstoffe ist die Gemischbildung weniger aufwendig, da zwei gasförmige Stoffe gemischt werden. Flüssige Brennstoffe wie Mitteldestillate müssen zuvor jedoch in mikroskopisch kleine Tröpfchen zerstäubt und verdampft werden. Mitteldestillate sind Mischungen verschiedener Kohlenwasserstoffe aus der Erdölraffinerie. Ihr Siedeverhalten liegt zwischen dem von leichtem Benzin und schwerem Heizöl. Da sich in modernen Brennern die Verbrennungszone in unmittelbarer Nähe eines porösen Körpers befindet, sind homogene Gemische eine wichtige Voraussetzung. Das poröse Material trennt die Verbrennung von der Gemischbildung und führt zu einer nahezu geräuschfreien Verbrennung. Bisher scheiterte der Einsatz von Mitteldestillaten an der ungleichmäßigen Vormischung des Brennstoff-Luft-Gemisches. Ein jüngst entwickeltes Verfahren kann hier Abhilfe schaffen; Mitteldestillate können damit künftig in der Erzeugung von Heizwärme oder elektrischer Energie durch Kraft-Wärme-Kopplung angewendet werden. Ein Ausführungsbeispiel für das neuartige Verfahren ist etwa ein Prototyp eines Strahlungsbrenners für flüssige Brennstoffe.

Grundlagen der Gemischbildung

Um die Forschung, die zu dem neuen Strahlungsbrenner führte, zu verstehen, muß man die Grundlagen der Gemischbildung von Luft und Brennstoffen kennen. Flüssige Brennstoffe lassen sich mit Luft schwerer mischen als gasförmige wie Erdgas. Der Brennstoff wird zerstäubt und teilweise oder ganz in der Verbrennungsluft verdampft. In bisher bekannten Konzepten zur Verdampfung von Mitteldestillaten bildet sich an den heißen Oberflächen im Verdampfer ein Flüssigkeitsfilm, der langsam herabrinnt und sehr feste Ablagerungen hinterläßt. Diese Ablagerungen entstehen durch Crack-

Reaktionen. Bei Verbrennungstemperaturen über 400 Grad Celsius werden die Kohlenwasserstoffketten des Brennstoffes in kürzere, unverbrannte Ketten zerlegt. Temperaturen über 400 Grad Celsius sind aber erforderlich, da der obere Siedepunkt des Mitteldestillates zwischen 380 und 400 Grad Celsius liegt. Die Ablagerungen verschlechtern die Verdampfung, weil die Wärmezufuhr blockiert wird. Um die störenden Ablagerungen zu vermeiden, müßte man den direkten Kontakt des Brennstoffes zu den heißen Wänden verhindern.

Bei der direkten Verdampfung kann der Brennstoff auch in einen vorgewärmten Luftstrom zerstäubt und dort bei weiterer Wärmezufuhr vollständig verdampft werden. Durch die notwendigen hohen Temperaturen im Bereich der Gemischbildung könnte sich das Gemisch theoretisch jedoch von selbst entzünden. Für Gemische mit gasförmigen Brennstoffen wie Methan (CH_4) im Erdgas besteht diese Gefahr weit weniger (Bild 1). Das Zündverhalten von flüssigen Kohlenwasserstoffen ist hingegen, insbesondere bei Mitteldestillaten, von erheblichem Interesse.

Die Selbstzündung von Kohlenwasserstoffen verläuft über die Bildung reaktiver Radikale. Sie sind das Ergebnis chemischer Kettenreaktionen, ihre Bildung dauert eine gewisse Zeit. Während dieser sogenannten Induktionszeit findet zwar ein chemischer Umsatz statt, die Temperatur der Mischung bleibt jedoch weitgehend konstant (Bild 2). Die beschriebene Induktionszeit stellt die Zündverzugszeit dar. Diese ist von der Temperatur und vom Druck des Gemisches abhängig. Untersuchungsergebnisse liegen bisher vor allem für Gasturbinen und für Automotoren vor, die höhere Drücke und Temperaturen aufweisen als Heizbrenner. Bei der motorischen Verbrennung lösen die Selbstzündungen das gefürchtete Motorklopfen aus, das den Zylinder und den Kolben zerstören kann. In Gasturbinen begrenzen selbstzündende Gemische bei hohen Drücken den Einsatz der Vormischverbrennung, die die Stickoxide im Abgas reduzieren soll. Für die Gemischbildung steht nur die Zeit des Zündverzugs zur Verfügung, die bei hohen Drücken im Bereich einiger Millisekunden liegt.

Beim Einsatz zerstäubter flüssiger Brennstoffe beeinflussen auch andere Effekte die Zündverzugszeit. So zeigten Untersuchungen an

Selbstzündung, Zündverzug und Kalte Flammen

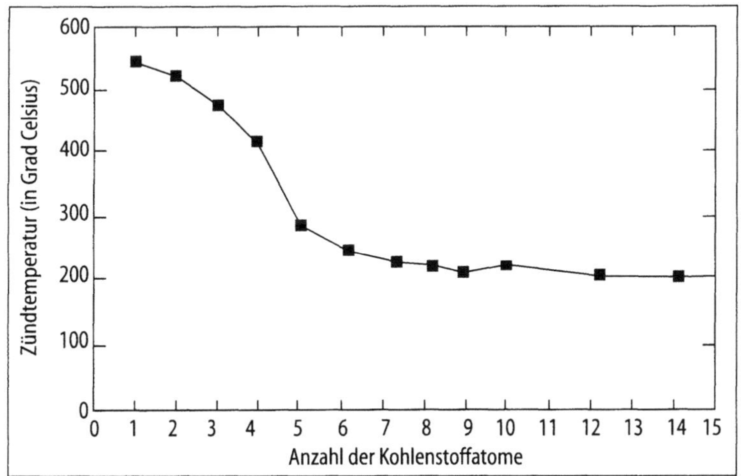

Bild 1 Abhängigkeit der Zündtemperatur von der Kohlenstoffkettenlänge

Bild 2 Schematischer Temperaturverlauf bei einer Radikalkettenexplosion

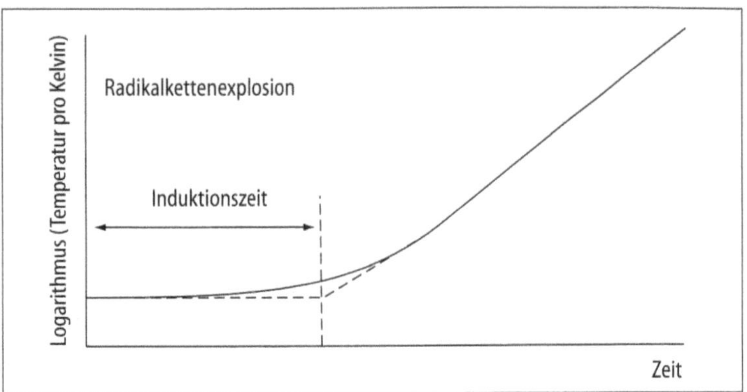

Methanoltröpfchen in Luft, daß die Zündverzugszeit mit dem Tropfendurchmesser ansteigt. Der Grund dafür liegt im Wärmeentzug während der Verdampfung. Während ein Teil der Tröpfchen verdampft, kühlt sich die übrige Flüssigkeit ab. Dieser Effekt läßt sich mit einer Wasserschale auf der Heizung leicht nachprüfen. Andere Studien interpretieren die verdampfenden Tropfen als Zündkeime.

Eigene Untersuchungen der Gemischaufbereitung in einem Rohrreaktor hatten zum Ziel, die auftretenden Temperaturänderungen bei der Zerstäubung des Brennstoffs in einen Heißluftstrom zu bestimmen. Der Anstieg der Temperatur des Gemisches bei der Zerstäubung des Brennstoffs in den vorgeheizten Luftstrom erklärte sich aus den chemischen Reaktionen der Kohlenwasserstoffe mit dem Luftsauerstoff, bei denen Wärme abgegeben wird. Diese sogenannten Kalten Flammen führen jedoch nicht zur Selbstzündung des Gemisches. Die Temperatur steigt in Strömungsrichtung um zehn bis 150 Grad und stabilisiert sich auf dem erhöhten Niveau.

Diese Begrenzung der stattfindenden chemischen Reaktionen beruht auf komplexen brennstoffspezifischen Mechanismen. Bei der Niedertemperaturoxidation ist die Gleichgewichtsreaktion von Kohlenwasserstoffradikalen mit Sauerstoff zu Peroxiradikalen entscheidend. An diese Reaktion schließen sich weitere chemische Reaktionen an. Der Schlüssel für die Entstehung der Kalten Flammen liegt in der mangelnden Stabilität der durch die Sauerstoffaufnahme gebildeten Glieder innerhalb der Kettenreaktionen. Bei höheren Temperaturen verschiebt sich das chemische Gleichgewicht wieder auf die Seite der Kohlenwasserstoffradikale. Die Peroxiradikale zerfallen, bevor sie zur Selbstzündung beitragen können.

Bei der Eindüsung von Mitteldestillaten in einen Luftstrom treten bei Temperaturen über 300 Grad Celsius exotherme Vorreaktionen zwischen Brennstoff und Oxidator (Luft oder reiner Sauerstoff) auf. Die Geschwindigkeit der Reaktionen hängt von der Temperatur ab. Bei den Versuchen wurde Öldampf am Anfang des meßbaren Strömungsweges in einen Heißluftstrom gemischt (Bild 3). Die Geschwindigkeit der Strömung im Reaktor betrug etwa einen Meter pro Sekunde. Bei einer Lufttemperatur von 310 Grad Celsius trat eine Erhöhung der Temperatur auf etwa 440 Grad Celsius ein. Der Temperaturanstieg nach einem Strömungsweg von 0,4 Metern entspricht einer zeitlichen Verzögerung des Temperaturanstiegs durch

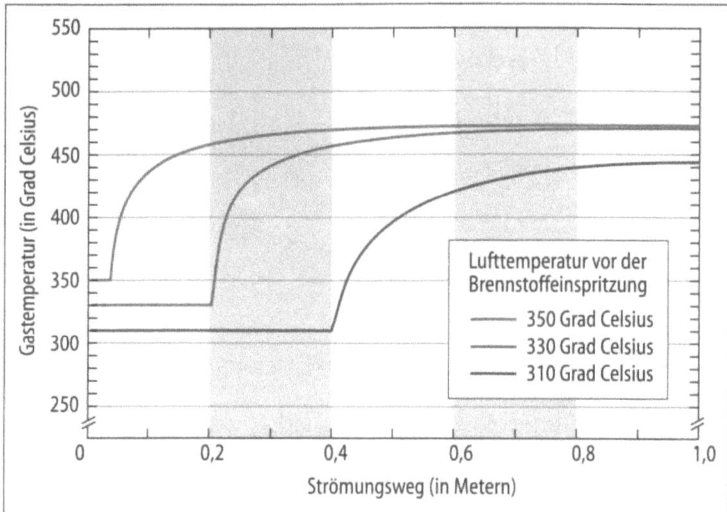

Bild 3 Darstellung des Temperaturverlaufs im Strömungsreaktor über die Rohrlänge. Gemessen wurde die Temperaturerhöhung durch Einspritzung von Mitteldestillaten in heiße Luftströme bei einer Verweilzeit von 0,9 Sekunden und geringem Luftüberschuß.

die Kalten Flammen von 0,4 Sekunden. Diese Verzögerung ist vergleichbar mit der Verzugszeit bei einer Zündung. Die Reaktionen der Kalten Flammen kommen erst nach weiteren 0,2 Sekunden zum Stillstand. Auf dem restlichen Strömungsweg blieb die Temperatur des Gemisches unter diesen Bedingungen konstant.

Erhöht man die Lufttemperatur vor der Brennstoffzugabe auf 330 Grad Celsius, steigt die Temperatur wesentlich schneller – nämlich innerhalb von etwa 0,2 Metern Strömungsweg – an. Dies entspricht einer zeitlichen Verzögerung von 0,2 Sekunden. Die erreichte Temperatur des Gemisches betrug danach 470 Grad Celsius. Für überstöchiometrische Mitteldestillat-Luft-Mischungen stellt diese Temperatur offenbar einen Grenzwert dar, denn der weitere Anstieg der Lufttemperatur vor der Öleindüsung erhöhte die Gemischtemperatur nicht. Diese Temperatur kann damit als Gleichgewichtstemperatur für die beschriebene Oxidationsreaktion der Kalten Flammen gelten. Allerdings laufen die Reaktionen der Kalten Flammen schneller ab, denn die konstante Grenztemperatur wird bereits nach einem kürzeren Strömungsweg erreicht. Insgesamt zeigten die Versuche den Effekt der Kalten Flammen weitgehend unabhängig von der Art der Brennstoffzugabe.

Für den Betrieb von Verbrennungsanlagen ist der Einfluß des Luftverhältnisses auf die Gemischbildung von Interesse. Das Luftverhältnis beschreibt die Menge Luft, die dem Brennstoff zur Verbrennung, also zur Oxidation, zur Verfügung steht. Erhält er gerade ausreichend Sauerstoff, um seine Kohlenwasserstoffe weitestgehend vollständig umzusetzen, spricht man von einem stöchiometrischen Verhältnis. Wird mehr Luft angeboten, ist das Gemisch überstöchiometrisch. In den Versuchen veränderte die Erhöhung des Luftverhältnisses den Temperatursprung bei der Vermischung kaum. Mehr Luft kann die Wärme aus den Kalten Flammen besser aufnehmen. Deshalb setzen die Kalten Flammen – bei konstant bleibender Gleichgewichtstemperatur – mehr Brennstoff um. Auch das zeigt, daß die Limitierung der chemischen Reaktionen nicht durch einen bestimmten Brennstoffanteil, sondern durch die Gleichgewichtstemperatur erfolgt.

Einfluß des Luftanteils

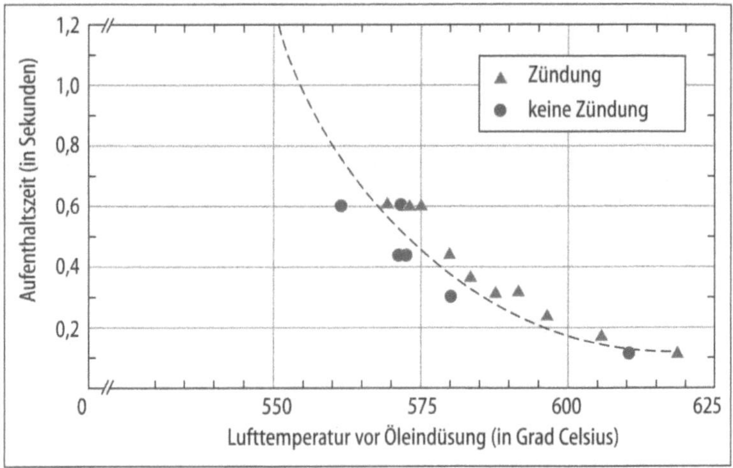

Bild 4 Darstellung der Zündverzugszeit von Mitteldestillaten. Untersucht wurde die Zündbedingung in Abhängigkeit von Lufttemperatur und Aufenthaltszeit unter Atmosphärendruck.

Im Bereich der Temperaturen der Kalten Flammen konnten keine Zündungen des Gemisches beobachtet werden. Wurde dagegen die Temperatur der Luftströmung über 550 Grad Celsius bis 600 Grad Celsius erhöht, so entzündete sich das Gemisch von selbst. Einen wesentlichen Einfluß hat die Zündverzugszeit des Gemisches. Zur Untersuchung des Effekts wurde die Aufenthaltszeit des Gemisches im Reaktionsrohr variiert. Eine Selbstzündung tritt nicht auf, wenn die Aufenthaltszeit unterhalb der Zündverzugszeit liegt (Bild 4). Die Ergebnisse zeigten, daß die Zündverzugszeiten von Mitteldestillaten unter atmosphärischen Bedingungen im Bereich von mehreren zehntel Sekunden liegen. Unterhalb von 550 Grad Celsius können Zündverzugszeiten von über einer Sekunde erwartet werden. Bei diesen Temperaturen läßt sich die Selbstzündung sicher ausschließen. Damit wird es möglich, ein Gemisch aus Brennstoffdampf und Luft in einer Mischkammer zu erzeugen und zu transportieren.

Anwendungsbeispiel Strahlungsbrenner

Kalte Flammen lassen sich zur Gemischaufbereitung in einem Strahlungsbrenner für flüssige Brennstoffe ausnutzen. Wie bereits erwähnt, erfordert die Verbrennung an porösen Medien homogene Gemische und war für Mitteldestillate aufgrund der ungelösten Probleme bei der Ölverdampfung bisher unmöglich. Der neue Strahlungsbrenner verdampft und mischt die Mitteldestillate innerhalb einer porösen Oberfläche mit Hilfe der Kalten Flammen (Bild 5 und 6). Innerhalb der Mischkammer beträgt die Temperatur etwa 450 Grad Celsius. Außerhalb der porösen Oberfläche verbrennt das Gemisch in einem dünnen blauen Flammenteppich. Durch den intensiven Wärmeübergang aufgrund der Einstrahlung einer umgebenden heißen Fläche ist die Verdampfung der Tropfen abgeschlossen, bevor sich Brennstofftropfen an den Wandungen innerhalb des Brenners niederschlagen können. Das entstandene Brennstoffdampf-Luft-Gemisch verteilt sich im Brenner und tritt aufgrund des erhöhten Widerstands der porösen Oberfläche gleichmäßig aus dieser aus. Der Brenner startet ohne elektrische Vorheizung. Zur Vorwärmung wird er mit konventioneller Flamme im Mischbereich etwa zehn bis 15 Sekunden lang betrieben. Im Dauerbetrieb wird die zur Verdunstung notwendige Energie durch die Reaktionswärme geliefert. Die Emissionen des Brenners liegen im Dauer-

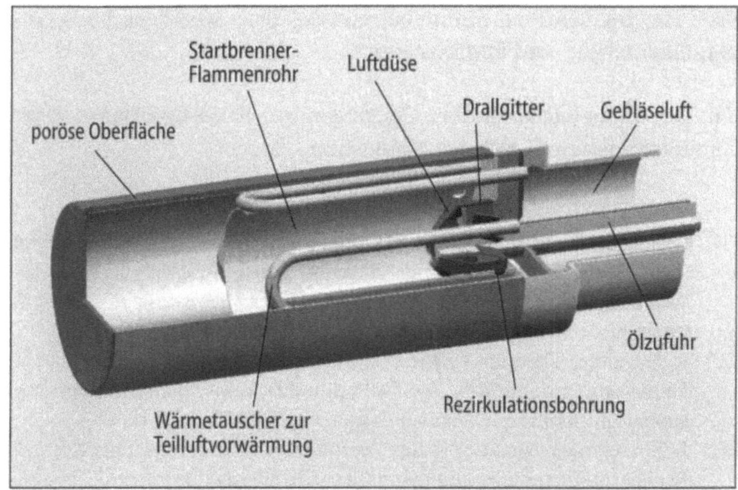

Bild 5 Darstellung des Strahlungsbrenners mit integrierter Gemischaufbereitung

betrieb unterhalb der Anforderungen des Gütezeichens „Blauer Engel".

In den Versuchen konnte die Funktion der Gemischaufbereitung unter verschiedenen Randbedingungen gezeigt werden. Durch die Kalten Flammen wird ein Brennstoff-Luft-Gemisch mit neuen Eigenschaften erzeugt. Die Zusammensetzung des Brennstoffs ändert sich aufgrund der chemischen Reaktionen mit der Verbrennungsluft vor der Zündung. Eine Analyse der Versuche zeigt, daß bis zu zehn Prozent der im Brennstoff gebundenen chemischen Energie bereits bei der Gemischbildung umgesetzt wird. Durch Oxidations- und Zerfallsreaktionen reagieren dabei hauptsächlich lange Kohlenwasserstoffketten zu kurzen Molekülen.

Mit diesen Erkenntnissen werden neue Anwendungsbereiche eröffnet. Denkbar ist eine begrenzte Rückkühlung des Gases, die eine sichere Handhabung des Gemisches ermöglicht. Mit der Absenkung der Temperatur steigt die Zündverzugszeit überproportional an. Bei einer genügend weiten Rückkühlung ist darüber hinaus mit einer vollständigen Rückbildung bereits entstandener Radikale zu rechnen, so daß eine Zündung nach dem beschriebenen Radikalkettenmechanismus vollständig unterdrückt werden kann. Damit hat man die Möglichkeit, das Produktgas sicher von der Gemischaufbereitung zum Verbraucher zu transportieren und zu speichern. Mit dem neuen Verdampfungskonzept lassen sich Mitteldestillate einfacher zur Energiewandlung einsetzen. Auf diese Weise lassen sich die Vorteile der Gasmotoren mit den niedrigeren Brennstoffkosten flüssiger Brennstoffe verbinden. Die Abgasnachbehandlung könnte vereinfacht werden. Das ist vor allem für Blockheizkraftwerke mit Kraftwärmekopplung von Bedeutung.

Auch in Hoch- oder Niedertemperatur-Brennstoffzellen kann die Gemischaufbereitung mit Kalten Flammen als „Vergaser" arbeiten. Es entsteht ein homogenes Prozeßgas mit hohem Heizwert. Auch für mobile Anwendungen können unter Beibehaltung der einfachen Lagerung und sicheren Handhabung des flüssigen Brennstoffs die Vorteile der Verdampfung mittels Kalter Flammen genutzt werden.

Bild 6 Blick in den Bereich der Gemischaufbereitung im Strahlungsbrenner

Autoren

Prof. Dr.-Ing. Heinrich Köhne betreut das Lehr- und Forschungsgebiet für Energie- und Stofftransport.

Dr.-Ing. Klaus Lucka ist dort Oberingenieur, Dipl.-Ing. Heinz-Peter Gitzinger wissenschaftlicher Mitarbeiter.

Literaturhinweise

[1] R. S. Affens und W. A. Sheinson: Autoignition: The Importance of the Cool Flame in the Two-Stage-Process, Naval Research Laboratory, Washington D. C., in: Loss Prevention, American Institut of Chemical Engineers, 13, 1979, S. 83 bis 88.

[2] R. D. Coffee, Eastman Kodak (Colorado), Rochester (New York): Cool Flames and Autoignition: Two Oxidation Processes, in: Loss Prevention, American Institut of Chemical Engineers, 13, 1979, S. 74 bis 82.

[3] H. P. Gitzinger: Nutzung Kalter Flammen für die Gemischbildung zur Realisierung eines Strahlungsbrenners für flüssige Brennstoffe, Dissertation, RWTH Aachen, 1999.

[4] J. Warnatz und U. Maas: Technische Verbrennung, Springer-Verlag, Berlin 1993.

[5] M. G. Zabetakis, A. L. Furno und G. W. Jones: Minimum spontaneous ignition temperatures of combustibles in air, in: Industrial & Engineering Chemistry, 46, 1954, S. 2173 bis 2178.

Membrantechnik
Thomas Melin

Neue Werkstoffe, neue Anwendungen

Unter Membranen versteht man flächige, teildurchlässige Gebilde, also Strukturen, die für zumindest eine Komponente eines sie berührenden Fluids – einer Flüssigkeit oder eines Gases – permeabel, für andere hingegen undurchlässig sind (Bild 1).

Die Existenz von Leben in der uns bekannten Form wäre ohne Membranen nicht denkbar. Die meisten pflanzlichen, tierischen und menschlichen Zellen sind von Zellwänden, also von Membranen, umgeben. Diese gewähren nicht nur Schutz vor äußeren Einwirkungen; je nach Zellfunktion lassen sie auch die zum Stoffwechsel erforderlichen Stoffe passieren und halten andere zurück. Beispiele für natürliche Membranen sind die Haut, die für Sauerstoff und Wasserdampf permeabel ist, die Darmwand, die Nährstoffe aufnimmt, und Nierenzellen, die Salze und Giftstoffe ausscheiden. Der Transport durch Zellmembranen kann äußerst selektiv erfolgen. Sogenannte Ionenkanäle können zum Beispiel Natrium- und Kaliumionen transportieren und den Transport aller anderen Metallionen sperren.

Ebenso wie natürliche Membranen je nach Funktion unterschiedlich aufgebaut sind, hat sich auch bei den synthetischen Membranen mit der Vielfalt der Trennaufgaben eine Vielfalt von Membranwerkstoffen, Membranstrukturen, Anordnungen und Betriebsweisen entwickelt. Kontinuierlich durchströmte Membrananordnungen (Module) besitzen stets mindestens einen Eingang für das zu trennende Fluid (Feed) und zwei Ausgänge für die durchgelassenen (Permeat) und die zurückgehaltenen Komponenten (Retentat beziehungsweise Konzentrat). Der Begriff Modul wird gewählt, weil technische Membrananlagen meist aus einer größeren Anzahl von mit Rohrleitungen verbundenen, identischen Bausteinen modular aufgebaut sind. Es sind sehr verschiedene Modultypen üblich: Plattenmodule mit parallel angeordneten Membranen, Wickelmodule, in denen die Membranen – durch Abstandshalter getrennt – spiralförmig aufge-

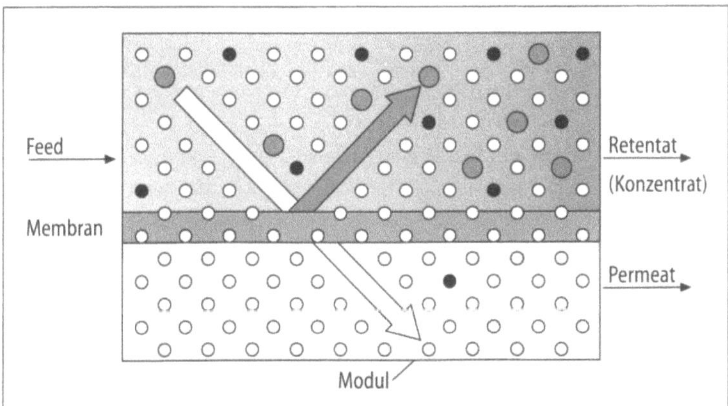

Bild 1 Schematische Darstellung der Wirkweise von Membranen. Eine Membran läßt im Permeat nur bestimmte Komponenten des Einsatzgemischs (Feed) durch, andere werden zurückgehalten und im Retentat angereichert.

Bild 2 Membranmodul (oben) und Membrananlage (unten)

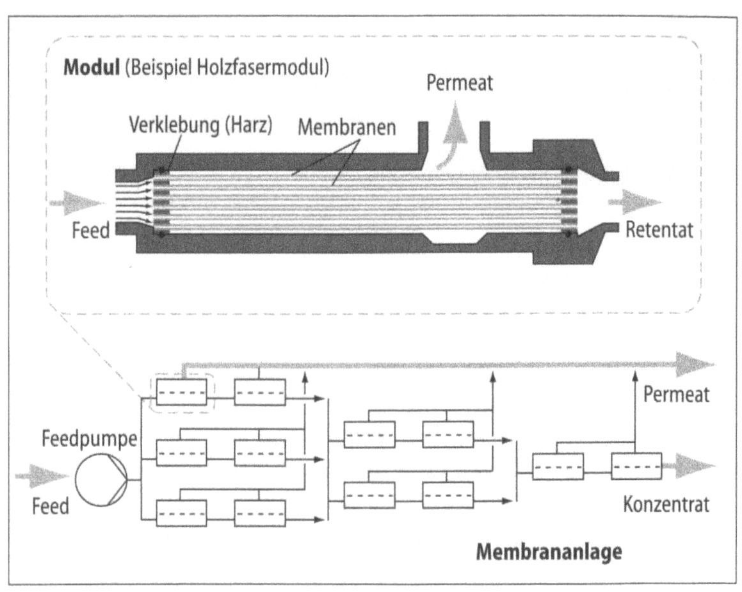

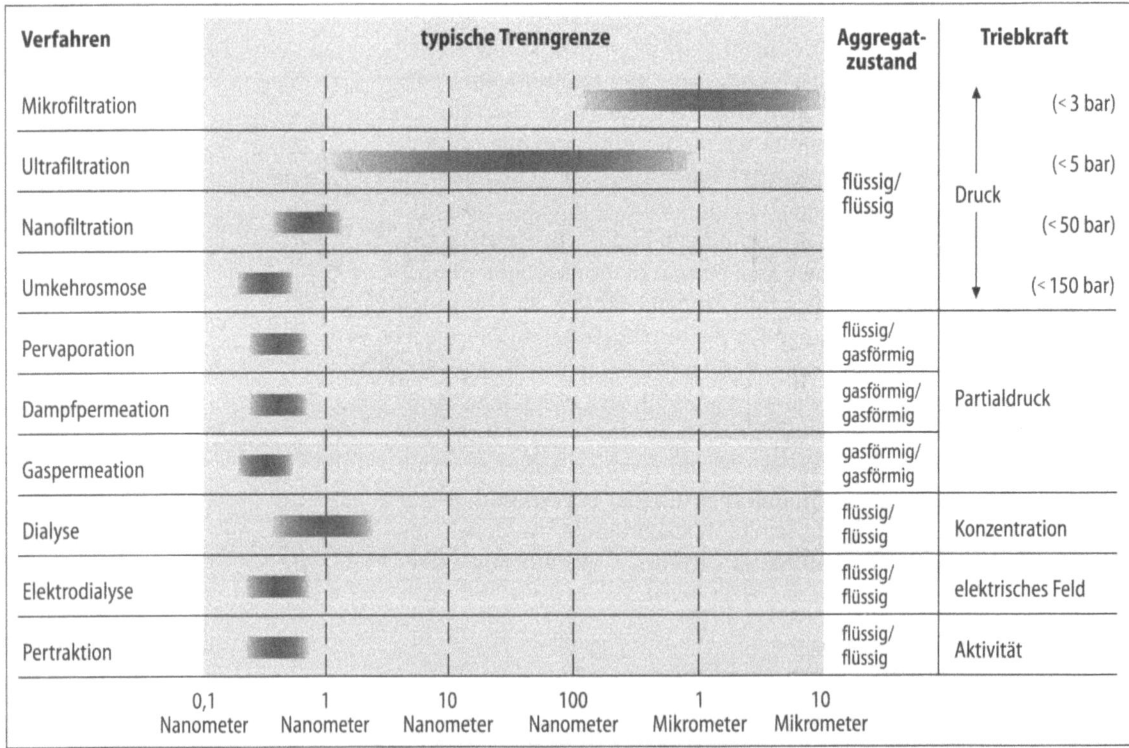

Verfahren	typische Trenngrenze						Aggregatzustand	Triebkraft
Mikrofiltration							flüssig/flüssig	(< 3 bar)
Ultrafiltration								(< 5 bar)
Nanofiltration								(< 50 bar) Druck
Umkehrosmose								(< 150 bar)
Pervaporation							flüssig/gasförmig	
Dampfpermeation							gasförmig/gasförmig	Partialdruck
Gaspermeation							gasförmig/gasförmig	
Dialyse							flüssig/flüssig	Konzentration
Elektrodialyse							flüssig/flüssig	elektrisches Feld
Pertraktion							flüssig/flüssig	Aktivität

| | 0,1 Nanometer | 1 Nanometer | 10 Nanometer | 100 Nanometer | 1 Mikrometer | 10 Mikrometer |

Bild 3 Charakterisierung der Membranverfahren

rollt sind, Rohrmodule und Hohlfasermodule, in denen häufig Tausende dünner Hohlfasern parallel durchströmt werden (Bild 2).

Die verwendeten Membranen werden einerseits nach Größe oder Molmasse der größten noch durchgelassenen Komponenten, andererseits nach dem Trennprinzip und nach dem Aggregatzustand der sie berührenden Fluide charakterisiert (Bild 3). Je nachdem, ob die Membran mikroskopisch zu erkennende Poren aufweist oder nicht, spricht man von porösen oder dichten Membranen.

Zur Abtrennung suspendierter Partikel oder Tropfen werden poröse Membranen eingesetzt; je nach Porengröße unterscheidet man Mikro- oder Ultrafiltration (MF, UF). Bei ausreichend kleinen Poren ist letzteres Verfahren auch zur Abtrennung von gelösten Makromolekülen, zum Beispiel von Eiweißen aus Molke, geeignet. Die dichten Membranen der Nanofiltration (NF) halten schon Moleküle mit Molmassen über 300 Gramm pro Mol zurück und erlauben wegen der elektrostatischen Wechselwirkung von Ionen mit dem Polymermaterial die Trennung einfach geladener von mehrfach geladenen Ionen. Die Umkehrosmose (englisch *reverse osmosis*, RO) ist zum fast vollständigen Rückhalt aller gelösten Stoffe aus Wasser geeignet. Sie wird im Mittelmeerraum großtechnisch zur Trinkwassergewinnung aus Meerwasser eingesetzt. Wie bei der Nanofiltration werden dichte Membranen verwendet, und wie bei allen bisher genannten Verfahren stellt der transmembrane Druck die Triebkraft der Trennung dar.

Im Gegensatz dazu erfolgt bei der Dialyse der Stofftransport aufgrund des Konzentrationsgefälles eines gelösten Stoffes. Zur Abtrennung von Ionen aus Lösungen benutzt man die Elektrodialyse (ED), bei der Stapel aus abwechselnd für Anionen und Kationen durchlässigen Membranen Verwendung finden. Triebkraft ist ein äußeres elektrisches Feld. Sogenannte bipolare ED-Membranen ermöglichen sogar die Spaltung von Wasser; aus Salzen lassen sich die entsprechenden Säuren und Laugen gewinnen, was das Verfahren für Recyclingzwecke attraktiv macht.

Im Gegensatz zu allen bisher genannten Verfahren, bei denen sich auf beiden Seiten der Membran eine flüssige Phase befindet, findet hinter der (dichten) Membran bei der Pervaporation (PV) eine Verdampfung statt. Das Permeat ist dampfförmig. Die Pervaporation ist daher wie die Destillation zur Abtrennung flüchtiger Stoffe geeignet, liefert aber wegen der für unterschiedliche Stoffe unterschiedlichen Durchlässigkeit der Membran ein anderes Trennergebnis. Dies ermöglicht in vielen Fällen die Trennung von Azeotropen, Stoffgemischen, die sich durch einfache Destillation nicht separieren lassen.

Die Gaspermeation (GP) ist zur Trennung gasförmiger Komponenten geeignet; der Transport erfolgt aufgrund der Partialdruckdifferenz. Handelt es sich bei den die Membran durchdringenden Gasen um Stoffe, die bei Umgebungstemperatur und -druck flüssig oder fest sind, so spricht man von Dampfpermeation (englisch *vapor permeation*, VP).

Neben diesen im klassischen Sinne als Membranverfahren bezeichneten Trennoperationen, in denen sämtlich die Membran eine die Stofftrennung bewirkende Eigenschaft besitzt, finden neuerdings poröse Membranen als Mittel zur Kontaktierung zweier Phasen Verwendung. Diese Membrankontaktoren sind Apparate zur Durchführung der Grundoperationen Destillation, Absorption, Strippung oder Extraktion. Meist sind sie als Hohlfaseranordnungen ausgeführt, weisen extrem große Phasengrenzflächen pro Volumen auf und werden überwiegend da eingesetzt, wo die klassischen Trennoperationen versagen, etwa bei ungünstigem Phasenverhältnis, unzureichenden Dichteunterschieden oder Neigung zum Schäumen.

Poröse und dichte Membranen

Werden in einem solchen Membrankontaktor die Poren der Membran mit einer Flüssigkeit (Flüssigmembran) gefüllt, die in den auf beiden Seiten befindlichen Flüssigkeiten unlöslich ist, dann spricht man von Pertraktion. Die Pertraktion erlaubt den Stoffaustausch zwischen zwei mischbaren Flüssigkeiten und kann zum Beispiel zur Extraktion und Aufkonzentrierung von Schwermetallen aus Abwässern in einem geeigneten wäßrigen Extraktionsmittel eingesetzt werden.

Die Leistung von Membranen und Modulen wird durch zwei Parameter charakterisiert, zum einen durch den Fluß, das heißt die pro Membranfläche und Zeit transportierte Masse an Permeat, zum anderen durch die Selektivität, welche die Schärfe der Trennung zweier Stoffe beschreibt. Die im Mittelpunkt der Membranentwicklung stehende Leistungssteigerung umfaßt also sowohl Selektivitätssteigerung zur Erzielung möglichst hoher Reinheit der resultierenden Ströme als auch Flußsteigerung zur Senkung von Investitionskosten, Energie- und Platzbedarf. Zur Umsetzung in der Praxis ist noch eine weitere Aufgabe zu lösen: Die verwendeten Membranen müssen ihre Funktion möglichst lange erfüllen und in möglichst jedem Milieu unter den verschiedensten Bedingungen einsetzbar sein, also hohe thermische, mechanische und chemische Beständigkeit besitzen.

Organische Polymere als Membran-Werkstoffe

Als Werkstoffe für Membranen finden überwiegend organische Polymere Verwendung. Die anfangs eingesetzten Materialien Celluloseacetat und Polydimethylsiloxan wurden durch Polyolefine, Polysulfone, Polyamid, Polyimide und Polyacrylnitril in vielen Anwendungen ersetzt. Noch beständigere Membranen aus Polyaramid, Polytetrafluorethylen und perfluorierten Polysulfonen drängen auf den Markt. Die Vielfalt der Materialien nimmt mit der Anzahl der Anwendungen und mit deren wirtschaftlicher Bedeutung zu, so daß es zunehmend lohnend wird, Polymere speziell für die Anwendung in der Membrantechnik zu entwickeln. Andere Bestrebungen der Membranentwicklung gehen dahin, Standardpolymere durch Vernetzung weniger empfindlich gegen Quellung und durch Beschichtung weniger empfindlich gegen das gefürchtete Membranfouling zu machen. Unter Fouling versteht man die Bildung von Belägen aus adsorbierten Makromolekülen oder Partikeln auf der Membran.

Man kann sich leicht vorstellen, daß die Forderungen nach erhöhtem Fluß, also nach Verringerung der Dicke der Trennschicht, und nach erhöhter mechanischer Stabiltät mit isotropen Materialien nicht gleichzeitig zu erfüllen sind. Für die Mehrzahl der Membranverfahren haben sich daher anisotrope Membranen durchgesetzt, Membranen, die aus einer äußerst dünnen trennaktiven Schicht und darunter einer hochporösen, mechanisch stabilen Stützschicht bestehen. Solche Membranen können auf zwei Wegen hergestellt werden: Entweder wird eine Schicht aus trennaktivem Material auf die aus anderem Material bestehende Stützschicht aufgebracht oder man stellt bei der Membranherstellung in der Membran ein Konzentrationsgefälle von Fäll- und Lösemitteln ein. Die nach dem ersten Verfahren hergestellten Membranen werden als Kompositmembranen, die zweiten als integral-asymmetrische Membranen bezeichnet (Bild 4). Hochleistungsmembranen zur Gaspermeation

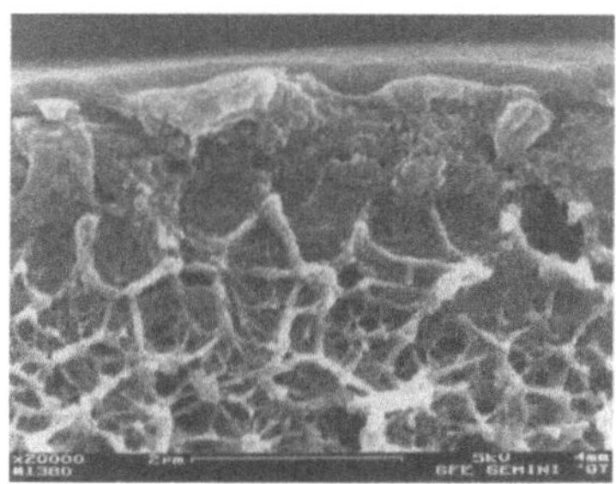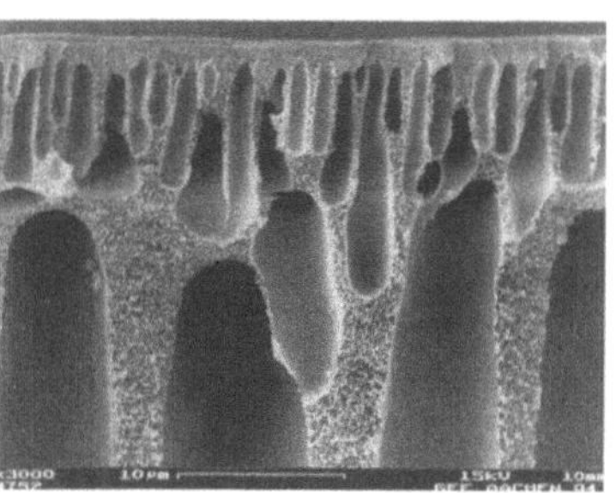

Bild 4 Elektronenmikroskopische Aufnahmen einer integral-asymmetrischen Membran (links) und einer Kompositmembran (rechts)

besitzen aktive Schichten von weniger als 0,1 Mikrometer Dicke. Die bei deren Herstellung fast unvermeidlich auftretenden Fehlstellen (Löcher) würden die Selektivität stark beeinträchtigen. Der technische Durchbruch der Gastrennmembranen erfolgte erst, nachdem es gelang, durch Aufbringen einer weiteren Schicht aus hochpermeablem Material den Einfluß der Fehlstellen zu verringern.

Nicht zuletzt wegen der begrenzten thermischen, mechanischen oder chemischen Beständigkeit vieler Polymere lag es nahe, Membranen aus anorganischen Materialien herzustellen. Für Mikro- und Ultrafiltration wurden schon frühzeitig keramische poröse Membranen verwendet, die sich für spezielle Anwendungen einen festen Platz erobert haben. Vorteile gegenüber Polymermembranen sind Beständigkeit im Betrieb und bei Reinigung oder Sterilisierung sowie hoher Fluß. Nachteile sind der höhere Preis und die geringere Packungsdichte. Auch hier finden häufig anisotrope Mehrschichtmembranen Verwendung. Seit kurzem werden auch Nanofiltrationsmembranen und Gastrennmembranen (Vier- beziehungsweise Fünfschichtmembranen) aus Keramik hergestellt. Letztere besitzen eine aktive Schicht aus amorphem Siliziumdioxid mit Poren unterhalb von 0,4 Nanometern (millionstel Millimetern), also der Größe relativ kleiner Moleküle. Mit ihnen gelingt zum Beispiel die Trennung von Wasserstoff und Kohlendioxid mit einer Selektivität, die nur durch den Molsiebeffekt zu erklären ist, also dadurch, daß die Poren den Durchtritt der größeren Kohlendioxidmoleküle sperren. Wichtig für einen anderen Anwendungstyp ist auch der hohe Wasserfluß, welcher in Kombination mit dem Rückhalt fast aller organischen Moleküle diese Membranen zur Entwässerung organischer Lösemittel in der Pervaporation äußerst geeignet erscheinen läßt.

Ähnliche Eigenschaften weisen auch Zeolithmembranen auf (Bild 5). Sie bestehen aus ineinandergewachsenen Alumino-Silikat-Kristalliten mit regelmäßig nanoporösen Strukturen, die auf einen porösen Grundkörper aus Keramik oder Metallgewebe aufgebracht werden. Erste Untersuchungen mit solchen Membranen, die erst seit kurzem verfügbar sind, lassen ein breites Anwendungsspektrum im Bereich der Trennung niedermolekularer Stoffe erwarten. Trennungen mit Zeolithmembranen beruhen auf einer Kombination von Molsiebeffekt, Adsorptions- und Transportmechanismen, die sich durch Wahl der Kristallstruktur, durch Ionenaustausch und De-Aluminierung in weiten Grenzen beeinflussen lassen.

Zeolithmembranen

Auch Hohlfasermembranen aus Kohlenstoff können mit Poren maßgeschneiderter Größe hergestellt werden. Dazu werden Hohlfa-

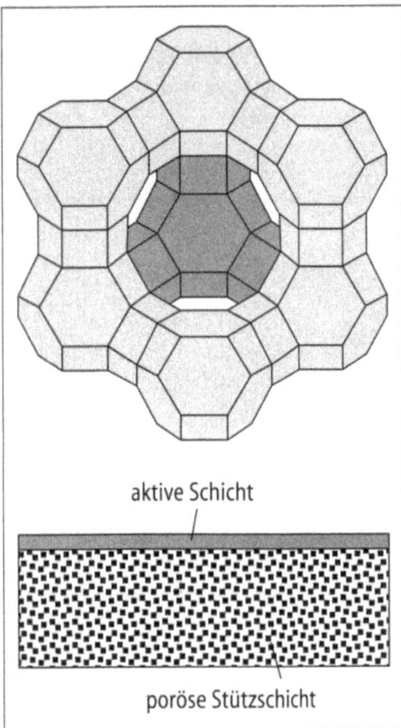

Bild 5 Schematische Darstellung einer Zeolithmembran (oben). Die aktive, etwa zehn bis 50 Mikrometer dicke Schicht besteht aus ineinandergewachsenen Alumino-Silikat-Kristalliten mit regelmäßig nanoporösen Strukturen (unten), die auf einen porösen Grundkörper aus Keramik oder Metallgewebe aufgebracht werden.

sern aus Polymermaterial zunächst verschwelt. Die dabei entstehenden Porendurchmesser liegen unterhalb von 0,5 Nanometern und können durch Durchleiten von Sauerstoff bei erhöhter Temperatur gezielt erweitert (ausgebrannt) werden. Auch diese Membranen sind erst seit kurzem in Form von Labormustern verfügbar und warten auf die Erschließung von Anwendungen.

Die erstaunliche Aufnahmefähigkeit von Palladium und Palladiumlegierungen für Wasserstoff bei Temperaturen um und oberhalb von 300 Grad Celsius wird seit einiger Zeit zur Gewinnung hochreinen Wasserstoffs mit Metallmembranen genutzt. Die letzte und vielleicht auf Dauer vielversprechendste Entwicklung auf dem Gebiet der anorganischen Membranen sind solche aus Perowskiten. Perowskite sind anorganische, kristalline Materialien, die bei hohen Temperaturen hervorragend Sauerstoff in ionischer Form transportieren. Sie scheinen sich nicht nur zur Luftzerlegung, sondern besonders für Anwendungen in der chemischen Industrie zu eignen, bei denen Sauerstoff aus Luft in einer auf der Permeatseite angebrachten Katalysatorschicht in chemischen Reaktionen verbraucht wird. Unter anderem vermeidet dies die sonst anfallenden großen Mengen mit Reaktionsprodukten belasteter Abluft.

Ebenso wie mit zunehmender Motorleistung die Anforderungen an Reifen, Bremsen und Fahrwerk eines Automobils stiegen, ist auch zur erfolgreichen Umsetzung der Fortschritte der Membranentwicklung eine parallel laufende Entwicklung von Modulen und Betriebstechnik erforderlich. Jede neue Technik verlangt darüber hinaus zu ihrer Realisierung anwendungsbezogenes Know-how, das heißt experimentelle und technische Erfahrung, Erarbeitung von Berechnungsmodellen und Auslegungsdaten sowie eine Untersuchung der Schwerpunkte und Grenzen ihrer Anwendbarkeit. Hier handelt es sich um klassische Aufgaben der verfahrenstechnischen Forschung und Entwicklung, die am Institut für Verfahrenstechnik (IVT) der RWTH Aachen seit mehr als 25 Jahren bearbeitet werden. Umfang, Schwierigkeit und Bedeutung dieser Aufgaben haben durch die wachsende Vielfalt der eingesetzten Membranen, Membranverfahren und Anwendungen im Laufe dieser Zeit deutlich zugenommen.

Ein Beispiel für das Ineinandergreifen von Modul- und Betriebstechnik ist die Entwicklung von Offenkanalmembranen und von periodischen Gasspültechniken für die Ultrafiltration, die zur Trinkwasseraufbereitung und Abwasserreinigung eingesetzt werden: Ultrafiltrationsmembranen weisen für reines Wasser Flüsse von mehreren 100 Litern pro Quadratmeter und Stunde auf, während bei der Entwässerung von realen Suspensionen häufig nur Werte unterhalb von 20 Litern erreicht werden. Der Grund für diesen extremen Leistungsabfall liegt in der Deckschichtbildung. Der durch die Membran tretende Wasserfluß transportiert auch Partikel an die Membran, die dort abgelagert werden, haften und den weiteren Fluß herabsetzen. Je mehr man sich bemüht, den Fluß durch verbesserte Membranmaterialien und erhöhten Differenzdruck zu steigern, desto stärker wird die Neigung zur Deckschichtbildung. Die klassische Methode zur Begrenzung dieses Leistungsabfalls besteht in der Erhöhung der

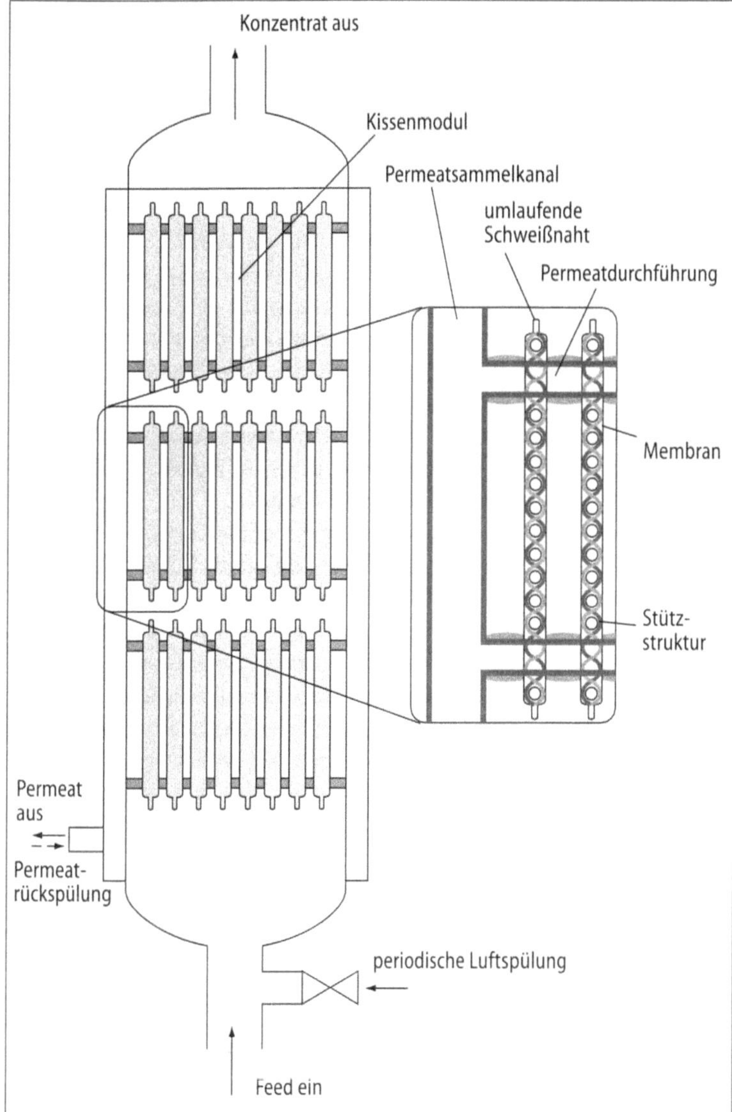

Bild 6 Offenkanalmodul mit Luftspülung

feedseitigen Überströmgeschwindigkeit der Membran. Die resultierende Turbulenz der Strömung kann zwar die Ablagerung feinster Partikel nicht verhindern, kann aber die gebildeten Aggregate nach Erreichen einer gewissen Schichtdicke ablösen. Wichtigste Nachteile dieser Betriebsweise sind der hohe Druckverlust und die damit verbundenen Energiekosten.

Der am IVT in Zusammenarbeit mit einem Modulhersteller beschrittene Weg zur Deckschichtablösung ist ein ganz anderer (Bild 6): Die Membran wird langsam überströmt und mit geringem Differenzdruck betrieben. Die Ablösung der Deckschicht erfolgt nicht kontinuierlich und nicht durch einphasige Überströmung, sondern periodisch durch Einleiten von Luft. Parallel zur Luftspülung wird die Ablösung der Deckschicht durch Permeatrückspülung unterstützt. Eine solche Betriebstechnik ist aber nur mit speziell dafür konstruierten Modulen optimal wirksam, denn zur Ausbildung der

Turbulenz der zweiphasigen Strömung ist ein optimaler Membranabstand erforderlich. Weiterhin müssen die Gaskanäle senkrecht in einem möglichst hohen Rohr angeordnet sein, um den Auftrieb der Blasen zur Erzeugung von Turbulenz zu nutzen. In regelmäßigen Abständen unterbrochene Membranflächen bewirken eine lokal pulsierende Strömung mit gleichmäßiger Deckschichtablösung. Gegenüber konventionell betriebenen Ultrafiltrationsmembranen sinkt der Energieverbrauch auf 20 Prozent bei gleichzeitiger Steigerung des mittleren Flusses und trotz völligem Verzicht auf sonst übliche chemische Verfahren zur Membranreinigung. Trinkwassergewinnung und Abwasserreinigung sind vom Wettbewerb mit extrem preiswerten Alternativen (Sedimentation, Sandfiltration) gekennzeichnet. Hier wird sich die Membrantechnik trotz offenkundiger Vorteile wie totalem Rückhalt von Mikroorganismen nur bei Senkung der Kosten durchsetzen können. Dazu leistet die Entwicklungsarbeit des IVT einen wichtigen Beitrag.

Die Anwendung anorganischer Membranen zur Durchführung molekularer Trennungen stellt einen weiteren Schwerpunkt der Arbeit des Instituts dar. Unserer Aufgaben auf diesem Gebiet sind die Analyse von Produktionsprozessen im Hinblick auf die Einsetzbarkeit von Membranen, die experimentelle Untersuchung möglichst vieler neuer Membranen unter anwendungsnahen Bedingungen, die Erarbeitung von Auslegungsdaten und Berechnungsmodellen sowie die Entwicklung geeigneter Module. Erste Ergebnisse von Versuchen zur Entwässerung organischer Lösungsmittel mit anorganischen Membranen zeigen, daß azeotrope Gemische zuverlässig und mit hoher Selektivität getrennt werden können. Eine Vielzahl organisch-wäßriger Systeme ist für das neue Verfahren geeignet. Es wurde ein für alle untersuchten Systeme geeignetes Modell zur Abschätzung der erzielbaren Flüsse entwickelt. Im Rahmen eines durch die Europäische Union geförderten Projektes wird das Potential der neuen Anwendungen zur Energieeinsparung ermittelt. Die Arbeiten finden großes Interesse bei potentiellen Anwendern und Membranherstellern.

Ein neues Hybridverfahren für die Abwasserreinigung

Für die Abwasserreinigung entwickelten die Forscher des IVT ein neues Hybridverfahren. Bisher hat die Nanofiltration auf diesem Gebiet zwei entscheidende Schwächen: Erstens ist wegen des unvollständigen Rückhaltes des Verfahrens für niedermolekulare Substanzen der erreichbare Aufkonzentrierungsfaktor begrenzt. Zweitens ist die Entsorgung von Nanofiltrationskonzentraten teuer. Ein anderes Verfahren, die Adsorption mit preiswertem Braunkohlenkoks-Staub liefert zwar die erwünschte Senke der organischen Stoffe, erreicht aber nur dann die erforderlichen niedrigen Ablaufkonzentrationen, wenn sehr große Adsorbensmengen eingesetzt werden.

Durch Verknüpfung der beiden Verfahren gelingt es, unter Vermeidung der Schwächen der Einzelverfahren deren Stärken zu kombinieren (Bild 7): Die Nanofiltration wirkt als Barriere und die Koksadsorption als Senke für die Organika. Die Konzentrationsanhebung im Retentat der Nanofiltration verbessert die Ausnutzung des Adsorbens, welches seinerseits durch adsorptive Senkung der Konzentration eine Überlastung der Membran vermeidet und damit

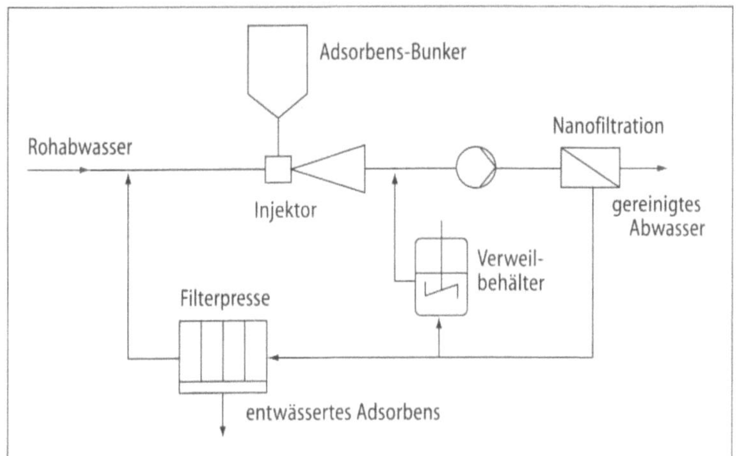

Bild 7 Grundfließbild des aus Nanofiltration und Koksadsorption bestehenden Hybridverfahrens

einen Betrieb ohne Anfall eines flüssigen Konzentrates ermöglicht. Das gut entwässerbare beladene Adsorbens wird in Kraftwerken verbrannt (Braunkohlenkoks ist Brennstoff). Diese geschickte Lösung eines schwierigen Trennproblems durch Kombination zweier Verfahren wurde im Rahmen eines von der Arbeitsgemeinschaft Industrieller Forschungsvereinigungen (AIF) finanzierten Projektes entwickelt.

Völlig neue Anwendungen für Membranen erwarten wir aus der Automobilindustrie. Das Schlagwort heißt „Chemische Fabrik auf Rädern". Gemeint ist die Wasserstoff-Brennstoffzellentechnik zum Automobilantrieb. Flüssiger Brennstoff – Methanol oder Benzin – wird verdampft und mit Wasserdampf in einem Festbettreaktor katalytisch zu Kohlendioxid und Wasserstoff umgesetzt. Das störende Nebenprodukt Kohlenmonoxid wird katalytisch oxidiert oder mit Membranen (zum Beispiel Palladiummembranen) abgetrennt. Der Wasserstoff reagiert in der Membran-Brennstoffzelle mit Luft zu Wasser und setzt die elektrische Energie für den Fahrzeugantrieb frei. Wenn man bedenkt, daß die Prozeßwärme und ein Teil des bei der Reaktion entstehenden Wassers zurückgeführt werden müssen und daß das Ganze unter die Rückbank passen und extrem preiswert sein muß, dann versteht man, daß die Automobilindustrie heimlich zum neuen Vorreiter der Entwicklung der chemischen Reaktionstechnik geworden ist. Wir sind stolz, durch Betreuung von Dissertationen und Diplomarbeiten und durch eigene Forschungsarbeiten an dieser Entwicklung teilzuhaben, die wichtige Anstöße zur Prozeßintensivierung und -miniaturisierung liefern wird.

Autor

Prof. Dr.-Ing. Thomas Melin ist Inhaber des Lehrstuhls für Chemische Verfahrenstechnik und Leiter des Instituts für Verfahrenstechnik. Die Schwerpunkte des Lehrstuhls sind Membrantechnik, technische Kristallisation und chemische Reaktionstechnik.

Experimente mit wiederverwendbaren Raumfahrzeugen im Hyperschall

Herbert Olivier

Während des Wiedereintritts in die Erdatmosphäre treten für wiederverwendbare Raumfahrzeuge die höchsten Belastungen auf

Die Raumfahrt, insbesondere die bemannte, ist in jüngster Vergangenheit wegen der notwendigen finanziellen Aufwendungen in der öffentlichen Diskussion unter verstärkten Druck geraten. Leider wird in Deutschland diese Debatte weitaus intensiver geführt als in anderen Ländern. Tatsache ist jedoch, daß die Raumfahrt längst Einzug in das alltägliche Leben gehalten hat. Jeder kennt die Satellitenbilder aus dem Wetterbericht. Die Vorhersagen sind nützlich für die Landwirtschaft und den Straßenverkehr. Die Luftfahrt ist auf verläßliche Wetterprognosen aus dem All angewiesen. Aber auch die Auswirkungen wetterbedingter Katastrophen können mit Hilfe verbesserter Vorhersagen durch Satelliten drastisch reduziert werden.

Satelliten spannen ein weltweites Kommunikationsnetz über die Erde. Zu nennen sind hier die Bereiche der Mobiltelefone und die Telekommunikation mit der sprunghaft gestiegenen Zahl der Fernsehkanäle. Aber auch der Datenaustausch zwischen Computern und der Aufbau komplizierter Datennetze werden in Zukunft verstärkt mit Hilfe von Satelliten erfolgen. Das unlängst in Dienst gestellte globale Satellitennavigationssystem GPS (Global Positioning System) wird einen weiteren Innovationsschub sowohl für die Industrie als auch für das alltägliche Leben geben. Künftig werden Fahrzeuge ihre augenblickliche Position vom Weltraum aus ermitteln. Ein automatisches Notrufsystem im Privatwagen wird dem Rettungsfahrzeug die exakte Position übermitteln. Das spart den Rettern wertvolle Minuten im Kampf um Leben und Tod.

Parallel zu diesen Projekten wird über langfristige Raumfahrtvorhaben nachgedacht; offen ist heute noch, ob sie technisch machbar sind. Obwohl diese Langzeitprojekte möglicherweise erst weit im nächsten Jahrtausend realisiert werden, erfordern sie trotzdem schon heute entsprechende Vorarbeiten. Zu diesen Langzeitprojekten zählen Solarenergie-Satelliten zur Gewinnung von Sonnenenergie aus dem Weltraum (um so maßgeblich zur Energieversorgung der Erde beizutragen), die Nutzung von Weltraumressourcen (gedacht ist hier unter anderem an die Verwendung des Helium-3-Isotops zur Energiegewinnung, das in größeren Mengen auf dem Mond vorkommt; einige 100 Tonnen dieses Isotops würden den jährlichen Weltenergiebedarf decken) sowie die Erschließung des Mars für zunächst wissenschaftliche Zwecke.

Sowohl für die in naher Zukunft geplanten Aktivitäten als auch für die langfristigen Projekte wächst die Bedeutung wiederverwendbarer Raumfahrzeuge. Zur Reduzierung der Kosten werden in Zukunft defekte Satelliten von bemannten oder unbemannten Systemen bei Bedarf entweder im All repariert oder zur Erde zurückgebracht. Wissenschaftliche Missionen erfordern die Rückkehr von Materialproben und Astronauten zur Erde. Besondere Aktualität erhielt dieser Punkt durch die Unterzeichnung des Vertrages zum Bau der Internationalen Raumstation.

Bei der Entwicklung wiederverwendbarer Raumfahrzeuge stellt die während des Wiedereintritts in die Erdatmosphäre auftretende extreme thermische Belastung das Hauptproblem dar. Der Wiedereintritt in die Erdatmosphäre beginnt in einer Höhe von etwa 100 Kilometern. Die Geschwindigkeit des Raumfahrzeugs beträgt hier etwa 7,9 Kilometer pro Sekunde. Das entspricht einer Geschwindigkeit von 28.400 Kilometern pro Stunde oder einer Machzahl von 25 (die Machzahl bezeichnet das Verhältnis von Flug- zur Schallgeschwindigkeit). Diese extrem hohe Geschwindigkeit muß bis kurz vor der Landung auf nahezu Null abgebremst werden. Aus Gewichtsgründen erfolgt dies bisher allein durch den aerodynamischen Widerstand des Flugkörpers in den verschiedenen Luftschichten. Aktive Hilfsmittel wie Bremsraketen kommen für den mittleren Höhenbereich bisher nicht zum Einsatz. Die Energie, die bei diesem Bremsvorgang abgebaut werden muß, beträgt für das amerikanische Space Shuttle nahezu 3,5 Millionen Megajoule. Dies entspricht dem Energiegehalt von 106.000 Litern Kraftstoff. Glücklicherweise nimmt das Raumfahrzeug nur einen wesentlich geringeren Teil davon in Form von Wärme auf. Der weitaus größte Anteil wird mit der umgebenden Luftströmung abtransportiert.

Zum besseren Verständnis der hierbei auftretenden Strömungsverhältnisse werden Versuche in einem Windkanal durchgeführt. Hierbei ruht das Raumfahrzeugmodell und die Luft strömt mit der entsprechenden Fluggeschwindigkeit an diesem vorbei. Aufgrund der hohen Machzahl bildet sich vor dem Körper eine abgelöste Bugstoßwelle (Bild 1). Diese wird als Überschallknall wahrgenommen, wenn Flugzeuge schneller als Mach 1 fliegen. Im vorderen Bereich

Versuche im Windkanal

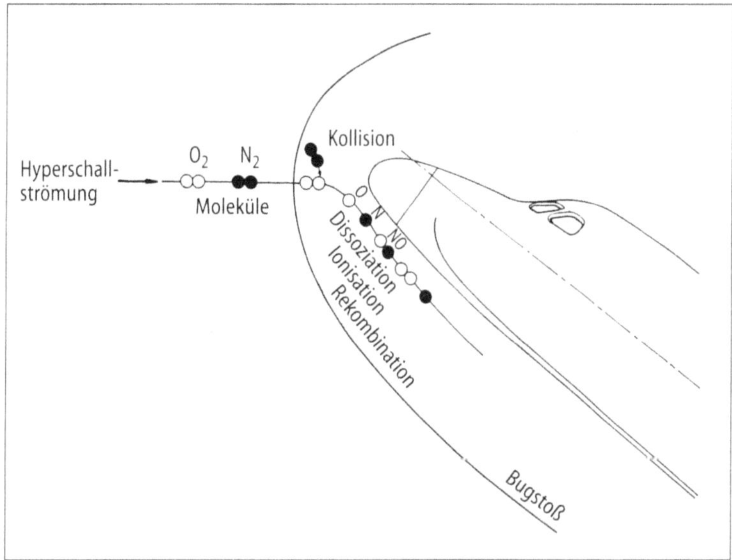

Bild 1 Hochtemperatureffekte während des Wiedereintritts eines Raumfahrzeugs in die Erdatmosphäre

des Raumfahrzeugs kommt es zwischen Stoß und Körper zum stärksten Aufstau der Strömung, das heißt, hier wird sie fast auf Geschwindigkeit Null abgebremst. Die extrem hohe kinetische Energie der Anströmung wandelt sich hierbei in Wärme um, die sehr hohe Gastemperaturen zur Folge hat. So liegt für den Wiedereintritt in die Erdatmosphäre die Temperatur der Luft während der Phase der maximalen Wärmebelastung des Raumfahrzeugs bei rund 7000 Grad Celsius. Zum Vergleich: Die Oberflächentemperatur der Sonne beträgt etwa 6000 Grad Celsius. Deshalb müssen spezielle Hitzeschutzsysteme dafür sorgen, daß die Wandtemperaturen des Raumfahrzeugs nicht die materialbedingten Grenzen übersteigen.

Auswirkungen hoher Temperaturen

Die Luft, bestehend aus Sauerstoff- (O_2) und Stickstoffmolekülen (N_2), wird beim und unmittelbar nach dem Durchströmen der Bugstoßwelle auf diese extrem hohen Temperaturen aufgeheizt. Dies führt zu einer sehr heftigen Bewegung der Moleküle, so daß diese beim Zusammenstoß untereinander in ihre atomaren Bestandteile aufgespalten werden. Diesen Vorgang bezeichnet man als Dissoziation (siehe Bild 1). Da atomarer Sauerstoff (O) sehr reaktionsfreudig ist, bilden sich ebenfalls Stickoxide (NO_x). Während der ersten Phase des Wiedereintritts in die Erdatmosphäre ist die Stautemperatur so hoch, daß beim Zusammenstoß der Gasteilchen Elektronen aus den äußeren Elektronenschalen herausgeschlagen werden. Dieser Vorgang wird Ionisation genannt. Hierbei entstehen Elektronen und positiv geladene Atome oder Moleküle (Ionen). Damit wird das Gas elektrisch leitend. Dieser Zustand führt zu der bekannten Erscheinung, daß während dieser Phase des Wiedereintritts kein Funkkontakt zwischen dem Raumfahrzeug und der Bodenstation möglich ist, da die elektromagnetischen Funkwellen durch das ionisierte Gas stark gestört werden. Strömt das so erhitzte Gas entlang des Raumfahrzeugs in Gebiete niedrigerer Temperatur, kommt es zur sogenannten Rekombination, das heißt zur Neubildung von molekularem Sauerstoff und Stickstoff. Das Raumfahrzeug wird also während des Wiedereintritts größtenteils gar nicht mit der uns bekannten Luft, sondern mit einem Gasgemisch aus molekularen Sauerstoff- und Stickstoffanteilen, Stickstoff-Sauerstoffverbindungen, atomaren Bestandteilen und freien Elektronen umströmt. Die strömungsmechanischen Eigenschaften dieses Gasgemisches sind natürlich anders als die reiner Luft. Dies führt zu veränderten aerodynamischen Eigenschaften des Raumfahrzeugs. Die Flug- und Steuerfähigkeit muß aber auch in dieser Phase gewährleistet sein, weshalb diese Effekte in speziellen Windkanälen zu untersuchen sind.

Um die Hochtemperaturphänomene des realen Fluges im Windkanal nachzubilden, müssen dort die gleichen hohen Stautemperaturen herrschen wie beim realen Flug. Da im Windkanal nur relativ kleine Flugmodelle getestet werden können, folgen aus Ähnlichkeitsgesetzen der chemischen Reaktionskinetik für den Bodenversuch weitaus größere Dichten der Strömung und damit höhere Drücke als für den realen Fall. Daraus ergibt sich die Forderung nach einem Windkanal, der in der Lage ist, eine Strömung mit Stautemperaturen im Idealfall bis etwa 9000 Grad Celsius bei Ruhedrücken von 1000 bar im Machzahlbereich zwischen 5 und 15 zu erzeugen.

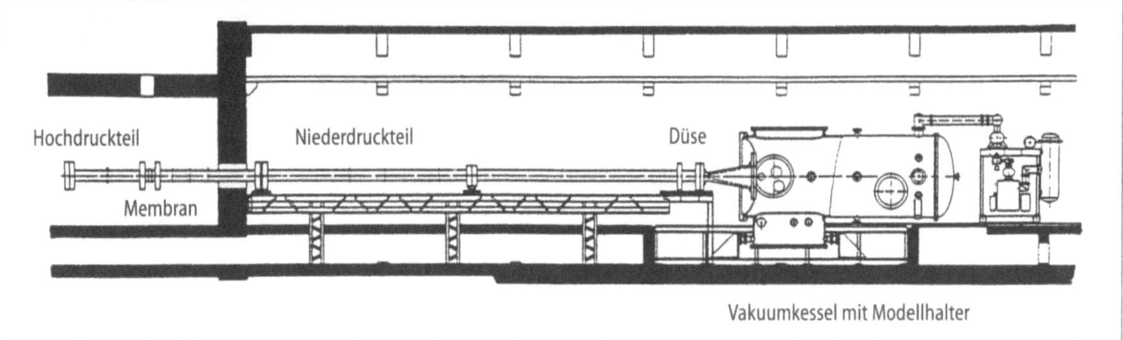

Eine der wenigen Anlagen in Europa, die zumindest teilweise diesen Strömungsbereich umfaßt, befindet sich an der RWTH Aachen. Es handelt sich um einen sogenannten Stoßwellenkanal (Bild 2 und 3).

Die Anlage besteht im wesentlichen aus folgenden Komponenten: Einem Stoßrohr, das durch eine Membran in einen Hoch- und einen Niederdruckteil getrennt wird, einer Düse und einem Vakuumkessel, in dem sich die Meßstrecke mit dem Modellhalter befindet. Die Gesamtlänge der Anlage beträgt 33 Meter, die Länge des Hochdruckteils sechs Meter und die des Niederdruckteils 15,4 Meter. Das Stoßrohr mit einem Innendurchmesser von 140 Millimetern und einer Wandstärke von 80 Millimetern ist aus hochfestem Stahl gefertigt. Der maximale Betriebsdruck der Anlage beträgt 1500 bar. Zu Beginn des Versuchs wird der Hochdruckteil mit Helium bis zu einem Druck von 1300 bar gefüllt und gleichzeitig mit einer elektrischen Heizung auf 300 Grad Celsius aufgeheizt. Der Niederdruckteil enthält Luft bei Drücken zwischen 0,5 und fünf bar. Mit ihr soll die spätere Modellumströmung untersucht werden. Eine dünne Membran zwischen dem Niederdruckteil und der Düse verhindert, daß Luft vorzeitig in den Vakuumkessel einströmen kann. Die Membran zwischen Hoch- und Niederdruckteil besteht bei maximaler Betriebsbedingung aus zwei Stahlplatten von jeweils zehn Millimetern Dicke. Ein spezieller Mechanismus bringt diese Stahlmembranen zum Bersten, und aufgrund der großen Druckdifferenz zwischen Hoch- und Niederdruckteil bildet sich eine Stoßwelle, die in den Niederdruckteil läuft und später an der Rohrendwand vor der Düse reflektiert wird. Die Luft wird von dieser Welle auf die gewünschten Druck- und Temperaturwerte komprimiert und aufgeheizt. Vor der Düse herrscht dann ein Druck von 600 bar bei 4500 Grad Celsius Gastemperatur. Diese Ruhetemperatur bestimmt die Stautemperatur am Modell. Die so stoßkomprimierte und -aufgeheizte Luft strömt in die Düse ein und wird auf Hyperschallbedingungen beschleunigt. Hinter dem Düsenaustritt befindet sich das Modell des zu untersuchenden Raumfahrzeugs, wo die Strömung eine Geschwindigkeit von 3,5 Kilometern pro Sekunde oder 12.600 Kilometern pro Stunde erreicht. In naher Zukunft soll durch eine Erweiterung des Stoßwellenkanals dieser Wert auf fünf Kilometer pro Sekunde (18.000 Kilometer pro Stunde) gesteigert werden. Die nutzbare Strömungsdauer beträgt nur einige Millisekunden, reicht aber aufgrund der sehr hohen Strömungsgeschwindigkeit zum Aufbau einer kurzzeitig sta-

Bild 2 Seitenansicht des Stoßwellenkanals TH2

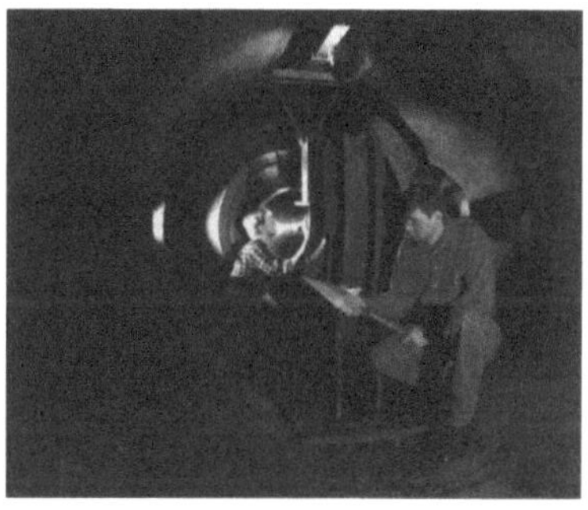

Bild 3 Blick in den Vakuumkessel des Stoßwellenkanals TH2

tionären Strömung aus. Natürlich muß die Meßtechnik unter diesen Bedingungen sehr schnell arbeiten. Bei Strömungen im Millisekundenbereich müssen die Meßsensoren innerhalb von Mikrosekunden, also Millionsteln einer Sekunde, reagieren. Sie messen die Druck- und Wärmestromverteilungen an den Modellen sowie die aerodynamischen Kräfte und Momente. Diese Größen ermöglichen es, den Einfluß der Hochtemperatureffekte auf die Aerodynamik zu untersuchen. Die Strömungen werden durch optische Verfahren wie zum Beispiel die Schlierentechnik sichtbar gemacht.

Bild 4 zeigt ein Modell des europäischen Raumgleiters HERMES, das für die Messungen im Aachener Stoßwellenkanal mit insgesamt 56 Druck- und Wärmestromsonden bestückt wurde. Die Gesamtlänge des Modells beträgt 290 Millimeter. Die Anströmung erfolgt von links nach rechts. Der Gleiter taucht mit einem Anstellwinkel von 40 Grad in die Erdatmosphäre ein, wodurch eine hohe aerodynamische Bremswirkung erreicht wird. Um diese noch weiter zu steigern, ist zusätzlich am Rumpfheck eine Bremsklappe ausgeschlagen. Aufgrund der enorm hohen Kräfte, die bei diesen Strömungsbedingungen auf das Modell wirken, mußte der Modellstiel (am rechten unteren Bildrand sichtbar) entsprechend stark ausgeführt werden. Auf dem Schlierenbild ist deutlich die starke Bugstoßwelle zu erkennen. Die ausgeschlagene Bremsklappe erzeugt eine weitere Stoßwelle, die in einiger Entfernung vom Raumgleiter mit der Bugstoßwelle zusammentrifft. Außerdem sind am Ende der Bremsklappe abgelöste Wirbel sichtbar. Da die Bremsklappe von der ankommenden, dicken Rumpfgrenzschicht umströmt wird, ist bei diesen Konfigurationen die Frage der Klappenwirksamkeit von besonderem Interesse. Die Auswirkungen der Rumpfgrenzschicht

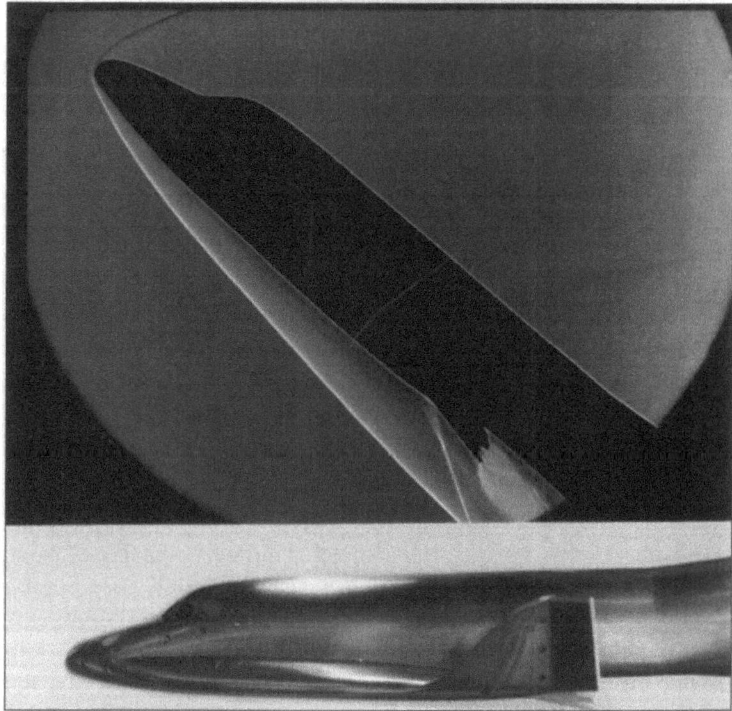

Bild 4 Modell des Raumgleiters HERMES bei Machzahl 7 im Stoßwellenkanal

sind unter anderem an dem aufgefächerten Stoß unmittelbar vor der Bremsklappe ersichtlich.

Auch bei der Umströmung des vorderen Rumpfteils eines geometrisch einfacheren Raumfahrzeugs sind die abgelöste Bugstoßwelle und zusätzlich ein Stoß am Cockpit zu erkennen (Bild 5). Bei diesem Versuch betrug die Strömungsgeschwindigkeit der Luft 3,5 Kilometer pro Sekunde. Dies führte zu einer Stautemperatur zwischen Bugstoßwelle und Nase des Raumflugkörpers von 4500 Grad Celsius. Die hohe Temperatur bewirkt ein flammenähnliches Leuchten im Nasen- und Cockpitbereich. Da dieser extreme Zustand nur einige wenige Millisekunden anhält, heizt sich das Modell während der kurzen Zeit nur unwesentlich auf, weshalb diese Art von Untersuchungen im Windkanal keine besonderen Hitzeschutzsysteme für die Modelle erfordern.

Die Europäische Weltraumorganisation ESA hat in jüngster Zeit wieder rückkehrfähige Kapseln untersucht, unter anderem auch im Aachener Stoßwellenkanal (Bild 6). Bei diesen Kapseln erfolgt die Anströmung von unten nach oben. Dies entspricht der Bewegung der Kapsel auf die Erde zu. Am Heck ist der Modellstiel zur Befestigung zu erkennen. Im realen Fall werden an dieser Stelle der Kapsel bei relativ niedrigen Geschwindigkeiten die Bremsfallschirme ausgestoßen. Die Stautemperatur beträgt wie im vorangegangenen Beispiel 4500 Grad Celsius, was zu dem bereits erwähnten Leuchten an der Kapselvorderseite führt.

Natürlich ist die Entwicklung einer rückkehrfähigen Weltraumkapsel heute keine technologische Neuheit mehr. Zudem sind die mit einem Raketenstart und der Rückkehr mit Kapseln verbundenen Kosten auf Dauer zu hoch. Aus diesem Grund wird gegenwärtig die Entwicklung horizontal startender und landender Raumfahrzeuge favorisiert. Ein bekanntes Beispiel hierfür ist das zweistufige Sänger-Konzept, für das vor einigen Jahren die deutsche Industrie und das Deutsche Zentrum für Luft- und Raumfahrt (DLR) Studien durchführten, um die Machbarkeit eines solchen Systems zu untersuchen.

Wieder mit Kapseln zurück zur Erde?

Bild 5 Strömung um das Rumpfvorder teil eines Raumfahrzeugs bei Machzahl 7 und einer Stautemperatur von 4500 Grad Celsius

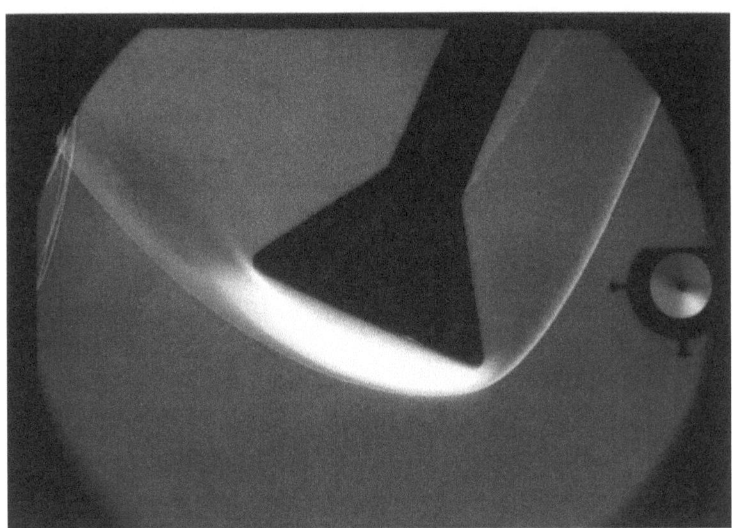

Bild 6 Untersuchung einer Wiedereintrittskapsel im Stoßwellenkanal (Strömungsrichtung von unten nach oben)

Eine ähnliche Konfiguration, aber mit vereinfachter Geometrie, wird im Aachener Sonderforschungsbereich „Grundlagen des Entwurfs von Raumflugzeugen" untersucht. Eine ausführliche Beschreibung dieses Projekts ist in dem Beitrag von Dieter Jacob und Josef Ballmann „Einfluß auf die Strömung – Forschungs- und Entwicklungstrends bei Luft- und Raumtransportsystemen" enthalten (Kapitel 5). Ein Bild des genannten Beitrags zeigt eine Strömungsaufnahme der Unterstufe dieses Raumfahrzeugs im Stoßwellenkanal, wobei auf der Unterseite ebenfalls die Triebwerkseinlaufströmung simuliert wurde.

Die Kostenfrage gewinnt für zukünftige Raumfahrtprojekte weiter an Bedeutung. Die Kosten-Nutzen-Abschätzung entscheidet dabei verstärkt über den Erfolg einer Mission und immer weniger die gewonnenen Erkenntnisse. Dies gilt in ganz besonderem Maße für die eingangs erwähnten Großprojekte. Voll wiederverwendbare Raumtransportsysteme sind deshalb für eine erfolgreiche Fortführung der Raumfahrt auf Dauer unverzichtbar. Die Entwicklung solcher Raumfahrzeuge erfordert aber Strömungsuntersuchungen in Bodenversuchsanlagen unter möglichst realistischen Bedingungen. Dies ist heute nur teilweise möglich. Konzepte für neue Versuchsanlagen sehen vor, die Strömung magnetohydrodynamisch zu beschleunigen oder die nötige Energiemenge während der Düsenexpansion mittels hochenergetischer Laserpulse bereitzustellen. Auch am Aachener Stoßwellenlabor wird zur Zeit ein neuer Anlagentyp untersucht. Das bisher verwendete Helium im Hochdruckteil des Stoßrohres wird durch ein Wasserstoff-Sauerstoff-Gemisch ersetzt, das am Ort der Membran gezündet wird. Bei geeigneten Mischungsverhältnissen entsteht eine stromauf laufende Detonationswelle, die eine etwa zwanzigfache Druck- und eine zehnfache Temperaturerhöhung im verbrannten Gas bewirkt. Dies ermöglicht eine wesentlich stärkere Stoßkomprimierung und Aufheizung der Luft im Niederdruckteil, was im Vergleich zur bisherigen Anlage wiederum zu höheren Strömungsgeschwindigkeiten in der Meßstrecke führt.

Bild 7 Einsetzen des HERMES-Modells in die Meßstrecke des Stoßwellenkanals

Der Leistungsbereich bestehender und zukünftiger Hyperschallanlagen wird aber weniger durch verfahrensbedingte als durch werkstoffspezifische Grenzen bestimmt, die aufgrund der auftretenden enormen Drücke und Temperaturen mit heutigen Werkstoffen schnell erreicht werden. Wie bei den Raumtransportsystemen erfordert die Enwicklung der hierfür notwendigen Bodenversuchsanlagen eine interdisziplinäre Zusammenarbeit verschiedenster Fachrichtungen.

Prof. Dr.-Ing. Herbert Olivier ist Leiter des Stoßwellenlabors und des Fachgebiets Hochtemperatur-Gasdynamik. Seine Forschungen liegen auf den Gebieten der Aerodynamik im Hyper-, Trans- und Unterschall, Hochtemperatur-Gasdynamik, der Explosions- und Detonationswellen sowie anderer Stoßwellenphänomene.   **Autor**

Leichtbau durch Konstruktion und Form

Wolfgang Bleck, Reiner Kopp,
Heiko von Hagen und
Pierre Hohmeier

Bild 1 Überprüfen eines Tankboden-
segments für die Ariane 5 (hinten)
und eines Wassertanksegments
für die Ariane 4 (vorne), beide in
Leichtbauweise

Kostengünstige Alternative zu leichten Werkstoffen

Der Leichtbau ist aus ökonomischen und ökologischen Gründen ein besonders wichtiges Gebiet für Ingenieure. So denken sie bei Flugzeugen und Autos darüber nach, die hohe Biegesteifigkeit bestimmter Strukturbauteile mit einer geringen Gesamtdichte und funktionellen Eigenschaften wie der Energieabsorption zu verbinden. Dadurch sinken die Kosten für den Hersteller und den Nutzer. Die notwendigen Investitionen verringern sich, und zugleich lassen sich die Umweltbelastung und die Ausbeutung knapper, natürlicher Ressourcen mindern. Leichtbaustrukturen zielen auf eine nachhaltige Entwicklung und bieten auf der Basis metallischer Werkstoffe sehr vielseitige technische Lösungen (Bild 1).

Wie wichtig der Leichtbau im Transportwesen ist, soll folgendes Beispiel zeigen: 100 Kilogramm weniger Gewicht am Auto reduzieren den Benzinverbrauch um 0,1 bis 0,8 Liter auf 100 Kilometer, je nach Fahrweise [1]. 30 Prozent dieser Einsparung lassen sich durch Leichtbau erreichen, damit leistet er den größten Beitrag zur Senkung des Kraftstoffverbrauchs und der Kohlendioxidemissionen. Verbesserungen an den Motoren eröffnen hingegen nur ein Einsparpotential von 15 Prozent.

Grundsätzlich läßt sich Leichtbau in drei große Bereiche einteilen (Bild 2). Beim Stoffleichtbau wird mit Werkstoffen geringer Dichte gearbeitet. Der konstruktive Leichtbau optimiert die Konstruktionsberechnung entsprechend der Belastungen. Wo das Bauteil starken Kräften ausgesetzt ist, muß mehr Material zum Einsatz kommen als an weniger belasteten Querschnitten. Der Formleichtbau schließlich verwendet neue Bauweisen und Bauteilformen, mit denen hohe Steifigkeiten bei geringem Gewicht realisiert werden können.

Stahl hat eine Dichte von 7,85 Kilogramm pro Kubikdezimeter. Sie liegt im Vergleich zu anderen metallischen Konstruktionswerkstoffen wie Aluminium, Titan und Magnesium sehr hoch. Deshalb erscheinen Stähle für den Stoffleichtbau in der Verkehrstechnik weniger geeignet. Allerdings zeigen sie hervorragende mechanische Eigenschaften, sind problemlos wiederverwertbar sowie in Herstellung und Verarbeitung konkurrenzlos billig. An der RWTH Aachen und an anderen Forschungsstellen wurden deshalb neue Konstruktionsprinzipien und neu gestaltete Bauteile für den Leichtbau entwickelt.

Die belastungsangepaßte Bauteiloptimierung für den konstruktiven Leichtbau beginnt bereits beim Halbzeug. Auf den jeweiligen

Bild 2 Definitionen und Beispiele für die verschiedenen Leichtbauformen

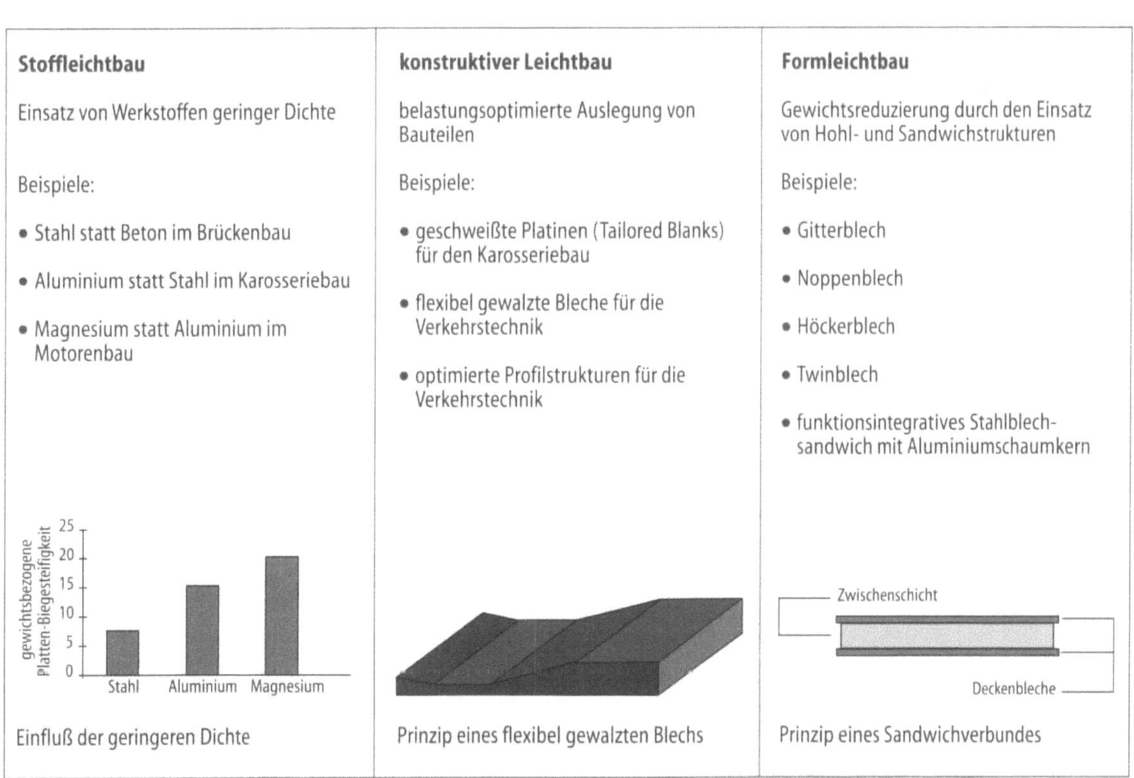

Konstruktiver Leichtbau durch maßgeschneiderte Produkte

Verwendungszweck zugeschnittene Halbzeuge mit einer großen Vielfalt möglicher Geometrien, Oberflächen und Stahlsorten lassen sich als maßgeschneiderte Produkte, sogenannte *tailored products*, zusammenfassen. Mit ihrer Hilfe können die Konstrukteure die gewünschten Bauteile mit optimalen Eigenschaften zusammenstellen wie ein Patchwork.

Eine Möglichkeit, belastungsangepaßte Bauteile herzustellen, bietet das am Institut für Bildsame Formgebung entwickelte flexible Walzen für Feinbleche. Bei diesem Verfahren durchläuft das Blech einen variablen Walzspalt, der wiederum einem vorgegebenen Dickenprofil folgt. Dies ermöglicht die Herstellung von Blechen mit einem festgelegten, an die verschiedenen Belastungen genau angepaßten Dickenprofil in Walzlängsrichtung. Dadurch wird das Verhältnis von Belastbarkeit zu Eigengewicht stark verbessert. Bisher orientierte sich die Blechdicke stets an der maximalen Belastung auch dort, wo geringere Kräfte auftreten. Mit dem flexiblen Walzen können völlig neue Produkte entwickelt werden, deren Anwendung von steifigkeits- und schwingungsoptimierten Karosserieblechen über belastungs- und gewichtsoptimierte Kastenträger und Crashbauteile bis hin zu schweren Trägerprofilen aus Dickblechen, die der Beanspruchung gemäß gewalzt sind, reicht (Bild 3). Mit dieser flexiblen Fertigungstechnik verbinden sich unterschiedliche Blechdicken über einen kontinuierlich gewalzten Übergang, ohne das innere Gefüge zu stören oder verschieden dicke Bleche aneinander schweißen zu müssen. Daß ein solches Längsprofil technisch herzustellen ist, wurde in zahlreichen Versuchen bereits bewiesen. In der weiteren Entwicklung geht es nun darum, das Verfahren industriellen Standards anzupassen.

Eine weitere Möglichkeit, belastungsoptimierte Bauteile herzustellen, ergibt sich durch den Einsatz von sogenannten Tailored Blanks. Diese maßgeschneiderten Platinen werden aus mehreren Blechen mittels Laserstrahl- oder Quetschnahtschweißen aneinandergefügt. Die einzelnen Bleche können dabei unterschiedliche Stahlsorten, Beschichtungen und Dicken aufweisen. Tailored Blanks senken das Gewicht, optimieren die Bauteiltoleranzen, vermindern die Anzahl der Bauteile und verringern die Fertigungskosten. So lassen sich heutzutage bereits Karosseriebleche aus verschiedenen

Bild 3 Anwendungsbeispiele für flexibel gewalzte Fahrzeugkomponenten

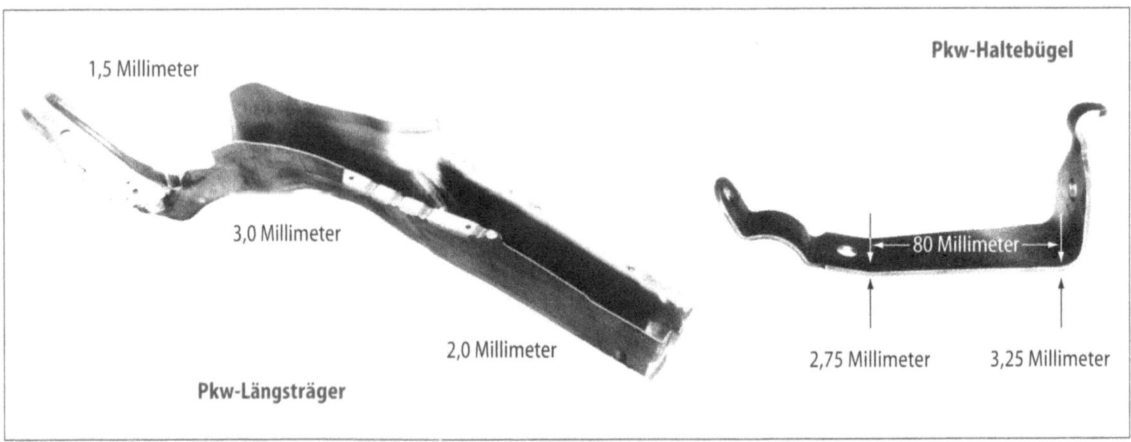

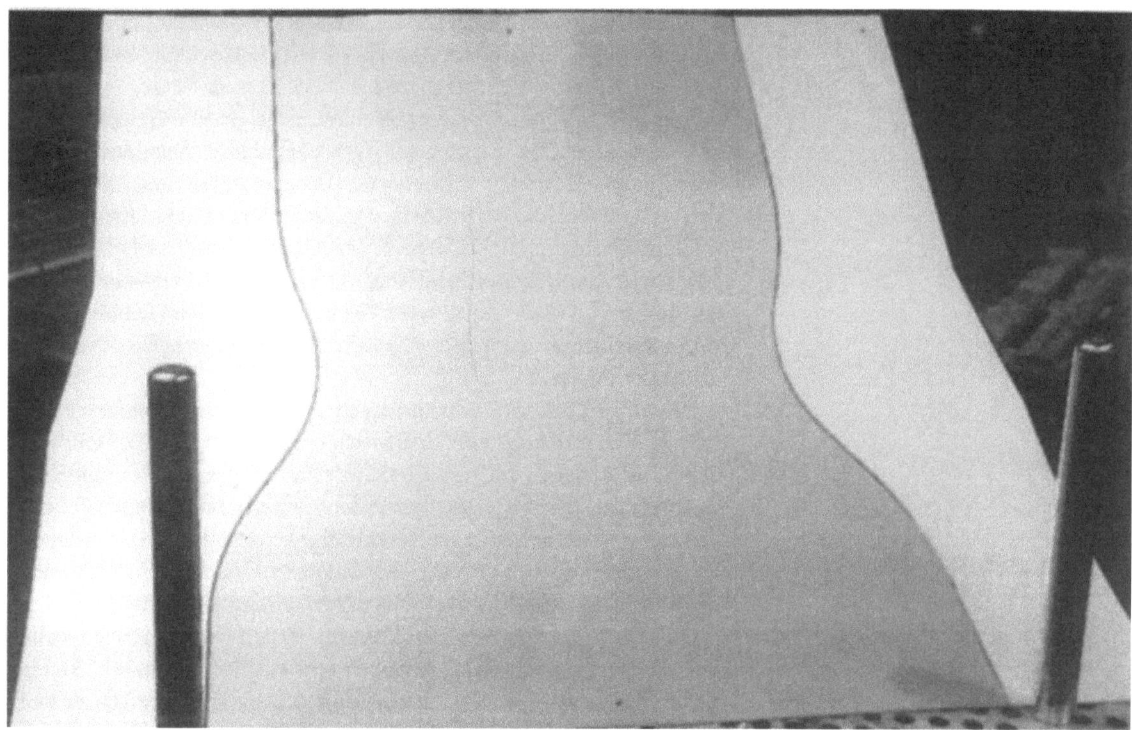

Bild 4 Tailored Blank der Firma Thyssen mit nichtlinearen Schweißnähten

Stahlsorten mit unterschiedlichen Blechdicken maßschneidern. Die Forschung zielt derzeit auf Platinen mit nichtlinearen Schweißnähten (Bild 4).

In den meisten Fahrzeugentwicklungen der letzten Jahre kommen Tailored Blanks zum Einsatz. Für eine ultraleichte Stahlkarosserie im Rahmen des ULSAB-Projektes (Ultra Light Steel Automotive Body) wird bereits die Hälfte des Karosseriegewichts aus geschweißten Platinen aufgebaut. Neue hochfeste Stähle, oberflächenveredelte Platinen sowie große Dickensprünge erfordern innovative Schweißverfahren, die in interdisziplinärer Arbeit an der RWTH Aachen entwickelt werden. Spezielle Bleche aus mehrphasigen Stählen absorbieren hervorragend die Energie bei einem Crash. Das erhöht die Sicherheit im Auto. Positive ökonomische Effekte ergeben sich nicht nur für den Anwender, sondern bereits durch indirekte Einsparungen und eine höhere Wertschöpfung für den Hersteller der Platinen. Die Werkstoffhersteller können hierdurch ihre Fertigungstiefe erhöhen und sich zum Systemlieferanten und Entwicklungspartner weiterentwickeln.

Aus diesen Stahlfeinblechen läßt sich in Verbindung mit leichtem Aluminiumschaum ein neuartiger Leichtbauwerkstoff gestalten, bei dem eine leichte, dicke Schaumkernlage zwischen den festen, dünnen Stahlblechen liegt. In Zusammenarbeit mit dem Fraunhofer-Institut für Angewandte Materialforschung hat das Institut für Eisenhüttenkunde der RWTH Aachen eine Herstellroute zur Herstellung solcher Sandwichverbunde entwickelt. Ausgangsbasis ist das pulvermetallurgische Verfahren zur Produktion von Aluminiumschaum. Hierbei wird Aluminiumpulver mit einem Treibmittel

Funktionsintegrativer Formleichtbau

ähnlich dem gebräuchlichen Backpulver gemischt und zu einem kompakten Aluminiumblock verpreßt. Dieser Block ist bei Temperaturen oberhalb des Schmelzpunktes der Aluminiumlegierung schäumbar. Er wird mit den Stahldeckblechen durch einen Walzplattierprozeß verbunden. Das Ergebnis ist ein schäumbares Verbundblech mit einer guten Haftung zwischen den Komponenten und der ausgezeichneten Oberflächengüte der Stahlfeinbleche. Nach dem abschließenden Schäumprozeß oberhalb des Aluminiumschmelzpunkts ergeben sich Sandwichverbunde mit Gesamtdichten zwischen 0,7 und 2,0 Gramm pro Kubikzentimeter. Wegen der geringen Dichte des Aluminiumschaums lassen sich also sogar Verbunde erzielen, die in Wasser schwimmen [2].

Das ungeschäumte Verbundblech als Zwischenprodukt ermöglicht die Herstellung von Sandwich-Formteilen (Bild 5). Durch gezielte Umformung und anschließendes Aufschäumen des umgeformten Bleches läßt sich eine gewünschte dreidimensionale Struktur erzeugen. Weitergehende Untersuchungen zeigten, daß der walzplattierte Verbund sowohl im ungeschäumten als auch im geschäumten Zustand über verschiedene Schweißverfahren fügbar ist.

Durch die leichte Zwischenlage erhöht sich bei Sandwichverbunden die Biegesteifigkeit drastisch gegenüber kompakten Metallblechen bei ungefähr gleichbleibendem Flächengewicht. Dieser neue Werkstoff erschließt ein weites Potential für den funktionsintegrativen Leichtbau, da er zusätzliche, funktionell nutzbare Eigenschaften eröffnet. Hierzu zählt neben einer verringerten Wärmeleitfähigkeit und einer erhöhten Schwingungsdämpfung vor allem die für den Fahrzeugleichtbau relevante Energieabsorption durch den Alumini-

Bild 5 Energieabsorptionsmechanismen des Metallschaumkerns [3] (links) und Prinzipbauteil eines Sandwichverbundes mit Stahldeckblechen und einem Kern aus Aluminiumschaum (rechts)

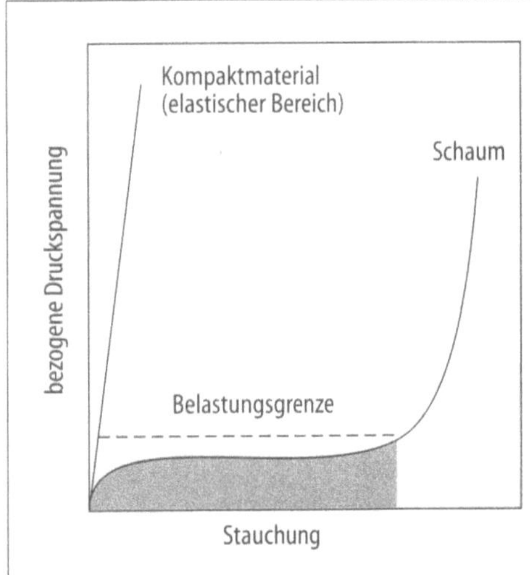

Energieabsorptionsmechanismus

Kompaktwerkstoff

- elastische/plastische Verformung
- Energieaufnahme durch innere Reibung (Dissipationswärme)

Schaum

- elastische/plastische Verformung der Zellstege
- Zusammenbrechen der Schaumstruktur
- Verdichtung

umschaum. So kann die Crashenergie gezielt und gleichmäßig ohne kritische Überlast aufgenommen und somit den Insassen des Fahrzeugs ein zusätzlicher Schutz geboten werden. Die spezifische Energieaufnahme läßt sich durch die Schaumstruktur und die Wahl des geeigneten Werkstoffs für den jeweiligen Einsatzzweck optimieren.

Gegenwärtig noch in der Entwicklung befindlich sind Sandwichstrukturen mit gitterartigen Zwischenschichten. Sie werden Gitterbleche genannt [4]. Bei ihnen bildet sich die tragende Struktur des Verbundwerkstoffs durch zwei dünne Deckbleche. Die gitterartige Zwischenlage nimmt bei der Bauteilherstellung die entstehenden Querschubkräfte der Umformung auf, wodurch sich dieser Verbund gegenüber anderen Hohlstrukturen auszeichnet. Die einzelnen Blechlagen können sowohl verschweißt als auch verklebt werden, ohne daß die Umformbarkeit des als Halbzeug konzipierten Blechverbunds wesentlich herabgesetzt wird. Durch den dreischichtigen Aufbau entsteht eine Hohlstruktur, die deutlich steifer und dicker als ein gleich schweres Massivblech ist.

Auch Höckerbleche eignen sich hervorragend zur Fertigung von versteiften, flächigen Formleichtbauteilen aus Stahl. Die Versteifung der Bleche wird hier durch Vertiefungen oder Sicken mittels hydrostatischer Streck-Stülp-Umformung erreicht. Im Vergleich zum wesentlich aufwendigeren Tiefziehen, das zudem eine ungleichmäßige Blechverteilung über die Höcker bewirkt, bietet das hydrostatische Streckumformen nun die Möglichkeit, Höckerbleche wirtschaftlich und in guter Qualität herzustellen [5].

Ebenso wie bei Sandwichverbunden entsteht durch den Abstand zwischen den äußeren Stahlblechen ein erhöhtes Trägheitsmoment. Dies geschieht jedoch nicht durch das Einbringen von zusätzlichem Material, sondern durch das örtliche Ausbuchten eines oder beider Stahlfeinbleche. Der Kern besteht somit, abgesehen von den Kontaktpunkten an den profilierten Stellen, aus Luft. Verschiedene Kombinationen sind möglich: ein mit Höckern profiliertes und ein glattes Blech (unsymmetrischer Hohlverbund), zwei entgegengesetzt verbundene profilierte Bleche (symmetrischer Hohlverbund). Die Verbindung erfolgt wieder durch Schweißen oder Kleben.

Der Hohlraum zwischen den Deckblechen kann aber auch durch Materialien gefüllt werden, welche die mechanischen Eigenschaften verbessern oder zusätzliche Merkmale ermöglichen. Beim sogenannten Noppenblech handelt es sich um ein tiefziehfähiges Zweilagenblech, in dem die Bleche als äußere Gurte dienen. In einem Blech sind die Noppen als halbkugelförmige Vertiefungen von sechs Millimetern Durchmesser im Abstand von 15 Millimetern zueinander eingebracht. Bei gleicher Biegesteifigkeit ist es nur halb so schwer wie ein glattes Vollblech. Durch die Verklebung einer eingelegten Zwischenlage läßt es sich zum Sandwichverbund erweitern. Dies steigert seine Festigkeit und Steifigkeit noch einmal um 20 Prozent [4].

Eine weitere am Institut für Bildsame Formgebung entwickelte Bauweise ist das Twinblech. Dieser Blechverbund besteht aus zwei Blechlagen, die zunächst miteinander gefügt werden. Als Fügeverfahren kommen prinzipiell schweiß-, umform- und klebetechnische

Hohlstrukturen – hohe Steifigkeit mit viel Luft

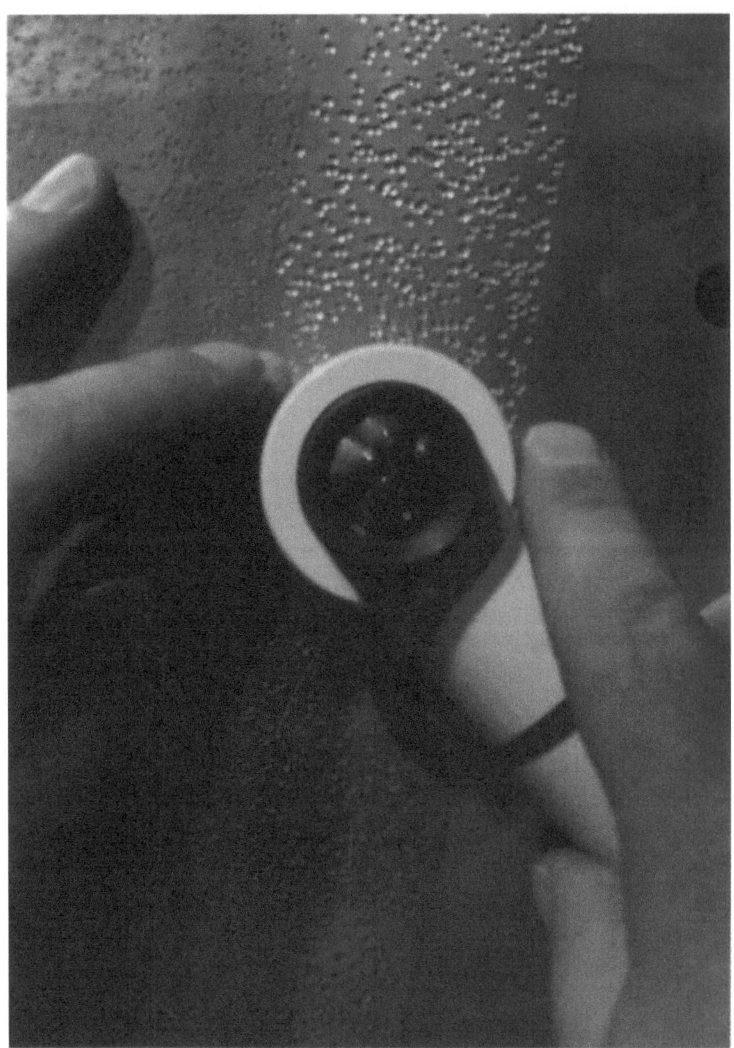

Bild 6 Detailaufnahme des kugelgestrahlten Randbereichs des Ariane-5-Tankbodensegments

Verfahren in Betracht. Beim Fügen wird das spätere Versteifungsmuster bereits festgelegt. Dieses Fügemuster läßt sich nahezu beliebig auslegen, so daß sich diese Bauweise ideal an den späteren Belastungsfall anpaßt. Nach dem Fügen ist die Umformung beispielsweise durch Tiefziehen oder auch Biegen möglich, bevor der eigentliche Versteifungsschritt erfolgt. In diesem Schritt werden eine oder auch beide Blechseiten mit Kugeln bestrahlt (Bild 6). Hierdurch plastifiziert sich die Randschicht der gestrahlten Oberseite und die gesamte Blechlage wölbt sich entgegen der Strahlrichtung. Wie beim Gitterblech entsteht eine Hohlstruktur mit höherer Steifigkeit im Vergleich zum Massivblech.

Die für Twinbleche charakteristischen Hohlräume erhöhen einerseits die Steifigkeit, andererseits statten sie das Bauteil mit zusätzlichen Funktionen aus (Bild 7). Wählt man die Versteifungsmuster entsprechend klug aus, lassen sich sogar eventuelle Leitungskanäle oder Nuten im späteren Bauteil berücksichtigen. Schäumt man die Hohlräume aus, verbessern sich die Wärmedämmung und die Körperschalldämpfung.

Um solche maßgeschneiderten Werkstofflösungen zu konzipieren und die Forschungsergebnisse schnell umzusetzen, müssen Werkstoffwissenschaftler, Produktionstechniker und Konstrukteure frühzeitig und eng kooperieren. Um einen optimalen Einsatz zu ermöglichen, müssen die Eigenschaften und Anforderungen über neue Verfahren zur Prüfung, Berechnung, Herstellung und Verarbeitung verbunden werden. Bereits frühzeitig sind die Fragen der Wirtschaftlichkeit und der Verwertung zu berücksichtigen. Die gezeigten Beispiele stellen Querschnitte aus einem Forschungsgebiet dar, das für die Verkehrstechnik in Zukunft strategische Bedeutung besitzt. Die RWTH Aachen mit ihren vielfältigen Ingenieurdisziplinen bietet ein geeignetes Umfeld für diese fachübergreifenden Aufgaben.

Bild 7 Vergleich der Steifigkeit von gleich schwerem Twinblech (hinten) und Massivblech (vorne) bei gleicher Belastung

Autoren

Prof. Dr.-Ing. Wolfgang Bleck ist Leiter des Instituts für Eisenhüttenkunde (IEHK).

Dipl.-Ing. Heiko von Hagen ist wissenschaftlicher Mitarbeiter im Bereich Werkstofftechnik.

Prof. Dr.-Ing. Reiner Kopp ist Leiter des Instituts für Bildsame Formgebung (IBF).

Dipl.-Ing. Pierre Hohmeier ist wissenschaftlicher Mitarbeiter am Institut für Bildsame Formgebung.

Literaturhinweise

[1] H. Wallentowitz, M. Jaeger und H. Adam: Neue Aspekte zum Leichtbau im Automobilbau, Tagungsband 13. Aachener Stahl-Kolloquium: Impulse für Produktivitätssteigerung und Arbeitsplatzsicherung, 26. und 27. März 1998, Aachen.
[2] J. Baumeister, W. Bleck, H. von Hagen, D. Hatzfeld, M. Paschen, G. Sedlacek und M. Weber: Industrielle Nutzung von Stahlblechverbundwerkstoffen mit geschäumtem Aluminium, Projekt 1: Sandwichkonstruktionen aus Stahlblech mit geschäumtem Aluminium, Bericht P 281.1 in der Reihe „Forschung für die Praxis" der Studiengesellschaft Stahlanwendung e.V., Düsseldorf 1997.
[3] L. J. Gibson und M. F. Ashby: Cellular solids – structure and properties, 2. Auflage, Cambridge University Press, 1997.
[4] Neuartige Fahrzeug-Leichtbaukonzepte durch Stahlinnovation, Tagungsband 714, Dresdner Leichtbausymposium 1997, Studiengesellschaft Stahlanwendung e.V., Düsseldorf 1997.
[5] B. Hachmann: Möglichkeiten der hydrostatischen Blechumformung, Stahl und Eisen, 118, 1998, Nr. 8, S. 59 bis 62.

Mikrosysteme für die Medizin

Wilfried Mokwa,
Uwe Schnakenberg, Christian
Mittermayer und Horst Richter

Miniaturisierte Implantate helfen Patienten

Ob moderne Medizintechnik, medizinische Produkte oder hochwirksame Implantate: Ohne Mikroelektronik ist keiner dieser Brennpunkte wissenschaftlichen Forschens und ärztlicher Kunst heute noch denkbar. Denn mikroelektronische Schaltungen können zu intelligenten, miniaturisierten Systemen mit hoher Funktionalität und Komplexität integriert werden.

Sie finden sich nicht nur in Tomographie- und Ultraschallgeräten, die heute selbstverständlich zur Diagnostik gehören. Auch Herzschrittmacher, nicht größer als eine Streichholzschachtel, funktionieren mit ihrer Hilfe ohne externe Energieversorgung über eine Zeitspanne von mehr als zehn Jahren – ohne daß es zu einem Ausfall kommt. Und implantierbare Dosiersysteme für Medikamente werden in naher Zukunft autonom unter anderem den Zuckergehalt des Bluts messen und patientenspezifisch Insulin dosieren.

Herzschrittmacher, Dosiersysteme, Katheter für intravenöse Ernährung, Blutdruckmessung oder auch Analysen der Elektrolytzusammensetzung des Blutes sind treffende Beispiele für Mikrosysteme in der Medizin. Sie zeichnen sich vor allen dadurch aus, daß neben mikroelektronischen Schaltungen auch miniaturisierte Elektroden, Sensoren oder Mikropumpen integriert sind. So ist etwa der Tip-Katheter in Kliniken und Arztpraxen bereits weit verbreitet. Hier wird mit Hilfe eines Mikrosystems der Blutdruck gemessen, die Meßwerte durch Mikroelektronik aufbereitet und ausgewertet. Diese zukunftsweisenden Technologien unterstützen den Arzt wirkungsvoll bei Diagnose und Therapie. In komplexeren mikrosystemtechnischen Applikationen werden Meßwerte analysiert und dazu verwendet, weitere Vorgänge zu initiieren – etwa im Herzschrittmacher den Strom für die Elektroden bereitzustellen oder in einem Endosiersystem die Mikropumpe zur Dosierung des Insulins zu regeln.

Drei Beispiele von Mikroimplantaten sollen das Potential der Mikrosystemtechnik für die Medizin besonders verdeutlichen. Die folgenden Lösungsansätze zeigen vielversprechende Perspektiven und Chancen auf, die durch Mikrosysteme in den nächsten Jahrzehnten Realität werden.

Intelligente Sehhilfe

Bei den weltweit drei Millionen blinden Menschen, die an der erblichen Krankheit *Retinitis pigmentosa* leiden, degenerieren vom frühen Erwachsenenalter an die Photorezeptoren der Netzhaut (Retina), während der Sehnerv und die Ganglienzellen noch erhalten und funktionsfähig sind. Durch elektrische Stimulation der Ganglienzellen der Netzhaut kann so eine optische Wahrnehmung technisch ermöglicht werden [1, 2, 3].

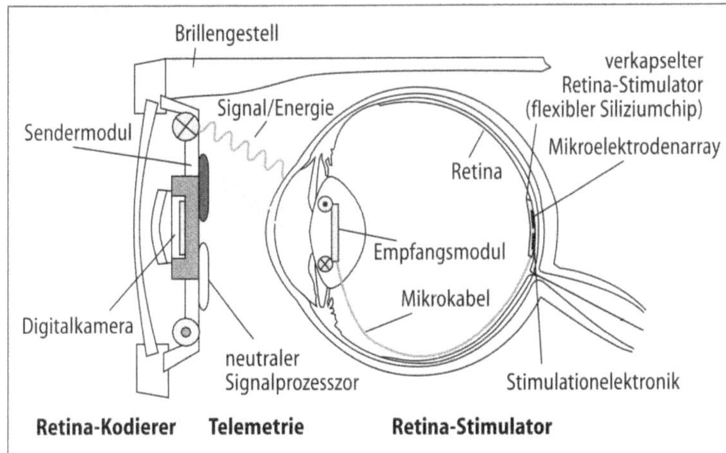

Bild 1 Schema eines technischen Lösungsansatzes für eine intelligente Sehhilfe

Der technische Lösungsansatz zur Kompensation von *Retinitis pigmentosa* ist aus mehreren Teilen aufgebaut: einem äußeren Teil in Form einer Brille und zwei internen Teilen, die in das Auge implantiert werden (Bild 1). Im Brillengestell (externes Bauteil) befindet sich eine miniaturisierte Digitalkamera, welche die optische Information in elektrische Signale konvertiert. Ein nachgeschalteter, lernfähiger Signalprozessor wandelt die Bildinformation in spezielle Signale für die Nervenstimulation um. Hierfür werden lernfähige neuronale Netzalgorithmen verwendet. Diese aufbereiteten Signale lassen sich aus dem Prozessor über eine in dem Brillengestell integrierte Sendespule ins Auge übertragen. Im Vorderabschnitt des Auges am Ort der Linse (Kapselsack) wird ein Empfangsmodul implantiert, das die Signale aus der Brille empfängt und über ein Mikrokabel an den Stimulator auf der Netzhaut im Hinterabschnitt des Auges weiterleitet. Die implantierten Komponenten sind mit bioverträglichem Silikonkautschuk gekapselt. Der Stimulatorchip wird durch eine spezielle Methode auf der Netzhaut ortsstabil befestigt [4].

Im beschriebenen System wirken die verschiedensten Komponenten auf engstem Raum zusammen. Vor allen Dingen müssen die zu implantierenden Bauelemente so klein sein, daß sie alle ins menschliche Auge eingebracht werden können. Gleichzeitig ist hohe Bioverträglichkeit, gute Langzeitstabilität und hohe Ausfallsicherheit gefordert.

Der verkapselte Stimulatorchip mit den Mikroelektrodenarrays ist eine solche Komponente, an die die genannten Anforderungen gestellt werden. Es kann kein starrer Siliziumchip implantiert werden, weil ein solcher Chip sich nicht an die Krümmung der Netzhaut anpaßt. Um Abhilfe zu schaffen, wurden am Fraunhofer-Institut für Mikroelektronische Schaltungen und Systeme in Duisburg sogenannte MESA-FLEX-Strukturen entwickelt, die aus starren Siliziuminseln bestehen und durch dünne Brücken aus Silizium verbunden sind (Bild 2). Somit können verformbare Netze realisiert werden, die sich an gekrümmte Oberflächen anpassen. Ein Langzeittest bestätigte die Flexibilität der MESA-Flex-Strukturen: Im Biegeversuch wurden zwei der Siliziuminseln erfolgreich um 90 Grad gebogen (Bild 3).

Bild 2 MESA-FLEX-Strukturen: Silizium-inseln, die durch dünne Siliziumbrücken elastisch verbunden sind

Bild 3 Biegevorrichtung mit eingespann-
ter MESA-FLEX-Struktur

Die Biegefähigkeit der dünnen Siliziumbrücke ist deutlich zu erkennen.

Bioverträglich verkapselte, jedoch kabelgebundene Stimulator-
chips zeigten in Kaninchenaugen während der Verweilzeit von zehn
Monaten keine signifikanten Änderungen. Innerhalb dieser Zeit
wurden elektrische Stimulationen erfolgreich durchgeführt.

Bis jedoch grundsätzliche Fragen, wie optimale Implantations-
technik, ortsstabile Fixation der implantierten Komponenten im
Auge oder ausreichende Elektrodenkontakte für die Bildwahrneh-
mung, geklärt sind, wird es noch eine Weile dauern.

An der Entwicklung des vom Bundesministerium für Forschung
und Technologie (BMBF) geförderten Leitprojekts EPI-RET sind 15
Universitäten und Fraunhofer-Institute beteiligt. Der Sprecher des
Konsortiums ist Professor Dr.-Ing. Rolf Eckmiller vom Institut für
Informatik VI der Universität Bonn.

Augeninnendruckmessung

Auch bei anderen Augenkrankheiten können Mikrosysteme wirksame Abhilfe schaffen. So führt erhöhter Augeninnendruck (von
mehr als 25 Millimeter Quecksilbersäule) beim Menschen langfristig zu einer Trübung der Augenlinse (Grüner Star oder Glaukom
genannt). In Deutschland sind etwa 500.000 bis 800.000 Personen an
Glaukom erkrankt. Etwa zehn Prozent dieser Patienten werden früher oder später erblinden. Eine rechtzeitige kontinuierliche Überwachung des Augeninnendrucks ist deshalb aus präventiven und therapeutischen Gründen von größter Wichtigkeit.

Für die kontinuierliche intraokulare Druckmessung wird das in
Bild 4 dargestellte System derzeit im Rahmen eines BMBF-Projektes
unter zentraler Beteiligung der RWTH Aachen entwickelt. Der
Drucksensor ist in den nichtoptischen Randbereich einer künstlichen Intraokularlinse eingebettet. Zusätzlich befinden sich in diesem Bereich mikroelektronische Schaltungen sowie eine Mikrospule, um die Druckmeßwerte zu speichern und telemetrisch, das heißt
drahtlos, an die Empfangselektronik in der Brille zu übertragen. Im
Brillengestell sind die externe Spule mit den zugehörigen elektronischen Schaltungen zum Empfang der Sensormeßwerte sowie eine
Verbindung zu einem tragbaren Datenspeicher untergebracht. Mit

dem beschriebenen Implantat (Intraokularlinse mit Drucksensor) kann der Augeninnendruck quasi kontinuierlich über eine lange Zeitspanne gemessen und registriert werden.

Vor dem vom BMBF geförderten Projekt unterstützte das Land Nordrhein-Westfalen die Grundlagenuntersuchungen. Hier wurden in Zusammenarbeit zwischen der RTWH Aachen, dem Fraunhofer-Institut für Mikroelektronische Schaltungen und Systeme in Duisburg und der Augenklinik der Universität zu Köln nichtminiaturisierte Systeme aufgebaut und getestet [5]. Dabei ging es unter anderem um den Einfluß des Linsenmaterials auf die Meßsignale des Drucksensors.

Als Material für solche künstliche Intraokularlinsen kommt heute vielfach Polydimethylsiloxan (PDMS), ein weicher Silikonkautschuk, zum Einsatz. Drucksensor, Spule und mikroelektronische Schaltungen werden in PDMS vergossen (Bild 5). Das Funktionsmuster hat einen Durchmesser von 15 Millimetern und ist vier Millimeter dick. In einer Druckkammer erfolgreich getestet, wurden die Druckmeßwerte telemetrisch aus der Kammer übertragen (Bild 6). Der Vergleich zwischen dem gemessenen Druck des verkapselten Sensors zu den eingestellten Druckwerten in der Kammer zeigt eine hervorragende Übereinstimmung in der Linearität. Die Unterschiede in den Druckwerten spiegelt den Einfluß des Verkapselungsmaterials wider. Dieser Einfluß kann jedoch kompensiert werden, wenn man jeden verkapselten Sensor nachträglich kalibriert.

Zukünftige Arbeiten befassen sich mit der Miniaturisierung der zu implantierenden Komponenten und deren Integration in eine künstliche Intraokularlinse. Hier müssen neuartige Technologien zur Aufbau- und Verbindungstechnik von Mikrokomponenten zu Mikrosystemen entwickelt werden.

Die Fortschritte in der Mikroelektronik und Biomaterialforschung schufen auch vielversprechende technische Grundlagen für sogenannte Neuroprothesen zur Kompensation neurologischer Ausfälle. Das Cochlea-Implantat zur Wiederherstellung der Hörfunkion ist solch ein Beispiel für eine klinisch erfolgreich angewandte Neuroprothese; weitere Anwendungsgebiete für Neuroprothesen sind Wiederherstellung der Sehfunktion (Retina-Implantat), Inkontinenz (Blasenstimulator), *Angina pectoris* und Vasospasmus (elektrischer Schrittmacher) sowie Schmerzblockade durch Stimulatoren.

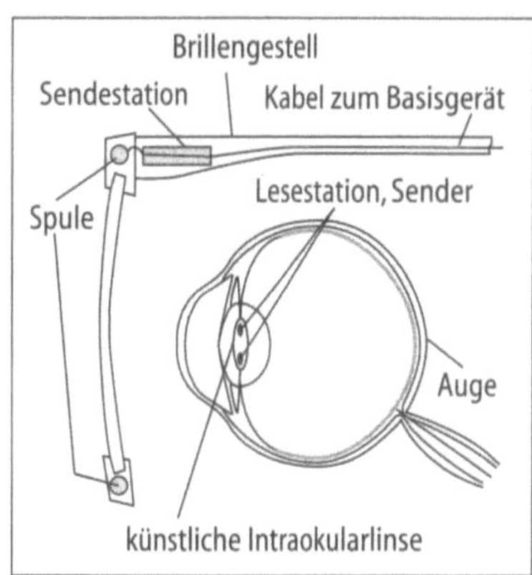

Bild 4 Konzept zur kontinuierlichen Messung des Augeninnendrucks

Technischer Nervenkontakt

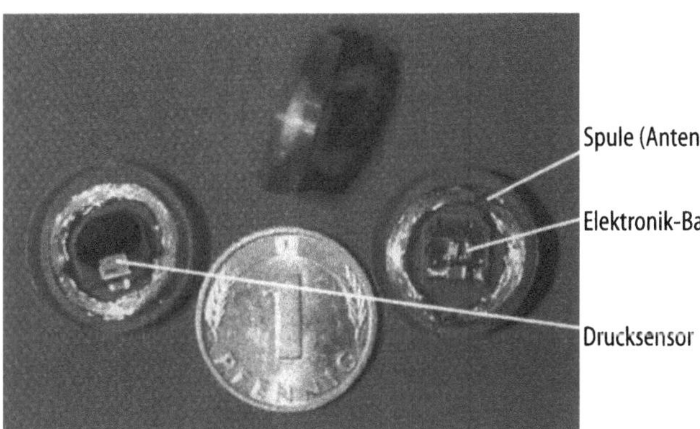

Bild 5 Scheibe aus Polydimethylsiloxan (PDMS) in drei verschiedenen Ansichten, in die der Drucksensor und die Telemetriekomponenten eingebettet ist. Im Vergleich ist ein Pfennig abgebildet.

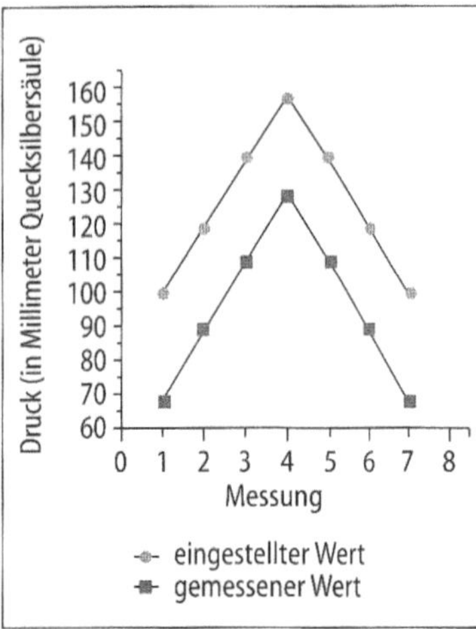

Bild 6 Telemetrisch übertragene Druck-meßwerte im Vergleich zu den einge-stellten Druckwerten in der Kammer

Noch zu lösen sind Stimulation und Signalableitung am periphe-ren Nerv, ohne daß es zu einer Abwehrreaktion des Nervs kommt (Neurombildung). Eine technisch machbare und interessante erste Anwendung des künstlichen Nervenkontaktes ist zum Beispiel die Wiederherstellung der Greiffunktion der Hand bei Querschnittsläh-mung. Hier könnte eine intelligente Schnittstelle in Form einer Kon-taktstruktur zum peripheren Nerv die Steuerung der Handprothese übernehmen.

Die Anforderungen an die Kontaktstruktur sind vielfältig: Es soll eine reizarme und druckfreie Kontaktierung möglichst ohne Trau-matisierung des Nerven und mit stabiler Fixation am Nerven ge-währleistet werden, außerdem muß das Implantat sehr gut gewebs-verträglich sein sowie über eine chemische und physikalische Langzeitstabilität verfügen. Hohe Ausfallsicherheit sowie leichte Im- und Explantierbarkeit sind unabdingbare Voraussetzungen für das Implantat.

Die zur Zeit auf dem Markt befindlichen Stimulatoren und Kon-taktstrukturen erfüllen die genannten Anforderungen nur bedingt. Eine zentrale Entwicklungsaufgabe ist daher die reizarme, druck-freie und ortsstabile Kopplung zwischen Nerv und Implantat. Die optimale Kontaktstruktur zeichnet sich dadurch aus, daß die Neu-rombildung des Nervs minimiert sowie die elektrische Kopplung zwischen Nerv und Elektroden des Implantats stabil ist.

Als Lösungsansatz wird eine weiche, manschettenförmige (Cuff-) Elektrode entwickelt, die den Nerv an der gewünschten Stelle umgibt (Bild 7). Die Manschette besteht aus einem festen Mantel, der sich um den Nerv legen läßt. Dadurch entsteht eine röhrenförmige Struk-tur, die sich bei eventueller Schwellung der Nerven erweitern kann. In der Außenwand des Rohres sind mikroelektronische Elektroden-arrays für die Ableitung und die Stimulation von Nervenimpulsen eingebettet. Die Innenseite der Manschettenelektrode soll mit bio-verträglichem Silikonschaum gefüllt werden. Unter Umständen kann

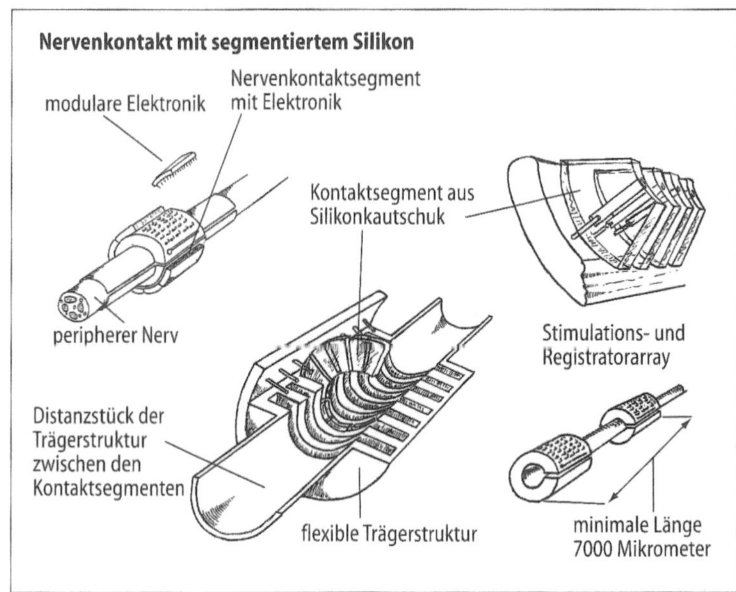

Bild 7 Lösungsansatz zur Fertigung einer Manschettenelektrode zu Registrierung und Stimulation peripherer Nerven

der Silikonschaum über seinen Querschnitt einen von der Rohrwand nach innen abnehmenden Vernetzungsgrad (Dichtegradienten) erhalten, so daß es in Rohrachsennähe, also zu den Nerven hin, sehr weich ist.

Wie bei herkömmlichen Spiral-Cuff-Elektroden gewährleistet die manschettenförmige Ummantelung einerseits einen stabilen, definierten Sitz der Kontaktstruktur; andererseits wird der Nerv bei Schwellung nicht stranguliert. Im Unterschied zu den herkömmlichen Spiral-Cuff-Elektroden ist das Material des geplanten Nervenkontaktes zur Seite des Nervs hin hochflexibel und weich. Damit wird das Nerventrauma minimiert.

Als weitere Innovation sollen in den Kontaktwerkstoff (Silikonschaum) leitfähige Kanäle integriert werden. Durch Mikrolaserablation, das heißt Abtragen mittels Lasereinsatz, läßt sich der Silikonschaum über den Elektrodenkontakten entfernen. Die entstandenen Mikrokanäle werden mit physiologischer Kochsalzlösung (Ionenleiter) gefüllt und stellen so eine leitende Verbindung zwischen Nerven und Elektrodenflächen her. Die Mikrostrukturierung des Kontaktwerkstoffes ermöglicht so eine lokalisierte Signalübertragung (Stimulation) und Signalableitung (Registrierung).

Nahziel des von Nordrhein-Westfalen geförderten interdisziplinären Grundlagenprojekts, an dem auch das Aachener Institut für Kunststoffverarbeitung beteiligt ist, sind die Untersuchung und reproduzierbare Herstellung sowie die garantierte mechanische Stabilität der neuartigen Elektrode. Das Fernziel ist eine gewebsverträgliche, stabile Kontaktstruktur, die den Nerven auch langfristig nicht traumatisiert, gleichzeitig aber fest verankert ist und die Ableitung von Nervenimpulsen und das Stimulieren des Nerven erlaubt.

Der technische Fortschritt in der Mikrosystemtechnik ist so rasant, daß ihr Einsatz in der Medizin heute nur abgeschätzt werden kann. Miniaturisierte Systeme sind für die vielfältigen Applikationen in der Medizintechnik hervorragend geeignet, um Diagnose und Therapie zu unterstützen und effizient zu gestalten. Die Realisierung von Mikrosystemen ist jedoch mit erheblichen Anstrengungen und hohem Forschungsaufwand verbunden. Lösungen sind nur durch eine interdisziplinäre, kooperative Forschung und Entwicklung zwischen Elektrotechnikern, Physikern, Ingenieuren, Biologen sowie Klinikärzten zu verwirklichen.

Autoren

Prof. Dr. rer. nat. Wilfried Mokwa und Dr. -Ing. Uwe Schnakenberg forschen am Institut für Werkstoffe der Elektrotechnik, Lehrstuhl I, Mikrostrukturintegration.

Prof. Dr. med. Christian Mittermayer und Dr. med. Horst Richter forschen am Institut für Pathologie.

Literaturhinweise

[1]   J. L. Wyatt, J. L. Rizzo, A. Grumet et al.: Development of a silicon retinal implant: Epiretinal stimulation of retinal ganglion cells in the rabbit, Investigative Ophthalmology and Visual Science, 35 (Supplement), 1994, S. 1380.

[2] R. Eckmiller et al.: Neurotechnologie-Report – Machbarkeitsstudie – Leitprojekt-Vorschlag I, BMBF, Bonn 1994.

[3] M. S. Humayun, E. De Juan, G. Dagnelie, R. Greenberg, R. Propst und H. Phillips: Visual perception elicited by electrical stimulation of the retina in blind humans, Archives of Ophthalmology, 114, 1996, S. 40 bis 46.

[4] H. C. Lüdtke-Handjery, N. Völcker, H. A. Richter, C. Mittermayer und H. Höcker: Fastening of an Electronic Device on the Retina Surface by Glia Cells, North Sea Biomaterials 1998, Clinical Conference Ophthalmological Implants and Biomaterials, OPH 13, 1998.

[5] P. Walter, U. Schnakenberg, S. Dinslage, P. Ruokonen, G. vom Bögel, C. Krüger, H. C. Lüdtke-Handjery, H. A. Richter, W. Mokwa, M. Dieselhorst und G. Krieglstein: Measurements of the intraocular pressure with a silicone encapsulated intraocular membrane sensor, Ophtalmic Research, eingereicht 1999.

Produkt- und Verfahrensentwicklung wandeln sich

Walter Michaeli und
Edmund Haberstroh

Die Kunststofftechnologie am Beginn des neuen Jahrhunderts

Kunststoffe, auch Polymerwerkstoffe genannt, sind synthetisch hergestellte, aus Makromolekülen aufgebaute Werkstoffe. Zahlreiche Kunststoffprodukte, mit denen wir täglich ganz selbstverständlich umgehen, sind mit traditionellen Werkstoffen gar nicht denkbar. So zeigen sich bei der Compact Disc als Medium für Musik- und Datenaufzeichnung einige besondere Eigenschaften von Kunststoffen. Man nutzt hier die Möglichkeit der rationellen Herstellung äußerst präziser Oberflächenstrukturen im Mikrometerbereich. Zahlreiche neue Produkte der Mikrotechnik aus Kunststoffen werden in der nächsten Zeit hinzukommen.

Sport- und Freizeitartikel, wie Tennisschläger, Skier und wasserabweisende und gleichzeitig atmungsaktive Kleidung, schöpfen ebenfalls aus den Eigenschaften der Polymerwerkstoffe. Die Medizintechnik hat begonnen, aus zahlreichen, teils winzigen Kunststoffeinzelteilen aufgebaute Geräte hervorzubringen, die dennoch kostengünstig in hoher Stückzahl gefertigt werden können. So wird ein Diabetes-Patient mit einem kompliziert aufgebauten Dosierstift in die Lage versetzt, sich seine individuell benötigte Insulinmenge selbst zu spritzen (Bild 1) [1].

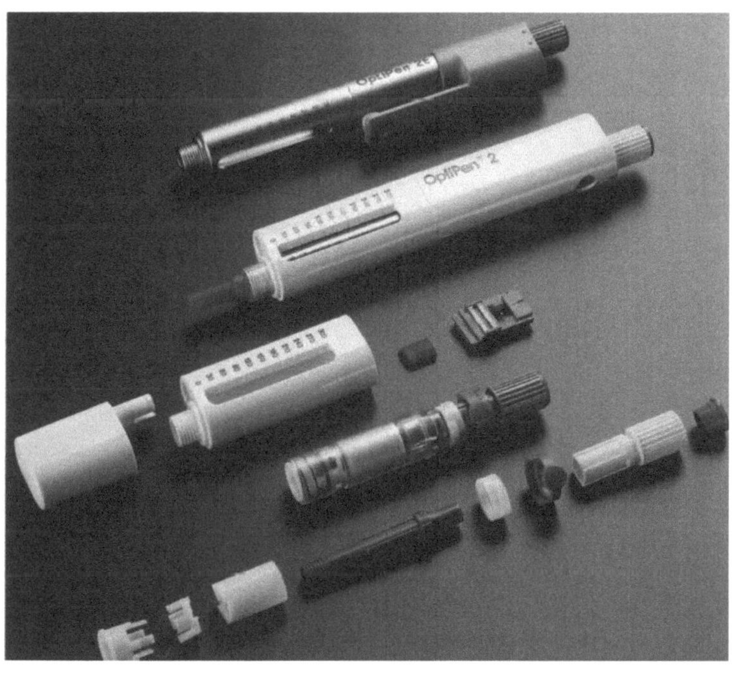

Bild 1 Kunststoffeinzelteile eines Insulindosierstifts [1]

Von besonderer ökonomischer und ökologischer Bedeutung ist der ständig wachsende Beitrag der Kunststoffe zur effizienteren Nutzung von Energie und von Rohstoffen. So ist der Verbrauch fossiler Heizenergieträger unter anderem durch verbesserte Gebäudewärmedämmung mit Hilfe von isolierenden Kunststoffen stark zu reduzieren. In Fahrzeugen wird das relativ geringe Gewicht von Kunststoffbauteilen zunehmend genutzt, um den Kraftstoffverbrauch weiter zu senken. Karosserieaußenteile aus Kunststoff gibt es bereits bei Autos aus der Großserienfertigung. An der Entwicklung von leichten Autoseitenscheiben wird intensiv gearbeitet. Kunststoffe benötigen zu ihrer Herstellung wenig Energie und lassen sich leicht verarbeiten. Dadurch entsteht ein volkswirtschaftlicher Vorteil, und die Umwelt wird weniger belastet. Angesichts der weltweit wachsenden Bevölkerung werden Kunststoffe helfen, wichtige Zukunftsaufgaben der technisierten Welt zu lösen. Dies wird in der breiten Öffentlichkeit noch immer unterbewertet.

Die moderne rechnerunterstützte Produktentwicklung

Nach diesen kurzen Hinweisen auf die zunehmende Bedeutung einer noch relativ jungen Werkstoffgruppe wollen wir im folgenden auf den heute stattfindenden Wandel in der Technologie der Kunststoffverarbeitung eingehen. Die Grundlage dafür bilden die Computertechnik und die Informations- und Kommunikationstechniken. Was für die Produktionstechnologie insgesamt gilt, trifft auch für die Kunststofftechnologie zu: Heute sind moderne Simulationsmethoden für die Produktionsprozesse verfügbar. Bereits bei der Entwicklung neuer Produkte kann zunächst in der virtuellen Realität gearbeitet werden. Am Beispiel der Entwicklung und Produktionsvorbereitung eines Bohrmaschinengehäuses erläutern wir nun prinzipiell den Weg von der Idee bis zum Beginn der Produktion (Bild 3). Zur Unterstützung der einzelnen Aufgaben, die bei einer solchen Produktentwicklung anfallen, existieren heute zahlrei-

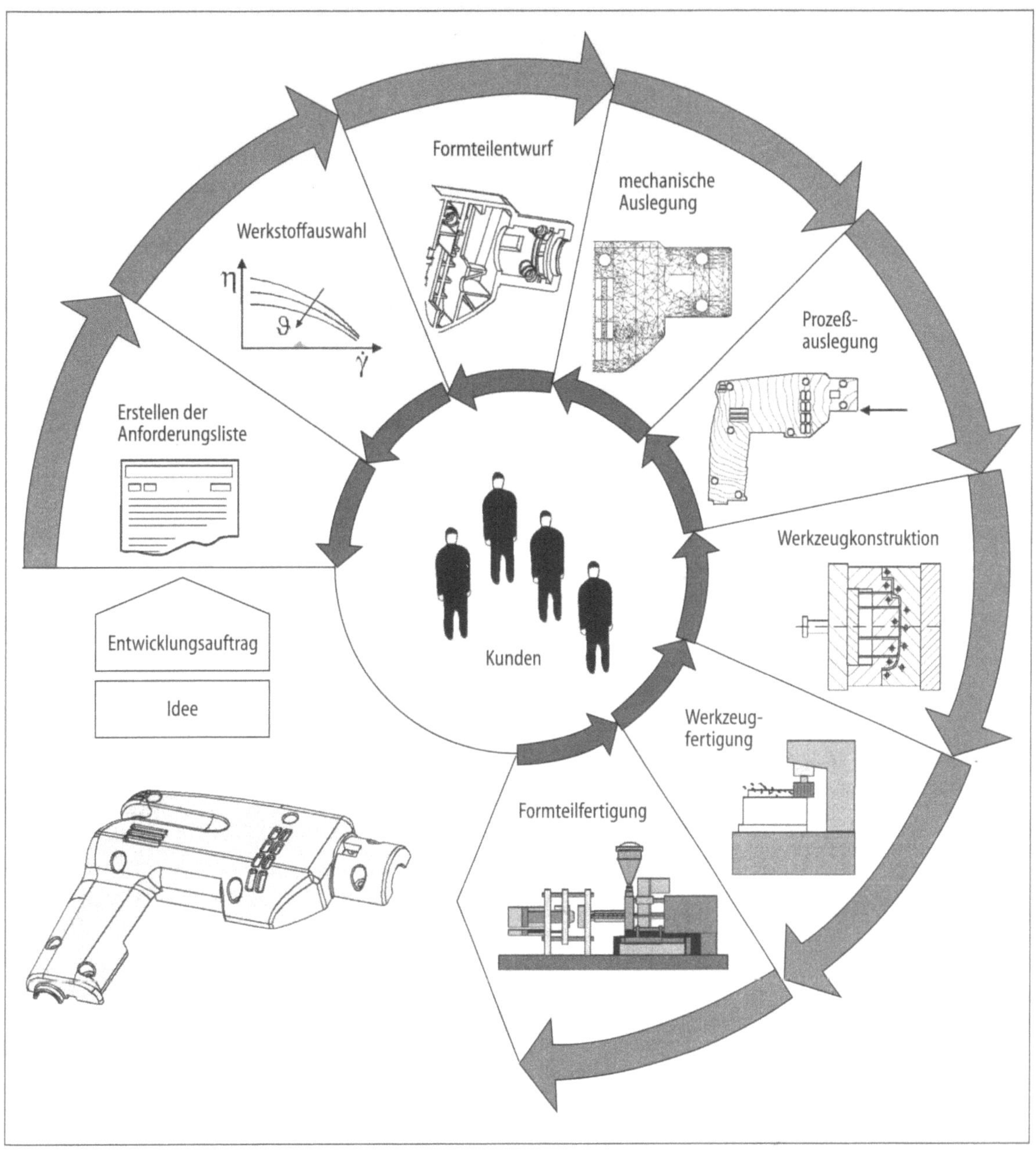

che Computerprogramme. Parallel zur Weiterentwicklung der Computertechnik werden auch die Kenntnisse über den Werkstoff Kunststoff immer genauer. Beides schlägt sich in der stetigen Optimierung kunststoffspezifischer Ingenieursoftware nieder.

In den seltensten Fällen wird der in Bild 3 dargestellte Entwicklungsprozeß linear durchlaufen. Vielmehr kommt es immer wieder zu Rücksprüngen, sogenannten Iterationen. So kann beispielsweise die Simulation der mechanischen Tragfähigkeit des Bohrmaschinengehäuses ergeben, daß das Bauteil nicht die benötigte Stabilität besitzt. Es ist dann entweder ein anderer Werkstoff auszuwählen oder alternativ die Konstruktion, eventuell durch zusätzliche Verrip-

Bild 3 Von der Idee zum Kunststoff-Formteil (am Beispiel eines Bohrmaschinengehäuses) pung, so zu verändern, daß die geforderten Bauteileigenschaften realisiert werden können.

Ein wichtiges Ziel für den Einsatz von Software ist es, möglichst früh zu erkennen, ob man sich auf dem richtigen Weg befindet. Denn je später ein Fehler bemerkt wird, desto kosten- und zeitaufwendiger ist es, diesen Fehler zu beheben. Und gerade der Zeitpunkt der Markteinführung ist wesentlich für den Gewinn, den ein Unternehmen mit einem neuen Produkt erzielen kann.

Die einzelnen Schritte, die für die Entwicklung eines Formteils aus Kunststoff notwendig sind, und die eingesetzten Hilfsmittel sind im folgenden dargestellt. Ist der Entwicklungsauftrag erteilt, gilt es zunächst, alle wichtigen Randbedingungen in Form einer Anforderungsliste festzuhalten. Während in der Vergangenheit zu diesem Zweck Formulare in Papierform eingesetzt wurden, geht auch hier heute der Trend zur Rechnerunterstützung. Es bietet sich der Einsatz einer Datenbank an.

Die nahezu unüberschaubare Anzahl von Kunststoffen mit ihren ganz spezifischen Eigenschaften und die enorme Vielfalt unterschiedlicher Werkstoffparameter machen die Auswahl des richtigen Kunststoffs zu einer schwierigen Aufgabe. Zunächst müssen die zuvor formulierten Anforderungen an das Bauteil sorgfältig analysiert werden. Mit diesen Informationen können dann umfangreiche Werkstoffdatenbanken abgefragt werden. Aber auch diese können nicht alle Fragen beantworten. Fehlende Daten werden dann direkt vom Rohstofflieferanten bezogen oder durch praxisnahe Versuche ermittelt.

Formteile, die im Spritzgießverfahren gefertigt werden, sind in der Regel Massenprodukte. Zu ihrer Herstellung wird Schmelze in eine Spritzgießform eingespritzt. Diese Form, auch als Werkzeug bezeichnet, ist fast immer ein Unikat, mit dem sich große Stückzahlen des Produkts herstellen lassen. Die Art der Formgebung in Kombination mit den vielfältigen Materialeigenschaften führt dazu, daß Kunststoffteile häufig komplizierte Geometrien aufweisen. In vielen Fällen sind darüber hinaus Befestigungselemente – wie Schnapphaken oder Versteifungselemente wie Rippen und andere – bereits in das Formteil integriert. Dies bedeutet aber, daß für die Gestaltung der Geometrie entsprechend leistungsfähige CAD-Systeme (Computer-Aided Design, CAD) eingesetzt werden müssen. In vielen Disziplinen des Maschinenbaus, insbesondere auch in der Kunststofftechnik, setzt sich derzeit die vollständig dreidimensionale Bauteilmodellierung, also die Erzeugung eines virtuellen Produkts, durch.

Der Aufwand für ein CAD-Modell ist relativ groß, aber er lohnt sich

Der Aufwand zur Erstellung eines solchen CAD-Modells lohnt sich vor allem dann, wenn man bedenkt, daß dieses Modell für zahlreiche weitere Entwicklungsschritte wieder genutzt werden kann. So lassen sich die Daten für die Erzeugung sogenannter FEM-Netze (Finite-Elemente-Methode, FEM) nutzen, die für die numerische Berechnung von Bauteileigenschaften notwendig sind. Des weiteren können auf Basis der Geometriedaten in kürzester Zeit Prototypen hergestellt werden.

Speziell bei der Konstruktion von Kunststoffbauteilen ist es hilfreich, wenn das CAD-System dem Konstrukteur sogenannte Features zur Verfügung stellt. Bei einem Feature kann es sich beispielsweise um ein kunststoffspezifisches Funktionselement wie einen Schnapphaken handeln. Der Schnapphaken wird in diesem Fall vom CAD-System als variables Geometrieelement bereitgestellt. Neuere CAD-Systeme sind darüber hinaus in der Lage, die zugehörigen analytischen Auslegungsgleichungen zur Verfügung zu stellen. Der Konstrukteur hat dann die Aufgabe, dem CAD-System einige Randbedingungen mitzuteilen, woraufhin der Schnapphaken automatisch dimensioniert und in das CAD-Modell eingefügt wird.

Heute haben Programme nahezu Marktreife erlangt, welche auf Basis von Finite-Elemente-Berechnungen eine Optimierung der Bauteilgeometrie hinsichtlich der mechanischen Tragfähigkeit selbständig durchführen. Beispielsweise kann mit einer Optimierungsrechnung ermittelt werden, an welchen Stellen des Bauteils Rippen angebracht werden sollten, um eine wirksame und zugleich materialsparende sowie fertigungsgerechte Versteifung zu erzielen.

Die Anfertigung eines Spritzgießwerkzeugs ist mit hohen Kosten verbunden. Änderungen an einem solchen Werkzeug sind ebenfalls sehr kostenintensiv. Um diese Zusatzinvestitionen zu vermeiden, müssen frühzeitig Prototypen erstellt werden. Dazu werden wiederum die dreidimensionalen CAD-Daten genutzt. Aufgrund der schnellen Verfügbarkeit solcher Modelle spricht man von Rapid Prototyping. Es existieren verschiedene Verfahren des Rapid Prototypings, die von innovativen Unternehmen bereits in der Konstruktion eingesetzt werden. Sämtliche Verfahren haben gemeinsam, daß das CAD-Modell in viele einzelne Schichten zerlegt wird und diese Schichten im wahrsten Sinne des Wortes übereinandergeschichtet werden, zum Beispiel durch das Aufeinanderkleben von Folien oder das schichtweise Aushärten einer Flüssigkeit unter Verwendung von Laserlicht (Stereolithographie). Man erhält so Modelle, die zu verschiedensten Überprüfungen herangezogen werden können, etwa für visuelle Betrachtungen oder Einbauuntersuchungen.

Einer der bereits skizzierten Schritte auf dem Weg von der Idee zum Formteil, in Bild 3 als Prozeßauslegung bezeichnet, soll im folgenden etwas konkreter beschrieben werden, da er von besonderer Bedeutung ist.

Programme zur Prozeßsimulation findet man heute für viele wichtige Herstellverfahren. Die Aufgabe dieser Programme besteht darin, Werkzeuge und Maschinen den jeweiligen Anforderungen entsprechend optimal auszulegen und einzustellen. Zudem trägt die Simulation wesentlich zum verbesserten Prozeßverständnis bei. Für eines der bedeutendsten Kunststoffverarbeitungsverfahren, das Spritzgießen von Thermoplasten, soll der Ablauf bei der Prozeßsimulation erläutert werden. Als Praxisbeispiel dient eine Transportpalette (Bild 4).

Für eine erste und schnelle Abschätzung der Füllung eines formgebenden Hohlraums in einer Spritzgießform aus Stahl (einem sogenannten Spritzgießwerkzeug) berechnet die Füllsimulation das Fließen der heißen Schmelze in das Werkzeug (Bild 5). Dadurch lassen sich Lufteinschlüsse und die sich beim Zusammentreffen verschiedener Fließfronten bildenden Bindenähte als mechanische Schwachstellen erkennen. Durch die Abkühlrechnung kann die Er-

Voraussage von Bauteileigenschaften

Schnelle Herstellung von Prototypen

Simulation von Fertigungsprozessen

starrung der Schmelze verfolgt werden. Zudem geben die Programme Auskunft über den erforderlichen Einspritzdruckbedarf sowie über die notwendigen Kräfte zum Geschlossenhalten des Formwerkzeugs.

Ist der verarbeitete Werkstoff mit verstärkenden Kurzglasfasern versehen, so zeigt die Simulation deren Ausrichtung. Auf diese Weise

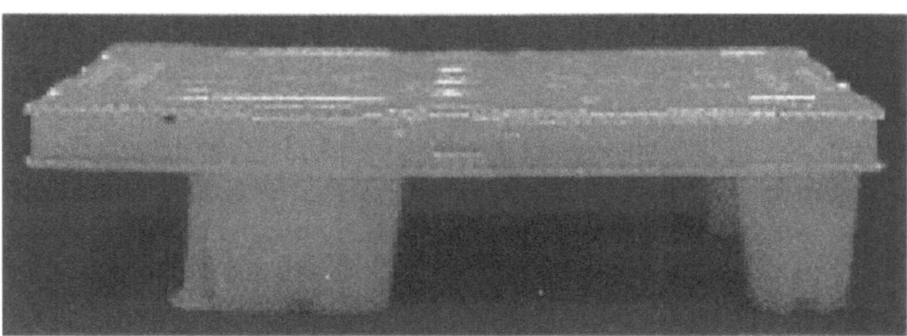

Bild 4 Transportpalette, hergestellt im Spritzgießverfahren

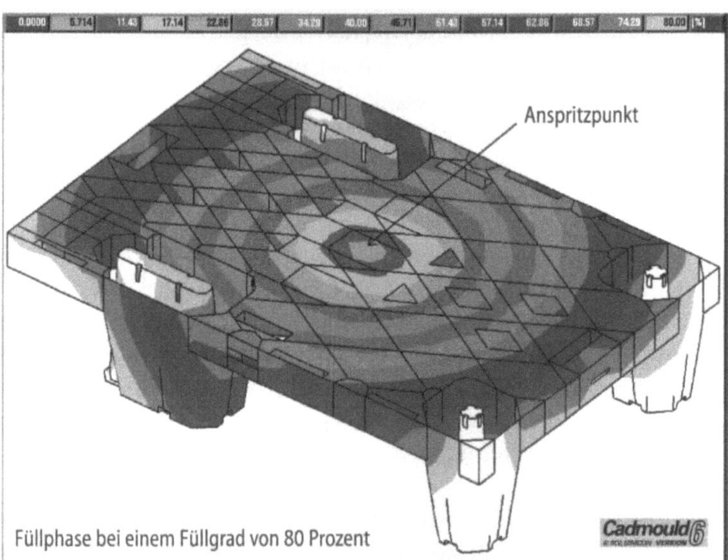

Bild 5 Simulation der Füllung des Spritzgießwerkzeugs (Transportpalette) mit einer Kunststoffschmelze

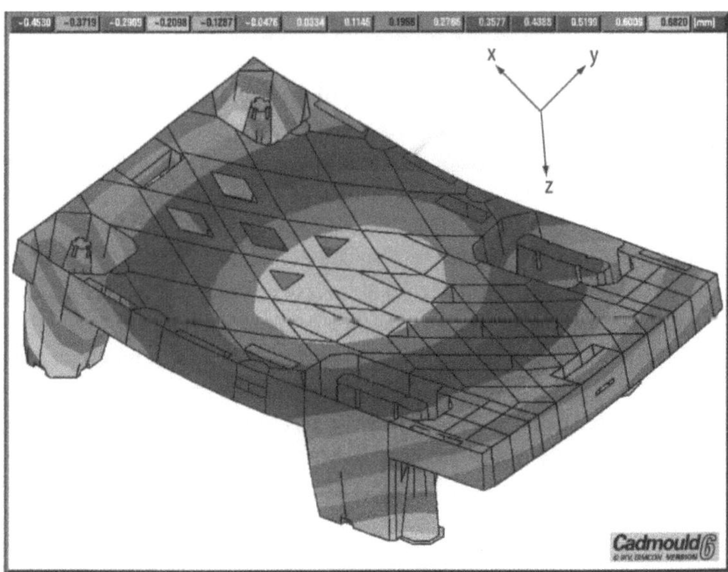

Bild 6 Simulation von Schwindung und Verzug in z-Richtung der Transportpalette

ist es möglich, eine unregelmäßige oder unerwünschte Faserausrichtung, die bei den Formteilen zu Problemen führen kann, im Vorfeld zu vermeiden. Von großer praktischer Bedeutung ist auch die Vorhersage der Schwindung und des davon abhängigen Formteilverzugs (Bild 6), der infolge sich bildender Eigenspannungen während der Erstarrung entsteht.

Der im Spritzgießverfahren hergestellten Transportpalette soll nun als ein weiteres Beispiel die eine Hälfte eines Koffers, eine sogenannte Kofferschale, gegenübergestellt werden. Dieser Teil des Gepäckstücks muß eine sehr hohe Steifigkeit bei geringem Gewicht aufweisen. Deshalb verwendet man lange Verstärkungsfasern (zum Beispiel Glasfasern). Als Formgebungsverfahren wird das Pressen angewendet. Solche gepreßten Bauteile aus faserverstärkten Kunststoffen werden heute in vielen Bereichen des Alltagslebens eingesetzt. Sie sind sehr leicht und besitzen dennoch hervorragende mechanische Eigenschaften. Die Eigenschaften sind in Richtung der Verstärkungsfasern andere als quer dazu. Man spricht von anisotropen Werkstoffeigenschaften. Der Konstrukteur eines Bauteils muß diese richtungsabhängigen Werte kennen.

Es geht hier um die rechnerunterstützte Gestaltung und Optimierung sowohl des späteren Produkts als auch der wesentlichen Produktionsmittel wie der formgebenden Werkzeuge. Auf dem Gebiet der Herstellung von Bauteilen aus faserverstärkten Kunststoffen im Preßverfahren ist dies heute erstmals möglich. Die Verbreitung in der industriellen Praxis wird in den kommenden Jahren erfolgen.

Eine Software zur umfassenden Simulation des Prozesses faserverstärkter Kunststoffe unter dem Namen EXPRESS wurde im Institut für Kunststoffverarbeitung in Industrie und Handwerk an der RWTH Aachen (IKV) entwickelt. Sie besteht aus drei Teilen, die das gesamte Anforderungsspektrum abdecken. Dazu zählt: die Fließsimulation (Ausbreiten der Formmasse in die vom Werkzeug vorgegebene Form, die sogenannte Kavität), die Berechnung der Faserorientierungen (das heißt der anisotropen Eigenschaften; daran angeschlossen ist ein Mechanikmodul zur Aufbereitung der anisotropen Daten zwecks Weiterverarbeitung in Strukturanalyseprogrammen) und die Schwindungs- und Verzugsberechnung (Maßabweichungen des Bauteils nach dem Entnehmen aus der Presse).

Im ersten Schritt wird die Fließsimulation durchgeführt (Bild 7). Ausgehend von einem Zuschnitt der Formmasse, der in die Presse eingelegt wird, fließt das Material beim Schließen der Presse in die Kavität. Maßgeblich ist hierbei die komplette Füllung der Kavität und das Verhindern optischer und mechanischer Schwachstellen, die anhand der animierten Darstellung des Füllvorgangs auf dem Bildschirm erkannt werden können. Im zweiten Schritt bestimmt man aus der Fließsimulation die Faserorientierungen. Hierüber läßt sich das faserverstärkte Bauteil über nachgeschaltete Berechnungsprogramme zuverlässig auslegen. Abschließend wird in der Schwindungs- und Verzugsberechnung die Abweichung der Bauteilabmaße von denen der Kavität berechnet. Durch eine geeignete Prozeßführung (Werkzeugtemperatur, Abkühlzeit), Veränderung der Anisotropien (Rückkopplung auf die Fließsimulation und Faserorientie-

Simulationssoftware EXPRESS

Bild 7 Simulation des Preßprozesses am Beispiel einer Kofferschale

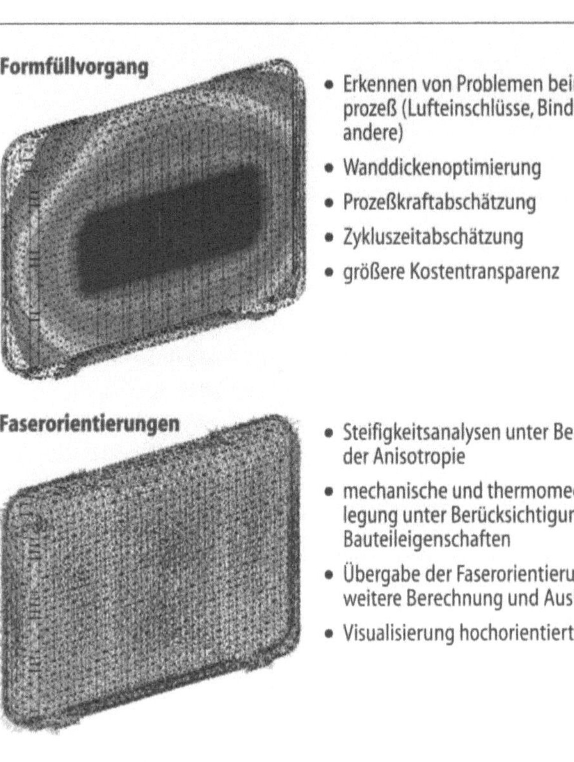

rungsberechnung) und die Abänderung der Ausgangsgeometrie können diese Abweichungen minimiert werden. Nach dem Abschluß dieser Auslegung läßt sich nun ein optimiertes Preßwerkzeug konstruieren, an dem zeit- und kostenintensive Änderungen nur noch in geringem Umfang notwendig sind.

Die hier dargestellten Beispiele sollen zeigen, wie sich die Arbeitsweise des Ingenieurs in der Produkt- und Verfahrensentwicklung heute schon verändert hat und sich in Zukunft weiter verändern wird. Weitere Fortschritte in der Kunststoff- und Kautschuktechnologie werden durch die immer gezieltere Entwicklung neuer und verbesserter Polymere sowie durch die ständige Weiterentwicklung der Maschinen und der Prozesse zur Verarbeitung dieser Werkstoffe möglich.

Prof. Dr.-Ing. Dr.-Ing. E. h. Walter Michaeli ist Inhaber des Lehrstuhls für Kunststoffverarbeitung und Leiter des Instituts für Kunststoffverarbeitung in Industrie und Handwerk (IKV).

Prof. Dr.-Ing. Edmund Haberstroh leitet das Lehr- und Forschungsgebiet Kautschuktechnologie im IKV.

Autoren

[1] L. Czyborra und F. Metzmann: Medizintechnik – ein innovatives Einsatzgebiet für Kunststoffe, in: Kunststoffe, 88, 1998, S. 721 bis 730.
[2] G. Menges: Werkstoffkunde Kunststoffe, 4. Auflage, Carl Hanser Verlag, München, Wien 1998.
[3] E. U. von Weizsäcker, A. B. Lovins und L. H. Lovins: Faktor Vier, Doppelter Wohlstand – halbierter Naturverbrauch, Droemersche Verlagsanstalt, München 1996.
[4] W. Michaeli, T. Brinkmann und V. Lessenich-Henkys: Kunststoff-Bauteile werkstoffgerecht konstruieren, Carl Hanser Verlag, München, Wien 1995.
[5] W. Michaeli und M. Wegener: Einführung in die Technologie der Faserverbundwerkstoffe, Carl Hanser Verlag, München, Wien 1990.

Literaturhinweise

Vom alten Eisen zum High-Tech-Werkstoff

Wolfgang Bleck,
Lutz Ernenputsch,
Heinrich-Wilhelm Gudenau
und Annette Mannsfeld

Stahl weist für die Zukunft noch enorme Entwicklungspotentiale auf

Das im Hochofen gewonnene Roheisen wird erst durch das sogenannte Frischen zu Stahl, denn mit einem Kohlenstoffgehalt von etwa vier Prozent ist es spröde und nicht verformbar. Stähle weisen zumeist einen Kohlenstoffgehalt von weniger als zwei Prozent auf und verfügen über ein großes Spektrum an chemischen, physikalischen, mechanischen sowie magnetischen Eigenschaften. Ursache hierfür sind die charakteristischen Eigenschaften des Elements Eisen: Es kann mit rund 75 weiteren Elementen des Periodensystems chemische Verbindungen eingehen oder mit ihnen legiert werden. Nun sind technische Eisenwerkstoffe – also Stähle – aus mindestens vier, häufig bis zu zehn Legierungselementen aufgebaut, deren Kombination eine Vielzahl möglicher Legierungen erlaubt. Die derzeit genutzten 2000 unterschiedlichen Stähle sind nur ein Bruchteil der theoretisch denkbaren Eisenlegierungen.

Stähle durchlaufen in Abhängigkeit von ihrer chemischen Zusammensetzung und Wärmebehandlung im Festkörper verschiedene Phasenumwandlungen, verändern ihre Mikrostruktur, und es entstehen charakteristische Gefüge mit spezifischen physikalischen und chemischen Eigenschaften. Ein in seiner Zusammensetzung definierter Stahl kann durch eine gezielte Einstellung des Gefüges – das ist der bei mikroskopischer Vergrößerung erkennbare innere Aufbau des Werkstoffs – für unterschiedliche Anwendungsgebiete maßgeschneidert werden: Er kann beispielsweise sehr weich für beste Umformbarkeit oder hart für hohen Verschleißwiderstand eingestellt werden, leicht oder schwer magnetisierbar sein.

Der Rohstoff Eisenoxid ist zu einem Anteil von 4,3 Prozent in der Erdkruste vorhanden, also nahezu unbegrenzt verfügbar; zudem ist er leicht abzubauen. Stähle werden in großtechnischen Verfahren kostengünstig hergestellt. Dank einer gut funktionierenden Recyclinglogistik wird Schrott als Sekundärrohstoff weltweit gehandelt.

Zu Beginn des 20. Jahrhunderts betrug die Rohstahlproduktion weltweit weniger als zehn Millionen Tonnen pro Jahr. Heute ist Stahl mit rund 750 Millionen Tonnen Weltjahresproduktion bei einem Wert von etwa 400 Milliarden US-Dollar die bedeutendste Werkstoffgruppe. In diesem Jahrhundert wurden insgesamt 30 Milliarden Tonnen Stahl erzeugt, rund 90 Prozent davon ab 1950. Mit einem Anteil von 92 Prozent am globalen Metallverbrauch sind Stähle die mit Abstand wichtigsten metallischen Werkstoffe – gefolgt von Aluminium mit einem Anteil von weniger als vier Prozent (Bild 1).

Bild 1 Entwicklung der Weltproduktion verschiedener metallischer Werkstoffe

In den westlichen Industrieländern wird der Pro-Kopf-Verbrauch an Stahl in den nächsten Jahren leicht zurückgehen – eine Tendenz, die auf bessere Stähle und Fertigungsverfahren sowie optimierte Prozesse zurückzuführen ist. Welche Qualtitätsverbesserung beim Werkstoff Stahl inzwischen erreicht wurde, mag ein Beispiel veranschaulichen: Für den Bau des 320 Meter hohen Eiffelturms in Paris wurden 1889 rund 7000 Tonnen Stahl benötigt. Mit den heute zur Verfügung stehenden Stahlgüten würden etwa 2000 Tonnen genügen. In den Schwellen- und Entwicklungsländern ist andererseits aufgrund eines noch nicht gesättigten Marktes mit einem starken Anstieg des Pro-Kopf-Verbrauchs zu rechnen.

Stahlprodukte vielfältiger Art finden sich nahezu in jedem Industriebereich. Absatzmärkte sind zum Beispiel die Bauindustrie, das Transportwesen, der Maschinen- und Anlagenbau, die Automobilindustrie, der Schiffbau und die Haushaltsgeräteindustrie. Beinahe jedes Produkt einer Industriegesellschaft bedarf bei seiner Herstellung und Anwendung auch des Einsatzes von Stählen.

Die Leistungsfähigkeit eines Werkstoffs entscheidet über seine zukünftige Bedeutung im Wettbewerb mit konkurrierenden Materialien. Der in den USA lehrende jüngst verstorbene Metallurge Julian Szekely definierte einen leistungsfähigen Werkstoff so: Er werde in hochentwickelten Produktionsverfahren kostengünstig und umweltgerecht hergestellt, verfüge über hochwertige Eigenschaften und sei leicht zu recyclen. Stähle erfüllen diese Anforderungen und werden dies wohl auch künftig tun.

Die Verarbeitungs- und Gebrauchseigenschaften sind charakteristisch für die Leistungsfähigkeit eines Werkstoffs. Anforderungen wie Festigkeit, Umformbarkeit, Zähigkeit, Spanbarkeit, Schweißbarkeit und Korrosionsbeständigkeit können im Falle von Stahl durch das gezielte Einstellen des Gefüges und durch den Einsatz von Legierungselementen erreicht werden. Ein in dieser Hinsicht großes Entwicklungspotential erwarten wir beispielsweise bei den mehrphasigen Stählen: Bei legierten Duplex-Stählen werden zum Beispiel die

Von der Empirie zum *materials design*

Bild 2 Kontinuierliche Messung der chemischen Zusammensetzung an einem Schmelzofen des Instituts für Eisenhüttenkunde

zwei Gefügebestandteile Austenit und Ferrit in etwa gleichem Mengenverhältnis kombiniert, und man erhält so einen korrosionsbeständigen Stahl mit einem sehr feinkörnigen Gefüge, der auch bei tiefen Temperaturen über eine hohe Festigkeit bei guter Zähigkeit verfügt.

Als hochfeste Stähle mit guter Kaltumformbarkeit zeichnen sich die Dualphasen-Stähle aus. Sie sind das Ergebnis einer solchermaßen gesteuerten Wärmebehandlung, daß harte Gefügebestandteile (Martensit oder Bainit) mit der guten Verformbarkeit einer weichen Matrix (Ferrit) kombiniert werden. Im Unterschied zu Duplex-Stählen ist das Volumen der zweiten Phase deutlich geringer als das der weichen ferritischen Phase. Eine Weiterentwicklung der Dualphasen-Stähle sind die sogenannten TRIP-Stähle (TRIP ist ein Akronym für Transformed Induced Plasticity). Hier wird durch eine mehrstufige Wärmebehandlung ein dreiphasiges Gefüge (Ferrit, Bainit und Restaustenit) eingestellt. Die Restaustenit-Inseln sind mechanisch metastabil und ändern ihre Kristallstruktur bei Umformvorgängen; dann wandeln sie sich dabei zu einem martensitischen, also harten Gefüge.

Heute zur Verfügung stehende Computerleistung macht ein Gefüge-Engineering möglich, bei dem im vorhinein die Eigenschaften der einzelnen im Gefüge vorliegenden Phasen modelliert und hinsichtlich der Phaseneigenschaften, -anteile und -morphologie optimiert werden. Im Labormaßstab können dann anschließend durch gezielte mehrstufige Wärmebehandlungen geeignete Prozeßwege erarbeitet werden. Solche systematischen Werkstoffentwicklungen – häufig mit dem Begriff *materials design* charakterisiert – lösen die empirischen Vorgehensweisen der Vergangenheit ab.

In Bild 3 sind die Gefüge verschiedener Stähle dargestellt. Die zwei oberen Aufnahmen zeigen das Gefüge eines Stahls mit einem Kohlenstoffanteil von ein Prozent nach jeweils unterschiedlicher Wärmebehandlung. Es wird deutlich, daß Karbide als runde Inseln in der Matrix aus Ferrit gleichmäßig verteilt vorliegen können – sie können aber auch mit Ferrit eine lamellare Anordnung bilden, die Perlit genannt wird. Im ersten Fall resultieren sehr gute Formgebungseigenschaften, im zweiten Fall ein hoher Verschleißwiderstand des Werkstoffs. In den beiden unteren Mikroskopaufnahmen werden die charakteristischen Unterschiede zwischen einem Duplex- und einem TRIP-Stahlgefüge deutlich.

Durch Gefügeoptimierung können Stähle also völlig neuen Anforderungen angepaßt werden. Für den Leichtbau von Automobilkarosserien wurden Bleche entwickelt, die sich vor allem durch eine hohe Bruchdehnung als Maß für eine gute Kaltumformbarkeit bei gleichzeitig hoher Festigkeit auszeichnen (Bild 4). Diese Eigenschaften lassen sich auf unterschiedliche Art und Weise erzielen: Sogenannte *Bake-hardening*-Stähle erreichen ihre Festigkeit durch das Einbrennen von Lacken. SULC-Stähle (Super Ultra Low Carbon) wiederum sind stark entkohlte Stähle, die über eine ausgezeichnete Tiefziehfähigkeit verfügen. Bei IF-Stählen (Interstitial Free) werden die gelösten Kohlenstoff- und Stickstoffatome durch die Mikrolegierungselemente Titan oder Niob abgebunden. Dadurch erhält man

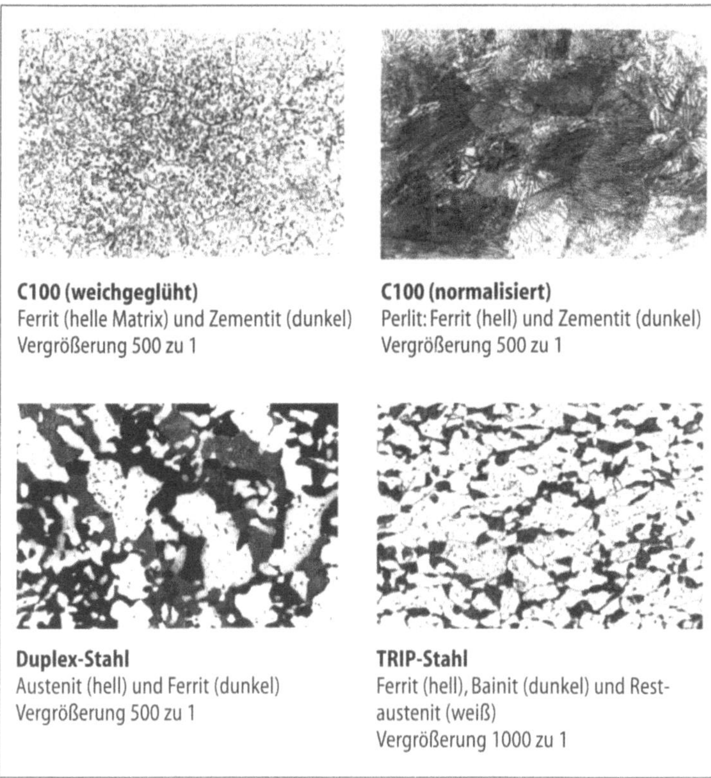

Bild 3 Metallographische Gefügebilder verschiedener Stähle

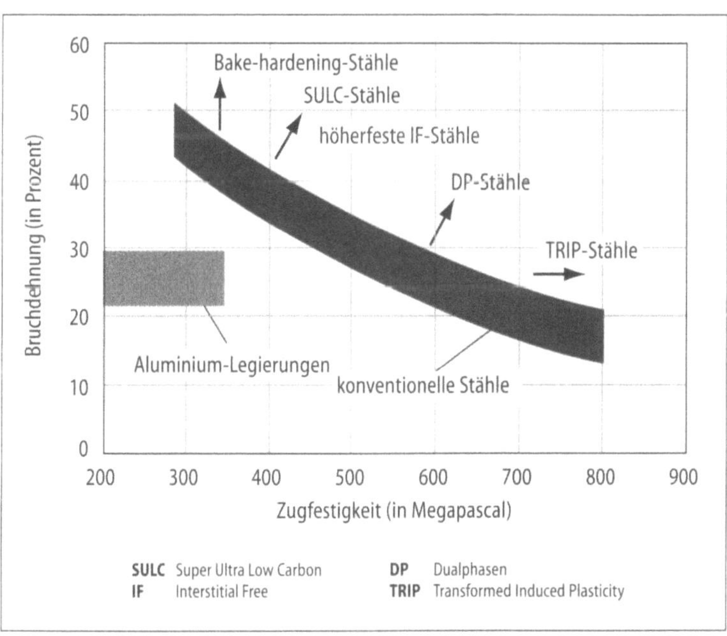

Bild 4 Entwicklungstendenzen bei Karosseriefeinblechen

ein ferritisches Gefüge ohne Perlit oder Zementit, und dies garantiert eine gute Kaltumformbarkeit.

Über 90 Prozent des weltweit erzeugten Rohstahls werden über die in Bild 5 gezeigten Verfahren hergestellt. Die traditionellen Erzeugungsrouten führen über den Hochofen-Sauerstoffkonverter (im Bild links) und den Schrott-Elektrolichtbogenofen (im Bild rechts).

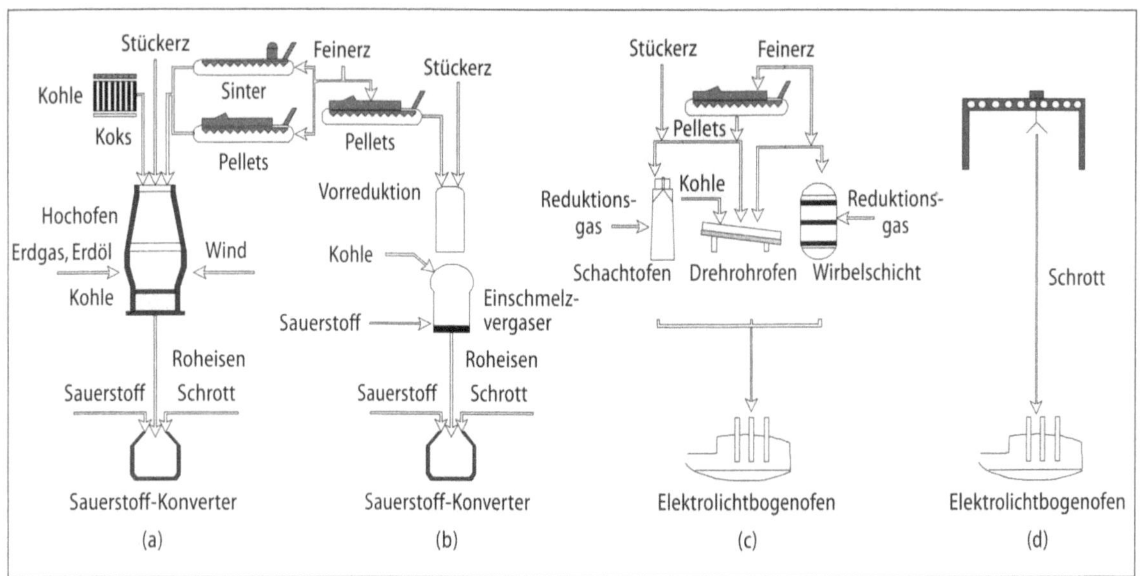

Bild 5 Schematische Darstellung der unterschiedlichen Stahlerzeugungsrouten: konventionelle Hochofen-Konverter- (a) beziehungsweise Schrott-Elektrolichtbogenofen-Route (d) sowie die alternativen Verfahrensrouten der Schmelz- (b) beziehungsweise Direktreduktion (c)

Der Hochofen wird an der Gicht schichtweise mit Koks, Möller (Eisenerz, Pellets, Sinter) und Zuschlägen beschickt. Zur Umsetzung des Kokses und als zusätzlicher Wärmeträger wird in die Blasformebene Heißwind eingeblasen. Das flüssige Reduktionsprodukt, das Roheisen, wird im Sauerstoffkonverter unter Zugabe von etwa 20 Prozent Schrott zu Rohstahl gefrischt, das heißt der Kohlenstoffgehalt wird durch Einleiten von Sauerstoff reduziert. Mit diesem Verfahren lassen sich besonders hochwertige Stahlgüten wie die erwähnten Karosseriestähle produzieren.

In der Schrott-Elektrolichtbogenofen-Route wird der Rohstoff Schrott zur Stahlerzeugung genutzt. Angesichts der Einsparung der aufwendigen Erz- und Kohlevorbereitung sowie der metallurgischen Reduktionsarbeit ist sie ein kostengünstiger und umweltfreundlicher Produktionsweg. Mehr als 30 Prozent des Stahls werden weltweit auf diese Weise hergestellt. Der Schwerpunkt des Produktspektrums liegt allerdings bei einfachen Stahlgüten, die sich durch relativ geringe Anforderungen an die Oberflächenqualität und einen sehr niedrigen Gehalt an Spuren- und Begleitelementen auszeichnen.

Eine Reihe neuer Verfahren zur Stahlherstellung befindet sich zur Zeit in der Entwicklung. Je nachdem ob ein flüssiges (Roheisen) oder ein festes Reduktionsprodukt (Eisenschwamm) entsteht, unterscheidet man zwischen der Schmelz- und der Direktreduktion. In der Schmelzreduktions-Route wird mit Hilfe einer koksfreien Metallurgie aus Eisenerz direkt flüssiges Roheisen erzeugt. Bei der Direktreduktion von Eisenerzen wird die schmelzflüssige Phase im Schachtofen, im Drehrohr, im Drehherd oder in der Wirbelschicht vermieden. Das Reduktionsprodukt, der Eisenschwamm, wird wie auch der Schrott im Elektrolichtbogenofen eingesetzt.

Die koksfreie Stahlherstellung und der weitgehende Verzicht auf die Erzagglomeration bei den Verfahrensrouten der Schmelz- und Direktreduktion haben einen verkürzten Prozeßablauf und damit verbundene niedrigere Investitions- und Kapitalkosten zur Folge. Die Wirbelschichttechnologie ist ein Verfahren, das in der Direktreduktion und zukünftig auch in der Schmelzreduktion große Anwendung finden wird, da sie den Einsatz von preisgünstigem Feinerz ohne eine vorherige Anreicherung erlaubt. Bisher scheiterte der industrielle Durchbruch an verfahrenstechnischen Schwierigkeiten wie der Agglomeration der Feinerze untereinander (Sticking) oder an den Wänden (Plating); sie haben ein Zusammenbrechen der Wirbelschicht zur Folge. Die Unterdrückung von Sticking und Plating sind Gegenstand aktueller Untersuchungen am Institut für Eisenhüttenkunde.

Einst separate Prozeßstufen werden heute zu integrierten Prozessen verbunden, wobei jeder Schritt bezüglich Energieeinsatz und Emissionen optimiert wird. Hervorzuheben sind in diesem Zusammenhang die verfahrenstechnischen Entwicklungen des Hochofenprozesses, die Direkt- und Schmelzreduktion von Eisenerzen sowie die Warmbanderzeugung auf der Basis des Dünnbrammen- und Dünnbandgießens.

Steigende Bedeutung des Umweltschutzes

Beim Hochofenverfahren konnte durch verfahrenstechnische Maßnahmen der Reduktionsmittelbedarf in den letzten 40 Jahren von 1000 Kilogramm auf 500 Kilogramm pro Tonne Roheisen halbiert werden. Zudem konnte mit der Technik des Einblasens von Kohlestaub in der Blasformebene des Hochofens der Einsatz des teuren und umweltbelastenden Kokses weiter reduziert werden. Das Einblasen alternativer Reduktionsmittel in den Hochofen – wie Kunststoffe aus dem Dualen System zur rohstofflichen Aufbereitung und Verwertung – hat bereits Industriereife erreicht.

Die Entwicklung der Schmelz- und Direktreduktionsverfahren wird mit dem Ziel verfolgt, bei der Stahlherstellung auf Koks und Erzagglomerate zu verzichten und zugleich einen hochwertigen, gegenüber dem Schrott beziehungsweise Roheisen konkurrenzfähigen Eisenträger zu erzeugen. Kokereien sowie Sinter- und die Pelletieranlagen können dann entfallen, so daß neben dem Effekt geringerer Kapitalkosten der Primärenergieverbrauch und der Schadstoffausstoß deutlich sinken. Der Energieverbrauch für die Herstellung einer Tonne flüssigen Rohstahls liegt bei der konventionellen Hochofen-Konverter-Route – im Minimum – mit 18 Gigajoule (Milliarden Joule) um fast 50 Prozent höher als bei der Schmelzreduktion, die 12,1 Gigajoule benötigt. Die Direktreduktion benötigt 15,2 Gigajoule, also immerhin fast ein Fünftel weniger. Ein Vergleich der Kohlendioxidemissionen der Verfahren spiegelt in etwa die Relationen des unterschiedlichen Energieeinsatzes.

Der flüssige Stahl erstarrt beim konventionellen Stranggießen für Flachprodukte in Dicken zwischen 150 und 320 Millimetern. Das Dünnbrammengießen mit Dicken zwischen 50 und 120 Millimetern verbindet in Gießwalzanlagen den Gießvorgang mit dem nachfolgenden Warmumformen zu einem einzigen Prozeß (Bild 6). Statt der Wiedererwärmung dicker Brammen auf Walztemperatur beschränkt sich der Energieaufwand auf die Nachwärmung der Bandkanten und auf die im Vergleich zum konventionellen Stranguß reduzierte Warmumformung. Als Folge der Stahlbereitstellung über den

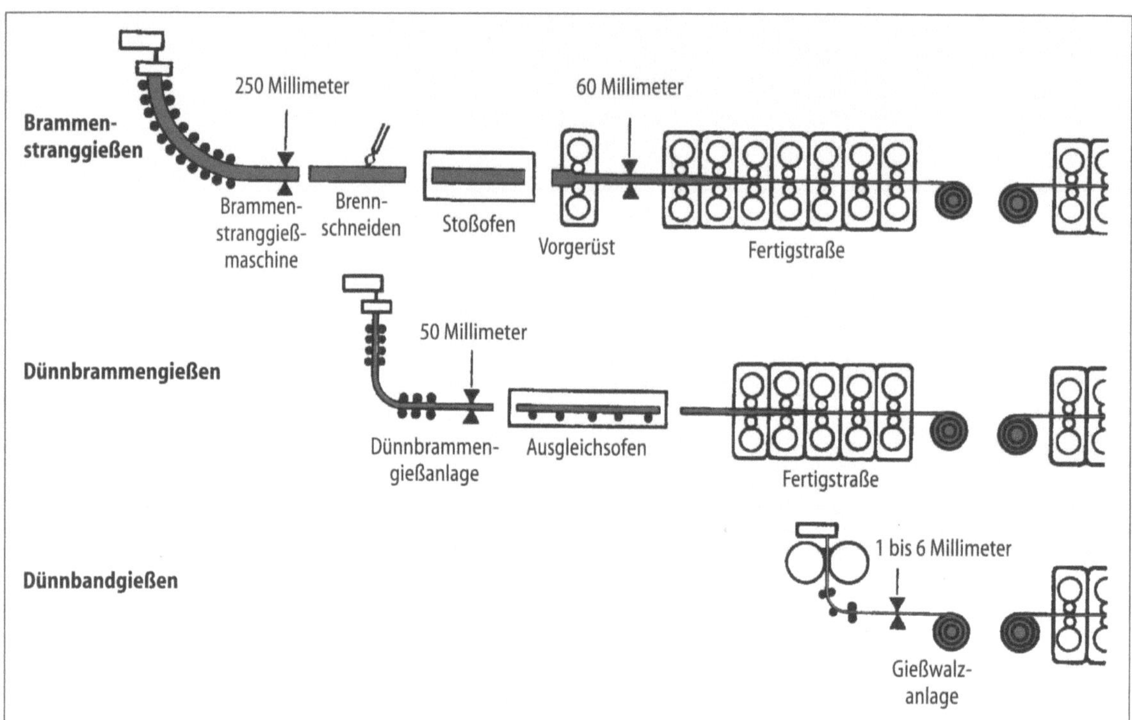

Bild 6 Verfahrensschritte zum endabmessungsnahen Gießen von Bandprodukten

Schrott-Elektrolichtbogenofen und den damit verbundenen höheren Gehalten an Begleitelementen sind die heute zur Betriebsreife
gelangten Gießwalzverfahren zumeist auf Stähle für einfache Verwendungszwecke begrenzt. Gegenwärtige Entwicklungsarbeiten
richten sich darauf, zukünftig auch hochwertige Stahlqualitäten in
Dünnbrammengießanlagen zu produzieren.

Ein weiterer Entwicklungsschritt zu endabmessungsnahen Halbfabrikaten in der Stahlherstellung ist das Dünnbandgießen, das ohne
vorheriges Warmwalzen ein kaltwalzfähiges, direktverarbeitbares
Stahlband liefert. Die aktuellen Forschungsarbeiten hierzu (Belt-
Caster und Zweirollengießverfahren) befinden sich bereits in der
halbindustriellen Entwicklungsphase. Aktuelle Untersuchungen im
anlagentechnischen Bereich konzentrieren sich auf die thermisch
hochbelasteten Gießrollen und die seitlichen Abdichtungen; im
werkstofftechnischen Bereich auf die Oberflächengüte und die
Gefügeausbildung des Bandes.

Die hier aufgeführten verfahrenstechnischen Innovationen haben
dazu beigetragen, daß der durchschnittliche Energieverbrauch und
Kohlendioxidausstoß pro Tonne Rohstahl seit 1960 um fast 50 Prozent und die Staubemissionen sogar um 90 Prozent pro Tonne Rohstahl reduziert werden konnten

Weltmeister im Recycling

Um die Umwelt nachhaltig zu schützen, gilt es, Werkstoffkreisläufe zu schließen. Diese Forderung bezieht sich auch auf Stahl und die
während dessen Produktion anfallenden Neben- und Kuppelprodukte. Weltweit wird die Hälfte der Stahlproduktion aus Schrott
erschmolzen. In Deutschland wurden 1997 über 20 Millionen Tonnen
gebrauchter Stahl gesammelt; das entspricht in etwa der Hälfte der
Rohstahlproduktion eines Jahres. Die hierzulande praktizierte sor-

tenreine Trennung des Schrotts und die Rückführung in den Materialkreislauf ermöglichen es, daß in Deutschland heute 80 Prozent der sogenannten Edelstahl-Rostfrei-Stähle aus ausgedienten Edelstahlprodukten erschmolzen wird. Teure, nicht unbegrenzt verfügbare Legierungselemente wie Chrom, Nickel und Molybdän lassen sich auf diese Weise einsparen. Bei Weißblech – ein mit einer dünnen Zinnschicht überzogenes Stahlblech, das hauptsächlich als Verpackungsmaterial in der Lebensmittelindustrie dient – funktioniert ebenfalls der Werkstoffkreislauf; dessen Recyclingquote betrug 84 Prozent im Jahr 1997 – Tendenz steigend (Bild 7). Weltweit werden durch den Einsatz von Schrott jedes Jahr durchschnittlich 600 Millionen Tonnen Eisenerz und 200 Millionen Tonnen Kokskohle eingespart.

Bei der Stahlproduktion fällt Schlacke als Nebenprodukt an, und zwar pro Tonne Roheisen etwa 200 Kilogramm und pro Tonne Stahl rund 80 Kilogramm. Sie ist ein hochwertiger mineralischer Baustoff, der beispielsweise im Straßenbau und in der Zementindustrie genutzt wird. Die Verarbeitung der Hochofenschlacke zu Zement vermeidet einen Rohstoffabbau von 4,5 Millionen Tonnen Kalk, spart 350.000 Tonnen Steinkohle ein und reduziert die Kohlendioxidemissionen um zwei Millionen Tonnen. Als problematisch erweist sich allerdings die Verwertung von Schlacken mit hohem Schwermetallgehalt. Laufende Untersuchungen haben zum Ziel, auch diese Schlacken in den Stoffkreislauf für geotechnische Einsatzzwecke zurückzuführen.

Eine teure Deponierung von verbleibenden Hüttenreststoffen läßt sich unter anderem mit einem neuartigen Schachtofen vermeiden, der anfallende Staubmengen reduziert. Eisenoxidhaltige Gichtstäube und ölhaltige Walzenzunder können wieder in den Hochofen eingeblasen werden. Ein Kuppelprodukt in der Stahlherstellung ist das Kohlendioxid. Zur Zeit werden durchschnittlich noch 1,46 Tonnen des Treibhausgases pro Tonne Rohstahl emittiert. Um diese Emissionen zu reduzieren, wird in aktuellen Forschungsprojekten versucht, das Kohlendioxid als Trägergas zum Einblasen von Feineisen-

Bild 7 Recycling von Weißblechverpackungen in Deutschland

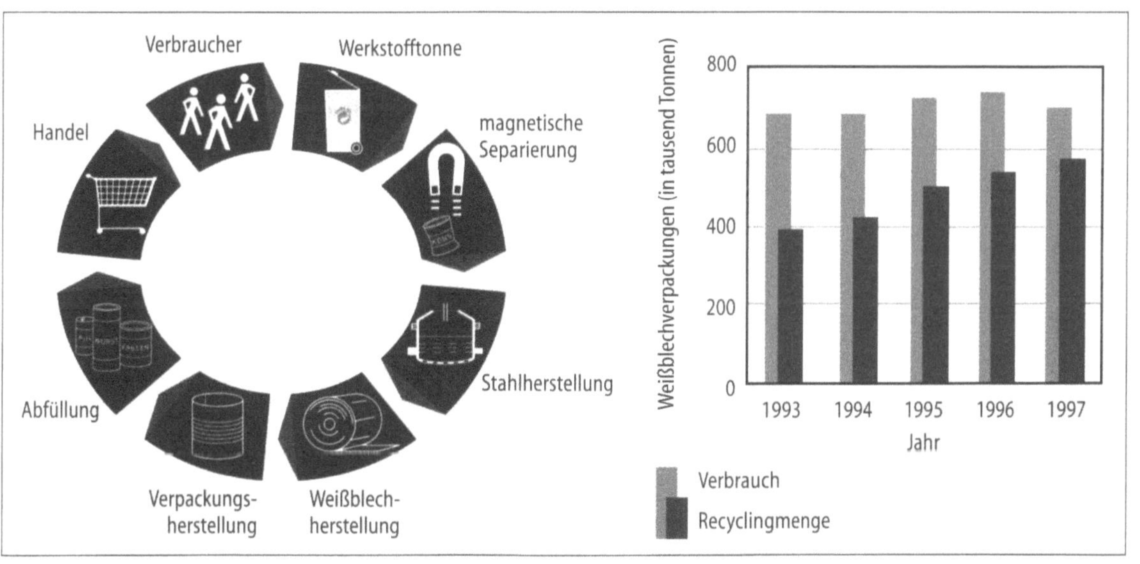

Was bleibt zu tun? schwamm in den Elektrolichtbogenofen zu nutzen und somit in den Prozeß zurückzuführen.

Auch in Zukunft haben Werkstoffentwicklungen zum Ziel, Eigenschaften zu optimieren und sie unter ökologischen wie ökonomischen Aspekten zu verbessern. Im Wettbewerb spielen zudem Qualität, Design und Kosten eine große Rolle. Die moderne Werkstoffentwicklung basiert auf Modellen, die in Computersimulationen Eingang finden. An solche Simulationen schließen sehr gezielt Laborexperimente an, und abschließend wird ein neuer Werkstoff im industriellen Prozeß erprobt. Forschungen und Entwicklungen in der Verfahrenstechnik werden auch in Zukunft versuchen, den Stahlherstellungsprozeß zu verkürzen. Ökonomie und Ökologie stehen dabei nicht in einem grundsätzlichen Widerspruch – ökologisch sinnvolle Produkte und Verfahren haben vor allem dann eine Chance, wenn sie auch ökonomisch sinnvoll sind. Ein ökonomisch funktionierender Werkstoffkreislauf schließlich vermeidet Abfallstoffe und nutzt ausgediente Stähle sowie Neben- und Kuppelprodukte der Stahlherstellung für eine möglichst hochwertige Wiederverwertung. Lehre und Forschung an der RWTH Aachen sind darauf ausgerichtet, angehenden Ingenieuren das Rüstzeug dafür zu vermitteln, diese anspruchsvollen Aufgaben zu lösen.

Autoren Prof. Dr.-Ing. Wolfgang Bleck ist Inhaber des Lehrstuhls und Leiter des Instituts für Eisenhüttenkunde.

Dipl.-Ing. Lutz Ernenputsch ist wissenschaftlicher Mitarbeiter im Bereich Metallurgie von Eisen und Stahl.

Prof. Dr.-Ing. Heinrich-Wilhelm Gudenau lehrt und forscht am Institut für Eisenhüttenkunde im Bereich Metallurgie von Eisen und Stahl.

Dipl.-Ing. Annette Mannsfeld ist wissenschaftliche Mitarbeiterin im Bereich Werkstofftechnik.

Literaturhinweise

[1] J. Szekely: Steelmaking and industrial ecology – Is steel a green material?, Iron and Steel Institute of Japan (ISIJ) International, 36, 1996, No. 1, S. 121 bis 132.

[2] H. W. Gudenau: Einfluß der Eisenmodifikation bei der direkten Stahlerzeugung, Metallurgie-Kolloquium, Clausthal-Zellerfeld, 15. bis 16. April 1987.

[3] G. Schmidt: Energieeinsatz zur Stahlherstellung – Bericht über eine Gemeinschaftsstudie des International Iron and Steel Institute, Berg- und Hüttenmännische Monatshefte, 9, 1998, S. 330 bis 334.

[4] Stahl im Kreislauf: Eine unendliche Geschichte, Stahl Informationszentrum, Bundesvereinigung Deutscher Stahlrecycling- und Entsorgungsunternehmen e.V., Düsseldorf 1998, und: Weißblechrecycling, Informations-Zentrum Weißblech e.V., Düsseldorf 1998.

[5] R. Bruckmann: Wie kann die Selbstverpflichtung der deutschen Stahlindustrie zur CO_2-Reduzierung eingehalten werden?, Stahl und Eisen, 116, 1996, Nr. 12, S. 113 bis 115.

Reiner Kopp

Eine innovative Stahlherstellung für das nächste Jahrhundert

Ein Fertigungsprozeß besteht in der Regel aus einer Folge von Fertigungsschritten, und zwar aus den sechs Hauptgruppen der Fertigungstechnik: Urformen, Umformen, Trennen, Fügen, Beschichten und Stoffeigenschaften ändern. Natürlich ist von großem wirtschaftlichen Interesse, wenn Prozeßverkürzungen durch Wegfallen einer oder mehrerer Prozeßstufen erreicht werden können. Ein Beispiel für eine extreme Prozeßverkürzung ist die Stahlbandherstellung durch die Kombination der Verfahren Gießen und Walzen (Bild 1; siehe auch vorhergehenden Beitrag).

Während beim konventionellen Verfahren die Bramme nach dem Gießen eine Dicke von etwa 250 Millimetern besitzt, kann diese Dicke bei den Vorbandgießverfahren – ein Dünnbrammengießen mit anschließendem Warm- und Kaltwalzen – deutlich geringer auf 40 bis 90 Millimeter eingestellt werden [1, 2, 3]. Je nach Gießdicke reduziert sich dadurch der Warmwalzteil. Noch in Entwicklung befindet sich das Dünnbandgießen. Hierbei kann unter Umständen ganz auf die Warmumformung verzichtet werden, indem direkt auf wenige Millimeter Materialdicke gegossen wird. Das Resultat dieser Forschungs- und Entwicklungsanstrengungen sind in Aussicht stehende beträchtliche Energieeinsparungen bis zu 80 Prozent und erhebliche Kostensenkungen in der Stahlindustrie. Bandgießanlagen nach dem Zweirollenverfahren stehen kurz vor ihrem ersten industriellen Einsatz [4].

Beim Dünnbandgießen wird ein Stahlband direkt aus der Schmelze hergestellt, dessen Dicke bis etwa vier Millimeter betragen kann. Es

Bild 1 Prozeßverkürzung bei der Warmbandherstellung

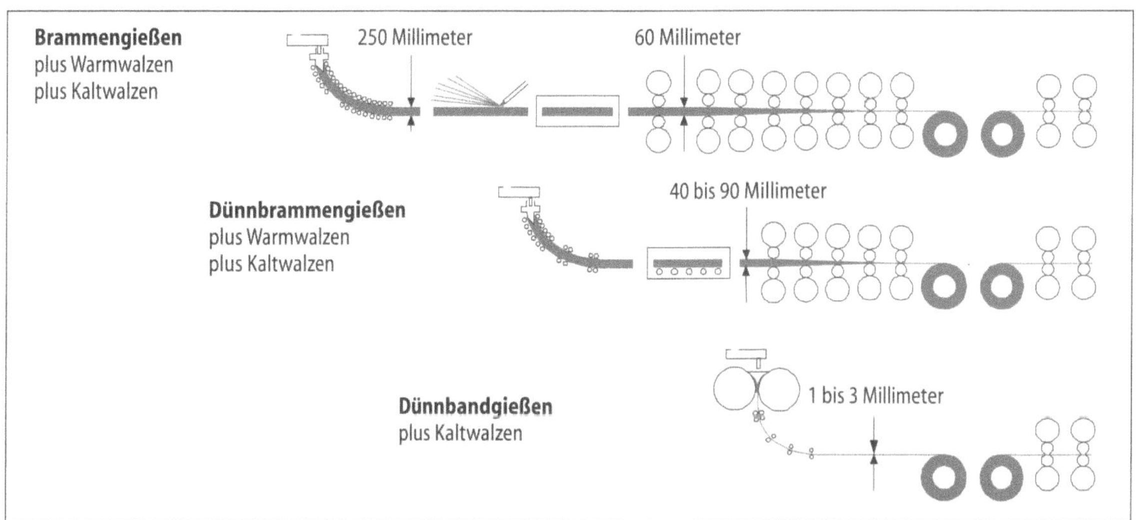

Bild 2 Zweirollen-Laboranlage am Institut für Bildsame Formgebung

liefert aufgrund der hohen Erstarrungsgeschwindigkeiten ein Erstarrungsgefüge mit sehr homogener Elementverteilung – eine Voraussetzung für günstige Werkstoff- beziehungsweise Produkteigenschaften des Stahls. Zusammen mit der Thyssen Krupp Stahl AG erforschen wir am Institut für Bildsame Formgebung an der RWTH Aachen das Verfahren und testen die spätere Verarbeitbarkeit verschiedener Stahllegierungen an einer Laboranlage (Bild 2). Auch interessieren wir uns für die weitergehenden Potentiale dieses neuen Verfahrens; so untersuchen wir die Möglichkeit, mit den auf diese Weise erzeugten Halbzeugen innovative Leichtbauprodukte herzustellen.

Das Prinzip des Verfahrens ist bereits 1891 von Bessemer vorgeschlagen worden und wird erst heute infolge der verfügbaren Meß- und Regeltechnik, Werkstofftechnik sowie Simulationstechnik realisierbar. Das Verfahrensprinzip ist in Bild 3 zu sehen: Die Stahlschmelze wird zwischen zwei wassergekühlten mitlaufenden Kokillen, den sogenannten Gießrollen, gegossen. Je nach Einströmbedingung ergeben sich Turbulenzen, die zu inhomogenen Temperaturfeldern im Schmelzensumpf und in dem sich danach bildenden Band führen. Und je nach Lage des Zusammentreffens der beiden auf den Rollenoberflächen erstarrten Schalen entsteht eine mehr oder weniger große Bandformungskraft. Ein Zusammenspiel aus Druckverteilung im Rollenspalt und Temperaturverteilung in den Rollen bestimmt die Geometrie des auslaufenden Bandes.

Diese komplexen und überwiegend nichtlinearen Zusammenhänge müssen nun für eine industrielle Anwendung des Dünnbandgießens reproduzierbar beherrscht werden, um jederzeit ein präzises Stahlband mit definierten gleichmäßigen Eigenschaften produzieren zu können. Realisierbar ist dies nur mit extrem sensiblen und leistungsfähigen Meß- und Regelsystemen sowie unter Einsatz von modernen Werkstoffen für die Gießrollen und für die seitlichen Abdichtplatten. Zum vollständigen Verständnis des ablaufenden Prozesses haben wir – zum Teil in Kooperation mit dem Institut für Regelungstechnik – eine Reihe theoretischer Zusammenhänge und Modelle entwickelt: Ein elementares Bandgieß-Prozeßmodell für die Erstarrung, ein Strömungs- und Temperaturmodell für den Schmel-

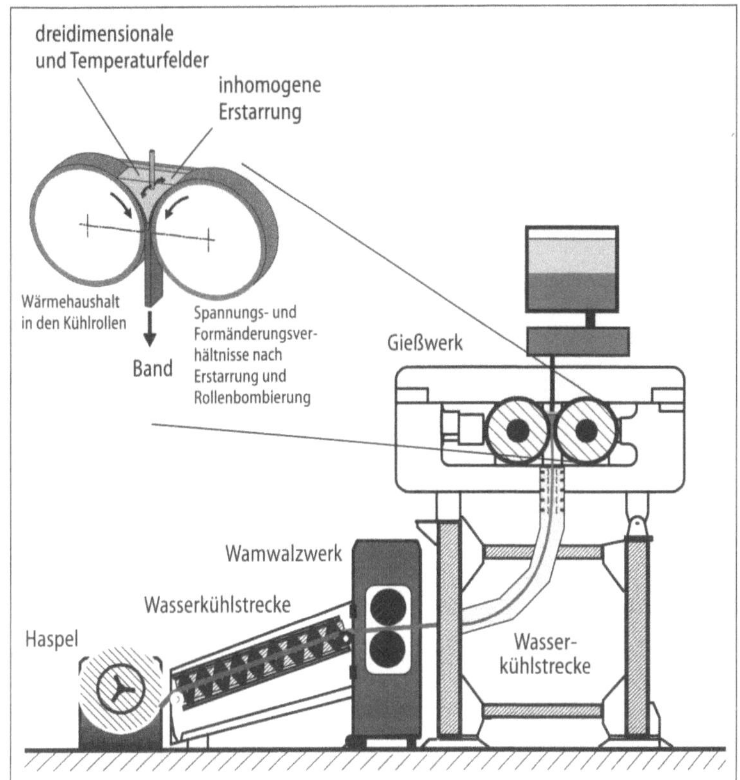

Bild 3 Darstellung wichtiger Einflußgrößen auf den Bandbildungsprozeß

zensumpf, ein Modell zur Berechnung der Wärmeübertragung und des Wärmehaushalts der Kühlrollen, ein Modell für die Grundlagen des Umformprozesses im teil- und durcherstarrten Bereich und ein auf diesen Vorstellungen basierendes Regelungsmodell.

Aufgrund der geringen Banddicke ermöglicht dieses neue Gießverfahren hohe Abkühlgeschwindigkeiten bei nahezu homogener Abkühlung. Durch eine Temperaturführung des Bandes zwischen Gießmaschine und Haspel gelang es uns bei mittel- und hochkohlenstoffhaltigen Stählen ein Gefüge zu erzeugen, das ohne weitere thermische Behandlung ein sehr gutes Kaltwalzverhalten zeigte. Eine Abkühlung des Bandes in der Wasserkühlstrecke um etwa 350 Grad Celsius auf eine Haspeltemperatur von rund 650 Grad Celsius mit anschließender Umwandlung im Coil (der Stahlbandrolle) stellte sich beispielsweise als geeignete Strategie heraus, um direktgegossene Bänder ohne weitere vorherige thermische Behandlung in den Kaltwalzprozeß zu überführen. In einer anschließenden Glühung wurden in Anlehnung an die konventionelle Haubenglühe die Endeigenschaften des Kaltbandes eingestellt. Wir haben feststellen können, daß kaltgewalzte und abschließend geglühte Bänder, die nach dem Dünnbandgießverfahren hergestellt wurden, die Normvorgaben nach DIN erfüllen.

Diese überaus positiven Versuchsergebnisse haben uns zu ersten grundsätzlichen Untersuchungen ermutigt, den auf diese Weise inline behandelten Stahl direkt als Werkstoff zu verwenden. Direktverwendung bedeutet, daß das gecoilte Band nach der optimierten Abkühlung ohne weitere Zwischenschritte wie Glühungen oder Kaltwalzen zu Bauteilen umgeformt werden kann. Tatsächlich zeigte das nur durch gesteuerten Abkühlverlauf eingestellte Gefüge des Stahls „Ck35" ohne Kaltwalzen Eigenschaften, die es für einfachere Formgebungen einsetzbar erscheinen lassen. In Vorversuchen konnten wir eine rißfreie Tiefung von sieben Millimetern erreichen, was einem Vergleichsumformgrad von 0,5 entspricht.

Neben der Temperatur beeinflussen Ver- und Entfestigungsvorgänge während der Umformung das Umwandlungsverhalten des Stahls. Durch die Umformung wird eine erhöhte Anzahl von Keimstellen für die bei der Abkühlung ablaufenden Umwandlungen des Gefüges geschaffen und somit die Korngröße der Kristalle beeinflußt. Keimbildung und Keimwachstumsvorgänge können schneller ablaufen, und je nach Umformtemperatur kommt es zu einer Beschleunigung der diffusionsgesteuerten Gefügeumwandlung. Ähnlich wie bei einer thermomechanischen Behandlung in konventionellen Walzprozessen, bei der man Temperatur und Umformbedingungen gezielt einstellt, läßt sich also mit einem Inline-Warmumformprozeß auch beim Zweirollenverfahren eine Kornfeinung erreichen und das Gefüge für einen konkreten Anwendungsfall definiert einstellen. Wenn es uns gelingt, diese Einstellung reproduzierbar exakt vornehmen zu können und die in unseren Vorversuchen auftretenden vereinzelten Gießfehler zu beseitigen, steht einer Direktverwendung der gegossenen Bänder nichts mehr im Wege.

Zukünftig müßten unseres Erachtens auch neue höherfeste Werkstoffe mit diesem Verfahren endabmessungsnah in dünnen Blechen zu gießen sein und solchen bislang sehr teuren Stahlwerkstoffen durch die kurze Prozeßkette neue Anwendungsgebiete erschließen. Ferner wäre denkbar, beim Dünnbandgießen den Rollenspalt während des Prozesses gezielt zu verstellen, um Bänder mit definierter unterschiedlicher Dickenverteilung in Längsrichtung zu erhalten. Aus diesen maßgeschneiderten dünnen Bändern könnten anschließend Leichtbauteile hergestellt werden, deren Wandstärken schon entsprechend den konstruktiven Erfordernissen optimiert wären (Bild 4).

Das neue Gießverfahren weist also drei wichtige Zukunftspotentiale auf: Erstens die Direktverwendung von Stahlband – man erhält auf kürzestem Weg aus der Schmelze das Bauteil.

Bild 4 Querträger mit belastungsangepaßter Wandstärke

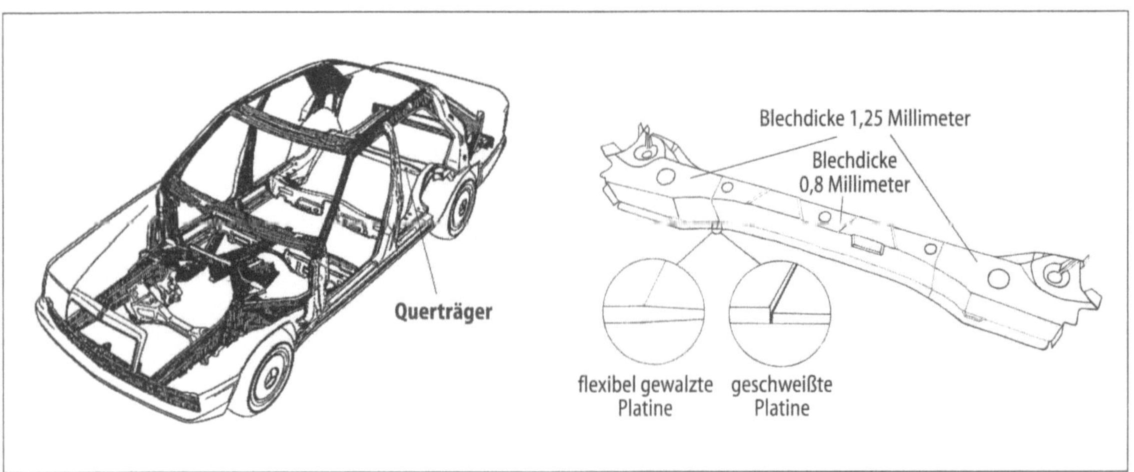

Während eine konventionelle Warmbreitbandstraße und Brammenstranggußanlage etwa 1000 Meter lang ist und einen Investitionsaufwand von über einer Milliarde Mark erfordert, erstreckt sich eine Dünnbandgießanlage auf nur 100 Meter Länge und benötigt weitaus geringere Investitionsmittel. Allerdings ist ihre Produktionskapazität um den Faktor acht kleiner. Interessant ist das Verfahren also für kleinere Stahlhersteller oder als Zusatzanlagen für bestimmte Sonderqualitäten.

Ein zweites Zukunftspotential ergibt sich aus der Möglichkeit, hoch- und höherfeste Stahlsorten zu verarbeiten, die auf Warmbreitbandstraßen oder Dünnbrammenstraßen nicht mehr optimal hergestellt werden können.

Ein drittes besteht darin, daß mit dem flexiblen Dünnbandgießen Bänder mit einem Längsprofil versehen werden und somit direkt Stahlleichtbauteile mit belastungsangepaßten Wandstärken hergestellt werden können. 100 Jahre nach seiner Erfindung erweist sich das Dünnbandgießen nach dem Zweirollenverfahren von Bessemer als eine in höchstem Ausmaß innovative Technologie, deren Konsequenzen für die Stahlproduktion im nächsten Jahrhundert sehr weitreichend sein können.

Autor

Prof. Dr.-Ing. Reiner Kopp ist Lehrstuhlinhaber und Leiter des Instituts für Bildsame Formgebung.

Literaturhinweise

[1]   G. Flemming, F. Hofmann, W. Rohde und D. Rosenthal: Die CSP-Anlagentechnik und ihre Anpassung an erweiterte Produktionsprogamme, in: Stahl und Eisen, 113, 1993, Nr. 2, S. 37 bis 45.

[2]   G. Gosio, M. Morando, L. Manini, A. Guindani, F.-P. Pleschiutschnigg, B. Krüger, H. D. Hoppmann und I. von Hagen: The technology of thin slab casting production and product quality at Arvedi I.S.P. works Cremona, METEC Congress 1994, Düsseldorf, S. 344 bis 358.

[3]   CONROLL, Mitteilungen der VOEST-ALPINE Technologie AG, Internet-Adresse www.vai.com.

[4]   R.W. Simon, D. Senk, C. Möllers, H. Legrand, L. Vendeville und J.-M. Damasse: Direct Strip Casting on the Myosotis industrial pilot plant, in: MPT International, 3, 1997, S. 78 bis 82.

Peter Werner Gold,
Hubertus Murrenhoff und
Martin Schmidt

Umweltverträgliche Schmierstoffe

Ein Beitrag des Maschinenbaus zur Entlastung der Umwelt

Ein Tropfen Öl an der richtigen Stelle hat mitunter nachhaltige Folgen: Verklemmte Fenster öffnen sich wieder leicht. Quietschende Fahrradketten laufen plötzlich geräuschlos. Aber nicht nur im Haushalt, vor allem auch in der Industrie sind Schmierstoffe unverzichtbar. Allein der Maschinenbau verbraucht jährlich weit mehr als eine Million Tonnen, und somit ist es auch nicht verwunderlich, daß solche großen Schmierstoffmengen nicht nur nützen, sondern auch Umwelt und Gesundheit belasten

An der RWTH erforschen wir die Grundlagen, um die durch Schmierstoffe herbeigeführten Probleme zu beseitigen. Umweltverträgliche Schmierstoffe sollen bedenkliche ersetzen. Zugleich wollen wir erreichen, daß die durch falsche Verwendung der Schmiermittel verursachten Schäden deutlich sinken.

Schmierstoffe sind heute überall dort zu finden, wo bewegliche Maschinenteile miteinander in Kontakt sind. Die Maschinenteile und der Schmierstoff bilden dabei ein sogenanntes Reibsystem (Tribosystem). Eine Fensteraufhängung oder auch eine Fahrradkette einschließlich der Zahnräder wären also ein Tribosystem. Kupplungen, Getriebe oder Zerspanungsprozesse auf Werkzeugmaschinen können ebenfalls als Tribosysteme angesehen werden.

Die Maschinenelemente, die sich als Kontaktpartner innerhalb des Tribosystems aneinander reiben, bezeichnet man als Grund- und Gegenkörper. Entsprechend der vom Tribosystem zu erfüllenden Aufgabe bewegen sich die aufeinander einwirkenden Grund- und Gegenkörper zueinander. Sie können aufeinander rollen, wie zum Beispiel eine Kugel auf einer ruhenden Unterlage. Der Gegenkörper kann aber auch auf dem Grundkörper gleiten, etwa ein Kolben in einem Zylinder.

Die Reibung wird nun aber nicht allein vom Kontaktzustand der Grund- und Gegenkörper und ihrer Relativbewegung bestimmt. Wichtig ist auch die Anpressung der Körper. Wenn diese Parameter bekannt sind, wählt der Konstrukteur zunächst die Werkstoffe von Grund- und Gegenkörper aus: Im Maschinenbau häufig anzutreffende Werkstoffpaarungen sind zum Beispiel Stahl/Stahl und Bronze/Stahl. Darüber hinaus läßt sich der Kontaktzustand von Grund- und Gegenkörper und damit auch die Wahl der Werkstoffpaarung erheblich durch einen auszuwählenden Schmierstoff beeinflussen.

Der Schmierstoff wird auch als Zwischenstoff bezeichnet und befindet sich direkt zwischen Grund- und Gegenkörper. Er wird aus zweierlei Gründen zwischen den in Kontakt stehenden Maschinenelementen benutzt. Zum einen soll er die Übertragung von Leistung weitestgehend reibungs- und damit verlustlos ermöglichen. In diesem Sinne hilft er, Energie einzusparen. Da Schmierstoffe auch den Verschleiß der Teile senken, verringern sie zugleich die Kosten für Instandsetzungen.

Das am weitesten verbreitete Schmiermittel besteht im Grundkörper aus Mineralöl. Damit es unterschiedlichsten Anforderungen gerecht wird, werden dem Mineralöl Zusatzstoffe beigemengt. Diese sogenannten Additive verleihen dem Schmiermittel spezielle Eigenschaften, die genau auf die beabsichtigte Anwendung abgestimmt sind.

Sowohl Grund- und Gegenkörper als auch das Schmiermittel leisten einen Beitrag zur Erfüllung der an das Tribosystem gestellten Aufgabe.

Um einen wirkungsvollen und störungsfreien Betrieb zu gewähren – also die funktionsbedingten Verlustgrößen Reibung und Verschleiß einzugrenzen –, bedarf es nun einer gezielten Abstimmung zwischen den Elementen des Systems. Bei den auf Mineralöl basierenden Schmierstoffen handelt es sich um endliche Rohstoffe, die für ihre spätere Aufgabe vorbereitet werden müssen; sie durchlaufen also zunächst in einer Raffinerie einen Wertschöpfungsprozeß. Das gleiche gilt für die metallischen Werkstoffe, hinzu kommen Entwicklung, Konstruktion und Fertigung des Tribosystems. Aufgrund der mitunter aufwendigen Herstellung der Grund- und Gegenkörper kann der wirtschaftliche Wert des Tribosystems beachtliche Ausmaße annehmen. So ist insbesondere die Fertigung von Verzahnungen für Getriebe mit hohen Kosten verbunden.

Sind die Elemente des Tribosystems nicht optimal aufeinander abgestimmt, kann zu großer Verschleiß zu geringer Haltbarkeit – also sehr kurzen sogenannten Standzeiten – des Systems führen (Bild 1). Aufgrund der mit den übrigen Maschinenkomponenten bestehenden Wechselwirkungen beeinflußt die Güte des Tribosystems zudem den Gesamtwirkungsgrad der Maschine, in der es integriert ist.

In die Umwelt gelangende Schmierstoffe, etwa aufgrund von Undichtigkeiten des Tribosystems, beeinträchtigen diese in erhebli-

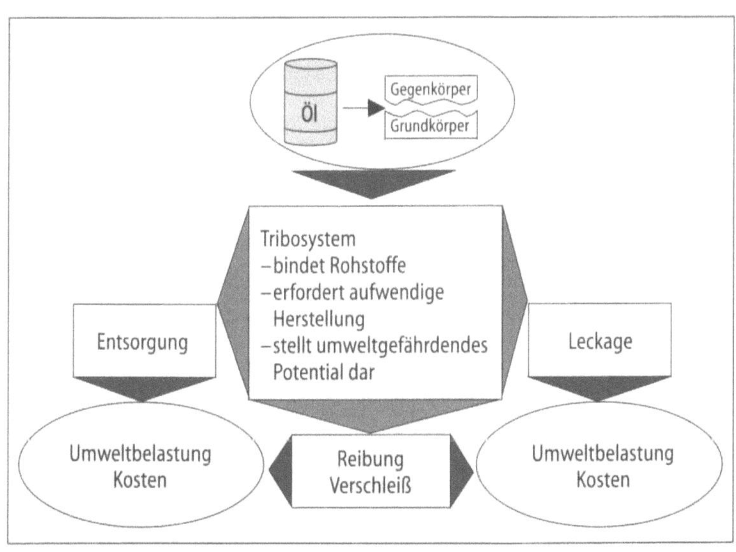

Bild 1 Durch Schmierstoffe herbeigeführte Umweltprobleme

chem Maße. Auch sind Schäden durch Verschleiß sowie Verluste an Energie durch Reibung nicht nur ein Kostenfaktor, sondern ebenfalls indirekt eine Umweltbelastung. Diese Belastung wird durch den feinen, giftigen Abrieb aus den sich berührenden Stahl- und Bronzeoberflächen noch verstärkt, denn die Bronzelegierungen enthalten in der Regel Blei, das in Form kleinster Partikel den Schmierstoff verunreinigt und mit ihm in die Umwelt gelangen kann.

Umweltproblem Schmierstoff-Entsorgung

Ein weiteres Umweltproblem ist die Entsorgung von Schmiermitteln. Insbesondere bei betriebsbedingter Vermischung verschiedener Schmierstoffe, wie zum Beispiel Kühlschmierstoffe und Getriebeöle, gestaltet sie sich sehr aufwendig. Diese vielfach betriebene Vermischung verschiedener Schmierstoffe, die sich in ihrer Grundflüssigkeit und ihren Additiven mehr oder weniger stark unterscheiden, verhindert bislang eine ökonomische und umweltschonende Entsorgung.

Im Rahmen innovativer und fachübergreifender Projekte, etwa im Rahmen des Sonderforschungsbereichs (SFB) „Umweltverträgliche Tribosysteme am Beispiel der Werkzeugmaschine", wollen wir zukunftsweisende Lösungen für die skizzenhaft dargestellten Probleme vorbereiten. Bisherige Forschungen auf dem Gebiet der Tribologie beschränkten sich nämlich auf die Neuentwicklung entweder des Schmierstoffs oder der Maschinenelemente. Sie führten also zu „Insellösungen", nur gültig für einen speziellen Anwendungsfall. Die aufeinander abgestimmte Optimierung der Elemente eines Tribosystems hinsichtlich ökologischer und technischer Erfordernisse steht bislang noch aus. Das wäre aber die Grundlage für einen Einsatz von umweltverträglichen und technisch auf hohem Niveau stehenden Tribosystemen im gesamten Maschinenbau. Deshalb gehen wir im Sonderforschungsbereich davon aus, daß neue Tribosysteme in einem ganzheitlichen Ansatz entwickelt werden müssen, indem etwa Schmierstoffe und Werkstoffpaarungen der Maschinenteile gemeinsam entwickelt werden.

Um den an das Tribosystem gestellten ökologischen Anforderungen zu entsprechen, wollen wir das additivierte Mineralöl durch biologisch abbaubare und aus nachwachsenden Rohstoffen herstellbare Schmierstoffe ersetzen (Bild 2). Die Synthese solcher Schmierstoffe, die im Hinblick auf die Umweltverträglichkeit nicht oder zumindest

Bild 2 Prinzip zur Entwicklung umweltfreundlicher Tribosysteme

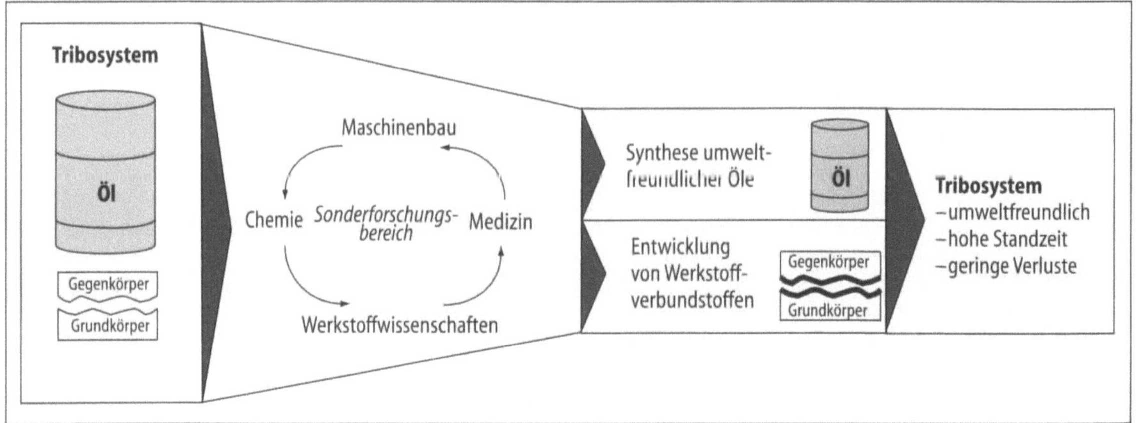

nur in geringem und ökologisch unbedenklichem Maß additiviert sind, verschlechtert allerdings die tribologischen Eigenschaften des Schmierstoffs. Zum Beispiel fällt der Schutz von Grund- und Gegenkörper vor Verschleiß geringer aus.

Damit nun die an das Tribosystem gestellten technischen Anforderungen ebenfalls erfüllt werden, müssen die Aufgaben der einzelnen Elemente in einem Tribosystem neu verteilt werden. Eine mögliche Lösung sind zum Beispiel neuartige Werkstoffe für Grund- und Gegenkörper. Notwendig werden neue Grundwerkstoffe und Oberflächenbeschichtungen, denn es bedarf nicht nur einer Abstimmung der Elemente des Tribosystems untereinander, sondern auch der Elemente selbst, wie etwa der Oberfächenbeschichtung und des Grundwerkstoffs. Wir sind davon überzeugt, daß verschleißfeste Oberflächen in Zukunft die schlechteren Eigenschaften ökologischer Schmierstoffe kompensieren können.

Hier stellt sich uns die Aufgabe, eine Grundflüssigkeit zu entwickeln, die leicht modifiziert als universaler Schmierstoff eingesetzt werden kann. Am Beispiel der im Sonderforschungsbereich betrachteten Werkzeugmaschine soll diese Grundflüssigkeit gleichermaßen die Funktion des Getriebeöls, der Bettbahnschmierung und des Kühlschmierstoffs übernehmen können. Damit würde die unüberschaubare Vielfalt möglicher Schmierstoffe und deren Vermi-

Bild 3 Informationsfluß im interdisziplinären Forschungsverbund

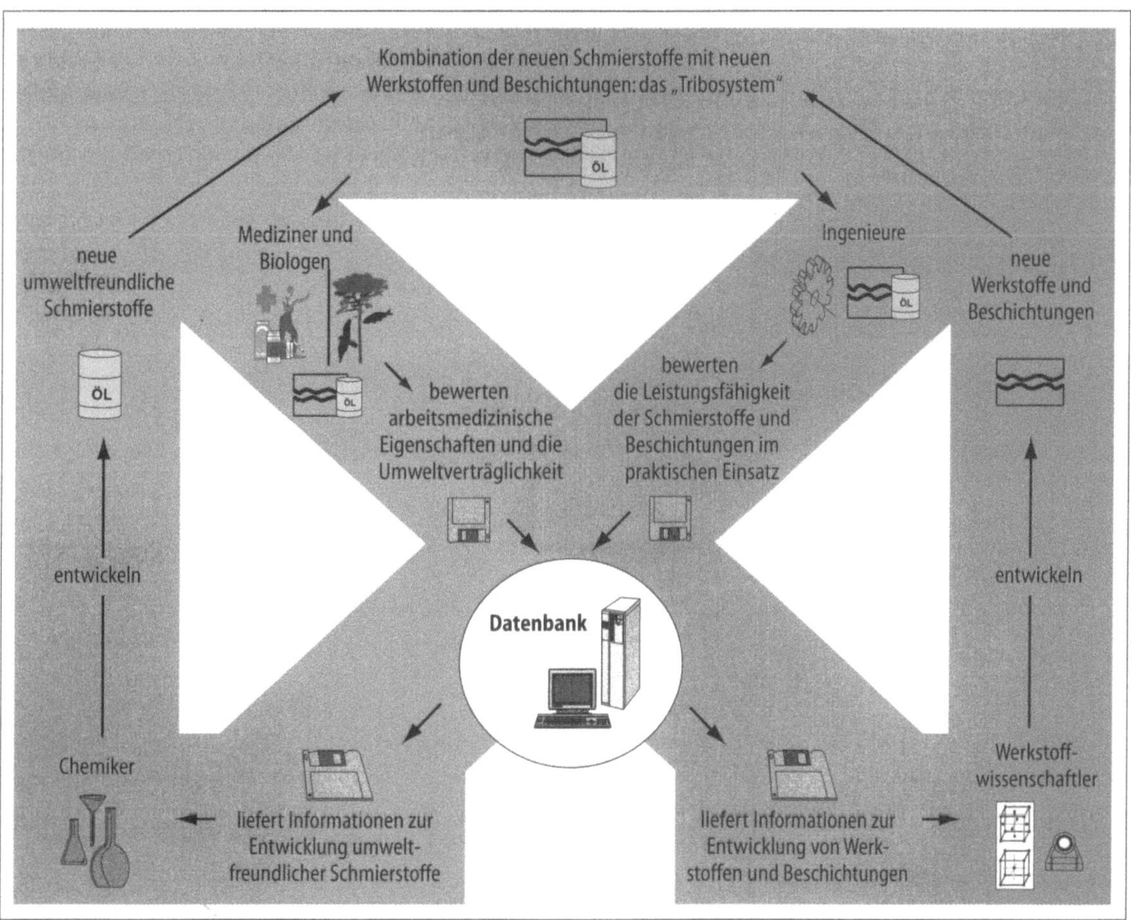

schungsvarianten eingeschränkt – und eine ressourcen- und umweltschonende Entsorgung möglich.

Um nun dieses Forschungskonzept umzusetzen, arbeiten unterschiedliche an der RWTH vertretene Disziplinen fachübergreifend zusammen: Ingenieure, Naturwissenschaftler und Umweltmediziner forschen an den anfallenden Teilaufgaben im Maschinenbau, in den Werkstoffwissenschaften, in der Chemie und der Umweltmedizin (Bild 3). So haben Chemiker im Sonderforschungsbereich zum Beispiel die Synthese neuer Schmierstoffe für das Tribosystem „Zerspanung" übernommen. Dieses besteht aus den Elementen Werkzeug und Werkstoff, die aufeinander gleiten, sowie dem Kühlschmierstoff, den es zu optimieren gilt. Da die umweltverträglichen Schmierstoffe unausgewogene tribologische Eigenschaften aufweisen, werden neuartige Werkstoffverbunde für die Maschinenteile notwendig – eine Aufgabe für die im Sonderforschungsbereich integrierten Werkstoffwissenschaftler, die sich mit der Entwicklung neuer Oberflächenschichten und deren Herstellverfahren befassen. Und den am Projekt „Zerspanung" beteiligten Medizinern und Biologen obliegt es, das neu entwickelte Tribosystem auf sein umweltschädigendes, das heißt ökotoxikologisches Potential hin zu untersuchen (Bild 4). Dazu wird zunächst der unbenutzte Schmierstoff analysiert. Ziel ist eine Bewertung der schädigenden Einflüsse auf die Luft, den Boden und das Wasser. Da sich eine gebrauchsbedingte Beeinträchtigung der Umweltverträglichkeit der Schmierstoffe nicht ausschließen läßt, ist die Analyse des gebrauchten Schmierstoffs notwendig. Um Personen zu schützen, die an Maschinen mit den neuen Tribosystemen arbeiten, erfolgt die arbeitshygienische Beurteilung dieser Maschinen.

Die Umweltverträglichkeit allein ist als Charakteristikum für die Bewertung der Eignung eines Tribosystems in einer Maschine allerdings nicht ausreichend. Vielmehr müssen auch die an das System

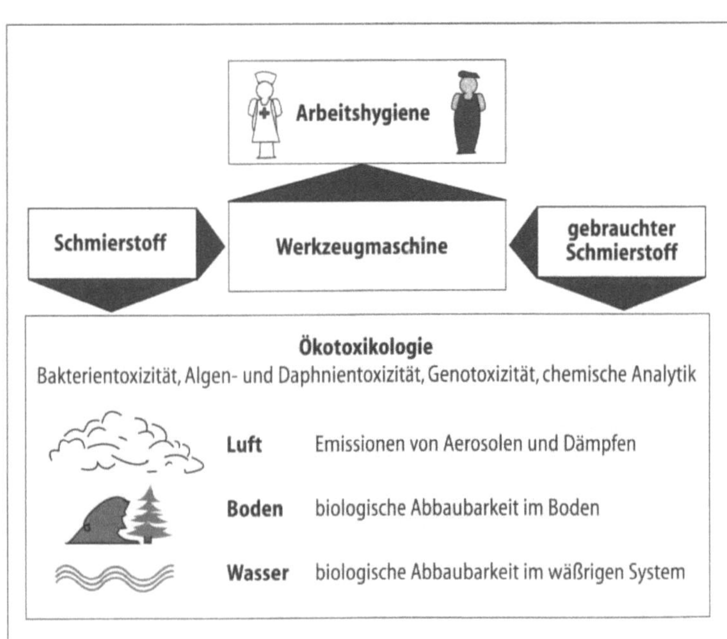

Bild 4 Ökotoxikologische Bewertung neu synthetisierter Schmierstoffe

gestellten technischen Anforderungen erfüllt sein. Deshalb arbeiten auch Ingenieure des Maschinenbaus in diesem Forschungsprojekt mit. Sie beurteilen die technische Leistungsfähigkeit von Schmierstoffen und Beschichtungen im Rahmen von Modellversuchen, die grundlegende Daten über die Schmierstoffe und Beschichtungen und deren Wechselwirkung liefern. Bei erfolgversprechenden Ergebnissen erfolgt dann eine Erprobung des neuartig zusammengestellten Tribosystems in der Praxis. Zudem werden die von den Ingenieuren auf diese Weise systematisch gewonnenen Daten zur Bewertung der Tribosysteme und deren Umweltverträglichkeit einer offenen Datenbank zugeführt, wo sie den am Projekt beteiligten Wissenschaftlern anderer Disziplinen zur Verfügung stehen. Auf diese Weise wird die gezielte Optimierung der von den Chemikern synthetisierten Schmierstoffe und der von den Werkstoffwissenschaftlern entwickelten Werkstoffverbunde möglich. Kurzum: Die Entwicklung eines neuen Tribosystems ist ein iterativer Prozeß, bei dem ein geregelter Datenaustausch unabdingbar ist. Mittelfristige Ziele unserer Forschungsarbeiten sind der Aufbau einer Werkzeugmaschine, in der die von uns neu entwickelten Tribosysteme integriert werden. Simulationsprogramme sollen zudem die Auslegung umweltverträglicher Tribosysteme unterstützen.

Autoren

Prof. Dr.-Ing. Peter Werner Gold ist Leiter des Instituts für Maschinenelemente und Gestaltung (IME).

Prof. Dr.-Ing. Hubertus Murrenhoff ist Leiter des Instituts für fluidtechnische Antriebe und Steuerungen (IFAS).

Dipl.-Ing. Martin Schmidt ist wissenschaftlicher Mitarbeiter am Institut für fluidtechnische Antriebe und Steuerungen.

Informatische Konzepte für verfahrenstechnische Entwicklungsprozesse

Manfred Nagl und
Wolfgang Marquardt

Sonderforschungsbereich IMPROVE

Qualitäts- und Effizienzverbesserung durch Werkzeugintegration

Die qualitative und quantitative Verbesserung von Entwicklungsprozessen ist derzeit ein Thema in allen ingenieurwissenschaftlichen Disziplinen. Der 1997 eingerichtete Sonderforschungsbereich (SFB) IMPROVE (Informatische Unterstützung übergreifender Entwicklungsprozesse in der Verfahrenstechnik) konzentriert sich auf Entwicklungsprozesse in Chemie- und Kunststofftechnik. Dabei betrachten wir einen Ausschnitt der Entwicklungsprozesse, den konzeptuellen Entwurf, der auch Basic Engineering genannt wird. In diesem Teilprozeß werden Anlagen entworfen, ihr Verhalten simuliert, Stoffdaten aufbereitet und gesammelt, die Wirtschaftlichkeit einer Investition abgeschätzt und so weiter. Der Teilprozeß ist der detaillierten Konstruktion einer Anlage vorgeschaltet (Detail Engineering). Seine Wichtigkeit ergibt sich daraus, daß in diesem Teilprozeß bereits die wesentlichen Entscheidungen getroffen werden, welche die Wirtschaftlichkeit der Anlage und die Qualität des hergestellten Produkts bestimmen.

Verschiedene Lehrstühle aus Maschinenbau und Informatik arbeiten gemeinsam an dieser Fragestellung in dem Sonderforschungsbereich. Ziel ist es, die Entwurfsprozesse zu verstehen, zu strukturieren, neue Informatikkonzepte einzuführen und bestehende (Software-) Werkzeuge so zu integrieren, daß der Werkzeugverbund eine qualitative Verbesserung der Entwicklungsprozesse erzielt sowie ihre effizientere Durchführung gestattet. Dabei sind auch ehrgeizige Ziele bezüglich der Integration der Werkzeuge (wie Fließbildeditor, Simulatoren für die stationäre und dynamische Simulation, zur Wirtschaftlichkeitsabschätzung und zur Auslegung von Apparaten) eingeschlossen. Der SFB baut auf Erfahrungen aus gemeinsamen Projekten zwischen den Partnern auf.

Der Ansatz des SFB ist durch folgende Merkmale charakterisiert (Bild 1): Wir untersuchen bestehende Entwicklungsprozesse und ermitteln Schwachstellen sowie Innovationspotentiale. Diese Entwicklungsprozesse werden strukturiert und formal beschrieben und daraus entstehen Vorschläge zu deren Verbesserung. Die Werkzeuge werden für die Integration vorbereitet; die Integrationslosung erfordert nicht nur ein bloßes systemtechnisches Zusammenschalten, sondern die Einführung neuer informatischer Konzepte. Der Integrationsansatz wird allgemein gestaltet, und der resultierende Werkzeugverbund wird bewertet. Dabei sind wir uns bewußt, daß einige Iterationen nötig sind, um zu einer signifikanten Verbesserung bezüglich Qualität und Effizienz zu gelangen. Voraussetzung ist eine enge Zusammenarbeit von Gruppen aus Maschinenbau und Informatik.

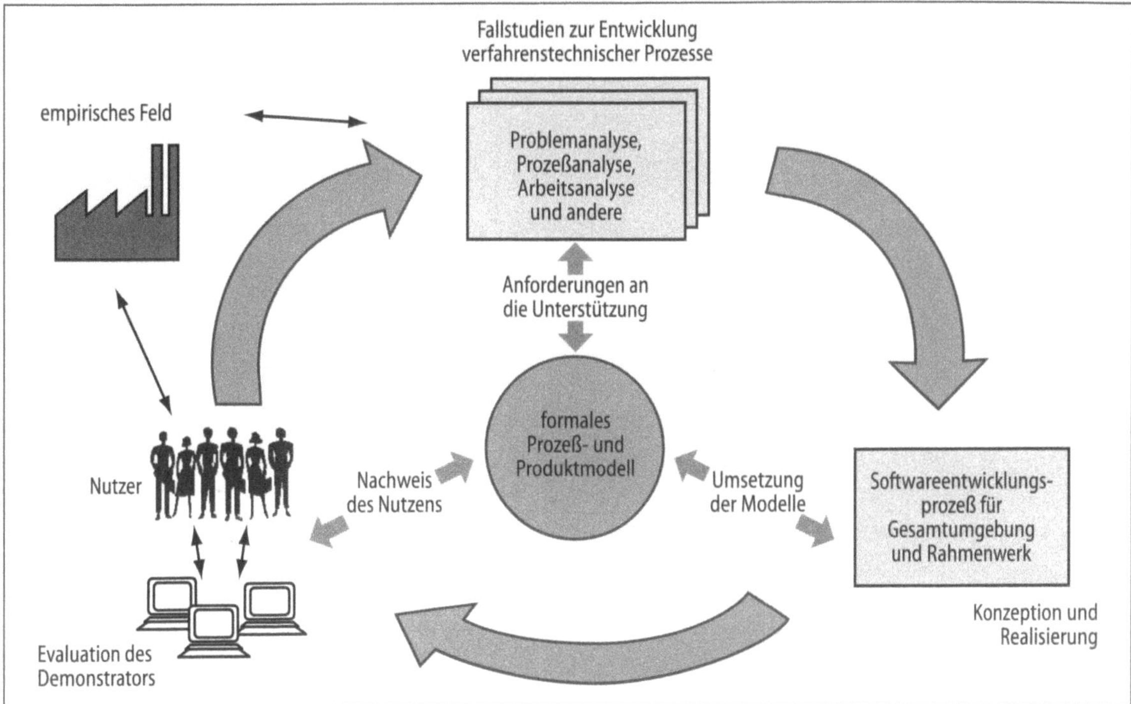

Bild 1 Merkmale und Vorgehen des Sonderforschungsbereichs IMPROVE

Drei Argumente machen deutlich, daß dieser Ansatz eine Qualitätsverbesserung in der Verfahrenstechnik ermöglicht: Der betrachtete Teil des Entwicklungsprozesses wird ein verbessertes Entwicklungsprodukt liefern und effizienter ablaufen. Daraus resultiert eine verbesserte Grundlage für die Entscheidung, ob eine Anlage gebaut oder modifiziert wird und wie dies erfolgt. Da die Güte des Entwicklungsprozesses eng mit der des verfahrenstechnischen Prozesses verknüpft ist, liefert die später zu erstellende Anlage letztlich auch Chemie- oder Kunststoffprodukte einer höheren und besser reproduzierbaren Qualität bei geringeren Herstellungskosten und kleineren Abfallmengen.

Vor Eintritt in eine genaue Diskussion ist die Terminologie zu klären: Ein verfahrenstechnischer Prozeß auf einer Anlage verknüpft chemische, physikalische und informationstechnische Vorgänge, um bestimmte Ausgangsstoffe in ein stoffliches Produkt mit bestimmten Eigenschaften zu verwandeln. Im Entwicklungsprozeß wird eine neue Anlage entworfen oder eine bestehende Anlage modifiziert. Dieser Entwicklungsprozeß liefert eine Spezifikation des verfahrenstechnischen Prozesses und der entsprechenden Anlage.

Charakterisierung der Entwicklungsprozesse

Der Entwicklungsprozeß, insbesondere der betrachtete Abschnitt, besteht aus komplexen Einzelschritten mit vielen Wechselwirkungen, da eine Vielzahl unterschiedlicher Aspekte bedacht werden müssen. So entsteht in einem ganzheitlichen Entwurf ein optimales Systemkonzept. Die Entwicklungsarbeiten sind kreativer Natur (neue Ideen, Betrachtung unterschiedlicher Varianten). Das unvollständige Verständnis und die schwierige Formalisierung solcher Entwicklungsprozesse stellen hohe Anforderungen an deren informatische Unterstützung.

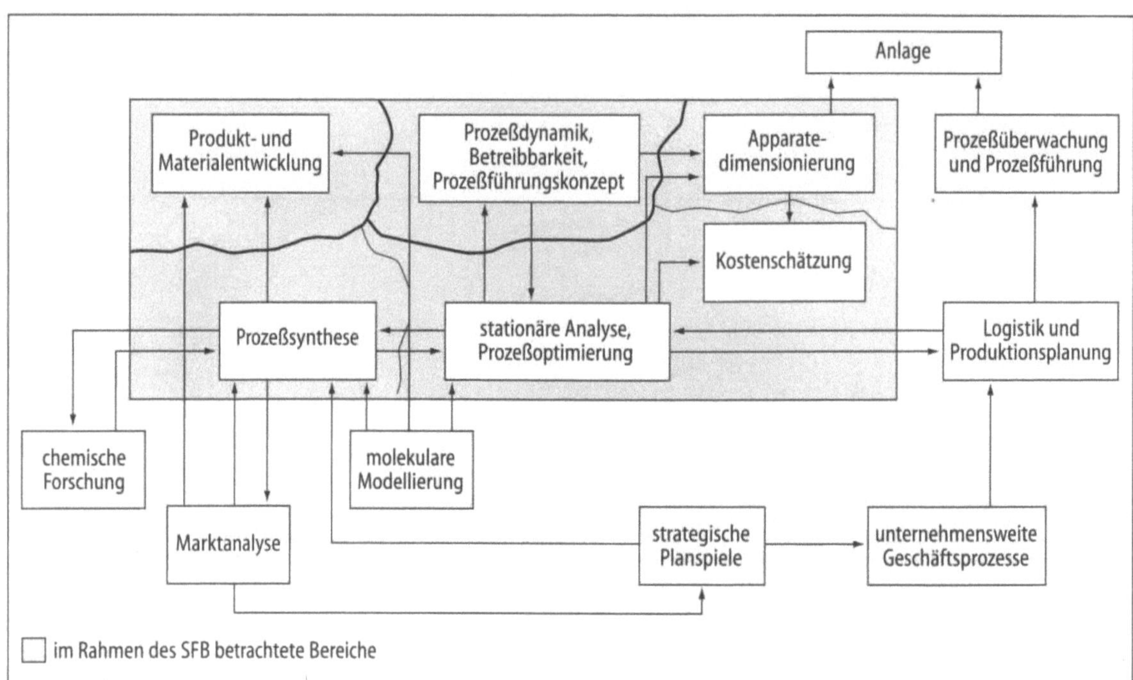

Bild 2 Integration bisher isoliert betrachteter Entwurfsaufgaben

Ein Spezifikum ist, daß die einzelnen Entwicklungsaufgaben bezüglich Methodik und Werkzeugunterstützung bisher weitgehend isoliert voneinander durchgeführt werden (Bild 2). Diese Brüche sind konzeptioneller Art. Sie zeigen das mangelnde gegenseitige Verständnis und die Unkenntnis über die gegenseitige Beeinflussung der Entscheidungen in den verschiedenen Arbeitsbereichen. Diese Entwurfsinseln finden sich auch in den unterstützenden Werkzeugen wieder. Auch bezüglich der Kette des Produktionsprozesses gibt es scharfe Grenzen, zum Beispiel zwischen Chemie- und Kunststofftechnik. Deshalb greift der SFB die anwendungsseitig interessante Verknüpfung beider Bereiche auf. Ein Teil der Polyamidherstellung und die Verarbeitung des Polyamids wird simultan bearbeitet und aufeinander abgestimmt. Als weitergehende Alternative untersuchen wir die reaktive Extrusion, bei der Polymerisation und Aufbereitung teilweise in einem Apparat zusammengefaßt werden.

Für den betrachteten Ausschnitt besitzt der Entwicklungsprozeß folgende Charakterisierung: Kleine interdisziplinäre Teams arbeiten zusammen. Die Mitarbeiter sind in verschiedenen Abteilungen oder Firmen angesiedelt. Ein Entwickler arbeitet gleichzeitig an verschiedenen Projekten. Der Arbeitsablauf berücksichtigt verschiedene Sichten (Chemie, Chemietechnik, Kunststofftechnik, Ökonomie, Informationstechnik, Qualität), zu deren Untersuchung verschiedenartige Werkzeuge eingesetzt werden. Dokumente und Ergebnisse unterschiedlichster Art werden ausgetauscht, Arbeitsabläufe sind nicht ausreichend dokumentiert und damit kaum nachzuvollziehen. Gegenseitige Know-how-Sicherung steht einer beliebig engen Informationsverknüpfung entgegen.

Ein Teil dieser Charakterisierung trifft sicher auch auf andere ingenieurwissenschaftliche Entwicklungsprozesse zu. Im Gegensatz

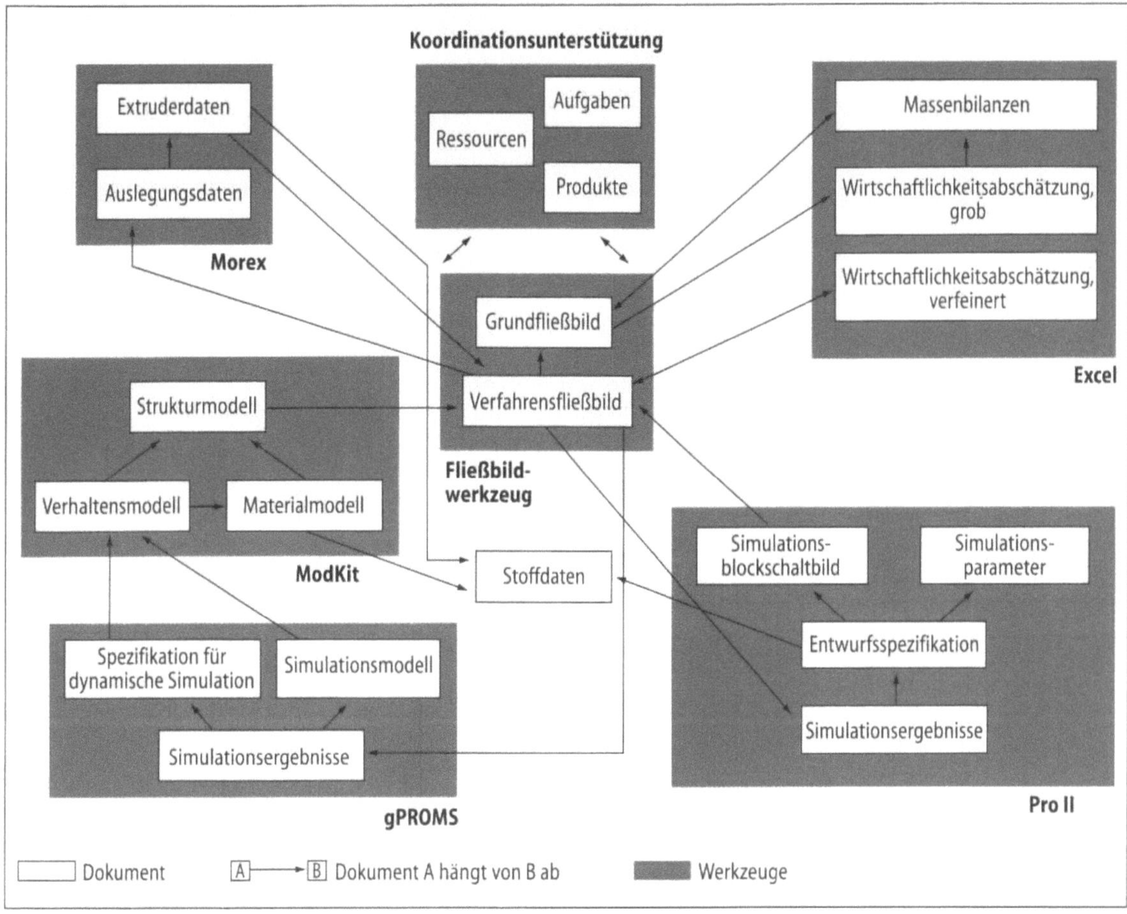

Bild 3 Die Gesamtkonfiguration des konzeptuellen Entwurfs (grobgranular)

zur Fertigungstechnik, dort insbesondere im Bereich des Detailentwurfs, gibt es aber deutliche Unterschiede, die die Fragestellung des SFB zu einer Herausforderung machen.

Das Ergebnis eines verfahrenstechnischen Entwicklungsprozesses ist ein komplexes Produkt, im folgenden Gesamtkonfiguration genannt (Bild 3). Es enthält die Ergebnisse einzelner Entwickler (Dokumente), die eine reichhaltige Internstruktur mit vielen Querbezügen zwischen Bestandteilen besitzen (zum Beispiel in einem Fließbild). Insbesondere gibt es vielfältige feingranulare Bezüge zwischen Bestandteilen verschiedener Dokumente, in Bild 3 nicht eingezeichnet, etwa zwischen Teilen des Fließbilds und Teilen der Simulationsergebnisse. Zur Koordination der Entwicklung und zur Durchführung der Entwicklungsschritte sind grob- und feingranulare Beziehungen von großer Bedeutung, da sie die Stellen der Zusammenarbeit von Entwicklern kennzeichnen. Bild 3 enthält nur die grobgranularen Beziehungen und somit weder die Internstruktur der Dokumente noch die gegenseitigen feingranularen Abhängigkeiten. Mit dieser Sicht einer Gesamtkonfiguration erweitern wir gegenwärtige Entwicklungsprodukt-Standardisierungsansätze in der Verfahrenstechnik. Dies geschieht durch Separation verschiedener Sachverhalte in Partialmodelle und deren anschließende Integration durch Einbeziehung der bestehenden feingranularen Querbeziehun-

Ein Prozeß- und Produktmodell für die Entwicklung

gen. Ebenso wird Information zur Koordination der Entwickler berücksichtigt.

Der Entwicklungsprozeß, der zu diesem Ergebnis führt, ist derzeit noch weitgehend unverstanden und infolgedessen auch nicht formalisiert. Er ist auch nur in Grenzen formalisierbar. Dies liegt daran, daß Personen kreativ sind und aufgrund ihrer Interpretationsfähigkeit auch bei unpräziser Beschreibung einer Aufgabe ein anforderungsgerechtes Entwicklungsprodukt erzeugen können. Es stellt sich heraus, daß Teilprozesse des Gesamtprozesses sehr unterschiedlich sein können und in gegenseitiger Wechselwirkung zueinander stehen. So erfordert eine Änderung der Chemie beispielsweise meist eine völlig anders geartete Anlagenstruktur.

Diesem Zustand des Verständnisses des Entwicklungsprozesses entspricht die Unterstützung durch verfügbare Werkzeuge. Es finden sich wiederum Brüche: Die inhaltliche Unterstützung der einzelnen Entwicklungsaufgabe ist aufgrund mangelnder semantischer Unterstützung ungenügend, das heißt, die Werkzeugfunktionalität ist nicht auf die Tätigkeit des Entwicklers abgestimmt. Für die inhaltliche Zusammenarbeit der Entwickler findet sich lediglich der Datenaustausch von erstellten oder modifizierten Dokumenten. Für die Koordination der Entwicklermannschaft gibt es keine verfügbaren Werkzeuge, die die Natur des Entwicklungsprozesses berücksichtigen. Am gravierendsten stellen sich die Probleme bei abteilungs- und firmenübergreifender Kooperation (verfahrenstechnische Entwicklung, Chemie- oder Kunststoffexperte, Anlagenbauer, Anlagenbetreiber), da in jedem Entwicklungskontext andere Spielregeln gelten und die Eigenständigkeit durch Standardisierung nicht beseitigt werden kann und sollte.

Neuartige informatische Konzepte zur Verbesserung der Entwicklungsprozesse

Wir führen neuartige informatische Konzepte zur Verbesserung der Entwicklungsprozesse ein, um nach deren Realisierung eine entsprechend verbesserte Werkzeugunterstützung zu erzielen: So wird durch Beobachtung und Festhalten die Vorgehensweise aber auch die Erfahrung der Entwickler genutzt. Produktunterstützung sichert die Struktur- und Konsistenzbeziehungen in, aber insbesondere zwischen den Dokumenten einzelner Entwickler. Zur Klärung von Problemen, Diskussion über Vorgehen, Vorbereitung von Absprachen können die Beteiligten multimedial und anwendungsspezifisch miteinander kommunizieren. Entwicklungsprozesse werden aufgrund von erarbeiteten Ergebnissen, erkannten Fehlern und veränderten Anforderungen angepaßt. Spezielle Mechanismen zur Adaption sind erforderlich, um entsprechend zu reagieren. Alle diese Konzepte können im Werkzeugverbund kombiniert werden (Zusammenwirken und in einigen Fällen gegenseitige Überführung). Sie werden oberhalb bestehender Werkzeuge realisiert, um diese im Sinne einer A-posteriori-Integration nutzen zu können. Hierzu sind ergänzende Datenstrukturen und Werkzeugfunktionalitäten nötig (Bild 4).

Entwicklungsprozesse und -produkte spielen zusammen. Insoweit muß ein besseres Verständnis und eine Formalisierung ein integriertes Prozeß- und Produktmodell liefern. Dieses zu erstellen ist eine schwierige und deshalb mittelfristige Aufgabe. Verschiedene Sichten auf den Prozeß (wie Anforderungen, Fließbilder, ökonomi-

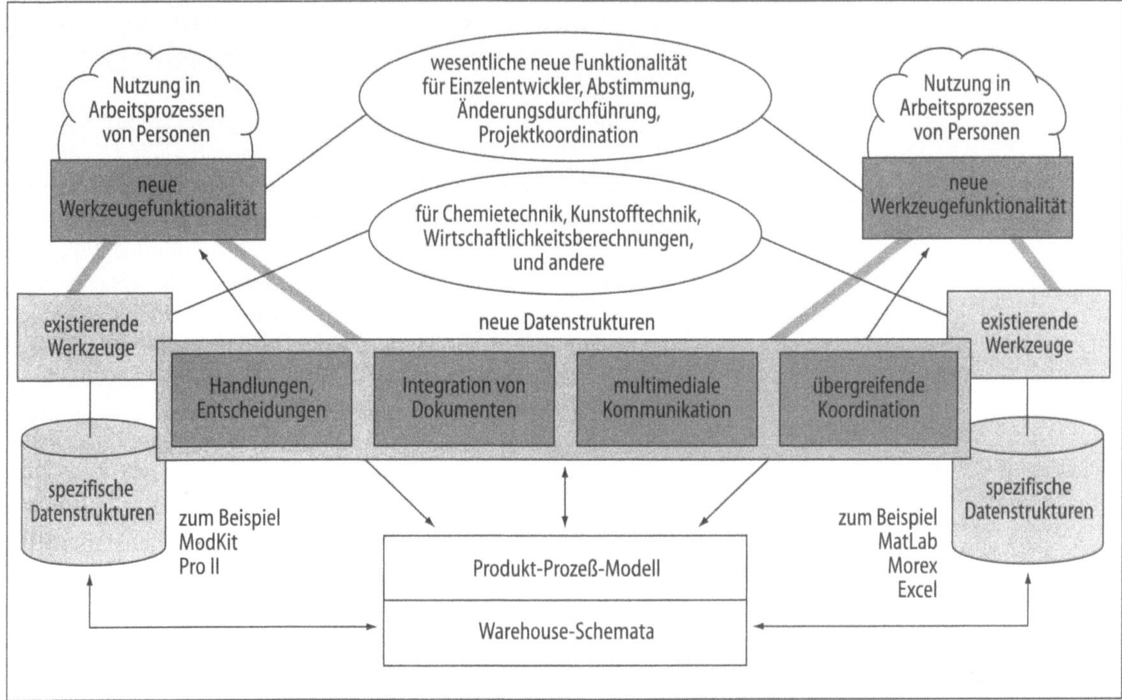

Bild 4 Neuartige informatische Konzepte liefern Integrationsfunktionalität

sche Betrachtungen) sind zu beachten. Hierarchiestrukturen sind wiederzugeben (Gesamtanlage, Teilanlage, Apparat mit ihren diversen Beschreibungen). Verschiedene Betrachtungsebenen sind einzuhalten (Gesamtentwicklungsprozeß, Prozeß eines einzelnen Entwicklers, abgestimmte Werkzeugfunktionalität, interne Gestaltung von Produkten und Werkzeugfunktionen in einer Entwicklungsumgebung, Plattformdienste zur Realisierung von Werkzeugen) sowie die Abbildung zwischen diesen Ebenen. Dem Zusammenhang zwischen Sprachen, Methodiken, Vorgehensweisen und Werkzeugunterstützung ist Rechnung zu tragen. Verschiedene Formen der Wiederverwendung von Produkten und Prozessen müssen verstanden werden. Teilprozesse interagieren miteinander, ihre Produkte sind zu integrieren, wobei die nötige Flexibilität und Freiheit aus Akzeptanzgründen nicht aufgegeben werden darf. Ein sogenanntes Data Warehouse sorgt für die Homogenisierung der unterschiedlichen Datenstrukturen der Werkzeuge. Beide – Prozeß- und Produktmodell sowie Warehouse – bestimmen die Gestalt neuer Datenstrukturen sowie neuer Werkzeugfunktionen. Insgesamt hat sich der SFB somit zum Ziel gesetzt, ein schwieriges Modellierungsproblem zu lösen. Dies muß zumindest teilweise geschehen sein, bevor erweiterte Werkzeugunterstützung angeboten werden kann.

Zur Vermeidung der obengenannten Brüche werden die bestehenden Werkzeuge nach einer Integrationsvorbereitung mit Hilfe von sogenannten Wrappern gezielt um neue Funktionalität erweitert, die die obigen informatischen Konzepte unterstützen. Dadurch wird insgesamt ein integrierter Entwicklungswerkzeugverbund entstehen, der bezüglich der Qualität der Unterstützung des Entwicklungsprozesses einen Quantensprung darstellen soll. Im Idealfall

Werkzeugintegration und Rahmenwerk

sollte für alle Teile aus Entwicklungsprozessen eine angepaßte informatische Unterstützung vorliegen, um so ein Agieren außerhalb des Werkzeugverbundes, etwa über Telefon, zu vermeiden. Der SFB verfolgt nicht den Ansatz, den viele Integrationsprojekte vorher gegangen sind, nämlich die vorhandenen Werkzeuge lediglich zusammenzuschalten. Statt dessen wird neue Integrationsfunktionalität realisiert. Dadurch ergibt sich innerhalb des SFB ein großes Softwareprojekt, an dem alle Partner mit unterschiedlichen Rollen beteiligt sind. Durch diese Integrationsfunktionalität werden die einzelnen gegebenen Werkzeugumgebungen zu kooperativen Arbeitsumgebungen.

Ohne auf technische Details genau einzugehen, halten wir fest, daß nach Klärung des Prozeß- und Produktmodells inbesondere die Realisierungsebenen (Werkzeugfunktionalität, Daten- und Programmstrukturen der Werkzeuge, Plattformdienste) in einen sauberen Bauplan für die Software des Werkzeugverbunds zu überführen sind. Dabei finden sich oberhalb der gegebenen Verteilungsplattformen zwei Projekte des SFB. Das eine entwickelt ein Dienstemodell zur Prozeßinteraktion. Das andere stellt eine allgemeine Datenablage sowie entsprechende Zugriffsmechanismen zur Verfügung. Durch beide Projekte „glätten" wir die zugrundeliegende heterogene Rechner- und Softwaresystemlandschaft nach oben für die Werkzeugentwicklung.

Der hier nur skizzierte integrierte Entwicklungswerkzeugverbund wird allgemeingültig realisiert, um so die Anpassung an verschiedene verfahrenstechnische Szenarien zu gewährleisten und auch die Anwendbarkeit außerhalb der Verfahrenstechnik zu sichern. An Stelle einer einzelfallorientierten Integrationslösung entwickeln wir ein Rahmenwerk für die A-posteriori-Integration. Nach Vorhandensein des Rahmenwerks ergibt sich ein Softwareentwicklungsprozeß mit Wiederverwendung für die Realisierung des Werkzeugverbundes.

Dieser Ansatz führt zu einer Neubewertung, der in der Literatur weit verbreiteten Dimensionen für die Integration (Präsentations-, Kontroll-, Daten- sowie Rahmenwerksintegration). Diese können nicht einzeln betrachtet werden, da sie zusammenspielen müssen, um integrierte Werkzeugfunktionalität zu erzielen. Insbesondere müssen diese Integrationsaspekte und auch die Mechanismen ihres Zusammenspiels über alle Realisierungsebenen betrachtet werden. Nur so besteht die Chance eines allgemeingültigen Rahmenwerks.

Nutzen der Ergebnisse aus verfahrenstechnischer Sicht

Die bestehenden Werkzeuge werden durch hinzugefügte Funktionalität zu kooperativen Entwicklungsumgebungen. Der aus ihnen entstehende Verbund ist weitgehend vollständig bezüglich der im Entwicklungsprozeß benötigten Hilfsmittel, so daß nur selten auf weitere Hilfsmittel außerhalb des Verbunds zurückgegriffen werden muß.

Das wichtigere Ziel einer solchen Erweiterung besteht jedoch darin, die Entwicklungsumgebungen genau auf die durchgeführten Entwicklungsteilprozesse abzustimmen. Die Handlungen werden durch Aufzeichnung durchgeführter Prozesse sowie Vorgaben und Heuristiken unterstützt. Schwierige dokumentübergreifende Abgleichprozesse nutzen Festlegungen von Sprachen und Methodiken der betroffenen Dokumente. In unklaren Problemsituationen wird multimedial abgestimmt und geklärt. Die Koordination der Entwicklungsprozesse ist durch entsprechende Anpassungs- und Reaktivitätsmechanismen erst möglich.

Wichtig für die Unterstützung der verfahrenstechnischen Entwicklung ist insbesondere, daß die oben eingeführten neuen Konzepte synergetisch zusammenwirken können, in dem die neuen Funktionalitäten des Werkzeugverbundes verschränkt genutzt werden. So lassen sich beispielsweise für einen Abgleichsteilprozeß neben der Handlungsunterstützung auch Konsistenzregeln für die zugrundeliegenden Entwicklungsprodukte nutzen. Bei auftretenden Problemen kann kurzzeitig multimedial geklärt werden. Aufgrund der Klärung wird das weitere Vorgehen geregelt und die Zusammenarbeit der Entwickler erneut koordiniert. Jedes andere Konzept hätte ebenso als Ausgangspunkt für diese Erläuterung der Synergie dienen können.

Aus informatischer Sicht ist der Softwareentwicklungsprozeß mit Wiederverwendung zur Erzielung eines integrierten Werkzeugverbunds eine besondere Herausforderung. Dabei spielen verschiedene Arten von Wiederverwendung eine Rolle: Die jeweils aktuelle Plattform wird von außen bezogen. Das offene Rahmenwerk führt Produktwiederverwendung ein, indem dessen Softwarekomponenten direkt genutzt werden können. Das Rahmenwerk enthält bei fortgeschrittener Klärung des Prozeß- und Produktmodells generische Bausteine für allgemein gültige Produkt-Teilmodelle, Mechanismen zur Interaktion von Teilprozessen, Integration von Entwicklungsprodukten sowie Reaktivität aufgrund geänderter technischer und organisatorischer Fakten, die allesamt geeignet parametrisiert und verwendet werden. Daneben kommt auch Prozeßwiederverwendung zur Anwendung. Diese bezieht sich auf die spezifischen Teile der Gesamtumgebung, die nicht zum Rahmenwerk gehören, da sie nicht invariant sind. Anfangs werden methodische aber „manuelle" Realisierungstechniken eingesetzt. In späteren Phasen des SFB werden entsprechende Spezifikationen automatisch in Programmkodes konvertiert.

Ein wissenschaftlich besonders interessanter Aspekt ist auch, daß die Integrationsproblematik sich im Verlaufe des SFB ändern wird. Die gegebenen Entwicklungsumgebungen werden reichhaltiger und genauer auf die Einzelaufgabe abgestimmt sein. Standardisierte Produktmodelle werden ihnen zugrunde liegen, was die Werkzeugintegration erleichtert. Das Szenario weitet sich aber aus, etwa in Richtung Detail Engineering. Infolge dieser Fakten ändert sich auch das Rahmenwerk. Die Abbildungsproblematik verschiebt sich nach oben, weil die genutzten Plattformen reichhaltigere Basisfunktionalität offerieren. Das fortschreitende Prozeß- und Produktmodell führt nicht nur zu einer größeren Homogenität und zu einem größeren Umfang des Rahmenwerks durch generische Komponenten. Auch die mechanisierte Gewinnung der spezifischen Komponenten wird Fortschritte machen. Damit ändert sich insgesamt der Softwareerstellungsprozeß zur Entwicklung eines Werkzeugverbunds.

Am SFB „Informatische Unterstützung übergreifender Entwicklungsprozesse in der Verfahrenstechnik" sind die Lehrstühle für Pro-

Werkzeugverbund durch Entwicklungsprozeß mit Wiederverwendung

Beteiligte Partner

zeßtechnik (Professor Wolfgang Marquardt), Kunststoffverarbeitung (Professor Walter Michaeli), Arbeitswissenschaften (Professor Holger Luczak), Informatik III (Professor Manfred Nagl), Informatik IV (Professor Otto Spaniol) und Informatik V (Professor Matthias Jarke) beteiligt.

Autoren

Prof. Dr.-Ing. Manfred Nagl ist Inhaber des Lehrstuhls für Informatik III. Sein Forschungsschwerpunkt ist Softwaretechnik (Methoden, Werkzeuge und Architekturen) in verschiedenen Anwendungsbereichen.

Prof. Dr.-Ing. Wolfgang Marquardt ist Inhaber des Lehrstuhls für Prozeßtechnik. Sein Forschungsschwerpunkt umfaßt modellgestützte Methoden der Prozeßentwicklung in der Verfahrenstechnik, einschließlich deren Umsetzung in Softwarewerkzeuge.

Literaturhinweise

[1] W. Marquardt und M. Nagl: Tool Integration via Interface Standardization?, 36. DECHEMA-Symposium, Wiley-VCH (Verlag Chemie), 1998, S. 95 bis 126.
[2] M. Nagl und W. Marquardt: SFB IMPROVE: Informatische Unterstützung übergreifender Entwicklungsprozesse in der Verfahrenstechnik, in: GI-Jahrestagung 1997, Informatik aktuell, Hrsg. von M. Jarke et al., Springer-Verlag, 1997, S. 143 bis 154.
[3] M. Nagl und B. Westfechtel: Integration von Entwicklungssystemen in Ingenieuranwendungen, S. 440, Springer-Verlag, 1998.

Energie
Energietechnik
Energiepolitik
Kapitel Vier

Es sind wohl drei Bereiche, die jeweils etwa zu einem Drittel unsere Energieversorgung von morgen tragen werden: Die erneuerbaren Energien (Solarenergie, Wind- und Wasserkraft) verbunden mit Energiespar-Technologien, die Nutzung von fossilen Energieträgern (Kohle, Öl und Erdgas) und die Nutzung nuklearer Energie (Kern- und Fusionsenergie). Dieses energiepolitische Szenario ist in der gesellschaftspolitischen Diskussion nicht unumstritten, insbesondere an der zukünftigen Nutzung der Kernenergie scheiden sich die Geister. Die weitere Nutzung der fossilen Energieträger birgt aufgrund des damit verbundenen Ausstoßes von Kohlendioxid in die Atmosphäre die bekannten Probleme des Treibhaus-Effektes verbunden mit der Gefahr von Klimaveränderungen. Und auch die Annahme, daß zukünftig wenigstens ein Drittel des Energiebedarfs von regenerativen Energien und Energiespar-Technologie aufgebracht werden kann – die Einsparung verglichen mit dem heutigen Stand der Technik –, wird allenthalben stark angezweifelt. Die Energieforschung an der RWTH Aachen wendet sich allen drei Bereichen zu, schwerpunktmäßig allerdings dem Bereich der Energiespar-Technologie. Die Gesichtspunkte der Forschung im Bereich der regenerativen Energie und Energiespar-Technologie sind: effektive Erzeugung und Verteilung elektrischer Energie, Speicherung, rationelle Energieverwendung, Kraft-Wärme-Kopplung, Energiewirtschaft sowie solarthermische und solarbiologische Erzeugung von Wasserstoff. Bei der Nutzung von fossilen Energieträgern lauten die Forschungsziele: Exploration fossiler Energie-Träger und Erhöhung der Wirkungsgrade durch neue Kohlenkraftwerkstechnologien. Die Forschungsanstrengungen zur Nutzung nuklearer Energie fokussieren auf die Sicherheit in Kernkraftwerken und Endlagerung von Brennstoffen.

4 Energie, Energietechnik, Energiepolitik

Solarenergie

Karl-Friedrich Knoche und
Peter Roosen

Photovoltaik an der Hausfassade

Nutzung geringer Energiedichten erfordert hohen Aufwand

Der Energiebedarf der Menschheit kann auf Dauer nicht aus fossilen Energieträgern bereitgestellt werden, da diese unabhängig von der schon begonnenen Kohlendioxid-Diskussion nur in begrenztem Maße zur Verfügung stehen. Eine nachhaltige Energieversorgung ist ausschließlich bei Nutzung der einzigen kontinuierlichen Energiezufuhr zum Planeten Erde möglich: der Sonnenstrahlung oder der sich aus ihr ergebenden Effekte wie etwa Wettervorgänge oder Biomasseproduktion. Um die Solarenergie direkt nutzen zu können, sind besondere technische Anstrengungen erforderlich. Der Grund dafür liegt in der geringen Energiedichte ihrer Strahlung und deren zeitlich und örtlich kaum vorhersagbarer Variabilität. Anhand zweier Beispiele wollen wir im folgenden die Probleme darstellen, die bei einer effektiven Nutzung der Solarenergie zu berücksichtigen sind: zum einen im Hinblick auf die photovoltaische Umwandlung solarer Einstrahlung auf Gebäudefassaden, zum anderen bei der Erzeugung solarer Hochtemperaturprozeßwärme mit Hilfe konzentrierter Direktstrahlung.

Für die Weiterverbreitung der Photovoltaik – einer Energietechnik, die sich mit der direkten Gewinnung elektrischer Energie aus der Sonnenstrahlung befaßt – ist es unerläßlich, deren wirtschaftliche Attraktivität zu verbessern. Werden Photovoltaiksysteme zum Beispiel in Hausfassaden integriert, besteht ein Problem darin, daß Fremdverschattungen, hervorgerufen durch benachbarte Gebäude, Bäume oder Pflanzen, und Eigenverschattung, beispielsweise durch Dachüberhänge und Erker verursacht, zu Leistungseinbußen führen (Bild 1). Eine üblicherweise vorgenommene Serienverschaltung der einzelnen Module zur Spannungserhöhung zu Strängen erweist sich in solchen Fällen als nachteilig, da bereits die Verschattung eines Elements in einem Strang dessen Energiebeitrag zunichte macht. Angesichts eines tages- und jahreszeitlich variierenden Schattenwurfs und der Nebenbedingung, daß eine Änderung der Verschaltung aufgrund der sehr starken Ströme im bestrahlten Zustand nur bei Dunkelheit möglich ist, ergibt sich somit für jede einzelne Fassade eine komplexe Strukturoptimierungsaufgabe (Bild 2). Sie besteht darin, die einzelnen Photovoltaikelemente auf der Fassade derart zu Strängen zusammenzufassen, daß diese im Mittel – über einen mehrmonatigen Zeitraum betrachtet – möglichst gleichzeitig beschattet werden.

Auswertungen unterschiedlicher Verschaltungen der gleichen Photovoltaikelemente an einer gegebenen Fassade zeigten Effektivitätsunterschiede von mehr als 25 Prozent. Ziel unserer Forschungs- und Entwicklungsanstrengungen ist es, diese Unterschiede auszuschöpfen. Dazu wurde im Rahmen der Arbeitsgemeinschaft Solar Nordrhein-Westfalen eine spezialisierte Optimierungssoftware entwickelt.

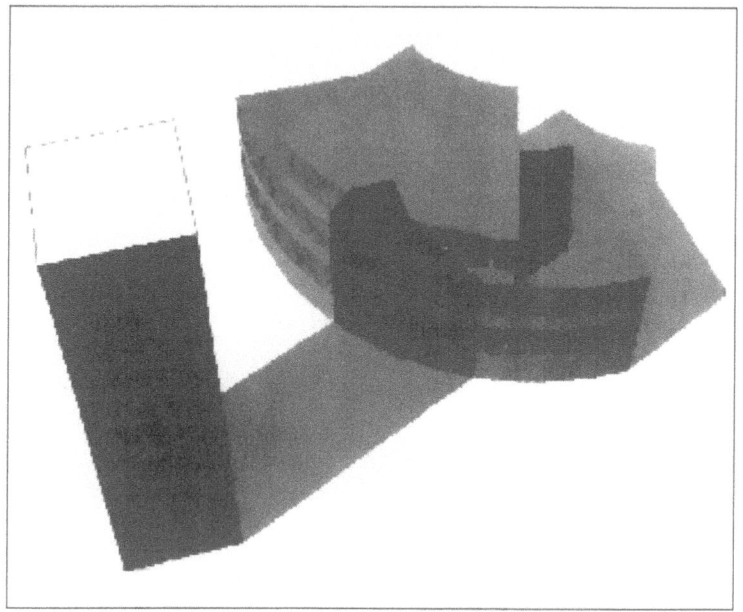

Bild 1 Beispiel eines Schattenwurfs auf eine Photovoltaikfassade durch ein nebenstehendes Gebäude

Eine vollständige Auswertung der möglichen Anordnungen der Photovoltaikmodule ist aufgrund der kombinatorischen Explosion der Anzahl der Verschaltungsvarianten in der Regel nicht möglich. Eine Klasse von Optimierverfahren, mit denen wir bei ähnlichen Fragestellungen gute Erfolge erzielen konnten, ist die der evolutionären Algorithmen. In diesen naturanalogen Verfahren adaptieren wir Entwicklungsparadigmen, die in unserer natürlichen Umgebung gefunden werden, an technische Systeme. Entsprechend dem Vorbild der Natur ist die Grundidee des Vorgehens, eine existierende Photovoltaikverschaltung zufällig zu variieren und dann die veränderte Struktur hinsichtlich ihres Leistungsertrags mit den schon vorhandenen Varianten um die Möglichkeit zur Weitergabe ihrer Konfigurationsdaten konkurrieren zu lassen. Aus einer Gruppe von solchermaßen erzeugten Verschaltungsvarianten ziehen wir daraufhin nur einen kleinen Teil mit guten Zielfunktionswerten zur erneuten Variantenbildung heran.

Die Berechnung des Energie-Outputs erfolgt mit einem ebenfalls im Rahmen der Arbeitsgemeinschaft Solar Nordrhein-Westfalen entwickelten Photovoltaik-Simulationsprogramm. Mit dessen Hilfe läßt sich der energetische Leistungsertrag einer vorgegebenen Verschaltung unter Einbeziehung der stündlichen und örtlichen Einstrahlungs- und Temperaturdaten berechnen. Das Softwaregesamtsystem zur Optimierung von Photovoltaik-Fassadenverschaltungen zeichnet sich also durch seine beiden zentralen Module Optimierer und Simulator aus (Bild 3). Zudem wurde eine auf Internet-Techniken beruhende bedienerfreundliche graphische Benutzerschnittstelle erstellt, die das Programmpaket möglichst vielen Nutzern durch einfache Oberflächenmanipulationen zugänglich macht (Bild 4). Hier kann der Anwender die Randbedingungen künftiger Optimierungsläufe definieren, Optimierungen starten, und hier wird er auch über die Fortschritte der Optimierung informiert.

Bild 2 Auch bei geringeren Energiedichten, etwa durch Teilbeschattung der Solarfassade durch Baumbestand, läßt sich Solarenergie nutzen.

Bild 3 Modularer Aufbau des von uns entwickelten Optimierungssystems PVEPO

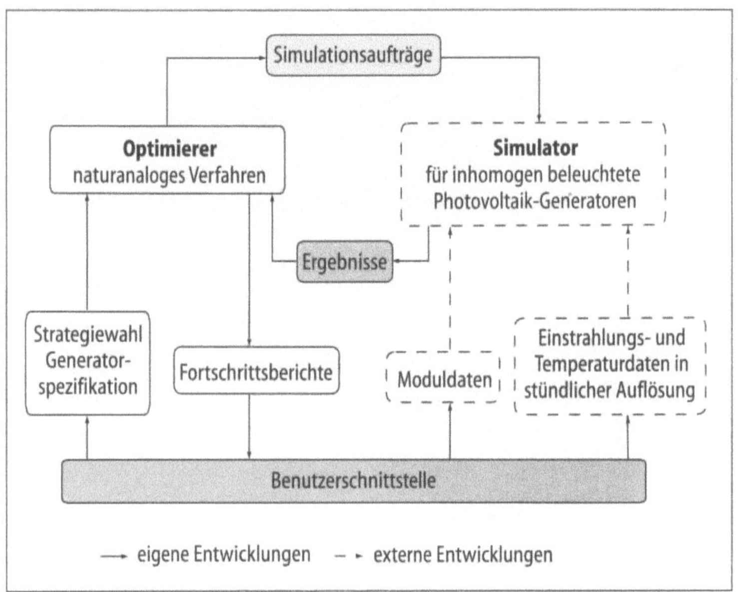

Mit dem entwickelten Optimierungswerkzeug konnten wir das unter Auswahl bestimmter Randbedingungen theoretisch ermittelbare Maximum des energetischen Leistungsertrags immer annähernd erreichen; die Abweichung vom Optimum betrug stets weniger als ein Prozent. Im Ergebnis bedeutet dies, daß mit einer Verschattung, die den variierenden Schattenwürfen angepaßt ist, über 90 Prozent des Potentials einer Photovoltaikanlage ausgeschöpft werden kann. Der damit verbundene Nutzen übersteigt in der Bilanz um eine Größenordnung die Verschlechterung, die damit verbunden ist, daß hierfür zusätzliche Kabelstrecken verlegt werden müssen, die Stromverluste mit sich bringen.

Für den sinnvollen Einsatz der Photovoltaik sind Wirtschaftlichkeitsüberlegungen von entscheidender Bedeutung. Daher ist bei einer Optimierung der Elementeverschaltungen auch zu ermitteln, welche zusätzlichen Kosten mit der erweiterten Infrastruktur (zusätzliche Leitungen, Wechselrichter und auch Schaltsysteme) verbunden sind, denn die energetisch beste Auslegung muß nicht gleichzeitig auch die unter betriebswirtschaftlichen Gesichtspunkten günstigste sein. Leider verfügt der uns vorliegende Simulator derzeit nicht über ökonomische Berechnungsvorschriften, doch läßt der modulare Aufbau des Systems und die Stabilität des eingesetzten Optimierungsmoduls eine solche Erweiterung zu, sobald sie verfügbar wird.

Chemische Speicherung solarer Einstrahlung

Zum Ausgleich von örtlichen und zeitlichen Verschiebungen zwischen Energiebedarf und solarem Angebot sind Speichermedien notwendig, die eine relativ einfache Lagerung und Transportierbarkeit des Energieträgers erlauben. Für eine in ferner Zukunft auf Solarenergie basierende Energieversorgung bietet sich hierfür Wasserstoff an. Es ist technisch möglich, ihn direkt als Kraftstoff im Verkehr oder in Kraftwerken zu nutzen, und auch die Produktion alternativer Flüssigkraftstoffe wie Methanol durch den Einsatz von Wasserstoff ist erprobt. So werden bereits heute Modellkraftwerke mit Wasserstoff befeuert und Kraftfahrzeuge entwickelt, die mit Wasserstoff oder Methanol betrieben werden. Zudem dient Wasserstoff als Grundstoff in der chemischen Industrie. Die Erzeugung solaren Wasserstoffs in großtechnischem Maßstab erscheint heutzutage nur durch den Einsatz der Elektrolyse oder durch thermochemische Prozesse sinnvoll. Während bei der Elektrolyse elektrische Energie als Zwischenschritt bereitgestellt werden muß, kann der Wasserstoff mit Hilfe thermochemischer Prozesse auch durch den direkten Einsatz der Solarstrahlung produziert werden. Über thermochemische Kreisprozesse lassen sich die zur thermischen Wasserspaltung erforderlichen Temperaturen auf ein technisch handhabbares Niveau absenken. Ein thermodynamisch günstiger Prozeß ist der Schwefel-Iod-Prozeß, bei dem über verschiedene Zwischenschritte letztlich Wasser in Wasserstoff und Sauerstoff zerlegt wird.

Der Zwischenschritt der Schwefelsäurespaltung in dieser Reaktionskette erfolgt allerdings erst bei einer Temperatur von etwa 1700 Kelvin, also etwa 1400 Grad Celsius. Die Einkopplung hochkonzentrierter Solarstrahlung zur Bereitstellung dieses Temperaturniveaus ist Gegenstand aktueller Forschungsarbeiten. Vielversprechend erscheint der Versuch, die Zersetzungsreaktion von Schwefelsäure (H_2SO_4) mit Hilfe eines offenen volumetrischen Receivers einer Solarturmanlage zu schaffen (Bild 5).

Die solare Einstrahlung wird hierbei mit Hilfe von zweiachsig der Sonne nachgeführten Spiegeln (Heliostaten) auf den Strahlungsempfänger (Receiver) in der Spitze des Turms fokussiert. Das Sonnenlicht wird auf diese Weise bis zu zweitausendfach konzentriert, und die im Receiver entstehenden Temperaturen lassen die Schwefelsäurespaltung in einem entsprechend ausgelegten Reaktor zu. In der nachfolgenden verfahrenstechnischen Aufbereitung können sodann die Stoffe getrennt und das Schwefeldioxid (SO_2) dem Kreisprozeß wieder zugeführt werden.

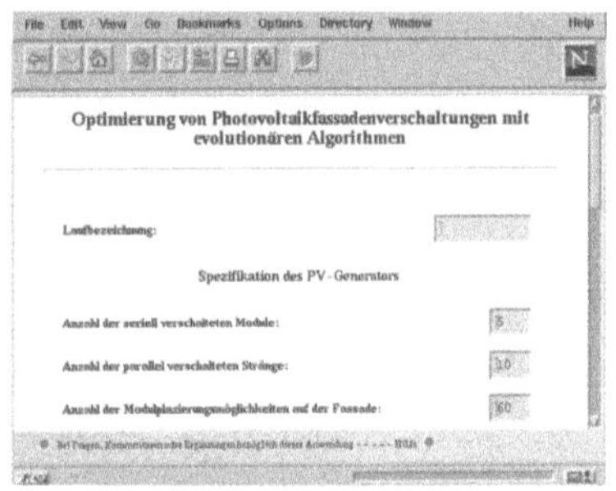

Bild 4 Bildschirmmaske für generatorspezifische Eingaben des Optimierungssystems PVEPO

Bild 5 Schwefel-Iod-Prozeß in einer Solarturmanlage

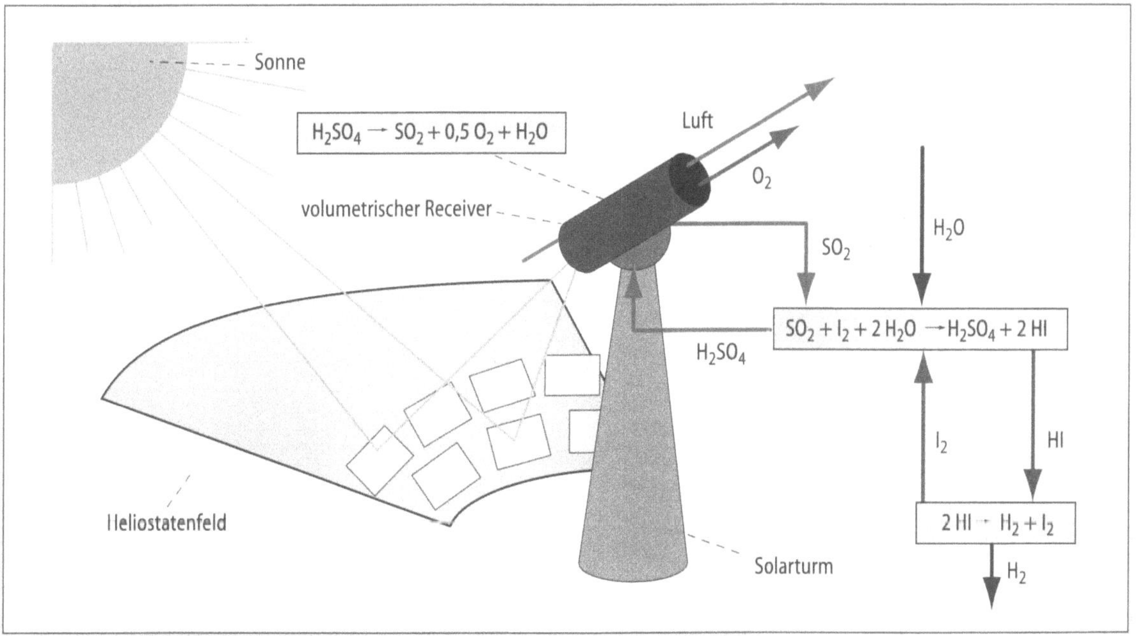

Komplexe Wechselwirkung der ablaufenden Teilprozesse

Bei der Berechnung der Reaktoreigenschaften muß man die komplexen Wechselwirkungen der stattfindenden Teilprozesse berücksichtigen, um eine hinreichende Effizienz des Gesamtprozesses zu erreichen: Zunächst einmal muß die Solarstrahlung den Receiver so weit aufheizen, daß die chemische Reaktion tatsächlich ablaufen kann. Sobald die Reaktion startet, wird dem Medium und damit auch dem Receiver die Reaktionswärme entzogen, so daß diese nicht mehr zur Aufheizung des nachströmenden Materials verfügbar ist. Die Umsetzung des aus Schwefelsäure zunächst entstehenden Schwefeltrioxids zu Schwefeldioxid und die nichtlineare Abhängigkeit der Umsetzungsgeschwindigkeit von der Umgebungstemperatur führt zu Variationen der Temperatur innerhalb des Absorbers. Zudem sollte die Temperatur der Absorberstirnfläche möglichst niedrig liegen, damit Abstrahlverluste minimal bleiben.

Für das in Bild 6 dargestellte, geometrisch einfache Simulationsmodell führen wir entsprechende wärme- und strahlungstechnische Bilanzierungen durch, um das komplexe Verhalten eines offenen volumetrischen Strahlungsabsorbers vorhersagen zu können.

Die hochkonzentrierte Solarstrahlung wird in dem Modell auf die Apertur der keramischen Absorbermatrix innerhalb des Receivers fokussiert. Durch die Apertur des axialsymmetrischen Receivers wird gleichzeitig Umgebungsluft angesaugt, die als Wärmeträgermedium für den Reaktionsprozeß dient. Im vorderen Bereich wird konzentrierte flüssige Schwefelsäure eingedüst, die bis auf die Streuung an den Tropfen für die einfallende Solarstrahlung weitestgehend transparent ist, hingegen langwellige Wärmestrahlung stark absorbiert. Die einfallende gerichtete Solarstrahlung wird zum Teil durch die Schwefelsäuretropfen gestreut und trifft daher sowohl auf die Wandung des Receivers als auch auf die Apertur der Absorbermatrix. Dort wird sie absorbiert und bewirkt eine starke Aufheizung. Durch den Wärmestrahlungsaustausch mit den Wänden wird die Schwefelsäure verdampft und zerfällt zu Schwefeltrioxid und Wasser. Das Gasgemisch aus Luft, Schwefeltrioxid und Wasser tritt dann in die keramische Absorbermatrix ein, die aus einer großen Anzahl von dünnen Kanälen besteht.

Die hier vorherrschenden hohen Wandtemperaturen führen zum einen durch den konvektiven Austausch zwischen den Kanalwandungen und dem Gas-Luft-Gemisch, zum anderen durch den

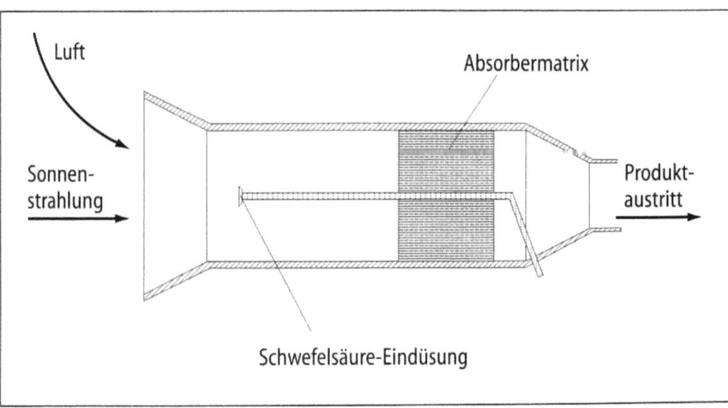

Bild 6 Modell eines volumetrischen Receivers

thermischen Strahlungsaustausch zwischen den Wandungen und den Infrarotstrahlungs-aktiven Molekülen zu einer so starken Aufheizung des Gasstroms, daß bei Temperaturen oberhalb von etwa 1500 Kelvin (rund 1200 Grad Celsius) eine nennenswerte Zersetzung des Schwefeltrioxids in Schwefeldioxid und Sauerstoff einsetzen kann. Aufgrund der niedrigen Reaktionsgeschwindigkeit ist jedoch eine gewisse Verweilzeit der Stoffe in der heißen Umgebung erforderlich.

Die bewußt einfach gehaltene Symmetrie der Simulation erlaubt, die Berechnungen auf je ein exemplarisches Segment des vorderen Bereichs des Receivers und der Kanalstruktur zu beschränken. Hier-

Das Simulationsprogramm

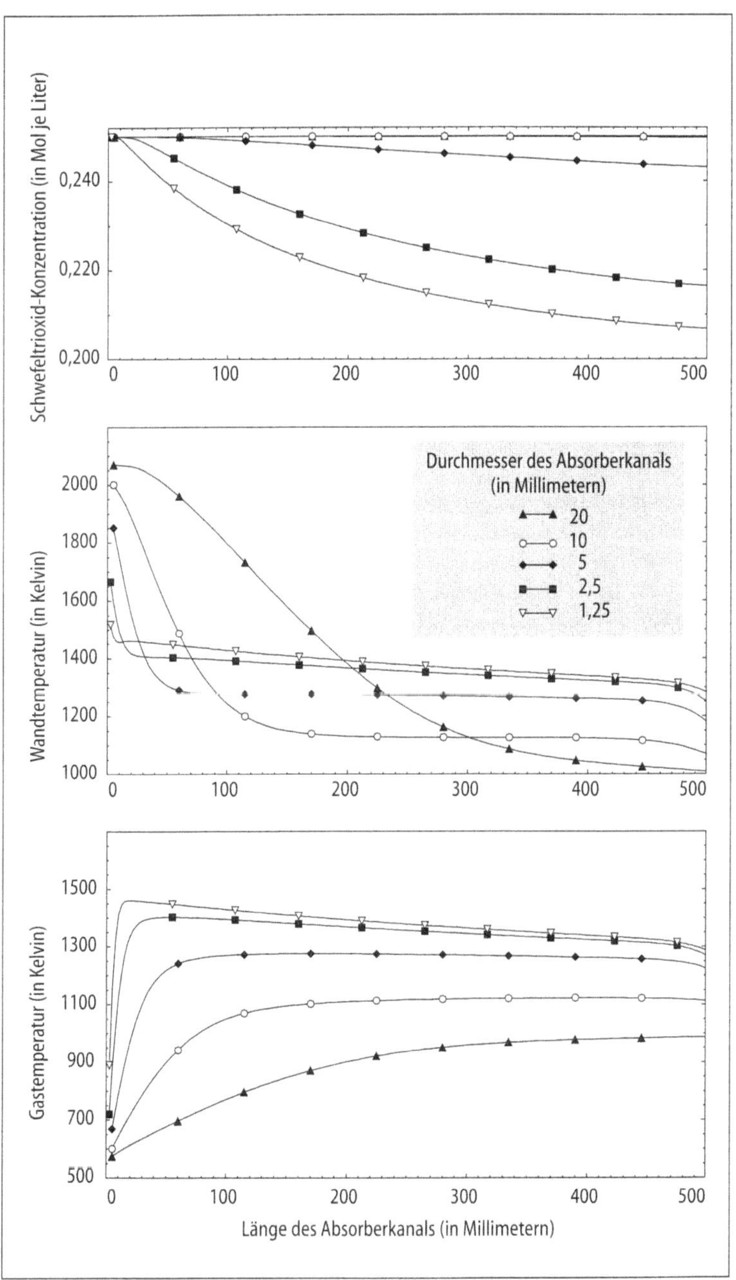

Bild 7 Ergebnisse einer Simulationsrechnung: Schwefeltrioxid Konzentration (oben), Wandtemperatur (Mitte) und Gastemperatur (unten) entlang eines Absorberkanals

zu haben wir ein existierendes Strömungssimulationsprogramm um entsprechende Module erweitert. Die Berücksichtigung der Strahlung erfolgt mit Hilfe der Diskreten-Transfer-Methode, bei der, ausgehend von den Wandungen des Berechnungsgebiets, einzelne Strahlen auf ihrem Weg durch den Receiver verfolgt werden. Mit Hilfe einer Strahlungstransportgleichung können wir die Änderung der Intensität der Strahlung durch Absorption, Emission und – vereinfacht – durch Streuung berechnen und sie als Quellen der Aufheizung den durchquerten Elementen zuordnen. Bei der Berechnung der Absorption und der Emission ist es wichtig, zwischen der einfallenden Solarstrahlung und der sekundären thermischen Strahlung zu unterschieden, da diese sehr unterschiedlich mit den Substanzen und Wänden interagieren.

Die chemische Umsetzung in der Absorberstruktur wird schließlich mittels eines Programmoduls berechnet, wodurch wir Daten sowohl für die Wandung als auch für das Gasgemisch eines repräsentativen Kanals erhalten. Damit ist es uns möglich, die sich einstellenden Verhältnisse wie Temperaturverteilung oder Stoffzusammensetzung mit Hilfe einer Vorausberechnung abzuschätzen und erste Daten für eine technische Auslegung zu gewinnen (Bild 7).

Bei einer Veränderung des Durchmessers der Absorberkanäle ändern sich sowohl die Temperaturverläufe entlang der Kanäle wie auch die Umsetzungsmenge des zu spaltenden Schwefeltrioxids drastisch. Über die Berechnung solcher stationären Zustände hinaus können Voraussagen über das instationäre Verhalten eines solaren Receivers für chemische Umsetzungen, beispielsweise bei kurzzeitigen Verschattungen, getroffen werden, die für die regelungstechnische Auslegung eines praxistauglichen Systems unerläßlich sind.

Autoren   Prof. Dr.-Ing. Karl-Friedrich Knoche ist Leiter des Lehrstuhls für Technische Thermodynamik. Hauptarbeitsgebiete sind die thermodynamische Analyse von Energie- und Stoffumwandlungsprozessen, die Entwicklung von Sorptionswärmepumpen und die Analyse betrieblicher Energieversorgungssysteme.

Dr.-Ing. Peter Roosen ist Oberingenieur am Lehrstuhl für Technische Thermodynamik und arbeitet auf den Gebieten Laserdiagnostik für Verbrennungs- und Strömungsprozesse und Optimierung thermodynamischer Systeme mit naturanalogen Methoden.

Literaturhinweise

[1] F. D. Heidt: Bestandsaufnahmen zur Niedrigenergie- und Solararchitektur, VDI-Fortschrittsberichte, 139, VDI-Verlag, Düsseldorf 1997.
[2] K. Haars und A. Scharl: Auslegung netzgekoppelter PV-Anlagen, Sonnenenergie, 2, 1993, S. 20 bis 22.
[3] Solare Chemie und solare Materialforschung, Hrsg. von M. Becker und K.-H. Funken, Deutsche Forschungsanstalt für Luft- und Raumfahrt e.V. (DLR), C. F. Müller Verlag, 1997.
[4] Solarchemische Technik (Band 1: Grundlagen der Solarchemie, Band 2: Solare Detoxifizierung von Problemabfällen), Hrsg. von M. Becker und K.-H. Funken, Deutsche Forschungsanstalt für Luft- und Raumfahrt e.V. (DLR), Springer Verlag, 1989.

Biowasserstoff durch Sonnenlicht

Michael Modigell und
Norbert Holle

Neue Energiequelle für das nächste Jahrtausend

Die Klimaprobleme wachsen, die Nachfrage nach Energie steigt ständig. Gleichzeitig verringern sich die Rohstoffreserven. Deshalb wird die Versorgung der Menschen mit Energie im kommenden Jahrhundert entscheidende Bedeutung haben. In einem Mix aus verschiedenen regenerativen Verfahren könnten auch biologische Prozesse zur Bereitstellung von Energie eine Rolle spielen, wenn ihre Wirkungsgrade deutlich erhöht werden können. Vor allem die im Laufe der Evolution über Jahrmillionen optimierten Prozesse der Photosynthese könnten eine wichtige Rolle spielen.

Zu Beginn der siebziger Jahre lenkte der Club of Rome, eine internationale Vereinigung, die sich der Diskussion globaler Probleme verschrieben hat, das Augenmerk der Welt auf die Ressourcenverknappung und die Umweltzerstörung. Daraufhin wurde in den achtziger Jahren die Nutzung regenerativer Energien zum zentralen Forschungsthema. Ende der neunziger Jahre nun sind viele Verfahren bereits weitgehend optimiert und anwendungsreif. Einige davon, wie zum Beispiel die Nutzung der Windenergie, haben sich sogar dank entsprechender Rahmenbedingungen in einigen Ländern schon einen merklichen Anteil am Energiemarkt erobert.

Das kommende Jahrhundert wird einen Übergang bringen: Die Energiewirtschaft wird sich von einem Verbund weniger Großkraftwerke, basierend auf fossilen Rohstoffen, hin zu einem Netzwerk regenerativer Energiewandlungsverfahren entwickeln. Angesichts der immer deutlicher zu Tage tretenden Probleme gilt es, den Energiebedarf möglichst vollständig aus regenerativen Quellen und damit letztendlich aus Sonnenenergie zu decken. Zugleich muß der Verbrauch durch effizientere Technologie gesenkt werden. Nur dadurch können die Rohstoffreserven auch über einen Zeitraum von mehreren Jahrhunderten für chemische Zwecke genutzt werden.

Für eine auf regenerativen Quellen beruhende Energiewirtschaft wird ein Energieträger benötigt, der umweltschonend hergestellt und genutzt werden kann. Daneben muß dieser zur kostengünstigen Speicherung großer Energiemengen geeignet sein, um die natürlicherweise auftretenden Schwankungen im Angebot und Bedarf ausgleichen zu können. Da Wasserstoff diese Forderungen erfüllt, werden die Technologien zu seiner Gewinnung eine zunehmende Bedeutung erlangen. Alle bisher entwickelten und technisch ausgereiften regenerativen Verfahren produzieren den Wasserstoff nur indirekt aus Sonnenlicht. Durch Photovoltaik oder Windkonverter erzeugter elektrischer Strom wird zur elektrolytischen Wasserspaltung benutzt. Biogas aus Gärprozessen kann prinzipiell durch Dampfreformierung zu Wasserstoff umgesetzt werden. Daneben gibt es aber auch direkte Verfahren, die entweder auf photoelektrochemischen oder photobiologischen Mechanismen beruhen.

Wasserstoff läßt sich biologisch auf unterschiedlichen Wegen erzeugen. Bei Purpurbakterien, die in vielen natürlichen Gewässern vorkommen, ist die Fähigkeit zur Wasserstoffproduktion vor allem auf das Enzym Nitrogenase zurückzuführen. Dieses sorgt im Normalfall für eine ausreichende Versorgung des entsprechenden Organismus mit Ammonium. Hierzu bindet es freien Stickstoff mit Hilfe von Adenosintriphosphat (ATP), dem universellen Energieträger in biologischen Systemen. Das erforderliche ATP wird durch eine sogenannte anoxygene Photosynthese produziert. Diese unterscheidet sich von der oxygenen Photosynthese des grünen Blattfarbstoffes in Pflanzen durch die fehlende Sauerstoffproduktion und dadurch, daß kein Kohlendioxid verwertet werden kann.

Sobald das Enzym jedoch nicht mehr ausreichend mit Stickstoff versorgt wird, sucht der Organismus nach einem anderen Weg, die durch die anoxygene Photosynthese zugeführte Energie zu nutzen und abzuführen. Wegen der Ähnlichkeit der Reaktionen bietet sich die Synthese von Wasserstoff aus Protonen als Ersatzstoffwechsel an (Bild 1). Als Protonendonatoren kommen organische Säuren in Frage, wie zum Beispiel Milchsäure (Lactat). Neben der Abfuhr von Energie ist ein weiteres Ziel der Wasserstoffproduktion der Schutz des Enzyms. Da Sauerstoff die Aktivität der Nitrogenase behindert, stellt eine reduzierende, also zum Beispiel wasserstoffreiche Umgebung eine Art chemische Schutzmauer dar.

Dieser vom Organismus als Notlösung gedachte Stoffwechsel wird bei der biologischen Wasserstoffproduktion gezielt herbeigeführt. Das geschieht vor allem durch Vorgabe eines bestimmten Kohlenstoff-Stickstoff-Verhältnisses im Medium, wobei der Stickstoff limitiert ist. Daneben müssen die Lebensbedingungen der Purpurbakterien berücksichtigt werden. Hierzu gehört eine Temperatur im Bereich zwischen 15 und 45 Grad Celsius, eine ausreichende Licht-

Bild 1 Schematische Darstellung des Enzymmechanismus [1]

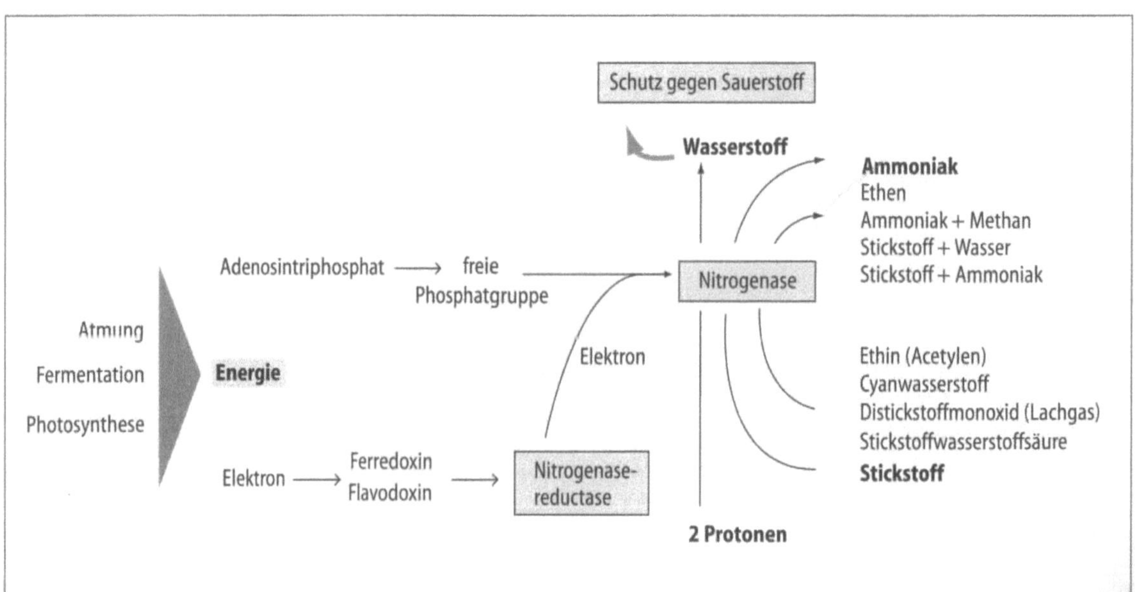

versorgung, ein pH-Wert um 6,8 und eine geeignete Nährstoffkonzentration.

Insgesamt werden also bei dieser anoxygenen Photoproduktion organische Verbindungen und Wasser zu Wasserstoff und Kohlendioxid umgesetzt. Der Gehalt des produzierten Wasserstoffes an nutzbarer Energie ist bei einer idealen Umsetzung allerdings nur etwa genau so groß wie der des eingesetzten Nährstoffes (Substrats). Das Sonnenlicht kann bei diesem Stoffwechsel nur als Antrieb für die Umwandlung genutzt werden. Der Prozeß ist dennoch sinnvoll, weil Energie in einem flüssigen, aber nicht brennbaren Medium gespeichert nur sehr schwer, in Form von Wasserstoff aber sehr gut nutzbar ist. Das Substrat kann jedoch nur ein Abfall- oder Reststoff sein, da die Wertschöpfung bei der Wasserstoffgewinnung nicht sehr hoch ist und deshalb kein für eine höherwertige Nutzung geeigneter Nährstoff eingesetzt werden sollte.

Neben diesem Weg läßt sich Wasserstoff auch ohne Licht durch gärende Bakterien erzeugen. Allerdings können beispielsweise für Glukose nur rund 33 Prozent der in Form von Nährstoffen eingesetzten Energie als Wasserstoff erhalten werden. Dies hängt damit zusammen, daß die für den Stoffwechsel erforderliche Energie nicht aus Sonnenlicht, sondern ebenfalls aus der Substratenergie gewonnen wird. Im Vergleich hierzu werden bei der Methangärung (Biogasproduktion) deutlich mehr, nämlich etwa 85 Prozent der Substratenergie in Form von Methan nutzbar gemacht.

Langfristiges Entwicklungsziel ist allerdings die sogenannte Biophotolyse, bei der Wasser in Wasserstoff und Sauerstoff gespalten wird. In diesem Fall werden nur Einsatzstoffe benötigt, die in der Natur reichlich vorhanden sind: Wasser und Sonnenlicht. Organismen, die diesen Stoffwechsel durchführen, sind zum Beispiel Cyanobakterien. Diese enthalten zwei Zellbestandteile, von denen der eine Sauerstoff und organische Substanzen produziert und der andere diese Substanzen zu Wasserstoff und Kohlendioxid spaltet. Beide Prozesse werden durch eingestrahltes Licht angetrieben. Problematisch ist hierbei die gleichzeitige Entstehung von Wasserstoff und Sauerstoff. Prinzipiell ist es aber auch möglich, beide Prozesse räumlich getrennt mit unterschiedlichen Organismen ablaufen zu lassen. Die Produktion von Sauerstoff und organischen Verbindungen ist ein bei Algen üblicher Stoffwechsel, während die Spaltung in Wasserstoff und Kohlendioxid der oben beschriebenen Wasserstoffproduktion durch Purpurbakterien entspricht.

Wenn es gelingt, die Biophotolyse mit akzeptablen Wirkungsgraden technisch zu realisieren, könnte dieser Prozeß in Konkurrenz zu anderen Wasserstofftechnologien treten. Dies gilt um so mehr für zellfreie Systeme, da diese gegenüber lebenden Bakterienkulturen besser auf hohe Produktionsraten und Stabilität hin optimiert werden können. Auf dem gesamten Gebiet der biologischen Grundlagen, insbesondere der Enzymaktivitäten, besteht aber noch erheblicher Forschungsbedarf. Deshalb ist die Hoffnung berechtigt, daß mit entsprechender Kenntnis durch eine gezielte Beeinflussung der Stoffwechselvorgänge in der Zelle die momentan niedrige Effizienz bezogen auf die Sonneneinstrahlung erhöht werden kann. Wie oben

Wasserstofferzeugung mit Bakterien

erwähnt, wurde zwar durch die Natur der Photosyntheseapparat der Zellen optimiert, nicht aber die Eignung zur Wasserstoffproduktion, da diese keine essentielle Bedeutung für die Organismen hat.

Theoretisch ist ein Wirkungsgrad von 15 Prozent möglich

Derzeit erreichte solare Wirkungsgrade liegen für die Photoproduktion aus Biomasse im Labor bei etwa zwei Prozent. Bei der Berechnung dieses Wertes wird der Energieinhalt des Wasserstoffs nur auf die Strahlungsenergie bezogen, da das Substrat ein Abfallstoff sein muß und dessen Energiegehalt damit unberücksichtigt bleiben kann. Theoretisch, das heißt von der biologischen Reaktion her, könnten für die biologische Wasserstoffproduktion Werte um 15 Prozent erzielt werden. Das bedeutet, daß die eingestrahlten Photonen besser für eine ansonsten gleich ablaufende Umsetzung genutzt werden können. Für die Anwendung folgt daraus eine Reduzierung der Apparategröße beziehungsweise der Einstrahlungsfläche bei gleichem Substrateinsatz. Verglichen mit Gesamtwirkungsgraden von maximal etwa zehn Prozent bei der Kombination Photovoltaik/ Elektrolyse heißt dies, daß der Prozeß zur Zeit noch nicht wirtschaftlich ist, aber durchaus großes Potential für langfristige Entwicklungen beinhaltet.

Im Rahmen eines breit angelegten Forschungsprogrammes mit Förderung durch das Bundesforschungsministerium wurde eine Studie zu den Chancen und Risiken der biologischen Wasserstoffgewinnung durchgeführt. Darin kommen die Autoren zu dem Schluß, daß zum gegenwärtigen Zeitpunkt noch keine eindeutige Aussage möglich ist, welche der verschiedenen Verfahren zur regenerativen Wasserstoffproduktion langfristig die besten Aussichten besitzen [2].

Konzeptentwicklung für einen Solarreaktor

Um die biologische Wasserstoffproduktion etablieren zu können, ist neben der Erforschung der biologischen Grundlagen auch eine Untersuchung der technischen Umsetzung erforderlich [3]. Hier setzt das am Institut für Verfahrenstechnik der RWTH angesiedelte Projekt an. Basierend auf den biologischen Erkenntnissen über die Produktionsbedingungen wird ein Konzept für einen Solarreaktor entwickelt, mit dem eine stabile und kostengünstige Wasserstoffproduktion möglich erscheint.

Auch bei denkbaren solaren Wirkungsgraden um zehn Prozent kommt wegen des großen Flächenbedarfes nur einfachste Verfahrenstechnik in Frage. Andererseits müssen Leitungen und sonstige Aggregate gasdicht sein. Wegen der hohen Flüchtigkeit von Wasserstoff bedeutet dies einen erheblichen Aufwand. Außerdem sind Sicherheitsbestimmungen im Umgang mit Wasserstoff einzuhalten.

Weitere Bedingungen werden durch die biologischen Anforderungen gestellt. Diese hängen von dem gewählten Mechanismus ab. Da die Photoproduktion aus Biomasse von den verschiedenen Verfahren zur biologischen Wasserstoffgewinnung derzeit am besten untersucht und einfach zu handhaben ist, wird an diesem Beispiel die technische Machbarkeit getestet. Für die Untersuchungen wird der Bakterienstamm *Rhodospirillum rubrum* eingesetzt. Um schon im frühen Stadium Verhältnisse zu erzielen, die möglichst realitätsnah sind, wird als Substrat Molkepermeat, ein Reststoff aus der Milchindustrie, gewählt. Mit Literaturdaten und durch eigene Laborversuche konnten wir die Eignung dieses Stoffes nachweisen.

Wichtig bei der Konzipierung eines Apparates ist zum einen die Einhaltung des von den Bakterien tolerierten Temperaturbereiches, üblicherweise zwischen 15 und 45 Grad Celsius, und zum anderen eine möglichst gleichmäßige Versorgung aller Bakterien mit der optimalen Lichtmenge. Besonders letzteres ist wegen der tageszeitlichen und witterungsabhängigen Schwankungen der Sonneneinstrahlung nur sehr begrenzt möglich. Trotzdem läßt sich ein gewisser Ausgleich erreichen.

Eine gleichmäßige Lichtversorgung ist prinzipiell nur bei flachen Behältern gewährleistet, da die Trübung der Bakteriensuspension die Intensität mit zunehmender Eindringtiefe verringert. Gleichzeitig ist eine direkte Ausrichtung dieser Flachreaktoren nach Süden zur Sonne nicht geeignet, da auf diese Weise zumindest zeitweise die Ultraviolett(UV)-Bestrahlung der Bakterien zu hoch ist. Dies kann dazu führen, daß das Photosynthesesystem der Zellen irreversibel geschädigt und damit die Produktion verringert wird. Hinzu kommt eine übermäßige Erwärmung bei dieser Form der Anordnung.

Deshalb haben wir ein Konzept entwickelt, bei dem aus Folienmaterial gefertigte transparente Beutel mit einer Höhe von etwa einem Meter, einer Länge von drei Metern und einer Dicke von rund drei Zentimetern nebeneinander aufgehängt werden. Die einzelnen Module lassen sich durch Kleben oder Schweißen sehr leicht und kostengünstig produzieren. Die Behälterdicke wird durch senkrechte Nähte in bestimmten Abständen eingestellt. Die einzelnen Reaktormodule haben einen Abstand von 20 bis 30 Zentimetern. Ihre Flächen lassen sich nach Osten und Westen ausrichten. Dadurch kann auch bei relativ hohen Außentemperaturen von rund 30 Grad Celsius die Reaktortemperatur ohne Kühlung unter der kritischen Grenze von 45 Grad Celsius gehalten werden. Die solare Einstrahlung, die gegen Mittag am intensivsten ist und gleichzeitig den größten UV-Anteil enthält, wird auf diese Weise relativ gleichmäßig über den Tag verteilt. Die langwellige Strahlung, die vor allem in den frühen und späten Tagesstunden auftritt, kann durch diese Anordnung am besten von den Bakterien genutzt werden. In diesem Wellenlängenspektrum findet der größte Teil der Strahlungsabsorption für den Stoffwechsel der Purpurbakterien statt.

Mit einem ähnlichen Konzept, bei dem die Module zwar wie oben beschrieben angeordnet, jedoch aus Plexiglas gefertigt waren, sind bereits Freilandversuche durchgeführt worden. Die hier verwendeten Module haben eine Länge von einem Meter und sind zur Verbesserung der Strömung als Schlaufen ausgeführt (Bild 2). Dabei konnten die Anforderungen bezüglich Temperatur und Lichteinstrahlung erfüllt werden. Die Produktionsraten mit Lactat als Substrat erreichten etwa zehn Liter pro Tag und Modul. Der Wasserstoffanteil des Produktgases lag bei 90 Prozent, der Rest bestand im wesentlichen aus Kohlendioxid.

Um insgesamt ein wirtschaftliches Verfahren zu erzielen, müssen neben den Apparatekosten auch die Betriebskosten minimiert werden. Dies ist nur bei einem weitestgehend automatischen Betrieb möglich. Das bedeutet unter anderem, daß der Reaktor kontinuierlich durchströmt werden muß und nicht in regelmäßigen Abständen

Erste Freilandversuche

Bild 2 Versuchsreaktor in Plexiglas-
ausführung

neu befüllt werden kann. Die Bakterienkultur erneuert sich in diesem Fall bei Vorliegen entsprechender Bedingungen durch Nutzung
der abgestorbenen Bakterienmasse sowie der zugeführten Nährstoffe selbst.

Ein kontinuierlicher Betrieb ist durch Verschaltung der einzelnen
Module realisierbar. Die hierdurch entstehende Strömung in den
Reaktoren kann gleichzeitig genutzt werden, um die auf den Boden
absinkenden Bakterien wieder in Suspension zu bringen. Dadurch
wird verhindert, daß diese Organismen von der Lichtversorgung
abgeschnitten werden und sie die Wasserstoffproduktion einstellen.
Die Vermischung im Apparat wird zudem durch die aufsteigenden
Wasserstoffblasen und die thermische Konvektion aufgrund des
Temperaturunterschiedes zwischen dem unteren und oberen Teil
des Behälters verbessert (Bild 3). Verglichen mit anderen regenerativen Verfahren zur Wasserstoffgewinnung bleiben mit diesem Konzept die Apparatekosten sehr niedrig, wenn gleichzeitig der solare
Wirkungsgrad verbessert werden kann. Kombiniert mit einer Vor-
behandlung von Abfallstoffen wäre der Prozeß konkurrenzfähig. Für

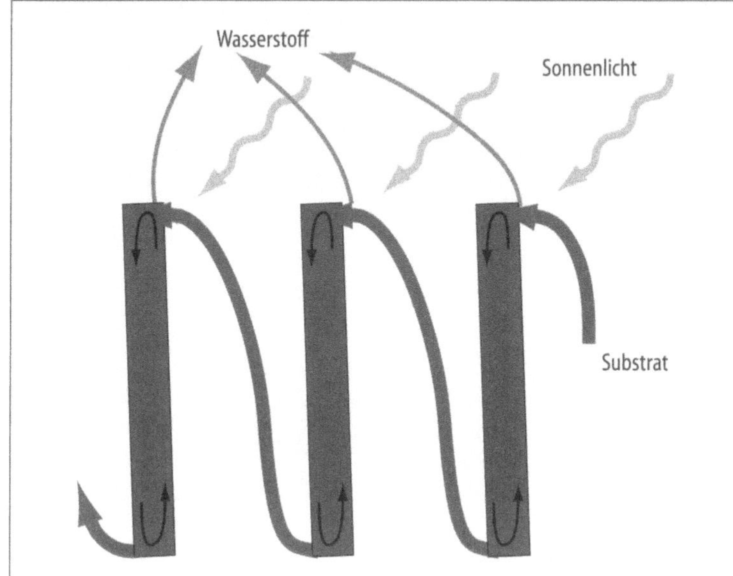

Bild 3 Verschaltung der Reaktormodule bei kontinuierlicher Betriebsweise

einen breiteren Einsatz wäre allerdings eine Unabhängigkeit von der Substratquelle notwendig. Dies erscheint langfristig in Form der oben angesprochenen Biophotolyse realisierbar. Da bei einer Unterteilung des Prozesses in einen anoxygenen Bakterien- und einen oxygenen Algenprozeß der erste dem Purpurbakterienprozeß entspricht, kann das hier vorgestellte Apparatekonzept auch für diesen Prozeß eingesetzt werden. Aber auch für den Algenprozeß eignet sich das Konzept, da auch dieser phototroph und im gleichen Temperaturbereich abläuft.

Mögliche Einsatzgebiete sind für alle photobiologischen Verfahren zunächst einmal Länder mit einer gleichmäßigen Sonneneinstrahlung. Um den Prozeß nicht im Winter unterbrechen zu müssen, sollte die Temperatur nicht für längere Perioden unter zehn Grad Celsius fallen. Das bedeutet, daß nur Länder mit Mittelmeerklima für eine wirtschaftliche Anwendung in Frage kommen. Da es jedoch schwierig sein dürfte, in diesen Ländern die Reaktortemperatur auf 45 Grad Celsius zu begrenzen, bietet sich neben der apparativen Temperaturlimitierung die Verwendung von thermophilen Bakterien an, wie sie bereits von anderen Forschergruppen untersucht worden sind [4].

Bei Einsatz der anoxygenen Photosynthese ist neben den klimatischen Voraussetzungen die Verfügbarkeit einer Substratquelle entscheidend. Aus den durchgeführten Versuchen sowie aus Literaturdaten ergibt sich, daß Molke ein sehr gut geeigneter Nährstoff ist. Möglich ist jedoch auch der Einsatz von zucker- oder zellulosehaltigen Abwässern. Da der Transport dieser Substanzen über weite Strecken wirtschaftlich und auch energetisch nicht sinnvoll erscheint, ist eine mögliche Option für die Anwendung des Verfahrens die Versorgung von abgelegenen Kleinbetrieben mit landwirtschaftlichen oder allgemein organischen Abwässern. Als Beispiel können hier Molkereien oder Zuckerrohrfabriken dienen. Bei einer Gesamtanlage ist neben der eigentlichen Wasserstoffproduktion auch die Speicherung

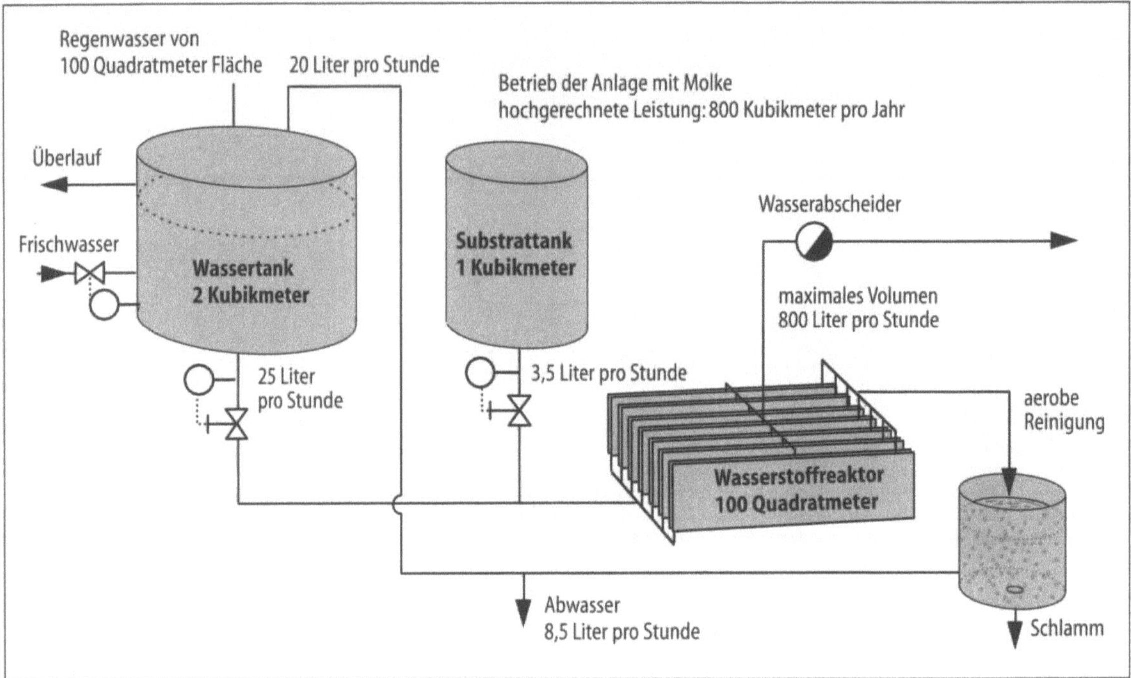

Bild 4 Konzept für eine Gesamtanlage

des Wasserstoffes sowie die Aufbereitung des anfallenden Abwassers zu planen (Bild 4).

Die Biophotolyse ist dagegen deutlich breiter einsetzbar, da in diesem Fall die Abhängigkeit von organischen Substraten entfällt. Für dieses Verfahren sind vor allem entsprechende Nutzungsflächen sowie geeignete klimatische Voraussetzungen bedeutsam. Bei der Beurteilung der Rolle, die ein solches Verfahren innerhalb einer zukünftigen Energielandschaft spielen kann, ist man zur Zeit noch auf Spekulationen angewiesen. Es ist mit den gegenwärtigen Kenntnissen nicht möglich, genauere Aussagen über tatsächlich im technischen System zu erreichende Wirkungsgrade zu machen. Eine Abschätzung des möglichen Potentials zeigt aber, daß bei Erreichen entsprechender Fortschritte der Biologie diese Form der Wasserstoffgewinnung konkurrenzfähig zu anderen regenerativen Verfahren sein kann.

Autoren

Prof. Dr.-Ing. Michael Modigell forscht und lehrt am Institut für Verfahrenstechnik.

Dipl.-Ing. Norbert Holle ist wissenschaftlicher Assistent am Institut für Verfahrenstechnik.

Literaturhinweise

[1] H. G. Schlegel: Allgemeine Mikrobiologie, 7. Auflage, Thieme Verlag, Stuttgart 1992.
[2] T. Reiß und B. Hüsing: Biologische Wasserstoffgewinnung, Verlag TÜV Rheinland, Köln 1993.
[3] K. Sasikala, Ch. V. Ramana und P. Raghuveer Rao: Anoxygenic Phototrophic Bacteria: Physiology and Advances in Hydrogen Production

Technology, in: Advances in Applied Microbiology, Hrsg. von S. Neidleman und A. I. Laskin, 38, Academic Press, New York 1993, S. 211 bis 295.

[4] S. P. Singh, S. C. Srivastava und K. D. Pandey: Hydrogen Production by Rhodopseudomonas at the Expense of Vegetable Starch, Sugarcane Juice and Whey, International Journal of Hydrogen Energy, 19, 1994, Nr. 5, S. 437 bis 440.

Kurt Kugeler und Zeynel Alkan

Forschungen für eine zukunftsfähige Kerntechnik

Wie Sicherheit gewährleistet werden kann

Auch in Zukunft wird die Kernenergie entsprechend den Erwartungen in der Energiewirtschaft weltweit in steigendem Umfang genutzt werden. Dazu sind jedoch einige strenge Anforderungen besonders in den Bereichen Sicherheit und Entsorgung zu erfüllen: Begrenzung des Schadens bei extremen Störereignissen, Minimierung der Emissionen im Betrieb, des gesamten Abfallvolumens und des Anteils langlebiger radioaktiver Stoffe sowie Verhinderung des Spaltstoffmißbrauchs. Besonders im Hinblick auf extreme Störereignisse schreibt das Deutsche Atomgesetz für zukünftige Kernkraftwerke vor, daß der Schaden auf die Anlage selbst beschränkt sein müsse. Unter dem Gesichtspunkt der Akzeptanz sind vor allem bei der Entsorgung und bei der Verhinderung des Spaltstoffmißbrauchs zukünftig überzeugende Lösungen unerläßlich.

Radioaktive Spaltprodukte in der Reaktoranlage zurückzuhalten gelingt besonders wirksam und zuverlässig, wenn die Brennelemente bei allen Störereignissen intakt bleiben. Auf diese Weise verbleiben die Spaltprodukte am Entstehungsort. Bei entsprechend ausgelegten und gestalteten Hochtemperaturreaktoren (HTR) ist diese Sicherheitseigenschaft erfüllt. Bild 1 zeigt das Konzept dieses Reaktortyps. Die Brennelemente enthalten mehrfach keramisch mit Kohlenstoff und Siliziumkarbid beschichtete Uranoxid-Brennstoffkerne (UO_2) mit einem Durchmesser von 0,5 Millimetern, die in einer Graphitmatrix der Brennelementkugeln, die sechs Zentimeter groß sind, eingebettet sind. Bis zu einer maximalen Temperatur von 1600 Grad Celsius halten diese Brennelemente auch über mehrere 100 Stunden die Spaltprodukte fast vollständig in den Brennstoffteilchen zurück. Die Brennelemente können in Zukunft durch äußere Siliziumkarbidschichten gegen den Angriff von Luft und Dampf, der bei Störfällen denkbar wäre, geschützt werden.

Der Kern des Reaktors, das Reaktorcore, besteht aus einer statistischen Schüttung sehr vieler derartiger Brennelemente und wird mit Hilfe von durchströmendem Helium unter Druck gekühlt. Abschaltung und Regelung der nuklearen Kettenreaktion erfolgen mit Absorberelementen, die nur im Graphitreflektor, der das Core umgibt, bewegt werden. Der gesamte Reaktor ist in einem berstsicheren Reaktordruckbehälter untergebracht, der unzulässige Kräfte auf Coreeinbauten unmöglich macht, beispielsweise die Krafteinwirkung bei der Druckentlastung des Primärsystems. Ein derartiger Reaktor mit einer thermischen Leistung von 200 bis 300 Megawatt kann sowohl mit Dampfturbinenprozessen als auch mit Gasturbinen- oder Kombiprozessen (GuD) gekoppelt werden. Somit sind Wirkungsgrade der Energiewandlung von 40 bis 50 Prozent möglich.

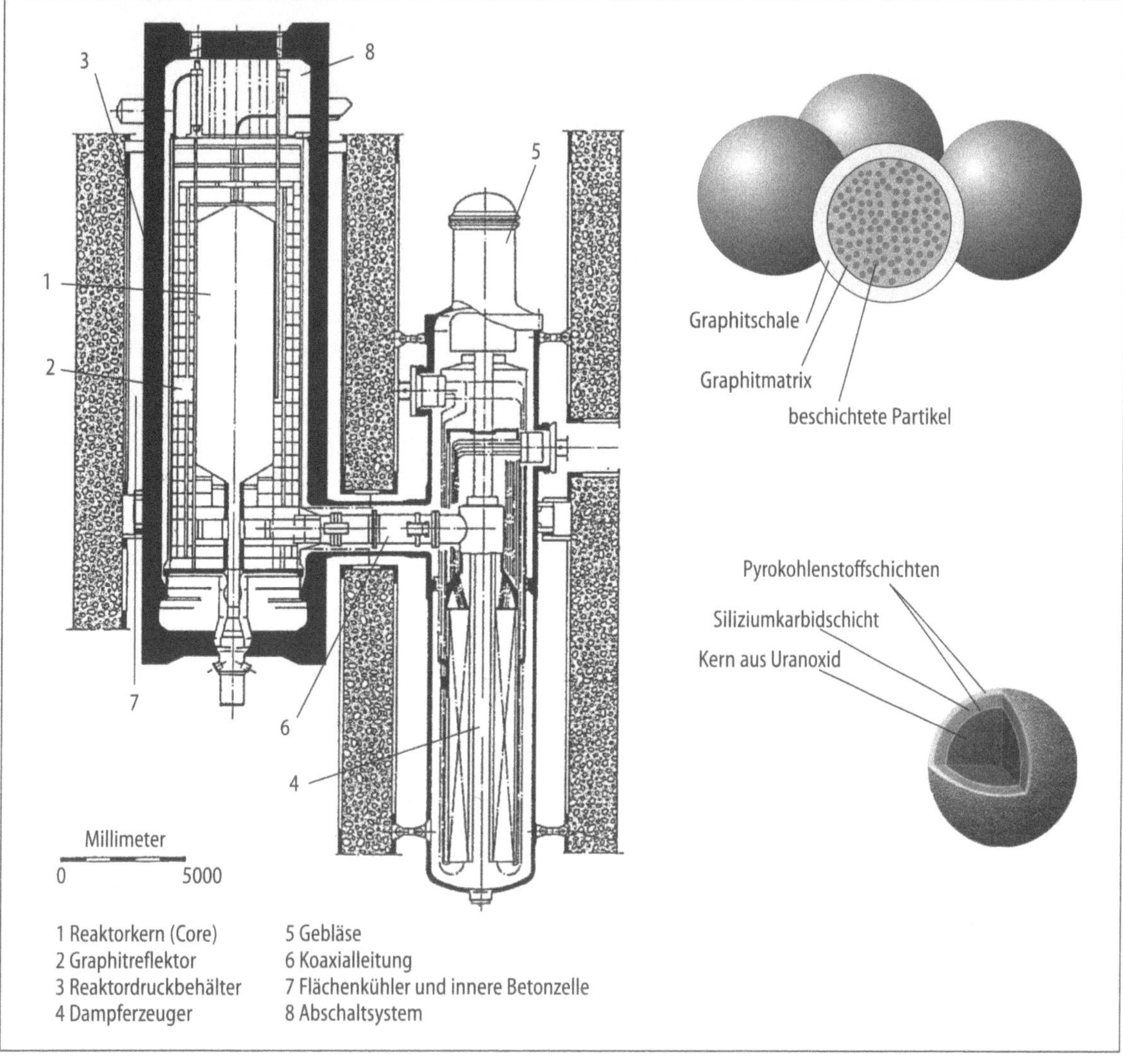

Die Ableitung der sogenannten Nachwärme, bei heutigen Reaktoren äußerst wichtig für die Reaktorsicherheit, erfolgt beim Hochtemperaturreaktor bei Störfällen selbsttätig. Die Wärme wird aus dem Core nur durch Prozesse der Wärmeleitung, Wärmestrahlung und der freien Konvektion abgeführt, ohne daß dabei Brennelemente eine höhere Temperatur als 1600 Grad Celsius erreichen.

Bisher durchgeführte Störfallanalysen, die auch von sehr extremen Annahmen – wie das gleichzeitige Auftreten eines vollständigen Kühlmittelverlustes, den Ausfall aller aktiven Kühlsysteme und ein Austreiben aller Abschaltstäbe – ausgingen, zeigen, daß bei dem erwähnten Reaktorkonzept die Spaltprodukte in den Brennelementen zurückgehalten werden. Ein derartiges Reaktorkonzept kann offenbar die Anforderung erfüllen, die radiologischen Schäden auf die Reaktoranlage zu beschränken.

Dabei müssen vier sogenannte Stabilitätsprinzipien nachgewiesen werden. Bei der nuklearen Stabilität tritt eine selbsttätig wirkende Begrenzung der nuklearen Leistung und der Brennelementtem-

Bild 1 Schema eines Kugelhaufen-Hochtemperaturreaktors (links). Die Brennelemente dieses Reaktortyps sind Kugeln mit einem Durchmesser von sechs Zentimetern. Die äußere Graphitschale dieser Kugeln umgibt eine Graphitmatrix, in der sich 0,5 Millimeter kleine, mit Siliziumkarbid beschichtete Partikel, die Uranoxid-Brennstoffkerne, befinden (rechts oben). Der Aufbau der Brennstoffkerne ist rechts unten dargestellt. Zwei Pyrokohlenstoffschichten umgeben eine Siliziumkarbidschicht. Im Inneren dieser Dreifachbeschichtung befindet sich der Kern aus Uranoxid.

peraturen bei allen Reaktivitätsstörungen ein. Stets negative Reaktivitätskoeffizienten (Abschaltung der Kettenreaktion durch inhärente Mechanismen, etwa bei Steigerung der Brennstofftemperatur), hohes Wärmespeichervermögen im Kern sowie der alleinige Einsatz von hoch temperaturstabilen keramischen Materialien im Kernbereich machen dieses Verhalten möglich. Ganz wesentlich in diesem Zusammenhang ist auch, daß der Betrieb derartiger Reaktoren praktisch ohne Spaltstoffüberschuß erfolgt, der normalerweise bei anderen Reaktortypen zur Abbrandkompensation vorhanden sein muß. Erreicht wird dies beim Kugelhaufen-Hochtemperaturreaktor durch kontinuierliche Beladung und Entladung mit Brennelementen.

Bei der thermischen Stabilität ist die selbsttätig wirkende Abfuhr der Nachwärme aus dem Core allein durch Wärmeleitung, Wärmestrahlung und freie Konvektion wesentlich. Niedrige Kernleistungsdichte, hohes Wärmespeichervermögen des Kerns und kurze Wärmetransportwege ermöglichen es, Reaktorkerne beispielsweise für eine thermische Leistung von 200 Megawatt mit Temperaturbegrenzung auf kurzzeitig auftretende Werte von 1600 Grad Celsius auszulegen (Bild 2).

Um chemische Stabilität zu erreichen, sind zwei verschiedene Wege gangbar, den Reaktor gegen starke Einwirkungen von Fremdmedien wie Luft und Dampf bei Störfällen zu schützen. Gegen extreme Lufteinbruchsstörfälle schützt eine vollständige Integration des gesamten Primärkreises in einem berstsicheren Druckbehältersystem. Oder man verwendet mit Siliziumkarbid beschichtete Brennelementkugeln, die sich auch über lange Zeiträume als korrosionsgeschützt gegen Luftangriff erwiesen haben. Auch um starke Korrosion durch Dampf bei Störfällen zu verhindern, ist eine Siliziumkarbid-Beschichtung wirksam. Vermieden wird dieser Störfall generell durch die Kombination des Hochtemperaturreaktors mit Gasturbinenprozessen.

Bild 2 Temperaturverlauf der Coreachse, des Corerands und des Druckbehälters eines Hochtemperaturreaktors mit einer thermischen Leistung von 200 Megawatt bei einem angenommenen Störfall mit vollständigem Kühlmittelverlust und gleichzeitigem Ausfall jeglicher aktiver Kühlung. Kurzzeitig steigt die Temperatur in allen Bereichen an, am stärksten in der Coreachse, wobei allerdings Temperaturen von 1600 Grad Celsius nicht überschritten werden. Die Nachwärme wird durch Wärmeleitung, Wärmestrahlung und freie Konvektion abgeführt.

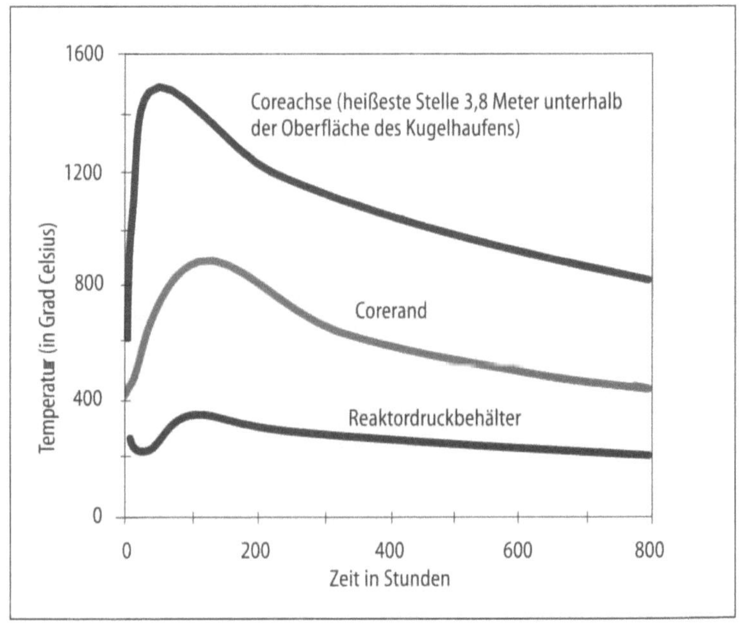

Schließlich ist mechanische Stabilität zu realisieren: Alternativ zu basissicheren Reaktordruckbehältern, nach der gängigen Genehmigungspraxis als berstsicher angesehen, können vorgespannte Reaktordruckbehälter zum Einsatz kommen, bei denen keine katastrophalen Rißentwicklungen möglich sind. Durch eine hochredundante Verspannung durch axiale und radiale Kabel wird stets ein Druckspannungszustand in den Behälterwandungen erzeugt. Risse können folglich nicht wachsen. Ein derartiges Behälterkonzept stellt sicher, daß weder die Geometrie noch die Zusammensetzung des Cores bei Druckentlastungsstörfällen in unzulässiger Weise geändert werden können.

Nach allen bisher durchgeführten Analysen sind keine Störereignisse aus inneren oder absehbaren äußeren Ursachen – wie Gaswolkenexplosion, Erdbeben oder Flugzeugabsturz – erkennbar, die das Konzept einer maximalen Störfalltemperatur von 1600 Grad Celsius und damit die Rückhaltung der Spaltprodukte in den Brennelementen in Frage stellen könnten.

Katastrophale Störfälle sind bei diesem Reaktorkonzept nicht denkbar

Das für den Hochtemperaturreaktor aus den Forschungs- und Entwicklungsarbeiten ableitbare Ergebnis läßt sich im übrigen auch für Kugelhaufenreaktoren gewinnen, die mit Schwerwasser anstelle von Helium gekühlt werden. Hier läßt sich dann bei gleichem Sicherheitsverhalten eine thermische Leistung von 500 Megawatt pro Einheit erreichen. Insgesamt betrachtet ist es möglich, in Zukunft Kernkraftwerke zu bauen, bei denen keine großen Schäden außerhalb der Anlage auftreten können. Reaktoren mit diesem Sicherheitsverhalten waren und sind Gegenstand der Forschung hier an der RWTH. Es werden hierzu theoretische und experimentelle Arbeiten durchgeführt.

Auch die sichere Entsorgung der verbrauchten Brennelemente wird geklärt werden müssen. Sowohl bei der Kernspaltung als auch beim Aufbau höherer Isotope oberhalb des Urans durch Neutroneneinfang entstehen einige Isotope mit sehr großen Halbwertszeiten; bei der Beurteilung von Endlagern ist dies ein Problem. Bei den Spaltprodukten sind es einige wenige spezielle Isotope (Zirconium-93, Technetium-99, Jod-129, Cäsium-135), die insgesamt einen Anteil von etwa einem Hunderttausendstel an der gesamten Spaltproduktaktivität haben, sowie einige Transurane (Neptunium-237, Plutonium-239, Plutonium-240, Plutonium-242, Americium-243, Curium-244), die mit einer Rate von etwa zehn Kilogramm pro Tonne Uran im Betrieb etwa bei Leichtwasserreaktoren erzeugt werden. Die Aktivität aller übrigen Spaltprodukte ist nach rund 1000 Jahren fast vollständig abgeklungen. Daß geologische Endlager die oben genannten Isotope über sehr lange Zeiträume (eine Million Jahre) sicher zurückhalten können, ist naturgemäß nicht nachweisbar. Daher streben bisherige Endlagerkonzepte an zu zeigen, daß selbst bei Freisetzung dieser Stoffe aus dem Endlager die zusätzliche radioaktive Belastung der Menschen sehr klein sein würde im Vergleich zur ohnehin vorhandenen natürlichen Belastung.

Will man sich von derartigen Überlegungen, die in der öffentlichen Diskussion sehr strittig sind, verabschieden, muß man versuchen, die radioaktiven Reststoffe bei der Kernenergienutzung auf ein Minimum zu reduzieren und damit eine neue Form der Entsorgung zu finden.

Radioaktive Reststoffe lassen sich zum einen minimieren, indem man die vorhandenen Plutoniummengen aus zivilen und militärischen Quellen verringert, zum anderen, indem man die Abschlußzeit des radioaktiven Abfalls verkürzt, also die notwendige Zeit, in der diese Reststoffe unbedingt von der Biosphäre abgekapselt werden müssen. Die heute favorisierte Variante der direkten Endlagerung abgebrannter Brennelemente führt zu einer Akkumulation des Plutoniums in den Endlagern und damit zu Plutoniumminen. Der Zeitraum, in dem jemand Plutonium-239 mißbräuchlich nutzen könnte, ist sehr groß, denn die Halbwertszeit dieses Isotops beträgt 24.400 Jahre. Langfristig gefährdend sind vor allem die Elemente Plutonium, Americium und Curium, die zur chemischen Gruppe der Aktiniden gehören; die erforderlichen Abschlußzeiten des radioaktiven Abfalls von der Biosphäre beträgt etwa eine Million Jahre. Eine Abtrennung der genannten Elemente und deren Umwandlung (Transmutation) ließen eine Verkürzung der Zeiträume auf rund 1000 Jahre bis zum Erreichen des natürlichen Vergleichsniveaus, beispielsweise der Toxizität des entsprechenden Natururans, erwarten. Während dieses Zeitraums können technische Barrieren die radioaktiven Stoffe von der Biosphäre abkapseln. Danach übernimmt dann das geologische Umfeld den Einschluß des noch verbliebenen sehr geringen Restes an langlebigen Isotopen, dessen radioaktives Gefährdungspotential dann unter dem Niveau einer Uranerzlagerstätte läge (Bild 3). Wenn es gelingt, Transurane oder Aktiniden weitgehend abzutrennen und durch einen kernphysikalischen Prozeß zu vernichten, besteht das Problem Endlager nur noch darin, verläßliche Barrieren für etwa 1000 Jahre zu schaffen.

Folgende Verfahrensweise ist denkbar (Bild 4): Unter Einsatz von elektrischer Energie werden Protonen auf eine Energie von rund 1,5 Gigaelektronenvolt beschleunigt und auf ein Target, beispielsweise Blei, geschossen. Durch Spallationsprozesse (Kernreaktionen, bei denen der von energiereichen Teilchen getroffene Kern zerstört wird) entstehen hier bis zu etwa 30 Neutronen pro Proton. Diese Neutronen werden in einem umgebenden Blanket, der sogenannten Brutzone des Reaktors, zur Umwandlung langlebiger Aktiniden eingesetzt. Thorium kann hier in Uran-233 überführt und damit neuer Spaltstoff gewonnen werden. Die Abfallstoffe des Spallationsprozesses und die radioaktiven Reste aus dem Betrieb der Kraftwerksreaktoren werden in einer Wiederaufarbeitungsanlage zunächst in Spaltprodukte, Spaltstoffe und Aktiniden getrennt. Die Aktiniden werden in einer nachgeschalteten Trennanlage (Partitioning) möglichst weitgehend abgesondert und dem Blanket zugeführt. Die beim Gesamtprozeß entstehende Wärme kann nach Auskopplung aus dem Blanket über einen Flüssigmetallkreislauf, beispielsweise flüssiges Blei, genutzt werden, um elektrische Energie zu erzeugen. Ein Teil davon wird zur Beschleunigung der Protonen benötigt, ein weiterer Teil wird als Produkt der Anlage abgegeben. Insgesamt kann der gesamte Prozeß dazu dienen, langlebige Isotope zu vernichten, neuen Spaltstoff zu erbrüten und netto elektrische Energie zu erzeugen.

Verfahrensschritte einer Transmutation

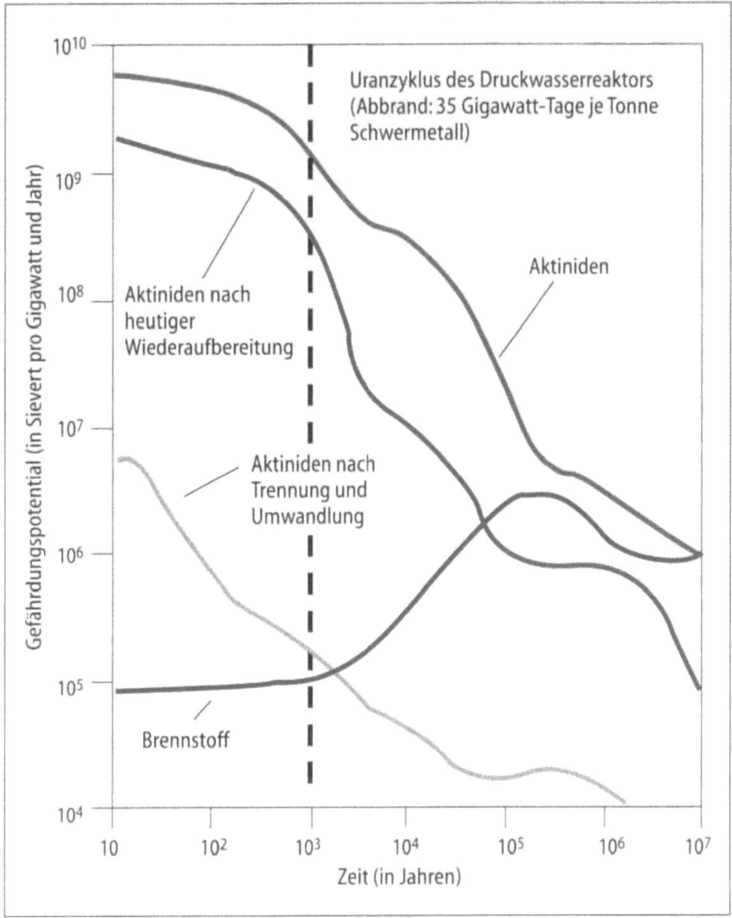

Bild 3 Zeitlicher Verlauf des Gefährdungspotentials durch radioaktive Abfälle. Die rote Linie zeigt den natürlichen Verlauf der Aktiniden, zu denen unter anderem Uran, Plutonium, Americium, Thorium und Curium gehören. Die blaue Linie stellt das Gefährdungspotential der Aktiniden nach der heutigen Wiederaufarbeitung dar. Deutlich niedriger liegt dagegen das Gefährdungspotential der Aktiniden nach ihrer Trennung und Umwandlung (orange Linie). Im Vergleich zu den Aktiniden steigt das Gefährdungspotential des Brennstoffes mit der Zeit an (grüne Linie).

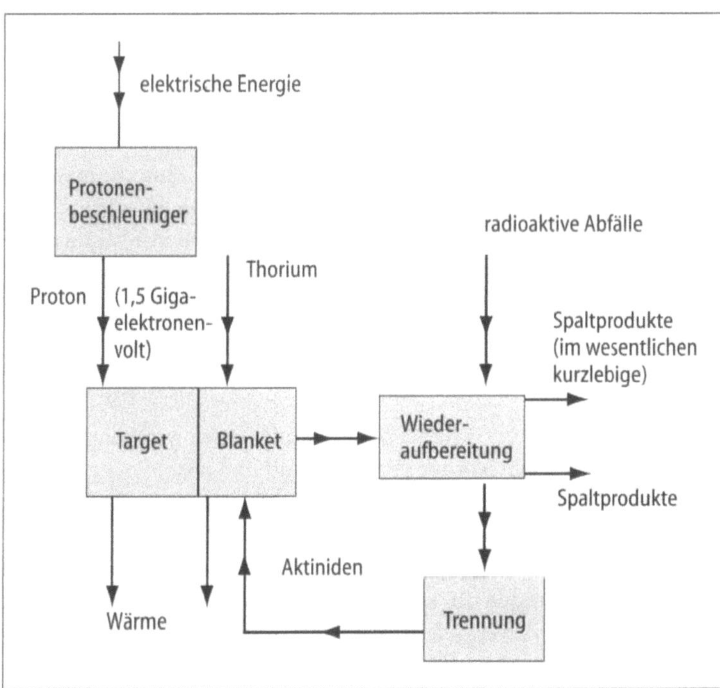

Bild 4 Hier schematisch dargestellt der Umwandlungsprozeß langlebiger radioaktiver Abfälle

An Konzepten für beschleunigerbetriebene Systeme wird weltweit gearbeitet, wobei die wichtigsten Bauelemente des Verfahrens vorhanden sind. Bisherige Arbeiten auf dem Gebiet der Abtrennchemie zeigen bereits ermutigende Ergebnisse. Wir erwarten, daß die Abtrennverluste für Plutonium, Americium und Curium ausreichend stark reduziert werden können. Für das hier beschriebene Gesamtkonzept der Transmutation werden auch am Lehrstuhl für Reaktorsicherheit und -technik in Zusammenarbeit mit dem Institut für Sicherheitsforschung und Reaktortechnik des Forschungszentrums Jülich schon seit vielen Jahren umfangreiche Forschungsarbeiten zur Physik, Technik und Sicherheitstechnik durchgeführt. Es ist zu erwarten, daß das hier beschriebene Verfahren in Zukunft sehr stark an Bedeutung gewinnen wird.

Das Problem der Proliferation von Spaltstoffen

Ein weiteres Problem ist die mögliche Herstellung von Atomwaffen. Die Proliferation von Spaltstoffen und damit ein eventueller Mißbrauch durch Staaten oder Terrorgruppen sind politisch äußerst brisant. Abkommen zu strengen internationalen Kontrollen der Spaltstoffflüsse sollen eine Weiterverbreitung verhindern. Mit der Abrüstung, also der Verschrottung großer Mengen atomarer Sprengköpfe, und durch den Ausbau der Kernenergie sind weltweit erhebliche Mengen an Plutonium entstanden. Für nukleare Sprengsätze werden rund vier Kilogramm höchstangereichertes Plutonium-239 benötigt. Heute existieren rund 220 Tonnen waffentaugliches Plutonium aus der militärischen Produktion, beispielsweise in den USA und Rußland, sowie etwa 200 Tonnen Plutonium aus zivilen Wiederaufarbeitungsanlagen. Aus dem Betrieb der kommerziellen Leichtwasserreaktoren stammen jährlich in der Welt weitere 80 Tonnen Plutonium. Auch aus deutschen Kernkraftwerken gibt es bereits 50 Tonnen Plutonium in abgebrannten Brennelementen, und jedes Jahr kommen weitere vier Tonnen hinzu. Wir sehen eine dringende Aufgabe darin, Plutonium möglichst schnell und weitestgehend zu zerstören, damit es nicht waffentauglich ist und aus der Biosphäre ferngehalten wird.

In der sogenannten MOX-Technik (Mischoxid-Brennelemente aus Plutoniumoxid und Uranoxid zum Einsatz in Leichtwasserreaktoren) werden etwa 40 Prozent der spaltbaren Plutoniumisotope abgebaut, wodurch eine gewisse Entwertung erreicht wird. Ergänzend dazu ist es möglich, das Plutonium in speziellen Reaktoren bis auf geringe Restgehalte in den Brennelementen umzuwandeln. So kann in Hochtemperaturreaktoren mit Thoriumeinsatz Plutonium-239, sowohl militärisches als auch solches aus der Wiederaufarbeitung, um einen Faktor zehn stärker im Vergleich zu MOX-Elementen reduziert werden.

Bei Einführung der Wiederaufarbeitung, einer wirksamen Trennung der langlebigen Isotope (Partitioning) und anschließender Umwandlung (Transmutation) wird in Zukunft sogar ein Reduktionsfaktor von 50 für Plutonium-239 verglichen zu MOX-Brennelementen erreichbar sein. Eine Endlagerung der dann noch vorhandenen sehr geringen Restmengen in speziellen Matrizes und Abfallgebinden halten Experten für vergleichsweise unproblematisch. Bei den Reaktoren, die für eine derartige starke Plutoniumbeseitigung in Frage kommen, ist höchste Sicherheit erforderlich. Vornehmlich müssen hier Systeme eingesetzt werden, die inhärent sicher sind. Besondere Bedeutung dürften hier in Zukunft Reaktoren haben, die auch bei extremen Störereignissen Kernschmelzen ausschließen. Insgesamt erscheint es möglich, mehrere Optimierungsziele wie eine effiziente Plutoniumvernichtung, hohe inhärente Sicherheit, Flexibilität des Brennstoffzyklus wie die Nutzung großer Thoriumvorräte und Minimierung der radioaktiven Abfälle gleichzeitig zu verfolgen.

Es gilt, das Sicherheitsverhalten bei zukünftigen Kernkraftwerken nachzuweisen – am überzeugendsten am realen Reaktor durch Simulation extremer Störereignisse. Wenn die Transmutation insgesamt im Vergleich zur direkten Endlagerung abgebrannter Brennelemente sicherheitstechnische Vorteile aufweisen sollte, was durch vergleichende umfassende Systemanalysen zu beurteilen sein wird, sind hierfür umfangreiche Forschungs- und Entwicklungsarbeiten notwendig. Diese reichen bis hin zum Bau und Betrieb von Prototypanlagen für die weitestgehende Abtrennung und anschließende Transmutation von sehr langlebigen Spaltprodukten und Aktiniden. Die Lösung des weltweiten Proliferationsproblems erfordert eine baldige Entwertung und Umwandlung, am besten Spaltung, des aus dem militärischen Bereich und aus der zivilen Wiederaufarbeitung vorhandenen Plutoniums. Die Aufgaben im Bereich der Kerntechnik werden zur Erfüllung der genannten Anforderungen in Zukunft eher zunehmen. Notwendig ist daher eine zielgerichtete und hochwertige Ausbildung einer ausreichenden Anzahl junger Leute in den relevanten Gebieten, im speziellen in Reaktorphysik, Reaktortechnik, Sicherheitstechnik, Materialtechnik, Reaktor- und Radiochemie, Strahlenschutz und Radioökologie, Entsorgungs- und Systemtechnik. Die RWTH hat in den vergangenen Jahrzehnten auf diesen Gebieten und zur Ausbildung in diesen Disziplinen wichtige Beiträge geleistet, und es ist zu hoffen, daß dies im notwendigen Umfang auch in Zukunft so sein wird.

Autoren

Prof. Dr.-Ing. Kurt Kugeler ist Inhaber des Lehrstuhls für Reaktorsicherheit und -technik der RWTH Aachen und Direktor am Institut für Sicherheitsforschung und Reaktortechnik des Forschungszentrums Jülich.

Dr.-Ing. Zeynel Alkan ist Oberingenieur am Lehrstuhl für Reaktorsicherheit und -technik.

Beide Wissenschaftler forschen auf den Gebieten der Sicherheit bei Kernreaktoren und im Brennstoffkreislauf, der Entwicklung von innovativen Reaktorkonzepten und der Entsorgung radioaktiver Abfälle.

Kohle, Erdöl und Erdgas

Ralf Littke und Janos Urai

Aufsuchung und Gewinnung fossiler Primärenergieträger

Fossile Primärenergieträger stellen heute etwa 85 Prozent der Weltenergieversorgung, während nur etwa 15 Prozent auf nukleare Energie, Wasserkraft und andere Energieträger entfallen. Nach allen neueren Studien zur Entwicklung der Weltenergienachfrage ist mit einem globalen Wachstum im kommenden Jahrhundert zu rechnen (Bild 1). Zumindest für das erste Quartal erwarten die meisten Experten, daß Erdöl, Erdgas und Kohle überwiegend dieses Wachstum auffangen werden, da andere kostengünstige Energieträger noch nicht in ausreichendem Maße entwickelt sind.

Insbesondere die Vorräte von Erdöl und Erdgas sind auf der Erde ungleichmäßig verteilt (Bild 2); beispielsweise konzentrieren sich etwa 75 Prozent der konventionellen Erdölvorräte in den wenigen OPEC-Ländern, über die Hälfte auf nur vier Länder (Saudi-Arabien, Iran, Irak, Kuwait). Neue Erdöl- und Erdgasvorräte werden ständig erschlossen, jedoch ist die jeweilige mittlere Feldgröße abnehmend,

Bild 1 Bisheriger und voraussichtlicher Energiebedarf der Weltbevölkerung

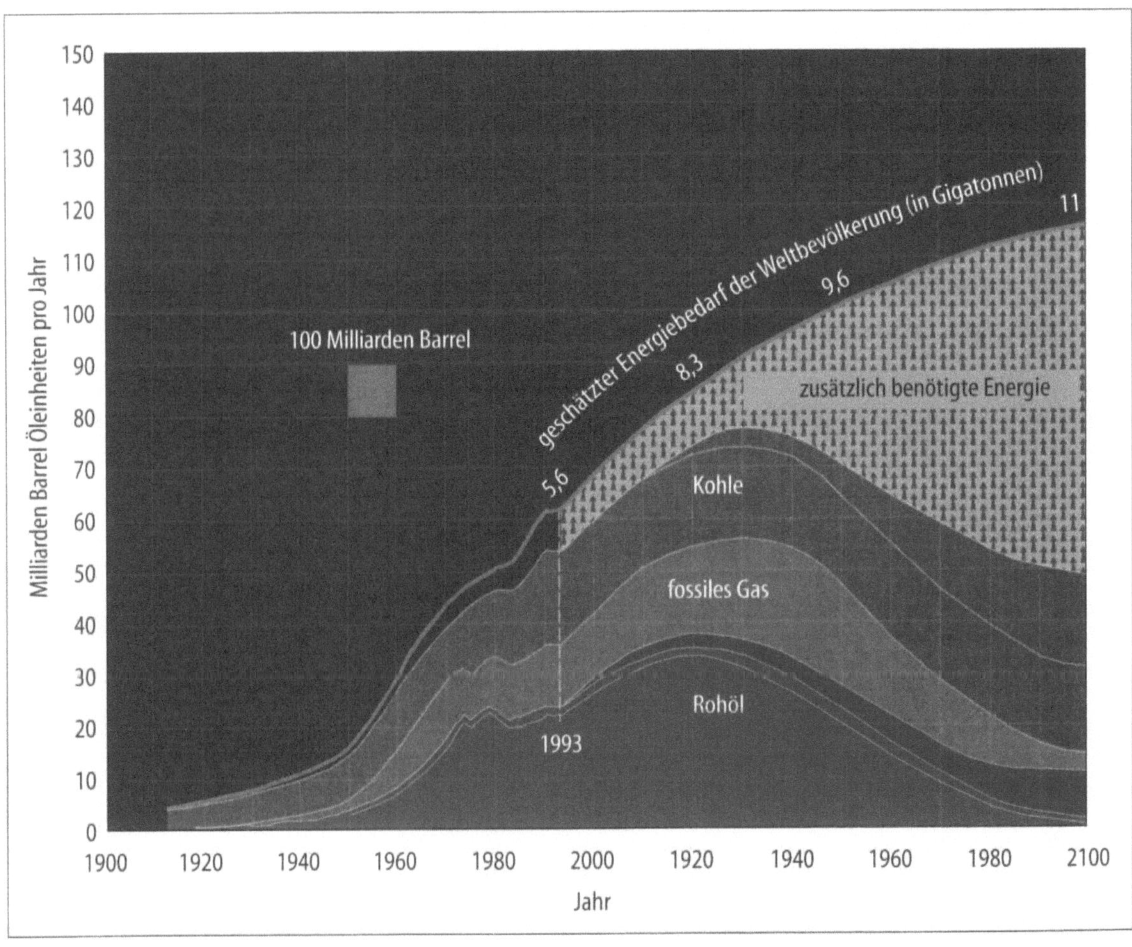

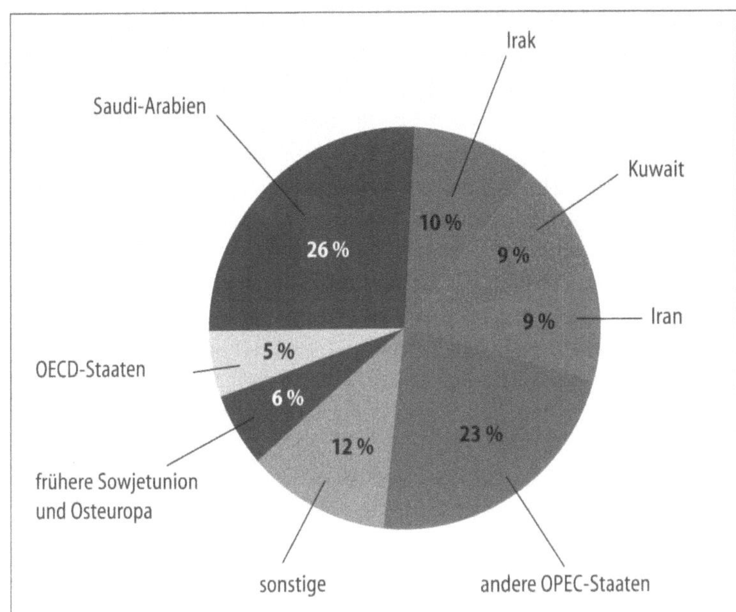

Bild 2 Die Erdölreserven betrugen im Jahr 1994 rund eine Billion Barrel und verteilten sich auf wenige Länder.

und die Explorations- und Produktionskosten steigen – auch durch die Erschließung von Feldern im Tiefseebereich, in hohen geographischen Breiten und in großer Teufe.

Dem gegenüber steht die relativ erfolgreiche Exploration der letzten 20 Jahre, die nicht zuletzt noch von der Erdölkrise Mitte der siebziger Jahre und den folgenden großen Forschungsanstrengungen profitierte. Hierbei sind die Vorräte trotz der zunehmenden Produktion in einigen Ländern gewachsen; jedoch ist ein Ende des Wachstums unvermeidlich, so daß langfristig mit steigenden Kosten für Erdöl und Erdgas zu rechnen ist. In der jüngeren Vergangenheit hat der technologische Fortschritt Exploration und Produktion stark angetrieben: verbesserte Seismik (3-D-Auflösung des Untergrundes), Horizontalbohrtechnik, numerische Simulationstechniken und Visualisierungen sowohl im Lagerstätten- als auch im Sedimentbecken-Maßstab und verbesserte Lagerstättenausbeute durch den Einsatz neuer Technologien. Weiterhin spielen technologische Entwicklungen in Richtung einer umweltschonenden Nutzung fossiler Energieträger heute eine wichtige Rolle.

Generell gilt, daß Erdöl-, Erdgas- und Kohlelagerstätten im tieferen Untergrund ausgesprochen komplexe Strukturen darstellen, die sich – an die Erdoberfläche projiziert – oft über mehrere Quadratkilometer erstrecken. Die detaillierte Vermessung der Lagerstätten mit seismischen und anderen geophysikalischen sowie geochemischen Methoden bildet einen wichtigen Faktor, um die Nutzung und Ausbeutung der einzelnen Lagerstätten zu optimieren. Heute werden diese Verfahren in der Regel von physikalischen und chemischen Experimenten und numerischen Simulationen begleitet.

Ein gutes Beispiel für die neuesten Fortschritte der Explorations- und Produktionstechnologie von Kohlenwasserstoffen beschreibt Gregory Greenwell von Shell International in Rijswijk, Niederlande, 1996. In diesem Fall war das Ziel der Untersuchung, die größtmög-

Komplexe Strukturen im Untergrund

lichen Informationsmengen über die Verteilung des Öls in der Porenstruktur eines fossilen Korallenriffes, das in beträchtlicher Tiefe abgesenkt wurde, zu erhalten. Die direkt zugängliche Information bestand aus 3-D-seismischen Daten und einer begrenzten Anzahl von Bohrungen mit der dazugehörigen Bohrlochgeophysik.

Der erste Schritt der Untersuchung bestand darin, die akustische Struktur des Untergrundes dreidimensional zu interpretieren. Dies zeigt Bild 3*a* in einem vertikalen Schnitt durch die 3-D-Daten. Der horizontale Maßstab hat die Größenordnung von einem Kilometer, die vertikale Achse zeigt die *two-way travel time*, also die Zeit, die seismische Wellen von der Erdoberfläche zu einem Reflektor im Untergrund und zurück benötigen. Die Farben verweisen auf die Intensität des seismischen Signals. Hieraus ist die Form des Korallenriffs klar zu erkennen.

Basierend auf Korrelationen mit den Bohrungsdaten wurde die *two-way travel time* zunächst in die Teufe konvertiert, wobei horizontale und vertikale Dimensionen der Struktur definiert wurden.

In einem zweiten Schritt, beruhend auf der bekannten Dynamik der Entwicklung von Korallenriffen, wurde die Entwicklung des Riffes mit der Zeit, unter Berücksichtigung von Parametern wie Wind und Paläoströmungsrichtungen, simuliert. Bild 3*b* zeigt diese Entwicklung in Aufsicht inklusive der Entwicklung verschiedener Gesteinstypen in drei Zeitschritten auf dem Hintergrund des heutigen 3-D-Umrisses des Riffs (aus Bild 3*a*). Die letzte Entwicklungsstufe wird in der perspektivischen Ansicht in Bild 3*c* dargestellt.

In einem dritten Schritt wird das Riff in einige Millionen Voxel (Volumen-Einheiten) aufgeteilt, und, beruhend auf der Bohrlochgeophysik und der geologischen Modellierung, jedem Voxel eine Anzahl von Attributen, wie etwa Porosität (Bild 3*d*) und Kohlenwasserstoff-Sättigung, zugewiesen.

Simulation eines seismischen Reflexionsprofils

Schließlich wird auf der Grundlage physikalischer Modelle über die Ausbreitung akustischer Signale in porösen Medien ein simuliertes seismisches Reflexionsprofil berechnet (Bild 3*f*). Es zeigt sich im Vergleich zu Bild 3*a*, daß in diesem Fall die Übereinstimmung gut ist. Wenn die Unbestimmtheit des Modells größer ist, so erlaubt die heutzutage zur Verfügung stehende Computerkapazität, diese Simulationen mit einer Monte-Carlo-Rechnung, einer gebräuchlichen mathematischen Simulationstechnik, zu kombinieren, so daß die Wahrscheinlichkeit, mit der man eine bestimmte Menge von Kohlenwasserstoff an der Prospektionsstelle findet, abzuschätzen ist.

Diese Techniken erfordern große Anstrengungen und umfassende Rechnerkapazitäten, aber nichtsdestotrotz sind sie wesentlich kostengünstiger als das Abteufen zusätzlicher Bohrungen, die ansonsten erforderlich wären, um die Kohlenwasserstoff-Verteilung in einer solchen Struktur abzuschätzen. In einem nächsten Schritt, der hier nicht gezeigt wird, wird der Fluid-Fluß in dieser Struktur simuliert, um den Kohlenwasserstoff-Produktionsplan zu optimieren.

Auch physikalisch-chemische Experimente tragen wesentlich zur Entwicklung neuer Strategien in der Erdöl- und Erdgasexploration sowie -produktion bei, so beispielsweise Durchlässigkeitsuntersuchungen bei Lagerstättendrucken und -temperaturen, also zirka

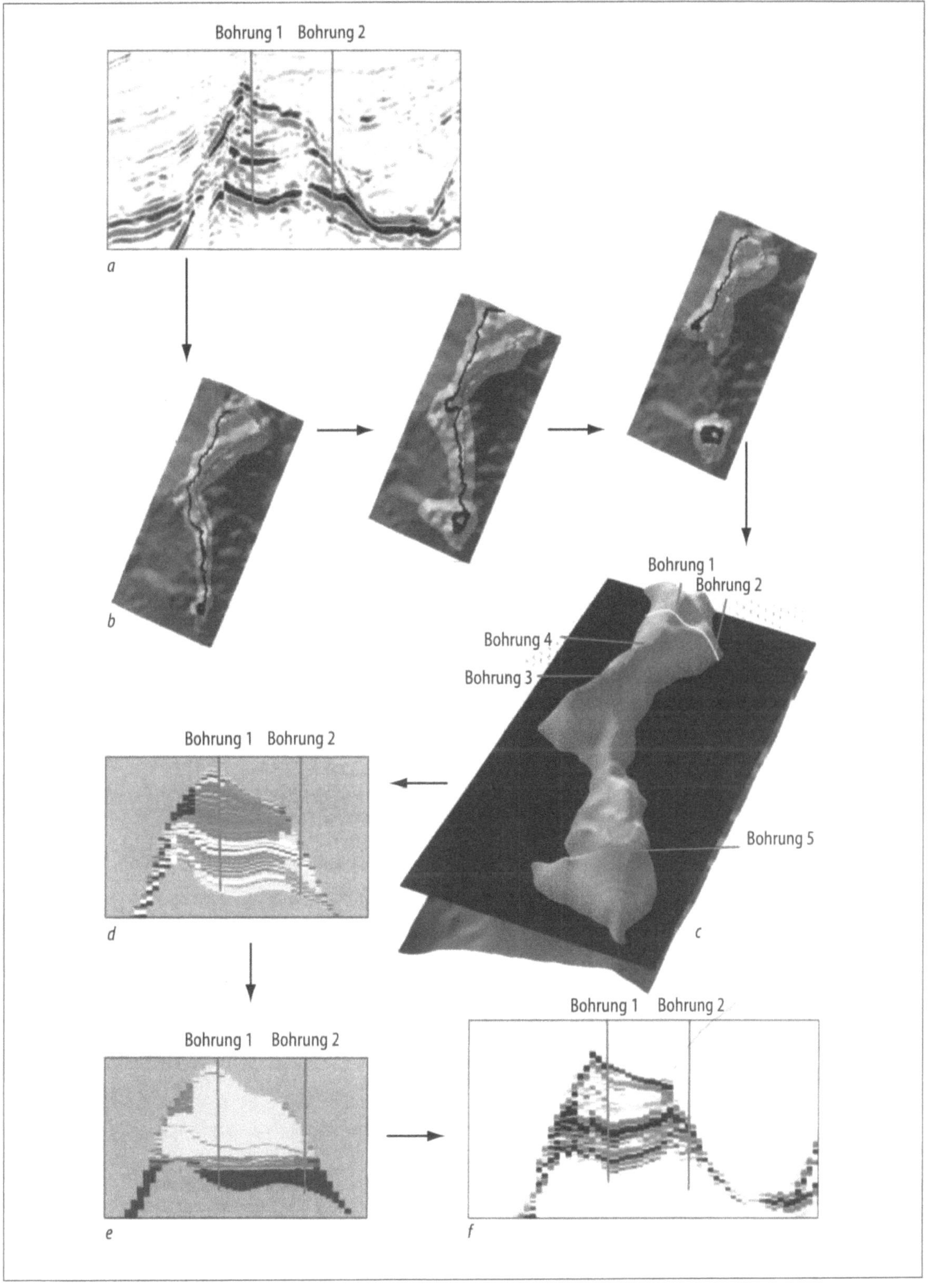

Bild 3 Entwicklung von Explorationsstrategien

20 bis 50 Megapascal und 50 bis 150 Grad Celsius. Diese Versuche müssen nicht nur an den relativ permeablen, also durchlässigen Speichergesteinen, etwa Sandsteinen, durchgeführt werden, sondern auch an den niedrig-permeablen Tonsteinen und Salzen, welche die Lagerstätten in der Regel nach oben abdichten. Neuere Untersuchungen ergaben, daß die effektive Permeabilität dieser Gesteine nicht nur stark druckabhängig, sondern auch kleinräumig erheblichen Schwankungen unterworfen ist.

Um solche experimentellen Ergebnisse auf reale Fragestellungen der Erdgas- und Erdölindustrie anwenden zu können, ist es jedoch nötig, sie auf den Maßstab eines Sedimentbeckens (viele 1000 Kubikkilometer) oder zumindest einer Lagerstätte zu übertragen. Dazu sind numerische Simulationsrechnungen erforderlich, die in den letzten Jahren aufgrund verbesserter Hard- und Software erheblich an Bedeutung gewonnen haben. Bild 4 zeigt als Beispiel einen Querschnitt durch das wichtigste Erdgasbecken Mitteleuropas, das Nordwestdeutsche Becken. Deutlich erkennbar ist die Störung des Temperaturfeldes durch die verschiedenen Salzstöcke entlang des Profils, die eine höhere Wärmeleitfähigkeit als die benachbarten Gesteine besitzen. Um die Erdgas- oder Erdölbildung zu verstehen, ist es jedoch unbedingt erforderlich, auch die Temperaturgeschichte dieses Gebietes zu rekonstruieren. Diese kann sich über Zeiträume von einigen hundert Millionen Jahren erstreckt haben. Im Falle des Nordwestdeutschen Beckens sind die Muttergesteine, aus denen das Erdgas stammt, über 300 Millionen Jahre alt und haben bereits vor 250 Millionen Jahren sehr hohe Temperaturen, verbunden mit sehr starker Erdgasbildung, erfahren. Leider ist dieses Erdgas zum größten Teil verloren, so daß sich in den heutigen Lagerstätten im wesentlichen nur das in den letzten 50 Millionen Jahren gebildete Erdgas befindet.

Unkonventionelle Suche nach neuen Lagerstätten

Die Suche nach neuen Lagerstätten geht natürlich auch unkonventionelle Wege. So ist schon lange bekannt, daß Steinkohlen einen hohen Gehalt an Methangas, zum Teil 15 bis 20 Kubikmeter pro Tonne, aufweisen. Die Förderung dieses sogenannten Flözgases aus der Kohle ist ein technisch sehr aufwendiges Vorhaben, da die Kohlen nur geringe Wegsamkeiten aufweisen. Die entsprechende Produktion in den USA übertrifft jedoch heute bereits die konventionelle Gasproduktion Deutschlands, so daß die hiesigen Kohlevorkommen im Untergrund eine Zukunftsperspektive als Energieträger gewinnen könnten. Noch ferner liegt vermutlich die Nutzung der Gashydrate, die in gewaltigen Mengen in jungen Sedimenten an vielen Kontinentalrändern und in kontinentalen Permafrostgebieten vorkommen. Die in Gashydraten gespeicherte Energie soll die aller anderen fossilen Energieträger übertreffen; jedoch ist die Förderung, etwa aufgrund der großen Wassertiefen und der geringen Verfestigung der Sedimente, problematisch.

Durch die Nutzung unkonventioneller Energieträger wie Flözgas oder Gashydrate, aber auch Ölschiefer und Teersande, läßt sich die Reichweite fossiler Energieträger bis weit über das kommende Jahrhundert hinaus verlängern. Dennoch müssen wir uns der Tatsache bewußt sein, daß diese Vorräte letztlich endlich sind und innerhalb

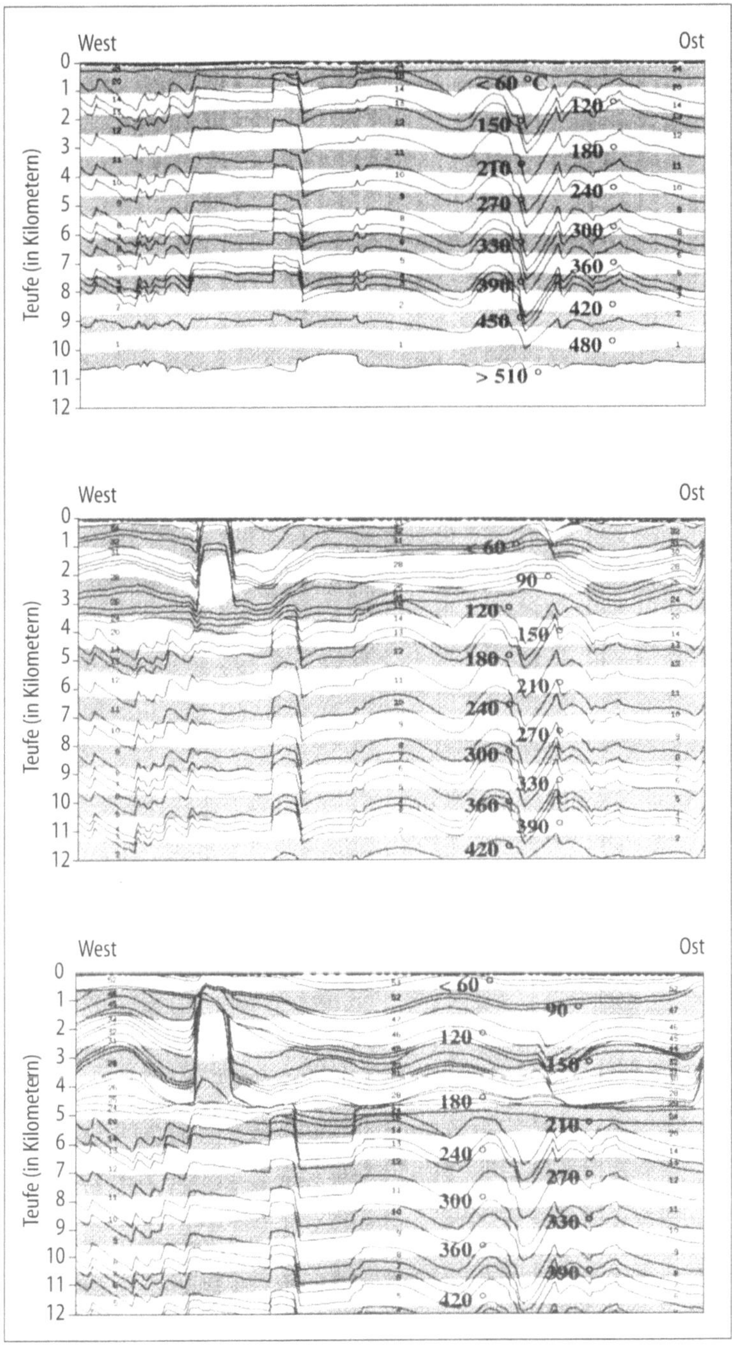

Bild 4 Querschnitt durch das Nordwestdeutsche Becken, das wichtigste Erdgasbecken Mitteleuropas. Dargestellt sind als Simulationsergebnisse die Temperaturverteilung und der Salzaufstieg entlang eines 100 Kilometer langen Ost-West-Profils gegen Ende des Rotliegenden (vor 252 Millionen Jahren; oben), gegen Ende des Doggers (vor 157 Millionen Jahren; Mitte) und zum heutigen Zeitpunkt (unten).

der Menschheitsgeschichte die Epoche der fossilen Energieträger nur einen kurzen Augenblick ausmachen wird.

Daher ist es dringend notwendig, frühzeitig alternative Konzepte auszuarbeiten, welche die Energieversorgung langfristig sichern. Für die nähere Zukunft gilt, daß Erdöl, Erdgas und Kohle eine herausragende Rolle im Weltenergiemarkt spielen werden. Auch Deutschland wird noch auf Jahrzehnte von der Verfügbarkeit dieser Energieträger abhängen, in einem wirtschaftlichen Klima, das schwer vorherzusagen ist und von vielen Faktoren abhängt (Bild 5).

Bild 5 Rohölpreis-Vorhersagen und reale
Preisentwicklung

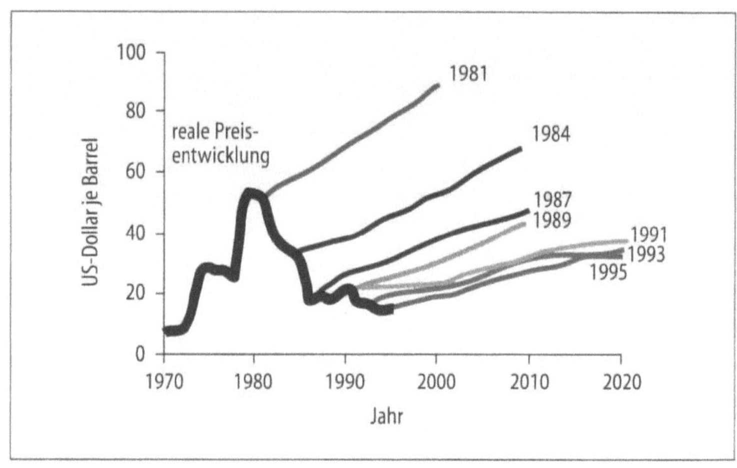

Daher werden auch an der RWTH Aachen innovative geowissen-
schaftliche Konzepte entwickelt, um den zukünftigen Herausforderungen an Exploration und Produktion fossiler Energieträger zu
begegnen.

Autoren   Prof. Dr. rer. nat. Ralf Littke ist Inhaber des Lehrstuhls für Geologie,
Geochemie und Lagerstätten des Erdöls und der Kohle.

Prof. Dr. Janos Urai ist tätig auf dem Lehr- und Forschungsgebiet
Geologie – Endogene Dynamik am Lehrstuhl für Geologie und Paläontologie und Geologischen Institut.

Literaturhinweise

[1] D. H. Welte, B. Horsfeld und D. R. Baker: Petroleum and Basin Evolution,
Springer-Verlag, Berlin 1997.
[2] B. P. Tissot und D. H. Welte: Petroleum Formation and Occurrence,
Springer-Verlag, Berlin 1984.
[3] G. Greenwell: Malampaya: the fruits of interaction, in: Field-development planning, Shell International Exploration and Production BV,
Rijswijk 1996, S. 22 bis 24.
[4] John M. Hunt: Petroleum Geochemistry and Geology, W. H. Freeman
and Company, 2. Auflage, New York 1996.
[5] G. Jones, Q. J. Fisher und R. J. Knipe: Faulting, Fault Sealing and Fluid
Flow in Hydrocarbon Reservoirs, Geological Society Special Publica-
tion, 147, London 1998.

Dieter E. Bohn

Schrittweise zu umweltfreundlicheren Kraftwerkstechnologien

Weltweit steigt der Energiebedarf, und global verschärfte Umweltschutzbestimmungen verlangen nach neuen Lösungen und Perspektiven für die Energieversorgung. Das Erreichen höherer Anlagenwirkungsgrade von Kraftwerken kann helfen, die Primärenergieressourcen zu schonen und den Schadstoffausstoß pro gewandelter Menge Energie zu senken.

Dem heutigen Stand der Technik entsprechen Kraftwerke, in denen Gas- und Dampfturbinen kombiniert sind; sie enthalten Gasturbinen, deren Abhitze für einen Dampfkreislauf genutzt wird. Durch dieses Schaltungskonzept lassen sich derzeit Wirkungsgrade bis zu 58 Prozent beim Einsatz von Erdgas realisieren. Auch bei der Verfeuerung von Kohlegas lassen sich immerhin noch 45 Prozent erzielen. Ein solch hohes Niveau im Wirkungsgrad der Energiewandlung galt vor 20 Jahren noch als unerreichbar.

Zwar gibt es unterschiedliche Prognosen über den künftigen Energiebedarf in der Bundesrepublik Deutschland. Doch betrachtet man die Laufzeiten der vorhandenen Kraftwerke, wird schon heute ein erheblicher Ersatzbedarf deutlich (Bild 1). Steigende umwelttechnische und wirtschaftliche Ansprüche machen zudem das Umrüsten bestehender Kraftwerkskomponenten auf immer effizientere Ausführungen erforderlich.

Doch solche Mühen lohnen sich: Bezogen auf den gesamten Anlagenpark in den alten Bundesländern birgt ein Prozent mehr Wir-

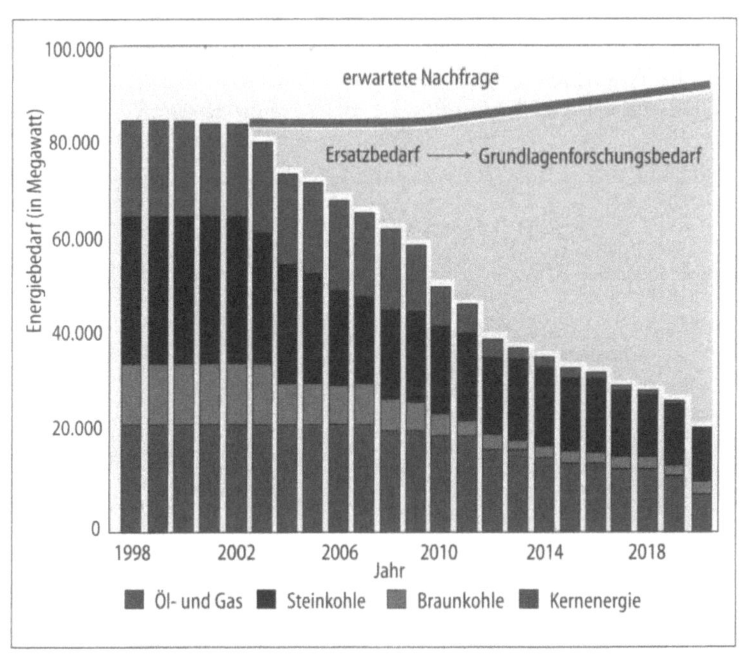

Bild 1 Prognose des künftigen Energiebedarfs in Deutschland

kungsgrad die zusätzliche Leistung eines Großkraftwerks. Mit einer solchen Zusatzleistung könnten im Jahresmittel acht Städte von der Größe Aachens versorgt werden.

Die Gastemperatur am Turbineneintritt ist ein entscheidender Parameter für Leistung und Wirkungsgrad der Gasturbine. Ihren qualitativen Einfluß auf den Wirkungsgrad zeigt Bild 2. Auf der Abszisse ist die Temperatur und auf der Ordinate der Wirkungsgrad eingetragen. Wir befinden uns derzeit in einer Entwicklungsphase der Technologie, die in der linken Diagrammhälfte anzusiedeln ist. Um den Wirkungsgrad zu erhöhen, ist es aus thermodynamischen Gründen erforderlich, mit höheren Temperaturen am Turbineneintritt zu arbeiten. Die Entwicklungsgeschichte der Turbinen zeigt deutlich, daß eine Werkstoffverbesserung allein nicht ausreicht, um die höheren Temperaturen bei der Verbrennung zu beherrschen. Erst durch eine zusätzliche intensive Kühlung der Turbine können die Gastemperaturen deutlich gesteigert werden.

In Bild 3 ist der dimensionslose innere thermische Wirkungsgrad einer Gasturbine über die Turbineneintrittstemperatur aufgetragen. Die obere Kurve repräsentiert den Wirkungsgradanstieg einer ungekühlten Gasturbine mit zunehmender Turbineneintrittstemperatur. Für die eingezeichnete Kurve wird ein fiktiver Werkstoff unterstellt, der jeglicher Temperaturbelastung ohne Kühlung standhält.

Mit den heute einsatzfähigen Werkstoffen liegt die Temperaturgrenze bei etwa 800 Grad Celsius. Bei höheren Temperaturen muß also die Maschine gekühlt werden. Im Falle der sogenannten Filmkühlung wird vergleichsweise kalte Verdichterluft der Gasturbine aus Löchern im Bauteil so ausgeblasen, daß ein Film aus kühler Luft auf der Bauteiloberfläche entsteht. Dieser Film soll das Bauteil – in Bild 3 ist eine Turbinenschaufel angedeutet – vor dem heißen Gas, das die Schaufel umströmt, abschirmen. Die zur Kühlung benötigte Luft wird aus dem Verdichter abgezweigt und stellt somit einen Aufwand dar, der den Wirkungsgradgewinn teilweise wieder vermindert.

Die Filmkühlung von Gasturbinenschaufeln läuft leider immer Gefahr, daß es nicht zur Bildung eines flächigen Kühlfilms auf den Schaufeloberflächen kommt. Die austretende Kühlluft tritt unter

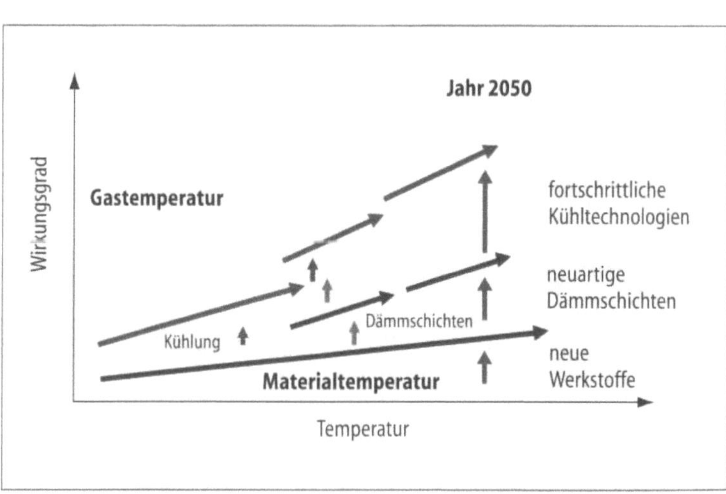

Bild 2 Neue Werkstoffe und Technologien sollen dazu beitragen, die Gastemperatur am Turbineneintritt zu steigern und damit den Wirkungsgrad von Gasturbinen zu verbessern.

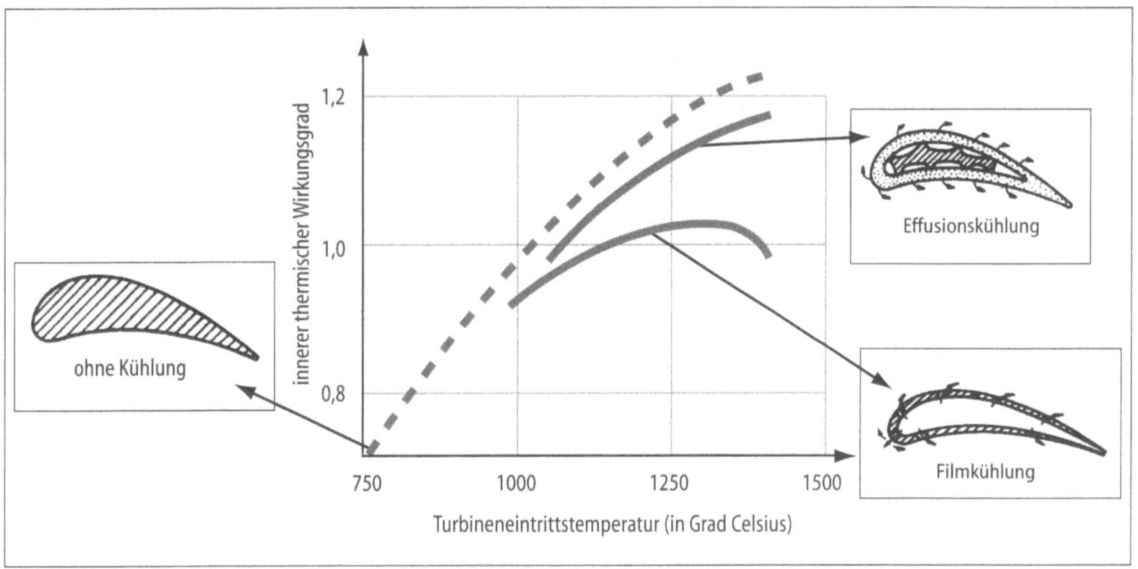

Umständen zu weit in die Strömung ein und verwirbelt dort, ehe sich einzelne Kühlluftstromlinien nur lokal auf der Bauteiloberfläche anlegen. Dies kann bereits nach kurzer Zeit zu einem thermischen Versagen der Bauteilstruktur führen. Demgegenüber bietet die in Entwicklung befindliche Technik der sogenannten Effusionskühlung in Brennkammer und Turbine die Möglichkeit, Kühlluft aus unzähligen winzigen Öffnungen der thermisch belasteten Bauteiloberfläche auszublasen. Auf diese Weise wird das gesamte Bauteil zuverlässig – bei vergleichsweise geringem Luftaufwand – in einen Kühlgasfilm eingehüllt.

Mit der Filmkühlung kann bei modernen Gasturbinen heute eine Turbineneintrittstemperatur von 1230 Grad Celsius – dies entspricht Gastemperaturen von etwa 1500 Grad Celsius – bei einer Lebensdaueranforderung von mehr als 100.000 Betriebsstunden erreicht werden. Bei den Dampfturbinen reichen die Temperaturen bis 600 Grad Celsius, da hier wegen der äußeren Verbrennung die hochtemperaturbelasteten Bauteile im Dampferzeuger nicht gekühlt werden können.

Der Einsatz offenporiger Werkstoffe in Gasturbinen ist wesentliche Voraussetzung für die Effusionskühlung, mit der sich die Wirkungsgrade kombinierter Kraftwerke erheblich steigern lassen. Schon seit etwa 40 Jahren wird eine Realisierung unter großem finanziellen Aufwand versucht. Alle Anstrengungen scheiterten bisher, da notwendige Grundlagenkenntnisse fehlten. Diese Grundlagenkenntnisse werden in aktuellen Forschungsanstrengungen erarbeitet. Eine verbesserte Gasturbinenkühltechnologie ist aber nur ein Baustein in einem Gesamtkonzept, um die angestrebten hohen Wirkungsgrade für Kraftwerke der übernächsten Generation zu verwirklichen. Ein höherer thermischer Gesamtwirkungsgrad von Kombikraftwerken, in denen Gas- und Dampfturbinen kombiniert betrieben werden, läßt sich nur durch eng aufeinander abgestimmte Verbesserungen auf beiden Seiten des Gesamtprozesses – der Gasturbine und der

Bild 3 Wirkungsgrad einer Gasturbine in Abhängigkeit von Turbineneintrittstemperatur und Kühlverfahren

Offenporige Werkstoffe

Dampfturbine – erreichen. So gilt es, neben leistungsfähigeren Kühlverfahren für Gasturbinenschaufeln, auch die thermisch hochbelastete Brennkammer sowie den Hochdruck- und Niederdruckturbinenteil der Dampfturbinenseite zu verbessern.

Auch der Wirkungsgrad einer Dampfturbine kann mit effektiven Kühlkonzepten für deren thermisch und mechanisch hochbelasteten Komponenten verbessert werden. Beim Entwässern im Naßdampfbereich der Niederdruckturbine wird derzeit noch ein erheblicher Dampfanteil mit dem Wasser aus der Turbine abgeführt. Diese Dampfverluste könnten zum Beispiel durch flächenhaftes Absaugen der Wasserfilme von der Oberfläche reduziert werden. Hierfür eignen sich ebenfalls offenporige Strukturen.

Im Sonderforschungsbereich (SFB) 561 an der RWTH Aachen streben wir an, den Gesamtwirkungsgrad von Kombikraftwerken der übernächsten Generation um sieben Prozent auf insgesamt 65 Prozent bei Erdgasbetrieb zu verbessern. Bei Kohlegasbetrieb sollen 55 Prozent realisiert werden. Dazu muß es allerdings gelingen, die Temperaturen bei der Gasturbine um etwa 120 Grad Celsius auf 1350 Grad Celsius zu steigern, und die Dampfturbinen werden Temperaturen bis 720 Grad Celsius standhalten müssen.

Mit der hierfür notwendigen Entwicklung offenporiger Bauteilstrukturen zur Realisierung einer Effusionskühlung betreten wir ingenieurswissenschaftliches Neuland (Bild 4) – von der Herstellung über die Ermittlung der Werkstoffeigenschaften bis hin zu den Wechselwirkungen zwischen den Arbeits- und Kühlfluiden. Hier ist interdisziplinäre Zusammenarbeit zwischen Werkstoffwissenschaftlern und Strukturmechanikern, die das mechanische Werkstoffverhalten modellieren, zwingend erforderlich. Auch müssen Forscher beteiligt sein, die das strömungs- und wärmeübertragungstechnische Verhalten der offenporigen Strukturen als Bauteiloberflächen von Gasturbine, Dampfturbinen und Brennkammer berechnen. Im Sonderforschungsbereich bündeln wir die Kompetenzen von Werkstoffwissenschaftlern, Strömungsfachleuten und Kraftwerkstechnikern der RWTH Aachen und des Forschungszentrums Jülich und nutzen Synergien aus der interdisziplinären Zusammenarbeit.

Die Kühlluft einer Gasturbine nimmt nicht an der Energieumsetzung in der Brennkammer der Turbine teil, sondern wird dem Heißgas beim Durchströmen der zu kühlenden Turbine beigemischt. Da auf diese Weise weniger Luft die Brennkammer durchströmt, sind die Flammentemperaturen dort erheblich höher als die Temperaturen, welche in der gekühlten Turbine für die Energieumsetzung entscheidend sind. Hier wird ein weiterer Grund für die Minimierung der Kühlluft deutlich, denn zu hohe Flammentemperaturen sind Ursache für die Bildung von Stickoxiden, welche für den Menschen giftig sind. Zwar emittieren Gasturbinen deutlich weniger Stickoxide als andere Energiewandlungsmaschinen, dennoch haben wir uns der Herausforderung zu stellen, praktisch emissionsfreie Maschinen zu entwickeln, deren Stickoxidemissionen so gering sind, daß sie unterhalb der Nachweisgrenze liegen.

Verbesserung des Gesamtwirkungsgrads um sieben Prozent

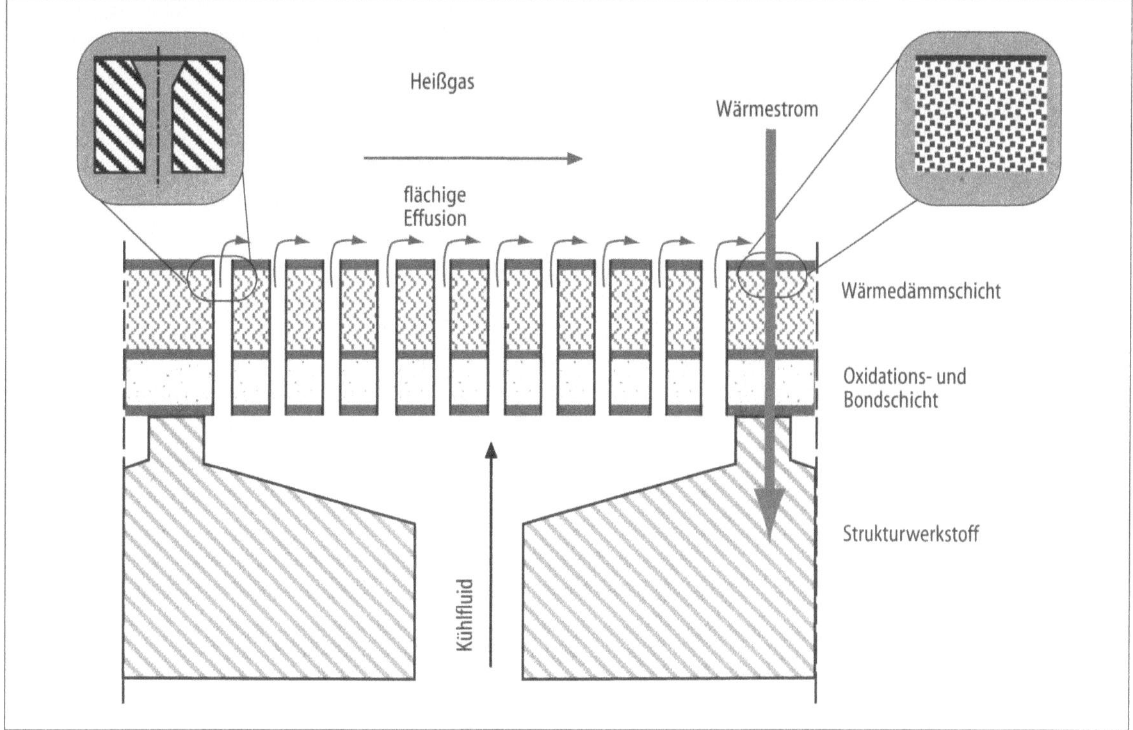

Bild 4 Offenporige Werkstoffe zur Effusionskühlung von Gas- und Hochtemperaturdampfturbinen

Ziel unserer Forschung ist es, Kühlverfahren zu entwickeln, die zum einen den wirksamen Schutz der Werkstoffe garantieren. Gleichzeitig soll jedoch so wenig Kühlluft wie möglich im Verdichter entnommen werden. Wenn dies gelingt, lassen sich die Flammentemperatur und damit auch die Stickoxidemissionen wirksam senken.

Dampfkühlung

Ein weltweit diskutiertes Konzept sieht vor, zum Kühlen der Turbine nicht mehr Luft, sondern Dampf zu verwenden. Dieser Dampf kann außerhalb der Maschine bereitgestellt und die Entnahme von Luft aus dem Verdichter ersetzen. Nachdem sich der Dampf durch die Kühlung heißer Maschinenteile erwärmt hat, wird er entweder dem Heißgasstrom in der Turbine zugemischt oder wieder aus der Maschine herausgeführt und in einem Dampfturbinenprozeß für die Stromerzeugung genutzt. Neben der Verminderung von Stickoxidemissionen könnte auf diese Weise eine sehr wirkungsvolle Nutzung der Wärme erfolgen, die nach der Kühlung in dem Dampf enthalten ist.

Integrierte Kohlevergasung

Kombinierte Prozesse, die sowohl Gasturbinen als auch Dampfturbinen umfassen, weisen gegenwärtig unter allen Energiewandlungsanlagen die höchsten Wirkungsgrade auf. Wenn es nun weltweit gelänge, mehr solche Kombikraftwerke zu errichten, könnte der Energiebedarf der Menschheit deutlich ressourcenschonender gedeckt werden. Kohle hat – weltweit betrachtet – den größten Anteil an den vorhandenen Ressourcen fossiler Energieträger. Leider kann sie jedoch nicht direkt in Gasturbinen als Brennstoff eingesetzt werden, denn bei ihrer Verbrennung entstehen kleine Partikel, die mit hoher Geschwindigkeit auf die ohnehin schon stark belasteten

Turbinenteile auftreffen und sie zerstören. Erdgas und Erdöl können im Gegensatz zu Kohle ohne Probleme in Gasturbinen eingesetzt werden, denn bei deren Verbrennung entstehen nur gasförmige Produkte.

Es gibt Wege, Kohle so aufzubereiten, daß sie in Gasturbinen eingesetzt werden kann, etwa die Umwandlung von Kohle in ein brennbares Gas, das ohne negative Auswirkungen für die Maschine verbrannt werden kann. Die Technologie der Kohlevergasung wurde in den achtziger Jahren bis zur großtechnischen Einsatzreife entwickelt. Mehrere Kraftwerke setzen sie derzeit versuchsweise ein. Da das Vergasen von Kohle sehr aufwendig ist, erreicht der Wirkungsgrad dieser Kraftwerke nicht die gleichen Werte wie kombinierte Gas- und Dampfturbinenkraftwerke, die mit Erdgas beziehungsweise Erdöl befeuert werden. Der Wirkungsgrad liegt jedoch erheblich höher als bei konventionellen Kohlekraftwerken, die mit Dampfturbinen arbeiten und über keine Gasturbine verfügen.

Für die Wirtschaftlichkeit der Stromerzeugung – und das Niveau des Strompreises – ist es entscheidend, daß große Kraftwerke rund um die Uhr laufen und möglichst selten für Wartungs-und Reparaturarbeiten abgeschaltet werden müssen. Hier weist ein kombiniertes Kraftwerk mit Kohlevergasungsanlage noch entscheidende Nachteile gegenüber konventionellen Kraftwerken auf. Es steht jedoch zu erwarten, daß die hier immer wieder auftretenden Ausfallzeiten in Zukunft erheblich reduziert werden können. Ebenso wird prognostiziert, daß der Wirkungsgrad von Kraftwerken, die Gas aus Kohle nutzen, in Zukunft noch deutlich steigen wird.

Kombination von Gasturbine und Brennstoffzelle

Ein Gasturbinenprozeß läßt sich auch mit der Brennstoffzellentechnologie kombinieren: Brennstoffzellen wandeln gasförmige Brennstoffe mit Luftsauerstoff in Verbrennungsprodukte um. Diese Umwandlung entspricht dem Vorgang, der in der heißen Flamme von Gasturbinen, Motoren oder Dampferzeugern in Kraftwerken abläuft. Wesentlicher Unterschied ist jedoch, daß frei werdende Energie in Brennstoffzellen nicht als Wärme vorliegt, welche sich durch die Energiewandlungsmaschine als elektrischer Strom nutzen läßt: Hier wird die frei werdende Brennstoffenergie direkt in Elektrizität umgewandelt; die Flamme einer heißen Verbrennung, typisches Kennzeichen konventioneller Energiewandlungsanlagen, existiert in Brennstoffzellen nicht. Durch den Wegfall des Umwandlungsschritts chemisch gebundener Energie in Wärme ist der Wirkungsgrad der Brennstoffzellen grundsätzlich erheblich besser als der thermischer Kraftwerke.

Ein deutlicher Nachteil von Brennstoffzellen ist, daß sie den eingesetzten Brennstoff nicht vollständig umwandeln. Es bietet sich darum zum Beispiel an, Brennstoffzellen-Abgase in einer Gasturbine weiter zu verbrennen (Bild 5); beide Energiewandlungsmaschinen ergänzen sich nämlich sehr gut: Die Brennstoffzelle profitiert von dem hohen Druckniveau und der hohen Abgastemperatur des Gasturbinenprozesses, während der Gasturbinenprozeß das vorgewärmte Abgas der Brennstoffzelle und den Restbrennstoff nutzt.

Aktuelles Ziel unserer Forschungsvorhaben im Brennkammerbereich von Gasturbinen ist es, neben der Verminderung des Kühlluftaufwands für die Brennkammerwände die zusätzliche Luft möglichst wirkungsvoll für die Verminderung der Stickoxidemissionen zu nutzen. Denn beim Verbrennen mit sehr hoher Luftzufuhr besteht die Gefahr, daß die Flamme verlöscht, so daß die Auslegung der Brennkammer hierfür optimiert werden muß (Bild 6). Heutige Brennkammern erlauben bereits die Zufuhr der doppelten Luftmenge im Vergleich zum Bedarf, also der Luftmenge, die mindestens für eine vollständige Verbrennung erforderlich ist. Auf diese Weise gelingt es, die Spitzentemperaturen in der Flamme und somit den Stickoxidausstoß deutlich zu senken. Derzeit wird weltweit an Brennkammerkonzepten gearbeitet, bei denen die Verbrennung durch zusätzliche Katalysatoren unterstützt wird, und es ist zu erwarten, daß sich auf diese Weise das Luftvolumen auf ein Vierfaches der mindestens erforderlichen Menge steigern ließe.

Brennkammern, die mit erheblichem Luftüberschuß in der Verbrennungszone arbeiten, neigen zu instabilem Verhalten: Die Flamme beginnt zu schwingen, wie in einer numerischen Simulation deutlich wird (Bild 7). Dieses Schwingen äußert sich in einem niederfrequenten Brummen, das sehr gut zu hören ist. Durch solche Schwingungen wird die Brennkammer stark belastet. Ein wichtiges Ziel unserer Forschungsarbeiten ist es deshalb, ein Brennkammerbrummen nicht nur im konstruktiv bedingten Zustand, sondern in jedem Betriebszustand auszuschließen. So werden zum Beispiel dem Brummen antizyklische Störsignale überlagert. Derartige Maßnahmen sind allerdings noch sehr aufwendig und nicht völlig zuverlässig.

Neue Brennertechnologien

Bild 5 Gasturbinenprozeß mit Brennstoffzelle

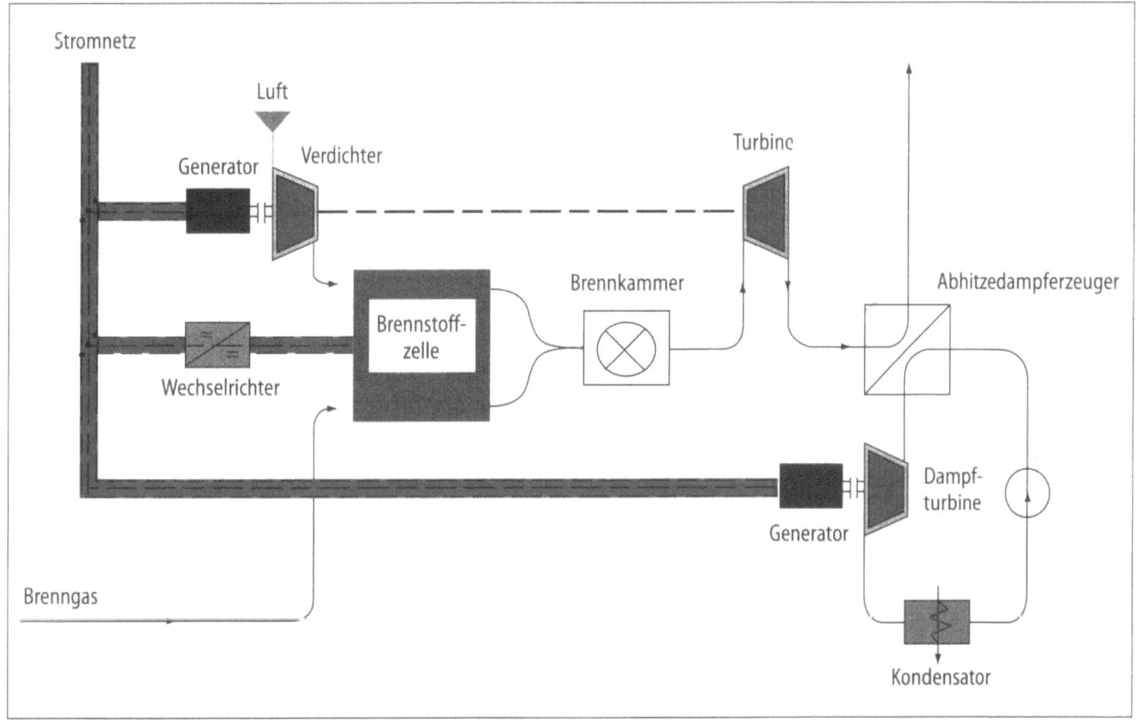

Bild 6 Strömung in einer Brennkammer (oben); rot markiert der Drallerzeuger zur Flammenstabilisierung (unten)

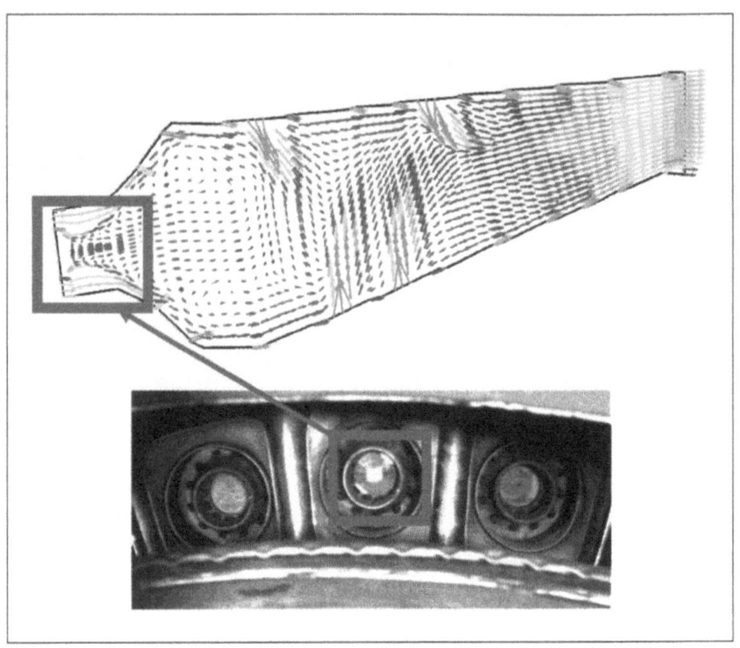

Neue Brennstoffe

Unsere Forschung ist wesentlich geprägt von dem Bemühen, einen ressourcenschonenden Umgang mit fossilen Energieträgern zu ermöglichen, denn sie sind endlich, und irgendwann werden wir sie verbraucht haben. Es gilt also, den Zeitraum, in dem diese Brennstoffe der Menschheit zur Verfügung stehen, wesentlich zu verlängern. Gleichzeitig erforschen wir die Verwendung von erneuerbaren Brennstoffen für Energiewandlungsanlagen. Deren Zusammensetzung kann, je nach Ursprung, sehr unterschiedlich sein – für uns Ingenieure eine Herausforderung, denn jede spezielle Brennstoffzusammensetzung erfordert ein spezifisch angepaßtes Brennkammersystem.

Gas aus Biomasse und landwirtschaftlichen Abfallprodukten wäre eine solche Ressource, auf die zukünftig zurückgegriffen werden könnte. Bild 8 zeigt schematisch den Aufbau einer solchen Anlage. Allerdings wären für den Anbau von Pflanzen, die als Biomasse für die Biogasgewinnung genutzt werden können, sehr großen Flächen notwendig, um überhaupt einen nennenswerten Beitrag zur Stromerzeugung leisten zu können. Will man nun die Anbauflächen begrenzen, muß man entsprechend schnell wachsende Pflanzen anbauen. Eine wichtige Forschungsaufgabe der Zukunft ist es also, Anbaumethoden zu entwickeln, die eine möglichst effektive und nachhaltige Erzeugung von Biomasse sicherstellen. Andere alternativ einsetzbare Brennstoffe erfordern besondere Vorsichtsmaßnahmen, wie etwa der Wasserstoff; er entzündet sich sehr schnell. In der Vergangenheit wurden bereits zahlreiche Konzepte entwickelt, um den Betrieb von Energiewandlungsanlagen, die mit wasserstoffhaltigen Brenngasen arbeiten, sicherer zu gestalten. Solche Konzepte müssen für einen großtechnischen Einsatz von Wasserstoff aber noch erheblich weiterentwickelt und ausgeweitet werden. Ebenso besteht noch ein großer Forschungsbedarf, den

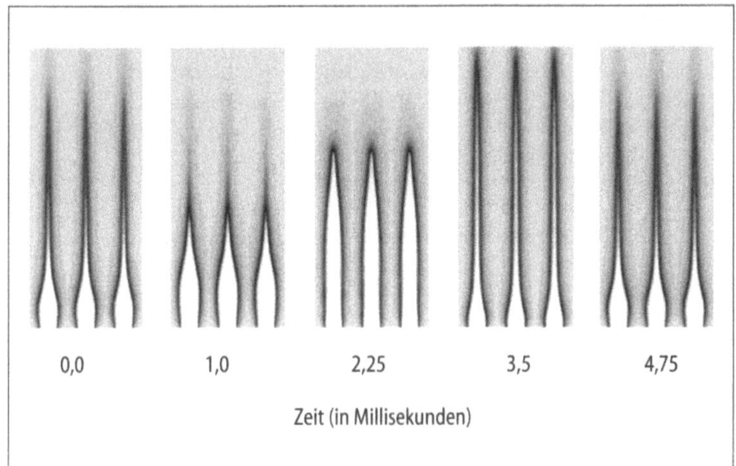

Bild 7 Numerische Simulation der Flammeninstabilität

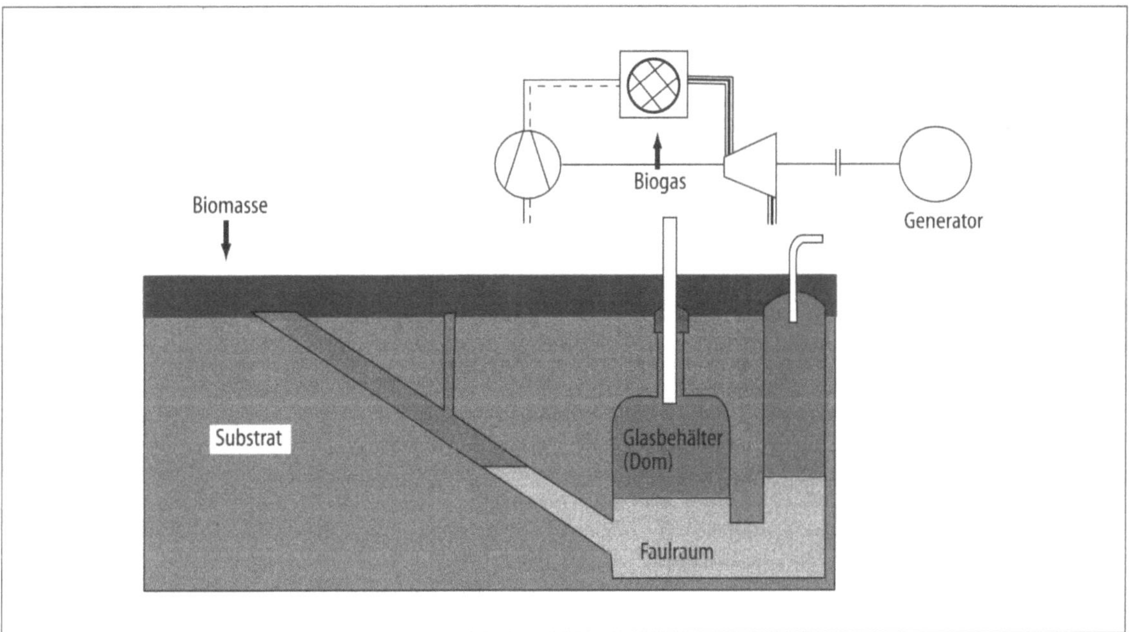

Bild 8 Biogasanlage

Wasserstofftransport über große Entfernungen hinweg wirtschaftlich und sicher zu machen.

Die Erforschung der Dampfkühlung, neuer Brennertechnologien, der integrierten Kohlevergasung, des Einsatzes von Brennstoffzellen und die Suche nach alternativen Brennstoffen wird weltweit vorangetrieben. Es sind allesamt Schritte in Richtung einer umweltfreundlicheren Kraftwerkstechnologie, die im Jahr 2050 Wirklichkeit sein könnte.

Prof. Dr.-Ing. Dieter E. Bohn leitet das Institut für Dampf- und Gasturbinen. Er ist Sprecher des Sonderforschungsbereichs 561, der Deutschen Forschungsgemeinschaft (DFG), in dem offenporige Strukturen für Gas- und Dampfturbinen entwickelt werden.

Autor

Literaturhinweise

[1] D. Bohn und H. E. Gallus: Wärme-, Kraft- und Arbeitsmaschinen, Aachen 1998.

[2] Brennstoff Wärme Kraft, 49, VDI-Verlag, Düsseldorf 1997.

[3] M. M. El-Wakil: Powerpiant Technology, New York 1984.

[4] K. Künstle, K. Reiter und K. Riedle: Möglichkeiten und Grenzen der regenerativen Energien, VGB-Kraftwerkstechnik, 70, 1990.

[5] W. Drenckhahn und K. Reiter: Anlagenkonzeption und Wirtschaftlichkeit von SOFC-Kraftwerken, in: Brennstoffzellen: Entwicklung, Technologie, Anwendung, Hrsg. von V. K. Ledjeff, 1998.

Ulrich Renz

Eine effizientere Nutzung des fossilen Energieträgers Kohle ist möglich

Der Primärenergieverbrauch in Deutschland stagniert seit einigen Jahren; auch der Stromverbrauch steigt nur sehr langsam. Diese Entwicklung läßt den Schluß zu, daß in absehbarer Zeit in Deutschland nur noch wenige Kraftwerke gebaut werden müssen. Insbesondere soll der Zubau an kohlegefeuerten Kraftwerken eingeschränkt werden, denn das bei der Verbrennung fossiler Energieträger entstehende Kohlendioxid ist klimaschädlich und soll reduziert werden. Tatsache ist, daß Kohlekraftwerke – bezogen auf die erzeugte elektrische Energie – etwa doppelt soviel Kohlendioxid ausstoßen wie mit Erdgas gefeuerte Gas- und Dampfturbinenkraftwerke. Dieser deutliche Unterschied liegt zum einem daran, daß bei Gas das Verhältnis von Kohlenstoff zu Wasserstoff geringer ist als bei Kohle. Zum anderen haben Gaskraftwerke einen höheren Wirkungsgrad bei der Stromerzeugung.

In einer Zeit, in der die Energiemärkte dereguliert werden – Marktgesichtspunkte also an Gewicht gewinnen –, entscheiden niedrige Investitionskosten und die Möglichkeit einer flexiblen Betriebsführung über den Bau einer Kraftwerksanlage. Auch bei diesen Parametern unterliegen Kohlekraftwerke im Vergleich den Gas- und Dampfturbinenkraftwerken. So liegen ihre Investitionskosten pro installierte elektrische Leistung (in Kilowatt) zum Beispiel bei rund 1300 US-Dollar – deren von Gas hingegen bei nur 500 US-Dollar.

Zieht man allerdings mit in Betracht, wie sich die weltweite Energieversorgung in den nächsten 50 Jahren entwickeln wird, stellt sich die Situation ganz anders dar. Die Berechnungen, wie groß die Vorräte an fossilen Brennstoffen vermutlich sind und wieviel davon wirtschaftlich abgebaut werden kann, widersprechen sich häufig ebenso wie die Prognosen über die Entwicklung des weltweiten Energieverbrauchs. Bild 1 gibt die Voraussage des Weltenergierats über die Entwicklung des Primärenergieverbrauchs und die Schätzung des Bundesministeriums für Wirtschaft und Technologie über die Reichweiten der fossilen Energieträger – auf der Basis des heutigen Verbrauchs – wieder.

Es wird – trotz aller mit diesen Daten verbundenen Unsicherheiten – deutlich, daß die Vorräte an Öl und Erdgas nur noch für eine oder zwei Generationen ausreichen und von den Kohlevorkommen weit übertroffen werden. Da Öl und Gas zudem als wichtige Grundstoffe der Industrie vorbehalten bleiben müssen und die regenerativen Energien in absehbarer Zeit zur Stromerzeugung in der Grundlast nicht ausreichend werden beitragen können, wird der Brennstoff Kohle weltweit an Bedeutung gewinnen. Diese Entwicklung wird sich sogar beschleunigen, denn es ist vorauszusehen, daß die Länder

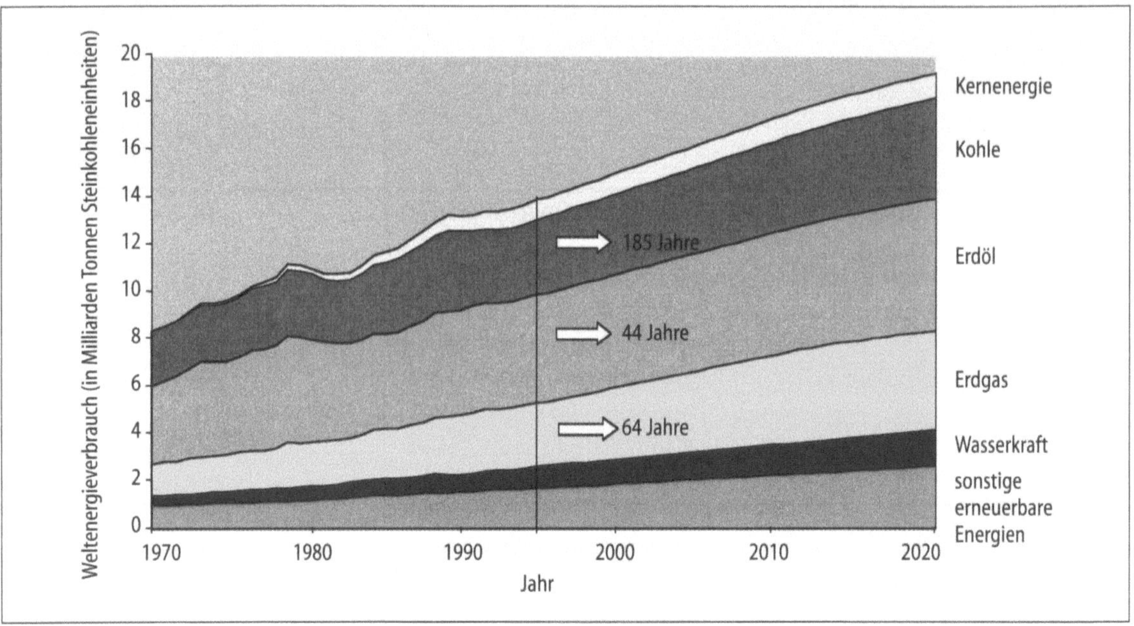

Bild 1 Schätzungen zur Entwicklung des weltweiten Primärenergieverbrauchs und der Reichweite der Ressourcen

Kohlekraftwerke mit hohem Wirkungsgrad

Ostasiens, die über große Kohlevorräte verfügen, in Zukunft drastisch mehr Strom benötigen werden. Das US-amerikanische Department of Energy erwartet, daß die weltweite Stromproduktion schon bis zum Jahr 2005 um 55 Prozent ansteigen wird. Vor diesem Hintergrund müssen wir als verantwortliche Wissenschaftler die konventionellen Kraftwerke mit kohlegefeuerten Dampfkraftprozessen verbessern und neue Varianten entwickeln, mit denen sich Strom bei günstigeren Wirkungsgraden erzeugen läßt, auch um auf diese Weise zugleich weniger Kohlendioxid in die Atmosphäre auszustoßen.

An der RWTH Aachen erarbeiten wir zur Zeit notwendiges Grundlagenwissen für die Auslegung von Gas- und Dampfturbinenanlagen mit Druckkohlenstaubverbrennung und der dazu notwendigen Heißgasreinigung.

Studien mit Vorschlägen, wie sich konventionelle Dampfkraftprozesse verbessern lassen, existieren seit Jahren. Sie wurden allerdings bislang aus wirtschaftlichen Gründen nicht umgesetzt – auch weil man befürchtete, daß die neuartigen Anlagen weniger als die erprobten konventionellen Kraftwerkstypen verfügbar sein würden. Erst in jüngster Zeit haben unter anderem Untersuchungen in Dänemark, das 1993 in Betrieb genommene Kraftwerk Staudinger 5 bei Hanau oder das von der Veba Kraftwerke Ruhr AG in Gelsenkirchen geplante Kraftwerk Heßler die Diskussion über moderne Kohlekraftwerke wieder in Gang gebracht. Diese sind nämlich inzwischen im wesentlichen durch neue Materialien, die höhere Dampfparameter zulassen, deutlich verbessert worden. Die Ingenieure haben aber auch die Fertigungstechnik, den Wirkungsgrad der Turbinen und die Schaltung der Anlagen erheblich weiterentwickelt. Dadurch können jetzt Steinkohlekraftwerke mit elektrischen Leistungen im Bereich von 800 bis 900 Megawatt einen Wirkungsgrad bei der Stromerzeugung von nahezu 45 Prozent erreichen – Braunkohlekraftwerke mit integrierter Kohletrocknung maximal 48 Prozent –, ohne daß unüberschaubare Risiken hinsichtlich der Verfügbarkeit zu befürchten wären. Diese Werte werden allerdings erst richtig aussagekräftig, wenn man sie mit den Wirkungsgraden etwa von Braunkohlenkraftwerken, die sich zur Zeit im Betrieb befinden, vergleicht. Diese betrugen im Jahr 1994 in den alten Bundesländern 30 bis 35,5 Prozent und in den neuen 27 bis 34 Prozent.

Betrachtet man die verschiedenartigen Verfahren zur Kohleumwandlung unter dem Gesichtspunkt der Thermodynamik, so gibt den Ausschlag, wie hoch das jeweilige Arbeitsmittel vor dem Eintritt in die Turbine erhitzt wird. Mit einer Gasturbine etwa läßt sich in einem kombinierten Gas- und Dampfturbinenprozeß diese Temperatur bis auf die von der verwendeten Gasturbine technisch vorgegebene Maximaltemperatur erhöhen. Dabei ist es prinzipiell für den Wirkungsgrad einer Anlage unerheblich, ob in einem Kombiprozeß die Kohle unter Druck vergast und dieses Produktgas daran anschließend in einer Gasturbinenbrennkammer verbrannt wird oder ob der Prozeß mit Verbrennung unter Druck und Entspannung der heißen Rauchgase in der Gasturbine stattfindet. Wie die Wirkungsgrade bei der Stromerzeugung von der Temperatur des Arbeitsmittels beim Eintritt in die Gasturbine abhängen und was heute und in naher Zukunft möglich sein wird, zeigt Bild 2. Zum Vergleich sind die Werte für konventionelle Dampfkraftanlagen mit aufgenommen. Dabei wird deutlich, wie sich die Wirkungsgrade der Prozesse mit reiner Erdgasfeuerung von denen mit Kohledruckvergasung, Druckwirbelschichtverbrennung und Druckkohlenstaubfeuerung unterscheiden. Sie weisen auf zusätzliche, verfahrensbedingte Exergieverluste (Exergie ist der in wirtschaftlich verwertbare Form umwandelbare Teil der zugeführten Energie) der Kohleprozesse hin, die durch Druckverluste, Verluste durch zusätzliche Abkühlung und Wiederaufheizung oder durch Vermischung entstehen.

Bei Kombikraftwerken mit integrierter Kohledruckvergasung (englisch: Integrated Gasification Combined Cycle, IGCC) wird die Kohle mit Sauerstoff aus einer Luftzerlegungsanlage und Dampf als Vergasungsmittel vergast. Dieses Produktgas setzt sich im wesentlichen aus Wasserstoff und Kohlenmonoxid zusammen und wird in einer nachgeschalteten Gasturbinenbrennkammer verbrannt. Vorher muß es jedoch von Staub und Schadstoffen gereinigt sein. Da sich das Gas bislang aber noch nicht in heißem Zustand reinigen läßt, muß es zuvor abgekühlt werden.

In Europa bestehen – oder entstehen noch – solche Anlagen in Buggenum, Niederlande, und in Puertollano, Spanien. Sie erreichen bei einer Leistung von etwa 300 Megawatt Wirkungsgrade von 43 beziehungsweise 45 Prozent, also Werte, die mit denen moderner konventioneller Kohlekraftwerke vergleichbar sind.

Am Beispiel der Anlage in Puertollano wurde durch Modellrechnungen demonstriert, daß IGCC-Anlagen mit heute verfügbarer Gasturbinentechnik bei Eintrittstemperaturen von 1250 Grad Celsius Wirkungsgrade von über 51 Prozent erreichen könnten. Rein rechnerisch ergeben sich für Gasturbinen mit Eintrittstemperaturen von 1400 Grad Celsius und Zwischenerhitzung sogar Wirkungsgrade von nahezu 55 Prozent.

Kombinierte Gas- und Dampfturbinenkraftwerke

Kombikraftwerke mit Kohledruckvergasung

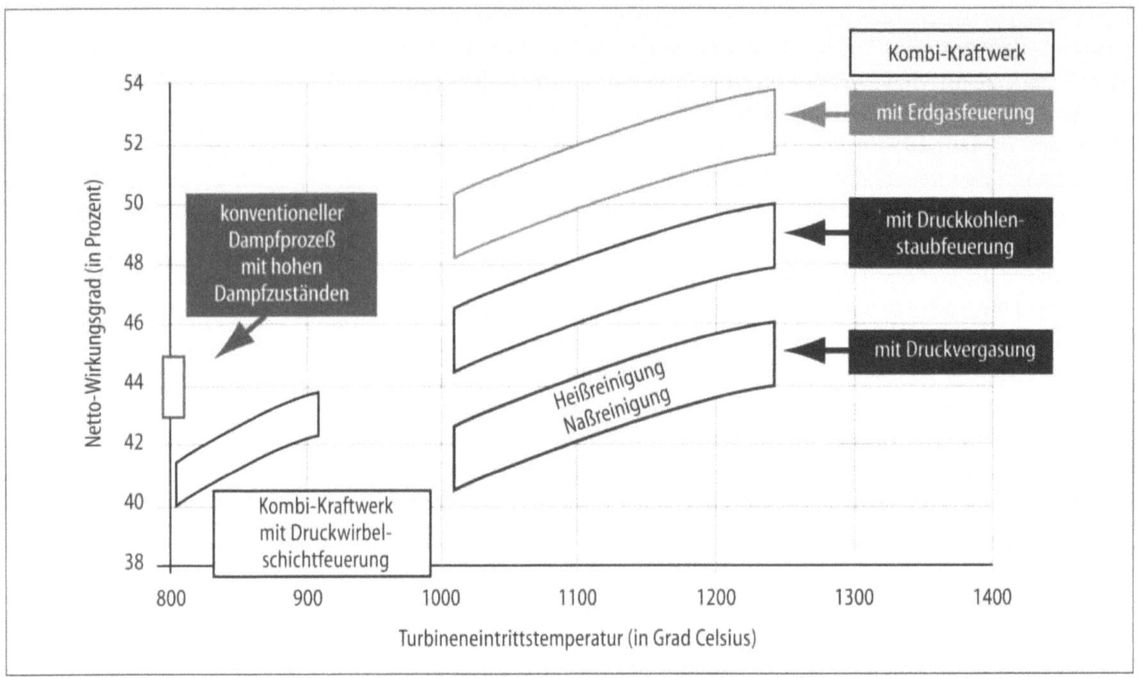

Bild 2 Stromerzeugungswirkungsgrad von kombinierten Gas- und Dampfturbinen-Kraftwerksprozessen

Mit dem Bau von Kombikraftwerken mit Kohledruckvergasung sind allerdings vergleichsweise hohe Investitionskosten verbunden. So wurde die Entscheidung über den Bau der von der RWE Energie AG und der Rheinbraun AG geplanten Demonstrationsanlage zur Braunkohlevergasung KoBra zurückgestellt, weil die KoBra-Technik gegenüber der konventionellen Technik nur geringe Vorteile bei den Stromerzeugungskosten aufweist – verbunden mit einem höheren Ausfallrisiko der Anlage.

Kombikraftwerke mit Druckwirbelschichtfeuerung

Die Wirbelschichtverbrennung von Kohle bei atmosphärischem Druck hat in Deutschland eine lange Tradition. Bei dieser Technik verbrennt die grob gemahlene Kohle in einem mit Verbrennungsluft durchströmten Aschebett bei Temperaturen um 900 Grad Celsius. Dabei entsteht noch kein thermisches Stickoxid. Wird Kalkstein oder Dolomit zugegeben, läßt sich auch das bei der Verbrennung entstehende Schwefeldioxid in die Asche einbinden und mit dieser als Gips deponieren. Damit entfallen aufwendige Maßnahmen zur Reinigung der Rauchgase wie Stickoxidkatalysatoren und Schwefeldioxidwäscher. Zudem lassen sich relativ viele unterschiedliche Kohlequalitäten einsetzen.

Es liegt also nahe, diese Technik in einem kohlegefeuerten Kombiprozeß einzusetzen. Ende der siebziger Jahre wurden erste Versuche mit einer Druckwirbelschichtfeuerung (DWSF) in einer Anlage in Grimethorpe, Großbritannien, durchgeführt, die für eine thermische Leistung von 60 Megawatt ausgelegt war.

Eine erste, in enger Zusammenarbeit mit der Herstellerfirma L. & C. Steinmüller gemeinsam entwickelte Demonstrationsanlage ging 1984 im Heizkraftwerk der RWTH Aachen in Betrieb; die druckaufgeladene Anlage war dort in die Wärme- und Stromversorgung integriert. Da es vor 15 Jahren noch nicht möglich war, das Gas bei

900 Grad Celsius auf ein für die Gasturbine verträgliches Maß von Staub zu reinigen, wurde das Rauchgas durch Wärmeabgabe an Turbinendampf auf etwa 400 Grad Celsius abgekühlt, dann in einem Gewebefilter mit metallischen Filterelementen gereinigt und hernach in einem Turbolader auf Umgebungsdruck entspannt. An dieser Anlage wurden ausführlich die unterschiedlichen Komponenten getestet, wie etwa Dickstoffpumpen zum Eintrag von Brennstoffen in das Drucksystem oder verschiedene Filterelemente in der Abreinigung. Darüber hinaus wurden Grundlagenversuche zum Beispiel zur Wärmeübertragung in der Wirbelschicht oder zu den Schadstoffemissionen unternommen.

1994 wurde die Versuchsanlage in Aachen nach mehr als 3000 Betriebsstunden stillgelegt. Die mit ihr gesammelten Erfahrungen sind teilweise in die Großanlagen in Värtan (Schweden), Tidd (USA) und Escatron (Spanien) eingeflossen, die 1990 und 1991 mit elektrischen Leistungen von etwa 80 Megawatt von ABB erstellt wurden. Eine vergleichbare Anlage wurde von IHI/ABB 1993 in Wakamatsu (Japan) in Betrieb genommen. Weitere Anlagen, die mit stationären druckaufgeladenen Wirbelschichtfeuerungen arbeiten, sind in Japan und China im Bau. Sie weisen elektrische Leistungen bis zu 360 Megawatt auf. In den USA ist eine Anlage mit druckaufgeladener zirkulierender Wirbelschicht und einer Leistung von 170 Megawatt geplant. In Deutschland wird erstmals 1999 eine derartige kommerzielle Anlage des Herstellers ABB mit Trockenbraunkohle als Brennstoff in Cottbus in Betrieb genommen.

Trotz der deutlich sichtbaren Verfahrensvorteile hat das Interesse der deutschen Betreiber und Hersteller an der Technik der Druckwirbelschichtverbrennung im Kombiprozeß nachgelassen. Zum einen, weil der Wirkungsgrad von der Wirbelschichttemperatur (900 Grad Celsius) abhängt und ohne zusätzliche Maßnahmen nicht mehr als 45 Prozent betragen kann. Zum anderen bereitet die Rauchgasentstaubung vor der Gasturbine mit keramischen Filterelementen immer noch Probleme. Obwohl die Investitionskosten solcher Anlagen durch ihr relativ einfaches und sehr kompaktes Konzept niedriger sind, tritt diese Technik in direkte Konkurrenz zu den erprobten konventionellen Kraftwerksprozessen mit hohen Dampfparametern.

Höhere Wirkungsgrade bei der Stromerzeugung lassen Druckwirbelschichttechnologien der sogenannten zweiten Generation erwarten. Dabei wird das in keramischen Filtern gereinigte Rauchgas der Wirbelschicht durch Nachfeuerung auf eine für die nachgeschaltete Gasturbine optimale Temperatur gebracht. Zur Nachfeuerung kann entweder Erdgas oder aber ein Kohlegas genommen werden, das in einer Vergasereinheit durch Verbrennung unter Luftmangel gewonnen wurde. Der Vorteil des höheren Wirkungsgrads muß allerdings durch eine aufwendigere Prozeßführung und unter Umständen durch eine Entstickungsanlage (DeNOx-Anlage) erkauft werden. Dafür kann gegenüber der Variante Druckvergasung mit vergleichbarem Wirkungsgrad jedoch die externe Entschwefelungsanlage und die aufwendige Luftzerlegungsanlage entfallen. Diese Art von Druckwirbelschichtanlagen wurden unterdessen in ausführlichen Studien in den USA und Großbritannien untersucht und optimiert,

Weitere Wirkungsgradverbesserung macht Wirbelschichttechnologie konkurrenzfähig

**Kombikraftwerke mit
Druckkohlenstaubfeuerung**

so daß ihre Einzelkomponenten Druckwirbelschicht und Druckvergaser inzwischen als bekannte Techniken gelten. Die Reinigung des Rauchgases und des Kohlegases bei hohen Temperaturen hingegen ist heute noch nicht Stand der Technik.

Bei der Druckkohlenstaubfeuerung (DKSF) verbrennt man die staubförmige Kohle in einer Druckbrennkammer bei Temperaturen über 1500 Grad Celsius und Drücken zwischen 10 und 20 bar. Das dabei entstehende Rauchgas wird gereinigt und in der Gasturbine entspannt. Dies geschieht bei Temperaturen, die so hoch sind, daß sie die Leistungsfähigkeit moderner Gasturbinen ausschöpfen und so Wirkungsgrade von 54 Prozent möglich machen. Dieses im Prinzip sehr einfache Anlagenkonzept ist zusammen mit einem nachgeschalteten Zweidruckabhitzedampferzeuger in Bild 3 dargestellt.

Die sehr hohen Verbrennungstemperaturen schaffen jedoch Probleme, die vor dem Bau einer Demonstrationsanlage in Labor- und Pilotanlagen untersucht und gelöst werden müssen. So ist die Kohleasche bei einer Verbrennung über 1300 Grad Celsius schmelzflüssig. Von dieser flüssigen Asche muß das Rauchgas vor dem Eintritt in die Gasturbine möglichst vollständig bei Höchsttemperatur gereinigt werden. Gelingt dies nicht, wird die Turbine sehr schnell zerstört,

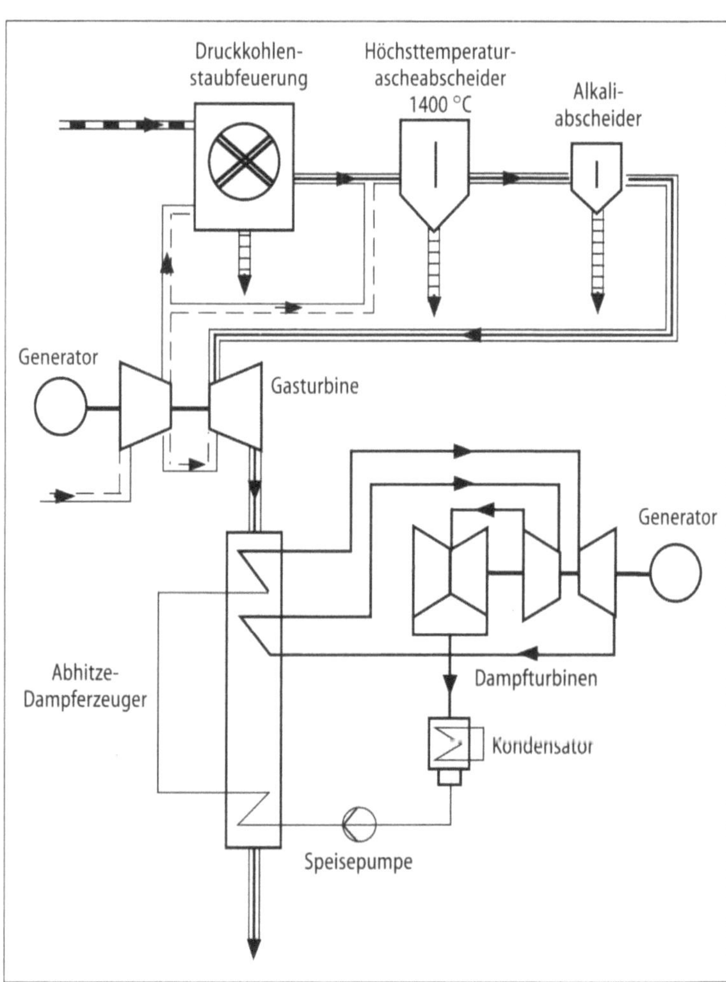

Bild 3 Schaltschema eines Kombikraftwerks mit Druckkohlenstaubfeuerung und Höchsttemperaturgasreinigung

weil die Aschetropfen kondensieren und sich auf den Oberflächen der Schaufeln verfestigen. Diese Zerstörung wird noch durch auskondensierende Alkalidämpfe zusätzlich beschleunigt, die bei den hohen Temperaturen aus der Kohle freigesetzt werden. Außerdem entsteht bei den hohen Verbrennungstemperaturen – selbst bei optimierter Verbrennungsführung – viel thermisches Stickoxid, das aus dem Rauchgas beseitigt werden muß, bevor dieses in die Umgebung abgeleitet werden kann. Dazu sind weitere Maßnahmen notwendig. Insgesamt läßt sich also feststellen, daß Betrieb und Regelung von Druckbrennkammern mit Schmelzfeuerung nicht unproblematisch sind, und so ist es nicht verwunderlich, daß diese Prozeßvariante trotz vieler verfahrenstechnischer Vorteile als sehr risikoreich eingestuft und deshalb weltweit bisher nur wenig untersucht wurde. In Deutschland wurde diese Technik zuerst in einem Verbundvorhaben mit Beteiligung der Industrie und der Hochschule aufgegriffen. Eine Versuchsanlage wird in Dorsten betrieben. Hier werden bei einer thermischen Leistung von etwa einem Megawatt Drücke bis 16 bar und Temperaturen um 1600 Grad Celsius gefahren. Der Schwerpunkt der Untersuchungen liegt bei den für eine Realisierung dieser Feuerungsart entscheidenden Fragen, nämlich der Konstruktion und Wirksamkeit von Schüttschichtfiltern aus keramischen Werkstoffen zur Reinigung der Gase und der Einbindung von Alkalidämpfen.

Versuchsanlage Dorsten

Brenner und Brennkammer für die Druckkohlenstaubfeuerung werden von uns – parallel zu den Dorstener Forschungsaktivitäten – an einer Versuchsanlage im ehemaligen Heizkraftwerk mit finanzieller Unterstützung des Bundesministeriums für Bildung, Wissenschaft, Forschung und Technologie (BMBF), des Ministeriums für Schule und Weiterbildung, Wissenschaft und Forschung (MSWWF) des Landes Nordrhein-Westfalen sowie der RWTH Aachen untersucht. Darüber hinaus interessieren auch alternative Gasreinigungsverfahren bei hohen Temperaturen.

So wird am Institut für Eisenhüttenkunde der RWTH Aachen ein sogenannter Venturiwäscher zur Höchsttemperaturgasreinigung entwickelt. Bei diesem Verfahren ist vor dem Massenkraftabscheider, zum Beispiel einem heißgehenden Zyklon, ein Abscheider nach dem Prinzip eines Venturiwäschers vorgesehen, der die Feinstpartikel, die den Massenkraftabscheider passieren würden, agglomeriert. Dazu wird im Venturiwäscher senkrecht zum horizontal verlaufenden Rohgasstrom ein dünner Film schmelzflüssiger Asche zugegeben, der die Feinsttropfen durch Agglomeration einbindet. Versuche an einer Laboranlage ergaben, daß durch den Zyklon allein der Staubgehalt im Reingas auf 30 Milligramm pro Kubikmeter, beim Betrieb mit zusätzlich vorgeschaltetem Venturiwäscher auf etwa sieben Milligramm pro Kubikmeter vermindert werden konnte. Zudem verringerte sich die Zahl der Partikel, die kleiner als zwei Mikrometer sind, deutlich, da sich die kleineren an die größeren anlagerten.

Hochtemperaturreinigung mit keramischen Filterelementen

Parallel zu den Verfahren mit Höchsttemperaturreinigung suchen wir nach neuen Varianten, bei denen das heiße Rauchgas, wenn es die Brennkammer verläßt, durch Luft- oder Dampfzugabe oder aber durch einen keramischen Wärmeaustauscher auf eine Temperatur

Bild 4 Schaltschema eines Kombikraftwerks mit Druckkohlenstaubfeuerung, Hochtemperaturgasreinigung und keramischem Wärmeaustauscher

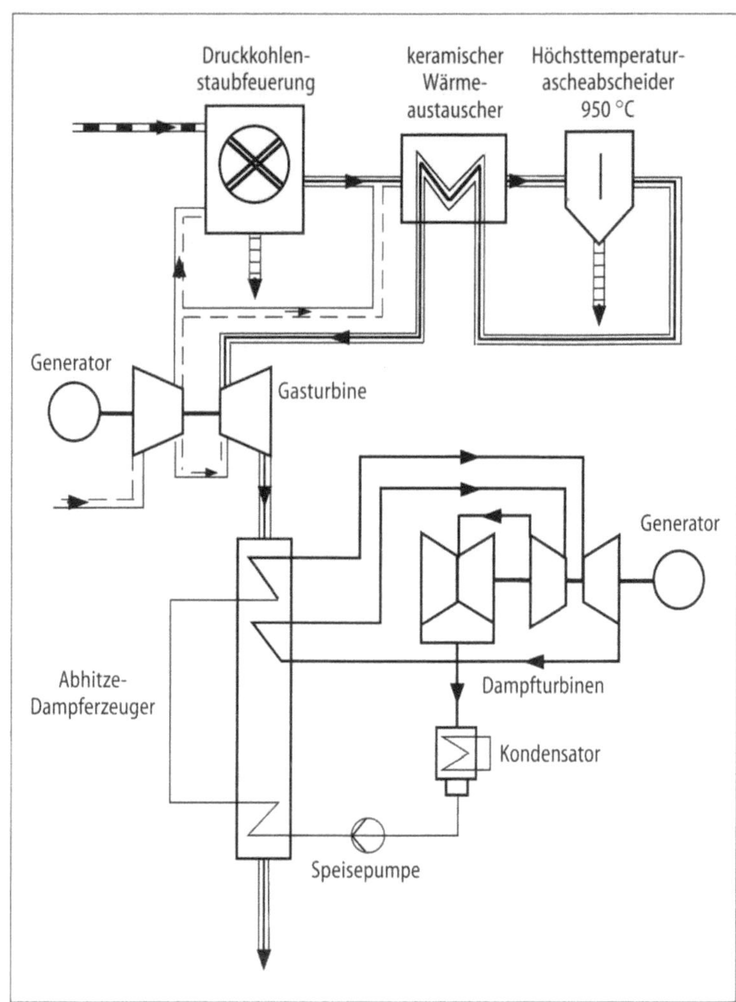

von etwa 900 Grad Celsius abgekühlt wird, bevor es dann in die Gasturbine eintritt, wie in Bild 4 gezeigt. Bei dieser Temperatur lassen sich keramische Filterelemente gut zur Staubabscheidung verwenden, wie die in der Druckwirbelschichttechnik gesammelten Erfahrungen belegen. Eigene Langzeituntersuchungen an einer Heißgasfilteranlage mit sechs keramischen Filterelementen, die im Bypass zur Druckwirbelschichtanlage geschaltet waren, haben zudem gezeigt, daß der Staubanteil im Reingas bei gasturbinenverträglichen Korngrößen auf unter ein Milligramm pro Kubikmeter gedrückt werden kann.

In Vorversuchen haben wir zudem nachweisen können, daß die Heißgasfilteranlage zugleich Schadgaskomponenten, zum Beispiel Alkalidämpfe oder Stickoxide, einbinden kann. Dazu lassen sich auch katalytische Verfahren einsetzen. Diese erweiterten Möglichkeiten des keramischen Filters als Gasreinigungsanlage untersuchen wir zur Zeit in einem vom BMBF geförderten Verbundvorhaben, an dem auch die Universitäten Cottbus und Karlsruhe beteiligt sind.

Die Wirkungsgrade bei der Stromerzeugung einer Anlage mit keramischem Wärmeaustauscher oder einer mit Höchsttemperaturgasreinigung sind vergleichbar. Der keramische Wärmeaustauscher ist jedoch zur Zeit ebenso wenig verfügbar wie die Höchsttemperaturreinigung. Auch dazu müssen in den kommenden Jahren erst noch grundsätzliche technologische Probleme gelöst werden. Diesen Fragen geht das Institut für Keramische Komponenten im Maschinenbau der RWTH Aachen in einem vom BMBF geförderten Verbundvorhaben mit Industriepartnern und der Universität Braunschweig nach.

Sollten sich die Probleme mit den keramischen Hochtemperaturwärmeaustauschern nicht lösen lassen, könnte man auch – als weitere Prozeßvariante – die Temperatur des Reingases, das den keramischen Filter verläßt, durch Nachverbrennung wieder anheben. Der durch die Quenchluft zugeführte Sauerstoff reicht für diese Nachverbrennung aus. Es wäre zudem möglich, für die Nachverbrennung Kohlegas aus einer vorgeschalteten, relativ kleinen Vergasungseinheit einzusetzen. Die dafür notwendigen Prozeßberechnungen stellen wir zur Zeit an – auch um abschätzen zu können, inwieweit derartige Schaltungen realistisch sind und welchen Wirkungsgrad sie erreichen können.

Die Hauptkomponente der Druckkohlenstaubverbrennungstechnik ist die Druckkammer. Im Heizkraftwerk der RWTH Aachen wurde eine Versuchsanlage zur Druckkohlenstaubverbrennung aufgebaut. Deren Brennkammer ist für eine thermische Leistung von 400 Kilowatt bei einem Druck von zwölf bar und eine Temperatur bis zu 1700 Grad Celsius bei Schmelzkammerbetrieb ausgelegt. Optische Zugänge ermöglichen es, die Temperatur und die Geschwindigkeit in der Gas- und der Partikelphase sowie die Konzentration der Gase berührungslos zu messen. Zusammen mit der Firma L. & C. Steinmüller, dem Lehrstuhl für Technische Thermodynamik und dem Lehr- und Forschungsgebiet Hochtemperaturthermodynamik untersuchen wir in dieser Brennkammer Brenner-Prototypen und entwickeln diese weiter. Dabei interessieren uns insbesondere die Einflüsse von Druck, Drall, Luftstufung, Luftüberschuß, Verbrennungslufttemperaturen sowie Qualität und Aufmahlung der Kohle auf den Ausbrand, die Schlackebildung sowie auf die Stickoxid- und Alkali-Emissionen. Bild 5 zeigt die Versuchsanlage. Die Brennkammer konnte inzwischen bei Drücken bis zu vier bar betrieben werden; ein erster Druckbetrieb bei etwa zehn bar ist noch 1999 vorgesehen.

Parallel zu diesen Messungen sollen theoretisch-numerische Untersuchungen zur Druckverbrennung die wissenschaftlichen Grundlagen für die Auslegung von Druckkohlenstaubbrennern und Brennkammern verbessern. Deren Ergebnisse werden mit den gemessenen Werten an der Aachener Anlage verglichen, um im Ergebnis am Experiment abgesicherte Rechenverfahren für die Auslegung der geplanten Demonstrationsanlage verfügbar zu haben. Hierbei interessiert vor allem, wie der Druck die Pyrolyse, die Verbrennungsreaktionen, die Schadgasbildung und den strahlungsbedingten Wärmeübergang beeinflußt. Diese Arbeiten werden in dem vom BMBF und dem nordrheinwestfälischen MSWWF unterstützten Verbundvorhaben „DruckFlamm" gemeinsam mit den Universitäten Bochum und Stuttgart vorangetrieben.

Experimentelle und numerische Untersuchungen an der Druckkohlenstaubverbrennungsanlage der RWTH Aachen

Bild 5 Versuchsanlage zur Druckkohlenstaubfeuerung im Heizkraftwerk der RWTH Aachen

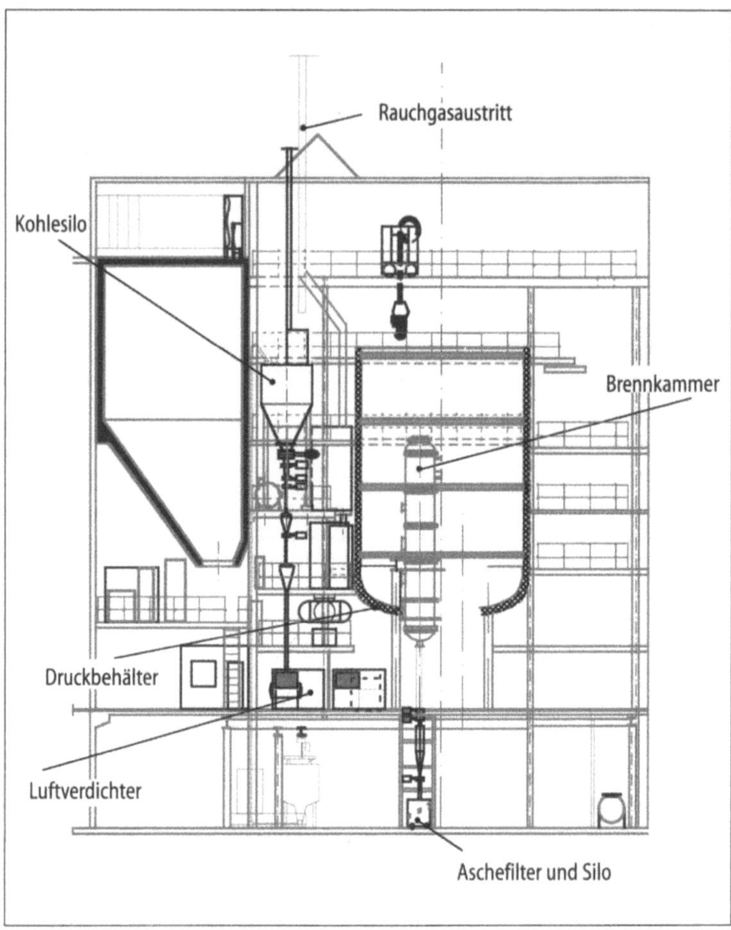

Bild 6 Berechnete Geschwindigkeitsfelder (oben) und Temperaturfelder (unten) für zwei Brennertypen (Brenner links: Drallzahl 0,70, Brenner rechts Drallzahl 0,94)

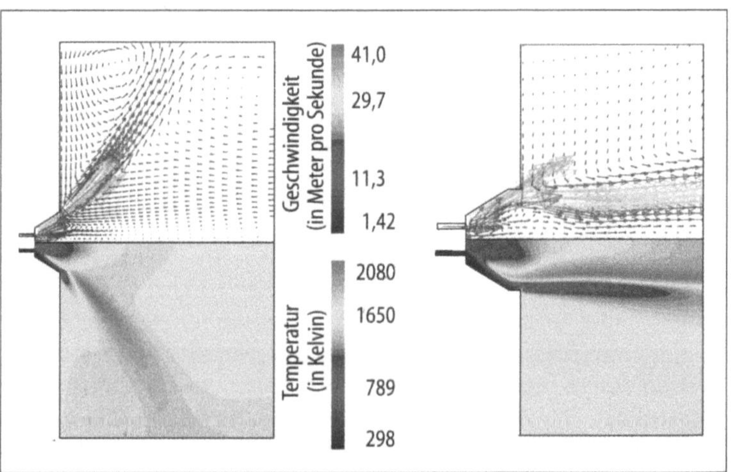

Das Ergebnis einer solchen numerischen Optimierung des in Dorsten und in Aachen eingesetzten Druckkohlenstaubbrenners zeigt Bild 6. Es wird deutlich, daß sich aufgrund der rechnerischen Analyse die Konstruktion eines Brenners, seine Geschwindigkeits- und

Temperaturfelder und damit auch die Stickoxidbildung stark beeinflussen lassen.

Prof. Dr.-Ing. Ulrich Renz ist Inhaber des Lehrstuhls für Wärmeübertragung und Klimatechnik.   **Autor**

Literaturhinweise

[1] H. Bergmann und F. Bauer: Entwicklungspotentiale der Braunkohle-Kraftwerkstechnik, VGB-Konferenz, Feuerungen 1994, VGTB-TB, S. 217.
[2] K. Hannes: Entwicklungsprogramm Druckkohlenstaubfeuerung, Jahrbuch 97, VDI-Gesellschaft Energietechnik, VDI-Verlag, Düsseldorf 1997, S. 177 bis 202.
[3] S. Laux, B. Giernoth, H. Bulak und U. Renz: Hot Gas Filtration with Ceramic Filter Elements, 12th International ASME Conference on Fluidized Bed Combustion, San Diego, Kalifornien (USA), 9. bis 13. Mai 1993, 2, S. 1241 bis 1250.
[4] S. Lockemann, V. Nobis und B. Hillemacher: Druckkohlenstaubfeuerung, Versuchsanlage Aachen, Bericht zum BMBF-Vorhaben 0326842, 1998.
[5] U. Terhaag, U. Renz, G. Dibelius, D. Bohn, A. Reinartz und H. Steven: Ergebnisse aus dem Betrieb des druckaufgeladenen Wirbelschichtdampferzeugers im Heizkraftwerk der RWTH Aachen, VGB Kraftwerkstechnik, 75, 1995, 3, S. 243 bis 246.

Die Verbrennungs-
kraftmaschine der
Zukunft und
die Alternativen

Stefan Pischinger

Auf dem Weg zu weniger Emissionen und geringerem Kraftstoffverbrauch

Kraftfahrzeuge werden heute fast ausschließlich von Verbrennungsmotoren angetrieben – weltweit werden dazu jährlich über 50 Millionen Motoren (Stand 1998) gefertigt. Auch wenn sich das Grundprinzip und die wesentlichen Bauteile des Verbrennungsmotors gegenüber dem ersten Ottomotor vor über 100 Jahren kaum verändert haben, so hat in dieser Zeit doch eine enorme Weiterentwicklung stattgefunden. Ist die Motorentechnik ausgereizt? Worin bestehen Potentiale zur Weiterentwicklung? Wird der Verbrennungsmotor im 21. Jahrhundert durch alternative Antriebssysteme abgelöst?

Die Suche nach dem geeigneten Fahrzeugantrieb der Zukunft beginnt mit der Frage nach den Anforderungen, die er wird erfüllen müssen. Diese Kriterien können sich mit der Zeit und je nach Anwendungsfall für Fahrzeugtyp und Einsatzort ändern. Dennoch besitzen einige davon eine gewisse Allgemeingültigkeit: Moderne Motoren dürfen nur wenig Schadstoffe und Lärm abgeben, müssen billig in Herstellung, Energieverbrauch, Haltung, Wartung und Recycling sein. Dessen ungeachtet müssen das Drehmoment und die Motorleistung einen gewissen Fahrspaß ermöglichen. Sie müssen leicht sein, damit ihre Leistungsdichte, also die Motorleistung bezogen auf das Gesamtgewicht, steigt. All diese Eigenschaften muß der Motor der Zukunft über seine Lebensdauer hinweg zuverlässig einhalten.

Direkt verbunden damit sind die Anforderungen an den Kraftstoff. Er muß flächendeckend verfügbar sein, darf nur ein geringes Volumen einnehmen, muß schnell zu tanken sein und darf nicht zuviel kosten.

Bislang war es vor allem der Verbrennungsmotor, der diese Anforderungen als bester Kompromiß erfüllen konnte. Dies sicherte ihm die unangefochtene Spitzenposition als Fahrzeugantrieb schlechthin. Dabei war es durch intensive Arbeiten in Forschung und Entwicklung möglich, den Verbrennungsmotor immer wieder an die sich wandelnden Anforderungen der vergangenen Jahrzehnte anzupassen.

Die künftigen Entwicklungen werden deutlich weniger Kraftstoffverbrauch und verringerte Schadstoffemissionen bestimmen. Seit der Einführung von Abgasgrenzwerten in Deutschland konnten die Stickoxide (NO_x), Kohlenwasserstoffe (HC), Kohlenmonoxid (CO) und Partikel im Abgas von Neufahrzeugen um mehr als 90 Prozent gesenkt werden. Mit dem zunehmenden Austausch von Altfahrzeugen wirkt sich dies auch auf die Emissionen aller Fahrzeuge aus (Bild 1). Die Emissionsgrenzwerte sollen auf absehbare Zeit weiter

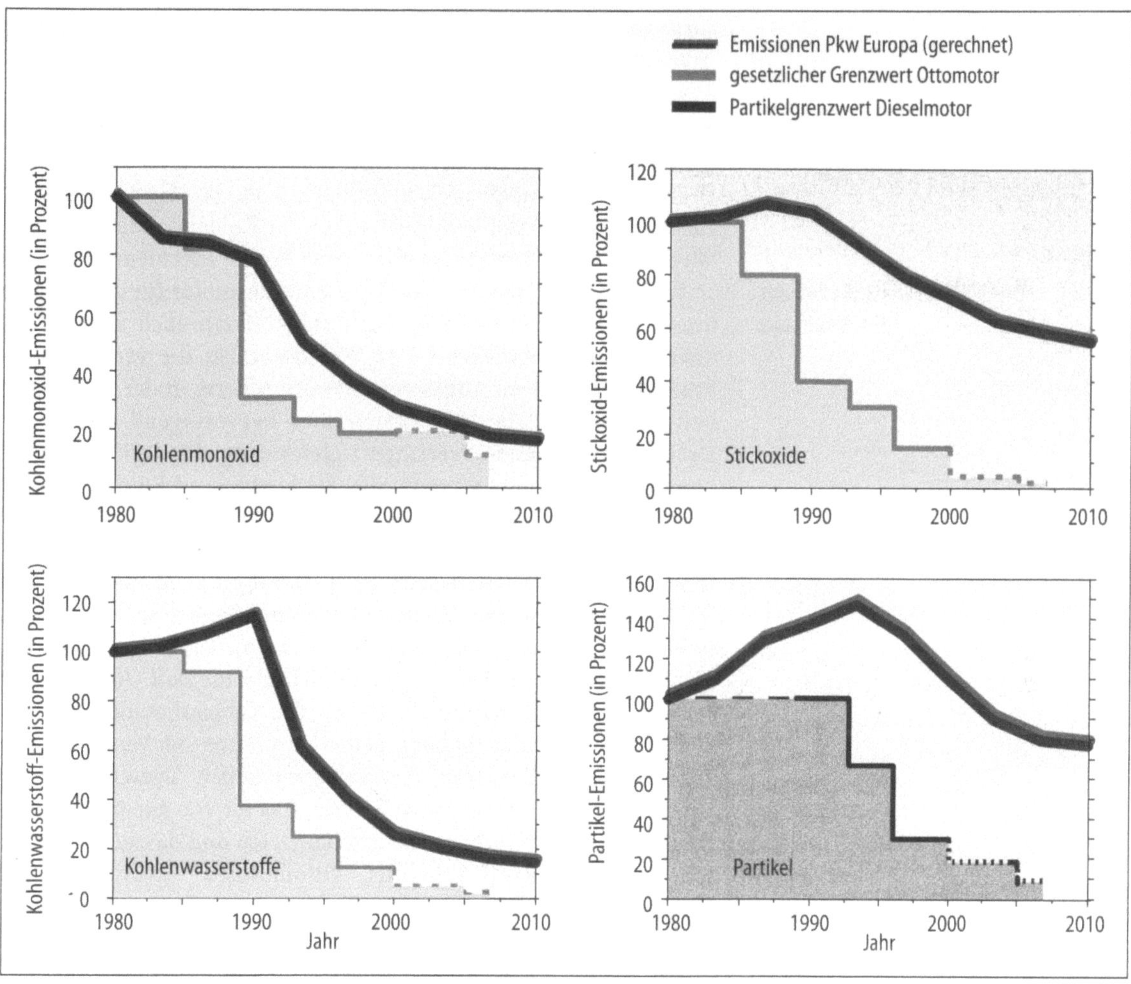

verschärft werden: Zum Jahr 2005 ist eine Halbierung der Grenzwerte von 2000 geplant (Euro IV). Neben diesen Entwicklungen sind lokal Trends zu Null- oder „Nahezu-Null"-Emissions-Grenzwerten zu verzeichnen, wie in Kalifornien (Zero Emission Vehicle, ZEV, oder Super Low Emission Vehicle, SULEV).

Neben den Schadstoffemissionen ist der Kohlendioxidausstoß zunehmend in den Vordergrund gerückt. Immerhin ist der Straßenverkehr für rund ein Viertel der Kohlendioxidemissionen weltweit verantwortlich. Über den Kohlenstoff im Kraftstoff ist die Kohlendioxidemission direkt an die Gesamtenergiekette und somit an den Kraftstoffverbrauch gekoppelt. Die deutsche Automobilindustrie hat sich verpflichtet, die Kohlendioxidemission bis zum Jahr 2005 gegenüber 1990 um ein Viertel zu senken; der Verband der europäischen Automobilindustrie (ACEA) hat sich zu einem Kohlendioxidziel von 140 Gramm pro gefahrenem Kilometer für das Jahr 2008 bekannt. Das entspricht etwa fünf Liter Kraftstoff auf 100 Kilometer für Ottomotoren. Bis zum Jahr 2012 stehen mittlere Emissionen von 120 Gramm Kohlendioxid pro Kilometer zur Diskussion.

Der Kraftstoffpreis übt zudem einen erheblichen Druck aus, den Verbrauch zu reduzieren. Auch wenn bei den Motoren deutliche Ein-

Bild 1 Entwicklung der Schadstoffemissionen und der gesetzlichen Grenzwerte für Pkw in Europa

sparungen erzielt wurden, so wurde dieser Gewinn zum großen Teil durch höhere Fahrzeuggewichte, erzeugt durch steigende Anforderungen an Komfort und Sicherheit, wieder verzehrt. Erst der direkteinspritzende Dieselmotor in Kombination mit Leichtbaufahrzeugen (Aluminium) und gewisse Komforteinschränkungen machten das Drei-Liter-Auto möglich. Es zeichnet sich ab, daß die weitere Reduzierung des Kraftstoffverbrauchs und der Kohlendioxidemissionen langfristig die größte Herausforderung für die Ingenieure ist.

Was ist also zu tun, um den Verbrennungsmotor für das 21. Jahrhundert, vor allem in bezug auf Kraftstoffverbrauch und Emissionen, weiterzuentwickeln? Der Ottomotor hat die verschiedenen Stufen der erlaubten Abgasemissionsgrenzwerte in der Vergangenheit durch den Drei-Wege-Katalysator hervorragend erfüllt. Der Drei-Wege-Katalysator verringert gleichzeitig die drei Schadstoffkomponenten Kohlenwasserstoffe, Stickoxide und Kohlenmonoxid bei stöchiometrischem Gemisch. Weiterentwicklungen in der Katalysatortechnik, in Aufheizstrategien nach dem Kaltstart und in der Gemischbildung werden auch die Erfüllung der Abgasgrenzwerte im 21. Jahrhundert mit solchen Konzepten möglich machen. Prototypfahrzeuge erfüllen bereits heute die strengen kalifornischen SULEV-Grenzwerte. Die wesentliche Hürde für den Ottomotor ist es, den Kraftstoffverbrauch und somit die Kohlendioxidemission zu senken. Der Verbrauch liegt beim Ottomotor im Vergleich zum zunehmend verbreiteten direkteinspritzenden Dieselmotor um rund ein Drittel (energetisch) höher. Das ist vor allem zurückzuführen auf Drosselverluste im Teillastbetrieb und das stöchiometrische Kraftstoff-Luft-Verhältnis. Ottomotoren verdichten auch geringer als direkteinspritzende Diesel: Ihr Verdichtungsverhältnis liegt bei 10 oder 11 zu 1, das des Dieselmotors bei 18 bis 20 zu 1.

Drei Hauptrichtungen zur deutlichen Reduzierung des Kraftstoffverbrauchs zeichnen sich für den Ottomotor ab: Magermotoren (bevorzugt mit Direkteinspritzung), voll variable Ventilsteuerung und sogenanntes Downsizing mit Hochaufladung (möglichst mit variabler Verdichtung).

Durch den Magermotor mit Direkteinspritzung kann über eine Schichtung der Ladung ein Betrieb mit mageren Luftverhältnissen (Luftüberschuß) wie beim Dieselmotor erreicht werden (Bild 2). Durch geringere Wärmeverluste, Entdrosselung und günstigere Stoffwerte können Verbrauchsvorteile um 15 Prozent im Europäischen Fahrzyklus erreicht werden. Allerdings ist wegen des mageren Betriebs ein neues Abgasnachbehandlungssystem erforderlich. Gegenwärtige Ansätze wie der Adsorberkatalysator (Regeneration der gespeicherten Stickoxide durch kurzzeitigen sogenannten Fett-Betrieb, das heißt mit Luftmangel) scheitern bislang am Schwefelgehalt des Kraftstoffs.

Bei der voll variablen Ventilsteuerung kann die Drosselklappe entfallen. In Kombination mit Zylinderabschaltung (eventuell auch umlaufend) sind Verbrauchseinsparungen wie beim direkteinspritzenden Ottomotor möglich, unter Beibehaltung der bei stöchiometrischem Betrieb möglichen Abgasnachbehandlung mittels Drei-Wege-Katalysator. Ein aussichtsreiches Konzept bieten elektrome-

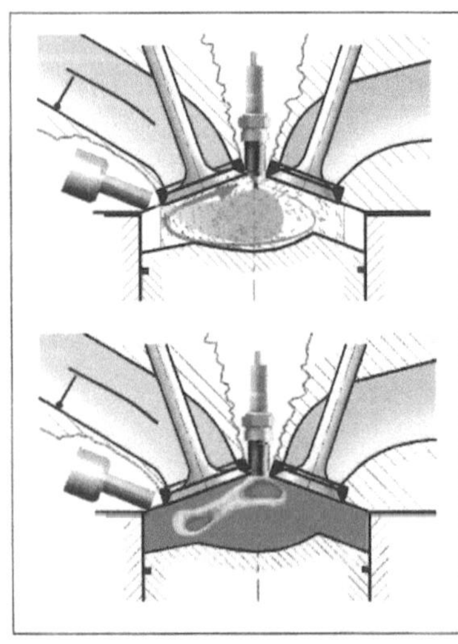

Bild 2 Direkteinspritzender Ottomotor: Prinzip des luftgeführten Brennverfahrens (oben) und Prozeßsimulation (unten)

chanische Aktuatoren, die gleichzeitig die bisherige Nockenwelle überflüssig machen (Bild 3).

Günstigere Wirkungsgrade bei niedriger Leistungsanforderung (Teillast) lassen sich durch kleine Motoren (Downsizing) erreichen. Um nach wie vor die gleiche maximale Leistung erreichen zu können, werden diese Motoren mittels Hochaufladung auf hohe spezifische Leistung getrimmt. Durch variable Verdichtung lassen sich höhere Leistungen und bessere Teillastwirkungsgrade erzielen, da Motorklopfen durch Absenkung der Verdichtung vermieden wird. Auch hier bleibt bei stöchiometrischem Betrieb der Drei-Wege-Katalysator wirksam. Die Verbrauchsvorteile liegen zwischen 20 und 30 Prozent.

Kommen wir zum Dieselmotor. Er soll zunächst vor allem zukünftige Emissionsgrenzwerte erreichen. Ein Hauptschlüssel ist das Einspritzsystem. Durch höhere Einspritzdrücke sowie flexiblen Einspritzverlauf mittels neuer Common-Rail-Einspritzsysteme konnte die spezifische Leistung in optimierten Brennräumen über das Niveau heutiger Saug-Ottomotoren angehoben werden. Das Motorgeräusch wurde unter das Vorkammerniveau gesenkt. In Kombination mit Abgasrückführung ließen sich auch deutliche Vorteile bezüglich der Rohemissionen erreichen. Bei der Abgasrückführung wird ein Teil des Abgases wieder der Frischluft beigemischt und so erneut der Verbrennung zugeführt.

Dieselmotor

Die Weiterentwicklung wird zeigen, inwieweit die zunehmende Präzision beim Einspritzsystem (Piezoeinspritzung) ausreicht, um durch innermotorische Maßnahmen auch die Abgasgrenzwerte des nächsten Jahrhunderts zu erfüllen. Versuche mit teilhomogenisierter Verbrennung und Abgasrückführung zeigen bereits vielversprechende Ergebnisse (Bild 4). Höchstwahrscheinlich werden ab Euro IV (2005) auch beim Dieselmotor weiterentwickelte Abgasnachbehandlungssysteme erforderlich sein. Aussichtsreiche Technologien sind die Adsorbertechnologie, ähnlich dem direkteinspritzenden Ottomotor. Die Stickoxide werden im Magerbetrieb adsorbiert, bei Luftmangel kann sich der Katalysator regenerieren. Im Fett-Betrieb muß ein starker Rußanstieg vermieden werden, was mit modernen

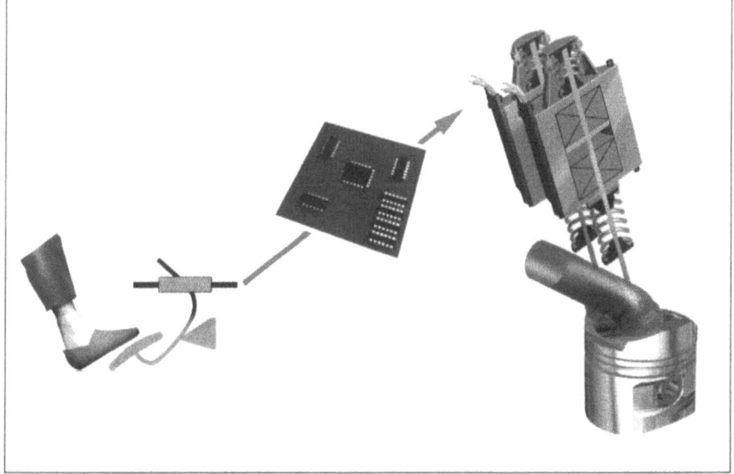

Bild 3 Schematische Darstellung der vollvariablen Ventilsteuerung mittels elektromagnetischer Aktuatoren

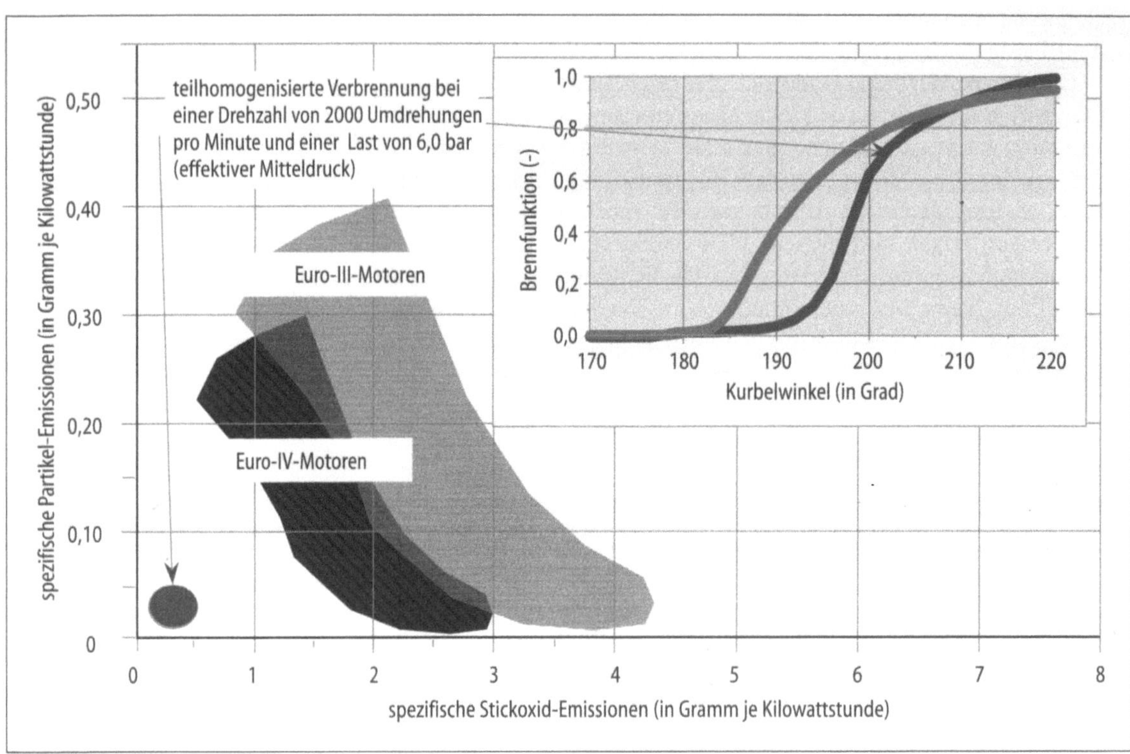

Bild 4 Stickoxid-Partikelemissionen-Schere bei teilhomogenisierter Dieselverbrennung (Advanced Common-rail Combustion Process, ACCP)

Common-Rail-Einspritzsystemen möglich erscheint. Der Schwefelgehalt des Dieselkraftstoffs muß dazu praktisch auf Null abgesenkt werden.

Die selektive katalytische Reduktion, ein weiteres aussichtsreiches Verfahren, ist aus der Entstickung in der Kraftwerkstechnik bekannt. Dabei werden durch Zugabe von Ammoniak oder Harnstoff hinter dem Auslaß im Katalysator kontinuierlich und selektiv die Stickoxide reduziert. Spezielle Rußfilter sind in der Lage, die ultrafeinen Partikel zurückzuhalten. Das Freibrennen des Rußfilters kann elektrisch oder durch eine entsprechende Abgastemperatur erfolgen. Die erforderliche Temperatur kann auch durch Additive abgesenkt werden.

Aber auch beim Dieselmotor gilt es, den Kraftstoffverbrauch noch weiter zu senken. Durch Downsizing, das heißt der Verwendung kleinerer Motoren mit Leistungsdichten über 60 Kilowatt pro Liter Hubraum läßt sich der Verbrauch um bis zu 20 Prozent verringern.

Leichtere Motoren durch zunehmende Verwendung von Leichtbauwerkstoffen werden zudem sowohl bei Otto- als auch bei Dieselfahrzeugen das Gesamtgewicht senken. Dabei darf man die Akustik, das heißt das Motorgeräusch, nicht außer acht lassen. Auch die Reibung innerhalb der Motoren wird weiter abgesenkt. Insgesamt geht bei allen Motoren der Trend hin zur Variabilisierung und Elektrifizierung. Das Bordnetz wird stärker belastet werden, der Abstimmungsaufwand wird drastisch ansteigen.

Elektro- und Hybridfahrzeuge

Der Wunsch nach Null-Emissionen hat in der jüngsten Zeit die Elektroautos attraktiv gemacht. Bei ihnen müssen allerdings die Schadstoffe, die die Kraftwerke bei der Stromerzeugung ausstoßen,

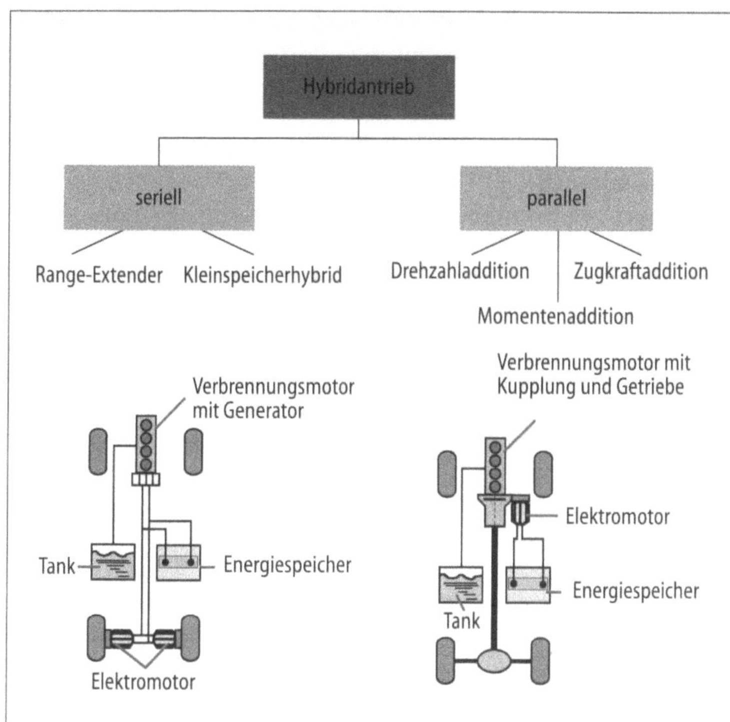

Bild 5 Klassifikation der Hybridantriebe

und die Gesamtenergiekette eingerechnet werden. Bezüglich der Schadstoffemissionen haben Elektroautos einen deutlichen Vorteil. Aber was die Energieausbeute betrifft, sind ihnen die Verbrennungsmotoren überlegen. Bislang scheitert die Einführung von Großserien der Elektroautos an den Batterien, die eine zufriedenstellende Reichweite, kurze Ladezeiten und Dauerhaltbarkeit mit akzeptablem Preis und Gewicht verbinden müssen. Es bleibt abzuwarten, ob hier bald deutliche Fortschritte erzielt werden.

Um die Nachteile bezüglich Reichweite und Ladezeit zu eliminieren, wurden Hybridfahrzeuge entworfen, die sowohl Elektro- als auch Verbrennungsmotor an Bord haben. Sie kamen auch in kleinen Stückzahlen auf den Markt. Man unterscheidet zwischen seriellen und parallelen Hybridkonzepten (Bild 5). Beim seriellen Hybridantrieb wirkt der Verbrennungsmotor ausschließlich auf den Generator, die Räder werden nur elektrisch angetrieben. Beim Parallelkonzept kann der Verbrennungsmotor sowohl den Generator als auch die Räder antreiben. Je nach dem Verhältnis von Leistung des Verbrennungsmotors zur elektrischen Leistung sowie Höhe der elektrischen Speicherkapazität sind verschiedenste Konzepte vom seriellen Range-Extender (kleiner Verbrennungsmotor zur Erweiterung der Reichweite eines Elektrofahrzeugs) bis hin zu Parallelkonzepten möglich, bei denen der Elektromotor nur zur dynamischen Unterstützung des Verbrennungsmotors (Booster) dient. Letztere sind nur im extremen Niedriglastbereich rein elektrisch betreibbar. Sie benötigen zwar, um etwa auf Autobahnen höhere Geschwindigkeit zu erreichen, den Verbrennungsmotor wie beim reinen Motorbetrieb, haben aber wegen deutlicher Verbrauchsvorteile in Stadtzyklen (unter anderem durch Bremsenergierückgewinnung) und der bedingten Fähigkeit zur Null-Emission den Einzug in Kleinserien geschafft. Wegen der hohen Kosten und des hohen Gewichts sowie der eingeschränkten Lebensdauer der Batterien ist der Einsatz von Hybridantriebssystemen in absehbarer Zeit nur in speziellen Anwendungen wahrscheinlich.

Brennstoffzelle auf dem Vormarsch

Einen weiteren Ausblick bietet das Prinzip der Brennstoffzelle. Schon seit über 150 Jahren bekannt und in der Raumfahrt und im Kraftwerksbereich vielfach eingesetzt, erscheint sie ideal für den Antrieb von Elektroautos geeignet. In ihr wird chemische Energie bei sehr niedrigen Temperaturen (im Vergleich zum Verbrennungsmotor) in elektrische Energie umgewandelt. Trotz der Fortschritte bei den für den Pkw-Einsatz geeigneten Polymerelektrolytmembranen (PEM) bleiben zunächst einige Hürden für die mobile Großserie.

So arbeitet die PEM-Brennstoffzelle mit Wasserstoff, der zunächst erzeugt und gespeichert werden muß. Der derzeit aussichtsreichste Weg ist die *On-board*-Erzeugung aus Kohlenwasserstoffen (Methanol, Erdgas, Benzin oder Diesel), die allerdings einen aufwendigen Reformer benötigen (Bild 6). Greift man nicht auf Benzin oder Diesel zurück, deren Reformierung besonders aufwendig ist, muß zudem ein neues Verteilungsnetz geschaffen werden. Möglicherweise wird auch die direkte Verwendung von Methanol in sogenannten Direct-Methanol-Fuel-Cells (DMFC) erfolgreich weiterentwickelt werden und zum Serieneinsatz kommen. Auch sind die Brennstoffzelle selbst und die notwendigen Zusatzgeräte (Reformer) derzeit viel teurer, schwerer und größer als Verbrennungsmotoren.

Brennstoffzellen zeigen nur sehr geringe Emissionen der klassischen Schadstoffe (Stickoxide, Kohlenwasserstoffe, Kohlenmonoxid). Der Energiebedarf und der Kohlendioxidausstoß aber sind, verwendet man die vorhandenen fossilen Primärenergien, aus heutiger Sicht insgesamt bestenfalls auf ähnlichem Niveau wie weiterentwickelte Diesel- und Ottomotoren. Bemerkenswert ist allerdings, daß die Brennstoffzelle im Unterschied zum Verbrennungsmotor ihre besten Wirkungsgrade in der unteren Teillast erreicht, so daß bei extremen Niedriglastzyklen eher Vorteile zu erwarten sind.

Alternative Kraftstoffe

Eine weitere Möglichkeit für neue Motoren wären alternative Kraftstoffe. Sie emittieren weniger Schadstoffe oder sind leichter und länger verfügbar als Benzin oder Diesel. Wichtig ist, wie gut sich der Kraftstoff zur Mitnahme im Fahrzeug (Verteilung, Speicherung, Gewicht, Volumen) und Verarbeitung (Energiewandlung) eignet. Die Frage besteht auch darin, wie er sich aus der Primärenergiequelle erzeugen läßt.

Als fossile Primärenergieträger stehen heute sowie in absehbarer Zukunft Erdöl, Erdgas und Kohle zur Verfügung. Die statische Reichweite (bei konstant angenommenem Verbrauch) beträgt rund 40 Jahre für Erdöl, 60 Jahre für Erdgas und 225 Jahre für Kohle, wobei diese Zahlen in den letzten 20 Jahren konstant geblieben sind, weil fortschreitend neue Quellen erschlossen sowie vorhandene weiter ausgeschöpft werden konnten. Für den Verkehr kommen heute fast ausschließlich Kraftstoffe aus Erdöl zum Einsatz.

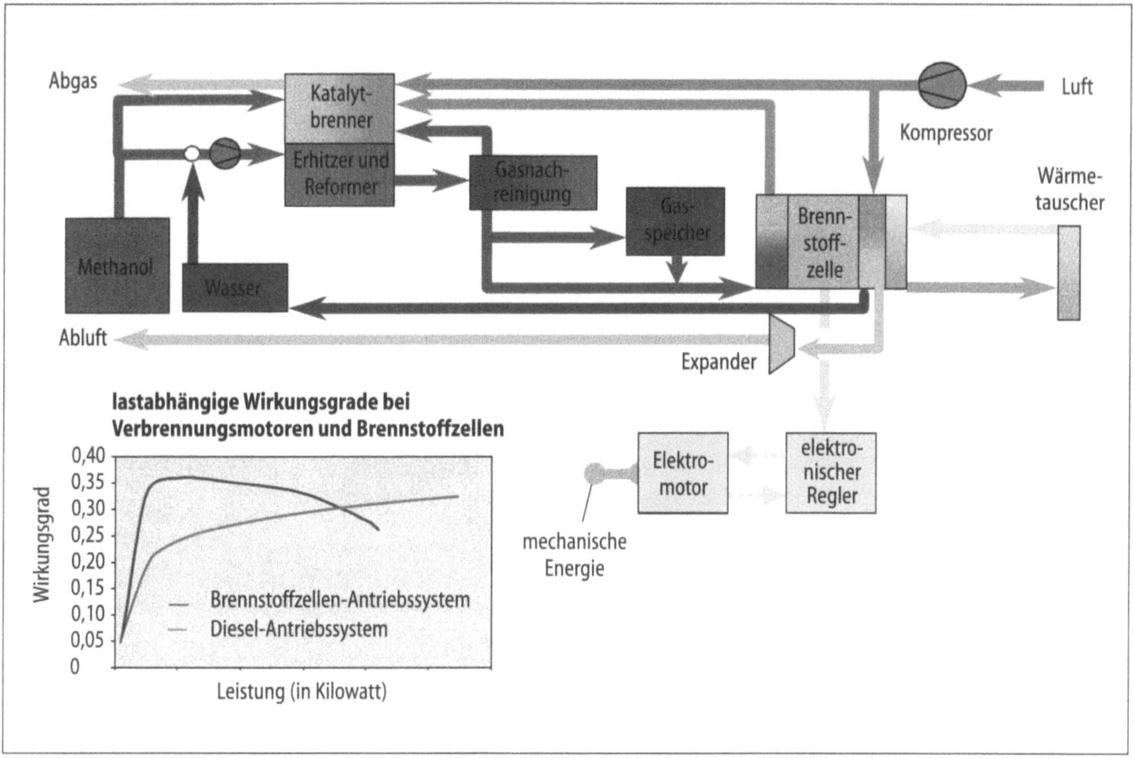

Neben fossilen Energieträgern stehen zunächst beschränkte Möglichkeiten der Erzeugung alternativer Energien aus biologischen Quellen (Raps, Zuckerrohr, Biomasse), aus der Sonne, aus Wasserkraft, Wind und Gezeiten zur Verfügung. Aufgrund limitierter Gesamtmengen oder erschwerter Nutzung decken sie bislang nur einen kleineren Teil des Gesamtenergiebedarfs für den mobilen Bereich ab.

Im Verbrennungsmotor führen zunächst Kraftstoffe mit reduziertem Kohlenstoff-Wasserstoff-Verhältnis zu geringeren Kohlendioxidemissionen. Schon Methan (der Hauptbestandteil des Erdgases) führt zu rund 20 Prozent weniger Kohlendioxid im Abgas. Alternative Kraftstoffe sind für den Verbrennungsmotor attraktiv, wenn sie eine klar definierte Zusammensetzung (Clean Fuels) aufweisen. Diese Forderung erfüllen zum Beispiel Wasserstoff, Erdgas, Propan und andere. Zudem muß der Kraftstoff eine bestimmte Menge Sauerstoff enthalten, um die Rußbildung im Dieselmotor zu verringern. Dies ist bei Methanol und Dimethylether der Fall. Sie sollten wie Wasserstoff eine hohe Brenngeschwindigkeit aufweisen und dürfen nur wenig Aromate oder Schwefel enthalten. Für Ottomotoren brauchen sie eine hohe Klopffestigkeit, für Dieselmotoren eine hohe Zündwilligkeit.

Für die Brennstoffzelle im Fahrzeug kommt zunächst nur Wasserstoff, in ferner Zukunft vielleicht Methanol in Frage. Wasserstoff kann schlecht gespeichert werden und muß deshalb aus anderen, leichter speicherbaren Kraftstoffen im Fahrzeug erzeugt, also reformiert, werden. Auch hier eignen sich Kraftstoffe definierter Zusammensetzung, möglichst mit Sauerstoff, wie Methanol.

Bild 6 Schematischer Aufbau einer Polymerelektrolytmembran-Brennstoffzellenanlage mit Methanol-Wasser-Reformer und Wirkungsgradverhalten

Auch im kommenden Jahrhundert werden überwiegend Benzin und Diesel die Fahrzeuge antreiben

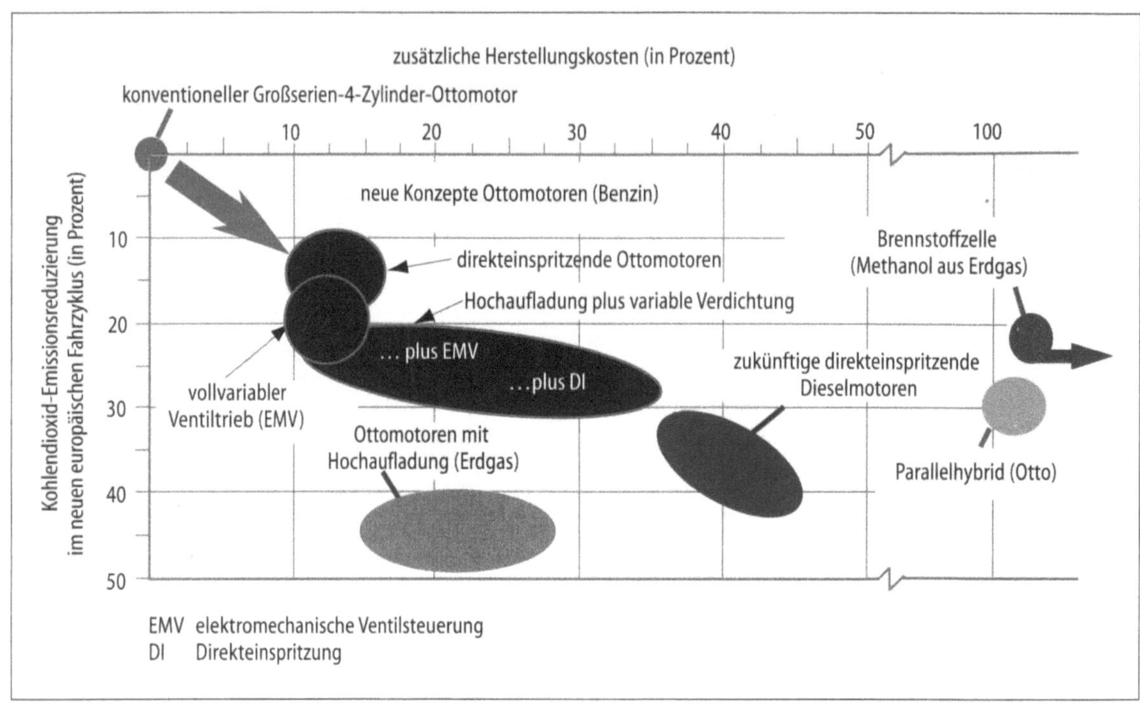

Bild 7 Kohlendioxidemissionen-Kosten-Schere für zukünftige Pkw-Antriebe

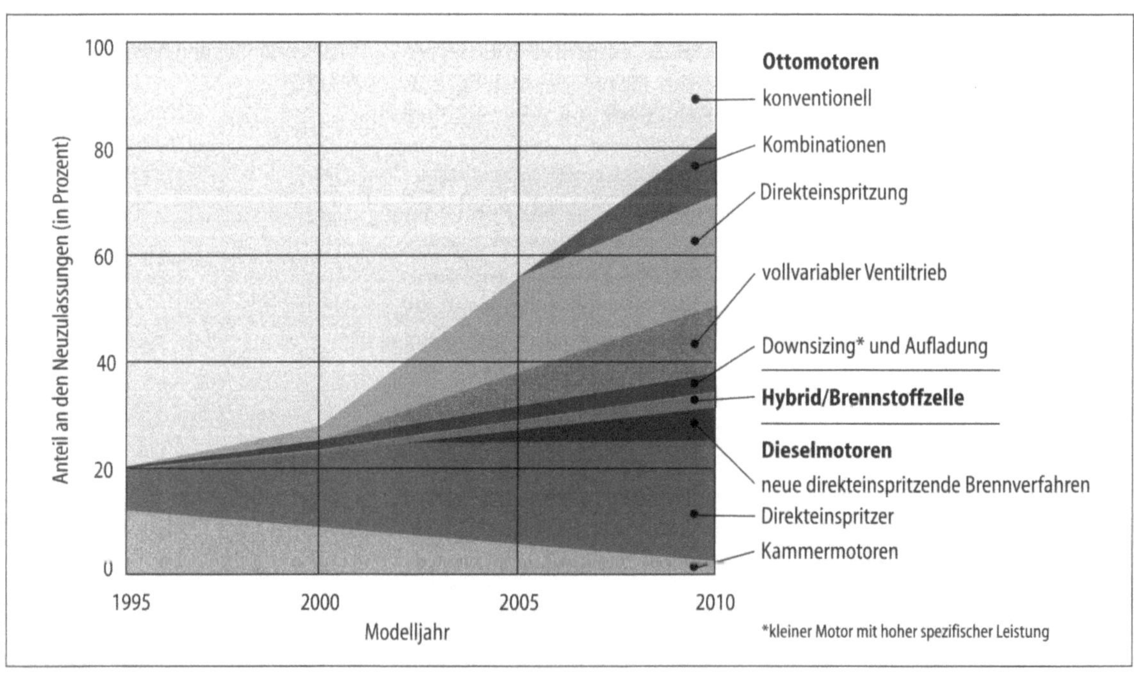

Bild 8 Zukunftsszenario für die Einführung neuer Pkw-Antriebe in Europa

Im kommenden Jahrhundert werden zwar alternative Quellen an Bedeutung gewinnen, den Hauptenergiebedarf werden jedoch nach wie vor fossile Ressourcen decken. Dabei werden zunehmend Clean Fuels durch aufwendigere Umwandlungsverfahren zum Einsatz kommen. Bei der fossilen Primärenergiequelle zeichnet sich ein langfristiger Trend vom Erdöl zum Erdgas ab.

Abschließend betrachtet, läßt sich die Senkung der Kohlendioxidemission aus Fahrzeugen am leichtesten mit direkteinspritzenden Dieselmotoren, möglicherweise in Verbindung mit einem Hybrid, sowie hochaufgeladenen Ottomotoren mit zahlreichen „Variabilitäten", am besten mit Erdgas im Magerbrennverfahren, erreichen.

Die tatsächliche Einführung der neuen Motoren wird von gesetzlichen und politischen Randbedingungen, aber auch sehr stark von Kraftstoff- und Herstellungskosten abhängen. Die Schere zwischen Herstellkosten und der Kohlendioxidemission macht deutlich, daß sowohl zukünftige Otto- als auch Dieselkonzepte ein ähnliches Kosten-Nutzen-Verhältnis aufweisen (Bild 7). Bei Hybridmotoren und Brennstoffzellen ist noch kein vergleichbares Verhältnis erreichbar. Ausgerechnet beim langfristig bedeutendsten Problem, der Senkung des Kraftstoffverbrauchs, ist die Brennstoffzelle noch nicht besser als Diesel- und Ottomotoren. Lediglich im extremen Niedriglastbetrieb, etwa im Stop-and-Go-Verkehr in Ballungszentren, entfaltet sie ihre Vorteile. Die Vielfalt der Antriebskonzepte wird steigen, aber der Verbrennungsmotor zunächst weiter dominieren (Bild 8).

Autor

Prof. Dr.-Ing. Stefan Pischinger ist Inhaber des Lehrstuhls für Verbrennungskraftmaschinen.

Die Zukunft der Elektrischen Energietechnik

Rik W. De Doncker,
Gerhard Henneberger,
Klaus Möller und Gerhard Pietsch

Wege zu einer intelligenten Energienutzung

Unsere zukünftige Energieversorgung zu sichern ist eine der interessantesten Herausforderungen an die Ingenieurwissenschaften. Mit ihr verbinden sich Fragen an die Wissenschaftler: Wie können die natürlichen Ressourcen (Kohle, Erdgas, Erdöl) geschont werden? Welche Alternativen zu diesen Energieträgern stehen in welchem Umfang zur Verfügung? Wie können regenerative Energien (Wind, Sonne, Wasser) effizienter nutzbar gemacht werden?

Die Forschung in der Elektrischen Energietechnik hat zum Ziel, elektrische Energie sicherer, wirtschaftlicher, umweltfreundlicher und effizienter zu erzeugen, umzuwandeln und zu verteilen. Dies kann geschehen, indem regenerative Energiequellen die herkömmlichen ersetzen oder indem Energie sparsamer und effizienter genutzt wird. Eine weitere Möglichkeit besteht darin, neue umweltschonende Verfahren und Prozesse einzusetzen. Diese senken zum einen den Energieverbrauch. Zum anderen wandeln sie umweltbelastende Produkte in neutrale um beziehungsweise ersetzen ökologisch bedenkliche Prozesse durch solche, die der Umwelt weniger oder gar nicht schaden.

Daran wird deutlich, daß die elektrische Energietechnik in Zukunft vermehrt zum Umweltschutz wird beitragen müssen. Schwerpunkte ihrer Forschung werden dabei die Erzeugung elektrischer Energie, ihre Umwandlung und Speicherung, ihre Übertragung sowie ihre Anwendung in elektrischen Antrieben und Geräten bilden.

Die Energiequellen der Zukunft Zum Bereich der Elektrischen Energieerzeugung gehört die Untersuchung der Energiequellen der Zukunft, also auch der regenerativen Energien. Regenerative Energieträger steuern heute in Deutschland etwa sechs Prozent zur Stromerzeugung bei. Einige Prognosen gehen davon aus, daß sie in 15 bis 25 Jahren einen Anteil von etwa zehn Prozent an der Stromerzeugung erreichen können. Daraus folgt aber auch, daß in den nächsten Jahren der größte Teil der elektrischen Energie aus fossilen Brennstoffen (Kohle, Öl, Erdgas) in konventionellen Wärmekraftwerken (Dampf- und Gasturbinenanlagen) erzeugt werden wird. Diese Kraftwerke wurden in der Vergangenheit weiterentwickelt und ihre Wirkungsgrade als Kombinationskraftwerke (Gas- und Dampfkraftwerke, GuD) deutlich gesteigert. Ihr Entwicklungspotential ist jedoch noch längst nicht ausgereizt.

Auch die Kernkraftwerke werden trotz aller Bedenken bezüglich ihrer Sicherheitsrisiken weiterhin einen Beitrag zur Energieversorgung leisten, da sie zur Zeit die effektivste Alternative darstellen, um fossile Ressourcen zu schonen und die Kohlendioxidemissionen zu vermindern.

Den Hauptanteil regenerativer Energie erzeugt heute Wasserkraft (etwa fünf Prozent der Nettoerzeugung öffentlicher Kraftwerke in Deutschland). Allerdings sind die Möglichkeiten, diesen Energieträger vermehrt einzusetzen, in Deutschland aufgrund der geographischen Gegebenheiten begrenzt.

Die Preise für Sonnenenergie aus Photovoltaikanlagen werden zwar noch weiter sinken, dennoch wird die Solarenergie kurz- und mittelfristig nicht mehr als einige Promille zur Gesamtstromerzeugung beitragen können. Immerhin legt das Potential der Sonnenenergie es nahe, weiterhin Anstrengungen in Forschung und Entwicklung zu unternehmen.

Windenergie ist umstritten und ihre weitere Entwicklung daher schwer abzusehen. Einerseits werden Windenergie-Projekte stark subventioniert, so daß dieser Energieträger mittlerweile einen Anteil von rund einem Prozent an der gesamten Stromerzeugung erreicht hat. Andererseits werden Windgeneratoren häufig nicht akzeptiert; ihre aerodynamischen Geräusche stören Anwohner und die lokale Tierwelt, und sie beeinträchtigen das Landschaftsbild, weil sie relativ groß sind und meist in größeren Gruppen errichtet werden.

Biomasse wird voraussichtlich überwiegend als Energieträger im dezentralen Wärmemarkt dienen und weniger der Stromversorgung. Zukunftsweisend könnte allerdings die Gewinnung wasser-

Bild 1 Elektrische Maschinen zur zentralen (oben) und dezentralen Energieversorgung (unten) in der Energietechnik

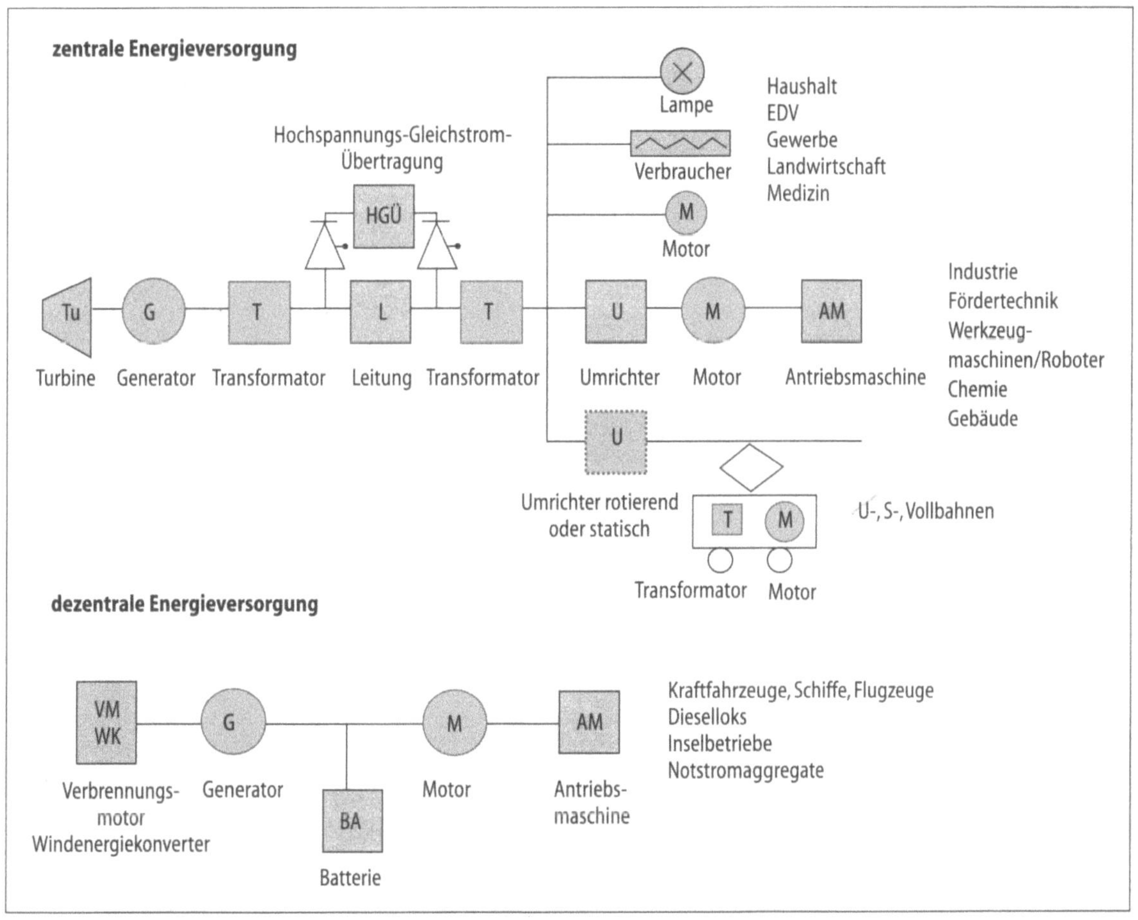

stoffreichen Brenngases aus Biomasse sein, das zur Energieerzeugung genutzt werden könnte.

Elektrische Maschinen werden in vielen Bereichen gebraucht (Bild 1) – von wenigen Mikrowatt bis zu einigen Gigawatt. Sie werden sowohl als Generatoren in Kraftwerken eingesetzt wie auch dezentral im sogenannten Inselbetrieb. Sie arbeiten als Transformatoren und Umformer in elektrischen Anlagen oder als Antriebsmotoren in Industrie, Gewerbe und Landwirtschaft. Elektrische Maschinen gehören zur Büro- und Datentechnik, sie finden sich im Haushalt wie in Konsumgütern. Sie werden in Werkzeugmaschinen und Robotern verwendet, in elektrischen Bahnen, Kraftfahrzeugen, Schiffen sowie in der Luft- und Raumfahrt.

Neue konzeptionelle Ansätze für elektrische Maschinen ermöglicht die Supraleitung. Wenn man die Erregerwicklung einer Maschine statt aus Kupfer aus einem Supraleiter herstellt, kann man den Strom darin drastisch erhöhen und ferromagnetische Materialien einsparen. Dadurch läßt sich die Maschine besser ausnutzen, die Leistung vergrößern und ihr Wirkungsgrad verbessern. Nachteilig ist allerdings noch der hohe technologische Aufwand, der nötig ist, um die supraleitenden Wicklungen mit flüssigem Helium zu kühlen. Durch Hochtemperatursupraleiter jedoch könnte sich das Anwendungsspektrum dieser Technologie deutlich vergrößern. Aussichtsreiche Einsatz- beziehungsweise Forschungsgebiete für diese Energietechnik, die auch das Bundesministerium für Bildung und Forschung (BMBF) fördert, sind aus heutiger Sicht Kraftwerksgeneratoren, Industriemotoren, Transformatoren, Magnetschwebesysteme sowie Schwungradspeicher für Elektrofahrzeuge und stationäre Energiespeicherung (Bild 2).

Bild 2 Vision Supraleitung. Mögliche künftige Anwendungen der Supraleitung in der Starkstromtechnik

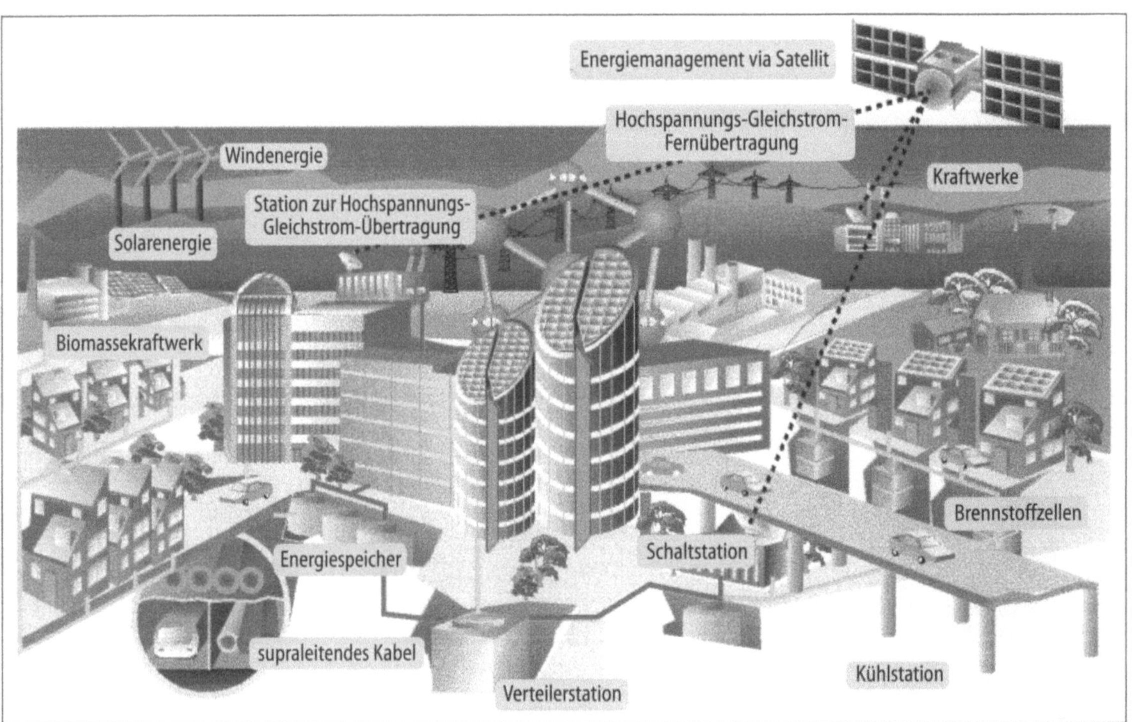

Bei der Umwandlung und Speicherung elektrischer Energie spielt die moderne Leistungselektronik heute eine zentrale Rolle. Leistungselektronik ist Teil unseres Alltags. Elektrische Energie kommt in Form von Gleichstrom sowie als Dreh- oder Wechselstrom mit verschiedenen Frequenzen vor. Überall dort, wo die Umwandlung von einer „Stromform" in eine andere nötig ist, kommt Leistungselektronik (Gleichrichter, Wechselrichter und so weiter) zum Einsatz. Das gilt für Akkuladestationen von Handys und Laptops mit jeweils einigen wenigen Watt Leistung ebenso wie für die Stromversorgung von Schnellzügen im Megawattbereich. Ein ICE zum Beispiel findet in seiner deutschen Oberleitung Wechselspannung mit 15.000 Volt und 16 Hertz vor, im Ausland aber auch 3000-Volt-Gleichspannung oder 25.000-Volt/50-Hertz-Wechselspannung. Diese verschiedenen Oberleitungen sollen aber dieselben Drehstrommotoren antreiben, deren Frequenz und Spannung sich auch noch je nach Fahrgeschwindigkeit verändern können müssen. Auch in Kraftfahrzeugen verdrängen inzwischen elektrische Antriebe vielfach mechanische oder hydraulische Systeme, zum Beispiel für die Federung, Lenkung, elektromagnetische Ventile oder Bremsen.

Moderne Leistungselektronik ermöglicht es ferner, daß Elektrizität aus norwegischen Wasserkraftwerken mittels Hochspannungs-Gleichstrom-Übertragung (HGÜ) über Seekabel nach Deutschland übertragen werden kann. Insgesamt fließen bereits heute über 75 Prozent des gesamten Stromverbrauchs auf dem Weg vom Kraftwerk zum Verbraucher mindestens einmal durch leistungselektronische Bauelemente aus Silizium.

Auch die Möglichkeit, elektrische Energie kurz- oder langfristig zu speichern, gewinnt zunehmend an Bedeutung; sei es, um empfindliche Verbraucher vor Schwankungen im Netz zu schützen (unterbrechungsfreie Stromversorgung, USV) oder um Elektrizität unabhängig vom Netz nutzen zu können (Handy, Elektroauto). Dafür muß ebenfalls Leistungselektronik zwischen Netz, Verbraucher und Speicher (Batterie, Brennstoffzelle) vermitteln.

Der Grundbaustein aller Stromrichter ist ein Schalter. Dieser schaltet den Strom ein oder aus beziehungsweise zwischen verschiedenen Polungen hin und her. Damit sind Umwandlungen zwischen Gleich- und Wechselstrom oder zwischen Wechselströmen verschiedener Frequenzen möglich. Vor etwa 40 Jahren wurden solche Schalter erstmals aus Silizium hergestellt, zum Beispiel Dioden, Transistoren und Thyristoren.

In den letzten Jahren hat die Leistungselektronik einen rasanten Fortschritt erlebt: Während in der Informationstechnik Mikrochips immer winziger werden, konstruieren Leistungselektroniker Schalter für immer größere Ströme und Spannungen. Mit Hilfe neuester Thyristortechnologien (Metal-Oxide-Semiconductor(MOS)-Turn-Off-Thyristor, MTO; Integrated-Gate-Commutated-Thyristor, IGCT) kann ein einzelnes Bauelement – also ein „Chip" – bereits Spannungen bis zu 9000 Volt und Ströme bis zu 6000 Ampere steuern (Bild 3). Immer höhere Leistungen (Megawattbereich) mit immer höheren Frequenzen (Kilohertzbereich) können diese Elemente schalten. Durch ver-

Bild 3 Leistungselektronische Bausteine. Der Gate-Turn-Off-Thyristor, eine handtellergroße Siliziumscheibe mit filigranen Kontakten, schaltet 2000 Ampere bei 6000 Volt (links), der Insulated-Gate-Bipolar-Transistor 200 Ampere bei 1200 Volt (rechts).

feinerte Herstellungsverfahren werden Transistorbausteine immer schneller. Innovative Materialien wie Siliziumkarbid erlauben es zudem, Leistungselektronik im Hochtemperaturbereich anzuwenden. Ferner können neuentwickelte Schaltungen und Steuerstrategien wie das „weiche Schalten" Energieverluste beim Hin- und Herschalten des Stromes praktisch völlig eliminieren.

Solche intelligenten Steuerverfahren profitieren wiederum von den Fortschritten der Mikroelektronik, weil neueste Prozessoren die Steuerparameter des Stromrichters blitzschnell berechnen können. Künftige Generationen von Stromrichtern werden bessere Wirkungsgrade bei kleinerem Platzbedarf und geringeren Kosten bieten. So werden zum Beispiel in Zukunft Halbleiter-Schalter direkt am Mittelspannungsnetz (10.000 Volt und mehr) arbeiten, um die Zuverlässigkeit und Versorgungsqualität (Power Quality) des Netzes zu verbessern. Hohe Schaltfrequenzen ermöglichen es, die regelmäßig durch europäische Normen verschärften Grenzwerte für Netzstörungen (Elektromagnetische Verträglichkeit, EMV) einzuhalten, um dadurch elektronische Geräte und den Radioempfang zu schützen.

Eine entscheidende Rolle wird der Leistungselektronik zufallen, um regenerative Energiequellen (Sonne, Wind, Wasser) in den nächsten Jahrzehnten stärker nutzen zu können. Solarzellen zum Beispiel liefern Gleichspannung, ihre Stromproduktion variiert je nach Sonneneinstrahlung. Um diesen Solarstrom an das Stromnetz anzupassen und ihn einspeisen zu können, werden Wechselrichter benötigt (Bild 4). Bei einem Windgenerator wiederum ändert sich die Drehgeschwindigkeit mit der Windstärke – und damit die Frequenz des erzeugten Stromes. Seitdem es die Leistungselektronik ermöglicht, die Frequenz des Windstroms auf die des Netzes von 50 Hertz anzupassen, sind Windgeneratoren bedeutend wirtschaftlicher geworden.

Regenerative Energiequellen brauchen Leistungselektronik

Eine weitere Herausforderung an die Leistungselektronik liegt darin, daß regenerative Energiequellen dezentral sind. Tausende von einzelnen Solardächern, Windrädern oder Biogasanlagen sollen also zukünftig ihren Strom in das Netz einspeisen können. Das Netz muß dabei aber so zuverlässig wie heute bleiben. Dies bedeutet, daß jeder dieser kleinen Energieerzeuger sehr genau die Anforderungen des Netzes beachten muß. Daraus resultieren technischen Anforderungen wie Leistungs- und Frequenzregelung, Blindleistungsoptimierung und Aktive Filterung.

Solar- und Windenergie fallen im Laufe eines Tages oder eines Jahres ungleichmäßig an und lassen sich nicht dem Bedarf entsprechend an- oder abschalten. Deshalb werden Energiespeicher immer wichtiger: An sonnigen Tagen produzieren Solaranlagen, an windigen Windräder mehr Strom, als gerade verbraucht wird. Dieser Strom kann in Batterien zwischengespeichert und erst bei Bedarf, also verzögert, in das Netz abgegeben werden. In Japan werden bereits heute solche Pufferbatterien im großen Maßstab aufgebaut. Dabei kommen auch neuartige Batterien, zum Beispiel Natrium/Schwefel- oder Lithium-Ionen-Batterien, zum Einsatz. Fast unnötig zu sagen, daß Batterien bei Gleichspannung arbeiten und wiederum erst die Leistungselektronik ihre Anbindung ans Netz herstellt.

Neben der Erzeugung, Umwandlung und Speicherung von Elektrizität ist auch die Energieübertragung ein wichtiges Forschungsgebiet der Elektrotechnik. Die klassischen Lösungen, um elektrische Energie über große Entfernungen zu transportieren, sind Hochspannungs-Freileitungen. An ihren Knotenpunkten befinden sich Schaltanlagen zur sicheren Übertragung der elektrischen Energie. Diese Freileitungen und Freiluftschaltanlagen werden überwiegend durch die atmosphärische Luft isoliert. Deshalb benötigen diese Anlagen viel Fläche. In Großstädten und Ballungsräumen ersetzen diese Freiluftschaltanlagen nun schon seit längerem metallgekapselte Schaltanlagen, in denen anstelle von Luft das Schwergas Schwefelhexafluorid (SF_6) zur Isolation dient. Dadurch benötigen diese modernen Einrichtungen zehn- bis zwanzigmal weniger Raum als konventionelle Freiluftschaltanlagen (Bild 5).

Beim unterirdischen Energietransport wurde bisher ausschließlich mit festen Stoffen wie etwa ölimprägniertem Papier isoliert. Dieses wird jetzt zunehmend durch vernetztes Polyethylen (VPE) ersetzt. Die feststoffisolierten Kabel haben jedoch im Vergleich zu Freileitungen den Nachteil einer kleineren Übertragungskapazität. Außerdem besitzen sie einen abweichenden Wellenwiderstand, der für die Ausbreitung kurzzeitiger Überbeanspruchungen – etwa aufgrund von Spannungsschwankungen im Netz – wichtig ist. Dadurch wirken sie nicht optimal mit Freileitungen und gasisolierten Schaltanlagen zusammen. Beide Probleme löst ein neues Medium für den unterirdischen Transport elektrischer Energie, die sogenannte gasisolierte Hochspannungs-Rohrleitung. Diese Hochspannungsleiter werden nicht durch Ölpapier oder vernetztes Polyethylen isoliert, sondern durch ein Isoliergas.

Gasisolierte Leitungen übertragen ohne Probleme die gleichen Leistungen wie konventionelle Freileitungen. Ihre Übertragungskapazität erreicht sogar Werte, wie sie für supraleitende Kabel erwartet werden. Bis diese supraleitenden Übertragungsstrecken allerdings Wirklichkeit werden, gilt es erst noch grundlegende technologische Probleme zu überwinden.

Intelligente Energiespeicher

Bild 4 Solaranlage mit Wechselrichter

Bemessung und Koordination der Isolation als Hauptaufgabe der Hochspannungstechnik

Bei der Entscheidung über das Isoliersystem ist wichtig, welche Gaszusammensetzung und welcher Druck gewählt wird. Ferner muß die Durchschlagsentwicklung bei Überbeanspruchungen geklärt werden. Aus Kostengründen und um die notwendigen Mengen begrenzen zu können, suchen Forscher nach Alternativen zum reinen Schwefelhexafluorid als Isoliergas. Dafür bieten sich Gasgemische vorzugsweise aus Schwefelhexafluorid und Stickstoff an, weil damit die vorteilhaften Eigenschaften des elektronegativen Gases Schwefelhexafluorid wenigstens teilweise ausgenutzt werden können. Die Entwicklung dieser Gasgemische stellt hohe Anforderungen an Forschung und Entwicklung. Denn die Mischgase müssen neben ihrer Fähigkeit zu isolieren nicht nur optimale physikalisch-chemische Eigenschaften aufweisen, es müssen zugleich die Kosten ihrer Herstellung, Überprüfung und Wartung sowie ihres Recyclings berücksichtigt werden. Außerdem dürfen unter dem Aspekt der Umweltverträglichkeit keine Spaltprodukte durch innere Fehler, Freisetzungen oder Handhabungsverluste entstehen.

Die Forschungsarbeiten auf diesem Gebiet an der RWTH Aachen haben sich bisher damit befaßt, Festigkeitseinbrüche von Isolierstrecken mit Elektrodenstörungen in reinem Schwefelhexafluorid bei Beanspruchung mit hochfrequenten Transienten beherrschen zu können. Diese entstehen durch Schalthandlungen in kurzen Leitungsabschnitten. Indem gleichzeitig mit hoher zeitlicher Auflösung die beanspruchende Spannung, der Entladungsstromverlauf und die

Bild 5 Typische Hochspannungs-Schaltanlage für die innerstädtische Energieversorgung mit 123 Kilovolt

Leuchterscheinungen in der Elektrodenstrecke erfaßt wurden (Bild 6), konnte nachgewiesen werden, daß in einem Frequenzbereich zwischen fünf und zehn Megahertz der Übergang vom sogenannten Precursormechanismus zum Hochfrequenzmechanismus stattfindet, der mit dem charakteristischen Festigkeitseinbruch verbunden ist.

Umweltschutz ist auch in der Elektrotechnik ein zunehmend wichtiger Aspekt. Wie neue Verfahren und Prozesse dazu beitragen können, elektrische Energie effizienter einzusetzen und Belastungen der Umwelt durch Nebenprodukte zu vermeiden, zeigt das Beispiel der sogenannten anwendungsoptimierten Gasentladungen. Eine Gasentladung entsteht, wenn sich ein Gas beim Anlegen einer Hochspannung in seiner Beschaffenheit verändert und dabei leitend wird. In den oben erwähnten Schwefelhexafluorid-Schaltern für Energiekabel finden solche Gasentladungen beim „Ausschalten" statt, wenn sich

Elektrische Verfahren zum Umweltschutz

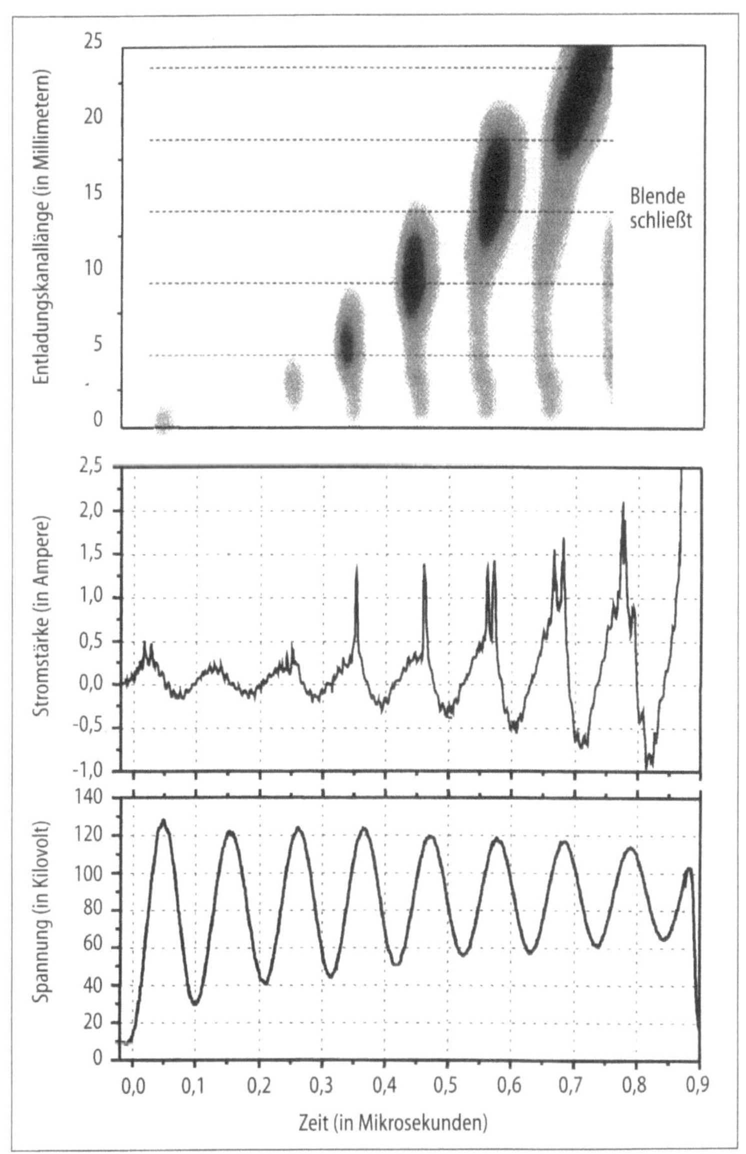

Bild 6 Durchschlagsentwicklung bei hochfrequenten Überspannungen (Hochfrequenzmechanismus): optische Strahlung (oben) und Entladungsablauf (Mitte und unten)

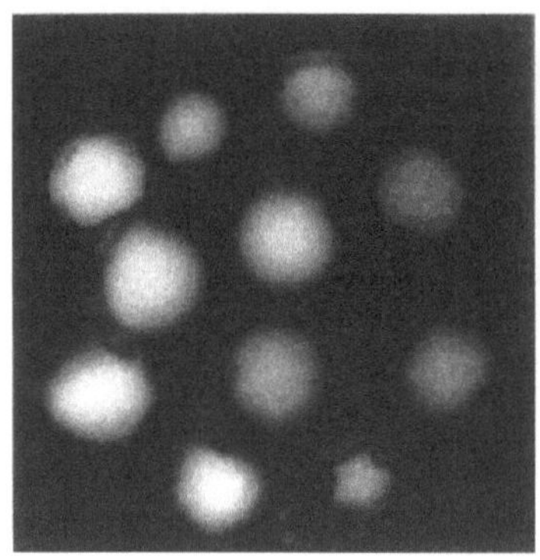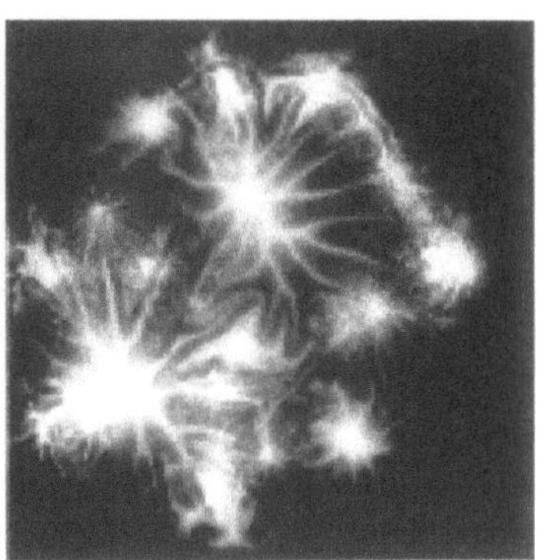

Bild 7 Oberflächenentladungsformen auf einem Dielektrikum: dielektrische Anode (Elektronen; links) und dielektrische Kathode (Ionen; rechts)

zwischen den gerade getrennten Kontakten ein Lichtbogen ausbildet, der erst abreißt, wenn sich die Kontakte weit genug voneinander entfernt haben. Wenn jedoch eine oder mehrere Isolatorschichten den Stromfluß in der Gasschicht behindern (dielektrische Barrierenentladung), tritt eine besondere Form der Gasentladung auf, bei der sich kein Lichtbogen entwickelt. Diese „kalte" Gasentladung bei Atmosphärendruck bietet viele Anwendungsmöglichkeiten, weil dabei keine Hitze entsteht. Beispielsweise wird sie heute schon industriell angewendet, um Ozon zu erzeugen und die Oberflächeneigenschaften von Plastikfolien (Bedruckbarkeit) zu verändern.

Für die dielektrische Barrierenentladung sind in verschiedenen Bereichen weitere neue Anwendungen möglich und absehbar. So können mit diesem Verfahren schädliche Stoffe, wie zum Beispiel Stickoxide oder Treibhausgase, in unschädliche Stoffe umgewandelt werden. Nützlich ist das Prinzip auch, um Metalloberflächen zu entfetten oder verschiedenste Oberflächen zu sterilisieren und desinfizieren (Bild 7). Eine weitere Anwendung wäre die quecksilberfreie Lichterzeugung in Entladungslampen.

Um solche Anwendungen verwirklichen zu können, müssen die Entladungsanordnungen maßgeschneidert werden. Dafür ist entscheidend, daß die geeigneten geometrischen Abmessungen und Dielektrizitätskonstanten, die passende Frequenz und Amplitude der angelegten Spannung sowie der richtige Gasdruck und die richtige Gasart ausgewählt werden. Dementsprechend muß die Erzeugung von Radikalen und elektronisch angeregten Teilchen in der Entladung beeinflußt werden. Außerdem können die Strahlungseigenschaften, die Temperatur und der Teilchenbeschuß auf das zu behandelnde Gas oder die zu verändernde Oberfläche eingestellt werden.

Autoren

Prof. Dr. Ing. Rik W. De Doncker (Umwandlung und Speicherung elektrischer Energie mit Hilfe moderner Leistungselektronik) leitet das Institut für Stromrichtertechnik und Elektrische Antriebe (ISEA).

Prof. Dr.-Ing. Dr. h. c. Gerhard Henneberger (Elektrische Energieerzeugung) ist Institutsdirektor am Lehrstuhl und Institut für Elektrische Maschinen (IEM).

Prof. Dr.-Ing. Dr. h. c. Klaus Möller (Neue Möglichkeiten der elektrischen Energieübertragung) ist Direktor am Lehrstuhl und Institut für Allgemeine Elektrotechnik und Hochspannungstechnik (IHT).

Prof. Dr. rer. nat. Gerhard Pietsch (Elektrische Energietechnik und Umweltschutz) ist dort auf dem Lehr- und Forschungsgebiet Grundgebiete der Elektrotechnik und Gasentladungstechnik tätig.

Zentrale und dezentrale Elektrizitätserzeugung

Hans-Jürgen Haubrich

Der Umbruch in der Stromwirtschaft zu Beginn des 21. Jahrhunderts

Wir alle wissen, daß sich – nicht nur im Bereich der Energieversorgung – vieles ändern muß, wenn wir die Zukunft meistern wollen. Dabei kommt der Elektrizitätsversorgung mit ihrem wachsenden Anteil an der Gesamtenergiebilanz und ihrer Zugriffsmöglichkeit auf jegliche Art von Primärenergievorkommen im beginnenden neuen Jahrtausend eine besondere Bedeutung zu. Der Ingenieur weiß, daß diese Aufgabe nicht – wie teilweise vordergründig dargestellt – nur ökonomische und ökologische, sondern, damit eng verwoben, eine Vielzahl technischer Fragestellungen aufwirft. Diese reichen von komponentenbezogenen Entwicklungen bis zur systemübergreifenden Analyse und Optimierung.

Als Beginn der öffentlichen Elektrizitätsversorgung kann in Deutschland, wie in allen heranwachsenden Industrieländern, das letzte Quartal des vorigen Jahrhunderts gelten. Damals wurden in allen größeren Städten sogenannte Zentralen, nach heutigem Sprachgebrauch dezentrale Kleinkraftwerke, errichtet: In Berlin zum Beispiel entstand im Jahr 1884 das erste Kraftwerk mit einer Leistung von 100 Kilowatt, der gleichen Größenklasse also, wie sie derzeit wieder als Blockheizkraftwerke oder Windkraftwerke in großer Zahl in Betrieb gehen. Die damaligen Kleinkraftwerke versorgten kleine Gebiete – Inseln, die ihnen unmittelbar zugeordnet waren – zunächst mit Gleichstrom niedriger Spannung, die den Lichtanlagen als den wesentlichen Verbrauchern angepaßt war. Kraftwerke wurden daher oft auch als „Lichtwerke" bezeichnet.

Bald wurde klar, daß die Elektrizität den Start in ein neues Zeitalter bedeutete. Zugleich war aber auch nicht zu übersehen, daß mit den kohlegefeuerten Dampfmaschinen als Antriebsaggregaten, der direkten Abhängigkeit der Verbraucher von ihrem Kraftwerk und umgekehrt auch des Kraftwerkes von seinen Verbrauchern sowie der einheitlich niedrigen Erzeugungs-, Übertragungs- und Versorgungsspannung noch kein zukunftsweisendes Konzept für die neue Zeit vorhanden war. Denn das kleine und extrem homogene Kollektiv der Lichtverbraucher ließ keine wirtschaftliche Ausnutzung der Kraftwerke und Netze zu. Die Versorgungszuverlässigkeit war schlecht, auch wenn schon damals Batterien zum Störungs- wie auch Lastausgleich zum Einsatz kamen. Hinzu kam die unzureichende Spannungsqualität gerade für die sehr sensiblen Lichtverbraucher, da sich jeder Laststoß im schwachen Netz bei niedriger Übertragungsspannung stark bemerkbar machte.

Aber auch andere Probleme, die wir eher der heutigen Zeit mit unserem erweiterten Umweltbewußtsein zurechnen würden, führten damals schon zu Protesten und dem Ruf nach dringender Abhilfe. So standen die Zentralen, der niedrigen Spannung wegen, verbrauchsnah in den Ballungszentren und belästigten die Bevölkerung durch Verkehr und Lärm, aber auch durch Geruch und Staub der Kohlefeuerung. Die Kraftwerke konnten aber damals nur die knappe und teure Ressource Kohle, das „schwarze Gold", einsetzen, da die spannungsbedingt engen Übertragungsgrenzen den Zugriff auf die kostengünstigere regenerative Wasserkraft noch nicht zuließen.

Wirtschaftlichkeit, Zuverlässigkeit, aber auch – daran hat sich auch bis heute grundsätzlich nichts geändert – Umwelt- und Ressourcenschonung drängten also nach neuen Lösungen. Die brachte die Wechsel- oder Drehstromtechnik.

Auch am Ende des 19. Jahrhunderts, noch eine Parallele zu heute, stießen neue Techniken auf Mißgunst und Mißtrauen. So schürten die Gasversorgungsunternehmen Emotionen gegen die aufkommende Konkurrenz der Stromversorgung mit dem Hinweis auf den elektrischen Stuhl. Die Gleichstromverfechter wiederum führten gegen die Wechselstromtechnik die höheren Unfallzahlen ins Feld, die anfangs durch unbedarften Umgang mit erstmals hohen Spannungen tatsächlich zu verzeichnen waren. Und auch schon damals befürchtete man Gesundheitsschäden durch magnetische Wechselfelder. Diese Besorgnis wurde dann aber nach Versuchen in Edisons Laboratorien mit Hunden und – man wagt es kaum zu zitieren – mit Kindern als unbegründet angesehen und beschäftigt erst heute wieder, nach rund 100 Jahren, intensiv die Forschung und weit mehr noch die öffentliche und veröffentlichte Meinung.

Der Drehstromtechnik verhalfen das Transformations- und das Drehfeldprinzip zum schnellen Durchbruch: Beides ermöglichte durch hohe Spannungen einen großräumigen Netzverbund mit hoher synchronisierender Leistung. Dadurch konnten große Kraft-

Schub durch Drehstromtechnik

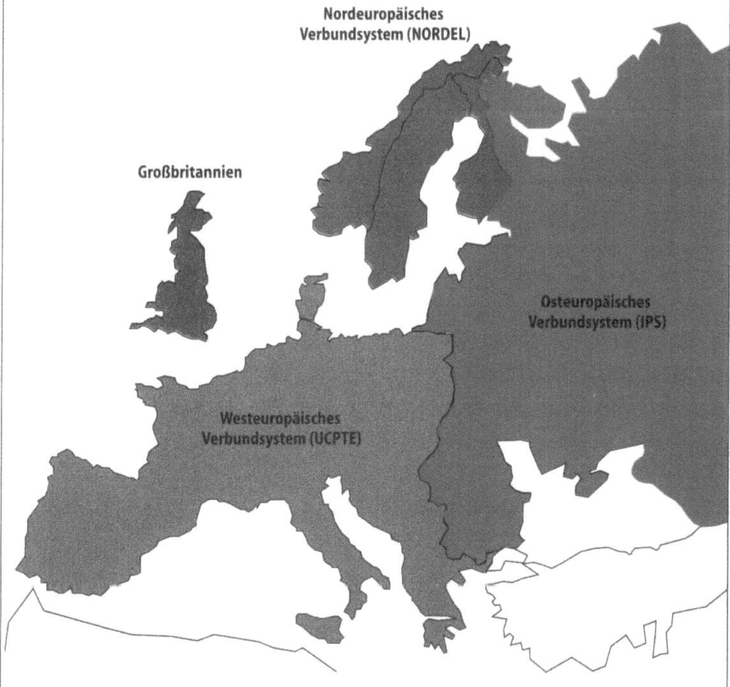

Bild 1 Synchronverbundsysteme in Europa

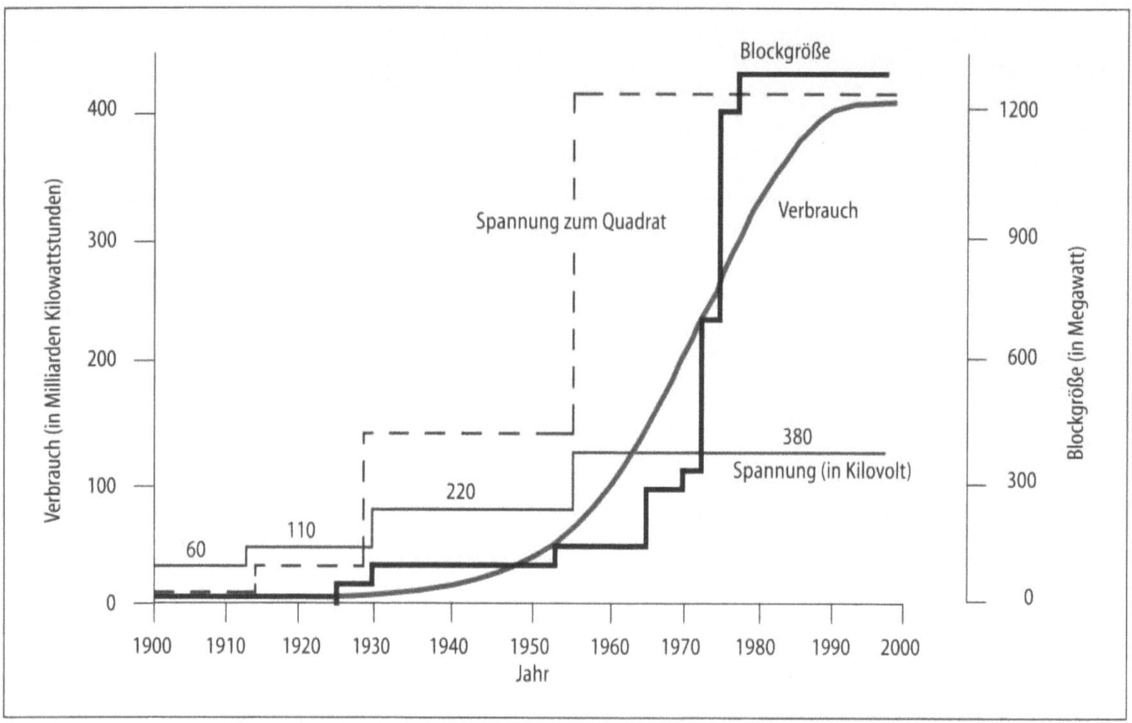

Bild 2 Entwicklung im deutschen Verbundsystem

werksblöcke stabiler betrieben und die Kraftwerke gleichmäßiger ausgelastet werden, weil sich unterschiedlich strukturierte Verbraucher in großen Räumen zusammenfassen ließen. Insbesondere auch die Industrie, deren rasch zunehmenden Strombedarf der Asynchronmotor ankurbelte. Damit waren die auch heute noch gültigen Leitlinien der Stromversorgung umgesetzt: billig und zuverlässig, umwelt- und ressourcenschonend. Die letzten beiden Ziele wurden zu Beginn der Elektrifizierung allerdings nur lokal eng begrenzt und kurzsichtig verfolgt. Hier haben wir wirklich erst 100 Jahre später gelernt, über globale Wirkungen und Folgen für spätere Generationen nachzudenken.

In den darauffolgenden Jahrzehnten, bis etwa Mitte der siebziger Jahre dieses Jahrhunderts, entwickelten sich – in einem engen Wechselspiel – Energiebedarf und Energietechnik rasant weiter: Die kleinen Versorgungsinseln wuchsen zu kontinentweiten, teilweise synchron, teilweise asynchron gekuppelten Verbundsystemen zusammen (Bild 1), und die Leistungsfähigkeit der Generatoren stieg auf rund 1300 Megawatt (Bild 2). Denn nur so ließen sich der steil angestiegene Strombedarf befriedigen und bei den dominierenden Kohle- und Kernkraftwerken der Skalenvorteil nutzen. Zugleich wurden aber auch durch die hohen Laststeigerungen und die Monopolstruktur der öffentlichen Stromversorgung die Investitionsrisiken trotz langer Amortisationszeiten kalkulierbar.

Unterdessen zeichnet sich jedoch eine grundsätzliche Richtungsänderung in der Energieversorgung ab, zumindest als Verschiebung der Gewichte: Die Investitionen auf Verbraucherseite verlagern sich hin zu energiesparender Technik, das gilt gleichermaßen für den Stromverbrauch in privaten Haushalten als auch in der Industrie.

Eine Folge davon ist auch, daß zukünftig wieder vermehrt kleinere Kraftwerkseinheiten errichtet werden, in die zunehmend reine Kapitalanleger investieren. Gestützt wird dieser Trend durch die Ablehnung der Kernkrafttechnik, den (allerdings auf Deutschland beschränkten) Bestrebungen zur Rekommunalisierung der Stromversorgung, die Öffnung des Strommarktes für den Wettbewerb und die politischen Präferenzen unserer Gesellschaft und ihrer Gesetzgebung, wie etwa Investitionszuschüsse, Sonderabschreibungen und spezielle Einspeisevergütungen für regenerative Stromerzeugung (Bild 3).

Schon heute steigt die Anzahl an Blockheizkraftwerken (BHKW) in der Größenklasse von einigen 100 Kilowatt bis wenigen Megawatt in Holland und Dänemark, aber auch in Deutschland steil an. Blockheizkraftwerke produzieren Strom und Wärme und werden überwiegend mit Erdgas betrieben, einem emissionsarmen und allenfalls langfristig knappen, zur Zeit jedoch sogar im Überfluß angebotenen und daher außergewöhnlich billigen Primärenergieträger. Dieser Umstand führt dazu, daß Blockheizkraftwerke wirtschaftlich betrieben werden können, selbst wenn kein ausgebautes Fernwärmenetz vorhanden ist. Auch für die Bestrebungen, fossile durch regenerative Energiequellen wie Wasser, Wind und Sonne zu ersetzen, kommen wegen der geringen Leistungsdichte nur Kraftwerkseinheiten der genannten Größe in Betracht, denn in Deutschland ist das Potential der Wasserkraft, das größere Einheiten zuläßt, nahezu ausgeschöpft.

Aber auch in der Hochleistungsebene der Stromerzeugung zeichnet sich ein neuer Trend ab, und zwar der zu „globalen" Energiemärkten. Ursachen für diese Entwicklung sind die europaweite Liberalisierung der Strommärkte, aber auch die Möglichkeit, bislang brachliegende Wasserkräfte in Nord- und Osteuropa zu nutzen. Weitere Ursachen sind die großen Gas- und Kohlereserven im asiatischen Teil Rußlands, das nicht zum Rohstofflieferanten absteigen will, die Standortprobleme für Kraftwerke im Westen Europas und

Bild 3 Auch durch spezielle Einspeisevergütungen für Strom aus regenerativen Stromquellen wird der Umbau der Energieversorgung vorangetrieben. Hier die Windenergieanlage des Instituts für Halbleitertechnik

Standortmöglichkeiten im Osten sowie die Beteiligung westeuropäischer Energieversorgungsunternehmen an der Erneuerung und dem Ausbau der osteuropäischen Energiewirtschaft.

Innerhalb des allseits unbestritten als vorteilhaft angesehenen Verbundsystems konkurrieren also eine wachsende Zahl von dezentralen, also verbrauchsnahen Kleinkraftwerken der Größenklasse von einigen 100 bis wenigen 1000 Kilowatt, die in die lokalen Mittelspannungsnetze einspeisen, mit Hochleistungs-Ferntransporten von einigen 100 bis wenigen 1000 Megawatt aus konventionellen Großkraftwerken im elektrisch immer enger zusammenwachsenden Höchstspannungs-Verbundnetz.

Aus technischer Sicht stellen sich zwei wesentliche Fragen: Welchen Einfluß haben diese konträren Entwicklungen auf die Versorgungszuverlässigkeit, die zur Zeit mit hoher Qualität vorhanden ist und die wir als Selbstverständlichkeit hinnehmen? Und: Ist zukünftig wieder mit Stabilitätsproblemen zu rechnen, denen wir in den letzten Jahrzehnten in der zentraleuropäischen Praxis keine besondere Aufmerksamkeit mehr schenken mußten?

Zuverlässige Energieversorgung Zur zuverlässigen Versorgung des Endverbrauchers mit Strom müssen alle Glieder der Energieflußkette angemessen beitragen – von der Bereitstellung der Primärenergie über den Umwandlungsprozeß im Kraftwerk bis hin zum Verbundnetz- und Verteilungssektor (Bild 4). Die Primärenergieversorgung – fossil wie nuklear – kann in Deutschland als gesichert angesehen werden. Das Hochspannungs-Übertragungsnetz ist, gegenüber dem Kraftwerkspark und den Verteilungsnetzen mit Mittel- und Niederspannung, so kostengünstig, daß es mit seiner auch deshalb so hohen Leistungsfähigkeit und hohen Redundanz ebenfalls als sicher gilt. Erzeugung und Verteilung der Elektrizität sind also – praktisch voneinander entkoppelt – nach individuellen Zuverlässigkeitskriterien auszulegen. Der Kraftwerkspark wiederum kann als sicher gelten, da er seiner systemweiten Ausfallfolgen wegen mit hohen Reserven ausgestattet wird und über zusätzliche Möglichkeiten der Aushilfe durch Verbundpartner verfügt. Folglich hängt heute die Versorgungszuverlässigkeit nahezu ausschließlich von den verbrauchernahen Verteilungsnetzen ab. Sie bestimmen aufgrund ihres großen Umfanges wesentlich die Festkosten der Stromversorgung und werden daher so kostengünstig wie möglich ausgelegt.

Analysiert man den Trend des verbrauchsnahen Zubaus von Kleinkraftwerken auf der Verteilungsebene, so könnte man erwarten, daß hierdurch in den Übertragungsnetzen und auf der Ebene der Großkraftwerke Redundanzen einzusparen wären. Dementsprechend fordern auch die Betreiber von Blockheizkraftwerken, Wind- und Photovoltaikanlagen sogenannte Netzgutschriften. Bei einer Analyse des anderen Trends, nämlich Großkraftwerke im untergeordneten System durch den Bezug von Strom aus weit entfernten Quellen im Verbundsystem zu ersetzten, liegt auf der Hand, daß die Zuverlässigkeit des langen Übertragungsweges in hierfür grundsätzlich nicht konzipierten und im Ausland teilweise sehr schwachen Netzen den Wert der Lieferung mitbestimmt, zudem auch den Wert der Dienstleistung Transport und damit die Transitgebühr.

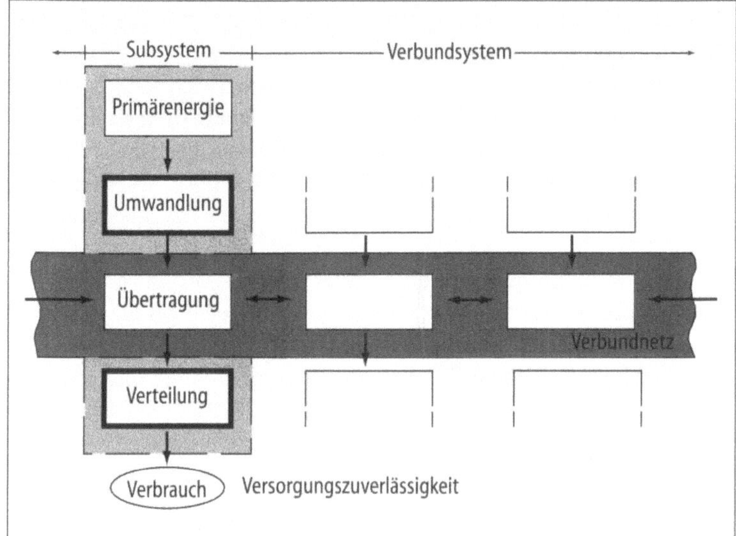

Bild 4 Logische Verknüpfung der Subsysteme der Elektrizitätsversorgung

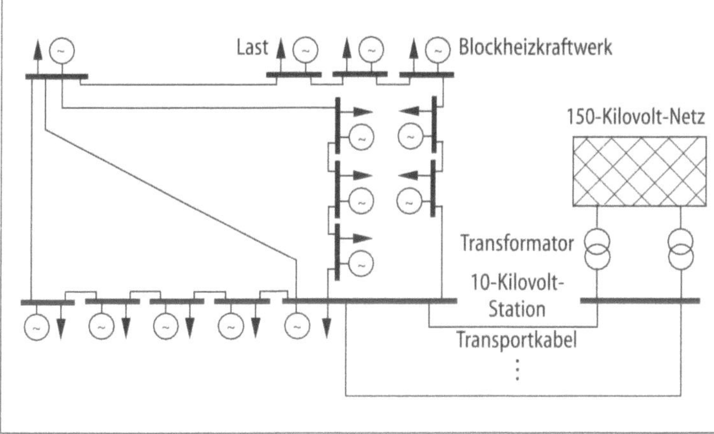

Bild 5 Verteilungsnetz mit hohem Blockheizkraftwerk-Anteil

Dazu zwei praxisnahe Beispiele, zunächst eines zur Zuverlässigkeit von dezentralen Kleinkraftwerken. In einem Gewerbegebiet sollen in großem Umfang Blockheizkraftwerke errichtet werden, so daß die Summe ihrer elektrischen Leistung der Lastspitze des Mittelspannungsnetzbezirkes gleichkommt (Bild 5). Um nun die Frage beantworten zu können, ob hierdurch bei gleicher Versorgungszuverlässigkeit Netzredundanz – in diesem Fall Transportkabel – eingespart werden könnte, muß bedacht werden, daß im Gegensatz zu konventionellen Kraftwerken, deren Stromerzeugung an den Bedarf anpaßbar ist, Blockheizkraftwerke zufällig, das heißt vom Strombedarf entkoppelt, Strom ins Netz einspeisen; denn Blockheizkraftwerke werden wärmegeführt betrieben. Gleiches gilt übrigens auch für Windkraftwerke, die ebenfalls dem Zufall folgend – nämlich nur dann, wenn genügend Wind weht – Strom ins Netz einspeisen können. In Verbindung mit den Lastganglinien explodiert die Zahl der unterschiedlichen Leistungszustände dann aber so stark, daß selbst mit den leistungsfähigsten Rechenanlagen eine probabilistische

Zuverlässigkeitsberechnung für das Ausfallverhalten der Netz- und Kraftwerkskomponenten scheitert.

Im vieldimensionalen Zustandsraum bilden sich jedoch charakteristische Leistungsmuster aus, die zum Beispiel durch einen Fuzzy-Clustering-Algorithmus erkannt und relativ wenigen Clusterzentren zugeordnet werden können (Bild 6). Für jedes dieser Clusterzentren lassen sich dann die Zuverlässigkeitskennwerte berechnen und – gewichtet mit der Zugehörigkeit der entsprechenden Leistungszustände im Betrachtungszeitraum – über diesen Zeitraum zum hier betrachteten Erwartungswert der nicht zeitgerecht gelieferten Energie EENS (Expected Energy Not Supplied) aufsummieren.

Das Beispiel in Bild 6 führt zu drei überraschenden und durchaus zu verallgemeinernden Ergebnissen (Bild 7): Blockheizkraftwerke lassen bei der hier unterstellten wärmegeführten Einsatzweise keine „Netzeinsparung" zu. Und: Ob mit oder ohne Blockheizkraftwerk, das nach praxisüblichem heuristischem Zuverlässigkeitskriterium geplante fünfte Kabel ist überflüssig. Netzeinsparungen sind dann möglich, wenn die Blockheizkraftwerke in den kritischen, kurzen Spitzenlastzeiten auf Stromführung umgeschaltet werden. Diese Strategie kann wirtschaftlich sinnvoll sein, wenn dadurch die Leistungsbezugskosten beim Energieversorger sinken. Unter energetischen Gesichtspunkten wäre eine solche kurzzeitige Betriebsweise eines Blockheizkraftwerks vertretbar.

Zuverlässigkeit von Transiten im Großverbund

Als zweites Beispiel eine praxisnahe Betrachtung zur Zuverlässigkeit von Transiten im Großverbund: Aus heutiger Sicht ist es nicht unwahrscheinlich, daß nach der Jahrtausendwende Standortprobleme zu Kraftwerksverlagerungen von West- nach Osteuropa zwingen oder langfristige Liefer- und Bezugsverträge mit diesen Ländern abgeschlossen werden. Sollen die daraus folgenden Strombezüge Kraftwerksleistung hier ersetzen oder ergänzen, dann muß dieser Bezug ebenso zuverlässig sein wie die eigene Kraftwerkseinspeisung oder durch zusätzliche Reserven abgesichert werden. Dies macht einen großen Unterschied zur heutigen Situation aus, in der der Verbund neben der Aushilfe bei Störungen vorwiegend dazu dient, die Erzeugung kurzfristig zu optimieren.

Der Wert derartiger Bezüge aus fernen Quellen über Netze Dritter, sogenannte Transite, wird somit durch die Transitzuverlässigkeit mitbestimmt. Sie interessiert den Empfänger, weil er eventuell Reserven bereithalten muß, den Transiteur, weil er bei hoher Zuverlässigkeit auch höhere Transitgebühren erzielen kann. Wie zuverlässig ein Transit durchgeführt werden kann, hängt nun von dessen Höhe und Richtung sowie von dem zeitlich wechselnden Energieverbrauch und Kraftwerkseinsatz im Transitnetz ab. Damit ist er aber auch an die Betriebsführung des Netzes gebunden, und somit steuerbar durch Änderung der Netztopologie und des Kraftwerkeinsatzes, in Sonderfällen auch durch sogenannten Lastabwurf zugunsten des Transits.

Die Nachbildung der Betriebsführungsaktionen erfordert Optimierungsprozeduren, die in jedem Zustand des Netzes zunächst mit einem Minimum an Schaltmaßnahmen, dann unter Umständen auch an Erzeugungsverlagerung und letztlich an Nichtversorgung

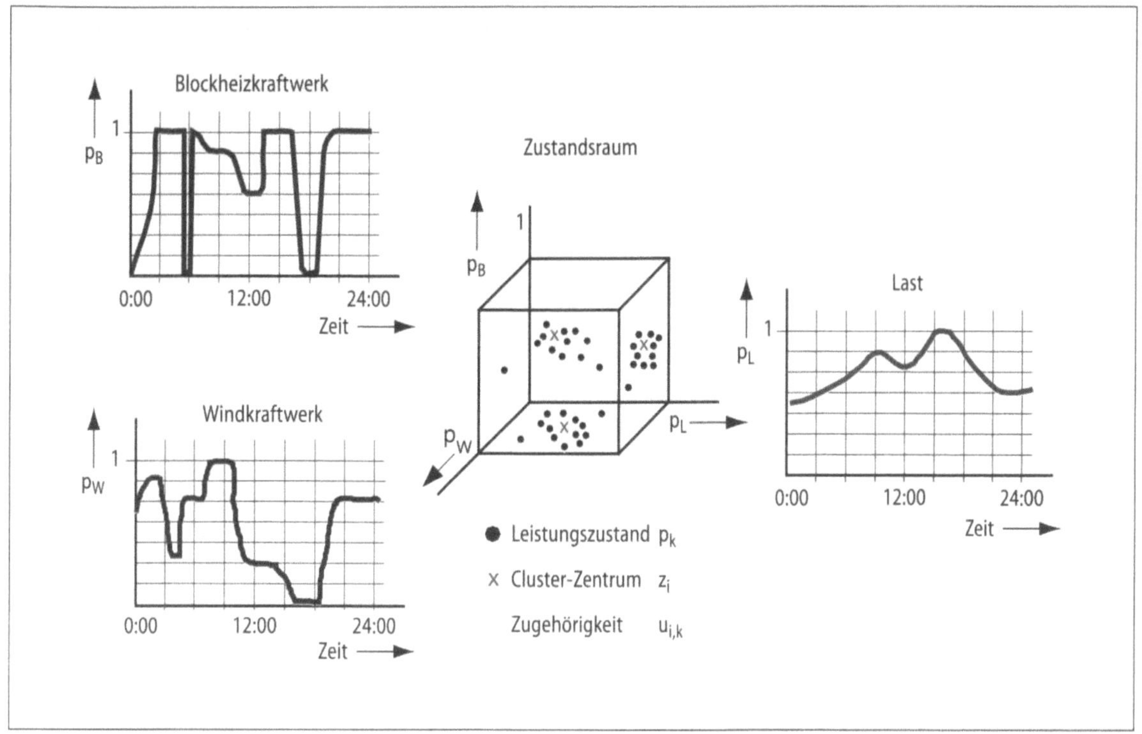

Bild 6 Zustandsreduktion durch Fuzzy-Clustering. Hier ein Beispiel mit drei zeitabhängigen Leistungsvariablen, und zwar für Blockheizkraftwerk (p_B), Windkraftwerk (p_W) und Last (p_L)

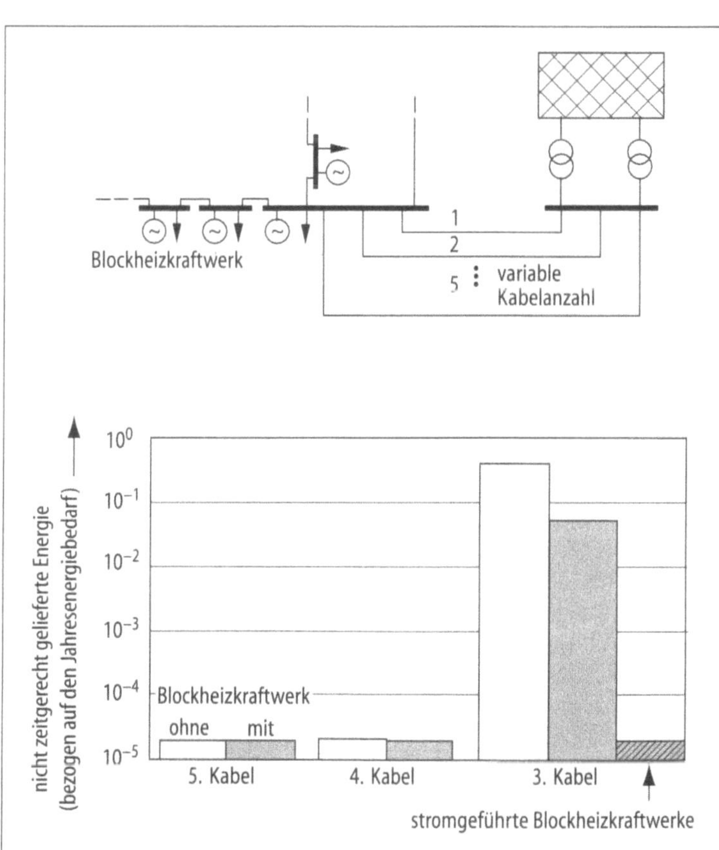

Bild 7 Einfluß von Blockheizkraftwerken auf die Versorgungszuverlässigkeit

eigener Verbraucher die übernommene Transitverpflichtung soweit möglich zu erfüllen suchen. Die Transitzuverlässigkeit läßt sich grundsätzlich wegen der zeitkoppelnden Nebenbedingungen wie zum Beispiel den Kraftwerksstartzeiten – die die Betriebsführung zu beachten hat – nur durch zeitlich sequentielle Simulation ermitteln.

Bild 8 zeigt am Beispiel einer Stromlieferung von Ost- nach Westeuropa, daß die Wahrscheinlichkeit, einen Transit zu Spitzenlastzeiten einschränken zu müssen, im vorliegenden Beispiel bis zu Transitleistungen von 1000 Megawatt etwa der Nichtverfügbarkeit eines thermischen Kraftwerksblockes entspricht. Daß im Jahresverlauf der Transit wesentlich zuverlässiger ist, interessiert den Leistungsempfänger dann, wenn seine Spitzenlast, auf die er seine Kraftwerksreserve abstimmen muß, zu deutlich anderen Zeiten als beim Transiteur auftritt, etwa aufgrund unterschiedlicher Zeitzonen.

Bild 8 Wahrscheinlichkeit des Nichterfüllens einer Transitvereinbarung

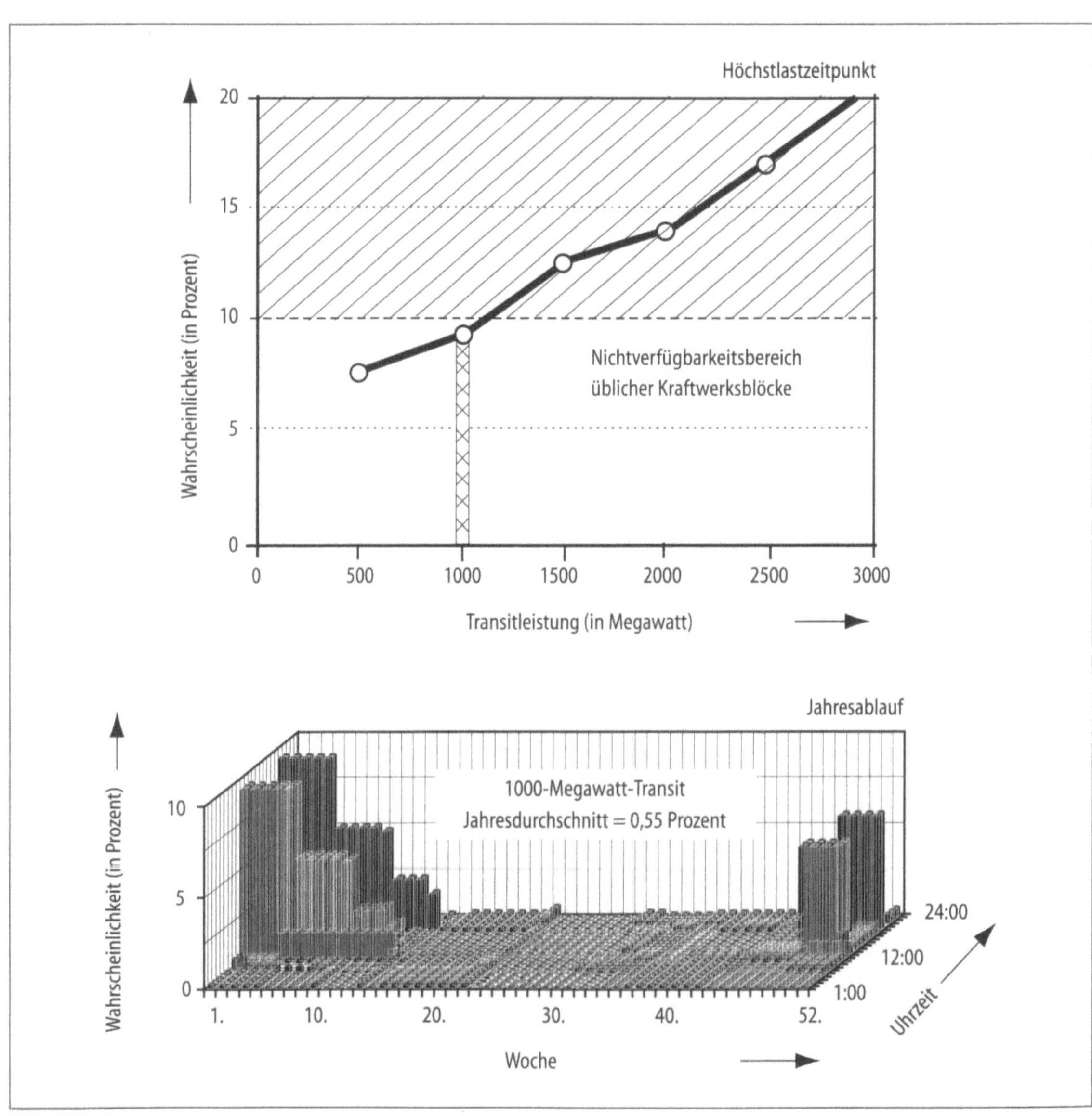

Derartige Transite haben allerdings nicht nur Zuverlässigkeitsaspekte, sondern auch destabilisierende Wirkungen auf das Verbundsystem. Zumindest theoretisch wird schon heute ein „Global Link" diskutiert, der die Netze Afrikas, Europas und Asiens miteinander und über die Beringstraße auch mit Amerika sowie über die Sunda-Inseln mit Australien verbinden könnte (Bild 9). Rein physikalisch wäre ein derartiger Weltverbund auch im Synchronbetrieb möglich, problemlos allerdings nur ohne Hochleistungs-Ferntransporte, da diese die statische Stabilität des Systems gefährdeten.

Auf dieses Problem stößt man schon bei der sehr realitätsnahen Frage, ob dem Drängen der Ukraine nach einem Wechsel vom osteuropäischen (IPS) zum westeuropäischen Verbundsystem (UCPTE) nachgegeben werden soll. Dies könnte kurzfristig größere Aushilfslieferungen an die Ukraine, langfristig planmäßige Lieferungen aus der Ukraine über deren frühere Netzkupplungen mit Ungarn, Slowakei und Polen stabil ermöglichen. Sonst müßten Fernkupplungen in Drehstrom- oder Gleichstrom-Höchstspannungstechnik überlagert werden.

Bei einer Analyse dieses erweiterten Verbundsystems schälen sich aus den vielen Schwingungsmoden zwei kritische niederfrequente Eigenschwingungen heraus, die das System bei sehr hohem Leistungsaustausch – oberhalb von zwei Gigawatt – über die bestehenden Kuppelmöglichkeiten als instabil ausweisen (Bild 10). Daß durch die technisch einfache Verstärkung der bestehenden Nahkupplungen nur der Eigenwert 0,5 Hertz in gewünschtem Sinn beeinflußt werden kann, wird anhand von Bild 11 deutlich. Der zu jedem Eigenwert gehörige Rechtseigenvektor unterscheidet zwei annähernd kohärente Generatorgruppen, die gegenphasig zueinander schwingen. Danach liegt beim Eigenwert 0,5 Hertz der Schwin-

Stabilität im Großverbund

Bild 9 Vision eines weltweiten Verbundsystems

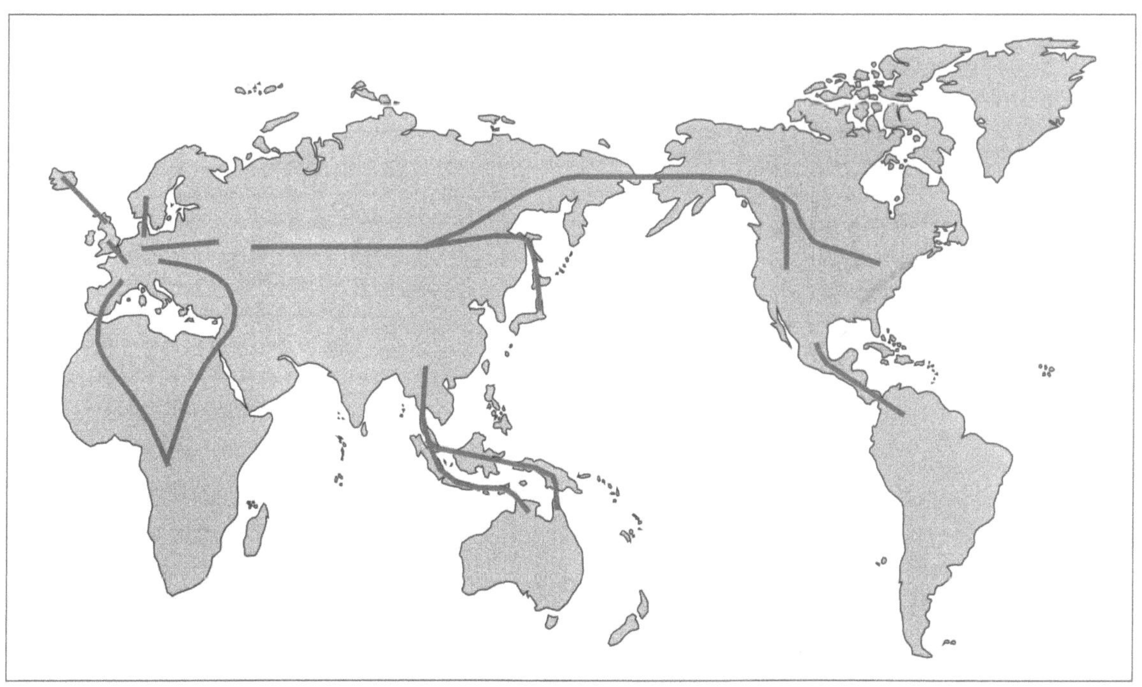

Bild 10 Dominante Eigenwerte eines Synchronverbundes zwischen dem westeuropäischen Verbundsystem (UCPTE) und dem der Ukraine

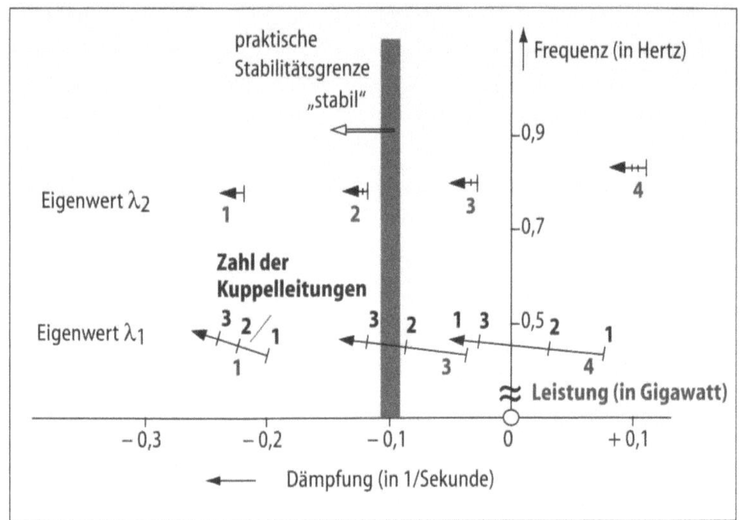

Bild 11 Kohärente Generatorgruppen

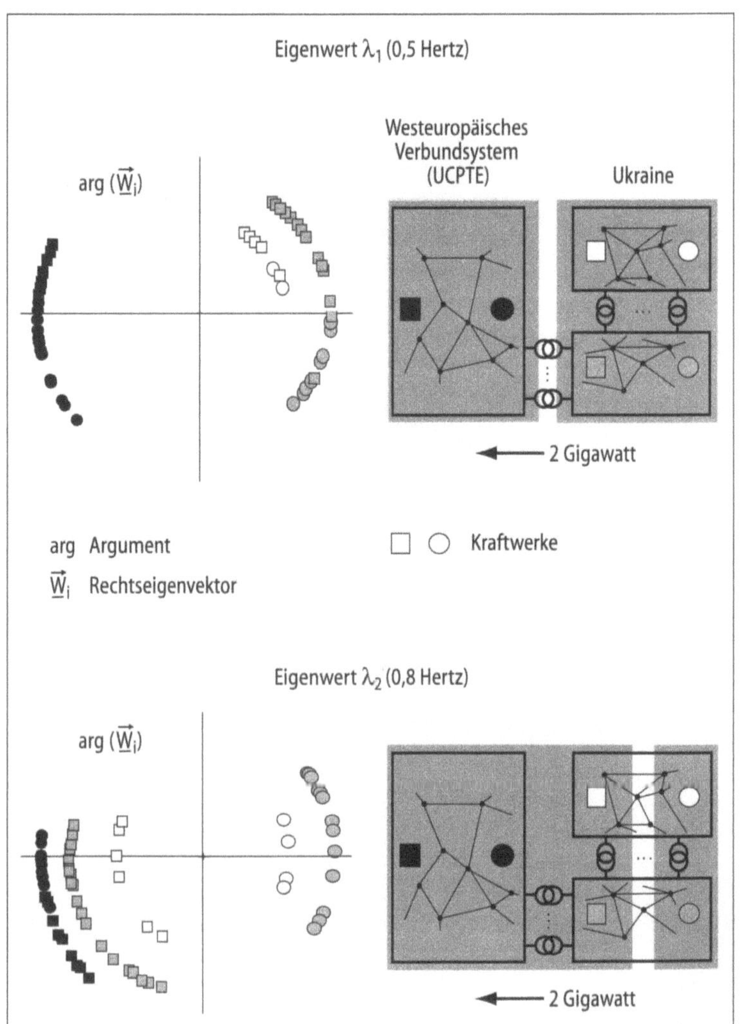

gungsknoten im Bereich der Nahkupplungen, deren Leistungsfähigkeit die Dämpfung somit bestimmt. Beim Eigenwert 0,8 Hertz liegt er jedoch innerhalb des östlichen Subsystems und damit beeinflußbar nur durch dortige Netzverstärkungen oder Ost-West-Fernkupplungen zum Beispiel in hierfür besonders geeigneter Gleichstromtechnik.

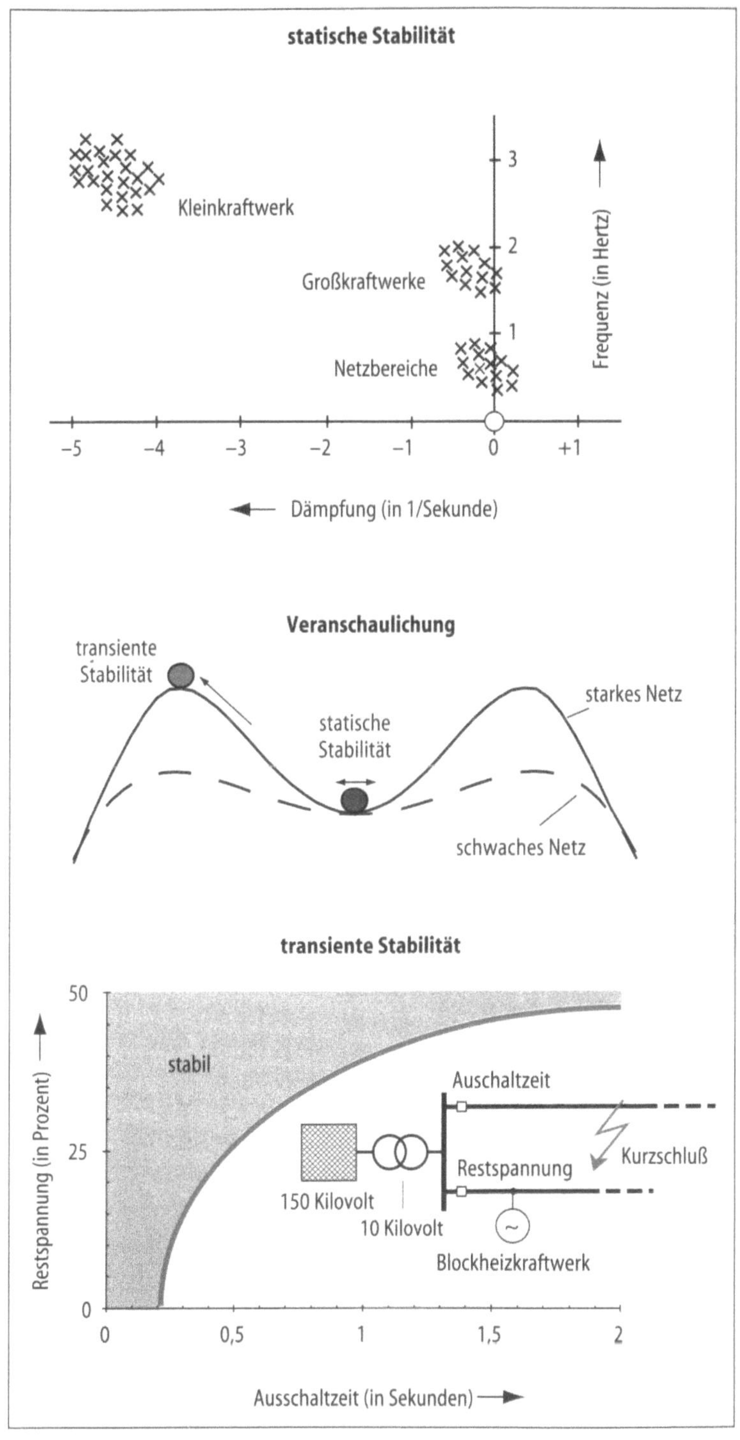

Bild 12 Stabilität von Kleinkraftwerken: statische Stabilität (oben), Veranschaulichung (Mitte) und transiente Stabilität (unten)

Es ist schon überraschend: Die Gleichstromtechnik, mit der die Stromversorgung vor über 100 Jahren begann, kehrt nun durch die Entwicklung der Leistungselektronik auf Hochleistungsniveau zurück, denn sie ist der Drehstromtechnik beim Überbrücken von Landdistanzen über mehr als 1000 Kilometer technisch und wirtschaftlich überlegen. Um trennende Meere mit Kabeln zu unterqueren (wie – in Betrieb – die Ostsee zwischen Deutschland und Schweden oder – in Planung – die Nordsee zwischen Deutschland und Norwegen) ist dies sogar technisch die einzige Möglichkeit.

Im Verbundsystem sind Kleinkraftwerke – deren kleine Schwungmasse zu hohen Eigenfrequenzen und damit hoher Dämpfung führt (Bild 12 oben) – im Gegensatz zu Großkraftwerken und erst recht Kraftwerksgruppen mit ungünstigem Verhältnis von synchronisierender Netzleistung zu Turbinenleistung stets statisch stabil „eingebettet". Kleinkraftwerke sind jedoch dynamisch instabiler: Sie sind relativ stärkeren Störeinflüssen mit wesentlich längerer Einwirkzeit ausgesetzt, die sie unter Umständen bis zum Kippunkt auslenken und „abstürzen" lassen (Bild 12 Mitte).

Transiente Stabilität ist nur dann gewährleistet, wenn die hierfür kritischste Anregung, nämlich der generatornahe Kurzschluß mit starkem Spannungseinbruch am Anschlußpunkt des Kleinkraftwerkes, schnell abgeschaltet wird (Bild 12 unten). Großkraftwerke sind durch den schnellen selektiven Kurzschlußschutz der Höchstspannungsnetze mit Ausschaltzeiten von unter 0,1 Sekunden dynamisch sehr stabil. Nicht so die Kleinkraftwerke im Mittelspannungsnetz, wo der einfache Überstromschutz auf Ausschaltzeiten bis zu zwei Sekunden führt.

Im Gegensatz zur statischen Stabilität, deren englische Bezeichnung *small signal stability* die Modalanalyse als geeignet erklärt, lassen sich transiente Stabilitätsfragen exakt nur durch Simulation im Zeitbereich beantworten, da hierauf Nichtlinearitäten und Begrenzungen unter Einschluß der Antriebsseite entscheidenden Einfluß haben.

Autor   Prof. Dr.-Ing. Hans Jürgen Haubrich leitet das Institut für Elektrische Anlagen und Energiewirtschaft.

Kommunikation
Vernetzung
Mobilität

Kapitel Fünf

Die rasante Entwicklung der Informations- und Kommunikationstechnik
verändert gegenwärtig fast alle Bereiche des Lebens: Arbeitswelt, Verkehr,
Bildung, Kultur, soziale Umwelt. Eine zentrale Rolle spielt hierbei das
Internet. Digitale Hochgeschwindigkeitsnetze und künftige Mobilfunksysteme werden unser Verhältnis zu Raum und Zeit, unsere Kommunikationsformen und unser Mobilitätsverhalten nachhaltig verändern; es entstehen neue Formen der Kommunikation und Kooperation. Die multimedialen Möglichkeiten der vernetzten elektronischen Präsenz lassen in der
Arbeitswelt veränderte Strukturen und Organisationsformen entstehen.
Eine aus dieser Entwicklung für die universitäre Ausbildung ableitbare
Vision ist die virtuelle Universität, denkbar als ein internationales Kompetenznetzwerk kooperierender Hochschulen, das die traditionellen Formen
der Lehre thematisch und methodisch erweitert. Die Möglichkeit von
Tele-Arbeit oder Internet-Studium werden auch das Mobilitätsverhalten
beeinflussen und verändern. Einerseits kann dadurch oftmals die Notwendigkeit einer Reise entfallen, während andererseits die durch Kommunikation und Vernetzung geförderte Internationalisierung eine erhöhte
Mobilität herausfordert. Das veränderte Nutzerverhalten wird sich auf die
Entwicklung der Verkehrssysteme auswirken. An sie werden neue Anforderungen hinsichtlich Transportkapazität, Reichweite, Umweltverträglichkeit, Verkehrsplanung und Verkehrslenkung gestellt. Nah- und Fernver-
kehrsmittel werden sich weiter ausdifferenzieren. So können
Straßenfahrzeuge zum Beispiel mit Hybridantrieben ausgestattet sein –
für die Überlandfahrt mit einem klassischen Verbrennungsmotor und für
den Stadtverkehr mit Elektroantrieb. Flugzeuge lassen sich strömungs-
technisch noch erheblich optimieren, um sie umweltverträglicher zu
machen. Und schließlich werden Informationstechnik und Verkehrstechnik in ganz neuer Weise zusammenwirken und verschmelzen. Die Beiträge dieses Kapitels zeigen die große Vielfalt und Interdisziplinarität, mit
der diese Themen an der RWTH Aachen in Forschung und Lehre behandelt werden.

Kommunikation, Vernetzung, Mobilität

Warum ist die Spracherkennung so schwierig?

Hermann Ney

Zukunft der Sprach- und Informationsverarbeitung

Die Sprache ist für den Menschen die wichtigste Form der Kommunikation. Die Bedienung vieler Systeme, Geräte und Maschinen würde erheblich einfacher, und viele interessante Anwendungen würden sich ergeben, wenn der Computer die gesprochene Sprache (nahezu) perfekt erkennen und verarbeiten würde. Typisches Beispiel ist die Programmierung des heimischen Videorecorders. Hier könnten durch die automatische Spracherkennung vielfaches Tastendrücken durch einen einfachen Satz ersetzt werden: „Ich möchte übermorgen das Wirtschaftsmagazin gegen 21 Uhr im WDR aufnehmen."

Aber noch ist es nicht soweit. Zunächst einmal muß Spracherkennung von dem sprechenden Computer unterschieden werden. Während auf den Laien der sprechende Computer oft den größten Eindruck macht, etwa in Science-fiction-Filmen, liegen für den Experten die eigentlichen wissenschaftlichen Herausforderungen und auch das größte kommerzielle Potential in dem spracherkennenden und -verstehenden Computer.

Dementsprechend wird in vielen Forschungseinrichtungen, seien es industrielle Forschungslabors oder Universitäten – auch an der RWTH –, intensiv an der automatischen Sprachverarbeitung geforscht (Bild 1). Und tatsächlich wurden in den letzten Jahren in der automatischen Verarbeitung gesprochener Sprache erhebliche Fortschritte gemacht. Typische Beispiele sind etwa die Spracheingabe für die Namenswahl beim Telefon oder die Kommandosteuerung bei Personalcomputern und anderen Geräten. Auch eine Diktiermaschine oder „hörende Schreibmaschine", die das akustische Signal in geschriebenen Text umsetzt, gibt es schon. Deren typische Anwendung ist das Diktieren von Geschäftsbriefen oder medizinischen Befunden.

Auch gibt es schon Dialogsysteme, die eine Frage in gesprochener Sprache erkennen, die Bedeutung der Frage ermitteln – also verstehen –, die Antwort berechnen und diese dem Benutzer mitteilen. Falls die Information zur Beantwortung der Frage unvollständig ist oder es Erkennungsschwierigkeiten gibt, kann ein solches System auch umgekehrt Fragen an den Benutzer stellen, um die unklaren Punkte zu klären. Die interessantesten Anwendungen dieser Dialogsysteme ergeben sich in Verbindung mit dem Telefon. Beispiele sind Informationssysteme für Zug- oder Flugverbindungen, Home-Banking-Systeme oder allgemein Systeme für Bestellungen und Reservierungen. Für den Kunden liegt der Vorteil in ihrer Verfügbarkeit rund um die Uhr. Für Zugverbindungen sind derartige Systeme in der Schweiz und den Niederlanden bereits im routinemäßigen Einsatz.

In der Zukunft sind auf dem Markt ebenso Systeme zu erwarten, die Spracherkennung und Sprachübersetzung kombinieren. Falls

Bild 1 Spracherkennungssysteme für Computer ersetzen heute bereits in einigen Bereichen die klassische Eingabe mit Maus oder Tastatur.

die technologischen Schwierigkeiten genügend gut gelöst werden, würden sich in unserer multilingualen Welt viele Anwendungen ergeben.

Die automatische Spracherkennung hat mittlerweile eine lange Tradition – lang für eine junge Wissenschaft wie die Informatik. Die ersten Arbeiten reichen in die sechziger Jahre zurück. Nach der anfänglichen Euphorie aufgrund dieser ersten Arbeiten war der Fortschritt deutlich langsamer als erwartet. Woran lag das?

Bei der Erkennung der Sprache, insbesondere der fließenden Sprache, stellte es sich nach und nach heraus, daß wir es mit einem Problem zu tun haben, das sich dem Zerlegen in einfach formulierbare Regeln und Merkmale widersetzt. Das erscheint zunächst verblüffend, da ja jeder Mensch imstande ist, Sprache ohne Schwierigkeiten zu beherrschen und zu verstehen. Ein genauerer Blick zeigt allerdings, daß dies zunächst einmal nur für die Muttersprache gilt. Am Vergleich mit einer Fremdsprache wird unmittelbar klar, daß es auch für den Menschen nicht selbstverständlich ist, eine beliebige Sprache zu erlernen und zu beherrschen.

Spracherkennung widersetzt sich einfach formulierbaren Regeln und Merkmalen

Die Gründe, die es für den Menschen schwierig machen, eine Sprache zu erlernen, gelten auch in ähnlicher Form für den Computer: Bei dem Versuch, eine fremde Sprache zu lernen, wird niemand zum kompetenten Sprecher und Hörer, indem er Vokabeln, Aussprache und grammatische Regeln kennt. Statt dessen ist es viel besser, praktische Erfahrungen beim Zuhören, Sprechen und Lesen zu sammeln.

Dementsprechend geht auch der erfolgreiche Ansatz zur automatischen Spracherkennung davon aus, daß der Computer aus Beispieldaten lernen und mit Plausibilitätsbewertungen statt mit vorgegebenen kategorischen Regeln arbeiten muß. Dies geschieht mit Verfahren der Informationstheorie und der statistischen Mustererkennung, zu der auch die neuronalen Netze zu rechnen sind.

Insgesamt handelt es sich bei einem solchen Vorgehen um einen holistischen, also ganzheitlichen Ansatz, bei dem nicht einzelne Merkmale oder Laute isoliert verarbeitet werden, sondern der gesprochene Satz als eine Einheit betrachtet und in seiner Gesamtheit vom Computer erfaßt werden muß. Zum besseren Verständnis kann hier wieder die Analogie zum menschlichen Spracherkennen herangezogen werden: Auch der menschliche Hörer gleicht Unzulänglichkeiten im Gehörten, die durch weggelassene Laute, dialektgefärbte Aussprache oder Umgebungsgeräusche bedingt sind, in der Regel unbewußt aus, indem er zusätzliches Wissen über die Grammatik und die Bedeutung des Gesagten verwendet.

Wenn man nun versucht, Spracherkennung von einem Computer vornehmen zu lassen, gilt es, solche Randbedingungen beim Entwurf der Algorithmen zu berücksichtigen: So kann die akustische Realisierung desselben Lautes von einer Äußerung zur anderen stark variieren, auch wenn es sich um dasselbe Wort und denselben Sprecher handelt. Sogar im günstigsten Falle wird das Sprachsignal nie exakt reproduzierbar sein. Zudem kann die Sprechgeschwindigkeit sehr stark schwanken; es gibt keine absolute oder feste Zeitskala. Auch hängt die akustische Realisierung eines Lautes in der Regel von den umgebenden Lauten ab; dieser Effekt wird als Koartikulation bezeichnet. Die Phoneme selbst, das heißt die kleinsten bedeutungsunterscheidenden Lautelemente der Sprache, sind letztlich Abstraktionen, die sich aus der Struktur des Aussprachelexikons der Sprache ergeben. Darüber hinaus gibt es im akustischen Signal keine Lautgrenzen und bei fließender Sprache auch keine Wortgrenzen. Die Definition von Laut- und Wortgrenzen wird erst durch Rückgriff auf das Aussprachelexikon der Sprache ermöglicht. Und: In der Regel gibt es im gesprochenen Satz syntaktische und semantische Einschränkungen, die auch vom Computer berücksichtigt werden sollten.

Auch ein fiktiver Vergleich mit der Verarbeitung geschriebener Sprache verdeutlicht die Schwierigkeiten eines Spracherkennungssystems: Im geschriebenen Text müßte das automatische System mit einer Buchstabenfehlerrate von 20 bis 30 Prozent fertig werden, wobei ein Fehler eine Verwechslung, eine Auslassung oder eine Einfügung eines Buchstaben bedeutet; zusätzlich wären natürlich auch keine Leerzeichen zwischen den Wörtern vorhanden. Die besten Systeme erreichen heute bei reiner Laut- oder Phonemerkennung eine Fehlerrate von 20 Prozent bis 30 Prozent.

Angesichts dieser Schwierigkeiten ist klar, daß das entscheidende Kriterium für den Entwurf eines Spracherkennungssystems die Erkennungssicherheit sein muß. Das Ziel eines automatischen Erkennungssystems muß also sein, die Folge der gesprochenen Wörter möglichst fehlerfrei zu bestimmen. Damit haben wir eine Aufgabenstellung vorliegen, wie sie prototypisch in der statistischen Entscheidungstheorie untersucht wird. Die Problemstellung geht in ihrem Ansatz auf Arbeiten von Thomas Bayes im 18. Jahrhundert zurück, so daß die entsprechende Entscheidungsregel als Bayessche Entscheidungsregel bezeichnet wird. Für die Spracherkennung geht der Einsatz der statistischen Entscheidungstheorie auf Arbeiten in den siebziger Jahren dieses Jahrhunderts zurück.

Mit der Bayesschen Entscheidungsregel kann eine (bedingte) Wahrscheinlichkeit für das Eintreten eines Ereignisses unter der Voraussetzung berechnet werden, daß ein anderes Ereignis schon eingetreten ist. Ausgangspunkt für die Lösung unseres Problems ist zum einen das akustische Signal, für das eine Folge von Beobachtungen (skalaren oder vektoriellen, kontinuierlichen oder diskreten) über der Zeitachse vorliegt, und zum anderen die unbekannte Wortfolge unbekannter Länge. Die Bayessche Entscheidungsregel geht nun davon aus, daß für diese Folgen bestimmte Wahrscheinlichkeits(dichte)verteilungen vorliegen; sei es als Tabellen, in funktionaler Form oder in Form eines Mechanismus, der diese Wahrscheinlichkeiten bei Bedarf produzieren kann. In die Entscheidung gehen zwei Arten von Wahrscheinlichkeiten ein: eine linguistische und eine akustische. Die linguistische Wahrscheinlichkeit spezifiziert die A-priori-Wahrscheinlichkeit aller möglichen Wortfolgen. Sie ist unabhängig von den akustischen Daten und nimmt nur Bezug auf die geschriebene Transkription der gesprochenen Sprache. Die akustische Wahrscheinlichkeit stellt eine bedingte Wahrscheinlichkeit dar und liefert für eine hypothetisierte Wortfolge die Wahrscheinlichkeit der tatsächlich beobachteten akustischen Daten.

Die statistische Entscheidungstheorie legt nur das Entscheidungskriterium als solches fest. Sie sagt zunächst nichts darüber aus, wie diese linguistischen und akustischen Wahrscheinlichkeiten tatsächlich modelliert und berechnet werden können. Angesichts der Tatsache, daß wir es mit Folgen von Wörtern und Beobachtungen zu tun haben, handelt es sich um ein keineswegs triviales Problem. Genausowenig macht die Bayessche Entscheidungsregel eine Aussage darüber, wie die Maximierung über die riesige Zahl von unbekannten Wortfolgen durchgeführt werden kann. Um diese Fragen zu beantworten, muß man innerhalb des Rahmens, der durch den entscheidungstheoretischen Ansatz festgelegt ist, Spezialisierungen vornehmen, indem man zusätzliches problemspezifisches Wissen über gesprochene Sprache (*speech*) und geschriebene Sprache (*language*) einbringt, um die Wahrscheinlichkeitsverteilungen genauer zu beschreiben.

Aus der Sicht der statistischen Entscheidungstheorie kann man das Problem der Spracherkennung in zwei Teile zerlegen, das der Modellierung und das der Suche und Architektur. Für die Modellierung der akustischen und linguistischen Wissensquellen ergeben sich zwei Fragestellungen: Wie kann man eine Strukturierung der jeweiligen Wahrscheinlichkeitsverteilungen vornehmen, so daß die Gesamtzahl der freien Parameter in diesen Verteilungen handhabbar wird? Und: Wie kann man diese freien Parameter aus Trainingsdaten automatisch gewinnen?

Die Architektur eines Spracherkennungssystems

Für die akustischen Wahrscheinlichkeiten kommt erschwerend hinzu, daß auch ein Modell für schwankende Sprechgeschwindigkeiten benötigt wird. In den meisten Systemen wird dieses Problem durch die Einführung statistischer Methoden wie stochastische endliche Automaten oder Hidden-Markov-Modelle gemildert oder teilweise gelöst. Darüber hinaus wird eine begrenzte Menge von Phonemmodellen verwendet, aus denen dann Wortmodelle aufgebaut werden, so daß die Anzahl der freien Parameter reduziert wird.

Für die linguistischen Wahrscheinlichkeiten benötigt man im Idealfalle ein Sprachmodell (*language model*), das jegliches Wissen über Syntax, Semantik und Pragmatik besitzt und damit die Wahrscheinlichkeiten irgendeiner beliebigen Wortfolge zu berechnen gestattet.

Die Entscheidungsregel beinhaltet für Suche und Architektur ein rechnerisch aufwendiges Optimierungsproblem: Wenn man bedenkt, daß man bei einem Wortschatz von 10.000 Wörtern und zehn Wörtern im Satz theoretisch eine Anzahl von 10.000^{10} also 10^{40} Wortfolgen zu betrachten hat. Die Architektur des Gesamterkennungssystems muß nun so angelegt sein, daß man durch Interaktion der akustischen und der linguistischen Wissensquellen erreicht, daß nicht alle diese Wortfolgen tatsächlich auch bezüglich ihrer Wahrscheinlichkeit ausgewertet werden müssen. Dabei sollte andererseits auch weitgehend sichergestellt sein, daß das globale Maximum auch tatsächlich gefunden wird (Bild 2).

Gemäß dieser Sichtweise kann man auch zwischen zwei Arten von Fehlern des Erkennungssystems unterscheiden: Erkennungsfehler, die auf schlechter Modellierung der stochastischen Wissensquellen beruhen, und Erkennungsfehler, die durch Nichtfinden des globalen Optimums bedingt sind.

Bild 2 Architektur des ganzheitlichen Ansatzes der Spracherkennung

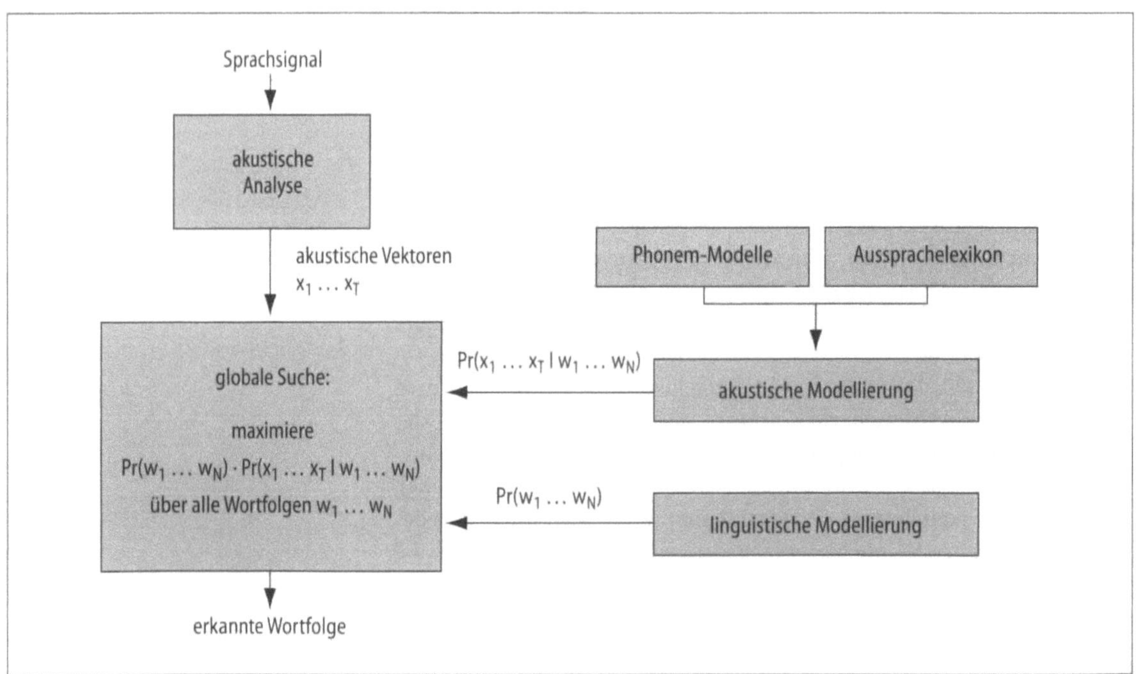

Es ist klar, daß die statistische Entscheidungstheorie auch einsetzbar ist, wenn viele der Wahrscheinlichkeiten, etwa die des Sprachmodells, sich auf Ja/Nein-Entscheidungen reduzieren. Weiter ist zu betonen, daß der Ansatz nicht voraussetzt, daß alle Wahrscheinlichkeiten haargenau bekannt sein müssen. Im Gegenteil, gerade bei Vorliegen großer Unsicherheiten in den Daten und Modellen, zeigt die statistische Entscheidungstheorie den Weg, wie man unter den gegebenen Bedingungen eine minimale Fehlerrate erreichen kann. Das Trainieren der unbekannten Parameter wird in der sogenannten Lernphase des Systems durchgeführt.

Obwohl für spezielle Aufgabenstellungen schon Produkte existieren, gibt es noch erheblichen Bedarf für Verbesserungen der Technologie: Die Leistungsfähigkeit der jetzigen Systeme, sei es in Produkten oder auch in der Forschung, ist noch weit von der Leistungsfähigkeit des Menschen in seiner Muttersprache entfernt. Insbesondere ist die fehlende Robustheit der Verfahren gegenüber wechselnden Randbedingungen zu nennen, zum Beispiel Wechsel des Sprechers, Wechsel des Mikrofons, unterschiedliche Raumakustik, Nebengeräusche oder Wechsel der Aufgabenstellung.

Auch in Zukunft sind kontinuierliche Verbesserungen zu erwarten, wie die letzten zwei Jahrzehnte gezeigt haben. Trotz der bisherigen Erfolge sind sowohl die akustischen als auch die linguistischen Modelle immer noch unbefriedigend, weil nicht die tiefer liegenden Abhängigkeiten, sondern nur die Effekte an der Oberfläche erfaßt werden. Insgesamt wird (und muß) diese Verbesserung der Algorithmen parallel verlaufen mit einer weiteren Steigerung der Leistungsfähigkeit der Rechner.

Akustische und linguistische Modelle sind immer noch unbefriedigend

Keine Innovation hat das menschliche Leben mehr verändert als die Entwicklung der Sprache und die Erfindung der Schrift. Eine entscheidende Fortführung dieser Entwicklungsrichtung war dann der Buchdruck, und in Zukunft könnte dasselbe auf die automatische Verarbeitung von geschriebener und gesprochener Sprache zutreffen. Durch die Entwicklung in der Informationstechnologie, insbesondere durch die modernen Speichermedien und die weltweite Vernetzung der Rechner im Internet inklusive World Wide Web (WWW), werden immer riesigere Mengen von Text- und Multimedia-Dokumenten von jedem lokalen Rechnerplatz aus zugänglich. Neben reinem Text enthalten diese Dokumente Bilder, Audiosignale und Videoaufzeichnungen. Zu der Verarbeitung der geschriebenen Sprache (Texte) und der gesprochenen Sprache (Audiosignale) kommt also jetzt noch die Verarbeitung von Bildinformationen hinzu. Außerdem kann es sich um Dokumente in unterschiedlichen Sprachen handeln; Multilingualität ist also ein weiterer wichtiger Aspekt.

Eine der großen Herausforderungen an die Informatik wird es sein, automatische Verfahren zu entwickeln, die diese Informationsflut bewältigen und dem Benutzer einen einfachen Zugang zu den gewünschten Informationen verschaffen. Dazu gehören insbesondere die Weiterentwicklung der Verfahren zur Sprachverarbeitung und zum Sprachverstehen, so daß der Benutzer seine Anfragen in natürlicher gesprochener Sprache stellen kann. Sodann automatische Verfahren zur Sprach- und Bildverarbeitung, die eine inhaltsorientierte Suche in Audio- und Videodokumenten ermöglichen. Und letztlich automatische Verfahren, die Text-, Sprach- und Bilddokumente strukturieren, klassifizieren und die gesuchte Information herausfiltern. Die heutigen Suchmaschinen sind im übrigen noch in vielerlei Hinsicht unzureichend, denn sie verarbeiten nur Textdokumente, und auch hierbei ist ihre Selektionsfähigkeit noch sehr unbefriedigend.

Autor   Prof. Dr.-Ing. Hermann Ney ist Inhaber des Lehrstuhls für Informatik VI. Seine Forschungsschwerpunkte sind stochastische Modellierung und selbstlernende Verfahren für die Sprachverarbeitung und Mustererkennung.

Literaturhinweise

[1] R. de Mori: Spoken Dialogues with Computers, Academic Press, San Diego (Kalifornien) 1998.

[2] F. Jelinek: Statistical Methods for Speech Recognition, MIT Press, Cambridge (Massachusetts) 1998.

[3] H. Ney: Automatische Spracherkennung: Architektur und Suchstrategie aus statistischer Sicht, Informatik – Forschung und Entwicklung, April 1992, S. 83 bis 97.

[4] L. R. Rabiner und B.H. Juang: Fundamentals of Speech Recognition, Prentice Hall, Englewood Cliffs (New Jersey) 1993.

[5] E. G. Schukat-Talamazzini: Automatische Spracherkennung, Vieweg Verlag, Braunschweig 1995.

Bernhard H. Walke

Potentiale von Mobilkommunikation und persönlicher Kommunikation

Das Wissensgebiet der Elektrotechnik und Informationstechnik wächst gegenwärtig dramatisch. In den 14 Jahren von 1982 bis 1996 stieg zum Beispiel die Anzahl internationaler Fachzeitschriften (IEEE) auf höchstem Qualitätsniveau – als Indikator für die Entwicklung – im Bereich Grundlagen von 36 auf 60, im Bereich der Anwendungen von 12 auf 24 und derer, die sich mit Weiterbildung befassen, von drei auf acht an. Vor diesem Hintergrund ist eine Aussage über Forschungspotentiale in der Kommunikationstechnik oder – spezifischer – im Mobilfunk als Teilbereich nicht leicht. Bislang Undenkbares wird viel wahrscheinlicher realisierbar sein als jemals zuvor. Informations- und Kommunikationstechnik befriedigen wie das Auto Elementarbedürfnisse der Menschen und werden deshalb auch in Zukunft erhebliche Nachfrage erzeugen und viele neue Produkte hervorbringen: Die Erfahrung lehrt, daß alles Machbare, das sinnvoll beziehungsweise verkäuflich ist, viel früher kommt als erwartet.

Besonders hohe Bedeutung wird der drahtlosen Kommunikation als Zugangstechnik zu Festnetzen zukommen, denn der Kommunikation über Kabel sind Schranken gesetzt (Bild 1). Die Verbesserung von Übertragungstechniken (Modulation, Kodierung, Synchronisation,

Bild 1 Drahtlose Kommunikation eines Servicetechnikers per Handy mit der Bodenstation

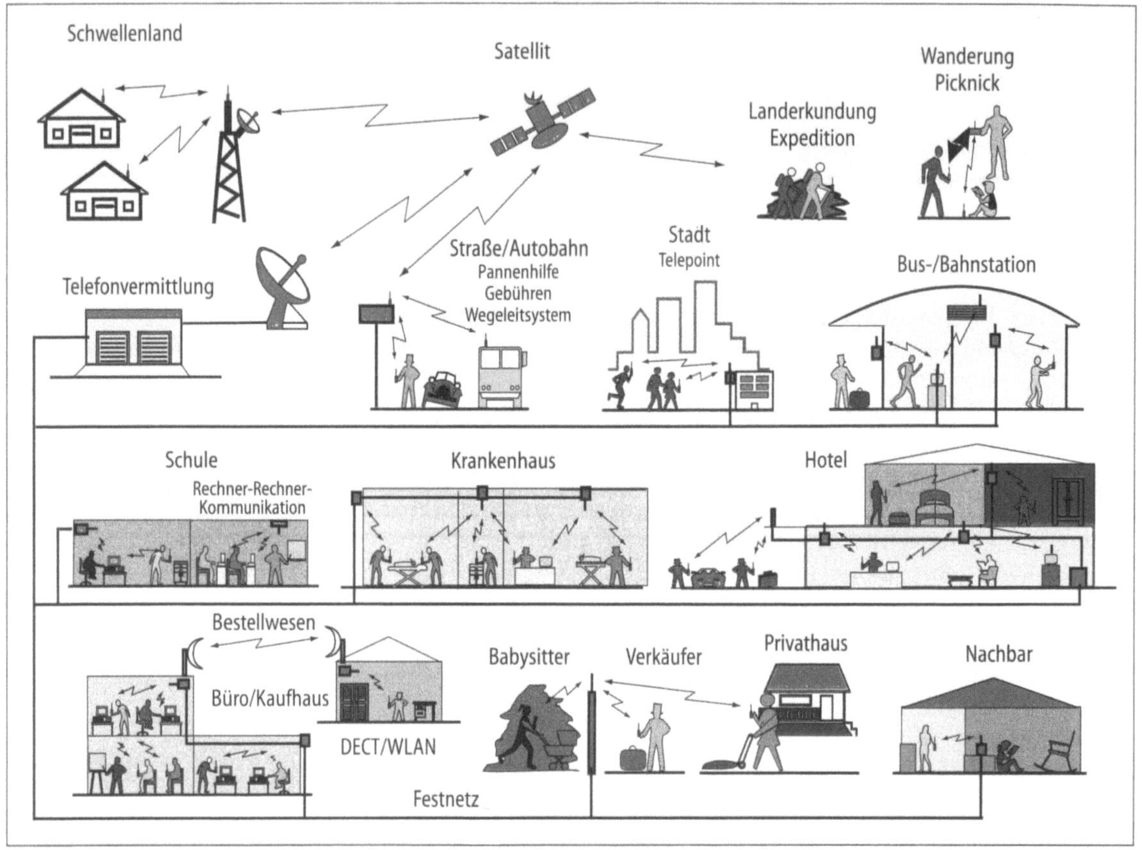

Bild 2 Drahtlose Kommunikation überall

Entzerrung, oder Interferenzunterdrückung) und der Empfindlichkeit der Empfänger wird den gerade beginnenden Durchbruch drahtloser Systeme erheblich verstärken. Heutige Beschränkungen der Dienstgüte (Durchsatz, Verzögerung oder Bitfehlerhäufigkeit) sind überwindbar.

Die zukünftige Kommunikation im teilnehmernahen Bereich wird, wo immer vorteilhaft, drahtlos vonstatten gehen, wie in Bild 2 dargestellt. Dort sieht man (oben), daß ein mobiles Satellitensystem (in Iridium-Technik hat es seinen Regelbetrieb Ende 1998 aufgenommen) Teilnehmern an jedem Ort der Welt Zugang zum drahtgebundenen Kommunikationsnetz (schwarze Linien) ermöglicht, indem eine erste Funkteilstrecke das handportable Gerät mit dem Satelliten und eine zweite Funkstrecke einen Satelliten des gesamten Systems mit einer Bodenstation verbindet, die Festnetzzugang hat. Der Satellit kann auch Funkbasisstationen an das Festnetz anschließen, die in einem eigenen Frequenzband zum Beispiel mobile oder ortsfeste Kommunikationseinrichtungen in Entwicklungsländern versorgen. Auch Pannenhilfsdienste lassen sich so organisieren.

Mikro-Funkbasisstationen mit einer Antennenhöhe von rund fünf Metern können kleine Mikro- beziehungsweise Pikofunkzellen versorgen, um in Ballungsgebieten sowohl in Gebäuden als auch außerhalb Mobilterminals drahtlos an das Festnetz anzuschließen. Interessante Anwendungen sind etwa Bus- und Bahnstationen sowie Hotels. Sie erreichen trotz eines sehr begrenzt für Mobilfunk verfügbarem

Frequenzspektrums eine sehr hohe Verkehrskapazität – gemessen in Verbindungen pro Flächeneinheit und Frequenzbandbreite –, vergleichbar der von heutigen Kabelnetzen.

In Schulen, Krankenhäusern, Büros und Kaufhäusern sowie in privaten Wohnungen besteht Bedarf für drahtlose Kommunikation zur Unterstützung sogenannter szenariospezifischer Kommunikationsdienste, zum Beispiel multimedialer Schmalband- beziehungsweise Breitbandkommunikation zwischen mobilem beziehungsweise beweglichem Terminal und Datenbankrechnern, um Sprach- und Internetdienste zu nutzen. So können heute bestehende drahtgebundene lokale Netze (Local Area Network, LAN) mit Übertragungsraten von bis zu 25 Megabit pro Sekunde zur Verbindung von Rechnern untereinander durch drahtlose Netze ersetzt werden, etwa durch W(ireless)-LANs beziehungsweise W-HANs (Home Area Network). Dabei geht es darum, drahtlose Verbindungen im privaten Bereich herzustellen, etwa von Geräten der Unterhaltungselektronik und Computern. Neben bestehenden können auch neuartige Multimedia-Endgeräte drahtlos einbezogen werden wie zum Beispiel gemäldegroße Flachbildschirme zur Darstellung von Stand- und Bewegtbildern.

Richtfunksysteme als ortsfeste Funkdienste zur Verbindung von Gebäuden untereinander und mit dem Festnetz sind ein Spezialfall drahtloser Kommunikationssysteme und schon heute allgegenwärtig. Schnurlose Kommunikation ohne eigene Funkbasisstation ist zum Beispiel auch durch Nutzung des Funkfeldes der Nachbarwohnung möglich (Bild 2 rechts unten). Alle diese Systeme haben einen gewissen Stand der Einführung erreicht, sind aber in ihrer technischen Entwicklung vergleichbar dem Stand des Automobils der fünfziger Jahre. Es gibt also noch viel zu tun, um drahtlos mit gleicher Dienstgüte (Durchsatz, Fehlerhäufigkeit, Verzögerung) kommunizieren zu können wie im Festnetz.

In Europa kann man folgende, in ihrem Diensteangebot zum Teil überlappende Mobilfunknetze unterscheiden: Zellularfunk, ein europaweiter öffentlicher Mobilfunk für Sprach- und Datenkommunikation geringer Übertragungsrate (D- und E-Netze); Paketfunk und Bündelfunk, das heißt Sprech- und Datenfunk für Gruppenkommunikation mit kleiner Bitrate für kommerzielle und behördliche Nutzer (zum Teil nur regional); Funkruf, ein Benachrichtigungsdienst mit begrenzter Meldungslänge, der europaweit zur Verfügung steht; Schnurlostelekommunikation, wobei die Leitung zwischen Telefonapparat und Handgerät durch Funkübertragung ersetzt wird (mit Reichweiten von 50 Metern in Gebäuden und 300 Metern außerhalb); mobiler Satellitenfunk (Bild 3), ein weltweiter Dienst über geostationäre beziehungsweise niedrig fliegende Satellitensysteme (100 bis 15.000 Kilometer) für Sprach- und Datenkommunikation kleiner Bitrate sowie mobiler Breitbandfunk als drahtlose Kommunikation im Nahbereich (unterhalb 200 Meter) einer Funkbasisstation mit hoher Bitrate von bis zu 25 Megabit pro Sekunde. Das UMTS (Universal Mobile Telecommunications System) wird zukünftig mit mehreren konkurrierenden Funkschnittstellen die terrestrischen Dienste Zellularfunk, Bündelfunk, Funkruf, Schnurloskommunikation in ein

**Szenariospezifische
Kommunikationsdienste**

Bild 3 Unterwegs immer erreichbar sein – unverzichtbarer Bestandteil vieler Berufe

System mit reichweiteabhängiger Dienstgüte integrieren und auch das Raumsegment, also den mobilen Satellitenfunk, abdecken.

Bild 4 zeigt die Zukunftsvision, die bei der Standardisierung in Europa verfolgt wird. Alle drahtlosen Systeme werden als Zugangsnetze zu einem Netzkern gesehen, der alle Netzfunktionen (Network and Switching Subsystem, NSS; Intelligent Network, IN; Telecommunications Intelligent Network Architecture, TINA) und Dienste wie ISDN (Integrated Services Digital Network), Internet-TCP/IP (Transport Control Protocol/Internet Protocol) verfügbar hat, um drahtlose Zugangsnetze wie GSM BSS (Global System for Mobile Communications Base Station Subsystem), DECT (Digital Enhanced Cordless Telecommunications), S-PCN (Satellite Personal Communications Network), UMTS (Universal Mobile Telecommunications System), MBS (Mobile Broadband System) und drahtgebundene Zugangsnetze (Local/Wide Area Network, LAN/WAN; Cable Television, CATV) zu unterstützen. Die angenommene Architektur eines weltweiten „Kommunikationsgebäudes" für eine globale mobile Multimedia-Kommunikation deckt nicht nur Sprach-, sondern auch jede Art von Datenkommunikation einschließlich der Verteilkommunikation (Rundfunk, Fernsehen) ab.

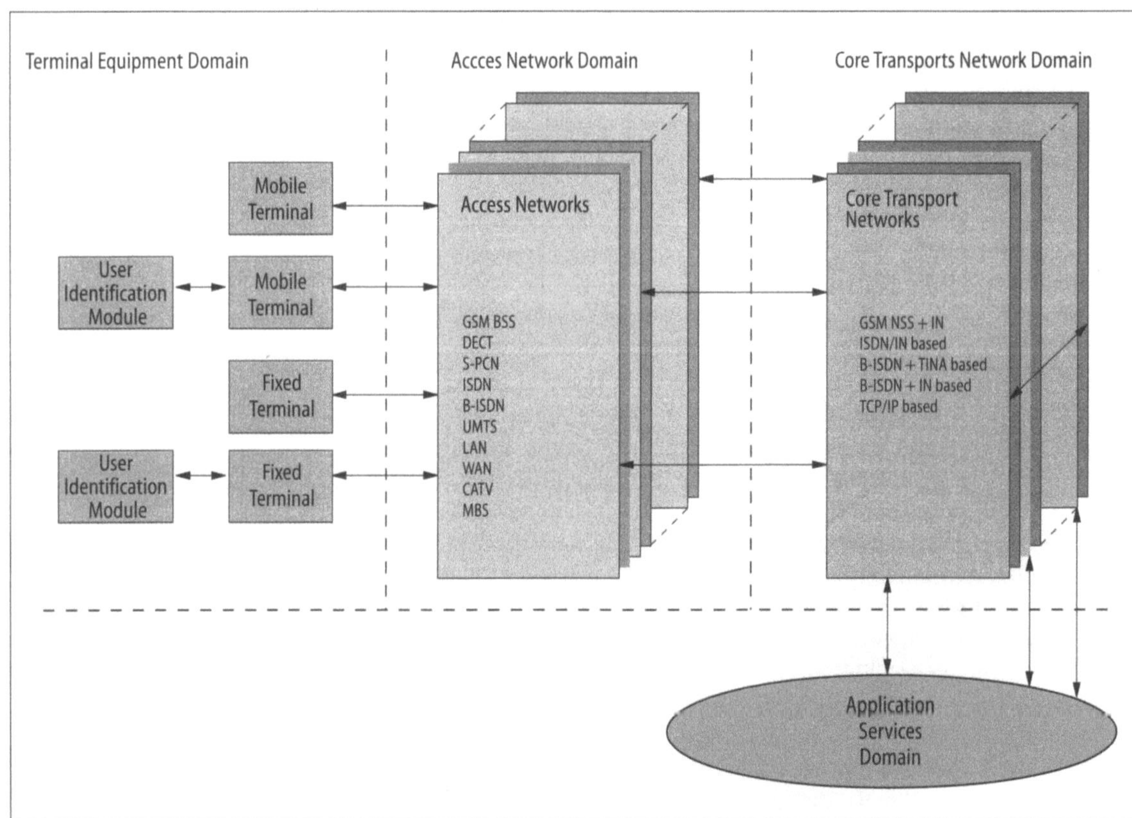

Bild 4 „Global Multimedia Mobility Architecture" des Europäischen Telekommunikations-Standardisierungsinstituts ETSI

Die Idee, daß in Zukunft ein einziges integrierendes Mobilfunknetz alle Kommunikationsdienste weltweit über eine einheitliche Funkschnittstelle verfügbar machen wird, ist zündend, und darum wird in der Forschung an der Definition und Entwicklung von Systemen, die diesem Idealbild nahekommen, auf der ganzen Welt mit großem Nachdruck gearbeitet.

Dienstspezifisch optimierten Mobilfunknetzen mit einem teilweise überlappenden Diensteangebot wird vermutlich die Zukunft gehören. Um dem Teilnehmer nicht mehrere Endgeräte zuzumuten, sind Varianten von durch Software definierbaren universellen Mobilterminals denkbar; ihnen gilt große Aufmerksamkeit in der Forschung (Bild 5). Ein durch Software definiertes Terminal hat einen Funkteil („Radio"), einen Bereich mit Kommunikationsprotokollen und den Verarbeitungs- und Darstellungsbereich. Letzterer wird durch einen PC-Chip im Terminal realisiert werden. Die situationsabhängige Konfiguration des Sende-/Empfangsteils (Radio) des Terminals durch Software stellt sehr große Herausforderungen an die Entwicklung neuer Konzepte, insbesondere wenn sehr unterschiedliche Funkschnittstellen wahlweise unterstützt werden müssen wie GSM, DECT, UMTS (eine typische heute untersuchte Kombination dreier in ein Terminal zu integrierender Systeme). Ein softwaredefinierter Kommunikationsprotokollstapel der Funkschnittstelle im Terminal ist vergleichbar schwierig lösbar, und es gibt bisher keine Beispiele

Softwaredefinierte Mobilterminals

Bild 5 Drahtlose Kommunikation via Funk im mobilen Büro der Zukunft

Zukünftige Entwicklung von Mobilfunksystemen

dafür. Die Software zur situationsgerechten Konfiguration des Terminals und seiner Anwendungen muß entweder aus einem mitgeführten Speicher oder über die Funkschnittstelle geladen werden. Mobile Agenten, als Softwareroboter, werden, so steht zu erwarten, dabei unterstützend tätig sein.

Drahtlose Netze sind Zugangsnetze zu drahtgebundenen Netzen. Entwickelt werden heute Systeme der dritten Generation wie UMTS und MBS. Insbesondere zur Definition und Realisierung des Mobile Broadband System (MBS) haben wir mit unserer Forschungsgruppe als Mitinitiatoren der Systemgruppe des MBS-Projekts im RACE-II-Programm der Europäischen Gemeinschaft wesentlich beigetragen; wir hatten auch die Leitung dieses Projekts inne. Die in diesem Zusammenhang entwickelten Konzepte werden heute in dem durch das Bundesministerium für Bildung und Forschung geförderten Projekt „ATMmobil" in Deutschland sowie im ACTS-Programm (Advanced Communications Technologies and Services, ACTS) der Europäischen Gemeinschaft (in den Forschungsprojekten SAMBA, WAND und MEDIAN) unter der Bezeichnung MBS weiterentwickelt. Bild 6 zeigt die jeweils erreichte Mobilität und Multiplex-Bitrate der Systeme im Vergleich. Prototypische drahtlose Breitbandsysteme (MBS) mit ATM- oder anderer Übertragungstechnik sind für verschiedene Anwendungsgebiete denkbar, wobei auch echtzeitbedürftige Anwendungen unterstützt werden können.

Die weitere Entwicklung aller Mobilfunk- und Drahtlossysteme wird insbesondere auf eine größere Spektrumskapazität und geringere Interferenzleistung ausgerichtet sein. Dazu sind intelligente adaptive Antennen, die ihre Strahlungsenergie gezielt in definierte Richtungen lenken können, und Verfahren der digitalen Signalverar-

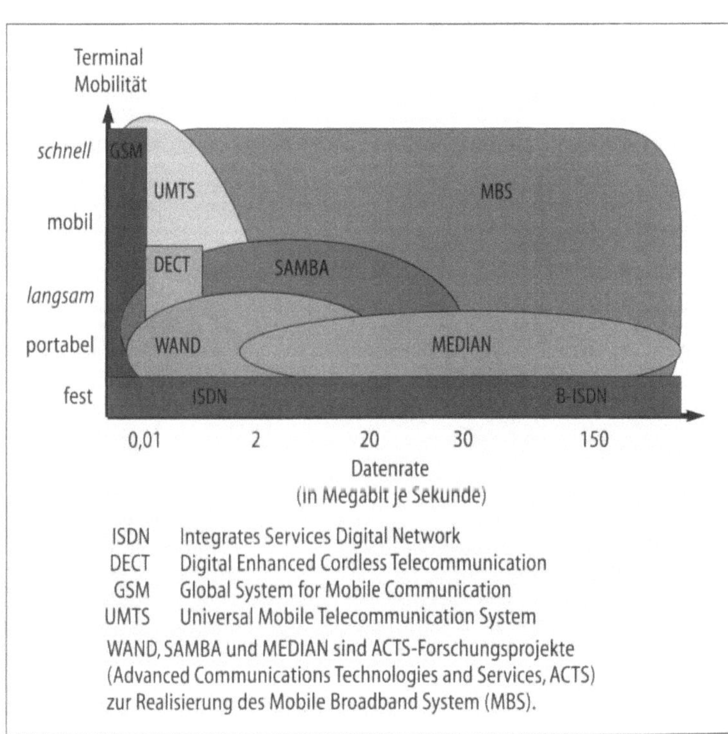

Bild 6 Mobile Kommunikationssysteme in der Forschung

beitung zur räumlichen Filterung erforderlich. Die resultierende starke Interferenzminderung und Reduktion der Funkstrahlungsbelastung erlaubt gleichzeitig zwischen Basisstation und mehreren Terminals, die unter verschiedenen Raumwinkeln erreicht werden, zu kommunizieren. Bild 7 zeigt schematisch das Prinzip und entsprechend geformte Antennenkeulen. Die Möglichkeit, von einer Basisstation an mehrere Terminals im selben Zeitschlitz auf der gleichen Frequenz zu senden beziehungsweise durch räumliche Filterung mehrere Terminals im selben Zeitschlitz zu empfangen, erlaubt echten räumlichen Vielfachzugriff (Space Division Multiple Access, SDMA).

Je nach Lage der Terminals bezogen auf die zentrale Basisstation können zwei, drei oder mehr Terminals gleichzeitig (im selben Zeitschlitz) erfolgreich übertragen. Das Sechseck gibt den Funkversorgungsbereich der Basisstation an. Adaptive Antennen können dazu beitragen, den tragbaren Verkehr wesentlich zu erhöhen und das zur Verfügung stehende Frequenzspektrum erheblich besser auszunutzen; Kapazitätssteigerungen um den Faktor drei oder gar fünf scheinen möglich zu sein. Wir haben solche Systeme schon 1985 für lokale Funknetze vorgeschlagen. Sie können unter anderem Nullstellen des Antennendiagramms in bestimmte Richtungen steuern, um den Störabstand beim Empfänger zu vergrößern. Diese Technik ermöglicht quasi richtfunkartige Kommunikation zwischen Basisstation und Terminal.

Für drahtlose Systeme ist zunehmend mit Frequenzknappheit zu rechnen. Daraus ergibt sich die Forderung nach Koexistenz von existierenden und zukünftigen Funksystemen im gleichen Frequenzbereich. Exemplarisch ist in Bild 8 die Störsituation für zwei sich überlagernde zellulare Mobilfunksysteme aufgezeigt, die entweder in benachbarten oder im selben Frequenzbereich betrieben werden. Je nach Wahl der Frequenzen für Aufwärts- und Abwärtsstrecke an der Funkschnittstelle stören sich die Basis- und Mobilstationen der unterschiedlichen Systeme. Für die effiziente Nutzung eines Frequenzbandes müssen wir also Methoden finden, die eine gemeinsame Nutzung von Frequenzen ermöglichen. Zu berücksichtigen sind dabei die in den jeweiligen Systemen unterstützten Dienste, das Verkehrsaufkommen sowie die Nutzerdichten. Unter Umständen muß

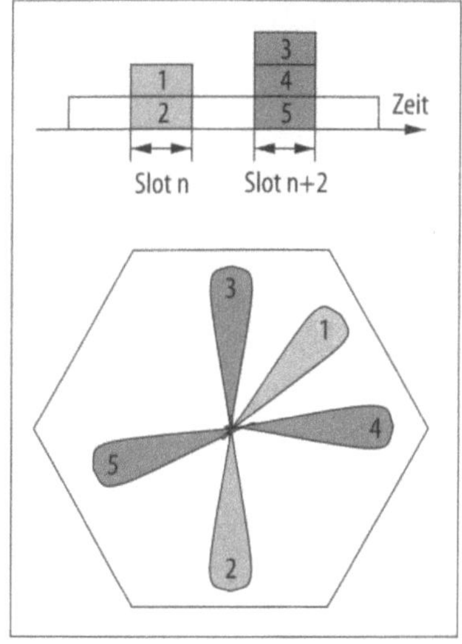

Bild 7 Gleichzeitige Kommunikation mehrerer Terminals mit derselben Basisstation

Frequenzetiketten und Frequency Sharing Rules

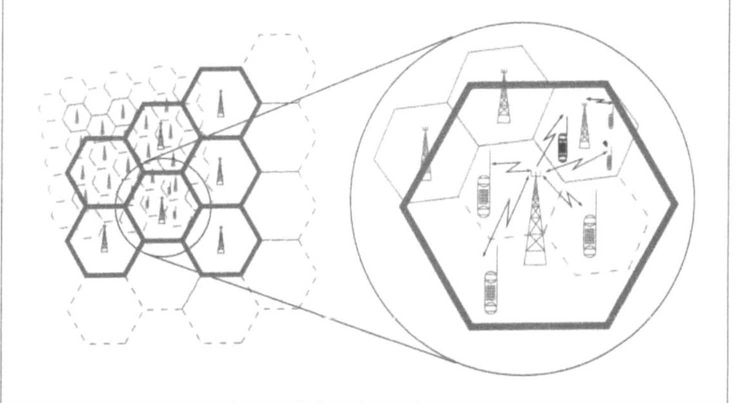

Bild 8 Störsituation zweier überlagerter Systeme

eine bestimmte Dienstgüte garantiert werden. Auch die Eigenschaften der Systeme und deren Einsatzbereich – im Gebäude oder außerhalb, unterschiedliche Zellgrößen – müssen in solche Betrachtungen einbezogen werden.

Selbstorganisierende Systeme

Zur Erweiterung drahtloser Zugangsnetze sind sogenannte Ad-hoc-Funknetze denkbar, falls kein Zugangspunkt (Access Point, AP) in Form einer Basisstation zum Festnetz in unmittelbarer Funkreichweite eines Terminals verfügbar ist. Solche Systeme organisieren sich selbst, sie sind fähig, hinzukommende Terminals aufzunehmen beziehungsweise zu entlassen und die Spektrumsnutzung effizient zu organisieren. Sie werden als Mobilfunksysteme der vierten Generation angesehen. Aus Gründen der Kompatibilität sollten die drahtlosen Stationen (Wireless Terminals, WT) idealerweise in Zugangsnetzen mit Access Point und in Ad-hoc-Netzen gleicherweise betrieben werden können. Für Netze mit Access Point und für Ad-hoc-Netze sollten daher möglichst die gleichen Protokolle verwendet werden.

Nach dem amerikanischen Standard IEEE 802 sind Ad-hoc-Netze unabhängig von einer Infrastruktur und bilden sich spontan für eine begrenzte Zeit und mit begrenzter Ausdehnung. Die Entstehung und die Auflösung von Ad-hoc-Netzen geschieht selbständig auf einfache Art und Weise.

Wir vermuten, daß in Zukunft sogenannte eingebettete Systeme von großer Bedeutung sein werden: Sie werden – als Teil anderer Systeme und auf den Prinzipien drahtloser Kommunikation beruhend – selbstorganisierende, sich selbst konfigurierende, dezentral gesteuerte (auch multihop) Drahtlossysteme in vielfältigen Anwendungsumgebungen sein. Hierfür sind allerdings noch erhebliche Forschungsarbeiten zu leisten. Auch die Mikro- und Nanotechnik wird Sensoren und Aktuatoren hervorbringen, die sehr klein ausgeführt sein können und in Kombination mit Sende- und Empfangseinrichtungen die Basis für viele neuartige Systeme sein werden.

Körpernahe sensorbasierte Funksysteme

Vom MediaLab des Massachusetts Institute of Technology (MIT) wurden Prototypen tragbarer, funkbasierter Systeme vorgestellt, die im Hinblick auf die hier diskutierten Anwendungen zwar noch wenig überzeugen, aber sicherlich geeignet sind, ihren Markt zu finden. Diese Systeme können zum Beispiel in die Bekleidung integriert sein; Sprach- und Datenkommunikation können gleichermaßen damit stattfinden. Mein persönlicher Favorit ist ein „tragbarer Schutzengel", ein selbstorganisierendes, drahtloses System, das beliebig viele Sensoren mit zugehöriger Funkeinrichtung umfassen kann und als Teil von Gebrauchsgegenständen (Ring, Uhr, Brille, Schuh oder Kleidung) körpernah getragen werden kann (Bild 9).

Die Sensoren messen medizinische Daten und übertragen sie gelegentlich, eventuell über mehrere Funkstrecken (multihop), zu einem Rechner (Server), der selbst tragbar als Teil eines Terminals oder ortsfest zu Hause ist. Das Programm auf diesem Rechner vergleicht die Meßwerte mit Normwerten und spricht Empfehlungen zum Eßverhalten aus, mahnt sportliche Betätigung an oder nennt Urlaubsorte, die für mich besonders geeignet sind. Es steht sogar zu vermuten, daß ich ein solches System später einmal geschenkt

Bild 9 Prinzip eines körper- oder kleidungsmontierten Gesundheitsüberwachungssystems, das über Funk Kontakt zum Server hält

bekomme – wenn ich im Gegenzug bereit bin zu akzeptieren, daß bevorzugt Produkte der Sponsoren empfohlen werden.

Für notorische Tastaturfeinde wird es drahtlose „Kugelschreiber" geben, die aus den auftretenden Momenten bei der Schreibbewegung auf die geschriebene Schrift schließen und das Ergebnis drahtlos an einen Computer übertragen (Bild 10). Das Ergebnis erscheint dann beispielsweise auf einem Korrketurtableau, das Handschriftkorrekturen erkennt und markierungsgerecht direkt in den Text aufnimmt (Bild 11). Selbstverständlich ist auch das Tableau drahtlos an einen Rechner angeschlossen.

Die Entwicklung der Sensortechnik wird im übrigen dazu beitragen, daß über Kommunikationssysteme nicht nur Ton und Bild für Ohr und Auge, sondern auch Meßgrößen für andere Sinnesorgane, nämlich Geruch, Geschmack, Druck oder Temperatur kommuniziert werden. In der Forschung suchen wir gegenwärtig Vorrichtungen, die dafür geeignet sind. So werden haptische Systeme dazu in der Lage sein, den Berührungsdruck von entfernten Objekten zu übermitteln, die elektronische Nase (E-Nose) wird Gerüche von anderen Orten wahrnehmen und neuronale Netze zur Geschmacksfindung beitragen. Natürlich werden solche elektronischen Verlängerungen menschlicher Sinnesorgane drahtlos erfolgen.

Um sich im Wirrwar der Informationsanbieter im Internet zurechtzufinden und gezielt suchen zu können, werden heute Suchmaschinen wie Alta Vista, Yahoo oder Net Crawler genutzt, die man über die Bedienoberfläche eines Browser-Programms wie Netscape Navigator oder Internet Explorer einfach aufrufen kann. Nach Eingabe eines Suchbegriffs startet die Suchmaschine, beauftragt eventuell andere Suchmaschinen und kehrt in der Regel mit einer Liste von Fundstellen zurück, die anhand ihrer Adresse (http://www...) am Bildschirm dargestellt werden. Diese Adresse kann man anschließend selbst aufrufen. Der Benutzer ist für die Dauer der Transaktion an das Terminal gebunden, ist also online und kommuniziert synchron.

In vielen Fällen würde man sich wünschen, komplizierte Aufträge an ein Programm formulieren und es beauftragen zu können, sie möglichst optimal auszuführen, um sich dann später (offline) die Ergebnisse anzusehen. Dafür sind seit einigen Jahren Agenten in

Drahtlose Texteingabe

Chancen für neuartige Sensoren

Bild 10 Drahtlose Texteingabe

Bild 11 Korrekturtableau für Text

Entwicklung (und auch schon in Gebrauch), die als Mittler zwischen Mensch und rechnergestützten Datenbanken sowie anderen Agenten auftreten können (Bild 12).

Alle Objekte, Wissenselemente und Produkte dieser Welt werden künftig elektronisch identifizierbar, nach Kriterien vergleichbar und elektronisch ansprechbar und – gegen Bezahlung – verfügbar sein. In diesem Dschungel von Informationsanbietern und Produkten werden nun Agenten als softwarebasierte Makler (scheinbar) kostenlos zur Verfügung stehen, denn sie finanzieren sich durch Beteiligung an den geschäftlichen Abläufen oder als Werbeträger. Agenten werden die Fähigkeit haben, auf der Basis von Vorauswissen anspruchsvolle Entscheidungen zu fällen und aus ihren Aufträgen zu lernen. Sie arbeiten autonom ohne Steuerung durch den beauftragenden Benutzer und bewegen sich körperlich durch Netze: Ein Agent wird die Vorlieben und Verhaltensweisen seines „Herrn" durch Beobachtung lernen, ihn wie ein Sklave bei vielen seiner Aktivitäten unterstützen, für ihn gegen feindliche Agenten kämpfen, die ihm zum Beispiel Information, Güter und Kompetenzen streitig machen, und sie werden die Bedienoberflächen von Geräten (Terminals) und den Umgang mit Dritten und Objekten ohne Begrenzung der Phantasie virtualisieren. Sodann übernimmt der Agent Aufgaben von Sinnesorganen seines Herrn (riechen, tasten, schmecken, sehen, hören), überwacht seinen Gesundheitszustand aufgrund von Online-Meßdaten und organisiert Nahrungsaufnahme und Freizeitverhalten. Darüber hinaus werden Agenten Empfindungen entwickeln und aufgrund ihrer Erfahrungen für ihre Herren urteilen. Auch werden sie für ihn entscheiden und über kurz oder lang Teile seiner Entscheidungskompetenz übernehmen – weil sie es einfach schneller und besser können werden. Da Funkkanäle in der Regel kleinere Übertragungsraten haben als Festnetze,

Softwarebasierte Agenten übernehmen Dienstleistungen

Bild 12 Einsatz eines Agenten für eine Suchaufgabe (finde den billigsten Flug zum Londoner Flughafen „Heathrow" am 24. Oktober, Ankunft bis elf Uhr): Der Nutzer eines mobilen Endgerätes verfügt über eine Agentenplattform, an die er einen Auftrag *(mission)* erteilt. Daraus wird für einen mobilen Agenten ein Plan erstellt, den er anschließend abarbeitet.

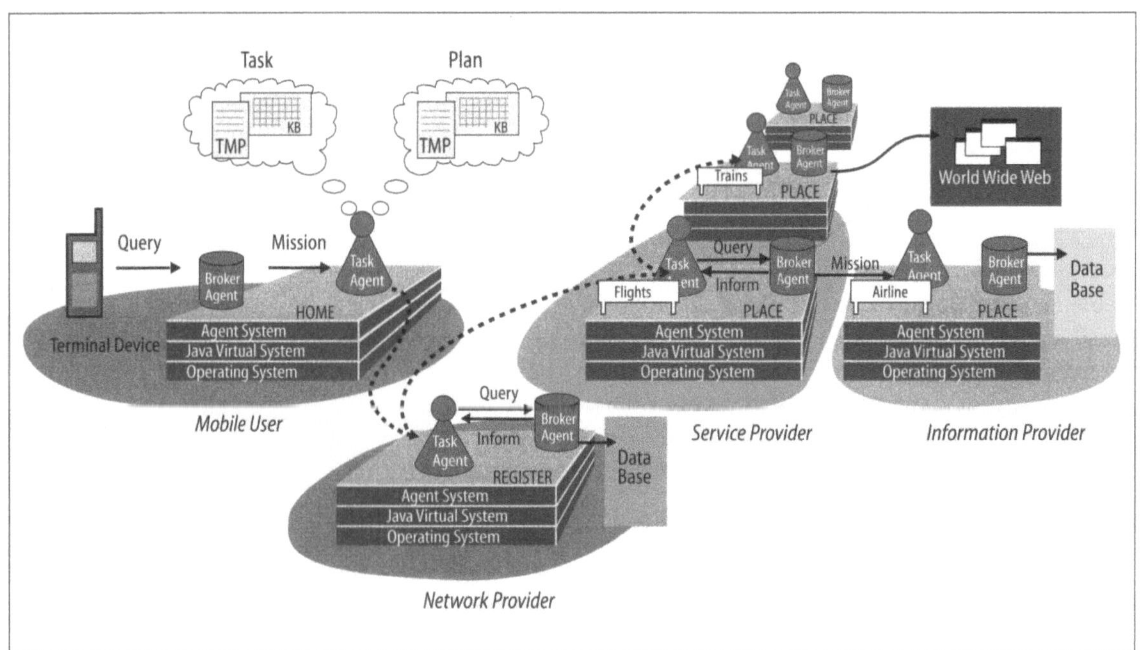

erwarten wir insbesondere für Nutzer mobiler Terminals einen Boom der Agententechnik, denn es ist sicherlich billiger, wenig ausführbaren Kode zu transportieren als viele Daten (einer Datenbank).

In Zukunft werden neue Dienste von Banken, Versicherungen, Verwaltungen (drahtlos) über öffentliche Netzzugänge (Point of Sale, Geldautomat oder Internet) verfügbar werden und kryptographische Methoden dabei Privatheit und Datensicherheit garantieren. Hersteller werden entsprechende Multifunktionsterminals anbieten, und wir alle werden beruflich und privat mit vielen neuen Anwendungen konfrontiert, die unser tagtägliches Lebens verändern werden, wie dies in den letzten Jahrzehnten beispielsweise schon dem Geldautomaten gelungen ist. Private und öffentliche Einrichtungen werden versuchen, sich in großem Umfang Daten über jeden einzelnen von uns zu beschaffen und untereinander auszutauschen. Ob diese Informationen ungenau, veraltet, oder unzutreffend sind, werden wir nicht wissen, denn wir werden nicht einmal wissen, ob beziehungsweise wann solch ein Informationsaustausch stattfindet.

Allerdings ist der vollständige Schutz der Privatsphäre von Personen technisch lösbar, sofern die Bedienbarkeit einfach genug realisiert wird: So könnte zum Beispiel jedes Individuum mit jeder Organisation, mit der es verkehrt, ein digitales Pseudonym vereinbaren, das in Zusammenarbeit mit ihr festgelegt wird. Die entsprechenden Endgeräte, da bin ich mir ziemlich sicher, werden drahtlos mit den Terminals der jeweiligen Organisationen (im Nahbereich) kommunizieren.

Prof. Dr.-Ing. Bernhard H. Walke ist Inhaber des Lehrstuhls für Kommunikationsnetze.

Drahtlose Dienste für jedermann

Schutz der Privatsphäre ist möglich

Autor

Literaturhinweise

[1] D. Petras: Medium Access Control Protocol for Wireless transparent ATM Access, Proceeding of the IEEE Wireless Communications Systems Symposium, Long Island, New York, November 1995, S. 79 bis 84 (erreichbar im Internet unter http://www.comnets.rwth-aachen.de/ petras).
[2] F. Tank: Some Thoughts on the State of the Technical Science in 2012, Proceeding of the IEEE, 86, Oktober 1998, No. 10, S. 2106 bis 2107.
[3] B. Walke: Breitbandige Mobilkommunikation für Multimedia auf ATM-Basis, NTZ, 8, S. 58 bis 61, und 9, S. 60 bis 63.
[4] B. Walke: Mobilfunknetze und ihre Protokolle, Band 1 und Band 2, B. G. Teubner Verlag, Stuttgart 1998.
[5] B. Walke, S. Böhmer und M. Lott: Protocols for a Wireless-ATM Network, International Zurich Seminar, Zürich, Schweiz, Februar 1998, S. 75 bis 82.

Technische und sprachliche Kommunikation

Christian Stetter

Sprache, Schrift und Technik sind Evolutionsprodukte, die auf denselben menschlichen Anlagen beruhen

Sprache, Schrift und Multimedia

Kommunikation ist derjenige Modus des „Seins" von Lebewesen, der die Bildung von Sozialbeziehungen, von Gemeinschaften und Gesellschaften ermöglicht. Für den Menschen hat die Sprache in diesem grundlegenden Zusammenhang besondere Bedeutung gewonnen. Sie hat die genetisch älteren Zeichensysteme wie Gestik oder Mimik im Lauf der Evolution so weit zurückgedrängt, daß wir heute oft alle diese verschiedenen Register unter dem Titel der nonverbalen Kommunikation der verbalen gegenüberstellen. Die Entwicklung der Sprache geht einher mit der einer spezifisch „menschlichen" Technik. Sie ermöglicht deren Evolution, so wie diese die der Sprache vorantreibt. Die strukturelle Ursache dafür liegt in der Entwicklung des aufrechten Gangs und der daraus folgenden Entfaltung des mittleren Kortex. In diesem Raum bilden sich sowohl die sensomotorischen Gehirnzentren wie die Sprachzentren aus. Mit dem aufrechten Gang wird die Hand befreit und rückgekoppelt an die Kontrolle des Auges, sozusagen für die Technik freigegeben. Daß diese sich entwickeln kann, liegt an der gattungsgeschichtlich kontingenten Tatsache, daß sich parallel dazu im zweiten Rückkopplungskreis von Mund und Ohr die Sprache entwickelt. Technik im menschlichen Sinn beruht auf der Rückkopplung dieser beiden Rückkopplungskreise [1].

Diesen Zusammenhang hat bereits Herder (1744 bis 1803) in seiner „Abhandlung über den Ursprung der Sprache" (1772) gesehen, mit der er die Anthropologie begründet. Aus der Sprachfähigkeit des Menschen erwächst seine Fähigkeit zum Lernen und zur Überlieferung des Gelernten an spätere Generationen. Mit der Evolution der Schrift schließlich, die durch Rückkopplung der Sprache an die Artikulationsfähigkeiten des Regelkreises von Auge und Hand entsteht, beginnt die Entwicklung städtischer Zivilisationen [1] (Bild 1).

Am vorläufigen Ende dieser Entwicklung steht das Zusammenwachsen von elektronischer Datenverarbeitung und Telekommunikationstechnologie, die Voraussetzung für all die Prozesse, die inzwischen unter den Begriff der Globalisierung gefaßt werden. Die Grenzen von politischen und wirtschaftlichen Systemen werden durch technische Kommunikationsmöglichkeiten aufgehoben, deren Effizienz mit nie gekannter Schnelligkeit steigt und deren Gebrauch sich damit der öffentlichen Kontrolle mehr und mehr entzieht. Die Übertragungswege und Datennetze haben die Gesellschaften, die sie vernetzen, zur „Informationsgesellschaft" transformiert. Sie sind zu deren wesentlicher Infrastruktur geworden. „Europa", so Norbert Bolz, „was immer einmal damit gemeint gewesen sei, wird heute als Breitband-Kommunikation technische Wirklichkeit." [2]

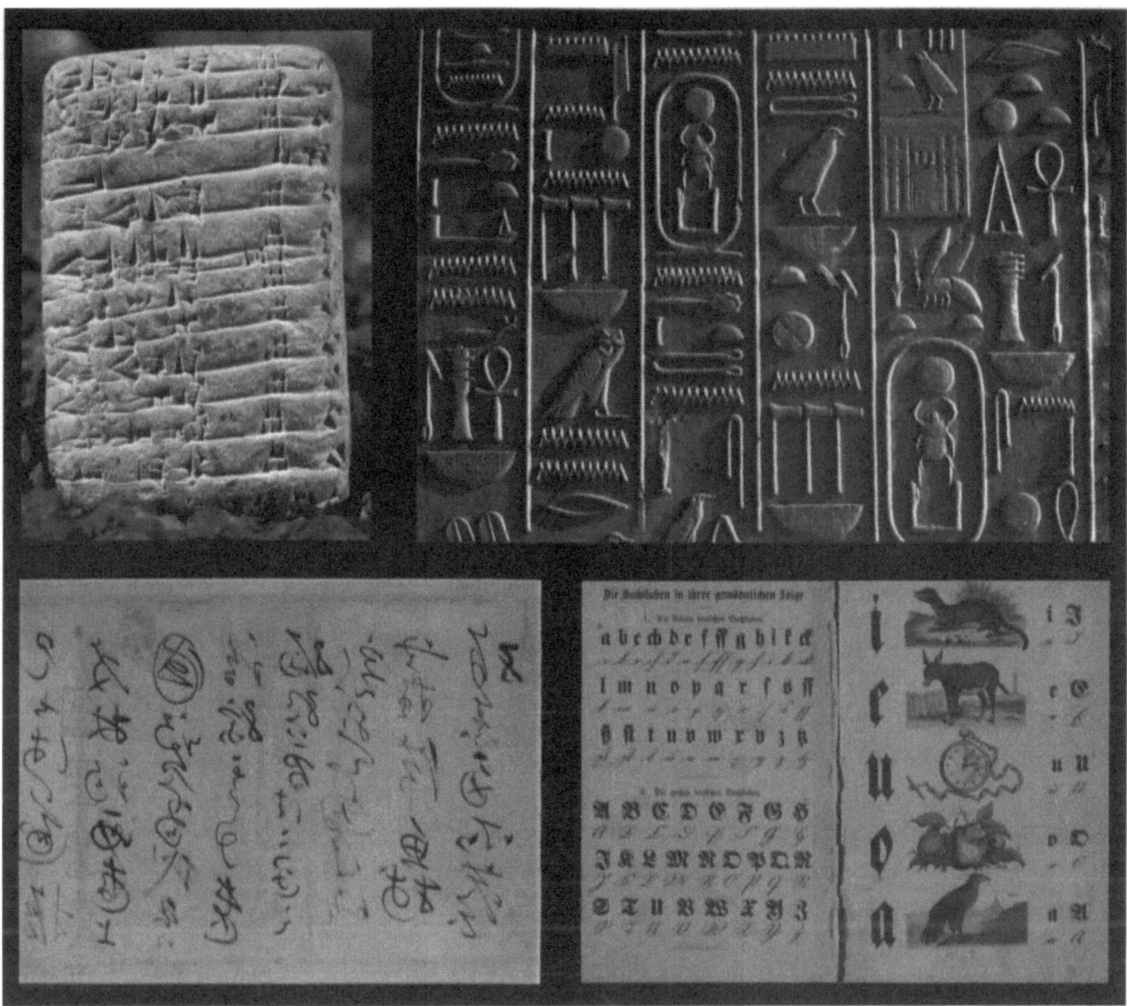

Damit geht einher ein Umbruch im Umgang und Verständnis von dem, was man „Wissen" oder „Information" nennt.

Im platonischen Verständnis mußte man sich durch Informationen zum Wissen emporarbeiten. Heute hat sich das Verhältnis umgekehrt: Wissen geht in Information auf, und mit dem Aufbau von Datenbanken, Benutzerroutinen und Zugriffssystemen ist die platonische Wahrheit offenkundig obsolet geworden. Sie war an die Metaphysik eines in seinem Handeln autonomen, der Vernunft und den Gesetzen gehorchenden, mit anderen Worten: eines verantwortlichen Subjekts gebunden. Doch eine *politeia*, ein Staat, in dessen Rahmen verantwortliches Handeln bei Platon stets und unabdingbar gedacht ist, gibt es in der Welt des Internets nicht. Die Technologie ist über die Rechtsformen der Gesellschaften, die sie hervorgebracht haben, hinausgewachsen. Neue Rechtsformen, die ihr „gewachsen" wären, sind zumindest einstweilen nicht in Sicht. Somit wird ein kategorial neues Verständnis von Kommunikation und Information erforderlich. Suggestive Formeln dafür haben schon früh McLuhan und Derrida geliefert: Das Zeitalter des Logos ist vorbei [3], die Gutenberg-Galaxis am Ende [4]. Wir stehen an der Schwelle eines neuen Zeitalters, dem von

Bild 1 Mit der Keilschrift bekam vor etwa 5000 Jahren die zwischenmenschliche Verständigung eine neue Dimension – die Evolution der Schrift begann: Oben links: Keilschrift mit 22 sumerischen Zeilen, die über die monatliche Zuteilung von Gerste an 17 Gärtner Auskunft gibt (gebrannter Ton, Dritte Dynastie von Ur, 2113 bis 2006 vor Christus). Oben rechts: Hieroglyphen, die den Fruchtbarkeitsgott Amon-Min preisen (Sandstein, zirka 1950 vor Christus). Unten links: Ausschnitt aus der Autobiographie des chinesischen Mönchs Huai Su (Kalligraphie, 777 nach Christus). Unten rechts: Bilderalphabet der Vokale aus „Wilhelm's und Clara's Bilder-A-B-C-Buch" von Friedrich Schröder (Lithographie, koloriert, um 1840)

Hypermedien. Sie ersetzen die traditionelle, an die Linearität der Schrift und an die Vorherrschaft der Sprache gebundene Organisation von Denken und Wissen durch eine elektronisch konstruierte multimediale und multidimensionale Symbolik, welche die ganze Welt umspannt. „Sprache ist nicht mehr das Haus unseres Seins – es ist aus Algorithmen erbaut." [2]

Die Philosophie der Postmoderne hat die in der Tat wohl epochal zu nennende Entwicklung der Informations- und Kommunikationstechnologien als das Sein ihrer Zeit begriffen, welche nach Hegel in Gedanken zu fassen wäre. Und im Anschluß an Derridas Grammatologie entdeckt sie zu ihrer Überraschung, daß die Philosophie diesmal der Zeit sogar voraus war: Der Hypertext, in dem die Linearität der Schrift aufgegeben ist zugunsten einer Integration des „Realen", etwa des Tons, des „Symbolischen" wie etwa der Schrift und des „Imaginären", des Bildes, jener hybride Text, der nur noch in der Echtzeit seiner Erzeugung existiert und bei dem die Frage nach seinem Autor auf die Programme verweist, die man zu seiner Erzeugung benutzen kann beziehungsweise muß, hat daher, so Bolz, „eine natürliche Affinität zur Textstrategie der Dekonstruktion". Man könnte geradezu sagen: „Hypertexte sind prädekonstruktiv." Nicht mehr Subjekte reden und verständigen sich mit Subjekten – das Subjekt hat ausgedient –, sondern informationsverarbeitende und -selektierende Systeme kommunizieren mit ihresgleichen. Die Systemtheorie hat es längst gewußt: Die Gesellschaft besteht nicht aus Menschen, sondern aus Kommunikationszusammenhängen.

Ist die Gutenberg-Galaxis am Ende?

Doch wie weit trägt die auf den ersten Blick zweifellos suggestive Analogie? Hat das Zeitalter der Schrift, des Buchs, der Logos tatsächlich abgedankt, ist die Sprache, wenn schon nicht mehr das Haus unseres Seins, so doch noch immer das grundlegende, unverzichtbare und unsubstituierbare Medium menschlichen Denkens und Handelns? Ist die Alternative: hier die Sprache, dort Algorithmus und Hypertext überhaupt eine Alternative, die Sinn macht?

Sprache und Schrift sind unserer philosophischen und kulturellen Tradition vertraute Begriffe, auch wenn das Verhältnis von oraler und literaler Sprache zueinander von Platon bis Derrida umstritten bleibt [5]. Von den Begriffen Kommunikation und Information ist dies kaum in ähnlicher Weise zu behaupten. Im Deutschen benutzen wir sie in systematischer Bedeutung, das heißt als wissenschaftliche oder philosophische Termini, kaum mehr als ein halbes Jahrhundert. Wir – das ist die literalisierte Gesellschaft, die nun offenbar zur Informations- und Kommunikationsgesellschaft mutiert (Bild 2). Doch was versteht man darunter spezifisch anderes als die unbestreitbare Tatsache, daß sich die technischen Möglichkeiten, Nachrichten auszutauschen, vervielfacht haben und daß sich damit auch die Menge der ausgetauschten Nachrichten – beziehungsweise Informationen – vervielfacht hat? Die *differentia specifica* zu der Gesellschaft, aus der sie entstanden sein soll, bleibt chronisch undeutlich, auch wenn vieles dafür spricht, daß sich da ein Umschlag von Quantität in Qualität vollzieht.

Das Problem bleibt an das Sprachspiel der alten Deutungsmuster gebunden. Wenn man die Andersartigkeit von Funktionsweisen der

Bild 2 Revolutionärer Ausgangspunkt für die literalisierte Gesellschaft war in Europa die Erfindung des Buchdrucks mit beweglichen Metall-Lettern durch Johannes Gutenberg Anfang des 15. Jahrhunderts. Hier ein Blatt aus seiner Bibel, vollendet gegen 1455 in Mainz. Die Initialen und Verzierungen sind von Hand gemacht.

neuen Medien erklärt, greift man auf Analogien aus dem Sprach- und Schriftgebrauch zurück. Der Begriff des Hypertextes wird gegen den althergebrachten des Textes eingeführt und verständlich gemacht, nicht umgekehrt. Die Fähigkeit des selbstverständlichen Gebrauchs der Schrift – in der Regel in mehreren Sprachen – bleibt die in praxi nirgendwo in Frage gestellte Voraussetzung der Entwicklung und des Gebrauchs der „neuen" Medien. Man hat also Grund zu der Frage, ob in der Sache tatsächlich ein Widerspruch besteht zwischen der Welt der linearisierten Schrift und der des Hypertextes, nicht zuletzt deswegen, weil Programme – ohne die die Erzeugung von Hypertexten unmöglich wäre – selbst striktest linearisierte schriftliche Texte sind mit allen Attributen der Autorschaft, der Verantwortlichkeit für sie und der Rechte an ihnen (Bild 3). Die Gutenberg-Galaxis ist zumindest in diesen Hinsichten keineswegs am Ende, die Entwicklung der „neuen Medien" steht vielmehr ganz und gar unter ihrem Zeichen. Die Technologie der Schrift legt sich ein neues Register zu – und damit tritt sie allerdings in ein neues Verhältnis zur Sprache. Der Begriff der Kommunikation wird erweitert.

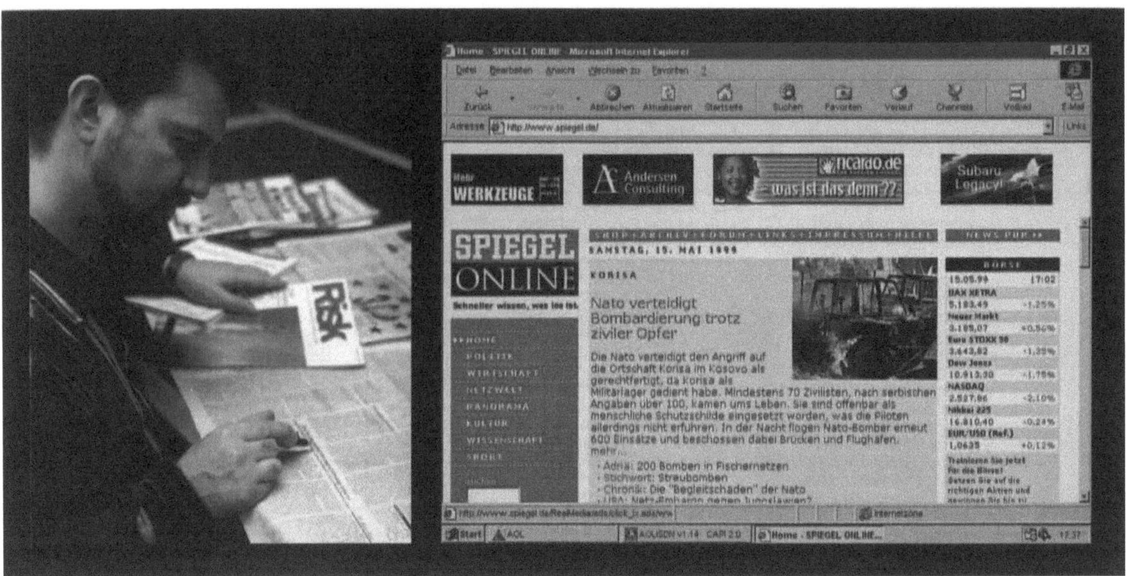

Bild 3 Treten die „neuen Medien" wirklich in Widerspruch zur Schrift, wie vielfach behauptet? Ebenso wie das Buch oder die Zeitung kann auch die Startseite von „Spiegel Online" nicht auf den linearisierten schriftlichen Text verzichten.

Technische Kommunikation: ein Prozeß jenseits der menschlichen Sprache

Hier sprechen wir nota bene von der Kommunikation handelnder Menschen, die per se wesentlich sprachlich vermittelt ist. Dabei haben die Innovationen im Bereich der technischen Informationsübertragung und der rechnergestützten Datenverarbeitung allerdings eine mehr als „nur" technische Funktion, die in Komparativen der Art zu fassen wäre, daß man schneller, effektiver Informationen austauschen kann, daß Literaturrecherche leichter wird und so weiter. Die Handlungsmöglichkeiten der Menschen, die sich dieser Technologie zu bedienen verstehen, werden kategorial erweitert, so wie die Schrift die Handlungsweisen der Menschen kategorial verändert hat. Doch auch mit dem Aufkommen der Schrift hat das Zeitalter der Sprache nicht aufgehört. Sie hat sich verändert, aber sie ist – auch im Zeitalter der Schrift – letztendlich die Herrin des Verfahrens geblieben.

Die Prozesse der technischen Informationsübertragung und rechnergestützten Datenverarbeitung fasse ich hier – für die Zwecke dieser Überlegungen – unter dem Begriff der „technischen" Kommunikation zusammen. Nur wenn man gegen diesen Begriff das Besondere der in natürlicher Sprache sich vollziehenden menschlichen Kommunikation klärt – so meine These –, dann wird man das spezifisch Neue dessen fassen können, was im Schlagwort von der Informationsbeziehungsweise Kommunikationsgesellschaft angedeutet ist.

Gegen die Fassung des Begriffs der technischen Kommunikation, wie ich sie oben getroffen habe, läßt sich vieles einwenden, auch wenn er einem ebenso verbreiteten wie vagen Sprachgebrauch entsprechen dürfte. Er vernachlässigt wesentliche technische Unterschiede zwischen Informationsübertragung und Datenverarbeitung ebenso wie Unterschiede der Funktionen von Hard- und Software. Aber er hat für unsere Zwecke einen großen Vorteil: Er unterscheidet erstens relativ trennscharf den bloßen Transport von Materie welcher Art auch immer – dieser mag sich in einem Flußbett oder in der Tragetasche vollziehen – vom Transport einer wie auch immer

„informativen" Materie. Am Anfang des Übertragungsprozesses muß es eine Instanz geben, die der übertragenen Materie Informationsgehalt verleiht, und am Ende eine Instanz, die diesen Gehalt von der Materie zu unterscheiden weiß. Dem trägt das klassische nachrichtentechnische Kommunikationsmodell mit der Unterscheidung der Instanzen Sender – Kanal – Empfänger Rechnung. Ihnen werden die Funktionen Enkodierung (der Nachricht) – Übermittlung – Dekodierung zugeordnet. Was Kommunikation also vom bloßen Transport von Materie unterscheidet, ist die Anwesenheit und der Gebrauch eines Kodes in diesem Geschäft.

Wird die zu übermittelnde Nachricht analog kodiert und/oder dekodiert, so ist dies stets mit einem Verlust an Information verbunden, bei digitaler Kodierung und Dekodierung kann die Information dagegen vollständig übertragen werden. Das macht schon den Unterschied von Manuskript und gedrucktem Text aus. Jedes im Alphabet gedruckte Buch einer Auflage von tausend Exemplaren enthält – so kein drucktechnischer Fehler vorliegt – exakt denselben Text (genauer: dieselbe Textur) wie jedes andere Exemplar derselben Ausgabe. Schon bei zehn handschriftlichen Kopien ist dies nie der Fall, nicht weil die Kopisten nicht sorgfältig wären, sondern weil ihr Schreibverfahren nicht digital, sondern analog organisiert ist: Sie kopieren nicht Zeichengestalten, sondern Wörter. Die moderne Orthographie ist Resultat der Digitalisierung des Alphabets durch die Technologie des Buchdrucks. Mit dem ISDN (Integrated Services Digital Network) nun scheint auch die verlustfreie Informationsübertragung jedenfalls in greifbare Nähe gerückt. Damit hat, so könnte man sagen, die technische Kommunikation ein Niveau erreicht, das dem der Schrift nach Erfindung des Drucks mit beweglichen Lettern vergleichbar ist.

Zweitens verweist das Attribut im Begriff der technischen Kommunikation darauf, daß in ihrem Zusammenhang Sender und Empfänger nicht Lebewesen sind, sondern Maschinen. Auch wenn Menschen sie bedienen, etwa mittels einer Tastatur, so beginnt die „technisch" zu nennende Kommunikation genau dort, wo der Maschinenkode das erste Mal greift, um „willkürliche" menschliche Bewegung in eine bestimmte Folge von Signalen zu übertragen. Der die Technik nutzende Mensch hat auf die technische Kommunikation im eigentlichen Sinn keinen Einfluß. In der Regel hat er die Hard- und Software, derer er sich bedient, weder erzeugt noch ist er – wiederum in der Regel – dazu überhaupt imstande. Er muß lediglich bestimmte Handlungen beherrschen, um telefonieren oder im Internet surfen zu können. Interne Kenntnis der Technik ist dazu einerseits nicht erforderlich, andererseits könnte sie auch kaum für jedermann „bereitgestellt" werden. Daher ist der Begriff des Mensch-Maschine-Dialogs genau genommen irreführend. Tatsächlich ist der Dialog – etwa mittels *Pull-down*-Menüs – auch in keiner Hinsicht ein Dialog zwischen Mensch und Maschine. Diese bleibt immer Mittel und Objekt menschlichen Handelns. Der vermeintliche Dialog gleicht viel eher einem Rätselspiel, bei dem der Softwareentwickler die Suchstrategien des Benutzers zu antizipieren und diesem das Finden leicht zu machen versucht.

In solchen Menüs, in Hilfefunktionen und so weiter finden sich im übrigen Formen genuiner Schriftlichkeit. Sie gleichen Bibliotheken, nur verfügen sie nicht über die in Jahrhunderten gereifte Zweckmäßigkeit der Organisation von Katalogen, und entsprechend fehlt in der Regel das dazu passende Wissen im Umgang mit diesen Hilfsmitteln.

Technische Kommunikation erweitert menschliche Handlungsmöglichkeiten

All dies aber spielt sich an der Peripherie der technischen Kommunikation ab. Der Benutzer bleibt im Sinne des Wortes „außen vor". Wo er in ihre internen Prozesse eingreift und sie verändert, unterbricht er sie. Sofern hier also überhaupt von Kommunikation die Rede sein kann, dann nur insofern, als sich Menschen bestimmter Techniken bedienen, um Datenmengen zu kodieren – sofern dies nicht selbst schon technisch geschieht –, sie zu manipulieren, Texte zu bearbeiten, Rechenoperationen durchzuführen und Datenmengen zu übertragen. Dies erweitert genau genommen nicht die Kommunikationsmöglichkeiten des Menschen, sondern seine Handlungsmöglichkeiten, wie andere Techniken auch.

Prozesse der technischen Kommunikation operieren nicht mit Zeichen, sind keine semiotischen Prozesse, ebensowenig wie das Autofahren eine Möglichkeit menschlicher Fortbewegung repräsentiert. Rechner rechnen nicht und denken nicht, nicht weil sie nicht intelligent wären, sondern weil sie nicht mit Symbolen umgehen, vielmehr mit Materie, mit Kombinationen elektromagnetischer Zustände.

Wiederum ergibt sich eine Analogie zur Schrift: Folgen solcher Zustände, die wir als 00, 01, 10, 11 und so weiter darstellen, sind in der Tat Schriftzeichen vergleichbar, sie stehen für Zahlen. Dies jedoch nur, weil ihnen dieser Sinn von einem Verständnis der Anwendbarkeit des binären Systems her gegeben wurde. Geschrieben sind sie nicht mit Tinte, sondern mit Strom, auf einem Medium, das Ladung von Nichtladung wie schwarz von weiß zu unterscheiden gestattet. Die Frage der Dauerhaftigkeit der Speicherung ist wiederum kein trennscharfes Kriterium. Heute wird man wahrscheinlich die Stromversorgung bestimmter Anlagen ebenso langfristig und zuverlässig garantieren können wie man in früheren Jahrhunderten beschriebenes oder bedrucktes Papier gegen Verfall zu schützen wußte.

Die These vom Ende der Gutenberg-Galaxis ist bei genauerer Betrachtung unsinnig (Bild 4). Die Verfahren der technischen Kommunikation haben viel zu viel mit der alten Technologie der Schrift gemein. Es gibt den Duden als Buch wie als CD-ROM. Der Gebrauch, den man von beiden Versionen macht, ist ein anderer. Blättern beispielsweise kann man im „richtigen" Buch weitaus schneller, und es liest sich auch bedeutend besser.

Sprachliche Kommunikation: ein Vorgang der dritten Art

Vergleichen wir diesen Befund nun mit der sprachlichen Kommunikation. Auch sie hat ihre technische Seite im sozusagen ingenieurwissenschaftlichen Sinn: An die Stelle der elektromagnetischen treten hier Schallwellen und an die von Sender und Empfänger der menschliche Artikulations- und Gehörsapparat. Um die Analogie noch weiter zu treiben, könnte man sogar von einem sprachlichen Kode sprechen: die Morphophonologie und Syntax einer jeden Spra-

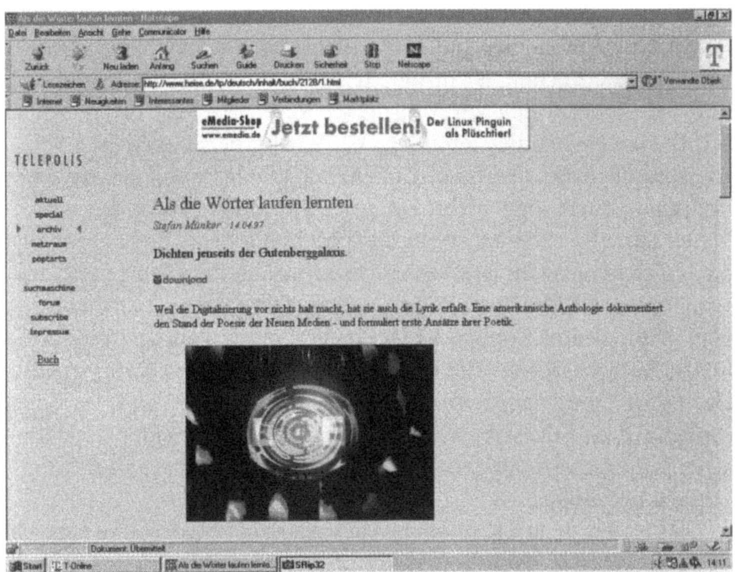

Bild 4 Macht Dichten „jenseits der Gutenberg-Galaxis" Sinn? Das Internet gibt ein Experimentierfeld ab.

che. Allerdings tritt hier ein erster wesentlicher Unterschied auf: Diese Kodes sind sicher nicht universell, trotz der Suche nach universellen Lautgesetzen oder syntaktischen Universalien.

Doch spätestens hier endet die Analogie: Man kann Wörter nicht dekodieren wie Nachrichten in der technischen Kommunikation. Das Wort „und" ist von der Phonemfolge /u/ + /n/ + /t/ nicht abzutrennen, und weder ist diese in jenes umzuwandeln noch umgekehrt. Es existiert nicht *in* dieser Folge, sondern *als* diese. Man kann auch umgekehrt vom Wort nicht die Form beziehungsweise den „Ausdruck" abstrahieren, denn die Form beziehungsweise der Ausdruck „und" *ist* das Wort „und". Entsprechendes gilt für die Bedeutung, denn eine Bedeutung in welchem Sinn auch immer hat ein Wort nur, sofern es im Satz aktualiter verwendet wird, also als Form. Von dem als Beispiel verwendeten Wort „und" etwa ließe sich nicht sagen, in welchem Sinn es da verwendet wird, ob im logischen Sinn der Konjunktion oder in umgangssprachlichem Sinn oder wie auch immer. Es wird hier ja nicht syntaktisch verwendet, sondern als Beispiel zitiert. Also kann man Wörter auch nicht enkodieren. Die linguistischen Register der Phonologie, Morphologie und Syntax sind im strengen Sinn nicht als Kodes zu begreifen.

Die Unterschiede sind jedoch noch gravierender: Ein Wort der natürlichen Sprache wie „und" hat ein ganz andersartiges metaphysisches Sein als eine Kombination elektromagnetischer Ladungen beziehungsweise Zustände. Diese sind kontingente, vergängliche materielle „Dinge", so wie auch ein mit Tinte geschriebenes Wort als solches ein vergängliches Ding ist. Das Wort „und" jedoch existiert nur ein einziges Mal in der deutschen Sprache, obwohl es billionenmal von verschiedenen Menschen an verschiedenen Orten verwendet wird und es zur gleichen Zeit an verschiedenen Orten verwendet werden kann. Dies ist in der technischen Kommunikation unmöglich. Zwar kann, wie wir sagen, dieselbe Folge 01 zu verschiedener Zeit an verschiedenen Orten erzeugt werden, aber als Ding ist jede

Folge von der anderen unterschieden, und sei es nur in unmerklichen Hinsichten. Sie sind nicht identisch. Daß wir von „derselben" Folge sprechen, ist in der Regel ihrer Erzeugung begründet und dem Zweck, den wir von dieser Regel machen, die ja selbst nichts Materielles, also kein Ding ist. Wörter der natürlichen Sprache sind Sachverhalte, nämlich Schemata, Folgen von elektromagnetischen Zuständen nicht, sie sind Dinge. Ein Wort der natürlichen Sprache existiert somit auch nicht als Regel der Erzeugung einer Zeichengestalt. Das Verhältnis zwischen dem Wort „und" als *type* und den billionenfach geäußerten *tokens* „und" ist nicht das von Original und Kopien. Es ist ein Verhältnis von einander ähnlichen Beispielen, von denen keines prototypischen Rang besitzt. Das Wort „und" wird unzählige Male verwendet und ist doch immer ein und dasselbe Wort, solange die es verwendenden Menschen an den verschiedenen Äußerungen keine relevanten Unterschiede bemerken.

Dies ist nur dadurch möglich, daß weder ein und derselbe Mensch dasselbe Wort in derselben Weise artikuliert und verwendet noch verschiedene Menschen dasselbe Wort in derselben Weise artikulieren und verwenden. Sie artikulieren und verwenden es vielmehr *ähnlich*, sowohl morphophonematisch wie syntaktisch wie semantisch – sofern von einer Semantik die Rede sein kann.

Wie „funktioniert" Sprache? Wie „funktioniert" dann überhaupt sprachliche Kommunikation? Technische wäre unter solchen Bedingungen ja unmöglich. Die Antwort ergibt sich aus genau dieser Differenz: In der sprachlichen Kommunikation gibt es nichts Identisches, das „übertragen" oder „transportiert" würde. Es ist daher irreführend, wenn man sprachliche Kommunikation mit Hilfe des nachrichtentechnischen Sender-Empfänger-Modells erklärt. Der Hörer hört nicht dasselbe Wort, das der Sprecher zu ihm spricht, sondern was er hört, ist ein Wort seiner Sprache, das er selbst in seinem internen „Datenverarbeitungssystem" erzeugt (Bild 5). Es ist dem vom Sprecher geäußerten Wort nur mehr oder weniger ähnlich [5]. Und der Hörer erzeugt sich dieses sein Wort auf der Basis dessen, was er gehört hat, durch den Ausschluß von Alternativen – „Hund", „un", „unter" und so weiter – nach Maßgabe der im syntaktischen Kontext verwendeten und wahrgenommenen Wörter, für deren jedes dasselbe gilt – eine selbsttragende Konstruktion.

Das Wort, das der Hörer versteht, ist also nicht – niemals – das, das der Sprecher geäußert hat, vielmehr das, was der Hörer glaubt, daß der Sprecher es gesagt hätte, weil er annimmt, daß dieser das und das gemeint hat mit dem, was er gesagt hatte. In der sprachlichen Kommunikation kommt es nicht darauf an zu verstehen, was der andere gesagt hat, sondern darauf, was er meint.

Im genauen Sinn wird da nichts kommuniziert. Es handelt sich vielmehr um die Erzeugung korrelativer Handlungen: Die Äußerung dessen, was man meint, und das Verstehen dessen, was der andere mit dem, was er gesagt hat, wohl gemeint habe beziehungsweise gemeint haben könnte. So ermöglicht Sprache die Koordination des Handelns von Individuen: fragen – antworten, behaupten – bestreiten, etwas beschreiben – nachfragen, auffordern – Folge leisten und so weiter.

Bild 5 Sprachliche Kommunikation ist komplizierter, als sie auf den ersten Blick scheint: Der Hörer hört nicht dasselbe Wort, das der Sprecher zu ihm spricht, sondern was er hört, ist ein Wort seiner Sprache, das er selbst in seinem internen „Datenverarbeitungssystem" erzeugt. Sprache ist Medium und Kode zugleich.

Dabei ist nicht gefordert, daß die Handlung, die *B* vollzieht, weil er *A* so und so verstanden hatte, genau die sein muß, die *A* von *B* erwartet hatte, weil er mit seiner Äußerung doch das und das gemeint hatte. Es ist nicht einmal erforderlich, daß *A* überhaupt eine bestimmte Handlung von *B* erwartet hatte. Dies ist der anthropologische Sinn des Wittgenstein-Prinzips, daß die Bedeutung des Wortes sein Gebrauch in der Sprache sei.

Die gelegentlich beklagte „Unschärfe" der Bedeutung natürlichsprachlicher Äußerungen ist genau die mediale Bedingung, die solche Koordinationsleistungen ermöglicht. Der Begriff der Unschärfe ist hier ganz unsinnig. Im Zweifelsfall läßt sich ja – hinreichendes Sprachvermögen vorausgesetzt – das, was man meint, so präzisieren, daß der andere sein Handeln so und so korrigieren kann.

Hier kommt nun der wohl weitreichendste Unterschied von technischer und sprachlicher Kommunikation zum Tragen: Jeder Mensch besitzt interne Kenntnis seiner Sprache und kann diese im Gebrauch an neue Anforderungen anpassen. Er hat kein „technisches" Verhältnis zu seiner Sprache oder umgekehrt: Sprache ist keine Technik, sondern ein kategorial grundsätzlich Anderes. Auch der häufig zu ihrer Charakterisierung benutzte Begriff des Mediums greift zu kurz. Medium ist etwas, in das man mittels eines Kodes etwas eingibt. Die Sprache ist aber, wie wir gesehen haben, Medium und Kode zugleich – und damit weder das eine noch das andere. Wie dem auch sei – es gilt: Je vielfältiger die Handlungsmöglichkeiten sind, die von einer Technik erschlossen werden, desto mehr kommt es darauf an, die Handlungen der Menschen zu koordinieren, sich über den Umgang mit der Technik und deren Zwecke zu verständigen. Das erfordert eine entsprechend differenzierte Sprache, die mit der Entwicklung der Technik ausgebildet werden muß.

**Sprache ist keine Technik.
Die These von den „zwei Kulturen"
ist genau deshalb unsinnig**

Dies gilt auch und zumal für die technische Kommunikation. Denn diese ist wesentlich mit dem Aufbau und der Veränderung handlungsrelevanten Wissens verbunden. Das macht ein philosophisch zutreffendes Bild von dem unabdingbar, was technische Kommunikation „ist". Die postmoderne These, daß Hypermedia das Buch abgelöst hätten, ist – dieses Resultat dürfte wohl eindeutig sein – in ihrem Kern unhaltbar. Vielmehr wird man sie zwischen Sprache und Schrift als neue, dritte Sprachform einzuordnen haben, die mit beiden älteren Schwestern Eigenschaften teilt und im Unterschied zu diesen spezifische Eigenschaften besitzt.

Aber auch das neue Register bleibt stets eingebunden in den alles umfassenden, handlungsintegrierenden Sprachgebrauch, den *langage*. Diesen in Schrift wie in der Sprache und in den neuen Medien zu entwickeln und die Möglichkeiten der Textproduktion in diesen und mittels dieser systematisch zu erforschen ist die genuine und unverzichtbare Aufgabe der Geisteswissenschaften an einer technischen Universität, insbesondere natürlich der Philologien und der Philosophie. Man wird die These von den „zwei Kulturen" neu zu überdenken haben. Worauf es ankommen wird, ist, daß es gelingt, die Wissenssysteme, Methoden, Arbeitsweisen beider zu integrieren. Die „Schnittstelle" dieses Integrationsprozesses wird – dies läßt sich in aller Deutlichkeit absehen – der Begriff der Schrift sein. Er steht keineswegs für ein abgedanktes Zeitalter. Wir stehen vielmehr erst am Anfang, ihn philosophisch wie empirisch zu entdecken.

Autor   Prof. Dr. phil. Christian Stetter ist Professor für Sprachwissenschaft am Germanistischen Institut (Lehr- und Forschungsgebiet Germanistische Linguistik).

Literaturhinweise

[1] A. Leroi-Gourhan: Hand und Wort. Die Evolution von Technik, Sprache und Kunst, 2. Auflage, Suhrkamp Verlag, Frankfurt am Main 1984.

[2] N. Bolz: Am Ende der Gutenberg-Galaxis. Die neuen Kommunikationsverhältnisse, Fink Verlag, München 1993.

[3] J. Derrida: Die Schrift und die Differenz, aus dem Französischen von Rodolphe Gasché, Suhrkamp Verlag, Frankfurt am Main 1972.

[4] M. McLuhan: The Gutenberg Galaxy, London 1962.

[5] Ch. Stetter: Schrift und Sprache, Suhrkamp Verlag, Frankfurt am Main 1997.

Multimedia und die Sprache der Gehörlosen

Ludwig Jäger, Klaudia Grote und
Ulla Louis-Nouvertné

Innovative Kommunikationsforschung am Beispiel der Gebärdensprache

Die rasant verlaufende Medienrevolution am Ende des 20. Jahrhunderts bringt tiefgreifende Veränderungen der Kommunikationsformen und der Wissensorganisation in unserer Gesellschaft mit sich. Neue Informations- und Kommunikationstechnologien, insbesondere das Internet, ermöglichen den schnellen und direkten Zugriff auf vielfältigste Informationen in Schrift, Bild und Ton. Multimedia stellt für viele Anwender eine positive Entwicklung dar, aber es gibt wohl keine Gruppe in unserer Gesellschaft, die mehr von dieser neuen Entwicklung profitiert als die Gruppe der Gehörlosen. Während bislang der mediengebundene Informationsaustausch hauptsächlich schrift- oder lautsprachlich vonstatten ging, besteht für Gehörlose nun die Möglichkeit, Informationen direkt in der gestisch-visuellen Sprachmodalität, der Gebärdensprache, abzurufen und auszutauschen.

Bislang gestaltete sich die Kommunikation für Gehörlose in einer lautsprachlichen Umwelt äußerst schwierig. Radio, Fernsehen, Telefon und Printmedien sind für Gehörlose entweder gar nicht oder nur eingeschränkt nutzbar, da sie allesamt auf der Lautsprache beruhen, die einen intakten auditiven Informationskanal voraussetzt. Die natürlichen Verständigungsmedien der Gehörlosen sind jedoch die Gebärdensprachen, die sich in vielerlei Hinsicht von den Lautsprachen unterscheiden. Entgegen der landläufigen Meinung gibt es keine internationale Gebärdensprache, sondern viele nationale Einzelsprachen mit zusätzlichen dialektalen Varianten. Ihre besondere Eigenart besteht in der räumlich-visuellen Modalität, die zu einer von den Lautsprachen völlig unterschiedlichen Grammatik und Lexik führt. Für die Gebärdensprachen gibt es weltweit keine gebräuchlichen Schriftsysteme, sondern allenfalls Gebärdensprach-Transkriptionssysteme, die nicht weit verbreitet sind und mehr dem wissenschaftlichen Gebrauch dienen. Die Entwicklung eines Schriftsystems, entsprechend der an der Lautsprache orientierten Alphabetschrift, ist nicht möglich. Eine Abbildung gebärdensprachlicher Lexeme blieb bislang auf Fotos oder Zeichnungen beschränkt (Bild 1).

Natürlicher Informationsaustausch ist für Gehörlose nur über den direkten Gebrauch der Gebärdensprache in einer *Face-to-face*-Kommunikation, also in Sichtkontakt möglich. Blieben ihnen bisher viele Informationsquellen versperrt, so bieten sich für sie im multimedialen Zeitalter ungeahnte Möglichkeiten. Computergestützte Anwendungen in Gebärdensprache sowie die direkte gebärdensprachliche Kommunikation über Bildtelefon und Internet ermöglichen es Gehörlosen, weltweit miteinander in Kontakt zu treten und Informationen auszutauschen. Dies hat weitreichende Folgen für die

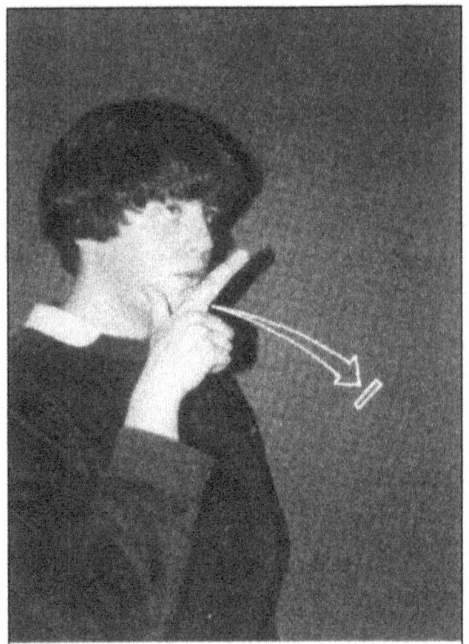

Bild 1 Beispiele aus Gebärdenlexika: Gebärdensprache für „übermorgen" (oben) und für „sich machen, es zu etwas bringen" (unten)

Gebärdensprachen sind Sprachen
im strengen Sinn

sprachliche Entwicklung der Gebärdensprachen sowie für die Kultur der Gehörlosen als Minderheit in einer lautsprachlichen Umwelt.

Daß die zunehmende Nutzung computergestützter Bildkommunikationsmedien die sprachmediale Monokultur der Gehörlosen mehr und mehr durchbricht, hat in sprachlicher Hinsicht Konsequenzen: Die dialektal variantenreichen präliteralen Gebärdensprachen werden zunehmend standardisiert. Diese Standardisierungseffekte dürften analog zu jenen verlaufen, wie sie einst der Buchdruck in der deutschen Lautsprache auslöste. In kultureller Hinsicht lassen die neuen Medien die Gehörlosengemeinschaft weltweit näher zusammenrücken und erhöhen die Kommunikationsrate zwischen Gebärdensprechern verschiedener Regionen. Schon jetzt ist eine erstaunlich große Anzahl an Gehörlosen-Institutionen und -Verbänden im Internet repräsentiert, und junge Gehörlose zählen zu den leidenschaftlichsten Nutzern dieses weitverzweigten Informationsnetzes. Für viele bietet es eine Befreiung aus der Isolation und ein aktive Teilnahme an ihrer Gemeinschaft. Diese Entwicklung hat sich in der weltweiten *Deaf-power*-Bewegung niedergeschlagen, die sich für die Anerkennung der Gehörlosengemeinschaft als sprachliche Minderheitenkultur einsetzt und verstärkt politische Rechte einfordert.

Die hier angesprochenen Tendenzen sind von hohem theoretischem Interesse für verschiedene Disziplinen der Wissenschaft. Insbesondere in der Sprachwissenschaft bietet sich die einmalige Möglichkeit, eine natürliche Sprache grundlegend neu zu erforschen und Prozesse wie Standardisierungseffekte und Erweiterung der Lexik begleitend zu untersuchen. Solche Forschungen bieten Einsichten in die – teils bewußten, teils unbewußten – Bewertungs- und Auswahlverfahren bei der Wortbildung, die wir in diesem Ausmaße bei den aktuellen Lautsprachen nicht mehr finden können. Quasi im Zeitraffer werden in der Gebärdensprache Entwicklungen vonstatten gehen, die in den Lautsprachen über Jahrhunderte gedauert haben.

Neuere Forschungstätigkeit auf dem Gebiet der Gebärdensprache gibt es weltweit erst seit den sechziger Jahren. In Deutschland hat man dieses Thema mit erheblicher Verspätung aufgegriffen. Die Forschungsrichtung stand zu Beginn unter einem ganz besonderen Rechtfertigungsdruck, war doch hier zuallererst zu beweisen, daß es sich dabei um eine echte natürliche Sprache handelt. In Deutschland ist die Geschichte der Gebärdensprache in ganz besonderem Maße beeinflußt von der Idee, daß sich die Gehörlosen an die Sprachkultur der Hörenden anpassen müßten; die Folge war eine ausschließlich oral orientierte Gehörlosenpädagogik, die auch als der „deutsche Weg" in der Erziehung und Bildung Gehörloser bezeichnet wird. Die Gebärdensprachen wurden über Jahrhunderte nicht anerkannt und daher weder gelehrt noch erforscht. Ihr Gebrauch bei gehörlosen Kindern wurde unterdrückt. Als Gründe hierfür wurde angeführt, daß es sich bei der Gebärdensprache um eine primitive Vorstufe echter Sprachen handele, die den Erwerb der Lautsprache und damit die Integration in die Welt der Hörenden verhindere.

Beide Argumente sind inzwischen durch die jüngeren internationalen Forschungsergebnisse eindeutig widerlegt. Gebärdensprachen sind Sprachen im strengen Sinn, die sich über lange Zeiträume hinweg natürlich entwickelt haben. Sie sind keinesfalls nur leicht variierte, universelle Verständigungsmittel, die über einzelsprachliche Sprechergemeinschaften hinaus problemlose Kommunikation ermöglichen. Sie verfügen statt dessen genau wie natürliche Lautsprachen über kleinste, Bedeutungen differenzierende Bausteine, aus denen die Lexikoneinheiten, die Gebärdenzeichen, aufgebaut sind, über ein differenziertes Lexikon bedeutungstragender Gebärden, über morphologische und syntaktische Ordnungsprinzipien sowie über ein reiches Inventar an Sprechhandlungstypen.

Der gravierende Unterschied zwischen Laut- und Gebärdensprachen liegt darin, daß sie unterschiedlich realisiert werden: Während Lautsprachen zeitlich-linear organisiert sind, unterliegen Gebärdensprachen räumlich-simultanen Strukturprinzipien. Sie nutzen im wesentlichen sechs Grundformen, um Zeichen hervorzubringen und zu verknüpfen: die Form der Hände, ihre Orientierung beziehungsweise Stellung, die Ausführungsstelle und Bewegung. Zu diesen manuellen Kommunikationsmitteln kommen noch die Mimik sowie das Mundbild hinzu. Die vier manuellen Grundformen sowie das Mundbild sind die Grundlage, um Bedeutungen zu unterscheiden. Die Mimik hat entscheidenden Anteil an der Konstitution von Sprechhandlungen. Die Syntax wird vor allem durch die Nutzung des Gebärdenraums realisiert.

Diese neueren Erkenntnisse linguistischer Forschungstätigkeit zu Gebärdensprachen beruhen vornehmlich auf Arbeiten aus dem amerikanischen, britischen und skandinavischen Raum. Eine umfassende Analyse sämtlicher sprachlicher Eigenheiten der deutschen Gebärdensprache (DGS) liegt zum jetzigen Zeitpunkt noch nicht vor. Für die DGS gibt es, abgesehen von einer „Skizze zu einer Grammatik der deutschen Gebärdensprache"[1], keine umfassende Beschreibung ihrer Struktur und Funktionsweise.

Seit einigen Jahren verstärken sich jedoch weltweit die Bemühungen um eine Erforschung der nationalen Gebärdensprachen. Selbstbewußte junge Gehörlose engagieren sich in ihren Ländern für die Anerkennung ihrer Gebärdensprache als Minderheitensprache. Das Europäische Parlament forderte schon 1988 die einzelnen Regierungen auf, die nationalen Gebärdensprachen anzuerkennen. Auch in der Bundesrepublik sind politische Bestrebungen in diesem Zusammenhang zu verzeichnen. Eine Anerkennung der Gebärdensprache beinhaltet weitreichende sozial-rechtliche Konsequenzen und setzt viele Schritte voraus, von denen hier nur einige wenige genannt werden können. So bedarf es einer Einschätzung, wie viele Dolmetscher gebraucht werden und welche Konzepte für eine Dolmetscherausbildung und -zertifizierung nötig sind. Die Dolmetscherausbildung wiederum ist nicht möglich ohne konkrete Lehrkonzepte für die Gebärdensprachlehre, die ihrerseits eine Erforschung der Gebärdensprache erfordert. Ähnlich ist die Situation, wenn die Gebärdensprache in die schulische Bildung der Gehörlosen integriert werden soll. Auch hier gilt es, den Mangel an curricularen Lehrkonzepten zu beheben.

Der Unterschied zwischen Laut- und Gebärdensprache

Nationale Gebärdensprachen

Die Erforschung der Gebärdensprache ist noch nicht abgeschlossen

Die Defizite in der Erforschung der Gebärdensprache wirken sich auf all diese notwendigen Entwicklungsschritte negativ aus. Insbesondere der präliterale (nicht verschriftliche) Status der Gebärdensprache und das Fehlen einer Gebärdenhochsprache verleitet auch heute noch zu der Annahme, daß es sich um keine echten Sprachen handelt. In der Folge ergibt sich der Teufelskreis zirkulärer Argumentationen, die einen rechten Fortschritt erschweren: ohne Erforschung keine Lehrangebote, kein Unterricht in Gebärdensprache, keine Präsenz in den Medien, keine verfügbaren Übungsmaterialien, keine DGS-Dolmetscherausbildung und so weiter. Leidtragende dieser Entwicklung sind die Gehörlosen, die keine angemessene schulische Ausbildung erhalten, die nur wenige Stunden Dolmetscherdienste in Anspruch nehmen können und so nicht die Möglichkeit haben, eigenständig als mündige Bürger für ihre politischen Rechte einzutreten.

Diesen Teufelskreis aufzubrechen war die Intention der Projekte des *Desire*-Teams (ein Akronym aus *Deaf* & *Sign* Language *Research*) am Lehrstuhl für deutsche Philologie der RWTH Aachen. In Zusammenarbeit mit dem Lehr- und Forschungsgebiet Neurolinguistik und Neuropsychologie an der Neurologischen Klinik der RWTH wurden konkrete anwendungsorientierte Forschungsvorhaben zum Thema Gebärdensprache und Gehörlosigkeit entwickelt. Ein Beispiel sind Gebärdenlexika auf CD-ROM (Bild 2).

Insgesamt mehr als 6000 Gebärden wurden in einem Grund- und Aufbaulexikon zusammengestellt. Die Gebärden wurden als digitalisierte Videos aufgenommen, die per Mausklick zu einem entsprechenden lautsprachlichen Wort aufgerufen werden können. Der Zugriff ist über das schriftsprachliche Wort entweder nach alphabetischen Listen oder Sachgebieten möglich, aber auch über Merkmale der Gebärde, nämlich in diesem Fall die jeweils in der Gebärde

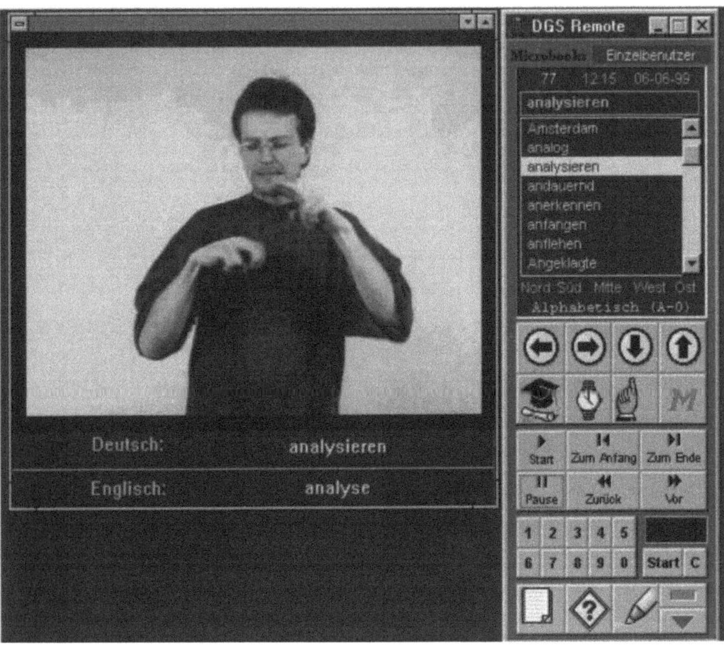

Bild 2 DGS-Aufbau-Lexikon

vorkommende Handform. Ein solches Nachschlagewerk war ein dringendes Desiderat. Bei seiner Entwicklung konnten wir nicht, wie es wünschenswert gewesen wäre, auf eine vorhandene umfangreiche lexikographische Vorarbeit im deutschsprachigen Raum zurückgreifen. Diese mußte zusätzlich geleistet werden. Dazu wurden kompetente gehörlose Gebärdensprecher aus allen Teilen Deutschlands eingeladen, um gemeinsam dialektale Varianten herauszuarbeiten und die grammatikalische Struktur der Gebärdensprache zu diskutieren. So konnte neben dem Lexikon eine Satzsammlung in DGS produziert werden, die mit 1500 DGS-Beispielsätzen einmalig in Deutschland ist.

Neben der Entwicklung von DGS-CD-ROM beschäftigt sich das Desire-Team mit weiteren anwendungsorientierten Forschungsprojekten. So erarbeitet es momentan ein Lehrkonzept für DGS-Dozenten. Da es keine Lehrkonzepte, Arbeitsbücher oder Lehrmaterialien für den Unterricht von DGS als Fremdsprache gibt, haben viele DGS-Dozenten große Probleme. Hinzu kommt, daß diese in jeder Hinsicht Autodidakten sind und auch in der Regel keine allgemeine sprachwissenschaftliche Ausbildung haben. Sie unterrichten unter extrem erschwerten Bedingungen mit Hilfe individuell zusammengestellten Materials. Die Projekte MIMIG (Multimedia in der Gebärdensprachlehre) und GIN (Gebärdensprache in NRW) arbeiten an der Bereitstellung von Kurskonzepten und multimedialem Übungsmaterial (Bild 3). Dabei wird Grundlagenforschung im Bereich der DGS direkt in die konkrete Praxis umgesetzt. Für die Bereitstellung des Kurskonzepts spielen – wie bei jedem entsprechenden Lehrwerk – sprachdidaktische Gesichtspunkte eine große Rolle. Darüber hinaus müssen jedoch Festlegungen bezüglich der zu vermittelnden Inhalte getroffen werden, die eine begleitende Erforschung der DGS-Grammatik zumindest dann implizieren, wenn die Grundstufe (DGS-Kurs 1) überschritten wird. Das Kurskonzept und die multimedialen

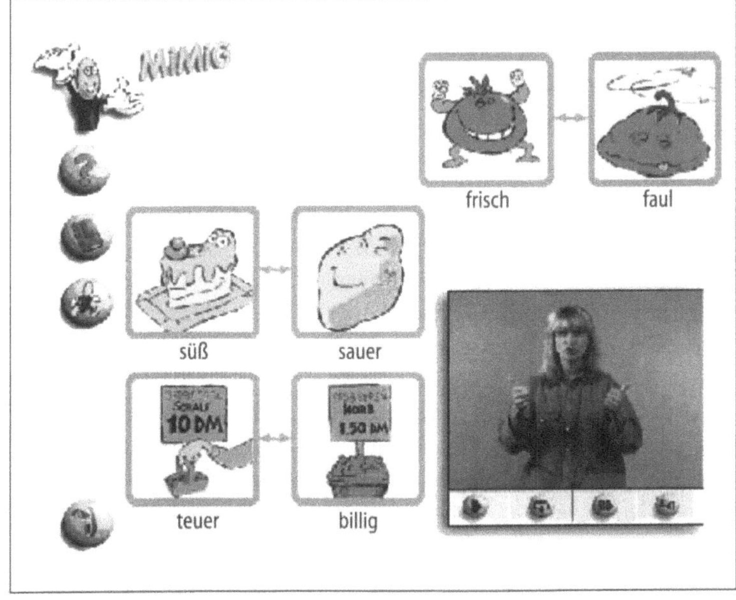

Bild 3 Multimedia in der Gebärdensprachlehre

Lehrmaterialien sollen die DGS-Kurse in Nordrhein-Westfalen verbessern und vereinheitlichen und weitere Gehörlose motivieren, als DGS-Dozenten zu arbeiten und das Angebot an DGS-Kursen zu erweitern. Letzteres ist dringend erforderlich, um insbesondere zukünftigen Gehörlosenpädagogen die Möglichkeit zu eröffnen, Gebärdensprachkompetenzen zu erlangen und an Gehörlosenschulen in DGS zu unterrichten.

Aachener Testverfahren zur Berufseignung Gehörloser

In einem weiteren Projekt am Lehrstuhl für deutsche Philologie, dem ATBG-Projekt (Aachener Testverfahren zur Berufseignung Gehörloser, ATBG), geht es darum, Gehörlose bei der Suche nach einem geeigneten Beruf zu unterstützen. Bislang existierten keine Instrumente, die ihre besondere Kommunikationssituation berücksichtigten. Sowohl psychologische Tests als auch die gesamte Berufsberatung waren Verfahren unterworfen, die speziell für Hörende konzipiert waren. Im ATBG-Projekt werden computergestützte Berufseignungstests entwickelt, die es den Gehörlosen ermöglichen, alle schriftsprachlichen Informationen in Gebärdensprache abzurufen (Bild 4).

Erstmals lassen sich dadurch die Fähigkeiten, Fertigkeiten und Interessen Gehörloser objektiv, zuverlässig und valide einschätzen. Neben den Berufseignungstests werden ein Interviewleitfaden für ein Berufsberatungsgespräch in Gebärdensprache und eine Bewerbungshilfe für Gehörlose konzipiert. Das Ziel ist eine verbesserte Integration der Gehörlosen ins Arbeitsleben. Sie sollen einen Beruf wählen können, der ihren Fähigkeiten und Interessen entspricht. Darüber hinaus soll damit verhindert werden, daß gehörlose Arbeitnehmer ins berufliche Abseits geraten und, wie häufig zu beobachten, vorwiegend monotone und stark routinierte Tätigkeiten ausüben. Diese Lage entsteht, weil viele die Leistungsfähigkeit von gehörlosen Arbeitnehmern unterschätzen und zudem die Kommunikation mit hörenden Kollegen schwierig ist. Deshalb entwickeln Gehörlose im Desire-Team momentan eine CD-ROM speziell für hörende Kollegen, die es ermöglicht, gebärdensprachliche Kompetenzen bezogen auf den Arbeitsalltag zu erwerben (Bild 5). Neben vielen Vokabeln aus dem Arbeitsleben enthält die CD-ROM auch Informationen über den Umgang mit Gehörlosen am Arbeitsplatz und die Gehörlosenkultur in Deutschland.

Die angesprochenen Forschungsprojekte sind allesamt anwendungs- und bedarfsorientiert. Sie sollen helfen, die Situation der Gebärdensprache und damit der betroffenen Menschen – seien es gehörlose Erwachsene, die qualifizierte Dolmetscher brauchen, seien es gehörlose Kinder und ihre Eltern mit ihrer oft dramatischen Verständigungsnot – zu verbessern. Über diese konkreten Anwendungsbereiche hinaus kann die wissenschaftliche Beschäftigung mit der Gebärdensprache jedoch auch Beiträge zu vielen Grundlagenfragen der allgemeinen Sprachwissenschaft und angrenzender Wissenschaftszweige liefern: als Sonderfall einer Sprache mit einer spezifischen Realisationsmodalität und als präliterale Sprachform inmitten einer literalisierten Gesellschaft.

Die Forschung kann ein Licht werfen etwa auf grundsätzliche zeichentheoretische Fragen wie die, ob die konstitutiven Eigenschaften

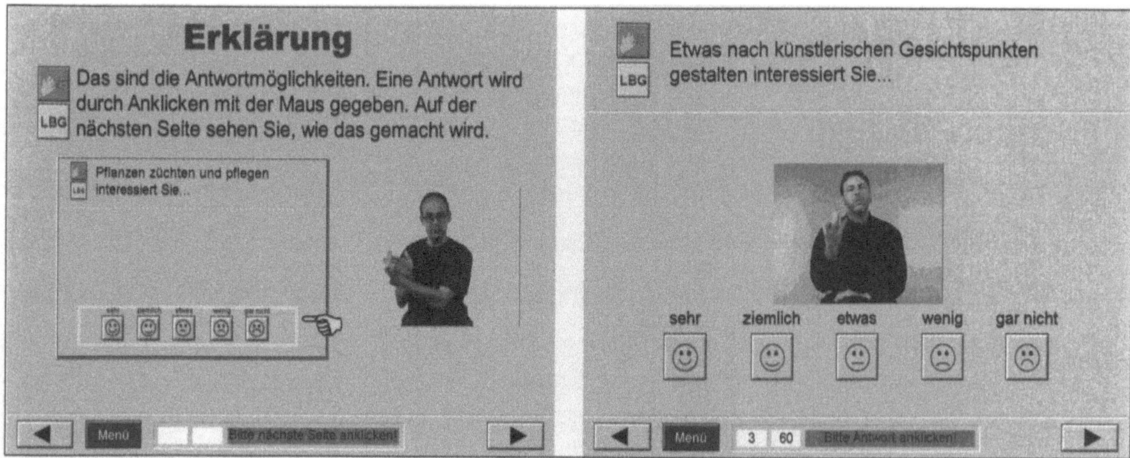

sprachlicher Zeichen, nämlich Arbitrarität und Bedeutungstransparenz, tatsächlich auf ihren auditiven, zeitlich-linearen Modus zurückzuführen sind beziehungsweise ob die zeitlich-linearen Strukturen auch für die Verarbeitung von Gebärdenzeichen angenommen werden können. Es ergeben sich weiterhin Fragestellungen von grundlagentheoretischer Relevanz für das Problem der Medialität von Sprachzeichen. So hat sich in den Pilotstudien zur Testentwicklung des ATBG gezeigt, daß sich gehörlose und hörende Personen bezüglich der Ausprägung verschiedener kognitiver Variablen unterscheiden. Bereits die empirischen Voruntersuchungen zum ATBG haben beim Vergleich von deutscher Laut- und Gebärdensprache erwiesen, daß die Modalität von Sprachzeichen Einfluß auf kognitive Organisationsstrukturen hat. Die Klärung dieser Zusammenhänge zwischen Sprachmodalität und Kognition ist eine grundlegende Voraussetzung für weiterführende allgemeine Forschungen hinsichtlich der Wirkung von Multimedia auf kognitive Verarbeitungsprozesse.

Bild 4 Testanleitung (links) und Testitem (rechts) des computergestützten Berufseignungstests für Gehörlose

Bild 5 Auszug aus der CD-ROM „Kommunikation am Arbeitsplatz" (KAP)

Solche Fragen im Schnittbereich von angewandter Forschung und Grundlagenforschung sollen in einem interdisziplinären kulturwissenschaftlichen Forschungskolleg „Medien und kulturelle Kommunikation" der Universitäten Köln, Bonn und Aachen empirisch untersucht werden.

Autoren

Prof. Dr. Ludwig Jäger lehrt und forscht am Lehrstuhl für Deutsche Philologie und auf dem Lehr- und Forschungsgebiet Germanistische Linguistik.

Dipl.-Psych. Klaudia Grote arbeitet als wissenschaftliche Angestellte im kulturwissenschaftlichen Forschungskolleg „Medien und kulturelle Kommunikation".

Dr. Ulla Louis-Nouvertné, M.A., ist Leiterin des Desire-Teams und wissenschaftliche Angestellte am Lehrstuhl für Deutsche Philologie.

Literaturhinweise

[1] S. Prillwitz et al.: Skizzen zu einer Grammatik der Gebärdensprache, Forschungsstelle DGS, Hamburg 1985.

[2] P. Boyes-Braem: Einführung in die Gebärdensprache (Internationale Arbeiten zur Gebärdensprache und Kommunikation Gehörloser, Band 11), Signum Verlag, Hamburg 1990.

[3] H. Poizner, E. Klima und U. Belugi: Was die Hände über das Gehirn verraten. Neuropsychologische Aspekte der Gebärdensprachforschung (Internationale Arbeiten zur Gebärdensprache und Kommunikation Gehörloser, Band 12), Signum Verlag, Hamburg 1990.

[4] O. Sachs: Stumme Stimmen. Reise in die Welt der Gehörlosen, Rowohlt Verlag, Reinbek 1990.

Globale Vernetzungstechniken

Karl H. Hörning, Daniela Ahrens
und Anette Gerhard

Wie sich der Umgang mit Raum und Zeit verändert

Das Internet ist in aller Munde. In den öffentlichen Debatten ziehen globale Vernetzungstechniken große Aufmerksamkeit auf sich. Das Internet verwickelt uns in Diskussionen, es irritiert unsere gängigen Vorstellungen und weckt Erwartungen wie auch Ängste hinsichtlich einer umfassenden Informationsgesellschaft. In Metaphern wie Datenautobahn, *piazza virtuale*, elektronische Agora oder globales Dorf drücken sich für die einen Hoffnungen auf gesteigertes Tempo und verstärkte Vernetzungs- und Beteiligungschancen aus. Für die anderen sind damit eher Befürchtungen verbunden: vor einer weiteren Auflösung gegebener Ordnungen in Zeit und Raum sowie einer Überformung der Realität durch virtuelle Welten. Wie sind diese Spekulationen einzuschätzen? Wie ist die Angst vor der Auflösung bestehender Raum-Zeit-Ordnungen zu bewerten?

In einer am Institut für Soziologie der RWTH Aachen durchgeführten Studie wurde untersucht, auf welche Weise sich durch globale Vernetzungstechniken unser bisheriges Verhältnis zu Raum und Zeit verändert und sich neue Umgangsformen mit ihnen herausbilden. Ausgangspunkt war die These, daß von einer größeren räumlichen und zeitlichen Komplexität durch Vernetzungstechniken auszugehen ist. Zwar leben wir in einem Zeitalter der Grenzüberschreitungen, dies heißt jedoch keinesfalls, daß sich alle Grenzen auflösen. Im Gegenteil: Vernetzungstechniken machen uns entfernte Ereignisse in Echtzeit und vor Ort so verfügbar, daß wir unsere alltäglichen, lokalen Erfahrungen mit einem bislang nicht unmittelbar zugänglichen Kontext verweben.

Auf diese Weise bekommen die Begriffe Geschwindigkeit und Globalisierung eine neue Qualität, es vermischen sich Nähe und Distanz, Lokalität und Globalität, Gleichzeitigkeit und Ungleichzeitigkeit. Derartige Spannungsfelder rücken Raum-Zeit-Fragen in eine neue Perspektive. Daher zielte unsere Studie darauf ab, die besonderen Effekte der Vernetzungstechniken für raumzeitliche Praktiken zu analysieren und aufzuzeigen, auf welche Weise Anwender diese Spannungsfelder praktisch bearbeiten und welche Umstellungen sich damit für Kommunikations- und Informationsprozesse ergeben. Im folgenden stellen wir die zentralen Ergebnisse dieser Studie vor.

Bereits frühere Informations- und Kommunikationstechniken wie Telegraph, Telefon, Rundfunk, Fernsehen und Fax haben schrittweise das Raum- und Zeitgefüge aufgelöst: Man konnte auch weit entfernte Kommunikationspartner erreichen, weit entfernte Geschehnisse, etwa im Geschäftsleben, beeinflussen, und Informationen gingen rasch um die Welt (Bild 1). Globale Vernetzungstechni-

Bild 1 Bereits Telefon und Rundfunk haben in der Vergangenheit das Raum- und Zeitgefüge schrittweise aufgelöst. Hier zu sehen historische Aufnahmen früher Informations- und Kommunikationstechniken: Das erste Gerät zur Tonübertragung mittels elektromagnetischer Wellen – und damit ein Telefon – konstruierte der deutsche Physiker Johann Philipp Reis (1834 bis 1874), der im Oktober 1861 seine Erfindung öffentlich vorführte (oben). Telefonistinnen sorgten um die Jahrhundertwende für die richtige Verbindung. Jedes „Fräulein vom Amt", hier eine Vermittlungsstelle in Berlin, war für bis zu 300 Fernsprechteilnehmer zuständig (Mitte). Ein Vorläufer des Radios ist der Detektorapparat, der im Dezember 1924 auf der ersten Berliner Funkausstellung präsentiert wurde (unten).

ken radikalisieren diesen Wandel nun vollends. Ehemalige Puffer in Raum und Zeit sowie Zonen des Übergangs entfallen zugunsten einer neuen Direktheit. Es ist heute möglich, eine Nachricht in acht Sekunden um die Welt zu schicken oder in Echtzeit über alle Zeitzonen und kontinentalen Abstände hinweg miteinander zu kommunizieren und Informationen auszutauschen. Unabhängig vom Aufenthaltsort kann nahezu jeder Punkt in der Welt per Mausklick erreicht werden. Jeder ist mit allen zeitgleich verbunden. Die bisherige Integrität von Raum und Zeit – das kontinuierliche Durchmessen von Räumen und Distanzen – wird unterlaufen zugunsten einer Praxis, in der Raumbezüge wie etwa oben/unten, nah/fern, zentral/peripher nicht mehr materiell-gegenständlich erfahren werden. Wir sind also plötzlich unabhängig im Raum, ja können ihn sogar jenseits gewachsener Raum-Zeit-Geographien „gestalten".

Elektronische Vernetzungstechniken vermitteln uns das Gefühl, am Weltgeschehen, „am Puls der Welt", ganz gleich in welchem Winkel der Erde, dabei sein zu können. Sie provozieren quasi einen Charme des Globalen: Der „verflüssigte Netzraum", dessen vorrangige Kennzeichen die „Passierbarkeit" und „Durchlässigkeit" sind, ermöglicht eine erweiterte Kontrolle über Einflußsphären, eine neue Form der Standort-Ungebundenheit. So unterstützen moderne Technologien die Loslösung vom konkreten Ort zugunsten neuer elektronischer Kommunikationsumgebungen im globalen Maßstab. Bisherige Formen raumzeitlicher Ordnung, in denen Distanzen im Raum mit sozialen Grenzen korrespondierten, werden entgrenzt. Gleichzeitig ermöglicht und erfordert eine derartige „Entbettung" neue Strategien der Wiedereinbettung und Wege, den nun nicht mehr unmittelbaren Sinn-, Sach- oder Situationszusammenhang, also den Kontext, wiederherzustellen: eine Rekontextualisierung.

Die Möglichkeit der elektronischen Präsenz entlastet von aufwendigen Mobilitätskosten, ebenso wie sie neue Kooperationen anregt. Durch die Vernetzungstechniken entstehen Foren zur Artikulation lokaler Interessen. Mailing-Listen, Newsgroups sowie virtuelle Konferenzen bieten die Möglichkeit, sich zu vernetzen und Themen gemeinsam zu bearbeiten und zu verhandeln. In einem solchen virtuellen Raum werden neue Umgebungen auf dem Computerbildschirm konstruiert, die als Treffpunkte, als Orte der Selbstdarstellung und Repräsentation sowie als Plateau des Meinungsaustausches genutzt werden können. In diesen gewissermaßen „translokalen" Kommunikationen verknüpfen sich daher globale Bezüge mit lokalen Besonderheiten.

Indem dekontextualisierte Elemente, das heißt Erzählungen, Bilder und Informationen, gesammelt und in einen neuen Kontext eingefügt werden, ohne gewachsene Bedeutungen und Grenzziehungen zu beachten, wird die Chance und Notwendigkeit einer sogenannten *politics of location* vorangetrieben, das heißt die Macht und Bedeutung des bisher vernachlässigten Lokalen durch neue Bezüge herausgestellt. Wir müssen also die These, daß elektronische Vernetzungstechniken als technische Verkörperung der abstrakten Prozesse der Globalisierung und Homogenisierung fungieren, erweitern: Genauso zu berücksichtigen sind Effekte der Vernetzungstechniken

Elektronische Netze haben seit jeher den Charme des Globalen

Datennetze erweitern die Wirklichkeit

auf das Lokale und die damit einhergehenden Praktiken der Wiedereinbettung. Ebenso wie die neuen Technologien jedem die Weltgesellschaft „nach Hause bringen", provozieren sie eine neue Hinwendung zum Lokalen. In diesem Spannungsfeld entstehen neue Interpretationen darüber, was noch als lokal oder schon als global zu verstehen ist.

Anstelle eines Konkurrenzverhältnisses zwischen technisch vermittelten und nichttechnischen Umgebungen stellen Datennetze informationelle und soziale Zusatzräume bereit, die bisher relevante Wirklichkeiten ergänzen und erweitern. Bereiche, die stabil waren, Grenzen auf die man sich verlassen konnte, geraten mit den Netzen in Bewegung: Fluide, „unfaßbare" Umgebungen stabilisieren sich als soziale Zusatzräume. Indem auf diese Netzräume in räumlicher und zeitlicher Hinsicht Bezug genommen wird, können sie bisherige Raum-Zeit-Praktiken spiegeln: Bislang routinisierte und gewohnte Verzeitlichungs- und Verortungspraktiken werden explizit, und die Macht bestehender Raum-Zeit-Bindungen wird augenscheinlich. Dadurch können Anstöße zur Veränderung entstehen, bislang scheinbar Feststehendes neu zu sehen und zu verhandeln.

Neben diesen hinzugewonnenen Spielräumen für die „Verortung und Verzeitlichung" entstehen jedoch auch neue Probleme. Durch die Vielfalt an Realitätsebenen wachsen zwar die Gestaltungsmöglichkeiten, aber auch die Gelegenheiten, Informationen strategisch zu manipulieren. Zwar sind komplexe Prozesse nun transparenter, aber die Menge von Informationsquellen und Mitteilungen wächst in einem Maße, daß Suchleistungen und die Aufbereitung gefundener Daten äußerst aufwendig sind. Die elektronisch erfaßten Daten erfordern permanente und intensive Rekontextualisierung, um sie anschlußfähig und für eigene Belange informativ zu machen. Informationstechniken unterstützen zwar Möglichkeiten zur Änderung festgefahrener Praktiken, lassen aber ebenfalls neue Unsicherheitszonen und Verständigungsrisiken entstehen. Gerade weil im Netz die Daten aus ihren Kontexten herausgelöst sind, wächst die Notwendigkeit, die Informationen einzubinden, will man nicht in wachsenden Datenbergen untergehen. Nutzer beklagen in diesem Zusammenhang, daß „man keine Qualitätsangaben hat". Für sie wird es immer schwieriger, in den dekontextualisierten Angaben die Qualität der Information zu bewerten. Im Gegensatz zu herkömmlichen Informationsangeboten bieten die neuen Medien kaum noch territoriale und institutionelle Bezugsmuster zur Orientierung an. Der Nutzer wird im Netz mit Daten konfrontiert, die sich weder ohne weiteres auf Institutionen zurückführen lassen, noch auf ein bestimmtes kulturelles „Territorium" verweisen. Hiermit stellt sich die Frage nach der Situiertheit von Wissen ganz neu. In dem anonymen und universalen Datenraum tauchen neue Verständigungsrisiken auf, die das Problem von Glaubwürdigkeit und Verbindlichkeit aufwerfen.

Beurteilung der Qualität der Information ist noch problematisch

Dies alles konterkariert die Hoffnungen, mit der technisch bereitgestellten schnellen Abrufbarkeit von Wissen und Informationen sowie der platzsparenden Archivierung von Daten und Vorgängen die angestrebte Kontrolle und Unabhängigkeit von Raum und Zeit und damit eine größere Planungs- und Entscheidungssicherheit per se zu erreichen. Ebenso wie die angesammelten Informationen immer schneller veralten, ändert sich auch ihre Bedeutung je nach Kontext und Situation. Gespeicherte Informationen können mitunter mit der Schnellebigkeit und hohen Veränderungsdynamik des Netzes nicht Schritt halten. Weiterhin ist damit zu rechnen, daß die Zeitersparnis durch die schnelleren Verarbeitungskapazitäten der Vernetzungstechnik zumindest teilweise durch den immensen Zeitaufwand, die die Orientierung im „Datendschungel" und das Verständnis dekontextualisierter Informationen erfordern, wieder aufgehoben wird. Ebenso erfordert die „neue Leichtigkeit" der Daten-Reisen eine erhöhte Aufmerksamkeit und Konzentration darauf, welche Verknüpfungen aktualisiert werden. Ganz zu schweigen von der paradoxen Anforderung und dem neuen Streß, sich in immer kürzerer Zeit in einer steigenden Vielfalt von Information zu orientieren.

Die von uns untersuchten Nutzungsarten verweisen auf die Vielfalt der Ebenen, die durch das Internet möglich werden. Mit Blick auf die Vervielfältigung raumzeitlicher Ordnungen zeigt sich, daß das Internet Spielräume der Aneignung von Raum und Zeit eröffnet, aber auch eingrenzt. Elektronische Vernetzungstechniken erhöhen die Komplexität möglicher Verzeitlichungs- und Verräumlichungspraktiken und lassen die Frage hervortreten, wie Räume und Zeiten in der konkreten Nutzung gestaltet werden.

Netzräume und Netzzeiten faszinieren, irritieren und provozieren, weil sie unserer alltäglichen Orientierung an feststehenden Raum-Zeit-Koordinaten zuwiderlaufen. Gegenüber herkömmlichen Techniken radikalisieren elektronische Vernetzungstechniken die Prozesse der Entbettung. Soziale Beziehungen lösen sich aus den konkreten raumzeitlichen Zusammenhängen. Elektronische Vernetzungstechniken arbeiten jedoch auch der aktiven, selbst erzeugten Markierung von Terrains zu und ermöglichen neue Formen kooperativer Vernetzung. Der Auf- und Ausbau von Beziehungen zu entfernten Orten, Akteuren und Kulturen führt zu „komplexen Geographien", die als parallel laufende Zusatzwirklichkeiten nicht mehr deckungsgleich, sondern nur teilweise mit dem realen Raum verkoppelt und koordiniert sind. Zusätzliche Erlebnis-, Wahrnehmungs- und Interaktionsräume verdichten sich so zu „glokalen" (aus „global" und „lokal") Handlungsarenen, in denen sich neue Formen der Organisierung globaler und lokaler Bezüge ausbilden (Bild 2).

Zusammenfassend läßt sich sagen, daß die Studie einen wichtigen Beitrag leistet, die Möglichkeiten und Grenzen technisch vermittelter Organisation von Kommunikations-, Informations- und Arbeitsprozessen genauer einzuschätzen. Es ist deutlich geworden, daß Fragen der Synchronisation und Koordinierung nicht länger allein als Zeitprobleme behandelt werden können, sondern gleichzeitig der Blick auf die jeweiligen Verortungspraktiken zu richten ist. Im Zuge überregionaler Vernetzung und der Ausbildung netzwerkartiger Strukturen steigen nicht nur die Anforderungen an die Zeit als Koordinierungs- und Integrationsmedium, sondern darüber hinaus

Fortschreitende Prozesse der Entbettung

Bild 2 Gegenüber herkömmlichen Techniken radikalisieren elektronische Vernetzungstechniken die Prozesse der Entbettung. Netzräume und -zeiten laufen unserer alltäglichen Orientierung an feststehenden Raum-Zeit-Koordinaten zuwider. Das Internet ermöglicht zu jeder Zeit den Auf- und Ausbau von Beziehungen zu entfernten Orten, Akteuren und Kulturen.

wächst die Sensibilität für die immer komplexer werdenden Raumbezüge. Globale Vernetzungstechniken steigern zwar die Möglichkeit, Räume und Zeiten zu wählen, gleichzeitig eröffnen sie aber auch Fallstricke bei der Abstimmung unterschiedlicher Räume und Zeiten. So erleichtern sie einerseits die Herstellung gemeinsamer raumzeitlicher Muster, andererseits schafft dieses Mehr an Möglichkeiten neue Risiken. Mithin kündigen sich hier die Beziehungen einer informationsorientierten Gesellschaft an, in der die Teilhabe des einzelnen auf seiner Fähigkeit beruht, mit schnell verändernden und wechselnden Kontexten zu jonglieren, Ereignisse aufzugreifen und zu vernetzen. In dem komplizierten Wechselspiel der Ent- und Wiedereinbettung gewinnt nicht die Kontrolle, sondern die Moderation von Räumen und Zeiten an Bedeutung. Die Akteure müssen eine Balance finden zwischen verschiedenen Formen der Erfahrung – den unmittelbaren und den medial aufbereiteten –, um so die Übergänge zwischen den Medien und den Realitätsebenen praktisch zu meistern.

Autoren

Prof. Dr. rer. pol. Karl H. Hörning ist Direktor des Instituts für Soziologie. Seine besonderen Arbeitsschwerpunkte liegen auf dem Gebiet der sozialen und zeitlichen Folgen und Gestaltungsmöglichkeiten moderner Informations- und Kommunikationstechnologien. Dazu führte er mehrere empirische Untersuchungen durch.

Daniela Ahrens, M.A., und Dipl.-Soz. Anette Gerhard sind wissenschaftliche Mitarbeiterinnen am Institut für Soziologie und dort sowohl in der Lehre als auch in der Forschung tätig.

Literaturhinweise

[1] K. H. Hörning, D. Ahrens und A. Gerhard: Zeitpraktiken. Experimentierfelder der Spätmoderne, Suhrkamp Verlag, Frankfurt 1997.

[2] I. Wagner: Neue Reflexivität. Technisch vermittelte Handlungs-Realitäten in Organisationen, in: Kooperative Medien. Informationstechnische Gestaltung moderner Organisationen, Hrsg. von I. Wagner, Campus Verlag, Frankfurt 1993, S. 7 bis 66.

Helmut König

Internet und Demokratie

Bahnbrechende technische Neuerungen haben stets große ökonomische und gesellschaftliche Veränderungen nach sich gezogen: ohne Dampfmaschine kein Kapitalismus, ohne Verbrennungsmotor kein Massenverkehr, ohne Elektrizität und Maschinisierung der privaten Haushalte keine Frauenerwerbsarbeit. Ähnlich ist es bei den Entwicklungen auf dem Gebiet der Kommunikationstechnik. In diesem Sektor, in dem es um die Weitergabe und Verbreitung von Informationen und Wissen geht, haben Neuentwicklungen kulturelle und politische Konsequenzen.

Die Entstehung der modernen Territorial- und Nationalstaaten mit starken politischen Zentralen, die zudem Anspruch auf flächendeckende Durchsetzung ihrer Beschlüsse haben, ist ohne die Erfindung des Buchdrucks nicht denkbar. Das gedruckte Wort erst ermöglichte die dauerhafte Kommunikation über große Entfernungen und die Verbreitung von Wissen in gesellschaftlich relevanten Ausmaßen. Dadurch wurde das Wissensmonopol der Kirche und der Geistlichen gebrochen. Es entstanden Gruppierungen, die ihre eigenen Formen der Bildung und der Kommunikation pflegten. Der Repräsentationsraum der Herrschaft verwandelte sich nach und nach in eine bürgerliche Öffentlichkeit, in der Informationen und Meinungen frei ausgetauscht werden konnten. Das war die Voraussetzung für die Entwicklung demokratischer politischer Systeme. Demokratien leben davon, daß der Prozeß der politischen Meinungs- und Willensbildung öffentlich und frei stattfinden kann.

Heute sind wir Zeitgenossen einer Entwicklung, mit der die Gutenberg-Galaxis, die vor 500 Jahren mit der Erfindung des Buchdrucks begann, zu Ende geht. Wer sich die ehrwürdige und folgenreiche Geschichte des gedruckten Wortes vergegenwärtigt, wird diejenigen verstehen, die sich davon nicht so leicht verabschieden können. Gleichwohl: Die Ablösung durch die elektronische Weitergabe von Information und Wissen ist unumkehrbar. Davon zeugt die ungeheure Dynamik, mit der sich das Internet ausgebreitet hat. Die Möglichkeit der weltweiten Kommunikation über das elektronische Netz gibt es erst seit Ende der achtziger Jahre, als das World Wide Web (WWW) entwickelt wurde. 1997 waren bereits rund 45 Millionen Menschen an dieses Netz angeschlossen, heute sind es weit mehr als 100 Millionen.

Freilich sollte diese Erfolgsgeschichte nicht darüber hinwegtäuschen, daß das globale Informationsnetz große Lücken aufweist. Das gilt besonders dann, wenn man über die europäischen und amerikanischen Grenzen hinaussieht. Das Netz ist eine Angelegenheit von Minderheiten, und das wird vermutlich noch lange so bleiben. Im Weltmaßstab gesehen verfügt nur ein Fünftel der Bevölkerung über einen Telefonanschluß. Ohne ihn ist eine Teilnahme an der elektronischen Übermittlung der Daten nicht möglich.

Die besonderen Qualitäten des elektronischen Netzes sind rasch aufgezählt. Es ist erstens ein optimales Medium zur Informationsübermittlung: Es ist preiswerter als jede herkömmliche Art der Informationsbeschaffung, und mit dem unermeßlich großen Volumen der Daten, die es zur Verfügung stellt, und mit der Überwindung von riesigen geographischen Entfernungen in Sekundenschnelle ist es effektiver als alles, was es bislang in diesem Sektor gab.

Zweitens bietet das Internet neue Möglichkeiten der Interaktion zwischen Personen, die sich weit voneinander entfernt aufhalten. Die konventionellen Medien beruhen auf der Trennung zwischen Sendern und Empfängern. Ein kleiner Kreis von Personen spricht beziehungsweise schreibt und das Massenpublikum guckt zu, hört zu oder liest. Die Kommunikation über den Computer ermöglicht dagegen die horizontale Interaktion zwischen vielen: Jeder kann Informationen eingeben, jeder kann sie abrufen, jeder kann im Cyberspace im Prinzip jeden treffen und mit ihm von gleich zu gleich in Kontakt treten.

Drittens bietet das Internet die Möglichkeit des *electronic voting*, also der Fern-Wahl und der Fern-Abstimmung per Knopfdruck.

Wie immer, wenn sich große Neuerungen durchsetzen, ist auch die Revolutionierung der Telekommunikation von diametral entgegengesetzten Reaktionen begleitet. Es gibt die Schar der Propheten, die davon die Heilung aller Übel der Welt erwartet, und es gibt die Schar der Kassandrarufer, die das alles für Teufelszeug hält. Die eine Haltung ist so unangemessen wie die andere.

Al Gore, der Vizepräsident der Vereinigten Staaten, hat die verschiedenen Visionen der „*electronic democracy*", die sich mit dem Internet verbinden, auf einen schönen gemeinsamen Nenner gebracht. Er sieht ein „neues, athenisches Zeitalter der Demokratie" anbrechen. So seine Äußerung in einer im März 1994 vor der International Telecommunications Union in Buenos Aires gehaltenen

Information, Organisation, Meinungsbildung, Entscheidung

Bild 1 Im Internet werden weltweit riesige Informationsmengen bereitgestellt, die der Nutzer jederzeit abrufen kann.

Rede. Auf welche realen Qualitäten und Potentiale des elektronischen Netzes kann sich die Verheißung des neuen weltweiten Athen stützen?

Um diese Frage beantworten zu können, muß man sich die Elemente, aus denen der politische Prozeß in Demokratien besteht, genauer ansehen. Man kann vier Elemente unterscheiden, nämlich Information, Organisation, Meinungsbildung und Entscheidung. Das soll heißen: Der politische Prozeß in Demokratien lebt davon, daß die Staatsbürger erstens freien Zugang zu allen wichtigen Informationen haben, daß sie sich zweitens frei organisieren können (etwa in Parteien, Verbänden oder Bürgerbewegungen), daß sie drittens unzensiert und in aller Öffentlichkeit miteinander diskutieren können und schließlich daß sie beziehungsweise die von ihnen mit Entscheidungsmandaten versehenen Amtsträger zu kollektiv verbindlichen Entscheidungen kommen.

Die Internet-Euphorie gründet sich auf die Prognose, daß das Netz diese vier Elemente des demokratischen Prozesses von den Einschränkungen befreien werde, denen sie bislang in der politischen Praxis unterlagen. Betrachten wir der Reihe nach, was die Digitalisierung dieser vier Stufen bedeutet.

Information: Im Internet können weltweit riesige Informationsmengen bereitgestellt und von jedem Nutzer abgerufen werden (Bild 1). Daraus folgt, daß auch politisch relevante Informationen in größerer Anzahl und mit geringerem Aufwand dort ankommen können, wo sie gebraucht und nachgefragt werden. Von besonderer Bedeutung ist das in jener Phase des politischen Prozesses, in der

Bild 2 Interessierte Bürger können sich beispielsweise in Mecklenburg-Vorpommern mittels eines digitalen Datennetzes über Politik, Verwaltung, Wirtschaft, Presse, Forschung oder Bildung informieren.

bestimmte Fragen einer ersten politischen Bearbeitung unterzogen und zur Entscheidung vorbereitet werden. Die dafür typischen Materialien, nämlich Problemexpertisen, Eingaben, Gutachten, Protokolle, Entwürfe, lassen sich im Netz ohne viel Aufwand zugänglich machen – und zwar von der Kommune bis zu den Vereinten Nationen (Bild 2). Damit trägt das Netz zur größeren Transparenz des politischen Prozesses bei und liefert die Voraussetzung, daß die Bürger sich weltweit direkter an der Entscheidungsfindung auf allen Ebenen beteiligen können.

Organisation: Das Internet erleichtert es den Bürgern, sich zu organisieren und zu artikulieren. Die sogenannten Neuen Sozialen Bewegungen, die sich seit den achtziger Jahren für die von den etablierten Verbänden und Parteien vernachlässigten Interessen stark machen, können sich gleichsam als virtuelle Bürgerbewegungen und weit über die herkömmlichen lokalen und nationalen Grenzen hinaus neu entfalten. Tatsächlich nutzen bereits zahlreiche Vereinigungen abseits der Regierungen das neue Medium als demokratische Informations- und Aktionsplattform. Diese sogenannten Nicht-Regierungs-Organisationen können ihre Kampagnen über das Netz weltweit besser koordinieren und ihre Lobby-Arbeit erheblich effektiver machen (Bild 3).

Aber natürlich nutzen auch die etablierten Parteien und Verbände die organisatorischen Möglichkeiten, die das Netz bietet. Beispielsweise haben die Parteien in der Bundesrepublik die ersten virtuellen Ortsvereine gegründet (Bild 4).

Meinungsbildung: Die elektronische Datenübermittlung bietet neue Möglichkeiten für den interaktiven Austausch von Meinungen und Argumenten. Vor allem aus diesem Grunde gilt das Internet als das ideale Medium für eine anspruchsvolle demokratische Öffentlichkeit. Insbesondere zeichnet es sich dadurch aus, daß seine Zugänge nicht nur prinzipiell, sondern auch tatsächlich für alle offen sind. Diese Offenheit gilt zwar auch für die herkömmlichen Medien.

Das Internet verschafft den Bürgern neue Artikulations- und Organisationsplattformen

Bild 3 Auch zahlreiche regierungsunabhängige Organisationen nutzen heute bereits das neue Medium.

Bild 4 In Deutschland setzen Parteien inzwischen auch das Internet ein, um die Wähler zu mobilisieren. Hier der „Virtuelle Ortsverein" der SPD in Mannheim

Die Kommunikationsforschung aber zeigt, daß die Beschränkungen informeller Art um so stärker wirken. Vor allem gilt dies, wenn die Bürger aktiv werden und sich öffentlich aussprechen wollen: Von einer gleich verteilten realen Möglichkeit, das Wort zu ergreifen, kann jedenfalls in den herkömmlichen Massenmedien keine Rede sein.

Anders im Internet. Ob sich hier jemand zu Wort meldet, hängt nur von ihm selber ab. Privilegierte Zugänge gibt es nicht. Gründe, die in der Person des Sprechers liegen, können weder dazu führen, daß dieser ausgeschlossen wird, noch dazu, daß ihm weniger Menschen Aufmerksamkeit schenken. Nationalität, Hautfarbe, Geschlecht, Alter – alles das spielt in der virtuellen Wirklichkeit des Netzes keine Rolle.

Die Gründe dafür sind einfach: Jeder Nutzer des Internets kann anonym bleiben und eine fingierte Identität annehmen. Ferner muß kein einziger Beitrag, wie bei den herkömmlichen Medien, einen Redaktionsfilter passieren, der darüber befindet, welche Nachrichten oder Informationen in den Papierkorb wandern und welche veröffentlicht werden. Im Internet entscheidet jeder selber darüber, ob er seine Beiträge bekanntmacht oder nicht. Jeder ist seine eigene Redaktion und sein eigener Verleger. Und schließlich ist der Zugang zum Netz auch durch die staatlichen Gewalten, also durch die Administration, durch Polizei oder Justiz, nur schwer kontrollierbar. So lassen sich die Zensurmaßnahmen autoritärer Regime unterlaufen und die Chancen weltweiter Demokratisierung erhöhen. Kein Wunder also, daß die autoritären Regierungen Singapurs, Indonesiens oder der Volksrepublik China die Verbreitung des Internets nicht mit ungeteilter Freude betrachten und den Versuch unternehmen, die Zugänge zum Netz in ihren Ländern zu kontrollieren.

Die demokratischen Qualitäten des Internets werden zusätzlich dadurch unterstrichen, daß man im Netz nicht nur Informationen eingeben und Meinungen äußern, sondern auch direkt aufeinander reagieren, also diskutieren kann, ohne sich körperlich an einem Ort versammeln zu müssen. Unendlich viele können auf diese Weise an Diskussionsprozessen teilnehmen. Ein Beispiel dafür sind die sogenannten *electronic town meetings*, Treffpunkte im Internet, in denen öffentliche Diskussionen über öffentliche Themen stattfinden (Bild 5). Im letzten Präsidentschaftswahlkampf in den USA spielte diese Art der politischen Diskussion erstmals eine Rolle. In der Bundesrepublik können Interessierte neuerdings bei CDU-Parteitagen über das Netz die Reden verfolgen und an Diskussionen darüber teilnehmen.

Der amerikanische Sozialwissenschaftler Amitai Etzioni, Berater von Bill Clinton und führender Vertreter der praktisch-politisch orientierten Denkströmung des Kommunitarismus in den USA, hat aus der interaktiven Potenz des Netzes ein Szenario für eine umfassende Wiederbelebung basisdemokratischer Modelle abgeleitet. Etzioni entwirft eine pyramidenartige Staffelung der *electronic town meetings*. Gruppen mit 14 Teilnehmern sollen ihre Vertreter in die nächst höhere Gruppe entsenden. Bei jeweils einer Stunde Diskussionszeit und sieben Ebenen könnten dann innerhalb eines Tages 105 Millionen Menschen miteinander diskutieren.

Entscheidungsfindung: In repräsentativen Demokratien wird von der Bevölkerung ein spezieller Personenkreis per Wahlen mit der politischen Entscheidungsfindung beauftragt. Dabei führen die Abgeordneten de facto nicht den Willen der Wähler aus, sondern ihren eigenen beziehungsweise den ihrer Partei. Es gilt aber die Abmachung, daß ihre Entscheidung dem gesamten Kollektiv, das sie vertreten, zugerechnet werden.

Dieses Prinzip der Repräsentation haben Vertreter einer radikalen Demokratie häufig und heftig kritisiert. Die Bürger sollten nicht nur Repräsentanten wählen, die für sie die Entscheidungen treffen, sondern selber auf direktem Weg an den Entscheidungen über Sachfragen beteiligt werden.

Als Einwand gegen derartige Formen direkter Demokratie wurde oft genannt, daß bei den Bürgern ein Mangel an Informationen und

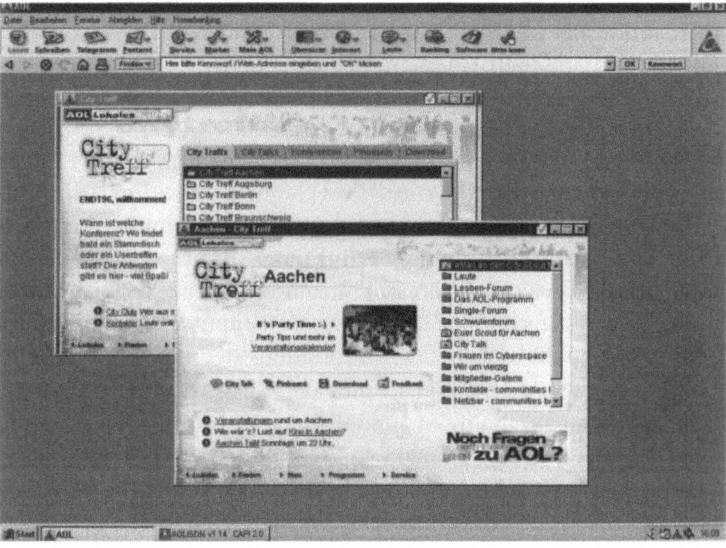

Bild 5 Das Internet bietet die Möglichkeit, öffentlich über Themen zu diskutieren, ohne sich körperlich an einem Ort versammeln zu müssen. Virtuelle Treffpunkte hierfür sind zum Beispiel die verschiedenen Diskussionsforen der City-Treffs.

Sachverstand bestehe und daß ihre Durchführung mit einem enormen praktischen Aufwand verbunden sei. Das Internet nimmt diesen Argumenten den Wind aus den Segeln. Der direkteren Beteiligung der Bürger an den politischen Entscheidungen steht nichts mehr im Wege.

Das alles klingt schön und gut. Aber es gibt in allen Punkten ernst zu nehmende Einwände. Sie können hier nur angedeutet werden. Was zunächst die Frage der Information angeht, so muß man vor dem einfachen Kurzschluß warnen, die viel beschworene Krise der Demokratie beruhe darauf, daß den Bürgern zu wenig Informationen zur Verfügung stünden. Nicht die pure Versorgung mit Informationen ist in den modernen Demokratien das Problem, sondern die Frage des Umgangs mit ihnen: die Frage der politischen Urteilskraft.

Das Internet zum idealen Medium für die Organisierung einer globalen Zivilgesellschaft auszurufen, dürfte nahe am Wunschdenken liegen. Bislang spricht beispielsweise alles dafür, daß das Internet die Kluft zwischen den reichen und den armen Ländern eher vergrößert als verkleinert. Den meisten ärmeren Ländern mangelt es schon an den technischen Voraussetzungen für den Zugang zum neuen Medium: Für rund 80 Prozent der Weltbevölkerung fehlt es an der grundlegenden Infrastruktur für die computervermittelte Telekommunikation.

Die Frage, welche Veränderungen das Internet für die Prozesse der Meinungsbildung bewirkt, ist besonders interessant. Sicher ist, daß durch das Netz die herkömmlichen Mittler- und Filterfunktionen überflüssig gemacht werden: Redaktionen, Redakteure, Herausgeber, Verleger muß es nicht mehr geben. Diese erledigen in der herkömmlichen Publikationspraxis nicht nur technische Aufgaben, sondern immer auch inhaltliche. Sie prüfen, ob die sie erreichenden Informationen korrekt oder gefälscht sind, sie wählen aus, bewerten und gewichten die Texte, die an sie herangetragen wurden. Jede Information muß die Prozedur einer mehr oder weniger strengen Auswahl durchlaufen. Wenn sie gedruckt oder gesendet wurde, erhält sie schon durch dieses pure Faktum eine besondere Bedeutung und Autorität.

Im Internet ist das anders. An die Stelle der vielfach vermittelten Veröffentlichungspraxis in den herkömmlichen Medien tritt eine neue Unmittelbarkeit zwischen Textproduzenten und Lesern. Alle können im Internet alles publizieren, niemand muß sich einer Begutachtung unterziehen, es gibt keine Redaktion, keine Herausgeber, keine Programmverantwortlichen. Das Ergebnis ist eine Informationsschleife ohne Anfang und ohne Ende und ohne Unterschied.

Das sieht sehr demokratisch und egalitär aus, steckt aber voller Probleme. Die erste zweifelhafte Wirkung besteht darin, daß im Internet große Mengen an Informationsmüll abgeladen werden. Was unter der strengen Aufsicht von Redaktionen und Lektoren vielleicht im Papierkorb gelandet wäre, kann im Internet problemlos das Licht der Öffentlichkeit erblicken.

Wenn die Filter abgeschafft werden – das ist die zweite zweifelhafte Wirkung –, wird auch die öffentliche Meinung und die mit ihr verbundene Orientierungsfunktion abgeschafft. Unter den Bedingungen der Veröffentlichungspraxis, die über eine Redaktion ver-

Die Schwierigkeit, Informationen zu sortieren und zu bewerten

Problem: Informationsmüll

mittelt ist, führt die öffentliche Diskussion normalerweise dazu, daß aus dem ungeordneten Durcheinander der Stimmen und Meinungen, die in einer Gesellschaft vorkommen, so etwas wie eine Position kondensiert wird, die einigermaßen vernünftig und zugleich konsensfähig ist. Von ihr geht dann ein gewisser Druck aus, das erreichte Niveau an Differenzierung und Argumentation nicht zu unterschreiten. Diese Transformation von Informationen in öffentliche Meinung findet unter den Bedingungen der Kommunikation über den Computer nicht mehr statt. Das Ergebnis ist das Ende der Verbindlichkeit, die Entstehung einer virtuellen Realität, in der der Unterschied zwischen richtig und falsch, zwischen einem guten und einem schlechten Argument verschwimmt, alles gleich gültig, das heißt gleichgültig wird und ein politischer Rationalitätsanspruch nicht mehr erhoben werden kann.

Die dritte Wirkung besteht darin, daß das unverzichtbare Minimum ziviler Argumentations- und Umgangsformen unter dem Schutz der Anonymität mißachtet wird. Sexistische und rassistische Äußerungen sind bei den Gesprächen in den sogenannten Chat-Rooms an der Tagesordnung. Jeder kann ungehemmt und unkontrollierbar seinen Ressentiments freien Lauf lassen. Generell ist es so gut wie unmöglich, gegen diskriminierende Äußerungen und Texte im Internet rechtlich etwas zu unternehmen.

Electronic voting **gleich Knopfdruckdemokratie?**

Was schließlich die Frage der Entscheidungen angeht, so spricht vieles dafür, das Prinzip der Repräsentation mit direkt-demokratischen Elementen zu ergänzen. Sinnvoll ist dies aber nur dann, wenn den konkreten Entscheidungen und Abstimmungen jeweils ein ausführliches Abwägen der Vor- und Nachteile vorausgeht. Andernfalls wird *electronic voting* zu einer reinen Knopfdruckdemokratie, in der wie bei Meinungsumfragen die vorhandenen Auffassungen in der Bevölkerung abgerufen und quantifiziert werden. Dann wäre vielleicht das Ideal einer möglichst großen Beteiligung der Staatsbürger an den politischen Entscheidungen tatsächlich erreicht, aber um den Preis, daß Qualität und Angemessenheit der politischen Lösungen abnehmen. Und das würde am Ende nicht zu einer Stärkung der Demokratien führen, sondern sie instabiler machen.

Alles in allem: Die Kommunikation über Computer zeigt Wirkungen, die den politischen Prozeß in Demokratien eher negativ beeinflussen. Freilich ist die technische Entwicklung nicht zu Ende. Möglicherweise werden effektive Filter, Kontrollen und Qualifizierungselemente ins Netz eingebaut, möglicherweise wird es Zugangssperren und eine Reihe weiterer wichtiger Regulierungen geben. Vielleicht gelingt es, die Gefahren, die vom Internet ausgehen, in den Griff zu bekommen. Daß die kühne Verheißung eines neuen athenischen Zeitalters der Demokratie auch nur ansatzweise Wirklichkeit werden kann, ist dagegen keineswegs zu erwarten.

Autor Prof. Dr. phil. Helmut König ist Inhaber des Lehrstuhls und Leiter des Instituts für Politische Wissenschaft.

[1] Der „Information Superhighway". Amerikanische Visionen und Erfahrungen, Hrsg. von H. J. Kleinsteuber, Opladen 1996.

[2] C. German: Politische (Irr-)Wege in die globale Informationsgesellschaft, in: Aus Politik und Zeitgeschichte, 32, 1996.

[3] H. Buchstein: Bittere Bytes: Cyberbürger und Demokratietheorie, in: Deutsche Zeitschrift für Philosophie, 44, 1996.

[4] C. Leggewie: Netizens oder: der gut informierte Bürger heute. Ein neuer Strukturwandel der Öffentlichkeit? Elektronischer Essay 1996, http://www.iid.de/nacht/beitraege/leggewie.html.

Literaturhinweise

Lernen ohne Grenzen

Otto Spaniol und
Ulrich Quernheim

Studieren zwischen Hörsaal und Computer

Schlagwörter wie „Distance Learning", „Teleteaching" und „Multimediakurse" sind, wenn es um die Zukunft der Universitäten geht, in aller Munde, aber sie beschreiben nur Teilaspekte der absehbaren Entwicklungen. Wenn auch nicht zu erwarten ist, daß ein weltweiter „virtueller Campus" traditionelle Universitäten vollständig ersetzen wird, so werden sich doch Wissenserwerb und Wissensvermittlung grundlegend ändern. Für die Universitäten wird sich der Kundenkreis wesentlich erweitern; neben die Studierenden in herkömmlichen Diplom-, Magister- oder Promotionsstudiengängen werden andere Lernwillige treten: Die Nachfrage nach Aufbaustudiengängen mit fester Dauer, etwa zum Erwerb eines Master-Titels, oder nach Weiterbildungskursen für Erwerbstätige wird entscheidend steigen. Den Nutzern ermöglichen multimediale Distance-Learning-Kurse ein selbstgerichtetes Lernen mit all seinen Vor- und Nachteilen (Bild 1). Diese neuen Angebote werden, ebenso wie in Zukunft auch die traditionellen Studiengänge, auf einem weltweiten Markt konkurrenzfähig sein müssen. „Wir müssen Teil einer lernenden Gesellschaft werden, die rund um den Globus nach den besten Ideen, den

Bild 1 Multimediale Distance-Learning-Kurse ermöglichen ein selbstgerichtetes Lernen mit all seinen Vor- und Nachteilen.

besten Lösungen sucht", stellte der damalige Bundespräsident Roman Herzog 1997 in seiner Berliner Rede fest [1]. Die Hochschulen müssen sich den Herausforderungen eines Lernens ohne Alters- und Ländergrenzen stellen. Wir möchten dazu einige Thesen formulieren.

Die neuen Medien ergänzen für Universitäten die herkömmlichen Arten der Wissensvermittlung: Studierende können den Vorlesungsstoff zu beliebigen Zeiten wiederholen und vertiefen, aber auch vollständig in multimedialen Kursen lernen, die etwa auf CD-ROM oder über das Internet angeboten werden. Auf Dauer wird es aber nicht reichen, traditionelle Lehrangebote nur mit ein wenig Multimedia auszuschmücken oder Vorlesungen an entfernte Nutzer synchron zu übertragen. Es geht vielmehr darum, eine neue Lernkultur aufzubauen, welche die tradierten Lernformen grundlegend ändert und ein weitgehend flexibles Lernen ermöglicht. Dies setzt einen mündigen, selbstbestimmten Kunden voraus. Multimedia darf dann kein bloßer Zusatz, sondern muß ein integraler Bestandteil sein. Dozenten müssen hierfür Lehrinhalte in einer Form aufbereiten, die auch Interaktion und kooperatives Lernen unterstützt. Kurse müssen interessant und nutzergerecht gestaltet werden, da nicht zuletzt Studierende sehr viel weniger Hemmungen haben, einen auf CD-ROM angebotenen Kurs abzubrechen als eine Präsenzvorlesung oder -übung zu verlassen.

Neue Medien bauen auf synchroner beziehungsweise asynchroner Kommunikation auf. Erstere bedeutet die gleichzeitige Übertragung von Lehrveranstaltungen, gegebenenfalls an mehrere Orte [2]. Der Qualitätsgewinn für die Lehre durch ein solches Teleteaching erscheint in den meisten Fällen jedoch marginal oder sogar negativ. Video- und Computerconferencing beziehungsweise Telekooperation (gemeinsames gleichzeitiges Arbeiten an einem Projekt durch Nutzer an verschiedenen Orten mit Hilfe von Telekommunikation) setzen ebenfalls synchrone Kommunikation voraus.

Speichert man andererseits multimediale Lernsoftware (oder, im einfacheren Fall, den Inhalt von Bibliotheken) auf einem Server des Anbieters ab und ermöglicht dem Nutzer zu beliebigen Zeiten Zugriff über Kommunikationsnetze, so verwendet man typischerweise eine asynchrone Kommunikationsform. Auch alle Mischformen sind denkbar.

Unter Distance Learning verstehen wir hier diejenigen Lehr- beziehungsweise Lernangebote, die nicht auf der tradierten Form der Präsenzlehrveranstaltung beruhen, sondern synchrone beziehungsweise asynchrone Kommunikationsdienste nutzen.

Bisher steht allerdings noch der Beweis aus, daß durch den Einsatz neuer Medien die Lerneffizienz wesentlich gesteigert werden kann. Eine sorgfältige Evaluierung sollte daher Bestandteil aller neuen Lehrangebote sein.

Von entscheidender Bedeutung für die Akzeptanz neuer Lernformen ist die Möglichkeit, anerkannte Qualifikationsnachweise zu erwerben. Um nicht die Vorteile des Distance Learning durch traditionelle Prüfungsverfahren (Klausuren oder mündliche Prüfungen am Hochschulstandort) zu konterkarieren, müssen gegen Mißbrauch weitgehend sichere Remote-Testing-Verfahren entwickelt

Neue Medien in der Lehre der Hochschulen

und eingesetzt werden, die dem Teilnehmer eines Distance-Learning-Kurses ermöglichen, Prüfungen möglichst zu selbstgewählten Zeitpunkten abzulegen, ohne reisen zu müssen.

Die Kunden zukünftiger universitärer Bildungsangebote

Wir können zwei Hauptgruppen von Kunden zukünftiger universitärer Bildungsangebote unterscheiden: die Teilnehmer an Studiengängen mit berufsqualifizierendem Abschluß, also die Gruppe der traditionellen Studierenden, und die Nutzer von Weiterbildungsangeboten. Die künftigen Kunden des universitären Bildungsmarkts werden seit ihrer Kindheit neue Medien genutzt haben und ein weitgehend selbstgesteuertes Lernen mit flexibler Zeiteinteilung und individuell auf sie zugeschnittenen Lerninhalten auch an der Hochschule erwarten. Für sie werden nicht mehr die tradierten vorwiegend rezeptiven Lernformen im Vordergrund stehen, sondern interaktives und kooperatives Lernen im Team auf der Basis von hochqualitativen Lernmaterialien. Diese Kunden werden frei aus dem weltweiten Bildungsangebot auswählen; klassische Bindungen zur lokalen Universität oder auch zur Muttersprache werden in Zukunft eine viel geringere Rolle spielen.

Immer mehr Teilnehmer an berufsqualifizierenden Studiengängen werden ein reines Distance-Learning-Studium bevorzugen. Diese Studienform ist ideal für junge Eltern, Behinderte oder Betreuer von Behinderten sowie Teilzeitberufstätige, die damit trotz ihrer Verpflichtungen ein vollwertiges Studium absolvieren können. Angebote wie Video- oder Computerconferencing für kooperatives Lernen in Teams an verschiedenen Orten oder virtuelle Seminare, interaktiver Zugriff auf Bibliotheken oder Online-Kommunikation mit Tutoren verhelfen dem traditionellen Fernstudium zu neuer Attraktivität. Dennoch wird das Präsenzstudium, umgestaltet und ergänzt um neue Elemente, auch weiterhin für die berufsqualifizierende universitäre Ausbildung dominierend sein, wie die weiterhin sehr niedrigen Absolventenzahlen traditioneller Fernuniversitäten zeigen.

Präsenzstudium wird seine Funktion behalten

Die Mehrzahl der Studierenden wird somit zwar am Präsenzstudium festhalten, jedoch den integralen Einsatz neuer Medien erwarten. Ein zusätzliches Angebot der Vorlesungen auf einem Server, auf das jederzeit zugegriffen werden kann, im einfachsten Fall eine synchrone Aufzeichnung von Overhead-Folien und Ton, ist für diese Gruppe bereits hilfreich. Studierende, die Probleme mit dem Verständnis haben, können einzelne Themen flexibel wiederholen oder ergänzende und vertiefende Informationen erhalten. Zusätzliche Angebote, wie etwa interaktive Simulationen, können das Verständnis komplexer Sachverhalte erleichtern. Neue Lernformen, wie kooperatives Lernen unter Nutzung der neuen Kommunikationsmöglichkeiten, unterstützen ein aktives Aneignen von Wissen und können möglicherweise der oft beschworenen Isolation von Studierenden entgegenwirken (Bild 2).

Distance-Learning-Kurse können ebenfalls Teilnehmer an einem Präsenzstudiengang vor dem eigentlichen Beginn des Studiums auf einen einheitlichen Kenntnisstand bringen, insbesondere gilt das für weiterführende Studiengänge (etwa Master-Studiengänge).

Die zweite große Kundengruppe für Universitäten werden in Zukunft berufstätige Hochschulabsolventen beziehungsweise auch

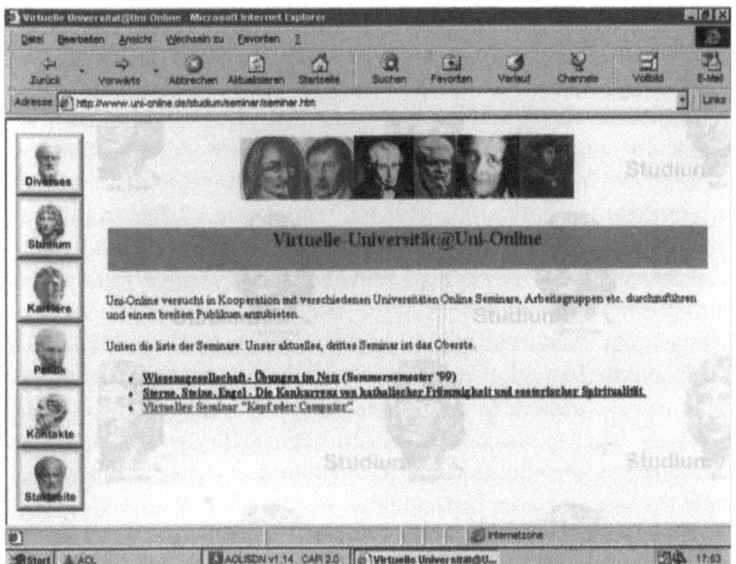

Bild 2 Neue interaktive und kooperative Lernformen, wie etwa virtuelle Seminare, steigern die Attraktivität des Studiums und erlauben den Studierenden zudem ein aktives Aneignen von Wissen.

Institutionen bilden, die Weiterbildungsangebote nutzen wollen. Diese Gruppe wird bevorzugt vom Arbeitsplatz oder von zu Hause auf das Lehrangebot zugreifen, um den Wissensstand zu aktualisieren oder gerade benötigtes Spezialwissen zu erwerben. Mit dem Angebot von Distance-Learning-Kursen entfällt aber die Notwendigkeit, sich bei der Auswahl auf regionale Anbieter zu beschränken; diese Kundengruppe wird also besonders flexibel auf dem globalen Bildungsmarkt agieren, zumal für Weiterbildungsmaßnahmen in der Regel keine anerkannten Abschlüsse, sondern Teilnahmebestätigungen renommierter Institutionen erwartet werden.

Die multimediale Aufbereitung und Ergänzung von Studiengängen wie auch die Entwicklung und Betreuung von Distance-Learning-Angeboten erfordern einen enormen personellen, finanziellen und zeitlichen Aufwand. Bei den Kosten dominieren die Personalaufwendungen, während die notwendigen Investitionen in die technische Infrastruktur relativ gering sind. Der Einsatz leistungsfähiger Entwicklungssysteme kann die Produktionskosten verringern, doch wird dieser Effekt durch rasant steigende Qualitätsansprüche der Benutzer partiell oder vollständig ausgeglichen. Ein vernünftiges Kosten-Nutzen-Verhältnis kann nur durch Wiederverwendbarkeit von Kursmaterial, etwa in Modulform, eine große Nutzerzahl und eine lange Nutzungsdauer der Kurse erreicht werden [3]. Multimediale Angebote sind somit in erster Linie für Standard-Lehrveranstaltungen mit großer Teilnehmerzahl geeignet. Durch enge Kooperation innerhalb der Hochschule und zwischen Hochschulen können hierbei Synergien effektiv genutzt und unnötige Parallelentwicklungen vermieden werden.

Soll eine Hochschule nun einzelne Module oder Kurse selbst produzieren oder von anderen Anbietern kaufen und mit geringem Aufwand den eigenen Anforderungen anpassen? Durch Zukauf kann sie das Angebot auch auf Gebieten erweitern, auf denen sie selbst nicht über entsprechende Kompetenzen verfügt; hierbei kann es sich um

Distance-Learning-Angebote

einzelne Lehrveranstaltungen in einem Studiengang, zusätzliche Neben- oder Ergänzungsfächer oder fast vollständig von anderer Seite erworbene Studiengänge oder Weiterbildungskurse handeln.

Neben der Breite muß auch über die Tiefe des Distance-Learning-Angebots entschieden werden. Wir können vier Stufen unterscheiden [4]: Die Inhalte von Lehrangeboten stellen an Hochschulen typischerweise Dozenten mit Unterstützung von wissenschaftlichen Mitarbeitern bereit. Für die Multimedia-Produktion ist oft der gleiche Personenkreis zuständig, sinnvollerweise in enger Zusammenarbeit mit Multimedia-Designern. Das Dienstangebot von Studiengängen und Weiterbildungskursen kann durch die Hochschule, aber auch durch Drittanbieter, die einzelne Kurse verschiedener Hochschulen und anderer Institutionen zu einer breiten Palette bündeln, erfolgen. Die technische Infrastruktur, das heißt Server, Kommunikationsnetze, Produktion von CD-ROM und so weiter, können ebenfalls Hochschule oder Drittanbieter bereitstellen. Während die Aufbereitung der Lehrinhalte die ureigenste Aufgabe der Hochschulen darstellt, aber auch hier, wie bereits ausgeführt, Zukäufe möglich sind, könnten die drei weiteren Stufen durchaus im Rahmen eines Outsourcing Dritten überlassen werden.

In rechtlicher und organisatorischer Hinsicht besteht ebenfalls großer Handlungsbedarf. Von besonderer Bedeutung ist ein wirkungsvoller Schutz des Urheberrechts bei elektronisch verfügbarem Lehrmaterial, insbesondere das Verhindern unberechtigter Kopien. Prüfungsordnungen müssen angepaßt werden, um neue Formen der Lehre einzubeziehen, die Anerkennung von Distance-Learning-Kursen zu regeln und einen Rahmen zu schaffen, um Prüfungen, zumindest für Leistungsnachweise, auch aus der Entfernung und zu beliebigen Zeiten ablegen zu können.

Technische Infrastruktur

Multimediale Lehrangebote können den Kunden auf Datenträgern oder über Kommunikationsnetze angeboten werden. In vielen Fällen wird es sinnvoll sein, die Vorteile beider Verfahren zu kombinieren, Kurse auf CD-ROM zur Verfügung zu stellen, Updates hingegen über Netzverbindungen durchzuführen und diese ebenfalls für die Rückfragen und Diskussionen mit Dozenten, Tutoren und anderen Kursteilnehmern zu nutzen. Ebenso können Übungs- und gegebenenfalls Prüfungsaufgaben den Kursteilnehmern über das Netz zugesandt und von diesen nach ihrer Bearbeitung auf gleichem Weg an die Hochschule zurückgeschickt werden.

Auf Anbieterseite müssen leistungsfähige Server, breitbandige Netzanschlüsse, die zahlreiche parallele Kommunikationsverbindungen zu Studierenden erlauben, und die Infrastruktur für die Online-Kommunikation (Videokonferenzräume, Video- und Computerconferencing-Equipment an den Arbeitsplätzen und so weiter) vorhanden sein. Sollen die Studierenden auf dem Hochschulcampus auf die Multimedia-Angebote zugreifen können, dann müssen wesentlich mehr vernetzte Computerarbeitsplätze als bisher bereitgestellt werden.

Als Weitverkehrsnetz zwischen Anbieter und Kunde bieten sich ISDN (Integrated Services Digital Network) oder das Internet an. Während ISDN eine bestimmte Dienstgüte garantieren kann, was für viele synchrone Kommunikationsformen, wie etwa Videoconferencing, wesentlich ist, gilt dies bis dato nicht für das Internet. Für die asynchrone Kommunikation ist das Internet jedoch bereits heute meist ausreichend.

Auf Kundenseite können mit neuen Anschlußtechniken wie ADSL (Asymmetric Digital Subscriber Line) unter Nutzung der vorhandenen Infrastruktur (Kupferkabel des Telefonnetzes) sehr kostengünstig deutliche höhere Übertragungsraten (wenige Megabit pro Sekunde) realisiert werden. Hochqualitative Multimedia-Kommunikation wird möglich sein, wenn über Glasfasernetze Daten mit hohen Transferraten bis hin zu Gigabits pro Sekunde angeboten werden.

Bei der Multimedia-Kommunikation im Internet sind auf dem World Wide Web basierende Anwendungen inzwischen so verbreitet, daß die zugrundeliegenden Protokolle auch für Distance-Learning-Angebote nutzbar sind. Das einfache Kommunikationsprotokoll HTTP (Hypertext Transfer Protocol) ist sehr flexibel und ermöglicht Erweiterungen ebenso wie HTML (Hypertext Markup Language), eine Auszeichnungssprache, in der Dokumente des Webs typischerweise erstellt sind. Auf Nutzerseite werden Browser für die Darstellung der Information und die Unterstützung von Interaktion eingesetzt. Erweiterungen der Funktionalität, die etwa weitere Interaktionen oder Animationen ermöglichen, können sowohl serverseitig (zum Beispiel CGI, Common Gateway Interface, und Server-API, Application Process Interface) als auch nutzerseitig (zum Beispiel Plug-ins, Skripte und Applets) realisiert werden. Probleme ergeben sich allerdings im Hinblick auf Sicherheitsanforderungen wie Schutz von Urheber- oder Persönlichkeitsrechten, Entgeltabrechnung, Unterstützung von Remote-Examinations. Weitere umfangreiche Forschungsarbeiten sind hier erforderlich.

Mit ihrer technischen Infrastruktur wird die RWTH Aachen in kurzer Zeit Multimedia- und Distance-Learning-Kurse auf dem nationalen und internationalen Markt anbieten können. Das Hochschulnetz auf ATM-Basis (Asynchronous Transfer Mode), die hochratige Internetanbindung über das Deutsche Forschungsnetz und der Anschluß zahlreicher Studentenwohnheime an das RWTH-Netz erfüllen die technischen Voraussetzungen, um das Lehrangebot in kurzer Zeit um Distance-Learning-Kurse zu ergänzen. Eine kürzlich durchgeführte Untersuchung zeigt großes Interesse von Dozenten der RWTH an einer künftigen Nutzung von Videoconferencing-Einrichtungen für Forschung und insbesondere Lehre, entsprechende Hardware (Videokonferenzräume) muß allerdings noch installiert werden.

Die Infrastruktur der RWTH

An der RWTH sind eine breite Wissensbasis und hervorragende Kompetenzen für die meisten Bereiche der Entwicklung und des Angebots von Multimedia- und Distance-Learning-Kursen vorhanden. Die technischen Voraussetzungen werden in der Fachgruppe Informatik, der Fakultät für Elektrotechnik und Informationstechnik sowie auch vom Rechenzentrum erforscht, mit lern- und arbeitspsychologischen Aspekten befassen sich Institute der Philosophischen Fakultät, aber auch das Hochschuldidaktische Zentrum und fachdidaktische Institute, und die Inhalte der Kurse kann eine Vielzahl hochqualifizierter Dozenten der verschiedenen Fakultäten zur

Verfügung stellen. Lediglich der Bereich Multimedia-Design wird von der RWTH nicht besetzt; hierfür bietet sich eine Kooperation mit externen Institutionen an. Im Gegenzug könnte die RWTH beispielsweise technische Infrastruktur und Kompetenz den Kooperationspartnern anbieten.

An der RWTH produziert eine Reihe von Instituten derzeit Multimedia-Kurse, zwar mehr oder weniger professionell, aber noch weitgehend unkoordiniert.

Im Projekt ELECTRA, „Electronic Learning Environment for Continual Training and Research in the ALMA Universities", das von der Europäischen Union im Telematics-Programm von 1996 bis 1999 gefördert wird, werden an der RWTH und den weiteren ALMA-Universitäten Lüttich, Maastricht und Diepenbeek-Hasselt erste Erfahrungen mit „Distance Learning" gesammelt. Die Beteiligung der RWTH erstreckt sich auf vier Teilprojekte: Bereitstellung der technischen Infrastruktur und Entwicklung einer einheitlichen Kommunikationsplattform, Entwicklung eines Distance-Learning-Kurses zum Thema Mobilkommunikation, Entwicklung eines kooperativen Distance-Learning-Kurses über CNC-Programmierung (numerisch gesteuerter Werkzeugmaschinen) sowie die Evaluierung des Projekts.

Die vielfältigen, aber weitgehend unabhängig voneinander betriebenen Multimedia-Aktivitäten an der RWTH werden in der vom Rektor im Juni 1997 initiierten „Arbeitsgruppe Multimedia" innerhalb des Forums Informatik zusammengefaßt. Durch Koordination und Kooperation sollen deutliche Synergieeffekte erzielt werden.

Perspektiven für Forschung und Lehre an der RWTH

Für die RWTH ergeben sich Herausforderungen sowohl bezüglich der Forschung auf dem Gebiet „Multimedia für die Lehre" als auch im Hinblick auf eine Neugestaltung des Lehrangebots unter dem Gesichtspunkt „Multimedia in der Lehre".

Leistungsfähige Kommunikationssysteme sind von entscheidender Bedeutung für den Erfolg von Distance-Learning-Angeboten. Ein zentraler Forschungsbereich wird die Höchstgeschwindigkeitskommunikation sein. Sollen Tausende von Kunden gleichzeitig mit Multimedia-Angeboten beliefert werden, so addieren sich die Datenraten auf Anbieterseite und in den Weitverkehrsnetzen auf viele Gigabit pro Sekunde. An die Netzknoten werden extrem hohe Leistungsanforderungen gestellt, um diese Datenraten bewältigen zu können. Um von den Anwendungen vorgegebene Dienstgüteanforderungen erfüllen zu können, müssen neue Kommunikationsprotokolle entwickelt, implementiert und im Hinblick auf ihre Leistungsfähigkeit bewertet werden. Unterstützung von sogenannten Multicast(einer an viele)-Anwendungen, von Gruppenkommunikationsfunktionen und besonders von Sicherheitsanforderungen (Schutz des Urheberrechts und personenbezogener Daten, flexible Verfahren zur Erhebung von Entgelten auch bei Ermöglichung eines anonymen Zugriffs auf Informationen, Unterstützung von Remote-Examinations) werden im Vordergrund stehen. Da auch mobile Nutzer auf Distance-Learning-Angebote zugreifen wollen, müssen leistungsfähige Mobilkommunikationsnetze und -protokolle, die solche anspruchsvollen Anwendungen unterstützen können, entwickelt, implementiert und bewertet werden. Anbieter und Nutzer sollen über eine standardisierte Schnittstelle unter Angabe der gewünschten Dienstgüte auf die Kommunikationsdienste der verschiedenen Netze zugreifen können, ohne spezifische Merkmale dieser Netze berücksichtigen zu müssen.

Weitere wichtige Forschungsaufgaben für die Informatik sind leistungsfähigere Entwicklungssysteme, die vor allem die Dozenten, die mit ihrer Hilfe Lernsoftware herstellen, noch wesentlich stärker unterstützen müssen, die softwaretechnische Begleitung der Entwicklung großer Lernsoftwaresysteme und die Weiterentwicklung von Informationssystemen für Lernumgebungen. Didaktische, pädagogische und psychologische Begleituntersuchungen können ebenfalls an der RWTH durchgeführt werden.

Um „Multimedia in der Lehre" fest zu verankern, müssen die organisatorischen Rahmenbedingungen und Strukturen geschaffen und gestärkt sowie die schon aus finanziellen Erwägungen erforderliche Koordination der Aktivitäten und die Kooperation innerhalb und außerhalb der RWTH forciert werden. Prüfungsordnungen müssen angepaßt werden, zum Beispiel auch durch Einführung von Credit-Systemen.

Die Breite des Bildungsangebots der RWTH kann durch Kooperationen oder Zukäufe vergrößert und abgerundet werden, bezüglich der Tiefe gilt es zu entscheiden, ob die Produktion von Multimedia-Material und das Marketing in die eigene Hand genommen werden soll oder ein Outsourcing vielversprechender erscheint. Der Weiterbildungsmarkt ist für die RWTH weithin noch Neuland, muß aber entschieden angegangen werden. Auf jeden Fall sollte die RWTH nach außen geschlossen auftreten, um auf dem globalen Markt erfolgreich zu bestehen. Eine mögliche Struktur der RWTH als Bildungsanbieter zeigt Bild 3.

Bild 3 Die RWTH als Bildungsanbieter

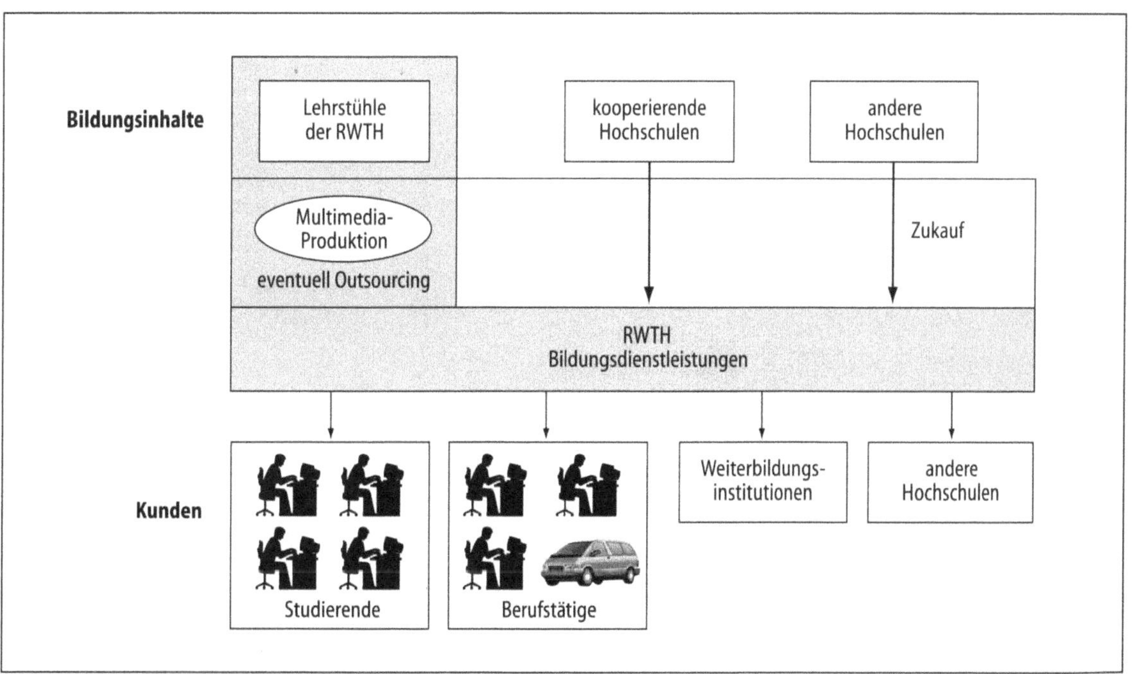

Autoren   Prof. Dr. rer. nat. Otto Spaniol ist Inhaber des Lehrstuhls für Informatik IV.

Dr. rer. nat. Ulrich Quernheim ist wissenschaftlicher Angestellter am Lehrstuhl für Informatik IV.

Literaturhinweise   [1]   R. Herzog: Aufbruch ins 21. Jahrhundert (Berliner Rede), in: Bulletin Presse und Information der Bundesregierung, 33, 1997.

[2]   W. Effelsberg: Das Projekt TeleTeaching der Universitäten Heidelberg und Mannheim, in: PIK, 18, 1995, S. 205 bis 208.

[3]   E. C. T. Brok und R. L. Martens: Authoring modular courses: exploratory experiences, in: Proceedings BITE International Conference, Maastricht 1998.

[4]   W. Kraemer, F. Milius und A.-W. Scheer: Virtuelles Lehren und Lernen an deutschen Universitäten, Gütersloh 1997.

[5]   D. Minoli: Distance Learning, Technology and Applications, Boston, London 1996.

Die Virtuelle Universität

Walter Eversheim,
Thomas Bauernhansl und
Oliver Terhaag

Ein Konzept für die Zukunft?

„Man sagt so leicht, Bildung entscheidet über unsere Zukunft. Aber
wie steht es denn um diese Zukunft, wenn die besten Köpfe dieser
Welt auf der Suche nach den besten Ausbildungsmöglichkeiten nicht
mehr nach Deutschland kommen."

Roman Herzog
(Berliner Bildungsforum, 5. November 1997)

Nicht zuletzt aufgrund der rasanten Entwicklung der Informations-
und Kommunikationstechnologien rückt die Welt immer näher zusammen. Die Anforderungen an die Ausbildung der Mitglieder einer
globalen Gesellschaft verändern sich damit stetig. Insgesamt wird
das Umfeld von Hochschulen und Universitäten zunehmend dynamischer. Bestehende Strukturen der universitären Ausbildung müssen infolgedessen angepaßt und weiterentwickelt werden.

Wie kann die RWTH Aachen auf diese dynamischen Tendenzen
reagieren? Nicht, indem neue, starre Strukturen geschaffen, sondern
indem sie dynamisiert und erweitert werden. Im vorliegenden Beitrag wird die Virtualisierung von Hochschulen und Universitäten als
ein Vorschlag für ein zukunftsorientiertes Konzept der Ausbildung
vorgestellt. Als Vertreter des Maschinenbaus konkretisieren wir dieses Konzept am Beispiel der Ingenieurausbildung.

Diese hat an der RWTH eine lange Tradition. Das Studium des
Maschinenbaus wird seit der Gründung des Polytechnikums in
Aachen angeboten. Waren es damals noch 31 Studierende im Win-
tersemester 1870/71, sind heute beinahe 7000 Studierende für diesen
Studiengang eingeschrieben.

Die Ausgangssituation

An der Schwelle zum nächsten Jahrhundert müssen für das
Maschinenbaustudium neue Herausforderungen angenommen wer-
den. Eine wesentliche Herausforderung ist die Internationalisierung
der Ausbildung. Einige Zahlen belegen, daß deutsche Hochschulen
und Universitäten für Studierende aus wirtschaftlich wichtigen
Regionen insgesamt an Attraktivität verloren haben. So hielten sich
1997 von den im Ausland studierenden japanischen Studenten und
Studentinnen 44.000 in den USA und nur 1200 in Deutschland auf.
Ähnlich war das Verhältnis bei den chinesischen Studierenden [1].
Kontakte und Beziehungen aus der Studienzeit haben jedoch im
späteren Berufsleben Bestand und sind daher wirtschaftlich bedeutend: Wer in Deutschland studiert hat, ist später eher geneigt, deutsche Produkte und Leistungen einzukaufen.

Der internationale Ruf der RWTH ist – vor allem wegen der
hohen Qualität in Forschung und Lehre im Maschinenbau – exzellent, und auch die infrastrukturellen Grundlagen für eine stärkere

internationale Ausrichtung sind vorhanden. Es stellt sich also die Frage, was zukünftig zu tun ist, um weiterhin „die besten Köpfe" an die RWTH zu holen.

Um diese Frage zu beantworten, müssen mehrere wesentliche Aspekte berücksichtigt werden. Dazu gehört zum einen die auch politisch durch das Hochschulrahmengesetz geförderte Tendenz zum verstärkten Wettbewerb zwischen Hochschulen beziehungsweise Universitäten, der letztlich in einen Wettbewerb der Lehrinhalte und Lehrformen münden wird. Zum anderen – und dazu ergänzend – ist zu berücksichtigen, wer diesen Wettbewerb entscheidet. Die Kunden der Ausbildung sind sowohl die Studierenden und Studienbewerber als auch Industrieunternehmen auf der Suche nach Absolventen, die ihrem Anforderungsprofil entsprechen.

Die Anforderungsprofile sind jedoch erstens heterogen und zweitens dynamisch, wie unsere Untersuchungen zeigen [2]. Das Ergebnis einer Befragung von Industrieunternehmen verdeutlicht, daß diese vom Maschinenbauingenieur sehr unterschiedliche Qualifikationsprofile erwarten, die vom Marketing bis zur Produktionsplanung und -steuerung deutlich voneinander abweichen (Bild 1).

Eine marktorientierte Ingenieurausbildung muß auf diese Anforderungen reagieren. Um der Dynamik gerecht zu werden, muß der Studiengang Maschinenbau zukünftig über eine hohe Flexibilität bezüglich der Lehrinhalte verfügen. Diese läßt sich erreichen, indem die Lehrinhalte in Module gegliedert werden.

Das Konzept

Im folgenden präsentieren wir das Konzept einer Virtualisierung des Studiengangs Maschinenbau als einen zukunftsorientierten Weg, um solchen Anforderungen Rechnung zu tragen.

Ein Blick in die Wirtschaft zeigt, daß viele Unternehmen, die sich in einem dynamischen Umfeld bewegen, das Konzept der Virtualisierung wählen, da es Stabilität und Flexibilität verknüpft [3]. Im Gegensatz zu einer Organisation mit funktionaler Gliederung und klaren, starren Hierarchien zeichnet sich eine virtuelle Organisation durch ihren Netzwerkcharakter und ihre dezentralen Einheiten aus. Die Einheiten einer virtuellen Organisation sind in einem stabilen Beziehungsnetzwerk eingebettet und werden entsprechend ihren Kompetenzen zur Umsetzung eines Organisationsziels ausgewählt und temporär gebündelt. Das daraus resultierende dynamische Netzwerk wird dezentral gesteuert und erlaubt eine flexible Anpassung der Struktur gemäß den

Bild 1 Anforderungen der Industrie an Ingenieure

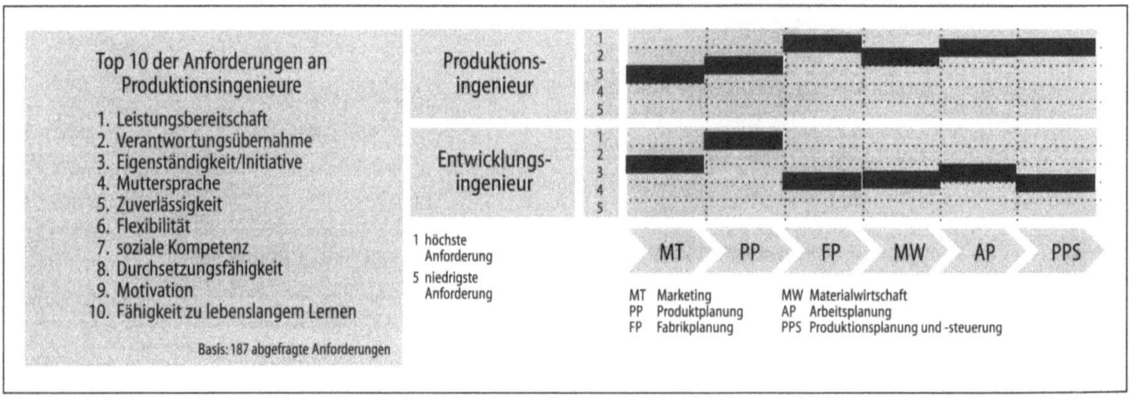

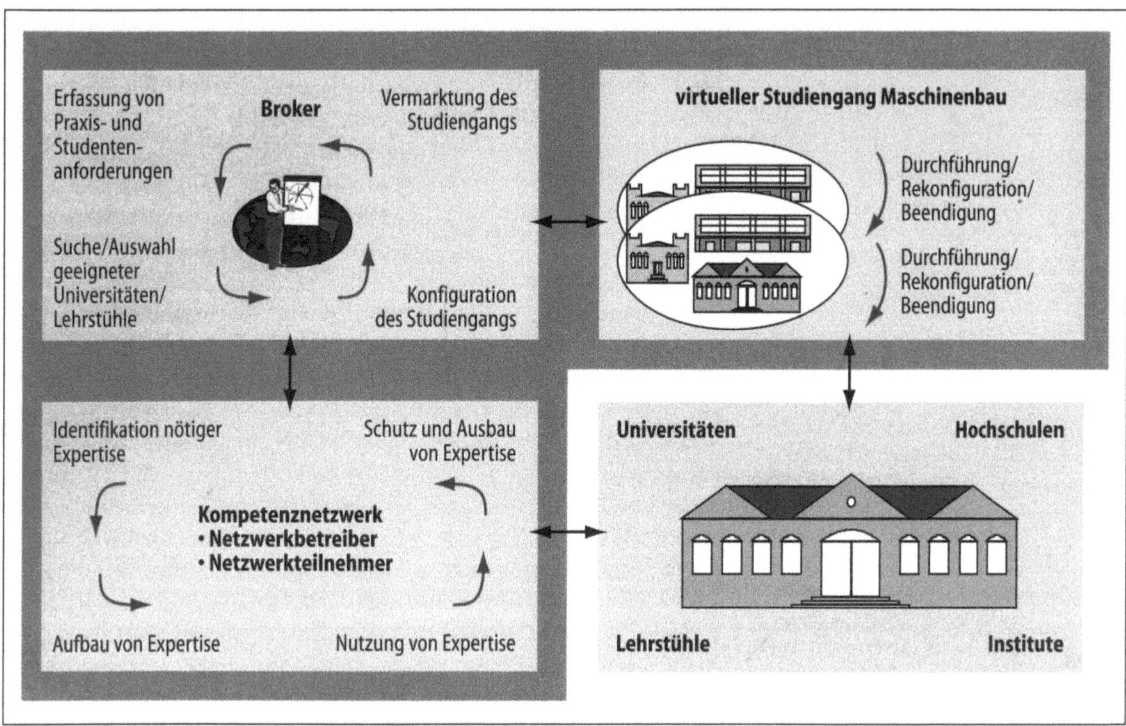

Bild 2 Struktureller Rahmen für einen virtuellen Studiengang Maschinenbau

sich wandelnden Anforderungen und Randbedingungen. Mit den vielfältigen Partnern stehen in virtuellen Organisationen erweiterte Ressourcen und Kompetenzen zur Verfügung [4].

Das sogenannte „Framework for Global Virtual Business" kann auf den Studiengang Maschinenbau übertragen werden (Bild 2). Dabei läßt sich die Struktur in zwei Bereiche unterteilen. Einerseits gibt es das relativ statische und stabile Kompetenznetzwerk, in dem sämtliche Netzwerkteilnehmer (zum Beispiel Lehrstühle anderer Hochschulen) eingebettet sind und Beziehungen zueinander pflegen. Das Netzwerk wird gepflegt durch den sogenannten Netzwerkbetreuer. Andererseits gibt es den flexiblen virtuellen Studiengang Maschinenbau, der unter Beachtung der Anforderungen der Industrie und der Studierenden gebildet wird. Diese Aufgabe wird durch einen sogenannten Broker, den akademischen Leiter des Studiengangs, wahrgenommen.

In der Struktur eines virtuellen Studiengangs Maschinenbau sind drei zentrale Rollen zu besetzen: der Netzwerkbetreuer, die Netzwerkteilnehmer und der Broker. Der Netzwerkbetreuer hat die Aufgabe, auf Basis der möglichen Anforderungen an einen potentiellen virtuellen Studiengang Maschinenbau die benötigten Kompetenzen zu analysieren, geeignete Partner zu suchen und in das Kompetenznetzwerk zu integrieren. Es bestehen dabei Analogien zur Berufung von Lehrenden, wie sie derzeit durchgeführt wird. Auch hier werden Partner – zum Beispiel Professorinnen und Professoren – ausgewählt. Allerdings kann bei einem virtuellen Studiengang eine Kompetenzlücke temporär und kundenorientiert geschlossen werden, so daß die Gesamtstruktur dynamisch und flexibel bleibt.

Als Netzwerkteilnehmer kommen – einem erweiterten Verständnis folgend – grundsätzlich alle wissensvermittelnden Institutionen

Ein virtueller Studiengang Maschinenbau

beziehungsweise Personen in Frage, die Fach- und Erfahrungswissen mit den notwendigen didaktischen Kompetenzen auf dem richtigen wissenschaftlichen Niveau verbinden. Dies können Hochschulen beziehungsweise Universitäten, Lehrstühle, Institute oder auch einzelne Professoren beziehungsweise Dozenten sein. Wichtig hierbei ist, daß die Netzwerkpartner zwar in das Kompetenznetzwerk eingebunden werden, aber weiterhin ihre Aufgaben, wie Lehre, Forschung oder auch Technologietransfer, in ihren „angestammten" Instituten erfüllen können.

Der Broker bildet die Schnittstelle zum Markt, indem er dessen Anforderungen an die Ingenieurausbildung analysiert und dementsprechend Studiengänge konfiguriert. Hierzu wählt er gemeinsam mit dem Netzwerkbetreuer die geeigneten Partner aus dem Kompetenznetzwerk aus. Die Netzwerkpartner bieten ihre Leistung in Form von Modulen mit definierten Lehrinhalten an, die der Broker dann zu einem Studiengang Maschinenbau kombiniert. Eine weitere Aufgabe des Brokers ist die Vermarktung des virtuellen Studiengangs. Diese Aufgabe sollte zunächst ein international renommierter Broker übernehmen, der quasi als Bürge für die Qualität der Ausbildung steht. Im Laufe der Zeit wird der Name des Brokers in den Hintergrund treten, und das Renommee – der „Markenbegriff" – des virtuellen Studiengangs muß sich zunehmend aus sich selbst heraus generieren. Auch hier lassen sich Analogien zu Bestehendem finden: In der Fakultät für Maschinenwesen werden der Studiengang Maschinenbau und die Professoren beziehungsweise Lehrstühle gemäß dem „Curriculum" koordiniert. Der Spielraum der Fakultät bei der Zusammenstellung der Lehrenden ist jedoch geringer, da kein lokal unabhängiges Kompetenznetzwerk zur Verfügung steht.

Als Zwischenfazit läßt sich festhalten, daß die Virtualisierung des Studiengangs Maschinenbau ein mögliches Konzept ist, die Herausforderungen der Zukunft bezüglich der Ingenieurausbildung anzunehmen. Die dazu notwendigen Aufgaben werden zum Teil schon heute durchgeführt. Ergänzend sind jedoch weitere Aspekte zu berücksichtigen.

Flexibilisierung des Maschinenbaustudiums

Ein Aspekt, der zukünftig an Bedeutung gewinnen wird, ist die Flexibilisierung im Rahmen des virtuellen Studiengangs Maschinenbau. Voraussetzung dafür ist es, die Lehrinhalte in Modulen anzubieten. Dabei bestimmt die „Granularität" der Module die Anpassungsfähigkeit des Studiengangs an sich wandelnde Randbedingungen. Auf dieser Basis kann im zweiten Schritt die Flexibilisierung der Studieninhalte durch die Konfiguration eines internationalen Angebotes – entsprechend dem oben dargestellten Konzept und unter Berücksichtigung von Zertifizierungen der Module – gesteigert werden.

Neben flexibel gestalteten Lehrinhalten müssen zur Realisierung eines virtuellen Studiengangs Maschinenbau auch die organisatorischen und technischen Rahmenbedingungen geschaffen werden, um das Lehrangebot national und international verfügbar zu machen. Dabei sind zum einen die Mobilität der Lehrenden und der Studierenden sowie zum anderen die technische Unterstützung der Lehrveranstaltungen zu beachten (Bild 3). Daraus lassen sich unterschiedliche Szenarien ableiten [5]:

„Reisende Studierende": Die Studierenden reisen zu verschieden Hochschulen beziehungsweise sonstigen Institutionen, um vor Ort Vorlesungen zu hören und die zugehörigen Studienleistungen zu erbringen. Die Lehrveranstaltungen können dabei konventionell unterstützt sein.

„Reisende Lehrende": Umgekehrt gibt es die Möglichkeit, daß Professorinnen und Professoren zu den verschiedenen Institutionen reisen, um vor Ort Lehrveranstaltungen durchzuführen. So können beispielsweise Vorlesungen durch Gastdozenten im Rahmen von Blockveranstaltungen abgehalten werden. Bei der Realisierung dieses Szenarios sind Reisekosten und zeitliche Verfügbarkeit der Lehrenden die limitierenden Faktoren.

„Internet-Studierende": Die Studierenden bleiben an einem Ort und verfügen trotzdem über die Möglichkeit, Lehrinhalte „aus aller Welt" vermittelt zu bekommen. Dieses Szenario ist technisch sehr aufwendig, da verschiedene Multimediatechniken eingesetzt werden müssen. Die technischen Möglichkeiten für Übertragungen von Vorlesungen und Übungen mit gleichzeitiger Kommunikation verschiedener Teilnehmer sind heute schon vorhanden. Ein Beispiel dafür ist die Universität Monterrey (ITESM) in Mexiko. Dort werden Vorlesungen über Satelliten an 26 Standorte in Lateinamerika übertragen und sogar in das Fernsehnetz – analog zum deutschen Telekolleg – eingespeist. Der Vortragende befindet sich entweder vor einem Telekonferenzsystem oder aber in einem mit Kameras und Mikrofonen ausgestatteten virtuellen Hörsaal. Unterlagen können mit einer Scankamera eingespielt werden, und die Darstellung der Bilder kann mit Fernsehern oder Beamern erfolgen. Für Übungen werden ähnliche Techniken eingesetzt: Dabei können mit einem sogenannten

Vier Szenarien

Bild 3 Mögliche Szenarien unter Beachtung der Mobilität und technischen Unterstützung

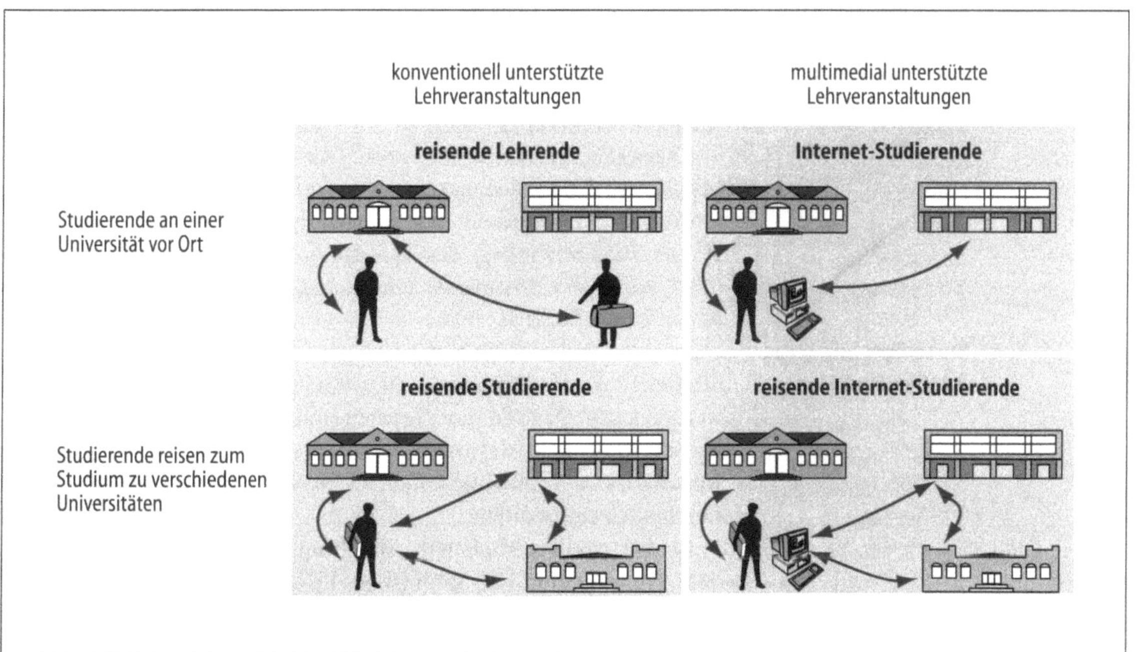

Bild 4 Die Virtuelle Universität –
ein Konzept für die Zukunft

Whiteboard, das die herkömmliche Tafel ersetzt, Aufgaben und Lösungen gemeinsam zeitgleich bearbeitet werden. Eine Umsetzung dieses Szenarios bedingt die erforderlichen Teleteaching- und Telelearning-Infrastruktur. Des weiteren müssen Vorlesungen, Übungen und Prüfungen hinsichtlich der Sprache und Inhalte angepaßt werden.

„Reisende Internet-Studierende": Als ein weiteres Szenario ist eine Mischform der vorgenannten Varianten denkbar.

Werden die vorgestellten Szenarien und die beschriebenen Schritte zur Flexibilisierung des Maschinenbaustudiums zusammengeführt, läßt sich ein virtueller Studiengang Maschinenbau in drei Stufen aufbauen (Bild 5).

Dreistufiger Aufbau des virtuellen Studiengangs

In einer ersten Stufe bietet sich eine Ergänzung des bestehenden Studiengangs Maschinenbau an, wobei das erste Szenario realisiert werden kann. Dazu ist das Zertifizierungsvorgehen zu vereinfachen. Ferner müssen Vorlesungen, Übungen und Prüfungen angepaßt werden. Diese Anpassung ist auch eine Voraussetzung für die weiteren Realisierungsstufen.

In der zweiten Stufe wird der Studiengang Maschinenbau vor dem Hintergrund sich ändernder Praxisanforderungen „dynamisiert". Dazu müssen im wesentlichen die Lehrinhalte in Module strukturiert werden.

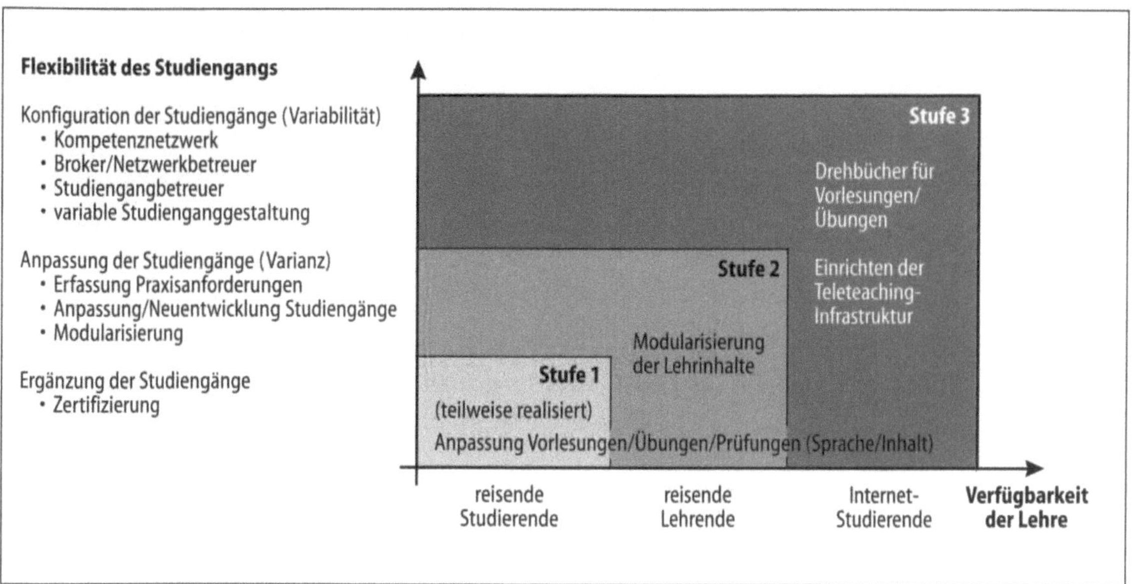

Bild 5 Stufenkonzept für die Virtualisierung von Hochschulen und Universitäten

In der dritten Stufe sollte schließlich die variable Konfiguration der Studiengänge sowie ein Internet-Studium ermöglicht werden. Dazu müssen das Kompetenznetzwerk aufgebaut und Broker und Netzwerkbetreuer eingerichtet werden. Die variable Gestaltung des Studiengangs ist zusätzlich in der Diplomprüfungsordnung zu verankern. Darüber hinaus sind die benötigte Teleteaching- und Telelearning-Infrastruktur aufzubauen und sogenannte Drehbücher für die Veranstaltungen zu erstellen.

Das in diesem Beitrag vorgestellte Konzept zur Virtualisierung der Lehre im Maschinenbau stellt einen aussichtsreichen und flexiblen Ansatz dar, um im Bereich der Erstausbildung die Herausforderungen der Zukunft anzunehmen. Insbesondere die Möglichkeit, den dynamischen Anforderungen des Arbeitsmarkts flexibel und mit hoher Verfügbarkeit sowohl auf nationaler als auch internationaler Ebene zu entsprechen, unterstreicht die Qualität des Konzepts. Die Dynamisierung der „klassischen" Hochschulstrukturen ist für eine markt- und zukunftsorientierte Ausbildung an der Schwelle zum 21. Jahrhundert unabdingbar. Die Ingenieurausbildung an der RWTH Aachen kann so bedarfsgerecht organisiert werden, und ein aus einem virtuellen Netzwerk konfigurierter Studiengang Maschinenbau stellt eine sinnvolle Ergänzung des derzeitigen Studienangebots dar. Nationale und internationale Kooperationen sowohl mit anderen Universitäten als auch mit Industriepartnern und privaten Forschungsinstitutionen müssen verstärkt gesucht und gefunden werden. Wenn es gelingt, diese Maßnahmen umzusetzen, dann werden auch zukünftig die besten Köpfe dieser Welt für ihre Ausbildung nach Deutschland kommen.

Autoren

Prof. Dr.-Ing. Dr. h. c. Dipl.-Wirt. Ing. Walter Eversheim ist Inhaber des Lehrstuhls für Produktionssystematik am Laboratorium für Werkzeugmaschinen und Betriebslehre (WZL), Mitglied des Direktoriums des WZL, Leiter der Abteilung Planung und Organisation des Fraunhofer-Instituts für Produktionstechnologie (IPT), Aachen, Direktor des Forschungsinstituts für Rationalisierung (fir) an der RWTH Aachen sowie Mitglied des Direktoriums des Instituts für Technologiemanagement (ITM) der Universität St. Gallen (HSG), Schweiz.

Dipl.-Ing. Thomas Bauernhansl ist wissenschaftlicher Mitarbeiter am Lehrstuhl für Produktionssystematik und dort Leiter der Gruppe Prozeß- und Technologieplanung.

Dipl.-Ing. Oliver Terhaag ist ebenfalls wissenschaftlicher Mitarbeiter am Lehrstuhl für Produktionssystematik und dort als Oberingenieur verantwortlich für die Abteilung Produktionsgestaltung und -betrieb.

Literaturhinweise

[1] Unesco: Statistical Yearbook, 1997
[2] O. Terhaag und W. Eversheim: Herausforderung Ingenieurausbildung – Ergebnisse einer Studie zur Bestimmung des Qualifikationsprofils zukünftiger Ingenieure, in: VDI-Z, 140, Nr. 6, 1998, S. 68 bis 71.
[3] G. Schuh, K. Millarg und A. Göransson: Virtuelle Fabrik: neue Marktchancen durch dynamische Netzwerke, Hanser-Verlag, München, Wien 1998.
[4] W. H. Davidow und S. M. Malone: Das Virtuelle Unternehmen – Der Kunde als Co-Produzent, Campus Verlag, Frankfurt, New York 1993.
[5] O. Moron: Virtuelle Universität, unveröffentlichtes Manuskript, WZL, RWTH Aachen, 1997.

Klaus J. Beckmann

Mobilitätsforschung im Dienste einer nachhaltigen Stadt- und Verkehrsentwicklung

Bewohner und Wirtschaftsunternehmen unserer Städte wie auch der Städte und Siedlungen weltweit verursachen Verkehr, den sie seit altersher als gefährdend, belastend und beeinträchtigend empfinden. Mobilität, Verkehr und ihre Auswirkungen werden daher überall heftigst und emotional diskutiert.

Zugleich sind aber Ortsveränderungen und damit Verkehr unverzichtbare Voraussetzungen für die Funktionsfähigkeit von Gesellschafts- und Wirtschaftssystemen. An Ereignissen an verschiedenen Orten, zu verschiedenen Zeiten, zu verschiedenen Zwecken wie auch in unterschiedlichen Kontaktkreisen teilzunehmen, ist konstitutiv für menschliches Leben, für die gesellschaftliche, soziale, wirtschaftliche, kulturelle wie auch für die psychisch-emotionale Entwicklung.

Die Aufgabe von Verkehrsplanung ist es sicherzustellen, daß Personen sich von Ort zu Ort bewegen, Güter transportiert und Nachrichten übertragen werden können. Den Menschen muß es möglich sein, an sozialen, gesellschaftlichen, wirtschaftlichen und kulturellen Austausch- und Vermittlungsprozessen teilzunehmen, also zu arbeiten, sich aus- und fortzubilden, sich mit Nötigem zu versorgen, Freizeit zu gestalten oder soziale Kontakte zu pflegen. Dafür ist es auch notwendig, Waren, Güter, diverse Leistungen und eventuell Energie zwischen Haushalten, privaten Unternehmen und öffentlichen Betrieben zu transportieren. Physische Ortsveränderungen sichern also Austauschprozesse und Teilnahmemöglichkeiten. Inzwischen gibt es aber auch eine „virtuelle" Mobilität durch die Nutzung von Informations- und Kommunikationstechnologien.

In den letzten 150 Jahren hat der Fortschritt der Verkehrstechnologie – Eisenbahnen, Automobile, Flugzeuge – die individuellen Aktions- und Lebensräume, die Erfahrungsbereiche und damit wohl auch die „Horizonte" erweitert. Er hat weltweiten Handel ermöglicht. Insbesondere, seit sich das Automobil als individuelles Fortbewegungsmittel massenhaft verbreitet hat, fordert Verkehr aber auch seinen Preis: Ressourcenverbrauch, Schadstoffemissionen (Kohlenmonoxid, Stickoxide, Kohlenwasserstoffe, Ruß), Ausstoß von Treibhausgasen wie Kohlendioxid, Verkehrslärm stehen als unerwünschte Wirkungen gleichermaßen im Blickfeld wie Verkehrsunfälle, Flächenbeanspruchungen, Trenneffekte oder Beeinträchtigungen von Stadtbild und Stadtgestalt (Bild 1). Bürger stehen Verkehr daher häufig kritisch gegenüber – vor allem dann, wenn die anderen mit dem Auto fahren und nicht sie selbst.

Die individuelle Motorisierung hat zudem eine flächenhafte Siedlungsentwicklung erleichtert. Funktionen und Nutzungen wurden gewissermaßen entmischt: Periphere Standorte werden vermehrt

Bild 1 Verkehr und Mobilität – Voraussetzung und Motor von Wirtschaft und Gesellschaft

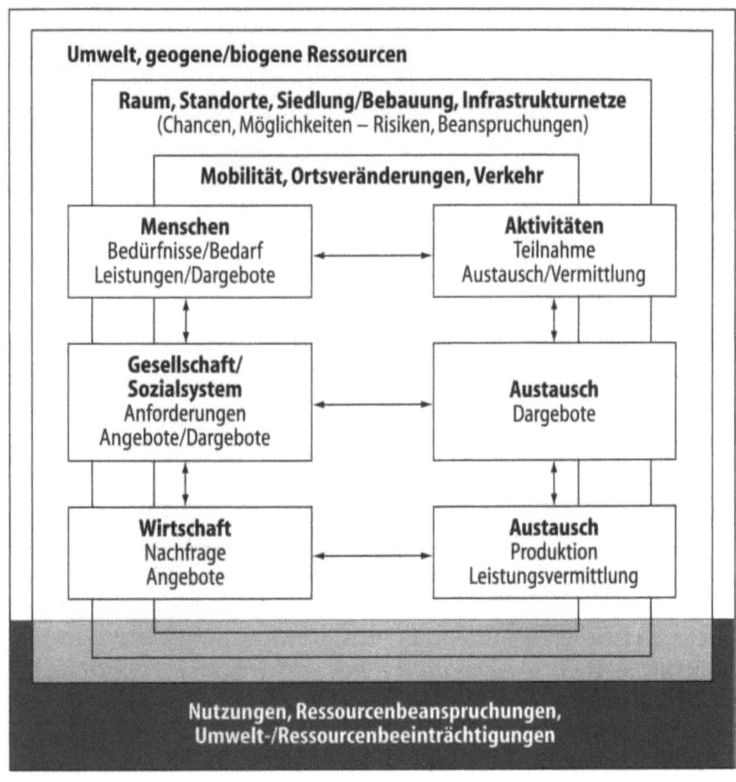

besiedelt, die mit öffentlichen Verkehrsmitteln nur schlecht zu erreichen sind, mit dem eigenen Auto aber schon, um die dort ansässigen Angebote des Handels und Freizeitdienstleistungen zu nutzen: Die Folge ist also wiederum ein höherer Individualverkehr. Diese Siedlungsmuster widersprechen dem stadtplanerischen Ziel einer „Stadt der kurzen Wege".

Verkehr prägt Stadt- und Siedlungsstruktur

Der Wandel des Verkehrs wie auch der damit einhergehende Wandel der Stadt- und Siedlungsstrukturen genügen nach vorherrschender Meinung kaum den Anforderungen einer zukunftsfähigen („nachhaltigen") Entwicklung. Ein zukunftsfähiger Prozeß setzt vor allem voraus, daß der Verbrauch regenerierbarer Ressourcen auf die Reproduktionsfähigkeit und -rate ihrer Quellen begrenzt wird, daß der Verbrauch nicht regenerierbarer Ressourcen die Substitutionsrate durch regenerierbare Ressourcen nicht übersteigt und daß die Beeinträchtigungen und Belastungen von Umweltmedien auf deren Regenerationsfähigkeit begrenzt werden [1].

Dies bedeutet für die Gestaltung von Verkehrssystemen, daß sie eine bedürfnisgerechte Mobilität ermöglichen müssen, aber mit weniger Verkehrsaufwand und -auswirkungen [2]. Die Verkehrs und Stadtplaner des Instituts für Stadtbauwesen versuchen daher, mit ihren Forschungsarbeiten Beiträge zu Strategien zu leisten, die eine soziale, ökonomische und ökologische Mobilität sowie eine nachhaltige Siedlungs- und Stadtentwicklung sichern. Dazu bedarf es beispielsweise vertiefter Kenntnisse über Ursachen, Regelmäßigkeiten und Beeinflussungsmöglichkeiten der Mobilität (Beschreibung und Erklärung von Mobilitätsmustern). Integrierte Handlungskonzepte müssen entwickelt und überprüft werden: aus dem Bereich Verkehr (Mobilitätsmanagement, Verkehrssystemmanagement), aus den Bereichen Stadt- und Regionalplanung wie auch für Wechselwirkungen zwischen Stadt und Verkehr. Die Effekte von Handlungskonzepten gilt es mit Hilfe von Modellen zu prognostizieren und abzuschätzen, ihre Verträglichkeit und Nachhaltigkeit zu untersuchen. Schließlich ist es nötig, geeignete Planungs- und Beurteilungsverfahren zu entwickeln.

Für diesen Arbeitsprozeß ist charakteristisch, Gegebenheiten der Realwelt zu beobachten und in ihren Wirkungszusammenhängen zu erklären. Um Effekte von Handlungs- und Maßnahmenkonzepten einschätzen und zukünftige Realweltgegebenheiten prognostizieren zu können, bedarf es modellmäßiger Abbildungen der Realität; denn in der Wirklichkeit von Stadt und Verkehr zu experimentieren ist schließlich nur mit Einschränkungen möglich. Dabei helfen EDV-gestützte Simulationsverfahren. Die Beurteilung der denkbarer Konzepte stellt die Grundlage für eine Politikberatung und damit für Entscheidungen über ihre praktische Umsetzung. Die Kontrolle, wie sich realisierte Maßnahmen ausgewirkt haben, bildet dann die Basis, um sowohl Handlungskonzepte, Umsetzungsstrategien als auch Methoden zu verbessern. Forschung und Praxis stehen somit in Stadt- und Verkehrsplanung in einem untrennbaren und fruchtbaren Wechselverhältnis.

Soll der Verkehr, also die physische Mobilität, zielgerichtet und erfolgversprechend beeinflußt werden, benötigt man ein detailliertes Wissen über Muster individueller Tätigkeiten und Raum-Zeit-Verhaltensweisen sowie über deren Einflußgrößen. Dabei werden Einzelpersonen im Kontext ihrer Haushalte, ihrer Lebensgemeinschaften oder ihrer sozialen Kontaktkreise betrachtet. Die Einflußgrößenkomplexe können grob untergliedert werden in: Zeitordnungen (natürliche und gesellschaftliche Zeitregelungen), Sozialverhältnisse (Rollen von Personen, Mittelverfügbarkeiten, Lebensstile, Einstellungen) und Sachkonfigurationen (räumliche Gelegenheitenangebote, Verkehrsnetze und -angebote).

Wie sehr Personen und Haushalte auf Ortsveränderung angewiesen sind, hängt erheblich davon ab, welche räumliche Lage die Person oder der Haushalt in Bezug auf die Sachkonfigurationen einnimmt. Die Lage von Wohnung sowie etwa Arbeits- oder Ausbildungsplatz entscheidet, welchen Zeit-, Kosten- und Verkehrsaufwand ein Mensch aufbringen und in Kauf nehmen muß. Diese Konsequenzen werden jedoch bei der Wahl von Wohnorten häufig nicht ausreichend berücksichtigt.

Im Rahmen des vom Bundesminister für Bildung und Forschung (BMBF) geförderten Projekts „Mobiplan – Eigene Mobilität verstehen und planen; langfristige Entscheidungen und ihre Auswirkungen auf die Alltagsmobilität" sollen daher Alltags-Tätigkeiten und -Raum-Zeit-Verhaltensweisen über einen Zeitraum von einer Woche (Längsschnitterhebung) untersucht werden. Es interessieren dabei vor allem deren Bestimmungsgrößen als auch die individuellen Abstimmungen zwischen den Personen eines Haushaltes. Ziel ist es, ein EDV-gestütztes und interaktiv handhabbares Beratungsinstru-

Mobilität und Verkehr besser verstehen

Entwicklung eines interaktiv handhabbaren Beratungsinstruments

ment für Haushalte zu entwickeln. Diese sollen mit diesem Instrument die Effekte potentieller Veränderungen von Wohn- und/oder Arbeits- und Ausbildungsstandorten untersuchen können: auf Teilnahmemöglichkeiten und mögliche Veränderungen der zum Teil alltäglichen Routine, auf Erfordernisse der Koordination und Synchronisation von Tätigkeitsabläufen und Aufgabenteilungen in Haushalten, auf notwendige Erweiterungen der Ausstattung von Haushalten mit motorisierten Individualverkehrsmitteln beziehungsweise Möglichkeiten der Nutzung des öffentlichen Personennahverkehrs, auf Beanspruchungen von Zeit- und Finanzressourcen der Haushalte durch veränderte und angepaßte Aktivitätenprogramme.

Es sollen Alternativen zu dem routinisierten Raum-Zeit- und Verkehrsverhalten aufgezeigt und die gesamtgesellschaftlichen Wirkungen sowie Kosten des eigenen Verhaltens dargestellt werden. Menschen in den Städten und Siedlungen sollen über die Wohnstandorte informiert sein und auf diese Weise eine überlegte Wahl treffen können (Bild 2).

So kann beispielsweise für einen Wohnstandort, der wegen der angebotenen Wohnformen (Einfamilienhaus) und der bestehenden Wohnumfeldqualitäten (im Grünen) sowie der Miet- beziehungsweise Kaufpreise (günstige Angebote im Stadtumland) für eine Familie mit zwei erwerbstätigen Erwachsenen und zwei Kindern im Kindergarten- beziehungsweise Grundschulalter höchste Attraktivität hat, durchgespielt werden, ob der Kindergarten gewechselt werden muß, ob der Ehemann weiterhin auf dem Fußweg zur Haltestelle der Stadtbahn ein Kind zur Grundschule mitnehmen kann, welche nahen Einkaufsgelegenheiten gewählt werden können, ob die Familie wegen der Entfernung zu Arbeits-, Ausbildungs- und Versorgungsgelegenheiten und wegen der schlechten Erreichbarkeit mit öffentlichen Verkehrsmitteln einen zweiten Pkw anschaffen muß, welche Konsequenzen dies für Freizeit, soziale Kontakte und ähnliches hinsichtlich der Zeit, der Verkehrskosten und der Aufgabenteilung im Haushalt hat.

Projekt „Mobidrive"

Einem ähnlichen Untersuchungsziel dient das Projekt „Mobidrive – Dynamik und Routinen im Verkehrsverhalten", das auch im Leitprojektbereich „Mobilität und Verkehr besser verstehen" vom BMBF gefördert wird. Dabei geht es vor allem darum, die Rhythmik beziehungsweise die Sequenzen von Tätigkeiten und Ortsveränderungen über längere Untersuchungszeiträume zu recherchieren, um die Modelle zu verbessern, mit denen das individuelle Verkehrsverhalten und aggregierte Verkehrsphänomene abgeschätzt und prognostiziert werden. Untersucht wird beispielsweise das Verkehrsaufkommen in Wegen und Fahrten pro Tag, der Verkehrsaufwand in Personen- und Fahrzeugkilometern pro Tag und die Verkehrsaufteilung durch die Wahl der Verkehrsmittel.

Ein besonderes Interesse finden im Rahmen der Institutsforschung die Veränderungen von gesellschaftlichen Zeitstrukturen und deren Auswirkungen. Hierzu werden im Auftrage des Bundesministers für Verkehr etwa die Auswirkungen der veränderten Ladenöffnungszeiten untersucht. Dabei soll geklärt werden, ob und in welchem Umfang diese erweiterten Öffnungszeiten angenommen

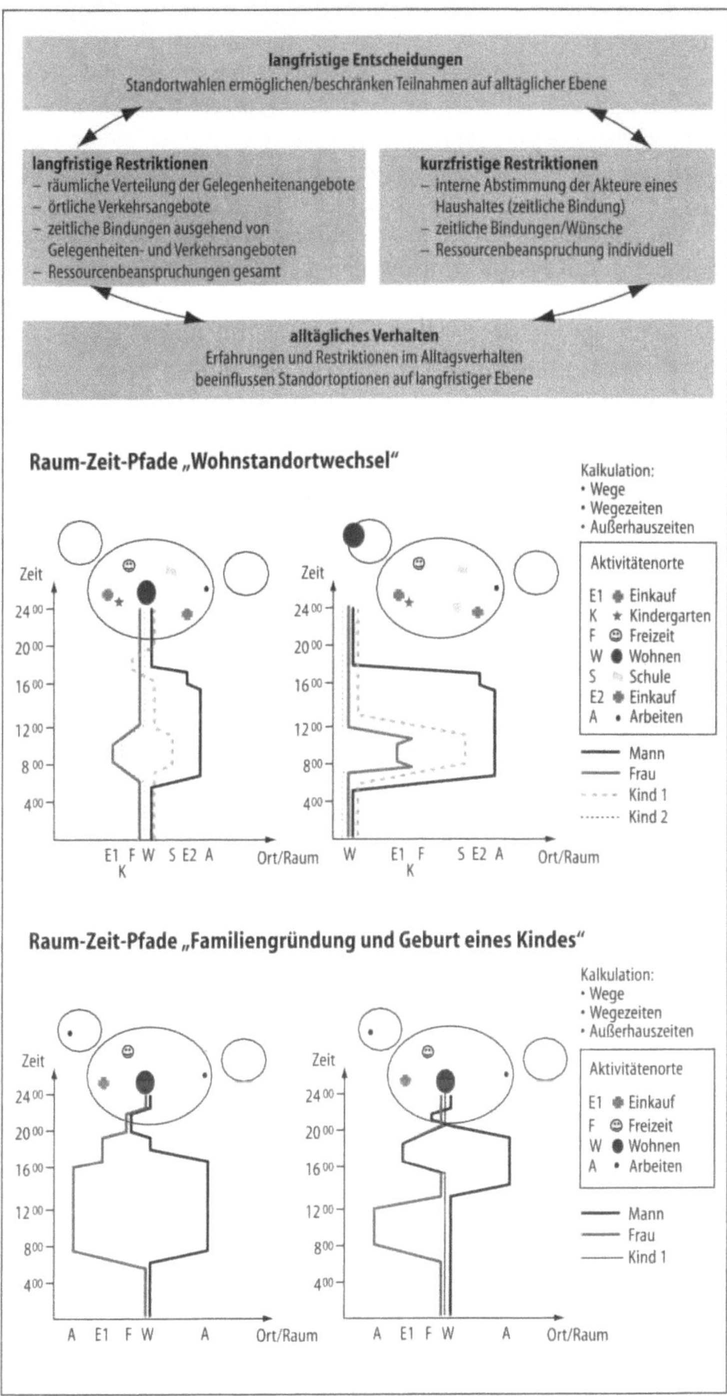

Bild 2 Gegenseitige Beeinflussung von langfristigen Standortwahlen und Alltagsmobilität: exemplarische Anpassungen von Raum-Zeit-Pfaden

werden, wie sich dies auswirkt auf Einkaufsstandorte wie Stadtteilzentrum, Innenstadt und periphere Großeinrichtungen des Handels, auf Einkaufshäufigkeiten und -zeitpunkte, auf die Mitnahme von Personen, auf Kopplung mit anderen Tätigkeiten oder auf die Benutzung von Verkehrsmitteln. Diese sogenannte Ex-post-Untersuchung soll Grundlagen liefern, um in Zukunft die Wirkungen derartiger Veränderungen von Zeitstrukturen „ex-ante", das heißt vor deren konkreter rechtlicher und organisatorischer Umsetzung, zu erkennen.

Sollen Ressourcenbeanspruchungen, Belastungen und Beeinträchtigungen durch Verkehr deutlich verringert werden, ohne die unverzichtbaren und die gesellschaftlich erwünschten Mobilitätsbedürfnisse und Austauschprozesse zu beschränken, so muß die Effizienz von Verkehr und Verkehrsangeboten gesteigert werden. Dies gilt für alle Verkehrsmittel, in besonderem Maße aber für den motorisierten Individualverkehr und den Straßengüterverkehr. Um dieses Ziel zu erreichen, sind neben technologischen Verbesserungen der Fahrzeuge und der Fahrwege, das Management des Verkehrs und vor allem der Verkehrsnachfrage von großer Bedeutung.

Mobilitätsmanagement ist ein Konzept, das versucht, weitgehend ohne Infrastrukturausbau, jedoch mit organisatorischen, serviceorientierten, betrieblichen und informierenden Maßnahmen die Mobilitätsbedürfnisse und den Transportbedarf effizienter, kostengünstiger und umweltverträglicher zu befriedigen. Im Vordergrund steht, Informationen über Angebote aller Verkehrsarten bereitzustellen: Tarifinformationen, Informationen über Fahrt- und Reisemöglichkeiten, Tür-zu-Tür-Reisemöglichkeiten (Routing), Vergleiche individueller Kosten- und Zeitaufwendungen für Wege und Vergleiche kollektiver Kosten. Auch die Organisation von Transport- und Verkehrsmittelangeboten wie Car-Sharing, Car-Pooling, Park-and-Ride und ähnliches kann Teil des Mobilitätsmanagements sein. Ebenso sind Mobilitätspläne für Betriebe zu erarbeiten, in denen die Nutzung und der Einsatz von Verkehrsmitteln für Arbeitnehmer sowohl auf dem Weg zur Arbeit als auch bei Dienstfahrten unter Kosten- und Verträglichkeitskriterien optimiert werden (Angebot von Job-Tickets, Organisation von (Mit-)Fahrgelegenheiten, betriebliche Mobilitätsberatung). Leistungen des Mobilitätsmanagements werden häufig in öffentlich zugänglichen Servicecentern, auch Mobilitätszentralen genannt, angeboten. Diese Beratungsleistungen werden zudem durch Mobilitätsberater ergänzt, die potentielle Kunden auch privat aufsuchen.

Das von der Europäischen Kommission (DG VII) geförderte Projekt „Mobility Strategy Applications in the Community" (MOSAIC), das gemeinsam mit Partnern aus Großbritannien (University of Westminster, Transport Studies Group), aus den Niederlanden (TNO-INRO) und aus Deutschland (Ingenieurgruppe für Verkehrsplanung und Verfahrenstechnik, Aachen; Stadtwerke Wuppertal; Planungs- und Unternehmensberatung Transport und Verkehr, Gappenach) durchgeführt wird, dient dazu, Grundlagen zum Mobilitätsmanagement (Konzepte, Dienste, Organisationsformen) zu erarbeiten und in Beispielprojekten (Nottingham, Wuppertal, Niederlande) zu erproben (Bild 3). Im Rahmen eines interdisziplinären Projektes zur Technikfolgenabschätzung („Bedingungen und Wirkungsfaktoren zukunftsfähiger Mobilität"), das vom Ministerium für Bildung, Weiterbildung, Wissenschaft und Forschung des Landes Nordrhein-Westfalen gefördert wird, werden die Auswirkungen von Mobilitätsmanagement auf soziale Prozesse und mögliche Hemmnisse untersucht. Mobilitätsmanagement gehört somit zu den an der

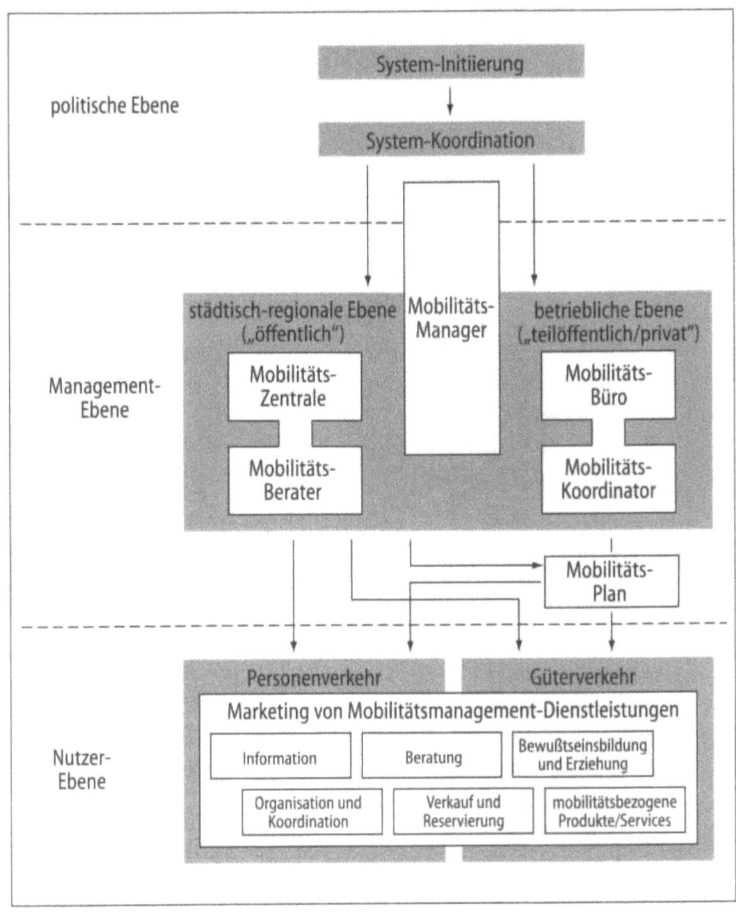

Bild 3 Konzept des Mobilitätsmanagements

Nachfrage orientierten „weichen" Maßnahmen der Verkehrssystemgestaltung.

Zur Steigerung der Effizienz des Straßenverkehrs gewinnen in den letzten Jahren individuelle und kollektive Leitsysteme eine hohe Bedeutung. Dabei geht es vor allem darum, durch kollektive Verkehrs-, Ereignisinformationen und Routenempfehlungen, wie Wechselwegweisung und Verkehrsfunk, oder durch individuelle Routenempfehlungen den Autofahrern zeitkürzeste Routen vorzuschlagen und damit gleichzeitig die Überlastungen einzelner Streckenabschnitte zu verringern, abzubauen oder zu vermeiden. Diese Leit- und Informationssysteme integrieren zunehmend auch andere Verkehrsträger (intermodal); zudem helfen sie, schon vor der Fahrt Entscheidungen zur Wahl von Verkehrsmitteln überprüfen und gegebenenfalls korrigieren zu können.

Die Wirkungen kollektiver und individueller Leitsysteme für den Straßenverkehr können aber unter Kriterien der Leistungsfähigkeit wie auch der Verträglichkeit kontraproduktiv sein. Denn befolgt ein großer Teil der Verkehrsteilnehmer die Empfehlungen, können sich Überlastungen einfach nur zeitlich und räumlich verlagern. Beim Einsatz individueller Leitsysteme (Mapping- und Routing-Systeme) ist nicht auszuschließen, daß individuelle Ziele wie zeitkürzeste oder wegkürzeste Routen mit denen einer kollektiven und von den Städten angestrebten Führung kollidieren. So ist es möglich, daß individuelle Routing-Systeme Verkehrsteilnehmer durch schutzwürdige Bereiche führen, zum Beispiel durch Wohngebiete, Naherholungsgebiete und in die Nähe von Krankenhäusern.

Im Rahmen des von der Bundesanstalt für Straßenwesen (BASt) geförderten Projektes „Leitstrategien individueller und kollektiver Zielführung in verkehrstechnischen Steuerungsverfahren" werden daher mit Hilfe einer Analyse der Optimierungskriterien und der Führungsstrategien individueller und kollektiver Systeme sowie mit Hilfe simulativer Abbildungen dieser Führungsstrategien die möglichen Konflikte wie auch Harmonisierungschancen untersucht.

Eine wesentliche Grundlage für die Simulation der Leit- und Führungsstrategien ist eine zeitlich feinteilige Ermittlung der Verkehrsnachfrage und der Verkehrsbelastungen (Bild 4). Dazu müssen die in der Verkehrsplanung bisher dominierenden Betrachtungen von durchschnittlichen täglichen Verkehrsbelastungen, von Spitzenstundengruppen oder von Spitzenstunden aufgegliedert werden auf Einzelstunden oder auf Teile von Einzelstunden im Tagesverlauf (60 Minuten, 30 Minuten, 15 Minuten, zehn Minuten). Im Rahmen des von der Deutschen Forschungsgemeinschaft (DFG) geförderten Projekts „DRUM – Verifizierung des Modellkonzeptes zur dynamischen Routensuche und Umlegung" wie auch des vom Minister für Schule, Weiterbildung, Wissenschaft und Forschung des Landes Nordrhein-Westfalen geförderten „Forschungsverbundes Verkehrssimulation und Umweltwirkungen" sind daher vom Institut für Stadtbauwesen zeitlich kleinteilige Verkehrsnachfrageberechnungen und Belastungsermittlungen erarbeitet worden. Im Zuge des Projekts DRUM wurde ein am Institut für Stadtbauwesen entwickeltes Konzept zur dynamischen Wegewahl in Verkehrsnetzen umgesetzt und weiterentwickelt [3].

Diese Vorarbeiten werden im Leitprojekt „Stadtinfo Köln" genutzt, das ebenfalls vom BMBF gefördert wird. Zeitlich kleinteilige Verkehrsnachfrageprognosen sollen verfeinert und durch aktuelle Zustandsdaten des Verkehrsgeschehens (online) gestützt werden. Ziel ist eine effizientere Verkehrsinformation und Verkehrslenkung in Ballungsräumen.

Wechselwirkungen von Stadt- und Siedlungsentwicklung

Stadt-, Siedlungs- und Raumentwicklung auf der einen und Verkehrsentwicklung beziehungsweise Entwicklung von Verkehrstechnologien und -angeboten auf der anderen Seite stehen in einem untrennbaren Verhältnis. Die Verkehrstechnologien und -angebote wie aber auch die Informations- und Kommunikationstechnologien bestimmen, wie ein Ort erreicht werden kann. Sie beeinflussen individuelle Aktionsräume sowie mögliche wirtschaftliche Verflechtungsräume. So hat die Entwicklung und Ausgestaltung schienengebundener öffentlicher Verkehrsmittel (Pferdebahnen, Straßenbahnen, Stadtbahnen, U-Bahnen, S-Bahnen) zur axialen Ausdehnung der Städte geführt, die individuelle Motorisierung die flächige Ausdehnung der Städte und Siedlungen ausgelöst beziehungsweise ermöglicht. Auf der anderen Seite haben moderne Produktions- und Handelsformen wie auch derzeit bevorzugte Wohnformen spezifische Standortanforderungen wie beispielsweise Flächenverfügbar-

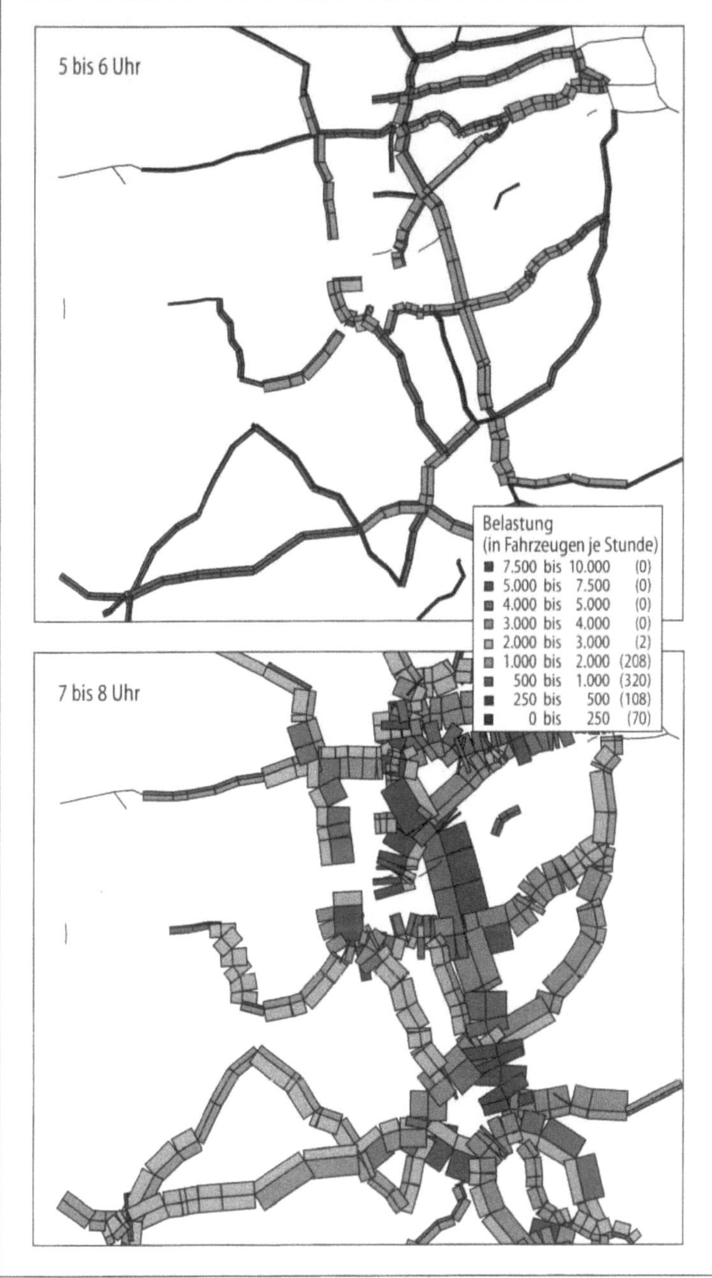

Bild 4 Zeitteilige Verkehrsbelastung im Straßenverkehr in einem Teilnetz der Autobahnen Nordrhein-Westfalens: fünf bis sechs Uhr (oben), sieben bis acht Uhr (unten)

keit und verkehrliche Erschließung, die entsprechend leistungsfähige und flächenbedienende Verkehrsmittel voraussetzen.

Daß dies die städtische Lebensqualität wie auch die Fähigkeit der mitteleuropäischen Städte, Ressourcen zu sparen, gefährdet, ist lange Zeit nicht ausreichend erkannt worden. Die Kompaktheit, die verträgliche Dichte der Bebauung und Nutzung, die Mischung und Nähe der Funktionen sind Voraussetzungen, daß die Städte noch relativ verkehrssparsam sind. Heute besteht daher die Aufgabe, diese städtischen Qualitäten zu erhalten, zu stärken oder zu regenerieren. Die Aufgaben von Stadterneuerung, funktionaler Verbesserung von Stadtgebieten, Nachverdichtung von Baugebieten, Erhaltung

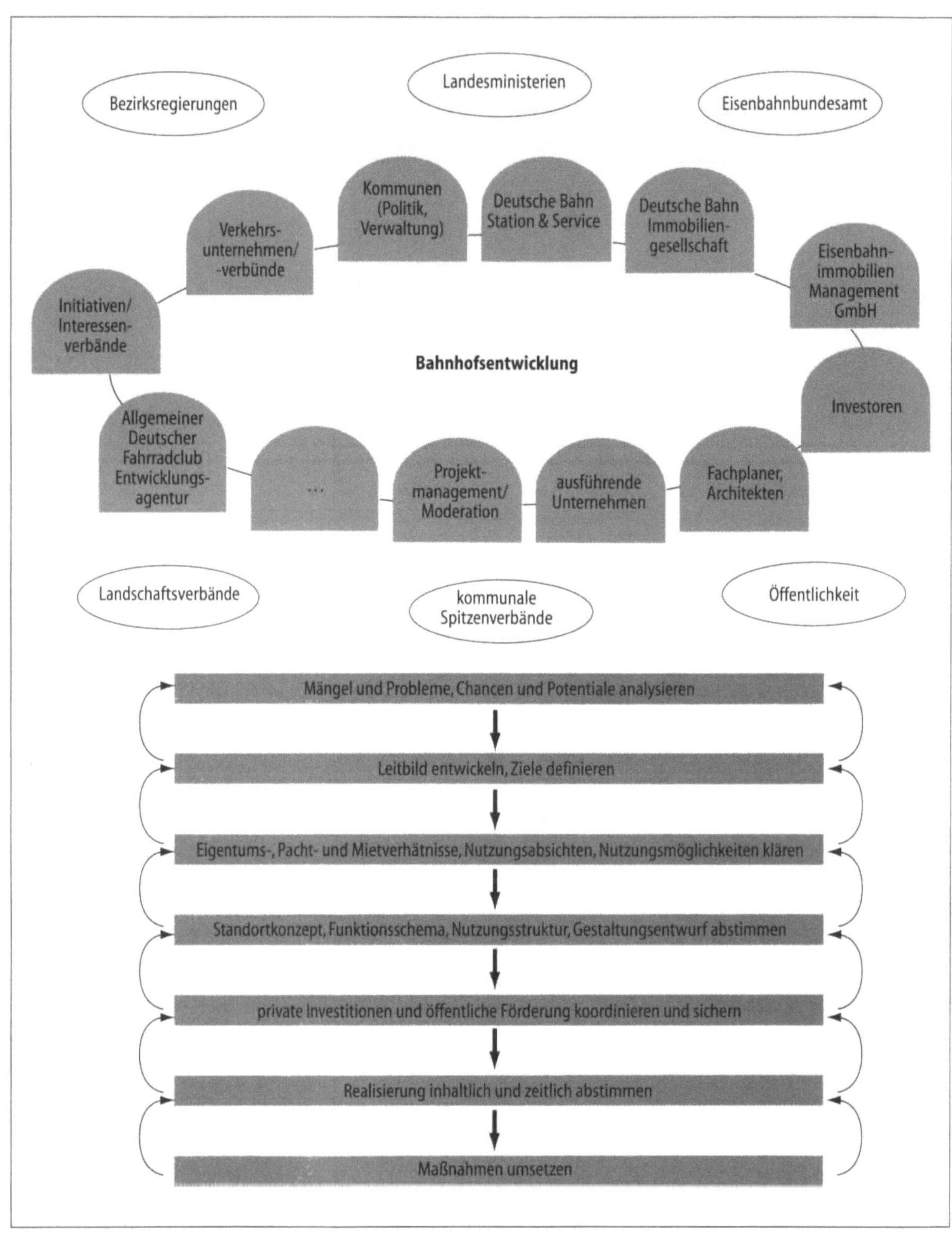

Bild 5 Bahnhofsentwicklung als Aufgabe der Stadt- und Verkehrsentwicklung – Beteiligte (oben) und Vorgehensschritte (unten)

und Ertüchtigung der Innenstädte wie auch der Stadtteilzentren verfolgen daher auch die folgenden Ziele: Ressourcenbeanspruchungen wie Flächen, Rohstoffe und Energie sollen reduziert, Belastungen für Menschen, Fauna, Flora, Boden, Wasser und Klima sollen verhindert werden, und die sozialen, ökonomischen, ökologischen, kulturellen und psychisch-emotionalen Qualitäten von Städten sollen erhalten bleiben und gefördert werden.

In diesem Zusammenhang richtet sich ein besonderes Augenmerk der Stadt- und Verkehrsplanung auf brachgefallene oder untergenutzte Flächen in den Städten wie altindustrialisierte Gewerbeflächen, militärische Flächen, Bahn- und Postflächen. Eine Aktivierung dieser Flächen zur Innenentwicklung von Städten, indem man sie zu Wohn-, Gewerbe-, Mischgebieten oder auch zu Standorten für großflächige Einrichtungen des Handels (Verbrauchermärkte, Einkaufszentren) oder der Freizeit (Arenen, Freizeitparks und andere) entwickelt, beinhaltet daher hohe Potentiale für eine nachhaltige Stadt- und Verkehrsentwicklung. Aufgrund von Eigentumsverhältnissen, spezifischer Interessen der Eigentümer, der potentiellen Entwickler und Investoren, der Städte und Gemeinden, aber auch infolge benachbarter Nutzungen und Nutzergruppen verlangt die Aktivierung dieser Flächen nicht nur abgewogene und langfristig tragfähige Nutzungs- und Bebauungskonzepte, sondern vor allem auch eine intensive Prozeßmoderation.

Bahnhöfe und Bahnflächen gewinnen in diesem Zusammenhang eine besondere Bedeutung. In mehreren Projekten, die vom Ministerium für Arbeit, Soziales und Stadtentwicklung, Kultur und Sport des Landes Nordrhein-Westfalen beauftragt sind, werden daher die verschiedenen Beteiligten in einem moderierten Arbeitsprozeß zusammengeführt. Ziel ist eine gemeinsame Erarbeitung tragfähiger Nutzungen und Entwicklungen. Ergebnis ist auch ein Handlungsleitfaden mit Hinweisen zu Konzepten, Vorgehensweisen, Rechts- und Verfahrensgrundlagen, der allen Gemeinden und potentiellen Beteiligten zur Verfügung steht (Bild 5). Bei der Erarbeitung von konsensfähigen Lösungen und Handlungskonzepten im Rahmen der Stadt- und Verkehrsplanung gewinnen Prozeßorganisation und Prozeßmanagement eine zunehmende Bedeutung. Hierzu werden wichtige Grundlagenarbeiten geleistet.

Die vom Institut für Stadtbauwesen seit seiner Gründung im Jahr 1952 verfolgten Themen- und Arbeitsfelder waren und sind auch heute typische Arbeitsfelder des Zivil-Ingenieurs. Die Arbeiten in den aufgeführten Bereichen dienen der Gesellschaft. Sie sind Voraussetzungen für qualifizierte politische Entscheidungen und somit von höchster Aktualität. Die Arbeit des Zivil-Ingenieurs erfolgt in Verantwortung für die Menschen heute und für die Menschen zukünftiger Generationen, für die Menschen hier und in fernen Ländern. Die Arbeit erfolgt unter den Anforderungen einer sozialen, ökonomischen und ökologischen Zukunftsfähigkeit (*sustainability*).

Nicht mehr genutzte Flächen in Innenstädten haben ein hohes Potential für eine nachhaltige Verkehrs- und Stadtentwicklung

Prof. Dr.-Ing. Klaus J. Beckmann leitet das Institut für Stadtbauwesen. **Autor**

Literaturhinweise

[1] Unsere gemeinsame Zukunft. Der Brundlandt-Bericht der Weltkommission für Umwelt und Entwicklung, Hrsg. von der WCED – World Commission on Environment and Development, Greven 1987.

[2] G. Arlt, U. J. Becker, K. J. Beckmann u.a.: Hinweise für nachhaltige Verkehrsentwicklung. Entwurf eines Arbeitspapiers der Forschungsgesellschaft für Straßen- und Verkehrswesen e.V., Arbeitskreis 1.1.21 „Umwelt und Verkehr – Nachhaltige Verkehrsentwicklung", Köln 1998.

[3] D. Serwill: DRUM – Modellkonzept zur dynamischen Rautensuche und Umlegung, Institut für Stadtbauwesen, RWTH Aachen (Hrsg.), in: Berichte Stadt – Region – Land, 43, Aachen 1994.

Dieter Jacob und Josef Ballmann

Forschungs- und Entwicklungstrends bei Luft- und Raumtransportsystemen

Der weltweite Luftverkehr wächst stetig. So sind in den vergangenen 30 Jahren die jährlich geflogenen Passagierkilometer – das ist die Anzahl der beförderten Personen multipliziert mit der jeweils zurückgelegten Entfernung – nahezu auf das Zehnfache angestiegen. Gleichzeitig hat sich die Zahl der Flüge aber nur verdoppelt. Dies war nur durch die Fortschritte in der Flugzeugtechnik möglich: Transportkapazität und Reichweiten sind deutlich größer geworden. Außerdem hat sich das Flugzeug zu einem sehr zuverlässigen Verkehrsmittel entwickelt. Legt man nämlich die zurückgelegten Passagierkilometer zugrunde, ist Fliegen heute etwa zwanzigmal sicherer als der Straßenverkehr.

Dieser Trend wird sich auch in den nächsten Jahrzehnten fortsetzen. Fachleute gehen heute davon aus, daß der Luftverkehr in den nächsten 20 Jahren um das Dreifache zunehmen wird. Die Flugzeuge selbst werden voraussichtlich im Durchschnitt um etwa 30 Prozent wachsen. Es wird also in Zukunft darauf ankommen, den Luftraum und die Flughäfen noch wirtschaftlicher, umweltverträglicher und sicherer als heute zu nutzen. Diese Ziele lassen sich aber nur durch weitere Entwicklungen in den Bereichen Aerodynamik, Flugsteuerung, Werkstoffe, Bauweisen, Systeme und Antriebe realisieren. So wollen Forscher und Ingenieure unter anderem den Treibstoffverbrauch pro Passagierkilometer um bis zu 50 Prozent senken. Dazu könnte bei den Triebwerken vor allem beitragen, das Nebenstromverhältnis, das heißt das Verhältnis der Luftströme durch den äußeren und den inneren Triebwerksteil (Bypass-Verhältnis), zu vergrößern. Ferner sollen neue Werkstoffe, Bauweisen und Fertigungsmethoden das Zellengewicht reduzieren helfen, um damit den Anteil der Nutzlast am Gesamtgewicht zu erhöhen. Dabei ist es wichtig, neben wirtschaftlichen Fertigungs- auch zuverlässige Inspektions- und Reparaturverfahren zu entwickeln.

Ein wesentliches Entwicklungsziel in der Luft- und Raumfahrt ist, den Luftwiderstand zu senken – durch Laminarisierung der Grenzschicht, Stoß-Grenzschicht-Kontrolle und variable Wölbung des Flügels. Als Grenzschicht bezeichnet man die Luftströmung direkt an der Oberfläche eines Flugzeuges. Sie ist zunächst laminar, das bedeutet dünne Grenzschicht, und wird erst nach einer gewissen Lauflänge turbulent. Je länger diese Grenzschicht laminar bleibt, desto kleiner ist ihr Reibungswiderstand. Wissenschaftler arbeiten deshalb daran, die Strömung möglichst lange laminar und damit widerstandsarm zu halten, indem sie die Oberfläche der Flügel entsprechend formen und/oder Teile der Grenzschicht absaugen.

Bei Flügeln mit variabler Wölbung, auch adaptive Flügel genannt, läßt sich die Geometrie im Reiseflug dem jeweiligen Flugzustand und Flugzeuggewicht so anpassen, daß der Luftwiderstand minimal bleibt. Bisher beschränkt sich diese Adaptivität jedoch im wesentlichen darauf, bei Start, Steigflug, Sinkflug und Landung entsprechend Klappen auszufahren. Im Reiseflug hingegen läßt sich die nur für einen Betriebspunkt (Flugzustand) optimale Geometrie des Flügels nicht verändern. Wären jedoch die Wölbung und die Dicke der Flügel während des Fluges variabel, könnten sie besser an verschiedene Flugzustände angepaßt werden. So verändern sich beispielsweise während eines Fluges nicht nur die Flughöhe und die Fluggeschwindigkeit, das Flugzeug wird infolge des Treibstoffverbrauchs auch leichter (um bis zu 40 Prozent des Startgewichts). Mit einer elastisch verstellbaren Hinterkante könnte der Pilot die Wölbung des Tragflügelprofils und damit den Auftrieb je nach Bedarf anpassen.

Strömungsverlauf bei typischer Reisefluggeschwindigkeit

Durch Verdickungen nahe der hinteren Kante der Flügeloberseite läßt sich auch der Luftwiderstand abschwächen. Die typische Reisefluggeschwindigkeit moderner Verkehrsflugzeuge liegt bei etwa 80 Prozent der Schallgeschwindigkeit. Dabei erreicht die Strömungsgeschwindigkeit auf einem Teil der Oberseite des Flügels (Saugseite) Überschall und wird dann durch einen sogenannten Verdichtungsstoß (Verzögerung von Überschallgeschwindigkeit auf Unterschallgeschwindigkeit über eine sehr kurze Distanz) wieder auf Unterschall abgebremst. Damit ist ein Widerstandsanstieg verbunden, der Wellenwiderstand genannt wird. Ein Wulst an geeigneter Stelle kann den Verdichtungsstoß abschwächen und damit die Strömung verlustärmer verzögern. Ein positiver Nebeneffekt dabei ist, daß sich die Stoßlage stabilisiert. Dies wirkt sich wiederum günstig auf die vorhandene Grenzschicht und damit den Reibungswiderstand aus. Solche und weitere technische Neuerungen sollen den Gesamtwiderstand eines Flugzeuges im Reiseflug, der Einfluß auf die Wirtschaftlichkeit des Fluges hat, bis zum Jahre 2020 um bis zu 35 Prozent reduzieren. Dabei gilt allerdings zu beachten, daß die Absauge- und Verstellsysteme auch zusätzliche Kosten und ein Mehr an Gewicht bedeuten.

An dieser Vision arbeiten Wissenschaftler in aller Welt mit Hochdruck. Auch an der RWTH Aachen laufen von Staat und Industrie geförderte Grundlagenforschungsprogramme wie der Sonderforschungsbereich (SFB) 401 „Strömungsbeeinflussung und Strömungs-Struktur-Wechselwirkung an Tragflügeln". Ein Arbeitsgebiet des SFB beschäftigt sich mit den Wirbeln, die an den Tragflügeln entstehen. In diesen Wirbeln treten sehr hohe Geschwindigkeiten auf, die für nachfolgende Flugzeuge gefährlich werden können. Deshalb müssen die Flugzeuge einen Mindestabstand einhalten, was die Start- und Landefrequenz an Flughäfen einschränkt. Wie stark diese Wirbel sind, hängt von dem Auftrieb ab, den die Tragflügel erzeugen. Ihre Intensität nimmt demnach zu, je schwerer ein Flugzeug ist. Ohne entsprechende Gegenmaßnahmen würden sich also die Startfrequenzen verringern müssen, je größer und schwerer die Flugzeuge werden. Mit experimentellen und numerischen (Computer-) Simulationen soll zunächst das Verhalten dieser Wirbel besser verstanden werden, um daran anschließend nach Möglichkeiten zu suchen, wie sich die Wirbel beeinflussen lassen. Bild 1 zeigt beispiel-

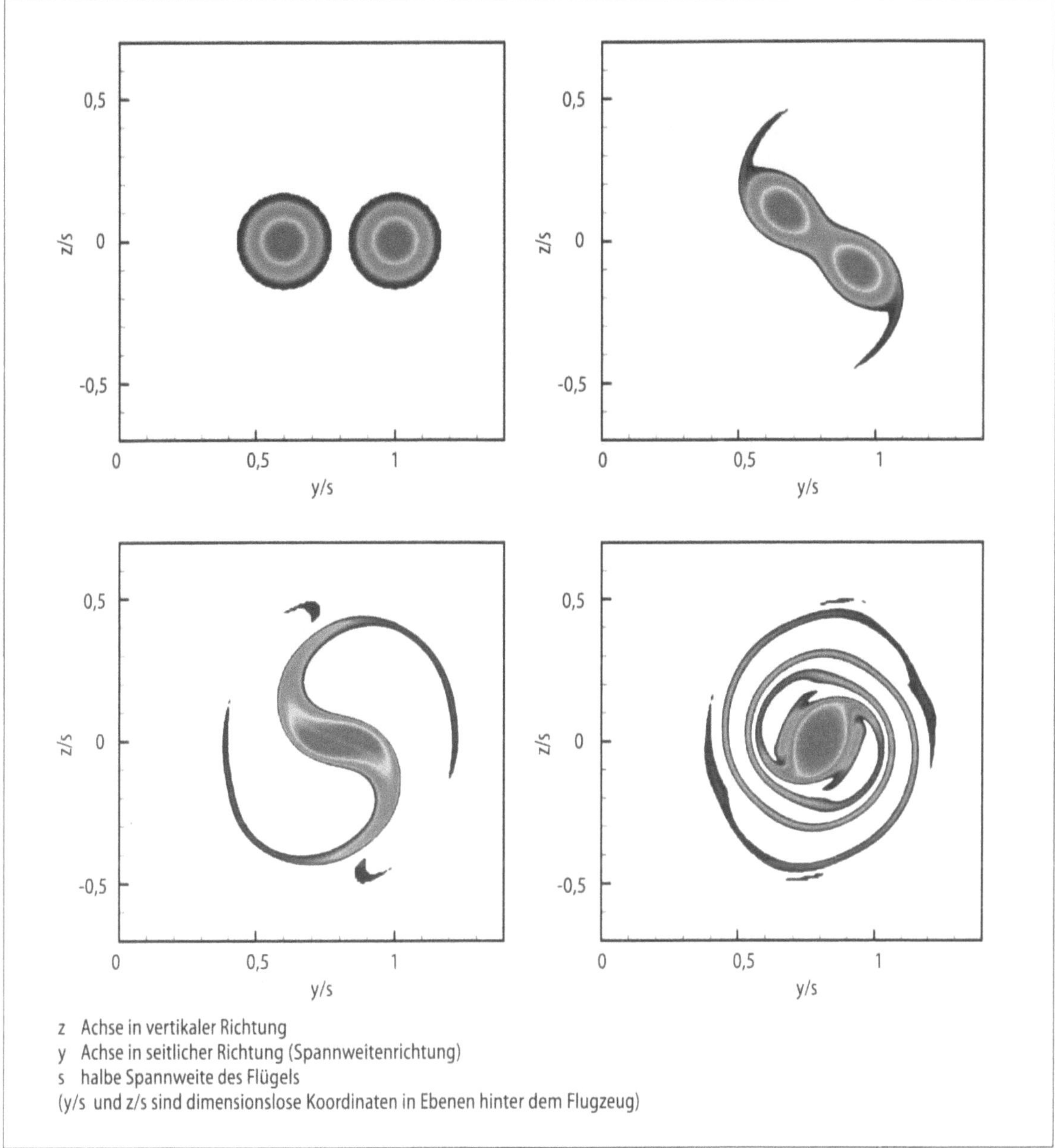

haft, wie ein Wirbelpaar verschmilzt, wobei die Intensität der Wirbel durch die Farben gekennzeichnet ist.

Während eines Fluges verformen die Luftkräfte die äußere Kontur eines Flugzeuges. Diese Verformungen beeinflussen wiederum die Luftkräfte. Bei Großflugzeugen biegen sich im Flug die Flügelspitzen bis zu mehreren Metern durch (Bild 2). Je größer ein Flugzeug ist, desto mehr beeinflussen diese Verformungen den Widerstand im Reiseflug, den Auftrieb, das Strukturgewicht und das sogenannte Flattern. Dieser Begriff bezeichnet die periodischen Wechselwirkungen zwischen der Strömung und der Struktur des Fluggerätes, die gefährlich werden können. Beim Flattern wird Strömungsenergie der Luft andauernd in Schwingungsenergie der Struk-

Bild 1 Verschmelzen von zwei Wirbeln in verschiedenen Ebenen senkrecht zur Anströmrichtung (die Farbskala von blau nach rot kennzeichnet die zunehmende Intensität der Wirbel)

Bild 2 Durchbiegung eines Airbus-Flügels

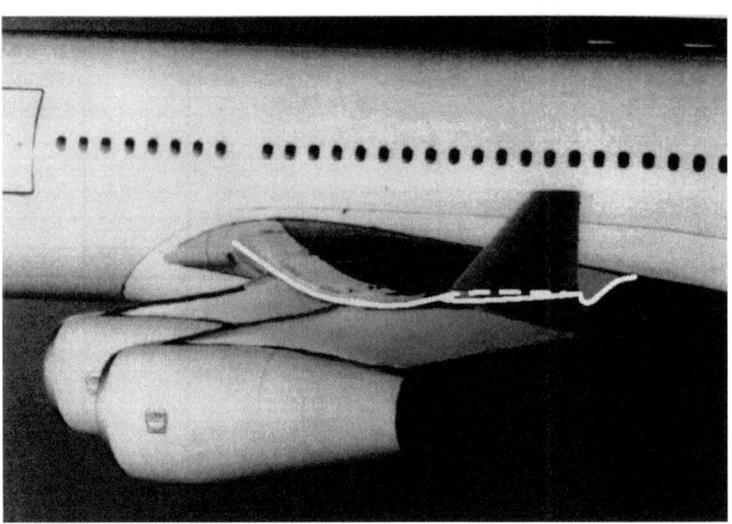

tur des Flugzeuges umgesetzt. Dadurch nehmen die Schwingungen so stark zu, daß es schließlich zum Bruch der Tragfläche kommen kann.

Solche Wechselwirkungen zwischen der Aerodynamik und der Strukturdynamik eines Flugzeuges bilden den Schwerpunkt des Forschungsgebietes Aeroelastik. In diesem Bereich entwickeln in Aachen in der Aerodynamik und der Strukturmechanik ausgebildete Ingenieure sowie Physiker und Mathematiker gemeinsam Rechenverfahren, um aeroelastische Zusammenhänge schneller und genauer numerisch simulieren zu können. Darüber hinaus werden in den Windkanälen der RWTH Flugzeugmodelle untersucht, um die Rechenverfahren anhand gemessener Werte beurteilen zu können. Bild 3 zeigt als typisches Rechenergebnis, wie sich der Druck auf einem elastisch verformten Tragflügel bei Reisefluggeschwindigkeit (hier 75 Prozent der Schallgeschwindigkeit, also etwa 900 Kilometer pro Stunde) verteilt. Dargestellt sind Isobaren (Linien gleichen Drucks) über der Oberfläche des nicht verformten Flügels.

Heute existieren unterschiedliche Raumtransportsysteme, mit denen Nutzlasten von der Erde in Erdumlaufbahnen gebracht werden. Zu den bekanntesten gehören die von einigen europäischen Ländern gemeinsam entwickelten Ariane-Raketen sowie das amerikanische Space Transportation System zum Transport des Space Shuttle. Diese Raumtransportsysteme haben viele erfolgreiche Starts absolviert. Sie sind jedoch relativ teuer und im Vergleich zu zivilen Transportflugzeugen weniger sicher. Deshalb untersuchen zur Zeit Wissenschaftler in den USA, Japan und Europa wieder verstärkt alternative Systeme, um zum einen die Kosten drastisch reduzieren und zugleich die Sicherheit erhöhen zu können. Der Chef der amerikanischen NASA fordert in diesem Zusammenhang, die Kosten für Transporte in erdnahe Umlaufbahnen, die heute etwa 30.000 Mark pro Kilogramm Nutzlast betragen, um etwa eine Größenordnung, also auf ein Zehntel, zu reduzieren.

Über mögliche Lösungsansätze denkt man zur Zeit nach. Zur Diskussion stehen verschiedene wiederverwendbare oder nur teilweise

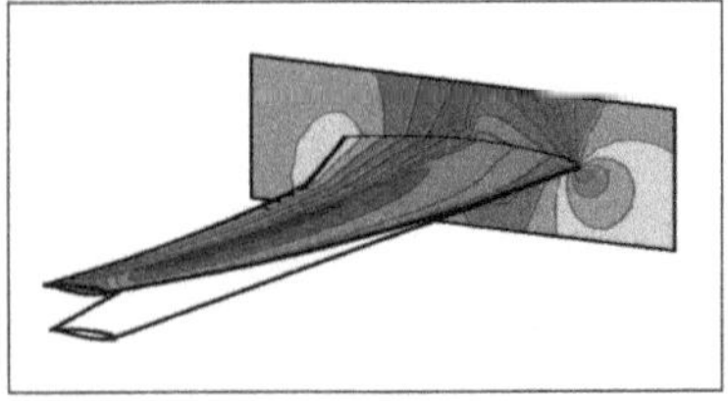

Bild 3 Druckverteilung an einem aeroelastisch verformten Flügel

wiederverwendbare Konzepte. Einige sollen mit Raketen senkrecht starten, andere sollen mit luftansaugenden Triebwerken horizontal starten und landen. Zu den horizontal startenden Geräten gehört auch das vor einigen Jahren von der deutschen Industrie und Forschung initiierte Projekt Sänger, das später wegen fehlender Mittel zurückgestellt wurde. Sänger besteht aus einer unteren Stufe mit einem luftansaugenden Antrieb, die einem Flugzeug ähnelt, sowie einer raketengetriebenen oberen Stufe. Die Deutsche Forschungsgemeinschaft fördert anlehnend an dieses Konzept seit einigen Jahren an den Technischen Hochschulen in Aachen, Stuttgart und München drei Sonderforschungsbereiche, die sich mit Raumtransportsystemen beschäftigen.

Der Aachener Sonderforschungsbereich „Grundlagen des Entwurfs von Raumflugzeugen" untersucht theoretisch und experimentell die Aerodynamik von Raumflugzeugen und ihre Antriebe. Diese Arbeiten fußen auf einer einfachen geometrischen Konfiguration, die Bild 4 zeigt. Dabei besteht die untere Stufe aus einem deltaförmigen Flügel mit elliptischem Querschnitt. An den Flügelspitzen sind Seitenleitwerke angebracht. Die Vorderkanten des Flügels und der Leitwerke sind abgerundet, damit sich diese bei hohen Fluggeschwindigkeiten weniger aufheizen. Gesteuert wird mit den Hinterkantenklappen und dem Seitenruder. Als Antrieb dient zum langsamerem Flug zunächst ein normales Strahltriebwerk. Für hohe Fluggeschwindigkeiten sorgt ein Staustrahlantrieb, der die Luft ausschließlich im Einlauf ohne Kompressor verdichtet. Wenn diese untere Stufe in etwa 30 Kilometer Höhe bei etwa siebenfacher Schallgeschwindigkeit abgetrennt worden ist, übernimmt eine Rakete den Antrieb der oberen Stufe, während die untere zum Startplatz zurückfliegt.

Nachdem die Konfiguration, der Antrieb und das Missionsprofil festgelegt sind, können die physikalischen Zusammenhänge erforscht sowie experimentell und rechnerisch simuliert werden. Dabei bildet die Strömung um die äußere Kontur, in Einlauf und Düse einen Schwerpunkt. Denn erst wenn die Strömungsphänomene bis ins Detail bekannt sind, können Druckverteilungen, Auftrieb und Widerstand, die Wirkungsgrade des Antriebs und die Aufheizraten zuverlässig ermittelt werden. Zu diesem Zweck wurden und werden Modelle des Raumflugzeuges in unterschiedlichen Windkanälen gemessen, bei simulierten Fluggeschwindigkeiten bis zur siebenfachen Schallgeschwindigkeit.

Um in der Start- und Landephase niedrige Fluggeschwindigkeiten zu ermöglichen, muß das Raumflugzeug stark gegenüber der Luftströmung angestellt werden. Das führt dazu, daß sich an der vorderen Kante des Flügels tütenartige Wirbel bilden (Bild 5). Wie diese Wirbel entstehen und wie sich der Druck, den sie erzeugen, an der Oberfläche des Raumflugzeuges verteilt, hängt unter anderem von der Geometrie der Flügelvorderkante ab. Zu diesem Thema haben die an dem Projekt beteiligten Wissenschaftler und Ingenieure zunächst Vorversuche in kleineren Windkanälen der RWTH und des Deutschen Zentrums für Luft- und Raumfahrt (DLR) durchgeführt. Danach wurde ein sechs Meter langes Modell im großen Deutsch-

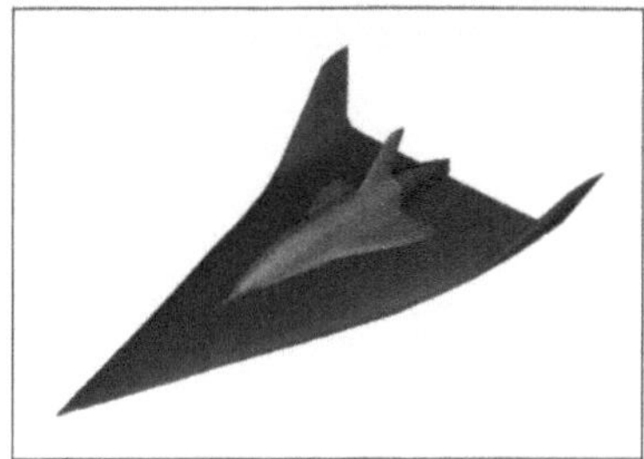

Bild 4 Unter- und Oberseite des Raumflugzeuges

Experimentelle und rechnerische Simulation

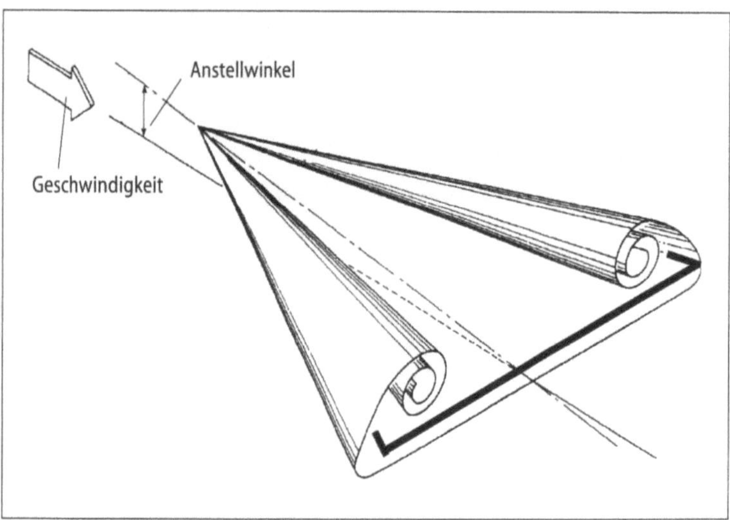

Bild 5 Tütenartige Vorderkantenwirbel am Deltaflügel

Niederländischen Windkanal getestet (Bild 6). Bei diesen Versuchen haben die Forscher nicht nur Kräfte, Momente und Druckverteilungen gemessen; durch die Kooperation mit dem DLR konnten sie mit den neuesten Meßverfahren auch das Strömungsfeld der Tütenwirbel untersuchen. Bild 7 zeigt einen solchen Wirbel und seine Intensität in einer Ebene senkrecht zur Anströmrichtung. Die Ergebnisse dieser Untersuchungen werden in den nächsten Jahren dazu dienen, die Rechenverfahren zu bewerten und zu verbessern.

Die Strömung bei sehr hohen Fluggeschwindigkeiten läßt sich nur in relativ kleinen Windkanälen und deshalb auch nur mit klei-

Bild 6 Modell der Unterstufe des Raumflugzeuges im Deutsch-Niederländischen Windkanal

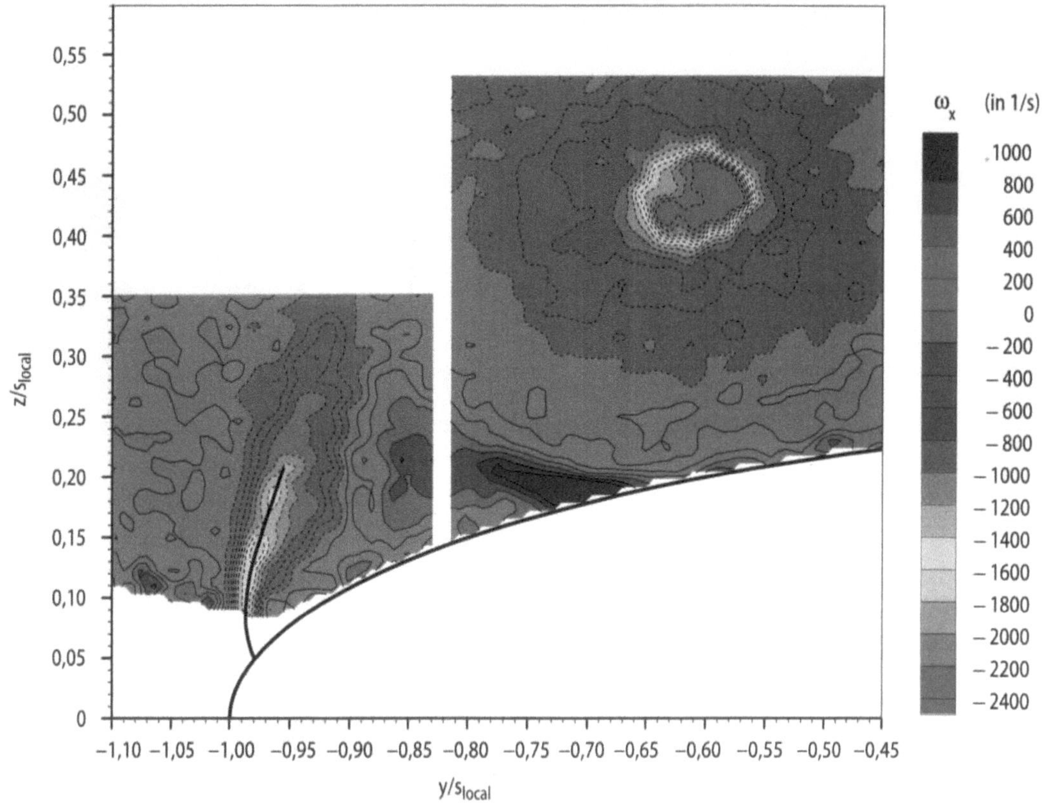

z   Achse in vertikaler Richtung
y   Achse in Richtung der Flügelspannweite
s_{local} lokale Halbspannweite des Flügels
ω_x Drehung der Strömung (Maß für die Intensität des Wirbels)

Bild 7 Intensität der Wirbel auf der Oberseite des Raumflugzeuges

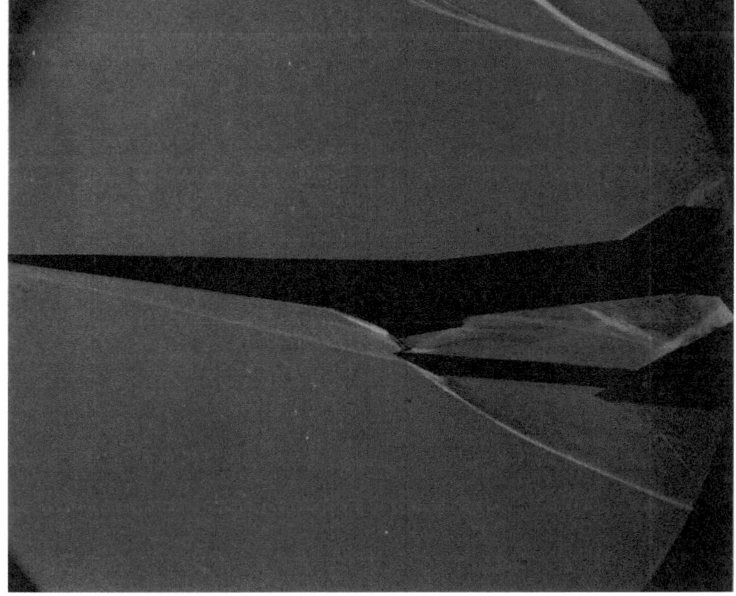

Bild 8 Modell eines Raumflugzeuges im Stoßwellenkanal bei achtfacher Schallgeschwindigkeit

Bild 9 Numerische Berechnung des Strömungsfeldes bei Anströmung mit doppelter Schallgeschwindigkeit

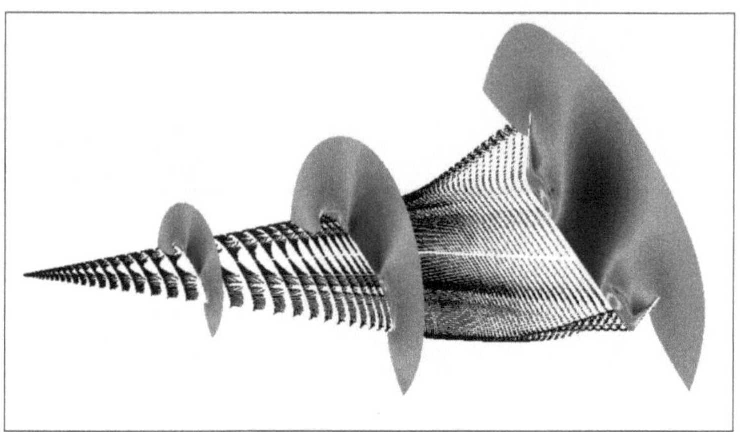

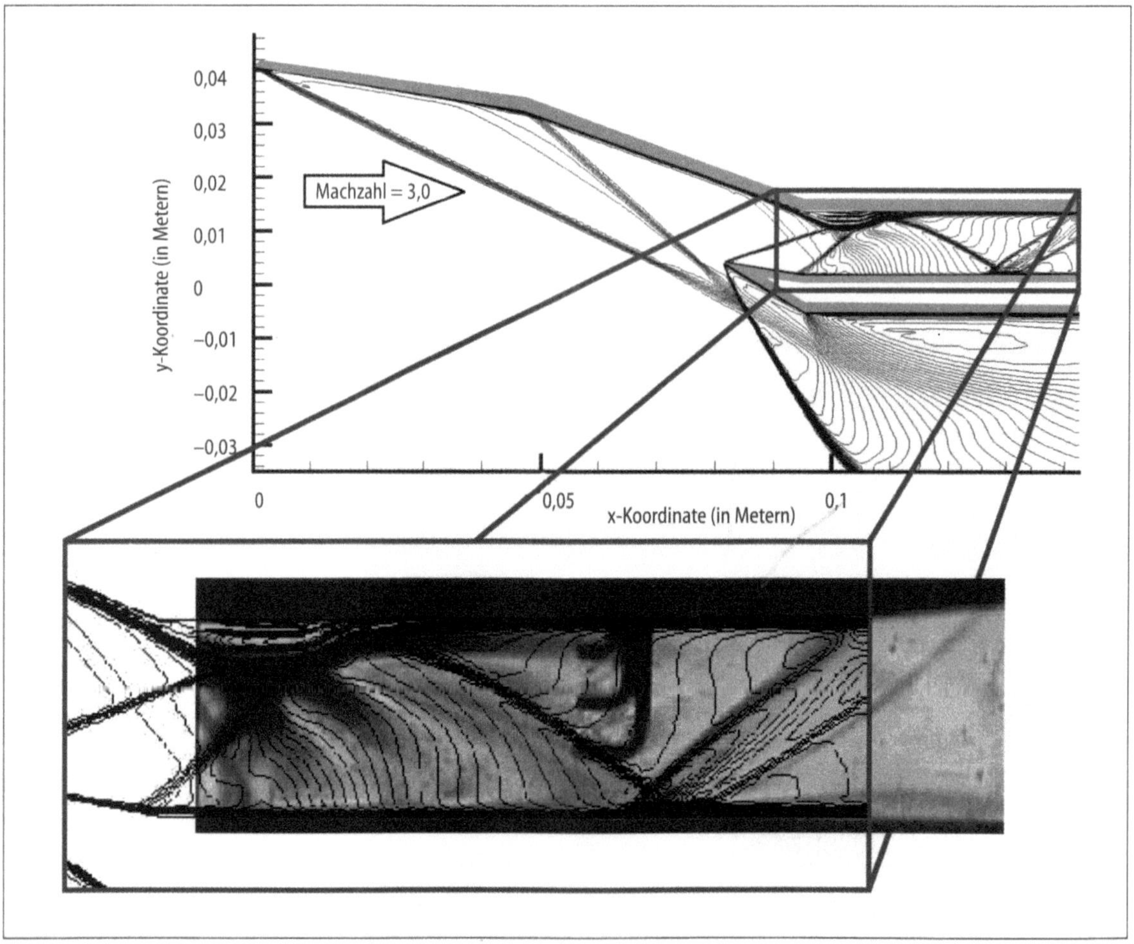

Bild 10 Vergleich des berechneten Strömungsfeldes im Einlauf mit experimentellen Daten

nen Modellen simulieren, weil dafür eine hohe Leistung erforderlich ist. Das Stoßwellenlabor der RWTH verfügt über einen der wenigen hierfür geeigneten Kanäle. Darin konnten die Wissenschaftler ein 30 Zentimeter langes Modell des Raumflugzeuges bei etwa achtfacher Schallgeschwindigkeit untersuchen. Dabei wurden auch sogenannte Schlierenbilder (Bild 8) erstellt. Darauf erkennt man, wie die im Überschall auftretenden Verdichtungsstöße liegen.

Parallel zu diesen experimentellen Untersuchungen wurden und werden Verfahren weiterentwickelt, um komplexe Strömungsfelder berechnen zu können. Bild 9 zeigt ein solches Strömungsfeld um ein Raumflugzeug bei einem Flug mit doppelter Schallgeschwindigkeit. Die kleinen Pfeile an der Oberfläche markieren, mit welcher Geschwindigkeit und in welche Richtung sich die Strömung direkt an der Körperoberfläche bewegt. Die farbig gezeichneten Querschnittsebenen geben die Machzahlen (Strömungs- geteilt durch Schallgeschwindigkeit) der Querströmung wider. Einen Eindruck von der sehr komplexen Einlaufströmung bei Anströmung mit Überschallgeschwindigkeit vermittelt Bild 10. Darauf ist im unteren Teil ein experimentell ermitteltes Schlierenbild dargestellt, der obere Teil zeigt numerische Ergebnisse.

Autoren

Prof. Dr.-Ing. Dieter Jacob ist Inhaber des Lehrstuhls für Luft- und Raumfahrt. Seine Forschungsgebiete sind der Flugzeug- und Raumfahrzeugbau, Wirbelströmungen, Lärmemissionen von Fluggeräten und Projektaerodynamik.

Prof. Dr.-Ing. Josef Ballmann vertritt das Lehr- und Forschungsgebiet Mechanik. Seine Schwerpunkte sind Technische Dynamik, Strömungs-Struktur-Wechselwirkungen und Gasdynamik.

Der Mischling aus Verbrennungsmotor und Elektroantrieb

Henning Wallentowitz

Strukturvarianten und Betriebsstrategien von Hybridantrieben

Der Individualverkehr mit Autos gerät in der umweltpolitischen Diskussion zunehmend unter Druck. Einerseits fordert unsere moderne Gesellschaft die Mobilität des Einzelnen, andererseits treten Schadstoffemissionen und Fahrzeuglärm immer stärker in Erscheinung. In den USA, und hier war Kalifornien der Vorreiter, wurde deshalb festgelegt, daß ab 2003 zehn Prozent aller neu zugelassenen Fahrzeuge sogenannte Zero Emission Vehicles (ZEV) sein müssen, also Autos ohne Abgase. In Europa existieren solche Pläne noch nicht.

Autos ohne Abgase stehen bereits zur Verfügung: die Elektrofahrzeuge. Beim heutigen Stand der Batterietechnik können sie aber auf absehbare Zeit nicht alle Anforderungen an einen modernen Pkw erfüllen. Zwar genügt die Fahrleistung eines Elektrofahrzeuges durchaus für den Stadtverkehr. Reichweite und Höchstgeschwindigkeit sind im Vergleich zu Fahrzeugen mit Verbrennungsmotor jedoch begrenzt. Mit Brennstoffzellen betriebene Elektrofahrzeuge könnten in der Zukunft die Probleme umgehen, die durch die Batterien entstehen. Auch hier sind allerdings noch viele Fragen zu lösen, etwa zum Wirkungsgrad der Antriebssysteme und zu den Kosten.

Vor diesem Hintergrund bieten die sogenannten Hybridantriebe eine interessante Alternative. Darunter versteht man die Kombination von zwei unterschiedlichen Antrieben, vorzugsweise Elektromotoren und Verbrennungskraftmaschinen. Diese Kombination umfaßt mindestens zwei Energiewandler und Energiespeicher. Ein Hybridantrieb kann aber prinzipiell aus einer Vielzahl möglicher Varianten bestehen. Der Hybridantrieb ist keine neue Erfindung, sondern schon seit dem Beginn der Motorisierung bekannt. Bereits 1917 existierten Fahrzeuge, deren Leistungsdaten und Struktur heutigen Modellen entsprachen (Bild 1).

Die Energiedebatte zu Beginn der siebziger Jahre führte zu größeren Anstrengungen in Forschung und Entwicklung für die Hybridantriebe. Daran war das Institut für Kraftfahrwesen Aachen (ika) in erheblichem Umfang beteiligt. Ziel war es, Kraftstoff und damit Erdöl durch die Kombination von Verbrennungsmotor und Elektroantrieb einzusparen oder den Strom aus alternativen Energiequellen zu entnehmen (Bild 2). Sowohl die Industrie als auch Forschungsinstitute arbeiteten intensiv an derartigen Fahrzeugen. Der Markt nahm diese Lösungen jedoch nicht an, da sie noch zu viele funktionale Nachteile aufwiesen. Außerdem waren sie zu teuer. Kraftstoff aus Erdöl ist gegenwärtig zu preiswert, um aufwendigen Hybriden überhaupt eine Chance zu geben.

In den vergangenen 20 Jahren stieg die Belastung der Umwelt durch Schadstoffe wie Kohlenmonoxid, Stickoxide und unverbrann-

Bild 1 Hybridantrieb von 1917

Bild 2 Hybridantriebe zwischen 1970 und 1980: oben ein Versuchsfahrzeug des Instituts für Kraftfahrwesen Aachen IKA sowie der dort entwickelte ika-Hybrid I von 1973; unten zwei Busse mit Hybridantrieb der Firma Mercedes-Benz von 1980

te Kohlenwasserstoffe weiter an. Die Suche nach Möglichkeiten, den Kraftstoffverbrauch zu senken und die Emission von Kohlendioxid zu verringern, trat immer mehr in den Mittelpunkt des gesellschaftlichen Interesses. Neue Gesetze in den USA fordern die ZEV-Fahrzeuge oder extrem schadstoffarme Fahrzeuge, die sogenannten Low Emission Vehicles (LEV). Damit erhält die Diskussion um Hybridfahrzeuge einen deutlichen Auftrieb. Obwohl die kalifornischen LEV-Gesetze die Hybridfahrzeuge bisher kaum berücksichtigen, werden in den USA bereits solche Konzepte sowie deren Komponenten intensiv erprobt. Seit 1993 fördert das Department of Energy (DOE) ein Sonderprogramm zur Entwicklung eines Hybridantriebssystems. Im Dezember 1997 wurde der Vorschlag vorgelegt, die Hybridfahrzeuge unter bestimmten Bedingungen als ZEV einzustufen. Neben den reinen Elektrofahrzeugen erfüllen auch sie damit die ab 2004 geltenden LEV-II-Vorschriften. Das Gesetz soll noch 1999 verabschiedet werden.

Die Kombination von Verbrennungsmotor und Elektromaschine gleicht die Nachteile reiner Elektrofahrzeuge mit Batterien aus. Die

Hybridvariante erzielt hohe Reichweiten, läßt sich schnell nachtanken, vermag die Bremsenergie rückzugewinnen (Rekuperation), nutzt unter Umständen regenerative Energiequellen und kann emissionsfrei gefahren werden. Auch gegenüber den Autos mit reinem Benzin- oder Dieselantrieb bieten die Hybridantriebe einen Vorteil, denn der Betrieb des Verbrennungsmotors wird von der augenblicklich geforderten Fahrleistung entkoppelt. Der Elektromotor vermag die ganze Spanne der möglichen Belastungen viel eleganter abzufahren. Verbrennungsmotoren erzielen vor allem im Teillastbereich nur ungünstige Energieumsätze und damit Wirkungsgrade.

Der Hybridantrieb darf jedoch nicht nur die einfache Kombination zweier Antriebe in einem Fahrzeug sein. Durch geeignete Zusammenschaltung und Dimensionierung müssen die Vorteile der einzelnen Antriebe genutzt und ihre Schwachstellen vermieden werden. Erst dadurch sinken Kraftstoffverbrauch und Emissionen [1].

Prinzipiell lassen sich zwei Grundstrukturen der Hybridantriebe unterscheiden: parallele und serielle Konzepte. Mischformen sind möglich (Bild 3). Beim parallelen Hybrid sind der Verbrennungsmotor und der Elektromotor mechanisch mit den Antriebsrädern gekoppelt. Solche Konzepte benötigen neben den beiden Antriebsmotoren und Speichern ein oder auch mehrere Getriebe, Kupplungen oder Freiläufe. Die beiden Antriebssysteme können sowohl einzeln als auch gleichzeitig zum Antrieb des Fahrzeugs genutzt werden. Aufgrund der Leistungsaddition lassen sich beide Motoren relativ klein auslegen, ohne daß Leistungseinbußen beim Beschleunigen oder bei Steigungen auftreten.

Üblicherweise wird der elektrische Antriebszweig für den Stadtverkehr ausgelegt, als räumlich begrenzter, emissionsfreier Fahrbetrieb für geringe bis mäßige Geschwindigkeiten. Der leistungsstärkere Verbrennungsmotor kommt bei Überlandfahrten und auf den Autobahnen zum Zuge. Die Leistungen von Elektro- und Verbrennungsmotor können mechanisch mittels Drehzahladdition, Momentenaddition oder Zugkraftaddition überlagert werden. Bei der Momentenaddition läßt sich das Verhältnis der Drehmomente der beiden Energiewandler durch Stirnradgetriebe oder Ketten frei variieren, während die Drehzahlen im festen Verhältnis zueinander stehen. Bei der Drehzahladdition werden die Leistungen der Energiewandler mittels Planetengetriebe zusammengeführt, wobei das Momentenverhältnis durch die Übersetzungen des Getriebes fest vorgegeben ist. Bei einem Hybrid mit Zugkraftaddition handelt es sich im physikalischen Sinne ebenfalls um eine Momentenaddition, wobei die beiden Energiewandler auf unterschiedliche Achsen des Fahrzeugs wirken. Ein Beispiel bietet der BMW E1, bei dem der elektrische Antrieb auf die Hinterachse, der Verbrennungsmotor auf die Vorderachse wirkt. Diese Struktur realisiert gleichzeitig einen Allradantrieb.

Eine weitere Möglichkeit zur Unterscheidung paralleler Hybride besteht in der Anordnung der Energiewandler. Wirken Elektromotor und Verbrennungsmotor gemeinsam auf die Eingangswelle des Getriebes, so spricht man von einem Einwellenhybrid. Wenn die Motoren auf unterschiedlichen Getriebewellen, etwa der Eingangs-

Parallele Konzepte, serielle Konzepte und Mischformen

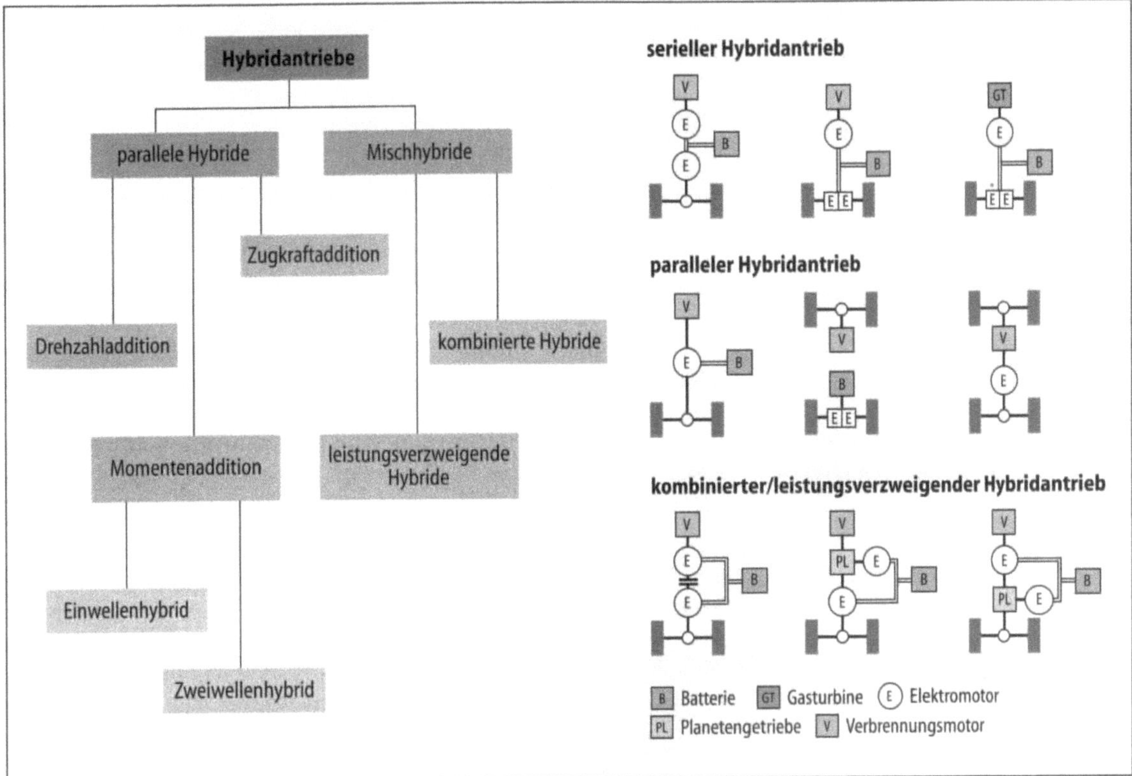

Bild 3 Schematische Darstellungen der unterschiedlichen Konzepte: paralleler und serieller Hybridantrieb sowie Mischhybrid

welle oder der Ausgangswelle, angeordnet sind, spricht man von einem Zweiwellenhybrid.

Das Kennzeichen serieller Hybridantriebe ist die Reihenschaltung der Energiewandler ohne mechanische Anbindung des Verbrennungsmotors an die Antriebsräder. Der Verbrennungsmotor treibt hierbei einen Generator an, der seinerseits den elektrischen Fahrantrieb sowie einen im elektrischen Zwischenkreis angeordneten Speicher – in der Regel eine Batterie – mit Energie versorgt. Es existieren sowohl Varianten mit einem Fahrmotor und Differential als auch Konzepte mit zwei Fahrmotoren pro Achse ohne Differential und mit Radnabenfahrmotoren. Die Größe des Generators und des Speichers richten sich nach der Betriebs- und Ladestrategie. Soll das Fahrzeug vom Stromnetz unabhängig sein, ist eine hohe Ladeleistung erforderlich. Wichtige Parameter sind auch die Reichweite und die geforderten Fahrleistungen. Der höhere Bauaufwand durch den zusätzlichen Generator wird weitgehend durch den Wegfall des Schaltgetriebes kompensiert. Da der Verbrennungsmotor nicht mehr direkt an die Antriebsräder angeschlossen sein muß, steigt die Flexibilität bei der Anordnung der Komponenten. Im Vergleich zum Elektrofahrzeug kann die Batterie kleiner dimensioniert werden. Das Fahrzeug ist durch die Nachladung mittels Generator besser verfügbar. Für die Dimensionierung des elektrischen Fahrantriebs ist zu beachten, daß dieser die gesamte Leistung bereitstellen muß, auch für Beschleunigung oder Steigungen. Das ist der Grund dafür, daß in den siebziger und achtziger Jahren vornehmlich parallele Hybridtriebe gebaut wurden. Damals waren noch keine Elektromotoren mit entsprechend hoher Leistungsdichte und hohem Wirkungsgrad verfügbar. Sie sind auch heute nach wie vor sehr teuer.

Durch die mechanische Entkopplung von Verbrennungsmotor und Rad läßt sich der serielle Hybrid phlegmatisiert, also in seiner Dynamik eingeschränkt, oder auf der Kennlinie des günstigsten Kraftstoffverbrauchs betreiben. Er muß deshalb nicht unbedingt auf die maximale Leistung ausgelegt werden. Im Extremfall läuft er nur noch in einem nach Emission und Verbrauch optimierten Betriebspunkt. Emissionsspitzen, insbesondere durch Schaltvorgänge, lassen sich weitgehend vermeiden. Durch die entkoppelte Betriebsweise des Verbrennungsmotors entsteht für den Fahrer allerdings ein ungewohnter Geräuscheindruck. Dieser führt bisweilen zu Irritationen und behindert die breite Einführung derartiger Systeme.

Die Nachteile der seriellen Hybridantriebe liegen in der doppelten Energiewandlung von mechanischer in elektrische und wieder in mechanische Energie. Kommt es zusätzlich zu einer Zwischenspeicherung der elektrischen Energie, dann tritt eine ungünstige Wirkungsgradkette auf. Häufig ergibt sich dadurch der Zwang, den Verbrennungsmotor zumindest teilweise einzusetzen, um Leistungsspitzen bei Steigungen oder Beschleunigungen abzudecken. Dies kann die Vorteile bei den Emissionen und dem Verbrauch einschränken und die konstruktive Anpassung des Motors an den stationären Betrieb mit einfachem Motormanagement und Bauweise verhindern.

Eine Mischform zwischen parallelen und seriellen Strukturen bietet der sogenannte kombinierte oder leistungsverzweigende Hybrid. Bei ihm wird die Leistung des Verbrennungsmotors durch eine Kupplung mechanisch auf die Räder übertragen, was bei hohem Leistungsbedarf, etwa auf der Autobahn, den Gesamtwirkungsgrad verbessert. Gleichzeitig können beide Elektromotoren wie bei einem parallelen Hybrid noch zusätzlich Leistung abgeben und so kurzzeitig die Spitzenleistung des Antriebes erhöhen. Dem verbesserten Wirkungsgrad steht der höhere Aufwand durch die Kupplung gegenüber. Weiterhin kann die Anordnung von Verbrennungsmotor und Generator nicht mehr frei gewählt werden, da eine direkte mechanische Ankopplung an den Antriebsstrang erfolgen muß.

Eine weitere, allerdings sehr komplizierte Möglichkeit stellen leistungsverzweigende Hybridantriebe dar. Sie übertragen einen Teil der Leistung des Verbrennungsmotors direkt mechanisch auf die Antriebsräder. Der ungenutzte Überschuß gelangt zum Beispiel über ein Planetengetriebe und zwei Elektromotoren an die Antriebsräder. Zur Energiespeicherung wird zudem eine Batterie eingesetzt. Mit dieser Anordnung der Elektromotoren agiert das System als stufenlos verstellbares Getriebe, so daß kein zusätzliches Getriebe für den Verbrennungsmotor notwendig ist. Der Verbrennungsmotor kann prinzipiell drehzahl- und leistungsunabhängig vom übrigen Antrieb betrieben werden. Der Wirkungsgrad ist aufgrund der teilweise direkten mechanischen Leistungsübertragung besser als bei seriellen Strukturen.

Die Hybride lassen sich auch nach der Größe der installierten elektrischen Leistung sowie der gespeicherten elektrischen Energie unterscheiden. Damit wird gleichzeitig eine noch feinere Untergliеderung zwischen den parallelen und den seriellen Hybridantrieben erreicht.

Parallele Hybride mit geringer installierter Leistung und kleinem elektrischen Energiespeicher bezeichnet man auch als Starter/Generator-Hybrid. Das derzeit in der Entwicklung befindliche ISAD-System von Continental liefert hierfür ein Beispiel. Ist die elektrische Leistung etwas höher dimensioniert, spricht man von einem Power Assist Hybrid oder auch, bezogen auf den Energieinhalt des elektrischen Energiespeichers, von einem Low Storage Hybrid (Kleinspeicherhybrid; Bild 4).

Der serielle Hybrid mit großer Batterie und kleiner Stromerzeugungseinheit, oft als Auxiliary Power Unit (APU) betitelt, wird als Range Extender bezeichnet. Ist der Energieinhalt der Batterie gering bemessen, folglich die emissionsfreie Reichweite gering, spricht man ebenfalls von einem Low Storage Hybrid. Ist gar kein Speicher im elektrischen Zwischenkreis integriert, erhält man eine Anordnung mit elektrischem IVT (Invinite Variable Transmission). Auch bei Brennstoffzellenfahrzeugen mit zusätzlichem elektrischen Energiespeicher handelt es sich im weiteren Sinne um serielle Hybridfahrzeuge. Hybridantriebe, deren elektrischer Energiespeicher nicht aus dem Stromnetz aufgeladen werden kann, bezeichnet man als autarke Hybride.

Die Betriebsstrategien von Hybridantrieben beinhalten die logische und zeitliche Abfolge aller Betriebszustände. Parallele Hybride laufen rein elektrisch, rein verbrennungsmotorisch oder als Hybride, indem beide Antriebssysteme aktiv sind. Serielle Hybride unterscheiden nur die rein elektrische Strategie und den Hybridbetrieb, unter Einbeziehung der Batterie. Die Wahl zwischen diesen Betriebsarten kann der Fahrer beeinflussen (Betriebsartenschalter), üblicherweise wirkt jedoch die elektronische Steuerung ein, da sie das Systemverhalten viel besser optimiert, als es der Fahrer vermag.

Betriebsstrategien von Hybriden

Bild 4 Klassifikation nach dem Anteil der elektrischen Antriebsleistung

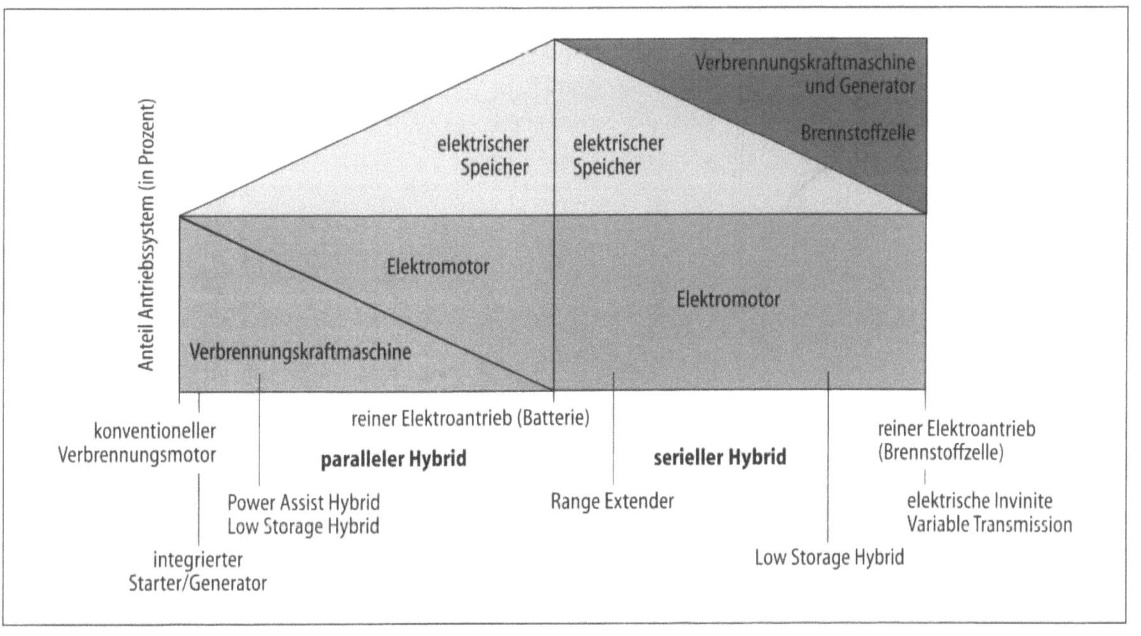

Betriebsoptimierung des Verbrennungsmotors

Ziel aller Strategien im Hybridbetrieb ist es, durch die geeignete Kombination der Betriebsweise der Einzelkomponenten den gesamten Antriebsstrang möglichst verbrauchs- und emissionsoptimiert zu betreiben. Hieraus ergibt sich eine große Anzahl an Lösungen, wobei die Menge der beeinflussenden Parameter (Geräusch, Beschleunigung, begrenzte elektrische Leistung und Energie, Ladezustand der Batterie) auch zu einer Vielzahl von Zielkonflikten führt. Einige Strategien seien im folgenden anhand von Beispielen dargestellt.

Die Betriebsstrategien bestimmen in erster Linie die Betriebsart des Verbrennungsmotors. Prinzipiell beruht die Betriebsoptimierung des Verbrennungsmotors in Hybridantrieben darauf, daß sich die Lastverteilung (Lastkollektiv) beeinflussen läßt. Das Ziel ist die Vermeidung des energetisch ungünstigen Teillastbereichs. Zum einen sind Strategien denkbar, bei denen der Verbrennungsmotor dem aktuellen Leistungsbedarf des Fahrzeugs folgt. Zum anderen besteht die Möglichkeit, den Verbrennungsmotor in Betriebspunkten zu betreiben, in denen die abgegebene Leistung deutlich vom momentanen Leistungsbedarf des Fahrzeugs abweicht (Bild 5).

Bei konventionellen Antrieben läßt sich das Lastkollektiv nur durch Veränderungen der Schaltpunkte variieren. Zusätzlichen Spielraum öffnen die stufenlosen Getriebe. Bei parallelen Hybriden kann man zwar die Leistung des Verbrennungsmotors unabhängig von der Leistungsanforderung des Antriebs verändern, jedoch liegt immer die Drehzahl (bei Momentenaddition) oder das Moment (bei Drehzahladdition) fest. Serielle Hybride bieten aufgrund der vollständigen mechanischen Entkopplung die größtmögliche Freiheit bezüglich der Betriebsweise der Verbrennungskraftmaschine. So lassen sich die Bereiche, in denen der Motor betrieben wird, in dessen Kennfeld frei festlegen. Der Verbrennungsmotor kann entweder, dem aktuellen Leistungsbedarf folgend, stationär, intermittierend oder phlegmatisiert betrieben werden. Bei diesem Betrieb mit beschränkter Dynamik können besonders günstige Betriebsbereiche für Emissionen oder Verbrauch gewählt werden.

Die wesentlichen Führungsgrößen für diese Betriebsstrategie sind: der momentane oder über eine Periode gemittelte Leistungs-

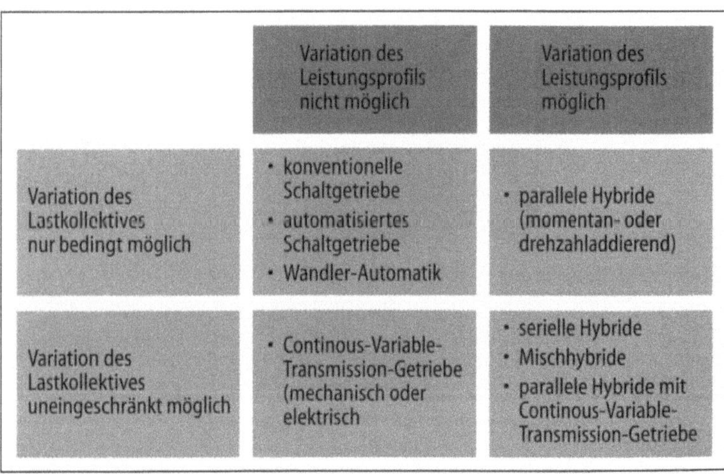

Bild 5 Klassifikation verschiedener Antriebsstrangtypen nach der Betriebsweise des Verbrennungsmotors

bedarf des Fahrzeugs, die Fahrgeschwindigkeit, der Ladezustand des elektrischen Energiespeichers, Zeitkonstanten wie die minimale Zuschaltzeit des Verbrennungsmotors und Betriebstemperaturen, etwa des Katalysators. In der Praxis bilden diese Einflußgrößen häufig kombiniert mehrdimensionale Betriebsstrategiefelder.

Ziel der Betriebsstrategie eines seriellen Hybrids ist es einerseits, den Verbrennungsmotor möglichst dauerhaft in seinem optimalen Betriebspunkt für Verbrauch und Emissionen zu fahren. Das nennt man Ein- oder Mehrpunktstrategie. Andererseits soll möglichst wenig Energie im elektrischen Speicher zwischengespeichert werden, um die Wirkungsgradverluste gering zu halten. Theoretisch muß keine Energie gespeichert werden, wenn man, dem Leistungsbedarf folgend, den Verbrennungsmotor auf seiner Linie minimalen Kraftstoffverbrauchs betreibt. Diese Betriebsart bewirkt jedoch, daß der Motor nicht ständig in seinem Bestpunkt arbeitet. Ausgehend von nur einer Einflußgröße (Leistungsbedarf) zeigt dieses Beispiel die vielfältigen Zielkonflikte, die einer Betriebsstrategie entstehen können.

Mit minimalem Kraftstoffverbrauch sinken beim Verbrennungsmotor auch die Emissionen der meisten Schadstoffe. Bei hoher Last entstehen jedoch Stickoxide, vor allem wenn die Otto- oder Dieselmotoren über einen längeren Zeitraum hoch belastet laufen (Bild 6).

Eine andere, mehrdimensionale Betriebsstrategie für einen seriellen Hybrid eröffnet sich, wenn Einpunkt-Betrieb und phlegmatisierter Betrieb des Verbrennungsmotors in einer Strategie zusammengeführt sind [2] (Bild 7). Die gemittelte Leistungsabgabe des Verbrennungsmotors (Generatorausgangsleistung) folgt dem aktuellen Leistungsbedarf des Antriebs (Eingangsleistung des Elektromotors). Wenn zum Beispiel das Schwungrad Bremsenergie aufnimmt, läuft der Verbrennungsmotor im Einpunkt-Betrieb. Der phlegmatisierte Betrieb des Verbrennungsmotors, insbesondere wenn die Laständerungen nicht durch die Verstellung der Drosselklappe, sondern durch die Generatoransteuerung erreicht werden, läßt nur geringe Emissionsspitzen entstehen.

Mehrdimensionale Betriebsstrategiefelder

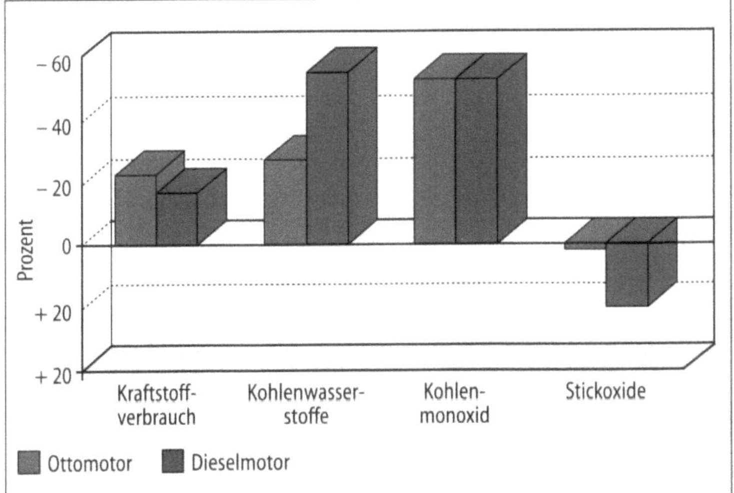

Bild 6 Kraftstoffverbrauch und Schadstoffemissionen beim Betrieb von Verbrennungsmotoren auf der Kennlinie minimalen Kraftstoffverbrauchs

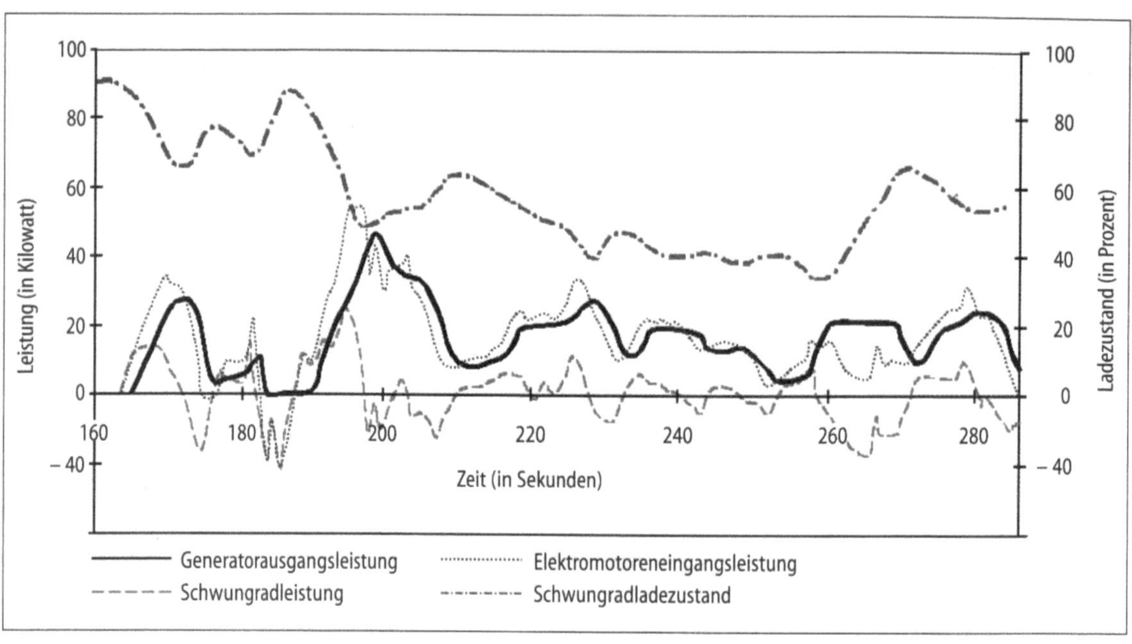

Bild 7 Schematische Darstellung der Betriebsstrategie eines seriellen Hybridantriebs

Auch bei Parallelhybriden wirken die verschiedenen Antriebsquellen vorteilhaft zusammen. Aufgrund der grundsätzlich unterschiedlichen Kennfelder von Elektromotor und Verbrennungsmotor besteht bei ihnen die Möglichkeit, die Komponenten so zu betreiben, daß für jede Fahrsituation ein Optimum hinsichtlich des Primärenergiebedarfs gefunden wird. Hierbei muß der Elektromotor möglichst dann aktiv sein, wenn der Verbrennungsmotor in den Teillastbereich gerät. Die Überlagerung der Wirkungsgradkennfelder von Elektro- und Verbrennungsmotor zeigt, daß sich beide Systeme hervorragend ergänzen (Bild 8). Ein möglichst geringer Energiebedarf des Gesamtsystems läßt sich auch dadurch erreichen, daß das Fahrzeug nur von einem Motor angetrieben wird, wobei aus Komfortgründen auf häufige Betriebswechsel verzichtet werden sollte [3].

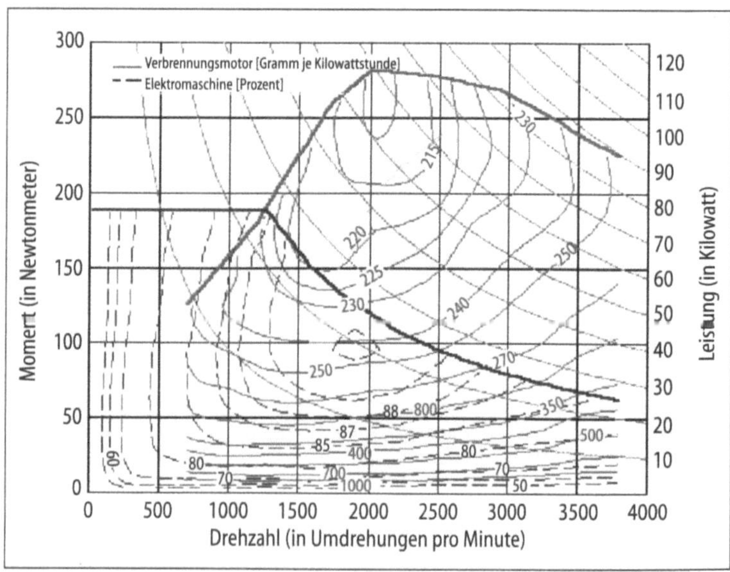

Bild 8 Überlagerung von Elektro- und Verbrennungsmotor beim parallelen Hybrid

Eine andere Betriebsstrategie reduziert den Energiebedarf des Fahrzeugs dadurch, daß der Verbrennungsmotor unabhängig von der Bedarfsleistung in einem festen Betriebspunkt hohen Wirkungsgrades arbeitet. Diese Entkopplung der abgegebenen Motorleistung von den benötigten Fahrleistungen wird durch die Einbeziehung von Elektromotor (Drehmoment) und Getriebe (Drehzahl) realisiert. Der Verbrennungsmotor arbeitet unter quasistationären Leistungsanforderungen kontinuierlich auf einer vorgegebenen Leistungslinie. Falls zum Einstellen eines günstigen Motorbetriebspunktes eine höhere Leistung erforderlich ist, wird der Elektromotor als Generator betrieben und lädt die Batterie zusätzlich auf. Falls zur Steigerung des Motorwirkungsgrades eine Reduzierung der Verbrennungsmotorleistung erforderlich ist, wird die Differenz zur Bedarfsleistung vom Elektromotor erbracht.

Autor

Prof. Dr.-Ing. Henning Wallentowitz ist Leiter des Instituts für Kraftfahrwesen.

Für ihre Unterstützung bei der Erstellung dieses Beitrages bedanke ich mich sehr herzlich bei Dr. Jan-Welm Biermann, Dipl.-Ing. Ralf Bady und Dipl.-Ing. Christian Renner.

Literaturhinweise

[1] B. Harbolla: Entwicklung eines Bewertungsverfahrens zur Auswahl von Pkw-Hybridantrieben und Realisierung eines seriennahen Antriebskonzeptes, Dissertation, Institut für Kraftfahrwesen Aachen (ika), RWTH Aachen, 1993.
[2] M. Göhring: Betriebsstrategien für serielle Hybridantriebe, Dissertation, ika, RWTH Aachen, 1997.
[3] W. Buschhaus: Entwicklung eines leistungsorientierten Hybridantriebs mit vollautomatischer Betriebsstrategie, Dissertation, ika, RWTH Aachen, 1994.

Günter Debus

Wie beeinflussen Informations- und Assistenztechnik in Fahrzeugen unsere Aufmerksamkeit?

Für einen Autofahrer ist es entlastend, wenn ihn in einer fremden Umgebung eine ortskundige Begleitperson sicher zu einem Ziel geleitet. Diese Rolle übernehmen neuerdings moderne Informationstechniken im Auto, sogenannte Navigatoren. Der Fahrer gibt in den Navigator ein Fahrziel ein, und über dessen Sprachausgabe hört er die Instruktionen zur Fahrstrecke, die ihn zum Ziel führen. Der Navigator „weiß", wo wir uns befinden, hilft uns anhand eines Lageplans, uns über den aktuellen Standort zu orientieren, und kann uns so sicher an den Ort lenken, den wir erreichen wollen.

Wäre es nicht ebenfalls entlastend, wenn wir die lästige Parkplatzsuche in der Nähe unseres Fahrziels nicht mehr selbst vornehmen müßten? Statt sich an den Parkschildern in der Straße zu orientieren, nutzen wir unsere Informationstechnik, die uns zu dem Parkhaus leitet, das unserem Ziel am nächsten ist, und dort schon vorsorglich einen Platz für uns reserviert hat. Für die fernere Zukunft ist es sehr gut denkbar, daß Assistenztechniken sogar die Lenkung des Fahrzeugs übernehmen, indem automatisiert die Fahrgeschwindigkeit, der Abstand zum vorausgehenden Fahrzeug und die Spurhaltung geregelt werden.

Die Zeit, die wir durch diese Entlastung gewinnen, können wir sinnvoll nutzen, indem wir uns die bevorstehende Arbeit durch den Kopf gehen lassen, uns beispielsweise auf eine Besprechung vorbereiten. Dabei können wir wiederum Techniken im Auto verwenden – das Handy oder ein eingebautes Notebook mit Sprachein- und -ausgabe und mit Internetzugang. Hatten wir uns bislang angesichts der ständigen Störungen durch die vielfältigen Fahraufgaben nicht optimal auf nachfolgende Anforderungen einstimmen und konzentrieren können, so haben wir nun in Interaktion mit den Informationstechniken die Möglichkeit, uns über das bevorstehende Besprechungsprogramm informieren zu lassen, können dazu Anmerkungen eingeben und speichern lassen.

So richten wir in unserem Fahrzeug über die Informations- und Assistenztechniken nicht nur die ortskundige Begleitperson und den Parkhauswächter ein, sondern auch unseren bereits computerisierten Arbeitsplatz. Für die Zukunft vorstellbar ist auch das automatisierte Fahren in Kolonnen, so daß wir, zum Beispiel im Verkehrsstau, völlig von den Fahraufgaben entlastet und für „sinnvollere" Tätigkeiten freigestellt sind.

Solche neuen Informations- und Assistenztechniken können den Autofahrer indes nur dann wirklich unterstützen, wenn sie auf die Eigenschaften und Grenzen menschlicher Informationsverarbeitung abgestimmt sind. Es wäre fatal, wenn ihre Nutzung die Auf-

Bild 1 Informations- und Assistenzsysteme können den Autofahrer nur entlasten, wenn sie seine Aufmerksamkeit am Steuer nicht beeinträchtigen.

merksamkeit beim Fahren beeinträchtigen und damit ein erhöhtes Unfallrisiko darstellen würde (Bild 1). Aus ergonomischer Sicht ist deshalb die Schnittstelle zwischen Mensch und Maschine, hier zwischen Autofahrer und Informations- und Assistenztechnik, zu optimieren.

Die Ingenieurpsychologie ist eine Teildisziplin der Psychologie, die sich explizit mit der Evaluation und Gestaltung von Mensch-Maschine-Schnittstellen befaßt. Wenn es um das Autofahren geht, werden insbesondere Zusammenhänge zwischen der Aufmerksamkeit des Fahrers und der Gestaltung von Display und Bedienelementen der Informations- und Assistenztechniken im Fahrzeug thematisiert [1] Hierbei muß man von den Ergebnissen gegenwärtiger psychologischer und neurowissenschaftlicher Grundlagenforschung ausgehen, der zufolge es nicht „die" Aufmerksamkeit gibt, sondern verschiedene Mechanismen zu unterscheiden sind, welche die Aufmerksamkeit steuern.

Beim Autofahren ist das Bündeln der Aufmerksamkeit durch Blickzuwendung auf den Straßenraum oder auf ein Display im Auto äußerst bedeutsam; es ist aber auch wichtig, welche Information der Fahrer außerhalb des Blickfokus zusätzlich aus der Peripherie des Blickfeldes noch mit verarbeitet, weiterhin welche Informationen er parallel oder nur seriell verarbeiten und wie schnell er von einem Gegenstand der Aufmerksamkeit zum anderen wechseln kann. Alle diese Vorgänge sind wiederum abhängig davon, wie groß die Gesamtanforderung in der Fahrsituation ist. So ergibt sich ein komplexes Zusammenspiel der verschiedenen Mechanismen für die Aufmerksamkeit, wenn der Autofahrer neben seiner eigentlichen Fahrtätigkeit weitere kognitive Tätigkeiten ausübt, indem er sich der

Informations- und Assistenztechniken bedient. Die Ergebnisse erster Untersuchungen, die das Fahren bei gleichzeitiger Nutzung moderner Informations- und Assistenztechniken im realen Straßenverkehr oder am Fahrsimulator evaluierten, weisen auf Grenzen des Zusammenspiels der die Aufmerksamkeit regulierenden Mechanismen hin: Die Fahrsicherheit ist eingeschränkt, wenn der Fahrer auf bestimmte Anzeigen und Bedienelemente zugreift [1, 2].

Beispielsweise läßt es sich nur unter Leistungsverlusten miteinander vereinbaren, die Aufmerksamkeit dem Spurhalten des Fahrzeugs auf der Straße zuzuwenden und sich gleichzeitig in einem vorgestellten Ortsplan räumlich zu orientieren. Beschäftigt sich der Autofahrer während des Fahrens nur für Sekunden damit, auf welchem Weg der Navigator ihn zu seinem Ziel führt, ist er schon nicht mehr in der Lage, die Spur genau zu halten. In beiden Fallen sind räumliche Vorstellungen und Orientierungen beteiligt, die sich gegenseitig stören können. Aber auch die sprachliche Interaktion des Fahrers mit einem Navigator kann in Verkehrssituationen, die besondere Aufmerksamkeit erfordern, dazu führen, daß er nicht mehr so konzentriert fährt [3].

Überlagerung verschiedener Leistungen bei der menschlichen Informationsverarbeitung

Daß sich, wie eben geschildert, verschiedene Leistungen bei der menschlichen Informationsverarbeitung überlagern, ist uns offenbar vielfach nicht bewußt. Erst wenn wir stark von einer Spur abweichen, werden wir darauf aufmerksam, können aber, so unser Eindruck, in der Regel noch rechtzeitig gegensteuern. Bislang beschränken sich die Untersuchungen darauf, wie die Nutzung moderner Informationstechniken das Spurhalten beeinflußt; die Reaktion des Fahrers in komplexen Verkehrssituationen hingegen ist überhaupt noch nicht in Betracht gezogen worden. Über retrospektive Unfallanalysen sind die eigentlichen Ursachen, wie nämlich im Straßenverkehr die verschiedenen Mechanismen der Aufmerksamkeit zusammenspielen, kaum zu identifizieren.

Es gilt, die angewandte Forschung in diesem Bereich durch eine einschlägige Grundlagenforschung zu ergänzen. Die Anforderungen, denen sich künftig der Autofahrer stellen muß, werden gegenwärtig unter den Themen Aufmerksamkeit und Arbeitsgedächtnis erforscht. Die Untersuchungen unserer Arbeitsgruppe richten sich auf das verbale und visuell-räumliche Subsystem des Arbeitsgedächtnisses [4]. Wir erheben neben Leistungsdaten auch hirnphysiologische Daten, um die Systemeigenschaften auf neurowissenschaftlicher Basis zu beschreiben. Beispielsweise untersuchen wir in unserer Arbeitsgruppe, wie eine räumliche Repräsentation im Gehirn nach einer virtuellen Bewegung im dreidimensionalen Raum entsteht [5], indem wir die Raumorientierung anhand der „Heimfinde"-Leistung überprüfen und die beim Aufbau und Abruf der Raumorientierung beteiligten Gehirnstrukturen anhand hirnphysiologischer Parameter – Frequenzspektrum des Elektroenzephalogramms (EEG) sowie ereigniskorrelierte Potentiale im EEG – identifizieren. Solche Studien vertiefen unser Verständnis auch dafür, wie Prozesse der Informationsverarbeitung bei Doppeltätigkeiten ablaufen. Sie geben uns Aufschluß darüber, wie sich Informationsverarbeitung organisiert und ob sich Prozesse überlagern oder nicht. Aus der

Kombination angewandter und grundlagenbezogener Forschung ergeben sich Einsichten über die Möglichkeiten und Grenzen der Informationsverarbeitung eines Fahrers in einem Auto der Zukunft.

Es wird eine große Bedeutung haben, wie Anzeigen- und Bedienumgebung einmal zu gestalten sind – schließlich ist sicher, daß in Zukunft der Autofahrer immer abhängiger von neuen Techniken sein wird. Der Fahrerplatz wird sich mehr und mehr zu einem computerisierten Arbeitsplatz entwickeln, an dem die geistigen Anforderungen hoch sind und ständig variieren. Diese Entwicklung gestalterisch positiv zu beeinflussen, ist auch eine Herausforderung an die Psychologie: das Auto der Zukunft als Produkt interdisziplinärer Zusammenarbeit mit Ingenieurwissenschaften.

Autor

Prof. Dr. rer. nat. Günter Debus lehrt und forscht am Institut für Psychologie.

Literaturhinweise

[1] G. Debus: Ingenieurpsychologische Ansätze und moderne Informationstechnologien im Fahrzeug – zurück zu ihren Wurzeln und hin zu deren Gestaltung, in: Fortschritte der Verkehrspsychologie, Bericht über den 37. BDP-Kongress für Verkehrspsychologie (im Druck).

[2] G. Debus, J. Fröhlich, G. Renner und M. Normann: Grundlagenuntersuchungen zur kognitiv-ergonomischen Gestaltung von Verkehrsleitsystemen – die verträgliche Kombinierbarkeit von Fahr- und Zusatztätigkeiten, in: Wahrnehmungs-, Entscheidungs- und Handlungsprozesse beim Führen eines Kraftfahrzeugs, Hrsg. von U. Schulz, List Verlag, Münster 1997.

[3] A. Bartmann: Zur Erfassung von kognitiver Beanspruchung beim Führen von Kraftfahrzeugen. Eine Feldstudie, Shaker Verlag, Aachen 1995.

[4] B. Schönebeck: Zur psychophysiologischen Identifikation von Subsystemen des Arbeitsgedächtnisses oder zur Verifizierbarkeit von Theorien der kognitiven Psychologie, Zeitschrift für Psychologie, 199, Supplement 11, S. 422 bis 436, 1991.

[5] J. Thanhäuser: Zum Heimfinden nach einer simulierten Bewegung im Raum. Eine Untersuchung des visuell-räumlichen Speichers im Arbeitsgedächtnis unter Verwendung psychophysiologischer Indikatoren, RWTH Aachen, Dissertation 1998.

Lebensraum
Umwelt
Habitat

Kapitel Sechs

Menschliches Leben verlangt notwendigerweise Eingriffe in die Umwelt.
Es geht jedoch darum, Bedürfnisse menschlichen Lebens wie Besiedlung,
Wohnen, Stadtentwicklung, Verkehr und Versorgung so zu planen, daß die
Umwelt in der Gestalt von Boden, Wasser, Luft und belebter Natur in
möglichst geringer Weise belastet oder gar zerstört wird. Solche Planung
muß großflächige und weiträumige Zusammenhänge erkennen und in
Rechnung stellen. An der RWTH Aachen wird dieser Herausforderung
durch eine Reihe von Forschungsprojekten begegnet, die sich durch die
Themenbereiche „Stadtentwicklung und Stadtumwelt", „Mobilität und
Versorgung" sowie „Bauen und Erhalten von Bauten" charakterisieren
lassen. Weil es um weiträumige und zugleich komplexe Zusammenhänge
geht, ist Planung und Optimierung auch in diesem Themenfeld nicht
mehr ohne den Einsatz des Computers denkbar. Zugleich tritt der Computer aber nicht nur als Instrument, sondern auch als Planungsobjekt auf,
weil er Kommunikation und damit menschliches Zusammenleben in
Städten von Grund auf verändern wird. Dem Planen folgt das Bauen, das
sich in Zukunft ebenfalls besonderen Herausforderungen wird stellen
müssen. An der RWTH wird die Zukunft des Bauens erforscht, etwa Bauen
im Untergrund, in Gebieten mit Erdbeben oder die Erhaltung von Bausub-
stanz gegen bereits bestehende schädliche Umwelteinflüsse.

6

Lebensraum, Umwelt, Habitat

Leben und Arbeiten
auf Mond und Mars

Peter R. Sahm und
Manfred H. Keller

Die Internationale Raumstation und die Perspektiven der Weltraumfahrt

Gegenwärtig werden die ersten Einheiten der Internationalen Raumstation (ISS) in die erdnahe Umlaufbahn gebracht (Bild 1). Nur noch wenige Jahre trennen uns von einer ausgedehnten internationalen Zusammenarbeit im All, die nicht mehr vom Ost-West-Konflikt belastet ist. In der Vergangenheit war dieser Konflikt zweifellos einer der wesentlichen Antriebe für eine rasante Technologieentwicklung, die in der bisherigen Menschheitsgeschichte ohne Beispiel ist: Von den ersten Raketen bis hin zur Internationalen Raumstation sind kaum mehr als 50 Jahre vergangen (Bild 2).

Eine Zwischenbilanz läßt erkennen, daß gegen das übermächtige Phänomen Kosmos die Menschheit nur als Kollektiv antreten kann – die Internationalisierung der Raumfahrt ist darum auch die logische Konsequenz. Zudem hat sich gezeigt, daß die Entwicklung von

Bild 1 Im Dezember 1998 begann die Besatzung des Space-Shuttle-Flugs STS 88 mit dem Aufbau der Internationalen Raumstation (ISS). Die beiden ersten Bauteile, die im Erdorbit verbunden wurden, waren das amerikanische Unity- und das russische Zarya-Modul.

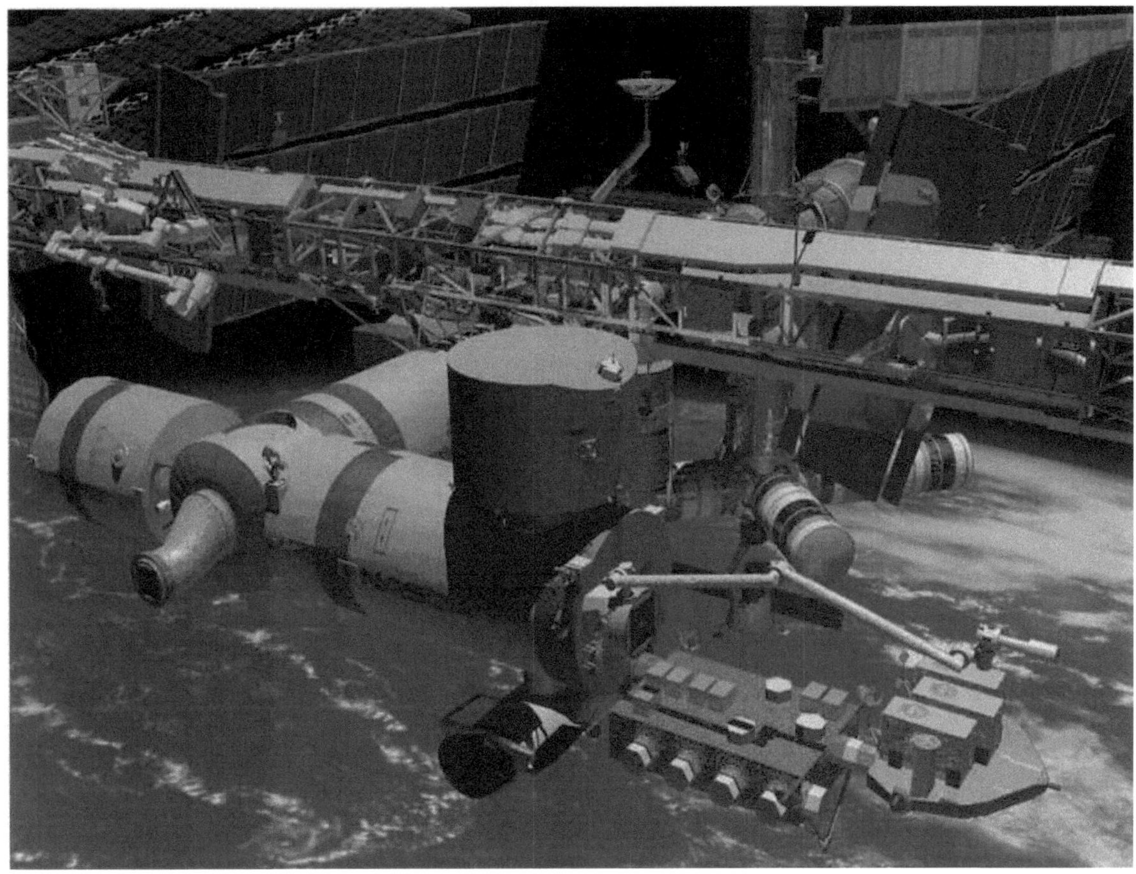

raumfahrttauglicher Technologie in vielfältiger Weise auf die allgemeine Technologieentwicklung zurückwirkt. Einige Beispiele mögen diese Wechselwirkung verdeutlichen: So werden zum Beispiel geschlossene ökologische Lebenserhaltungssysteme (englisch *closed ecological life support systems*, CELSS) in extremster Konsequenz für den Aufenthalt im All zu entwickeln sein. Dabei stellt sich heraus, daß diese Technologie auch auf der Erde von Nutzen ist und dazu beiträgt, irdische Umweltprobleme lösen zu können. Ebenso liefern zum Beispiel die extremen Strahlenschutzmaßnahmen, die für Astronauten getroffen werden müssen, zahlreiche neue Erkenntnisse für den Schutz strahlungsbedrohten Lebens auf der Erde. Und auch die Schwerelosigkeitsforschung war ein Schlüsselbereich des embryonalen Raumfahrtzeitalters und hat zwischenzeitlich, von der Fluidphysik über Kommunikationswissenchaft bis zur Humanphysiologie und Medizin, zahlreiche grundlegende Erkenntnisse geliefert.

Am Gießerei-Institut der RWTH Aachen haben wir uns nun schon seit etwa zwei Jahrzehnten intensiv mit den Möglichkeiten der Forschung in der Schwerelosigkeit des erdnahen Orbits befaßt. Im Jahr 1985 hatten wir die wissenschaftliche Projektführung der Spacelab-Mission D1 (mit den deutschen Wissenschaftsastronauten Reinhard Furrer und Ernst Messerschmid) inne, dann ebenfalls die der D2-Mission 1993 (an der die deutschen Wissenschaftsastronauten Ulrich Walter und Hans Schlegel teilnahmen). Einer der Nebeneffekte

Bild 2 Die Internationale Raumstation in der Computersimulation

dieser wissenschaftlichen Schwerpunktsetzung war die Gründung des An-Instituts ACCESS, dem heutigen „Aachener Centrum für Materialforschung".

Geschlossene ökologische Lebenserhaltungssysteme sind von erstrangiger Bedeutung für die Raumfahrt und Ausflügen zu anderen Himmelskörpern. Nicht nur bei Langzeitflügen, sondern auch unter dem Aspekt der wirtschaftlichen Güterbeförderung sowie der Unabhängigkeit von irdischen Bodenstationen müssen auf diesem Gebiet schnell große Fortschritte erzielt werden. Auf der Basis der im menschlichen Körper täglich umgesetzten Stoffe müssen die Planungen für den Aufenthalt in Raumstationen, auf dem Mond, auf dem Mars sowie, in weiterer Zukunft, für längerfristige Missionen in das Planetensystem oder gar in extraplanetare Szenarien vorgenommen werden. Es ist anzunehmen, daß *spin-offs* für die irdische Technik dabei im Übermaß freigesetzt werden.

Erforschung der Wirkung von Schwerelosigkeit

Die Schwerelosigkeitsforschung befaßt sich mit einem Phänomen, das dem Menschen erst dann zum Problem wird, wenn er sich über die irdischen Grenzen hinweg in unser Planetensystem begibt. Vertraut und unproblematisch ist die Erdanziehung von 1 g. Bisher durchgeführte Forschungen im erdnahen Bereich fanden unter den Bedingungen von Mikrogravitation bei nahezu 0 g statt. Die anderen Himmelskörper unseres Sonnensystems variieren bezüglich ihres Schwerefeldes nicht nur zwischen null und eins (Pluto, Merkur, Venus, Mars und alle Monde), sondern auch weit über eins (Neptun, Uranus, Saturn und Jupiter).

Die Schwerelosigkeitsforschung, eine in Deutschland seit Beginn der siebziger Jahre (auf Wunsch der Politik) etablierte Disziplin, hat übrigens im internationalen Vergleich (auch mit den USA) durchaus reüssiert. Bekanntlich haben die beiden deutschen Raumfahrtmissionen D1 im Jahre 1985 sowie D2 im Jahre 1993 mit ihren zum Teil spektakulären Ergebnissen das ihre dazu beigetragen und darüber hinaus Deutschland auf breiter Basis in die internationale „Community" der Forschung unter Weltraumbedingungen integriert. Bild 3 faßt zusammen, auf welchen Forschungsgebieten gearbeitet worden ist. Zahlreiche interessante Erkenntnisse sind gewonnen worden. Hier und da mußte sogar Lehrbuchwissen umgeschrieben beziehungsweise umgedeutet werden. Wie nicht anderes zu erwarten, hat insbesondere die biologische und humanphysiologische Schwerelosigkeitsforschung viele neue Anstöße bekommen. Insbesondere dort, wo der Mensch sich für längere Zeit in andere Schwerfeldsituationen begibt (bis hinunter zu 0 g), sind noch viele Erkenntnisse zu sammeln: das schadlose Überleben und die Rückkehrfähigkeit in eine 1-g-Umgebung stehen dabei im Vordergrund. Mond und Mars mit ihrer etwa 1/6- beziehungsweise 1/3 g Umgebung erweitern die schon traditionelle Mikrogravitationsforschung (auf Shuttle und Raumstation) um zwei wichtige Eckpunkte.

Der Mensch reagiert empfindlich auf veränderte Schwerfeldumgebungen

Die Phänomene, denen der Mensch sich gegenübersieht, wenn er in eine verminderte Schwerefeldumgebung gelangt, zeigen, daß bei der insgesamt erstaunlich großen Flexibilität des biologischen Körpers Muskel- und Knochenfunktion sehr empfindlich auf die neue Umgebung reagieren. Auch die Körperflüssigkeitsverlagerung von

Fluidphysik

- Konvektion
- Kapillarität
- kritische Phänomene
- Verbrennung

Erstarrungswissenschaft und -technologie

- Materie-/Energie-Transport
- unterkühlte Schmelzen
- Kristallisation
  - Metalle
  - Ionenkristalle
  - Gläser
  - Proteine

Technologie

- Schwerefeld (Messung und Monitoring)
- Apparatebau für Raumlabor und -station sowie für die Satellitentechnik

Kommunikation und Datenverarbeitung

- Datenübermittlung und Dokumentation
- Telewissenschaften

Mission-Operation, -Organisation und -Management

fortschreitende Internationaliserung

Humanphysiologie

- motorische Koordination (unter anderem Vestibularfunktion)
- Physiologie des Fluidshifts
- Physiologie des Kreislaufs

in sich geschlossene Lebenserhaltungssysteme

- CEBAS (Closed Equilibrated Biological Aquatic Systems)
- CELSS (Closed Ecological Life Support Systems)

Biologie

- Strahlenbiologie
- Gravitationsbiologie
  - Pflanzen
  - Tiere

Bild 3 Themen des Bilanzsymposiums „Forschung unter Weltraumbedingungen" (oben) und weitere Gebiete, auf denen neue Erkenntnisse erzielt wurden (unten)

den Beinen in den Kopf bewirkt eine komplexe Abfolge andersartiger physiologischer Umsetzungen. Die geistige Fähigkeit, sich in der neuen Situation zurechtzufinden, scheint hingegen überhaupt nicht zu leiden – von bisher psychologisch kaum erforschten Wirkungen längerer, ja jahrelanger Aufenthalte in dem eingeengten Habitat einer Raumfähre einmal abgesehen.

Die Atmosphäre der Erde schützt biologisches Leben weitgehend vor der gefährlichen kosmischen Strahlung; sie ist eine besonders ernst zu nehmende Gefahr für das Überleben des Menschen in weltraumtypischer Umgebung. Die zeitweise Verstärkung des Sonnenwindes durch das Auftreten von Sonnenprotuberanzen (*solar flares*) ist Ursache für zusätzliche „Pakete" kosmischer Strahlung, vor denen es sich besonders zu schützen gilt. Hierzu sind nicht nur die erforderlichen Strahlenschutzwände, -materialien und -bauweisen zu entwickeln, sondern auch entsprechende Meß- und Warnelektronik.

Die Planetologie hat insgesamt durch die in unser Sonnensystem entsandten Forschungssatelliten sowie das Apollo-Mondlandepro-

Bild 4 Am 20. Juli 1969 landeten mit der Fähre von Apollo 11 die beiden ersten Menschen, Neil A. Armstrong und Edwin E. Aldrin, auf dem Mond. Hier ein erster Fußstapfen von Aldrin auf dem Mondboden

gramm einen großen Aufschwung genommen. Verausgabt an Ressourcen und vielleicht auch gelähmt vom Schreck über den eigenen Mut (vergleiche „Der Ritt über den Bodensee" von Ludwig Uhland), trat eine vorübergehende Phase der Inaktivität ein, die wir rückblickend als eine Art „Ernüchterungsphase" deuten, die erst heute langsam überwunden wird. Auch ist das kosmische Geschehen und das Wissen darum, daß es das Leben auf der Erde beeinflußt, durch die Erfahrung der Raumfahrt tiefer in unser Bewußtsein gedrungen.

„This is a small step for a man – but a large step for mankind", mit diesen Worten traf Neil Armstrong den Nagel auf den Kopf, als er am 20. Juli 1969 von der letzten Stufe der Mondlandefähre Eagle im Mare Tranquilitatis den Mondboden betrat (Bild 4 und 5): Das Mondprogramm mit seinem überwältigenden planetologischen Erfolg hat unseren Erkenntnishorizont eminent erweitert. Die Beschaffenheit des Mondes unter seiner bis zu 20 Metern dicken Regolith-Schicht – aus verschiedenen Mineralien zusammengesetztes Bruchmehl und Staub – ist nun bekannt: Er ist mineralischer Natur und besitzt keinen metallischen Kern. Auch besitzt der Mond keinerlei Atmosphäre und weist an seiner Oberfläche hohe Temperaturunterschiede von nahezu 300 Grad Celsius zwischen Tag und Nacht auf (Bild 6). Die fehlende Tektonik und Erosion in der Mondgeologie, dafür die Übermenge an Einschlagkratern einerseits und andererseits die Anwesenheit der Maria lassen im Prinzip nur zwei Mecha-

Bild 5 Neben einem der Standbeine der Apollo-11-Mondfähre Astronaut Edwin Aldrin während seiner ersten Gehversuche auf dem Erdtrabanten

	Mond	Mars	Erde
Äquatordurchmesser (in Kilometern)	3476	6787 (polar 6751)	12.756 (polar 12.713)
Masse (in Kilogramm)	$7,359 \times 10^{22}$	$6,41815 \times 10^{23}$	$5,9743 \times 10^{24}$
Gravitation (in Metern pro Sekunde zum Quadrat)	1,62 (zirka 1/6 g)	3,63 (zirka 1/3 g)	9,81
Oberflächentemperaturen (in Grad Celsius)	−153 bis +107	−100 bis +20	−50 bis +50
Atmosphärendruck (in Millibar)	10^{-10}	7	1000
atmosphärische Zusammensetzung (in Prozent)			
Kohlendioxid (CO_2)		95	0,03
Stickstoff (N_2)		2,7	78,09
Argon (Ar)		1,6	0,93
Sauerstoff (O_2)		0,13	20,95
Kohlenmonoxid (CO)	keine Atmosphäre	0,07	
Wasser (H_2O)		0,03	
Neon (Ne)		0,00025	
Krypton (Kr)		0,00003	
Xenon (Xe)		0,000008	
Ozon (O_3)		0,000003	
Zusammensetzung der Lithossphäre (in Prozent)			
Siliziumoxid (SiO_2)	42,1	43,8	60,2
Aluminiumoxid (Al_2O_3)	13,0	10,1	15,2
Eisenoxid (FeO)	15,4	17,5	6,05
Kalziumoxid (CaO)	11,3	5,3	5,5
Magnesiumoxid (MgO)	8,0	8,6	3,1
Kaliumoxid (K_2O)	(0,109 Kalium)	0,7	2,9
Titanoxid (TiO_2)	7,2	0,7	0,7
Manganoxid (MnO)	0,2	0,6	0,1
Umlaufrhythmus (in Tagen)	27,32 (siderealer Monat) 29,53 (synodischer Monat)	686,98 (siderische Periode) 779,74 (synodische Periode)	365,25
Eigenrotation (Länge eines Tages) (in Stunden/Minuten/Sekunden)	23/56/4,1	24/37/22,7	23/56/4,1
Magnetfeld (in Gauß)	kein Magnetfeld	50 bis 100	60.000
Strahlenbelastung (in Rem pro Jahr)	10 bis 20	6 bis 13	keine
Sonneneinstrahlung (in Watt pro Quadratmeter)	1390	589	1390
Oberflächenbeschaffenheit	Staub (Korngröße 40 bis 800 Mikrometer)	Felsen, Staub (Korngröße 50 bis 100 Mikrometer)	Felsen, Wasser, Pflanzendecke, Staub (Korngröße 10 bis 800 Mikrometer)

nismen zur Ausbildung seiner Konsistenz übrig: Magmaüberflutung und Einschläge von Meteoriten.

Bild 6 Mond, Mars und Erde in Zahlen

Zur Kolonisation des Mondes durch den Menschen wurden schon viele Überlegungen angestellt, Konzepte entwickelt, ja sogar schon detaillierte Planungen vorgenommen. Übrigens: Bislang waren insgesamt zwölf Menschen auf dem Mond – man kann ihnen begegnen und sie nach ihren Eindrücken befragen. Eine Mondstation beziehungsweise -besiedlung wäre nach derzeitigen Vorstellungen unter anderem deshalb sinnvoll, weil erst dann intensive geologische Forschungen auf dem Mond zu betreiben sowie ungehinderte astronomische Beobachtungen anzustellen wären (da der Mond keine Atmosphäre hat); von großem wissenschaftlichen Interesse wären zudem physiologische und medizinische Forschungen an pflanzlichen und tierischen Lebewesen, insbesondere am Menschen. Weitere Rechtfertigungen für ein solches Unterfangen wären die dafür notwendige Entwicklung eines in sich geschlossenen Lebenserhaltungssystems oder die Entwicklung eines Tourismus von der Erde zum Mond und zurück. Zu denken wäre auch an die Nutzung von Ressourcen sowie die Gewinnung von Solarenergie auf der Mondoberfläche, verbunden mit einem anschließenden Transfer der Energie zur Erde.

Die Entwicklung eines in sich geschlossenen Lebenserhaltungssystems (CELSS) ist Voraussetzung für eine andauernde Mondbesiedlung. Der Mensch kann sich dort nur in geschlossenen Räumlichkeiten aufhalten, die gleichzeitig gegen Strahlung schützen. Die Nähe des fremden Himmelskörpers Mond ist hingegen ein großer Vorteil: Mit heutiger Technik dauert die Reise hin und zurück nicht länger als eine Woche, auch wären die dort errichteten Infrastrukturen mittels Fernwartungstechniken von der Erde aus zu kontrollieren.

Eine mögliche Mondstation der ersten Generation hätte als wichtigste Energieversorgungsquelle anfangs zweifellos die Sonnenenergie. Auf längere Sicht geht allerdings aus heutiger Sicht sicherlich kein Weg an der Nutzung der Kernenergie vorbei. Dies gilt insbesondere dann, wenn man weiter in das Sonnensystem vordringen will. Erste Priorität für ein CELSS hätte zudem die Produktion von Sauerstoff vor Ort. Zu diesem Problem wurden bereits zahlreiche Studien veröffentlicht. Die Verfügbarkeit von Wasser oder Wasserstoff auf dem Mond – weitere wichtige Voraussetzung für einen längeren Aufenthalt dort – scheint aufgrund von Messungen der amerikanischen Mondsonde Lunar Prospector Anfang des Jahrs 1999 gegeben (Bild 7).

In Japan befassen sich schon mehrere Firmen mit Mondbesiedelungsszenarien. Sogenannte „Schneckenhäuser" sollen eine besondere Stabilität gegen Meteoriteneinschlag besitzen – der auf dem

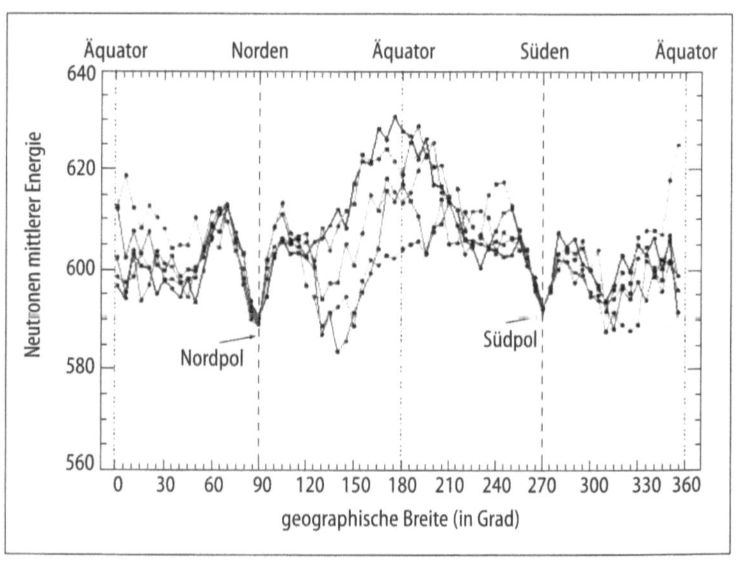

Bild 7 Lange wurde darüber gemutmaßt und gestritten, jetzt ist eine offene Frage geklärt: Auf dem Mond gibt es Wassereis. Die Raumsonde Lunar Prospector hat Anfang 1998 mit dem an Bord befindlichen Neutronenspektrometer die Energieverteilung jener Neutronen gemessen, die entstehen, wenn die kosmische Strahlung auf die ungeschützte Mondoberfläche trifft. Bei Kollisionen mit Wasserstoffatomen verlieren die Neutronen einen Teil ihrer Bewegungsenergie, werden also in feuchten Böden abgebremst. An den Mondpolen ist dies eindeutig der Fall.

Mond besonders ausgeprägt ist, denn – anders als auf der Erde – werden Meteoriten dort nicht durch eine Atmosphäre gebremst (Bild 8).

Nach den bemannten Flügen zum Mond Ende der sechziger und Anfang der siebziger Jahre mit ihrem insgesamt sehr erfolgreichen Ausgang hat sich der Forscherdrang einem neuen Ziel zugewandt: dem Mars. Unser Nachbarplanet ist das nächste große Ziel der in das All strebenden Menschheit. Anders als bei dem in kurzer Zeit erreichbaren Mond, handelt es sich hierbei jedoch aus heutiger Sicht noch um ein Langzeitprojekt, denn die Reise dorthin wird sich über einen Zeitraum von zwei bis drei Jahren erstrecken. Bei der sehr intensiven, bis in jedes Detail vorauszuplanenden Marsmission muß auch bedacht sein, was während eines ersten Aufenthalts dort alles vorzubereiten wäre. Im Gegensatz zum Mond ist der Mars mit allen für das Leben notwendigen Rohstoffen (Sauerstoff, Wasser, Kohlenstoff) ausgestattet. Auch eine dünne Atmosphäre existiert, die hauptsächlich aus Kohlendioxid besteht.

Der Mars erscheint hinsichtlich seiner geologischen Vergangenheit durchaus erdähnlich (Bild 9 und 10). Seine überwiegend rote Farbe ist dem Eisenoxidgehalt der Oberflächenbedeckung zuzuschreiben. Spuren geologischer Umwälzungen sind zu erkennen: Erosionserscheinungen wurden durch Wind und Wasser bewirkt – zahlreiche, zum Teil überwältigend große Canyons zeugen davon. Es gab auch Vulkanismus, der Vulkankegel des Olympus Mons ist mit seinen 25 Kilometern Höhe offensichtlich der größte im gesamten Sonnensystem. Und es gibt Tektonik auf dem Mars. Vielerorts erscheinen zum Beispiel Risse in der Oberfläche.

Der Mars hat – im Gegensatz zum Mond – bei im Vergleich zur Erde geringem Atmosphärendruck Wetter. Es äußert sich in den zu beobachtenden Sandstürmen und den jahreszeitlichen Polkappenfarbänderungen. Die NASA bietet übrigens neuerdings einen täglichen Marswetterbericht im Internet an. Man geht davon aus, daß der Nachbarplanet über ein erdähnliches heißes Inneres mit Metall-

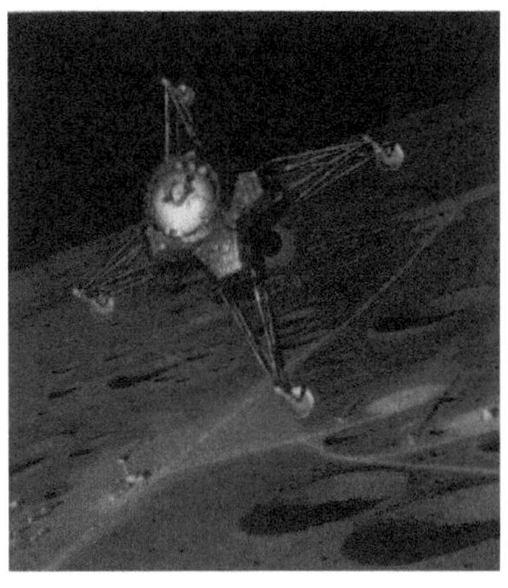

Bild 8 Der Künstler Pat Rawlings hat in diesem Gemälde den Start einer wiederverwendbaren Mondfähre antizipiert, einem Versorgungsvehikel für die ersten Pioniere in einer anderen Welt.

Bild 9 Auf diesem Bild (Blickrichtung Nordost) sind verschiedenartige Steine in der Umgebung der amerikanischen Fähre Pathfinder zu sehen, die im Jahr 1997 auf Mars landete und dort das Roboterfahrzeug Sojourner absetzte, dessen Erkundungsfahrten weltweit für Furore sorgten. Die roten Pfeile markieren Steine, die möglicherweise durch fließendes Wasser abgerundet wurden. Blaue Pfeile zeigen auf scharfkantige Steine, deren Aussehen von Einschlägen oder Vulkanismus herrührt. Die durch weiße Pfeile markierten Bereiche sind eventuell durch Verdunstungs- oder andere mit Wasser zusammenhängende Prozesse entstanden.

Bild 10 Hier eine Aufnahme von Sojourner vor dem Stein auf der Marsoberfläche, den die Wissenschaftler der Mission Yogi tauften. Der Stein hat – deutlich zu erkennen – verschiedenfarbige Seiten; der Grund dafür ist noch nicht bekannt. Mögliche Ursachen sind Wind oder das Herausbrechen dieses Steins aus der Oberfläche eines größeren Felsen.

Bild 11 Zwei denkbare Szenarien für einen Transfer Erde-Mars-Erde

Szenario	Konjunktion	Opposition
Dauer des Hinflugs (in Tagen)	180	180
Dauer des Rückflugs (in Tagen)	180	430
Marsaufenthaltsdauer (in Tagen)	550	30
Gesamtdauer der Mission (in Tagen)	910	640
Antriebsgeschwindigkeit der Mission (in Kilometern je Sekunde)	6,0	7,8
Vorbeiflug an Venus erforderlich?	nein	ja
durchschnittliche Strahlungsdosis der Mission (in Rem)	52	58
Dauer der Schwerelosigkeit (in Tagen)	360	610
Missionskosten	gering	hoch
Missionsleistung	hoch	gering
Missionsrisiko	gering	hoch

kern verfügt. Morphologisch gesehen, sind die Hochländer auf dem Mars ähnlich wie auf der Erde weniger verbreitet als die tief liegenden Bereiche, die auf der Erde in den Ozeanen mit Wasser gefüllt sind.

Die kostengünstigere Version eines Transfers Erde-Mars-Erde, bei der weniger Treibstoff benötigt wird, bedarf einer Reisezeit von knapp drei Jahren (Bild 11). Hierbei würde etwa ein halbes Jahr für den Hinflug, anderthalb Jahre für den Aufenthalt auf dem Planeten und wiederum ein halbes Jahr für den Rückflug zu veranschlagen sein. Die zweite diskutierte Mission benötigte nur eine Gesamtreisezeit von zwei Jahren, wäre aber risikoreicher und teurer – und würde zudem aller Voraussicht nach nicht so viele Ergebnisse erzielen können.

Auch über die Anzahl der für eine Marsmission benötigen Astronauten gehen die Meinungen noch auseinander. Überzeugende Argumente gibt es für drei, aber auch für acht oder 16 Astronauten (Bild 12). Irgendwann werden die Kosten das ausschlaggebende Argument sein, und die Größe des Gesamtbudgets wird letztlich davon abhängen, wie stark die Erdbevölkerung an der Marsmission interessiert ist.

Zuvor sind allerdings noch zahlreiche automatische Expeditionen abzuwickeln. Dabei wird es insbesondere um eine Marskartierung gehen müssen, einschließlich einer Lokalisierung und Definition eines passenden Landeplatzes. Gegebenenfalls wären auch Orbiter und Rettungskapsel auf dem Mars bereitzustellen. Zudem müssen vor der Mission die für das Überleben der Expeditionsmitglieder erforderlicher Utensilien zum Mars transportiert werden, wie zum Beispiel Habitatsbestandteile, Marsvehikel oder eine automatische chemische Fabrik zur Treibstoffproduktion, die bereits vor der Ankunft der bemannten Expedition angelaufen sein muß, außerdem Werkzeuge, Forschungsapparaturen und auch Kleinteile aller Art, etwa für die medizinische Versorgung der Besatzung. Eine integrierte Gewinnung von Atemluft, Wasser und Treibstoff aus der Marsatmosphäre kann mit relativ einfachen Mitteln eine bewohnbare Situation schaffen.

Anforderungen an die erste benannte Marsmission

Für die erste bemannte Expedition zum Mars werden Spezialisten – Ingenieure, Techniker, Mediziner – benötigt, die über eine hohe psychologische Stabilität verfügen müssen. Die wichtigsten Expeditionsziele der ersten Mission(en) wären die Erforschung der Marsgeologie und -meteorologie sowie die Suche nach Lebensspuren. Aufgrund ihrer Ergebnisse könnte die Frage einer Besiedlung des Planeten erörtert werden – damit verknüpft das Terraforming, also der Marsoberfläche.

Terraformen bezeichnet den Prozeß der Transformation für den Menschen unwirtlicher Himmelskörper in eine menschenfreundliche, erdähnliche Umgebung. Ein erster Schritt wäre für den Mars getan, wenn die gegenwärtige Landschaft rückwandelbar wäre. Flüssiges Wasser wäre dann wieder verfügbar, wenn man auch noch keinen Sauerstoff hätte. Um auch eine menschengerechte Atmosphäre zu haben, müßte die des Mars auf eine Atmosphäre, also 1000 Millibar, verdichtet werden. Die aktuelle Marsatmosphäre hat nur einen Druck von etwa sieben Millibar. Zudem wäre sie mit den gleichen Elementen zu bestücken wie die Erdatmosphäre, vor allem mit Sauerstoff. Natürlich ist eine solche für eine Besiedlung des Planeten

Bild 12 Auf dieser Darstellung von Pat Rawlings hat ein Astronaut sein Landegerät verlassen, um den Mars zu erkunden.

wünschenswerte Situation nicht in kurzer Zeit herbeiführbar. Vermutlich bedarf es dafür aus heutiger Sicht zumindest mehrere hundert wenn nicht Tausende von Jahren. Wie man dabei vorgehen kann, ist bereits mehrfach in bemerkenswertem Detail durchdacht worden. Im wesentlichen setzt man auf die Nutzung des Treibhauseffektes, der uns auf der Erde zu schaffen macht.

Was nicht ohne weiteres veränderbar wäre – wiederum aus heutiger Sicht angemerkt –, ist das Schwerefeld. Das bedeutet, daß der zukünftige Marsbewohner (und die dort Geborenen) nicht ohne besondere Anpassung von Skelett und Muskulatur die Erde aufsuchen könnten. Dies gilt natürlich in vergleichsweise noch größerem Ausmaß auch für zukünftige Mondbewohner, denn dort ist die Schwerkraft ja noch geringer. Umgekehrt ist es für uns Erdmenschen unproblematisch, uns in den schwächeren Schwerefeldern zu bewegen. Hier ergeben sich gegebenenfalls interessante Aufgabenstellungen für die Genbiologie.

Das Vordringen des Menschen zum Mond und zum Mars, würde es denn verwirklicht, bliebe nicht ohne Folgen für die Erde. Eine Rückwirkung ist auf zwei Ebenen zu erwarten, und zwar auf einer materiell-technologischen und biologischen sowie auf einer übergeordneten, bewußtseinserweiternden, welche schließlich wiederum das „materielle Verhalten" der Menschheit beeinflussen würde.

Aus heutiger Sicht lassen sich für die Forschung auf der materiellen Ebene folgende Aufgaben benennen: Zunächst müssen überschaubare Ingenieuraufgaben im Rahmen von Mond- beziehungsweise Marsexpeditionen definiert werden. An erster Stelle stehen solche der Rohstoffgewinnung und -bereitstellung, bautechnische Aufgaben, chemisch-metallurgische Fragestellungen (Wasser-, Sauerstoff-, Stickstoff-, Kohlenstoff-, Metallgewinnung), der Werkstoffverarbeitung und des Maschinenbaus. Weiterhin geht es um die Klärung ökologisch-biologischer Fragestellungen bei den in sich geschlossenen ökologischen Lebenserhaltungssystemen (Biosphären): Hier geht es um effektive Pflanzenentwicklung, eventuell um die Entwicklung künstlicher Photosynthesemaschinen und um neuartige Metabolismen. Medizinische und humanphysiologische Forschungsaufgaben müssen sich beispielsweise auf die Knochen- und Muskelanpassung an unterschiedliche Schwerefelder konzentrieren, auf Strahlenkompatibilität und auf das Immunsystem. Zudem müssen Forschungen darüber angestellt werden, wie das Gleichgewicht der Körperfluide unter anderen Schwerkraftbedingungen als auf der Erde herstellbar ist.

All dies hätte natürlich Rückwirkungen auf das Leben auf der Erde. Das gegenüber unserem Planeten übersichtlichere globale Marswetter könnte zu Modellstudien für die irdische Wetterforschung beziehungsweise Wetterbeeinflussung herangezogen werden, und somit wäre beispielsweise vorstellbar, daß wir schneller lernen, die irdischen Wüstengürtel fruchtbar zu machen.

Schon die bisherige Raumfahrt hat für eine Bewußtseinserweiterung geführt. Uns heutigen Menschen ist viel stärker als all unseren Vorfahren die Verbundenheit des Planeten Erde und somit auch der Menschheit mit dem Kosmos bewußt. Wie schicksalhaft dieser

Raumfahrt hat Rückwirkungen auf das Leben der Menschen auf der Erde

Bewußtseinswandel ist, hängt davon ab, wie weit wir bereit sein werden, eine noch intensivere Wechselwirkung mit unserer kosmischen Umgebung eingehen zu wollen.

Zwar wird für Mond- oder Marsreisende die Rückkehr zur Erde ein besonderes Erlebnis sein („zurück in die vertraute behagliche Umgebung"), aber die – dann irreversibel eingetretene bisher unerreichte Horizonterweiterung wird die naive ausschließliche Anbindung des Menschen an die Erde ad absurdum führen (Bild 13). Unseres Erachtens gibt es als Antwort auf solche Fragen nur den Weg einer zunehmenden Wechselwirkung mit den kosmischen Gegebenheiten, auch wenn darunter aus naheliegenden technischen Erwägungen zunächst nur unser Sonnensystem gemeint sein kann.

Allein die Inanspruchnahme „des Restes unseres Planetensystems" genügte bereits, um die nächsten Jahrhunderte auszufüllen. Was wir dabei lernten, wäre, den kosmischen Kräften furchtlos entgegenzutreten und Wege zu ersinnen, die kosmischen Energien zu steuern und zu lenken. Vorausgesetzt, unsere irdische Entwicklung ginge im großen und ganzen weiterhin in Richtung Frieden und wir blieben noch für einige Zeit vor größeren kosmischen Katastrophen verschont, ist die weitere Entwicklung des Menschen vorauszusehen: Sie wäre als ein Loslösungsprozeß vom Heimatplaneten Erde zu interpretieren. Dabei handelte es sich um einen evolutionären Schritt, der nur mit der Affe-Mensch-Mutation oder dem Loslösungsprozeß des tierischen Lebewesens vom Ozean und deren Eroberung des Erd-Festlandes zu vergleichen wäre.

Bild 13 In fernerer Zukunft könnte die Menschheit in die Weiten des Alls mit Raumfahrzeugen solcher Dimension aufgebrochen sein, daß in ihrem Innern ein angenehmes Leben möglich wäre. Hier eine künstlerische Darstellung zum Erd-Exodus von Rick Guidice

Autoren

Prof. Dr.-Ing. Peter R. Sahm ist Inhaber des Lehrstuhls für das Gesamte Gießereiwesen und Direktor des Gießerei-Instituts. In den Jahren 1982 bis 1999 leitete er, zunächst im Auftrag des BMFT, später der DARA, die Wissenschaftliche Projektführung (WPF) der beiden deutschen Spacelab-Missionen D1 und D2 sowie der MIR 97.

Dr. Manfred H. Keller war Projektwissenschaftler der D2-Mission innerhalb der wissenschaftlichen Projektführung am Gießerei-Institut und leitet seit Anfang 1999 den Bereich „Forschung unter Weltraumbedingungen" im Deutschen Zentrum für Luft- und Raumfahrt (DLR), Bonn.

Literaturhinweise

[1] E. Messerschmid, R. Bertrand und F. Pohlemann: Raumstationen, Systeme und Nutzung, Springer-Verlag, Heidelberg 1997.
[2] F. Miles: Aufbruch zum Mars, Franckh-Verlag (Reihe Kosmos), Stuttgart 1998.
[3] D. Morrison: Planetenwelten, Spektrum Akademischer Verlag, Heidelberg 1995.
[4] Der Mensch im Kosmos (Workshop-Berichtsband, Oktober 1996, Norderney), Hrsg. von P. R. Sahm und G. P. J. Thiele, Fakultas Verlag, Berlin 1998.

Revolution in der Raumplanung

Gerhard Curdes

Geographische Informationssysteme für Forschung, Raumanalytik und regionale Netzwerke

Die Technologie der elektronischen Datenverarbeitung ist weit fortgeschritten und auf dem Weg, ein universelles, weltumspannendes Arbeitsmittel zu werden. Die Entwicklung des Internets zeigt, daß – zureichende Kapazitäten auf den Telefonnetzen vorausgesetzt - in wenigen Jahren der Datenaustausch über das World Wide Web der neue Standard der Zusammenarbeit sein wird. Dies gilt auch für graphische Informationen.

Mit den geographischen Informationssystemen (GIS) ist ein mächtiges Werkzeug entstanden, entscheidungsrelevante Daten auf unterschiedlichen sachlichen Layer-Ebenen (Informationsebenen) zusammenzufassen und durch Überlagerungen für raumrelevante Entscheidungen anzuwenden. Dies hat enorme Auswirkungen auf die Arbeit in der raumbezogenen Forschung und Planung. In einem vorher nicht gekannten Umfang lassen sich nun graphische und photographische Informationen verarbeiten, kombinieren und an einem einzigen Arbeitsplatz integrieren. Das Projekt „RUIS – Raum- und Umweltinformationssystem Aachener Raum" baut auf der Annahme auf, daß die künftigen Arbeitsplätze in der planenden Verwaltung und in der Planungsforschung graphisch orientierte Computer sein werden. Das Projekt und die Visionen, die damit verbunden sind, möchte ich nun vorstellen.

Während sich das Internet stürmisch entwickelt, besteht ein erheblicher Nachholbedarf für die Vernetzung von Wissen und Handeln auf lokaler und regionaler Ebene. Damit Städte und Regionen im weltweiten Konkurrenzkampf der Standorte bestehen, müssen sie raumrelevante Informationen aktuell abrufen und austauschen sowie Bürgern und potentiellen Investoren zur Verfügung stellen können. Das Institut für Städtebau und Landesplanung und das Aachener Umweltforum haben unter anderem zum Ziel, einen raum- und umweltbezogenen Informationsverbund auf der Ebene der RWTH selbst und mit den Gebietskörperschaften (Stadt und Kreis Aachen) aufzubauen. Mittelfristig könnten auch angrenzende Gemeinden, die Industrie- und Handelskammer (IHK), große Datenlieferanten und -nachfrager in den Verbund aufgenommen werden. Mit dem Projekt werden die Forschungsschwerpunkte „Räumliches Datenmanagement" und „Umweltdaten und Umweltinformation" aufgebaut. Des weiteren sollen sowohl für Institute und Lehreinheiten, die sich in ihrer wissenschaftlichen Arbeit mit dem Raum befassen, als auch für Studierende, für Doktoranden und für andere Forschungsarbeiten aktuelle Raum- und Sachinformationen über die Region im direkten Zugriff zur Verfügung gestellt werden. Damit kann der Aachener Raum verstärkt Gegenstand der Lehre und Forschung werden. Es

geht dabei einerseits um Arbeiten über die Region, andererseits
darum, den Aachener Raum als örtlichen Anwendungsfall einer neuen
grundlegenden Technologie zu sehen, deren Beherrschung an der
RWTH vermittelt wird. Als vierte Säule verfolgt das Projekt gemeinsame Forschungen und Entwicklungen in aktuellen Forschungsfeldern zusammen mit den Gebietskörperschaften.

Unser Arbeitsmaterial besteht aus statistischen Daten, schriftlichen Informationen und Bildinformationen. Jede Form repräsentiert einen Teil der Wirklichkeit, aber unzureichend. Erst ihre Verknüpfung erlaubt es, Sachverhalte in der notwendigen Komplexität
zu erfassen und zu kommunizieren. Das Projekt konzentriert sich
zwar auf die graphischen Informationen, schließt aber die zusätzliche
Nutzung aller übrigen Informationsformen nicht aus. Im Vordergrund stehen für uns Informationen über alle Fakten und Prozesse,
die mit dem Raum zu tun haben. Dazu zählen die amtlichen Karten,
Luft- und Satellitenbilder, Stadtkarten, historische Karten, thematische Karten, Pläne der Regional- und Stadtplanung, Pläne der Fach-
planungen, aber auch Untersuchungen über den Raum, wie solche
über Lärmbelastungen, Häufungen von Verkehrsunfällen, Informationen über ökologische und klimatische Aspekte sowie aktuelles
und historisches Fotomaterial etwa von Veränderungen des Stadt-
und Landschaftsbildes, Baudenkmälern und Naturdenkmälern. Besonders wichtig sind die Ergebnisse aus der wissenschaftlichen
Arbeit über den Raum, vor allem die Datenproduktion an den Hochschulen durch Drittmittelprojekte, Diplom- und Magisterarbeiten.
Mit den jährlich zu Tausenden abschließenden Absolventen an der
RWTH besteht ein erhebliches Potential, Abschlußarbeiten mit
grundlegenden Aufgaben der Gebietskörperschaften, die noch nicht
aufgearbeitet sind, zu verknüpfen und so allmählich einen profun-
den regionalen Datenbestand aufzubauen. Seit Jahrzehnten fällt
zudem eine Fülle von Analysen und Spezialuntersuchungen im Rahmen von Studienarbeiten, Doktorarbeiten und Forschungen an den
Hochschulen an, die auch regionale und räumliche Fragestellungen
enthalten. Sie sind bisher in Fakultäts- und Lehrstuhlarchiven nahezu unzugänglich, ihr Aufbewahrungsort oft unbekannt. Auch dieser
Bestand soll künftig erschlossen werden.

Das System, das dem Projekt zugrunde liegt, offeriert vielfältige
Möglichkeiten, alte und neue Informationen zusammenzufügen und
zu verarbeiten. Ein geographisches Informationssystem kann 100
oder mehr separierte Layer haben. Die Informationen können sepa-
riert bleiben und stehen für beliebige Kombinationen zur Verfügung.
So können beispielsweise im Rechner mehrere Karten überlagert
werden. Man kann durch die Karten-Layer quasi hindurchsehen und
dadurch Abweichungen und Übereinstimmungen untersuchen. Oder
man kann Karten ver- und entzerren, zusammensetzen und teilen,
auf den Hintergrundinformationen von Karten arbeiten und neue
Informationen paßgenau vorhandenen räumlichen Konfigurationen
hinzufügen. Kartenausschnitte lassen sich stufenlos vergrößern und
verkleinern, Kontraste und Farben beeinflussen. Damit verschwindet
die früher separate Stufe der Aufbereitung für den Druck. Die im
Rechner überlagerten Themenkarten können als Abbildung gespei-

Erst die Verknüpfung von statistischen Daten, schriftlichen Informationen und Bildinformationen erlaubt es, Sachverhalte in ihrer Komplexität zu erfassen

Geographisches Informationssystem führt alte und neue Informationen zusammen

chert und auf jedem Farbdrucker ausgedruckt werden. Gerade für komplexe Zusammenhänge ist Farbe als Mittel zur übersichtlichen Darstellung unverzichtbar. Bisher scheiterten Farbdrucke bei kleinen Auflagen schlicht an den Kosten. Nun können auf dem Farbdrucker oder auf entsprechend eingerichteten Postscript-Farbkopierern farbige Abbildungen in beliebiger Zahl hergestellt werden. Die neue Technologie des digitalen Drucks erlaubt das Drucken unmittelbar von den Datenträgern. Einfach gesagt, die Verbindung zwischen dem Computer und dem Drucker ist sehr kurz geworden.

Es können je nach Kapazität der Server Hunderte von Plänen, Abbildungen, Karten und Fotos im Speicher abgelegt werden. Die verkleinerte Vorschau beziehungsweise das verkleinerte Ausdrucken als Piktogramm erlauben es uns, die Inhalte zu kontrollieren. Mit Hilfe des Zooms können die Maßstäbe stufenlos an den Bedarf angepaßt werden, mit der Möglichkeit des Ausschnittes auch nur Teile der Karte verwendet, mit dem Computerprogramm Photoshop Helligkeit oder Farben verändert und die Karteninformation verbessert, als Hintergrund eingesetzt oder graphisch überarbeitet werden. Die so bearbeiteten Daten können auf einer Compact Disc (CD) mit einer Speicherkapazität von 650 Megabyte preiswert gesichert werden. Kurz, es existiert eine Fülle von Techniken der Bildbearbeitung und -manipulation, die sowohl ein erhebliches Rationalisierungspotential als auch einen Qualitätssprung in der Schnelligkeit und in der Bequemlichkeit bietet.

Enorme Auswirkungen auf die Arbeit in der raumbezogenen Forschung und Planung haben die neue Generation von Personalcomputern und GIS-Systemen und die Möglichkeit, zahlreiche, für ganz andere Zwecke entstandene Hilfsprogramme zu koppeln – wie Bildbearbeitungen, Layout-Programme, CAD-Programme (Computer Aided Design, computerunterstütztes Entwerfen) und Rendering (Umrechnen von Daten in ein Pixelbild). Es ist nun möglich, graphische und photographische Informationen in einem größeren Umfang als bisher zu verarbeiten, zu kombinieren und an einem einzigen Arbeitsplatz zu integrieren.

Ziel ist der unmittelbare Datenaustausch von Arbeitsplatz zu Arbeitsplatz quer durch die Institutionen und ohne die Barrieren hierarchischer Dienstwege. Der PC-Arbeitsplatz soll der Ort der Kommunikation und der Datenverarbeitung sein. Das Internet ist dabei das Medium für den Datentransport. Hier kann sich die (eingegrenzte oder allgemeine) Öffentlichkeit informieren und entlang der Datenangebote orientieren.

Projektpartner sind in der Startphase das Umweltforum der RWTH, das Institut für Städtebau und Landesplanung, Stadt und Kreis Aachen und die Gemeinsame Kommunale Datenverarbeitungszentrale von Stadt und Kreis Aachen (GKDVZ), die alle jeweils einen ständigen Ansprechpartner und Koordinator zur Verfügung stellen. Die Zusammenarbeit ist in die drei Bereiche Thematik, Organisation und Technologie strukturiert.

Auf der Basis der deutschen Grundkarte und der Luftbildaufnahmen im Maßstab 1 zu 5000 und weiterer Maßstabsebenen sollen Raum- und Umweltdaten allen beteiligten Partnern später verfügbar

<table>
<tr><td colspan="2">Problembibliothek</td><td colspan="2">allgemeine Daten</td></tr>
<tr><td colspan="2">

- Erfassung von Problemen und Konflikten auf den verschiedenen Sachebenen
</td><td colspan="2" rowspan="3">

- Eingabe und Aufbereitung von Daten aus Statistiken, Studien-, Diplom-, Doktor- und Forschungsarbeiten über den Aachener Raum
- offizielle Kartenwerke im Maßstab 1:500, 1:1000, 1:5000, 1:25.000 und 1:100.000
- geologische und geographische Karten, Themenkarten, sonstige Kartengrundlagen aus verschiedenen Zeitperioden
- Luftbilder, Satellitenbilder
- Register möglichst aller Arbeiten über den Aachener Raum
- Anbindung an die Bibliotheksdatenbanken der RWTH und der Institute, der Verwaltungen, des Landes und sonstiger fachbezogener Datenbanken
</td></tr>
<tr><td colspan="2">Umweltinformation, Fachdaten, Rauminformationen</td></tr>
<tr><td>

- Klimadaten
- Bodenaufbau und Bodengüte
- Ökosysteme, System des öffentlichen und privaten Grünbestandes, Arten- und Naturschutz
- Gebietsentwicklungsplan
- Schutzgebiete
</td><td>

- Grundwasser
- Bodennutzung
- Bodenbelastung und Altlasten
- Belastungen durch Lärm
- Landschaftspläne
- Infrastrukturpläne (Straßen, Bahnen und andere)
</td></tr>
<tr><td colspan="2">Informationsangebote der Kommunen</td><td colspan="2">Informationsangebote der RWTH</td></tr>
<tr><td colspan="2">

- Flächennutzungspläne
- Bebauungspläne
- Termine und Tagesordnung der öffentlichen Sitzungen
- Veröffentlichungen von Entscheidungen
- Daten zur Gemeinde
</td><td colspan="2">

- Institute und deren Arbeitsgebiete
- Ansprechpartner zu Sachthemen
- Forschungs- und Studienarbeiten zur Region
- Präsentation von exemplarischen Ergebniskarten
- Veranstaltungen zu Fragen der Region
</td></tr>
</table>

Bild 1 Inhaltliche Struktur des Raum- und Umweltinformationssystems (RUIS)

sein. Diese Plattform ist der raumorganisatorische Kern des Informationssystems und der gemeinsamen Zusammenarbeit. Dazu sind sämtliche Karten des Raumes als gescannte Grundlage in einem zentralen Server bereitzuhalten, wobei später dann auch digitale Karten folgen sollen. Jeder Partner beliefert diese Plattform mit seinen Daten. Das bisherige Konzept sieht die in Bild 1 enthaltenen Elemente vor.

In einer weiteren Vision soll das RUIS als Bürgerinformationssystem ausgebaut werden, welches aktuelle Daten und grundlegende Rauminformationen enthält. Ein Bürger kann sich dann nicht nur über Bebauungspläne, sondern auch über den Umweltzustand informieren, etwa über die Häufung von Verkehrsunfällen auf Straßen, über die Luft- und Lärmbelastung oder über Zukunftsplanungen der Gemeinden; er erfährt auch, welche Personen in der Verwaltung und der Hochschule er bei bestimmten Fragen ansprechen kann. Der folgende Abschnitt zeigt anhand zweier Beispiele die Art und Weise einer neuen Zusammenarbeit.

Das Umweltamt der Stadtverwaltung arbeitete daran, einen Baumkataster für das ganze Stadtgebiet aufzustellen. Es war allerdings unbezahlbar, jeden Baum einzeln zu erfassen. Zudem mußten alle Straßenböschungen einbezogen werden, da diese als Elemente der Vernetzung von Stadt und Außenraum wichtig waren. Das Umweltamt wandte sich mit diesen Wünschen an unser Institut. Im Rahmen einer laufenden Untersuchung nahmen wir diese Fragen auf und erwarben vom geographischen Landesamt Kopien der dort eingelesenen Luftbilder für das gesamte Stadtgebiet. Diese maß-

Bild 2 Bäume im bebauten Stadtgebiet

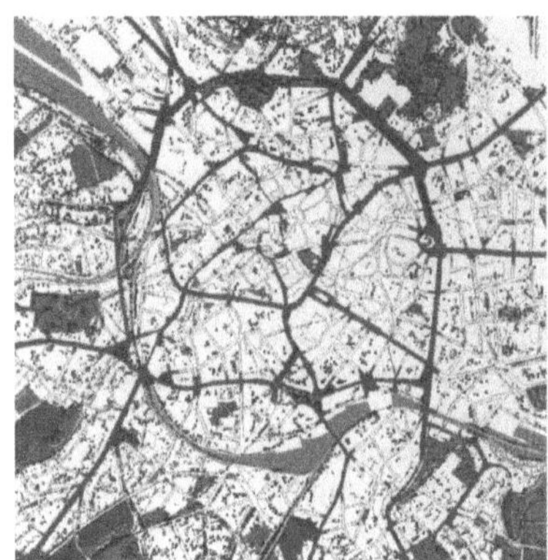

Bild 3 Bäume und Straßen der Kernstadt

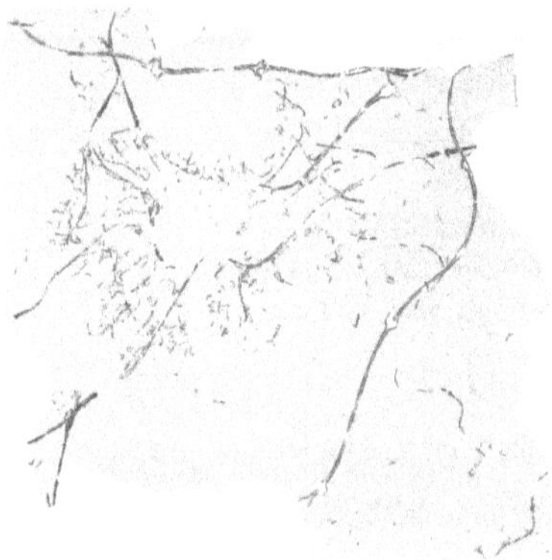

Bild 4 Böschungen

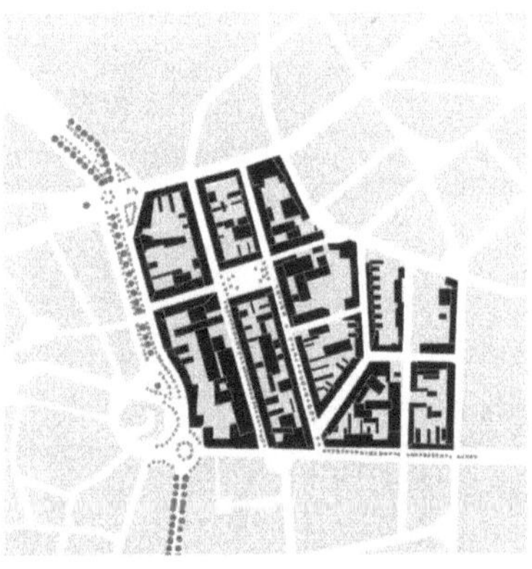

Bild 5 Baumbestand auf den Straßen im Rehm-Viertel 1925

stabsgenauen Luftbilder (1 zu 5000) gaben wir anschließend in einen Computer ein und errichteten ein System von Layern. Die gesamten Informationen wie Bäume, Böschungen, Gebäude und Straßen wurden auf einer gesonderten Speicherebene abgelegt, so daß sie beliebig miteinander kombinierbar wurden. Innerhalb nur weniger Wochen waren die Bäume auf öffentlichen Straßen und Plätzen sowie auf den privaten Grundstücken erfaßt. Am Ende ermittelte der Rechner durch schlichten Tastenbefehl die genaue Anzahl der Bäume. Bild 2 zeigt das Ergebnis für die Kernstadt Aachens, Bild 3 eine Kombination mit der Straßenstruktur, und in Bild 4 sind die Böschungen erkennbar.

Ein weiteres Beispiel: Das Aachener Umweltamt benötigte Kriterien, um beurteilen zu können, wie es Grünelemente als Ausgleichsmaßnahme bei Stellungnahmen zu Bauvorhaben, Bebauungsplänen und Verkehrsplanungen berücksichtigen sollte. Unter dem Maßstab, wie sich Grünflächen in den historischen, durch städtebauliche Leitbilder geprägten Baubeständen verteilen, wurde die Rolle des Grüns jeweils als Konzeptelement erfaßt, zugleich der existierende Grünbestand auf Straßen und Plätzen vor dem Einfluß des Automobils aus alten Kartendokumenten. Die Bilder 5 und 6 zeigen am Beispiel des Aachener Rehm-Viertels den Baumbestand von 1925 und 1992. Man erkennt, wie ausgedünnt die Baumreihen um die großen Verkehrsplätze geworden sind. Mit einer isometrischen Darstellung wie in Bild 7 kann die Situation auch Politikern und Laien verständlicher gemacht werden. In Bild 8 sind in einem Ausschnitt des Aachener Alleenrings Bereiche mit Störungen der Raumproportion wiedergegeben. Auf diesen raumanalytischen Ergebnissen kann nun eine Politik zur Verbesserung der großen Straßenräume aufbauen.

Die Fülle und die Größe von Plänen und Karten war bisher ein Problem in der Raumplanung. Die Verknüpfung von Informationen mehrerer Karten geschah bislang über transparente Kopien oder am Leuchttisch, an dem man tagelang vornübergebeugt stand und jene Informationen herauszeichnete, die gebraucht wurden. Stimmten dabei die Maßstäbe der Vorlagen mit den Arbeitsmaßstäben nicht überein, mußten Verkleinerungen oder Vergrößerungen angefertigt werden. Ein weiteres Problem war die Aufbewahrung. Kleinere Karten bis DIN A0 können in Planschränken, Hängeschränken oder in Rollen archiviert werden. In allen Fällen muß man die Pläne jedoch erst langwierig suchen, Absprachen zur Einsichtnahme und zur Auswertung sind notwendig. Weil es also Zeit und Energie kostet, diese Informationen zu finden, einzuschätzen und zu übertragen, bleiben sie häufig ungenutzt – es sei denn, sie bekommen wieder historische Bedeutung und jemand macht sich für eine wissenschaftliche Arbeit die Mühe, die in den Archiven verborgenen Schätze zu heben. Seit etwa 15 Jahren haben leistungsfähige Fotokopierer die Arbeit mit graphischen Informationen wesentlich vereinfacht. Einen Quantensprung erleben wir seit wenigen Jahren durch den Computer. Nachdem die Karten von einem Großscanner digitalisiert wurden, können die Informationen und Fotos sofort im Computer archiviert und dann in stufenlos veränderbaren Maßstäben über beliebig kombinierbare Layer bearbeitet werden. Die Originale werden so geschont und bleiben länger erhalten, während die Bilddaten kopiert und weitergegeben werden können. Zusätzlich können die Karten auf einer CD-ROM archiviert, preiswert vervielfältigt und an verschiedenen Plätzen genutzt werden.

Einer der großen Vorzüge von CAD- und GIS-Programmen ist die integrierte geometrische Vermessung von Flächen und Körpern. Während man früher mühsam die Maße einer Karte herausarbeiten mußte, kennen die Programme die Strecken des Kartenmaßstabs und können Luftliniendistanzen und Flächeninhalte sofort bestimmen. Ein weiterer Vorzug ist die automatische Anzeige der Winkel. Sie können für die Eingabe vorgegeben oder vorhandene Linien in ihrem Winkel zu einer Basis bestimmt werden.

Welchen praktischen Nutzen das Projekt „RUIS Aachen" für die Zukunft hat, läßt sich an folgender Vision erkennen. Mal angenommen, ein Unternehmen aus den USA informiert sich über das ans Internet angeschlossene RUIS über die Wirtschaftsstruktur der Region. Über die Industrie- und Handelskammer und die Kommunen, ebenfalls im Internet, kann es die freien Flächen für die Ansiedlung eines Betriebes mit ihren jeweiligen Auflagen einsehen. Man kann sogar die Anbindung an Nahverkehrsmittel, die Verkehrswerte von Grundstücken, die Standorte von Schulen und den nächsten Autobahnanschluß und Bahnhof finden. Über das Register des RUIS sind zusätzlich die nächsten Flughäfen auszumachen, und Kontakt-

Bild 6 Baumbestand auf Straßen und privaten Grundstücken im Rehm-Viertel 1992

Bild 7 Dreidimensionale Darstellung der Bau- und Grünstruktur 1992

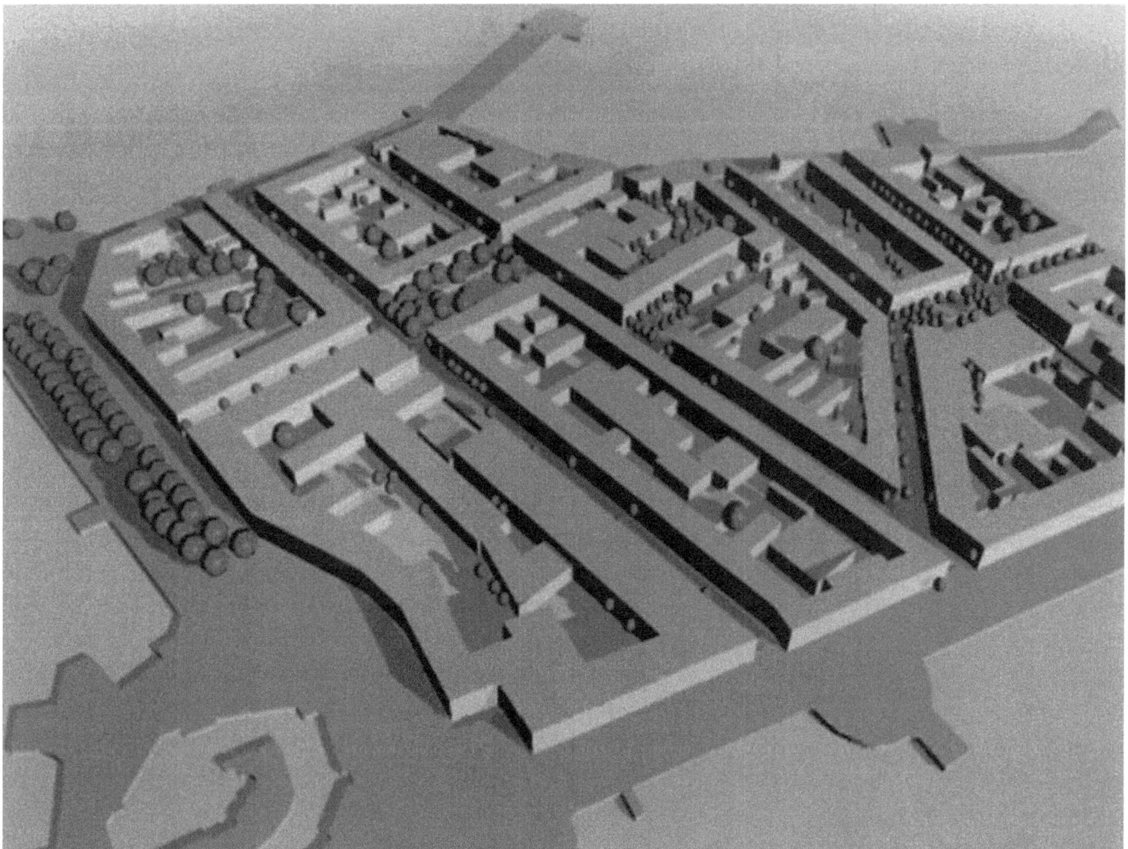

Bild 8 Mängel in der Raumproportion
auf dem Alleenring

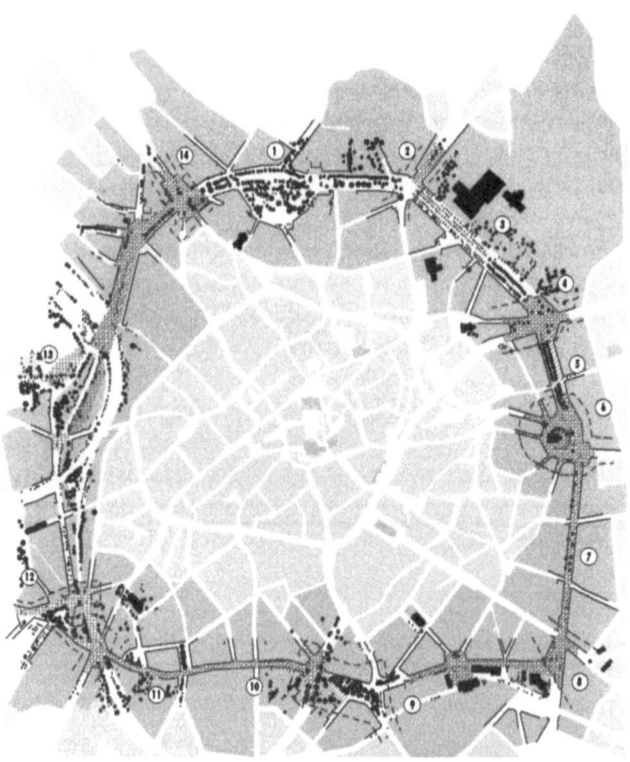

personen mit Telefonnummer, Fax und E-Mail sind aufgelistet. Die
Umgebung der im Interesse stehenden Grundstücke kann man
anschaulich auf einer Luftbildkarte betrachten. Über die Bebauungspläne der Kommunen ist es außerdem möglich, die Festsetzun-
gen der Gewerbegebiete einzusehen. Bevor ein Interessent also eine
Region besucht und Gespräche führt, kann er einen Teil der Raum-
information vom jeweiligen Computer aus bereits abrufen. Das
Unternehmen kann so Entscheidungen besser vorbereiten und zeit-
raubende Suchprozesse erheblich verkürzen.

Erfolgreiche Kommunen und Regionen werben bereits mit aktuellen Informationen ähnlicher Art im Internet für sich. Besonders
für benachteiligte, etwa wie die Aachener an den Grenzen gelegene
Regionen ist es von erheblichem Vorteil, sich diesen neuen Weg zu
erschließen. Durch das Zusammenwirken von Hochschule und
Gebietskörperschaften kann das RUIS die bekannten Angebote
anderer Regionen übertreffen. Allerdings sind mit solchen Informationsangeboten Kosten verbunden. Wenn ein gutes Angebot jedoch
Zeit sparen hilft, wird auch die Bereitschaft entstehen, dafür – wie
bei anderen Dienstleistungen im Internet – zu bezahlen. Darüber
sollte sich ein derartiges System teilweise finanzieren. Für die
Modernisierung der Beziehungen zwischen Hochschulen, Kommunen und Bürgern und für die Schaffung von Arbeitsplätzen im
Dienstleistungssektor können solche Systeme einen bedeutenden
Beitrag leisten.

Prof. em. Gerhard Curdes, Stadtplaner und Architekt, war bis 1998 **Autor**
Lehrstuhlinhaber und Direktor des Instituts für Städtebau und Landesplanung. Zu seinen Forschungsgebieten zählt die historische und
aktuelle Stadtentwicklung, Stadtmorphologie, Stadtgestaltung, Stadtentwicklung in der Dritten Welt und geographische Informationssysteme als Technologie für Stadtforschung und Stadtentwicklung.

Volkwin Marg

Zwischen Grasbrook und Baakenhafen

Die Vision der Hafen-City Hamburg wird Realität

Von New York bis Sydney, von Barcelona bis Istanbul, von London bis Petersburg verlagert sich der Containerumschlag an die tieferen Fahrwasser für die neuen Jumbo-Frachtschiffe mit riesigen Operationsflächen. Das bedeutet, daß der Schiffsverkehr der Zukunft nicht mehr die dafür meist zu flachen, zu engen und zu kleinflächigen Innenstadthäfen – ein Erbe aus dem 19. Jahrhundert – erreichen wird: Die Industriegesellschaft und ihre Logistik befinden sich im Wandel, und dieser erfaßt zunehmend radikal unsere geschichtlich gewachsenen Städte.

Auch Hamburg stand vor der politischen Entscheidung, diesen epochalen Wandel nicht zögerlich hinzunehmen, sondern aktiv als Herausforderung für städtebauliche Chancen zu begreifen und real zu nutzen.

Die politische Führung des Stadtstaates, der Bürgermeister und die hierfür zuständigen Mitglieder des Senats, wußten aus Erfahrung, daß mit diesem Prozeß eine große Gefahr verbunden war: Die Freimachung des über 100 Hektar großen Bauareals unmittelbar neben der City der im Kern dicht und geschlossen bebauten Metropole hätte unbezahlbare Verlagerungen von noch aktiven Hafenbetrieben zur Folge gehabt, wenn die Vision von einer Hafen-City frühzeitig bekannt geworden wäre, denn sie hätte sicherlich eine private Spekulation auf den sogenannten Planungsgewinn ausgelöst.

Um frühzeitige Indiskretionen möglichst zu vermeiden, wurden die Entwicklung der städtebaulichen Vision und die gutachterliche Prüfung ihrer Machbarkeit nicht den zuständigen öffentlichen Behörden übertragen, sondern unserem Institut an der RWTH Aachen mit der Auflage, absolute Diskretion und Vertraulichkeit zu wahren. Unser Ende 1996 der Freien und Hansestadt Hamburg überreichtes Gutachten bildete 1997 die Grundlage für die politische Präsentation der städtebaulichen Vision im Kaisersaal des Hamburger Rathauses in Anwesenheit des Bundespräsidenten. Das Konzept wurde daraufhin ohne Änderungen in kürzester Frist von den Deputationen, Fachausschüssen und von der Bürgerschaft als Planungsgrundlage beschlossen und anschließend durch den Senat bestätigt und verkündet. Im weiteren Verlauf des Verfahrens haben 1998 externe Fachgutachter und die Fachbehörden unseren konzeptionellen Ansatz, unsere Planungsannahmen und grundlegenden Aussagen zu Infrastruktur, zu Hochwasserschutz, Zollrecht oder Art und Maß der Nutzung geprüft und bestätigt.

Im Jahr 1999 werden nun die Vorschläge unseres Gutachtens mittels alternativer Planungen modifiziert und weiterentwickelt. Ab dem Jahr 2000 beginnen die konkreten Baumaßnahmen für diesen wohl wahrhaft epochalen Stadtumbau, bei dem die Hamburger City

durch die Hafen-City über die Lebensdauer einer Generation schrittweise um 100 Hektar erweitert und ergänzt wird (Bild 1).

Für die Hafenentwicklung zwischen Grasbrook und Baakenhafen waren im Hinblick auf die zukünftige Entwicklung grundlegende Entscheidungen zu treffen: Aus der Perspektive der Hafen-

Bild 1 Baubestand des Hamburger Hafens zwischen Grasbrook und Baakenhafen 1996 (oben) sowie Prinzipskizze zur Entwicklung des innerstädtischen Hafenrandes mit Baukörper-Symbolen (unten)

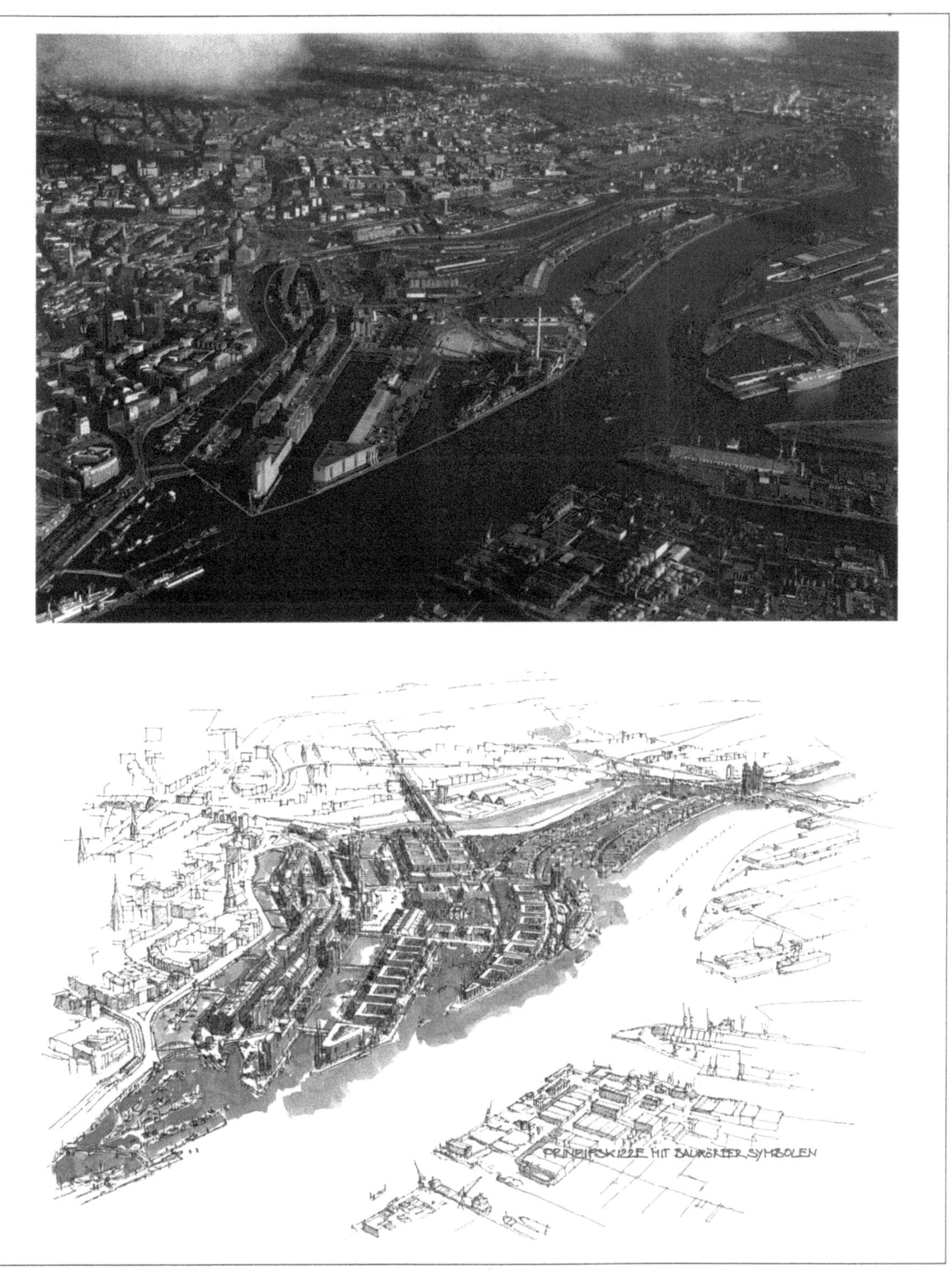

entwicklung hätte es nahegelegen, die Hafenbecken den gewandelten Erfordernissen des Güterumschlages im Seeverkehr anzupassen, indem sie zugeschüttet und umstrukturiert würden. Aus der Perspektive der Entwicklung der Gesamtstadt erschien es jedoch sinnvoll, die dort tätigen Hafenbetriebe an andere Standorte im Hafen zu verlegen, um diesen Betrieben einerseits zukunftsorientierte Entfaltungsmöglichkeiten zu bieten und andererseits zugleich wirkungsvolle Impulse für die wirtschaftliche und städtebauliche Entwicklung des Stadtkerns der Freien und Hansestadt Hamburg auf den Hafenflächen am Rande der Innenstadt zu geben.

Ziel unserer Studie war es also, städtebauliche Szenarien für eine schrittweise Räumung und Neuentwicklung dieses Hafengebietes darzustellen, um hafenwirtschaftliche und stadtentwicklungspolitische Abwägungen zu erleichtern und politische Entscheidungen vorzubereiten. Hierfür wurden Möglichkeiten der Art und des Maßes sinnvoller Nutzungen und deren schrittweise Realisierung veranschaulicht. Dabei war auf die Besonderheiten dieses Hafenareals zu achten, wie Denkmalschutz, Zollrecht, Hochwasserschutz, Verkehrsbezüge, Gleistrassen, Transrapid und der Bestand an Bauten, Brücken, Hafenbecken oder Kaianlagen.

Unsere Szenarien sollten zudem hinsichtlich Entwicklungsaufwand und Verwertung wirtschaftlich realisierbar sein und sich auf prinzipielle Nutzungs- und Baustrukturen beschränken, um den

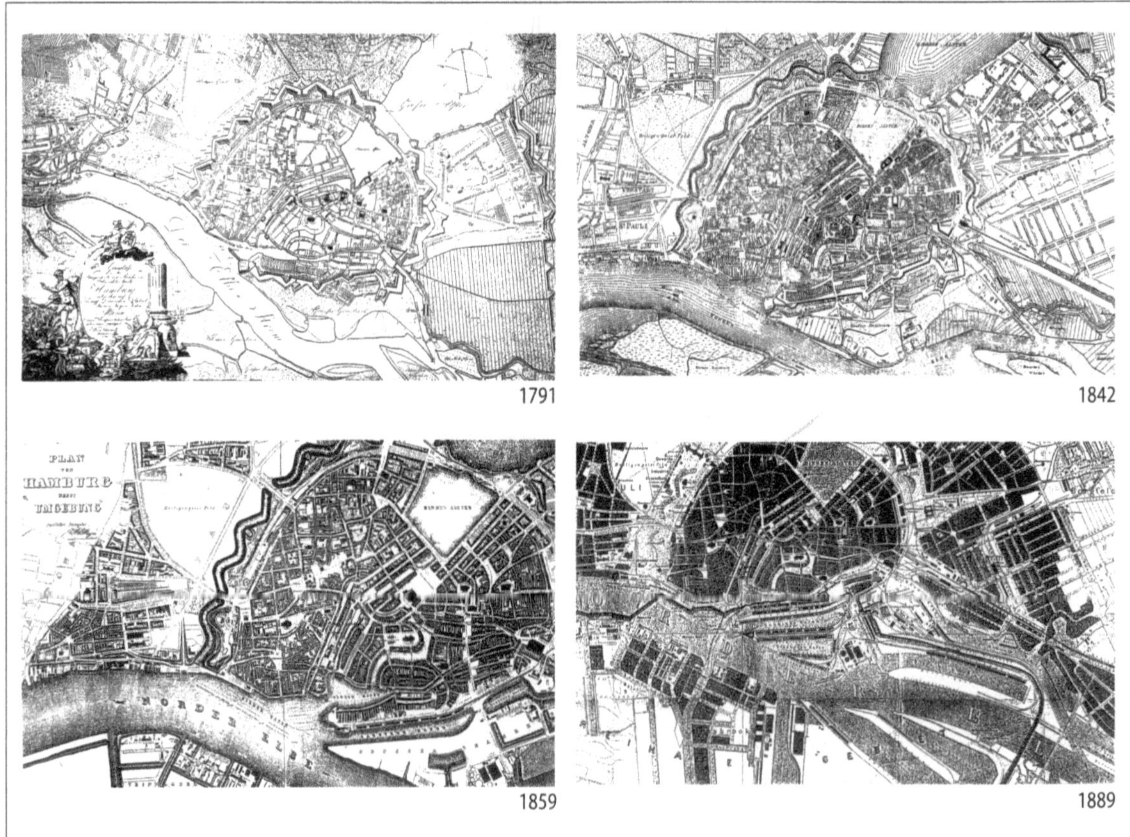

Bild 2 Die Stadt Hamburg in den Jahren 1791, 1842, 1859 und 1889

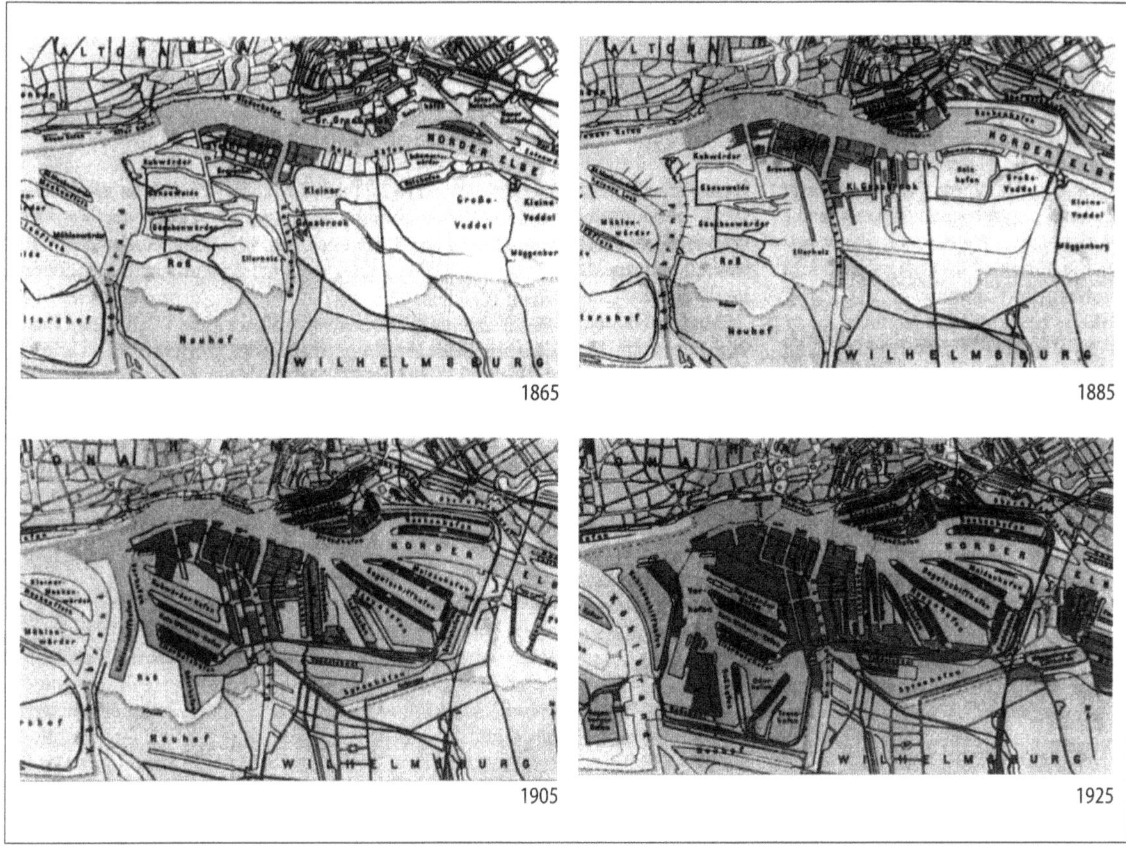

Bild 3 Historische Entwicklung des Hamburger Hafens: 1865, 1885, 1905 und 1925

Spielraum für die Abwägung der Nutzungen und für die städtebauliche Gestaltung freizuhalten.

Die Aufgabenstellung der Studie ist – wie eingangs ausgeführt – vor dem Hintergrund weltweiter Entwicklungsbedingungen für Hafenstädte und der besonderen Lage Hamburgs zu sehen. Die erforderlichen großen Operationsflächen und leistungsfähigen direkten Anbindungen an ein modernes Verkehrsnetz zu Wasser und Land sind in vielen traditionellen, stadtnahen Hafengebieten nicht realisierbar. Viele Hafenstädte waren dementsprechend gezwungen, Hafennutzungen in großem Umfang aufzugeben oder auf neue Standorte zu verlagern. In der Folge galt es, für die traditionellen Hafenflächen neue Nutzungen zu finden.

Die Auswirkungen der veränderten seeverkehrlichen Rahmenbedingungen auf den innerstädtischen Hafenrand in Hamburg sind allerdings anders als in anderen Hafenstädten zu beurteilen. Dieses Areal ist zwar für den modernen Containerverkehr mit Großschiffen wenig geeignet, so daß hierfür andere Flächen im bestehenden Hafen und im Hafenerweiterungsgebiet Altenwerder erschlossen werden müssen. Andere hochwertige und wachstumsträchtige Seeverkehre wie die Ro-Ro-Schiffahrt (*roll on/roll off*) und Hafendienstleistungen wie Lagerhaltung und Distribution finden hier aber durch die Lage am Strom und die Nähe zur inneren Stadt anhaltend gute Standortbedingungen vor. Die vorhandenen Betriebe sind Indiz hierfür. Zur Sicherung der wirtschaftlichen Nutzung erforderliche Flächenumgestaltungen sind im Rahmen der hafenüblichen inneren Umstrukturierung – „Hafenerweiterung nach innen" – grundsätzlich möglich. Allerdings sind für die genannten Wirtschaftsaktivitäten auch andere Standorte im Hafen geeignet und vorhanden beziehungsweise erschließbar.

Auch wenn die hafenwirtschaftliche Nutzbarkeit nicht in Frage steht, so gibt es dennoch zwingende Gründe für eine Umwandlung des innerstädtischen Hafenrandes. Die innere Stadt hat bei bestehender Grenzziehung zwischen Hafen und Stadt keine großflächigen Expansionsmöglichkeiten mehr. Dem steht die wachsende Raumnachfrage etwa von metropoltypischen Dienstleistungen und städtischem Wohnen gegenüber, die innerstädtische, historisch gewachsene Standorte favorisiert. Einzig die Räumung und Umwandlung der zentrumsnahen Hafenanlagen des innerstädtischen Hafenrandes bietet in Hamburg die Chance, dem Stadtkern den dringend benötigten Entwicklungsraum zu geben und hierbei auch neue Wohngebiete im Stadtzentrum anzulegen. Das Hafengebiet zwischen Kehrwieder/ Grasbrook und Baakenhafen/Elbbrücken hat eine einmalige zentrale Lage, die zusätzlich durch den beschlossenen Bau des Transrapid an Bedeutung gewinnt. Der Transrapid rückt den Ballungsraum Berlin mit einer Stunde Fahrzeit unter anderem auch an den Hamburger Hafen und verbessert mit diesem zusätzlichen Hinterland die Voraussetzungen für einen Kreuzfahrt-Terminal mit optimalem Anschluß zu einem touristisch attraktiven Ziel- und Einzugsgebiet.

Hafenerneuerungen in anderen Städten lieferten lehrreiches Anschauungsmaterial

Wenn auch die Umwandlung von Hafenflächen in anderen Hafenstädten anders begründet ist, so können dort auf das Wachstum der Innenstädte gerichtete Vorhaben dennoch für Hamburg lehrreiches Anschauungsmaterial liefern. Die in dieser Studie aufgeführten Projekte sind europäische Beispiele für diese Entwicklung, zum Beispiel am Mittelmeer Barcelona und Genua, an der Ostsee Kiel und Lübeck, an der Nordsee Amsterdam und Rotterdam.

In unserer Studie präsentierten wir ein Szenarium mit Spielräumen für die Art der Nutzungen, das Maß der baulichen Dichte und die Abfolge der Entwicklungsschritte. Hierbei gingen wir von folgenden feststehenden Planungsprämissen aus: Die Speicherstadt sollte weiterhin genutzt, ihr zollfreier Status aufrechterhalten und das Ensemble als Baudenkmal bewahrt werden. Ebenfalls sollte der unbeeinträchtigte Betrieb aller derzeitigen Hafenunternehmen im Untersuchungsbereich bis zu einer erfolgreichen Umsiedlung an einen anderen Standort im Hafen berücksichtigt werden. Weiterhin sollten Entwicklungsstufen nach Maßgabe der Räumungsmöglichkeiten, der Zollabwicklung und der Marktnachfrage nach innenstadtnahen Immobilien vorgesehen werden; ebenso ein hoher Nutzungsanteil innerstädtischen Wohnens am Gesamtbauvolumen zur Belebung der inneren Stadt – vorzugsweise für freien Wohnungsbau an attraktiven Standorten. Die Erhaltung vorhandener Wasserflächen als besondere Qualität für die Charakterisierung des maritimen Standortes mit seinen Freizeitangeboten auf dem Wasser war ebenfalls eine feststehende Planungsprämisse.

Hochwasserschutz sollte vorzugsweise in Form von aufgeschütteten Warften anstelle von im Gefahrenfalle zu schließenden Schutzpoldern mit vielen Toren und Sperrwerken vorgesehen werden. Zudem sollte der infrastrukturelle Aufwand für Verkehrserschließung und Ver- und Entsorgung als öffentliche Vorleistung für die Baureifmachung des Geländes minimiert und das HEW-Heizkraftwerk Grasbrook durch den Neubau eines kleineren Heizwerkes unmittelbar an der vorhandenen Fernwärmeleitung zur Innenstadt ersetzt werden.

Unsere Aussagen in der Studie beschränken sich auf Angebote von grundsätzlichen Nutzungs- und Baustrukturen, sind also kein ausformulierter Entwurf für die konkrete städtebauliche Gestaltung. Systempläne, Strukturmodell und Computersimulation veranschaulichen Bebauungsschemata, die beispielhaft die stadträumliche Verteilung von geschlossenen Baugebieten, Nutzungsarten, Grünzügen und Wasserflächen aufzeigen. Die dargestellten Baukörperfigurationen kennzeichnen das Prinzip unterschiedlicher Bautypologien und -nutzungen (Bild 4): Die geschlossenen kompakten Baukörper kennzeichnen den Bestand verbleibender Baublöcke (zum Beispiel Speicherstadt, Hanseatic Trade Center, Silos und Lager am Brooktorhafen, Kaispeicher A, neues HEW-Heizwerk); die Hochhaustürme kennzeichnen städtebauliche Landmarken (historische Torsituationen entlang der südlichen Speicherstadt am Sandtorhafen und Brooktorhafen, Elbbrückentürme als Akzent für den Stadteingang, Turm als Landmarke des Überseeterminals); die zu den Wasserflächen geöffneten U-förmigen Blöcke kennzeichnen nach Süden oder Westen zum Wasser orientierte viergeschossige Wohnhöfe beziehungsweise sechsgeschossige gemischt genutzte Blöcke; die Reihung von Zeilen am Grasbrookhafen kennzeichnet eine dreigeschossige verdichtete Wohnbauweise.

Bild 4 Bestand und Strukturmodell des Hamburger Hafens zwischen Grasbrook und Baakenhafen

Da die erhaltenen Wasserflächen weite Abstandsräume zwischen der Bebauung darstellen, sind die zu Warften aufgehöhten Landstreifen zwischen den Hafenbecken verdichtet bebaubar. Nördlich dieser Streifen liegen auf dem Niveau der heutigen Kaianlagen die öffentlichen Erschließungsstraßen, südlich vor den Bebauungsstreifen verlaufen – ebenfalls auf der Höhe der heutigen Kais – die öffentlichen Promenaden entlang der Wasserkante. Alle Uferkanten am Wasser bleiben als öffentlicher Raum begehbar, während die bebauten Warften privates Bauland einschließlich der zugehörigen Straßen und Wege für die eigene Erschließung sind.

Die öffentlichen Grünzüge bestehen aus linearen Baumpflanzungen, und zwar einerseits als mehrreihige breite Esplanaden entlang der historischen Wallanlage zwischen Sandtor und Deichtor südlich vor der Speicherstadt am Sandtorhafen und am Brooktorhafen bis zum Deichtormarkt (Bild 5 und 6). Zudem als Alleen für die Erschließungsstraßen auf den Kais nördlich der Bebauungsstreifen, der Brooktorstraße und der Versmannstraße und als Baumzeilen der Promenaden entlang der Wasserkante auf den südlichen Kaimauern.

Da die Bebauungsstreifen entlang der nach Süden zum Wasser orientierten Uferpromenaden optional als Wohngebiete genutzt werden können, ist die Baustruktur dementsprechend kleinmaßstäblich und feinkörnig und das Blockschema nach Süden orientiert und geöffnet.

Bild 5 Bestand, Entwicklungsszenario und Computersimulation für das Quartier Grasbrook

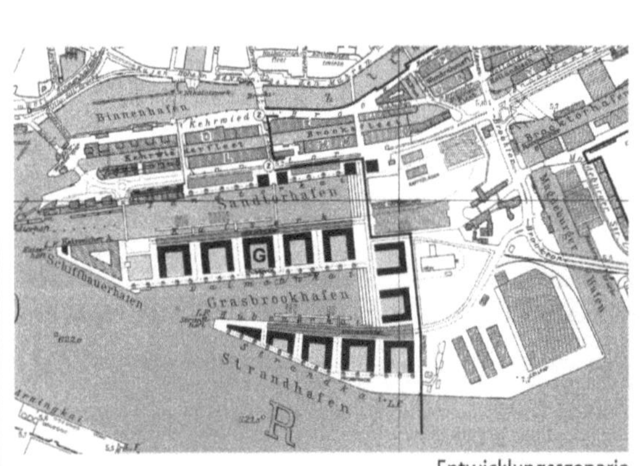

Entwicklungsszenario

Computersimulation

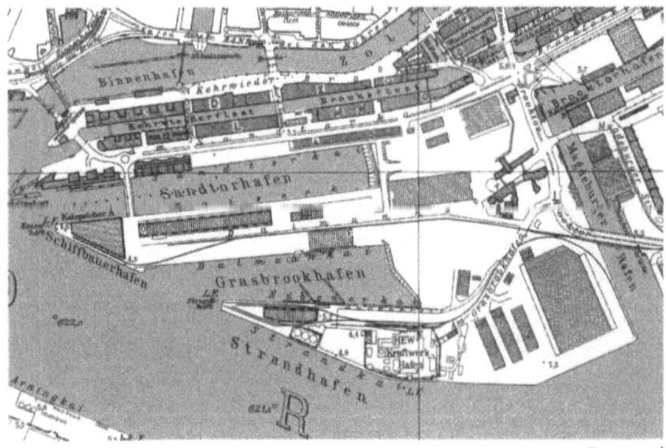

Bestand

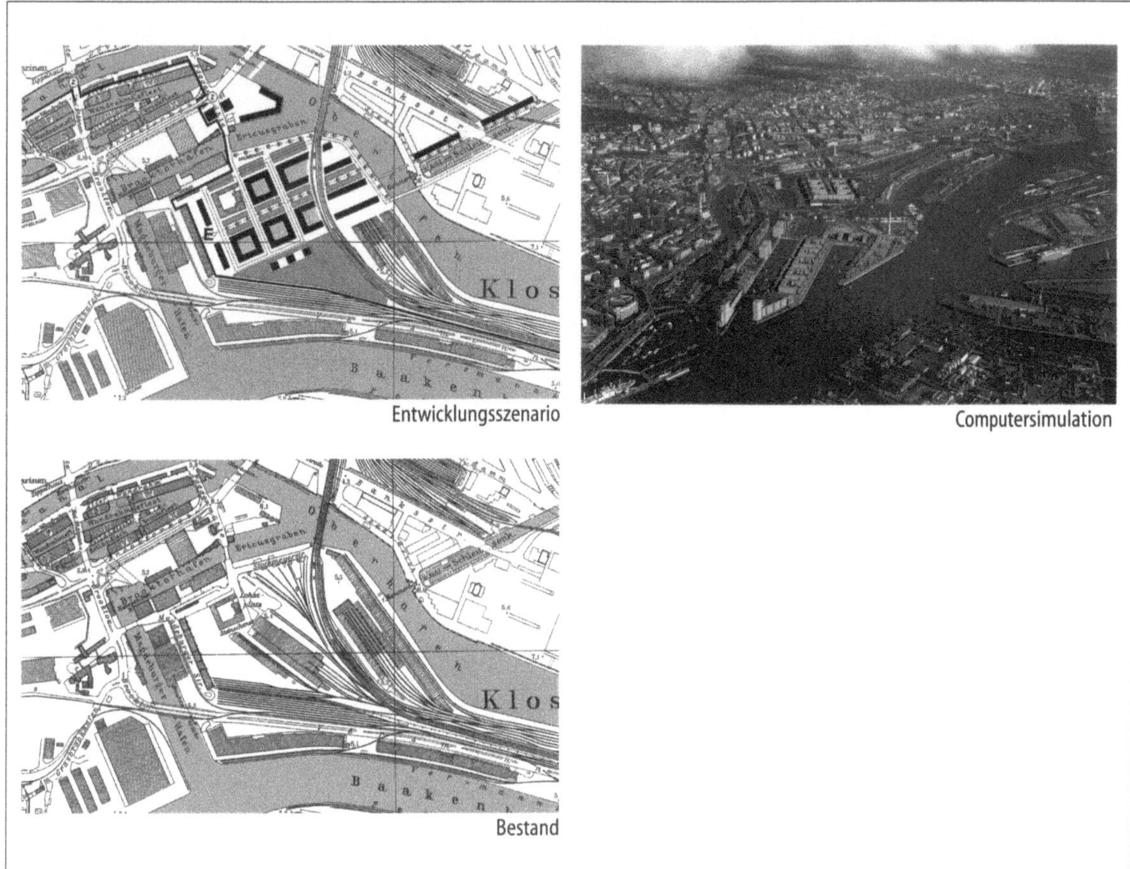

Hohe Bauten, beispielsweise mit zehn Geschossen als Punkthäuser vor der Speicherstadt, 20 Geschossen am Überseeterminal und 30 Geschossen an den Norderelbbrücken beschränken sich auf gewerbliche Nutzungen und dienen städtebaulich als Landmarken. Der Kreuzfahrt-Terminal am Strandkai ersetzt nicht den derzeitigen Fahranleger der Englandfähre am Altonaer Fischereihafen, sondern ist nur für die touristische Schiffahrt gedacht (Bild 7).

Die kurze Verbindung zum Transrapid nach Berlin berechtigt ungeachtet des ebenfalls nahen Hamburger Stadtzentrums in Fußgängerdistanz zu der Erwartung, daß Hamburg wieder an ursprünglicher Stelle zum Ausgang und Ziel der Personenschiffahrt werden könnte, die als Kreuzfahrt eine Wachstumsbranche des Tourismus ist.

Das vorhandene Straßennetz wird im wesentlichen übernommen; aufwendige Straßen- und Brückenausbauten für die Quartierserschließungen sind nicht erforderlich. Die vorhandene S-Bahn erhält zwischen der Oberhafenbrücke und der Freihafenbrücke an der Zweibrückenstraße eine zusätzliche neue Haltestelle „Elbbrücken", die das Quartier Baakenhafen erschließt (Bild 8). Mit den U-Bahn-Haltestellen „Baumwall" und „Meßberg" und der möglichen neuen S-Bahnstation „Elbbrücken" ist eine gute Anbindung an den öffentlichen Personennahverkehr gegeben. Zusätzlich ist die Einbeziehung in die Linienschiffahrt denkbar.

Bild 6 Bestand, Entwicklungsszenario und Computersimulation für das Quartier Ericus

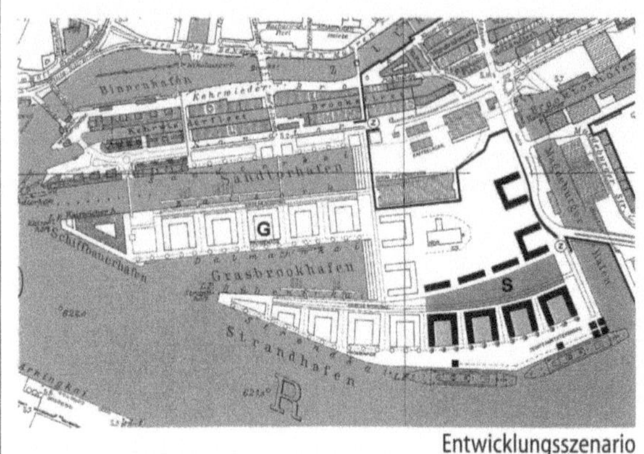

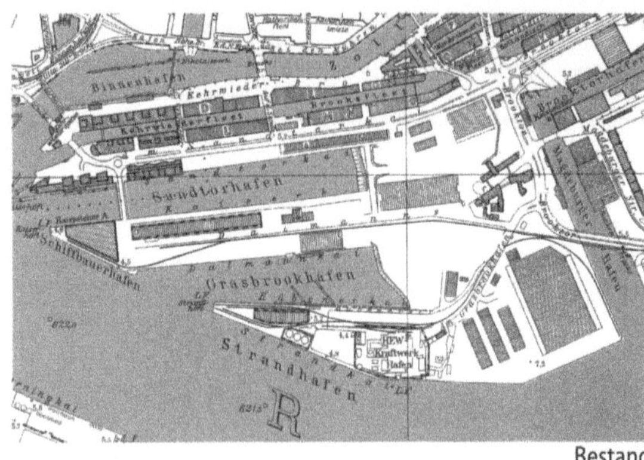

Bild 7 Bestand, Entwicklungsszenario und Computersimulation für das Quartier Sandtor

Bereits 1989 wurde in Hamburg die Entscheidung getroffen, dieses Hafengebiet nicht einzupoldern. Auch wir haben einer Warftenlösung gegenüber einer Polderlösung den Vorzug gegeben, denn eine Warftenlösung ist im Vergleich zu einer Polderlösung mit deren Vielzahl von zu schließenden Flutschutztoren und Sperrwerken ein weitaus sicherer Schutz gegen Hochwasser. Auch erfordert die Aufschüttung von Warften nur einen Bruchteil des Aufwandes einer Polderlösung mit aufwendigen Flutschutzmauern, Toren, Schleusen und Sperrwerken, weniger Zeit für den Bau und weniger Kosten für den Unterhalt. Die Aufschüttung von Warften kann – anders als ein Polder – in jeweils für sich funktionstüchtigen Entwicklungsabschnitten erfolgen. Die Warften werden untereinander und mit dem Festland hinter der Deichlinie mit Brücken verbunden. Eine Warftenlösung verändert auch nicht die Gezeitenströme von Flut und Ebbe und sichert damit die unverminderte Durchströmung mit frischem Wasser und gleichzeitig den amphibischen Charakter der Speicherstadt. Und zudem wird die Gefahr der hohen Abmauerung der Speicherstadt durch Flutschutzmauern und Sperrwerke einer Polderlösung über Aughöhe vermieden.

Um die standfesten, vorhandenen Kaianlagen nicht durch den Erddruck der Geländeerhöhung und der Bebauung zu belasten, werden die Warftaufschüttungen entsprechend weit – etwa 12 bis 15 Meter – von der Vorderkante der Kais zurückgesetzt.

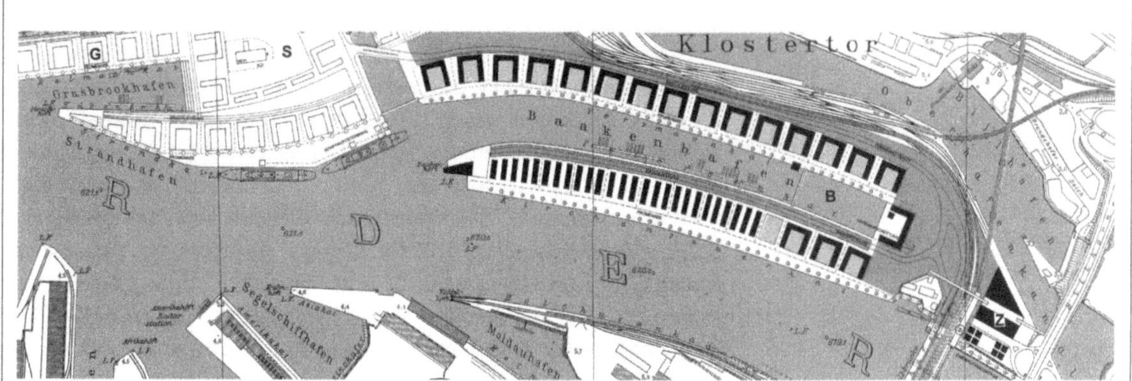
Entwicklungsszenario

Computersimulation

Das Gesamtareal Grasbrook-Baakenhafen bedarf einer prozeßhaft voranschreitenden städtebaulichen Entwicklung über einen längeren Zeitraum, weil ein Verlegen von Hafenbetrieben, ein neuer Ablauf der Verzollung sowie Infrastrukturmaßnahmen für die Baureifmachung und die Nachfrage des Immobilienmarktes nach Wohnungen und Arbeitsstätten in zentraler Lage schrittweise erfolgen werden. Für die Darstellung von Szenarien möglicher Entwicklungsstufen haben wir in der Studie mehrere in sich zusammenhängende Quartierseinheiten gebildet und nach ihrer Lage benannt.

Um flexibel und auf die jeweiligen, zur Zeit noch nicht im einzelnen in ihrer Abfolge festzulegenden Umlagerungen von Hafenbetrieben, Baureifmachungen und die wechselnde Marktnachfrage nach Gewerbe oder Wohnungen reagieren zu können, wird eine Reihenfolge der Realisierungsstufen offengehalten. Es liegt freilich nahe, daß infolge der bereits vereinbarten und terminierten Verlagerung des HEW-Heizkraftwerkes Grasbrook und der nicht mehr für den Güterumschlag genutzten Becken Sandtorhafen und Grasbrookhafen und nach Fertigstellung und Vermietung des Hanseatic Trade Centers auf der Kehrwiederspitze im Bereich Grasbrook die

Bild 8 Entwicklungsszenario und Computersimulation für die Quartiere Baakenhafen und Zweibrückenzentrum

Umwandlung für innerstädtische Nutzungen mit unmittelbarer Anbindung zur Innenstadt zuerst beginnen könnte.

Eine schrittweise Räumung der Freihafenflächen von Grasbrook und Baakenhafen hat die Verlegung der Zollgrenzen zur Folge. Zunächst kann dies durch die schrittweise Zurücknahme des Zollzaunes erfolgen mit entsprechender Verlegung der Durchgänge und Abfertigungsstellen. Zu einem späteren Zeitpunkt erfolgt die Zollabfertigung für den Lkw-Verkehr ausschließlich südlich der Freihafenbrücke und wird vollständig dorthin verlagert. Im Verlaufe der Entwicklung des Hafenareals ist unter Berücksichtigung des europäischen Zollrechtes zu prüfen, wie mittels offener oder virtueller Zolllager unverzollte Güter auch außerhalb des nur noch südlich der Norderelbe eingezäunten Freihafenbereiches gelagert werden. Der zollfreie Status in der Speicherstadt kann auch langfristig auf diese Weise aufrechterhalten werden.

Die Entwicklung der heutigen Hafenflächen für städtische Nutzungen erfordert den Investitionsaufwand der Verlagerung von Hafenbetrieben, der Veränderung der Zollabwicklung sowie der Baureifmachung. Für Hochwasserschutz und Erschließung sind möglichst sparsame Maßnahmen gewählt worden, nämlich Aufschüttung von Warften anstelle aufwendigerer Hochwasser-Schutzpolder; Verwendung der vorhandenen Straßenbrücken über Zollkanal, Oberhafen, Sandtorhafen, Brooktorhafen und Magdeburgerhafen; Verwendung der Tunnel- und Verkehrsbauwerke der Zweibrückenstraße; Trassierung der Erschließungsstraßen an alter Stelle beziehungsweise auf bereits vorhandenen Hafenkais nördlich der zu erschließenden Warften (Kaiserkai, Hühnerkai, Petersenkai) sowie die weitergehende Verwendung vorhandener Ver- und Entsorgungseinrichtungen.

Trotz der Lage im Stadtzentrum und am Wasser wird der Aufwand der Baureifmachung insgesamt nicht mehr, sondern eher weniger neue Infrastrukturmaßnahmen für die bauliche Nutzung erfordern, als für die Entwicklung in Außengebieten nötig wären.

Die Ergebnisse unserer Studie lassen sich in wenigen Sätzen prägnant zusammenfassen: Der innerstädtische Hafenrand ist trotz veränderter Rahmenbedingungen im Seeverkehr weiterhin hafenwirtschaftlich gut nutzbar. Für die ansässigen Betriebe sind auch zukunftsfähige Standorte an anderer Stelle im Hafen vorhanden beziehungsweise erschließbar. Dieses gilt nicht für die innere Stadt: Ihr weitgehend gefüllter Stadtkern hat als einzigen Expansionsraum von Bedeutung das Gebiet Grasbrook/Baakenhafen.

Die Räumung und Neubesiedelung von Grasbrook und Baakenhafen ist in abgestimmten Schritten möglich, die sich aus betriebswirtschaftlichen, zolltechnischen und immobilienwirtschaftlichen Bedingungen ergeben. Die erwogene Umwandlung der innenstadtnahen Hafenflächen in Entwicklungsquartiere für das Wachstum des Hamburger Stadtkernes entspricht städtebaulichen Veränderungen, für die aus anderen Hafenstädten mit vergleichbaren Entwicklungen nutzbringende Erfahrungen vorliegen. Und die Ansiedlung von innerstädtischen Nutzungen bietet die Möglichkeit, in einem frei wählbaren wohlabgewogenen Verhältnis, Wohn- und Gewerbequartiere neben der Innenstadt anzulegen, um diese so zu erweitern und zu beleben. Dieses eröffnet zugleich Entwicklungsmöglichkeiten für expandierende und arbeitsplatzintensive metropoltypische Dienstleistungen für Kultur, Medien und Fremdenverkehr.

Die Bewahrung des denkmalgeschützten Gewerbegebietes Speicherstadt als Ensemble des Hamburger Stadtkernes ist ein Teil der Neugestaltung dieses Hafenbereiches. Ihr zollrechtlicher Status läßt sich in Abstimmung mit dem europäischen Recht erhalten.

Die Entwicklung und Baureifmachung ist auf wirtschaftliche Weise möglich, weil für den Hochwasserschutz einfache Warftenlösungen ausreichen und die Infrastruktur der Kaianlagen, Brücken, Straßen und Ver- und Entsorgungsleitungen weiterverwandt werden können.

Der mögliche Beginn einer schrittweisen Umwandlung dieses stadtnahen Hafenbereiches fällt mit dem Zeitpunkt zusammen, zu dem die Entwicklungsreserven des Hamburger Stadtkernes durch Bebauung aller Baulücken erschöpft sind.

Der städtische Grundbesitz im Hafen gibt der Freien und Hansestadt Hamburg das Verfügungsrecht über Grund und Boden und ermöglicht, frei von privaten Bodenspekulationen, eine intensive gewerbliche Nutzung mit Wohnquartieren, Grünflächen und Freizeitangeboten auf dem Wasser zu verbinden.

Die Ausweitung des Stadtzentrums in den Hafen als Modellprojekt für sozialen Städtebau im 21. Jahrhundert

Die Ausweitung des Hamburger Stadtzentrums in dem nördlichen Hafenrand läßt sich als ein Modellprojekt für sozialen Städtebau im 21. Jahrhundert wirtschaftlich umsetzen und gestalten.

Die Arbeiten am Lehrstuhl für Stadtbereichsplanung verbinden stets programmatisch Theorie und Praxis – dies ist für die Lehre sehr fruchtbar. Wie bei allen vergleichbaren städtebaulichen Themen wurden auch in diesem Projekt von den Studierenden über mehrere Semester hinweg praxisbezogene Entwürfe zur Hafen-City entwickelt und zum Beispiel auch Diplomarbeiten zu diesem Thema erarbeitet.

Architektur und Städtebau verstehe ich wie den Teil und das Ganze. Die planende Gestaltung der Wirklichkeit nach dem Bild von ihr, gebietet als Leitbild die Entwicklung realer Visionen. Als Verbindung von Theorie und Praxis am konkreten städtebaulichen Projekt in der politischen Realität war die Projektierung für die Hafen-City auch ein Ausdruck für die Realitätsnähe der Lehre an unserer Fakultät: Eine Vision, an der RWTH Aachen entwickelt, wurde für die Stadtentwicklung Hamburgs zum Wegweiser ins 21. Jahrhundert.

Prof. Volkwin Marg ist Inhaber des Lehrstuhls für Stadtbereichsplanung und Werklehre an der Fakultät für Architektur. Freiberuflich ist er tätig mit Meinhard von Gerkan in der Sozietät von Gerkan, Marg und Partner, Berlin – Hamburg – Aachen.

Autor

Dem Aluminium auf der Spur

Per Nicolai Martens, Holger Koch
und Ludger Rattmann

Stoffströme metallischer Rohstoffe unter der Lupe

In den letzten 50 Jahren haben sich Volkswirtschaften in atemberaubendem Tempo zu Konsumgesellschaften entwickelt. Weltweit kommt hierbei der Montanindustrie die Aufgabe zu, eine gesicherte Versorgungsbasis mit mineralischen Rohstoffen und mit Halbfertigprodukten als Voraussetzung für stetiges Wachstum sicherzustellen. Die Nutzung von energetischen und mineralischen Rohstoffen bildet also eine wesentliche Grundlage unserer Zivilisation. In diesem Zusammenhang haben vom Menschen bewegte Stoffströme, also Stoffe auf dem Weg von ihrer Gewinnung über die Stufe des Endprodukts bis zur Entsorgung, mengenbezogen und hinsichtlich ihrer Qualität eine Dimension angenommen, die den globalen Stoffhaushalt insgesamt beeinflußt. Um beispielsweise ein Kilogramm Gold zu gewinnen, müssen rund 350.000 Kilogramm Gestein bewegt und bearbeitet werden [1]. Bei einer jährlichen Weltproduktion von etwa 2300 Tonnen Gold sind dies rund 800 Millionen Tonnen bewegtes und bearbeitetes Gestein. Verladen auf Lkw würden diese aneinandergereiht eine Strecke zwischen der Erde und dem Mond ergeben (Bild 1).

Die ökonomischen, ökologischen und sozialen Auswirkungen dieser Stoffströme spielen für die heutige und nachfolgende Generationen eine entscheidende Rolle. Wegen der begrenzten Verfügbarkeit von Ressourcen, beispielsweise Arbeit, Kapital, Energie, Boden, Wasser und Luft, ist eine Gestaltung dieser Stoffströme mit Blick auf Ressourcenschonung von hohem gesellschaftlichen Interesse. Von herausragender Bedeutung sind sie bei der Grundversorgung der Menschheit mit mineralischen Rohstoffen, einschließlich

Bild 1 Die jährlich bei der Gewinnung von Gold bewegte Gesteinsmenge ist immens hoch. Verladen auf Lkw würden diese aneinandergereiht eine Strecke zwischen der Erde und dem Mars ergeben

daraus resultierender Veredlungs- sowie Recycling- und Abfallprodukte.

Um die zukünftige Bedeutung von Stoffströmen mineralischer und energetischer Rohstoffe abschätzen zu können, müssen wir deren vergangene, gegenwärtige und zukünftige Entwicklung im Zusammenhang mit dem weltweiten Bevölkerungswachstum sehen. Prognosen gehen von einem beträchtlichen Anstieg des Weltenergieverbrauchs um 75 Prozent bis zum Jahre 2020 aus. Auslöser für diese Entwicklung sind zum einen anhaltend steigende Bevölkerungszahlen und zum anderen eine künftig erhöhte Energienachfrage der Entwicklungs- und Schwellenländer. Trotz einiger Einbrüche wird das vergleichsweise hohe Wirtschaftswachstum in den asiatischen Ländern und der damit steigende Lebensstandard in dieser Region einen weiteren Beitrag leisten. Die Kopplung von Wirtschaftswachstum und Rohstoffgebrauch läßt vermuten, daß auch die Nachfrage an Rohstoffen in der Zukunft steigen wird (Bild 2). Dies wird auch die anfallenden Abfallmengen vergrößern.

Der erhöhte Bedarf an mineralischen Rohstoffen kann grundsätzlich durch folgende Quellen gedeckt werden: Senkung des spezifischen Gebrauchs an Rohstoffen, Verstärkung des Recyclings und Bergbau. Der spezifische Einsatz von Rohstoffen und Energie wird momentan nur in einigen Industriestaaten reduziert. In Entwicklungsländern ist dagegen ein gegenläufiger Trend festzustellen. Möglichkeiten des Recyclings sind in erster Linie abhängig vom

Bild 2 Entwicklung des Gebrauchs von ausgewählten Nichteisenmetallen, des Weltenergieverbrauchs (blaue Linie) und der Weltbevölkerung (rote Linie)

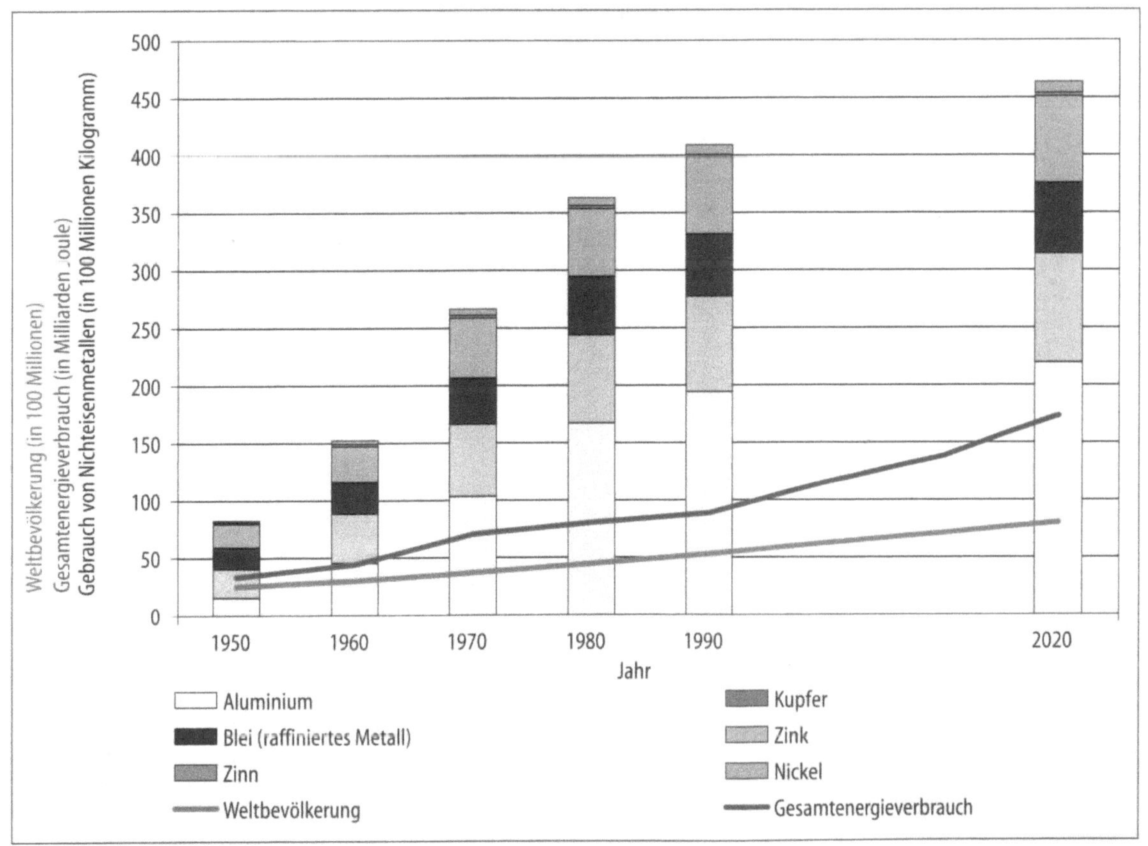

jeweiligen Rohstoff und dementsprechend unterschiedlich entwickelt. Zudem hat Recycling ökologische und ökonomische Grenzen, denn bei mehrmaliger Wiederverwendung reichern sich Verunreinigungen an, die wiederum zu einem steigenden Verbrauch an Energie und anderen sachlichen Produktionsfaktoren führen. Daher sollte Recycling nicht immer und grundsätzlich als zweckmäßigste Lösung in Betracht kommen. Konsequenz ist, daß die bergbauliche Gewinnung mineralischer Rohstoffe auch in Zukunft eine entscheidende Rolle bei der Versorgung spielen wird.

In bisherigen Untersuchungen herrscht eine eher technische und wirtschaftliche Sichtweise vor, wenn die mit der Erzeugung von Wirtschaftsgütern in Zusammenhang stehenden Auswirkungen betrachtet werden. Das tatsächlich vorhandene, wesentlich breitere Ursachen-Wirkungs-Spektrum blieb unberücksichtigt. Es ist jedoch erforderlich, alle Stoffströme, die mit der Erzeugung, Nutzung und Entsorgung von Wirtschaftsgütern in Zusammenhang stehen, zu untersuchen (Bild 3). Fließen Stoffströme nicht nachwachsender Energie- und Produktionsrohstoffe aus der Geosphäre in die Anthroposphäre und wieder zurück, sind nicht nur erhebliche Massen-, Volumen- und Energieströme aus betrieblicher Sicht zu optimieren. Es gilt, darüber hinaus Prozesse entlang von Stoffströmen unter Berücksichtigung weiterer beeinflussender Größen, wie Ökologie und Soziologie, zu betrachten (Bild 4).

Dies hat sich der von der Deutschen Forschungsgemeinschaft (DFG) geförderte Sonderforschungsbereich 525 „Ressourcenorientierte Gesamtbetrachtung von Stoffströmen metallischer Rohstoffe" zum Ziel gesetzt. Beteiligt sind neun Institute der RWTH Aachen und des Forschungszentrums Jülich aus den Bereichen Ingenieurwissenschaften, Naturwissenschaften, Wirtschaftswissenschaften sowie der Mathematik und der Systemanalyse. Der Sonderforschungsbereich untersucht in einer möglichst umfassenden Betrachtungsweise Stoffströme metallischer Rohstoffe, über die rein technisch-ökonomische Dimension hinaus, auch im Hinblick auf ökologische und soziale Fragestellungen. Dies wollen wir in einer ersten Phase beispielhaft für Aluminium erarbeiten.

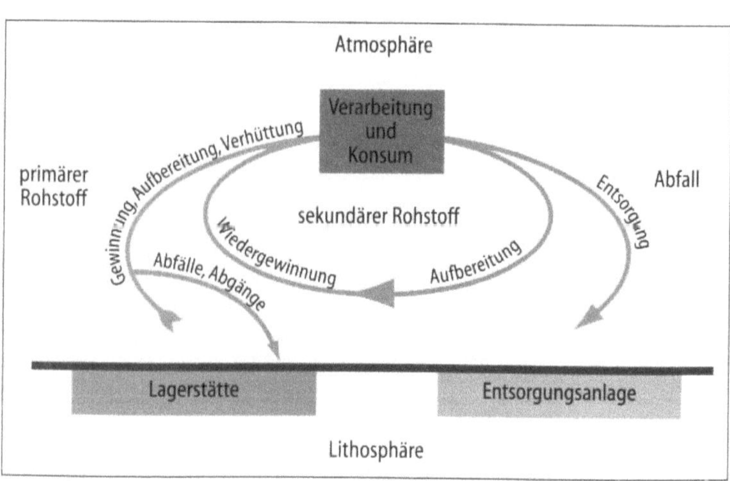

Bild 3 Stoffströme metallischer Rohstoffe

Aluminium ist nach Sauerstoff und Silizium das dritthäufigste Element der Erdkruste. Wegen seiner chemischen Reaktivität ist es nicht elementar in der Natur vorhanden, sondern ausschließlich in Mineralgemengen mit Silikaten und Oxiden auffindbar. Der Rohstoff zur Erzeugung von Primäraluminium für die Industrie ist nahezu ausnahmslos Bauxit. Der Produktionsprozeß ist zweistufig. Im ersten Schritt wird bergbaulich gewonnener Bauxit in Oxidfabriken zu Aluminiumoxid, auch Tonerde genannt, verarbeitet. Dieses für die weitere Verarbeitung notwendige Zwischenprodukt wird in der Regel nach dem Bayer-Verfahren erzeugt. Im zweiten Schritt erfolgt die Umwandlung des Aluminiumoxids mittels Schmelzflußelektrolyse nach dem Hall-Héroult-Verfahren in metallisches Aluminium (Primäraluminium).

Bauxit, überwiegend im Tagebau gewonnen, ist ein inhomogenes Gemenge von hydroxidischen Aluminiummineralen, Eisen- und Titanoxiden. Im Jahr 1996 wurden weltweit rund 123 Millionen Tonnen Bauxit gefördert, wobei die Hauptförderländer Australien (35 Prozent), Guinea (15 Prozent), Jamaika (zehn Prozent) und Brasilien (neun Prozent) waren (Bild 5). Mit dem Bayer-Verfahren werden aus rund 5,7 Tonnen Bauxit zwei Tonnen Aluminiumoxid erzeugt [2]. Dies geschieht durch den Aufschluß mit Natronlauge bei Drücken von 120 bis150 bar und Temperaturen von bis zu 360 Grad Celsius. Die Aluminiumoxidproduktion betrug 1996 rund 45 Millionen Tonnen. An der Produktion waren hauptsächlich Australien (30 Prozent), die USA (11 Prozent), die GUS-Staaten (zehn Prozent), Jamaika (sieben Prozent) und Brasilien (sechs Prozent) beteiligt.

In den Aluminiumhütten wird aus rund zwei Tonnen Aluminiumoxid eine Tonne Primäraluminium erzeugt, und zwar mit Hilfe elektrischen Stroms durch Elektrolyse von in Kryolith gelöstem Aluminiumoxid. Kryolith ist ein in der Natur vorkommendes Natriumhexafluoroaluminat, das zu diesem Zwecke aufgeschmolzen wird. Die Weltproduktion von Primäraluminium erreichte rund 21 Millionen Tonnen. Haupterzeuger waren die USA (17 Prozent), die GUS-Staaten (15 Prozent), Kanada (11 Prozent), China (neun Prozent), Australien (sieben Prozent) und Brasilien (sechs Prozent). Die Differenz zwischen dem weltweiten Gesamtbedarf von rund 29 Millionen Tonnen Aluminium und der Primäraluminiumproduktion wird durch Sekundäraluminium aus Schrotten abgedeckt. Hauptproduzenten waren 1996 die USA (46 Prozent), Japan (17 Prozent), Deutschland (sechs Prozent) und Italien (fünf Prozent).

Wegen seiner geringen Dichte wird Aluminium besonders im Leichtbau eingesetzt. Einige Aluminiumlegierungen erreichen Festigkeiten, deren Wert die mancher Stahllegierungen übertreffen. Durch die gute chemische Verwitterungsbeständigkeit finden bestimmte Aluminiumlegierungen einen Einsatz im Schiffbau sowie in der chemischen Industrie. Weitere Werkstoffeigenschaften stellen die gute Umformbarkeit und Spanbarkeit dar, da sie hohe Fertigungsgeschwindigkeiten und das Pressen von nahezu beliebigen Profilen ermöglichen. Bestimmte Aluminiumlegierungen leiten den Strom besser als Kupferwerkstoffe.

Aluminium kommt in der Erdkruste nur in Mineralgemengen vor

Bild 4 Ressourcenorientierte Gesamtbetrachtung im Spannungsfeld Ökonomie, Ökologie und Soziologie

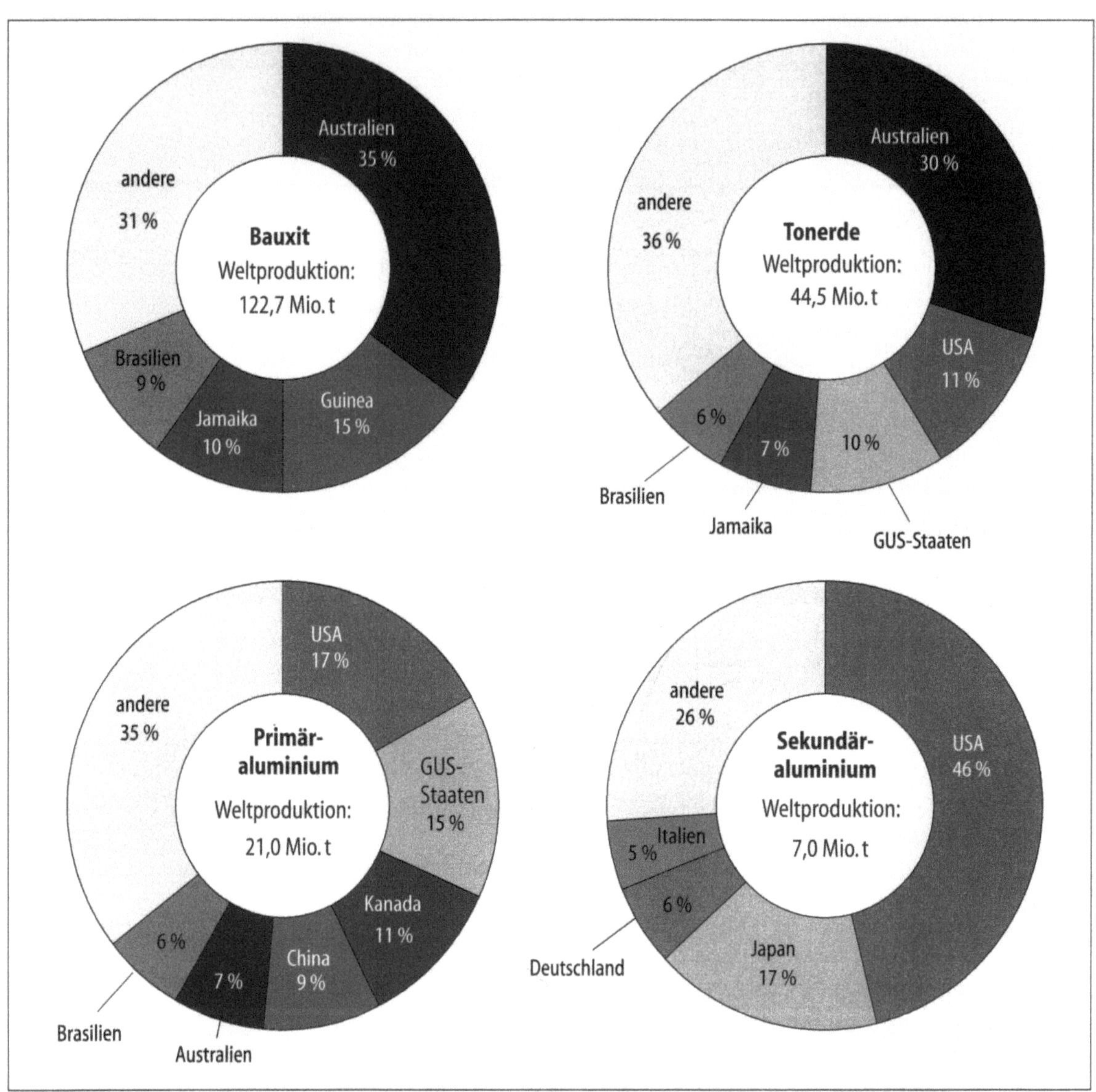

Bild 5 Weltproduktion (in Millionen Tonnen) und wichtigste Erzeugerländer (in Prozent) von Bauxit, Tonerde sowie Primär- und Sekundäraluminium 1996

Primär- und Sekundäraluminim

Nach Nutzung und Gebrauch wird das Metall entweder recycelt oder beseitigt. Die Güte des Sekundäraluminiums hängt stark von der Qualität der eingesetzten Sekundärrohstoffe ab. Seine Reinheit ist in der Regel geringer als die des Primäraluminiums. Aus diesem Grund wird Sekundäraluminium hauptsächlich zu Gußlegierungen verarbeitet. Das Umschmelzen verunreinigter Schrotte – dazu gehören unter anderem Späne, Folien, stark oxidierte Schrotte und Aluminiumkonzentrate aus der Abfallvorsortierung und -aufbereitung sowie Krätzegröben oder Aluminiumgranulate der Salzschlacke – erfolgt in Deutschland ausschließlich in Drehtrommelöfen unter einer Schutzsalzschicht. Dabei fallen erhebliche Mengen Salzschlacke an, die weiterverarbeitet werden und nur zu einem geringen Teil als Abfälle beseitigt werden müssen [3].

Mit der Erzeugung von Primär- und Sekundäraluminium ist nach den beschriebenen Prozessen eine Vielzahl von Stoffströmen verbunden. Hierbei handelt es sich folglich nicht nur um den Massenstrom des Nutzminerals. Es müssen auch Stoffströme für die Bereitstellung von Hilfs- und Betriebsstoffen und Abfallströme in die Betrachtung mit einbezogen werden (Bild 6).

Bemerkenswert hierbei ist, daß aus rund 5,7 Tonnen Bauxit zunächst rund zwei Tonnen Aluminiumoxid und daraus eine Tonne Primäraluminium erzeugt werden [2]. Berücksichtigt man die Abraummassenbewegungen bei der Gewinnung von Bauxit und die während des Bayer-Prozesses und der Elektrolyse eingesetzten Hilfsstoffe sowie die anfallenden Abfallströme, so wird deutlich, daß die Erzeugung von Primäraluminium mit Stoffströmen einhergeht, die weit über der Menge des Nutzminerales liegen. Das für Gold aufgezeigte Beispiel (einer Lkw-Kette von der Erde bis zum Mond) würde für Aluminium rund die Hälfte der Strecke ergeben.

Bisherige Sichtweisen, die Stoffströme nur aus ökonomisch-technischer Sicht analysieren, reichen heute nicht mehr aus, um umfassende Aussagen über die Folgen der Herstellung metallischer Rohstoffe zu treffen. Vielmehr bedarf es zusätzlicher Betrachtungen und Untersuchungen bezüglich ihrer ökologischen und sozialen Auswirkungen. Der gesamte Lebenszyklus eines Wirtschaftsgutes ist mit einer Vielzahl positiver aber auch negativer ökonomischer, ökologischer und sozialer Wechselwirkungen behaftet, die es zu beurteilen gilt. Die Hauptförderländer für Bauxit sind größtenteils Entwicklungsländer, in denen der Bauxitbergbau einer der wichtigsten Wirtschaftsfaktoren ist. Unter anderem ermöglicht die Rohstoffgewinnung, Devisen zu erwirtschaften, Arbeitsplätze und Infrastruktur – wie Verkehrswege, Schulen, Krankenhäuser – zu schaffen und weitere Industrie anzusiedeln. Neben solchen positiven Erscheinungen sind auch negative Auswirkungen zu nennen. Dies sind zum Beispiel Emissionen, Flächengebrauch und anfallende Abfallmengen. Über die geforderte Minimierung der Stoffströme hinaus, müssen positive Auswirkungen der Stoffströme analysiert und maximiert werden (Bild 7).

Außer Frage steht, daß die Menschheit durch ihr gegenwärtiges Handeln ihre Lebensgrundlage gefährden könnte. Nachhaltige Entwicklung bedeutet jedoch, die möglichen zukünftigen Konsequenzen unseres Handelns immer mit zu berücksichtigen. Herausforderung und Notwendigkeit ist, langfristig einen geringen Ressourcengebrauch bei steigender wirtschaftlicher Leistung zu erzielen. In den letzten Jahren haben internationale Bemühungen dazu geführt, daß durch das Ökoaudit (ISO 14 000 ff) das Management eines Unternehmens den Umweltschutz als weiteren Produktionsfaktor in seinen Aufgabenbereich integriert [4].

Weitere Bestrebung ist es, auch soziale Komponenten zu berücksichtigen. Das sogenannte Stoffstrommanagement soll das Mittel hierfür sein. Darunter versteht man das zielorientierte, verantwortliche, ganzheitliche, effiziente Beeinflussen von Stoffsystemen, wobei Ökologie und Ökonomie unter Berücksichtigung sozialer Aspekte die Ziele stecken [4, 5]. Innerhalb des Stoffstrommanagements unterscheidet man die Stoffstromanalyse, die Stoffstrombewertung, die Strategieentwicklung und die Umsetzung beziehungsweise Kontrolle. In einem ersten Schritt hierzu ist es daher notwendig, den zu

Stoffströme müssen auch unter ökologischen und sozialen Gesichtspunkten betrachtet werden

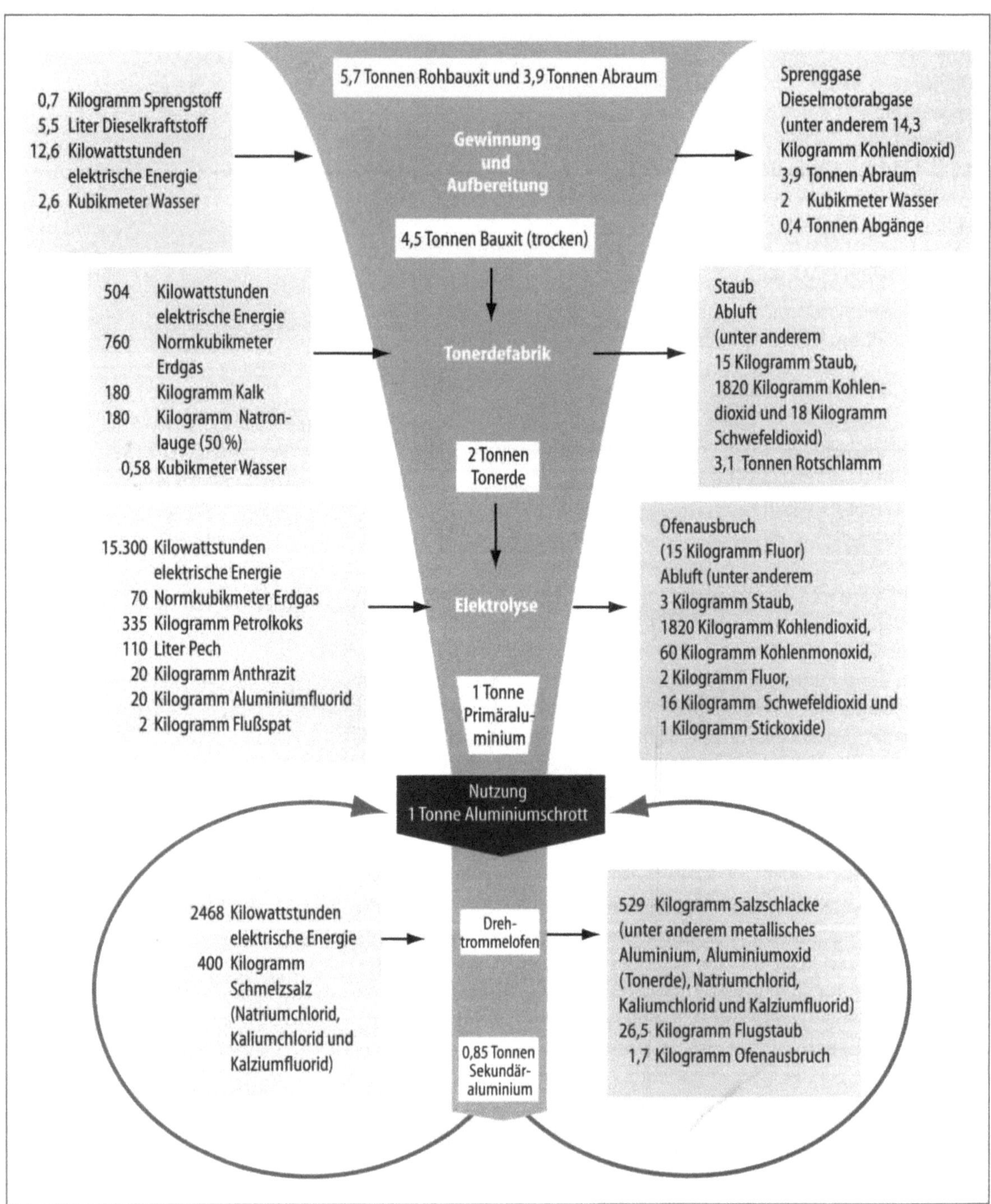

Bild 6 Prozeßschritte mit dazugehörenden Stoffströmen bei der Erzeugung von Primäraluminium

untersuchenden Stoffstrom in seiner gesamten Dimension mittels einer Stoffstromanalyse darzustellen. Ziel hierbei muß es sein, eine Bewertung des Stoffstroms zu ermöglichen und den Akteuren aus den vorhandenen Informationen Wege aufzuzeigen, wie der entsprechende Stoffstrom unter Berücksichtigung aller Ressourcen am effektivsten zu gestalten ist.

Noch vor wenigen Jahrzehnten galt es, die Produktion von Wirtschaftsgütern lediglich aus wirtschaftlichen Gesichtspunkten zu

Bild 7 Bewertung von Auswirkungen der entstehenden Stoffströme bei der Primäraluminiumerzeugung

optimieren. Weltweite Bemühungen, den Umweltschutz als integrierten Produktionsfaktor in einem Unternehmen zu etablieren (ISO 14 000 ff), haben seitdem erste Früchte getragen. Dennoch wurden die Schwierigkeiten auf dem Weg zu einem weltweiten Umweltschutz erst jüngst auf der Sondergeneralversammlung der Vereinten Nationen zum Thema „Sustainable development" offensichtlich. Ein Jahr nach Kyoto und sechs Jahre nach der Konferenz von Rio de Janeiro bleibt offen, ob und wie die gesteckten Ziele erreicht werden können.

Gegenwärtig sind, nicht zuletzt von sozialen Einrichtungen der Kirchen, Bestrebungen zu erkennen, sozialen Gesichtspunkten bei der Betrachtung von Stoffströmen mehr Gewicht als bisher zukommen zu lassen. Auf dem Gebiet der ökologischen und sozialen Betrachtung vom Menschen ausgelöster Stoffströme besteht künftig zunehmend Forschungsbedarf. Um die gesamte Dimension solcher Stoffströme zu erfassen und um die Wechselwirkungen zwischen den einzelnen Faktoren im Spannungsfeld Ökonomie, Ökologie und Soziologie aufzuzeigen, muß die interdisziplinäre Forschung vorangetrieben werden. Hierzu bieten sich die Universitäten mit ihren besonderen Möglichkeiten an. Mit der Einrichtung des Sonderforschungsbereichs „Ressourcenorientierte Gesamtbetrachtung von Stoffströmen metallischer Rohstoffe" ist ein erster Schritt in Richtung zukunftsweisender Forschung getan.

Prof. Dr.-Ing. Dipl.-Wirt.Ing. Per Nicolai Martens ist Inhaber des Lehrstuhls und Direktor des Instituts für Bergbaukunde I sowie Sprecher des Sonderforschungsbereichs 525 „Ressourcenorientierte Gesamtbetrachtung von Stoffströmen metallischer Rohstoffe".

Dr.-Ing. Holger Koch ist wissenschaftlicher Mitarbeiter, Dr.-Ing. Ludger Rattmann Akademischer Rat am Institut.

Autoren

[1] F. Schmidt-Bleek: Wieviel Umwelt braucht der Mensch? MIPS – Das Maß für ökologisches Wirtschaften, Birkhäuser-Verlag, Berlin, Basel, Boston 1993.

Literaturhinweise

[2]　Stoffmengenflüsse und Energiebedarf bei der Gewinnung ausgewählter mineralischer Rohstoffe – Teil Aluminium, Bundesanstalt für Geowissenschaften und Rohstoffe, Hannover 1998.

[3]　M. Beckmann: Aufarbeitung von Aluminiumsalzschlacken in Nordrhein-Westfalen, ALUMINIUM, 6, 1991.

[4]　A. von Röpenak: Vom Umweltmanagement zum Stoffstrommanagement, Erzmetall, 51, 1998, Nr. 6, GDMB.

[5]　Verantwortung für die Zukunft – Wege zum nachhaltigen Umgang mit Stoff- und Materialströmen. Zwischenbericht der Enquete-Kommission „Schutz des Menschen und der Umwelt – Bewertungskriterien und Perspektiven für umweltverträgliche Stoffkreisläufe in der Industriegesellschaft" des 12. Deutschen Bundestages, Economica Verlag.

Jiri Silny

Elektromagnetische Umweltverträglichkeit in der Informationsgesellschaft von morgen

Die Technologien des kommenden Jahrhunderts sollen dem Menschen nicht nur größere Leistungsfähigkeit, Arbeitseffizienz und Mobilität ermöglichen, sondern ihm auch zu mehr und besserer Lebensqualität verhelfen. Die Einführung neuer Systeme zur Erzeugung, Übertragung und Umwandlung von elektrischer Energie sowie für die Übermittlung von Informationen mittels elektromagnetischer Felder steht unmittelbar bevor. Ihre wirtschaftlichen Vorteile werden bereits offensichtlich, mögliche Nebenwirkungen auf den Menschen indes sind bislang noch wenig erforscht.

Elektromagnetische Felder durchdringen all unsere Lebensbereiche. Jeder Mensch, nicht nur der jeweilige Benutzer, wird unvermeidlich immer stärkeren elektromagnetischen Feldern ausgesetzt. Bereits heute mehren sich Beschwerden über gesundheitliche Beeinträchtigungen, etwa durch Stromleitungen, Mikrowellen oder leistungsstarke Antennen. Jeder kennt die Debatte um Schäden durch Mobiltelefone. Obwohl die Mehrheit aller gemeldeten Symptome noch nicht schlüssig erforscht werden konnte, sind Beeinträchtigungen des Organismus durch hohe Feldstärken nicht auszuschließen. Die Forschung muß sich daher intensiv dem Einfluß elektromagnetischer Felder auf den gesunden und den kranken Menschen, auf die Fauna und die Flora widmen. Wichtig sind Patienten mit elektronischen Körperhilfen oder mit sensiblen Implantaten wie Herzschrittmachern, deren wiedergewonnene Lebensqualität nicht durch elektromagnetische Störungen zunichte gemacht werden darf (Bild 1).

Die Erforschung all dieser Zusammenhänge ist eine gemeinsame Aufgabe von Medizinern, Biologen, Ingenieuren und Physikern. An

Bild 1 Gefahrenquelle für Herzschrittmacher: die Sendeanlagen von Radiostationen mit ihren starken elektromagnetischen Feldern

Bild 2 Meßanordnung zum Prüfen der Störanfälligkeit von Herzschrittmachern in elektromagnetischen Feldern

der RWTH Aachen wurde deshalb ein Forschungszentrum für Elektro-Magnetische Umweltverträglichkeit (femu) eingerichtet (Bild 2). Die hier gewonnenen Erkenntnisse sollen in die naturwissenschaftliche Ausbildung der Studenten einfließen, damit sie bereits bei der Entwicklung zukünftiger Technologien Berücksichtigung finden. Darüber hinaus ist ein ständiger Dialog zwischen Forschung, Politik und Industrie erforderlich, um die notwendige Vorsorge treffen und bedenkliche Entwicklungen vermeiden zu können. Maßnahmen und Sicherheitsvorschriften sollen primär der Gesundheitsfürsorge, aber möglichst auch den neuen Technologien gerecht werden. Nur so können wir erfolgreich im internationalen Wettbewerb bestehen.

Elektrizität hält die vitalen Lebensfunktionen aufrecht

Für den Aufbau des Körpers spielt die Elektrizität eine herausragende Rolle. Sie hält die vitalen Lebensfunktionen aufrecht. Unter Elektrizität verstehen wir alle physikalischen Grundphänomene, die auf der Anziehung, Abstoßung und Bewegung elektrisch geladener Teilchen beruhen.

Betrachten wir zunächst die kleinsten Funktionseinheiten des Organismus, die Zellen (Bild 3). Die Struktur und Form der vielen Milliarden Zellen in einem Lebewesen wird durch die elektrischen Bindungen bestimmter Atome und Moleküle in einer festgelegten Ordnung geregelt. Dieses Prinzip funktioniert in allen Bestandteilen der Zelle, von den DNS-Molekülen (Desoxyribonukleinsäure, DNS) im Zellkern, welche die genetische Information tragen, über einzelne Organellen bis hin zu den Zellmembranen. Da gleichartige Zellverbände Epithel-, Muskel-, Nerven-, Binde-, Knorpel-, Knochen- und Blutgewebe ausbilden und diese wiederum die einzelnen Organe formen, kommt den elektrischen Bindungskräften eine fundamentale Bedeutung beim Aufbau des Körpers zu.

Auch die zahlreichen enzymatischen Prozesse mit ihren unzähligen Oxidations- und Reduktionsvorgängen, zum Beispiel in der Atmungskette der Zelle und hier speziell in den Mitochondrien, sind

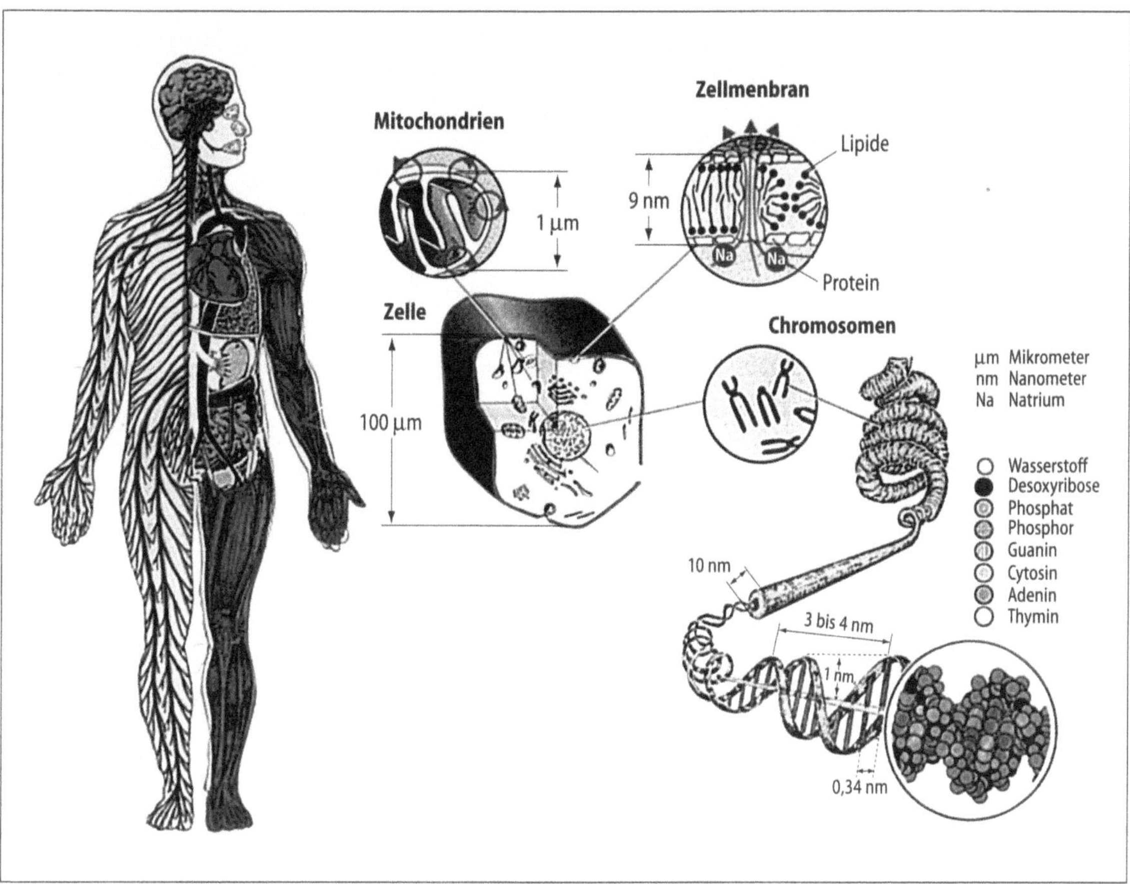

Bild 3 Elektrische Vorgänge in der Zelle. Die Elektrizität spielt eine herausragende Rolle beim Aufbau und der Aufrechterhaltung der vitalen Prozesse im Organismus.

auf Bindungskräfte zwischen elektrisch geladenen Molekülen zurückzuführen.

Ein weiteres Beispiel ist die Entstehung und Weiterleitung elektrischer Reize im Gehirn, in Nerven und Muskeln. Die Neuronen nutzen die grundlegenden Mechanismen der Informationsverarbeitung und -übertragung bei der Kommunikation zwischen dem Gehirn und Muskeln oder Sinnesrezeptoren. Auch die mechanische Kontraktion der Muskeln wird mittels fortgeleiteter elektrischer Erregungen eingeleitet.

Der Fortleitung von Erregung in Nerven und Muskeln liegt jeweils eine elektrisch bewirkte örtliche Erhöhung der Zelldurchlässigkeit für spezifische Ionen zugrunde. Der nachfolgende Fluß positiver und negativer Ionen zwischen dem Zellinneren und -äußeren sorgt dafür, daß elektrische oder magnetische Biofelder entstehen, die sich im elektrisch leitfähigen Volumenleiter des Körpers bis zu seiner Oberfläche hin ausbreiten. Hier können sie als elektrische oder magnetische Biosignale zu diagnostischen Zwecken aufgenommen werden – etwa beim Elektrokardiogramm (EKG) des Herzens, beim Elektromyogramm (EMG) der Skelettmuskulatur oder beim Elektroenzephalogramm (EEG) des Gehirns. Die bioelektrischen Felder sind in der Umgebung der erzeugenden Zelle nur so stark, daß sie die Erregungsschwelle benachbarter Einheiten nicht erreichen und sie dadurch nicht beeinflussen können.

Im Gegensatz dazu sind die von außen einwirkenden elektromagnetischen Felder imstande, die Reizschwellen einzelner Nerven oder Muskeln zu überschreiten und ungewollte Körperreaktionen auszulösen. Es stellt sich also die Frage, ob, und wenn ja, bei welchen Feldstärken diese von außen einwirkenden Felder die Funktionen des Organismus beeinflussen oder sogar gefährden. Hierzu ist zunächst eine physikalische Differenzierung der in unserer Umwelt auftretenden Felder notwendig, bevor wir ihre biologischen Wirkungen betrachten können.

Mensch, Flora und Fauna sind in allen Bereichen der Erde natürlichen und technischen elektromagnetischen Feldern und Strahlen ausgesetzt. Mit Ausnahme der Lichtstrahlen können wir diese weder sehen noch riechen, tasten oder hören. Ihre Erscheinungsformen und Eigenschaften bezüglich ihrer Ausbreitung, ihres Eindringens in den Körper und ihrer Wirkungen auf die lebende Materie sind derart unterschiedlich, daß es einer mehrfachen Klassifikation der elektromagnetischen Wellen und Felder bedarf (Bild 4). In einer ersten, groben Aufteilung unterscheidet man zunächst zwischen nichtionisierenden elektromagnetischen Feldern und ionisierenden Strahlen.

Die Alpha-, Beta-, Gamma- oder Röntgenstrahlen werden als ionisierend bezeichnet, da sie mit ihrer hohen Energie die Bindungen zwischen Atomen und Molekülen aufspalten und damit irreversible Schäden im Organismus verursachen können. Die natürlichen radioaktiven Strahlen kommen aus dem Kosmos und dem Erdinneren. Zu den Quellen der technischen Radioaktivität gehören Anlagen der Nuklearmedizin und Atomreaktoren. Die Summe aller radioaktiven Belastungen des Menschen durch natürliche und technische

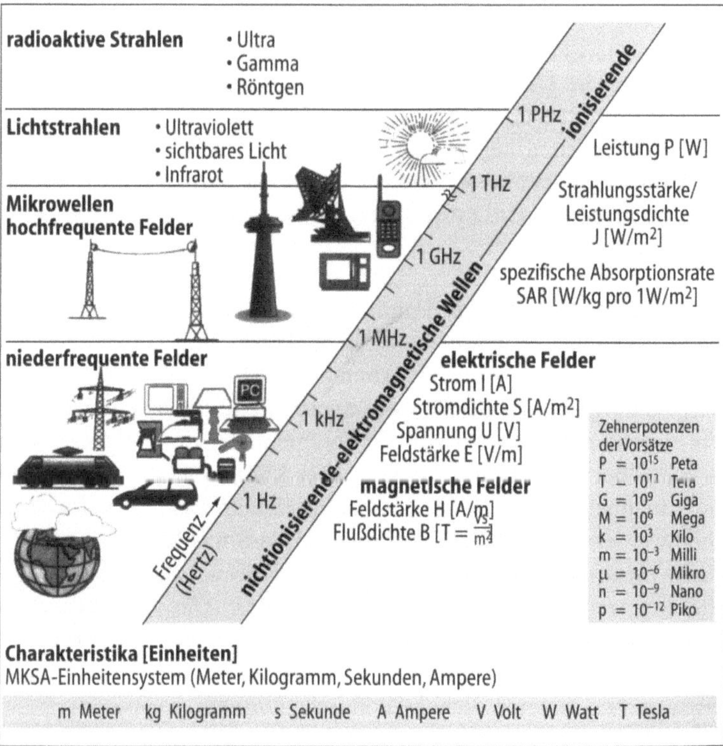

Bild 4 Aufteilung des Frequenzspektrums elektromagnetischer Felder und Strahlen nach den Gesichtspunkten der Wirkung im Körper und Zuordnung einiger natürlicher und technischer Quellen zu einzelnen Bereichen (links oben). Die Stärken der Felder werden je nach Art unterschiedlich charakterisiert (rechts unten).

Strahlung wird beim ordnungsgemäßen Betrieb radioaktiver Anlagen als sehr niedrig eingestuft. Außer Kontrolle geratene Atomreaktoren, wie zum Beispiel in Tschernobyl, verseuchen dagegen weiträumig die gesamte Umwelt radioaktiv. Neben der akuten Lebensgefahr für die direkt Betroffenen schädigt eine derartige Exposition die Erbinformationen. Das wirkt sich über viele Generationen aus.

Die optisch sichtbare Strahlung bildet den Übergang zwischen ionisierenden und nichtionisierenden Strahlen. Ihre wichtigste Quelle ist die Sonne, deren Licht die langwellige Infrarotstrahlung, das sichtbare Licht sowie die kurze Ultraviolettstrahlung enthält. Setzt sich jemand intensiv und lange der Sonnenstrahlung aus, geht er ein erhöhtes Risiko von Sonnenbrand und Hautkrebs ein. Die Wirkung der ionisierenden Strahlen bildet ein eigenständiges physikalisches und medizinisches Problem, das den Rahmen dieser kurzen Abhandlung sprengen würde; ich konzentriere mich daher hier auf nichtionisierende Felder.

Nichtionisierende elektromagnetische Wellen werden in niederfrequente elektrische und magnetische sowie hochfrequente elektromagnetische Felder und Mikrowellen unterteilt.

Die bedeutendsten Quellen der hochfrequenten elektromagnetischen Felder sind die zahllosen Sendestationen für Radio, Fernsehen und Telekommunikation. Außerhalb der unmittelbaren Umgebung solcher starken Sender sind die Feldstärken in Städten und Ortschaften relativ schwach. Die breite Einführung von tragbaren Funktelefonen (Handys) hat jedoch dazu geführt, daß die Exposition der Benutzer insbesondere am Kopf mindestens tausendmal höher liegt. Auch hochfrequente elektromagnetische Systeme zur Identifikation von Personen, zur Diebstahlsicherung in Warenhäusern und zur Sicherheitsüberwachung auf Flughäfen werden immer häufiger eingesetzt.

Die Quellen der hochfrequenten elektromagnetischen Felder

Für die Zukunft ist eine weitere Verbreitung und Verstärkung dieser Felder zu erwarten. In diesem Frequenzspektrum sind mobile Systeme für die globale Kommunikation und die personenbezogene Übertragung von Ton-, Bild- oder auch medizinischen Daten, etwa in der Telemedizin, geplant. Zusätzlich zeichnen sich zahlreiche neuartige Anwendungen ab, etwa zur Abstandsüberwachung von Fahrzeugen im Straßenverkehr mittels Mikrowellen.

Niederfrequente elektrische und magnetische Felder entstehen in der Umgebung von Hochspannungsfreileitungen, Verkabelungen in Gebäuden sowie in unmittelbarer Nähe elektrisch betriebener Geräte. Glühbirnen, elektrische Küchengeräte, Fernseher und Computer erzeugen schwache Felder mit unterschiedlich zusammengesetzten elektrischen und magnetischen Komponenten.

Der Ursprung der natürlichen elektrischen und magnetischen Felder ist die Erde und ihre Atmosphäre. Darüber hinaus kann der menschliche Körper eine relativ hohe elektrische Ladung zum Beispiel durch Reibung aufnehmen. Technische magnetische Gleichfelder können das Magnetfeld der Erde um einige Zehnerpotenzen übertreffen. Sehr starke magnetische Gleichfelder kommen bei der sogenannten Kernspintomographie in der medizinischen Diagnostik zum Einsatz.

Es ist technisch möglich, noch wesentlich stärkere Felder zu erzeugen. Wahrscheinlich werden in Zukunft leistungsfähigere Systeme entwickelt, deren Bedienpersonal stärkeren elektromagnetischen Feldern mit neuartigen Charakteristika ausgesetzt sein wird. Die laufende Überprüfung der gesundheitlichen Beeinträchtigungen des Organismus durch alle elektromagnetischen Felder ist nicht allein aus Gründen der Vor- und Fürsorge erforderlich. Mit ihrer Hilfe lassen sich auch die betriebs- und volkswirtschaftlichen Folgekosten solcher Systeme abschätzen.

Die Untersuchungen der potentiellen Wirkungen elektromagnetischer Felder auf den Menschen sind komplex und verlangen Interdisziplinarität. Um wissenschaftlich gesicherte Ergebnisse zu erzielen, ist eine bestimmte Vorgehensweise einzuhalten (Bild 5). Eine Arbeitshypothese bezüglich der Effekte elektromagnetischer Felder wird in Experimenten mit Pflanzen, Versuchstieren, an entnommenen Zellen im Reagenzglas oder, wenn ethisch vertretbar, direkt am Menschen überprüft (Bild 6). Dabei muß berücksichtigt werden, daß neben den applizierten elektromagnetischen Feldern gleichzeitig eine Reihe von physikalischen, biologischen und psychologischen Faktoren eine Rolle spielen, welche die Ergebnisse verfälschen können. Starke Effekte sind deshalb schon in wenigen Untersuchungen, schwache Effekte hingegen nur in zeitaufwendigen Experimenten zu ermitteln. Der Beweis, daß gar keine Wirkung erfolgt, ist prinzipiell

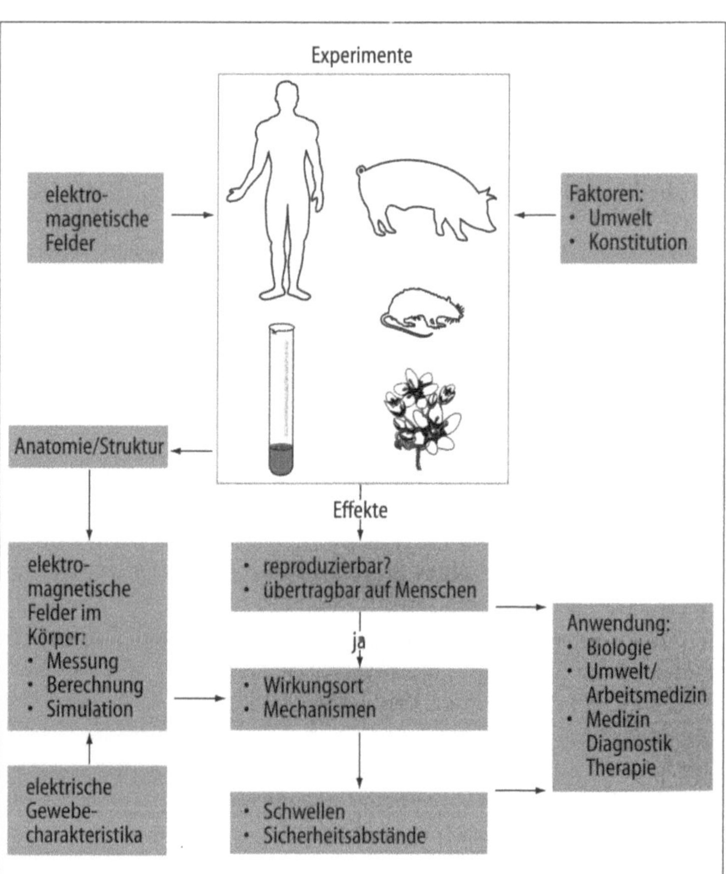

Bild 5 Notwendiges Vorgehen bei der wissenschaftlichen Überprüfung von Effekten in elektromagnetischen Feldern und die mögliche Ausbeute derartiger Untersuchungen

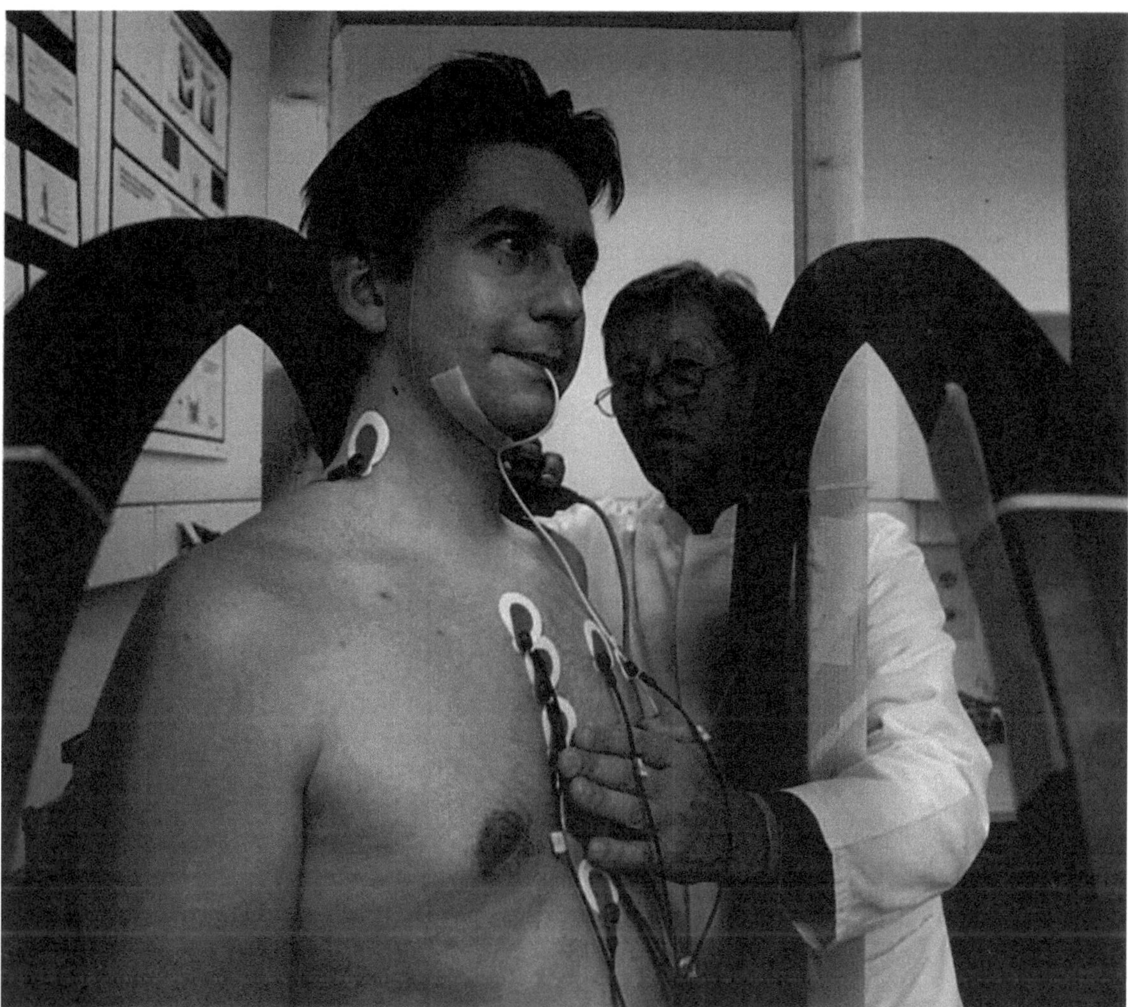

Bild 6 Untersuchung der Einwirkung magnetischer Felder auf Herzschrittmacher. Anbringen von Ableiterelektroden an Brustkorb und Speiseröhre

nicht möglich. Ein Effekt gilt erst dann als gesichert, wenn er auch von anderen, unabhängigen Forschergruppen nachgewiesen wird.

Eine weiteres Problem liegt in der Übertragbarkeit solcher Ergebnisse von den Versuchsspezies auf den Menschen. Dies ist nur in wenigen Fällen uneingeschränkt möglich. Normalerweise müssen zugeschnittene Experimente schrittweise die Übertragbarkeit der Ergebnisse bestätigen, bevor von einem Effekt beim Menschen gesprochen werden kann. Deshalb lassen sich die Fragen nach der Wirkungsschwelle, dem Wirkungsort und den Wirkungsmechanismen nur interdisziplinär klären. Das Eindringen und die Ausbreitung des elektromagnetischen Feldes im Körperinneren können nicht direkt gemessen, sondern nur berechnet werden. Die individuelle Anatomie des betreffenden Körperbereiches, die elektrischen Eigenschaften der einzelnen Gewebearten, die Charakteristika und Stärke der einwirkenden Felder müssen vorher bekannt sein, um geeignete Verfahren zur Berechnung der Feldverteilung anwenden zu können.

Nur gemeinsame biologisch-medizinische und ingenieurwissenschaftliche Analysen liefern stichhaltige Ergebnisse, aufgrund derer man etwa Wirkungsschwellen und Sicherheitsfaktoren für den Aufenthalt von Personen in elektromagnetischen Anlagen festlegen kann. Daraus lassen sich auch vorteilhafte Anwendungen für elektromagnetische Felder in der Biologie oder in der medizinischen Diagnostik und Therapie ableiten. Dies ist bereits mehrfach, zum Teil unter Anwendung starker elektromagnetischer Felder, gelungen. Relativ starke niederfrequente Felder können zum Beispiel die Erregungen in Muskeln und Zellen einleiten, was bei Herzschrittmachern und anderen Stimulatoren zum Tragen kommt. Starke hochfrequente Felder erzeugen im Körper eine Erwärmung, die bestimmte therapeutische Maßnahmen unterstützen kann.

Im Gegensatz dazu ist die Problematik der Beeinflussung des Menschen durch schwache Felder, wie sie in unserem Alltag heute vorkommen, noch nicht ausreichend geklärt. Subjektive Beschwerden werden unter Berufung auf eine besondere Sensibilität mit den schwachen Feldern des Alltags in Zusammenhang gebracht. Aus einigen Untersuchungen hat man sogar eine krebsfördernde Wirkung der schwachen elektromagnetischen Felder abgeleitet. Insgesamt liefern die unzähligen Publikationen zu diesem Thema bisher sehr widersprüchliche Ergebnisse. Konsistente Effekte und ihre Übertragbarkeit auf den Menschen sind nicht belegt. Einschränkend muß gesagt werden, daß die bisherigen Untersuchungen die Situationen im Alltag nur teilweise wiedergeben. Wichtige Faktoren – wie eine lange Expositionsdauer oder eine mögliche erhöhte Empfindlichkeit aufgrund einer bereits vorliegenden Erkrankung – wurden nicht in ausreichendem Maße berücksichtigt. Dies und zudem neuartige Felder müssen künftige Analysen berücksichtigen.

Forschungsbedarf besteht auch bei elektronischen Implantaten und Körperhilfen. Sie haben heute eine hohe Akzeptanz bei Patienten und Ärzten, da sie wichtige Funktionen des Organismus zuverlässig und über viele Jahre hinweg aufrecht erhalten. Die bekanntesten Vertreter sind die Herzschrittmacher, Hörgeräte oder elektronisch gesteuerte Prothesen. In der Entwicklung und Erprobung befinden sich gegenwärtig eine Reihe von weiteren elektronischen Implantaten (Bild 7). Exemplarisch hierfür stehen die Innenohr-Prothesen, die es tauben und hochgradig hörbehinderten Menschen ermöglichen, besser zu kommunizieren, und auch künstliche Augen, die blinden Menschen wieder Licht und Bilder übermitteln können. Funktionelle Stimulatoren der Skelettmuskulatur werden in der Lage sein, die Muskeln gelähmter Patienten in vorbestimmter Reihenfolge zur Kontraktion bringen, wodurch sich gewünschte Bewegungsabläufe einstellen. Antischmerz-Stimulatoren unterdrücken durch die gezielte Reizung neuronaler Strukturen die Schmerzempfindung. Magen-Stimulatoren werden die Magenmuskulatur gezielt ansprechen und damit ausgefallene Funktionen ersetzen. Neu sind auch die implantierbaren Mikropumpen, die genau dosierte Medikamente im Körper über längere Zeiträume verabreichen.

All diese Implantate werden mit elektronischen Schaltkreisen ausgestattet, die in starken elektromagnetischen Feldern zu Störungen neigen. Die Störanfälligkeit eines Implantats hängt maßgeblich von seiner Funktion und der verwendeten Elektronik sowie der Beschaffenheit des einwirkenden Feldes ab. Nicht unwesentlich ist

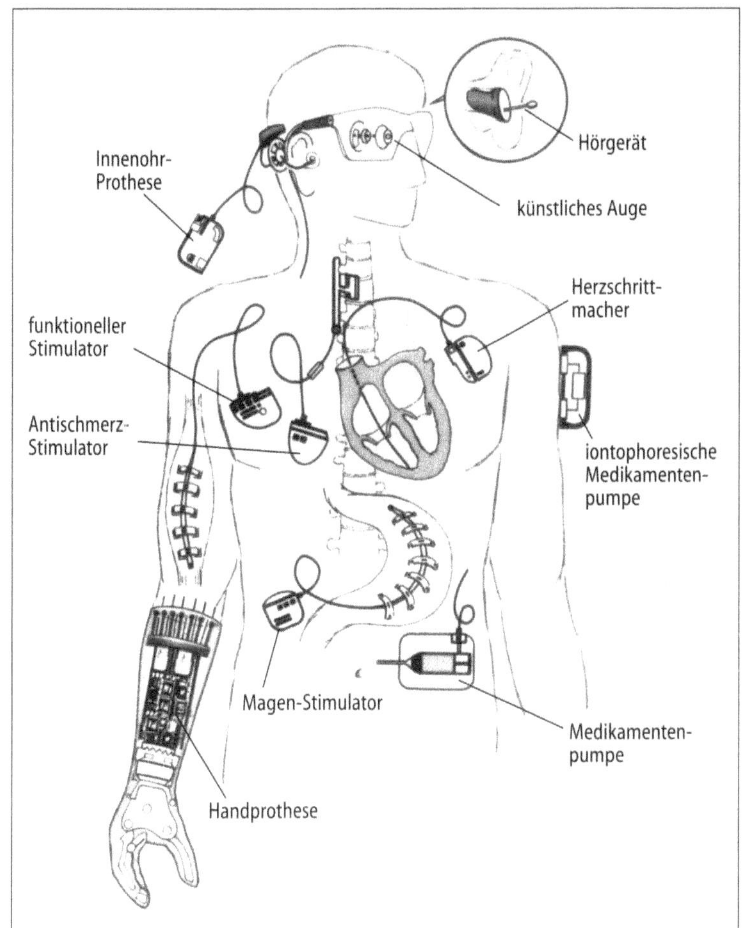

Bild 7 Für die Unterstützung von erkrankten oder sogar den Totalersatz von zum Teil lebenserhaltenden Funktionen des menschlichen Körpers stehen in Zukunft zusätzlich neuartige elektronische Implantate und Körperhilfen zur Verfügung. Ihre Störung durch häufig vorkommende elektromagnetische Felder würde den Sinn dieser Therapiemöglichkeiten in Frage stellen.

die Lage des Implantats im Körper. Eine unerwünschte Entwicklung läßt sich bereits bei implantierten Herzschrittmachern zeigen: Bis zu 30 Prozent werden durch Handys, elektronische Sicherheitssysteme in Flughäfen oder durch Diebstahlsicherungen in Warenhäusern gestört. Daher ist es erforderlich, vor der Markteinführung neuer Implantate entsprechende Tests durchzuführen. Sie müssen die Funktionsfähigkeit und physiologische Verträglichkeit unter den Bedingungen der Anatomie des jeweiligen Patienten belegen. Die Ergebnisse derartiger Untersuchungen müssen dann den Patienten, den behandelnden Ärzten, den Herstellern sowie den Entwicklern neuer Technologien zugänglich gemacht werden. Neue Technologien sind nur dann einzuführen, wenn sie bestehende oder neue elektronische Implantate in ihrer Funktionstüchtigkeit nicht beeinträchtigen oder Menschen sogar gefährden können.

Prof. Dr.-Ing. Jiri Silny ist Leiter des Forschungszentrums für Elektro-Magnetische Umweltverträglichkeit (femu). Arbeitsschwerpunkt ist die Erforschung der Wechselwirkungen zwischen elektromagnetischen Feldern und dem menschlichen Organismus.

Autor

Literaturhinweise   [1] J. Silny: Nichtionisierende elektromagnetische Felder, in: Handbuch der Umweltmedizin, VII-2.1, Hrsg. von H.-E. Wichmann, H.-W. Schlipköter und G. Fülgraff, ecomed-Verlag, Landsberg/Lech 1993.

[2] J. Silny: Nichtionisierende elektromagnetische Felder und Strahlen, in: Lehrbuch Umweltmedizin, C 5.2.2, Hrsg. von Dott, Merk, Neuser und Osieka, Wissenschaftliche Verlagsgesellschaft, Stuttgart 1999.

Günther Schöfl

Einfluß der Informations- und Kommunikationstechnik auf Wohnung, Standortwahl und Siedlungsstruktur

Im Science-fiction-Roman von William Gibson „Neuromancer" verlassen Cyberpunks als Software-Cyborgs ihren Körper und die reale Welt. Sie erhalten eine künstliche Körperlichkeit. Diese kann moduliert und fragmentiert werden – eine Zersplitterung des ganzheitlichen Subjekts in Pseudonyme und Agenten, die „lautlos durch das Netz schleichen" [1].

Die Spaltung der Realität in eine körperlich erfahrbare und eine virtuelle ist ein Topos, der die utopische Literatur in vielen Variationen durchzieht.

Die Transformation vom physikalischen Raum in eine körperlose elektronische Existenz markiert eine utopische Grenze. Sie überhöht die elektronisch erweiterte Intelligenz und Wahrnehmung, die Raumüberwindung mit Lichtgeschwindigkeit ins Irreale.

Fraktale Landschaften und die mediale Verfremdung der Architektur erweitern unsere ästhetischen Erfahrungen ins Virtuelle (Bild 1). Ihre Kodierung als binäres Muster eröffnet der Gestaltung von Raum und Zeit Freiheitsgrade jenseits der Naturgesetze. Im Cyberspace werden Bauwerke fragmentiert und beliebig neu kombiniert, ebenso ihre optischen, fühlbaren und akustischen Eigenschaften.

Der französische Architekt Jean Nouvel sagt über sein „Virtuelles Haus" – eine Villa, die Anleihen bei dem italienischen Renaissance-Baumeister Andrea Palladio (1508 bis 1580) macht –, es bewege sich zwischen Realität und Virtualität. Der Architekt sei der Realität verpflichtet. Seit Menschen bauen, müßten sie Widerstände überwinden – die Schwerkraft, Hitze und Kälte –, setzten sie sich mit dem Material auseinander (Bild 2).

Bild 1 Fraktale Landschaft – mathematisches Konstrukt oder künstlerische Vision?

Bild 2 Das Virtuelle Haus. Beitrag zu einem Workshop in Berlin 1997. Aus Mengers fraktalem Schwamm entwickelt der Architekt sein virtuelles Haus – halb Spiegelung, halb Realität (a bis c). Sein Grundriß gleicht dem Schritt und dem Aufriß (d). Die selbstähnliche Teilung der Fläche wird ins räumliche Gefüge des Mengerschen Schwamms tranformiert (e und f).

Sein Interesse gilt daher der Virtualität, die in der Realität existiert – optische Wahrnehmungen realer und virtueller Bilder, wie sie Spiegelungen erzeugen. Daher setze er die Villa in eine Wasserfläche, auf der sich der virtuelle Kubus spiegelt. Im Inneren entstehe durch semitransluzente Gläser und spiegelnde Oberflächen eine Vergrößerung des Raumes. Die bewegten, flirrenden Bilder zerstören die geometrische Realität des Würfels.

Schnitt, Grundriß und Aufriß gehen aus der gleichen Zeichnung hervor. Die fehlende Materialstärke in den Schnittlinien der Hohlräume des fraktalen Modells, Mengers Schwamm (ein nach seinem Erfinder, dem österreichischen Mathematiker Karl Menger, genanntes Fraktal in Form eines Würfels mit kubischen Hohlräumen), kann bei einer Realisierung nur näherungsweise – etwa durch schwarze Stahlplatten oder Opalgläser – materialisiert werden.

Transparenz, Reflexion und mehrschichtige Begrenzungen wandelbarer, inszenierbarer Räume sind Gestaltungsmittel der Moderne und des Cyberspace. Wechselnde Wahrnehmungen durch Bewegung, das Spiel von Licht und Schatten erzeugen Komplexität und Vieldeutigkeit.

Virtuelle „Architektur" in regionalen oder globalen Netzwerken hebt Standortprobleme auf. In der „City of Bits" von William J. Mitchell, der an der School of Architecture and Planning am Massachusetts Institute of Technology (MIT) lehrt, sind das digitale Museum und das System der Telemedizin, der elektronische Zeitungskiosk und der virtuelle Marktplatz Ersatz und Konkurrent ihrer realen Gegenbilder [1]. Server erschließen die Magazine der Bibliotheken weltweit. Teleshopping erweitert den Kundenstamm der Warenhäuser. Die elektronische Überwachung ersetzt Gefängnisse.

Virtuelle und intelligente Gebäude

William J. Mitchell sieht die Aufgabe der Konstrukteure des 21. Jahrhunderts darin, „die Binärwelt zu gestalten – eine weltweite, elektronisch vermittelte Umwelt in allgegenwärtigen Netzwerken, in der die meisten Artefakte über Intelligenz und Telekommunikationseinrichtungen verfügen".

Die Steuerung haustechnischer Anlagen minimiert Umwelteinflüsse. Netzwerke von Sensoren machen Umweltbelastungen bewußt. Intelligente Systeme greifen entlastend ein. Interaktive, multimediale Formen der Raumüberwindung ersetzen einen Teil des motorisierten Verkehrs. Die Optimierung der individuellen Mobilität im Gebrauch gemeinschaftlich genutzter und öffentlicher Verkehrsmittel kann wesentlich dazu beitragen, umweltverträgliche Milieus zu entwickeln.

Die baulichen Eingriffe zur Nachrüstung der Informations- und Kommunikationstechnik in Gebäuden sind nicht gravierend. Der Ausbau der Infrastruktur ist umweltverträglich und bleibt ohne Einfluß auf den öffentlichen Raum. Anders als das System individueller Mobilität und industrieller *Just-in-time*-Logistik belasten ihre Netzwerke das lokale Ökosystem nur marginal.

Der persönliche digitale Assistent, die intelligente Brille, der Datenhandschuh und andere elektronische Hilfen bilden ein Netzwerk, das unseren Wahrnehmungsraum ausdehnt, unseren Handlungsspielraum erweitert. Die Substitution oder die Verstärkung von Körperfunktionen schließt das Nervensystem ein. Der vor allem durch sein Buch „Eine kurze Geschichte der Zeit" bekannte britische Physiker Stephen Hawking, der an der Krankheit amyotrophische Sklerose leidet, bedient in seinen Vorlesungen, kaum wahrnehmbar, einen Joystick, wählt Wörter aus, die in gespeicherte Laute und schließlich über Lautsprecher in Sätzen ausgestrahlt werden. Die gelähmten Organe werden durch eine elektrosomatische Konstruktion ersetzt.

Netzwerk elektronischer Hilfen dehnt unseren Wahrnehmungsraum aus

Künstliche Intelligenz findet telematische Wege in die Körperlichkeit. Sie erweitert die Psyche, ergänzt oder ersetzt physiologische Prozesse. William J. Mitchell definiert die Wohnung als Schnittstelle zwischen Mensch und Cyberspace: „Wohnen wird daher eine neue Bedeutung bekommen – der Begriff meint weniger, daß wir unseren

Körper in einem architektonisch definierten Raum abstellen, als vielmehr, daß wir unser Nervensystem an umgebende elektronische Organe anschließen. Unser Heim wird zu einem Teil von uns und wir zu einem Teil von ihm." [1]

Diese Vision einer Durchdringung des menschlichen Körpers mit den Artefakten der Binärwelt reicht weit in die Zukunft. Stand der Technik sind Bussysteme, die Haustechnik, Personalcomputer und Telekommunikation zusammenfassen. Internationale Normung soll den intelligenten Verbund ermöglichen.

Gebäude als Schnittstellen externer und interner Netzwerke werden zu intelligenten Maschinen. Ein Feldbus wird in Zukunft Heizung, Lüftung, Sonnenschutz, aber auch Haushaltsgeräte, Computer und die Systeme der Telekommunikation vernetzen. Das erhöht die Sicherheit, optimiert den Energieverbrauch, erschließt neue Möglichkeiten medizinischer Kontrolle. Älteren Bewohnern ermöglicht der Teleservice permanente Betreuung und Unterstützung im Notfall.

Der inszenierbare Kokon – neue städtische Wohnformen

Telearbeit, Teleshopping, Telelearning und die Television als interaktive Unterhaltung verlagern längst verlorene Funktionen des Wohnens wieder zurück in die eigenen vier Wände. Gewinnt das „ganze Haus" der vorindustriellen Gesellschaft als Prinzip der Autonomie bürgerlicher Haushalte Leitbildfunktion für den Lebensstil der Singles und Dinks (von englisch *double income, no kids*) der postindustriellen Gesellschaft?

Die New Yorker Zukunftsforscherin und Unternehmensberaterin Faith Popcorn beschreibt einen amerikanischen Trend zum Rückzug in die eigenen vier Wände als „Cocooning" : „Am Ende der achtziger Jahre hatten sich die Amerikaner in High-Tech-Höhlen zurückgezogen. Das Kokon-Dasein bedeutet Isolierung und Vermeidung, Friede und Schutz, Geborgenheit und Kontrolle – eine Art überdimensionaler Nestbau." [2]

Die interaktiven, multimedialen Formen der Telekommunikation erleichtern solche Verhaltensweisen. Gleichzeitig mit diesem Rückzug öffnet sich die Wohnung über Bildtelefon, interaktives Fernsehen und Telekonferenzen dem Blick Fremder. Die Akteure einer Telekonferenz nehmen gleichzeitig ihre reale und weitere virtuelle Umgebung wahr.

Die Inszenierung des Auftritts, die ästhetische Kontrolle der virtuellen Bilder beeinflussen Gestaltung und technische Ausrüstung der Wohnung. Raumhohe Flachbildschirme, dreidimensional erlebbare Klangbilder, Sensoren für die Übertragung tastbarer Empfindungen vervielfachen die Möglichkeiten, in wechselnden Szenarien zu leben.

Die avantgardistische Zeitschrift „Archigram" hat schon in den sechziger Jahren mit dem Projekt „Living 1990" die Vision einer wandelbaren Wohnbühne vorgestellt. Die Raumzelle – der Kokon in seiner technischen Ausprägung – bestimmte Stadtutopien aus jener Zeit. Schlägt nun die Stunde ihrer Realisierung für die Urbanauten des 21. Jahrhunderts?

Der offene Grundriß, ein Raumkonzept der russischen Konstruktivisten und der holländischen De-Stijl-Gruppe vom Beginn des

20. Jahrhunderts, bestimmt die Loft-Wohnung. Ihre Popularität bei Großstädtern wächst. Die hohen, weiträumigen Etagen umgenutzter Gewerbebetriebe in amerikanischen Metropolen waren von Künstlern wie Claes Oldenburg als Atelierwohnungen eingerichtet worden. Die Cocooning-Generation findet hier die Freiheit, ihren Lebensstil zu entfalten. Raumzelle oder Loft – beide Wohnformen geben dem technologischen und dem gesellschaftlichen Wandel Raum.

Die stetig wachsende Zahl der Berufstätigen, die Informationen erzeugen, bearbeiten, sammeln und weitergeben, ihre zunehmende Kompetenz der Informations- und Kommunikationstechnik, beschleunigt die Ausbreitung von Teledienstleistungen und Telearbeit in den privaten Haushalten (Bild 3).

Die Wohnung als Residuum der Grundfunktionen der Stadt – Wohnen und Arbeiten, Erholung und Versorgung – eröffnet der Wohnungswirtschaft in der Modernisierung und Nachrüstung des Gebäudebestandes, im Angebot telematischer Dienste neue Perspektiven. Die Informations- und Kommunikationstechnik beschleunigt langfristige Trends des gesellschaftlichen Wandels.

Die Entwicklung der Großstädte und Metropolen hat ein breites Spektrum unterschiedlicher Sozialisationsformen hervorgebracht. Haushalte in unterschiedlichen Lebenslagen erfordern anpassungsfähige, von den Bewohnern nach eigenen Bedürfnissen zu gestaltende Wohnungen. Offene Grundrisse, nutzungsneutrale Räume und interpretierbare Raumgliederungen sind Stichworte eines Paradigmenwechsels. Wachsende Individualität und die Pluralität der Lebensstile stellen die Regeln des Funktionalismus der zwanziger Jahre in Frage. Das in Gesetzen, Verordnungen und Normen, aber auch in Architektur und Stadtplanung unterstellte „Wohnen im Familienverband" ist nur noch eine unter mehreren Sozialisationsformen. Nur 58 Prozent der Deutschen leben in Familien. Die Trennung von Wohnen und Arbeiten – nie vollständig vollzogen – wird durch Telearbeit, neue Selbständigkeit und die Zunahme informeller Arbeit ein

Wechselwirkung von technologischem und sozialem Wandel

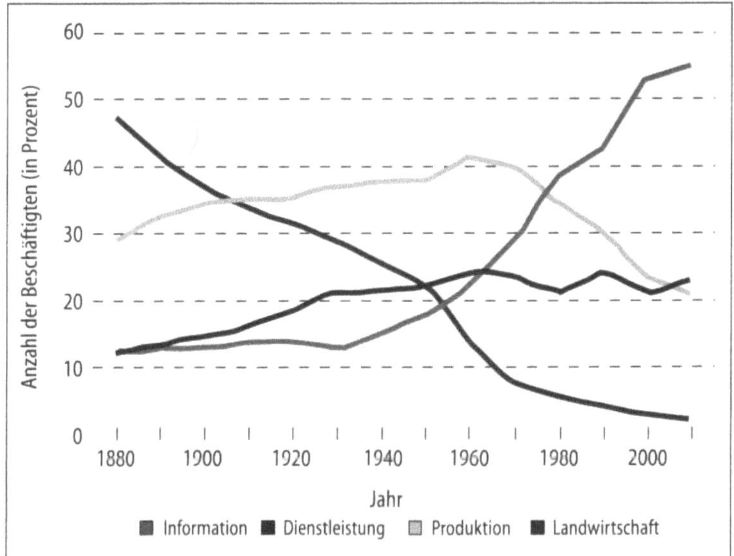

Bild 3 Beschäftigungsentwicklung in Deutschland von 1880 bis heute sowie Prognose bis zum Jahr 2010

Stück zurückgenommen. Die strikte Trennung von öffentlichen und privaten Bereichen weicht einer vielschichtigen Differenzierung der sozialräumlichen Topologie innerhalb und außerhalb der Wohnung. Das Verfügungsrecht über die Wohnung, die Interpretation, Inszenierung und Veränderung nach individuellen Bedürfnissen und Lebensstilen wird eingefordert. Der Verlust an Identität in der Arbeitswelt wird über die Wohnung kompensiert. Selbstverwirklichung in neuen Gesellschaftsformen und attraktivem Milieu erzeugt neue Leitbilder des städtischen Lebens.

Auffällig ist die Diskrepanz zwischen der Dynamik des gesellschaftlichen Wandels und dem Beharrungsvermögen der Wohnungswirtschaft.

Stadt ohne Ort

Anders als die Visionen von Mega-Städten in den sechziger Jahren sind die Spekulationen über „Telepolis" , „Cybercity" oder „City of Bits" arm an Bildern. „Stadt" ist darin eine Metapher für Kommunikationsmuster der binären Welt. So der Münchener Publizist und Medientheoretiker Florian Rötzer in seinem Buch „Die Telepolis": „Wir haben diese Stadt ‚Telepolis' genannt, denn sie befindet sich nirgendwo und zugleich überall dort, wo man durch technische Schnittstellen in sie eintreten kann. Und wir haben sie vor allem ‚Stadt' genannt, weil sie nicht mehr dem alten Bild eines Dorfes, des ‚Global Village', entspricht." [3]

Dieser Wunsch nach dörflichem Leben hatte den 1980 verstorbenen kanadischen Kommunikationswissenschaftler Marshall McLuhan in den sechziger Jahren zur Fehleinschätzung der Wirkung neuer elektronischer Medien auf die Siedlungsstruktur verleitet [4]. Er hatte das „Global Village" als zukünftige Lebensform propagiert: „Innerhalb von zehn Jahren wird man New York abbrechen, und der normale Bürger wird zum Leben auf dem Lande zurückgekehrt sein. Es wird keine Straßen und Räder mehr geben, sondern nur noch schwerelosen Transport. Totale Dezentralisierung ist ein paradoxes Merkmal des Austauschprozesses von Software-Informationen für Hardware-Maschinen."

Nicht die „totale Dezentralisierung" , sondern eine differenzierte räumliche Dichte in riesigen Agglomerationen ist zu beobachten. Der Verfall urbaner Räume und die Ausbreitung des „Urban Sprawl" bestimmten die Stadtentwicklung in der zweiten Hälfte des 20. Jahrhunderts (Bild 4). Seit den fünfziger Jahren ist die Rückkehr in die „Natur" eine Antwort auf den Dichtestreß, die soziale und ökologische Verwüstung der Metropolen. Die wachsende Mobilität und Prosperität der breiten Mittelschicht ermöglichte den Traum vom eigenen Haus im Grünen. Suburbanisierung und Dezentralisierung scheinen vorherrschende Trends.

Der Trend an Suburbanisierung und Dezentralisierung

Saskia Sassen, Professorin für Stadtplanung an der New Yorker Columbia-Universität, setzt den Visionen von sterbenden Städten neue Formen der Zentralität entgegen [5]. Der Bedeutungsverlust räumlicher Entfernung und die Entwicklung globaler Netzwerke der Telekommunikation und Telematik begünstigen die internationalen Finanz- und Handelszentren. Hier wächst die Konzentration im Central Business District. Die wachsende Bedeutung transnationaler Städte zwingt zur Neudefinition von Zentralität (Bild 5).

Bild 4 Im Großraum Los Angeles, der vom „Urban Sprawl" geprägt wird, entstehen dezentrale Konzentrationen, sogenannte Edge Cities, an den überregionalen Verkehrsknoten.

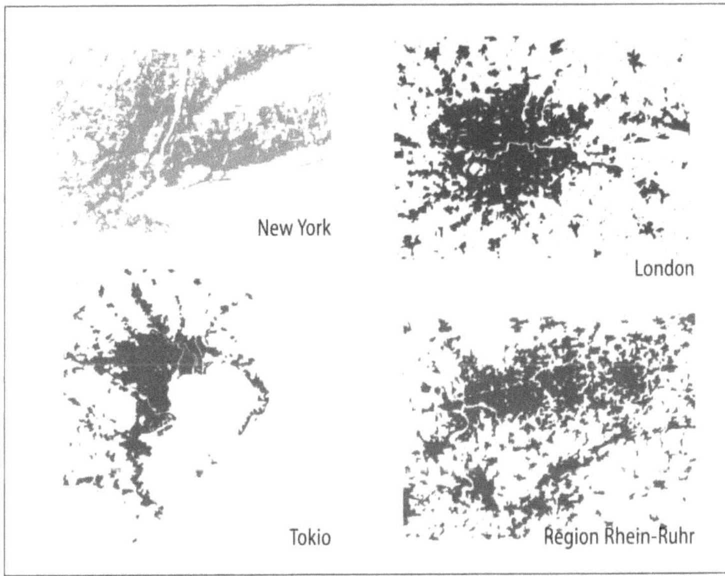

Bild 5 Die fraktalen Konfigurationen wichtiger transnationaler Stadtregionen im gleichen Maßstab: New York, Tokio, London und die Region Rhein-Ruhr

In den globalen Zentren überschneiden sich zwei zentrale Prozesse – die Zunahme der Dienstleistungen in den Organisationen aller Wirtschaftszweige und die globale Ausbreitung der wirtschaftlichen Aktivitäten. Die neuen Informationstechniken haben sie in Gang gesetzt. Die Überlagerung physischer Standortbedingungen und historischer Formen der Zentralität mit den internationalen Netzwerken des Handelns, der Finanzdienstleistungen und der Investitionstätigkeit haben bereits nachhaltigen Einfluß auf Städte und Regionen. Ihre globalen Wirkungen sind unübersehbar. Sie lösen soziale, ökonomische und ökologische Veränderungen in den Makrostrukturen des globalen Siedlungsgefüges aus.

Neue Formen der Raumüberwindung durch Telekommunikation und Telematik verstärken Tendenzen zur Konzentration wirtschaftlicher Macht, sie unterstützen aber auch die Dezentralisierung von Wohnstandorten, Märkten und Arbeitsplätzen.

Informations- und Kommunikationstechnik verstärken Trends. Es sind Mittel, visionäre Ziele wie nachhaltige Siedlungsstrukturen zu erreichen, Instrumente, die Partner global vernetzen, komplexe Prozesse regeln, Informationen weltweit verbreiten, den Raum mit Lichtgeschwindigkeit überwinden. Sie befreien von Standortbindungen, heben Standortnachteile auf. Sie beeinflussen die Siedlungsstruktur mittelbar. Sie binden alle Orte an den globalen Datenstrom. Telepolis ist überall.

Über den Zugang entscheidet eine leistungsfähige Infrastruktur, der Besitz geeigneter Hard- und Software. Die Teilhabe am Leben im Cyberspace hat ihren Preis. Nur eine verschwindend kleine Zahl der sechs Milliarden Erdbewohner kann ihn entrichten.

Autor   Prof. Dipl.-Ing. Günther Schöfl ist Inhaber des Lehrstuhls und Direktor des Instituts für Wohnbau.

Litaraturhinweise   [1] W. J. Mitchell: City of Bits, Boston, Basel 1996.
[2] F. Popcorn: Der Popcorn Report, Trends für die Zukunft, München 1994.
[3] F. Rötzer: Die Telepolis, Urbanität im digitalen Zeitalter, Mannheim 1995.
[4] M. Mc Luhan und F. Quentin: Krieg und Frieden im globalen Dorf, Düsseldorf, Wien 1971.
[5] S. Sassen: Metropolen des Weltmarktes, die neue Rolle der Global Cities, Frankfurt, New York 1997.

Erdbebensicheres Bauen

Gerhard Sedlacek,
Benno Hoffmeister und
Markus Feldmann

Untersuchungen zur Standsicherheit von Bauwerken

Starke Erdbeben gehören zu den verheerendsten Naturkatastrophen. Sie bringen erhebliche Verluste an Menschenleben und Vermögen mit sich und sind seit jeher eine große Herausforderung für die Technik (Bild 1). Vor allem Bauingenieure suchen nach Möglichkeiten, das Risiko für Schäden durch geeignete Planung, Konstruktion und Bemessung von Gebäuden gering zu halten.

Die erdbebenaktiven Gebiete in der Welt befinden sich im wesentlichen in geologischen Bruchzonen, die sich durch die Bewegung großflächiger Kontinentalschollen bildeten (Bild 2). Erdbeben treten auf, wenn sich in den Bruchzonen die bei der Bewegung der Schollen aufgebauten Spannungen etwa bei Rutschungen spontan lösen. Dabei wird plötzlich Energie freigesetzt, und die entstehenden Bodenwellen gehören zu den kompliziertesten Erscheinungen in der Physik (Bild 3). An der Erdoberfläche erzeugen sie die gefürchteten Erschütterungen, die nach ihrer Intensität bemessen werden; Maßstab für die Erdbebenwirkung am Boden ist in Europa die Intensitätsskala nach Medvedev, Sponheuer und Karnik (MSK), die einen Zusammenhang zwischen den beobachteten Schäden und der Intensität eines Bebens herstellt (Bild 4).

Für die Dimensionierung von Bauwerken ist es wichtig, die Einwirkungen durch Erdbeben so zu erfassen, daß sie für die Bemessung verwendet werden können, zum Beispiel in ähnlicher Weise wie die Belastung durch Sturm. Um die Bauwerke zuverlässig gegen Schäden durch Erdbeben sichern zu können, muß man vor allem die horizontalen Bodenbewegungen kennen. Messungen geben Auskunft über die Bebenlänge, die maximalen Beschleunigungswerte und die Frequenzen, mit denen die Impulse auftreten (Bild 5).

Bild 1 Auswirkungen des Erdbebens in Kobe (Japan) im Januar 1995

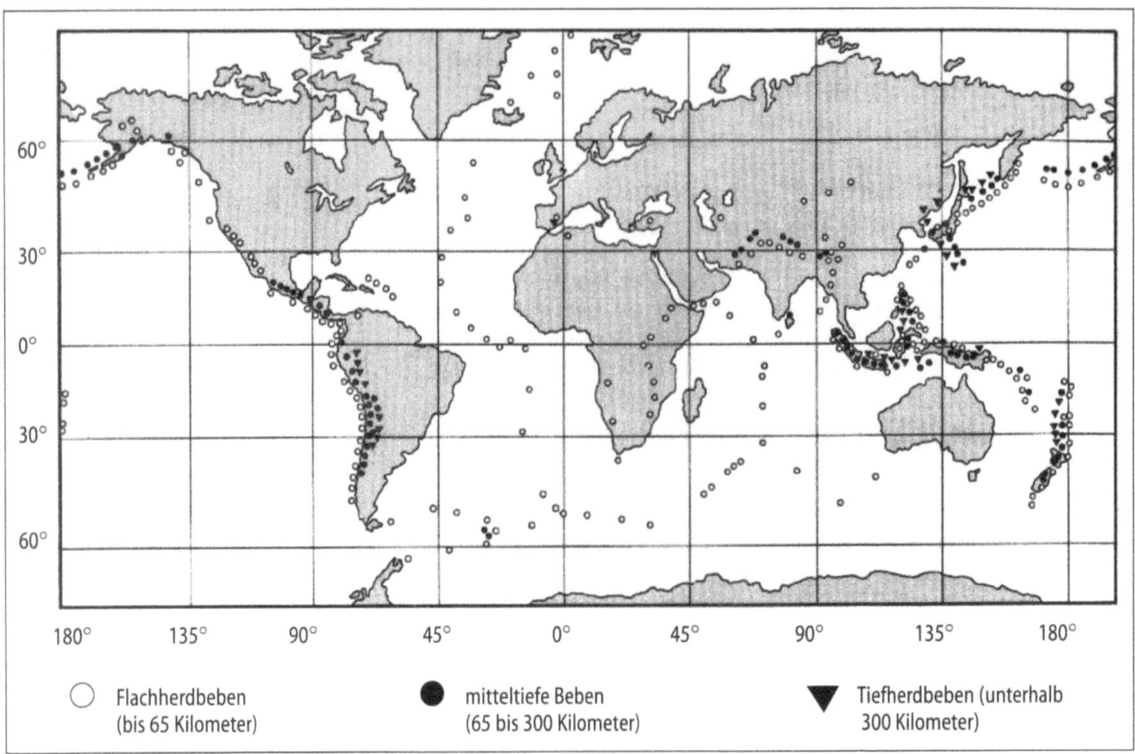

Bild 2 Verteilung tektonisch aktiver Zonen über den Globus

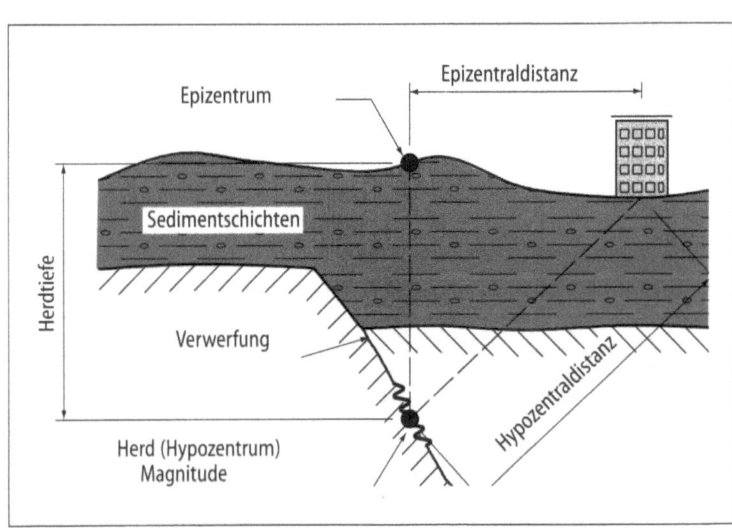

Bild 3 Hypozentrum und Auswirkung eines Erdbebens

Um nun die Auswirkungen solcher Beschleunigungszeitverläufe auf Bauwerke zu beurteilen, ist es hilfreich, diese als elastische Systeme aufzufassen, deren Massen durch das Erdbeben zum Schwingen angeregt werden. An bestimmten Gebäuden werden die Bebenwellen Resonanzschwingungen erzeugen, die sich gefährlich verstärken und das Gebäude zum Einsturz bringen können. Aus dem Antwortspektrum eines Erdbebens läßt sich erkennen, in welchen Frequenzbereichen es zu einer solchen resonanzartigen Vergrößerung der Bodenbeschleunigung kommen kann. Andere Gebäude können wiederum nahezu unbehelligt bleiben. In Bild 6 ist die Resonanzver-

Intensität	Kennzeichen
1	Unmerklich. Nur von Erdbebeninstrumenten registriert.
2	Kaum merklich. Nur vereinzelt von ruhenden Personen wahrgenommen.
3	Schwach. Nur von wenigen verspürt.
4	Größtenteils beobachtet. Von vielen wahrgenommen; Geschirr und Fenster klirren.
5	Aufweckend. In Gebäuden von allen wahrgenommen; viele Schlafende erwachen, hängende Gegenstände pendeln.
6	Erschreckend. Leichte Schäden an Gebäuden.
7	Schäden an Gebäuden.
8	Zerstörungen an Gebäuden.
9	Allgemeiner Gebäudeschaden. Erdrutsche.
10	Allgemeine Gebäudezerstörungen. Spalten im Boden bis zu einem Meter Breite.
11	Katastrophe. Schwere Zerstörungen selbst an bestkonstruierten Bauten. Zahlreiche Hangrutschungen und Spalten im Boden.
12	Landschaftsverändernd. Hoch- und Tiefbauten werden vernichtet. Starke Veränderungen der Gestalt der Erdoberfläche.

Bild 4 Makroseismische Intensitätsskala nach Medvedev, Sponheuer und Karnik (MSK)

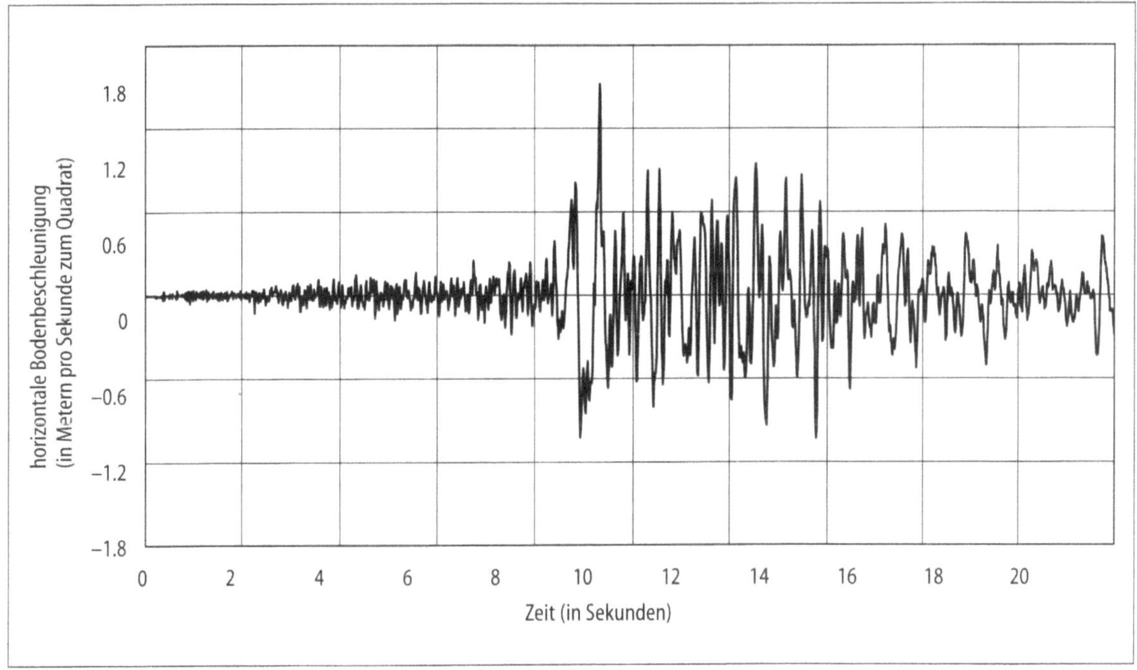

Bild 5 Zeitlicher Verlauf der Bodenbeschleunigung des Roermonder Erdbebens von 1992

stärkung der Verformung von Einmassenschwingern mit unterschiedlichen Schwingperioden (T_i) dargestellt. Bild 7 zeigt von den jeweiligen Bodenverhältnissen abhängige charakteristische Antwortspektren bezogen auf die Bodenbeschleunigung (a_0).

Die Reaktion von Gebäuden auf die Erregerfrequenzen des Erdbebens hängt stark vom Untergrund zwischen dem Hypozentrum in der felsigen Tiefe und der Oberfläche am Standort des Gebäudes ab. Je nach Eigenschaften der verschiedenen Schichten werden einige Frequenzen überhöht, andere unterdrückt.

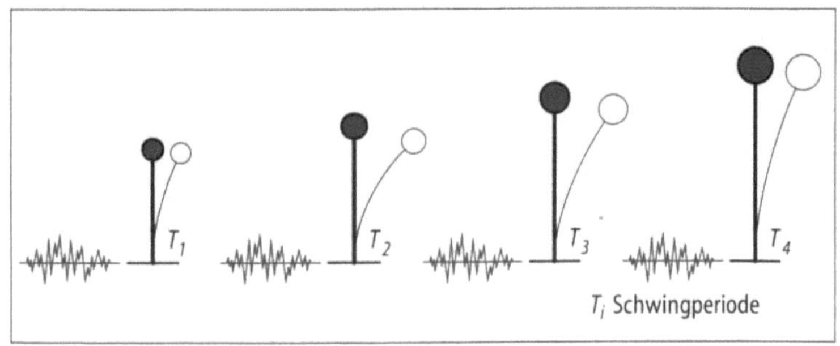

Bild 6 Prinzip eines Einmassenschwingers zur Bestimmung des Antwortspektrums

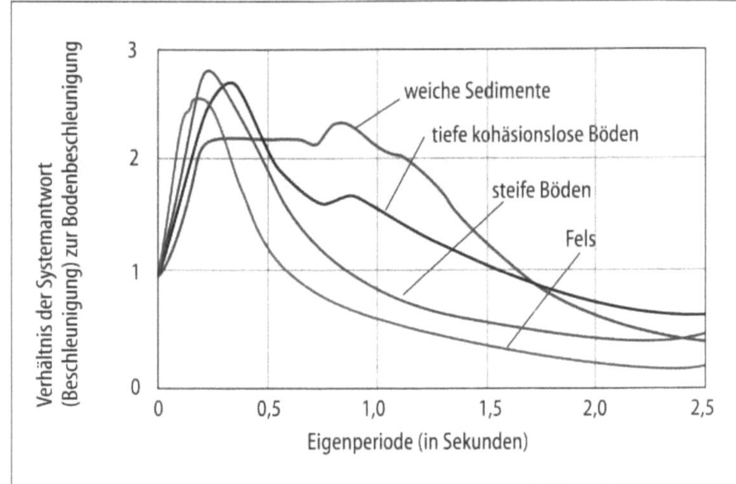

Bild 7 Antwortspektren eines Einmassenschwingers für unterschiedliche Bodenverhältnisse

Um für die voraussichtliche Nutzungszeit eines Bauwerks eine zuverlässige Erdbebenbemessung zu gewährleisten, werden die Bodenbeschleunigungen so hoch angesetzt, daß sie – multipliziert mit dem Antwortspektrum – ein Bemessungsspektrum ergeben, das mit definierter Wahrscheinlichkeit nicht überschritten werden kann.

Die dazu notwendigen Daten werden aus geologischen Informationen und historischen Aufzeichnungen über Schäden, etwa aus Kirchenbüchern, gewonnen. Mit ihnen lassen sich Intensitätskarten erstellen, die in Bodenbeschleunigungen umgerechnet werden können. Für normale Bauwerke werden Bemessungsspektren mit einer Wiederkehrperiode von rund 500 Jahren definiert – ein halbes Jahrtausend sollen sie also im Mittel Erdbeben standhalten können. Bei Bauwerken, die im Schadensfall größere Gefährdungen für die Öffentlichkeit und Umwelt verursachen (Brücken, Kraftwerke), kann dieser Zeitraum ein Mehrfaches von 500 Jahren betragen.

Erdbebenbemessung in Europa

In Europa wird Bauen durch zahlreiche Rechtsvorschriften geregelt. Politisches Ziel ist es, sie im Rahmen der Schaffung eines einheitlichen Marktes einander anzupassen. Dazu gibt die Europäische Kommission Richtlinien heraus, die in nationales Recht umzusetzen sind. Solche Richtlinien betreffen unter anderem Sicherheitsanforderungen an Bauwerke, ihre mechanische Festigkeit und Stabilität. Zur Zeit werden danach einheitliche europäische Regeln geschaffen, nach denen die Bauwerke zu bemessen sind, und zwar die sogenannten Eurocodes. Der Eurocode 8 ist eine umfassende Norm für den Entwurf und die Berechnung von Bauten speziell in Erdbebengebieten. Er enthält eine Reihe von genormten Bemessungsspektren für standardisierte Bodenverhältnisse sowie eine Karte für Bodenbeschleunigungen, die je nach seismischer Aktivität einer Region anzusetzen sind. Die Mitgliedsstaaten der Europäischen Union können in ihren nationalen Vorschriften diese Standards weiter präzisieren. Bild 8 zeigt die in Deutschland getroffenen Festlegungen anhand der Einteilung in Erbebenzonen.

Der Eurocode 8 liefert auch die Regeln, nach denen komplexe Gebäude, die als Schwingungssysteme mit vielen Massen angesehen

Bild 8 Erdbebenzonen in Deutschland

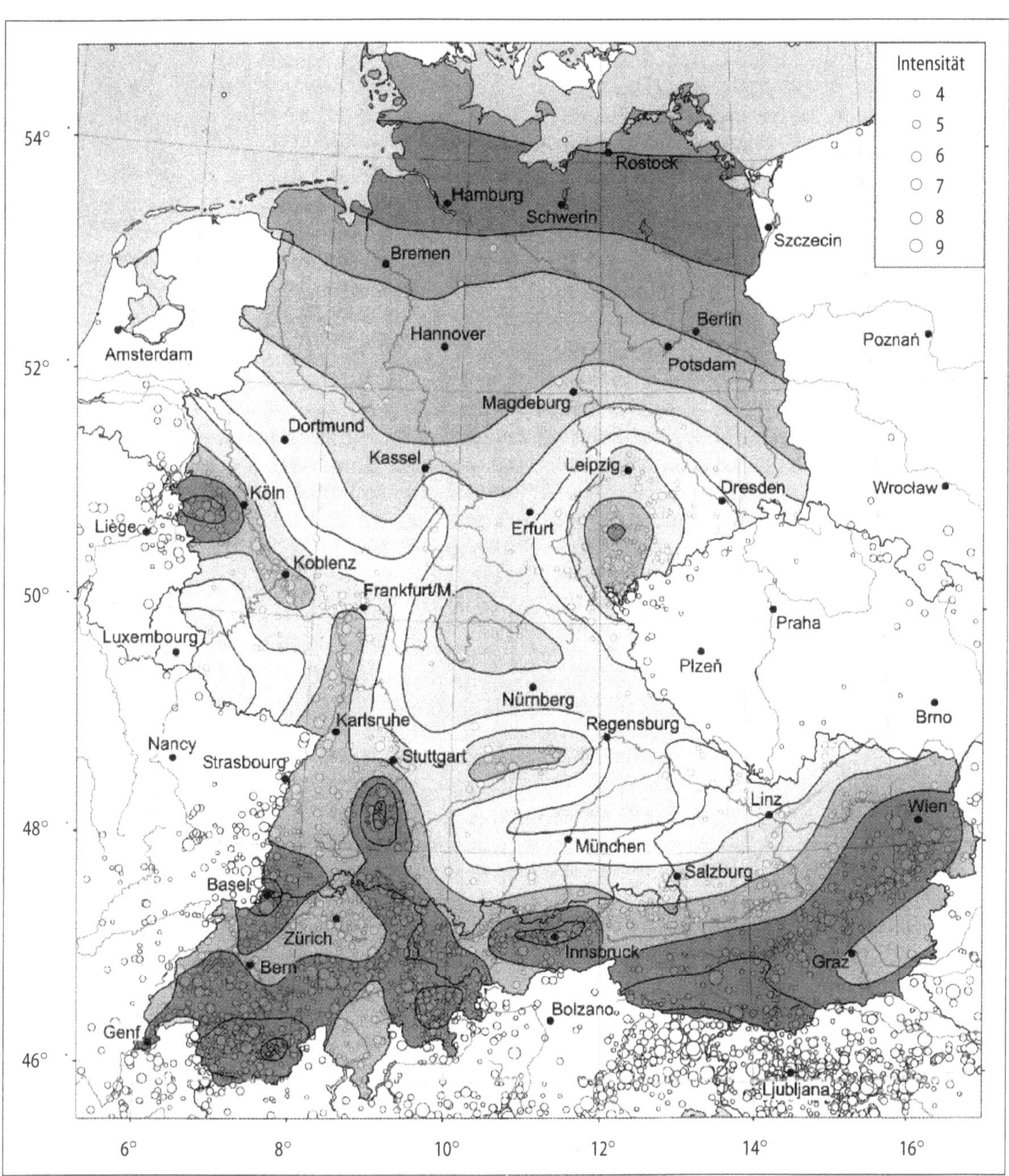

werden müssen, linear auf das repräsentative Ersatzsystem eines einfachen Einmassenschwingers – für das das Antwortspektrum gilt – zurückzuführen sind. Hierbei werden die möglichen Schwingungsfiguren eines Bauwerks unter Erdbebeneinwirkung auf dessen Eigenschwingungen bei verschiedenen Eigenfrequenzen im Zusammenhang gebracht. In den meisten Fällen ist die sogenannte Grundschwingung bei der niedrigsten Eigenfrequenz für die Bemessung ausreichend. Bild 9 verdeutlicht am Beispiel eines Stockwerksrahmens eine solche Grundschwingung mit Schwingungsausschlägen (s_i) und Massengewichten (W_i), die zu der niedrigsten Eigenfrequenz (T) gehört. Bei einem vorgegebenen Bemessungsspektrum (es liefert den Wert S_e in Abhängigkeit von T) ist es mit der dargestellten Formel möglich, die Kräfte (F_i) zu bestimmen, die infolge der Erdbebeneinwirkung an den unterschiedlichen Massen wirken. Die Kräfte können ähnlich wie bei der Berechnung einer Windlast – trotz des dynamischen Charakters der Einwirkungen – im Sicherheitsnachweis als statische Belastung aufgefaßt werden. Der Eurocode 8 bietet auch eine Möglichkeit, das wirkliche, nichtelastische Verhalten eines Bauwerks mittels eines Verhaltensfaktors (q in Abhängigkeit von T) in der Rechnung zu integrieren. Dieser Verhaltensfaktor berücksichtigt die Dissipation der durch das Erdbeben im Bauwerk eingebrachten Schwingenergie infolge duktilen hysterischen Verhaltens der Bauteile bei Überschreitung der elastischen Grenzen. Bei Stahlbauten nimmt die Tragwerksgestaltung und die damit gesteuerte Bildungsmöglichkeit plastischer Gelenke wesentlichen Einfluß auf die Größe des Verhaltensfaktors. Ebenso das plastische Stauchungsvermögen der gewählten Stahlquerschnitte, das die Verformungsfähighkeit der plastischen Gelenke bestimmt. Solcherart einfache lineare Modellrechnungen sind dann möglich, wenn die betrachteten Gebäude regelmäßig ausgebildet sind – ihre Massen- und Steifigkeitsachsen also eng beieinander liegen und die Gebäudequerschnitte kompakt sind. Wenn hingegen zum Beispiel Stockwerke vorspringen, kann keine gleichmäßige Energiedissipation über die Gebäudehöhe hinweg stattfinden. Leicht kommt es dann zu

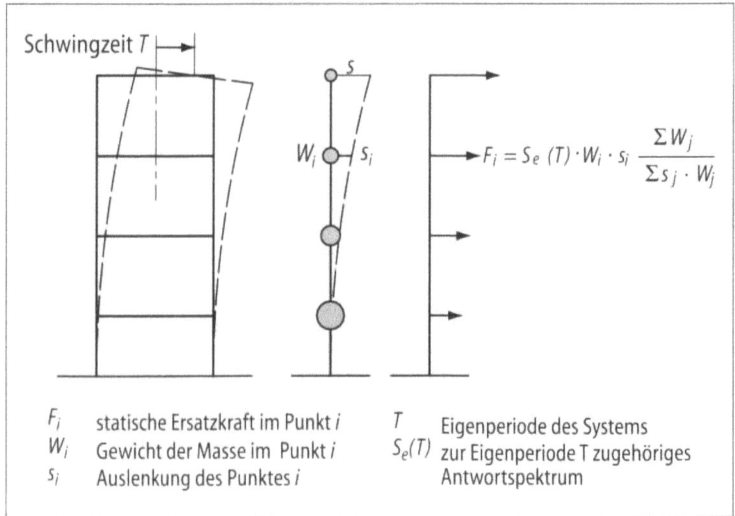

Bild 9 Statische Belastung infolge einer dynamischen Einwirkung

Bild 10 Modell der geplanten Brücke bei Dubrovnik und der Landschaft im Windkanal. Solche Untersuchungen ermöglichen zuverlässige Aussagen über die Windbelastung, die dann mit den Erdbebenlasten verglichen werden kann.

Energiekonzentrationen in bestimmten Gebäudeteilen mit der Folge einer Überbeanspruchung.

Im Vergleich etwa zu den Küstenstrichen des Mittelmeers sind Erdbebeneinwirkungen in Deutschland relativ schwach. Nur in wenigen Regionen, zum Beispiel dem Aachener Bereich, können sie so stark sein, daß mit ihnen bei der Bauplanung gerechnet werden muß. Es liegt auf der Hand, daß dort, wo Erdbeben zu berücksichtigen sind, zunächst von der Windbelastung als Horizontallast auszugehen und danach zu fragen ist, ob man die möglichen Effekte von Erdbeben durch entsprechende Duktilität erzeugende Konstruktion – und damit der Wahl des Verhaltensfaktors (q in Abhängigkeit von T) – so weit reduzieren kann, daß die Erdbebenbelastung nicht stärker als die Windbelastung bei der Bauplanung zu Buche schlägt (Bild 10).

Um zum Beispiel wirtschaftliche, erdbebensichere Stahlbauten zu errichten, sollte zunächst die mögliche Energiedissipation und damit der Verhaltensfaktor so groß sein, daß die Bemessung für Erdbeben nicht zu wesentlich größeren Dimensionen als den sowieso – für die Bemessung anderer Horizontallasten wie Wind – vorgesehenen führt. Dann sollte sich die Energiedissipation des Erdbe-

Die Bemessung von Stahlbauten in den erdbebengefährdeten Gegenden Deutschlands

bens und damit die Bildung plastischer Gelenke gleichmäßig über die Tragwerksteile verteilen und sich nicht an bestimmten Stellen des Gebäudes konzentrieren können und dort Schaden verursachen. Diese Forderung kann nur erfüllt werden, wenn das zu betrachtende Bauwerk regelmäßig angeordnete Tragstrukturen sowie planmäßig verteilte Massen, Steifigkeiten und Festigkeiten aufweist, die zu gleichmäßigen Verformungen führen. Schließlich sollte ein erdbebensicheres Gebäude an den wichtigen Tragwerksteilen Strukturelemente aufweisen, die plastische Gelenke bilden können, also mit duktilem, hysterischen Verhalten – quasi wie mechanische Dämpfer – auf eine übermäßige Erdbebenbeanspruchung reagieren (Bild 11).

Um den Eurocode 8 in Deutschland für Stahlbauten umzusetzen, haben wir an der RWTH Aachen einige Untersuchungen vorgenommen, anhand derer die Anwendungsregeln für dieses schwache Erdbebengebiet präzisiert werden konnten. Unter anderem stand die Stahlgüte für erdbebengefährdete Konstruktionen auf dem Prüfstand und besonders die zulässige Größe der Verhaltensfaktoren unter Berücksichtigung der kurzen Bebenphasen und der stahlbautypischen Grenzzustände.

Es wurde beobachtet, daß die Ausführungsgüte von Schweißnähten und die Stahlgüte in einem direkten Zusammenhang mit dem

Untersuchungen zur Anwendung des Eurocode 8 für Stahlbauten in Deutschland

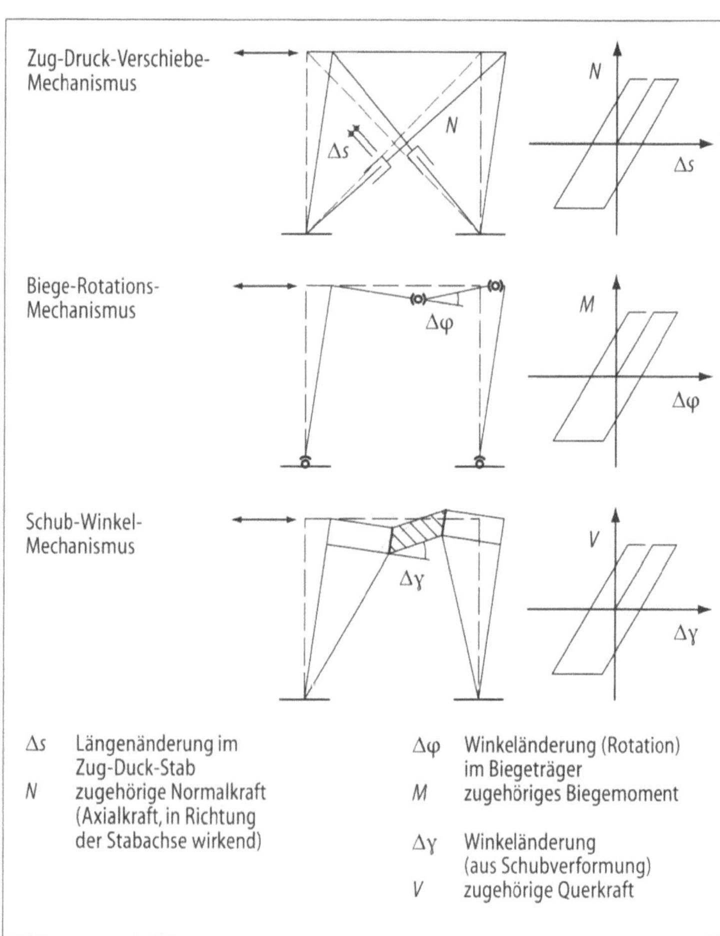

Bild 11 Mögliche plastische Mechanismen zur Energiedissipation

Ausmaß von Rißschäden im Stahl nach einem Erdbeben stehen. Solche Erdbebenschäden gehen auf hohe Zähigkeitsbeanspruchungen zurück; bei schockartigen Beanspruchungen oder niedrigen Temperaturen sind die Stahlzähigkeiten niedriger, so daß in Verbindung mit Fehlstellen im Werkstoff Sprödbrüche auftreten können. Der Eurocode 3 sieht einen Sicherheitsnachweis gegen Sprödbruch im Übergangstemperaturbereich der Zähigkeit vor, bei dem die zulässigen Blechdicken der Bauteile mit Hilfe der Verfahren der linearen Bruchmechanik bestimmt werden (Bild 12). Dieser Nachweis kann für Temperaturen von beispielsweise minus 30 Grad Celsius geführt werden, und es lassen sich folglich zulässige Mindestblechdicken – abhängig von der Stahlgüte – festlegen.

Die erforderliche gleichmäßige Verformung von Gebäuden wird durch das Zusammenwirken von horizontalen Scheiben und vertikalen Tragwänden erzeugt. Die horizontalen Scheiben – Betondecken und Verbunddecken – sollten möglichst starr sein. Sie verteilen die Lasten in der Waagerechten und koppeln die verschiedenen Wände zu einem gemeinsamen Tragwerk. Die Wände leiten die von einem Erdbeben herrührenden Lasten in der Senkrechten weiter (Bild 13). Um die verschiedenen Wände horizontal koppeln zu können, müssen Decken oder Rahmen eine gewisse Mindeststeifigkeit aufweisen. Vergleichsrechnungen zeigen, daß die zusätzliche Belastung von aufstrebenden Tragwerkswänden durch horizontal eingefügte elastische oder starre Scheiben praktisch durch den Trägerrostfaktor (γ) gesteuert wird. Dieser Faktor kann – in Abhängigkeit von einem zulässigen Fehler (zum Beispiel f gleich zehn Prozent) – nach der in Bild 13 angegebenen Gleichung bestimmt werden.

Horizontale Scheiben

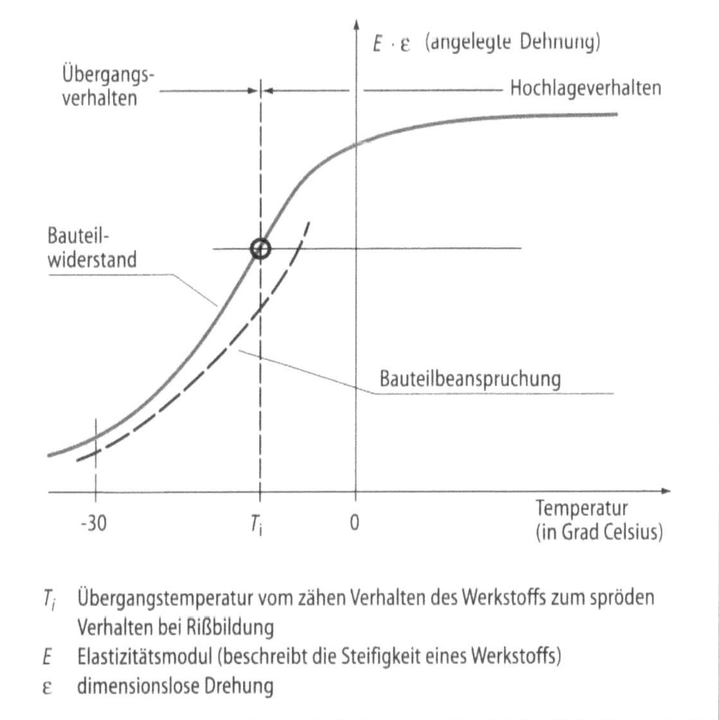

Bild 12 Bestimmung von Zähigkeitsanforderungen an Stahl bei niedrigen Temperaturen

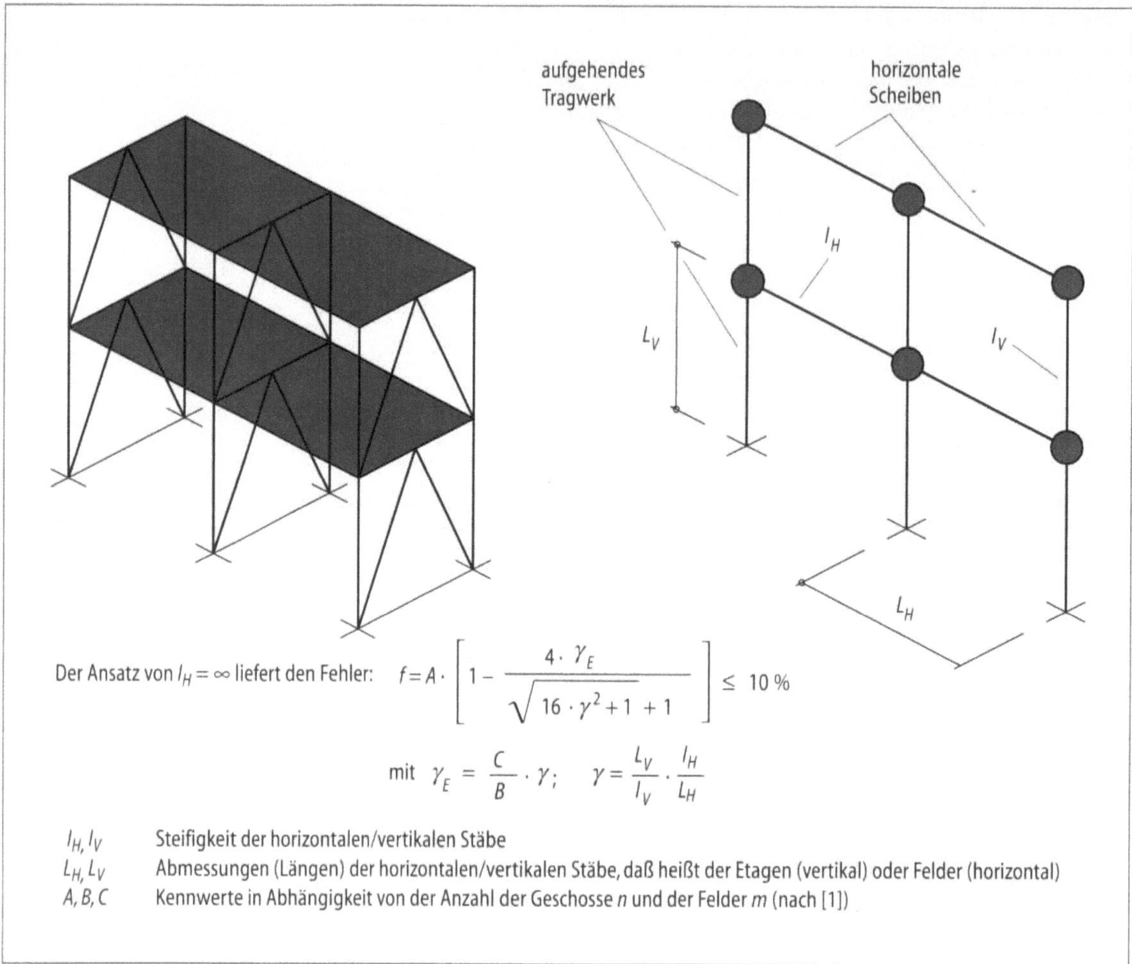

Der Ansatz von $I_H = \infty$ liefert den Fehler: $\quad f = A \cdot \left[1 - \dfrac{4 \cdot \gamma_E}{\sqrt{16 \cdot \gamma^2 + 1} + 1} \right] \le 10\,\%$

$$\text{mit} \quad \gamma_E = \frac{C}{B} \cdot \gamma; \quad \gamma = \frac{L_V}{I_V} \cdot \frac{I_H}{L_H}$$

I_H, I_V Steifigkeit der horizontalen/vertikalen Stäbe

L_H, L_V Abmessungen (Längen) der horizontalen/vertikalen Stäbe, daß heißt der Etagen (vertikal) oder Felder (horizontal)

A, B, C Kennwerte in Abhängigkeit von der Anzahl der Geschosse n und der Felder m (nach [1])

Bild 13 Mindestanforderungen an horizontale Scheiben

Verbindungen und hysterisches Verhalten

Der Eurocode 8 geht in seiner jetzigen Version davon aus, daß die plastischen Gelenke, die die Energie dissipieren, nur in Bauteilen auftreten, nicht jedoch in Verbindungen, so daß diese gegenüber den Bauteilen durch die sogenannte Kapazitätsbemessung als „steif" und „überfest" auszuführen sind. Allerdings lassen sich mittlerweile mit Hilfe moderner Rechenverfahren auch Verbindungen unter Berücksichtigung beliebigen Festigkeits- und Verformungsverhaltens für gewöhnliche statische Belastungen als „nichtsteife" Verbindungen exakt auslegen. Damit ist es möglich, das gesamte Tragwerk eines Gebäudes für statische Belastungen zu optimieren: Es können nun solche Verbindungen gewählt werden, deren Steifigkeiten und Festigkeiten den Sicherheitsanforderungen genügen und gleichzeitig wirtschaftlich von Vorteil sind. Zu klären war jedoch noch, ob solche Verbindungen auch für die nicht statische, zyklische Belastung durch Erdbeben einsetzbar sind. Dazu haben wir experimentelle und rechnerische Untersuchungen mit verschiedenen Bebenverläufen vorgenommen. Im Ergebnis zeigte sich, daß das Festigkeits- und Verformungsverhalten nichtsteifer Verbindungen für mehrfache und wechselnde plastische Verformungen durch spezielle Kennlinien beschrieben werden kann. Mit ihrer Hilfe läßt sich das dynamische Stabilitätsverhalten und auch das niedrigzyklische Ermüdungsverhalten solcher Verbindung plausibel begründen.

Damit liegen alle Voraussetzungen vor, nichtsteife Verbindungen mit plastischem, nichtlinearem Verhalten bei Erdbebenbelastung systematisch einzusetzen, wenn sie zugleich den Gesetzmäßigkeiten der Stabilität und der Materialermüdung Rechnung tragen. Da solche Untersuchungen für eine Vielzahl von Parametern bei unterschiedlichen Tragwerken, Belastungen und für verschiedene Bebenverläufe mit unterschiedlichen Starkbebenphasen durchgeführt werden müssen, ist es zweckmäßig, die zeitaufwendigen Berechnungen mit finiten Elementen (FEM) durch eine einfachere Methode zu ersetzen. Dazu eignet sich besonders ein neues dynamisches Fließgelenkverfahren, das die nichtlineare Verformung komplexer Strukturen durch die nichtlineare Verformung eines Einmassenschwingers abbildet und trotzdem im Vergleich zur Finite-Elemente-Methode sehr gute Ergebnisse liefert [2].

Wir haben auf diese Weise zum Beispiel für Kraftwerksrahmen (Bild 14) die durch die dynamische Instabilität begrenzten Verhaltensfaktoren (q) bestimmt. Auch das Gehäuse des neuen Großteleskops der Europäischen Südsternwarte in Chile konnten wir so auf Erdbebensicherheit hin überprüfen. Es lagert auf einem Schienenkranz und darf bei einem Erdbeben von keiner Lagerrolle abheben (Bild 15); die Lagerkräfte müssen auch in diesem Belastungsfall im Bereich von üblich auftretenden Druckkräften bleiben. Ein weiteres Beispiel für die Anwendung unserer Analysemethode ist eine Schwimmhalle in Athen (Bild 16). Sie verfügt über ein Schrägdach aus einer Fachwerkkonstruktion mit biegesteifer Einspannung in

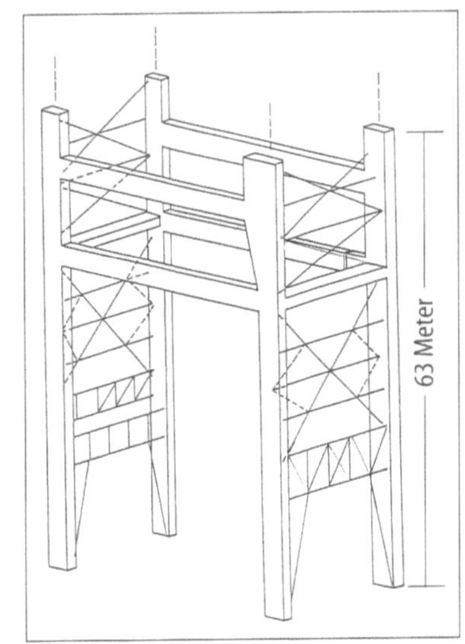

Bild 14 Untersuchter Kraftwerksrahmen

Bild 15 Lagerung des drehbaren Gebäudes für das Very Large Telescope in Chile

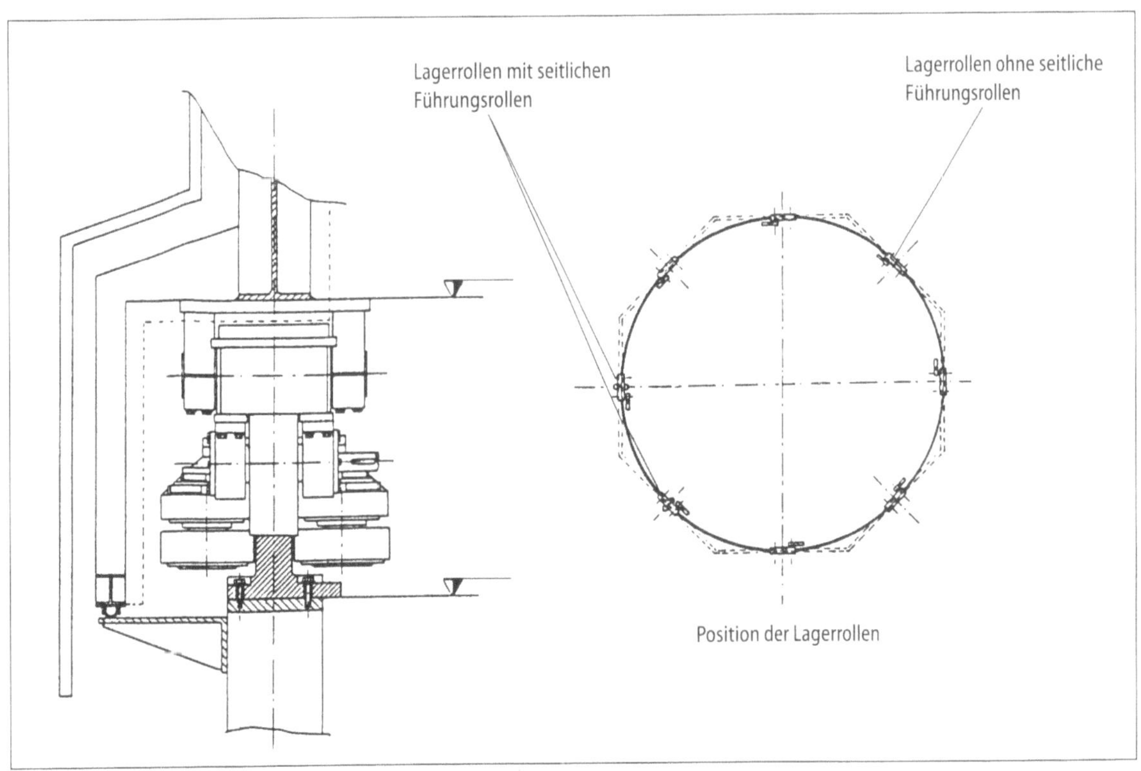

Bild 16 Schwimmhalle Athen. Ansicht und erste Eigenform der Dachschwingung

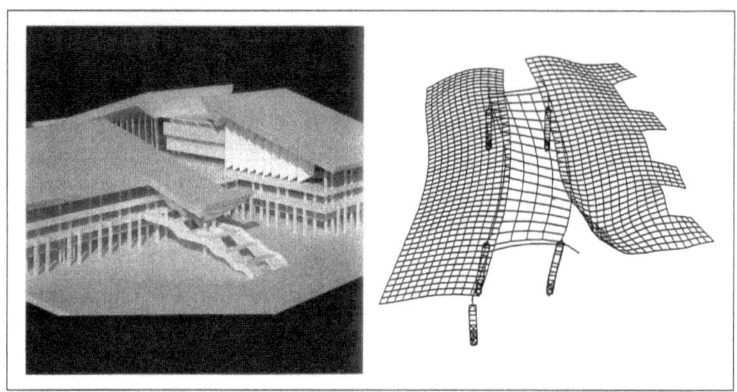

Bild 17 Verformungsfigur des Brückensystems bei Dubrovnik während eines Erdbebens

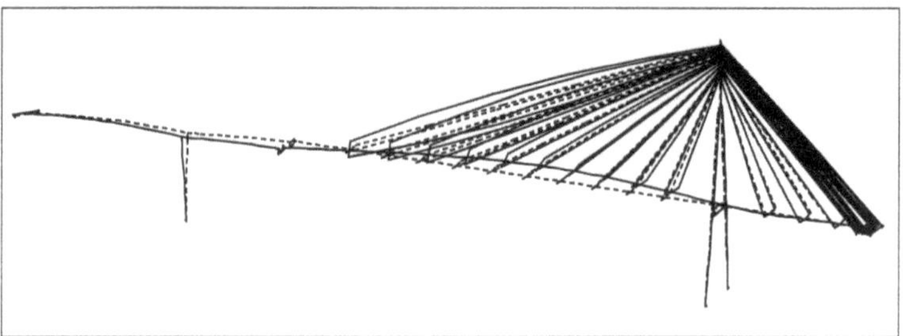

den Stützen. Vorauszusehen ist, daß bei horizontaler Anregung durch ein Beben auch vertikale Dachschwingungen auftreten. Auch für eine neue Schrägseilbrücke bei Dubrovnik (Bild 10 und 17) konnten wir mit unserer Rechenmethode den Nachweis ihrer Standsicherheit bei Erdbeben erbringen.

Autoren

Prof. Dr.-Ing. Gerhard Sedlacek ist Inhaber des Lehrstuhls für Stahlbau.

Dr.-Ing. Benno Hoffmeister und Dr.-Ing. Markus Feldmann sind wissenschaftliche Mitarbeiter am Lehrstuhl Stahlbau.

Literaturhinweise

[1] S. Kyu Kook: Beitrag zur Definition der Bauwerksregularität und zur Bestimmung der Verhaltensbeiwerte für die Erdbebenbemessung von Stahlbauten, Schriftenreihe Stahlbau, 27, RWTH Aachen, Aachen 1994.
[2] J. Kuck: Anwendung der dynamischen Fließgelenktheorie zur Untersuchung der Grenzzustände von Stahlkonstruktionen unter Erdbebenbelastung, Schriftenreihe Stahlbau, 26, RWTH Aachen, Aachen 1994.
[3] DIN V-ENV 1998-1: Auslegung von Bauwerken gegen Erdbeben, Teil 1-1: Grundlagen – Erdbebeneinwirkungen und allgemeine Anforderungen an Bauwerke, Teil 1-2: Grundlagen – Allgemeine Regeln für Hochbauten, Teil 1-3: Grundlagen – Baustoffspezifische Regeln für Hochbauten.
[4] F. P. Müller, E. Keintzel: Erdbebensicherung von Hochbauten, zweite Auflage, Ernst & Sohn, Berlin 1984.

Leben
Gesundheit
Rehabilitation

Die RWTH Aachen gehört zu den wenigen Hochschulen, die zugleich
Fakultäten für Ingenieurwissenschaften und eine Medizinische Fakultät
haben. Die Forschungsprogramme der Institute und Kliniken der Medizinischen Fakultät der RWTH Aachen sind deutlich von der Nähe zu den
Ingenieurwissenschaften und übrigens auch zu den Naturwissenschaften
geprägt. Eine ganze Reihe der unter der Thematik Leben, Gesundheit und
Rehabilitation vorgestellten Forschungsaktivitäten nutzen diese einmalige
Chance: Die Entwicklung von Biomaterialien und Implantaten für die verschiedensten Zwecke erfolgt in Kooperation mit den Instituten für Werkstoffwissenschaften und mit der Chemie. Die Entwicklung bildgebender
Verfahren für diagnostische und therapeutische Anwendungen nutzt die
Kompetenz bei der Bildverarbeitung, die in den Ingenieurwissenschaften
und in der Informatik vorhanden ist. Das gilt besonders auch für die Entwicklung miniaturisierter Verfahren in der Medizin, die von dem Know-
how der Mikrotechnik in den Ingenieurwissenschaften profitiert. Methoden aus der Informatik halten verstärkt Einzug in medizinische Sachge-
biete, beim Informationsmanagement medizinsich-biologischer Daten
ebenso wie bei der Planung und Überwachung von Operationen. Und
neurobiologische Forschungsprojekte binden heute notwendigerweise die
medizinische Neurologie mit der Neurobiologie und mit ingenieurwissenschaftlichen Disziplinen zusammen. Die interdisziplinäre Forschung unter
Beteiligung der Lebenswissenschaften darf eine stürmische Entwicklung
für die Zukunft erwarten, weil das Potential solcher Kooperationen bei
weitem noch nicht ausgeschöpft erscheint. Die RWTH wird ihre Chance,
die medizinische Forschung mit der der Natur- und Ingenieurwissenschaften am gleichen Ort eng verzahnen zu können, konsequent weiter-
verfolgen. Neben solchen unkonventionellen Kooperationen bietet die
medizinische Forschung der RWTH auch ein breites Spektrum von Aktivitäten in ihren angestammten Bereichen wie moderne radiologische Verfahren, Transplantationen, neue biochemische Werkzeuge, DNA-Analysen.

Das Jahrtausend der Genomforschung

Klaus Wolf

Die Analyse vollständiger Genome und ihre Bedeutung für die Medizin, die Biologie und die Biotechnologie

Heißt das nicht den Mund etwas zu voll genommen, wenn man von einem Jahrtausend der Genomforschung spricht, wohl wissend, daß die Ursprünge der Genetik – der Wissenschaft von der Vererbung – eigentlich erst weniger als 150 Jahre zurückliegen? Es waren die Arbeiten Gregor Mendels (veröffentlicht in Brünn im Jahre 1866), die den Grundstein für die heutige Genetik und damit die Genomforschung legten. Blicken wir einmal auf die Nachbarwissenschaften und lassen wir einen unserer großen Mathematiker sprechen, David Hilbert, der im Jahre 1862, also vier Jahre vor Veröffentlichung der Mendelschen Gesetze, in Königsberg geboren wurde. Er hat beim internationalen Mathematikerkongreß, der 1900 zum zweiten Male stattfand, 23 offene Probleme der Mathematik formuliert. Für ihre Lösung haben Generationen von Mathematikern ein ganzes Jahrhundert gebraucht, und trotzdem sind drei seiner Fragen (nach meiner bescheidenen Kenntnis) noch unbeantwortet. Dank der Hilbertschen Beweistheorie können die Mathematiker jedoch hoffen, daß jede ihrer Aufgaben entweder gelöst oder die Unmöglichkeit ihrer Lösung bewiesen werden kann. Es ist also nur eine Frage der Zeit.

Die Fragen, die uns heute die Genomforschung stellt, sind sicherlich nicht einfacher als die der Mathematiker und sicher genauso interessant, wenn nicht noch interessanter. Die Lösung der Probleme der Genomforschung wird die Biologie mit Sicherheit zu der Wissenschaft des 21. Jahrhunderts machen. Dabei wird aus der Wissenschaft der Genetik ein großer neuer Wirtschaftszweig entstehen, wenn es uns gelingt, die richtigen Fragen zu stellen und uns immer wieder klar zu machen, daß sich der Mensch nicht von der Wissenschaft der Genetik beherrschen lassen darf, sondern daß die Genetik in vollem Umfange dem Menschen und seiner Zukunft dienen muß.

Im Zeitalter der Computer fällt es leichter zu begreifen, daß auch die Erbinformation in einem Kode verschlüsselt ist. Ohne uns um die Chemie zu kümmern, können wir festhalten, daß die genetische Information in dem Molekül Desoxyribonukleinsäure (DNS, englisch DNA, wobei A für *acid*, Säure, steht) gespeichert ist. Die Information ist in Form von stickstoffhaltigen Molekülen, den Basen verschlüsselt. Drei Basen bilden das Kodewort für eine Aminosäure, und Aminosäuren sind die Bausteine der Eiweiße. Jede Zelle unseres Körpers enthält die gleiche genetische Information, die aber von Zelle zu Zelle und abhängig von unserem Entwicklungszustand unterschiedlich „abgerufen" wird. Obwohl der genetische Kode (das Alphabet des Lebens; Bild 1) schon in der Mitte unseres Jahrhunderts „geknackt" war, gestaltete sich die Ermittlung der genetischen

"

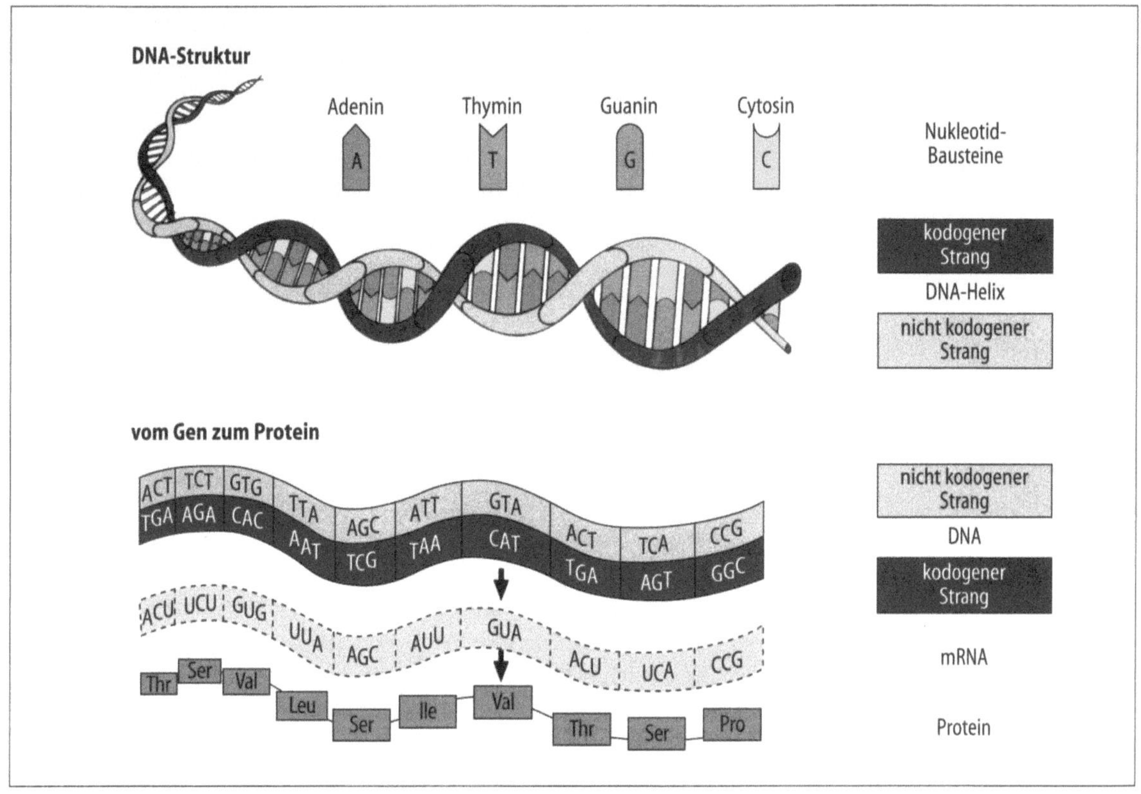

Information, die sogenannte DNA-Sequenzierung, als technisch sehr schwierig. Waren es bis 1980 die Sequenzen von nur rund 40 Genen, so hatte man das Repertoire bis Ende 1995 beispielsweise doch auf rund 80.000 Gene erweitert, von denen man zumindest einen Teil der Information ermitteln konnte.

Jeder Ingenieur wird zugeben, daß man eine Maschine nur dann verstehen kann, wenn man alle ihre Einzelteile kennt, und so ist es verständlich, daß man den Bauplan eines Organismus nur dann begreifen kann, wenn man sein gesamtes genetisches Programm kennt. In den letzten drei Jahren ist unser Wissen um die Genome explosionsartig gewachsen, dessen Speicherung und Auswertung nur mit Hilfe neuer Methoden der Informatik bewältigt werden konnte. Anfang des Jahres 1998 lagen die vollständigen DNA-Sequenzen der Bäckerhefe und von rund einem Dutzend Bakterien vor, darunter die des Haustiers der Molekularbiologen, des Darmbakteriums *Escherichia coli*. In wenigen Jahren werden wir die gesamte genetische Information der ersten Pflanze (der Ackerschmalwand) kennen, und für das Jahr 2005 erwarten wir die gesamte genetische Information des Menschen.

Um uns einen Überblick über die Dimensionen zu verschaffen, sollen folgende Zahlenangaben dienen: Das Genom des Darmbakteriums *Escherichia coli* enthält 4,6 Millionen Basenpaare (Informationseinheiten, Bits), in denen rund 1743 Gene verschlüsselt sind. Die Bäckerhefe enthält zwölf Millionen Basenpaare und rund 5900 Gene, der Mensch etwa 3000 Millionen Basenpaare und rund 70.000 Gene. Um diese Größenordnungen verständlich zu machen, ist in

Bild 1 Der genetische Kode: Alphabet des Lebens. Die DNA setzt sich aus Nukleotiden zusammen, die ihrerseits aus Zucker, Phosphat und einer stickstoffhaltigen Base aufgebaut sind. Die vier Basen der DNA sind Adenin (A), Thymin (T), Guanin (G) und Cytosin (C). Jeweils zwei DNA-Einzelstränge bilden einen Doppelstrang, der spiralförmig aufgewunden ist. Ein Strang der DNA (der kodogene Strang) wird in Ribonukleinsäure (RNA) übersetzt. Hier tritt anstelle des Thymins die Base Uracil (U). Jeweils drei Nukleotide der messenger-RNA (mRNA) kodieren eine Aminosäure, zum Beispiel Threonin (Thr), Serin (Ser) und so weiter. Ein Protein ist aus einer Kette von Aminosäuren aufgebaut.

Warum Genomanalyse?

Bild 2 der Vergleich der Genomgröße mit den Buchstaben und Seiten von Büchern und Bibliotheken dargestellt.

An der Entschlüsselung des Hefegenoms, die im Jahre 1997 vollendet wurde, waren 640 Wissenschaftler (darunter auch unser Institut) sechs Jahre lang tätig. Der enorme technologische Fortschritt zeigt sich darin, daß heute von einem Labor mit sechs Mitarbeitern pro Jahr zwei Millionen Basenpaare sequenziert werden können, was etwa dem Genom des grippeerregenden Bakteriums *Haemophilus influenzae* entspricht.

Was „bringt" diese Genomanalyse? Zunächst nicht mehr Information als ein Telefonbuch. Die Gene sind die Namen der Teilnehmer, aber wer weiß schon, welche Person sich hinter Nummer und Namen verbirgt? Der erste Schritt der Wissenschaftler ist der, aus dem Telefonbuch ein Branchenbuch zu machen – also die Gelben Seiten. So wie die Gelben Seiten uns Auskunft geben, unter welcher Nummer wir einen Installateur oder einen Radiofachmann finden, möchte der Wissenschaftler die Gene bestimmten Funktionen des Organismus zuordnen. Er möchte Gene für Enzyme des Zuckerstoffwechsels, der Leberfunktion, der Blutgerinnung und so weiter identifizieren.

Um den Schritt von der DNA-Sequenz des Gens zur Funktion des Gens zu tun, mußten die Genetiker zunächst vereinfachen, das heißt

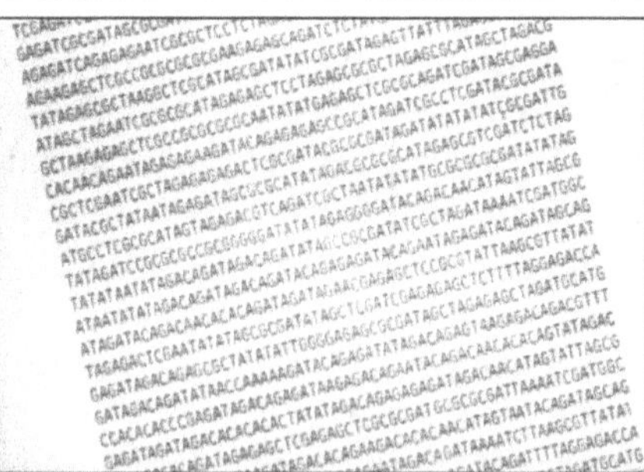

Virus-Genom
3000 Basenpaare
1 Seite mit
3000 Buchstaben

Bakterien-Genom
3 Milionen Basenpaare
1 Buch mit
1000 Seiten

menschliches Genom
3 Milliarden Basenpaare
Bibliothek mit
1000 Büchern

Bild 2 Das Genom: die Summe der genetischen Information. Größenvergleich von Genomen mit Buchstaben, Buchseiten, Büchern und Bibliotheken

sich einen einfach organisierten Organismus suchen, den man billig und in großen Mengen kultivieren und mit dem man auch experimentieren kann. Der einfachste Organismus, der wie wir Menschen aus Zellen mit einem Kern aufgebaut ist (anders als die Bakterien, die keinen echten Zellkern besitzen), ist die uns allen bekannte Bier-, Wein- oder Bäckerhefe *Saccharomyces cerevisiae*. Lange bevor die vollständige Sequenz des Genoms bekannt war, erwies sich die Hefe als ideales Modellsystem zum Studium der Genfunktion, und zwar aus zwei Gründen: Man konnte einzelne Gene herausnehmen, sie verändern und die veränderten Gene wieder in die Hefe zurückgeben, wo sie an ihrem richtigen Ort ins Genom eingebaut wurden. Zum anderen war es möglich, Gene gleicher Funktion zwischen Hefe und Mensch auszutauschen.

Wie kann man nun etwas über die Funktion der Gene herausfinden, wenn man nur ihre Basenfolge kennt? Das Prinzip ist dasselbe, das jedes interessierte Kind anwendet. Es macht ein Spielzeug kaputt, der Vater muß es aus den Einzelteilen wieder zusammensetzen und hat dadurch die einzigartige Chance zu begreifen, wie das Spielzeug funktioniert! In einem deutschen und einem europäischen Projekt, an dem unser Institut jeweils beteiligt ist, wurde begonnen, jedes Gen systematisch aus der Hefe zu entfernen, es durch ein anderes DNA-Stück zu ersetzen und dann zu fragen, welchen Defekt eine Hefezelle ohne das entsprechende Gen zeigt, oder ob der Ausfall des Gens nicht sogar letal (tödlich) ist.

Ein Hauptanliegen des menschlichen Genomprojektes ist es, Gene zu charakterisieren, in denen Veränderungen der genetischen Information zu Krankheiten führen. Die folgenden Beispiele sollen illustrieren, was die Genomforschung an der Hefe für die Erforschung von menschlichen Erbkrankheiten beigetragen hat.

Die Genomanalyse und die Erforschung von Erbkrankheiten

Wir alle kennen die als Cystische Fibrose oder Mucoviscidose bekannte Krankheit, die zu einer Funktionsstörung der Drüsen führt. Sie ist begleitet von chronischen Infektionen der Atemwege und ungenügender Aufnahme von Nährstoffen aus dem Verdauungstrakt. Ungefähr jedes zweitausendste Neugeborene in Nordeuropa ist davon betroffen. Obwohl sich die Langzeitaussichten für Mucoviscidose-Kranke in den letzten Jahren deutlich verbessert haben, liegt die durchschnittliche Lebenserwartung immer noch bei nur etwa 25 Jahren. Im Rahmen des Human-Genomprojektes wurde das Gen identifiziert, in dem Erbänderungen (Mutationen) Mukoviscidose verursachen. Die Analyse des Gens bei vielen Patienten ergab mehr als 200 verschiedene Erbänderungen, wobei sich eine Mutation als sehr häufig herausstellte. Das Protein, das von diesem Gen kodiert wird, bildet einen Kanal in der Membran, welche die menschlichen Zellen umhüllt und durch den Chloridionen passieren können. Funktioniert dieser Kanal und damit der Chloridtransport nicht mehr, so bilden sich dicke, zähflüssige Sekrete, die beim Neugeborenen zum Darmverschluß und im Kindesalter zu Fehlfunktionen der Bauchspeicheldrüse und zu chronischen Infektionen der Atmungswege führen können. Um mehr über die Struktur und Funktion dieses Kanalproteins zu erfahren, muß man größere Mengen davon in Händen haben. Zu diesem Zwecke wurde die genetische Information für dieses Protein in Hefezellen eingeschleust, worauf diese das menschliche Kanalprotein synthetisierten. Man kann nun in der Hefezelle oder mit dem isolierten, in der Hefezelle hergestellten Protein Studien mit verschiedenen Therapeutika durchführen. Der Vorteil des Hefesystems liegt auf der Hand – zahlreiche Tierversuche können vermieden werden!

Trotz des enormen Fortschrittes der Medizin im letzten Jahrzehnt ist Krebs immer noch eine unheilbare Krankheit. Doch haben viele neue Therapien dazu geführt, daß die Entwicklung entarteter Zellen gebremst oder zum Stillstand gebracht werden kann. Eines der wichtigsten Hilfsmittel in der Onkologie (der Zweig der Medizin, der sich mit Krebs befaßt) ist die Chemotherapie, bei der sich die Mediziner den Umstand zunutze machen, daß schneller wachsende Zellen (die Krebszellen) stärker als normale gesunde Zellen geschädigt werden und sich in der Regel nicht mehr vermehren. Als Komplikation bei der Chemotherapie hat sich nun herausgestellt, daß bestimmte Tumoren offensichtlich resistent gegen ein Chemotherapeutikum geworden sind. Erschwerend kam hinzu, daß sich die Resistenz eines bestimmten Tumors oft auf eine ganze Reihe chemisch gänzlich unverwandter Therapeutika erstreckte. Obwohl die Tumorzellen resistent gegen verschiedenste Chemikalien sein können, wird dies durch einen einzigen Mechanismus bewirkt. In Tumorzellen wird vermehrt ein Protein gebildet, das ähnliche Eigenschaften wie der im vorhergehenden Abschnitt erwähnte Chloridkanal besitzt. In diesem Falle handelt es sich um ein Transportprotein, das verschiedenste Substanzen (die unterschiedlichen Chemotherapeutika) sofort wieder aus der Zelle schleust, noch bevor sie ihren Wirkort erreicht haben.

Das Liebesleben der Hefen

Was aber hat dies mit Hefe zu tun? Dazu müssen wir uns kurz in das Liebesleben der Hefen vertiefen, denn auch bei Hefen gibt es Männlein und Weiblein, obwohl man es ihnen nicht ansieht. Damit die beiden Geschlechter zusammenkommen, senden sie Paarungshormone aus. Und diese werden ebenso durch ein Transportprotein aus der Hefezelle geschleust. Bei den Untersuchungen der Chemotherapie-Resistenz hat man sich der Maus als experimentellem Objekt bedient und auch hier ein dem des Menschen entsprechendes Transportprotein gefunden. Dieses Gen der Maus kann man nun in Hefezellen einbringen, die kein Paarungshormon mehr ausschleusen können (und damit steril sind). Das Mäusegen verhilft den Hefen wieder zu normalem „Sex". Andersherum verhilft das in Mäuse eingebrachte Hefegen den Tieren zur Resistenz gegen Chemotherapeutika. Diese Ähnlichkeit der Gene konnte man nun benutzen, um das menschliche Chemotherapie-Resisten-Gen in die Hefe einzubringen und die Hefe als Testorganismus für neu zu entwickelnde Chemotherapeutika einzusetzen.

Die Analyse und die sich daraus entwickelnden Methoden einer Therapie für Erbkrankheiten des Menschen sind sicherlich ein Hauptziel der Genomforschung am Menschen und anderen Organismen.

Aus der vollständigen Sequenzierung von Genomen pathogener (krankheitserregender) Bakterien kamen viele Erkenntnisse, die

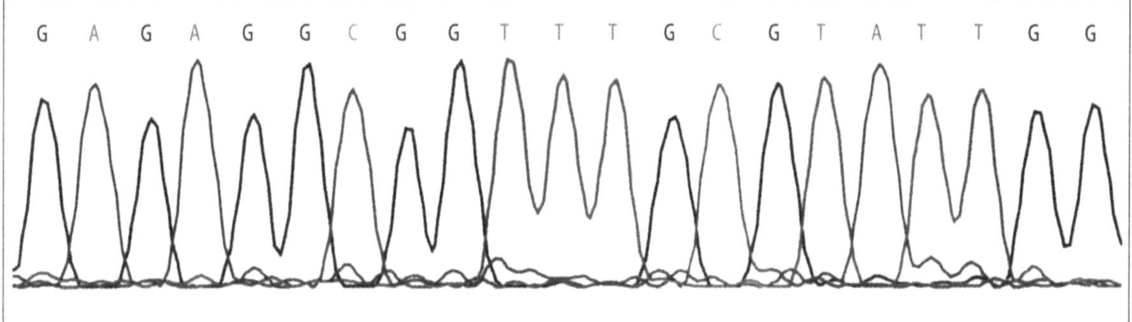

Hinweise auf die Mechanismen der Pathogenität geben und damit neue Wege für die Therapie liefern können. Auch Bakterien werden von Viren befallen und vernichtet, die man Bakteriophagen nennt. Die Bakterien verfügen aber über Systeme zur Erkennung „fremder" DNA und zum Schutze der eigenen DNA. Befällt ein Bakterienvirus eine Bakterienzelle, so wird seine DNA als fremd erkannt und zerstört. Durch die Sequenzierung und die Analyse bakterieller Genome hat man entdeckt, daß das Bakterium *Escherichia coli*, das auch unseren Darm bewohnt, nur zwei bis drei dieser Abwehrsysteme besitzt, das Bakterium *Neisseria gonorrhoeae* (der Erreger der Geschlechtskrankheit Gonorrhoe) jedoch 18 verschiedene und das Bakterium *Helicobacter pylori*, das an der Entstehung von Magengeschwüren beteiligt ist, sogar 23 solche Verteidigungssysteme. Diese Entdeckung hat nicht nur medizinische Bedeutung, sondern diese DNA-zerschneidenden Enzyme sind auch wichtige Werkzeuge in den Händen der Gentechnologen, die damit Gene gezielt herausschneiden und in andere Genome einbauen können.

Der Vergleich der Genome krankheitserregender und „harmloser" *Escherichia-coli*-Stämme zeigte, daß die pathogenen Stämme rund zwanzig Prozent mehr genetische Information tragen, die ausschließlich für die Pathogenität dieses Organismus zuständig sind. Noch erstaunlicher war, daß sich 30 Prozent dieser „Pathogenitätsgene" auch bei *Yersinia pestis*, dem Erreger der Pest, fanden.

Der Erfolg der Genomforschung wäre nicht möglich ohne die enormen Fortschritte auf dem Gebiet der Technik und der Informatik. Die Speicherung, Analyse, Aufbereitung und Vermittlung dieser ungeheuren Datenmengen aus den verschiedenen Genomen sind nur mit ausgefeilten Computerprogrammen und leistungsfähigen Rechnern zu bewerkstelligen. Die neue Chiptechnik hat es möglich gemacht, kurze Stücke aller Gene eines Organismus auf dem engen Raum eines Chips zu fixieren. Diese DNA-Chips können dann als „Gensonden" genutzt werden, um beispielsweise festzustellen, welche Gene des Menschen in einem bestimmten Organ aktiv sind.

Forscher sind auch ständig auf der Suche nach Proteinen mit neuen Funktionen, die für biotechnologische Zwecke genutzt werden können. Von besonderem Interesse sind dabei die sogenannten „Extremophilen", das sind Mikroorganismen, die an extreme Lebensbedingungen angepaßt sind. So gibt es Organismen, Archaea genannt, die in heißen Quellen bei Temperaturen über 100 Grad Celsius leben können. Andere wiederum fühlen sich in einer gesättigten

Bild 3 DNA-Sequenzanalyse mit einem lasergestützten Auswertegerät. Die Sequenzierung großer Mengen an DNA-Molekülen ist erst durch den Einsatz von Automaten möglich. Bei dieser Technik werden die einzelnen Basen „farbig" markiert, wobei die Farbmarkierung durch Laserstrahlen und entsprechende Detektoren „gelesen" wird. Das vom Sequenzierautomaten erstellte Protokoll zeigt verschiedenfarbige Linien, deren Gipfel jeweils eine Base anzeigen: schwarz – Guanin, grün – Adenin, rot – Thymin, blau – Cytosin. Der Informationsgehalt eines Gens kann dann wie eine Reihe von Buchstaben „gelesen" und einer Computerauswertung zugeführt werden.

Salzlösung am wohlsten, und wieder andere leben im ewigen Eis der Antarktis. Die von den Genen der Extremophilen kodierten Enzyme sind für den Biotechnologen von großem Interesse. Ohne die Disziplin der Bioinformatik, die es möglich gemacht hat, Gene und Proteine verschiedenster Organismen zu vergleichen und dadurch bestimmten Funktionen zuzuordnen, wäre dies niemals möglich gewesen. Als Beispiel eines solchen Enzyms sei die Alpha-Amylase aus *Pyrococcus woesei*, einem Archaebakterium, erwähnt. (Archaebakterien sind Mikroorganismen, die sich von den bislang bekannten Bakterien so stark unterscheiden, daß sie ein eigenes Organismenreich bilden). Dieses Enzym, das auch in unserem Speichel vorkommt, spaltet Stärke in Zucker. Die Amylase aus *Pyrococcus* arbeitet am wirkungsvollsten bei 100 Grad Celsius und ist auch noch bei 130 Grad Celsius aktiv. Dies mag uns als paradox erscheinen, weil wir wissen, daß Eiweiße durch Kochen zerstört und dadurch funktionslos werden. Bislang wissen wir jedoch noch nicht in allen Einzelheiten, warum gerade die Proteine der Organismen, die hohe Temperaturen lieben, so unempfindlich gegenüber Hitze sind.

Konzertierte Aktion der Proteine

Bei unseren Betrachtungen hatten wir bislang immer die Bedeutung einzelner Gene oder Gengruppen betont. Die von den Genen kodierten Proteine wirken jedoch nicht unabhängig voneinander, sondern in einer konzertierten Aktion. So ist ein sehr ehrgeiziges Ziel zu verstehen, wie alle Proteine in den Zellen eines menschlichen Organs miteinander interagieren. Hier bietet wiederum die Hefe ein System, bei dem man jeweils zwei Gene (aus jedem beliebigen Organismus) einschleusen kann, deren Information dann in Proteine umgesetzt wird. Durch ein einfallsreiches System kann dann in der Hefezelle überprüft werden, ob die zwei Proteine miteinander interagieren oder nicht.

Was sind nun die Ziele der Genomforschung des nächsten Jahrtausends? Die Summe der Gene eines Organismus, das Genom, wird übersetzt in die Sprache der Proteine, die entweder als Strukturkomponenten oder als Enzyme (Katalysatoren) eine Rolle in der Zelle spielen. Ziel ist es, die Funktion und die Interaktion der vom Genom kodierten Proteine zu verstehen. Die Gesamtheit der Proteine eines Organismus bezeichnen wir als Proteom. Die Arbeit der Enzyme in einer Zelle muß man sich wie eine chemische Fabrik vorstellen, bei der ausgehend von einer Grundsubstanz über zahlreiche Zwischenstufen das Endprodukt hergestellt wird. Die Zwischen- und Endprodukte jedoch regulieren selbst wieder die Aktivität der Enzyme. Dieses komplizierte Zusammenspiel von Enzymen, Zwischen- und Endprodukten bezeichnen wir als Stoffwechsel oder Metabolismus. Die Gesamtheit des Stoffwechsels – das Metabolom – zu verstehen, ist ein Fernziel. Erst wenn wir einen einfachen Organismus beginnend von seinem Genom bis hin zu seinem Metabolom begriffen haben, können wir die Erkenntnisse auf komplizierter gebaute Organismen übertragen. Diese Forschung wird uns sicher noch viele 100 Jahre immer neue Rätsel aufgeben und herausfordern.

In diesem kurzen Abriß war viel die Rede von DNA, Genen und Genomen. Wir konnten einen kleinen Blick auf die modernen Werkzeuge der Genomforschung und ihre Möglichkeiten und Anwendungen werfen. Dabei steht natürlich das Experiment und die naturwissenschaftliche Erkenntnis im Vordergrund. Wir sollten dabei nicht die menschliche Natur als etwas ausschließlich vom Genom Bestimmtes ansehen. Als Mahnung an alle, bei der Beschäftigung mit dem menschlichen Genom das Irrationale, das Emotionale, kurzum das, was unser Menschsein ausmacht, nicht zu vergessen, sei ein frühes Experiment erwähnt – eines der vielen, bei denen es um die Quantifizierung von Erbe und Umwelt ging. Der Chronist Salimbene von Parma beschreibt ein Experiment des Stauferkaisers Friedrich des Zweiten (vielleicht auch den Biologen durch sein wunderschönes Buch über die Falkenjagd bekannt), der feststellen wollte, ob Kinder aus sich heraus die Sprache ihrer Eltern oder Hebräisch, Griechisch, Latein oder Arabisch sprächen. Die Kinder wurden von Ammen aufgezogen, die kein Wort an sie richten und ihnen keinerlei Zuneigung zeigen durften; sie alle starben, denn, so schreibt der Chronist, „sie vermochten nicht zu leben ohne das Händepatschen und das fröhliche Gesichterschneiden und die Koseworte ihrer Ammen".

Autor

Prof. Dr. rer. nat. Klaus Wolf ist Lehrstuhlinhaber und Institutsleiter des Instituts für Biologie IV (Mikrobiologie). Seine Forschungsprojekte sind: Analyse mitochondrialer Genome bei Pilzen; Analyse von Genen bei Hefen, Pflanzen und dem Menschen, welche an der Funktion der Mitochondrien beteiligt sind; molekulare Mechanismen der Resistenz gegen Metalle bei Mikroorganismen und Pflanzen sowie phylogenetische Studien an Mitochondrien-Genomen.

Der genetische Fingerabdruck

Helmut Althoff und
Ulrich Cremer

Bild 1 Visuelle Kontrolle einer DNA-Matrix

Die DNA-Analyse: ein Meilenstein rechtsmedizinischer Untersuchungsmethoden

Aus den Medien erfahren wir in der letzten Zeit zunehmend, daß molekulargenetische Untersuchungen an Tausenden von Männern zum Täter eines tödlichen Gewaltverbrechens, zum Beispiel eines Sexualdelikts, führen. Der Beweiswert derartig gewonnener Ergebnisse gilt inzwischen als sicher, selbst für entsprechende strafrechtliche Konsequenzen.

In Zivilverfahren, in denen die Vater- oder Mutterschaft zu klären ist oder in denen es um erbrechtliche Fragen geht, etwa unter Geschwistern, stellt das Ergebnis einer Analyse der Erbsubstanz DNA (Desoxyribonukleinsäure, englisch *desoxyribonucleic acid*) eine sichere richterliche Entscheidungsgrundlage dar. Zudem läßt sich die Abstammung eines Kindes in den Fällen, in denen der vermutete Vater oder die Mutter nicht in die Untersuchungen einbezogen werden können, durch eine DNA-Analyse zuverlässig klären, wenn die Großeltern oder leibliche Geschwister zur Verfügung stehen (Bild 1 und 2).

Schließlich werden auch verwaltungsrechtliche Entscheidungen über das Aufenthaltsrecht zugewanderter Personen auf der Basis molekulargenetischer Untersuchungen getroffen, durch die man genetische Verwandtschaften feststellen kann.

Die Klärung dieser rechtlich relevanten Fragen gehört seit vielen Jahren zum Aufgabenspektrum der Rechtsmedizin. Ferner kann eine verdächtigte Person durch Analysen biologischer Spuren identifiziert werden, zum Beispiel durch Blutstropfen auf dem Teppichboden, Spermaflecken oder Haare an der Kleidung. Früher waren derartige Untersuchungen auf die Bestimmung von Blutgruppenmerkmalen, das heißt auf die Feststellung der phänotypischen Ausprägung genetischer Anlagen beschränkt. Die rasante Entwicklung molekulargenetischer Untersuchungsmethoden hat das Spektrum dieser Untersuchungen und damit auch den Beweiswert revolutionär erweitert.

Mit der DNA-Analyse läßt sich heute feststellen, ob eine genetische Anlage vorhanden ist, die sich eventuell bei der rein phänotypischen Bestimmung von Blutgruppenmerkmalen nicht ausprägt und damit nicht erfassen läßt. Bei der Untersuchung von Sexualdelikten steht häufig das auswertbare Spurenmaterial in nur sehr geringen Mengen zur Verfügung, welches zudem durch äußere Einflüsse verändert ist. An einem derartigen Spurenmaterial sind Blutgruppenuntersuchungen entweder nicht mehr durchführbar, oder die Ergebnisse sind nicht verläßlich. Eine DNA-Analyse ermöglicht demgegenüber eine eindeutige und damit beweiswertige Zuordnung des Spurenmaterials zu einem bestimmten Spurengeber.

Auf welche Weise untersuchen Rechtsmediziner das Erbmaterial? In allen Organismen, so auch beim Menschen, ist die DNA der Träger der genetischen Information. Sie ist im Zellkern jeder Zelle in einer absolut identischen Form enthalten. Hieraus folgt, daß eine DNA-Analyse an jedem zellhaltigen menschlichen Material wie etwa Blut, Sperma, Urin, Speichel, Haarwurzeln, Haut, Organgewebe und auch Knochen durchgeführt werden kann. Die DNA in jeder Zelle weist eine individuelle, genetisch geprägte Einmaligkeit auf, wie der Fingerabdruck eines Menschen, daher auch die inzwischen gebräuchliche Bezeichnung „Genetischer Fingerabdruck".

Die DNA ist als Doppelhelix (spiralig Gewundenes) strukturiert, figürlich gesehen kann man sie sich als eine verdrehte Strickleiter vorstellen (Bild 3). Die Sprossen dieser Strickleiter bilden die beiden Purinbasen Adenin (A) und Guanin (G) und die Pyrimidinbasen Thymin (T) und Cytosin (C), die man auch als die vier Buchstaben des genetischen Kodes bezeichnen könnte. Es verbinden sich jeweils zwei Basen zu einer Sprosse, Adenin paart sich immer mit Thymin, Cytosin immer mit Guanin. Die genetische Information einer Zelle wird bestimmt durch eine von Individuum zu Individuum unterschiedliche Anordnung nur dieser vier Nukleinbasen.

Die DNA besteht zu etwa fünf bis zehn Prozent aus kodierenden Abschnitten, sogenannten Exons, und zu 90 bis 95 Prozent aus nicht kodierenden Bereichen, sogenannten Introns. Bildlich könnte man sich die kodierenden, als Gene bezeichneten DNA-Abschnitte als „kleine Oasen in einer genetischen Wüste" vorstellen, so drückte es sehr anschaulich Susumo Ohno aus. Die kodierenden DNA-Abschnitte enthalten für die Existenz des Individuums lebenswichtige genetische Informationen. Der größte Anteil der DNA dagegen besitzt keinen Informationsgehalt und wird deshalb als nicht kodierend bezeichnet. Diese zwischen den Genen lokalisierten nicht kodierenden DNA-Abschnitte bestehen aus sich wiederholenden, identischen Basenabfolgen und sind bei jedem Individuum so vielgestaltig (polymorph) wie ein Fingerabdruck.

Den Humangenetiker interessieren Defekte auf den kodierenden DNA-Abschnitten, da sie Rückschlüsse auf Krankheitsanlagen zulassen. Der Rechtsmediziner dagegen untersucht sozusagen ausschließlich den Wüstensand, der keine genetische Information enthält. Der Informationswert bei der rechtsmedizinischen DNA-Analyse wird somit nicht den Genen entlockt. Die in den Medien verbreitete Sorge, daß bei einer rechtsmedizinischen DNA-Analyse individuelle Persönlichkeitsmerkmale ausgeforscht werden können, ist daher völlig unbegründet.

Die nicht kodierenden Abschnitte der DNA werden mit Hilfe von sogenannten Restriktionsenzymen, als molekulare Scheren bezeichnet, in unterschiedlich große Abschnitte zerlegt. Nach gelelektrophoretischer Auftrennung der 100.000 bis zehn Millionen DNA-Fragmente, Transfer und Immobilisierung auf eine Nylonmembran werden diese in ihre komplementären Einzelstränge getrennt. Mit Hilfe spezifischer, synthetisch hergestellter Oligonukleotide oder klonierter DNA-Fragmente, sogenannten DNA-Sonden, erhält man durch eine enzymatische Farbreaktion oder durch eine chemische Lumi-

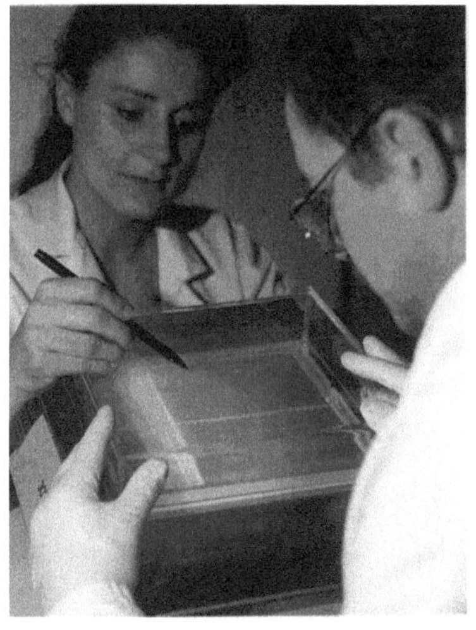

Bild 2 Auszählen einer DNA-Matrix unter ultraviolettem Licht

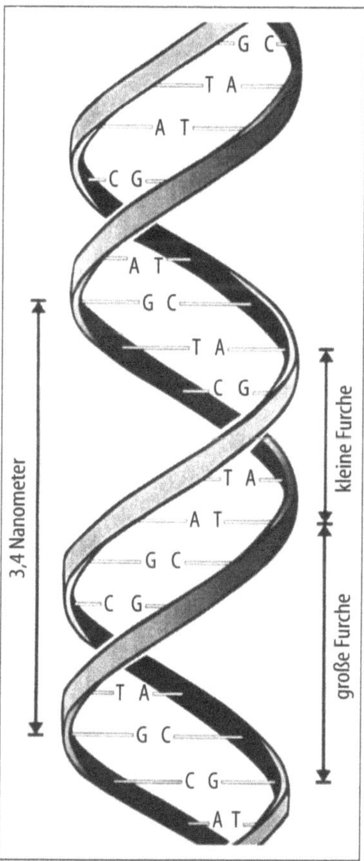

Bild 3 Schematische Darstellung der helikalen Struktur eines DNA-Moleküls (Ausschnitt), aufgebaut aus den vier Basen Adenin (A), Guanin (G), Thymin (T) und Cytosin (C)

neszenzreaktion ein sondenspezifisches Hybridisierungsmuster, denn die Sonden lagern sich unter geeigneten physikalischen und chemischen Bedingungen exakt an jene DNA-Fragmente an (hybridisieren), die eine komplementäre Basenabfolge aufweisen. Dieses Muster in Form von Banden wird für die anschließende Auswertung photographisch oder mittels Röntgenfilm dokumentiert.

Die sich aus der Größe der Restriktionsfragmente ergebende individuelle Variabilität wird als Restriktions-Fragmentlängen-Polymorphismus (RFLP) bezeichnet. Indem wir die jeweiligen Restriktionsfragmente miteinander vergleichen, können wir Rückschlüsse ziehen – beispielsweise ob ein Kind von einem bestimmten Mann gezeugt wurde oder ob eine am Tatort oder am Opfer eines Verbrechens gesicherte biologische Spur von einer bestimmten Person, dem Spurengeber, stammt. Die Restriktionsfragmente besitzen eine extrem hohe Individualisierungsbreite, da sie den Mendelschen Erbregeln entsprechend vererbt werden.

Die Verfahren der DNA-Analyse

Die DNA-Analyse kann mittels verschiedener Verfahren durchgeführt werden. Zunächst wurden sogenannte Multilocussonden eingesetzt, mit denen gleichzeitig mehrere über das Genom verteilte Loci (Genorte) mit Abschnitten aus wiederholten Sequenzen untersucht werden. Danach wendete man Singlelocussonden an, die Einzelloci (nur einmal im Genom vorkommende Genorte) aufspüren können. Ein Beispiel in Bild 4 demonstriert den Einsatz beider Sondentypen. Auf dem linken Teil dieser Abbildung sind rein schematisch die DNA-Fragmente der Kindesmutter (KM), des Kindes (K) und von zwei Putativvätern (PV$_1$ und PV$_2$), also vermeintlichen Vätern, nach Hybridisierung mit einer Multilocussonde dargestellt, auf dem rechten Teil des Bildes erkennt man das Fragmentmuster nach Hybridisierung mit einer Singlelocussonde. Die Auswertung derartiger Fragmentmuster erfolgt durch einen Seit-zu-Seit-Vergleich der dargestellten Bruchstücke. Da die beim Kind festgestellten DNA-Fragmente, auch als Banden bezeichnet, sowohl von seiner

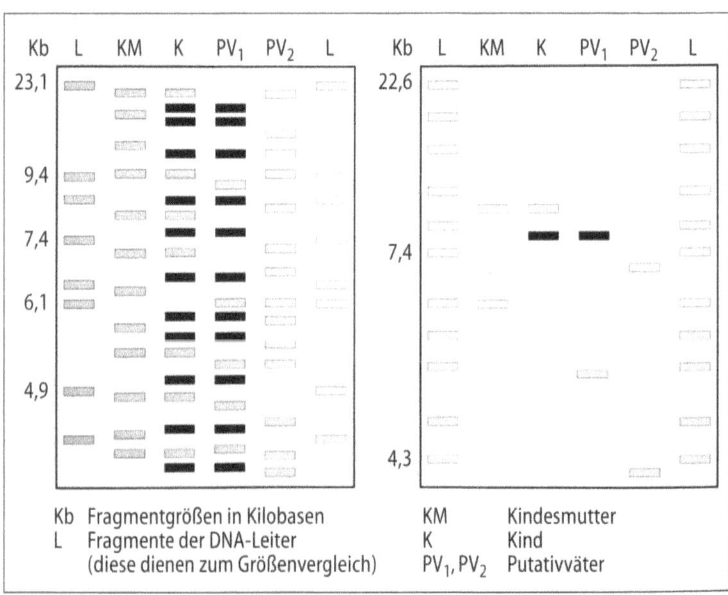

Bild 4 Schematische Darstellung einer Abstammungsanalyse. Zu sehen ist das sogenannte Fingerprint-Muster der DNA-Fragmente nach Hybridisierung mittels Multilocussonde (links) sowie das Hybridisierungsmuster einer Singlelocussonde (rechts).

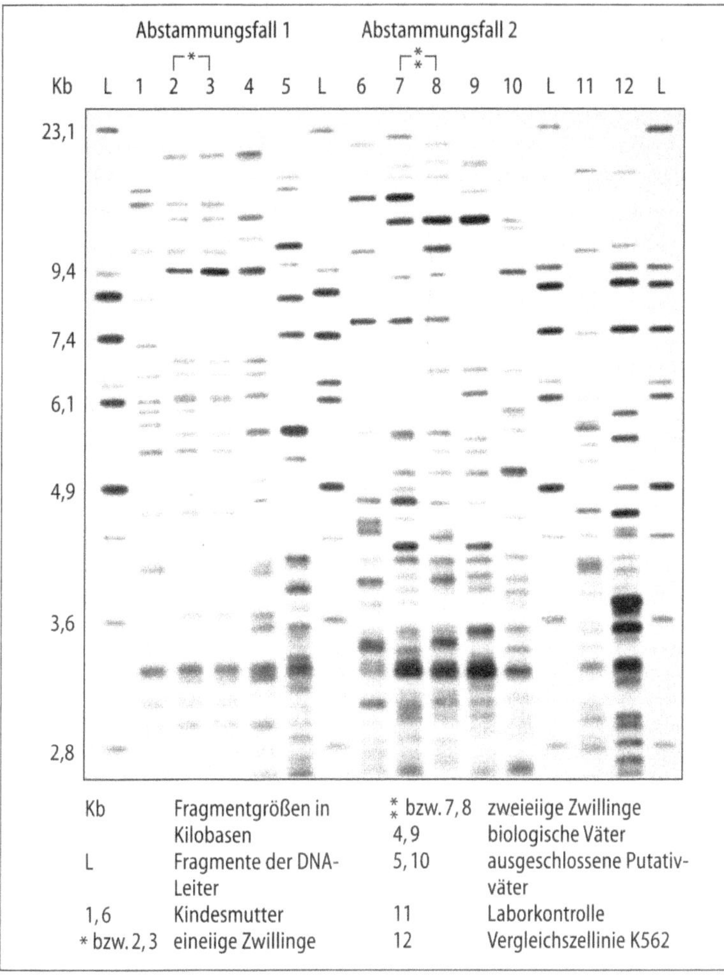

Kb	Fragmentgrößen in Kilobasen	* bzw. 7,8	zweieiige Zwillinge
L	Fragmente der DNA-Leiter	4,9	biologische Väter
		5,10	ausgeschlossene Putativväter
1,6	Kindesmutter	11	Laborkontrolle
* bzw. 2,3	eineiige Zwillinge	12	Vergleichszellinie K562

Bild 5 Autoradiographische Darstellung eines Multilocussonden-Fingerprint-Musters von zwei Abstammungsfällen aus der rechtsmedizinischen Praxis mit eineiigen (Abstammungsfall 1) und zweieiigen Zwillingen (Abstammungsfall 2)

Mutter als auch von seinem biologischen Vater stammen, muß dieser alle Banden des Kindes aufweisen, die nicht der Mutter zugeordnet werden können.

Die Prävalenz einer geeigneten DNA-Analytik läßt sich an folgendem Beispiel demonstrieren. Zwei Abstammungsfälle aus der rechtsmedizinischen Abstammungsbegutachtung wurden mittels Multilocussonde untersucht (Bild 5). In Fall 1 untersuchten wir die Abstammung von eineiigen, in Fall 2 die Abstammung von zweieiigen Zwillingen. Die DNA-Fragmente, die sich auf einem Röntgenfilm als schmale, schwarze Striche darstellen, stimmten bei eineiigen Zwillingen selbstverständlich völlig überein, da diese genetisch identisch sind, waren jedoch bei zweieiigen Zwillingen so unterschiedlich wie bei Geschwistern.

Mit der Multilocussonde lassen sich zahlreiche, unterschiedlich große, von verschiedenen DNA-Abschnitten stammende Fragmente erfassen, deren Muster in Analogie zum Hautleistenabdruck der Finger als DNA-Fingerprint bezeichnet wird. Trotz der hohen Individualisierungsrate hat die Untersuchung mittels Multilocussonde Nachteile: Es gibt keine allgemein anerkannte formale Analysemöglichkeit für die Bandenmuster. Eine von der Bandenfrequenz abhängige biometrische Berechnung, wie sie bei der Untersuchung von Blutgruppenmerkmalen praktiziert wird, das heißt eine sichere individuelle Zuordnung unter forensischen Qualitätskriterien, ist nicht möglich. Bei Analysen geringer DNA-Mengen, wie sie zum Beispiel bei Blut- oder Sekretspuren vorliegen, können weniger intensive Banden verloren gehen, so daß ein nicht interpretierbares Defektmuster entsteht. Überlagerungen zweier DNA-Muster, beispielsweise bei Untersuchungen von Sperma und Vaginalzellen, lassen eine Differenzierung und damit eine eindeutige Interpretation nicht zu.

Durch die Entwicklung sogenannter Singlelocussonden steht heute eine Methode zur Verfügung, mit der sowohl bei strittigen Abstammungsverhältnissen als auch bei der Untersuchung von biologischem Spurenmaterial eindeutig interpretierbare Ergebnisse erzielt werden können. Der Vergleich der Bilder 5 und 6, bei denen es sich um dieselben Abstammungsfälle handelt, macht dies deutlich. Singlelocussonden erkennen, wie Bild 6 zeigt, nur zwei Stellen auf einem Chromosomenpaar der untersuchten DNA. Damit werden pro Individuum (Kind) nur zwei DNA-Fragmente erfaßt, eins, das von der Mutter, und eins, das vom Vater vererbt wurde. Da die

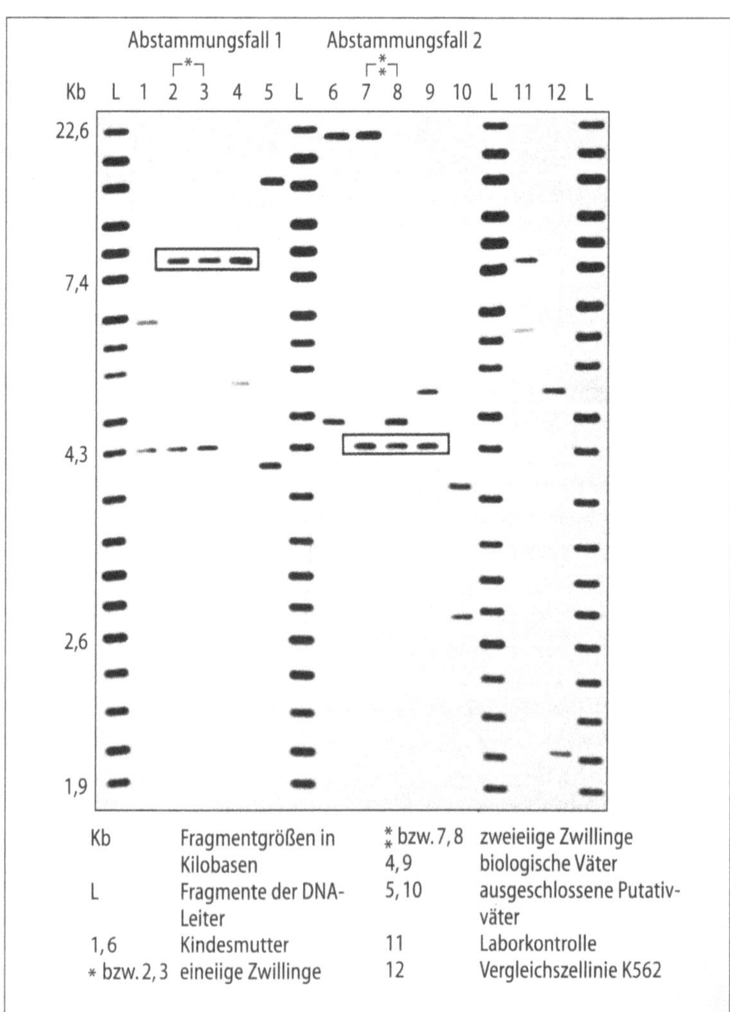

Kb	Fragmentgrößen in Kilobasen	* bzw. 7, 8	zweieiige Zwillinge
		4, 9	biologische Väter
L	Fragmente der DNA-Leiter	5, 10	ausgeschlossene Putativväter
1, 6	Kindesmutter	11	Laborkontrolle
* bzw. 2, 3	eineiige Zwillinge	12	Vergleichszellinie K562

Bild 6 Autoradiographische Darstellung der DNA-Fragmentmuster der gleichen Abstammungsfälle wie in Bild 5 nach Hybridisierung mit einer Singlelocussonde

Anzahl der unterschiedlich positionierten Fragmente, die durch die jeweilige Sonde erfaßt werden können, bekannt ist, können wir auch die nachgewiesenen Fragmente aufgrund statistischer Berechnungen zuordnen. Der mit einer Singlelocussonde untersuchte Restriktions-Fragmentlängen-Polymorphismus entspricht zwar keinem genetischen Fingerabdruck, da aber mehrere verschiedene Singlelocussonden nacheinander eingesetzt werden können, erhöht sich der Aussagewert, wenn man beispielsweise zwei Personen unterscheiden oder die erfaßten Fragmente einem bestimmten Individuum zuordnen will, so daß das Ergebnis als verläßlich eingeschätzt werden kann.

Einen bedeutenden Durchbruch brachte dabei das Verfahren der Polymerasekettenreaktion (englisch *polymerase chain reaction*, PCR), mit der man DNA-Abschnitte identisch kopieren kann. Die Domäne der DNA-Analyse mittels PCR-Technik liegt aus rechtsmedizinischer Sicht in der Spurenanalyse. Im Gegensatz zu einer Untersuchung von Fragmentlängen-Polymorphismen in Blutproben mittels Multilocus- oder Singlelocussonden, bei denen die zu analysierende DNA sowohl in ausreichender Menge, das heißt über einem Mikrogramm (millionstel Gramm), als auch in hochmolekularer Form, das heißt in mehr als 20.000 Basen, vorliegen muß, lassen sich mit der PCR-Methode DNA-Analysen auch bei sehr geringen Mengen von weniger als einem Nanogramm (milliardstel Gramm) DNA vornehmen. Es reichen beispielsweise ein Bluttropfen, ein Zahn, Kopfhaare, Speichelreste oder Vaginalabstriche, und selbst bei fortgeschrittenen Leichenveränderungen oder auch an einer durch Alterungsprozesse denaturierten DNA in biologischen Spuren ist eine erfolgreiche PCR-Analyse möglich.

Das Prinzip dieser Methode, die Kary Mullis entwickelte und Randall K. Saiki und Mitarbeiter 1985 erstmals publizierten, besteht darin, daß definierte DNA-Bereiche, die von zwei bekannten DNA-Sequenzen eingerahmt sind, gezielt vervielfältigt werden. Die ausgewählten DNA-Abschnitte lassen sich so um ein Millionenfaches vermehren.

Für die rechtsmedizinische Spurenanalyse stehen mittlerweile eine Vielzahl PCR-abhängige, auf unterschiedlichen Chromosomen lokalisierte DNA-Systeme zur Verfügung. Mit diesen Systemen kann insbesondere auch nachgewiesen werden, ob die biologische Spur von einer männlichen oder einer weiblichen Person stammt. Die DNA-PCR-Analyse hat sicher gegenüber früheren Möglichkeiten zu unerwarteten Erfolgen geführt, denn mittels dieser Methode läßt sich heute nahezu jeder forensisch geprägte Spurenfall lösen.

Kritisch muß jedoch darauf hingewiesen werden, daß die gezielte Vermehrung von ausgewählten DNA-Abschnitten wegen etwaiger Störfaktoren nicht unproblematisch ist. Die Sicherung einer biologischen Spur und deren Bearbeitung im Spurenlabor muß mit größter Sorgfalt erfolgen, um eine Verunreinigung der zu untersuchenden DNA mit Fremd-DNA zu vermeiden; in diesem Fall wären die Analysenergebnisse nicht mehr zu verwerten. Zudem können durch diese Methode selbst Kunstprodukte, wie etwa Doppelungsmuster oder Schattenbanden, entstehen, die bei der sachkundigen Interpretation der Ergebnisse berücksichtigt werden müssen.

Die Polymerasekettenreaktion brachte auch in der Forensik unerwartete Erfolge

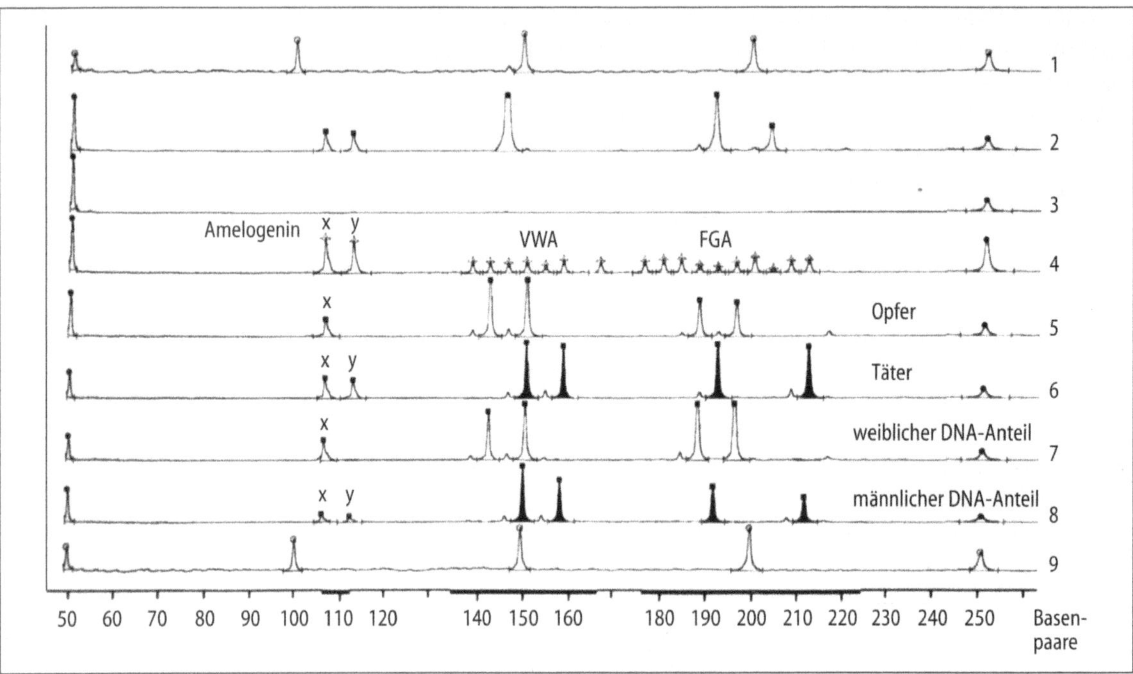

Bild 7 DNA-PCR-Analyse eines Vaginalabstriches mit Vaginalzellen und Spermatozoen nach einer Vergewaltigung. Die Typisierung erfolgte mittels eines geschlechtschromosomalen Systems (Amelogenin) und zweier *Short-tandem-repeat*-Systeme (VWA, FGA).

Abschließend wollen wir noch ein Beispiel aus der Praxis vorstellen (Bild 7): Nach einer Vergewaltigung wurde bei einer gynäkologischen Untersuchung Abstrichmaterial gesichert. Die daraus extrahierte DNA wurde anschließend in einem geschlechtschromosomalen System (Amelogenin) und in zwei STR-Systemen (*short tandem repeat*) typisiert. Unter optimierten Analysebedingungen wurden in der aus dem Spermienanteil isolierten DNA (im Bild Nr. 8), ein Y-chromosomaler DNA-Locus nachgewiesen und in den beiden untersuchten STR-Systemen die gleichen Allele (genetischen Merkmale) festgestellt wie in der aus einer Speichelprobe isolierten DNA des als Täter angegebenen Mannes (im Bild Nr. 6). Damit kommt dieser als Spurengeber in Betracht.

Die Technik der DNA-Analyse eröffnete Perspektiven für rechtsmedizinische Untersuchungen zur Individualtypisierung, die bis vor wenigen Jahren noch utopisch erschienen. Inzwischen stellt die im Institut für Rechtsmedizin der RWTH Aachen etablierte und ständig weiterentwickelte Technik eine Standardmethode bei der Untersuchung biologischer Spurenmaterialien dar und dient zur Klärung genetischer Verwandtschaftsverhältnisse. Das Institut sieht sich zukünftig herausgefordert, die Möglichkeiten, die sich insbesondere aus der PCR-Technik ergeben, zur Analyse biologischer Spurenmaterialien durch wissenschaftliche Forschungsarbeiten weiter zu erschließen. Mit dieser Grundlagenforschung dient das Fach Rechtsmedizin der traditionsreichen Kommunikation zwischen Recht und Medizin im Sinne einer – auch von der Öffentlichkeit erwarteten – höheren Rechtssicherheit.

Prof. Dr. med. Helmut Althoff ist Direktor des Instituts für Rechtsmedizin. Seine Forschungsschwerpunkte sind die Forensische Pathologie, die Pathogenese des Plötzlichen Kindstods (SIDS), die Serogenetik und Molekulare Genetik.

Dr. med. Ulrich Cremer ist wissenschaftlicher Mitarbeiter am Institut für Rechtsmedizin mit den Forschungsgebieten Forensische Pathologie, Serogenetik und Molekulare Genetik.

Autoren

[1] A. J. Jeffreys, M. Turner und P. Debenham: The efficiency of multilocus DNA fingerprint probes for individualisation and establishment of family relationships, determined from extensive casework, in: American Journal of Human Genetics, 48, 1991, S. 824 bis 840.

[2] Y. Nakamura, M. Leppert, P. O'Connell, R. Wolff, T. Holm, M. Culver, C. Martin, E. Fujimoto, M. Hoff, E. Kumlin und R. White: Variable number of tandem repeat (VNTR) markers for human gene mapping, in: Science, 235, 1987, S. 1616 bis 1622.

[3] A. Mannucci, K. M. Sullivan, P. L. Ivanov und P. Gill: Forensic application of a rapid and quantitative DNA sex test by amplification of the X-Y homologous gene amelogenin, in: International Journal of Legal Medicine, 106, 1994, S. 190 bis 193.

[4] B. Brinkmann und P. Wiegand: DNA-Technologie in der Medizinischen Kriminalistik, Schmidt-Römhild Verlag, Lübeck 1997.

[5] T. Strachan und A. P. Read: Molekulare Humangenetik, Spektrum Akademischer Verlag, Heidelberg, Berlin, Oxford 1996.

Literaturhinweise

Neue magnetische Nano- und Mikropolymerpartikel

Detlef Müller-Schulte und
Heiko Lueken

Perspektiven für Gentechnik, medizinische Diagnostik und Therapie

Im Bereich der Biowissenschaften werden in zunehmendem Maße magnetische Polymerpartikel eingesetzt, um Zellen und Biomoleküle – wie Antikörper, DNA-Fragmente, Proteine, Hormone und Antigene – zu trennen, zu analysieren oder zu diagnostizieren.

Diese magnetischen Polymerpartikel bezeichnen wir als Magnetbeads. Es handelt sich dabei um ein aus einer Polymerhülle bestehendes, vorzugsweise sphärisches Partikel (Bild 1), in das ein magnetisches Kolloid, beispielsweise Magnetit, eingekapselt ist. Es verleiht dem Polymerteilchen somit magnetische Eigenschaften. Die Magnetbeads weisen durchweg eine Teilchengröße von 0,05 bis zehn Mikrometern (tausendstel Millimetern) auf. Zur Auftrennung von Biomolekülen oder Zellen werden bestimmte Liganden, das sind Fängermoleküle, an die Polymerhülle chemisch gekoppelt, die die Biomoleküle oder Zellen selektiv zu binden vermögen. Durch einfaches Anlegen eines Handmagneten an das Reaktionsgefäß können die betreffenden Zielsubstanzen aus dem Substanzgemisch abgetrennt und anschließend analysiert werden (Bild 2).

Die Verwendung magnetischer Polymerpartikel bietet gegenüber den klassischen chromatographischen Trennverfahren zwei entscheidende Vorteile: Erstens arbeitet man in einer Suspension, wodurch die Reaktionskinetik ähnlich der einer homogenen Lösung realisiert ist, zweitens werden die Trennvorgänge gegenüber den herkömmlichen Verfahren um den Faktor 10 bis 100 verkürzt. Ein wesentlicher, zusätzlicher Punkt der hier beschriebenen Magnetträger ist ihr hoher Magnetkolloidgehalt von 40 bis 60 Gewichtsprozent. Er ermöglicht erstmals neben der Ausnutzung des magnetischen Trennprinzips auch die Aufheizung der Teilchen in einem hochfrequenten Magnetfeld – also eine induktive Aufheizung. Dadurch eröffnen sich neue Perspektiven sowohl für diagnostische als auch therapeutische Anwendungen, die wir im folgenden näher erläutern werden.

Die Magnetbeads werden mit Hilfe eines neu entwickelten Wasser-in-Öl-Suspensionsverfahrens durch mechanisches Dispergieren einer wäßrigen Polyvinylalkohol-Lösung in herkömmlichem Pflanzenöl hergestellt. In der Lösung ist ein magnetisches Kolloid fein verteilt. Während des Suspensionsvorganges bilden sich tropfenförmige Polymerpartikel, die durch anschließende Zugabe eines Vernetzers fixiert werden (Bild 3). Der gesamte Prozeß ist innerhalb von fünf bis 15 Minuten abgeschlossen. Herkömmliche Magnetbead-

Herstellungsverfahren erfordern im Vergleich dazu einen Zeitaufwand von 20 bis 40 Stunden.

Das Suspensionsverfahren zur Herstellung der Magnetteilchen ist eine Neuentwicklung, deren Besonderheit in einer Reihe adaptierbarer verfahrenstechnischer Parameter besteht, wie zum Beispiel der Viskosität der Öl- und Polymerphase, der Rührgeschwindigkeit, der Rührer- und Rührgefäßgeometrie, der Molmasse und Konzentration des Polymeren, der Konzentration und Art der Emulgatoren in der Öl- beziehungsweise Polymerphase (für weitere Details sei der interessierte Leser auf die zitierte Literatur verwiesen). Diese Verfahrensparameter ermöglichen die Herstellung verschieden großer Magnetbeads, die bestmöglich an die jeweiligen Separations- und Analysenaufgaben adaptiert werden können.

Zur Herstellung der magnetischen Kolloide, die in das Magnetbead eingekapselt werden, benutzt man in der Regel Eisen(III)- und Eisen(II)-Salzlösungen mit variierenden molaren Verhältnissen. Durch Zugabe von Basen wie Ammoniak oder Natronlauge erhält man die entsprechenden kolloidalen Dispersionen (Magnetkolloide). Um ein besonders durch die Van-der-Waalsschen-Kräfte, die auf der Anziehung zwischen Atomen beruhen, bedingtes Agglomerieren und Absetzen der Magnetkolloide zu verhindern, werden kationische (positiv geladene) oder anionische (negativ geladene) oberflächenaktive Stoffe zugegeben, die auch unter der Bezeichnung Tenside, Emulgatoren oder Stabilisatoren bekannt sind. Solche stabilisierten kolloidalen Dispersionen werden auch als Ferrofluide bezeichnet. Sie werden heute kommerziell angeboten und technisch unter anderem als Dichtungen in Lautsprechern oder als magnetische Verschlüsse eingesetzt.

Die Teilchengrößen der nach obigem Verfahren hergestellten Magnetkolloide lassen sich durch Variation verschiedener Parameter wie Konzentration und Art der Base, Temperatur, Salzverhältnis oder Ionenkonzentration einstellen.

Bild 1 Rasterelektronenmikroskopische Aufnahme von Polyvinylalkohol-Magnetbeads

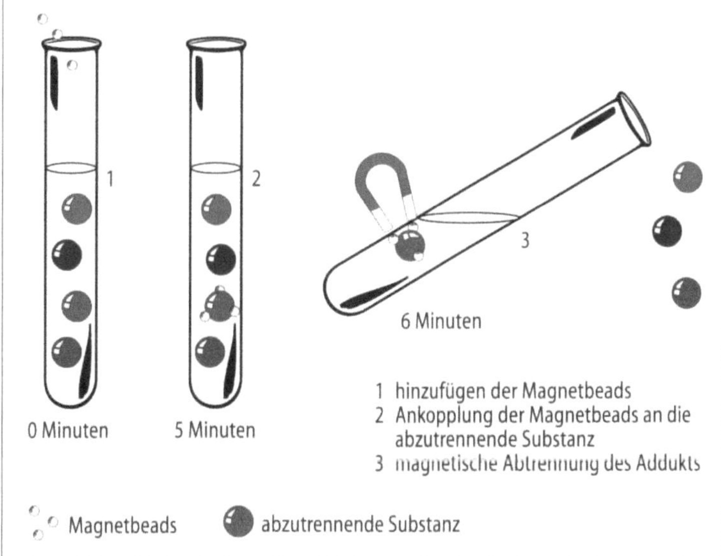

Bild 2 Prinzip der Substanzauftrennung mit Hilfe magnetischer Polymerpartikel

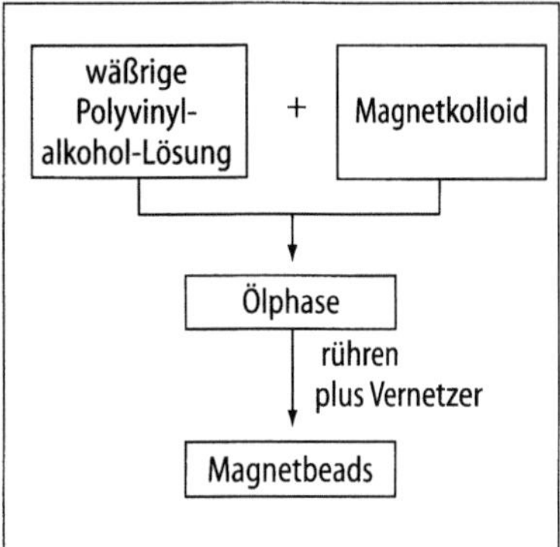

Bild 3 Fließschema der Polyvinylalkohol-Magnetbead-Herstellung

Bestimmung von toxischen oder pathogenen Substanzen in der Diagnostik

Mit der Verwendung von Polyvinylalkohol als Polymermatrix ist es erstmals gelungen, ein magnetisches Kolloid enthaltendes sphärisches Hydrogel (Polymer mit einem Wassergehalt größer als 90 Prozent) zu synthetisieren, das sich durch eine einzigartige Eigenschaftskombination gegenüber den bekannten Polymerträgern auf der Basis von Polystyrol oder Polymethacrylat auszeichnet. Zu diesen Eigenschaften gehören zunächst die hohe chemische Funktionalität – das heißt, die Träger lassen sich mit einer Vielzahl funktioneller beziehungsweise aktiver Gruppen beschichten, an die die betreffenden Biosubstanzen ankoppeln können – sowie die hydrophilen (wasseranziehenden) Eigenschaften des Polymers. Hieraus resultiert eine geringe unspezifische Proteinadsorption, die die Selektivität der Trennung fördert. Ferner bestechen die ausgeprägten magnetischen Eigenschaften; diese ermöglichen zum einen eine sehr rasche Abtrennung, zum anderen lassen sich die Magnetteilchen in einem äußeren, hochfrequenten Magnetfeld induktiv aufheizen, ein Mechanismus, der sich, wie im weiteren Verlauf erläutert, für die Therapie nutzen läßt. Schließlich ist die hohe Bioverträglichkeit eine wichtige Eigenschaft, die den direkten Einsatz in der Medizin ermöglicht.

Für eine Anwendung der Partikel in speziellen Trennverfahren werden bestimmte Liganden wie Proteine, Peptide, Nukleinsäuren oder Zuckermoleküle an die Oberfläche der Magnetbeads gebunden. Mit Hilfe dieser Liganden können sich die Partikel an die Rezeptoren der Biomoleküle oder Zellen in Art des Schlüssel-Schloß-Prinzips spezifisch anlagern und dadurch die selektive Abtrennung derselben ermöglichen. Wir haben in den letzten Jahren verschiedene Kopplungsverfahren für die Bindung der Liganden an die Magnetbeads entwickelt.

Seit vielen Jahren wird die Antikörper-Antigen-Interaktion benutzt, um in der Diagnostik die Konzentration bestimmter toxischer oder pathogener Substanzen (Antigene) zu bestimmen. Am Beispiel des kompetitiven Immuntests – auch als Immunoassay bezeichnet – unter Verwendung der Magnetbeads wird das Verfahrensprinzip in Bild 4 erläutert.

Im ersten Schritt wird eine bestimmte Menge der zu analysierenden Substanz, die das Antigen enthält, mit einer definierten Menge des gleichen, jedoch beispielsweise radioaktiv markierten Antigens versetzt und mit den Antikörper-beschichteten Magnetpartikeln inkubiert. Die Antikörper sind jeweils spezifisch für das jeweilige Antigen. Nach der Bindung des Antigens an den Antikörper werden die Magnetbeads vom Überstand durch Anlegen eines Magneten abgetrennt. Die resultierende Radioaktivität der Magnetbeads, die anhand einer Eichkurve ausgewertet wird, ist jeweils umgekehrt proportional zur gesuchten Antigenkonzentration. Die Nachweisgrenze dieser Methode liegt bei 10^{-14} Mol pro Liter.

Da die Antigen-Antikörper-Reaktion in quasihomogener Phase abläuft und die Magnetpartikel aufgrund ihrer Feinheit eine enorm große Oberfläche aufweisen, können die Analysenzeiten gegenüber der klassischen Mikrotiterplatten-Technik um das zehn- bis zwanzigfache verkürzt werden. Das Verfahren eignet sich daher vor allem

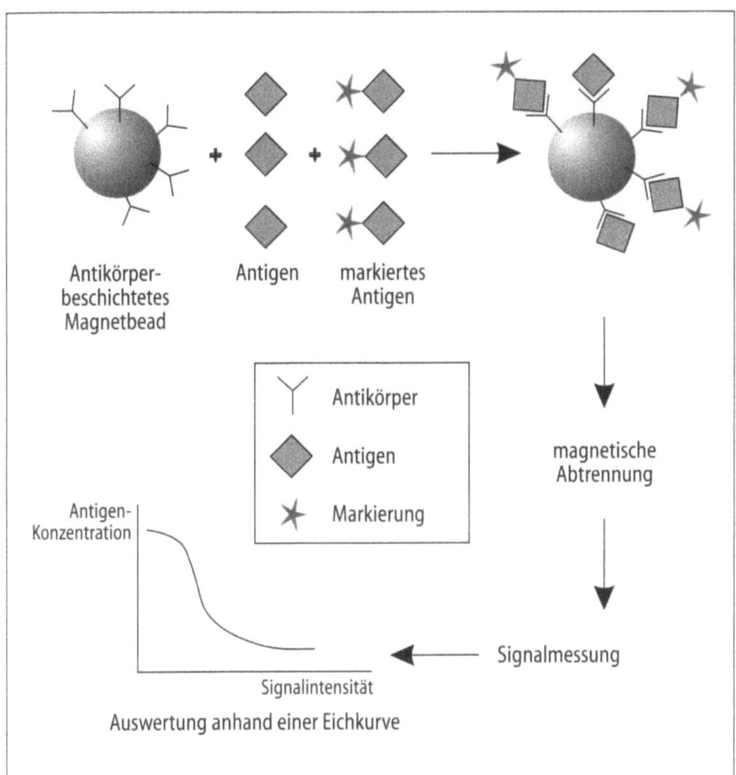

Bild 4 Kompetitiver Immunoassay zur Bestimmung eines Antigens

für Schnelltests und bietet ferner die Möglichkeit der Automatisierung für Routinetests.

Neben diesem klassischen Diagnostikverfahren über den Antikörper-Antigen-Nachweis hat in den letzten Jahren in zunehmenden Maße die molekularbiologische Analytik in Form der Genanalyse von Pathogenen wie Viren, Bakterien und Pilzen in der medizinischen Diagnostik Einzug gehalten. Die Brisanz der Methode wird am Beispiel der Aids-Infektion deutlich. Während herkömmliche Verfahren über den Antikörpernachweis eindeutige Aussagen frühestens fünf Wochen nach der Primärinfektion zulassen, kann man mit Hilfe der Gendiagnostik bereits nach einem Tag Pathogene nachweisen, ein Umstand, der in der medizinischen Praxis von ungeheurer Bedeutung ist.

Angesichts der Vielfalt der verschiedenen Verfahrensweisen wollen wir an dieser Stelle nur auf die Methode der Hybridisierung (Anlagerung zweier komplementärer Nukleinsäurestränge) mittels immobilisierter DNA-Sonden näher eingehen. Dazu werden, wie in Bild 5 schematisch dargestellt, die gesuchten DNA(Desoxyribonukleinsäure)- oder RNA(Ribonukleinsäure)-Zielsequenzen – das sind die für das jeweilige Pathogen charakteristischen DNA-Abschnitte – an das Magnetpartikel gebunden. Zu diesem Zweck werden speziell oberflächenfunktionalisierte Beads eingesetzt, die die Pathogen-DNA binden können. Im nachfolgenden Schritt werden markierte (fluoreszenz- oder radioaktiv-markierte) DNA-Sonden, die eine komplementäre DNA-Sequenz zu der Zielsequenz aufweisen, mit den Beads inkubiert. Es erfolgt die Hybridisierung der beiden Strän-

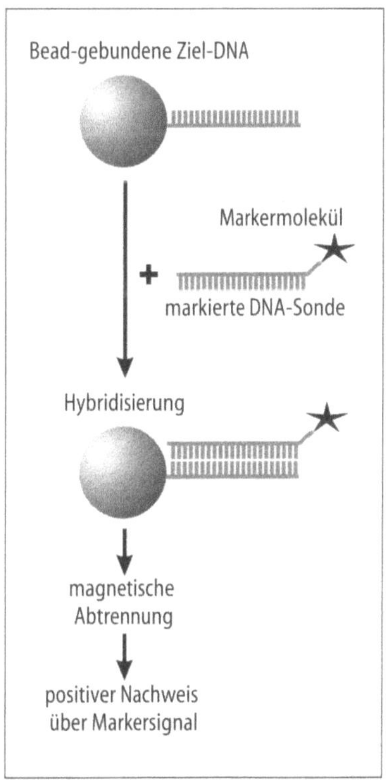

Bild 5 Nachweis von Magnetbead-gebundener, pathogener DNA mit Hilfe markierter DNA-Sonden

ge. Nach magnetischer Abtrennung der Beads von Begleitsubstanzen kann aufgrund der vorhandenen Fluoreszenz oder Radioaktivität ein positiver Nachweis geführt werden. Diese Methode ist grundsätzlich für den Direktnachweis von Pathogenen einsetzbar.

Zellseparation und Zellmarkierung

Magnetbeads bieten aufgrund ihrer funktionellen, hydrophilen Oberflächen ideale Voraussetzungen für die Beschichtung mit Antikörpern, die gegen bestimmte Zellrezeptoren gerichtet sind. Beispiele dafür sind die CD4-, CD8- und CD3-Rezeptoren (*cluster of differentiation*, CD), die für T- und B-Lymphozyten charakteristisch sind. Die Antikörper-beschichteten Magnetbeads binden an die betreffenden Zellen, die anschließend in einfacher Weise aus einem Zellgemisch isoliert werden können (vergleiche Bild 2). Prinzipiell lassen sich auf diese Weise sämtliche Zelltypen wie beispielsweise Lymphozyten, Endothelzellen, Monozyten oder Granulozyten abtrennen. Eine besonders interessante Perspektive eröffnet die Magnetbead-Technik für die Therapie und Diagnostik im Tumorbereich. Über die quantitative Isolierung und Bestimmung von Tumorzellen aus Gewebeproben können zum einen Anhaltspunkte über Therapieverläufe gewonnen werden, zum anderen hat sich die Magnetbead-Technik für die Abtrennung von Tumorzellen bei der Knochenmarktransplantation als sehr erfolgversprechendes Verfahren herausgestellt.

Neben der Ausnutzung der magnetischen Kräfte für die reine Separation läßt sich noch ein weiterer Effekt nutzen, der unmittelbar durch die eingekapselten Magnetkolloide bedingt ist: Ferri- und ferromagnetische Substanzen lassen sich in einem magnetischen Wechselfeld – analog dem einer Mikrowelle – induktiv aufheizen. Diesen Effekt nutzen wir für einen vollkommen neuen Ansatz in der Aids-Therapie.

Die heute fast ausschließlich angewandten therapeutischen Maßnahmen bestehen darin, bestimmte Virusenzyme des Aids-Erregers HIV (von englisch Human Immunodeficiency Virus, Humanes-Immunschwäche-Virus), die den Infektionsmechanismus steuern, durch Medikamentengabe zu inaktivieren. Wenngleich einige dieser Verbindungen die Viruslast deutlich vermindern konnten, steht man den langfristigen Perspektiven dieser Therapie eher skeptisch gegenüber. Auch der seit vielen Jahren intensiv verfolgte Weg einer Schutzimpfung hat bis zum heutigen Tag zu keinem greifbaren Ergebnis geführt.

Zerstörung des HI-Virus bei 50 bis 60 Grad Celsius

Der von uns verfolgte Ansatz stützt sich auf keine neuen Medikamente, vielmehr versuchen wir, das HIV an speziell entwickelte magnetische Nanopartikel zu binden, die anschließend induktiv aufgeheizt das Virus inhibieren, also hemmen sollen.

Es ist bekannt, daß das HI-Virus bereits bei Temperaturen von 50 bis 60 Grad Celsius irreversibel inaktiviert werden kann. Für den neuen Ansatz werden extrem feine Magnetpartikel mit einer Größe von 30 bis 50 Nanometern (millionstel Millimetern) in den Körper injiziert, die mittels einer externen Induktionsheizung auf die erforderlichen Temperaturen gebracht werden. Durch Einstellung der Frequenz auf 0,8 bis fünf Megahertz ist gewährleistet, daß nur die Magnetpartikel, nicht aber das übrige Körpergewebe aufgeheizt wird.

Um die Teilchen spezifisch an die Viren zu „dirigieren", wird grundsätzlich derselbe biochemische Mechanismus ausgenutzt, der im menschlichen Körper zur Primärinfektion durch das HIV führt. Dazu werden an die Magnetpartikel CD4-Rezeptoren chemisch gekoppelt. Das sind die Rezeptoren, die das Aids-Virus benutzt, um sich an die T4-Helferzellen, den Hauptangriffspunkten bei der Aids-Infektion, zu binden.

Sobald sich die Magnetpartikel an die Viren angelagert haben, können sie im nächsten Schritt durch ein äußeres, hochfrequentes magnetisches Wechselfeld induktiv auf die erforderlichen Temperaturen von über 50 Grad Celsius aufgeheizt werden (Bild 6).

Schwerpunkte unserer bisherigen Entwicklungen betreffen die Synthese verschiedener Nanopartikel sowie deren induktives Aufheizverhalten. Darüber hinaus wurden unter Zuhilfenahme von Modellproteinen Verfahren für die Kopplung des CD4-Rezeptors erarbeitet. In Bild 7 sind einige typische Aufheizversuche mit Magnetsuspensionen dokumentiert, die eindeutig belegen, daß die erforderlichen Temperaturen von über 50 Grad Celsius durchweg erreicht werden können.

Zur Weiterentwicklung unseres Forschungsvorhabens haben wir die Kooperation mit verschiedenen Forschungseinrichtungen der RWTH Aachen sowie im In- und Ausland gewinnen können.

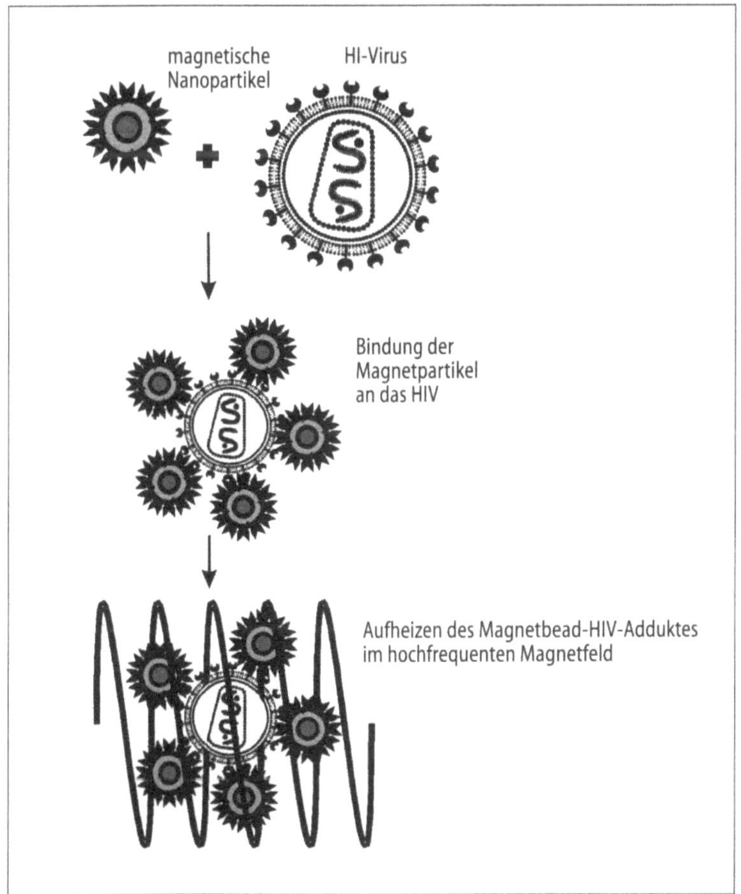

Bild 6 Schematische Darstellung des Aids-Therapieansatzes unter Verwendung magnetischer Nanopartikel

Bild 7 Temperatur-Zeit-Profile verschiedener Magnetsuspensionen in einem hochfrequenten Magnetfeld

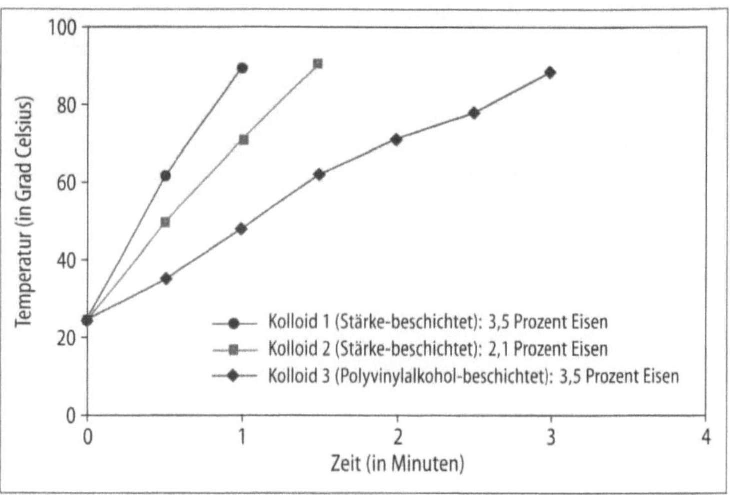

Autoren

Prof. Dr. rer. nat. Heiko Lueken lehrt und forscht am Institut für Anorganische Chemie.

Dr. rer. nat. Detlef Müller-Schulte ist Geschäftsführer der chemagen Biopolymer-Technologie AG, Baesweiler, und freier Mitarbeiter am Institut für Anorganische Chemie der RWTH Aachen.

Literaturhinweise

[1] D. Müller-Schulte: Polyvinylalcohol based magnetic polymer particles, methods for their preparation and their use, PCT Anmeldung WO/EP96/02398, 1996.

[2] R. Rosenzweig: Magnetische Flüssigkeiten, Spektrum der Wissenschaft, 12, 1982, S. 88 bis 98.

[3] B.-I. Haukanes, und C. Kvam: Application of Magnetic Beads in Bioassay, Biotechnology, 11, 1993, S. 63 bis 66.

[4] D. Piszkiewicz, W. Thomas und S. P. Cort: Heat Inactivation of HIV in Lyophilized Anti-Inhibitor Coagulant Complex, in: Thrombosis Research, 44, 1986, S. 701 bis 703.

[5] D. Müller-Schulte, F. Füssl, H. Lueken und M. de Cuyper: A New AIDS Therapy Approach using Magnetoliposomes, in: Scientific and Clinical Application of Magnetic Carriers, Hrsg. von U. Haefeli, 1997, S. 517 bis 526.

Mediziner, Physiker und Ingenieure erforschen Funktionen des Gehirns

Helmut Buchner und
Manfred Fuchs

Lokalisation der elektro-magnetischen Aktivität des Gehirns in seiner individuellen Anatomie

Die Diagnostik und Therapie der klinischen Neurologie und Neurochirurgie fußen heute ganz wesentlich auf einer bildlichen Darstellung des Gehirns und der Untersuchung seiner gesunden oder durch Krankheit veränderten Funktionen. Während der letzten zwei Jahrzehnte wurden Methoden der strukturellen Bildgebung, Röntgen-Computer-Tomographie (CT) und Magnet-Resonanz-Tomographie (MRT) entwickelt, mit denen die Organstrukturen mit einer räumlichen Auflösung von rund einem Millimeter abgebildet werden können. Daneben existieren Methoden zur funktionellen Bildgebung, die Stoffwechselvorgänge oder den Blutfluß mit der Positronen-Emissions-Tomographie (PET) und der funktionellen Magnet-Resonanz-Tomographie (fMRT) messen. Ein weiterer Weg, den Funktionszustand des Gehirns zu untersuchen, bietet die Ableitung der elektrischen beziehungsweise magnetischen Aktivität des Gehirns, das Elektroenzephalogramm (EEG) und das Magnetenzephalogramm (MEG). Der Vorteil liegt hierbei in der sehr hohen Zeitauflösung der gemessenen Daten in Sub-Millisekunden, während PET oder fMRT eine Auflösung im Bereich von rund einer Sekunde besitzen. Ein weiterer Bonus des EEGs sind die deutlich geringeren Kosten, die nur ein Fünftel bis ein Zwanzigstel dessen betragen, was beim Einsatz der PET oder der fMRT aufgewendet werden muß.

In den letzten Jahren wurden auf der Basis physikalischer Prinzipien und der Lösung mathematischer Probleme Methoden erarbeitet, um die Quellen elektrischer Aktivität des Gehirns zu lokalisieren. Diese Verfahren bieten eine akzeptable räumliche Genauigkeit in Verbindung mit einer sehr hohen Präzision bei der Bestimmung der zeitlichen Dynamik der elektrischen Aktivität.

In einem interdisziplinären Forschungsprojekt bei den Philips Forschungslaboratorien Hamburg, am Lehrstuhl für Meßtechnik der RWTH Aachen, dem Helmholtz-Institut an der RWTH, dem Institut für Maschinenelemente und Tribologie der Universität-Gesamthochschule Kassel, dem Lehrstuhl für Angewandte Mathematik der Universität des Saarlands und dem Institut für Informatik an der Universität Amsterdam mit der Beteiligung von Medizinern, Ingenieuren, Physikern und Mathematikern sowie industriellen Partnern wurden und werden sie weiter entwickelt und erprobt.

Ziel der methodischen Arbeiten ist es, einen schnellen und sicheren Weg zur Bestimmung der elektrischen Quellen des Gehirns zu etablieren. Er soll für einen allgemeinen Einsatz in den Neurowissenschaften geeignet sein und praktisch in der Klinik angewendet werden können. In diesem Zusammenhang wurden spezielle Fragen der experimentellen Neurologie bearbeitet. Ein Beispiel dafür ist die Analyse der räumlichen und zeitlichen Verarbeitung von Berührungs- und visuellen Reizen. Erste Anwendungen bei Patienten zeigen bereits, daß die Lokalisation solcher Reizverarbeitung im Gehirn dazu beitragen kann, gesunde Regionen bei neurochirugischen Operationen zu schonen. Des weiteren kann der Ursprung pathologischer elektrischer Aktivität bei Patienten mit Anfallserkrankungen (Epilepsie) zur verbesserten Planung der Behandlung bestimmt werden.

Im folgenden wollen wir die aktuelle Methodik für die einzelnen Komponenten eines Systems (Programmpaket), wie es zur Abbildung der elektrischen Aktivität des Gehirns in seiner individuellen Anatomie angewendet wird, vorstellen (Bild 1). Die Notwendigkeit einer multikanalen Datenaufnahme für eine ausreichende räumliche Auflösung der elektrischen oder magnetischen Felder hat zur Entwicklung von kommerziellen Systemen mit bis zu 256 Aufnahmekanälen für das EEG und Helmsystemen mit 60 bis 306 Kanälen für das MEG geführt. Das EEG mißt die elektrische Aktivität mit Elektroden an der Kopfhaut. Das MEG registriert die magnetische Aktivität mit speziellen Sensoren über dem Kopf. Beide Verfahren messen so auf unterschiedlichem Weg die mit der Funktion des Gehirns verbundene elektro-magnetische Aktivität. Zur Abbildung der individuellen Anatomie werden dreidimensionale MRT-Bilder aufgenommen und in ein isotropes Volumen umgerechnet – das heißt in ein Volumen, das nach allen Richtungen hin die gleiche Beschaffenheit aufweist. Die Position der EEG-Elektroden auf beziehungsweise der MEG-Sensoren über dem Kopf wird im MRT bestimmt.

Annäherung an die Anatomie mit anpassungsfähigen Modellen

Zur Berechnung der Quellen der elektro-magnetischen Aktivität des Gehirns ist ein Modell erforderlich, das die Geometrie und die elektrischen Leiteigenschaften des Kopfes wiedergibt. Ein ganz einfaches Kopfmodell ist eine Kugel mit mehreren Schalen, die die Schichten von Kopfhaut, Knochen, Liquor und Hirn abbilden. Um die individuelle Geometrie des Kopfes und die variable Dicke seiner Kompartimente mit einzubeziehen und darzustellen, wurden besonders angepaßte Modelle entwickelt. Bei den sogenannten Boundary-Element-Modellen (BE-Modell) werden Flächen durch Dreiecke repräsentiert, bei den Finite-Elemente-Modellen (FE-Modell) wird das Volumen in den Flächen durch Tetraeder oder Kuben dargestellt. Der Lokalisationsfehler der Quellen elektrischer Aktivität im Kugelmodell in Relation zu einem der individuellen Anatomie des Kopfes angepaßten Boundary-Element-Modell beträgt im Mittel zwei Zentimeter, wenn Quellen frontal (das heißt vorne im Gehirn) beziehungsweise temporal (das heißt an den Schläfen) liegen. Desgleichen wurden Fehler etwa gleichen Ausmaßes bei der Auswertung von MEG-Daten mit dem Kugelmodell gefunden, wenn die Quellorte relativ tief, das heißt mehr als drei Zentimeter von der Kopfoberfläche entfernt, lagen. Ein genereller Vorteil des MEGs besteht daher nicht, obwohl die unterschiedlichen Leiteigenschaften der Hirnkompartimente für die Berechnungen nicht berücksichtigt werden müs-

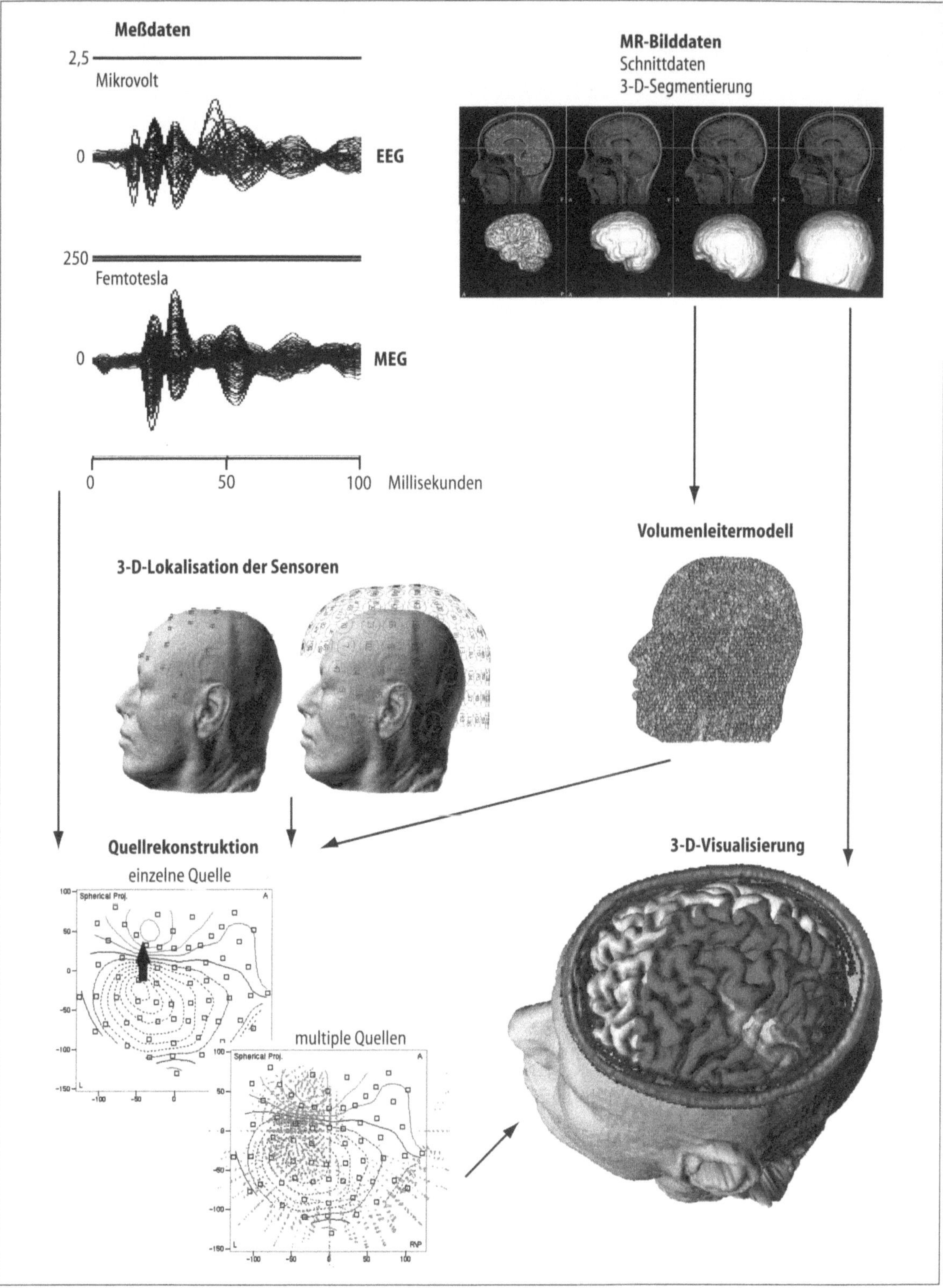

Bild 1 Die Abbildung zeigt den Weg der Meßdaten aus EEG, MEG und MRT über deren Vorverarbeitung bis hin zu ihrer Visualisierung.

sen, weil die magnetischen Messungen nicht durch die Leiteigenschaften beeinflußt werden.

Um ein individuelles Kopfmodell zu erstellen, ist eine spezielle Bildverarbeitung mit Segmentierung der Grenzflächen zwischen den Kompartimenten unterschiedlicher Leiteigenschaften erforderlich. Wissenschaftler der Philips-Forschungslaboratorien haben in diesem Sinne gezielt Werkzeuge zur Segmentierung, Oberflächen- und Volumendefinition sowie Visualisierung entwickelt.

In der aktuellen Diskussion geht man davon aus, daß ein Kopfmodell die in den Raumrichtungen unterschiedlichen Leiteigenschaften von Haut, Knochen und Hirn berücksichtigen muß. Dies wurde in einem FE-Modell realisiert.

Die „scharfe" und die „glatte" Lösung zur Berechnung der Aktivitätsquellen

Um in den Kopfmodellen die Quellen der an beziehungsweise über dem Kopf gemessenen elektro-magnetischen Aktivität zu berechnen, sind in den letzten Jahren zwei Wege zur sogenannten inversen Optimierung erprobt worden: die sogenannte „scharfe" und die „glatte" Lösung.

Bei der scharfen Lösung werden nur wenige (ein bis zirka fünf) Vektoren plaziert, beschrieben durch ihren Ursprung, ihre Richtung und Stärke. Mit Hilfe einer mathematischen Prozedur, der nicht linearen Minimierung, werden die Orte und Richtungen solange verschoben bis die Vektoren (Dipole) die Meßdaten, genauer das elektrische beziehungsweise magnetische Feld, hinreichend erklären. Es wurden verschiedene Verfahren zur Lösung dieses Problems erprobt, die unterschiedliche Stärken und Schwächen aufwiesen. Es gibt solche mit kurzer Rechenzeit, aber nicht immer richtigen Lösungen (wie den Simplex-Algorithmus), und solche, die optimierte Ergebnisse in sehr langer Rechenzeit liefern (beispielsweise das *simulated annealing*).

Bei der glatten Lösung werden sehr viele Vektoren, bis zu mehreren 1000, im Kopfmodell plaziert. Mit mathematischen Methoden wie der Regularisierung wird berechnet, welche dieser Vektoren notwendig sind, um die Meßdaten zu erklären. Diese Verfahren erfordern allerdings Zusatzbedingungen, beispielsweise das Minimum-Norm-Kriterium, das bedeutet die Minimierung der Summe der elektrischen Leistung, oder eine glatte Verteilung der Quellstärke. Die regularisierte Lösung führt zu räumlich verschmierten Quellverteilungen. Durch Nutzung zusätzlicher Randbedingungen, wie einem auf der Hirnoberfläche eingegrenzten Suchraum, kann die Lösung verbessert werden. Eine Simulation zeigte, daß es mit Hilfe dieser Eingrenzung des Suchraums möglich ist, Quellen an gegenüberliegenden Hirnwindungen zu unterscheiden.

Die Visualisierung von Ergebnissen aus einer inversen Optimierung erfolgte in der Bildgebung der MRT, nachdem das Kopfmodell an die individuelle Anatomie angepaßt wurde. Meist wurden Punkte lokalisiert, die Vektoren, das heißt äquivalente elektrische Dipole, aufwiesen und die dann in sogenannten Pseudo-3-D-Schnitten gezeigt wurden. In den Philips-Forschungslaboratorien realisierten Wissenschaftler zudem eine dreidimensionale Darstellungsweise von Oberflächen, in der die Lokalisation der elektrischen Quelle als Punkt, Vektor oder farbkodiert wiedergegeben werden kann.

Es liegen eine Vielzahl von Publikationen mit Untersuchungen zu experimentellen oder klinisch-medizinischen Anwendungen der Quellrekonstruktion vor.

In PET-Studien konnten beim Menschen spezialisierte Areale des Gehirns für die Verarbeitung schneller Bewegungen im Gesichtsfeld, die Bewegungsarea V5, und für die Detektion von Farben, die Farbarea V4, identifiziert werden (Bild 2). EEG-Quellokalisationen von visuell hervorgerufenen Potentialen reproduzierten diese Lokalisationen. Zudem wurde gezeigt, daß die Bewegungsarea V5 sehr schnell aktiviert ist, und zwar noch bevor es zu einer Aktivierung im primären visuellen Kortex im *Sulcus calcarinus* (einer Furche vom Pol des Hinterhauptlappens, in deren Umgebung sich die Sehrinde befindet) kommt. Dies belegt, daß ein direkter Stromzufluß in die Area V5 existiert und erklärt, daß schnelle Bewegungen erkannt werden können, bevor ein bewegtes Objekt im einzelnen erfaßt wird. Zusätzlich wurde klar, daß Bewegungssehen auch dann möglich ist, wenn es nach einer Schädigung des primären visuellen Kortex zu einem Gesichtsfeldausfall gekommen ist.

Dieses Beispiel der Erforschung visueller Unterfunktionen zeigt sehr eindrücklich, wie die aktuell zur Verfügung stehende funktionelle Bildgebung mit ihren unterschiedlichen Stärken genutzt werden kann, um die Funktionen des Gehirns zu verstehen.

Bild 2 Lokalisation der visuellen Reizverarbeitung im Gehirn mittels PET (links) und EEG (rechts). Hier sichtbar gemacht ist das Erkennen schneller Bewegung in der Area V5 mit einer Aktivierung der elektrischen Funktion nach bereits weniger als 50 Millisekunden (oben) sowie das Erkennen von Farbe in der Area V4 mit einer Aktivierung nach etwa 100 Millisekunden (unten).

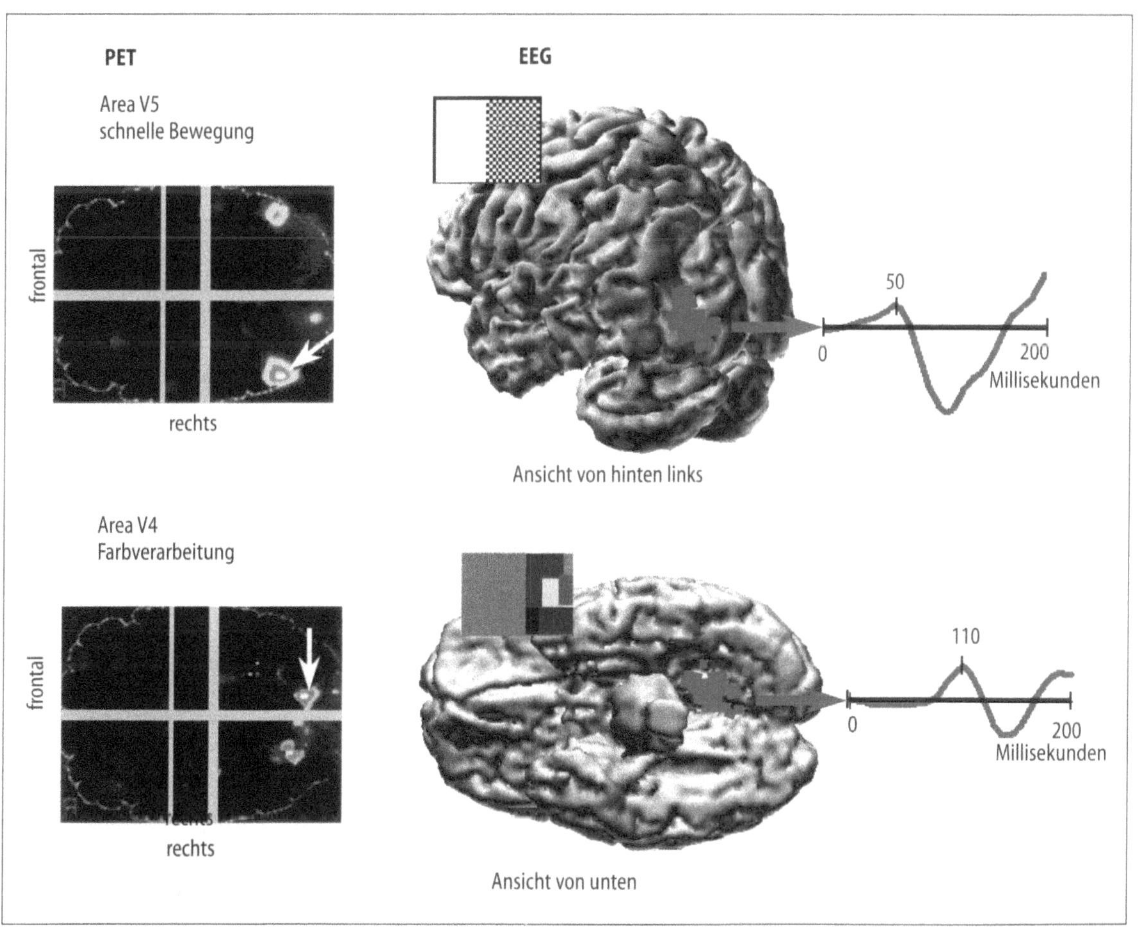

Eine klinisch besonders bedeutsame Anwendung ist die Lokalisation der Entstehung epileptischer Aktivität bei Patienten mit Anfallserkrankungen, die mit Medikamenten nicht ausreichend behandelt werden können. Nachdem verschiedene Voraussetzungen berücksichtigt wurden und der Ursprung der pathologischen Erregung sicher bestimmt worden ist, kann dieser Ort am Gehirn operativ entfernt werden. Dazu ist es bisher in den meisten Fällen erforderlich, das EEG unmittelbar an der Hirnoberfläche oder im Gehirn aufzunehmen, nachdem entsprechende Elektroden operativ plaziert wurden. Dies erfordert eine Operation und einen erheblichen technischen und logistischen Aufwand. Mit Hilfe der Methoden der Quellrekonstruktion dagegen könnte die Bestimmung der epileptischen Aktivität auch ohne operativen Eingriff erheblich verbessert werden. Ein Beispiel zeigt Bild 3, in dem vergleichend der invers berechnete Ursprung der krankhaften elektrischen Entladung dem durch Elektroden an der Hirnoberfläche beziehungsweise im Gehirn gemessenen Ursprung gegenübergestellt ist.

Trotz der nachgewiesenen Lokalisationsgenauigkeit der erstellten Programme CURRY und CAUCHY, mit denen es möglich ist, die Quellen der elektro-magnetischen Aktivität des Gehirns in dessen individueller Anatomie zu berechnen, ist die Quellrekonstruktion noch weit von einer alltäglichen, in Forschung und Klinik praktizierbaren Anwendung entfernt. Dies hat zwei Ursachen. Erstens ist für die Auswahl der einzusetzenden Techniken zur inversen Berechnung und für die Wahl der jeweiligen Parameter spezielles Wissen und viel Erfahrung erforderlich. Zweitens ist eine deutlich feinere Diskretisierung der Kopfmodelle auf zwei bis vier Millimeter für eine genauere Lösung notwendig. Daraus ergeben sich sehr lange Rechenzeiten. Ein Boundary-Element-Modell würde dann etwa 2000 Megabyte RAM (von englisch *random access memory*) und etwa 500 Stunden Rechenzeit, ein Finite-Element-Modell etwa 100 Megabyte RAM und etwa 600 Stunden für die Berechnung benötigen. Die Parallelisierung des Finite-Element-Modell-Kodes ermöglichte eine massive Beschleunigung der Berechnungen.

Für eine routinemäßige Anwendung der Quellrekonstruktion ist die Entwicklung allgemein einsetzbarer robuster inverser Verfahren

Bild 3 Lokalisation krankhafter elektrischer Aktivität bei einer Patientin mit Epilepsie. Links das Ergebnis der Quellrekonstruktion aus dem EEG (die epileptische Region ist rot markiert), rechts das der Messung eines EEGs, bei dem die Elektroden operativ auf die Hirnoberfläche beziehungsweise ins Gehirn plaziert wurden (Schwerpunkt rot markiert). Die Histogramme zeigen die Stärke der krankhaften EEG-Aktivität.

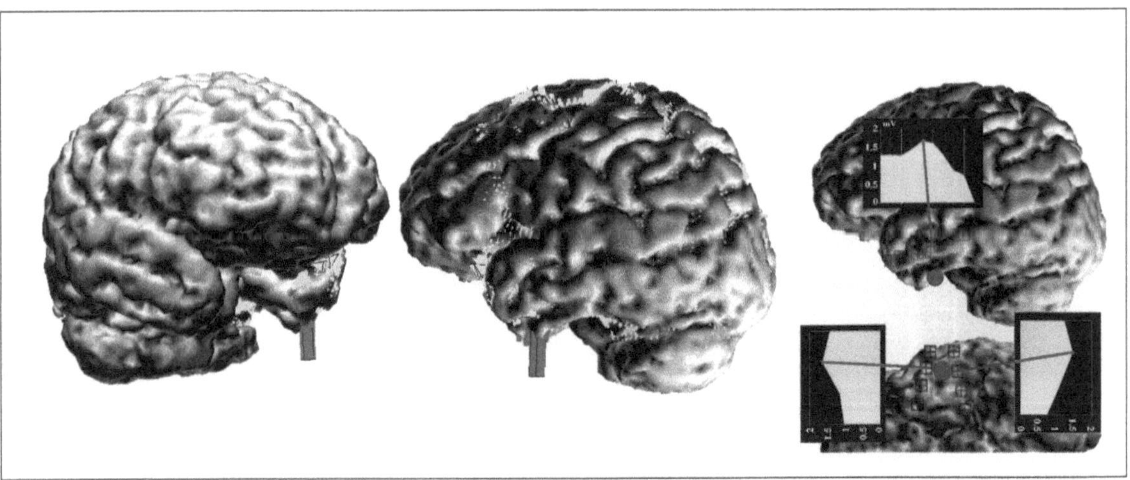

erforderlich. Dies ist augenblicklich der Inhalt eines interdisziplinären Forschungsprojekts.

Weiter wollen wir durch eine verbesserte Bedienerführung und Batch-Prozesse den Benutzer entlasten und eine Beschleunigung der Datenverarbeitung von deren Aufnahme bis zur Visualisierung erreichen.

Autoren

Prof. Dr. med. Helmut Buchner ist Oberarzt an der Klinik für Neurologie.

Dr. rer. nat. Manfred Fuchs arbeitet als Physiker im Philips Forschungslaboratorium Hamburg.

Literaturhinweise

[1] H. Buchner, G. Knoll, M. Fuchs, A. Rienäcker, R. Beckmann, M. Wagner, J. Silny und J. Pesch: Inverse localization of electric current sources in finite element models of the human head, Electroencephalography and Clinical Neurophysiology, 102, 1997, S. 267 bis 278.

[2] M. Fuchs, R. Drenckhahn, H.-A. Wischmann und M. Wagner: An improved boundary element method for realistic volume conductor modeling. IEEE Transactions on Biomedical Engineering, 45(8), 1998, S. 980 bis 997.

[3] H. Buchner, U. Weyen, R. S. J. Frackowiak, J. Romaya und S. Zeki: The timing of activity in human area V4: source analysis of colour visual evoked potentials, Proceedings of the Royal Society, 257, 1994, S. 99 bis 104.

[4] H. Buchner, R. Gobbelé, M. Wagner, M. Fuchs, T. D. Waberski und R. Beckmann: Fast visual evoked potential input into human area V5, NeuroReport, 8, 1997, S. 2419 bis 2422.

[5] S. Zeki: A vision of the brain, Blackwell Scientific Publications, Oxford 1993

Dieter Heller

Augenbewegungsmessung als Instrument kognitiver und ergonomischer Forschung

Wer ein Bild betrachtet, einen Text liest, ein Fahrzeug steuert oder die Qualität eines Produktes an einer Fertigungsstraße kontrolliert, führt eine Vielzahl von Augenbewegungen aus. Sie lassen sich mit den verschiedenartigsten Methoden registrieren. Die Technik der Messung ist heute so weit fortgeschritten – und sie entwickelt sich beständig weiter –, daß sie mit großem Gewinn bei der Erforschung kognitiver Prozesse und als Analyse-Instrument für Fragen der Anwendung genutzt werden kann. Dabei wird eine Meßgenauigkeit erreicht, die höchste räumliche und zeitliche Auflösung eines Blickpfades ermöglicht (Bild 1). So konnten wir beispielsweise mit neuester Meßtechnik erstmals das Zusammenspiel der beiden Augen beim Lesen genauer untersuchen.

Was wird nun bei der Registrierung von Augenbewegungen aufgezeichnet? Die Messung richtet sich in erster Linie auf die kurzen ruckartigen Drehungen der Augen, die als Sakkaden bezeichnet werden. Diese sorgen dafür, daß ein interessierender Gegenstand oder der beachtete Teil eines Objektes auf der Mitte der Netzhaut in einer sehr kleinen und etwas vertieften Region, der sogenannten *Fovea centralis*, abgebildet wird. Dieser kreisförmige Bereich ist nur etwa zwei bis drei Sehwinkelgrade groß, das heißt, er würde durch ein Fünfmarkstück bedeckt, das in 55 bis 85 Zentimeter Entfernung gehalten wird. Nur in dieser Region der Retina ist eine Abbildungsschärfe gegeben, die es erlaubt, beispielsweise etwas Kleingedrucktes noch zu lesen. Man kann sich dies am erwähnten Fünfmarkstück veranschaulichen, dessen Randschrift man bei der genannten Entfernung bereits nicht mehr entziffern kann, wenn man die Mitte des Geldstückes fixiert. Die Identifikation der eingeprägten Schrift gelingt nur, wenn man eine Sakkade zum Rand des Geldstückes macht. Eine solche Augenbewegung wird mit einer sehr großen Geschwindigkeit ausgeführt und dauert in diesem Fall nur etwa 20 bis 25 Millisekunden. Bei größeren Bewegungen kommt es pro Grad Drehwinkel zu einer Verlängerung der Sakkadendauer um 2,5 bis fünf Millisekunden. Auch die Geschwindigkeit, mit der die Bewegung ausgeführt wird, steigt mit zunehmender Amplitude auf maximal 600 bis 800 Grad pro Sekunde. Damit gehören Sakkaden zu den schnellsten Bewegungen, die von einem Menschen ausgeführt werden können. Die kleinsten zielgerichteten Bewegungen, die bei der Inspektion von Objekten auftreten, liegen – so haben unsere Messungen gezeigt – bei etwa 0,3 Grad Drehwinkel. Die größten Sakkaden, etwa der Wechsel vom Ende einer Buchzeile zum Anfang der nächsten, liegen etwa bei 15 bis 20 Grad Drehwinkel. Müssen größere Distanzen mit dem Auge überbrückt werden, geschieht dies in der

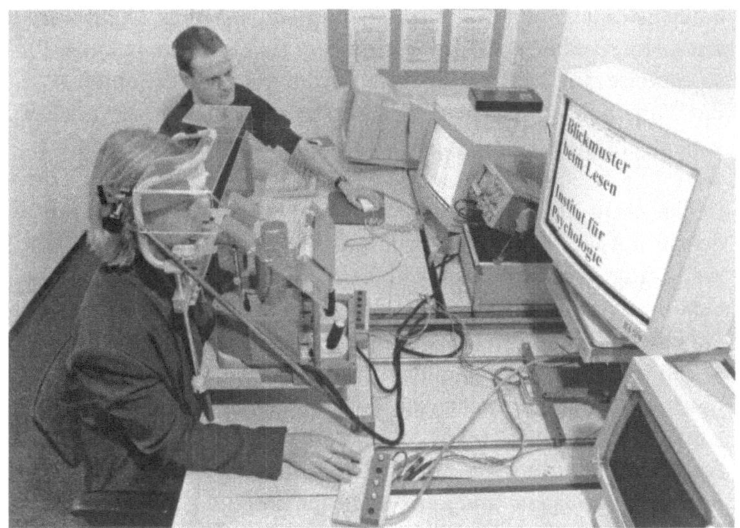

Bild 1 Meßanlage zur Registrierung binokularer Blickbewegungen (AmTech ET 4). Das Meßprinzip beruht auf der Aufzeichnung einer Infrarotreflexion der Pupillen mit einer Taktrate von 500 Hertz.

Regel durch zwei sukzessive Sakkaden, oder die Augenbewegungen werden von Kopfbewegungen überlagert.

Die hohe Drehgeschwindigkeit, mit der das Auge bewegt wird, führt dazu, daß während einer Bewegung die retinale Reizverarbeitung unterbrochen ist. Information wird nur in den als Fixationen bezeichneten Ruhephasen zwischen den Sakkaden aufgenommen. Fixationen sind in ihrer Dauer bis zu einem gewissen Grad willkürlich beeinflußbar. In der Regel treten pro Sekunde etwa drei Fixationen auf. Beim Lesen eines einfachen Textes kann sich die Fixationsdauer auf 200 bis 250 Millisekunden verkürzen. Beim Wechseln von einem Fixationsort zum anderen startet das sich zur Schläfenseite hin bewegende Auge zuerst, das andere Auge folgt mit einer kurzen Verzögerung. Am Sakkadenziel vergeht zunächst einige Zeit, bis die beiden aufeinander zu driftenden Augenachsen sich wieder am gemeinsamen Fixationsort vereinigen. Das heißt, daß die beiden Augen sich zwar konjugiert bewegen, jedoch ist die Übereinstimmung bei weitem nicht perfekt, und systematische Abweichungen in der Fixationsposition beider Augen in der Größenordnung von einer Buchstabenbreite (0,3 bis 0,7 Grad) sind beispielsweise beim Lesen eher die Regel als die Ausnahme [1].

Zwei der beschriebenen Merkmale des okulomotorischen Systems, die Tatsache, daß detaillierte Information nur aus einem ganz eng umgrenzten Bereich des Gesichtsfeldes entnommen werden kann und daß während der Ausführung einer Bewegung die retinale Reizverarbeitung unterbrochen ist, machen die Augenbewegungsforschung zu einem wichtigen Gebiet der Grundlagenforschung in der Psychologie. Darin vereinigen sich wie in einem Brennglas Fragestellungen der Sensumotorik, der Aufmerksamkeit, der Informationsverarbeitung und des Gedächtnisses. Von der Voraussetzung ausgehend, daß eine enge Korrespondenz zwischen dem besteht, was jemand anblickt, und dem, was er kognitiv verarbeitet, hat man mit der Augenbewegungsmessung und der Bestimmung der Fixationsorte ein Instrument in der Hand, das Aufschluß über den Verlauf psychischer Prozesse geben kann [2]. Als Ausgangspunkt ist dabei

Augenbewegungen verlaufen nicht exakt parallel

zunächst interessant, was sozusagen mit einem Blick erfaßt werden kann. Im Hinblick auf das Lesen von Texten bedeutet dies beispielsweise, wie weit ein Buchstabe vom Fixationsort entfernt sein darf, um noch zweifelsfrei erkannt werden zu können, oder wie viele Buchstaben eines langen Wortes mit einer Fixation erfaßt werden.

Um es in eine Anwendungsfrage zu übersetzen: Wie muß die Schrift auf einem Straßenschild gestaltet sein, um dem Autofahrer rechtzeitig eine gewünschte Information zugänglich zu machen? Oder wie verändert sich die Lesbarkeit eines Textes dadurch, daß er auf einem flimmernden Bildschirm dargeboten wird [3]?

Was kann ein einziger Blick erfassen? Ein anderer Fragenkomplex in diesem Umkreis zielt darauf zu bestimmen, welche Merkmale eines Objektes besonders geeignet sind, mit einem Blick erfaßt zu werden. Wenn etwa aus einer größeren Anzahl gleichartiger Objekte eines herausgesucht werden muß, das sich von allen anderen unterscheidet, so gelingt dies unter bestimmten Bedingungen ohne Schwierigkeiten und sozusagen auf einen Blick. Die bislang in diesem Zusammenhang offene Frage war, ob die Identifikation noch schneller erfolgt, wenn ein gesuchtes Objekt sich beispielsweise nicht nur durch die Farbe, sondern zusätzlich auch noch durch Form und Größe von anderen Objekten unterscheidet. Unsere Untersuchungen dazu haben gezeigt, daß die redundante Kodierung von Objekten zu einer deutlichen Reduzierung der Verarbeitungszeit führt und daß bestimmte Merkmale unterschiedlich gut geeignet sind, ein Objekt von anderen unterscheidbar zu machen. Diese Befunde sind von besonderer Bedeutung für die ergonomische Gestaltung von Kontrollsystemen mit mehreren zu überwachenden Elementen (etwa Steuerpulte), da die Zeit bis zu einer Entscheidung hinsichtlich einer Reaktion durch eine redundante Kennzeichnung erheblich reduziert werden kann [4].

Wenn es konkret um Ergonomie geht, spielt die Frage, was auf einen Blick erfaßt werden kann, etwa bei der Qualitätskontrolle eine wichtige Rolle: Wie groß ist beispielsweise die Fläche, die mit einer Fixation nach sehr kleinen Fehlern abgesucht werden kann; verändert sich die Findewahrscheinlichkeit, wenn man länger auf dieselbe Stelle blickt; wieviel Zeit ist minimal erforderlich, um auf einer größeren Fläche mit einer definierten Wahrscheinlichkeit bestimmte Fehler zu finden und mit welchem Blickpfad läßt sich dies optimal bewerkstelligen (Bild 2)? Aus der Untersuchung dieser und ähnlicher Fragen ergeben sich Folgerungen für die ergonomische Optimierung von solchen Kontrollarbeitsplätzen etwa im Bezug auf Beleuchtungsverhältnisse oder auf die Höhe und den Neigungswinkel der zu kontrollierenden Objekte, aber beispielsweise auch hinsichtlich der Gestaltung der Rückmeldung des Fehlerdurchschlupfs [5]. Obwohl es für solche Aufgaben inzwischen eine Vielzahl technischer Hilfsmittel gibt, ist dabei auf die menschliche Arbeitskraft, im speziellen Fall auf die Leistungsfähigkeit des visuellen Systems, nicht zu verzichten, wobei allerdings die Tätigkeitsanforderungen immer anspruchsvoller werden. Eine Entwicklung, die sich auch in Zukunft fortsetzen und immer neue ergonomische und kognitiv-ergonomische Optimierungsanforderungen stellen wird.

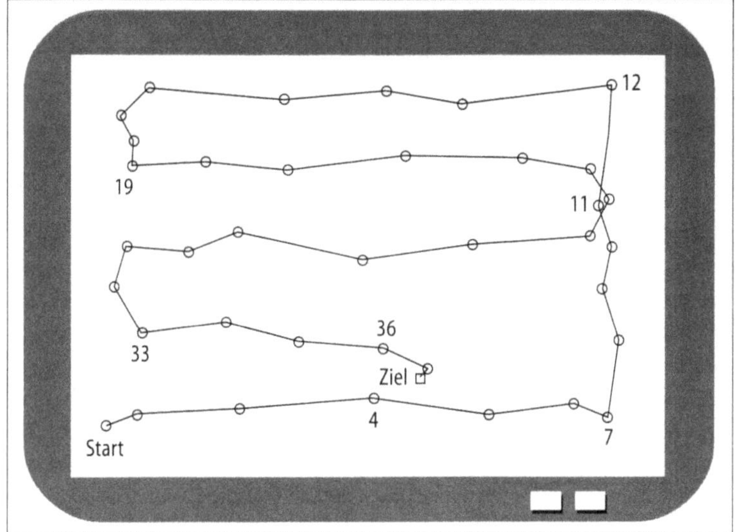

Bild 2 Augenbewegungsmuster bei der Suche nach Fehlern bei der Produktkontrolle. Gesucht wird nach kleinen Glaseinschlüssen und Blasen mit einem Durchmesser von minimal 0,3 Millimetern auf einem Bildschirm. Die Kreise markieren die einzelnen Fixationspunkte.

Autor

Prof. Dr. phil. Dieter Heller ist Inhaber des Lehrstuhls und Leiter des Instituts für Psychologie.

Literaturhinweise

[1] D. Heller und R. Radach: Eye movements in reading: Are two eyes better than one? In: Current Oculomotor Research: Physiological and Psychological Aspects, Hrsg. von W. Becker, H. Deubel und T. Mergner, Plenum Publishers, New York 1999.

[2] R. Radach und D. Heller: Relations between spatial and temporal aspects of eye movement control, in: Reading as a perceptual process, Hrsg. von A. Kennedy, R. Radach, D. Heller und J. Pynte, Elsevier, Oxford 1999.

[3] M. Ziefle: Visuelle Faktoren bei der Informationsentnahme am Bildschirm, Habilitationsschrift, Aachen 1998.

[4] J. Krummenacher, H. Müller und D. Heller: Funktionale Architektur und Dynamik der Vermittlungsprozesse zwischen präattentiver und attentiver visueller Verabeitung, Abschlußbericht zum DFG-Projekt He 1192/5-1, 1998.

[5] D. Heller und L. Goebel: Ergonomische Analyse des Sortierprozesses bei der Philips GmbH Bildröhrenfabrik Aachen, Abschlußbericht zu einem Forschungsprojekt, 1999.

Quelle, Wege und
Wirkungen der Geräusche

Michael Vorländer und
Hermann Wagner

Zukünftige Herausforderungen in der akustischen Forschung

„Der Sound gefällt mir", sagt der Kunde und kauft den Wagen. Eine angenehme akustische Gestaltung und möglichst wenig störender Lärm werden als Verkaufsargumente immer wichtiger. Deshalb gilt es, die Zusammenhänge zwischen der Funktion eines Produktes und seinem Geräuschverhalten möglichst früh, nämlich schon bei der Entwicklung, zu berücksichtigen. Dabei kommt unmittelbar die ganze Komplexität der Schallerzeugung, seiner Übertragung und Aufnahme beim Menschen zum Tragen. Das heutige Schlagwort „Sound Design" verdeutlicht, wie sehr inzwischen technisch-akustische und psychologische Elemente bei der Produktentwicklung im Bereich Maschinenbau einbezogen sind.

Andere wichtige Felder akustischer Forschung sind Audiologie sowie Hals-, Nasen- und Ohren-Medizin (HNO-Medizin), wo es speziell um den Aufbau neuer technisch-medizinischer Diagnose- und Therapieverfahren geht. Beispiele für aktuelle Forschungsprojekte sind Strategien für die Hörgeräteanpassung, Hörgeräte mit räumlicher Störgeräuschbefreiung, multidimensionale akustische Szenarien für die Gehörprüfung und Lernstrategien für Cochlea-Implantat-Patienten, Patienten mit „künstlichen Ohren".

Institute in der Biologie und Neurologie bearbeiten demgegenüber Themen der Neurokognition akustischer Signale. Hier werden die Mechanismen der Aufnahme, Verarbeitung und Wahrnehmung akustischer Signale im menschlichen Gehirn analysiert, um ihre Bedeutung für die Orientierung, Kommunikation und Präferenz zu erfassen. Wichtigstes Ziel ist natürlich der praktische Nutzen solcher Erkenntnisse. Zu diesem Bereich zählt auch das Erzeugen und Erkennen von Sprachsignalen. Die Forscher suchen nach den entscheidenden Prinzipien, die eine effektive automatische Spracherkennung ermöglichen.

Um solche Probleme lösen zu können, ist es wichtig, fächerübergreifend zusammenzuarbeiten. Ingenieure können dazu ihr Wissen in der Signalerzeugung, dem Signaldesign, in der Messung und Analyse beisteuern, während Audiologen, Neurologen und Biologen ihre Kenntnisse in der Signalübertragung, Signalaufnahme, Verarbeitung und Erkennung einbringen (Bild 1 und 2). Informatiker sollten mit allen Gruppen gemeinsam versuchen, ein theoretisches Verständnis der akustischen Informationsverarbeitung aufzubauen. Gerade die Struktur der RWTH Aachen bietet sich mit ihrem breiten Fächerangebot von der Medizin über die Psychologie und Biologie bis hin zu Informatik und den Ingenieurwissenschaften für eine Schwerpunktbildung auf dem Gebiet der Akustik an. Eine Zusammenarbeit zwischen diesen Fächern bietet die optimale Voraussetzung, um die anstehenden Aufgaben zu bewältigen.

Quälende Lärmquellen sind derzeit leider noch allgegenwärtig – sie treten im Alltag in den verschiedensten Arten und Formen auf. Maschinen, Anlagen und Verkehrsmittel sind nicht selten eine erhebliche Belastung für ihre unmittelbare Umwelt. So wird der Kampf gegen den Lärm an vielen wissenschaftlichen Fronten aufgenommen: Primär, das heißt direkt an der Quelle, sowie beim Umgang mit der Schallübertragung, -abstrahlung und -ausbreitung bis hin zum Menschen, der den störenden Geräuschen ausgesetzt ist. Zunehmend setzt sich die Erkenntnis in Wissenschaft und Industrie durch, daß diese Kette ganzheitlich behandelt werden muß, um eine in jeder Hinsicht optimale Funktion und Akustik zu erreichen.

Weil das Problem „Lärm" so komplex ist – vor allem bei einer solchen ganzheitlichen Betrachtung –, sind schon in der Ingenieurausbildung nicht nur die thermoakustischen, strömungsakustischen und schwingungstechnischen Elemente vorzusehen, sondern müssen verstärkt auch Aspekte der Schallausbreitung und -wahrnehmung einbezogen werden. In der Wissenschaft geschieht dies zwar in Ansätzen, aber noch lange nicht mit der heute nötigen Konsequenz. Hier bietet sich ein weites Feld interdisziplinärer Forschung an zwischen Maschinenbau, Elektrotechnik, Psychoakustik und Medizin. Zunächst einmal müssen Wissensgrundlagen über spezifische Wirkungen von Geräuschen mit zwar niedrigen Schallpegeln, aber mit hohem Lästigkeitspotential geschaffen werden. Darüber hinaus sind praxistaugliche Methoden zur ganzheitlichen Konstruktion und Optimierung von Produkten (Maschinen, Verkehrsmittel und ähnliches) nötig (Bild 3).

Auch auf europäischer Ebene wurde die Lärmproblematik erkannt und Lärmbekämpfung als wichtige Zukunftsaufgabe identifiziert. Das Grünbuch der Europäischen Kommission „Künftige Lärmschutzpolitik" weist auf einen jährlichen volkswirtschaftlichen Schaden von mindestens zwölf Milliarden ECU hin. Als wünschenswerte Maßnahmen werden von politischer Seite die europäische Vereinheitlichung der Emissionsvorschriften und -grenzwerte, der Immissionsvorschriften, der planerischen sowie der Infrastrukturmaßnahmen genannt. Forschung und Entwicklung sollen gefördert werden, um Verfahren zur Lärmbekämpfung, lärmarme Technologien und Produkte zu gewinnen.

Eine andere Seite der akustischen Forschung betrifft die Neurobiologie des Gehörs. Allein in Deutschland gibt es über zehn Millionen Hörgeschädigte, die als Kandidatinnen beziehungsweise Kandidaten für Hörgeräte in Frage kommen. Trotz bedeutender Fortschritte auf diesem Gebiet sind die meisten Träger mit der Leistung ihrer Geräte nicht vollkommen zufrieden. Vor allem Störschall, zum Beispiel Unterhaltungen im Umfeld vieler Personen, empfinden sie als unangenehm.

Elektronische Hörhilfen können hier helfen: Sie dienen dazu, akustische Signale derart aufzubereiten, daß trotz eines Hörschadens das Hörsystem in der Lage ist, akustische Informationen, die für den Träger wichtig sind, zu analysieren. Die Digitaltechnik hat auf diesem Feld große Fortschritte gebracht. Trotzdem sind noch viele Fragen offen. Bei der Signalerkennung – speziell beim Sprach-

Bild 1 Montage eines Impedenz-Meßrohres im Kunstkopf zur Untersuchung von Kopfhörern

verstehen – in Umgebungen mit geringem Signal-zu-Rausch-Abstand (Sprachpegel im Vergleich zum Pegel von Störgeräuschen), soll künftig das Wissen von Ingenieuren, Audiologen und Neurobiologen integriert werden. Eine minimierte Geräuschbelästigung läßt sich nämlich erreichen, wenn die Verarbeitungsalgorithmen in der Hörbahn mit berücksichtigt werden, also das Gehör Signale angeboten bekommt, die es optimal analysieren kann.

Denn die Sprachwahrnehmung sowie viele Aspekte der zwischenmenschlichen Kommunikation sind eng mit dem Gehör verbunden. Aus diesem Grunde führen periphere und zentrale Hörprobleme, insbesondere bei Kindern, je nach Schweregrad nicht nur zu Sprachverzögerungen und Kommunikationsschwierigkeiten, sondern auch zu Lernproblemen, eingeschränkten kognitiven und intellektuellen Leistungen sowie zu Störungen im emotionalen und psychosozialen Bereich. Auch bei Erwachsenen können nicht erkannte, nicht therapierte oder bisher nicht behandelbare Hörstörungen ausgeprägte Einschränkungen in der Kommunikation bedeuten und in der Folge psychosoziale Probleme, soziale Isolation oder sogar Berufsunfähigkeit bewirken.

Schon bei normal hörenden Kindern sind die Reifungsprozesse des auditiven Wahrnehmens bislang kaum untersucht. Und bei Kindern, die Hörhilfen haben, gibt es keine gesicherten Erkenntnisse

Bild 2 Mit künstlichen „Sängern" und „Hörern" erforschen Wissenschaftler die Wirkung von Sprache und Musik im Raum.

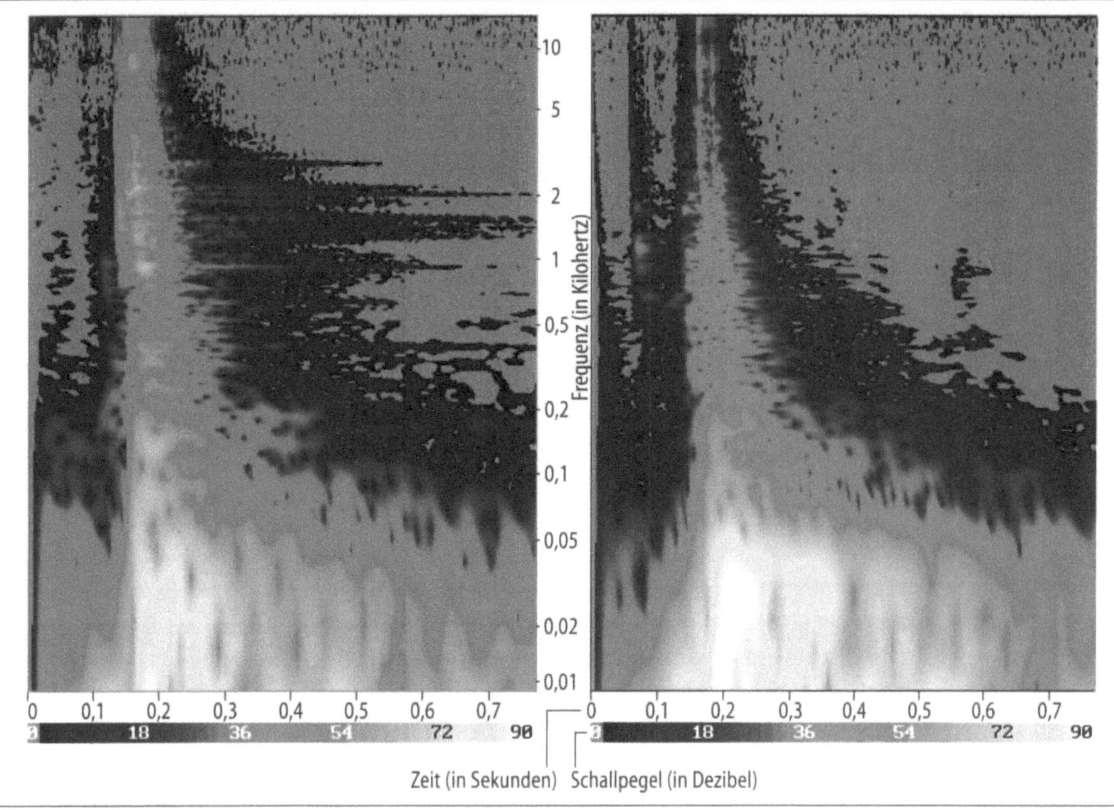

über die Entwicklung des auditiven Wahrnehmens, insbesondere der binauralen, also beide Ohren betreffenden Hörleistungen. Deshalb brauchen wir in Zukunft dringend eine grundsätzliche Forschung darüber, ob die Hörentwicklung bei normal hörenden und hörgeschädigten Kindern mit technischen Hilfen in den gleichen Stufen stattfindet und ob diese in der gleichen Reihenfolge durchlaufen werden. Dafür sind – ähnlich wie bei Erwachsenen bereits geschehen – weltweit standardisierte, befriedigende Systeme zur Aufnahme und Wiedergabe von Kunstkopfsignalen nötig.

Gleichzeitig erschließt die interdisziplinäre Forschung den Wissenschaftlern in diesem Bereich neue, vielversprechende Ansätze. So basieren alle Leistungen von Lebewesen auf der Reizaufnahme, der Reizverarbeitung und dem Generieren von Motorkommandos durch das Nervensystem. Deshalb hatte die Neurobiologie natürlich eine zentrale Stellung beim Erforschen der Sinneswelt. Heute eröffnen vor allem die Untersuchung von auditiven Netzwerken und der Vergleich biologischer Mechanismen der Informationsverarbeitung mit ihren technischen Pendants, den Computern, Perspektiven. Sie reichen von der Analyse der Netzwerke, die Rauminformationen repräsentieren, bis hin zu solchen, die auditorische Szenen, Aufmerksamkeits- und Sprachsignale kodieren. Die künftige Herausforderung besteht vor allem darin, von den bisher von starken Vereinfachungen geprägten Ansätzen in Tier- und psychoakustischen Experimenten an einen Punkt zu gelangen, an dem die neurale Verarbeitung realitätsnäherer Hörsituationen besser verstanden wird;

Bild 3 Signalanalytische Darstellung des Türschlagens beim Pkw: links eine „billige", rechts eine „gute" Tür. Diese Spektrogramme basieren nicht auf einer einfachen technischen Signalanalyse, sondern auf einem Gehörmodell. Die Farbverläufe repräsentieren annähernd die Anregung auf der Basilarmembran des Innenohres und geben somit ein zeitliches wie auch spektrales Auflösungsvermögen vergleichbar zum menschlichen Gehör wieder. Die billige Tür ist gekennzeichnet durch mehr Energie bei höheren Frequenzen, verbunden mit einem langen Ausschwingverhalten („Peeeeng"-Klang), die gute Tür hingegen durch mehr Energie im tieffrequenten Bereich, verbunden mit einer längeren Ausklingzeit („Wummm"-Klang).

Bild 4 Ebenen akustischer Forschungsschwerpunkte und beteiligte Fachgebiete

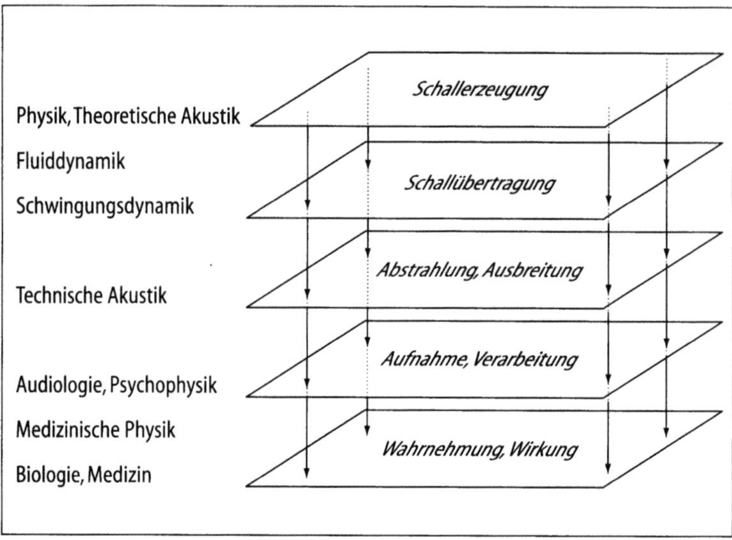

entsprechende Erkenntnisse ließen sich beispielsweise einsetzen, um virtuelle akustische Welten zu entwickeln.

Was verstehen Menschen, was Maschinen?

Auch die Sprache und Sprachverarbeitung sind zur Zeit Gegenstand intensiver Forschung, aber immer noch werden grundlegende Ansätze äußerst kontrovers diskutiert. Trotz bemerkenswerter Fortschritte in der Entwicklung von Algorithmen für die automatische Spracherkennung klafft immer noch eine erhebliche Lücke zwischen der Fähigkeit zu „verstehen" von Maschinen und Menschen – vor allem was die Verläßlichkeit der Erkennung betrifft. Deshalb sind auf diesem wichtigen Gebiet in der Zukunft noch größere Fortschritte nötig – und auch zu erwarten.

Die enge Zusammenarbeit von Informatikern und Neurobiologen ist hier, wie in vielen anderen Bereichen dieses Forschungsgebietes, äußerst vorteilhaft. So könnten etwa in die akustischen Vorverarbeitungsalgorithmen stärker als bisher Verarbeitungsschritte eingebaut werden, welche im Hörsystem ablaufen – bis hin zu kognitiven Prozessen, die weit über die Vorverarbeitung hinausgehen. Technisch läßt sich eine höhere Verläßlichkeit des Spracherkenners erreichen, wenn der Informationsgehalt von Klangfarben der Sprache (Formantstrukturen) in Spracherkennungsalgorithmen verwendet wird. Denn Linguisten haben gezeigt, daß Formanten als Basis für Sprechernormalisierung dienen können und die Formantenkonfiguration sowie deren Übergänge für das Sprachverständnis eine entscheidende Rolle spielen. Auch geht es künftig darum, inwieweit der Einsatz strukturierter akustischer Modelle in der Spracherkennung oder auch neuronale Netze die Spracherkennungsalgorithmen optimieren können.

Der Schwerpunkt „Akustische Forschung" wurde in letzter Zeit durch Neuberufungen in den verschiedensten Disziplinen gestärkt. Es fehlt aber noch eine übergeordnete Struktur für die in der Technischen Akustik, Nachrichtentechnik, Informatik, HNO, Neurologie und Zoologie forschenden Kollegen. Zur Zeit der Drucklegung dieses Artikels sind Bemühungen im Gange, diese Struktur in einem übergeordneten Konzept zwischen den verschiedenen Ebenen akustischer Forschung zu schaffen (Bild 4). Jedoch sind wegen der Interdisziplinarität der zu lösenden Probleme Eckprofessuren oder Institute wünschenswert, die mehrere Disziplinen verbinden können – wie zum Beispiel medizinische und physikalische oder neurobiologische und informationstechnische Aspekte. Es ist eine Herausforderung für die Zukunft an dieser Hochschule, solche interdisziplinären Einheiten zu schaffen und zu fördern.

Autoren

Prof. Dr. rer. nat. Michael Vorländer leitet das Institut für Technische Akustik. Zu den Forschungsgebieten des Instituts zählen alle physikalischen und technischen Aspekte des Schalls, einschließlich der Wahrnehmung von Schall durch den Menschen.

Prof. Dr. rer. nat. Hermann Wagner leitet den Lehrstuhl für Zoologie/Tierphysiologie am Institut für Biologie II. Der Forschungsschwerpunkt des Lehrstuhls liegt in der biologischen Informationsverarbeitung.

Xenotransplantation zwischen Bedenken und Hoffnung

Armin Homburg und
Heinz-Günter Sieberth

Neue Behandlungskonzepte bei der Organtransplantation

Die Organtransplantation gehört zu den wohl faszinierendsten medizinischen Errungenschaften des 20. Jahrhunderts. In den letzten 30 Jahren hat sich die Verpflanzung von Nieren, Herzen, Lebern oder Bauchspeicheldrüsen zu einer nunmehr klassischen Behandlungsform entwickelt, wenn diese Organe versagen. Emmerich Ullmann in Wien und Alexis Carrel in Lyon haben Anfang des Jahrhunderts die technische Voraussetzung für die Transplantationschirurgie geschaffen, indem sie die Gefäßnaht perfektionierten. In den folgenden Jahren wurden in einigen verzweifelten Fällen bereits Schweine- und Ziegennieren (erfolglos) auf Menschen übertragen; daß menschliche Organe als Transplantat in Frage kommen könnten, war noch unbekannt. Erst Anfang der sechziger Jahre begann die Entwicklung der klinischen Transplantationsmedizin, seit uns Medikamente zur Verfügung stehen, mit denen wir die unvermeidliche Abstoßungsreaktion unterdrücken und behandeln können.

Der chronische Mangel an Spenderorganen ist seither der dominierende begrenzende Faktor dieser Behandlungsform. Einer ständig steigenden Zahl von derzeit über 10.000 Anwärtern auf eine Nierentransplantation stehen zum Beispiel in Deutschland seit 1990 unverändert nur etwa 2000 jährlich durchgeführte Operationen gegenüber (Bild 1). So liegt es durchaus nahe, nach anderen Ressourcen für Organe Ausschau zu halten. Transplantate tierischer Herkunft, sogenannte Xenotransplantate, stellen hier eine verlockende Alternative dar. Von den wenigen bisherigen Versuchen auf diesem Gebiet, die letztlich alle erfolglos blieben, ist der Fall von Baby Fae aus dem Jahr 1984 wohl der bekannteste: Der mit nur einer Herzkammer geborene Säugling verstarb drei Wochen nach der Transplantation eines Pavianherzens und löste seinerzeit eine weltweite kontroverse Diskussion aus.

Entwicklungsgeschichtlich stehen uns die großen Menschenaffen am nächsten („konkordante Spezies"), aber die Mehrzahl dieser nichthumanen Primaten ist selber gefährdet und geschützt. Sie stehen nicht in genügender Zahl zur Verfügung, zudem sind die Organgrößen ungeeignet. Diese uns nahe verwandte Spezies kann ferner leicht Viruserkrankungen auf den Menschen übertragen, wie sie für das HI-Virus, den Aids-Erreger, vermutet wird. Schließlich würde die Gesellschaft es nur schwer akzeptieren, wenn man diese schon sehr menschenähnlich differenzierten Tiere für medizinische Zwecke opfert.

Der Wunschkandidat der Forscher auf dem Gebiet der Xenotransplantation ist das Hausschwein. Es läßt sich problemlos in gro-

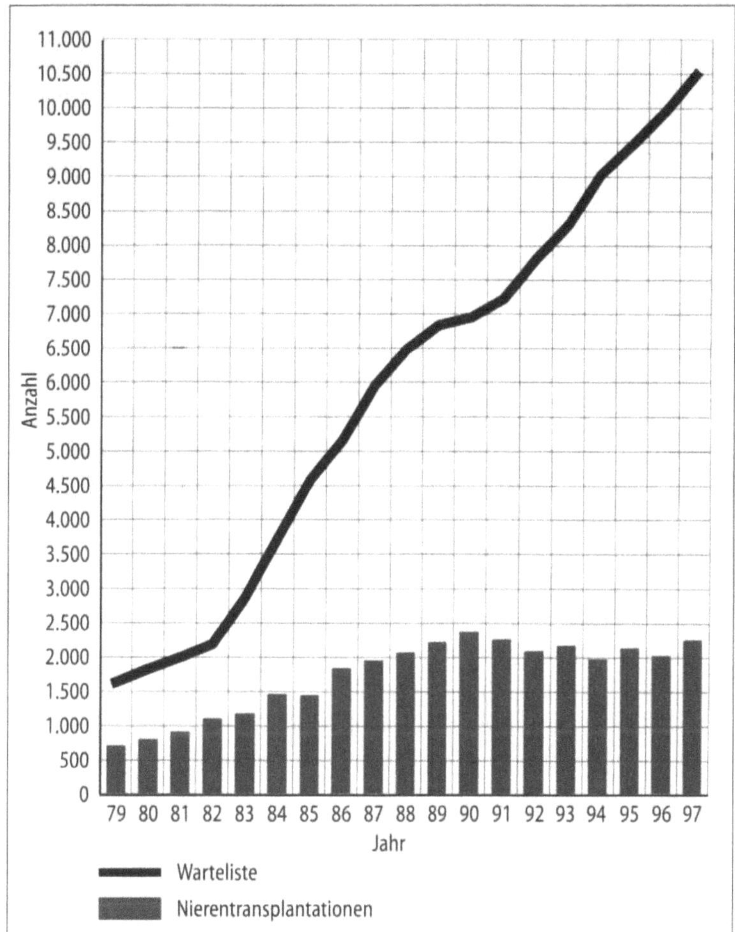

Bild 1 Immer mehr Patienten in Deutschland warten auf eine Spenderniere, während die Anzahl der pro Jahr durchgeführten Nierentransplantationen bereits seit 1990 stagniert.

ßen Zahlen züchten, seine Organe sind in Größe und Physiologie den unseren ähnlich, und es ist seit Jahrtausenden als Nutztier in unseren Kulturen akzeptiert – als Lieferant von Fleisch, Leder, Insulin oder Herzklappen. Die Gefahr einer Infektübertragung scheint bei dieser weiter vom Menschen entfernten sogenannten diskordanten Spezies geringer zu sein, auch sind von Schweinezüchtern, Metzgern oder Veterinärmedizinern keine spezifischen Erkrankungen bekannt. Im Labortest gelang es allerdings in vitro (im Reagenzglas), mit Viren (Retroviren), die im Erbmaterial Desoxyribonukleinsäure (DNA) der Schweinezellen versteckt waren, menschliche Zellen zu infizieren. Die klinische Tragweite dieser Beobachtung für die Xenotransplantation in vivo (am lebenden Objekt) ist allerdings derzeit noch nicht absehbar. Vor dem Hintergrund der erheblichen Verunsicherung der Öffentlichkeit durch den Schock der Rinderseuche BSE und Aids-Epidemien wird hier noch intensive Forschungs- und Überzeugungsarbeit nötig sein. Es muß sichergestellt werden, daß mit den Transplantatzellen keine bedrohlichen und bisher unbekannten Infektionen auf den Menschen übertragen werden. Als eine erste Konsequenz hat 1997 die britische Regierung bereits zugesagte erste Versuche mit Schweineorganen beim Menschen vorläufig ausgesetzt (Moratorium).

Antigen-Antikörper-Kontakt hat eine
Kaskade von Reaktionen zur Folge

Entwicklungsgeschichtlich trennen uns vom Schwein 90 Millionen Jahre. Für das spontane Schicksal eines Schweinetransplantates in unserem Körper hat dies verheerende Folgen. Unser Immunsystem, das uns aktiv gegen das Eindringen von Fremdstrukturen wie Bakterien, Viren oder Pilzen schützt, hält sozusagen schon auf Vorrat Antikörper bereit, die unmittelbar den Untergang der Tierzellen einleiten. Die Hauptakteure dieser Zerstörungskaskade sind ein Zucker auf der Zelloberfläche beim Schwein und eine als Komplement bezeichnete Gruppe von aggressiven Eiweißmolekülen im menschlichen Blut. Die meisten Tiere und zahlreiche Bakterien tragen auf der Oberfläche ihrer Zellen den Zucker Galaktosyl-α-1,3-Galaktose (α-Gal). Das Immunsystem des Menschen bildet nun gegen α-Gal, das auf Bakterien im Darmtrakt in großen Mengen vorkommt, Antikörper und immunisiert ihn somit auch gegen Tierzellen (xenoreaktive Antikörper), ohne daß jemals ein solcher Kontakt stattgefunden haben muß. Nach einer Transplantation ist die erste Kontaktfläche zwischen dem Spenderorgan und dem Blutkreislauf des Empfängers die Zellauskleidung der Transplantatgefäße (Endothel). Auf diesem Gefäßendothel, zum Beispiel einer Schweineniere, treffen nun die xenoreaktiven Antikörper des Organempfängers auf die zahlreich vorhandenen α-Gal-Strukturen des Spendertieres und initiieren das verheerende Zerstörungswerk der hyperakuten Abstoßung. Durch den Antigen-Antikörper-Kontakt wird im menschlichen Blut eine Kaskade von Reaktionen zwischen den verschiedenen Eiweißstoffen des Komplementsystems ausgelöst, das schließlich die Endothelzelle zerstört. Die Transplantatgefäße verengen sich und werden undicht, das Organ schwillt an, thrombosiert und wird in wenigen Minuten irreversibel geschädigt. Ein erfolgversprechendes Immunmedikament zur Prophylaxe dieses Geschehens gibt es bisher nicht.

Zahlreiche Forschungsansätze beschäftigen sich nun mit Strategien, diese unmittelbar zerstörerische Hürde bei der Xenotransplantation zu überwinden. Versuche, die xenoreaktiven Antikörper durch die Infusion geeigneter Zuckerlösungen abzufangen, waren wenig erfolgreich, zum Teil weil erhebliche Substanzmengen hierfür nötig sind. In anderen Ansätzen werden die Antikörper extrakorporal in einer Immunadsorbtionssäule an α-Gal gekoppelt und weitgehend eliminiert. Ferner könnten geeignete monoklonale Antikörper die α-Gal-Strukturen beim Spendertier oder die xenoreaktiven Moleküle beim Menschen abdecken. Eine weitere Strategie zielt darauf ab, gentechnologisch die tierische Zelloberfläche mit einem anderen Zucker als mit α-Gal zu besetzen. Schließlich beschäftigen sich auch Forschungsprojekte mit der Beeinflussung der Komplementreaktion. Durch das Kobraschlangengift CVF (*cobra venom factor*) oder durch blutlösliche „falsche Ziele" für den Angriff der Komplementkaskade gelang es, das Komplementsystem vorübergehend zu inaktivieren. So konnte bereits das Überleben von Herztransplantaten bei Nagern verlängert werden. Der Erfolg wird jedoch durch Unverträglichkeiten und das Nachlassen der Wirkung durch die Neubildung der Komplementfaktoren begrenzt. In zukünftigen Modellen ist der Einsatz von monoklonalen Antikörpern ebenso vorstellbar wie der von Modulatoren der Komplementfunktion.

In dem Bemühen, die hyperakute Abstoßung zu unterbinden, kann die Firma Imutran in Cambridge auf die bisher größten Erfolge verweisen. Die Aktivierung des Komplementsystems auf körpereigenen Gefäßwandzellen wird durch verschiedene Faktoren (*regulators of complement activation*, RCAs) moduliert. Einer dieser Schutzfaktoren, ein wandständiges Protein, beschleunigt den Abbau des Komplements (*decay accelerating factor*, DAF). DAF ist allerdings speziesspezifisch: DAF auf der Schweinezelle kann menschliches Komplement nicht regulieren. Imutran hat nun den genetischen Kode für humanes DAF (hDAF) durch Mikroinjektion in befruchtete Eizellen beim Schwein eingebracht (Bild 2). Dadurch entstehen gesunde und vermehrungsfähige sogenannte transgene Zuchttiere, die an ihrer Zelloberfläche neben dem eigenen auch hDAF aufweisen (Bild 3). Schweineherzen dieser Spendertiere, auf Affen transplantiert, überlebten ohne Immunsuppression im Mittel 5,1 Tage und mit Immunsuppression im Mittel 40 und maximal 60 Tage. Unbehandelte Schweineherzen dagegen wurden in weniger als einer Stunde zerstört. Es zeigt sich ein linearer Zusammenhang zwischen der hDAF-Konzentration auf den Zelloberflächen und dem Schutz vor der zerstörerischen Komplementkaskade. In weiteren Versuchen soll nun geklärt werden, ob der gentechnologische Transfer weiterer RCAs einen zusätzlichen Schutz vor der hyperakuten Abstoßung bietet.

Beim ersten Kontakt mit dem Menschen wird das Tierorgan durch bereits vorhandene (präformierte) xenoreaktive Antikörper bedroht. Gelingt es nun, die hyperakute Abstoßung zu unterdrücken dann folgt die nächste vitale Bedrohung: Das Immunsystem des Empfängers gewinnt Zeit, aktiv auf das Transplantat zu reagieren. Wie durch eine Auffrischungsimpfung werden dabei zunächst die Antikörper gegen α-Gal derart geboostert (nach englisch *to boost*, verstärken), daß auch die transgenen RCAs als Schutz nicht mehr genügen. Es kommt in den Transplantatgefäßen zu einer vaskulären Abstoßung mit Endothelschwellung, fokaler Ischämie (von einem Herd ausgehende Minderdurchblutung), Entzündung und Aktivierung des Gerinnungssystems. Das Transplantat wird dabei über

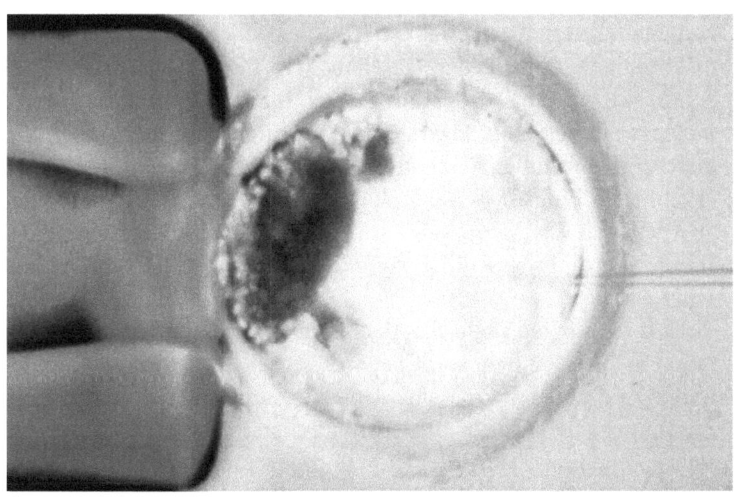

Bild 2 Mikroinjektion von menschlichem genetischen Material in eine befruchtete Schweine-Eizelle

Bild 3 Transgene Schweine mit eigenem und humanem *decay accelerating factor* (DAF) auf der Oberfläche der Körperzellen

einen Zeitraum von einigen Tagen bis Wochen zerstört. Gegen die Antikörper-produzierenden B-Lymphozyten (weiße Blutkörperchen der humoralen Immunabwehr) können allerdings immunsuppressive Medikamente eingesetzt werden, die uns schon heute zur Verfügung stehen, die aber zu einer gesteigerten Infektanfälligkeit führen können. Weitere Versuche werden zum Ziel haben, diese vermehrt gebildeten xenoreaktiven Antikörper aus dem Empfängerblut zu entfernen oder die B-Zell-Aktivierung durch modifizierte α-Gal-Expression auf den Tierzellen zu verhindern. Zusätzlich werden auch die anderen Immunzellen der weißen Blutkörperchenreihe und die Blutplättchen aktiviert. Dabei gilt es allerdings erst zu klären, ob ihre Präsenz Ursache oder Folge der Prozesse bei der vaskulären Abstoßung sind.

Es ist zu erwarten, daß ein Xenotransplantat – vergleichbar mit dem Schicksal eines Organes menschlicher Herkunft – im weiteren Verlauf gefährdet sein wird durch die immunologischen Mechanismen der akuten Abstoßung und die entzündlich-vernarbenden Prozesse der chronischen Abstoßung. Hier eröffnet sich für die nächsten Jahre ein weites Forschungsfeld. Vor allem bei den von Zelle zu Zelle zwischen Tier und Mensch vermittelten Prozessen muß mit atypischen oder mit gänzlich unbekannten Reaktionsabläufen gerechnet werden. Nach den bisherigen Erkenntnissen scheint auf Dauer eine über das derzeit übliche Maß hinausgehende Immunsuppression nötig zu sein, mit allen Risiken, die sich daraus für Infekt- und Tumorkomplikationen ergeben. Eine logische Konsequenz ist die Suche nach neuen, möglichst spezifischen und potenten Immuntherapeutika. Diese können wie bisher biologischer Herkunft sein oder werden in Zukunft in Kenntnis der molekularen Prozesse als Designerpharmaka am Computer entworfen.

Auch mit einem optimalen Transplantat versorgt, muß der Empfänger ein Leben lang täglich seine Immunmedikamente einnehmen. Zwischen nahe verwandten (konkordanten) Tierspezies konnte bei Nagetieren bereits eine Transplantattoleranz induziert werden. Zunächst werden Knochenmarkzellen des Spendertieres übertragen, so daß im Empfänger beide Immunsysteme koexistieren (Chimärismus). Ein später transplantiertes Organ desselben Spendertieres kann in diesem Empfänger dann auch ohne Immunmedikamente dauerhaft überleben. Für die Knochenmarkzellen eines diskordanten Spendertieres stellen, wie bereits beschrieben, die xenoreaktiven Antikörper sowie das Immun- und das Komplementsystem des Empfängers eine zwar ungleich höhere, aber nach ersten Erkenntnissen keine unüberwindbare Hürde dar. Bei diesem erheblichen Eingriff in die biologische Integrität des Empfängers – also letztlich des Menschen – sind die zu überwindenden Widerstände allerdings wesentlich komplexer und nicht nur immunologischer Natur.

Falls es gelingen sollte, die Abstoßungshürden der Xenotransplantation zu überwinden, so öffnet sich jenseits der Immunologie ein weites Feld anderer Probleme. Jeder Organismus lebt vom subtilen Zusammenspiel einiger 1000 biologischer Systeme mit Steuersubstanzen und Enzymen, Rezeptoren und Gegenregulationen. Die Mehrzahl davon ist spezifisch für die jeweilige Spezies. So kann zum Beispiel das Thrombomodulin auf den Endothelzellen des Schweins nicht effektiv auf den Gerinnungsfaktor Thrombin im menschlichen Blut einwirken, ein vermehrtes Thromboserisiko im Transplantat ist die Folge. Oder das Wachstumshormon beim Schwein: Seine Molekülstruktur unterscheidet sich zu 20 Prozent von der des Menschen. Möglicherweise wirkt es also nicht, weil der Rezeptor das Molekül nicht erkennt. Oder es wirkt unkontrolliert, weil der spezifische Antagonist nicht greift. Hinzu kommt, daß alle vom Tierorgan synthetisierten Eiweißstrukturen das menschliche Immunsystem dazu anregen, Antikörper gegen diese Proteine zu bilden. Bei der Leber, dem Stoffwechsel- und Syntheseorgan mit mehr als 2500 Enzymsystemen, sind die Folgen dieser Inkompatibilität besonders komplex und noch weitgehend unerforscht. Verglichen mit Niere oder Herz rückt die Perspektive einer Leber-Xenotransplantation dadurch vorerst in unbestimmte Ferne.

Eine Reihe von physiologischen Basisparametern, wie Körpertemperatur, Blutfluß oder Urinproduktion bezogen auf die Körpermasse, sind bei den Säugetieren und beim Menschen sehr ähnlich. Der Volumenanteil der Zellen im Blut (Hämatokrit) zum Beispiel liegt aber beim Schwein um zehn Prozent niedriger als beim Menschen. Den kleinsten und engsten Gefäßen im Transplantat (Kapillaren) droht dadurch eine relative Minderversorgung. Diese physiologischen Auswirkungen können aber erst ausführlich untersucht werden, wenn in Xenotransplantatmodellen längere Überlebens-, also auch Beobachtungszeiten erreicht werden.

Ähnliches gilt für die anatomischen Unterschiede. Die Größe der Organe beim Schwein erscheint recht gut geeignet. Aus der aufrechten Körperhaltung des Empfängers nach der Transplantation ergeben sich aber wieder neue Probleme. So muß zum Beispiel die linke Herzkammer das Blutvolumen nunmehr gegen die Schwerkraft durch den Aortenklappenring auswerfen. Dabei reduziert beim Schweineherzen eine Muskelwulst die Klappenöffnung, so daß für die gleiche Auswurfmenge mehr Arbeit geleistet werden muß. Analog dazu gilt es auch, die Auswirkung auf die Schweinelunge als Transplantat zu untersuchen, denn der überwiegende Teil der Durchblutung und des Gasaustausches findet beim Menschen nur im unteren Drittel der Lungen statt. Schließlich sei auch angesprochen, daß wir heute bei humanen Transplantaten durchaus Überlebenszeiten von 20 und mehr Jahren beobachten. Dem steht zum Beispiel beim Schwein eine Lebenserwartung von 15 Jahren gegenüber und über den Alterungsprozeß seiner Organe als Transplantate ist noch nichts bekannt.

Gesellschaftlich findet bereits seit Jahren eine Kontroverse um die ethischen Aspekte der Xenotransplantation statt. Verglichen mit den harten Positionen und Sachargumenten beispielsweise bei der Debatte um den Hirntod und das Transplantationsgesetz bleibt die Diskussion aber unscharf und beschränkt sich häufig auf allgemeinethische Bedenken. Trotzdem halten die verschiedenen Arbeitsgruppen den Standort ihrer Tierställe nicht ohne Grund geheim, und mehr als ein Forscher auf dem Gebiet der Xenotransplantation ist schon Ziel von Angriffen militanter Tierschützer geworden.

Die Diskussion über ethische Aspekte ist unscharf

Das Schwein hat als Nutztier seit Jahrtausenden seinen festen Platz in unserem Alltagsleben. Für unsere Ernährung werden in Deutschland jedes Jahr 48 Millionen Tiere geschlachtet. Da findet sich schwerlich ein guter Grund, es abzulehnen, dieses Tier als Organlieferant zu nutzen. Nach aktueller Einschätzung würde der Bedarf an transgenen Schweinen für die Transplantatgewinnung bei 6000 Tieren pro Jahr liegen. Andererseits muß sich auch dieser Forschungszweig nach der tier-ethischen Berechtigung fragen lassen, andere Lebewesen zum Nutzen des Menschen genetisch zu manipulieren. Und so prangert der wesentliche Vorwurf auch die systematische und großangelegte Industrie von Bioprodukten an, unter der das Verständnis vom Tier als Mitkreatur leide. Dem hielt Rudolf Pichlmayr, der inzwischen verstorbene Nestor der deutschen Transplantationsmedizin, auf dem Deutschen Ärztetag 1997 entgegen, die Suche nach Alternativen zur menschlichen Organtransplantation sei verständlich, dringend geboten und legitim. Voraussetzung sei natürlich größtmögliches Vermeiden von Schmerzen und Leiden der Tiere. Die gezielten genetischen Eingriffe seien aber ohne unmittelbare Relevanz oder phänomenologische Veränderung für das Tier und seine Nachkommen und dienten der Gesundung von Menschen.

In einer als Diskussionsbeitrag bezeichneten Stellungnahme der katholischen und der evangelischen Kirche sehen die beiden christlichen Glaubensgemeinschaften durchaus medizinische Vorteile in der Xenotransplantation. Sie weisen aber auf den Konflikt zwischen dem Lebensrecht des Menschen und dem von Tieren hin und fordern, daß alle Risiken von unabhängigen Ethikkommissionen als vertretbar eingestuft werden. Auch die anderen monotheistischen Religionen haben sich nicht gegen die Transplantation von Tierorganen ausgesprochen. Rabbiner haben durchgeführte klinische Versuche gutgeheißen, und mohammedanische Geistliche interpretieren den Koran dahingehend, daß Xenotransplantationen und sogar die Übertragung von Schweineorganen erlaubt werden können.

Folgen für die Psyche des Empfängers? Über die Auswirkungen der Xenotransplantation auf die Psyche und das Selbstwertgefühl des Empfängers kann man bisher nur mutmaßen. Bei entsprechenden Erhebungen erklärten sich 60 bis 90 Prozent der Befragten bereit, auch ein Tierorgan als Transplantat zu akzeptieren, wenn dies vergleichbar sicher und erfolgversprechend sei. Die Akzeptanz war bei Patienten auf der Warteliste besonders hoch und bei Laien größer als bei Befragten aus dem medizinischen Milieu. Erfahrungsgemäß ist die emotionale Betroffenheit bei der Transplantation eines Herzens dabei ausgeprägter als beispielsweise bei einer Niere. Aber wenn die Alternative zum Schweineherzen der sichere Tod ist, treten solche Aspekte vermutlich erst einmal in den Hintergrund. Und schließlich: Mit welchem Recht wollen wir für einen umfassend informierten Betroffenen auf der Warteliste entscheiden, ob er dieses Risiko eingehen soll oder nicht.

Gesundheitspolitisch ist die Xenotransplantation ein zweischneidiges Schwert. Solange ein Viertel der Patienten auf der Herzwarteliste verstirbt und solange ein Patient an der künstlichen Niere vier Jahre auf seine Transplantation warten muß, stehen die Mediziner und die Forscher unter einem erheblichen Erfolgsdruck. Wenn die

Xenotransplantation aber möglich wird, würden in einer ersten Phase die Tierorgane in Kompetition mit den humanen Transplantaten zu einem Verteilungsdilemma ganz neuer Dimension führen. Mittelfristig ist dann der Niedergang der Organspende zu befürchten, mit besonders dramatischen Folgen zum Beispiel für die Anwärter auf eine Lebertransplantation, für die voraussichtlich nicht so bald eine Alternative zum menschlichen Organ zur Verfügung stehen wird. Bei uneingeschränkter Verfügbarkeit von Tierorganen ist andererseits mit einer raschen Zunahme der Transplantationszahlen und einer Ausweitung der Indikationen zu rechnen. Die Transplantationen entsprechen aber schon heute in der Bundesrepublik einem jährlichen Kostenvolumen von rund 400 Millionen DM. In der Fallpauschale von derzeit etwas über 100.000 DM für eine Nierentransplantation wird der organisatorische Aufwand für die Gewinnung des humanen Transplantates mit rund 13.000 DM abgegolten. Bei den hohen Qualitätsstandards, die immunologisch und mikrobiologisch an Xenotransplantate gestellt werden müssen, wird die Bereitstellung dieser Organe mit Sicherheit ein Vielfaches davon kosten. Die Diskussion über die Finanzierung des medizinisch Machbaren ist also schon vorprogrammiert.

Die Zukunft der Xenotransplantation ist eng verknüpft mit dem unverändert geringen Echo auf die zahllosen Appelle zu mehr Spendebereitschaft in der Bevölkerung. Bei den Summen, die bereits in diese Forschung geflossen sind, und bei den erheblichen wirtschaftlichen Interessen ist ein gewisser Zweckoptimismus bei Forschern und Pharmaindustrie nicht zu überhören. Dem steht, neben allen immunologischen Problemen, in der öffentlichen Diskussion die erhebliche Angst vor der Übertragung von Tiererregern auf den Menschen entgegen. Diese Befürchtungen müssen zunächst überzeugend und nachhaltig ausgeräumt werden. Hierzu gehören auch hohe Standards für eine kontrolliert keimarme Aufzucht der Spendertiere und ein engmaschiges Erreger- und Infektionsmonitoring bei Empfängern, Angehörigen und medizinischen Betreuern.

Bei der Summe der Probleme, die uns noch von einem sicheren und zuverlässigen klinischen Einsatz trennen, sollte heute kein Patient auf den aktuellen Wartelisten Hoffnungen an eine Xenotransplantation knüpfen. Die Mehrzahl der Organtransplanteure ist dennoch der Meinung, daß die Xenotransplantation kommen werde. Ob sie eine gute und eine bessere Lösung unserer Probleme auf diesem Gebiet sein wird, wird das nächste Jahrhundert beantworten.

Autoren

Prof. Dr. med. Heinz-Günter Sieberth ist seit 1981 Direktor der Medizinischen Klinik II (Nephrologie). Die Forschungsschwerpunkte liegen auf dem Gebiet der Nieren- und Hochdruckkrankheiten. Teilgebiete sind unter anderem die Nierenersatztherapie und die Nierentransplantation.

Dr. (Univ. Leuven) Dr. med. Armin Homburg ist als Mitarbeiter der Medizinischen Klinik II seit 1977 im Bereich der Nierentransplanta-

tion tätig. Er hat das Transplantationszentrum am Universitätsklini-
kum der RWTH Aachen aufgebaut.

Literaturhinweis [1] Xenotransplantation. The Tansplantation of Organs and Tissues between Species, Hrsg. von D. Cooper, E. Kemp, J. Platt und D. White, 2.
Auflage, Springer-Verlag, Heidelberg 1997.

Hartwig Höcker und Doris Klee

Die Wechselwirkung von Materialien mit Körpergewebe und -flüssigkeiten

Biomaterialien sind nach der Definition der Brockhaus-Enzyklopädie „Werkstoffe für Implantate zum Gliedmaßen- und Funktionsersatz, an die wegen ihres Kontaktes mit Körpergewebe und -flüssigkeiten besonders hohe Anforderungen gestellt werden". Über die Art der Anforderungen gibt uns das Lexikon allerdings keine Auskunft, und in der Tat sind diese, gerade was den Kontakt mit dem Biosystem angeht, weitestgehend unbekannt.

Am leichtesten noch lassen sich die mechanischen Anforderungen definieren. Um sie zu erfüllen, steht ein umfangreicher Werkstoffpool zur Verfügung, der von Metallen über Keramiken bis zu den Kunststoffen reicht. Daraus stammen die zur Zeit eingesetzten Biomaterialien, obwohl sie hinsichtlich ihrer Grenzfläche nur eingeschränkt als biokompatibel, also als bioverträglich angesehen werden können. Dies bedeutet für den Produkthersteller ein unkalkulierbares Risiko, und eine Reihe von Materialien, die in der Vergangenheit bereits einmal genutzt wurden, stehen heute nicht mehr für Implantate zur Verfügung.

Obwohl der Bedarf steigt, verringert sich so das Spektrum möglicher Stoffe für den Einsatz in der Medizin. Dabei herrscht an menschlichen Spendermaterialien ohnehin extremer Mangel, und Xenotransplantate (nach griechisch *xenos*, fremd) von Tieren stehen noch gar nicht zur Verfügung.

Aus diesem Grund ist es dringend erforderlich, die Wechselwirkung von Materialien mit Körpergewebe und -flüssigkeiten an der Grenzfläche zu studieren und Konzepte für den möglichst gefahrlosen Einsatz von Fremdstoffen im menschlichen Körper zu entwickeln. Das Aachener Kompetenzzentrum befaßt sich daher primär mit der Grenzflächenbiokompatibilität: Die Oberflächen von Werkstoffen werden modifiziert und möglichst genau charakterisiert, um eine anwendungsgerechte Biokompatibilität im Weichgewebekontakt zu erzielen (Bild 1).

Die Partner des Kompetenzzentrums arbeiten eng mit den Mitgliedern des Interdisziplinären Zentrums für Klinische Forschung der Medizinischen Fakultät der RWTH Aachen „Biomaterialien und Material-Gewebsinteraktion bei Implantaten" (BIOMAT) zusammen.

Ein zentrales Thema des Kompetenzzentrums ist die Entwicklung neuer resorbierbarer Polymeren mit definierten mechanischen Eigenschaften, steuerbarer Resorbierbarkeit und gewebeverträglichen Abbauprodukten. Auf diese Weise wollen wir Alternativen zu den bisher nahezu ausschließlich verwendeten Polylactid/Polyglycolidsystemen schaffen, die insbesondere im Zuge ihres Abbaus nicht den pH-Wert des umliegenden Gewebes senken. Als resorbierbare Poly-

 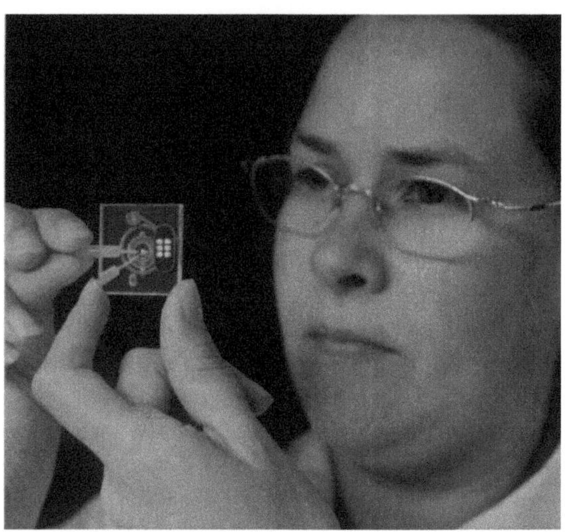

Bild 1 Oberflächenanalytik von Biomaterialien mittels Atomkraftmikroskopie (links) sowie Kontrolle des Hebelarmes (Cantilever) in einer Flüssigkeits-Meßzelle (rechts)

mere kommen Polyesteramide, im Spezialfall Polydepsipeptide, und segmentierte Copolymere mit geeigneten Grundbausteinen in Betracht.

Von ganz wesentlicher Bedeutung ist die Oberflächen-, aber auch die Variation der Polymerzusammensetzung der genannten Produkte, um eine anwendungsgerechte Bioverträglichkeit zu erzielen. Hier ist insbesondere die Einstellung eines bestimmten hydrophil/hydrophob-Verhältnisses, also der wasseranziehenden beziehungsweise -abweisenden Eigenschaften, zu nennen, aber auch die Anbindung bioaktiver Substanzen wie Proteine (Fibronectin) oder Wachstumsfaktoren sowie entzündungshemmende Substanzen, um ein optimales Einwachsen körpereigener Zellen beim Kontakt zum Weichgewebe zu erhalten. Entsprechend können bioaktive Substanzen gebunden werden, die bei Kontakt der Polymeroberfläche zum Blut die Gerinnung verhindern. Die Anbindung biologischer Moleküle erfolgt nach geeigneter Funktionalisierung des Trägerpolymeren mit Hilfe klassischer peptidchemischer Methoden. Hierbei werden häufig Peptidbindungen gebildet, indem nach einer Aktivierung die Verknüpfung zu den Amino- oder Carboxylgruppen einer Aminosäureeinheit aus den biologischen Molekülen hergestellt wird.

Von besonderer Bedeutung ist dabei die analytische Verfolgung jedes einzelnen Schrittes, wobei oberflächensensitive Analyseverfahren wie die Röntgenphotoelektronenspektroskopie eingesetzt werden. Das Studium der Abbauprodukte erfolgt mit Hilfe der sogenannten Matrix-unterstützten Laser-Desorptions/Ionisations-Flugzeitmassenspektrometrie (Matrix-Assisted Laser Desorption Ionization (MALDI) Time of Flight (ToF) Mass Spectrometry). Der Abbauprozeß im Weichgewebekontakt unter besonderer Berücksichtigung der Spannungsverteilung wird mit Hilfe neuartiger NMR-Bildgebungstechniken (Nuclear Magnetic Resonance, NMR, kernmagnetische Resonanz) studiert.

Alle künstlichen Stoffe, die in den Körper implantiert werden, sind einem mehr oder weniger starken Abbau ausgesetzt. Aus diesem Grund sind besonders im Weichgewebekontakt resorbierbare Polymere zu favorisieren, wenn es um *Drug-delivery*-Systeme (gesteuerte Wirkstofffreisetzung aus einem Implantat) oder künstliche Gewebe geht, die als Gerüstsysteme für körpereigene Zellen eingesetzt werden und die in dem Maße resorbiert werden sollen, wie natürliches Gewebe entsteht. In diesem Fall hat das künstliche Material nur eine temporäre Funktion, wie es auch für viele körpereigene Stoffe der Fall ist (beispielsweise resorbierbares Nahtmaterial oder Materialien zur Knochenfixation).

Das Kompetenzzentrum ist in vier Projektbereiche strukturiert, die sich interdisziplinär zusammensetzen. Naturwissenschaftler, Ingenieure und Mediziner arbeiten seit mehr als zehn Jahren bereits erfolgreich auf dem Gebiet „Materialien für die Medizintechnik" zusammen. Neben der Grundlagenforschung gewinnt dabei die anwendungsorientierte Forschung immer mehr an Bedeutung.

Ein Schwerpunkt der Arbeiten des Lehrstuhls für Textilchemie und Makromolekulare Chemie (Projektbereich I) ist die Entwicklung von neuen resorbierbaren Polymeren, bei denen mit gewebefreundlichen Abbauprodukten zu rechnen ist. Im Labormaßstab werden Zusammensetzung und Molekulargewicht neuer Copolymere aus Ringstrukturen, die sich aus einem Hydroxycarbonsäureester und einer Aminosäure zusammensetzen, in Hinblick auf unterschiedliche Abbaugeschwindigkeiten und mechanische Eigenschaften variiert. Die Kooperation mit der Technischen Chemie der RWTH Aachen ermöglicht die Monomersynthese sowie die Synthese neuer resorbierbarer Polymeren im technischen Maßstab. Einen entscheidenden Beitrag liefert der Lehrstuhl bei den Oberflächenmodifizierungen von resorbierbaren und nichtresorbierbaren Polymeren zur Verbesserung der Grenzflächeneigenschaften, da moderne Oberflächenmodifizierungsverfahren etabliert sind. Bei den eingesetzten Plasmatechnologien führen energetisch angeregte, teilweise ionisierte Gase (hier können etwa Stickstoff oder Argon, aber auch reaktive Gase wie Sauerstoff oder Ammoniak und auch polymerisierbare Gase wie etwa Acetylen eingesetzt werden) zu veränderten Oberflächen. Auf diesen können auch Radikale erzeugt werden, so daß sich an eine solche Behandlung das Aufbringen einer dünnen Polymerschicht durch radikalische Pfropfcopolymerisation (etwa von Acrylsäure) anschließen kann. In einem anderen Beschichtungsverfahren, dem CVD-Verfahren (Chemical Vapour Deposition, CVD) werden die durch Pyrolyse erzeugten Monomere durch thermische Verdampfung im Vakuum auf die Oberfläche aufgebracht und polymerisieren dort. An eine mit diesen Techniken funktionalisierte Oberfläche lassen sich bioaktive Substanzen mittels peptidchemischer Immobilisierungstechniken kovalent anbinden. So kann das Einwachsverhalten von Implantaten günstig beeinflußt werden, wenn die Polymeroberflächen nach Funktionalisierung mit Acrylsäure im sogenannten Plasmaaktivierungs-Pfropfcopolymerisations-Verfahren gezielt mit Zelladhäsionsvermittlern wie Fibronectin oder Collagen des Typs IV ausgerüstet werden.

Ziel des Lehrstuhls für Makromolekulare Chemie ist die Entwicklung von Weichgewebeimplantaten. Dabei interessieren vor allem die chemische Struktur und die molekulare Dynamik der zugrundeliegenden Materialien sowie die Funktionsweise der Implantate. Hierzu wird als Analyseverfahren die kernmagnetische

Polymere mit gewebefreundlichen Abbauprodukten

Resonanz in Form von spektroskopischen und bildgebenden Methoden eingesetzt. Der Einsatz der NMR-Bildgebung zur Darstellung von Druck- und Spannungsverteilungen in mechanisch belasteten Kaninchenbandscheiben zeigt, daß diese Methode ein interessanter neuer diagnostischer Ansatz zur Früherkennung von Rückenschäden ist (Bild 2). Die funktionalisierte NMR-Bildgebung von Strömungsgeschwindigkeiten kann zur Charakterisierung von Geschwindigkeitsverteilungen in Blutgefäßen und künstlichen Gefäßen eingesetzt werden.

Die Institute nahe der Klinischen Medizin im Klinikum der RWTH Aachen führen In-vitro-(Reagenzglas-)Untersuchungen zur Biokompatibilität der entwickelten Polymere und Oberflächenmodifizierungen für Implantate und Medizinprodukte mit Zell-Linien und Primärzellen durch (Projektbereich II). In Kooperation mit dem Projektbereich I sind sie entscheidend an der Entwicklung biologisch aktivierter Biomaterialoberflächen beteiligt.

Die Interaktion von Biomaterialien mit dem Gewebe erfolgt über spezifische Zellen des Gewebes (wie Fibroblasten) und über die von diesen Zellen synthetisierte extrazelluläre Matrix. Die biologische Reaktion des Körpers kann von Integration ins Gewebe bis zur Abstoßung des Implantats reichen. Basalmembranen stellen die Grenzbereiche zwischen verschiedenen Zellen und Geweben dar. Es sind spezifische Strukturen der extrazellulären Matrix, die aus Collagen Typ IV, Heparansulfat-Proteoglycanen und verschiedenen Glycoproteinen wie Laminin, Nidogen und zum Teil auch Fibronectin zusammengesetzt sind. Ziel der Arbeiten des Instituts für Klinische Chemie und Pathobiochemie ist die Modifizierung von Biomaterialoberflächen mit Komponenten von Basalmembranen und geeigneten Fragmenten, die funktionellen Domänen, also bestimmten Aminosäuresequenzen, die als spezifische Bindungstaschen fungieren, entsprechen. Dadurch wird ein Wachstum von Zellen auf diesen Oberflächen, aber auch die bessere Verankerung im Bindegewebe ermöglicht. Es ist denkbar, daß die Komponenten, wie beispielsweise Laminin, Fibronectin oder Heparansulfat-Proteoglycane, über die Interaktion mit Zelloberflächenrezeptoren wie den sogenannten Integrinen die Besiedlung dieser Biomaterialoberflächen mit Zellen erleichtern und die Neusynthese von Basalmembranen ermöglichen können (Bild 3).

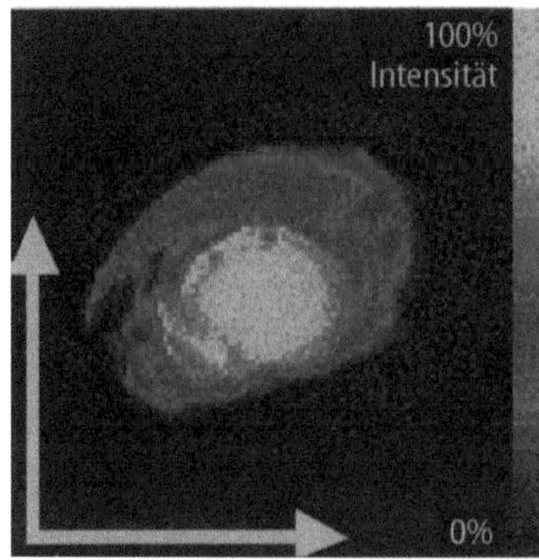
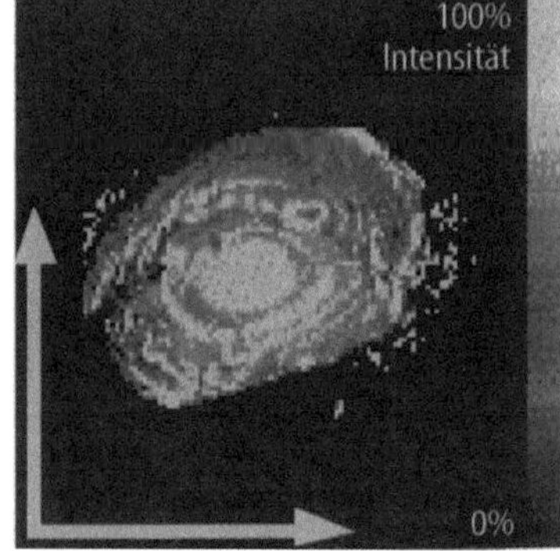

Bild 2 NMR-Bildgebung von mechanisch belasteten Kaninchenbandscheiben in kliniküblicher Auflösung (links) sowie Diffusionsbild mit hoher Ortsauflösung (rechts)

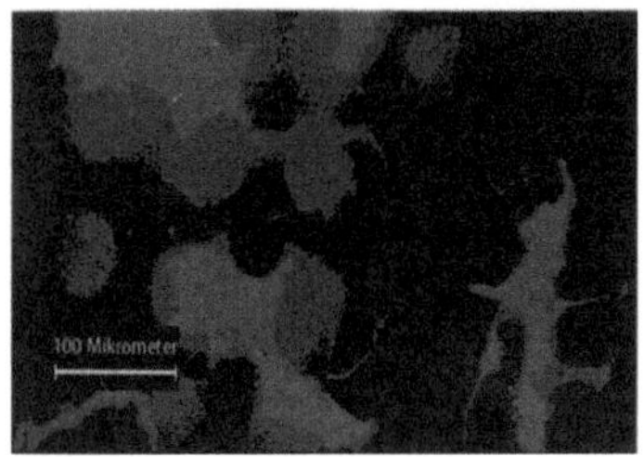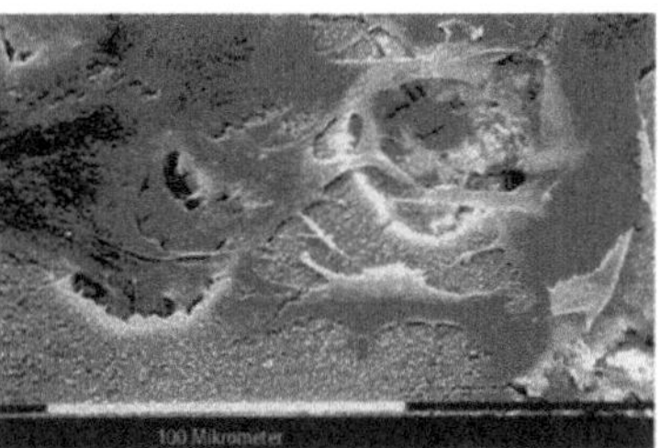

Bild 3 In-vitro-Zellversuche mit Müller-Zellen auf perforierter, oberflächenmodifizierter Silikonfolie

Das Institut für Pathologie charakterisiert in vitro die direkte cytotoxische (zellgiftige) Wirkung resorbierbarer und nichtresorbierbarer Polymerer auf Makrophagen (große weiße Blutkörperchen), indem neben der Bestimmung der Stoffwechselaktivität, der Membranintegrität und der Adhäsivität die Makrophagendifferenzierung immuncytologisch untersucht wird. Diese Bestimmungen geben Aufschluß über die Reaktionen der Zellen auf das Fremdmaterial, inwieweit es akzeptiert wird oder schädlich für die einzelnen Zellen und somit für das umliegende Gewebe ist, also wie bioverträglich es ist. Ziel einer möglichst große Zahl von In-vitro-Experimenten ist, Tierversuche auf ein Minimum zu reduzieren. Im Hinblick auf die Charakterisierung des Einflusses der Biomaterialien auf die funktionellen Eigenschaften der Makrophagen wird die Freisetzung von Enzymen, die die extrazelluläre Matrix stabilisieren oder degradieren, untersucht. Diese funktionellen Eigenschaften der Makrophagen sind an der Bildung von Narbengewebe beteiligt. Ein weiterer Schwerpunkt der Arbeiten ist die Beeinflussung des Zellwachstums in dreidimensionalen Gerüststrukturen verschiedener Biomaterialien. Im Rahmen eines Projektes, das eine Ummantelung eines Retinastimulators aus Silikon entwickelt – die Retina ist die Netzhaut des Auges –, wird eine stark verbesserte Zellwanderung isolierter Müller-Zellen durch Ausrüstung der Oberfläche mit dem Zelladhäsionsmediator Fibronectin erzielt, da die Zellen das Fibronectin als körpereigenes, in ihrer Extrazellulärmatrix vorkommendes Protein erkennen. Die Müller-Zellen besitzen Stütz- und Stoffwechselfunktionen in der inneren Körnerschicht der Retina, und mit ihren Fortsätzen bilden sie die Grenzschicht der Netzhaut.

Wie reagieren Zellen?

Die proteinchemische Analyse der Peptide und Proteine, die an die Oberflächen der Biomaterialien binden, erfolgt durch das Institut für Biochemie. Ein Schwerpunkt ist die Untersuchung der Bindungs- und Stabilitätseigenschaften der Proteine unter Bedingungen, die entzündliche Prozesse im Weichgewebekontakt simulieren. Bei der quantitativen Bestimmung der gebundenen Peptide und Proteine zeigt sich, daß die Zahl der gebundenen Moleküle mit der Größe und dem dadurch bedingten Raumbedarf korreliert.

Neben der Erhöhung der Biokompatibilität von Werkstoffen durch Kopplung von Zelladhäsionsmediatoren ist eine weitere Funktionalisierung durch Anbindung von anderen Mediatoren denkbar. Zu diesen Mediatoren zählen Hormone, Zytokine und Wachstumsfaktoren. Sie erlauben eine gezielte Steuerung des Zellverhaltens, wie Differenzierung, Proliferation und Proteinsekretion, in Richtung der gewünschten Implantateigenschaften. Das Institut für Biochemie stellt mit gentechnischen Methoden Zytokine wie beispielsweise Interleukin-6 und Interleukin-11 her und untersucht ihre Wirkungsmechanismen auf molekularer Ebene. Eine zentrale Fragestellung ist, ob die normalerweise in löslicher Form wirksamen Proteinmediatoren auch nach Anbindung an Biomaterialien ihre biologische Aktivität entfalten können. Als Fernziel wird die Ausrüstung von Materialoberflächen mit einem maßgeschneiderten Cocktail aus Adhäsionsproteinen und Mediatoren zur Optimierung der Implantateigenschaften angestrebt.

Das Institut für Kunstoffverarbeitung (IKV) verarbeitet insbesondere resorbierbare Implantatmaterialien unter besonderer Berücksichtigung der Inkorporierung (Einbau) thermolabiler, bioaktiver Substanzen und der Oberflächengestaltung (etwa poröser Strukturen) durch den Einsatz des sogenannten Gasbeladungsverfahrens (Projektbereich III). Der resorbierbare Kunststoff wird in diesem Verfahren unter Kohlendioxidüberdruck, der so als Weichmacher wirkt (plastifizierende Wirkung), bei angenäherter Raumtemperatur einer Formgebung unterworfen. Damit liegt die Temperatur in einem Bereich, der die Einarbeitung biologisch aktiver Substanzen erlaubt. Weiterhin ermöglicht dieses Verfahren die Erzeugung mikrozellulärer Strukturen. Für verschiedene medizinische Anwendungen können so resorbierbare Formteile wie röhrchenförmige Stents (Gefäßstützen) oder resorbierbare Ummantelungen von nichtresorbierbaren Formteilen, beispielsweise für einen Gallengangstent, reproduzierbar hergestellt werden (Bild 4).

Das Institut für Textiltechnik der RWTH Aachen (ITA) arbeitet an der Entwicklung neuer textiler Strukturen aus vorhandenen und

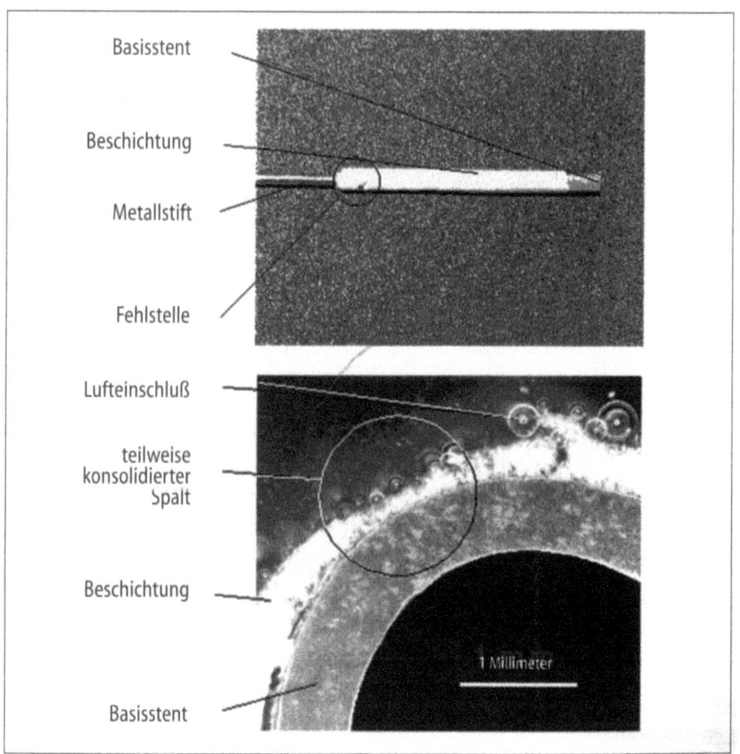

Bild 4 Polyethylen-Basisstent mit wirkstofftragender, resorbierbarer Polymerbeschichtung unter Einsatz des Gasbeladungsverfahrens (oben) sowie rasterelektronenmikroskopische Aufnahme eines Querschnitts (unten)

neu entwickelten, resorbierbaren sowie nichtresorbierbaren polymeren Faserstoffen. Diese werden mit konventionellen und mit neuen Produktionsverfahren zu zwei- oder dreidimensionalen Strukturen mit definierten Kraft-Dehnungseigenschaften verarbeitet. Der Oberflächengestaltung kommt dabei eine besondere Bedeutung zu, da hierdurch die Grenzflächenkompatibilität gezielt gesteuert werden kann. Durch die Ausrichtung der Fasern und ihre große Oberfläche kann insbesondere eine verbesserte gerichtete Zellwanderung und ein verbessertes Zellwachstum erzielt werden. Die Wissenschaftler dieses Instituts entwickeln beispielsweise neue Implantate für die Orthopädie und die Unfallchirurgie. Dabei handelt es sich unter anderem um Knochensynthesematerialien, alloplastische, das heißt anorganische, Bandersatzstrukturen, Maschen- oder Netzstrukturen zur Narbenbruchreparation und neuartige Wundabdeckungen für großflächige Hautverletzungen etwa durch Verbrennungen. Ein weiterer Forschungsschwerpunkt ist das sogenannte *tissue engineering*. Hierbei ist das Entwicklungsziel ein mit unterschiedlichen Zelltypen besiedelbares resorbierbares Vlies, an das in Zusammenarbeit mit den Projektpartnern unterschiedlichste Substanzen, wie beispielsweise Wachstumsfaktoren, gekoppelt werden können.

Der Projektbereich IV schließlich befaßt sich mit Oberflächengestaltung. Das Lehr- und Forschungsgebiet Werkstoffwissenschaften an der RWTH Aachen setzt bei der Oberflächenmodifikation biokompatibler metallischer Werkstoffe verschiedene Beschichtungsverfahren ein, wobei je nach der geforderten Oberflächenmorphologie Verfahren aus der PVD-Technik (Physical Vapour Deposition, PVD) oder der thermischen Spritztechnik zur Anwendung kommen. Es handelt sich hierbei um Gasabscheidungsverfahren, bei denen die Beschichtungsmaterialien durch rein physikalische Methoden (beispielsweise Elektronenstrahl oder Lichtbogenentladung) in die Gasphase überführt und so auf den Träger aufgedampft werden. So entwickelten die Wissenschaftler hier einen gradierten Schichtaufbau im System Hydroxylapatit/Kalziumkarbonat zur Beschichtung von Titanoberflächen. Die Anwendung erfolgt zum Beispiel im Bereich der Hüftendoprothetik (künstliches Hüftgelenk; Bild 5). In Zusammenarbeit mit der orthopädischen Klinik der RWTH Aachen wurde im Knochenzell-Labor die positive Wirkung des neuen Schichtsystems auf das Knochenzellwachstum festgestellt. Ein weiterer Schwerpunkt der Arbeiten bildet die für eine industrielle Beschreibung wichtige mechanisch-technologische Charakterisierung der hergestellten Schichtsysteme, da momentan noch keine gradierten Systeme im klinischen Maßstab eingesetzt werden.

Die Implantatoberflächen aus Keramiken zu optimieren, indem man ein definiertes Mikro- und Oberflächendesign – unter Berücksichtigung der charakteristischen Eigenschaften verschiedener Keramiken – einstellt, ist Schwerpunkt der Arbeiten des Instituts für keramische Komponenten im Maschinenbau. Um die Oberflächen zu strukturieren, nutzt man Laser und Ultraschall. Zur Optimierung der Keramikoberflächen werden Oberflächenstruktur und Zusammensetzung mit Hilfe mikroskopischer, röntgenographischer und laseroptischer Methoden genau charakterisiert.

Beschichten von biokompatiblen Werkstoffen

Bild 5 Plasmabeschichtung einer Hüftgelenksendoprothese

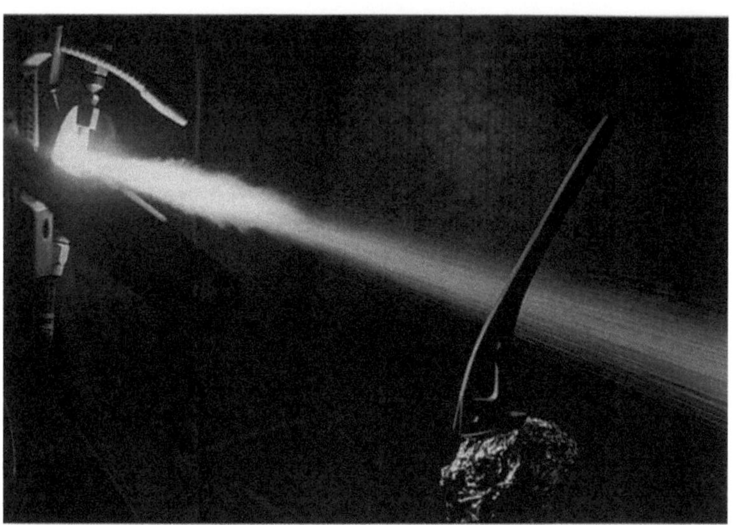

Wir erwarten, daß wir durch unsere laufenden Bemühungen anwendungsgerechte biokompatible Implantatmaterialien entwickeln können, deren Einsatz mit möglichst geringem Risiko für den Produkthersteller verbunden ist. Eine wichtige Voraussetzung hierfür ist, daß unsere Kenntnis von der Wechselwirkung des Biosystems mit künstlichen Materialien, deren Abbau im Biosystem und deren Ersatz durch regenerierendes natürliches Gewebe ständig erweitert wird.

Autoren   Prof. Dr. rer. nat. Hartwig Höcker ist Inhaber des Lehrstuhls für Textilchemie und Makromolekulare Chemie, Direktor des Deutschen Wollforschungsinstituts und Sprecher des Kompetenzzentrums für Biowerkstoffe Aachen (bwA), einem Verbundprojekt der Fakultät für Mathematik, Informatik und Naturwissenschaften, der Fakultät für Maschinenwesen und der Medizinischen Fakultät zur Entwicklung neuer resorbierbarer Transplantate.

Priv.-Doz. Dr. rer. nat. Doris Klee leitet die Arbeitsgruppe „Polymere in der Medizin" des Lehrstuhls für Textilchemie und Makromolekulare Chemie und ist Zentralkoordinatorin des Kompetenzzentrums für Biowerkstoffe Aachen (bwA).

Die Volkskrankheit Parodontitis marginalis

Hans Georg Gräber,
Georg Conrads und
Friedrich Lampert

Neue Entwicklungen zur Behandlung der entzündlichen Erkrankungen des Zahnhalteapparates

Die Parodontitis ist Folge der lokalen und systemischen Körperreaktion auf einen Infekt mit Mikroorganismen und führt zu einer Zerstörung des Zahnhalteapparates. Betroffen sind dabei alle Anteile wie Zahnfleisch, Wurzelhaut, Wurzelzement und Alveolarknochen.

Die entzündliche Erkrankung entsteht in zwei Phasen. Zuerst breiten sich die abgelagerten weichen Zahnbeläge, dentale Plaque, unter das Zahnfleisch aus. Diese Plaque sind hauptsächlich von Bakterien besiedelt. Exogene oder endogene Bedingungen wie Schmutznischen, schlechte Mundhygiene, Zahnstein und Resistenzlage des Organismus tragen dazu bei, daß sich die Keime schnell vermehren. Die Folge ist eine oberflächliche Entzündung, auch als Gingivitis bezeichnet (Gingiva bedeutet Zahnfleisch) mit beginnender Ablösung des Zahnfleisches vom Zahn unter Bildung von Hohlräumen, den sogenannten Taschen. Therapeutisch ist die Gingivitis bei rechtzeitiger Behandlung in jedem Fall reversibel (Bild 1).

In der zweiten Phase kommt es zu einer Infektion der Tasche mit anaeroben Keimarten, das heißt mit Mikroorganismen, die für ihren Stoffwechsel keinen Sauerstoff benötigen. Die Tasche bietet für diese Bakterien dabei optimale Wachstumsbedingungen. Entscheidend für die Entstehung einer marginalen Parodontitis ist also nicht nur die Anwesenheit der entsprechenden Keime, sondern auch ein für die Vermehrung günstiges Milieu. Die Mikroorganismen lagern sich lose auf die dentale Plaque auf und bilden selbst eine zusätzliche Plaqueschicht. Der zweite Schritt kann deshalb auch als eine Sekundärinfektion der bereits bestehenden Plaque verstanden werden. Je

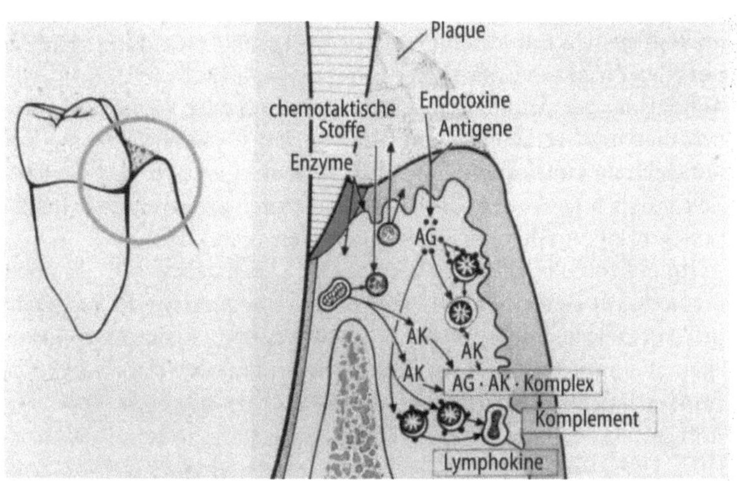

Bild 1 Topographie des Zahnhalteapparates mit den entzündungsauslösenden Faktoren

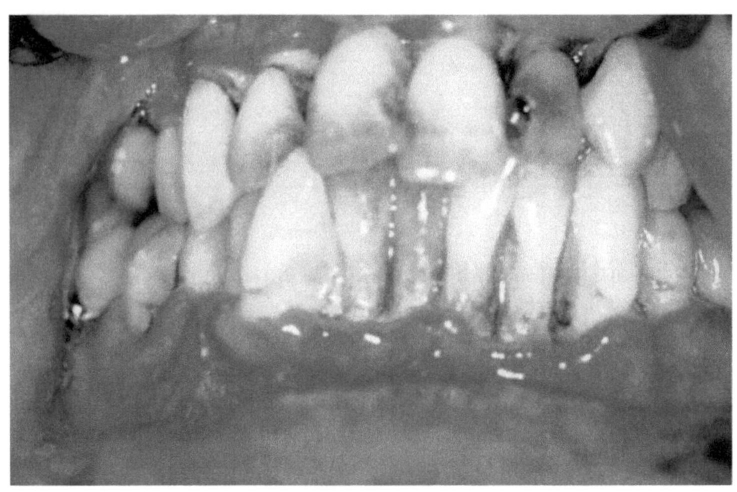

Bild 2 Zahnfleischveränderungen bei einer ausgeprägten Parodontitis marginalis mit deutlichen klinischen Zeichen einer Entzündung (Rötung und Schwellung der Gingiva, oberflächliche Strukturveränderungen, Zahnwanderungen)

nach Art, Zeitpunkt und Lokalisation dieser Sekundärinfektion resultiert eine andere Form der Parodontitis. Die Parodontitis ist im Gegensatz zur Gingivitis nicht reversibel. Schädigungen des Zahnhalteapparates führen zu bleibenden Veränderungen (Bild 2).

In der Bundesrepublik leiden etwa 80 Prozent aller Erwachsenen an entzündlichen Veränderungen des Zahnhalteapparates (Parodontium). Parodontale Infektionen sind für mehr als 50 Prozent des Zahnverlustes verantwortlich. Sie stellen darüber hinaus eine wichtige Eintrittspforte für lokale und systemische Infektionen dar und besitzen somit nicht nur zahnmedizinische, sondern auch allgemeine medizinische Bedeutung für Disziplinen wie Innere Medizin, Pneumologie (Fachgebiet Lungenerkrankungen), Hals-Nasen-Ohrenheilkunde, Chirurgie und Neurochirurgie. Bundesweit liegen die durch Parodontalerkrankungen verursachten Kosten bei etwa zehn Milliarden Mark jährlich, wobei nur ein Prozent der Erkrankungen auch therapiert wird. Die Kosten für die Behandlung fortgeleiteter beziehungsweise systemischer Infektionen, wie Organ- und Knochenvereiterungen (etwa Osteomyelitis), oder Rehabilitationsmaßnahmen sowie die damit einhergehenden, durch Arbeitsausfall bedingten Kosten sind hier noch nicht berücksichtigt. Bei odontogenen, das heißt vom Zahn ausgehenden Infektionen handelt es sich im allgemeinen um Mischinfektionen, was die Anwendung konventioneller Verfahren (Mikroskopie und Bakterienkulturen; Bild 3) zur Aufklärung der Ätiologie und Pathogenese (Lehre von Krankheitsursachen und -verlauf) dieser Erkrankungen ausschließt. Erst mit der Entwicklung molekularbiologischer Verfahren ist es in der neueren Zeit möglich geworden, die Zusammenhänge zwischen dem Infektionsprozeß und den beteiligten Bakterien aufzuklären.

Im mikrobiologischen Labor unserer Klinik haben wir eine neue Methode zur Detektion von Plaque-Markerkeimen für die Parodontitis entwickelt. Dabei werden Proben aus den entzündeten Bereichen genommen und in der Nukleinsäure-Fraktion der Proben die verursachenden Bakterien nachgewiesen. Dies geschieht durch die Anlagerung einer DNA-Sonde (englisch *desoxyribonucleic acid*, DNA, Desoxyribonukleinsäure) an die genetischen Fingerabdrücke

Bild 3 Bakterienkultur eines Leitkeims der Parodontitis marginalis *(Actinomyces actinomycetemcomitans)*

der Bakterien. Die neu entwickelte Methode wurde bisher an 4500 Plaqueproben von Patienten mit unterschiedlicher Form und Intensität der Erkrankung ausgetestet. Dabei konnte eine positive Korrelation zwischen der Anzahl der Markerbakterien (*Actinobacillus actinomycetemcomitans, Porphyromonas gingivalis, Prevotella intermedia*) und den wichtigsten klinischen Parametern der Erkrankung festgestellt werden. Zudem wurde gezeigt, daß mit diesen DNA-Sonden die Leitkeime bei einer gesunden Vergleichsgruppe nicht oder nur in geringen Zellzahlen nachzuweisen waren, mit zunehmender Progression der Erkrankung stiegen die Zellzahlen jedoch an. Das an unserer Hochschule entwickelte Verfahren wird auch niedergelassenen Zahnärzten für die Untersuchung ihrer Patienten zur Verfügung gestellt. Es erleichtert die Früherkennung der Entzündung und die Verlaufskontrolle beträchtlich und kann so wesentlich zum Erhalt der Zähne beitragen.

Die Entzündung der Gingiva, hervorgerufen durch mikrobielle Plaque, führt auch aufgrund von unkontrolliertem Wachstum des Saumepithels und der Bildung von Zahnfleischtaschen unbehandelt zu einem schrittweisen Verlust von Parodontalgewebe mit Zahnausfall (Bild 4). Die bisher einzige regenerative Parodontitistherapie besteht in einem operativen Eingriff zur Beseitigung der Zahnfleischtaschen unter gründlicher Reinigung der betroffenen Stellen und Anlegen von nichtresorbierbaren oder resorbierbaren Membranen um den Zahnhals als mechanische Barriere. Anschließend wird das Zahnfleisch in seine ursprüngliche Lage zurückgebracht und das Membranimplantat bedeckt. In einem zweiten operativen Eingriff wird nach etwa vier bis sechs Wochen das Implantat wieder entnommen. Die Nachteile dieser langwierigen Methode liegen in einer möglichen bakteriellen Besiedlung der Membran, wodurch es zu Wundheilungsstörungen kommen kann.

Unser Ansatz besteht darin, daß resorbierbare Polymere entwickelt wurden, die mit bioaktiven Substanzen wie Anti-Adhäsionsmolekülen, Wachstumsfaktoren und/oder Antibiotika ausgestattet sind. Als resorbierbare Polymermembran eignet sich jegliches aus Zahn- und Allgemeinmedizin bekannte, durch den Körper abbaubare, das heißt

DNA-Sonden weisen Leitkeime nach

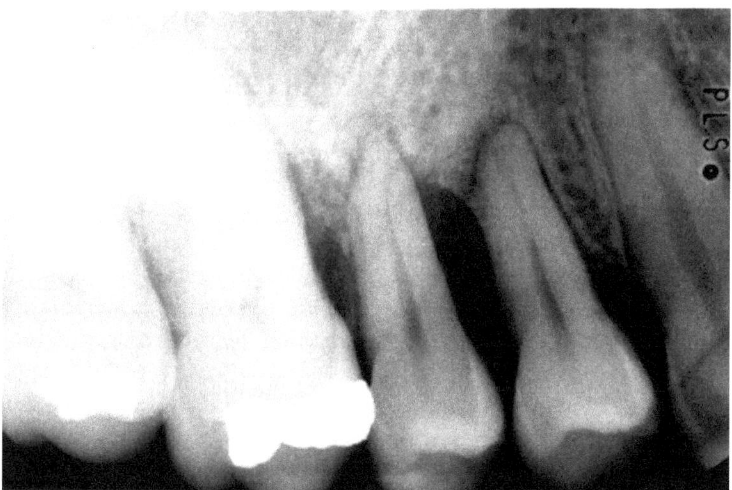

Bild 4 Röntgenaufnahme eines parodontal geschädigten Gebißabschnittes mit knöcherner Destruktion des Alveolarknochens

Wundheilung und Regeneration des Zahnhalteapparates

resorbierbare, physiologisch unbedenkliche Polymer. Diese Polymere, welche Verbindungen aus vielzähligen größeren Molekülen sind, können bevorzugt durch bekannte Verfahren an ihrer Oberfläche modifiziert werden, um die Zelladhäsion zu verbessern.

Für das Anhaften der Zellen an der Basalmembran sind von den Adhäsionsmolekülen insbesondere die sogenannten Integrine verantwortlich. Diese Proteine binden an die extrazelluläre Matrix und beeinflussen so die intrazelluläre Genexpression. Dadurch wird wiederum eine Änderung der zellulären Proliferation und Differenzierung hervorgerufen. In der epithelialen Wundheilung eignen sich besonders zwei Integrinuntereinheiten zur Verbindung der in das Wundgebiet eingewanderten Zellen mit allen extrazellulären Matrixproteinen der Basalmembran. Die Entwicklung beruht darauf, daß eine Wachstumshemmung des Epithels bei gleichzeitiger Wachstumsstimulation im Bindegewebe erfolgen soll. Dadurch wird eine Regeneration des funktionellen Zahnhalteapparates und eine beschleunigte Wundheilung gefördert. Dabei wird das Membransystem um den Zahnhals oder die Zahnhälse gelegt, bei denen die Entstehung einer Parodontitis droht oder bei denen bereits ein erster operativer Eingriff vorgenommen worden ist, um die sich gebildeten Zahnfleischtaschen zu entfernen. In letzterem Fall läßt sich mit dem Membransystem dann der zuvor beschriebene zweite operative Eingriff vermeiden. Zur Anwendung kann eine zusammenhängende Membran oder ein System aus mehreren Membranuntereinheiten kommen. Die Anti-Adhäsionsmoleküle sollen sich dabei am besten nur in der Membranregion befinden, wo sie mit dem Saumepithel in Nachbarschaft treten.

Die Anti-Adhäsionsmoleküle werden durch bekannte Verfahren auf oder in die Polymermembran gebracht. Es besteht zum einen die Möglichkeit, die Anti-Adhäsionsmoleküle mit den Polymerkomponenten bei der Polymerherstellung zu vermischen oder die Oberflächen mittels plasmainduzierter Pfropfcopolymerisation nachträglich zu modifizieren. Zur gezielten Freigabe der Anti-Adhäsionsmoleküle werden die Polymermembransysteme lokal unterschiedlich damit bestückt.

In einer weiteren Ausführungsform enthält das Membransystem Wachtumsfaktoren und/oder Zytokine, um das Wachstum des parodontalen Bindegewebes gezielt zur Ausbildung eines funktionsfähigen Zahnhalteapparates anzuregen. Als Wachstumsfaktoren eignen sich bekannte Stoffe wie der Transforming Growth Factor (TGF) oder der Epidermal Growth Factor (EGF). Als Zytokine sind beispielsweise die koloniestimulierenden Faktoren Interleukine und Interferone zu nennen. Die Wachstumsfaktoren und Zytokine werden in oder an die Polymermembran auf die gleiche Weise gebracht, wie sie zuvor für die Anti-Adhäsionsmoleküle beschrieben wurde. Auch für diese ist es vorteilhaft, sich nur dort auf dem Membransystem zu befinden, wo sie die erwähnten Teile des Parodontiums beeinflussen können.

In einer anderen Ausführungsform enthält das Membransystem Antibiotika. Sie dienen dazu, eine Besiedlung der Membran und des Kiefers mit Keimen zu verhindern und den Wundheilungsprozeß

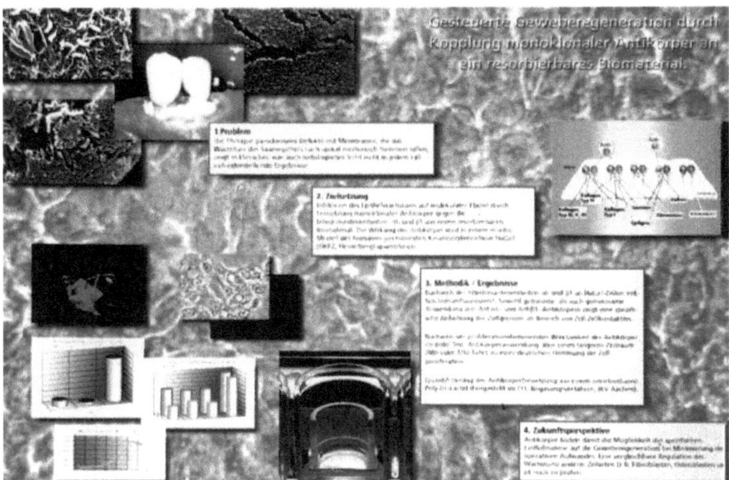

Bild 5 Überblick über die Entstehung der marginalen Parodontitis, die gegenwärtige Behandlung und erste Ergebnisse einer möglichen molekular gesteuerten Therapie

ohne bakterielle Entzündung ablaufen zu lassen. Als Antibiotika eignen sich grundsätzlich alle in der Zahn- und Kieferheilkunde bekannten einsetzbaren Antibiotika. Dies sind insbesondere Antibiotika, die das anaerobe (sauerstoffarme) Keimspektrum betreffen, wie beispielsweise Tetracykline, Metronidazol, Makrolid-Antibiotika, Chinolone, Lincomycine und Chloramphenicol. Alle genannten Antibiotika können mit herkömmlichen Antibiotika wie Penicillinen kombiniert werden. Dabei ist das Metronidazol besonders zu bevorzugen. Die Antibiotika werden ebenso wie die Wachstumsfaktoren oder Zytokine und die Anti-Adhäsionsmoleküle in oder an die Polymermembran gebracht. Allerdings sollten sich in diesem Fall alle eingesetzten Stoffe im gesamten Membransystem befinden, um eine flächendeckende und vollständige antibakterielle Wirkung zu erreichen (Bild 5).

Das Wachstumsverhalten verschiedener Zellarten und Gewebe auf molekularer Ebene steuern zu können ist gegenüber dem herkömmlichen Behandlungsspektrum ein völlig neuer, mehr biologisch orientierter Ansatz zur Therapie auch anderer Erkrankungen – weit über die Mundhöhle hinaus. Die bakterielle Diagnostik und kontrollierte Steuerung des Zell- und Gewebewachstums sind vielversprechend und ermöglichen die Entwicklung neuer, besonders präventiv orientierter Befundungs- und Behandlungskonzepte für die Verbesserung der Heilungschancen und damit der lebenslangen Zahnerhaltung; die Folgekosten durch die Versorgung mit Zahnersatz lassen sich dadurch also minimieren.

Autoren

Dr. med. Hans Georg Gräber ist Oberarzt an der Klinik für Zahnerhaltung, Parodontologie und Präventive Zahnheilkunde.

Dr. rer. nat. Georg Conrads forscht sowohl in dieser Klinik als auch am Institut für Medizinische Mikrobiologie.

Prof. Dr. med. dent. Friedrich Lampert ist Direktor der Klinik für Zahnerhaltung, Parodontologie und Präventive Zahnheilkunde.

Enossale Implantate

Hubertus Spiekermann

Funktioneller und ästhetisch ansprechender Zahnersatz

Unter enossaler Implantologie verstehen wir heute die Verankerung von Fremdmaterialien im Bereich des Kiefers, um Halte- und Stützelemente für den Ersatz verlorengegangener Zähne zu schaffen.

Kulturgeschichtliche Funde aus Europa, dem Nahen Osten und Mittelamerika weisen darauf hin, daß die Menschen schon frühzeitig versucht haben, verlorengegangene Zähne durch homöo- oder alloplastisches Material (Menschen- oder Tierzähne, geschnitzte Knochen, Elfenbein- oder Perlmuttstücke) zu ersetzen. Der Zweck dieser Zahnersatzstücke bestand nur darin, den Verlust eigener Zähne in ästhetischer Hinsicht auszugleichen. Für das Kauen waren sie wertlos. Mit der Entwicklung der Naturwissenschaften im 18./19. Jahrhundert und der Übertragung naturwissenschaftlicher Erkenntnisse auf das Gebiet der Medizin kam es zu vielfältigen Versuchen, Zahnverluste durch ein entsprechendes Einpflanzen von Fremdmaterial in den Kiefer auszugleichen. So machten verschiedene Autoren Vorschläge, alloplastische Materialien (Kautschuk, Gold, Porzellan, Elfenbein und andere) in Form von Zahnwurzeln in künstlich geschaffene Knochenalveolen zu implantieren. Die große Zahl von Mißerfolgen mit derartig wurzelförmig ausgeformten Implantatkörpern drängte jedoch auch diese Verfahren schnell in den Hintergrund.

Erst Ende der sechziger Jahre in diesem Jahrhundert begann eine neue Ära der Implantologie, da man jetzt damit begann, enossale Implantate hinsichtlich ihrer Form vom natürlichen Vorbild der Zahnwurzel zu lösen. Es wurden Implantate in Zylinder-, Blatt- und insbesondere Schraubenform entwickelt, deren Design es ermöglichte, sie mit Hilfe genau abgestimmter chirurgischer Einbringinstrumente absolut fest (primär stabil) im Knochen zu verankern. Es steht heute außer Zweifel, daß diese primäre Stabilität eines Implantates nach der chirurgischen Verankerung die Voraussetzung darstellt, damit der umgebende Knochen direkt an die Implantatoberfläche anwachsen und der „künstliche Zahn", das Implantat, für lange Zeit fest verankert werden kann.

Wie jede Ausheilung eines Knochenbruches nur unter den Bedingungen einer „mechanischen Ruhe im Bruchspaltbereich" stattfinden kann (Knochenbruch-Nagelungen, Verplattungen, Gipsverbände), so ist auch die knöcherne Einheilung eines dentalen Implantates nur möglich, wenn in der Einheilungsphase im Implantatbereich derartige Verhältnisse vorherrschen. Für dentale Implantate besteht jedoch in dieser Hinsicht ein Problem, da sie sogenannte offene Implantate sind, das heißt die Aufbauten der im Kieferknochen (enossal) verankerten Implantate ragen – die Schleimhaut perforierend – in die Mundhöhle und werden dort als Verankerungen für die zu ersetzenden Zähne verwendet. Besteht diese Situation unmittelbar nach der chirurgischen Verankerung und in der Einheilungsphase der Implantate, kann es durch die in der Mundhöhle nicht zu vermeidende Zungen- und Kaufunktion zu Störungen dieser „Einheilung in Ruhe" kommen.

Bei den heute modernen Implantatsystemen handelt es sich deshalb um sogenannte Zweizeit-Systeme: Zunächst wird der Implantatkörper im Knochen verankert und anschließend die Mundschleimhaut über ihm vernäht. Das Implantat kann dadurch von den verschiedensten Funktionen in der Mundhöhle ungestört unter der Schleimhaut im Kieferknochen einheilen. Nach abgeschlossener Anlagerung des periimplantären Knochens an die Implantatoberfläche (im kompakten Unterkiefer etwa drei Monate, im weitmaschigen Oberkiefer sechs Monate) wird dann die Schleimhaut lokal geöffnet und in das Implantat der prothetische Verankerungspfosten eingeschraubt. Die Implantate sind dazu mit entsprechenden Innengewinden ausgerüstet. Der so aufgeschraubte Verankerungspfosten kann in verschiedenster Form als „künstlicher Zahn" oder als Stützelement für den prothetischen Ersatz in Form von Brücken oder Prothesen genutzt werden.

Natürlich können dabei nur solche Materialien (Biomaterialien) verwendet werden, deren lokale und allgemeine Unschädlichkeit gesichert ist. Während in den siebziger und achtziger Jahren die verschiedensten Metalle (Titan, Tantal, Niobium) und Keramiken (Aluminiumoxid, Kalziumphosphat) eingesetzt wurden, hat sich in den letzten Jahren der Werkstoff Titan letztlich als der einzige für die enossale Implantologie zweckmäßige Werkstoff herauskristallisiert. Eine Vielzahl wissenschaftlicher Untersuchungen wies die gute Inkorporation dieses Werkstoffs mit einer direkten Anlagerung des periimplantären Knochens an die Implantatoberfläche nach. Fast alle enossalen Implantate werden heute weltweit aus Titan in unterschiedlichsten Formen und Oberflächenmodifikationen hergestellt. Der wesentliche Vorteil dieses metallischen Werkstoffs besteht aus zahnärztlicher Sicht auch darin, daß die Titanimplantate in grazilen, auf die knöchernen Gegebenheiten der Mundhöhle zugeschnittenen Formen hergestellt werden können (Bild 1).

Unterschiedliche Auffassungen herrschen heute noch über die Feinstrukturierung (Mikrostruktur) der Implantatoberflächen. Es besteht kein Zweifel darüber, daß die Oberfläche eines Implantates rauh und aufstrukturiert sein muß: Rauhigkeit vergrößert indirekt die Oberfläche des Implantates und damit die Kontaktfläche zwischen Implantat und Knochen, weiterhin ermöglicht sie eine bessere Benetzung der Implantatoberfläche und damit eine bessere Anla-

Unschädliche Materialien für Implantate

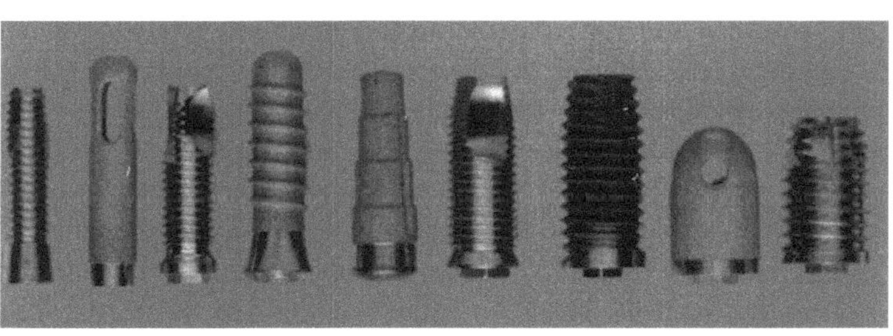

Bild 1 Auswahl heute häufig verwendeter enossaler Implantate. Alle Implantate sind aus dem Werkstoff Titan hergestellt. Sie unterscheiden sich hinsichtlich ihrer Formgebung (Schrauben, Zylinder), ihrer Durchmesser (der normale Durchmesser beträgt etwa vier Millimeter) und ihrer Oberflächenstrukturierung (unterschiedlich aufgerauht).

gerung und Organisation des Blutkoagulums nach der Implantatinsertion. Für die Herstellung rauher Implantatoberflächen werden jedoch unterschiedliche Techniken empfohlen: additive Verfahren (etwa Aufbringen von Titanpulver auf den Titangrundkörper mit speziellen Gasdruckverfahren) und subtraktive Verfahren (Sandstrahlen, Ätztechniken, Laserverfahren).

Lokaler Knochenaufbau

Die klinische Anwendung enossaler Implantate machte einen entscheidenden Fortschritt Ende der achtziger Jahre, als Techniken zu einem gesteuerten lokalen Knochenaufbau, die Knochenaugmentation, entwickelt wurden. Da im Kieferbereich des öfteren die lokalen knöchernen Voraussetzungen für eine perfekte Implantatverankerung primär nicht gegeben sind (Knochenverlust nach Zahnextraktion, traumatische Verletzungen), war es bis dahin oft schwierig, Implantate hinsichtlich ihrer Positionierung im Kieferbogen chirurgisch so zu plazieren, daß der spätere Zahnersatz ästhetisch und funktionell voll befriedigen konnte. Die Implantate mußten letztlich dort verankert werden, wo das vorhandene Knochenangebot es zuließ.

Bei den heute routinemäßig angewendeten Knochenaufbautechniken wird in der Mundhöhle an anderer Stelle (Kinn, Backenzahnbereich) entnommener Knochen verpflanzt und zum Teil mit Hilfe von abdeckenden Membranen an der für die Verankerung eines enossalen Implantates notwendigen Position lokal aufgebaut; dies hat es ermöglicht, Implantate so im Kiefer zu verankern, daß mit der später aufzusetzenden prothetischen Konstruktion ästhetisch und funktionell perfekte Behandlungsergebnisse erreicht werden können. Die für den klinischen Erfolg richtige Implantatposition wird dazu vor dem chirurgischen Eingriff exakt geplant: Auf den Kiefermodellen des Patienten werden entsprechende chirurgische Führungsschienen hergestellt, anschließend werden mit deren Hilfe die Implantate während des chirurgischen Eingriffs in der aus prothetischer Sicht bestmöglichen Position und Achsenrichtung eingebracht. Liegt aufgrund dieser vorab an den Kiefermodellen geplanten Plazierung im Implantatbereich zu wenig Knochen vor, so kann dieser durch die oben erwähnten Augmentationstechniken während des gleichen chirurgischen Eingriffs oder – in extremen Fällen – in einer vorgeschalteten Operation aufgebaut werden. Implantate lassen sich dadurch so im Kieferknochen inserieren, daß die Ausgangssituation für ein bestmögliches funktionelles wie auch ästhetisches Behandlungsergebnis gut ist.

Aufgrund der insgesamt positiven Erfahrungen mit enossalen Implantaten wurden in den letzten Jahren ihre Indikationsbereiche deutlich erweitert: Unter der Voraussetzung, daß der Patient gesund ist – es gibt nur wenige allgemeinmedizinische Kontraindikationen – und die intraoralen Gegebenheiten (Knochenangebot) eine erfolgreiche Verankerung der Implantate erwarten lassen, kann sowohl beim zahnlosen und teilbezahnten Patienten als auch nach Einzelzahnverlust ein enossales Implantat indiziert und Therapeutikum der Wahl sein. Vermehrt tragen heute auch Patienten bei entsprechendem Zahnverlust die Frage nach einem möglichst festsitzenden Zahnersatz mit Hilfe enossaler Implantate an den chirurgisch-prothetischen Zahnarzt heran. Weiterhin ist man zunehmend sensibler und besser aufgeklärt darüber, gesunde, kariesfreie Zähne für die Verankerung von Kronen, Brücken und Teilprothesen möglichst nicht abschleifen zu lassen.

Die enossale Implantologie hat sich in den letzten 20 Jahren als besonders vorteilhaft bei der Versorgung des zahnlosen Unterkiefers herausgestellt. Vormals hatten derartige Patienten in vielen Fällen mit konventionellen Totalprothesen nicht befriedigend rehabilitiert werden können, und auch aufwendige kieferchirurgische Eingriffe zur Verbesserung des knöchernen Prothesenlagers (Erhöhung des Kieferkamms mit Knochen und alloplastischen Materialien) hatten nicht die gewünschten Erfolge gebracht. Mit dem Einbringen von Implantaten im frontalen Bereich des zahnlosen Unterkiefers (zwei bis vier Implantate) können hier heute Verankerungselemente aufgebaut werden, an denen eine abnehmbare Prothese, aber auch festsitzender, nicht herausnehmbarer Brückenersatz (fünf bis sechs Implantate) sicher abgestützt werden kann („Aachener Konzepte").

Der frontale Bereich des Kiefers eignet sich für die Insertion enossaler Implantate, da hier keine Nerven und Gefäße verletzt werden können. Die den Unterkiefer versorgenden Nerven und Gefäße verlaufen im Seitenzahnbereich im unteren Drittel der Knochenspange und treten im Wurzelbereich der ersten und zweiten vorderen Backenzähne zur Umschlagfalte hin aus. Der nach vorne zwischen diesen Nervenaustrittspunkten liegende frontale Knochen (Kinnbereich) des zahnlosen Unterkiefers kann dadurch ohne jegliches Risiko für die Verankerung enossaler Implantate genutzt werden (Bild 2).

Als Standardlösung verankert man heute vier Implantate. Auf diesen werden sogenannte Stegkonstruktionen fixiert, an denen wiederum durch einfache Klemmatrizen der abnehmbare prothetische Ersatz befestigt wird (Bild 3). Bei Einbringen von fünf bis sechs

Der zahnlose Patient

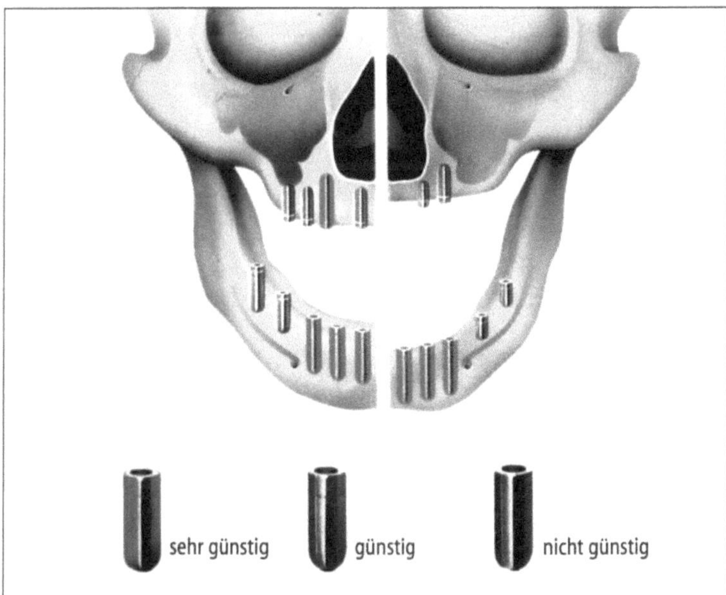

Bild 2 Möglichkeiten der Implantatinsertion bei normal (links) und stark atrophierten Kieferverhältnissen (rechts). Bei normalem Atrophiegrad sind die Voraussetzungen für das Einbringen enossaler Implantate im Unterkiefer prognostisch sehr günstig. Auch beim stark atrophierten Kiefer liegen im frontalen Bereich des zahnlosen Unterkiefers (Kinnregion) sehr günstige Ausgangssituationen vor. Im Oberkiefer sind die knöchernen Voraussetzungen für die Insertion enossaler Implantate vergleichsweise ungünstig. Soll der Zahnbogen bis in den Seitenzahnbereich aufgebaut werden, muß hier mit Hilfe augmentativer Maßnahmen fast immer der zur Verankerung notwendige Knochen durch Transplantation von Knochen in die Kieferhöhle (Sinusboden-Elevation) „künstlich" aufgebaut werden.

Implantaten können auf diesen auch festsitzende, also nicht mehr herausnehmbare Brückenkonstruktionen verankert werden. Die Indikation für einen derartigen Zahnersatz kann dann bestehen, wenn im Oberkiefer natürliche Zähne oder aber ebenfalls festsitzender Zahnersatz in Form von Brückenkonstruktionen vorhanden sind. Wenn auch viele der im Unterkiefer zahnlosen Patienten diesen rein implantatgetragenen festsitzenden Brückenersatz des öfteren wünschen, so sind aber der Aufwand bei der Herstellung (Kosten) und insbesondere die schwierige Durchführung einer akzeptablen Mundhygiene (der Ersatz ist nicht herausnehmbar) von Nachteil.

Bei festsitzenden, implantatgetragenen Konstruktionen im Oberkiefer potenziert sich diese Problematik, da hier zusätzlich ästhetische Erfordernisse und Ansprüche des Patienten zu berücksichtigen sind. Nur bei guten knöchernen Voraussetzungen ist es im Oberkiefer möglich, mit implantatgetragenen festsitzenden Brückenkonstruktionen zu guten Behandlungsergebnissen zu kommen (Bild 4). Unproblematischer ist auch hier die Eingliederung implantatgestützter herausnehmbarer Prothesen beziehungsweise modifizierter abnehmbarer Brückenkonstruktionen. Als Minimallösung ist für die Verankerung derartiger Konstruktionen die Insertion von vier bis sechs Implantaten notwendig, wobei sich – vergleichbar zum Unterkiefer – die Verblockung der Implantate über Stegkonstruktionen bewährt hat.

Grundsätzlich ist festzustellen, daß implantologisch-prothetische Behandlungen des zahnlosen Oberkiefers schwierig und komplex sind. Dieses hängt in erster Linie damit zusammen, daß sich das vorhandene Knochenangebot hinsichtlich Quantität und Qualität oft nicht exakt abschätzen läßt. Während beim zahnlosen Unterkiefer der zwischen den Nervenaustrittspunkten liegende Knochenbereich auch bei stärkerer Resorption in der Regel günstige knöcherne Verhältnisse für die Insertion enossaler Implantate aufweist, bestehen beim zahnlosen Oberkiefer große Unterschiede in Abhängigkeit vom Grad der Alveolarkammresorption. In extremen Fällen ist die Verankerung ausreichend langer Implantate ohne gleichzeitige Durchführung von Knochenaugmentationen lediglich im früheren Eckzahnbereich möglich. Es kommt hinzu, daß im Normalfall die Qualität des Oberkieferknochens aufgrund einer mehr weitmaschigen Knochenstruktur im Vergleich zum zahnlosen Unterkiefer als deutlich ungünstiger anzusehen ist. Indem man die Implantatzahl erhöht, damit die Implantat-Knochen-Kontaktflächen indirekt vergrößert und möglichst lange Implantate eingliedert, versucht man, hier chirurgisch einen Ausgleich zu finden. Besonders im

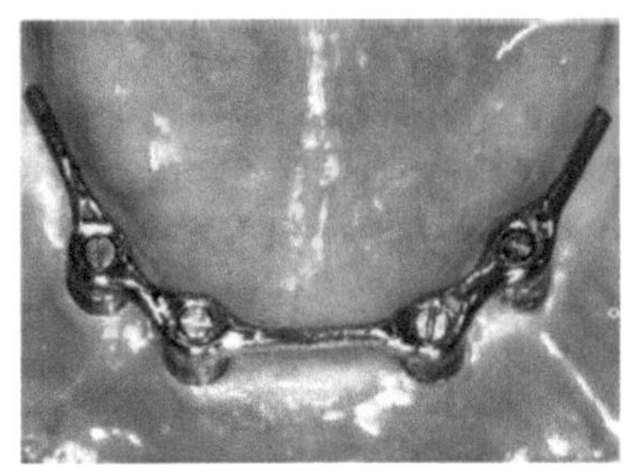
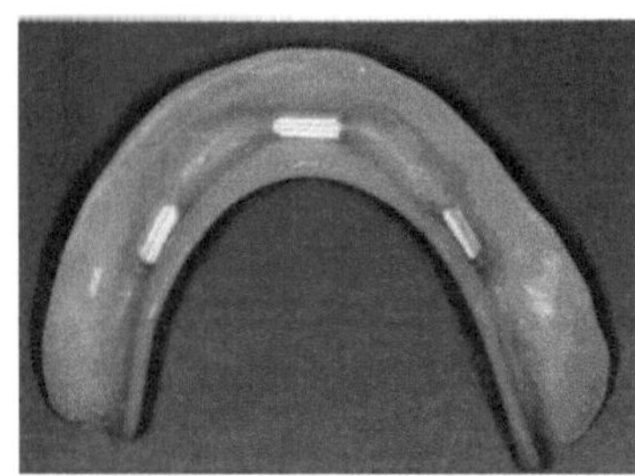
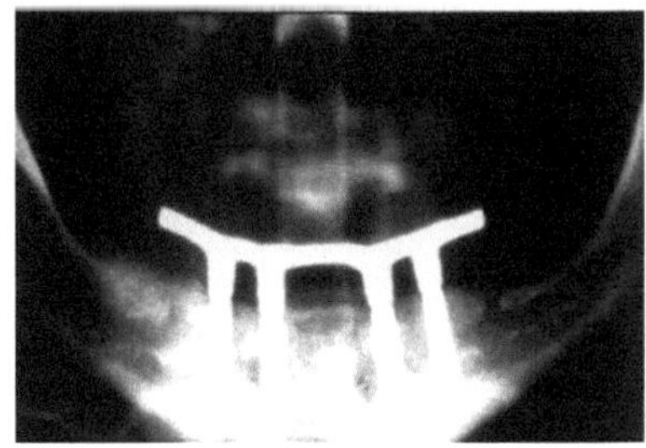

Bild 3 Verankerung einer Stegkonstruktion auf vier enossal verankerten Implantaten im zahnlosen Unterkiefer (links). Die abnehmbare Prothese (Mitte) wird mit Klemm-Matrizen an der im linken Bild gezeigten Stegkonstruktion fixiert. Die Panorama-Röntgenaufnahme zeigt die im frontalen Anteil des zahnlosen Unterkiefers fixierten Implantate mit aufgesetzter Stegkonstruktion (rechts).

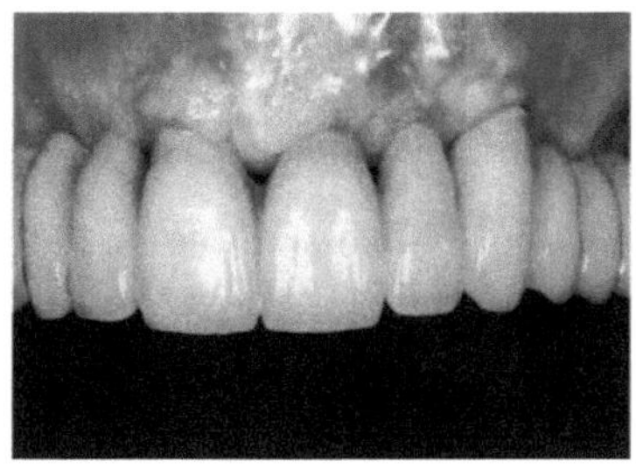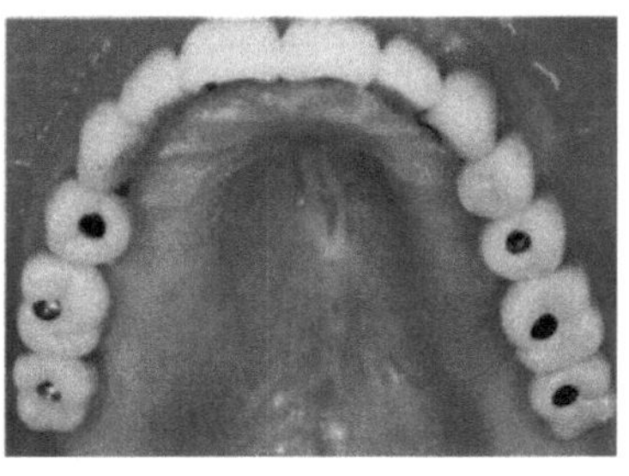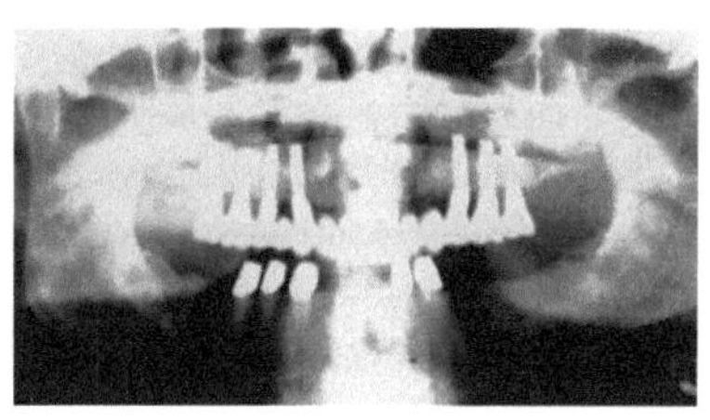

Oberkieferseitenzahnbereich ist ein ausreichendes vertikales Knochenangebot zur risikolosen Implantatverankerung (Implantatmindestlänge zehn Millimeter) oft nicht gegeben. Durch Auffüllen des Kieferhöhlenbodens mit transplantiertem Knochen muß in derartigen Fällen hier ein entsprechendes Knochenangebot aufgebaut werden (*Sinus-lift*-Operation). Dabei wird die Kieferhöhle im Seitenzahnbereich des zahnlosen Oberkiefers seitlich geöffnet, die Kieferhöhlenschleimhaut angehoben und der freiwerdende Raum mit Knochen des Patienten aufgefüllt. Dieser transplantierte Knochen stabilisiert nach Einheilung zusammen mit dem noch vorhandenen Knochen des Kieferhöhlenbodens die eingebrachten Implantate und ermöglicht so die Verankerung von Zahnersatz in diesem Bereich (Bild 5).

Bei teilbezahnten Patienten ist es heute eine Routinemaßnahme, enossale Implantate zum Aufbau implantologisch-prothetischer Brückenkonstruktionen zu verankern. Dabei kann grundsätzlich zwischen rein implantatgetragenen Brückenkonstruktionen, also Brückenersatz, der nur auf enossalen Implantaten abgestützt wird, und sogenannten Verbundbrückenkonstruktionen unterschieden werden. Bei letzteren wird die Brückenkonstruktion sowohl auf vorhandenen natürlichen Restzähnen als auch auf den eingebrachten Implantaten verankert. Bei rein implantatgetragenen Konstruktionen gilt als Faustregel, daß zum Aufbau eines ausreichenden Implantat-Knochenkontakts pro verlorengegangenem Zahn ein Implantat inseriert werden muß, also bei einer ab dem ersten vorderen Backenzahn beginnenden Freiendsituation sind mindestens zwei, besser drei Implantate im zahnlosen Seitenzahnbereich zu inserieren (Bild 6). Bei Zahn-Implantatgetragenen Konstruktionen ist bei gleicher Ausgangssituation durch die Insertion eines einzigen Implantates in der Region des früheren ersten Mahlzahns eine Verbundbrückenkonstruktion möglich. Dies setzt dann aber die Überkronung des ersten vorderen Backenzahns, eventuell auch des Eckzahnes voraus.

Bild 4 Bei diesem im Oberkiefer zahnlosen Patienten wurde mit Hilfe von acht enossal verankerten Implantaten eine festsitzende Brückenkonstruktion verankert (links). In der Aufsicht sind die Zugangsstollen für die zur Fixierung der Brücke auf den Implantaten notwendigen Schrauben sichtbar (Mitte). Die Panorama-Röntgenaufnahme zeigt die im Oberkiefer verankerten Implantate mit aufgeschraubter Brückenkonstruktion (rechts).

Bild 5 Nach Verlust von vier Backenzähnen ist die Patientin im linken Oberkiefer zahnlos (links). Die restlichen Zähne des Oberkiefers sind mit erneuerungsbedürftigen Kronen und Brücken versorgt. Im Unterkiefer ist die Patientin zahnlos. Schlußbißverzahnung der Patientin nach Abschluß der Behandlung (Mitte). Sowohl im Bereich des linken Oberkiefers als auch des zahnlosen Unterkiefers wurde mit Hilfe enossaler Implantate festsitzender Zahnersatz eingegliedert. Die Panorama-Röntgenaufnahme zeigt die im mittleren Bild eingegliederten festsitzenden implantatgetragenen Brückenkonstruktionen (rechts). Im rechten Oberkiefer wurden mit Hilfe einer Sinusbodenelevation drei Implantate, im Bereich des zahnlosen Unterkiefers sechs Implantate stabil fixiert.

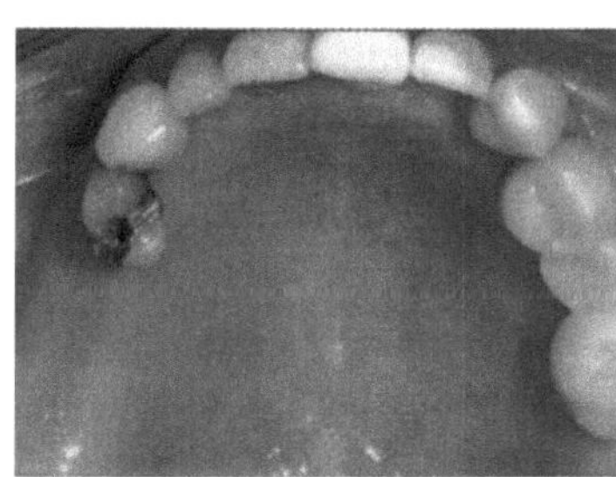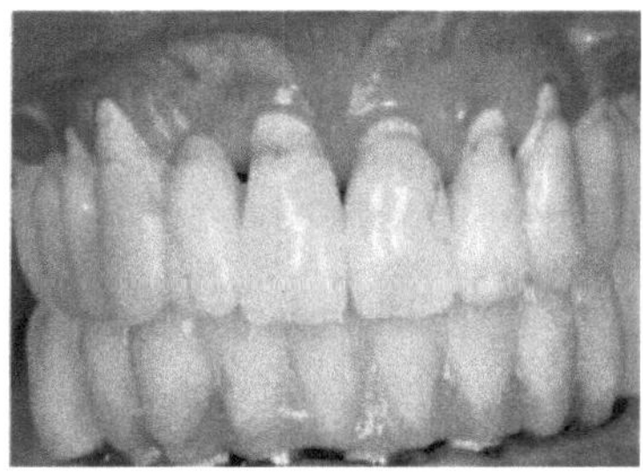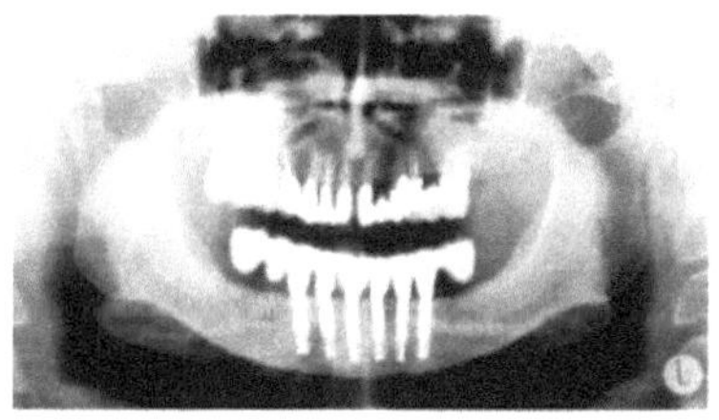

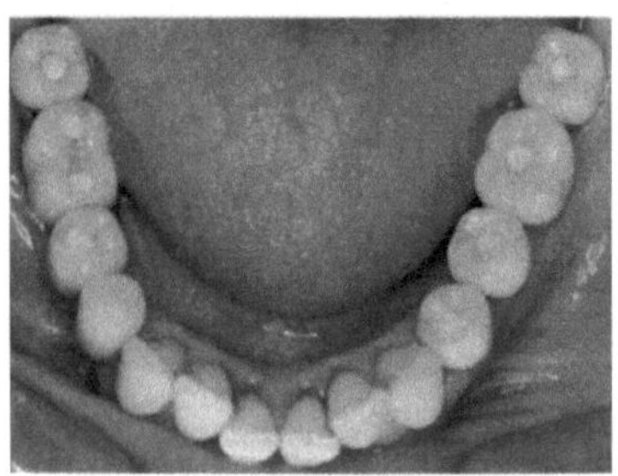

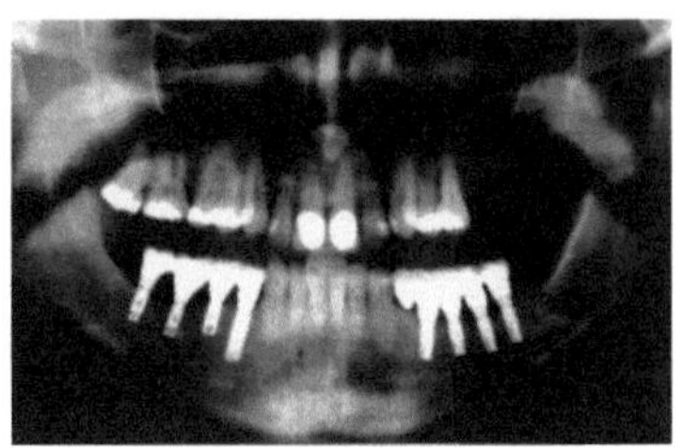

Von Fall zu Fall muß deshalb der behandelnde Zahnarzt abschätzen, welche Form der Konstruktion für den jeweiligen Patienten vorteilhaft ist. Beide Konstruktionsmöglichkeiten verschaffen teilbezahnten Patienten einen festsitzenden Brückenersatz.

Die prothetische Versorgung von Freiendsituationen im Unterkiefer wie im Oberkiefer ist immer dann problematisch, wenn das vertikale Knochenangebot (im Unterkiefer oberhalb der in der Unterkieferspange verlaufenden Nerven und Gefäße, im Oberkiefer unterhalb des knöchernen Kieferhöhlenbodens) kleiner ist als zehn Millimeter. Die Insertion auch kurzer Implantate (Mindestlänge zehn Millimeter) ist in derartigen Fällen riskant. In letzter Zeit wird für diese Ausgangssituationen die Verwendung extrem kurzer Implantate von sieben oder acht Millimeter Länge, mit einem dafür größeren Durchmesser (Norm vier Millimeter) von fünf oder sechs Millimetern empfohlen. Bei fehlender Implantatlänge soll die Knochenkontaktfläche durch zunehmende Implantatbreite ausgeglichen werden. In Extremfällen kann im Unterkiefer durch Transposition des sogenannten *Nervus alveolaris inferior* Raum geschaffen werden, um ausreichend lange Implantate einzubringen. Aufgrund hoher postoperativer Komplikationsraten sind derartige Maßnahmen jedoch nur in Ausnahmefällen indiziert. Im Oberkieferseitenzahnbereich liegen derartige ungünstige knöcherne Situationen aufgrund der Ausdehnung der Kieferhöhle nach Zahnverlust des öfteren vor. Für eine stabile Verankerung der Implantate ist deshalb die oben beschriebene Augmentation des Kieferhöhlenbodens und damit die Anhebung des vertikalen Knochenangebotes durch transplantierten Knochen notwendig. In den letzten Jahren sind mit den Techniken der Sinusbodenelevation in derartigen Fällen sehr gute Ergebnisse erreicht worden.

Das Einzelzahnimplantat fordert besonders im Oberkieferfrontzahnbereich die Fähigkeit des Zahnarztes heraus. In der Planungsphase muß er ein besonderes Augenmerk auf die lokalen knöchernen Gegebenheiten und die Weichgewebesituation im potentiellen Implantatbereich richten. Da nur selten die knöcherne Ausgangssituation für die Verankerung perfekt ist, muß in vielen Fällen mit augmentativen Maßnahmen im Sinne der gesteuerten Knochenaugmentation die knöcherne Situation für die Verankerung des Implantates verbessert werden.

Grundsätzlich muß vor jeder Insertion eines Einzelzahnimplantates mit Hilfe entsprechender Röntgenbilder überprüft werden, ob das zwischen den Wurzeln der benachbarten Zähne vorhandene

Die Verankerung von Einzelzahnimplantaten erfordert Geschick

Knochenangebot hinsichtlich Höhe und Breite ausreichend ist (Mindestabstand zwischen den benachbarten Zahnwurzeln etwa fünf bis sechs Millimeter). Anhand von Modellanalysen muß aus funktioneller wie auch ästhetischer Sicht die potentielle implantatgetragene Krone im Vergleich mit der vorhandenen Zahngruppe beurteilt werden. Besonders Patienten mit einer hohen Lachlinie (Sichtbarwerden des Oberkieferzahnfleischrandes beim Lachen) stellen große Anforderungen an das Können des Zahnarztes, da kleine Fehler bei der chirurgischen Insertion des Implantates sowie der Herstellung des entsprechenden prothetischen Kronenersatzes zu ästhetisch ungünstigen und den Patienten nicht befriedigenden Ergebnissen führen können. Vom Zahnarzt wird deshalb heute gefordert, daß er neben einer perfekten chirurgischen Insertion des Implantates auch das sogenannte Hart- und Weichgewebemanagement beherrscht. Es wird darunter der eventuell notwendige Aufbau von Knochen beziehungsweise von Schleimhaut (Schleimhauttransplantate) im Implantatbereich zur Schaffung eines bestmöglichen ästhetischen Ergebnisses verstanden (Bild 7).

Die bisher vorliegenden nationalen wie internationalen Statistiken zeigen, daß implantologisch-prothetische Rehabilitationen mit einer hohen Erfolgsrate durchgeführt werden können. Während beim zahnlosen Unterkiefer die Erfolgsquote über einen Zeitraum von 15 bis 20 Jahren bei etwa 95 Prozent liegt, sind die Verlustraten für enossale Implantate im Oberkiefer mit etwa 80 Prozent deutlich höher. Dies ist bedingt durch die oben beschriebene reduzierte Knochenquantität und -qualität im Oberkiefer im Vergleich zum Unterkiefer. Bei Brückenkonstruktionen sowie Einzelzahnrestaurationen im Ober- und Unterkiefer kann von einer Zehn-Jahres-Erfolgsrate von etwa 80 bis 90 Prozent ausgegangen werden.

Es ist voraussehbar, daß die enossale Implantologie in den nächsten Jahren weiter an Bedeutung gewinnen und noch mehr als schon jetzt zu einem zentralen Fachbereich der Zahn-, Mund- und Kieferheilkunde heranreifen wird. Das konventionelle zahnärztliche Therapiespektrum wird sich zunehmend in Richtung implantologischer Behandlungsmaßnahmen verändern. Dies ist nicht nur bedingt durch zunehmende klinische Erfahrungen und neue wissenschaftliche Erkenntnisse auf diesem Gebiet, sondern auch durch die steigende Nachfrage der Patienten nach festsitzendem Zahnersatz. Hierbei wird auch die Altersentwicklung der Bevölkerung und der oft erst im höheren Alter eintretende partielle oder vollständige Zahnverlust von Bedeutung sein, da gerade der ältere Patient schwieriger

Bild 7 Dieser Patient verlor seinen rechten oberen Schneidezahn durch ein Frontzahntrauma (links). Der zusätzliche Knochenverlust ist an der Vernarbung des Wundgebietes deutlich erkennbar. Der Zustand nach Verankerung eines Keramikpfostens auf einem enossal fixierten Implantat ist im mittleren, das Behandlungsergebnis im rechten Bild zu sehen. Der durch das Trauma verlorengegangene Knochen wurde durch entsprechende Knochentransplantate aus dem Kinn wieder aufgebaut.

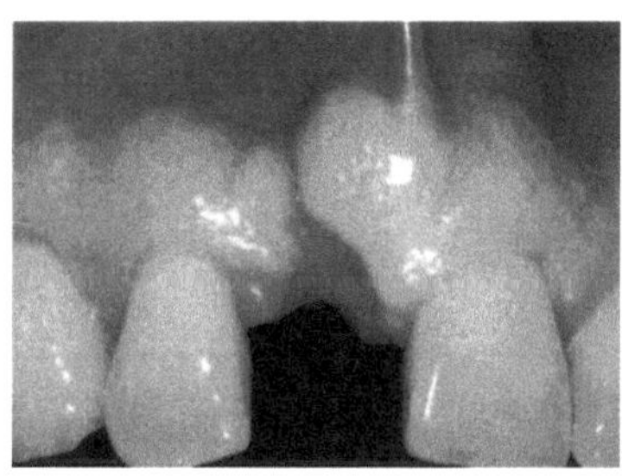
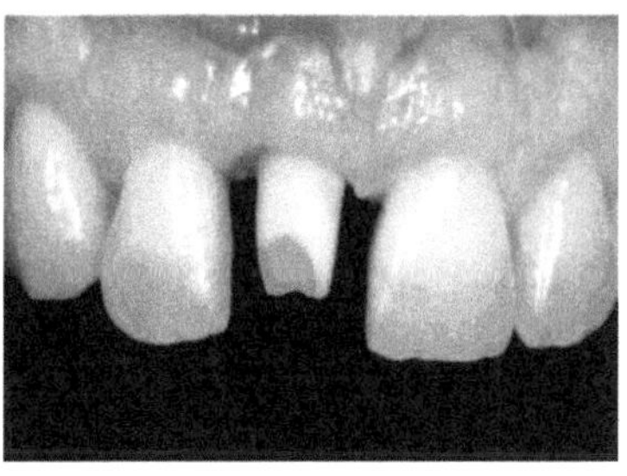
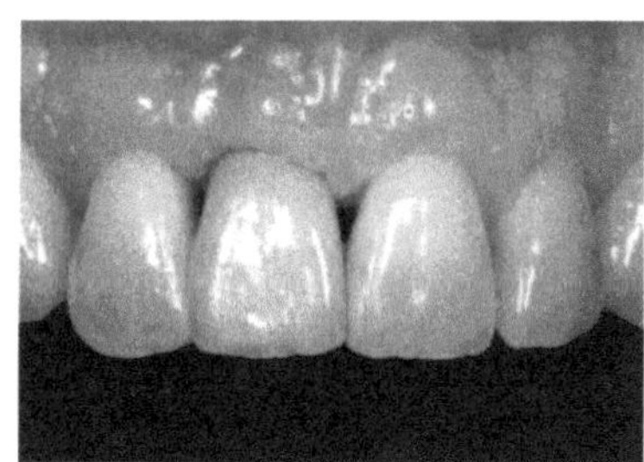

an die Inkorporation von herausnehmbarem, insbesondere rein schleimhautgetragenem Zahnersatz (Totalprothesen) herangeführt werden kann.

Autor Prof. Dr. med. Dr. med. dent. Hubertus Spiekermann ist Direktor der Klinik für Zahnärztliche Prothetik.

Zelluläre, ultrastrukturelle und molekulare Pathologie

Christian Mittermayer und
Reinhard Büttner

Neue Wege zur Diagnose und Therapie bösartiger Tumoren

Vielerlei äußere und innere Einflüsse können die Krebskrankheit auslösen. Sie beruht jedoch immer auf einer dauerhaften Veränderung in der Erbmasse (DNA) und durchläuft bestimmte Stationen der Entwicklung (Bild 1). Drei Eigenschaften der Tumorzellen sind besonders bemerkenswert: das ungezügelte Wachstum der Zellen, das Unvermögen der Tumorzellen, eines natürlichen Todes im Zellverband zu sterben, und die Eigenschaft der malignen (bösartigen) Tumorzellen, Absiedlungen zu setzen (Metastasierung).

Dem Fache Pathologie obliegt es, die morphologischen und molekularen Zusammenhänge bei der Tumorentstehung (Pathogenese) aufzuklären. Da durch die Entwicklung neuer automatisierter Techniken in Kürze die gesamte menschliche Erbinformation bekannt sein wird (Genomsequenzierung), läuft hierbei im Moment ein rasanter Erkenntnisfortschritt ab. Daraus entstehen unmittelbar neue Konzepte zur Diagnose und Therapie der Krebskrankheit.

Im folgenden möchten wir zum Tumorwachstum und zur Metastasierung anhand von Forschungsergebnissen der RWTH Aachen Stellung nehmen.

Der Pathologe Herwig Hamperl beschrieb 1931 eine besondere Tumorart, die Onkozytom genannt wird. Onkozytome kommen in verschiedenen Organen vor, beispielsweise in Schilddrüse, Speicheldrüse und Niere. Diese Tumoren zeichnen sich durch folgende Merkmale aus: langsames, verdrängendes Wachstum mit Expansion in benachbarte Gewebegebiete. Selten sind diese Tumoren maligne und metastasieren. Die Tumorzellen erscheinen groß, geschwollen und enthalten massenhaft Mitochondrien – Zellorganellen, die eine

Tumorzellwachstum

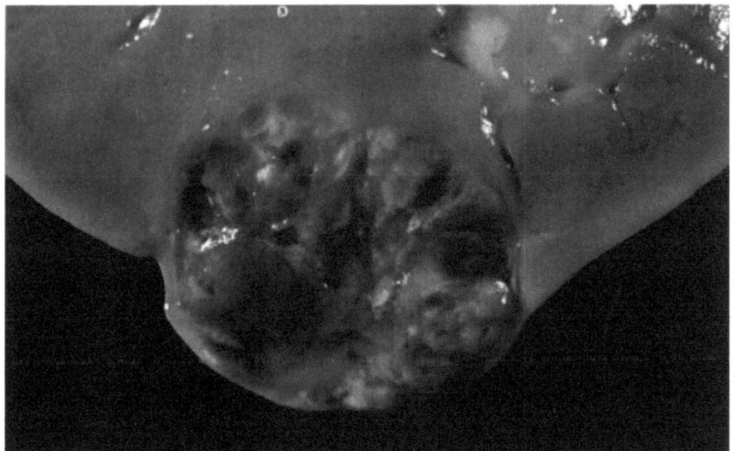

Bild 1 Nierenzellkarzinom. Dieser sich über charakteristische genetische Veränderungen aus den normalen Epithelzellen der Niere entwickelnde Tumor wächst zunächst auf die Niere beschränkt. Im weiteren Verlauf kann es zur Absiedelung von Tochtergeschwülsten (Metastasen) in Lymphknoten, Lunge, Knochen und Gehirn kommen.

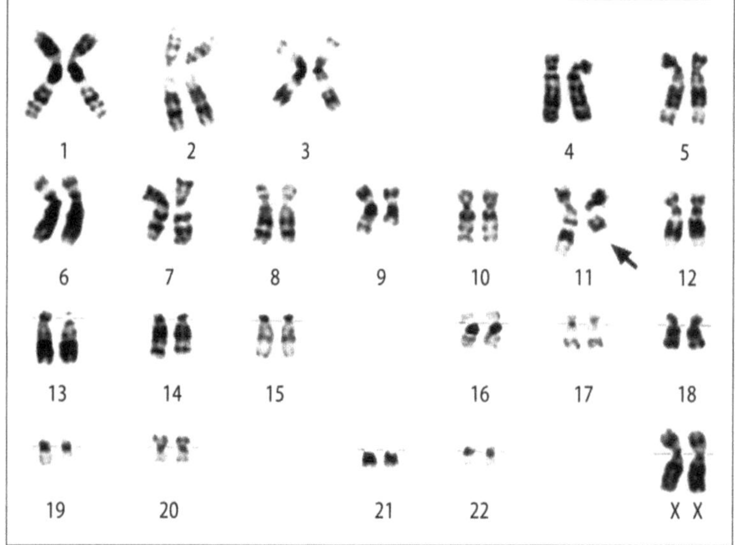

Bild 2 Zytogenetik: Onkozytom. Im Gegensatz zum Nierenzellkarzinom wächst dieser Tumor meist nur lokal verdrängend und bleibt auf die Niere beschränkt. Durch die hier gezeigten, in Aachen durchgeführten Chromosomenanalysen wurden charakteristische Veränderungen am Chromosom 11 (Pfeil) entdeckt, die eine sichere Abgrenzung gegenüber Nierenzellkarzinomen erleichtern.

wichtige Rolle beim Zellstoffwechsel spielen. In der Niere bereiten diese Tumoren besondere diagnostische Schwierigkeiten. Durch Chromosomenanalyse ist es in Aachen gelungen zu zeigen, daß Onkozytome einen regelhaften Defekt am langen Arm des Chromosoms 11 aufweisen (Bild 2). Auf der Bande 13 dieses Chromosoms ist ein Tumorsupressorgen lokalisiert, dessen Fortfall die Dauerproliferation (Wucherung) von Zellen zur Folge hat. Das Resultat ist der expansiv wachsende Tumor. Interessanterweise beinhaltet der lange Arm des Chromosoms 11 auf der betroffenen Region (Bande 13) eine Reihe von Genen, die für mitochondriale Proteine kodieren. Es ist gerade diese Stelle im Chromosom, welche bei den Onkozytomen zerstört gefunden wird.

Gene, die das Metastasierungsgeschehen bewirken, sind nicht betroffen. Insofern können die Morphologie (Mitochondrienreichtum) und die klinischen Eigenschaften (expansives Wachstum) erklärt werden [1].

Die Bildung von Metastasen

Die für das Überleben von Krebskranken wichtigste Frage besteht darin, ob sich aus dem Primärtumor bereits Zellen gelöst und als Tochtergeschwülste (Metastasen) im übrigen Körper abgesiedelt haben. Ist dies nicht der Fall, ist fast immer eine vollständige Heilung zu erreichen, indem man den Tumor chirurgisch entfernt. Wenn es aber bereits zur metastatischen Ausbreitung der Krankheit gekommen ist, kann der Verlauf der Erkrankung durch Chemo-, Immun- und Strahlenbehandlungen meist nur noch verzögert, nicht aber generell gestoppt werden. Dabei sind die Erfolge dieser Therapien um so günstiger, je früher eine Metastasierung erkannt wird und je geringer die gesamte im Körper ausgebreitete Tumorlast ist.

Ein sehr bösartiger Tumor, der besonders früh zur Absiedelung von Metastasen neigt, ist das aus den Pigmentzellen der Haut entstehende maligne Melanom („schwarzer Hautkrebs", Bild 3). An diesem Beispiel sollen die neuen Möglichkeiten der Genomanalyse aufgezeigt werden, die dahin führen, den Prozeß der Metastasierung besser zu verstehen und dadurch früher zu diagnostizieren.

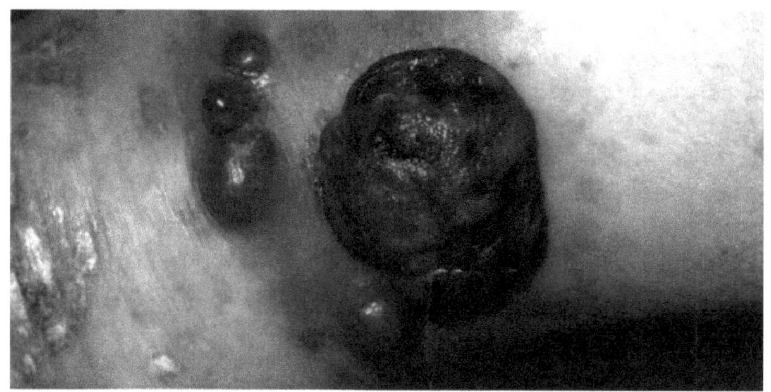

Bild 3 Metastasiertes Melanom. Dieser aus den Pigmentzellen der Haut entstehende sehr bösartige Tumor neigt bereits frühzeitig zur Metastasierung. Obwohl der hier gezeigte Tumor nur wenige Millimeter dick ist, war es bereits zur Absiedelung von Metastasen in die Umgebung wie auch in entfernt gelegene Organe (Lunge, Gehirn) gekommen.

```
                              5' C GGC ACG GGG AGA

   GAG GGA GGG GAG GAA ATT GGA GAC CCC AGC ACC CCC TTC

                              Met Ala Arg Ser Leu
   TCA CTC TCT TGC TCA CAG TCC ACG ATG GCC CGG TCC CTG

   Val Cys Leu Gly Val Ile Ile Leu Leu Ser Ala Phe Ser
   GTG TGC CTT GGT GTC ATC ATC TTG CTG TCT GCC TTC TCC
                            ↓
   Gly Pro Gly Val Arg Gly Gly Pro Met Pro Lys Leu Ala
   GGA CCT GGT GTC AGG GGT GGT CCT ATG CCC AAG CTG GCT

   Asp Arg Lys Leu Cys Ala Asp Gln Glu Cys Ser His Pro
   GAC CGG AAG CTG TGT GCG GAC CAG GAG TGC AGC CAC CCT

   Ile Ser Met Ala Val Ala Leu Gln Asp Tyr Met Ala Pro
   ATC TCC ATG GCT GTG GCC CTT CAG GAC TAC ATG GCC CCC

   Asp Cys Arg Phe Leu Thr Ile His Arg Gly Gln Val Val
   GAC TGC CGA TTC CTG ACC ATT CAC CGG GGC CAA GTG GTG

   Tyr Val Phe Ser Lys Leu Lys Gly Arg Gly Arg Leu Phe
   TAT GTC TTC TCC AAG CTG AAG GGC CGT GGG CGG CTC TTC

   Trp Gly Gly Ser Val Gln Gly Asp Tyr Tyr Gly Asp Leu
   TGG GGA GGC AGC GTT CAG GGA GAT TAC TAT GGA GAT CTG

   Ala Ala Arg Leu Gly Tyr Phe Pro Ser Ser Ile Val Arg
   GCT GCT CGC CTG GGC TAT TTC CCC AGT AGC ATT GTC CGA

   Glu Asp Gln Thr Leu Lys Pro Gly Phe Val Asp Val Lys
   GAG GAC CAG ACC CTG AAA CCT GGC TTT GTC GAT GTG AAG

   Thr Asp Lys Trp Asp Phe Tyr Cys Gln Stop
   ACA GAT AAA TGG GAT TTC TAC TGC CAG TGA GCT CAG CCT

   ACC GCT GGC CCT GCC GTT TCC CCT CCT TGG GTT TAT GCA

   AAT ACA ATC AGC CCA GTG CAAAAAAAAAAAAAAAAAAAAAA
```

Bild 4 Sequenz des Metastasen-fördernden Gens MIA. Dieses von uns neu isolierte Gen auf Chromosom 19 fördert Migration und Metastasierung von Zellen und wird in Melanomen sehr stark überexprimiert. Das MIA-Protein umfaßt 131 Aminosäuren, wovon 24 eine Signalsequenz (unterstrichen) für den Transport des Proteins in den Extrazellularraum darstellen.

Alle Eigenschaften von Zellen, einschließlich die zur Metastasierung, werden durch die Expression von Genen im Zellkern gesteuert. In unserer Arbeitsgruppe ist es gelungen, ein neues Gen zu isolieren, welches im Verlauf der Tumorentstehung stark überexprimiert wird. Dieses als MIA bezeichnete Gen kodiert für ein kleines Eiweißmolekül (Protein), welches aus den Tumorzellen exportiert wird und dadurch das Ablösen aus dem Gewebeverband fördert (Bild 4). Tumorzellen, die MIA-Protein produzieren, besitzen somit

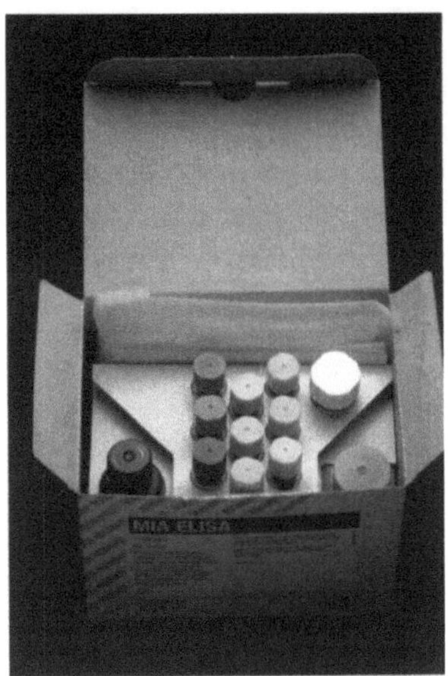

Bild 5 MIA-ELISA. Entwicklung eines Tests zur Bestimmung von MIA-Protein im Serum von Melanompatienten

die Fähigkeit, in Blutgefäße und andere Gewebeverbände einzudringen und dort Metastasen zu bilden.

Wir haben diese molekulare Visitenkarte metastasierender Tumorzellen dazu benutzt, um durch den Nachweis von MIA-Protein im Serum von Melanompatienten Metastasen nachzuweisen. Durch einen inzwischen patentierten und kommerziell erhältlichen Serumtest läßt sich damit zuverlässig die Ausbreitung der Melanomkrankheit im Körper feststellen (Bild 5). In Bild 6 sind beispielhaft die MIA-Serumspiegel von zwei Patienten mit metastasierten Melanomen dargestellt. Zum Zeitpunkt der Diagnose wurden bei beiden Patienten Metastasen und zugleich stark über den Normalwert gesunder Menschen hinaus erhöhte MIA-Werte festgestellt. Beide Patienten wurden operiert und haben danach eine kombinierte Immun-/Chemotherapie erhalten. Dadurch ließen sich zunächst alle Metastasen zurückdrängen; dies ließ sich daran ablesen, daß die MIA-Werte in den Normalbereich absanken. Bei einem der beiden Patienten kam es jedoch rasch zu einem Rückfall der Erkrankung mit Ausbildung neuer Metastasen, die durch einen erneuten Anstieg der MIA-Werte zu erkennen war. Bei diesem Patienten hat man dann die offenbar erfolglose Therapie abgebrochen und durch ein neues Therapieschema ersetzt.

Die gegenwärtigen Arbeiten in unserer Gruppe konzentrieren sich darauf, Wege zu finden, wie sich durch eine Blockierung der MIA-Funktion die Fähigkeit von Tumorzellen, Metastasen zu bilden, verhindern läßt. An den hier dargestellten Beispielen wird zugleich deutlich, wie sich die Ergebnisse der Genomanalyse und das rasch wachsende Verständnis der Funktion von Genen unmittelbar in neue Methoden der Diagnose und Therapie von Krebserkrankungen umsetzen lassen. Daneben zeichnet sich das große wirtschaftliche Potential dieser aus der Grundlagenwissenschaft abgeleiteten Erkenntnisse bereits jetzt klar ab.

Bild 6 Therapiemonitoring mit Hilfe von MIA beim malignen Melanom. Dargestellt sind die Verläufe der MIA-Serumspiegel von zwei Patienten mit metastasierten Melanomen unter Therapie.

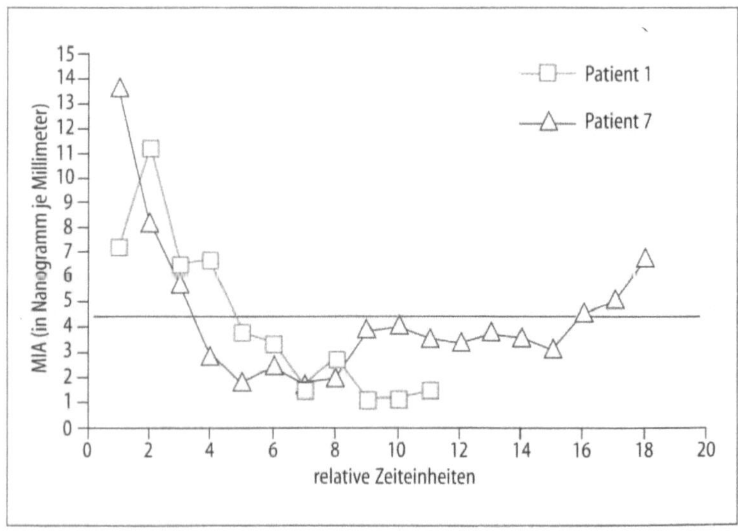

Prof. Dr. med. Christian Mittermayer ist Direktor des Instituts für Pathologie. Seine Forschungsthemen sind die Entwicklung neuer biokompatibler Werkstoffe und neuer Methoden des Gewebeersatzes (Tissue Engineering), zellbiologische, molekulare und ultrastrukturelle Eigenschaften bösartiger Tumoren, proteinbiochemische und molekulare Mechanismen des Kreislaufschocks und der Gerinnung sowie die Weiterentwicklung neuer morphometrischer und molekularer Methoden in der Diagnostik humaner Erkrankungen.

Prof. Dr. med. Reinhard Büttner ist Leiter des Lehr- und Forschungsgebietes Pathologie (Zytologie) am Institut für Pathologie. Seine Forschungsthemen sind molekulare Mechanismen von Genexpression und Zelldifferenzierung bei normalen Geweben und malignen Tumoren, molekulare Mechanismen des programmierten Zelltodes und der malignen Transformation sowie neue bioanalytische Screening- und Arrayverfahren in der Genomanalyse.

Autoren

[1] L. Füzesi, B. Gunawan, S. Braun, F. Bergmann, A. Brauers, P. Effert und C. Mittermayer: Cytogenetic Analysis of 11 Renal Oncocytomas: Further Evidence of Structural Rearrangements of 11q13 as a Characteristic Chromosomal Anomaly. Cancer Genetics and Cytogenetics, 107, S. 1 bis 6, 1998.
[2] R. Büttner: Molekulare Pathologie, in: Histopathologie, Hrsg. von C. Thomas, Schattauer Verlag, München 1998.
[3] A. K. Bosserhoff, M. Kaufmann, B. Kaluza, I. Bartke, H. Zirngibl, R. Hein, W. Stolz und R. Buettner: MIA, a Novel Serum Marker for Progression of Malignant Melanoma. Cancer Research, 57, S. 3149 bis 3153,1997.
[4] A. K. Bosserhoff, M. Golob, R. Buettner, M. Landthaler und R. Hein: MIA: Biologische Funktionen und klinische Relevanz (Übersicht), Hautarzt, 49, S. 762 bis 769, 1998.

Literaturhinweise

Innovationen in der Tumortherapie

Barbara Krenkel,
Demetrios Andreopoulos,
Axel Schmachtenberg und
Jürgen Ammon

Die Radioonkologie an der RWTH Aachen

Innovationen und der Einsatz neuer Techniken beeinflussen das medizinische Fachgebiet der Radioonkologie erheblich; sie ermöglichen heute eine Tumortherapie mit größerer Effektivität. Weil die Bestrahlung zunehmend individueller geplant werden kann, ist der therapeutische Gewinn – sei es mit schmerzlindernder oder kurativer Intention – erhöht; die Exposition des gesunden Gewebes während einer Tumorbehandlung läßt sich gleichzeitig auf das notwendige Minimum reduzieren, so daß die Lebensqualität der Patienten kaum beeinträchtigt wird.

Neben multimodalen Therapiekonzepten, insbesondere der Radiochemotherapie und der intraoperativen Bestrahlung, finden zur Zeit in der Klinik für Strahlentherapie der RWTH Aachen technische Innovationen Einzug, welche die Therapiemöglichkeiten zu Beginn des nächsten Jahrhunderts erheblich erweitern werden.

Ein Beispiel ist die durch Computertomographie und Ultraschall gestützte Planung für die Therapie im sogenannten Nachlade- beziehungsweise Afterloading-Verfahren. Die interstitielle Bestrahlung ermöglicht es hierbei, relativ hohe Einzeldosen in einem genau definierten Zielvolumen zu applizieren.

In unserer Klinik nutzen wir diese Technologie bisher, um das lokal begrenzte Prostatakarzinom und Kopf-Hals-Tumoren zu therapieren. Bei der Behandlung des Prostatakarzinoms werden zunächst unter Ultraschallkontrolle etwa vier Nadeln in die Prostata eingeführt. Dabei liegt im Enddarm eine speziell entwickelte Ultraschallsonde, welche die Prostata in senkrecht zueinander stehenden Ebenen abbildet und somit die präzise Positionierung der für die Bestrahlung notwendigen Nadeln ermöglicht (Bild 1). Eine mit Koordinaten versehene Lochplatte wird zur exakten Kennzeichnung der Nadeln auf den Damm aufgelegt. Mit Hilfe eines speziellen Planungssystems wird die notwendige Bestrahlungszeit und die resultierende Dosisverteilung errechnet (Bild 2). Dann erst wird die 1,7 Millimeter große Quelle über einen Schlauch in die Hohlnadeln automatisch eingefahren. Nach Ablauf der zuvor festgelegten Zeit wird die Quelle automatisch in das ferngesteuerte Nachladegerät zurücktransportiert.

In der Kombination dieser Technik mit einer Bestrahlung von außen am Linearbeschleuniger bietet sich eine sichere therapeutische Alternative zur radikalen Operation beim organbegrenzten Prostatakarzinom.

Auch auf dem Gebiet der Kopf-Hals-Tumoren wird die interstitielle Behandlung im Nachladeverfahren angewendet. In unserer Kli-

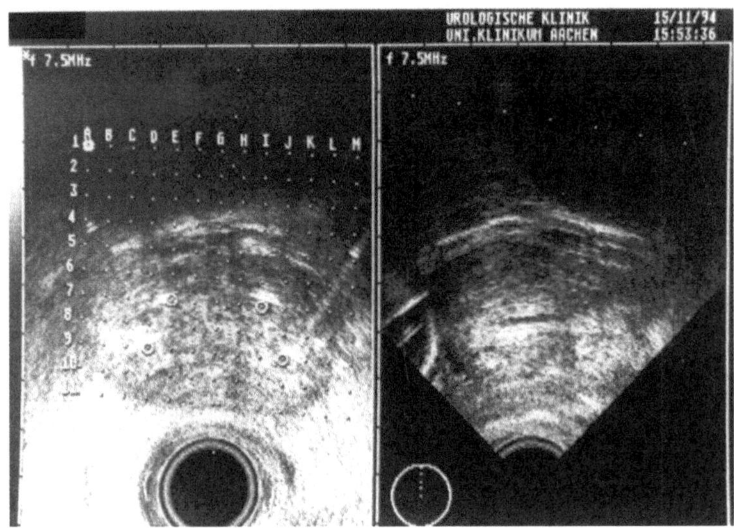

Bild 1 Ultraschallbild einer Prostata

nik wurde in Zusammenarbeit mit der Hals-Nasen-Ohren-Klinik ein computergestütztes Navigationssystem für die Operation entwickelt und eingesetzt. Ein solches CAS-System (Computer-Assisted Surgery, CAS) besteht aus zwei Teilen: Einer Bildverarbeitungsstation, in der die präoperativ in der Computer- oder Kernspintomographie angefertigten Aufnahmen verarbeitet werden und einem Meßsystem, das die Position eines Operationsinstrumentes in bezug auf diese Aufnahmen angibt.

Hierzu werden Markierungen auf dem Patienten angebracht, die eine präzise räumliche Zuordnung – analog zu einem stereotaktischen Rahmen – ermöglichen.

Mit Hilfe des CAS-Systems wird die Hohlnadel für die Behandlung im Nachladeverfahren genau plaziert und die Dosisverteilung errechnet. Bisher war diese Methode nur für kleine Tumoren anwendbar. Es ist zu erwarten, daß weiter verbesserte dreidimensionale Planungssysteme die Behandlung auch größerer Volumina über mehrere Hohlnadeln ermöglichen werden.

Die stereotaktische Therapie von Erkrankungen des Gehirns wurde hier eingeführt, indem wir in Zusammenarbeit mit der Klinik für Neurochirurgie das sogenannte Gamma-Knife installierten. Dieses erste derartige Gerät an einer bundesdeutschen Universitätsklinik macht es möglich, kleine Krankheitsherde millimetergenau ohne die ansonsten notwendige operative Öffnung des Kopfes zu behandeln. Das erste Gamma-Knife wurde bereits 1968 in Stockholm von dem Neurochirurgen Lars Leksell entwickelt. Aber erst die enormen Fortschritte der computergestützten diagnostischen Techniken und der Dosisplanungssysteme für die Strahlentherapie haben die Voraussetzungen geschaffen, die mit dem Gamma-Knife erreichbare Präzision medizinisch voll auszunutzen.

Das Gamma-Knife wiegt 18 Tonnen und enthält insgesamt 201 kleine Kobaltquellen, die in einer Halbkugel angeordnet sind (Bild 3). Diese Strahlenquellen sind – vergleichbar mit einem Brennglas – auf einen Punkt fokussiert. Dadurch werden hohe Dosen im Zielvolumen bei gleichzeitig ganz geringer Strahlenexposition des umge-

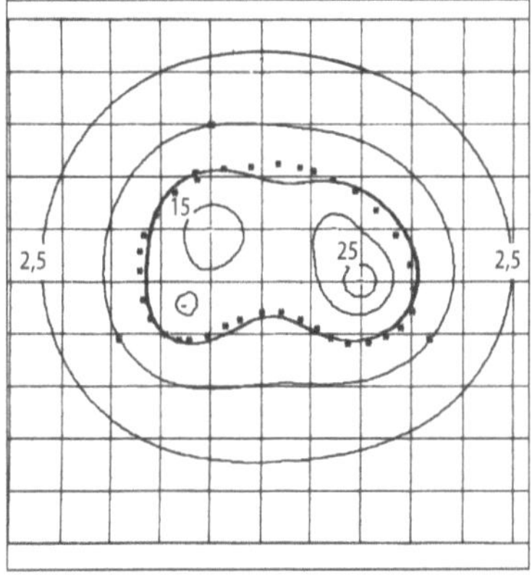

Bild 2 Planungssystem zum Errechnen der notwendigen Bestrahlungszeit und der resultierenden Dosisverteilung

**Gamma-Knife und
Linearbeschleuniger**

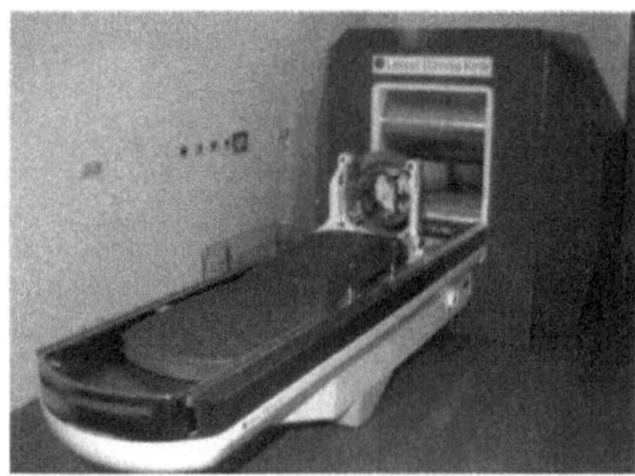

Bild 3 Das Gamma-Knife in Aachen ist das erste derartige Gerät an einer deutschen Universitätsklinik.

benden gesunden Gewebes ermöglicht. Dieses Zielvolumen wird vor der Behandlung durch Computertomographie, Kernspintomographie und/oder Angiographie genau lokalisiert. Dazu wird am Kopf des Patienten ein sogenannter stereotaktischer Rahmen befestigt, der jedem Punkt im Kopf einen Wert des aufgebrachten Koordinatenplans genau zuordnet. Die Koordinaten bleiben auch bei der folgenden Bestrahlung im Gamma-Knife konstant, womit die fehlerfreie Lokalisierung mit einer maximalen Ungenauigkeit von 0,3 Millimetern gewährleistet ist. Die einmalige Behandlung dauert etwa 45 bis 120 Minuten. Die Hauptanwendungsgebiete sind derzeit nichtoperable gutartige Hirntumoren, Hirnmetastasen und Gefäßmißbildungen wie Angiome.

Der größte Anteil der Behandlungen in unserer Klinik wird aber auch weiterhin am Linearbeschleuniger durchgeführt werden. Linearbeschleuniger sind Sonderformen eines Teilchenbeschleunigers. Sie bestehen aus einer Teilchenquelle, in der Elektronen erzeugt werden, einem Hochspannungserzeuger und einer gradlinigen (linearen) Beschleunigungsröhre. Medizinisch genutzt werden in unserer Klinik oberflächennah die Elektronen (mit einer Energie zwischen vier und 22 Megaelektronenvolt) sowie für größere Gewebetiefen die Photonen (Energie sechs bis zehn Megaelektronenvolt). Noch 1999 wird ein neues Gerät in Betrieb genommen, das mit einem sogenannten Multi-Leaf-Kollimator ausgerüstet ist und die Möglichkeit nahezu beliebiger Feldkonfigurationen und asymmetrischer Bestrahlungsfelder bietet.

Auch dieser Beschleuniger wird über moderne Rechner gesteuert. Ebenso soll die Datenübertragung vom Therapiesimulator und vom Bestrahlungsplanungssystem an die verfügbaren Bestrahlungsgeräte in Zukunft ausschließlich digital erfolgen.

Bild 4 illustriert den Aufbau eines Multi-Leaf-Kollimators aus 80 Lamellen, die eine irreguläre Begrenzung des Bestrahlungsfeldes ermöglichen. Dadurch läßt sich die Dosis in Risikoorganen vermindern und das Anfertigen und Positionieren von Blöcken wird reduziert. Der Steuerungscomputer garantiert eine gleichbleibende Einstellung über die gesamte Bestrahlungsserie und eine Qualitätskontrolle ist über die abrufbaren Daten jederzeit möglich. Die Kontrolle der Einstellung ist während der Bestrahlung über die digitale Aufzeichnung im „Beam Eye's View" gewährleistet. Dabei wird das Bestrahlungsfeld quasi aus Sicht des auftreffenden Strahls digital dokumentiert.

Es ist geplant, alle Geräte unserer Klinik in Zukunft über ein übergreifendes Datensystem zu verknüpfen, was mittlerweile bereits partiell erfolgt ist (Bild 5). Dieses System erfaßt dann sowohl die Patientenorganisation als auch die Bestrahlungsplanung am Therapiesimulator oder am Computertomographen und das Planungssystem zur Erstellung der Dosispläne. Gleichzeitig werden auch die Bestrahlungsgeräte wie der Linearbeschleuniger und das Nachladegerät integriert. Damit stehen an allen weiteren Behandlungsstationen die Daten zur Verfügung, die bei den Patienten einmalig aufgenommen wurden. So können die zur Erstellung des Therapieplans notwendigen diagnostischen Daten direkt vom Compu-

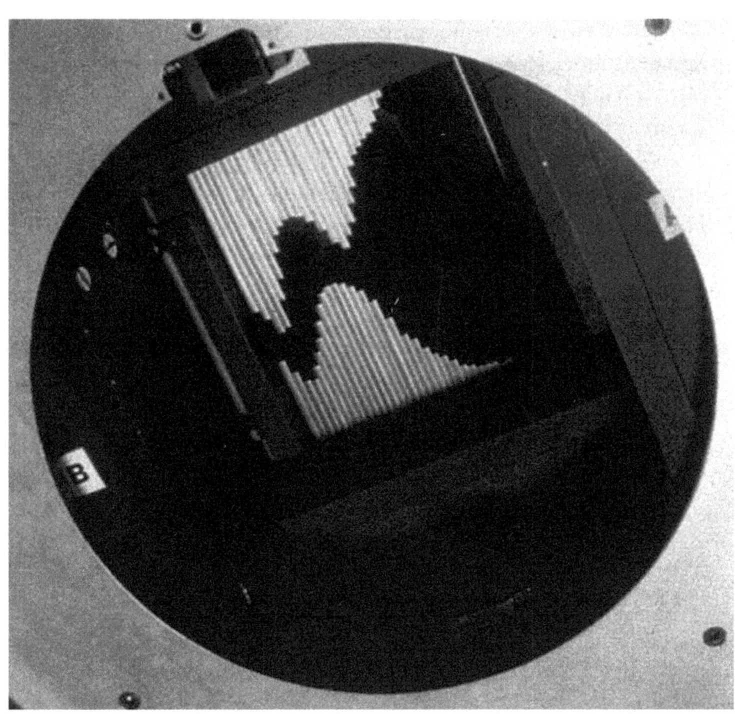

Bild 4 Die Lamellen des Multi-Leaf-Kollimators ermöglichen eine irreguläre Begrenzung des Bestrahlungsfeldes.

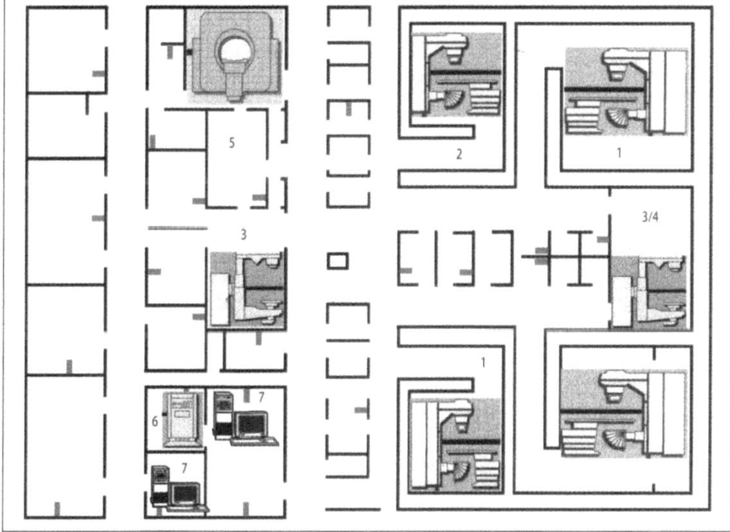

Bild 5 Ein Datennetzsystem verbindet heute die Linearbeschleuniger (1), das Telekobaltgerät (2), die Simulatoren (3), das Nachladegerät (4), den Computertomographen (5), die Server (6) und Planungsrechner (7) sowie zahlreiche PC-Netzarbeitsstationen (rot).

tertomographen oder vom Simulator übernommen und Einstellparameter für die Umsetzung des Rechnerplans am Simulator und letztendlich am Bestrahlungsgerät zur Verfügung gestellt werden. Dadurch werden Übertragungsfehler vermieden, Arbeitsabläufe erfolgen schneller und übersichtlicher, und die Qualitätskontrolle wird einfacher.

Autoren   Dr. med. Barbara Krenkel ist leitende Oberärztin an der Klinik für Strahlentherapie. Neben der breitgefächerten radioonkologischen Tätigkeit liegt der Schwerpunkt in der Behandlung des Mammakarzinoms.

Dr. med. Demetrios Andreopoulos leitet das Bank of Cyprus Oncology Centre in Nicosia, Zypern. Davor war er leitender Oberarzt der Klinik für Strahlentherapie.

Dipl.-Phys. Axel Schmachtenberg ist leitender Physiker der Klinik für Strahlentherapie.

Prof. Dr. phil. nat. Dr. med. Dipl.-Phys. Jürgen Ammon ist Inhaber des Lehrstuhls für Strahlentherapie.

Chirurgie ohne Skalpell?

Rolf W. Günther

Neue Behandlungsmöglichkeiten durch die interventionelle Radiologie

Nach Zauberei und Illusion klingt der Titel dieses Beitrags. Was häufig mühsames Handwerk und hohe chirurgische Kunst ist, soll viel einfacher, ohne schmerzhaften Schnitt zu erreichen sein? Die Physik, Technik und Biologie setzen der Medizin klare Grenzen, helfen jedoch auch, Schranken zu überwinden. Die interventionelle Radiologie ist dafür ein klassisches Beispiel. Sie wurde durch die Entwicklung der Röntgentechnik und die durchleuchtungsgezielte Steuerung von feinen Instrumenten möglich. Damit ist sie ein Teil der minimalinvasiven Behandlungsmöglichkeiten, die auch im 21. Jahrhundert eine bedeutende Rolle spielen werden.

Der Blick in das Körperinnere durch die Anwendung von Röntgenstrahlen hat die medizinische Diagnostik revolutioniert und die Radiologie zu einem Eckpfeiler der modernen Medizin gemacht. Der Traum, Verstecktes und Unsichtbares zu sehen, ist durch die Entdeckung der Röntgenstrahlen durch Wilhelm Conrad Röntgen im Jahr 1895 Wirklichkeit geworden. Lange war die klassische Röntgendiagnostik in Form der Projektionsradiographie und Röntgendurchleuchtung das einzige Verfahren, das ohne Schnitt einen Blick in das Körperinnere erlaubte. Die Verfeinerung der grundlegenden Technik und Nutzung von schnellen Rechnern führte schließlich Ende der siebziger Jahre des 20. Jahrhunderts zur Computertomographie, die eine völlig andere Sicht eröffnete: Der Körper ließ sich nun Schicht für Schicht darstellen. Noch andere physikalische Prinzipien wie Ultraschall und Magnet-Resonanz-Tomographie (MRT) ließen später auf andere Weise ebenfalls eine Durchdringung und eine bildliche Darstellung von Körperstrukturen zu. Am Ende des 20. Jahrhunderts erfreuen wir uns nun einer unvergleichlichen anatomiegerechten und zum Teil funktionellen Darstellung von Organen und Strukturen. Wenige medizinische Fächer haben durch die Symbiose von Technik und Medizin einen ähnlichen Wandel erfahren.

Die erste Revolution war zweifelsohne der rein diagnostische Blick ins Körperinnere. Erst nach langem Abstand konnte man dann das Bild auch dazu nutzen, um Instrumente zu steuern: In den fünfziger Jahren unseres Jahrhunderts erkannte man die Möglichkeit, die gewonnenen Bilder als Zielverfahren zu verwenden, um von außen Gefäße und Organe anzuvisieren, mit feinen Nadeln anzustechen und Gewebeproben zu entnehmen oder wenige Millimeter feine Katheter in die Gefäße einzuführen.

Wie sehr man in der Anfangszeit mit der Kathetertechnik Neuland betrat, läßt sich durch den Selbsteingriff von Werner Forssmann illustrieren, der im Jahr 1929 einen „gut geölten" Katheter von der Armvene in den rechten Vorhof des Herzens vorschob und röntgenologisch dokumentierte. Diese Methode brachte ihm zu Beginn viel Kritik ein, zählt aber heute zur täglichen Routine; sie wurde schließlich als so einmalig empfunden, daß ihr Erstbeschreiber 1956 den Nobelpreis für Medizin erhielt.

Der Weg zu den Gefäßen, dem Herzen und anderen Organen mit Hilfe eines einfachen Katheters ermöglichte zunächst eine erweiterte Diagnostik, später dann auch therapeutische Eingriffe im Körperinneren. Die Devise der interventionellen Radiologie lautet also vereinfachend: Diagnostik und Therapie mit Punktionskanüle und Katheter unter Steuerung mit bildgebenden Verfahren.

Der Weg zu Gefäßen und Organen

Für manchen mag die Bezeichnung interventionelle Radiologie ungewöhnlich klingen – ebenso könnte es nichtinvasive Chirurgie heißen. Oder auch Radiochirurgie, wie man gelegentlich in Osteuropa hört. Die vorzugsweise in der Radiologie entwickelten Techniken haben offensichtlich zu dieser Namensgebung beigetragen. Zwischen ihnen und den üblichen chirurgischen Eingriffen liegen jedoch Welten, wenn man bedenkt, daß die gewählten Zugänge zum Behandlungsgebiet nur wenige Millimeter groß und meist weit ab vom eigentlichen Zielgebiet sind sowie für den Eingriff keine Allgemeinnarkose nötig ist. Die Eingriffe sind auf diese Weise wenig belastend, so daß die Patienten meist nach wenigen Stunden die Klinik verlassen können.

Die interventionelle Radiologie hat viele Facetten in Diagnostik und Therapie. Konzentrieren wir uns auf Organe und Gefäße. Die Nutzung der Bildinformation gestattet die Steuerung von feinen Instrumenten im Körperinnern zu diagnostischen und therapeutischen Zwecken, die ich anhand einiger Beispiele veranschaulichen möchte.

Im folgenden werden die perkutane Gewebeentnahme und durch eine Reihe von Beispielen die vielfältigen Möglichkeiten vorzugsweise im Gefäßsystem verdeutlicht.

Die radiologische Bildgebung gestattet in vielen Fällen schon allein aufgrund des Bildes eine sichere Diagnose. In unklaren Fällen bietet sich die bildgesteuerte Entnahme von Gewebe an (Bild 1). Der

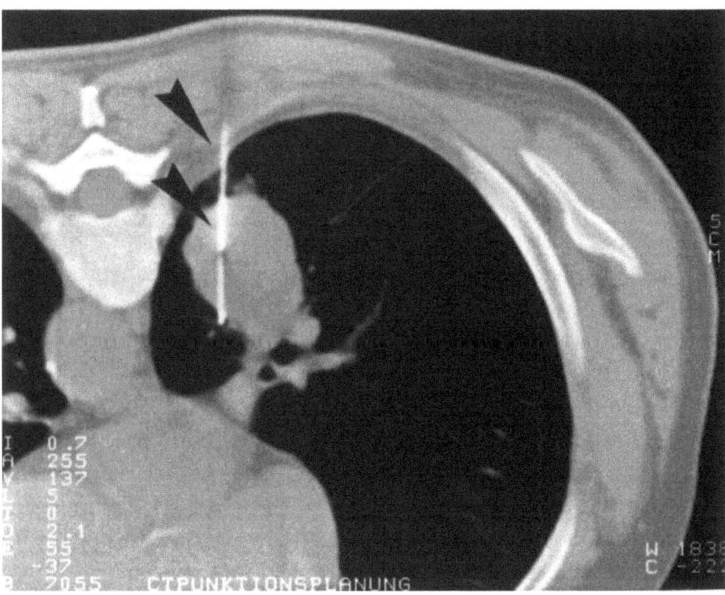

Bild 1 Hier zu sehen eine computertomographisch gesteuerte Punktion eines Tumors mit einer Biopsienadel (Pfeile) im Bereich der Lunge. Die feingewebliche Untersuchung ergab einen Lungenkrebs.

Vorteil gegenüber einer offenen operativen Gewebeentnahme liegt auf der Hand. Dieser Eingriff, bei dem eine feine Nadel – meist computertomograpisch gesteuert – mit hoher Genauigkeit bis in den Herd, beispielsweise die Lunge oder die Leber, vorgeschoben wird, erfolgt unter örtlicher Betäubung. Dabei können bis zu fünf Millimeter kleine Herde anpunktiert werden. In über 95 Prozent der Fälle wird so ausreichendes Material gewonnen. Eindeutig als gutartig diagnostizierte Prozesse müssen nicht operiert werden. Stellt sich heraus, daß der punktierte Prozeß bösartig ist, läßt sich die Therapie entsprechend weiter planen. Da das Kaliber der verwendeten Nadel nur 0,7 bis 1,5 Millimeter beträgt, sind schwere Komplikationen außerordentlich selten.

Bildgesteuerte therapeutische Eingriffe lassen sich unter einigen übergeordneten Schlagworten einordnen: Eröffnen, Verschließen, Implantieren, Extrahieren und Ableiten. Im einzelnen heißt das: nichtoperative Gefäßwiedereröffnung, punktgenauer Gefäßverschluß, Einführung von Gefäßimplantaten, Entlastung von Hohlorganen wie Harnwegen und Gallenwegen, Ableitung von Abszessen und Flüssigkeitsansammlungen, perkutane Thermo- und Kryotherapie und andere mehr (Bild 2). Die Vielzahl der Anwendungsmöglichkeiten erfordert an dieser Stelle, sich auf die Darstellung einiger weniger wichtiger Anwendungsgebiete zu beschränken.

Sicherlich zählen die Gefäßeingriffe zahlenmäßig zu den bedeutendsten Methoden in diesem Zusammenhang. Das Problem, eine Sonde ohne chirurgische Freilegung in eine Ader einzubringen, löste der schwedische Radiologe Sven-Ivar Seldinger im Jahre 1953 auf

Gefäße

- Gefäßwiedereröffnung durch Ballonerweiterung
- Implantation von Gefäßendoprothesen
- gezielter Gefäßverschluß durch Embolisation und Gefäßverödung
- Implantation von Filtern in der unteren Hohlvene
- Schaffung einer Kurzschlußverbindung zwischen Pfortader und Lebervene bei Leberzirrhose
- nichtoperative Fremdkörperextraktion aus dem Gefäßsystem
- gezielte intraarterielle Pharmakotherapie

Organe (zum Beispiel Leber, Niere)

- gezielte Thermo- und Kryo- oder Alkoholausschaltung von Tumoren
- perkutane Ableitung von gestauten Hohlorganen (Gallenwege, Harntrakt)
- Ableitung von abnormen Flüssigkeitsansammlungen (Abszesse)
- Offenhaltung von Engstellen in Darm und Speiseröhre durch Metallgeflechte (Stents)

Skelett

- perkutane Bandscheibenbehandlung und Skeletteingriffe

Nerven

- perkutane Nervenausschaltung zur Schmerztherapie oder Durchblutungsverbesserung

Bild 2 Therapeutische Anwendungsgebiete der interventionellen Radiologie

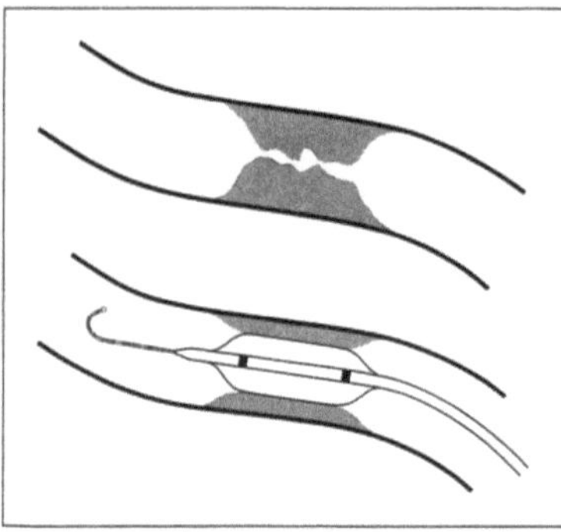

Bild 3 Schematische Darstellung der Erweiterung einer Engstelle (oben) durch einen ins Gefäß eingebrachten hochdruckgeeigneten Ballonkatheter (unten)

Nichtoperative Eingriffe bei chronischen Gefäßverschlüssen

einfache Weise. Mit Hilfe einer Punktionskanüle und eines Spiralführungsdrahtes gelang es ihm, durch die Haut hindurch ohne Operation einen Katheter in eine Arterie vorzuschieben. Diese Technik zählt zum wichtigsten instrumentellen Meilenstein der nichtoperativen Gefäßinterventionen. Damit wurde die sonst übliche operative Gefäßfreilegung zur Kathetereinführung überflüssig.

Eine der bedeutendsten und folgenreichsten Fortschritte in der interventionellen Radiologie im Bereich des Gefäßsystems ist das Verfahren zur Gefäßwiedereröffnung. Die sogenannte Bougierung (Aufdehnen von Verengungen) wurde von Charles T. Dotter (1920 bis 1985) und Melvin P. Judkins im Jahr 1964 eingeführt, die Ballondilatation (Dilatation bedeutet Erweiterung) entwickelte der Kardiologe Andreas Grüntzig im Jahr 1974.

Chronische Gefäßverschlüsse, die im Rahmen einer Arteriosklerose (Arterienverkalkung) in allen Körperregionen auftreten können, machen sich durch Durchblutungsstörungen bemerkbar, besonders nachhaltig bei Herzkrankzgefäßen oder auch Becken-Beinarterien. Die entstehenden Gefäßengstellen können operativ, aber auch auf nichtoperative Weise behandelt werden. Die wichtigsten Instrumentarien für die nichtoperativen Eingriffe sind hochdruckgeeignete Ballonkatheter, die unter örtlicher Betäubung im Gefäß bis zur Engstelle vorgeschoben und dann aufgeblasen werden (Bild 3). Dabei wird das arteriosklerotische Material in die Wand gepreßt und die Gefäßwand überdehnt. Da die Gefäße innen keine Schmerzrezeptoren besitzen, sind derartige Eingriffe nahezu schmerzlos. Das Gefäß bleibt erstaunlicherweise in diesem überdehnten Zustand in einem Großteil der Fälle offen und verheilt in dieser Form. Besonders geeignet für dieses Vorgehen sind kurzstreckige und konzentrische Engstellen. Weniger geeignet sind dagegen lange Verschlüsse, zahlreiche hintereinander angeordnete oder exzentrische Engstellen.

Der entscheidende Nachteil dieses Eingriffs ist, daß hier in der Tat nur eine Reparatur im Gefäß vorgenommen wird. Die zugrunde liegende Erkrankung, das heißt die Arteriosklerose, wird damit nicht behandelt und schreitet folglich auch weiter fort. So können an der gleichen Stelle – auch als Reaktion auf die Ballonerweiterung – oder auch an anderen Stellen des Gefäßes wieder Engen auftreten, die dann allerdings wiederum aufgedehnt werden können, sofern sie dem Patienten Probleme bereiten. Hilft die Aufdehnung alleine nicht, lassen sich feine Stützkorsetts, sogenannte Stents, einbringen (Bild 4 und 5).

Ist der Krankheitsprozeß jedoch zu weit fortgeschritten und sind die Gefäße zu langstreckig verschlossen, scheitert die beschriebene Technik. Auch die häufig als spektakulär empfundene Wiedereröffnung mit Laserlicht sollte man diesbezüglich kritisch betrachten. Sie ergibt meist keine besseren Ergebnisse als die Ballonerweiterung allein. Auch die Abtragung von arteriosklerotischem Material mit feinen, hochtourig rotierenden, diamantenbesetzten Fräsköpfen an der Spitze einer feinen Sonde ist ebenso machbar wie das Herausschneiden von arteriosklerotischen Engstellen mit einem feinen, rotierenden Schneidmesser unter Röntgendurchleuchtung.

So eindrucksvoll sich diese nichtoperativen Maßnahmen auch ausnehmen, stellt sich dennoch die Frage: Wird damit jeder chirurgische Gefäßeingriff entbehrlich? Keinesfalls.

Bei langstreckigen peripheren Gefäßverschlüssen ist – sofern gute Anschlußmöglichkeiten bestehen – die operative Bypass-Anlage durch kein anderes Verfahren zu ersetzen. Andere Engstellen eignen sich jedoch für eine nichtoperative Behandlung. Es erscheint wichtig, bei Gefäßerkrankungen alle Behandlungsoptionen zur Verfügung zu haben und dem Patienten die im Einzelfall günstigste Maßnahme anbieten zu können. Dazu zählen schließlich auch die medikamentösen durchblutungsfördernden Maßnahmen oder das Gehtraining.

Die häufigsten Anwendungen der Ballonaufdehnung von Gefäßengen betreffen die Herzkranzgefäße und die Becken-Beinarterien. Während die *Angina pectoris* bei den Herzkranzgefäßen Symptom der Erkrankung ist, werden die Symptome bei den Becken-Beinarterien durch die sogenannte Schaufensterkrankheit veranschaulicht. Hierbei muß der Erkrankte nach kurzer Wegstrecke mangels nicht ausreichender Durchblutung eine Unterbrechung einlegen. Um die Symptome zu kaschieren, ist dabei ein kurzes Verweilen an einem Schaufenster ein probates Mittel, daher die Bezeichnung.

Stents sind durchlässige röhrenförmige Metallkonstruktionen, die – in das Gefäßsystem eingebracht – mit einem Ballon aufgedehnt werden oder sich aufgrund ihrer Expansionskraft selbst aufdehnen und damit dem Gefäß ein inneres Stützkorsett verleihen (siehe Bild 4). Das Metall wächst im Laufe von mehreren Monaten in die Gefäßwand ein und ist dann von der Gefäßinnenhaut bedeckt. Man glaubte damit, bei der dauerhaften Offenhaltung der Arterien den Stein der Weisen gefunden zu haben. Der mechanische Reiz dieses vom Organismus als Fremdkörper empfundenen Metalls kann jedoch zu eine Verdickung der Gefäßinnenhaut und damit wieder eine Eng-

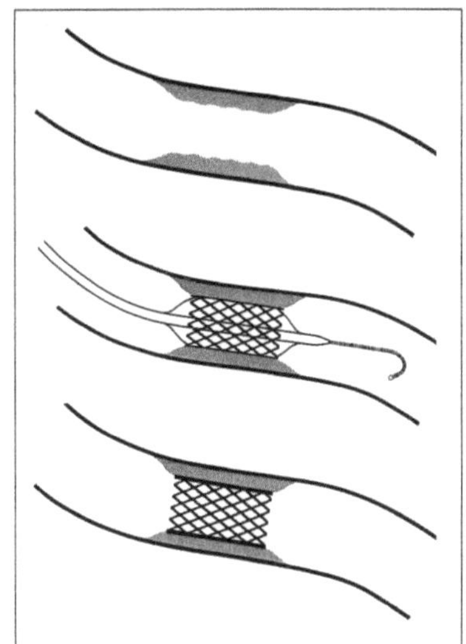

Bild 4 Implantation eines feinen Metallgeflechts in ein Gefäß zur Stabilisierung der erweiterten Engstelle: Restenge nach Ballonerweiterung (oben), Aufdehnung eines Metallstents mit einem Ballonkatheter (Mitte) sowie Zustand nach Stentimplantation (unten)

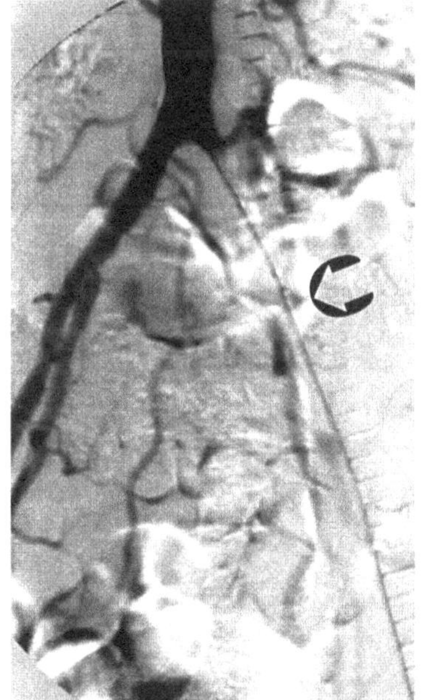
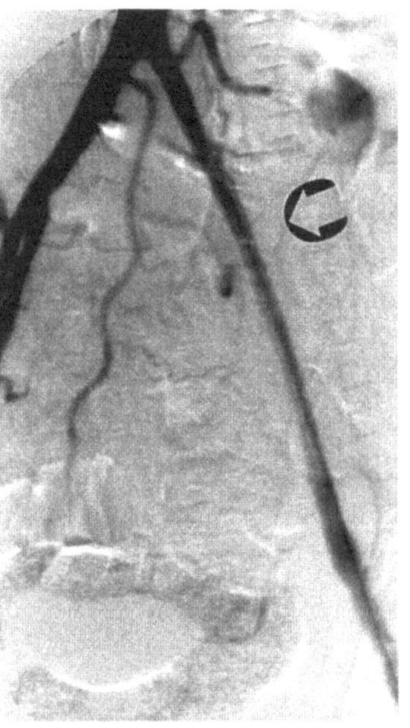

Bild 5 Röntgenologische Gefäßdarstellung der beiderseitigen Beckenarterien: Zu erkennen ist ein kompletter Verschluß der linken Beckenarterie (Pfeil) (links), die nach Ballonerweiterung und Implantation mehrerer Stents wieder frei durchgängig ist (rechts).

stelle bewirken. Dies ist das eigentliche Problem bei dieser Technik, eventuelle Akutkomplikationen lassen sich dagegen gut beherrschen. Weitere Forschungen werden nicht nur neue Erkenntnisse über die komplizierte Funktion der Gefäßinnenhaut bringen, sondern auch die Gefäßeingriffe verbessern.

Als Aneurysma bezeichnen wir die Aussackung von Gefäßen; es kann bei einer Ruptur, einem Durchbruch, zum Tode führen. Man findet derartige Aneurysmen, die bisher als klassische Indikation für eine chirurgische Behandlung galten, im Rahmen der Arteriosklerose sowohl in der Brust- als auch Bauchhauptschlagader und in kleineren Gefäßen. Sind Abgänge der Arterien der Baucheingeweide in das Aneurysma nicht miteinbezogen, kann eine Behandlung dadurch erfolgen, daß der Aneurysmasack von innen durch einen ummantelten Stent abgedichtet wird (Bild 6). Wegen der Größe der Einführbestecke erfordert dies jedoch in der Regel eine chirurgische Freilegung der Arterien in der Leistenbeuge. Die Plazierung der röhren- oder hosenförmig gestalteten Stents erfolgt unter Röntgendurchleuchtungskontrolle. Hier zeigt sich die sinnvolle Kombination von nichtinvasiven radiologischen mit chirurgischen Techniken. Das Ziel für die Zukunft sollte allerdings sein, das Kaliber der Einführbestecke unter 3,5 Millimetern zu halten, so daß die Prothese auch ohne Freilegung der Leistenarterien eingeführt werden kann. Allerdings muß auch darauf hingewiesen werden, daß sich aufgrund anatomischer Bedingungen nur bestimmte Aneurysmen für eine derartige Behandlung eignen.

Embolien in zentralen oder peripheren Gefäßen rufen ebenso wie die Bildung von Blutgerinnseln einen akuten Gefäßverschluß hervor. Die fehlende oder erheblich verminderte Durchblutung in den betroffenen Bereichen verursacht dem Patienten ausgeprägte Schmerzen. Die Blutgerinnsel lassen sich gezielt auflösen, besonders durch Impfung des Blutgerinnsels mit entsprechenden Medikamenten. Schneller wirken jedoch mechanische Zerkleinerungsinstrumente. Zwei bis drei Millimeter kleine Sonden mit innen rotierendem Impeller können Gerinnsel bis in feinste Partikel zermahlen. Auch mit Hilfe einer dünnen Wassersogpumpe – basierend auf dem Venturi-Effekt – können Blutgerinnsel in kleinen Gefäßen abgesaugt werden.

Bei bestimmten Gefäßverletzungen mit Blutung kann die chirurgische Unterbindung eines Gefäßes unbedingt erforderlich sein.

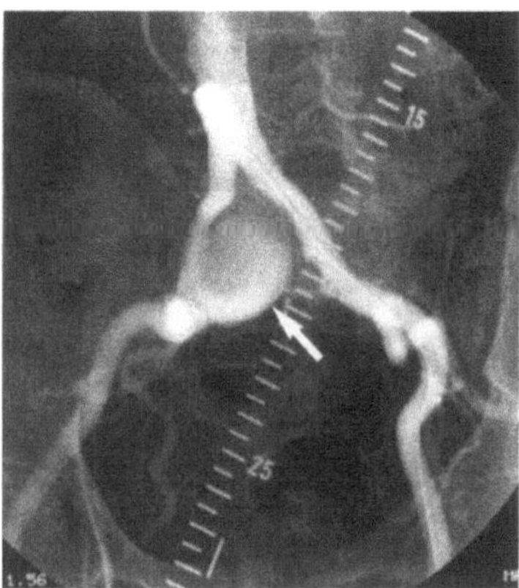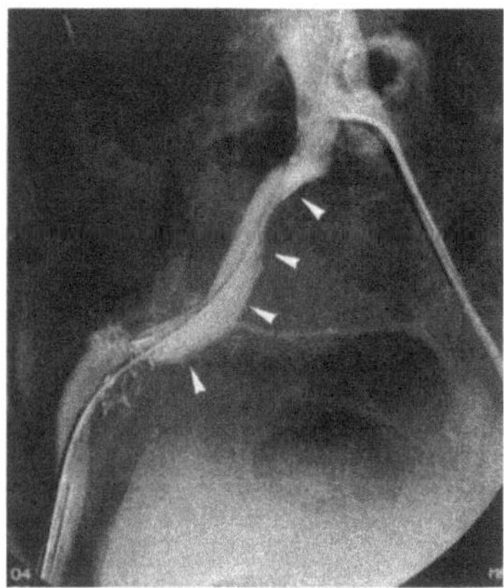

Bild 6 Nichtoperative Ausschaltung einer großen, rupturgefährdeten Gefäßaussackung (Aneurysma) (Pfeil, Bild links) mit Hilfe eines ummantelten Stents (Pfeilköpfe, Bild rechts)

Allerdings läßt sich dieser Effekt, insbesondere bei inneren Organen, auch auf nichtoperative Weise erreichen, wenn es gelingt, die Blutung mittels einer röntgenologischen Gefäßdarstellung in bestimmten Organen zu orten und mittels ultradünnen Kathetern gezielt aufzusuchen. Damit ist ein punktgenauer Verschluß der Blutung (Punktschweißung) ohne Schädigung des umgebenden Gewebes möglich (Bild 7). Denken wir etwa an eine Nierenblutung, die durch eine kleinere Verletzung eines Gefäßastes entstanden ist. Die Blutungsstelle operativ zu orten, ist meist vergeblich und endet häufig mit dem Verlust der Niere. Nicht so bei der Kathetermethode. Hierbei kann mittels eines feinen Katheters die Blutungsstelle unter Röntgendurchleuchtungskontrolle etwa mit Gewebekleber oder einer feinen Metallspirale verschlossen und die Blutung damit zum Stillstand gebracht werden. Derartige gezielte Gefäßverschlüsse lassen sich auch in anderen Organen durchführen. Eine ganz andere Anwendung der interventionellen Radiologie betrifft die Lungenembolie.

Die Lungenembolie

Die meisten Lungenembolien entstehen durch eine Wanderung von Blutgerinnseln aus den Bein- und Beckenvenen, seltener aus den Venen der oberen Extremitäten. Leichte Lungenembolien sind mit Hilfe von Medikamenten gut zu behandeln. Bei schweren Lungenembolien gilt es, einen Schock und den Tod des Patienten zu verhindern, wobei die Ärzte versuchen, den Gefäßverschluß medikamentös oder mechanisch zu zerkleinern. Gelegentlich sieht man sich allerdings dem Problem der wiederholten Lungenembolie trotz ausreichender medikamentöser Behandlung gegenübergestellt. Damit besteht die Gefahr, daß die nächste Embolie auch die letzte sein kann. Unter diesen Umständen empfiehlt sich als lebensrettende Maßnahme die nichtoperative Implantation eines feinen Metallschirms in die untere Hohlvene, um eventuell tödliche Lungenembolien dort abzufangen (Bild 8). Der Filter kann, sobald die Gefahr vorüber ist, innerhalb von 14 Tagen entfernt werden oder verbleibt in der Vene und wächst als dauerhafter Filter in die Venenwand ein. Genug der Beispiele.

Zukunft der interventionellen Radiologie

Die interventionelle Radiologie hat eine stürmische Entwicklung hinter und eine vielversprechende Zukunft vor sich. Der Bedarf an Forschung, Weiterentwicklung, Verbreitung und Verbesserung in der Routineversorgung besteht auch weiterhin, insbesondere für thera-

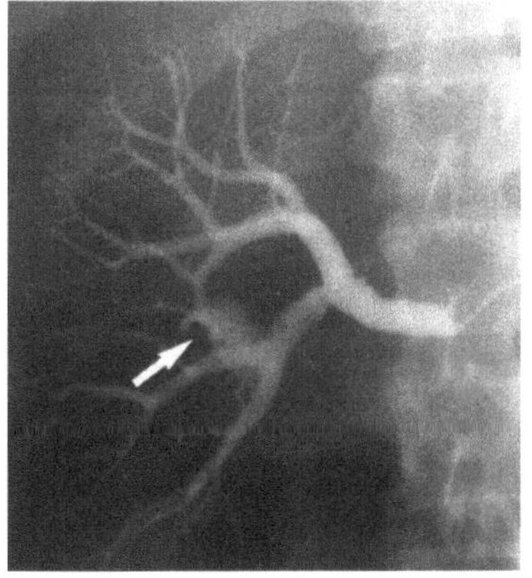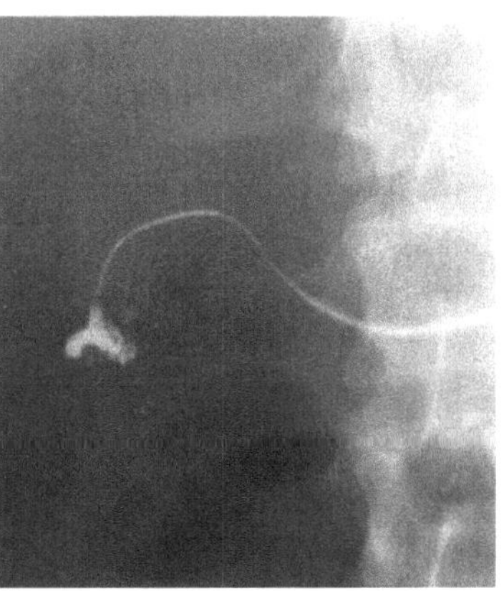

Bild 7 Gezielte Sondierung bei linksseitiger Nierenblutung (Pfeil, Bild links). Nach Injektion von Gewebekleber durch einen ein Millimeter feinen Katheter kommt die Blutung zum Stillstand (rechts).

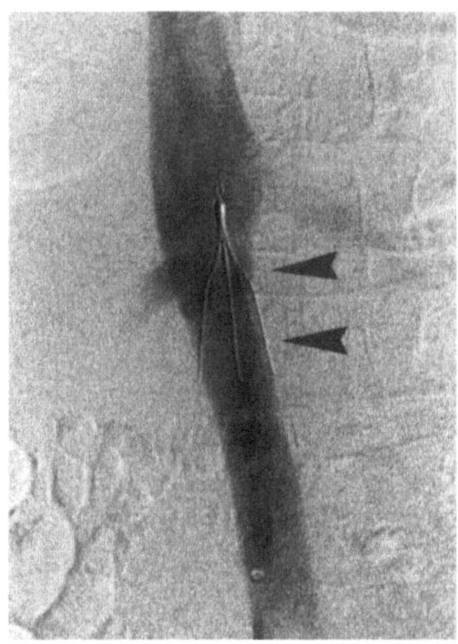

Bild 8 Hier zu sehen ein Filter (Pfeile) in der unteren Hohlvene zum Abfangen von gefährlichen Blutgerinnseln aus den Beinen bei Thrombose zur Verhinderung einer Lungenembolie

peutische Eingriffe. Bei der Rekanalisation von Gefäßen ist es besonders wichtig, ein Wiederauftreten von Engstellen zu vermeiden. Unter Umständen lassen sich auch durch gentechnologische Verfahren andere Formen der Verbesserung der Durchblutung erreichen, beispielsweise durch Induktion von Gefäßaussprossungen.

Als Zielverfahren sind Röntgendurchleuchtung, Sonographie und Computertomographie gut etabliert. Ob auch die Magnet-Resonanz-Tomographie in Zukunft eine Rolle spielen wird, bleibt bisher offen. Erste Ansätze zeigen, daß die MR-Tomographie sich dazu eignet, als stereotaktisches Zielverfahren zur Entnahme von Gewebeproben bei unklaren Prozessen eingesetzt zu werden oder gezielte Thermo- oder Kryotherapien zu überwachen. Denkbar sind auch gentherapeutische Interventionen.

Der Miniaturisierung und damit der Machbarkeit von Kathetereingriffen sind allerdings natürliche Grenzen gesetzt. Ein „*sic transit gloria scalpellorum*" (Charles Dotter 1981) wird es sicherlich nicht geben. Gemeint ist hiermit, daß die klassische Chirurgie in vielen Fällen nicht ersetzt werden kann. Dies ist auch nicht das erklärte Ziel der interventionellen Radiologie. Ganz im Gegenteil, beide Behandlungsstrategien lassen sich zum Wohle des Patienten sinnvoll kombinieren. Die Anwendung der interventionellen Radiologie erfordert dabei nicht nur die perfekte Beherrschung der Technik, sondern auch die perfekte Kenntnis, wann ein solcher Eingriff sinnvoll ist.

Autor Prof. Dr. med. Rolf W. Günther ist Direktor der Klinik für Radiologische Diagnostik. Sein Forschungsgebiet ist neben der interventionellen Radiologie auch die Ultraschalldiagnostik und Magnet-Resonanz-Tomographie.

Literaturhinweis [1] Interventionelle Radiologie, Hrsg. von R. W. Günther und M. Thelen, Thieme Verlag, 2. Auflage, Stuttgart 1996.

Gewebeersatz aus der Zellkultur

Norbert Pallua,
Ernst Magnus Noah und
Dennis von Heimburg

Neue Methoden zur Wiederherstellung von Körperdefekten in der Plastischen Chirurgie

Die Plastische Chirurgie, die oft nur als reine Schönheitschirurgie angesehen wird, beinhaltet die Versorgung von Handverletzungen, Verbrennungen sowie wiederherstellende Maßnahmen am gesamten Körper. Plastische Chirurgen behandeln nicht nur akute Verletzungen, sondern rekonstruieren auch chronische Defekte und Fehlbildungen. Natürlich werden dabei neben der Wiederherstellung der Funktionen auch ästhetische Grundprinzipien berücksichtigt.

Bis heute haben sich Operationsinstrumente in der Plastischen Chirurgie stets weiterentwickelt und werden sich auch künftig verbessern; die operativen Techniken erweitern sich dadurch immens. Häufig müssen feinste Strukturen rekonstruiert werden, und so legte die Entwicklung von Operationsmikroskopen ab 1950 einen Meilenstein, der das Feld der mikrochirurgischen Operationen eröffnete. Es wurde möglich, zarteste Arterien und Venen zu verbinden und Nerven zu nähen. Die optischen Vergrößerungstechniken ermöglichten auch feinere, atraumatische Operationstechniken; sie lieferten die Basis für minimal-invasive Operationen. Weitere technische Errungenschaften von nachhaltiger Bedeutung waren Endoskope, die Operationen durch kleinste Hautschnitte gestatteten, und der Einsatz von Laser und Ultraschall in allen Bereichen der Plastischen Chirurgie.

Die wissenschaftlichen Kenntnisse über die immunologischen und physiologischen Grundlagen der Wundheilung sind inzwischen deutlich gewachsen, und so steht die Plastische Chirurgie nun an einer Schwelle, die sie befähigt, biologische Techniken für die Therapie von Patienten zu entwickeln.

Die Wundheilung läßt sich durch unterschiedliche Faktoren direkt beeinflussen. Dadurch kann in der Phase der Wiederherstellung direkt in den Körper eingegriffen werden. Wegweisende Neuerungen stellt die Technik des sogenannten Tissue Engineering dar. Hierbei werden Organe und Gewebe neu gezüchtet. In Anlehnung dazu werden beim Cell Engineering einzelne Zellen umgebaut oder gänzlich neu erzeugt.

Eine besondere Herausforderung ist es, zerstörte Haut durch biologisches Material zu ersetzen. Zellen aus der Kultur und eine geeignete Trägersubstanz sind die Voraussetzungen für die Herstellung eines solchen Substitutes. So konnte etwa 1982 in Boston, USA, an zwei Kindern, deren Hautoberfläche zu über 90 Prozent verbrannt war, zum erstenmal gezüchtete Haut erfolgreich zur Defektdeckung genutzt werden. Die Kinder leben noch heute dank der Pionierarbeit der behandelnden plastischen Chirurgen. Die Technik, die Epider-

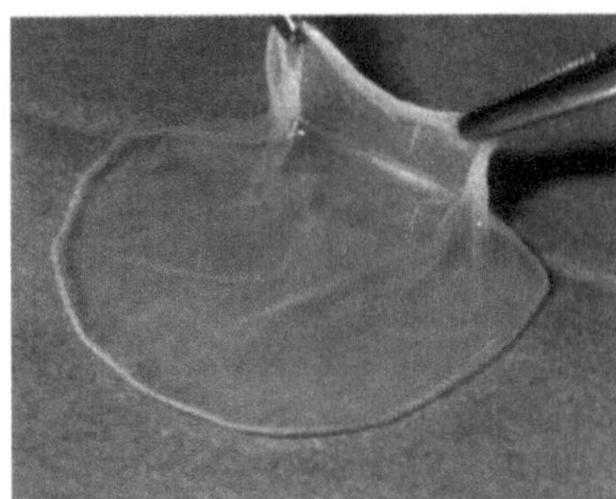

Bild 1 Diese aus einer Zellkultur gewonnene, zusammenhängende oberste Hautschicht läßt sich auf Menschen verpflanzen.

mis, also die oberste Hautschicht, zu ersetzen, wurde zu einem Standardverfahren; sie ist dann lebenswichtig, wenn nicht ausreichend Hauttransplantate zur Verfügung stehen, und dies ist vor allem nach schweren Verbrennungen der Fall. Aus einem Hautstück in Größe einer Briefmarke lassen sich im Labor innerhalb von zwei Wochen hauchdünne Zellagen, sogenannte Sheets (Bild 1), desselben Menschen züchten, die man als Transplantat verwenden kann – zum Beispiel für den gesamten Rücken eines Schwerstverbrannten.

Allerdings haben diese Techniken auch Nachteile. Bei tiefen Verbrennungen wird die mittlere Hautschicht, die Lederhaut, zerstört. Diese ist – je nachdem, welchen Ansprüchen verschiedene Körperstellen ausgesetzt sind – besonders variabel gestaltet. So ist etwa die Haut über den Gelenken dehnbar, die Haut der Fußsohlen ist so beschaffen, daß man, ohne sie abzunutzen, auf ihnen gehen kann, und die Gesichtshaut ist so dünn, daß die feine Mimik wahrzunehmen ist.

Störungen dieses harmonischen Gefüges durch Verletzungen oder aggressive Tumoren führen zu Wunden und zu Defekten. Der Endzustand jeder Wundheilung ist eine Narbe. Narbiges Gewebe ist jedoch minderwertig und kann die Funktionen des zerstörten Gewebes nicht vollständig erfüllen. Die plastisch-chirurgische Forschung gelangt zu immer mehr Kenntnissen über zelluläre und molekulare Zusammenhänge der Wundheilung, so daß sie durch Medikamente gezielt zu beeinflussen ist. Für die Zukunft wird die narbenfreie Heilung von Körperdefekten angestrebt. Bislang kann allerdings nur ein Embryo Gewebe auf diese Weise regenerieren Hier sind die Faserproteine, beispielsweise das Kollagen, anders zusammengesetzt und die Zellen wachsen schneller. So kann eine narbenlose Abheilung erfolgen.

Die Fortentwicklung von intrauterinen (innerhalb der Gebärmutter stattfindenden) Operationstechniken wird es so ermöglichen,

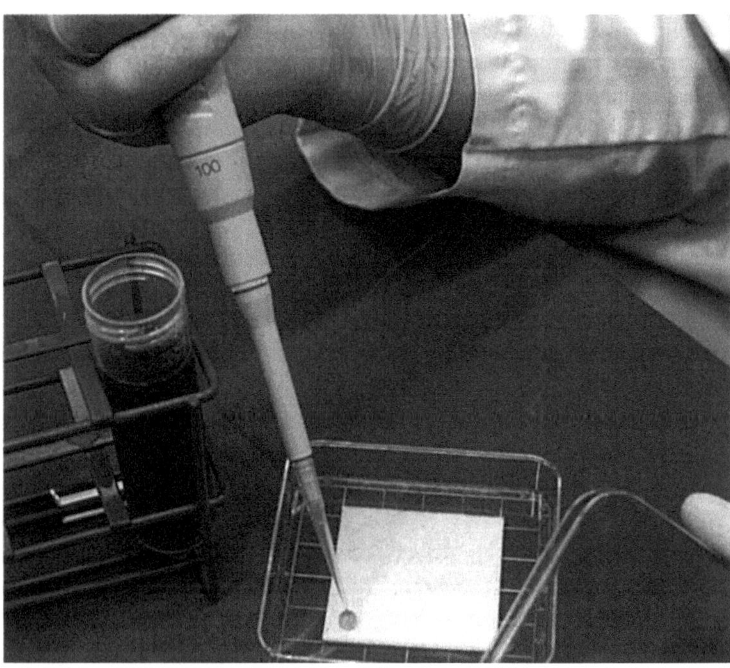

Bild 2 Beimpfen einer kollagenen Matrix mit in vitro gezüchteten Bindegewebszellen aus der Lederhaut

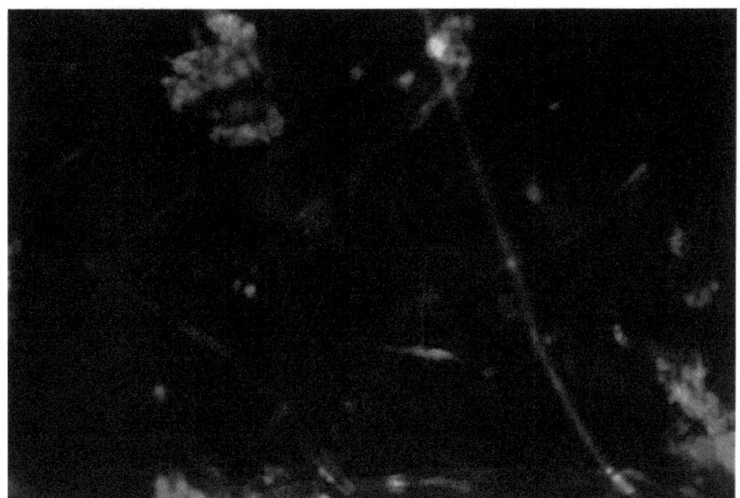

Bild 3 Bindegewebszellen im Geflecht eines Hyaluronsäureträgers in der Zellkultur

frühzeitig erkannte Fehlbildungen, wie zum Beispiel Lippen-, Kiefer- und Gaumenspalte, schon im Uterus zu korrigieren. Eine narbenfreie und zusammengewachsene Lippe würde den Erfolg krönen.

Bis zum Einsatz spezieller Faktoren zur narbenfreien Wundheilung auch beim Erwachsenen ist es allerdings noch ein weiter Weg. Die Einmaligkeit der embryonalen Wundheilung liegt auch an einer hohen Konzentrationen von Hyaluronsäure (Bild 2). Durch die Wirkung dieser Substanz können sich die Fasern des heilenden Bindegewebes schneller und gerichteter bilden und eine Wundheilung herbeiführen. Die industrielle Herstellung verschiedenster Abkömmlinge der Hyaluronsäure ermöglicht den Einsatz in Kombination mit Zellen aus der Kultur. Durch eine optimale Zusammensetzung werden diese künstlich geschaffenen Organe nach der Verpflanzung gut angenommen. Die Narbenbildung soll gering und das geschaffene Gewebe gut angepaßt sein. Diese Materialien stehen bereits kurz davor, in klinischen Studien erprobt zu werden; sie sollen tieferliegende, zerstörte Hautschichten ersetzen, die dann ebenso belastbar, elastisch und gut sein werden (Bild 3).

Die Einmaligkeit der embryonalen Wundheilung

Die Kunsthaut stellt allerdings nicht den Endpunkt des Tissue Engineering dar. Wir sind dabei, die gewonnenen Erkenntnisse jetzt auf weitere Gewebetypen zu übertragen. Unsere Ziele sind Organe nach Maß, die keine Abstoßungsreaktion hervorrufen und stets in ausreichender Menge zur Verfügung stehen.

Die Einsatzgebiete von speziell hergestellten und aufeinander abgestimmten Zellgerüsten sind vielfältig: die Reparatur zerstörter Nerven durch vorbereitete und verpflanzbare Nervenstücke, die als Leitschiene für eine Nervenregeneration dienen; der Ersatz des durch Abnutzung zerstörten Knorpels durch Knorpelzellgerüste; das Auffüllen entstellender Defekte nach Verletzung oder nach Operation großer Tumoren durch in Zellkultur vorbereitete Fettgewebsstücke. Die gewünschte Gewebeart muß bislang noch gewonnen werden, indem man Zellen aus dem entsprechenden Ursprungsgewebe isoliert. Um Fettgewebe zu bekommen, benötigt man somit zunächst autogene (aus dem Körper entstandene) Fettproben. Aus kleinsten Knorpelanteilen läßt sich neuer Knorpel züchten.

Zum gegenwärtigen Zeitpunkt ist es also nicht möglich, Gewebe ohne Ursprungsgewebe zu kultivieren. Neue Wege beschreitet die Forschung mit dem Versuch, ursprüngliche und sich in viele Richtungen entwickelbare Stammzellen anzuzüchten. Diese Urzellen ähneln den embryonalen Stammzellen und sind möglicherweise auch die Schlüsselzellen zur narbenfreien Heilung. Sie finden sich in großer Anzahl im Knochenmark und können sich, gesteuert durch Wachstumsfaktoren, auch in der Zellkultur in die gewünschte Richtung entwickeln. Die Stammzelle findet sich in geringer Anzahl im Blut, und so erscheint es aussichtsreich, aus einer Blutentnahme Zellen zu gewinnen. Viele der geeigneten Wachstumsfaktoren sind bekannt, und das Zusammenspiel zwischen der Zellentwicklung und diesen Faktoren ist Gegenstand der Zukunftsforschung mit dem Ziel, unterschiedliche Zellen aus einer Ursprungszelle herstellen zu können.

Im Rahmen von Regenerationsforschungen wurden im letzten Jahrzehnt unterschiedliche Wachstumsfaktoren isoliert. Die Erforschung ihrer Funktionen in der Wundheilung macht täglich Fortschritte. So ist es gelungen, einzelne verantwortliche Gene zu isolieren, die für die Produktion des jeweiligen Faktors zuständig sind. Mit speziellen Verfahren lassen sich Gene in Kulturzellen einbringen. Von dem eingebrachten Gen schreiben die Zellen dann die Zusammensetzung der Wachstumsfaktoren ab und produzieren diese über einen bestimmten Zeitraum. Zellen können somit Wachstumsfaktoren in großen Mengen bereitstellen, obwohl die Zellen diese Fähigkeit normalerweise nicht besitzen (Bild 4).

Besonderes Interesse gilt den neuen Verfahren, mit denen Gene in die Zellen eingebracht werden. Mit einer sogenannten Genkanone werden sie, angeheftet an kleinste Goldpartikel, mit großer Geschwindigkeit in die Zellen hineingeschossen. Eine weitere hoffnungsvolle Technik ist das Durchschleusen der gewünschten Erbsubstanz, eingekapselt in künstliche Lipidmembranen, sogenannte Liposomen, durch die Zellmembran in die Zielzelle. Durch die Produktion der Wachstumsfaktoren können Wunden, die mit diesen genveränderten Zellen bedeckt werden, schneller heilen. Die Genübertragung wird auch für das Tissue Engineering bedeutende Erneuerungen bringen. Die Ursprungszelle kann sich entsprechend dem eingebrachten Gen und den darüber produzierten Wachstumsfaktoren zu den gewünschten Zellen entwickeln. Im Verbund mit den neuen Trägermaterialien entstehen so Knorpel-, Fettgewebs-, Muskel- oder Knochen-ähnliche, lebende Gewebsteile zur Reparation von Unfall- oder Tumordefekten. Die äußere Erscheinung wird wiederhergestellt, und nach der Einheilung werden auch verlorengegangene Funktionen ersetzt.

Die fabrizierten Gewebsteile lassen sich durch die formbaren Trägermaterialien auch als Körperteil herstellen, der möglicherweise am Menschen angebracht werden kann. So konnte man eine Ohrmuschel produzieren, das bislang allerdings nur im Tierexperiment auf dem Rücken einer Maus gewachsen ist. Denkbar ist eine Verknüpfung von klassischen plastisch-chirurgischen Techniken und dem Tissue Engineering. Die im Labor sozusagen vorgefertigten Körperteile müssen in den Patienten implantiert werden, um nach

Bild 4 Immunhistologisches Färben von Transplantatgewebe zur Analyse der Einheilungsprozesse

einem Anschluß an den Blutkreislauf mittels mikrochirurgischer Techniken an den Bestimmungsort übertragbar zu sein. So könnten Teile eines verbrannten Gesichtes zunächst dreidimensional mit Knorpel-, Knochen-, Fett- und Muskelanteilen vorgefertigt und an nicht verbrannten Körperstellen implantiert werden. Nach erfolgreicher Durchsetzung des Konstruktes mit körpereigenen Zellen und Blutgefäßen ließe sich dann das Gesicht rekonstruieren.

Solche Verfahren werden in naher Zukunft in Einzelfällen realisiert werden. Die Vereinfachung der Einzelschritte durch technische Errungenschaften im nächsten Jahrtausend werden die Gewebeherstellung und diese Operationen für viele Menschen ermöglichen.

Autoren

Prof. Dr. Dr. med. Norbert Pallua ist Direktor der Klinik für Verbrennungs- und Plastische Wiederherstellungschirurgie.

Dr. med. Ernst Magnus Noah und Dr. med. Dennis von Heimburg sind Ärzte an der Klinik für Plastische Chirurgie, Hand- und Verbrennungschirurgie.

Literaturhinweise

[1] J. W. Siebert et al.: Fetal wound healing: a biochemical study of scarless healing, Plastic and Reconstructive Surgery, 85, 1990, S. 495 bis 502.

[2] G. G. Gallico, N. E. O'Connor, C. C. Compton et al.: Permanent coverage of large burn wounds with autologous cultured human epithelium, New England Journal of Medicine, 311, 1984, S. 448 bis 451.

[3] T. Friedmann: A brief history of gene therapy, Nature Genetics, 2, 1992, S. 93 bis 98.

[4] R. Langer, J. P. Vacanti: Tissue engineering, Science, 260, 1993, S. 920 bis 926.

Optimale, patientenbezogene Individualprothesen

Thomas Pandorf,
Dieter Christian Wirtz und
Dieter Weichert

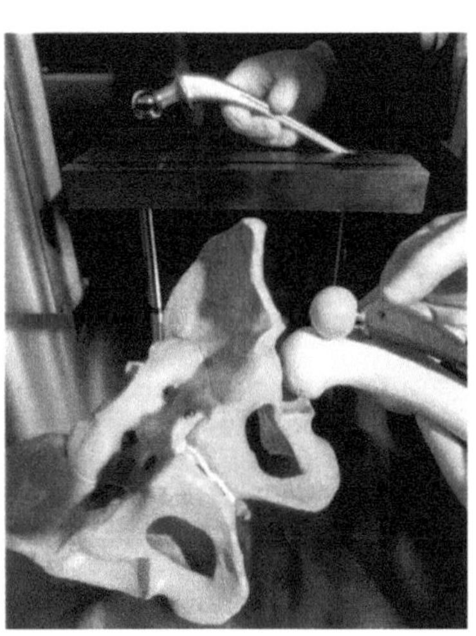

Bild 1 Prinzip eines Endoprothesenersatzes am Femurschaft (Oberschenkelknochen)

Der Computer eröffnet neue Wege zur Entwicklung und Anpassung künstlicher Gelenke

Die rasante Entwicklung der Computertechnologie hat zu einer Umorientierung von Arbeits- und Verhaltensweisen in vielen Bereichen des täglichen Lebens geführt. Schlagworte wie Internet oder Virtual Reality sind Gegenstand der öffentlichen Diskussion und haben große Auswirkungen auf das Freizeitverhalten des modernen Menschen. Nur indirekt spürbar hingegen ist der Nutzen, den Forschung und Wissenschaft aus der gewaltigen Steigerung der Rechenleistung heutiger Computer in den letzten Jahren gezogen haben. In medizinischer Hinsicht sind dies vor allem neue Diagnoseverfahren und Operationstechniken, die größere Heilungserfolge ermöglichen. Am Beispiel künstlicher Hüftgelenke soll hier eine Perspektive aufgezeigt werden, wie der Einsatz einer individuellen Operationsplanung und -durchführung in der Zukunft aussehen könnte.

Wenn aus medizinischer Sicht der Ersatz eines menschlichen Hüftgelenks durch eine Endoprothese (künstliches Hüftgelenk) notwendig wird (Bild 1), so kann der Arzt aus einer Vielzahl von Modellen auswählen. Er trifft seine Entscheidung im Hinblick auf einen guten Heilungserfolg sowie eine möglichst lange Verweildauer der Endoprothese im menschlichen Körper. Bei den heutigen Prothesen beträgt diese Lebensdauer zehn bis 15 Jahre. Danach ist ein Ersatz der Prothese (Revisionsprothese) notwendig.

Die künstlichen Gelenke unterscheiden sich nicht nur durch Form und Größe, sondern auch im Hinblick auf verwendetes Material und Oberflächenbeschaffenheit (Bild 2). Trotz dieser Vielfalt an Hüftendoprothesen ist aber eine wirklich individuelle Auswahl und Anpassung an den jeweiligen Patienten nicht gegeben. Hierzu müssen Größe und Form der beteiligten Knochen, die Struktur des Knochenmaterials sowie das Alter des Patienten berücksichtigt werden. Welchen Einfluß diese Parameter auf Form und Beschaffenheit der für den jeweiligen Patienten optimalen Hüftprothese haben, ist nur zum Teil bekannt. Deshalb ist es das Ziel einer fachübergreifenden Kooperation von Forschungsinstituten an der RWTH Aachen, die Berechnung und Fertigung einer solchen optimalen Individualprothese zu erreichen und den Arzt bei deren Einbau in den menschlichen Körper zu unterstützen (Bild 3). Aufgrund der komplexen medizin- und ingenieurtechnischen Anforderungen an ein solches Operationsplanungssystem ist eine fachübergreifende Zusammenarbeit von Medizinern und Ingenieuren hierbei sogar unabdingbar.

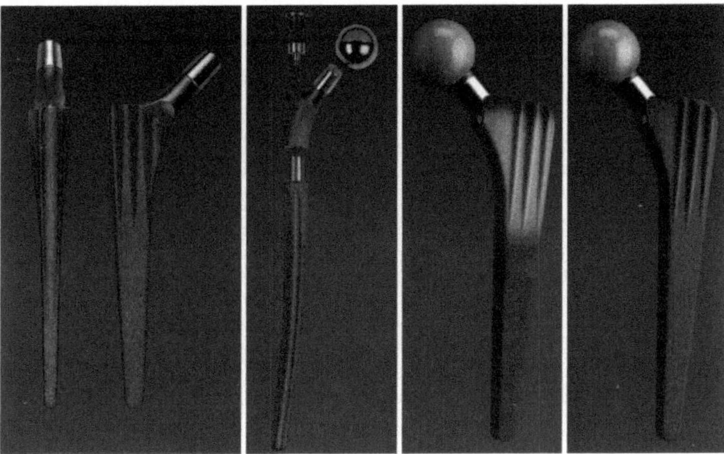

Bild 2 Verschiedene Endoprothesentypen: Vector-Femurschaftprothese, MRP-Titan-Femurrevisionsprothese, Hydroxyl-Apatit-beschichtete Cerafit-Femurschaftprothese und unbeschichtete Cerafit-Femurschaftprothese (von links nach rechts)

Wie könnte nun in der Zukunft eine solche individuelle Anpassung aussehen? Notwendig dazu ist die genaue Ermittlung der Knochenform und des Knochenaufbaus. Mit der heute verfügbaren Technologie ist dies am besten mit computertomographische Aufnahmen (CT-Aufnahmen) zu erreichen. Sie liefern digitale Daten über die Knochengröße sowie die Verteilung der Knochendichte. Knochen ist kein homogen aufgebautes Material, sondern weist unterschiedliche Dichte und Struktur auf. So ist beispielsweise der Schaft des Oberschenkelknochens erheblich fester als der gelenknahe Bereich, der eine schwammartige Struktur aufweist. Weiterhin variiert dieser Aufbau von Mensch zu Mensch: Er ist unter anderem abhängig vom Alter, den Lebensgewohnheiten (Ernährung, sportliche Aktivität), möglichen Erkrankungen sowie vererbten (genetischen) Einflüssen. Schon hieraus wird die Notwendigkeit einer Individualprothese überaus deutlich, denn sie muß zum jeweiligen Men-

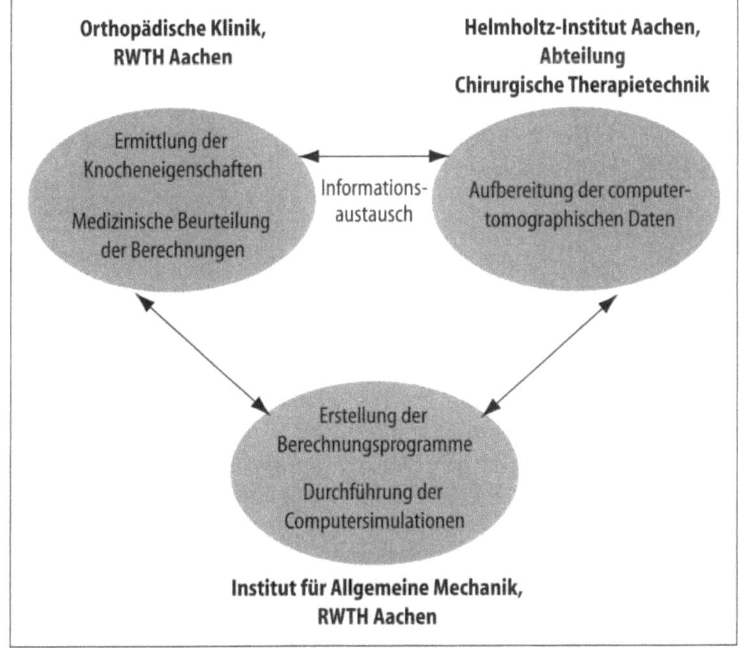

Bild 3 Die Kooperationspartner und deren Aufgabenverteilung

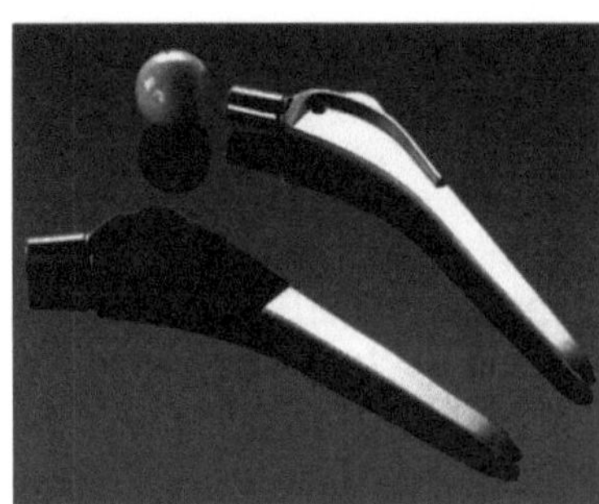

Bild 4 BiCONTACT-Femurschaftsystem für zementfreie (vorne) und zementierte Implantation (hinten)

schen „passen". In der heutigen Prothesentechnik wird aber lediglich die Geometrie des Knochens berücksichtigt. Dies hat seinen Grund darin, daß die für die jeweilige Knochenstruktur optimale Materialstruktur der Prothese nicht bekannt ist.

Entscheidend für die Lebensdauer der Prothese ist neben der Form und der Materialbeschaffenheit auch die Art des Einbaus in den Knochen. So unterscheidet man zwischen zementierten und unzementierten Prothesen (Bild 4). Zementierte Prothesen werden häufig bei alten Menschen eingesetzt, da bei dieser Technik die Hüfte kurze Zeit nach der Operation wieder belastet werden kann. Die nachteiligen Folgen einer längeren Bettlägerigkeit sind dadurch eingeschränkt. Allerdings muß für den Einsatz des Knochenzements mehr natürlicher Knochen entfernt werden als bei der für unzementierte Prothesen genutzten Frästechnik. Dies führt aufgrund der schon angesprochenen begrenzten Lebensdauer der Prothesen dazu, daß ein stabiler Einbau einer eventuell notwendigen Revisionsprothese in den noch vorhandenen Restknochen kaum möglich ist.

Um aus den Parametern Geometrie, Materialbeschaffenheit und Einbautechnik die optimale Kombination herauszufiltern, werden am Institut für Allgemeine Mechanik Rechenverfahren entwickelt, die die CT-Aufnahmen des Knochens als Eingangsdaten übernehmen und die optimale, patientenbezogene Individualprothese bestimmen. Dazu ist die Ausarbeitung verschiedener numerischer Knochenmodelle notwendig, die anhand bereits bekannter klinischer Studien verifiziert werden müssen. Notwendig für die technische Berechnung des Prothesenverhaltens im Knochen sind außerdem weitere individuelle Daten wie Knochenelastizität oder auftretende Muskelkräfte, die sich ebenfalls erheblich von Patient zu Patient unterscheiden. Die daraus sich ergebende Komplexität der Rechenmodelle verlangt, daß nur sehr leistungsfähige Computer zur Berechnung einer Individualprothese im Rahmen der Operationsplanung verwendbar sind, die leider nicht in jedem Krankenhaus zur Verfügung stehen. Aus unserer heutigen Sicht wäre zur Unterstützung der individuellen Implantatberechnung die Entwicklung eines Expertensystems denkbar, welches aus den Ergebnissen vergangener Berechnungen und klinischer Studien die optimale Form und Struktur eines Implantats vorhersagt.

Eng verknüpft mit der Problematik einer optimalen Prothesenherstellung ist die der möglichst genauen Protheseneinpassung in den Knochen. Der Knochen ist zwar in der Lage, sich innerhalb gewisser Grenzen an verschiedene Belastungsbedingungen anzupassen, wie sie beispielsweise durch örtlich ungenaue Protheseneinpassung entstehen können. Unbestritten ist jedoch, daß die Aussichten auf einen möglichst großen Heilungserfolg mit steigender Genauigkeit der Prothesenimplantation wachsen (Bild 5). Daher sind schon seit längerer Zeit Projekte in Angriff genommen worden, eine Implantation der Prothese mit Hilfe von Robotern vorzunehmen. Das am Helmholtz-Institut der RWTH Aachen, Abteilung Chirurgische Therapietechnik, entwickelte CRIGOS-System weist ebenfalls in diese Richtung. Die computertomographisch ermittelten Geometriedaten werden hier als Steuerungs- und Positionierungs-

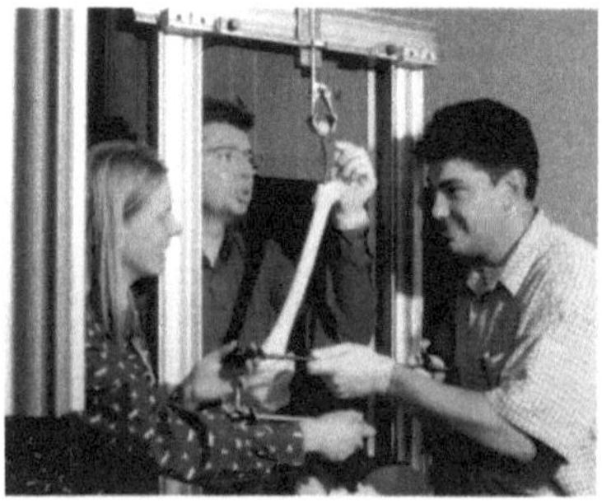

Bild 5 Anbringen einer Justiervorrichtung zur korrekten Positionierung des Femurs

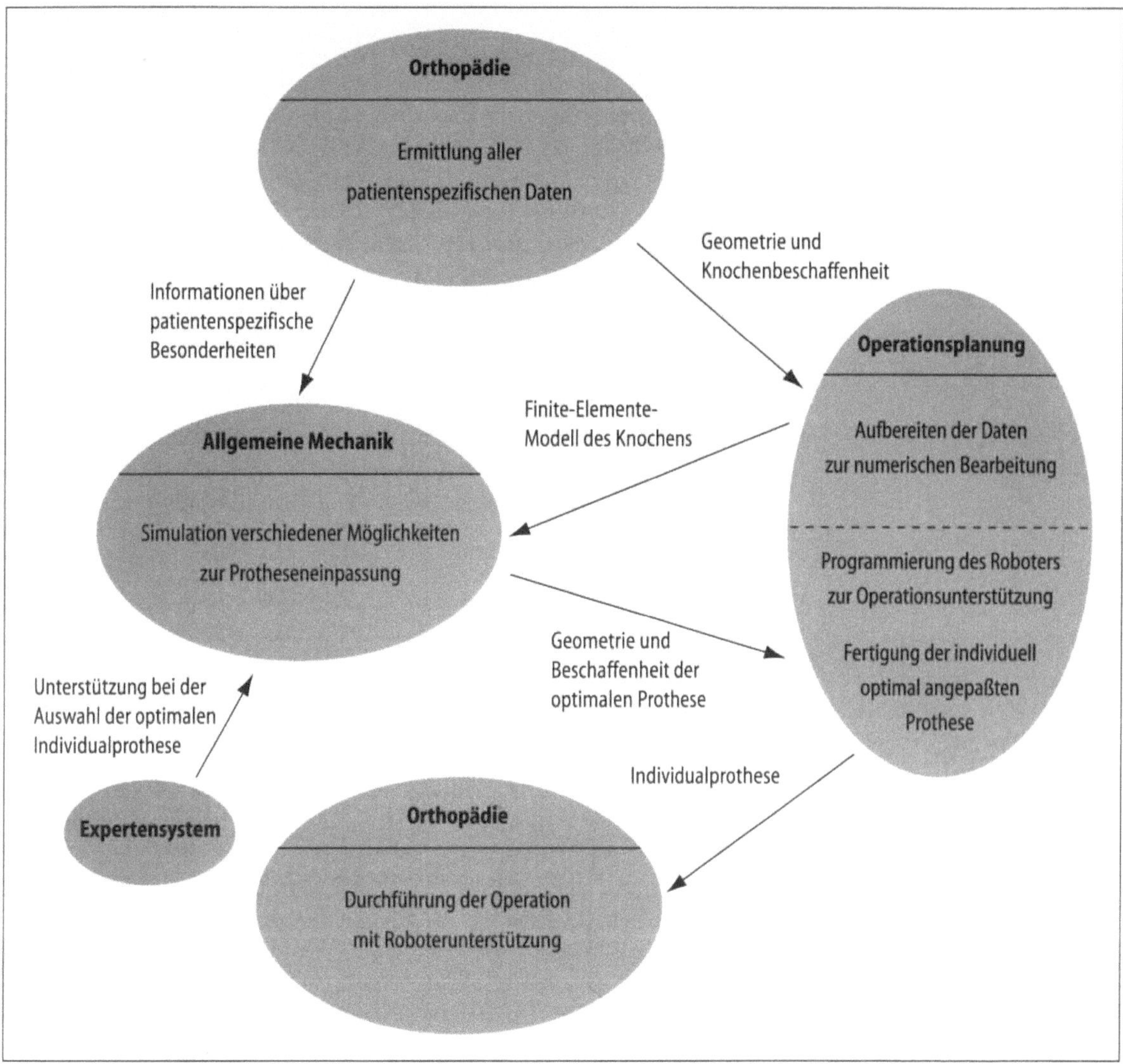

Bild 6 Szenario zur Entwicklung einer optimal angepaßten Individualprothese

größen verwendet, die eine sehr genaue Einpassung in den Knochen ermöglichen.

Wie bereits erwähnt, stehen dem Arzt verschiedene Prothesenformen und -größen zur Verfügung. Ein weiteres Ziel des gemeinsamen Forschungsprojekts ist es, die vor einer Operation ermittelte individuelle Knochengröße und die gemessene Knochenbeschaffenheit zur individuellen Fertigung einer Hüftendoprothese zu verwenden und zu erreichen, daß jeder Patient eine speziell auf seine persönlichen Bedürfnisse entwickelte Prothese erhält. Diese wird robotergestützt eingebaut und garantiert somit eine möglichst lange Verweildauer im Körper.

Die beschriebene Aufgabenstellung – die optimale Individualprothese – setzt eine gemeinsame Entwicklungsarbeit in verschiedenen Disziplinen der Medizin- und der Ingenieurwissenschaften voraus: In umfassenden klinischen Studien und technischen Berechnungen müssen die Zusammenhänge zwischen der Größe und dem Aufbau des Knochens und der sich daraus ergebenden Prothesenform und ihrer Beschaffenheit ermittelt werden. Da die computertomographisch ermittelten Patientendaten für jeden Entwicklungsschritt der Prothese benötigt werden, ist eine entsprechende Datenaufbereitung und ein reibungsloser Datenfluß zu gewährleisten. Die individuelle Prothesenanfertigung und der Einbau durch Roboter erfordern im Rahmen der Operationsplanung neue Methoden der Steuerung und der Überwachung durch den Mediziner. Ein vorstellbares Szenario der Aufgabenverteilung zur Versorgung eines Patienten mit einer Individualprothese zeigt Bild 6.

Die RWTH Aachen bietet für die Verwirklichung solcher Vorstellungen die idealen Voraussetzungen. Aufgrund der örtlichen Nähe kompetenter Institute aus verschiedenen wissenschaftlichen Fachrichtungen sind die Bedingungen für eine interdisziplinäre Kooperation in hervorragender Weise gegeben. Solche fachübergreifenden Projekte, die häufig mit industriellen Partner zustande kommen, bringen nicht nur neue wissenschaftliche Erkenntnisse, sondern stärken auch den Forschungsstandort Aachen.

Autoren

Dr.-Ing Thomas Pandorf ist wissenschaftlicher Assistent am Institut für Allgemeine Mechanik. Seine Forschungsschwerpunkte liegen auf dem Bereich der Biomechanik und der Schädigungsmechanik von Metallen.

Dr. med. Dieter Christian Wirtz ist wissenschaftlicher Assistent und Facharzt für Orthopädie am Lehrstuhl für Orthopädie. Sein Forschungsgebiet ist die Optimierung endoprothetischer Werkstoffe.

Prof. Dr.-Ing. Dieter Weichert ist Leiter des Instituts für Allgemeine Mechanik. Seine Forschungsschwerpunkte sind die Modellierung heterogener Materialien, das Verhalten dünnwandiger Strukturen sowie die mikrostrukturelle Optimierung von Werkstoffen.

**Rehabilitation
in der neuen Arbeitswelt**

Will A. C. Spijkers

Perspektiven der beruflichen Rehabilitationspsychologie

Der Fokus der in Aachen erstmals an einer deutschen Universität eingerichteten Professur für Berufliche Rehabilitationspsychologie richtet sich auf ihre arbeits- und organisationspsychologischen Aspekte. Die berufliche Rehabilitation zielt auf die umfassende Reintegration von Menschen in den Arbeitsmarkt ab, die aufgrund einer Krankheit oder Behinderung ihren bisherigen Beruf nicht mehr ausüben können.

Jeder Mensch, der chronisch erkrankt beziehungsweise behindert oder von Behinderung bedroht ist, hat nach dem Ersten Sozialgesetzbuch, Paragraph 10, einen Anspruch auf Rehabilitation. Dieser Anspruch bezieht sich nicht nur auf medizinische Hilfe, sondern beinhaltet auch die umfassende Herstellung der gesellschaftlichen Handlungsfähigkeit. Dabei hat die berufliche Rehabilitation einen hohen Stellenwert. Um den Anspruch auf berufliche Rehabilitation umzusetzen, wurden in der Bundesrepublik Deutschland die Berufsförderungswerke sowie weitere Institutionen geschaffen. Bild 1 zeigt die berufsfördernden Bildungsmaßnahmen der Bundesanstalt für Arbeit im Zeitraum von 1992 bis 1996.

Nach der heutigen Auffassung von Rehabilitation steht der Anspruch des Individuums auf eine angemessene Lebensgestaltung im Vordergrund; entstanden ist die Praxis der Rehabilitation jedoch aus volkswirtschaftlicher Notwendigkeit in Folge der beiden Weltkriege. Bei dem heutigen Überschuß an Arbeitskräften ist es für behinderte Menschen schwierig, einen angemessenen Arbeitsplatz zu finden. Nichtsdestotrotz ist die Wiederherstellung der Arbeitsfä-

Ort der Durchführung	Eintritte in Maßnahmen				
	1992	1993	1994	1995	1996
Betriebe einschließlich überbetrieblicher Abschnitte	15.616	9.422	11.164	10.619	10.130
Berufsbildungswerk	10.001	9.587	9.895	10.296	10.726
Berufsförderungswerk	24.529	24.932	23.711	21.241	20.840
Einrichtung der medizinisch-beruflichen Rehabilitation	884	1.019	897	578	635
Werkstatt für Behinderte	13.276	12.171	11.912	11.855	12.781
sonstige Rehabilitationseinrichtungen	9.341	11.413	13.796	15.102	19.322
sonstige überbetriebliche Einrichtungen	55.147	29.197	40.518	45.676	52.526
Fernlehrgang	1.628	783	585	561	545
insgesamt	130.422	98.524	112.478	115.928	127.505

Bild 1 Berufsfördernde Bildungsmaßnahmen der Bundesanstalt für Arbeit im Zeitraum von 1992 bis 1996

higkeit behinderter Menschen auch volkswirtschaftlich von Nutzen. Verglichen mit Arbeitslosigkeit oder Frühverrentung sind die Kosten der beruflichen Rehabilitation relativ gering (Grundsatz: „Rehabilitation vor Rente"). Diese Kostenersparnis ergibt sich natürlich nur, wenn beruflich rehabilitierte Menschen auch tatsächlich langfristig einer Beschäftigung nachgehen können. Diese tatsächliche Wiedereingliederung in Arbeit wird aber unter den gegebenen Bedingungen zunehmend problematischer. Dafür ist – neben hoher Arbeitslosigkeit – auch verantwortlich, daß sich die Anforderungen infolge technischer Entwicklungen immer schneller wandeln und diese gerade für Menschen mit Behinderungen nur mit Schwierigkeiten zu bewältigen sind. Diese Änderungen führen schon jetzt dazu, daß die beruflichen Qualifikationen schnell veralten; Flexibilität und Lernbereitschaft sind daher unabdingbar. Diese Entwicklung des Arbeitsmarktes hat weitreichende Konsequenzen für die berufliche Ausbildung allgemein und speziell für die berufliche Rehabilitation.

Um diesen Herausforderungen zu begegnen, müssen die Planer der beruflichen Rehabilitation unserer Auffassung nach in der nächsten Zukunft neue Arbeitsmöglichkeiten für behinderte Personen finden, die Ausbildung ständig auf aktuelle Anforderungen abstimmen, aktive Vermittlungsinstrumente für Rehabilitanden und Konzepte für die spezifische Gestaltung von Arbeitsplätzen entwickeln, die Qualität von Maßnahmen sichern und Modelle für die Integration von Rehabilitanden in die neue Arbeitswelt entwerfen.

Arbeitsmöglichkeiten für behinderte Personen

Die „klassischen" Berufsfelder behinderter Personen, etwa Telefonvermittlung oder Phonotypist für Blinde, werden zunehmend automatisiert oder mit anderen Tätigkeiten zusammengelegt, so daß sich die Beschäftigungsmöglichkeiten für diesen Personenkreis reduzieren. Der moderne Arbeitsmarkt bietet aber auch neue Chancen. So ergeben sich etwa für das Berufsbild Telefonist neuartige Arbeitsmöglichkeiten in Call-Centern (Bild 2). Für die Telefonisten sind dabei eine Reihe von Zusatzqualifikationen notwendig: Auf der fachlichen Seite müssen sie den Umgang mit computergestützten Dateneingabe- und Informationssystemen beherrschen. Auch auf

Bild 2 In den klassischen Berufsfeldern für Behinderte, wie zum Beispiel Telefonvermittlung für Blinde, gehen durch die zunehmende Automatisierung immer mehr Arbeitsplätze verloren. Für das Berufsfeld Telefonist ergeben sich jedoch neuartige Arbeitsmöglichkeiten etwa in Call-Centern. Voraussetzung hierfür sind behindertengerecht gestaltete Arbeitsplätze.

der überfachlichen Seite sind bestimmte Fähigkeiten erforderlich: Sie sollten freundlich sein, argumentieren können, Bestimmtheit zeigen und auch Streß bewältigen können. Hier kann die berufliche Rehabilitationspsychologie eine wichtige Funktion übernehmen, indem sie hilft, neue Ausbildungskonzepte und Arbeitsmittel zu entwickeln.

Andere Möglichkeiten für behinderte Menschen, am Arbeitsmarkt teilzunehmen, eröffnen sich auch durch Telearbeit, also die Arbeit am Computer zu Hause oder in Telearbeitszentren. Die Bedeutung von Telearbeit als Arbeitsform wird in der Zukunft stark wachsen. Mit speziellen psychologischen Arbeitsanalyseverfahren lassen sich die besonderen Anforderungen der Telearbeit ermitteln, die dann in die Qualifizierung der Rehabilitanden einfließen.

Die Dynamik, mit der Arbeitsinhalte und -methoden sich wandeln, macht es für die berufliche Rehabilitation erforderlich, die Ausbildung stets auf die aktuellen Anforderungen abzustimmen. Da es sich dabei nicht um einen einmaligen Umbruch im Arbeitsleben handelt, sondern in der Zukunft mit weiteren Änderungen zu rechnen ist, reicht eine einmalige Anpassung nicht aus. Es ist vielmehr notwendig, Instrumente zu schaffen, die eine ständige Aktualisierung gewährleisten (Bild 3). Es müssen Wege gefunden werden, Änderungen in der Arbeitswelt kurzfristig in die Ausbildung zu integrieren, etwa indem man die Ausbildung direkt in die Unternehmen (*training on the job*) integriert. Die gegenwärtige Vorgehensweise, die sich mit dem Begriff *train and place* beschreiben läßt, beruht darauf, sich zuerst auszubilden und anschließend eine Arbeitsstelle zu suchen; sie soll ganz oder teilweise zu einem *place and train* umgekehrt werden. Die berufliche Rehabilitation direkt am Arbeitsplatz ist für den betreffenden Personenkreis nicht immer ohne eine begleitende Unterstützung durch qualifiziertes Personal möglich. In dem Gebiet der beruflichen Rehabilitationspsychologie an der RWTH untersuchen wir, wie dieser Prozeß für Rehabilitanden und Unternehmen möglichst effizient gestaltet werden kann.

Fachspezifische Ausbildungsinhalte zu aktualisieren und Schlüsselqualifikationen zu vermitteln, wird darüber hinaus in Zukunft

Bild 3 Arbeitsinhalte und -methoden wandeln sich heute sehr rasch. Um behinderte Menschen auch langfristig in den Arbeitsprozeß zu integrieren, sind eine qualifizierte Aus- sowie ständige Weiterbildung erforderlich. Mit Hilfe einer transportablen Übertragungsanlage nimmt diese gehörbehinderte Studentin an einer Vorlesung teil. Durch die Anlage wird die Stimme der Dozentin, die in ein Mikrofon spricht, verstärkt und von der Studentin über einen Kopfhörer empfangen.

eine größere Rolle auch in der beruflichen Rehabilitation spielen. Unter Schlüsselqualifikationen verstehen wir überfachliche Fähigkeiten wie Lernbereitschaft, Flexibilität oder Teamfähigkeit. Sie sind auf viele Arbeitsbereiche anwendbar und machen das Individuum damit auch bei wechselnden Anforderungen, beispielsweise bei projektorientierter Arbeit, handlungsfähig. Für den Personenkreis der beruflichen Rehabilitation wird untersucht, ob spezifische Methoden zur Vermittlung von Schlüsselqualifikationen notwendig sind oder ob bekannte Modelle, wie etwa die handlungszentrierte Ausbildung, genutzt werden können.

Die Einschränkungen der Arbeitsfähigkeit behinderter Personen beziehen sich nur auf spezifische Bereiche. Es ist daher entscheidend, die vorhandenen Fähigkeiten zu ermitteln und die ihnen entsprechenden Tätigkeiten, also den passenden Arbeitsplatz zu finden. Dazu müssen Verfahren zur Eignungsdiagnostik und zur Tätigkeits- und Arbeitsplatzanalyse entwickelt werden, welche die geforderten und die vorhandenen Fähigkeiten mit den gleichen Merkmalsdimensionen beschreiben.

Im Rahmen der Vermittlung können die Institutionen der beruflichen Rehabilitation eine wichtige Funktion für Arbeitgeber übernehmen, indem sie geeignetes qualifiziertes Personal zur Verfügung stellen und die notwendige Eignungsdiagnostik leisten. Langfristig soll dabei ein Rehabilitationsnetzwerk entstehen, in dem neben Unternehmen und Ausbildungsinstitutionen die Kostenträger, vor allem die Landschaftsverbände und die Bundesanstalt für Arbeit, eingebunden sind. Die Unternehmen, wie oben angesprochen, in die Ausbildung (*training on the job*) einzubinden, ist ein erster Schritt, um derartige Netzwerke aufzubauen.

Um die Effektivität und Qualität aller Maßnahmen zur beruflichen Rehabilitation zu sichern, ist eine Evaluation aller relevanten Teilschritte notwendig. Das wichtigste Erfolgskriterium ist dabei die langfristige Sicherung des Arbeitsplatzes. Über diese grundlegende Bewertung hinaus sind ebenfalls die einzelnen Elemente der Rehabilitation zu dokumentieren und zu evaluieren. Dazu dient das Assessment fachlicher und überfachlicher Kompetenzen der Rehabilitanden vor, während und nach der Rehabilitation. Diese Datenerhebung wird mit verschiedenen Methoden, wie Leistungstests, Interviews und Arbeitsproben, durchgeführt. Neben bereits vorhandenen Verfahren müssen neue entwickelt werden, die auf die spezielle Problematik verschiedener Arten von Behinderungen zugeschnitten sind.

Ein Gesamtkonzept: Vernetzung von Ausbildungsinstitution und Unternehmen

Die bisher diskutierten Einzelansätze wollen wir abschließend in einem Gesamtkonzept integrieren. Folgendes Modell sehen wir als vielversprechend für die Zukunft an: Die spezifischen Stärken und Schwächen des einzelnen Rehabilitanden werden zu Beginn einer Maßnahme festgestellt. Darauf aufbauend erfolgt ein Training der allgemein geforderten Schlüsselqualifikationen, wie Teamfähigkeit, das Bewältigen von Mißerfolg und ähnliche Kompetenzen, über die der Rehabilitand in nicht ausreichendem Maß verfügt. Parallel werden Unternehmen akquiriert, die Arbeitskräfte benötigen und auch bereit sind, Rehabilitanden einzustellen. Die Ergebnisse einer Arbeitsplatz- und Tätigkeitsanalyse bei den betreffenden Arbeitsplätzen werden mit den Fähigkeiten und Präferenzen des Rehabilitanden verglichen. Ergibt sich eine ausreichende Übereinstimmung, so werden die noch fehlenden fachlichen Grundqualifikationen in der Ausbildungsinstitution und die notwendigen Detailkenntnisse direkt am Arbeitsplatz vermittelt. Dabei unterstützt ein Job-Coach der Ausbildungsinstitution die Unternehmen, die zudem finanzielle Leistungen der Rehabilitationsträger in Anspruch nehmen können. Zur Qualitätssicherung werden für alle Teilschritte Ziele festgelegt, die überprüft werden können. Diese Evaluation umfaßt alle Beteiligten, also die Rehabilitanden, die Ausbildungsinstitution und die Unternehmen.

Das kurz umrissene Modell schafft die notwendige Vernetzung von Ausbildungsinstitutionen und Unternehmen und führt so zu einer ständigen Abstimmung der Ausbildung auf die aktuellen Anforderungen des Arbeitsmarktes. Die wichtigste Aufgabe unserer Arbeitsgruppe in der nahen Zukunft wird sein, die Effektivität des Modells zu überprüfen und durch Erweiterungen zu verbessern.

Eine weitere Aufgabe, die wir momentan angehen, ist die Vernetzung der beruflichen Rehabilitation innerhalb der Europäischen Union. Auf der nationalen, euregionalen (die Europäische Region umfaßt das Gebiet zwischen Rhein, Ems, IJssel und Vechte) und europäischen Ebene werden Initiativen umgesetzt, welche die verschiedenen Rehabilitationsmodelle miteinander vergleichen, um Ressourcen effektiv zu nutzen. So werden vielversprechende und fortschrittliche Komponenten der verschiedenen Systeme in einem gesamteuropäischen Rahmenmodell integriert.

Autor

Prof. Dr. phil. (NL) Will A. C. Spijkers lehrt und forscht am Lehr- und Forschungsgebiet Psychologie mit dem Schwerpunkt Berufliche Rehabilitation.

Wirtschaft
Gesellschaft
Kultur

Kapitel Acht

BAUXIT-FÖRDERUNG IN MIO t 1996
Aluminium-Zentrale e.V.
Land Use
Mining Areas
Bauxit
Base Map
Rivers
Roads
DEM 5m
Projection: SINUSOID
Units: Meters
Central Meridian: 30 0
Original data provided
PT. Aneka Tambang (Ind
Map Compilation &
C. Bauer, P

Die Fragestellung lautet, wie Arbeit, Markt, Ausbildung sich den in der Zukunft zu erwartenden Herausforderungen stellen können. Wie läßt sich erreichen, daß Menschen sich nach ihrer Erstausbildung immer rascher wechselnd neue berufliche Kompetenzen aneignen können? Wie erwirbt man die durchgängig geforderten Kernkompetenzen der Kommunikation, Kooperation und Koordination? Die durch Zeitflexibilisierung und Multifunktionalität veränderte Arbeitswelt wird zu neuen sozialen Strukturen führen. Der Kompetenzwechsel auf der Ebene des Gewerbes und der Industrie ist der Technologiefortschritt. Hier lautet die Frage, wie der Transfer neuer Technologien von der Hochschule in Gewerbe und Industrie optimiert werden kann. Auch die globalen Märkte wie etwa die der Rohstoffe müssen sich neuen Herausforderungen stellen. Das Optimierungsproblem bewegt sich hier zwischen den Forderungen des Wettbewerbs, der Entwicklungspolitik und des Schutzes der Umwelt.

8 Wirtschaft, Gesellschaft, Kultur

Arbeit im Unternehmen der Zukunft

Holger Luczak, Ralf Hunecke,
Matthias Rötting,
Christopher Schlick,
Stefanie Schneider und
Ralf Wimmer

**Personenorientierte
Organisationskonzepte**

Kommunikation, Koordination und Kooperation als Kernkompetenzen

Die Unternehmen der Zukunft werden zwei zunächst widersprüchlich erscheinende Tendenzen kennzeichnen: Einerseits verschmelzen sie zu immer größeren globalen Konglomeraten, andererseits bilden sich regionale und überregionale Netzwerke aus kleinen, selbständigen Einheiten, die in zeitlich begrenzten Allianzen Projekte abwickeln. Die Stichwörter hierfür lauten Fusion, Dezentralisierung, Profitcenter und Outsourcing.

Alle diese Konzepte und Tendenzen haben eines gemeinsam: Die Menschen, die in derartigen Organisationsstrukturen als Selbständige, Führungskräfte oder „Mit"-Arbeiter tätig sind, müssen, weil die Kooperationen zwischen Unternehmen und auch Kulturen wechseln, bei ihrer Arbeit nicht nur intensiv Informationen austauschen, sondern ihre Leistungen zugleich auch miteinander abstimmen. Daher gewinnt die Fähigkeit des einzelnen zu kommunizieren, kooperieren und koordinieren zunehmend an Bedeutung für die Arbeit, für die Unternehmen und für die Volkswirtschaft insgesamt. Die gesellschaftlichen Strukturen und Bildungseinrichtungen müssen sich entsprechend darauf ausrichten.

Arbeit und ihre Organisation, sowohl im Unternehmen wie auch darüber hinaus, werden sich also auch im kommenden Jahrhundert gravierend verändern. Vor diesem Hintergrund besteht der Auftrag arbeitswissenschaftlicher Forschung darin, entsprechende am Menschen orientierte Konzepte für Organisation, Personal und Technik zu entwickeln, diese im Unternehmen umzusetzen und zu begleiten.

Die Anforderungen an Unternehmen und ihre Arbeitsorganisation sind heute schon sehr hoch und werden es auch zukünftig bleiben: dazu gehören Leistungsfähigkeit, Wirtschaftlichkeit, Agilität und am Menschen ausgerichtete Strukturen. Erfolg verspricht in den immer vielschichtigeren Tätigkeitsbereichen der Unternehmen vor allem gruppen- und teamorientiertes Arbeiten. In Teams können die Mitarbeiter nämlich in hohem Maß selbständig, flexibel und eigenverantwortlich handeln (Bild 1). Arbeitsorganisation bedeutet daher nicht, eine starre Struktur einmalig aufzubauen. Vielmehr sollen Mitarbeiter sie kontinuierlich, interaktiv und kooperativ mitgestalten. Die neue Herausforderung für die Unternehmen heißt also, ihre Mitarbeiter in die Planung und Durchführung der Arbeitsorganisation mit einzubeziehen. Im Mittelpunkt aller Überlegungen steht der Mensch: als „Mit"-Arbeiter, der aktiv an jeglichen Veränderungsprozessen beteiligt ist.

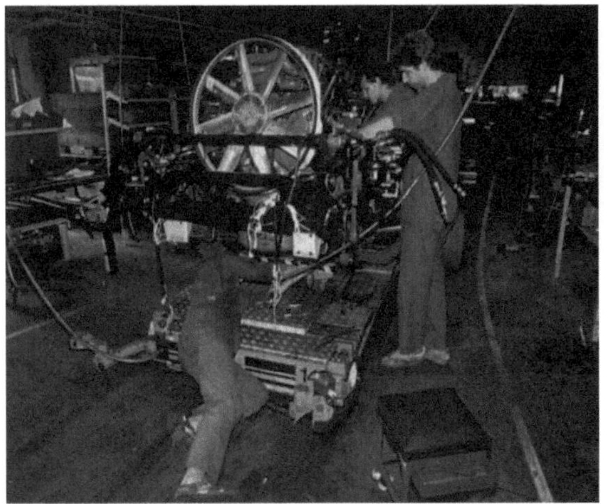

Eine Leitidee prägt dabei heute und auch in Zukunft unsere Arbeit: Wir wollen die Unternehmen systematisch und methodisch unterstützen, Organisationsformen zu finden, an denen ihre Mitarbeiter mitwirken. Dabei leisten wir den Betrieben „Hilfe zur Selbsthilfe", indem wir sie befähigen, dauerhaft wirkungsvolle Strukturen aufzubauen und diese selber weiterzuentwickeln. Wir betrachten es daher als angemessene Hilfestellung für die Unternehmen, wenn wir die Bausteine neuer Organisationsformen methodisch erforschen und mit Erfahrungswerten absichern. So zeigen wir zum Beispiel auf, wie Mitarbeiter aller Ebenen bei der Einführung vernetzter Gruppen- und Teamarbeit direkt und indirekt beteiligt werden können. Oder wie man organisatorische Rahmenbedingungen für Gruppen- und Teamarbeit, wie Arbeitszeit und Entgelt, gestaltet und einführt. Ferner sind wir behilflich, die Arbeitsabläufe und die Führung im Unternehmen so zu gestalten, daß sie Qualität und die Bereitschaft zu lernen fördern. Dazu gehören auch Methoden, wie bestimmte Gestaltungsformen der Arbeitsorganisation zu bewerten sind und welche Konsequenzen sich daraus ergeben. Darüber hinaus wollen wir dazu beitragen, daß Unternehmen ihre Arbeitsorganisation selbständig fortentwickeln und dabei permanent Verbesserungen realisieren. Außerdem helfen wir, integrierte Managementsysteme zu entwerfen und umzusetzen.

Aus der These, daß der Mensch die Arbeitsabläufe, ihre Organisation und damit letztlich die geschäftliche Effektivität bestimmt und nicht die Technik, obwohl sie die Arbeitswelt immer stärker beeinflußt, ergeben sich hohe Ansprüche an moderne Personalführung. Denn diese muß frühzeitig erkennen, wie sich sowohl Organisation als auch Technik entwickeln, um den Menschen auf die Veränderungen an seinem Arbeitsplatz und in seiner Arbeitsumgebung vorzubereiten und ihn so weit wie möglich aktiv daran zu beteiligen. Dabei bedingen sich Arbeitsorganisation, Technik und Personalentwicklung gegenseitig: Einerseits bilden die technischen und organisatorischen Aspekte die Rahmenbedingungen, andererseits geben sie die Ziele für die Personalentwicklung vor. Um auf die Anforderungen der Zukunft vorbereitet zu sein, muß die Personalentwicklung darüber hinaus zunehmend Persönlichkeitsmerkmale fördern,

Bild 1 Gruppen- und Teamarbeit – links ein Blick in eine Lkw-Montagehalle des schwedischen Automobilherstellers Volvo, rechts ein Großraumbüro der Deutschen Presse-Agentur – haben sich als wirkungsvolle Strukturen für die Organisation der Arbeit heute herausgebildet. Werden sie von Bestand sein?

**Die intellektuellen und
emotionalen Anforderungen**

die auf Veränderungen ausgerichtet sind: wie etwa Agilität, Kreativität, Aufgeschlossenheit gegenüber Fortschritt und Flexibilität.

Soweit sie absehbar sind, lassen die Veränderungen in Organisation und Technik, die den Menschen betreffen, für die Personalentwicklung mehrere Trends erkennen: Die intellektuellen und emotionalen Anforderungen werden voraussichtlich sprunghaft ansteigen. Das bedeutet, daß Voraussetzung für den Erfolg eines Unternehmens Mitarbeiter sein werden, die diesen Anforderungen genügen. So erwarten Fachleute für das Jahr 2010, daß 75 Prozent der Beschäftigten mindestens eine berufliche Erstausbildung oder aber eine entsprechende Fortbildung benötigen, um die ihnen gestellten Aufgaben bewältigen zu können. Der Bedarf an Ungelernten wird dagegen auf etwa zehn Prozent zurückgehen.

Parallel dazu zeichnet sich bereits heute eine „Halbwertszeit des Fachwissens" von durchschnittlich vier Jahren ab. Das heißt, daß formelle Ausbildungsabschlüsse einem Alterungsprozeß unterliegen. Daraus folgt für die Beschäftigten, daß sie ihre Qualifikation flexibel den jeweiligen Umständen anpassen, sie also ständig „updaten" müssen. Dazu gehört auch, moderne Informations- und Kommunikationssysteme einzusetzen, um das lebensbegleitende Lernen zeitgemäß zu gestalten.

Auch der Wandel in der Bevölkerungsstruktur wird die Organisation der Unternehmen entscheidend beeinflussen. Dementsprechend werden zunehmend ältere Menschen die künftig anstehenden technologischen und organisatorischen Veränderungen tragen müssen.

Neue Technologien und dezentrale Organisationsformen, welche die Eigenverantwortung einzelner Arbeitsbereiche stärker betonen und deshalb flexibler sind, stellen jedoch nicht nur immer höhere Anforderungen an berufliche Eignung und Anpassungsfähigkeit. Die Mitarbeiter müssen dafür zudem bestimmte Schlüsselqualifikationen mitbringen. Diese besonderen Befähigungen, wie etwa in betrieblichen Zusammenhängen zu denken, sich bei der Erfüllung der Aufgaben an Unternehmenszielen zu orientieren oder selbständig Entscheidungen zu treffen, entspringen hauptsächlich langjähriger Berufserfahrung. Sie müssen als sogenanntes Erfahrungswissen im Unternehmen mit dem „High-Tech-Know-how" der jüngeren Mitarbeiter zusammengeführt und gemeinsam genutzt werden.

Verändert haben sich auch die Märkte. Sie haben sich von der Masse auf den Kunden umorientiert. Für die Unternehmen bedeutet das: eine breit gefächerte Produktpalette, kürzere Lieferzeiten mit hoher Flexibilität, Serviceleistungen und geringere Gewinnspannen. Und schon zeichnen sich neue Herausforderungen durch die weitere Expansion von europäischen zu globalen Märkten ab. Diese Entwicklung wird höchste Ansprüche an die Unternehmen und Ihre Mitarbeiter stellen, weil verschiedene Kulturen zusammenarbeiten und miteinander kommunizieren werden.

Auch werden Frauen auf dem Arbeitsmarkt zukünftig eine immer wichtigere Rolle spielen. Dies liegt zum einen daran, daß Fachkräfte fehlen, und zum anderen am weiblichen Gesellschaftsbild, das sich schon länger vom traditionellen Rollenverständnis verabschiedet. Frauen werden die Chancengleichheit verwirklichen.

Die Unternehmen werden mit den beschriebenen Entwicklungen nicht Schritt halten können, wenn ihre Mitarbeiter nicht angemessen und rechtzeitig auf die fälligen Produkt- beziehungsweise Prozeßinnovationen und geplanten betrieblichen Umstellungen vorbereitet werden. Daran müssen sich Forschungs- und Entwicklungsarbeiten an der Schwelle des 21. Jahrhunderts orientieren, um für die Herausforderungen des nächsten Jahrtausends gewappnet zu sein.

Die dritte industrielle Revolution zeigt eindrucksvoll, wie wichtig die Informationstechnologie künftig sein wird. Bereits heute machen Informations- und Kommunikationssysteme es Experten möglich, von verschiedenen Orten aus schneller und besser zusammenzuarbeiten. So werden beispielsweise Problemlösungen in der Automobilindustrie durch Telekooperation wesentlich vereinfacht, indem Entscheidungen online, von verteilten Standorten aus an Computermodellen getroffen werden. Wichtiger noch als der direkte Kostenvorteil solcher Telekooperation ist aber, daß sie die Abläufe beschleunigt und so die Zeit bis zur Marktreife (*time to market*) verkürzt. Überdies spart es Ressourcen, wenn nicht die „Köpfe" transportiert, sondern ihre Ideen und Lösungsansätze „tele"-kommuniziert werden.

Die dritte industrielle Revolution

In den nächsten Jahren wird unsere Forschungsarbeit auf diesem Gebiet vor allem darin bestehen, unsere Erfahrungen zu erweitern und zugleich neues Know-how zu entwickeln, um beispielsweise räumlich und in der Zusammenarbeit entkoppelte Organisationseinheiten zu unterstützen. Ferner wollen wir Einführungs-, Schulungs- und Hilfsprogramme für Telekooperationen erarbeiten sowie Modelle, mit denen sich berechnen läßt, inwieweit derartige Entscheidungen oder Maßnahmen nützlich beziehungsweise wirtschaftlich sind. Vorgesehen sind ebenfalls Richtlinien, wie Telekooperation, Telearbeit und Wissensmanagement am sinnvollsten gestaltet werden. Außerdem arbeiten wir an Testlaboratorien und -szenarien für Telekooperation.

Die sogenannten K^3-Prozesse, das heißt Koordination, Kooperation und Kommunikation, bestimmen immer mehr, wie wettbewerbsfähig ein Unternehmen ist. So zeigen Fallstudien, daß beispielsweise bei der Entwicklung von Produkten oder im Marketing über die Hälfte der Arbeitszeit auf K^3-Prozesse entfällt. Um diese zu unterstützen, werden Groupware- und Workflow-Management-Systeme eingesetzt. Diese innovativen Technologien optimieren nicht nur die Kommunikation per Computer im Team. Mit ihnen lassen sich zudem Arbeitsabläufe, Dokumentenflüsse, Produktinformationen, wichtige Entscheidungen und individuelle Kompetenzen wesentlich verbessern. Um solche Technologien jedoch erfolgreich einsetzen zu können, gilt es, ihre Anforderungen an den Nutzer methodisch zu analysieren und spezifizieren.

Koordination, Kooperation und Kommunikation

Für die nächsten Jahre wird sich deshalb unsere Forschungsarbeit hier vor allem darauf konzentrieren, Koordinations-, Kooperations- und Kommunikationsvorgänge unter dem Aspekt zu untersuchen, zu modellieren und neu zu gestalten, wie die Informationsabläufe in Arbeitssystemen verbessert werden können. Ferner wollen wir Groupware- und Workflow-Management-Systeme entwickeln sowie Möglichkeiten, ihren Nutzen zu bewerten. Die damit verbundene

Definition von Komponenten für eine Entscheidungsunterstützung und das Wissensmanagement im Rahmen der kooperativen Auftragsabwicklung soll helfen, das oftmals nur implizit vorhandene Erfahrungswissen nutzbar zu machen. Bei der Gestaltung von intuitiven Informationssystemen für dezentrale Produktionskonzepte gilt es, Wissen in Form von Informationen prozeßorientiert zur Verfügung zu stellen.

Die neuen technischen Möglichkeiten schaffen innovative Formen der Interaktion von Mensch und Maschine, die unterschiedliche Medien und mehrere Sinne des Menschen ansprechen. Das hat zur Folge, daß neben den klassischen ergonomischen Fragestellungen verstärkt die Analyse und Gestaltung von menschlichen Informationsverarbeitungsprozessen in den Vordergrund tritt. Dafür ist es wichtig, möglichst viele unterschiedliche Methoden zu erproben und kontinuierlich weiterzuentwickeln.

Wie bereits erwähnt, ändert sich die Arbeitswelt nicht allein durch den technischen, sondern auch durch den demographischen Wandel. Da in den nächsten Jahrzehnten der Anteil der Älteren an der Gesamtbevölkerung stetig zunehmen wird, müssen Arbeitsplätze zunehmend altersgerecht nach dem Prinzip „Design for All" gestaltet werden.

Der Wandel der Arbeitswelt unter menschlichen Gesichtspunkten

Bedeutsam für die Zukunft sind auch die Aspekte Sicherheit und Gesundheit bei der Arbeit. Die Sicherheitstechnik darf man dabei nicht losgelöst von organisatorischen und humanen Fragen betrachten. Deshalb kann das Ziel nur sein, integrierte Management-Systeme zu entwickeln und zu erproben, die Qualitätsmanagement, Umweltmanagement und speziell auch Arbeitsschutzmanagement mit einbeziehen.

Der Gang in das 21. Jahrhundert bringt erhebliche Veränderungen der Arbeit, ihrer Inhalte, ihrer Umgebungen und Anforderungen mit sich. Dieser Wandel findet sich analog als Herausforderungen an die Technik-, Organisations- und Personalentwicklung wieder.

So wie sich die Inhalte und Rahmenbedingungen von Arbeit verändern, wie zunehmend die bisher gültigen räumlichen und zeitlichen Grenzen des Zusammenarbeitens überwunden und gleichzeitig neu bestimmt werden, so müssen wir auch den darauf begründeten Aufbau und Ablauf der Arbeit im und zwischen Unternehmen neu gestalten.

Wenn neue Arbeitskonzepte organisations-, personal- und technikbezogene Entwicklungen vereinen, bieten sie Chancen, Arbeit für die einzelne Person, das Unternehmen, aber auch für die Gesellschaft insgesamt neu zu bewerten. Bislang gültige Grenzen mit Hilfe der Technik zu überwinden ist möglich. Sinnvoll wird dies aber erst, wenn wir dabei auch bisher „Ausgegrenzte(s)" (re)integrieren und dabei gewandelte organisatorische, individuelle und gesellschaftliche Wertvorstellungen mit einfließen lassen.

Die Frage, ob der technische Fortschritt oder aber neue Organisationsformen der Arbeit den Takt auf dem Weg in das 21. Jahrhundert angeben, ist zumindest dann müßig, wenn diese dazu dienen, die Arbeitswelt unter menschlichen Gesichtspunkten zu rationalisieren, so wie es die moderne Arbeitswissenschaft fordert. Dann nämlich werden sowohl die technischen und organisatorischen wie auch insbesondere die individuellen und gesellschaftlichen Aspekte zu entscheidenden „Erfolgsauslösern".

Die dynamischen Fortschritte der Informations- und Kommunikationstechnik sind allgegenwärtig und müssen genutzt werden. Diese Technologien können ihr gesamtes Potential jedoch erst ausspielen, wenn sie in zukunftsweisenden organisatorischen Lösungen mit „zukunftskompetenten" Arbeitskräften zusammenwirken. Andersherum haben insbesondere die menschlichen Aspekte der Neuen Formen der Arbeitsorganisation (NFAO) durch die Möglichkeiten, welche moderne Technik eröffnet, erheblich größere Chancen, realisiert zu werden.

Um auch in Zukunft einer Trennung in Rationalisierungsgewinner und -verlierer entgegenzuwirken, die gesellschaftlich wie volkswirtschaftlich nur belasten kann, gilt es, den Zugang zu Arbeit und zur Nutzung moderner Informations- und Kommunikationstechnologien möglichst „breit" zu öffnen.

Autoren

Prof. Dr.-Ing. Dipl.-Wirt.-Ing. Holger Luczak ist Lehrstuhlinhaber und Leiter des Instituts für Arbeitswissenschaft und Geschäftsführender Direktor des Forschungsinstituts für Rationalisierung.

Ralf Hunecke, M.A., Dipl.-Ing. Matthias Rötting, Dr.-Ing. Christopher Schlick, Dipl.-Gwl. Stefanie Schneider und Dipl.-Ing. Dipl. Wirt.-Ing. Ralf Wimmer sind wissenschaftliche Mitarbeiter am Institut für Arbeitswissenschaft.

Von der Vision
zum Produkt

Reinhart Poprawe
und Axel Bauer

Aachener Technologietransfer am Beispiel der Lasertechnik

Ein herkömmlicher Tag im Jahr 2002. Eine Kundin besucht ein Schuhgeschäft in München. Nach der Auswahl eines ihrem Geschmack entsprechenden Schuhs nimmt die Verkäuferin einen Abdruck der Füße, den ein Laser sodann in einem speziellen Meßgerät scannt. Wenige Minuten später treffen die Daten im Berliner Werk des Schuhherstellers ein. Dort werden in einem 3-D-Printer mit einem Verfahren, das sich Rapid Prototyping nennt, die individuellen Schuheinlagen gefertigt. Drei Stunden später durchlaufen sie die Qualitätskontrolle und werden anschließend an das Schuhgeschäft in München ausgeliefert. Am nächsten Tag holt die Kundin ihren individuell angepaßten Schuh ab.

Was auf den ersten Blick noch als Zukunftsszenario erscheint, kann schon in kurzer Zeit Realität werden. Entscheidend für den Übergang von der Vision zum Produkt ist neben dem zur Verfügung stehenden technischen Know-how ein tatsächlich vorhandener oder noch zu generierender Kundenbedarf, also ein Markt. Wird darüber hinaus noch ein wesentlicher Fortschritt gegenüber dem aktuellen Stand der Technik erreicht, so handelt es sich um einen innovativen Prozeß. Innovation ist somit das Ergebnis der erfolgreichen Markteinführung neuer Methoden, Verfahren oder Produkte und geht weit über die eigentliche Erfindung hinaus.

So zählt bereits heute das Rapid Prototyping in seinen vielfältigen Varianten zu den innovativen Verfahren der produzierenden Industrie (Bild 1). Um die Entwicklungszeiten für neue Produkte zu verringern, werden Prototypen direkt aus den CAD-Daten (englisch *computer-aided design*, CAD, computerunterstütztes Konstruieren) des Konstrukteurs erstellt. In der Stereolithographie scannt beispielsweise ein Laser eine spezielle Flüssigkeit ab und verfestigt in der Wechselwirkungszone das Material. Somit wird der Prototyp Schicht für Schicht aufgebaut. Die zeitaufwendige Anfertigung von Werkzeugen zur Herstellung des Bauteils entfällt. Bereits nach wenigen Stunden ist das Produkt fertig. Selbst Serienprodukte ließen sich demnach individuell maßschneidern – die technologischen Voraussetzungen sind vorhanden, ja sogar erprobt. Sie müssen jedoch auf die jeweilige Anwendung angepaßt werden. Hier reicht die Idee alleine nicht. Erst wenn die Markteinführung erfolgreich abgeschlossen wurde, hat der Innovationsprozeß stattgefunden.

Im Bereich der Hochtechnologien beginnen innovative Prozesse meist mit der Grundlagenforschung. Sie umfassen darüber hinaus die angewandte Forschung, die technische Entwicklung, die Produktion und schließen mit der Markteinführung ab. Da diese Teilaspekte in komplexer Weise verschachtelt sind, bedarf es koordinierender

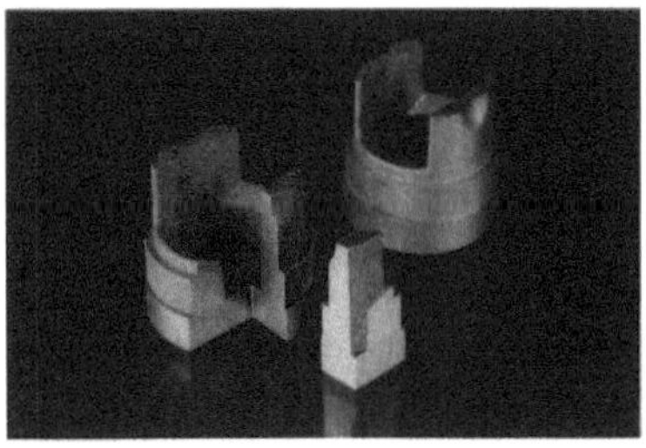

Bild 1 Durch selektives Laser-Sintern lassen sich Prototypen in kurzer Zeit erzeugen (Rapid Prototyping).

Maßnahmen, um einen günstigen Verlauf des Innovationsprozesses zu gewährleisten. Dies ist um so relevanter, je mehr Akteure an der Innovation beteiligt sind. Insbesondere die Qualität der Kommunikation zwischen Marketing, Produktion sowie Forschung und Entwicklung (F&E) entscheidet oftmals darüber, wie eine Idee in ein Produkt verwandelt wird. Deshalb sind klare Randbedingungen und Zielvorgaben für alle am Innovationsprozeß Beteiligten der erste Schritt zum Erfolg. Die Wünsche des Kunden legen dabei die Ziele fest. Damit diese in Qualitätsmerkmale der Produkte oder Dienstleistungen eingehen können, stehen systematische Methoden zur Verfügung.

Auf der anderen Seite müssen Unternehmer frühzeitig ausloten, wie bestehende oder innovative Technologien optimal zur Erzeugung der Produkte zu nutzen sind. Auch hier können sie auf bestimmte Bewertungsmethoden zurückgreifen. Wer sich jedoch auf eine innovative Technologie festlegt, braucht Weitblick und muß sich auf ein unternehmerisches Risiko einlassen.

Firmen, die komplexe, hochwertige Technologien einsetzen wollen, suchen deshalb Kooperationen mit externen Beratern und F&E-Zentren oder gründen eigene Kompetenzzentren. Die externen Experten bezeichnen die Unterstützung eines Innovationsprozesses in der Regel als Technologietransfer. Dieser Begriff stimmt die Wissenschaft oft euphorisch, verursacht aber bei einigen Technologieabnehmern eher Skepsis. Der Grund ist, daß zahlreiche technische Lösungen nicht adäquat auf wirkliche, praktische Probleme bezogen sind. Der Versuch, den Transfer dieser Ergebnisse trotzdem zu erzwingen, endete in der Vergangenheit oft im Mißerfolg. Aufgrund dieser Erfahrungen hat sich die Vorgehensweise im Technologietransfer grundlegend geändert. Statt nur einseitig über neue Technologien zu informieren, baut man nun auf die Verständigung zwischen Technologieanbietern und Technologieabnehmern in allen Phasen des Innovationsprozesses. Natürlich müssen sowohl die wissenschaftlich tätigen Experten als auch die im Tagesgeschäft eingespannten Praktiker miteinander kommunizieren wollen und können.

Die öffentlichen F&E-Zentren werden sich zukünftig an der Fähigkeit messen lassen, ihre Entwicklungen, die über Grundlagenforschung hinausgehen, den Anforderungen der Industrie anzupassen. Technologietransfer beschränkt sich nicht ausschließlich auf den Verkauf von Forschungsergebnissen an industrielle Anwender. Er umfaßt vielmehr ein weites Spektrum von Aktivitäten: etwa die Formulierung von Visionen neuer Produkte und Prozesse, die Anpassung bestehender oder neuer Verfahren an branchenspezifische Anforderungen, die Entwicklung von Prototyp-Anlagen oder -Software, die wirtschaftliche Bewertung des Technologieeinsatzes für eine konkrete Anwendung, die Aus- und Fortbildung der Anwender sowie die Beratung in Sicherheits-, Normungs- und Umweltfragen.

Bei alledem müssen sich die Forschungszentren jedoch immer noch einen wissenschaftlichen Freiraum sichern, der ihnen erlaubt, Technologien auch dann zu entwickeln, wenn noch kein unmittelbarer Nutzen sichtbar ist. Zumindest außerhalb ihres eigenen Hauses

Kommunikation zwischen wissenschaftlichen Experten und Praktikern

müssen sie neue, grundlegende Entwicklungen genau verfolgen; die Wissenschaftler, insbesondere im Bereich der Hochtechnologie, müssen also bereit sein, sich auch in anderen Ländern umzusehen und eventuell auch dort zu arbeiten. Schließlich verlangen die Technologieabnehmer aus der Industrie verbindliche Aussagen über den weltweiten Stand der Technik und über zukünftige Entwicklungen.

Am Beispiel der Lasertechnik, die in der Aachener Region erfolgreich zu einer innovativen Zukunftstechnologie ausgebaut wurde, wollen wir nun Formen und Potentiale des Technologietransfers darstellen. Die Keimzelle der Lasertechnik in Aachen wurde mit der Gründung des Fraunhofer-Instituts für Lasertechnik (ILT) im Jahre 1985 gelegt. Das Ziel war, F&E-Ergebnisse in zukunfsträchtige Lasersysteme umzusetzen und fertigungstechnische Probleme aus der industriellen Praxis mit Hilfe der Lasertechnik zu lösen. Von Anfang an haben daher Laserhersteller und -anwender eng miteinander kooperiert (Bild 2). Jeder Einsatz eines neuen Lasersystems bringt Erkenntnisse hervor, die direkt wieder in die Weiterentwicklung der Strahlquellen einfließen können. Wird die Wechselwirkung zwischen technologiespezifischen Systemen und deren Anwendung von vornherein in Forschung und Entwicklung berücksichtigt, so lassen sich Erneuerungen zielgerichtet und effektiv in kurzer Zeit umsetzen. Die F&E-Zentren übernehmen damit die Rolle eines Innovationskatalysators. Indem sie neue Systeme entwickeln, fördern sie den Anbietermarkt, und indem sie neue Prozesse erproben, den Abnehmermarkt. Auf dieser Grundlage konnte das ILT in zehn Jahren über 1000 F&E-Projekte mit industrierelevanten Problemstellungen durchführen und über 250 Patente anmelden. Ehemalige Mitarbeiter gründeten zehn neue Firmen aus.

Neben der konsequenten industriellen Ausrichtung ist die enge Anbindung an das wissenschaftliche Umfeld unabdingbar. Dies erfordert eine ausgesprochen offene Kommunikation zwischen Theoretikern und Praktikern. So wurden von vornherein der Lehrstuhl für Lasertechnik der RWTH Aachen und das Fraunhofer-Institut für Lasertechnik unter der gleichen Institutsleitung zusammengefaßt.

Strahlquellen- und Anwendungsentwicklung ergänzen einander

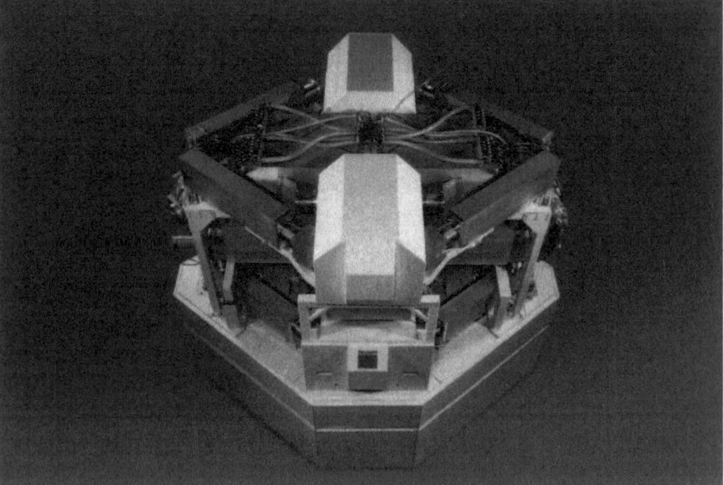

Bild 2 Dieser Hochleistungs-Kohlendioxidlaser mit Leistungen bis zu 40 Kilowatt entstand in einer Kooperation zwischen der Trumpf Lasertechnik GmbH, Ditzingen, und dem Fraunhofer-Institut für Lasertechnik.

In Forschungs- und Entwicklungsprojekten arbeiten gemischte Teams an gemeinsamen Problemlösungen. Sie untersuchen beispielsweise im Bereich der Online-Qualitätskontrolle lasergestützter Bearbeitungsprozesse die Wechselwirkung von Licht und Materie, führen zugleich aber auch informationstechnische Entwicklungen zur schnellen Verarbeitung der analysierten Signale durch. Theoretische Modelle werden anhand realer Versuche in mehreren Schritten überprüft und modifiziert. Umgekehrt erhalten die Systementwickler durch die grundlegenden Vorüberlegungen Anhaltspunkte, um sinnvolle Parameter in relativ kurzer Zeit festzulegen. Dadurch werden aufwendige Versuche nach dem „Trial-and-Error"-Prinzip vermieden. Die stetige Präsenz der industriellen Anforderungen führt beispielsweise zu festen Vorgaben, wie die Sensorsysteme um die Prozeßzone anzuordnen sind. So können Schweißprozesse in der metallverarbeitenden Industrie aufgrund der vorhandenen Spanntechnik in der Regel nur von einer Seite überwacht werden. Ein Kontrollsystem, das Prozeßsignale von beiden Seiten der Metalloberfläche verarbeitet, wäre in diesem Fall für die Praxis ungeeignet.

Ein neues Modell des Technologietransfers zwischen Wissenschaft und Industrie wurde am Fraunhofer-Institut für Lasertechnik erfolgreich ins Leben gerufen: das sogenannte Anwenderzentrum. Die Zusammenarbeit von Wissenschaftlern und Praktikern aus der Industrie erfolgt in gemeinsamen Entwicklungsteams unter einem Dach. Grundlage für diese Form des Technologietransfers ist ein langfristiger Kooperationsvertrag des jeweiligen Unternehmens mit dem Institut in Forschung und Entwicklung. Sie führen gemeinsam einzelne risikoreiche, langfristige F&E-Vorhaben durch, oder mehrere kleinere F&E-Projekte, die zusammen über einen längeren Zeitraum laufen. Dies berechtigt die Firma, als Gast im Anwenderzentrum tätig zu sein. Sie kann die technische Infrastruktur nutzen und sich mit den Experten des Instituts regelmäßig über die aktuellen Forschungen austauschen.

Im Anwenderzentrum des ILT haben sich bereits zehn Unternehmen mit eigenen Büroräumen und abgetrennten Labors niedergelassen. Sie verfolgen unterschiedliche, aber sich ergänzende Ziele. So konzentriert die Tochterfirma eines führenden deutschen Stahlherstellers ihre Hauptaktivitäten auf die Entwicklung von Lasersystemen und -komponenten für konkrete Aufträge des Konzerns und dessen Kunden (Bild 3). Beispielsweise werden Laserkomponenten zum Schweißen von maßgeschneiderten Stahlblechen für die Automobilindustrie, sogenannte Tailored Blanks, entwickelt und installiert. Tailored Blanks bestehen aus einer Kombination von Stahlblechen unterschiedlicher Dicke oder verschiedenen Materials. Dadurch läßt sich das Gewicht der Karosserie senken. Mit dieser Technologie sichert sich der Stahlhersteller größere Marktanteile in einem Segment, das langfristig sehr bedeutend für die Automobilindustrie ist. Dies trägt direkt zum Erhalt der Arbeitsplätze und zur Sicherung des Produktionsstandortes Deutschland bei. Durch die Kooperation mit dem ILT fließen neueste wissenschaftliche Erkenntnisse direkt in die Weiterentwicklungen des Unternehmens ein. So werden beispielsweise Online-Prozeßkontrollsysteme, die zur Qualitätssicherung in

Präsenz der industriellen Anforderungen verhindert „Trial-and-Error"

Alle unter einem Dach: das Anwenderzentrum

Bild 3 Prototyp einer Hochgeschwindigkeits-Laserlängsteilanlage zum verschleißfreien Zuschneiden von Stahlbändern; Ergebnis einer Zusammenarbeit zwischen der Maschinenfabrik Heinrich Georg GmbH, Kreuztal, der Elektroblechgesellschaft (EBG), Gelsenkirchen, und dem Fraunhofer-Institut für Lasertechnik

die neuen oder bestehenden Anlagen eingebaut werden können, gemeinsam entworfen.

Die enge Zusammenarbeit in klar strukturierten Projekten reduziert die Entwicklungszeiten erheblich. Komplizierte Abstimmungsprozeduren und Infrastrukturfragen lassen sich durch die räumliche Nähe vermeiden. Auch hier spielt die Kommunikation eine zentrale Rolle für den Erfolg des Transfermodells – inklusive aller damit verbundenen rechtlichen Fragen wie Vertraulichkeit, Patentwesen und Know-how-Nutzungsrechte. Für eine optimale Kommunikation werden sowohl technische Hilfsmittel – wie elektronische Zugangsberechtigungen im Labor für einzelne Projektteams – eingesetzt als auch nichttechnische Mittel wie der informelle Austausch von grundlegenden wissenschaftlichen Informationen. Die Unternehmenskultur ermöglicht den Mitarbeitern des ILT und den Gastfirmen, eine feine, aber deutliche Grenze zwischen industrierelevanten Projekten und rein wissenschaftlich geprägter Tätigkeit zu ziehen. Auch im Umfeld muß die Akzeptanz für das Transfermodell gegeben sein: Das Modell ist für externe F&E-Auftraggeber, die sich nicht im Anwenderzentrum befinden, transparent, und das Verhältnis zu den Wissenschaftlern basiert auf Vertrauen.

Ein weiteres Beispiel ist die Kooperation mit den zwei führenden deutschen Laserherstellern. Diese haben am ILT jeweils eine eigene Entwicklungsgruppe angesiedelt. Obwohl beide Unternehmen schärfste Konkurrenten auf dem Lasermarkt sind, können auf der gemeinsamen Plattform eines Kompetenzzentrums Prototypen entwickelt werden, die mittelfristig zu marktfähigen, aber natürlich unterschiedlichen Produkten führen.

Eine solche enge Projektpartnerschaft hat nicht nur rein technische und wirtschaftliche Vorteile, sondern wirkt sich auch auf Ausbildung und Lehre sowie auf den direkten Personalaustausch positiv aus. Junge Ingenieure, die in industriellen Forschungsprojekten eingebunden sind, können so ihren potentiellen zukünftigen Arbeitgeber kennenlernen, und dieser kann seinen potentiellen Nachwuchs konkret begutachten. Der damit verbundene „Technologietransfer durch Köpfe" nutzt sowohl den F&E-Auftraggebern als auch den Forschungszentren. Damit paßt sich auch die anwendungsnahe Forschung den sich rasant ändernden Bedingungen in der industriellen Arbeitswelt an.

Ein hochentwickeltes Land wie Deutschland braucht eine gut ausgebildete Bevölkerung. Deshalb sollten die Lehrinhalte und -methoden auf allen Ebenen der Aus- und Weiterbildung regelmäßig überprüft und aktualisiert werden. Normalerweise dauern die Prozeduren zur Änderung der Studienpläne an den Hochschulen sehr lange, und formale Zwänge wie öffentliche Haushaltsordnungen engen den Spielraum für neue Wege in der Lehre ein. Deshalb ist die Eigeninitiative der Professoren gefordert, um in Zusammenarbeit mit Hochschule, externen F&E-Zentren und industriellen Interessengruppen neue technische Entwicklungen didaktisch zu begleiten. Am Lehrstuhl für Lasertechnik der RWTH Aachen erschienen beispielsweise die Vorlesungen zur Lasertechnik auf einer CD-ROM – für viele Studenten ist der Computer ja schließlich eines der wichtigsten Arbeitsinstrumente. Doch nicht nur Studenten reagierten positiv auf das neue Medium, sondern auch Unternehmen und industrienahe Institutionen. Zeitgemäße Medien befriedigen also den Wissensbedarf und wecken zudem Neugierde und Interesse.

Darüber hinaus nutzen auch Lehrer und Schüler in der Weiterbildung mehr und mehr flexibel einsetzbare individuelle Lernmittel. Für die berufliche Weiterbildung hat das Fraunhofer-Institut für Lasertechnik in enger Kooperation mit der Hochschule ein Multimedia-Lernprogramm entwickelt. Am Lasersimulator LASIM kann der Benutzer sich mit dem Laserstrahlschweißen unter praxisähnlichen Bedingungen vertraut machen (Bild 4). Dazu kann er an dem Modell eines Lasersystems sämtliche Parameter wie Laserleistung und Gasfluß einstellen (Bild 5). Das System reagiert wie in der Praxis auch auf Fehleinstellungen. Der eigentliche Schweißprozeß ist – in entsprechenden Videosequenzen – direkt nachzuvollziehen. Die dazu notwendigen Versuche wurden im Labor des ILT durchgeführt. Schließlich erhält der Benutzer die Ergebnisse wie Einschweißtiefe und Nahtgeometrie in Form von Graphiken und Tabellen und kann die Qualität seiner selbst bestimmten Schweißversuche beurteilen (Bild 6). Das Simulationsprogramm reduziert kostenintensive reale Versuche im Labor auf ein notwendiges Maß. Jeder Benutzer kann mit Hilfe der Software beliebig viele Versuche durchführen, um die Theorie des Laserstrahlschweißens praktisch zu überprüfen und zu erweitern. Dies ist insbesondere für jene Ausbildungseinrichtungen von Bedeutung, die keine eigenen Laser besitzen. Die Kursteilnehmer können anschließend mit wesentlich besseren Vorkenntnissen und damit in kürzerer Zeit Versuche an realen Systemen in speziell dafür ausgestatteten Labors durchführen. Dies führt zu einem effizienten Ressourceneinsatz. Das Softwareprogramm eignet sich ebenfalls für das Selbststudium und kommt

Hochqualitative Ausbildung für hochqualifiziertes Personal

Bild 4 Multimedia-Lernprogramm LASIM zum Einsatz in der Aus- und Weiterbildung

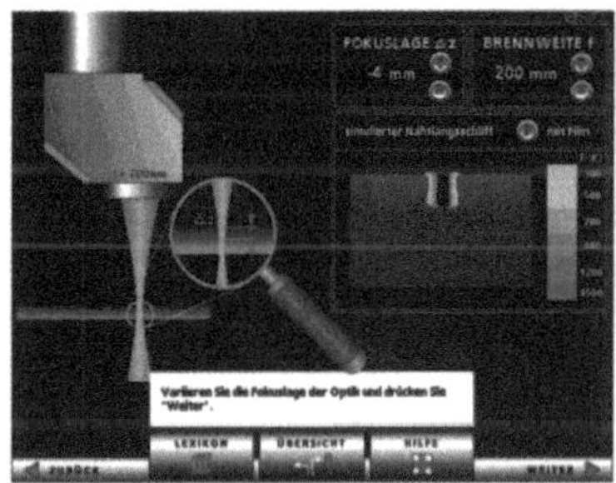

Bild 5 Visualisierung des Handhabungssystems einer Laseranlage

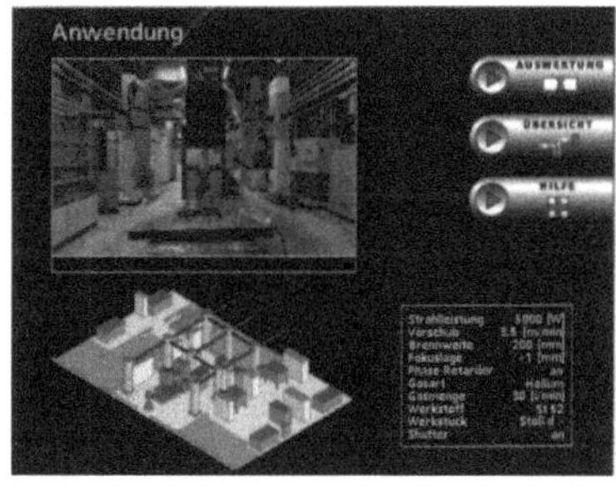

Bild 6 Simulation der Fokussierung eines Laserstrahls zum Schweißen von Metallbauteilen

somit den Berufstätigen zugute, die ihre Weiterbildung zeitlich flexibel gestalten müssen.

All diese Ansätze zeitgemäßer Ausbildungsformen sind positiv aufgenommen worden. Im Hinblick auf das Internet und den Trend zur stärkeren Individualisierung von Aus- und Weiterbildung werden die Technologieanbieter ihre neuen Lehrformen für technische Sachverhalte weiter ausbauen.

Universelle Patentlösungen für den optimalen Technologietransfer wird es auch in Zukunft nicht geben. Jedoch können die positiven Erfahrungen in den unterschiedlichen technologischen Kompetenzzentren sicher neue Entwicklungen in enger Partnerschaft mit der Industrie zielgerichtet vorantreiben.

Autoren

Prof. Dr. Reinhart Poprawe, M.A., ist Leiter des Fraunhofer-Instituts für Lasertechnik und Inhaber des Lehrstuhls für Lasertechnik an der RWTH Aachen.

Dipl.-Phys. Axel Bauer ist Leiter „Marketing und Kommunikation" des Fraunhofer-Instituts für Lasertechnik und zuständig für Presse- und Öffentlichkeitsarbeit, Marketing und internationale Beziehungen.

Werner Gocht

Die internationale Rohstoffpolitik braucht ein neues, umfassendes Konzept

Am Ende des 20. Jahrhunderts ist es zu einem tiefgreifenden Wandel der internationalen Wirtschaftsbeziehungen gekommen. Die weltwirtschaftlichen Verflechtungen haben rapide zugenommen. Die Wirtschaftswissenschaft spricht von Globalisierung und meint damit einen unaufhaltsamen Trend zur Ausweitung internationaler Märkte für Güter, Dienstleistungen, Kapital, Technologien und sogar Arbeitskräfte. Vor diesem Hintergrund erhebt sich der Ruf nach einer Globalisierung der Wirtschaftspolitik, und die Rohstoffpolitik ist ein bedeutsamer Teil davon. Internationale Rohstoffpolitik hat allerdings schon eine Tradition von 50 Jahren, denn sie begann mit der ersten großen Welthandelskonferenz der Vereinten Nationen in Havanna, Kuba, im März 1948. Deshalb geht es bei der Rohstoffpolitik nicht so sehr um eine weitere Globalisierung, sondern um eine Neuorientierung, die ein neues Gesamtkonzept mit neuen Instrumenten und Maßnahmen beinhaltet.

Die Rohstoffpolitik hat sich in den letzten 25 Jahren eng mit der Entwicklungs- und Umweltpolitik verwoben. Nach den Erdölpreiserhöhungen 1973/74 hat die UNCTAD (United Nations Conference on Trade and Development) die internationale Rohstoffpolitik in das Zentrum der UN-Entwicklungspolitik gerückt und in den Kontext der Strategie zur Grundbedürfnisbefriedigung in den Entwicklungsländern gestellt. Das 1976 auf der UNCTAD-Konferenz in Nairobi, Kenia, verabschiedete Integrierte Rohstoffprogramm stand ganz im Zeichen der „Neuen Weltwirtschaftsordnung", die den Welthandel und die Investitionsströme neu regeln wollte, um die Armut auf diesem verwaltungswirtschaftlichen Wege zu mindern. Seit der Konferenz für Umwelt und Entwicklung (UNCED) in Rio de Janeiro, Brasilien, 1992 hat die UNCTAD dann auch Aspekte der globalen Umweltpolitik in die Rohstoffpolitik der UNO eingebracht, wobei es vor allem um Ressourcenschutz, also um die Schonung des Bodens und der Bodenschätze, geht.

Daraus entstand ein Beziehungsgeflecht, das die Rohstoffpolitik mitunter zu sehr in den Hintergrund drängte, und ihre Ziele wurden nicht erreicht. Diese waren allerdings auch einseitig an den Produzenten orientiert und konzentrierten sich auf Preisstabilisierung und -erhöhung, später auch auf Erlösstabilisierung. Auf diese Weise verfestigen sich überholte Strukturen, und es schien geboten, die Ziele mit dirigistischen Maßnahmen anzustreben. So kam es zu einer deprimierenden Bilanz mit Fehlschlägen; die internationale Rohstoffpolitik verlangt jetzt nach Neuorientierung.

Um die alten Fehler nicht zu wiederholen, ist es notwendig, ein wissenschaftlich fundiertes Konzept zu entwickeln. Ein schlüssiges

System der internationalen Rohstoffpolitik entsteht dann, wenn gravierende Schwachstellen gründlich analysiert und neue Rahmenbedingungen mit einbezogen werden. Die bedeutsame Aufgabe, die auch Wirkungen auf die internationale Handels- und Entwicklungspolitik zeigen dürfte, ist eine Herausforderung an interdisziplinäre Forschungen, die in ihren Entwicklungen vor allem die neuen Bedingungen berücksichtigen müssen. Dazu gehören etwa die Fortschritte bei der Liberalisierung des Welthandels nach Abschluß der Uruguay-Runde des GATT (General Agreement on Tariffs and Trade) 1993 und der Gründung der Welthandelsorganisation WTO 1994. Des weiteren ist dafür die Deregulierung der Finanzmärkte bedeutsam, die die Direktinvestitionen auch in Entwicklungsländern erleichterte. Transporte, einschließlich Massengütertransporte für Rohstoffe, wurden schneller und kostengünstiger. Die grenzüberschreitende Kommunikation hat sich dramatisch verändert und verbessert. Zu beachten ist aber auch die weltweite Verbreitung situationskonformer Umweltgesetze und -normen sowie das gestiegene Umweltbewußtsein, das entsprechende Kontrollen erzwingt. Der Schutz natürlicher, insbesondere knapper Ressourcen wie Boden, Bodenschätze, Wasser und Luft genießt eine hohe Priorität. Gleichzeitig müssen die Forschungsaktivitäten Umstände mit einbeziehen wie die zunehmende Differenzierung der Gruppe der Entwicklungsländer einschließlich zahlreicher osteuropäischer Staaten und neuer unabhängiger Staaten der früheren Sowjetunion; außerdem ist die hohe Verschuldung vieler rohstoffexportierender Entwicklungsländer zu berücksichtigen, die gerade deshalb verstärkt auf diese Rohstoffausfuhren angewiesen sind und in der Konsequenz ein Überangebot und einen Preisverfall auf den Märkten verursachen.

Verschiedene Länder – verschiedene Interessen

Vor dem Hintergrund dieser stark veränderten Rahmenbedingungen muß die Problemanalyse der internationalen Rohstoffwirtschaft neu untersucht werden. Die bei erster Annäherung ersichtlichen Problemfelder lassen sich wie folgt andeuten. Die rohstoffpolitischen Zielvorstellungen einzelner Ländergruppen unterscheiden sich gravierend. Die Gruppe der rohstoffexportierenden Länder wie beispielsweise Brasilien, Indonesien und Simbabwe sind vor allem an stabilen Exporterlösen interessiert, die Gruppe der rohstoffimportierenden Industrieländer wie Japan, Deutschland und Italien an Versorgungssicherheit, die Gruppe rohstoffexportierender Industrieländer wie Kanada, Australien und Rußland an fairem Wettbewerb und die Gruppe der rohstoffimportierenden Entwicklungsländer wie zum Beispiel Indien, die Philippinen und Ägypten an niedrigen Preisen.

Die Strukturen vieler internationaler Rohstoffmärkte sind gekennzeichnet durch ein ausgeprägtes Oligopol der Angebotsseite, das den Wettbewerb behindert, den ohnehin naturbedingt eingeschränkten Marktzutritt für neue Anbieter zusätzlich erschwert und die Markttransparenz einschränkt. Die Preise auf den Rohstoffmärkten unterliegen noch immer mittelfristig starken zyklischen Schwankungen (Bild 1) und kurzfristig erheblichen Fluktuationen (Bild 2), weil die Elastizität des Angebotes in Bezug auf den Preis gering ist. Der Warenexport ist in einer Reihe von Entwicklungslän-

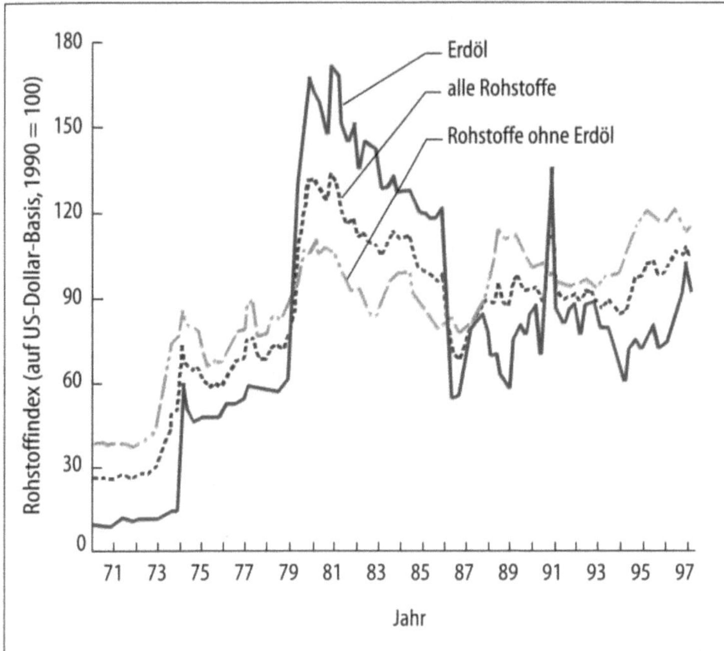

Bild 1 Zyklische Schwankungen der Rohstoffpreise zwischen 1970 und 1997

dern noch immer auf einen bestimmten Rohstoff konzentriert, wie folgende Zahlenbeispiele zeigen: Algerien 100 Prozent Erdöl, Irak 98 Prozent Erdöl, Uganda 99 Prozent Kaffee, Äthiopien 95,6 Prozent Kaffee, Chile 82,3 Prozent Kupfer, Jamaika 79 Prozent Bauxit.

Auf die Umwelt hat die Rohstoffproduktion häufig schädliche Auswirkungen. Vor allem die Gewinnung von mineralischen Rohstoffen im Bergbau und in Metallhütten ist mit Schadstoffemissionen verbunden und hat weltweit zu einer strengen Umweltgesetzgebung geführt (Bild 3).

Aus der detaillierten Problemanalyse, die in den nächsten Jahren geleistet werden muß, kann dann ein Zielkatalog für die internationale Rohstoffpolitik abgeleitet werden. Bisherige Untersuchungen deuten darauf hin, daß die Zielvorstellungen insbesondere in sechs Bereichen angesiedelt sein sollten. Erstens ist es wichtig, die Markttransparenz zu erhöhen. Zweitens gilt es, den Wettbewerb zu verstärken – einschließlich der Verbesserung des Marktzutritts für neue Anbieter. Drittens müssen nichttarifäre Handelshemmnisse abgebaut werden. Viertens bedarf es einer Verbesserung des Marketings für substitutionsbedrohte Rohstoffe. Fünftens müssen alle dem Umwelt- und Ressourcenschutz Rechnung tragen, um das angestrebte Prinzip der nachhaltigen Entwicklung zu erreichen. Sechstens schließlich kommt es darauf an, die spezifischen Belange armer Entwicklungsländer zu berücksichtigen, insbesondere durch Technologietransfer und andere Maßnahmen der Steigerung der Wettbewerbsfähigkeit.

Die Ziele der neugestalteten Rohstoffpolitik müssen übrigens in einigen dieser angedeuteten Bereiche global angesteuert werden, in anderen Bereichen dagegen rohstoffspezifisch. Diese Unterscheidung ist bedeutsam für die Entwicklung zielorientierter Instrumen-

Bild 2 Monatliche Preisschwankungen für
die Rohstoffe Kupfer, Weizen und Baumwolle
in den Jahren 1995, 1996 und 1997

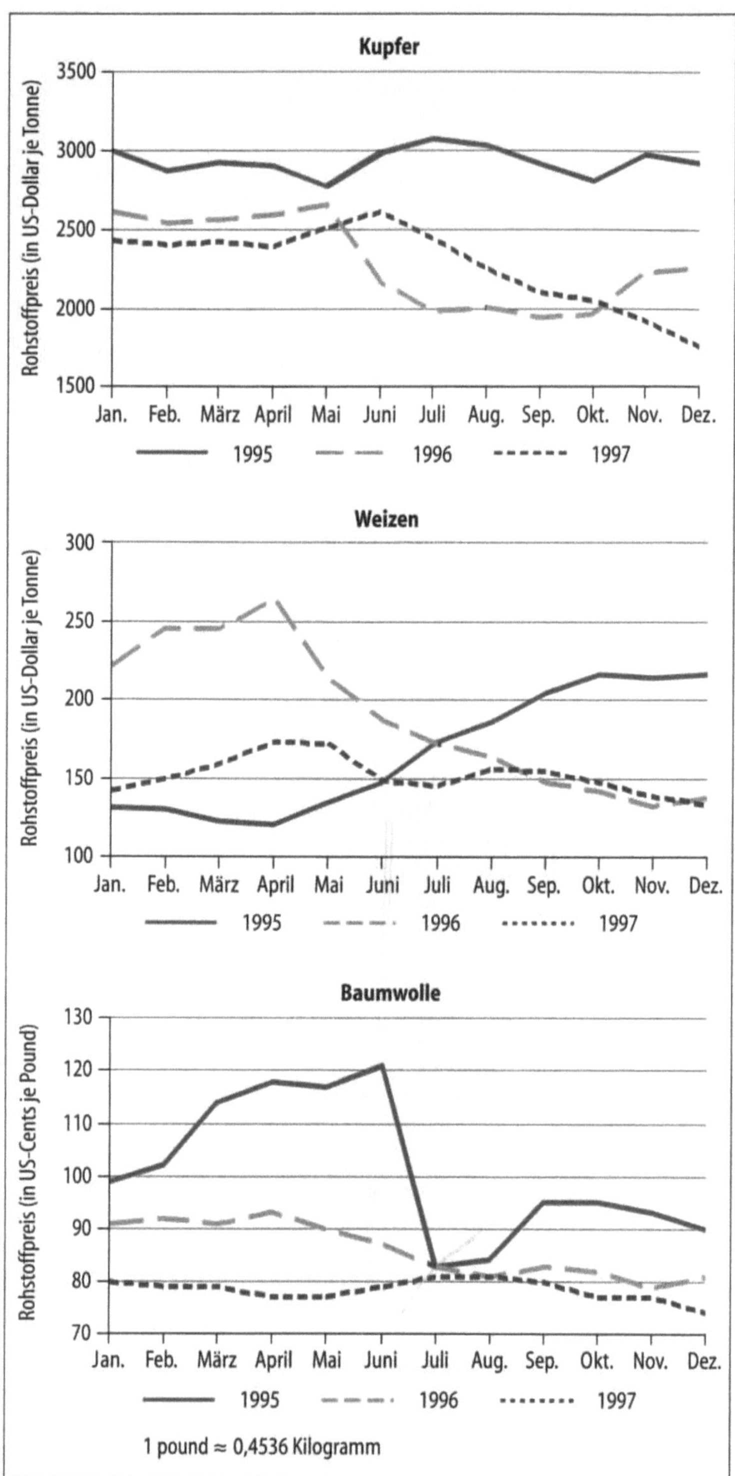

te, die eine der wichtigsten Zukunftsaufgaben der internationalen
Rohstoffpolitik ist. Bisher waren die Ziele preis- oder erlösorientiert
und vor allem auf Produzenteninteressen ausgerichtet. Die Instrumente, beispielsweise Bufferstocks, Exportkontrollen und Produktionsquoten, waren dirigistisch und nur global ausgerichtet. Mit

Land	Gesetzgebung	Genehmigungs- und Kontrollbehörde
China	Protection Law (1989) Air Pollution Law (1987) Water Pollution Law (1984)	Environmental Protection Agency
Indien	Mining Act (1957) (Umweltschutz-Ergänzungen)	Ministry of Environment and Forests
Indonesien	Mining Law (1967) Water Pollution Act (11/1974)	Ministry for Population and Environment
Malaysia	Mining Enactment FMS Environment Quality Act (1974)	Ministry of Science, Technology and Environment

Bild 3 Rohstoffrelevante Umweltgesetze und -normen in ausgewählten asiatischen Ländern

Maßnahme	Wirksamkeit (Effektivität) (in Prozent)	Kosten-belastung
Berieselung bei Abraumbeseitigung	50	gering
Chemikalieneinsatz für Staubbindung	85	mittel
sofortige Bepflanzung von Abraumhalden	75	gering
sofortige Bepflanzung von Böschungen	85	gering
Berieselung des Erzabkippens	50 bis 85	gering
chemische Stabilisierung von Fahrwegen im Tagebau	85	mittel
Geschwindigkeitsbegrenzung auf Förderstraßen	10 bis 30	gering
Überdeckung von Bandstraßen	90	hoch
Berieselung von Föderbändern	50 bis 70	gering
Ummantelung von Brechern und Trockensieben	90	hoch

Bild 4 Maßnahmen zur Verringerung von Staubemissionen im Bergbau

ihnen wurden vor allem die Angebotsmengen auf dem gesamten Weltmarkt für einen bestimmten Rohstoff manipuliert. Bufferstocks oder Preisstablisierungsreserven sind Lager, in die bei Überangebot der Rohstoff eingelagert wird und aus denen bei Unterangebot Verkäufe getätigt werden, um die für Rohstoffmärkte typischen Preisschwankungen zu mindern. Exportkontrollen und Produktionsquoten beschränken künstlich das Angebot auf dem Weltmarkt, indem jedem Anbieter (Exportland) bestimmte Kontingente zugewiesen werden.

Der neue konzeptionelle Ansatz erfordert aber viel spezifischere Lösungen. Allein ein Zielbereich wie Erhöhung der Markttransparenz kann nur durch wohl organisierten Austausch von relevanten Informationen über Produktionskapazitäten, Produktionskosten, technologische Innovationen, Nachfragetrends und anderes erreicht werden. Zwar gibt es auf allen wichtigen Rohstoffmärkten internationale Vereinigungen der Produzenten- und Verbraucherländer, doch müssen diese sogenannten *commodity bodies* durch geeignete Maßnahmen funktionsfähig und kompetent gemacht werden. Aber auch der bereits erwähnte Zielbereich Umweltschutz benötigt Innovationen bei Instrumenten und Maßnahmen (Bild 4), um die hohen gesellschaftspolitischen Forderungen zu erfüllen.

Eine wichtige Frage für das künftige Gesamtkonzept einer internationalen Rohstoffpolitik wird der Stellenwert von Umweltpolitik und Entwicklungspolitik sein, also die Frage nach Kohärenz und teilweise Integration dieser Politikbereiche. Hier gibt es derzeit noch sehr unterschiedliche Auffassungen, die aber meist von überregionalen politischen Interessen beherrscht werden und nicht auf wissenschaftlichen Erkenntnissen basieren. Die internationale Rohstoffpolitik steht deshalb an der Jahrhundertwende nicht nur vor völlig neuen Aufgaben; es ist entscheidend, an der wissenschaftlichen Fundierung eines neuen Konzeptes energisch zu arbeiten, um die Herausforderungen der fortschreitenden Globalisierung auch auf diesem Gebiet meistern zu können.

Autor   Prof. Dr. rer. nat. Dr. rer. pol. Werner Gocht ist Direktor des Instituts für Internationale Technische und Wirtschaftliche Zusammenarbeit. Seine Forschungsschwerpunkte sind die Bereiche Rohstoffwirtschaft, Energietechnik, Industrialisierung und Umweltprobleme der Entwicklungsländer, Internationales Projektmanagement, insbesondere Projektkontrolle.

Peter Gräf

Die Arbeitsorganisation der kommenden Generation

Unter aktuellen Diskussionen wirtschaftspolitischer Themen nehmen solche zu Arbeitsmärkten, Arbeitslosigkeit und Arbeitsqualifikationen eine Spitzenposition ein. In Deutschland ist die Arbeitslosenquote regional stark polarisiert: Zwischen vier und rund 20 Prozent, in Aachen betrug sie im März 1999 14,3 Prozent. Blickt man vergleichsweise nur auf die Mitgliedsländer der Europäischen Union, so werden unter anderem im mediterranen Raum noch weitaus höhere Werte erzielt.

Solche Quoten sind statistische Werte, die vielfältige Hintergründe haben; rein quantitative Aussagen aber werden die Realität eher unterschätzen. Der vorliegende Beitrag behandelt ursächlich nicht den agrarischen und industriellen Strukturwandel, nicht das zunehmende Beschäftigungsinteresse von Frauen oder schwindende Einkommenssolidaritäten in Familienverbänden. Es geht vielmehr darum, das Bewußtsein einer sich erneut radikal wandelnden Arbeitswelt dahingehend zu schärfen, um mögliche Chancen einer Eindämmung künftiger Arbeitslosigkeit erkennbar zu machen.

Das individuelle Verhältnis zur Arbeit ist europäisch wie außereuropäisch kulturell überformt und somit teilweise stark unterschiedlich ausgeprägt. Bei uns wird etwa ein Anspruch auf Arbeit eingeklagt, und Beschäftigung betrachtet man als wirtschaftlich bewertbares Gut, als Besitzstand und, wenn jemand unkündbar ist, als dauerhaft abgesichertes Verhältnis. Das Verbleiben bei einem Arbeitgeber galt und gilt in Deutschland noch teilweise als Tugend, während hohe Fluktuation in den USA eher mit dem positiven Attribut „flexibel" versehen und als karrierefördernd bewertet wird. Die Regel hat noch immer Gültigkeit, daß der Standort der Nachfrage nach Arbeitskräften und Leistungen weitgehend bestimmt, wie sich die räumlichen Beziehungen zwischen Arbeiten, Wohnen und Versorgung gestalten. Pendlerverflechtungen oder Einzugsbereiche sind die Termini für solche verkehrsbezogenen räumlichen Vernetzungen.

Diese lapidare Feststellung ist für viele Unternehmer und Arbeitnehmer gleichermaßen eine Selbstverständlichkeit wie ausgeprägte innerbetriebliche organisatorische Hierarchien und kontrollierte feste Arbeitszeiten. Im Prinzip steckt dahinter die Vorstellung, daß die Arbeit als eine Zeitvolumengröße der zu entgeltende Aspekt sei, nicht die Orientierung an einem Ergebnis als Qualität einer erbrachten Leistung. Nur spezifische Leistungszulagen (Akkorde, Umsatzboni) oder der Abschluß von Werkverträgen kommen dem Ziel nahe, Leistung direkt zu bewerten.

Daß sich Arbeitswelt und Unternehmensorganisation bei wachsender Abhängigkeit von globalen Wirtschaftsbeziehungen gravie-

Bis jetzt galt: Arbeit ist Arbeitszeit

rend verändern, schürt verständlicherweise Ängste. Mit Begriffen wie Informationsgesellschaft, Telearbeit oder automatisierte Dienstleistungen versucht man, Vorstellungen von der künftigen Arbeitswelt zu beschreiben. In einer Phase der Verunsicherung wirkt es sich fatal aus, wenn die Medien solche Prozesse dramatisieren. Häufig wird in unverantwortlicher Weise das Szenario einer künftigen Arbeitswelt geboten, das auf dem Motto „Alles oder Nichts" beruht und in dem sich nur noch jene zurechtfinden werden, die allen Varianten der von Kommunikations- und Computertechnik gesteuerten neuen Arbeitsorganisation gewachsen sind. Nicht „Alles oder Nichts", sondern „Chancen für Viele" wäre ein besser passender Slogan; diese zu realisieren, erfordert indes gleichfalls ein tiefgreifendes Umdenken bei Unternehmen und Arbeitnehmern.

Entscheidendes Kapital: Wissen

Der sich anbahnende große Umbruch in der Arbeitswelt hängt in der Tat eng mit dem Themenfeld „Information" zusammen. Wie sehr die technischen Möglichkeiten der Telekommunikation, etwa die multimediale Visualisierung von Geschäftsvorgängen und der leichtere Zugang zu Informationen, unabhängig von Ort und Zeit, die bestehende Arbeitsorganisation und -durchführung schon jetzt überformt, macht verständlich, weshalb man mittlerweile die gesellschaftliche Entwicklung der nächsten Stufe häufig als „Informationsgesellschaft" bezeichnet – was immer man sich jeweils darunter vorstellen mag.

Das Volumen technisch verfügbarer Informationen hat sich seit den neunziger Jahren exponentiell vergrößert. Kritische Stimmen warnen schon seit Jahren vor den Gefahren einer nicht zu bewältigenden Informationsflut. Es geht jedoch im Kern nicht um die Quantität sammelbarer Informationen, sondern darum, sie auf bestimmte Aufgaben und Ziele hin zu suchen, auszuwählen und in entscheidungsrelevantes Wissen zu transformieren. Läßt sich dieses Wissen dann noch in konkrete Handlungen umsetzen, haben die betreffenden Unternehmen wie Arbeitnehmer einen Vorteil errungen, der vor einer Ära der Telematik und Computertechnologie nicht denkbar gewesen wäre [1].

Das im persönlichen Berufs- und Kontaktfeld erworbene Wissen wird in unterschiedlichem Maße nicht mehr ausreichend sein, um erfolgreich handeln zu können – eine Einsicht, die vor allem in mittelständischen Unternehmen noch keine tiefe Wurzeln geschlagen hat. Großunternehmen hingegen, ob sie produzieren oder Dienstleistungen anbieten, haben schon ein weltweit verästeltes, modulares System von Beziehungen zu Zulieferern oder Kunden aufgebaut. Es zielt darauf ab, sich Märkte zu sichern, von Lohngefällen zu profitieren und auf Spezialwissen zurückgreifen zu können.

Solche Systeme sind sensibel: Dies wird schon daran deutlich, daß man sich weltweit mit einer Fülle von Allianzen, Kooperationen und Firmenübernahmen Marktanteile zu sichern sucht (Bild 1). Die Vernetzung dieser Unternehmen symbolisiert nicht nur Zusammengehörigkeit, sondern ist auch der Ausdruck engster kommunikativer (technischer) Verknüpfung aller handlungsrelevanten Standorte; sie bedeutet den unmittelbaren Zugang zum organisatorischen Umbruch der damit verbundenen Arbeitsvorgänge.

Bild 1 Internationale Firmenzusammenschlüsse, hier die Konzernchefs Robert Eaton (links) und Jürgen Schrempp (rechts) auf einer Pressekonferenz anläßlich der Fusion der Automobilhersteller Daimler-Benz und Chrysler, künden von gewandelten Weltmarktbedingungen. Als Folge davon werden sich auch die Erscheinungsformen von Arbeit rasch ändern.

Zwischen Panikmache und Selbstverständlichkeit der „neuen Arbeitswelt" liegen irrational kurze Distanzen. Viele, die Unbehagen und Kulturpessimismus beim Gedanken an eine vernetzte Welt beschleichen, nutzen indes ihre praktischen Seiten längst mit großer Selbstverständlichkeit im Alltag: Sie akzeptieren die Scannerkasse im Supermarkt, die Onlinebuchung im Reisebüro und den Geldausgabeautomaten der Banken.

Der Wandel der Arbeitsorganisation durch Computer und Telekommunikation wird in unterschiedlichem Maße alle Berufsfelder berühren. Dabei sind vereinfacht zwei Gruppen zu unterscheiden: Tätigkeiten, die neue technische Elemente in ihren gewohnten Arbeitsablauf integrieren, und Tätigkeiten, die erst durch die vernetzten System entstehen werden.

Die erste Gruppe ist die weitaus größte: Maschinenbauer arbeiten mit rechnergesteuerten Halbautomaten, die Müllabfuhr ist in ein logistisches Funksystem eingebunden, und der Paketzusteller quittiert seine Lieferung per Datenfunk an die Zentrale. Eine fast lautlose Entwicklung, die nicht zuletzt aus dem Wettbewerbsgedanken heraus entstanden ist, die Qualität eines Produktes oder einer Dienstleistung zu sichern oder zu heben.

Die zweite Gruppe umfaßt die Fülle neuer Berufsbilder im Dienstleistungsbereich, die unter anderem erst im Zuge der neuen „Internet-Ökonomie" [2] entstehen und bislang kaum in ihrer tatsächlichen Marktbedeutung abzuschätzen sind (Bild 2).

Komplexer und unüberschaubarer sind die Verhältnisse dann, wenn die gesamte Organisation einer Tätigkeit vor tiefgreifenden Änderungen steht. Dienstleistungsbereiche wie Bildung, Verwaltung und Beratung sind davon ebenso betroffen wie Produktions- und Absatzsysteme in Landwirtschaft und Industrie. Das bedeutet, daß die Art der Leistungserbringung vor Möglichkeiten steht, wie sie bislang nicht realisierbar waren, und daß Beschäftigungsorte beziehungsweise die Interaktion zwischen unterschiedlichen Standorten eine völlig neue Rolle spielen werden. Die naheliegende Frage ist, ob

Bild 2 Buchhandel im Internet:
Die „Internet-Ökonomie" stellt die Strukturen
der bislang gültigen Arbeitsgesellschaft
grundsätzlich in Frage.

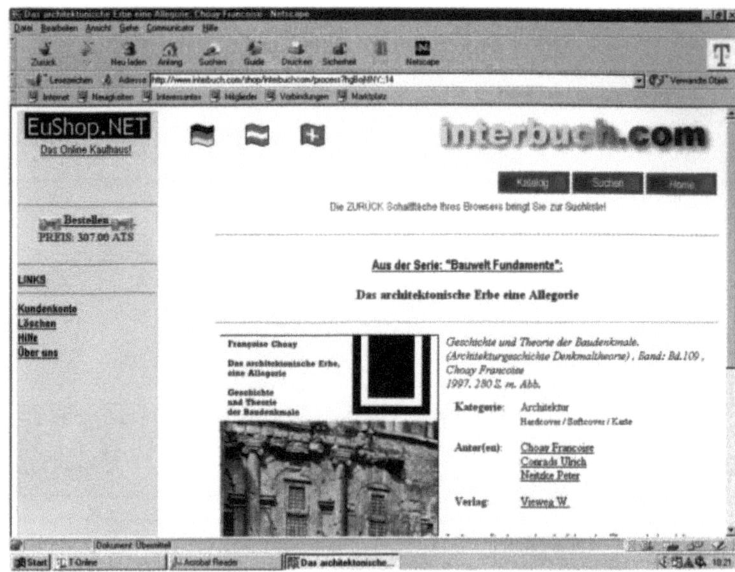

und wie diese künftigen Möglichkeiten heute schon zu erkennen
sind.

Strukturen der bislang gültigen Arbeitsgesellschaft sind im Umbruch begriffen und lösen sich teilweise auf. Der Ökonom Helmut
Saiger, der das „Institut für Erfolg" in Lünen leitet, spricht von einer
„Fünf-Arbeiten-Gesellschaft" (Erwerbsarbeit, Eigenarbeit, Tausch-
arbeit, Bildungsarbeit und Gemeinsinnarbeit) [3]. In einer ganzheitlichen Betrachtung definiert er Arbeit nicht ausschließlich als Ein-
kommensgrundlage, sondern als eine Form des Selbstwertgefühls,
als Teil eines individuellen Gestaltungsplanes des eigenen Lebens.
Daß gerade die Telearbeit einen erheblichen Spielraum für eine solche selbstbestimmte Lebensplanung einräumt, wird in zahlreichen
Stellungnahmen nur am Rande erwähnt; Kritiker heben meist nur
die Gefahr der Isolation hervor.

Fraktale Arbeitswelt

Die Bemühungen, neue technische Vernetzungsmöglichkeiten in
Organisationsstrukturen umzusetzen, haben eine Fülle von Fachter-
mini hervorgebracht. Sie begannen mit „just-in-time", wurden fort-
gesetzt durch die sogenannten „Lean"-Formen von Produktion und
Management bis hin zum „Reengineering". Aktuell wird eine künftige „fraktale Arbeitswelt" diskutiert. Sie wurde vor allem in den Forschungen der Fraunhofer-Institute hervorgehoben. Vereinfacht auf
einen gemeinsamen Nenner gebracht, sind Modularität und Flexibilität die Prinzipien, die bei der Umgestaltung einer Arbeitswelt
betriebswirtschaftlich den besten Effekt versprechen (Bild 3). Damit
ein Baukastensystem von Leistungen beziehungsweise Betriebsab-
teilungen funktionieren kann, sind allerdings Voraussetzungen zu
erfüllen, die in unserer deutschen Arbeitswelt keinesfalls weit verbreitet sind: flache Hierarchien, hohes Maß an Eigenverantwortlichkeit, Befähigung zur Teamarbeit, Reduktion der Verwaltung auf ein
Minimum, Flexibilität nach Arbeitszeit und Arbeitsort.

Nun sind zahlreiche Entscheidungsträger heute noch kaum auf
diese Phase vorbereitet, die wenigsten Betroffenen zeigen den not-

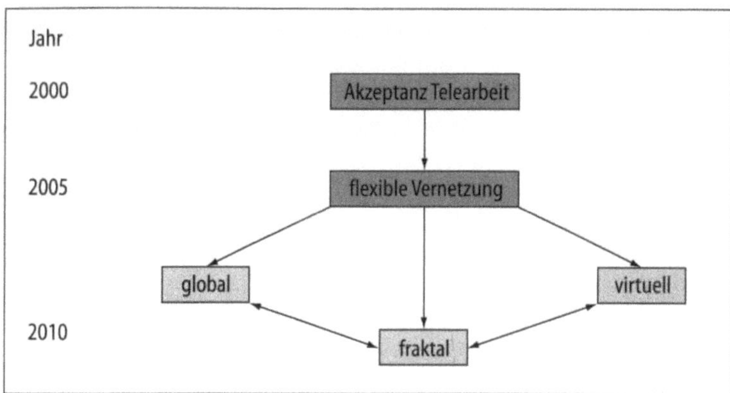

Bild 3 Der Weg zur Arbeitsorganisation im Jahr 2010

wendigen Leistungswillen, und die arbeitsrechtlichen Grundlagen der meisten Unternehmen, Berufsbilder beziehungsweise Tarifabschlüsse sind schon gar nicht auf die Zukunft eingerichtet.

Ein sich wiederholendes Organisationsprinzip beim „Hineinzoomen" in eine Unternehmensorganisation, deren Module auf unterschiedlicher Ebene jeweils gleiche passende Strukturen und „Schnittstellen" aufweisen, führt dann zu den fraktalen Unternehmen.

Der Schlüssel, um sie zum Funktionieren zu bringen, ist nicht allein, daß man diesen unausweichlichen Wandel wirklich will, sondern auch die technische Kompatibilität von Systemen, deren Harmonisierung bislang (und nicht nur bei nationalen Varianten von Strom- und Telekom-Steckern) protektionistisch verhindert wurde.

Die Flexibilität, Arbeitsprozesse auf Aufgaben bezogen (modular) gestalten zu können, kurzfristig neue Teams zusammenzusetzen und dies bei Bedarf standortunabhängig realisieren zu können, stellt die eigentliche Herausforderung an neue Arbeitsmöglichkeiten dar. Nicht nur Management, Forschung und Entwicklung, Verwaltung, Konferenzen oder Routinebesprechungen, sondern eine Fülle externer Dienstleistungen (unter anderem Rechtsberatung, Finanzdienstleistungen, Übersetzungen) können so bedarfsgerecht eingesetzt werden. In vielen Produktionsprozessen, allen voran Computerhardware und Automobilindustrie, sind längst unter dem Schlagwort „Global Sourcing" solche modularen Systeme der Zulieferung realisiert.

Arnold Picot, Vorstand des Seminars für Betriebswirtschaftliche Informations- und Kommunikationsforschung an der Ludwig-Maximilians-Universität München, verweist darauf, wie im Kontext neuer Organisationsformen häufig übersehen wird, daß das Funktionieren vernetzter Systeme auch ein Garant für Arbeitsplätze sein kann, deren tatsächliche Tätigkeiten nur wenig in Kontakt mit dem Kern der veränderten Arbeitswelt stehen [4]. Der Bau eines Motors in Brasilien oder eines Kabelbaums in Thailand für eine Kraftfahrzeug-Endmontage in Portugal – und damit die Sicherung der dortigen Arbeitsplätze sowie jener der koordinierenden, dispositiven, marketingbezogenen (qualifizierten) Tätigkeiten bei uns – wären ohne diese Flexibilität eines fraktalen Systems nicht denkbar. Die Vorstellung, eine Behinderung weiterer Flexibilität würde die Arbeitsplätze im eignen Land sichern können, ist vor dem Hintergrund eines globalen Wettbewerbs der Produkte ziemlich naiv.

Virtuelle und flexible Unternehmenswelt

Modularität und Flexibilität sind die Charakteristika einer noch relativ jungen Form eines organisatorischen Zusammenwirkens, das kurzfristig projektbezogen oder auch längerfristig aufgabenbezogen gestaltet werden kann. Es handelt sich dabei um keine Kooperation im klassischen Sinne, sondern man läßt ein Unternehmen entstehen, das keinen konkreten Standort seines Handelns mehr hat (wenngleich eines juristischen Standorts seiner Verwaltung). Solche im Sinne von Betriebsgebäuden und Infrastrukturen nicht auf einen Ort festgelegten Unternehmen heißen „Virtuelle Unternehmen". Ihr tragendes Skelett ist ein Kommunikationsnetzwerk (wie virtuelle Banken im Internet). Ihre betriebsnotwendigen Einrichtungen (unter anderem Verwaltung, Datenverarbeitung, Call Center) können je nach Aufgabe ihre Standorte (unmerklich für den Kunden) wechseln, können je nach tageszeitlicher Auslastung Einheiten (etwa Call-Center-Agenten) hinzuschalten oder zwischenzeitlich für andere Aufgaben, teilweise auch für andere Unternehmen, nutzen (Bild 4).

Die Flexibilität ist somit in mehrfacher Hinsicht gegeben. Dem Unternehmer/Unternehmen bietet es kostengünstige Möglichkeiten, sich an Auslastungsschwankungen, an arbeitsrechtliche Unterschiede im internationalen Raum anzupassen und Handlungsreichweiten auszudehnen, die ihre geographischen (weniger die sprachlichen) Begrenzungen verloren haben. Für das Angebot von Arbeitsqualifikation gilt ebenso der Wegfall einer räumlich-zeitlichen Beschränkung, sofern die Arbeitsleistung in einem Netzwerk der Telekommunikation zur Verfügung gestellt werden kann.

Der globale Wettbewerb um Arbeit

Vorteile und Nachteile dieser neuen Arbeitsform liegen eng beieinander. Der klassische Begriff eines „Arbeitnehmers" paßt hier nur sehr eingeschränkt. Es muß daraus nicht folgen, daß arbeitsrechtliche Grundlagen ausgehöhlt werden, sondern Konsequenz ist vielmehr der unmittelbare, teilweise globale Wettbewerbscharakter der zuvor beschriebenen Formen von Dienstleistungsangeboten.

In den zurückliegenden Jahrzehnten haben sich Produktionen in Niedriglohnländer innerhalb oder außerhalb Europas (aus der Perspektive Deutschlands) verlagert, und dies war (teilweise) mit der Investition in entsprechende Produktionsanlagen im Ausland verbunden. Diese Investitionsschwelle besteht für netzwerkfähige Dienstleistungen kaum. Darin liegt eine immense Chance für Dienstleistungen, die in Niedriglohnländern im benachbarten östlichen Mitteleuropa angeboten werden können; sie werden damit künftig eine ganz erhebliche Konkurrenz für entsprechende Dienstleistungstätigkeiten in Deutschland darstellen.

Die Qualifikationsfalle

Wer nur die Globalität eines Wettbewerbs betont, verkürzt den Blick auf die wesentliche Problematik für neue Arbeitsformen beziehungsweise -märkte. Daß die Reichweite als Zeit- und Kostenfaktor an Bedeutung verliert, ist nur eine Variable. Wesentlich einflußreicher erscheint eine Zeitkomponente ganz anderer Dimension: die Frage, wie die sich bietenden Chancen für neue Arbeitsmöglichkeiten erfaßt werden können und wie schnell sie umzusetzen sind.

Damit spaltet sich der Begriffsinhalt von Qualifikation in drei Unterdimensionen: die inhaltliche Qualifikation einer Tätigkeit, die Kompetenz, die inhaltliche Qualifikation sowohl vor Ort als auch über Telekommunikation (soweit möglich) anbieten zu können, und die Qualifikation einer dynamischen Anpassung an Veränderungen.

Die berufliche Qualifikation im eigenen Land mag – mit regionalen Unterschieden – inhaltlich auf beachtlichem Niveau erfolgen, für Kompetenz und Anpassungsdynamik gilt das leider nicht. Es bedarf keineswegs des üblichen Vergleichs mit den USA, um zeitliche Defizite der Chancensicherung zu konstatieren. Es genügt, sich innerhalb der Europäischen Union umzusehen, um (offensichtlich) Mentalitätsunterschiede zu erkennen: Finnen und Briten etwa partizipieren mit einem deutlichen Vorsprung unter anderem an Telearbeit. Damit kehrt man zurück zu den Rahmenbedingungen eines für die Zukunft offenen Arbeitsmarktes, die in einer technologiefreundlichen Bildungspolitik (allerdings begleitet von Taten statt nur von Worten) und einer kritisch-positiven Grundhaltung der Medien als Meinungsmultiplikatoren der breiten Öffentlichkeit liegen.

Neues, gleich in welcher funktionalen Beziehung, wird sich meist an seinem Mehr- oder Minderwert gegenüber Gewohntem und Vertrautem messen lassen müssen. Die Bewertungsproblematik tritt auch bei neuen, flexiblen, weniger kontrollierbaren Arbeitsformen auf. Nun läßt sich Arbeitseffizienz an einigen Kostengrößen als Indikatoren messen, etwa an eingesparter Bürofläche und den damit verbundenen Kostensenkungen. Dieter Lorenz, der Arbeitswissenschaften und Allgemeine Betriebswirtschaftslehre an der Fachhochschule Gießen lehrt, unterstreicht jedoch, daß sich zumindest für Bürotätigkeiten ein erheblicher Teil der Vorzüge neuer Arbeitsformen zwar beschreiben läßt, aber nur schwer monetär zu bewerten ist [5]. Er sieht vier Hauptgruppen von Leistungskriterien: Organisation, Arbeitsplatz, Technik (IuK) und Team. Somit kann man – neben der Akzeptanz der Informations- und Kommunikationstechniken (IuK) – in der Problematik, die neuen Arbeitsformen (belegbar) zu bewerten, eine weitere Hemmschwelle für eine Öffnung erkennen.

Chancen wahren beginnt nicht bei Subventionen, sondern im Kopf. Es betrifft jeden, der im sozialen Verbund einer Arbeitswelt beteiligt ist. Die Defizite sind in Unternehmensleitungen noch wesentlich weiter verbreitet als man sie öffentlich zu diskutieren wagt. Der Versuch, bei Arbeitnehmern mangelndes Interesse, fehlende Akzeptanz oder gar Angst, sich mit netzwerkgestützter Arbeit (das heißt mit Computer und Telekommunikationstechniken in Netzwerken) zu befassen, abzubauen, scheitert häufig schon am Management, das mangels Befähigung kaum eine Vorbildfunktion wahrnehmen kann.

Allein die Begriffe Telearbeit, Teleservice, Call Center, E-Commerce und selbst E-Mail sind weitaus weniger verbreitet als etwa Briefpost, Scheck, Bank und Supermarkt. Die Suche nach einem Schuldigen wäre wenig sinnvoll. Es gilt, Arbeitgeber, Arbeitnehmer, Gewerkschaften, Anbieter von Telekommunikationsdiensten (Tarife), Schulen (informationstechnische Basisausbildung) und selbst die Steuergesetzgebung (Werbungskosten im informationstechnischen Be-

Bild 4 Die Strukturen, in denen Dienstleistungen angeboten werden, ändern sich auf der Grundlage der datentechnischen Vernetzung dramatisch. Banken werden beispielsweise zu virtuellen Unternehmen, die keinen konkreten Standort mehr benötigen (oben). Betriebsnotwendige Einrichtungen wie Call Center können je nach tageszeitlicher Auslastung Einheiten hinzuschalten oder zwischenzeitlich für andere Aufgaben nutzen (unten).

reich) in eine gemeinsame Strategie einzubinden; nur so lassen sich wenigstens attraktive Möglichkeiten schaffen, damit sich mehr Menschen trauen, die Chancen neuer Arbeitsformen wahrzunehmen. Die motorischen Kräfte, die dies umsetzen können, sind allerdings eindeutig die Entscheidungsgremien der Politik.

Eine völlig andere Lernkultur

Die regional- wie auch bundespolitischen Gestaltungsaufgaben für künftige Arbeitsmärkte bleiben aber solange nur ein verbaler Kraftakt, wie nicht verstanden wird, daß die fehlende Bereitschaft, an neuen Arbeitsformen zu partizipieren, nicht nur eine singuläre Hürde ist, sondern daß eine völlig andere Lernkultur entstehen muß. Fatalerweise wird der Anpassungsprozeß in erster Linie als technischer Investitionsberg gesehen (wie etwa Computer und Internet an allen Schulen, chipgestützter Fahrkartendrucker für alle Zugbegleiter, Vernetzung der Universitätsbibliotheken). Er ist jedoch eine permanente Aufgabe, die Grundlage der „Wissensgesellschaft" zu schaffen. Neue Formen der Arbeitsorganisation sind untrennbar mit neuen Formen der beruflichen Weiterbildung verbunden, die als „selbsttragende Personalentwicklungsstrukturen" bezeichnet werden, letztlich auch in Qualitätsmanagementsysteme einmünden.

Eine solche Daueraufgabe läßt sich nur bewältigen, wenn die betroffenen Nutzer selbst den Willen haben, sich auf die neuen Arbeitstechniken und -möglichkeiten einzulassen. Die erforderliche Lernkultur muß verständlich machen, daß Weiterbildung ein lebenslange Aufgabe ist und daß die Dynamik, die uns alle zwingt, uns in immer kürzeren Abständen Neuem zu öffnen, weiter zunehmen wird. Den physischen, psychischen und intellektuellen Möglichkeiten dazu sind individuell sehr unterschiedliche Grenzen gesetzt. Das Nichtkönnen im Einzelfall ist nicht zu tadeln; hingegen ist es unverantwortlich, das Nichtwollen eines erheblichen Teils der am Arbeitsprozeß Beteiligten zu dulden – einschließlich der mangelnden Bereitschaft zu zukunftsorientierter Flexibilität mancher Arbeitsuchender.

Auf dem Wege in neue Arbeitswelten bieten sich durchaus Gestaltungschancen. Die enge Verflechtung von Gesellschaft und Technik sollte nicht unkritisch in blinde Technikgläubigkeit münden. Kritisches Denken darf jedoch kein Alibi für Zögerlichkeit sein, aus der gesellschaftlich nicht nur Verantwortung, sondern auch Verantwortungslosigkeit erwachsen kann. Der heute so häufig benutzte Begriff der Nachhaltigkeit dient einigen Gruppen als falsch verstandener Vorwand, um eine Entwicklung zu bremsen, die einer technischen Überformung unserer Arbeitswelt Vorschub leiste. Der Zug in die ganz andere Zukunft hingegen ist schon längst angefahren. An der Schwelle des Jahres 2000 ist die Gefahr in unserem Land groß, daß zu viele den Anschluß verpassen könnten.

Autor

Prof. Dr. rer. pol. Peter Gräf ist am Geographischen Institut auf dem Lehr- und Forschungsgebiet Wirtschaftsgeographie der Dienstleistungen tätig.

[1] P. Gräf: Vernetzte Arbeitswelt. Flexible Dienste einer mobilen Gesellschaft, in: Mobilität. Ethische Verantwortung angesichts neuer Möglichkeiten von Verkehr und Kommunikation, Hrsg. von K. Henning, Aachener Reihe „Mensch und Technik", 17, 1996, S. 133 bis 158.

[2] A. Zerdick, A. Picot, K. Schrape u. a.: Die Internet-Ökonomie. Strategien für die digitale Wirtschaft, Berlin, Heidelberg, New York 1999.

[3] H. Saiger: Die Zukunft der Arbeit liegt nicht im Beruf, München 1998.

[4] A. Picot, R. Reichwald und R. T. Wigand: Die grenzenlose Unternehmung. Information, Organisation und Management, Wiesbaden 1998.

[5] D. Lorenz: Newwork – Die Herausforderung neuer Arbeitsformen, in: Mensch + Büro, 1, 1999, S. 10 bis 17.

Literaturhinweise

Technischer Fortschritt an den Grenzen des Wachstums

Norbert Reuter und
Karl Georg Zinn

Der Beitrag der Technik zur Lösung sozialökonomischer Probleme

Der technische Fortschritt war in seinen beiden Formen, Prozeß- und Produktinnovationen, die Basis für das intensive Wachstum der vergangenen 200 Jahre. Intensives Wachstum führt zu steigenden Pro-Kopf-Einkommen und ist damit die Voraussetzung für den Massenwohlstand. Das extensive Wachstum der vorindustriellen Epoche bewirkte lediglich eine Parallelentwicklung von Bevölkerungszunahme und gesamtwirtschaftlicher Wertschöpfung. Das Durchschnittseinkommen blieb im günstigsten Fall konstant. Meistens sank es jedoch infolge der Ertragsgesetzwirkung, und die Bevölkerungszunahme lag oberhalb der Steigerungsrate der Nahrungsmittelproduktion.

Das historisch beispiellose Niveau des Lebensstandards für das Gros der Bevölkerung in den reichen Volkswirtschaften der Gegenwart verdankt sich also dem intensiven Wachstum und somit dem technischen Fortschritt. Von der Technik und ihrer weiteren Entwicklung hängt heute jedoch nicht nur der Fortbestand des Wohlstands ab, vielmehr kann ohne moderne Technik die zwischenzeitlich auf sechs Milliarden Menschen angewachsene Weltbevölkerung nicht mehr überleben. Zum Vergleich: Die Weltbevölkerung vor der industriellen Revolution betrug weniger als eine Milliarde Menschen.

Daß Technik nicht mehr „nur" als Wohlstandsmotor fungiert, sondern mittlerweile geradezu eine Bedingung für das Überleben der Menschheit darstellt, bürdet Ingenieuren und Technikern eine noch höhere Verantwortung auf. Sie sind deshalb gehalten, sich über die Existenzgrundlagen der Technikwissenschaft, über die auf sie einwirkenden politischen, ökonomischen und ideologischen Faktoren Rechenschaft zu geben, um sich verantwortungsbewußt für das „Richtige" entscheiden zu können. Wer sich nur den äußeren Rahmenbedingungen seines Tuns anpaßt und eine positivistische Haltung gegenüber einer vermeintlichen „Eigendynamik" des technischen Fortschritts zeigt, wird jener Verantwortung nicht gerecht. Um diese ethische Perspektive konkret zu fassen, müssen wir uns fragen, welchen Beitrag die Technik künftig leisten kann, um gesellschaftliche Probleme zu lösen. Wo wird technischer Fortschritt am dringlichsten gebraucht, und auf welche Technikfolgen ist besonderes Augenmerk zu richten?

Die Menschheit steht vor drei Herausforderungen: langfristige Friedenssicherung, Erhalt und Regeneration der Umwelt, Beseitigung der Massenarbeitslosigkeit und damit Gewährleistung der dauerhaften materiellen Existenz der Bevölkerung. Spätestens seit der Studie des Club of Rome über die „Grenzen des Wachstums", die Anfang der siebziger Jahren global einen Wandel des Umweltbewußtseins einleitete, kennen wir die Zusammenhänge zwischen jenen drei großen Aufgaben. Werden die Probleme der Umwelt, Ernährung und Beschäftigung nicht gelöst, bleibt auch der Frieden äußerst gefährdet.

Die drei genannten Menschheitsaufgaben sollten Wegweiser für den künftigen technischen Fortschritt sein. Wir konzentrieren uns im folgenden auf den ökonomischen Teil der Gesamtproblematik. Hierzu scheint es sinnvoll, sich den Zusammenhang zwischen technischem Fortschritt, Wirtschaftswachstum, Strukturwandel und Beschäftigung zu verdeutlichen. Erst wenn wir die Wechselwirkungen dieser Faktoren betrachten, können wir beurteilen, ob der technische Fortschritt noch die gleichen positiven Effekte auf Wachstum und Beschäftigung haben wird oder überhaupt haben kann wie in der Vergangenheit, ob also ein bequemes „Weiter so" vertretbar ist, oder ob der technische Fortschritt eine andere Richtung nehmen muß.

Der technische Fortschritt zeigt sich, wie eingangs gesagt, als produktivitätswirksame Prozeßinnovation (Rationalisierung) und als Produktinnovation für den Endverbrauch, also in der Erfindung und marktreifen Entwicklung völlig neuer Güter. In der Vergangenheit war vor allem die menschliche Arbeit von Rationalisierungsmaßnahmen betroffen, während Umwelt und Naturressourcen wegen ihrer relativ geringen, die langfristige Knappheit nicht widerspiegelnden Preise massivem Raubbau ausgesetzt waren. Es kam zu einem lang anhaltenden Substitutionsprozeß von Arbeit durch Umwelt und natürliche Ressourcen (vor allem Energieverbrauch).

Der ökonomische Anreiz für solche Substitutionen ergibt sich durch die relativen Faktorpreise – etwa teure Arbeit und billige Energie. Die Entwicklung der erforderlichen Substitutionstechnik folgt also ökonomischen Vorgaben. Riefen Umweltnutzung und Verbrauch natürlicher Ressourcen höhere Kosten hervor, indizierten also die Preise die langfristige Knappheit dieser Faktoren, würde konsequenterweise keine Substitutionstechnik, sondern vermehrt Einsparungstechnik entwickelt. Dies zeigt sich immer dann, wenn durch Umweltschutzauflagen und -abgaben die Umweltnutzung verteuert wird. In dem Fall lohnt es sich, umweltentlastende beziehungsweise -schonende Produktionstechniken zu entwickeln und anzuwenden.

Die ökonomischen Vorgaben bewirken also, daß sich die Technikentwicklung mehr oder weniger stark auf ökonomisch verwertbare Resultate hin ausrichtet. Gerade die Technikwissenschaft ist finanziell relativ aufwendig, und die erforderlichen Mittel werden langfristig nur dann aufgebracht, wenn die Ergebnisse der Forschung und Entwicklung wirtschaftlich verwertbar sind. Wenn die Technik auf neue Problemlösungen ausgerichtet werden soll – also etwa in sehr viel stärkerem Maße, um Umwelt- und Beschäftigungsprobleme zu beseitigen –, bedarf es entsprechender wirtschaftlicher Vorgaben. Diese aber muß die Politik festlegen. (Bild 1)

Technischer Fortschritt im ökonomischen Kontext

Bild 1 Rückkopplungsprozeß zwischen
technischer und ökonomischer Entwicklung

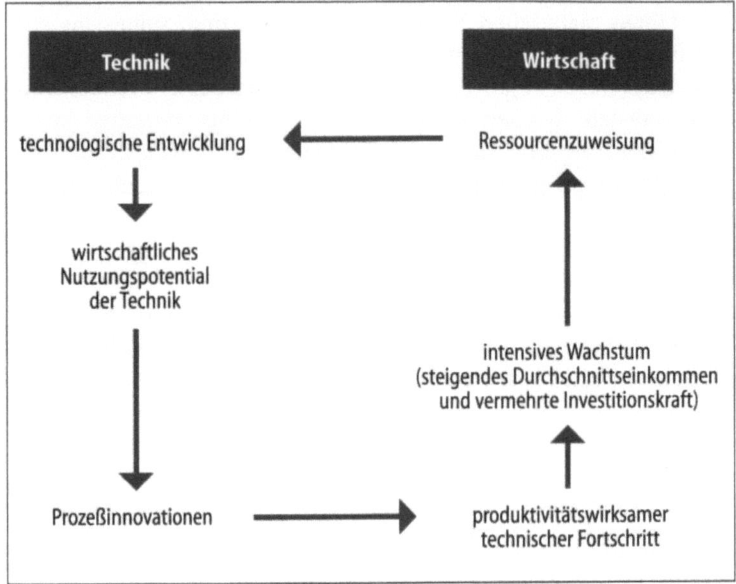

Prozeßinnovationen dienen dem Produktivitätswachstum. Hieraus resultierende sinkende Stückkosten ermöglichen Preissenkungen. Dadurch werden nach und nach aus teuren Luxusartikeln preiswerte Massenverbrauchsgüter. Preissenkungen führen zu größerer Nachfrage, damit steigen Produktion und Beschäftigung in den betroffenen Bereichen, und weitere Stückkosten- und Preisreduktionen folgen.

Doch über einen längeren Zeitraum hinweg stößt das Nachfragewachstum an Sättigungsgrenzen. Erneute Preissenkungen führen nur noch zu unterproportionalen Nachfragesteigerungen. Würden beispielsweise heute die Preise für Fernsehgeräte halbiert, so verdoppelte sich auf dem gegenwärtigen Ausstattungsniveau der Haushalte mit Fernsehgeräten die Nachfrage keineswegs. Erreicht ein Produkt beziehungsweise ein Markt den Sättigungsbereich, so führen weitere Produktivitätssteigerungen nicht mehr zu Produktions- und Beschäftigungswachstum; statt dessen stagniert die Produktion, und die Beschäftigung sinkt. Weil die Nachfrage nicht mehr weiter wachsen kann, kehren sich die Beschäftigungseffekte der Rationalisierung um. Es kommt zur sogenannten technologischen Arbeitslosigkeit, die Widerstand gegen Rationalisierung und Technikangst auslöst. Die eigentliche Ursache für die sich einstellenden Beschäftigungsverluste ist jedoch nicht die Rationalisierungstechnik, sondern der entstandene Nachfragemangel. Hierauf hat schon David Ricardo (1772 bis 1823), der bedeutendste Theoretiker der klassischen Ökonomie, in seinem berühmten Kapitel „Über Maschinenwesen" hingewiesen [1]. Falls man der sättigungsbedingten Nachfrageschwäche nicht entgegenwirkt, kommt es zu einem sich selbst verstärkenden Prozeß von Arbeitslosigkeit, Kaufkrafteinbußen und erneutem – nunmehr durch Kaufkraftmangel bedingtem – Nachfragerückgang.

Festzuhalten bleibt, daß das Produktivitätswachstum (Stückkostensenkung) in einer ersten Phase zu mehr Produktion und Beschäftigung führt, dann aber sättigungsbedingte Stagnation eintritt, die einen Beschäftigungsabbau verursacht. Die angebotsseitige Innovation (Produktivitätswachstum) verliert in dem Maße ihre Wachstumswirkung, wie auf der Nachfrageseite die Bedürfnisse befriedigt werden, also der humane Zweck der Produktion sich erfüllt (Bild 2).

Die sättigungsbedingten Wachstumsgrenzen auf einzelnen Märkten (bei einzelnen Produkten) bleiben für das gesamtwirtschaftliche Wachstum solange folgenlos, wie es noch genügend Wachstumsbereiche gibt und/oder neue Wachstumsbranchen entstehen, die entsprechend stark die Nachfrage steigern. Hier kommt die zweite Spielart des technischen Fortschritts, die Produktinnovation, zum Zuge. Produktinnovationen sollen und können den Sättigungseffekten entgegenwirken. In den vergangenen 200 Jahren war dies auch immer wieder der Fall.

Es stellt sich allerdings die Frage, ob sich dieser Trend auch in die Zukunft übertragen läßt. Gegen eine solche simple Extrapolation sprechen zumindest drei Einwände: Infolge des intensiven Wirtschaftswachstums (Wohlstandsanstieg) sind viele Bedürfnisse, insbesondere die dringendsten, mittlerweile relativ gesättigt, so daß es für Investoren/Innovatoren immer schwieriger und risikoreicher wird, Produktinnovationen hervorzubringen, die noch so attraktiv sind, daß sie eine stark wachsende Nachfrage auslösen können. Des weiteren ist in entwickelten Industriegesellschaften ein Wertewandel zugunsten eines umweltschonenden beziehungsweise umweltverträglichen Konsumverhaltens zu verzeichnen, der auf einer ethisch motivierten „Verzichtshaltung" beruht. Dies trägt ebenfalls zur nachfrageseitigen Wachstumsbegrenzung bei. Schließlich beruht die seit der klassischen Nationalökonomie des ausgehenden 18. Jahrhunderts in den Wirtschaftswissenschaften vorherrschende Meinung, daß die wachstumstreibenden Konsumbedürfnisse unbegrenzt wären, wohl eher auf einem anthropologischen Irrtum; dies legen bedürfnistheoretische Untersuchungen der modernen Sozialpsychologie nahe. Offensichtlich gewinnen mit steigendem materiellen Lebensstandard immaterielle Bedürfnisse immer mehr Bedeutung für die Lebens-

Ist die Theorie der klassischen Ökonomie weiter gültig?

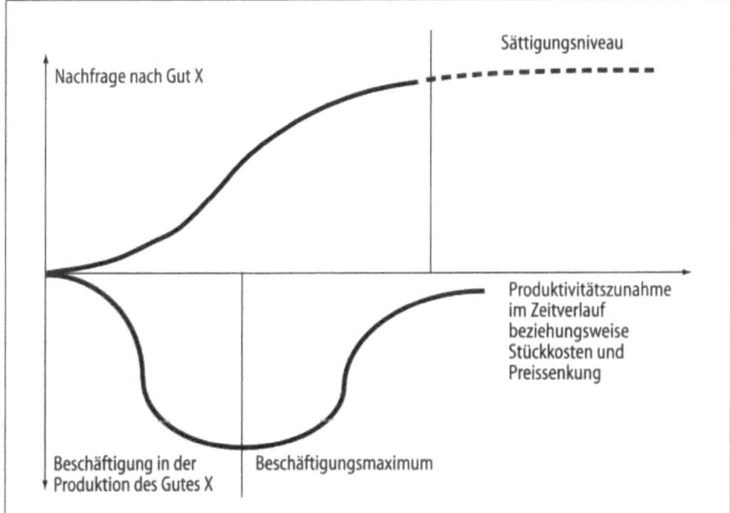

Bild 2 Nachfrage- und Beschäftigungsentwicklung bei Produktivitätsfortschritt

qualität, was der bedeutende amerikanische Psychologe Abraham Maslow schon in den fünfziger Jahren beschrieben hatte und von der jüngeren Konsumforschung weitgehend bestätigt wird [2].

Gesamtwirtschaftliches Wachstum setzt also voraus, daß den relativ gesättigten Märkten jeweils genügend Wachstumsmärkte gegenüberstehen, um die Wachstumsverluste der Stagnations- und Schrumpfungsbereiche auszugleichen. In diesem Kontext kommt den Produktinnovationen, also der zweiten Komponente des technischen Fortschritts, die führende Rolle zu, aber möglicherweise wird das Publikum der vielen neuen Dinge überdrüssig.

Demographische Wachstumsaspekte

Der Wachstumsprozeß während der vergangenen 200 Jahre verlief bekanntlich keineswegs kontinuierlich, sondern wurde von wiederkehrenden kleinen und großen Krisen unterbrochen. Doch der Trend zeigte seit der industriellen Revolution aufwärts. Das Wirtschaftswachstum trug auch dazu bei, daß die Bevölkerungszahl anstieg, und umgekehrt begünstigte diese demographische Entwicklung wiederum das Wachstum, und zwar sowohl von der Nachfrage- als auch von der Angebotsseite her. Mehr Menschen bedeuten nämlich einerseits mehr Konsumentinnen und Konsumenten sowie andererseits mehr Arbeitskräfte; beides treibt die Investitionstätigkeit an. Nachlassendes Bevölkerungswachstum in reichen Volkswirtschaften verstärkt die Stagnationstendenzen, da Märkte bei gleichbleibender Bevölkerung rascher an ihre Sättigungsgrenzen stoßen.

Um die daraus resultierenden Wachstumseinbußen zu kompensieren, wären mehr Produktinnovationen erforderlich. Denn es ist offenkundig, daß beispielsweise die Nachfrage nach Nahrungsmitteln, Bekleidung, Wohnraum – also nach ganz traditionellen Gütern – bei steigenden Bevölkerungszahlen höher ausfällt als bei stagnierenden (zur Zeit übersteigt das Bevölkerungswachstum der USA das europäische). Entfällt das demographisch bedingte Wachstum der Nachfrage, muß die entstehende „Nachfragelücke" auf andere Weise – eben durch neue Produkte und höheren Konsum pro Kopf der Bevölkerung – geschlossen werden.

Die Frage ist allerdings, ob dies künftig noch gelingen kann. Es wurde längst sichtbar, daß trotz aller Leistungen der Technik zugunsten neuer Produktinnovationen der Anteil der Industrie an der gesamtwirtschaftlichen Wertschöpfung und an der Beschäftigung ständig sinkt; die Arbeit in der Industrie geht nicht nur relativ, sondern absolut zurück. Anteilsgewinner ist der Dienstleistungssektor. Dieser struktelle Wandel und die damit einhergehende Wachstumsreduktion scheinen einer Gesetzmäßigkeit zu folgen, die nach dem Franzosen Jean Fourastié (1907 bis 1990) als „Fourastiésches Gesetz" bezeichnet wird [3, 4].

Hoffnungsträger Dienstleistungen

Trotz anhaltenden technischen Fortschritts war es nicht möglich, den von Fourastié und anderen Ökonomen – wie dem Engländer John Maynard Keynes (1883 bis 1946) – lange im voraus prognostizierten relativen Rückgang der industriellen Wertschöpfung und vor allem der industriellen Beschäftigung aufzuhalten. Deshalb setzen heute viele Ökonomen und Politiker ihre Hoffnungen auf das Wachstum des Dienstleistungssektors. Doch inzwischen wissen wir, daß die moderne Rationalisierungstechnik sukzessive immer weitere Teile der Dienstleistungsproduktion erfaßt. Für die Dekade 1997 bis 2007 wird in den traditionellen Dienstleistungsbranchen ein Abbau von bis zu 6,7 Millionen Arbeitsplätzen prognostiziert. Damit hatten die frühen Propheten der Dienstleistungsgesellschaft nicht gerechnet.

Fourastié hielt es beispielsweise für äußerst unwahrscheinlich, daß Dienstleistungen ein merkliches Produktivitätswachstum erreichen könnten. Sollte dies allerdings doch eintreten, so würde die Dienstleistungsproduktion das gleiche Schicksal erleiden wie der Agrar- und der Industriesektor: zuerst eine mehr oder weniger lange Wachstumsphase, dann jedoch unvermeidlich der Übergang zur sättigungsbedingten Stagnation. Die „große Hoffnung" auf das Dienstleistungswachstum als Vollbeschäftigungsmotor wäre in dem Fall dahin. Was Fourastié nur ganz am Rande als Möglichkeit wahrgenommen hat, ist jedoch eingetreten: Der technische Fortschritt hat auch der Dienstleistungsproduktion hohes Produktivitätswachstum beschert. Wie sich aus Bild 3 ablesen läßt, war der Produktivitätsfortschritt der Dienstleistungen in Deutschland zwischen 1980 und 1993 sogar höher als in der Industrie.

Das Wachstum des Dienstleistungssektors hängt davon ab, daß die Nachfrage nach Dienstleistungen wächst. Im Unterschied zum industriellen Bereich sind vom technischen Fortschritt jedoch (bisher) relativ wenig Produktinnovationen im Dienstleistungssektor zu erwarten. In diesem Bereich handelt es sich vorwiegend um Prozeßinnovationen, also Rationalisierungstechnik. In bestimmten Fällen rufen technische Entwicklungen zwar auch einen Anstieg der Kapitalintensität von konsumtiven Dienstleistungen hervor, das heißt, pro Arbeitsplatz ist etwa eine aufwendigere Geräteausstattung mög-

	1980 (= 100)	Niveaurelation
Land- und Forstwirtschaft, Fischerei	**195**	**46**
produzierendes Gewerbe	**118**	**99**
· Energie- und Wasserversorgung, Bergbau	124	184
· verarbeitendes Gewerbe	119	98
· Baugewerbe	115	85
Dienstleistungssektor	**121**	**104**
· Handel	118	67
· Verkehr und Nachrichtenübermittlung	142	104
· Kreditinstitute und Versicherungsunternehmen	129	177
· sonstige Dienstleistungen	113	159
Staat	**106**	**73**
private Haushalte, private Organisationen ohne Erwerbszweck	**100**	**56**
insgesamt	**122**	**100**

Bild 3 Produktivitätsentwicklung bundesdeutscher Branchen von 1980 bis 1993 [3]

lich und oft auch notwendig (etwa bei medizinischen Diensten), aber damit entsteht ein neues Problem. Sofern die betreffenden Dienstleistungen nicht rationalisierbar sind, werden sie erheblich teurer (die Apparatemedizin beispielsweise kostet pro „Outputeinheit", hier die Heilung eines Patienten, erheblich mehr als traditionelle Heilverfahren). Die vom wissenschaftlich-technischen Fortschritt beabsichtigte und meist wohl auch erreichte Qualitätsverbesserung hat eben ihren Preis. Damit stellt sich das Problem der Nachfragefinanzierung, das sich letztlich nur durch eine andere Einkommens- beziehungsweise Kaufkraftverteilung lösen läßt. Das ist eine politische Aufgabe, keine der Technik.

Zusammenfassend bleibt festzuhalten, daß von der Technik allein eine Lösung der drängenden Probleme der Menschheit, allen voran die Umwelt- und die Beschäftigungskrise, nicht erwartet werden kann. Eine Eigengesetzlichkeit der Technik gibt es nicht. Die Richtung des technischen Fortschritts wird entscheidend durch wirtschaftspolitische Vorgaben, etwa durch Steuern auf Arbeit und Energie, beeinflußt. Eine ökologische Steuerreform etwa würde nicht den technischen Fortschritt an sich behindern, sondern ihn in eine den Menschheitsproblemen angemessenere Richtung lenken.

Auch sollten keine Illusionen darüber bestehen, daß die Wohlstandspotentiale, die uns der technische Fortschritt beschert, sich automatisch in realisierten Wohlstand transformieren. Dies zeigt der in der Vergangenheit erfolgte Umgang mit der Rationalisierungstechnik. Rationalisierung wurde nicht durchgehend für eine sozialverträgliche allgemeine Arbeitszeitverkürzung genutzt, sondern hat zur wachsenden Ungleichverteilung der vorhandenen Erwerbsarbeit beigetragen. Gerade am Beispiel der Arbeitslosigkeit wird deutlich, daß technischer Fortschritt in Form von Prozeßinnovationen einerseits zu Arbeitslosigkeit führen kann, andererseits aber auch für gesamtgesellschaftliche Arbeitszeitverkürzungen und höhere Reallöhne nutzbar ist.

In Zukunft wird es verstärkt darauf ankommen, daß die industrialisierten Gesellschaften lernen, die Wohlstandspotentiale der technischen Entwicklung wieder vermehrt in realisierten Wohlstand für die breite Bevölkerung umzusetzen. Dies erfordert einen intensiven Dialog zwischen Wirtschaft, Technik, Staat und Gesellschaft. Der zunehmende Einflußverlust von Staat und Gesellschaft auf Wirtschaft und Technik, wie er als Folge des wiedererstarkten Laissezfaire-Dogmas während der vergangenen beiden Jahrzehnte eintrat, wird daher mehr Probleme schaffen als lösen.

Autoren   Dr. rer. pol. Norbert Reuter ist wissenschaftlicher Assistent am Institut für Wirtschaftswissenschaften.

Prof. Dr. rer. pol. Karl Georg Zinn ist Inhaber des Lehrstuhls für Volkswirtschaftslehre (Außenwirtschaft) und Leiter des Instituts für Wirtschaftswissenschaften.

[1] D. Ricardo: Grundsätze der politischen Ökonomie und der Besteuerung. Nach der Übersetzung von H. Waentig (Hrsg.) und mit einer Einführung von F. Neumark, Frankfurt am Main 1972.

[2] K. G. Zinn: Jenseits der Markt-Mythen. Wirtschaftskrisen: Ursachen und Auswege, Hamburg 1997.

[3] L. Bußmann: Drei-Sektoren-Trend und Vollbeschäftigung, Sozial-Akademie-Manuskripte, 8, Dortmund, Juni 1998.

[4] A. H. Maslow: Motivation und Persönlichkeit (1954), Olten 1978.

[4] J. Fourastié: Die große Hoffnung des zwanzigsten Jahrhunderts (1949), Köln-Deutz 1954.

Literaturhinweise

Sprachen für Studium
und Beruf

Rudolf Beier

**Aufgaben, Probleme und Perspektiven der Angewandten
Sprachwissenschaft an der Technischen Hochschule**

Unter der provozierenden Überschrift „Die Vordenker von morgen
sind sprachlos" fordert Andreas Leimbach in den „VDI-Nachrichten" vom 20. Februar 1998: „Die Ingenieurgeneration von morgen
darf eines sicher nicht sein: ohne gründliche Kenntnisse in Fremdsprachen." Er bezieht sich auf die Ergebnisse einer Studie der
Hochschul-Informations-System GmbH (HIS) in Hannover. Dieser
Untersuchung zufolge kann von Mehrsprachigkeit deutscher Studierender und ihrem selbstverständlichen Gebrauch von Fremdsprachen überhaupt nicht die Rede sein. Ausgerechnet bei Ingenieuren, so Leimbachs Resümee, bestehe „ein eklatantes Mißverhältnis zwischen den Anforderungen des Arbeitsmarktes und der eigenen Einschätzung... Während in 55 Prozent der Stellenanzeigen
für Ingenieure Englischkenntnisse verlangt werden (soviel wie in
keiner anderen Branche) und ein Fünftel dieser Stellen ‚internationale Reisefähigkeiten' verlangen, glauben überdurchschnittlich
viele Ingenieurstudierende nicht so recht, daß ihre eigenen Sprachaktivitäten während des Studiums wichtig sein können. Zudem ist
das Angebot an attraktiven Sprachkursen an deutschen Hochschulen rar."

Unter der Überschrift „Hochschulen als Geburtsort der Global
Player" fordert Ditmar Königsfeld im „Arbeitgeber" (Ausgabe 8/50
von 1998) mehr Internationalität des Studienstandorts Deutschland
im Sinne attraktiverer Studienangebote für ausländische Studierende und einer stärkeren Mobilität deutscher Studierender: „Es kommen nicht nur zu wenige zu uns, sondern es gehen auch zu wenige
von uns nach draußen." Zu den Maßnahmekatalogen für die Hochschulen aus der Sicht des Bundesverbandes der Arbeitgeber zählen
sowohl die Ausweitung des Angebots an englischsprachigen Lehrveranstaltungen als auch die Bereithaltung eines ausreichenden
Fremdsprachenangebots an der Hochschule zur Vorbereitung auf
einen späteren Auslandsaufenthalt.

Daß es beim Stichwort „Fremdsprachenangebot" um weit mehr
gehen muß als um eine bloße Fortführung herkömmlichen schulischen Sprachunterrichts, wird im „Special Global Players" des von
der Bundesanstalt für Arbeit herausgegebenen „UNI-Magazins"
(vom Juni 1997) deutlich: Hier wird über aufschlußreiche Fälle kulturbedingter Kommunikationsprobleme berichtet. Die Beispiele für
teure Mißverständnisse und kulturspezifische Unterschiede am
Arbeitsplatz, im Führungsverhalten oder in den Verhandlungs- und
Konversationsstilen ließen sich beliebig fortführen. Sie belegen, daß
für internationale Projekte, Unternehmen und Karrieren Fachwissen
und Sprachkenntnisse allein nicht ausreichen, sondern daß es dar-

Kulturbedingte
Kommunikationsprobleme

über hinaus einer auf die fachliche Tätigkeit bezogenen interkulturellen Kompetenz bedarf (Bild 1).

Diese Liste kritischer Stimmen und Forderungen ließe sich lange fortsetzen und durch weitere Zahlen und Erfahrungsberichte erhärten. Ihre Befunde sind auch nicht neu, und sie betreffen natürlich nicht nur Ingenieure. Sie reichen zurück bis in die Zeit der ersten großen Erkundungen des Fremdsprachenbedarfs für die Hochschulen, für die Verwaltung und nicht zuletzt für die Wirtschaft in der Bundesrepublik Deutschland: Für sie gilt schon seit langem das Motto, daß „die beste Sprache nun einmal die Sprache des Kunden ist". Vieles spricht dafür, daß der in den siebziger Jahren erstmals empirisch belegte sehr umfangreiche und vielfältige Fremdsprachenbedarf seitdem noch erheblich zugenommen hat und weiter wachsen wird. „Globalisierung", „Internationalisierung" oder „europäische Integration" bündeln schlagwortartig Entwicklungen in Wirtschaft, Technik, Wissenschaft und Politik, die weitreichende kommunikative Konsequenzen haben, neue Bedarfslagen und Bedürfnisse schaffen, ja, sich in neuen Berufsbildern niederschlagen. Aus alledem erwachsen große Herausforderungen an die Bildungspolitik, an die Hochschulen und hier speziell an alle mit Sprache und mit Sprachunterricht befaßten Disziplinen. Dazu zählen die etablierten Fächer Anglistik, Germanistik, Deutsch als Fremdsprache, Romanistik, Slawistik, Sprachlehr- und -lernforschung und Didaktik. Eine Schlüsselrolle spielt in diesem Zusammenhang die Angewandte Sprachwissenschaft.

Die RWTH trägt der Bedeutung fremdsprachlicher Kompetenz für Forschung und Lehre nicht nur in ihrem vom Senat im Jahre 1996 verabschiedeten Leitbild Rechnung, wo sie Kommunikationsfähigkeit und Fremdsprachenbeherrschung als Schlüsselqualifikationen aufführt. Sie hat an der Philosophischen Fakultät eigens einen neuen Lehrstuhl für Angewandte Sprachwissenschaft eingerichtet – für die deutsche Hochschullandschaft der neunziger Jahre durchaus noch immer keine selbstverständliche Konsequenz aus den oben angedeuteten gesellschaftlichen und hochschulpolitischen Notwendigkeiten. Dieser Lehrstuhl hat seine Arbeit mit dem Wintersemester 1997/98 aufgenommen. Zu seinen Aufgaben zählt zum einen die Vertretung des Faches Angewandte Sprachwissenschaft in Forschung und Lehre. Zum anderen obliegt ihm die Betreuung, Organisation und Weiterentwicklung des Fremdsprachenangebots für die Studierenden der nichtphilologischen Fächer („Hörer aller Fakultäten") sowie die Ausbildung in Deutsch als Fremdsprache. Zur Aufbauarbeit, die der neue Lehrstuhl in den kommenden Jahren zu leisten hat, gehört ein attraktives fremdsprachliches Lehrangebot, das bedarfsgerecht, wohlstrukturiert und auf die Situation einer Technischen Hochschule zugeschnitten ist. Es verfolgt ein doppeltes Ziel: Es soll den hochschulinternen studienbezogenen Fremdsprachenbedarf decken (zum Beispiel Englisch für Naturwissenschaftler, Italienisch für Architekten), und es soll über die Studiensituation hinausweisende berufsqualifizierende Fremdsprachenkenntnisse vermitteln. Im Hinblick auf den für diese Aufgaben notwendigen Brückenschlag zwischen der Angewandten Sprachwissenschaft und Fächern in

Bild 1 Anforderungen der Berufswelt

Bild 2 Wörterbucheinträge über Angewandte Sprachwissenschaft

anderen Fakultäten bietet eine Technische Hochschule besonders günstige Möglichkeiten, die zum Nutzen der Angewandten Sprachwissenschaft und der Philosophischen Fakultät wie der anderen (etwa technischen) Fächer ausgebaut werden müssen.

Im folgenden werden das Fach Angewandte Sprachwissenschaft und die Aufgaben und Zukunftsperspektiven des an der RWTH Aachen eingerichteten Lehrstuhls vorgestellt. Was ist ihr Ziel? Wer sind ihre Adressaten? Was sind ihre Gegenstände? Welche Perspektiven haben das Fach und der Lehrstuhl in Forschung und Lehre? Wie ist die Angewandte Sprachwissenschaft in die Studiengänge an der RWTH eingebunden?

Was ist Angewandte Sprachwissenschaft? Sie ist ein relativ junges Fach und versteht sich als Teildisziplin der modernen Linguistik (Bild 2). Allgemein gesprochen, widmet sie sich sprachintensiven Problemen in der Gesellschaft. Sie arbeitet diese wissenschaftlich auf und leistet dadurch Beiträge zu ihrer Lösung in der Praxis und zur linguistischen Theoriebildung. Dabei beschränkt sie sich nicht auf eine bestimmte Sprache. Ein weiteres zentrales Merkmal der Angewandten Sprachwissenschaft ist neben ihrem Praxisbezug ihre Interdisziplinarität. Diese ist erforderlich sowohl im Hinblick auf die oben genannten etablierten sprachlichen Disziplinen als auch in bezug auf alle nichtsprachlichen Fächer, mit deren Sprachverwendung sie sich auseinandersetzt. Es gibt eine Reihe von Berufen, für deren Ausbildung und Ausübung angewandt-sprachwissenschaftliches Wissen und Können zentral sind. Dazu zählen unter anderem: (Fach-)Übersetzer und Dolmetscher, Terminologen, Dokumentaristen, Lexikographen, Technische Redakteure, Wissenschaftsjournalisten, Lehrer für allgemein- und berufsbildende Schulen und für die Erwachsenenbildung, Mitarbeiter in der Öffentlichkeitsarbeit, Dialog- oder Synchronautoren und klinische Linguisten. Neben diesen Kommunikationsfachleuten im engeren Sinne brauchen zahlreiche andere Berufe (etwa Ingenieure) angesichts der zunehmenden Internationalisierung und Globalisierung der wirtschaftlichen und wissenschaftlichen Welt interkulturelle fremdsprachliche Handlungskompetenz.

Bild 3 verdeutlicht das Selbstverständnis der heutigen Angewandten Sprachwissenschaft. Sie benennt ihre wichtigsten Adressaten und die wesentlichen Aufgabenbereiche, für die sie in Forschung und Lehre zuständig ist. Das Schema nimmt Bezug auf die Situation an der RWTH Aachen. Je nach ihren Interessen und Bedürfnissen nutzen die hier genannten Gruppen das Angebot in unterschiedlichem Umfang und auf spezifische Weise. Für Hörer aller Fakultäten zum Beispiel liegen die Schwerpunkte in den Bereichen 2, 6, 8 und 9. Studierende des Magisterstudiengangs Technische Redaktion werden für ihr Studium und ihre spätere berufliche Tätigkeit auf fast alle aufgeführten Bereiche zugreifen. Angehende Lehrer und Magister der Germanistik, Anglistik und Romanistik erhalten ihre sprachpraktische Ausbildung auch weiterhin an ihren jeweiligen Instituten, benötigen ansonsten aber angewandt-sprachwissenschaftliches Wissen und Können aus fast allen Bereichen. Dabei ist der neue Lehrstuhl für die fremdsprachlichen Teilgebiete zuständig, die in Bild 3 aufgeführt sind.

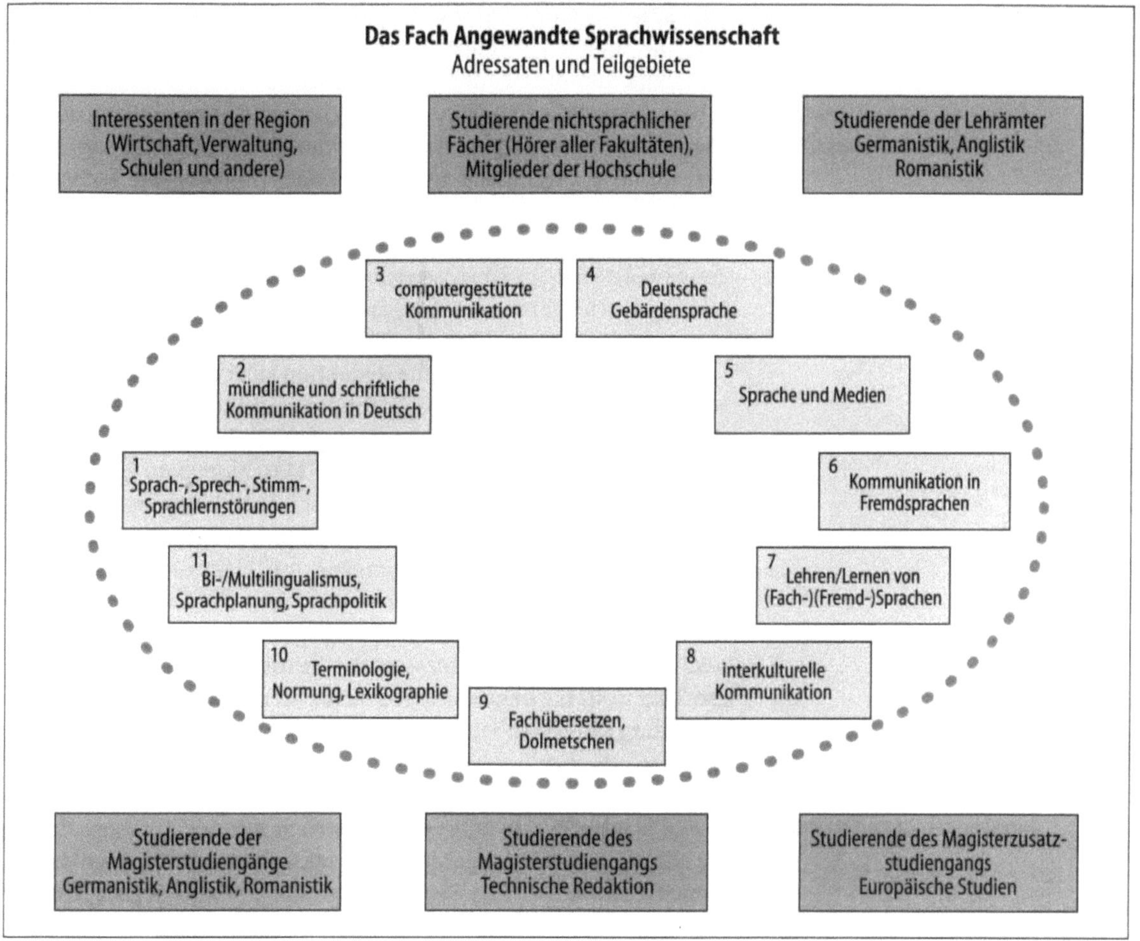

Aus institutioneller Sicht ist zu beachten, daß nicht allein der Lehrstuhl für Angewandte Sprachwissenschaft das gezeigte Themenspektrum des Faches abdecken kann und wird. Die Schwerpunkte 1 bis 5 gehören zu den Untersuchungs- und Lehrgebieten der germanistischen Linguistik an der RWTH Aachen. Im Bereich der Sprach-, Sprech- und Stimmstörungen und der Störungen des Sprachenlernens (1) werden seit Jahren Ergebnisse der Forschung auch zu praktischer Hilfe genutzt. In Zusammenarbeit mit der medizinischen Fakultät bietet die germanistische Sprachwissenschaft einen Studiengang Lehr- und Forschungslogopädie an. Ergebnisse der Erforschung mündlicher und schriftlicher Kommunikation (2), zum Beispiel zur adressatengerechten Produktion technischer Texte, fließen in sprachpraktische Veranstaltungen, in die Sprachberatung und in Projekte mit Firmen ein. Das gleiche gilt für die computergestützte Kommunikation (3), einer wichtigen Komponente in der künftigen Ausbildung Technischer Redakteure und der Forschungen zur Gebärdensprache. Erste Ergebnisse des Projekts zur Deutschen Gebärdensprache (4) sind ein Berufseignungstest für Gehörlose und das erste deutsche Lexikon der Gebärdensprache auf CD-ROM. Im Bereich 5 ist die Gründung eines Kulturwissenschaftlichen Forschungskollegs hervorzuheben, an dem die Aachener germanisti-

Bild 3 Adressaten und Teilgebiete des Faches Angewandte Sprachwissenschaft

Wichtige Beiträge der germanistischen Linguistik

sche Sprachwissenschaft in den kommenden Jahren gemeinsam mit den Universitäten Köln und Bonn intensiv zum Thema „Medien und kulturelle Kommunikation" forschen wird.

Kommunikationswissenschaft und Technische Redaktion

Besondere Würdigung verdient in diesem Zusammenhang das soeben eingeführte Magisterfach Kommunikationswissenschaft sowie der ab 1999 angebotene interdisziplinäre Studiengang Technische Redaktion. Der Ausbildungsschwerpunkt des Faches Kommunikationswissenschaft ist sprachwissenschaftlicher Art und wird von der germanistischen Sprachwissenschaft getragen. Ergänzt wird die Ausbildung durch Lehrangebote aus anderen Institutionen, wie der Soziologie und der Angewandten Sprachwissenschaft.

Der Studiengang Technische Redaktion stellt ein in der deutschen Hochschullandschaft einmaliges Studienangebot dar. Er kombiniert das Fach Kommunikationswissenschaft mit einem zweiten Hauptfach aus den technischen Fakultäten (Maschinenbau, Elektrotechnik, Bergbau und Hüttenwesen). Ziel der Ausbildung ist es, Technische Redakteure auszubilden, die sich durch ausgeprägtes sprachliches Know-how, Können im Umgang mit elektronischen Medien und hohe technische Kompetenz auszeichnen. Die Federführung für den neuen Studiengang ist der ebenfalls neu eingerichteten germanistischen Universitätsprofessur für Textwissenschaft zugeordnet. Der Lehrstuhl für Angewandte Sprachwissenschaft wird bei der Ausgestaltung des neuen Studiengangs kooperieren und plant, ein regelmäßiges Lehrangebot für die angehenden Technischen Redakteure zu erbringen.

Aufgaben des neuen Lehrstuhls

Die Schwerpunkte unter 6 bis 11 stellen zentrale Anliegen für die Forschung und für die Lehre des neuen Lehrstuhls für Angewandte Sprachwissenschaft dar. Der studien- und berufsbezogene Fremdsprachenunterricht (6) bedarf der Fundierung durch die moderne Fachsprachenforschung. Er selbst bildet ein komplexes Gefüge von Bedingungen sachlicher, sprachlicher, teilnehmerspezifischer und institutioneller Natur, über dessen Besonderheiten an der Technischen Hochschule wir erst wenig wissen (7). Zentrale Fragen für die Theorie und Praxis interkultureller Kommunikation (8) sind: Welche Dimensionen unterscheiden Kulturen? Auf welche Weise schlagen sie sich im Verhalten und in der Sprache nieder (verbal, nonverbal, im kommunikativen Stil)? Welches Kommunikationsprofil haben Deutsche? Wie äußern sich Kulturspezifika im Fach und in der Fachsprache? Wie lassen sich interkulturelle Verständigungsprobleme lösen? Fachübersetzen und -dolmetschen (9) sind wichtige Fertigkeiten in der beruflichen Praxis, die man nicht automatisch erwirbt, wenn man eine Fremdsprache lernt. Es sind strategische Handlungen, die sich primär an den Bedürfnissen der Adressaten und an der situativen Einbettung des Textes orientieren. Computer können beim Übersetzen Teilaufgaben übernehmen. Unter Punkt 10 geht es um Terminologielehre, um Terminologiearbeit, um übersetzungsbezogene Terminologie- und Textdatenbanken, um die Möglichkeiten und Grenzen nationaler und internationaler Sprachnormung, die von Fachterminologien bis zu den Sprachen in Luft- und Seefahrt reicht, und um die Theorie und Praxis der Erstellung von Wörterbüchern. Schließlich bietet die Vielsprachigkeit allein schon in Europa theoretische und praktische Herausforderungen für die Angewandte Sprachwissenschaft (11). Beispiele für praxisrelevante Probleme angewandt-sprachwissenschaftlicher Forschung und Lehre in diesem Bereich sind die europäische Sprachpolitik, der Multilingualismus in der Europäischen Union und seine Konsequenzen auf allen Ebenen der Zusammenarbeit.

Die unter 6 bis 11 genannten Teilbereiche liefern uns also die Gegenstände für Forschungsarbeiten und wissenschaftliche Lehrveranstaltungen einerseits und für unsere sprachpraktischen Angebote andererseits. Besonders wichtig ist uns die Verknüpfung beider Seiten: Die Sprachunterrichtspraxis bedarf, um wirklich erfolgreich zu sein, der wissenschaftlichen Fundierung und der Weiterentwicklung im Lichte neuer Erkenntnisse; sie kann aber auch forschungswürdige Fragestellungen wie die folgenden liefern: Wie lernen Ingenieure und Fachleute anderer Fächer Fremdsprachen? Welche Fertigkeiten und Strategien benötigen sie, und wieviel interkulturelles Wissen und Können brauchen sie für das Management internationaler Projekte? Welche Möglichkeiten bietet *team-teaching* zwischen Sach- und Sprachfachleuten? Auf welche Weise können wir erreichen, daß unsere Adressaten das Sprachenlernen lernen und es selbständig (lebenslang) weiterführen? Und schließlich kann die Praxis selbst zum wissenschaftlichen Untersuchungsgegenstand werden: Wie wirken sich unterschiedliche Fachkompetenzen zwischen Lernern und Lehrern auf Lehr- und Lernprozesse aus? Auf welches spezielle Gefüge von Bedingungen (Lernergruppe, Bedarf, Bedürfnisse, institutionelle Faktoren) passen welche Lehr- und Lernmaterialien und technischen Medien?

So besehen, verwundert es nicht, daß es in den Bereichen 6, 8, 9 und 10 thematische Parallelen in unseren Veranstaltungen gibt: Dafür drei Beispiele: Wir bieten neben fachfremdsprachlichen Kursen (für Hörer aller Fakultäten) Hauptseminare über fachsprachliche Kommunikation und zur (Fach-)Textanalyse an (für Studierende der Lehramts- und Magisterstudiengänge). Neben praktische Übungen zur Übersetzungsstrategie treten übersetzungswissenschaftliche Seminare. Auch Probleme interkultureller Kommunikation sind schon jetzt Gegenstand sowohl von Übungen für Studierende aller Fakultäten als auch von linguistischen Hauptseminaren.

In der Zukunft wird es uns darum gehen, diese Verbindungen zwischen Theorie und Praxis weiter auszubauen. Außerdem konzipieren die Mitarbeiterinnen und Mitarbeiter des Lehrstuhls für Angewandte Sprachwissenschaft ein größeres Forschungsprojekt zum Thema „Lernen und Lehren von Fremdsprachen für Studium und Beruf an einer Technischen Hochschule", das uns bis weit in das neue Jahrhundert führen wird. In seinem Rahmen werden wir gemeinsam nach Antworten unter anderem auf die oben aufgeführten Fragen suchen. Hier besteht beträchtlicher Forschungs(nachhol)bedarf. Wir werden interessierte Vertreterinnen und Vertreter der Linguistiken der Einzelsprachen (Germanistik, Anglistik, Romanistik) zur Mitwirkung einladen. Vor allem aber wird es der Kooperation mit Fachleuten aus den anderen Fachbereichen der RWTH bedürfen. Im Mittelpunkt werden die Sprachen Deutsch als Fremd-

Sprachlernen zwischen Theorie und Praxis

sprache, Englisch, Französisch und Spanisch stehen. Als „greifbare" Resultate sollen neben wissenschaftlichen Publikationen moderne bedarfsorientierte Lehr- und Lernmaterialien für die Technische Hochschule entstehen. Hier gibt es in allen genannten Sprachen große Lücken, wobei die Situation in den romanischen Sprachen desolat ist.

Angebote für ausländische Studenten

Wie sind die Angebote des Lehrstuhls für Angewandte Sprachwissenschaft für die verschiedensten Gruppen institutionell eingebunden, und wie sollen sie künftig curricular verankert sein? Im Bereich Deutsch als Fremdsprache sind grob drei Gruppen zu unterscheiden: Für ausländische Studienbewerber aller Fächer ist die Deutsche Sprachprüfung für den Hochschulzugang (DSH) gesetzlich vorgeschriebene Voraussetzung für die Aufnahme ihres Studiums. Nachdem sie in maßgeschneiderten Kursen des Lehrstuhls das dafür notwendige sprachliche Können und Wissen erworben haben, legen sie bei uns die DSH ab. Auf diesem Niveau baut unser studienbegleitendes Programm in Deutsch als Fremdsprache auf, in dem die regulär eingeschriebenen ausländischen Studierenden der RWTH ihre Fertigkeiten studienbezogen vertiefen und ausbauen. Zu diesen eher traditionellen Adressaten von Deutsch als Fremdsprache an der Hochschule treten neuerdings zwei weitere Gruppen, deren Bedürfnisse wichtige Perspektiven für unsere künftige praxisbezogene Forschung und Lehre eröffnen.

Viele Studierende kommen heute im Rahmen europäischer Austauschprogramme an unsere Hochschule. Diese Gruppe ist nicht nur fachlich, sondern auch in bezug auf ihre sprachlichen Voraussetzungen heterogen und hat während ihres Aufenthalts einen Anspruch auf gezielte studienbezogene sprachliche Förderung. Geeignete Vorarbeiten in Form von Konzepten und Programmen existieren nicht. Unsere Aufgabe ist es deshalb, in den kommenden Semestern für die Bedürfnisse dieser immer größer werdenden Gruppe ein Ausbildungskonzept zu erarbeiten und umzusetzen. Vor neue Herausforderungen stellen uns schließlich fachlich homogene Gruppen ausländischer Studierender, die mit spezifischen Zielen an die RWTH kommen, die jeweils in besonderen akademischen Austauschabkommen definiert sind, zum Beispiel, um hier einen Modellstudiengang mit einem Master-Abschluß zu absolvieren. Für sie gilt es, in Zusammenarbeit mit Vertretern der jeweiligen Fächer geeignete Kurskonzepte zu entwickeln und zu erproben. Auch die Zahl solcher Projekte wird künftig zunehmen.

Angebote für Studierende aller Fakultäten

Unser sprachpraktisches Angebot an Fremdsprachen für die deutschsprachigen und ausländischen Studierenden aller Fakultäten umfaßt die Sprachen Englisch, Französisch, Spanisch, Italienisch, Russisch und Japanisch (Bild 4). Vorrangiges Ziel ist es, für Studium und Beruf notwendige fremdsprachliche Fertigkeiten und Kenntnisse zu vermitteln. Diese werden in zahlreichen Studienordnungen der Hochschule gefordert. So bieten die Diplomprüfungsordnungen die Möglichkeit, Fremdsprachen als Zusatzfach im Wahlbereich zu wählen (als „nichttechnisches Wahlfach" zum Beispiel im Maschinenbau). Um Bedarf und Bedürfnisse in bezug auf Fremdsprachen an der RWTH genauer kennenzulernen, führen wir eine umfangreiche Bedarfsanalyse durch, die uns erste Orientierungen für unser zukünftiges Angebot liefern werden. Ansonsten betrachten wir Bedarfserkundung und Evaluation unserer Veranstaltungen als Daueraufgabe.

Wir werden allen, die sich in Fremdsprachen qualifizieren wollen, in naher Zukunft ein Zertifikat anbieten. Es wird den Umfang eines Zusatz- beziehungsweise Aufbaustudiums haben, Wahlmöglichkeiten aus zunächst sechs Bausteinen eröffnen (Deutsch als Fremdsprache in der Studienbegleitung und für Austauschstudierende, Englisch, Französisch, Spanisch, Italienisch, Russisch) und drei aufeinander aufbauende Stufen umfassen. In Zusammenarbeit mit Fachleuten wollen wir erreichen, fremdsprachliche Lehrveranstaltungen in den Sachfächern mit der Fremdsprachenausbildung am Lehrstuhl zu verzahnen. Unser Zertifikat wird – nach bestimmten Regeln – den Erwerb vertiefter und berufsqualifizierender Kenntnisse in einer Fremdsprache honorieren, aber auch das Erlernen neuer Fremdsprachen. Schließlich bedarf die Forderung nach Mehrsprachigkeit in Europa heute keiner besonderen Begründung mehr, sie wird künftig eine Selbstverständlichkeit sein. Neben den fremdsprachlichen Bestandteilen halten wir einen weiteren Sprachbaustein „Kommunikation im Deutschen" für notwendig, der in Kooperation mit den Germanisten geschaffen werden könnte. Er würde zum Beispiel Veranstaltungen zum Verhandlungstraining, zur Rhetorik im Beruf oder zur adressatengerechten Produktion fachlicher Texte enthalten. Parallel zum Zertifikat streben wir eine stärkere Einbindung studienspezifischer fremdsprachlicher Komponenten in bestehende Studiengänge an.

Ein Zertifikat für die fremdsprachliche Qualifikation

Das angewandt-sprachwissenschaftliche Angebot des Lehrstuhls behandelt sprachübergreifende Probleme, hat aber gleichzeitig einen anglistischen Schwerpunkt und ist deshalb vollständig in den Teilbereich „synchrone Linguistik" aller anglistischen Studiengänge (Lehrer, Magister) integriert. Studierende der Romanistik und der Germanistik werden ausdrücklich dazu ermuntert, als Gäste teilzunehmen und eigene Beiträge zu leisten. Dies ist für uns ein erster kleiner Schritt in Richtung auf ein künftig mögliches philologienübergreifendes Magisterfach Angewandte Sprachwissenschaft, das den dringend notwendigen angewandt-linguistischen Nachwuchs sichern könnte. Obwohl angewandt-linguistische Erkenntnisse für viele Berufe wichtig sind, gibt es in der heutigen deutschen Hochschullandschaft nur wenige Möglichkeiten, sie sich im Rahmen von Studiengängen gezielt anzueignen. Deshalb sehen wir eine große Chance in Angeboten angewandt-sprachwissenschaftlicher Weiterbildung für verschiedene Berufsgruppen. Auch dieses Ziel ist nur in Zusammenarbeit mit anderen Fächern zu erreichen.

Auf dem Weg zu einem philologienübergreifenden Magisterfach

Schließlich stehen die sprachwissenschaftliche und die sprachpraktische Kompetenz des Lehrstuhls für Angewandte Sprachwissenschaft den Studierenden des Magisterstudiengangs Europäische Studien offen. Wir werden sie außerdem in den oben gewürdigten neuen Studiengang Technische Redaktion einbringen.

Es ist deutlich geworden, daß die Angewandte Sprachwissenschaft einen wichtigen Beitrag zur Vermittlung kommunikativer Fähigkeiten und Fertigkeiten für Studium und Beruf leistet. Sie stützt damit die Bemühungen der Hochschule um Internationalisierung durch Auslandskontakte und -kooperationen, den Ausbau dauerhafter internationaler Beziehungen und den wissenschaftlichen Diskurs auf internationaler Ebene, die die RWTH in ihrem Leitbild herausstellt. An einer Technischen Hochschule bieten sich für die Angewandte Sprachwissenschaft besonders gute Möglichkeiten zu interdisziplinärem Arbeiten (etwa in der Fachsprachenforschung). Wir haben die Chance, linguistischen Einsichten in anderen (etwa ingenieur- und wirtschaftswissenschaftlichen) Disziplinen den ihnen dort zukommenden Rang zu sichern, aber auch unsere Ergebnisse und Erkenntnisse in einem kritischen Umfeld zu prüfen. Als Ergebnisse solcher Zusammenarbeit bieten curriculare Verzahnungen mit anderen Fakultäten innovative Studienmöglichkeiten in der sich verändernden Welt.

Autor   Prof. Dr. phil. Rudolf Beier ist Inhaber des Lehrstuhls für Angewandte Sprachwissenschaft.

Klaus Henning und
Ingrid Isenhardt

Leben, Arbeiten und Lernen in der Gesellschaft von morgen

Kompetenzentwicklung für Ingenieure und Ingenieurinnen

Schon heute sind auf dem Arbeitsmarkt Trends absehbar, die unser Verständnis von Arbeit, Bildung und (Privat-)Leben spürbar verändern werden. Die Bereitschaft und Fähigkeit, kontinuierlich zu lernen, wird bei diesen Veränderungen immer wichtiger. Denn es kommt darauf an, fachliche und überfachliche Kompetenz sowohl in der Erstausbildung als auch später berufsbegleitend weiter auszubauen. Im Rahmen der Ingenieurausbildung gilt es, entsprechende Voraussetzungen zu schaffen, damit Ingenieure und Ingenieurinnen diese Kompetenz erwerben können.

Den gesellschaftlichen Fortschritt prägen immer komplexere Zusammenhänge. Vor allem neue (Informations-)Technologien, die sich schnell weiterentwickeln und immer mehr Platz in Beruf und Alltag einnehmen, treiben die globale Vernetzung voran. Dadurch verändern sich die Arbeitsstrukturen, die Märkte werden internationaler, Kooperationen reichen weit über Landesgrenzen hinaus, und Dienstleistungen, die eine neue Qualität durch die nun mögliche „Virtualisierung" erhalten, gewinnen mehr und mehr an Gewicht. Durch die Informationstechnologien entstehende virtuelle Arbeitsformen und Produktionsprozesse lösen reale ab: So können über Datennetze rund um die Uhr Konstrukteure etwa in den USA, Europa und Japan an ein und demselben Problem tüfteln. Diese neuen Möglichkeiten der Informations- und Kommunikationsmedien verdeutlicht das Szenario „Dorf der Zukunft" (Bild 1).

Wie aus der schematischen Darstellung hervorgeht, lassen sich Produktionsabläufe dezentral organisieren, können wir Dienstleistungen wie Teleshopping immer mehr über den Computer von zu Hause aus in Anspruch nehmen. Der Rechner unterstützt zunehmend die Ausbildung durch Telelearning. Zudem entsteht die Chance zu „dörflichen" Strukturen im Sinne virtueller (weltweiter) Dörfer, in denen eine relativ kleine Menge von Menschen in allen Lebensbereichen eng kooperiert [1]. Für Ingenieure und Ingenieurinnen bedeutet dies, daß sie einerseits in der Lage sein müssen, ganz spezifische und sehr komplizierte, rein technische Problemstellungen mit modernsten technischen Mitteln zu lösen. Andererseits wird technische Spezialität selbst auf Sachbearbeiterebene künftig nicht mehr ausreichen. Ingenieure und Ingenieurinnen müssen sich auch in Randgebieten sicher bewegen: Sie müssen wirtschaftliche Probleme beurteilen, soziologische und psychologische Fragestellungen einbeziehen und Gespräche mit Vertretern aus aller Welt und anderer Fachdisziplinen führen können – insbesondere solchen, denen die Denkweise des Ingenieurs

Sicher sein in Randgebieten

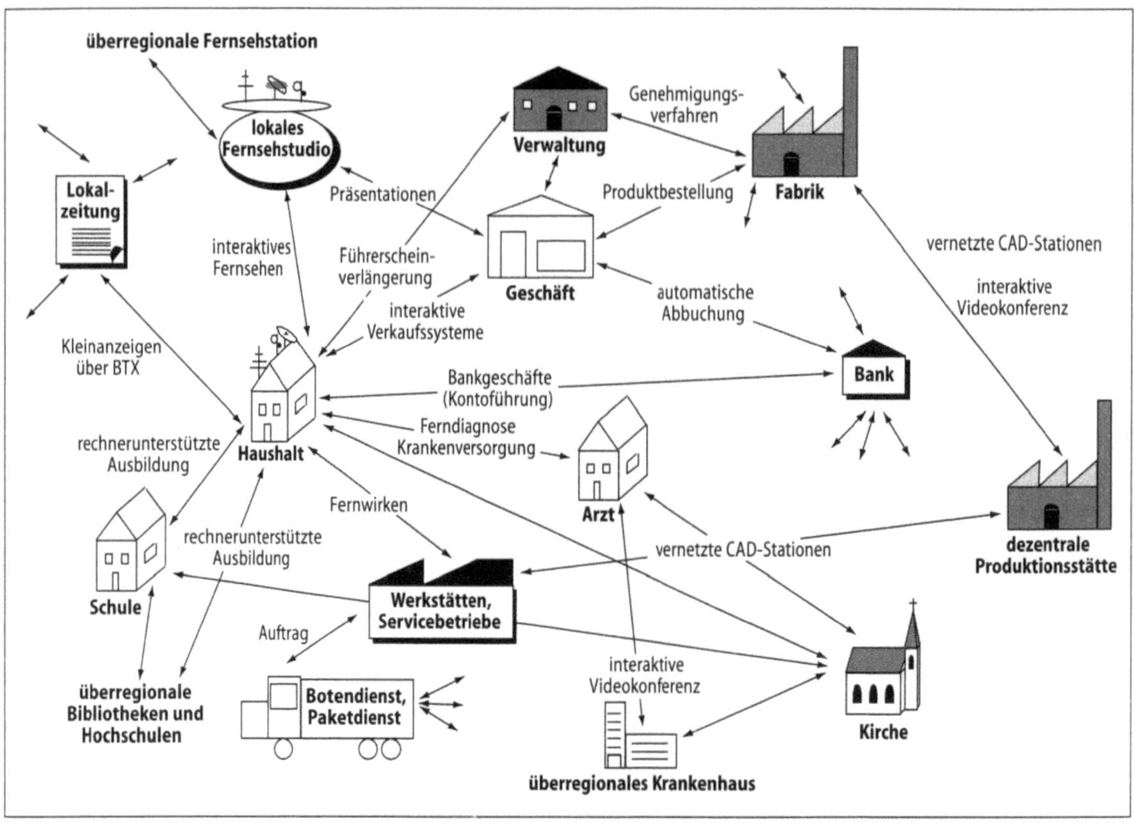

Bild 1 Szenario „Das Dorf der Zukunft"

vielfach fremd ist, wie Juristen, Betriebs- und Volkswirtschaftlern oder Politikern.

Der Arbeitskreis „Bildung und Lernprozesse", der vom Bundesministerium für Bildung und Forschung (BMBF) im Rahmen der Initiative „Dienstleistungen für das 21. Jahrhundert" gefördert wurde, hat herausgefunden, daß sich sechs Trends für Bildung und Lernen in einer zukünftigen Informations- und Dienstleistungsgesellschaft abzeichnen (Bild 2). Diese Trends machen deutlich, daß unbedingt die nötigen Grundlagen für die Kompetenzentwicklung von Ingenieuren und Ingenieurinnen geschaffen werden müssen.

In unserer Wirtschaft werden in Zukunft verstärkt Mikro-Unternehmer und teilautonome Teams anzutreffen sein. Formeln wie „Wir brauchen nicht mehr Doktortitel, sondern mehr Meistertitel" [2] sind inzwischen feste Redewendungen, die Politiker gerne benutzen. Es geht vor allem um eine „neue Kultur der Selbständigkeit", die nicht nur im Handwerk, sondern auch in Betrieben und Unternehmen jeden einzelnen Mitarbeiter, jede einzelne Mitarbeiterin bis in untere Ebenen erfassen soll. Es ist damit also nicht allein die Tendenz zu Existenzgründungen gemeint, sondern auch eine veränderte Unternehmenskultur: Ingenieure und Ingenieurinnen sollen in ihrer jeweiligen Funktion mehr Verantwortung zeigen, um (teil)autonome Mikro-Unternehmer im Gesamtsystem zu werden.

Des weiteren werden Lernen/Lehren, Leben und Arbeiten in wachsendem Maße in der Gesellschaft der Zukunft eine Einheit bilden. Bild 3 veranschaulicht, daß die Grenze zwischen der Weiterbil-

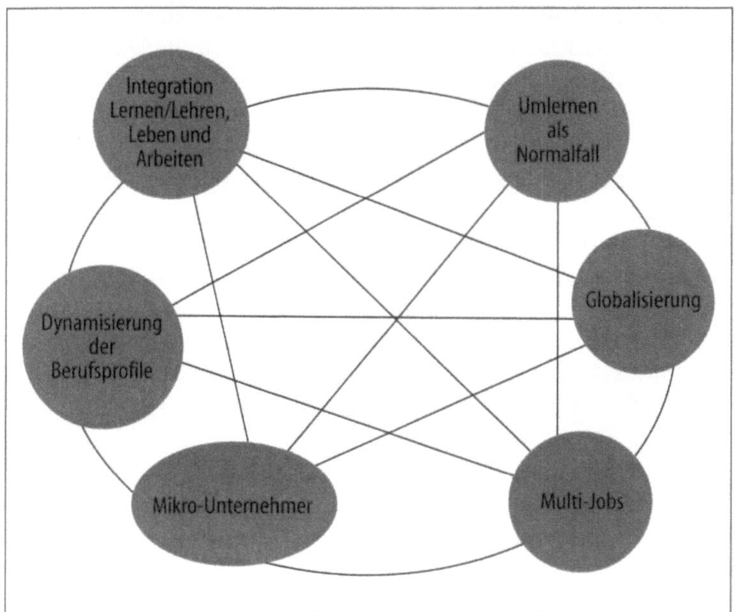

Bild 2 Bildungsrelevante Trends für die Dienstleistungsgesellschaft

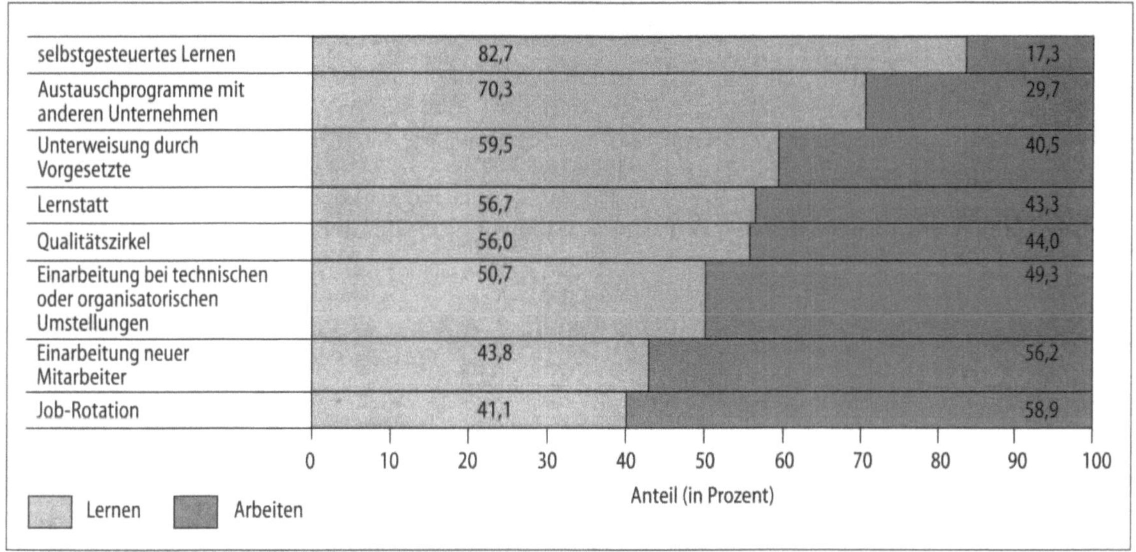

Bild 3 Die fließende Grenze zwischen Lernen und Arbeiten

dung innerhalb der Arbeit und der Arbeit selbst bereits fließend ist. Ingenieure und Ingenieurinnen müssen immer mehr Bereitschaft zeigen, sich im betrieblichen Alltag zu verändern; häufige organisatorische und technische Umstellungen mit hohem Lernanteil werden erforderlich sowie die Möglichkeit zur Jobrotation.

Folgende Anforderungen stellen sich an die Ingenieure und Ingenieurinnen: Kompetenz zur ganzheitlichen Lebensgestaltung; erhöhte Kompetenz zur Bewältigung von Lebenskrisen (Selbsthilfekompetenz); Fähigkeit zum *learning by doing*; Nebeneinander von Arbeits- und Lernprozessen sowie privaten Entwicklungsprozessen; Akzeptanz sich dynamisch verändernder Lernformen und -strukturen; erhöhte Bereitschaft zum Lernen in Teams (real und virtuell) und die Fähigkeit zum selbstorganisierten Lernen.

Revolution der Berufsbilder

Eng verknüpft mit diesem zweiten Trend, insbesondere der Integration von Lernen und Arbeiten, ist die rasche Entwicklung von Berufsprofilen. Oft hinkt die formalisierte Ausbildung den tatsächlichen Anforderungen der Berufswelt hinterher. Ein modularer und flexibler Umgang mit Arbeits- und Ausbildungsprozessen ist die Konsequenz. Die Tatsache, daß die Ansprüche und Berufsbilder sich rasch wandeln, hat es erschwert, die Kompetenzen sowohl der Mitarbeiter als auch der Führungskräfte richtig einzuordnen, besonders beim Wechsel des Arbeitsplatzes. Wir müssen uns nun mit der Frage beschäftigen, wie einzelne Beschäftigte, Betriebe, aber auch das Bildungssystem mit dieser Entwicklung adäquat umgehen können: „Offen-modulare Berufsbilder setzen notwendigerweise eine beträchtliche Flexibilisierung des Systems der Berufsausbildung voraus." [3]

Dieser dritte Trend hat deutlich gezeigt, daß keine Berufsausbildung, wie umfassend auch immer, heute noch für ein ganzes Arbeitsleben ausreicht. So wird es zum Normalfall werden, in den Berufen, dem andauernden Strukturwandel folgend, stetig umzulernen. Dies schließt auch ein, daß man bestehendes Wissen, sobald es nicht mehr aktuell ist, vergessen muß: Wir müssen auch das „Entlernen" lernen. So brauchen wir Konzepte, die es erlauben, lebenslanges Lernen in den individuellen Werdegang zu integrieren; zum anderen müssen wir Modelle erarbeiten, die es Unternehmen und Bildungsinstitutionen ermöglichen, entsprechende (Weiter-)Bildungsangebote kontinuierlich bereitzustellen. Für viele Ingenieure und Ingenieurinnen in der Forschung und Entwicklung ist dieser Trend durch die Schnellebigkeit der Technologien schon Alltag geworden; sie mußten sich an kontinuierliches Lernen im Prozeß der Arbeit gewöhnen sowie Sicherheitsdenken aufgeben („Halbwertszeit des Wissens").

Bedarf nach Mehrfachqualifikation

Künftig mehr noch als bisher werden Menschen verantwortungsvolle Tätigkeiten auch als Teilzeitarbeit übernehmen können; so ist absehbar, daß sie einmal in der Lage sein werden, Aufgaben unterschiedlicher Art für mehrere Auftraggeber – eventuell in mehreren Beschäftigungsverhältnissen – zu erfüllen. Insbesondere für Ingenieure und Ingenieurinnen bietet dies die Chance, breite Erfahrungen zu sammeln, etwa eine Selbständigkeit mit einem Teilzeitarbeitsverhältnis zu kombinieren oder in einem Unternehmen mehrere sehr verschiedene Aufgabenbereiche parallel wahrzunehmen. Insgesamt bedeutet dies, daß der Bedarf nach Mehrfachqualifikation wachsen wird, daß eine erhöhte Fähigkeit zur Kunden- und Markteinschätzung erwartet wird sowie eine höhere Flexibilität: räumlich, zeitlich, fachlich oder methodisch.

Da die internationale Zusammenarbeit sich verstärken wird und da, als logische Folge, auch Belegschaften sich aus Mitgliedern unterschiedlicher Nationalitäten zusammensetzen werden, heißt es, gute Sprachkenntnisse und andere Fähigkeiten noch mehr als jetzt schon zu erwerben. Kommunikation funktioniert nur, wenn alle zumindest eine gemeinsame Sprache sprechen und kulturell anpassungsfähig sind. Im Zuge der Globalisierung erhalten überbetriebliche Kooperationen, etwa durch Erfahrungsaustausch oder Kooperationsverbünde, einen wichtigen Stellenwert. Ressourcen lassen sich so sinnvoller einsetzen, und im Wettbewerb stärken solche Formen der Zusammenarbeit die Position. Darauf müssen Ingenieure und Ingenieurinnen vorbereitet werden. Sie müssen mehr multikulturelle Kompetenz und Sensibilität entwickeln, mehr Sprachen lernen, kommunikationsfreudig sein, weiträumig die Kunden und Märkte im Auge behalten, informationstechnologische Netzwerke nutzen können (*„time to information"*) sowie in der Lage sein, mit unsicheren und komplexen Situationen umzugehen. Teamfähigkeit, vernetztes Denken und Handeln, soziale Kompetenz, Mobilität und Flexibilität sind Eigenschaften, ohne die Ingenieure künftig kaum erfolgreich sein können.

Multikulturelle Kompetenz

Diese Trends und die damit verbundenen Anforderungen weisen auch den Hochschulen neue Aufgaben zu: Neben ihrer Funktion auszubilden werden sie eine zentrale Serviceaufgabe erhalten durch „eine stärkere Konzentration auf die Erfahrungen, Probleme und Krisen, die in einer schwierigen gesellschaftlichen, wirtschaftlichen, ökologischen, technischen, politischen Umbruchsphase gemeinsam bewältigt werden müssen, wie durch ein gezieltes Einbringen des an der Hochschule verfügbaren Experten-Know-hows in das umfassende Lernhilfe-Netzwerk zur Förderung des lebenslangen Lernens in einer neuen ,Lerngesellschaft'." [4]

Das Bildungssystem sollte künftig in neuen Lernformen noch stärker Teamfähigkeit, interdisziplinäres Denken und multikulturelle Sensibilität vermitteln; dabei gilt es vor allem auch, das „Lernen zu lernen". Einige Prinzipien können als Motor für Innovationen im Bildungssystem dienen [1]. Als erstes orientiert sich das innovative Lernen an Modellen, die reform-pädagogische Ansätze wie entdeckendes und des handlungsorientiertes Lernen einschließen. Weiterhin kombiniert die (schon heute erfolgreiche) duale Ausbildung Theorie- und Praxisanteile, deduktive und induktive Elemente. Das „Kundenprinzip" stellt wirkungsvolle Rückmeldesysteme – und damit bewußt geschlossene Kreisläufe – innerhalb des Bildungssystems und zwischen System und Gesellschaft her (etwa den „Kunden" des Systems). Das „Modularprinzip" schließlich hat die weitergehende Dezentralisierung und Subsidiarität innerhalb des Bildungssystems zum Inhalt.

Dazu ein kurzes Fallbeispiel: Das Hochschuldidaktische Zentrum und der Lehrstuhl Informatik im Maschinenbau am Fachbereich Maschinenwesen (HDZ/IMA) der RWTH Aachen haben im Rahmen der von ihnen geleiteten Prioritären Erstmaßnahme „Dienstleistung lernen …", die Teil der BMBF-Initiative „Dienstleistungen für das 21. Jahrhundert" ist, gemeinsam mit einem Projektpartner aus der Mikroelektronikbranche ein Traineeprogramm zu „Digital Design" evaluiert und weiterentwickelt. Die vier genannten Prinzipien waren dabei von zentraler Bedeutung.

Traineeprogramm zum innovativen Lernen

So haben Seminareinheiten innerhalb der Traineeausbildung das Prinzip des innovativen Lernens umgesetzt, in denen Trainees bei Kundenaufträgen real mitwirkten. Das Prinzip der dualen Ausbildung kam in Kooperation mit Hochschulen und Dozenten sowie Workshops, in denen Akteure aus Industrie und Bildung die Schnittstelle Hochschule-Betrieb diskutierten, zum Tragen. Das Kundenprinzip spielte bei der Gestaltung der Traineeausbildung („der Trainee als Kunde") eine Rolle sowie im Hinblick auf die spätere Beschäftigung der Absolventen, die oft für mehrere Monate Kundenunternehmen zur Verfügung standen. Das Modularprinzip wurde schließlich im Rahmen der Traineeausbildung berücksichtigt, indem die Ausbildung in verschiedene Bausteine (Module) unterteilt wurde.

Auch die Hochschulen müssen sich darauf einstellen, daß sich die Arbeitswelt in einem kontinuierlichen Wandel befindet. Wenn spezialisierte Teile der Hochschulausbildung und berufliche Kompetenzentwicklung sinnvoll ineinandergreifen sollen, müssen vor allem im Übergang zwischen Studium und Beruf ähnliche Lern- und Arbeitsstrukturen geschaffen werden.

Autoren

Prof. Dr.-Ing. Klaus Henning ist Leiter des Hochschuldidaktischen Zentrums (HDZ) und Inhaber des Lehrstuhls Informatik im Maschinenbau (IMA) der Fakultät für Maschinenwesen.

Dr. phil. Ingrid Isenhardt ist stellvertretende Institutsleiterin des HDZ/IMA.

Literaturhinweise

[1] K. Henning, G. Strina und S. Ihsen: Strukturfragen eines innovativen Bildungssystems, Hrsg. von H.-J. Bullinger, in: Dienstleistung der Zukunft, Berlin 1995.

[2] D. Philipp: Handwerk, das „praktische Studium" – eine Alternative, Vortrag an der RWTH Aachen, 25. Januar 1996.

[3] G. Heidegger und F. Rauner: Berufe 2000. Berufliche Bildung für die industrielle Produktion der Zukunft, Hrsg. vom Minister für Arbeit, Gesundheit und Soziales NRW, Düsseldorf 1991.

[4] G. Dohmen: Das lebenslange Lernen. Leitlinien einer modernen Bildungspolitik, Hrsg. vom Bundesministerium für Bildung, Wissenschaft, Forschung und Technologie, Bonn 1996.

[5] I. Isenhardt, K. Henning und P. Dassen-Housen: Auf dem Weg zur „fraktalen" Universität – das HDZ/IMA der RWTH Aachen als innovative Hochschuleinrichtung, in: QUEM-report, Schriften zur beruflichen Weiterbildung, Heft 47: Veränderte Anforderungen an berufliche Weiterbildungseinrichtungen in Transformationsprozessen, Berlin 1997, S. 75 bis 96.

Lutz F. Hornke

Computergestützte psychologische Diagnostik mit Hilfe virtueller Welten und Multimedia

Die Psychologie befaßt sich allgemein mit dem Erleben und Verhalten von Lebewesen; an der RWTH Aachen steht dabei der arbeitende Mensch im Vordergrund. Ein Ansinnen der Psychologen ist es, allgemeine Gesetzmäßigkeiten menschlichen Verhaltens zu entdecken, ein anderes, gerade die individuellen Unterschiede zwischen Menschen sichtbar und für die Gesellschaft sowie für den Einzelnen nutzbar zu machen.

Die betriebliche Eignungsdiagnostik wird nun gerade der individuellen Unterschiede wegen eingesetzt. In ihrer beinahe hundertjährigen Tradition betrachtet sie Menschen und Arbeitsplätze, um herauszufinden, auf welche Weise sie jeweils optimal zueinander passen. So geht es vornehmlich um die Auswahl geeigneter Personen: Man erfaßt jene Leistungen und Arbeitshaltungen, die für eine in Frage kommende Position als förderlich anzusehen sind. Auf der anderen Seite ist das staatliche Bildungssystem daran interessiert, daß seine Absolventen ordentlich beraten werden, um eine „optimale Passung" bei der Berufsfindung und -bildung zu erreichen.

Es mag nun so scheinen, als ob die Diagnostik sich nur auf einen Punkt im Lebenslauf konzentrierte, von dem aus sie das zukünftige Verhalten treffsicher voraussagen will. Dies ist nicht so: Unternehmer sind daran interessiert, daß die von ihnen – mit psychologischen Hilfsmitteln – ausgewählten Mitarbeiter und Mitarbeiterinnen sich weiterhin gut in den Betrieb einfügen, weiterhin solide Arbeit leisten und sich weiterhin an der Weiterentwicklung des Unternehmens beteiligen. Allein in diesen Erwartungen stecken schon einige psychische Dimensionen, die jeweils geschickt operationalisiert werden müssen: „Einfügen" bezieht sich auf „Werte teilen", „soziale Einstellung", „Kooperation", „verbindliches Verhalten". „Arbeit leisten" hat etwas mit „Intelligenz", „Ausdauer", „Planung" zu tun. Letztlich wird man von einem Mitarbeiter verlangen, daß er sich an der „Weiterentwicklung des Unternehmens" beteiligt, indem er sich „umweltbewußt", „kreativ", „qualitätssichernd", „erfinderisch", „vorausschauend", „kundenorientiert" verhält. Dies und noch viel mehr ist dann jeweils mit psychodiagnostischen Instrumenten zu operationalisieren, die ihre Ergebnisse für innerbetriebliche Personalentscheidungen verfügbar machen.

Vor 30 Jahren konnte man noch gut damit leben, daß Personen mit einem einmal ermittelten Leistungsprofil in den Betrieb aufgenommen wurden; heute hingegen führen die ständig neuen Anforderungen im Arbeitsleben dazu, daß der Arbeitgeber auch ständig neue Informationen über Mitarbeiter benötigt. Personalentscheidungen gehören zum Alltagsgeschäft jeder Führungskraft, und die

Psychologie soll dafür gute und problemgerechte Instrumente und Strategien anbieten können. Mit adaptiven Tests wurden ökonomische diagnostische Strategien geschaffen [1, 2, 3].

Wenn sich die Arbeit wandelt, muß der Mensch es auch

Wenn man davon ausgeht, daß Organisationen, und das sind ja nicht nur Betriebe oder Firmen, sondern auch Verwaltungen, Hochschulen, Körperschaften und andere, sich ständig wandeln, dann müssen sich auch die Menschen in ihnen entsprechend anpassen. Man geht im allgemeinen davon aus, daß diese Änderungen in den nächsten Jahrzehnten sehr bestimmend sein werden; neue Formen der Arbeits- und Firmenorganisation werden demnach tief in den individuellen Lebensplan eingreifen. Ein Beispiel mag veranschaulichen, was passieren kann: Stellen wir uns vor, daß jemand nach dem Hochschulabschluß für zwei Jahre eine Projektaufgabe übernimmt. Von ihm wird sehr viel Neues erwartet, das man im Unternehmen an dieser Stelle noch nicht kannte – dies war ja gerade der Grund, aus dem man sich für einen noch unvoreingenommenen, unverbrauchten Hochschulabgänger entschied. Nach zwei Jahren ist die Aufgabe erledigt, das Neue (Produkt, Strategie, Objekt) ist geschaffen, das Unternehmen hat dabei einiges gelernt, und die Projektgruppe wird aufgelöst. Unser ehemaliger Hochschulabgänger hat wichtige Erfahrungen gemacht. Nun aber braucht er eine anschließende Aufgabe. Unter Umständen sind aber sein bis jetzt erworbenes Wissen und seine Erfahrungen im Moment nicht gefragt. Also überlegt er, welche weiteren Qualifikationen ihm auf die Sprünge helfen könnten. Er beschließt, sich für drei Monate auf eigene Kosten in Planung und Disposition weiterzubilden. Anschließend präsentiert sich unser Kandidat wieder mit Wissen, Erfahrung und zusätzlicher Planungskompetenz, und er findet dann für 26 Monate eine angemessene, herausfordernde Tätigkeit.

Der berufliche Wechsel wird zur Regel

Der berufliche Wechsel, so müssen wir also feststellen, ist das einzig Beständige. Allerdings fordert er von allen Menschen, sich auf neue Art und mit entsprechendem Engagement anzupassen, sich ständig weiterzuentwickeln und neue Kompetenzen zu erwerben. Macht gerade dieses Bild vom aktiven, agilen Menschen nicht das aus, was man sich für moderne Gesellschaften und den einzelnen so sehr wünschte: Selbstentfaltung und Tatkraft? Die exakt eingeübte, immer wieder und wieder perfekt ausgeführte Handlung ist dabei nicht mehr so gefragt wie ein Denken und Handeln, das sich auf neue Situationen und Probleme einstellt. Dies bedeutet freilich nicht, daß Präzision keine Rolle mehr spielte, daß dem Dilettantismus Tür und Tor geöffnet wären. Leistungsprofile und die Einstellung zu ihnen bekommen nur einen immer wieder anderen Stellenwert im Leben und Erleben des einzelnen, weil sich eben die Erwartungen an ihn ändern.

In diesem Sinne muß sich zukünftig jeder Unternehmer, jeder Vorgesetzte mehr denn je mit der fortwährenden Auswahl und Beurteilung von Mitarbeitern befassen. Ihnen die Instrumente dafür zur Verfügung zu stellen wird Aufgabe der psychologischen Eignungsdiagnostik sein. Bislang lautet ein verschiedentlich geäußerter Kritikpunkt, daß die diagnostischen Instrumente nur Basisfunktionen erfaßten, die wenig brauchbare, isolierte Anforderungen darstellten und nicht hinreichend auf aktuelle Tätigkeiten bezogen wären. Eigentlich würde man gerne Bewerber viel mehr und länger zur Probe arbeiten lassen, um etwas über sie und ihre Potentiale zu erfahren.

Deshalb ist es angebracht, in die Eignungsdiagnostik, die ja valide, zuverlässig, objektiv und ökonomisch sein soll, das Element des Probehandelns einzuführen. Um den für eine Tätigkeit Geeigneten zu finden, sind mehrere Bewerber anzusehen. Die bisher übliche, eigentliche Probezeit tritt der Kandidat aber erst später, nach seiner Auswahl, an. Sie ist zudem zu lang, zu unstrukturiert, und letztlich doch nur auf Schadensbegrenzung hin ausgerichtet. Statt dessen könnten schon früh diagnostische Instrumente eingesetzt werden, welche die vielfältigen Kompetenzen eines Bewerbers ermitteln, sie auf die jeweiligen Anforderungen beziehen und welche es gestatten, seine Stärken und Schwächen sichtbar zu machen.

In Spielen lassen sich derartige Situationen für Probehandlungen schaffen. Was liegt näher, als berufliches Handeln in einem entsprechenden (Spiel-)Szenario zu erproben, um aus den Reaktionen der Bewerber auf seine Arbeitshaltung und Fähigkeiten zu schließen. Nachstehend ist so eine Aufgabe aus dem von Stefan Etzel in seiner Aachener Dissertation in Psychologie 1999 zusammengestellten Instrument *pro facts* wiedergegeben [4]. Die übliche Wahl zwischen Alternativen ist hier in einen betrieblichen Rahmen mit entsprechenden Randbedingungen eingekleidet worden. Der Bewerber soll „erleben", daß seine Antwortwahlen in einem wirklichkeitsnahen Kontext stehen und für diesen bedeutungsvoll sind. Mit dieser Variante eines realitätsbezogenen Instruments, dessen Aufgaben anhand intensiver Gespräche mit Stelleninhabern und Vorgesetzten konzipiert wurden, läßt sich eine psychologisch-theoretisch untermauerte, moderne, gute Probehandlung aufbauen (Bild 1).

Weiterhin läßt sich denken, daß Ton- und Videosequenzen mit dazu benutzt werden können, um die Aufgaben so realitätsgerecht wie nur möglich zu gestalten. Bewerber könnten sogar das Gefühl haben, sie nähmen an einer tatsächlich stattfindenden Telekonferenz teil. Auf diese Weise versetzen sie sich in die Situation hinein, handeln und entscheiden so, wie sie es auch vielleicht später am Arbeitsplatz tun würden.

Praxistest: Probehandeln

Bild 1 Medial gestützte Aufgabe an einen Bewerber in einem computergestützten psychodiagnostischen Verfahren

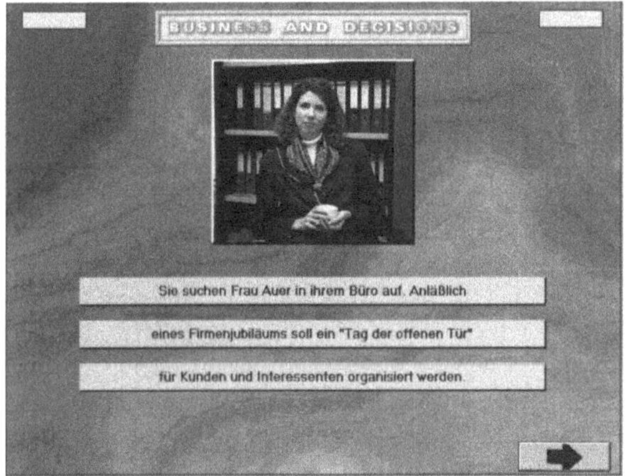

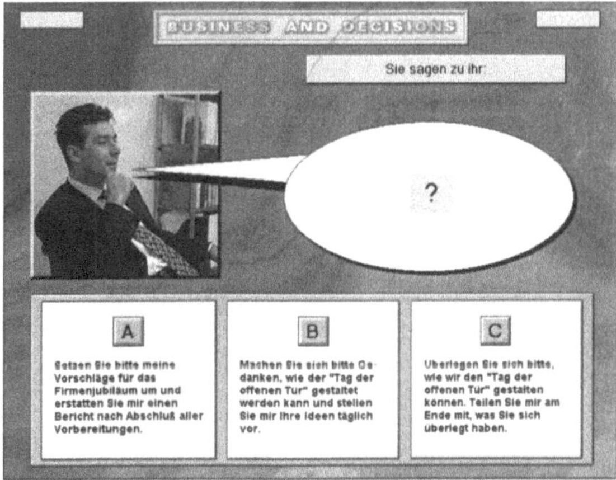

Andererseits spiegelt sich in der computergestützten Probehandlung auch eine zukünftige Realität der Arbeitswelt wider, die diese soziale und medial vermittelte Interaktion zwischen Menschen stark verändern wird. Telearbeit bedeutet auch Telekommunikation. Ganze Firmen werden sich nur noch als virtuelle Organisationen wiederfinden. Der häusliche Arbeitsplatz oder die kleine, angemietete Büroeinheit werden mit anderen zu einem großen Ganzen zusammengeschaltet. Jeder einzelne hat einen anderen Eindruck vom Miteinander. Gerade derartige virtuelle Organisations- und Arbeitsformen sind es, die im eignungsdiagnostischen Test berücksichtigt werden müssen. Früher erbrachte der Bewerber die Arbeitsprobe noch an der Werkbank, weil dort gearbeitet wurde; heute wird die Eignungsdiagnostik mehr und mehr am Computer stattfinden, weil sich Arbeit, Kommunikation, soziale Interaktion eben dort abspielen. So ist denkbar, daß an verschiedenen Orten auf der Welt Bewerbergruppen zusammenkommen und individuell betreut werden, aber ihre Aktionen mit den an anderen Orten befindlichen und nur elektronisch zugeschalteten Personen zusammen gestalten. Was gegenwärtig in sogenannten Assessment Centern noch als Gruppengeschehen organisiert ist, kann durchaus auch elektronisch global vermittelt werden (Bild 2).

Noch flexibler aber könnte es in eignungsdiagnostischen Situationen zugehen, wenn der Interaktionspartner ein synthetischer Gegenspieler ist. Dieser wäre nämlich aufgrund einer psychologischen Verhaltenstheorie absichtlich mit verschiedenen Eigenschaften und Reaktionsweisen ausgestattet: der zukünftige Kunde, der neue Vorgesetzte, der alternative Lieferant. Derartige Partner(typen), mit denen Mitarbeiter bei der Erledigung ihrer Aufgaben umgehen müssen, sollten sich bei der Personalauswahl eigentlich schon quasi realistisch gestalten lassen. Sie gäbe es zwar als reale Kunden, Vorgesetzte, Mitarbeiter so noch nicht, aber diagnostisch ließe sich schon erkunden, ob Bewerber beziehungsweise neue Mitarbeiter in der Lage sein können, mit solchen Personengruppen angemessen zu kommunizieren, und wie man diese Fähigkeit weiter geschickt aufbauen kann.

Bild 2 Elektronisches Szenario eines Assessment Centers als Personalauswahlverfahren

In Flugzeugsimulatoren ist man längst daran gewöhnt, wichtige Einflußgrößen computergestützt und multimedial abzubilden und damit umzugehen. An der RWTH betrachten wir es als Herausforderung für eine psychologische Eignungsdiagnostik, sich diejenigen Tools zu schaffen, die auf psychologischen Theorien basieren und entsprechend in mathematische Modelle umgesetzt werden können. Vieles ist noch zu leisten, um intrapsychische und zwischenmenschliche Prozesse modellieren zu können, denn simulierte Welten sind nicht einfach zu gestalten. Vieles an Erlebens- und Verhaltenswissen ist noch aufzubereiten, damit man aus den Reaktionen bei Simulationsspielen darauf schließen kann, wie sich Bewerber oder Mitarbeiter in wirklichen Anforderungssituationen bewähren werden. Sicher ist hingegen, daß die bloße „Menschenkenntnis" allein zur Analyse der Anlagen und Fähigkeiten einer Person nicht ausreicht. Jedes eignungsdiagnostische Instrument kann darüber hinaus auch bewirken, daß zum Wohle des einzelnen sein dort sichtbar gewordenes Erleben und Verhalten die Arbeitsvorgänge verbessert; gerade virtuell gestützte Personalauswahl wird raffinierte Trainingsprogramme nach sich ziehen und kann so die Personalentwicklung vorausschauend beeinflussen.

Davon wird nicht nur das Unternehmen profitieren, sondern auch der einzelne Mitarbeiter selbst. Jeder, der sich derartigen virtuell präsentierten psychologischen Aufgaben stellt, kann sich ja selbst betrachten, prüfen, seine Stärken und Schwächen erkunden sowie sich mit seinen offenbaren Anlagen und Begabungen auseinandersetzen. Die psychologische Diagnostik eröffnet also einen neuen Weg zur Selbsterkenntnis, zur eigenen Entwicklung und der ganz persönlichen Zielfindung. Wenn Menschen ihre Grenzen überwinden können oder sie akzeptieren lernen, werden sie ein realistisches, auf ihre jeweilige Lebensphase bezogenes Bild von sich haben, nach dem sie sich beruflich richten können. Je differenzierter, aber auch nachvollziehbarer die Aussagen über sich oder über andere werden, desto sicherer lassen sich Personalentscheidungen oder ganz persönliche Entscheidungen treffen. Das ist das eigentliche Ziel jenseits der bloßen Computerisierung und Virtualisierung von sonst nicht so stringent verfügbaren Welten.

Prof. Dr. phil. Lutz Hornke ist Inhaber des Lehrstuhls und Leiter des Instituts für Psychologie.

Autor

[1] L. F. Hornke: Grundlagen und Probleme adaptiver Testverfahren, Haag + Herchen, Frankfurt 1976.

[2] L. F. Hornke: Debate – Decision based adaptive Testing (im Druck).

[3] L. F. Hornke: Item Generation Models for Higher Order Cognitive Functions, in: Item Generation, Hrsg. von S. Irvine, Lawrence Erlbaum Associates, Hillsdale, New Jersey (im Druck).

[4] S. Etzel: Multimediale, computergestützte diagnostische Verfahren: Neue Perspektiven für die Managementdiagnostik, Dissertation, RWTH Aachen 1999.

Literaturhinweise

Das „Lexikon zur
Zeitgeschichte im
Internet"

Armin Heinen und
Karl Kegler

Geschichtswissenschaft und die Herausforderung durch die Informationsgesellschaft

Was kann Geschichtswissenschaft in einer Gesellschaft leisten, die einem radikalen technologischen Wandel unterliegt? Wie kann Historik beanspruchen, Orientierungswissen für die Gegenwart zu erzeugen, wenn sie ihre Erkenntnisse aus weit zurückreichenden Schichten der Vergangenheit bezieht? Das Unbehagen, das Jetzt angemessen zu beschreiben, wird in einer Vielfalt von Begriffen wie „Informationsgesellschaft", „Wissensgesellschaft" oder „Postmoderne" erkennbar. All diese Bezeichnungen verweisen auf ein grundlegend Neues, auf den Bruch mit überlieferten Erfahrungsmustern.

„Informationsgesellschaft" steht für Globalisierung, Vernetzung, Demokratisierung der Medien, freilich auch für ein Übermaß an Information und den Verlust staatlicher und gesellschaftlicher Kontrolle. „Wissensgesellschaft" betont die Rolle menschlicher Kreativität, die Beschleunigung der Wissensproduktion, verweist indes auch auf die Notwendigkeit lebenslangen Lernens, die weltweite Konkurrenz umfassend ausgebildeter Techniker und die zunehmend geringere Bedeutung traditioneller Standortfaktoren (Boden, Kapital, Arbeit). „Postmoderne" hebt ab auf die symbolischen und diskursiven Formen der Weltaneignung, richtet den Blick auf die Pluralität von Lebenswelten und Identitäten und sieht darin zugleich den Grund der „neuen Unübersichtlichkeit". Die Orientierungsfunktion von Geschichtswissenschaft scheint mit Verweis auf das „Ende der Meta-Erzählungen" grundsätzlich in Frage gestellt.

Welche Funktion hat Geschichtswissenschaft in dieser Situation? Sie entdramatisiert, sie stellt die Gegenwart in die Kontinuität der Vergangenheit. Die Medienrevolution, so läßt sich argumentieren, hat eine lange Geschichte. Sie begann mit der Erfindung des Buchdrucks im 15. Jahrhundert. Dieser schuf die Basis grundlegend neuer Formen der Vergemeinschaftung (Flächenstaat, Bürokratie, diskursive Öffentlichkeit); dies trug zur Trennung von mündlicher und schriftlicher Kultur bei, machte indes auch frei für Experiment und kontrolliertes Vergessen anstelle repetitiven Einprägens. Die zweite Phase der kommunikativen Revolution begann Ende des 19. Jahrhunderts mit der Ausbildung der Massenpresse und neuen nichtschriftlichen Medien: Telefon, Radio, Film und Fernsehen. Diese vollendeten den inneren Nationsbildungsprozeß und schufen gleichermaßen die technische Basis für Demokratie und Diktatur. Die dritte Phase medialer Umgestaltung seit den achtziger Jahren führt Schrift- und mündliche Kultur wieder zusammen, erweitert das informationelle Angebot und durchbricht die nationalstaatlichen

Grenzen. Chancen und Gefahren stehen somit einander ähnlich gegenüber wie in den Phasen zuvor.

Geschichtswissenschaft stellt Kontexte her. Sie bringt die Vielzahl isolierter Nachrichten der Mediengesellschaft in den Zusammenhang, erweitert Informationen zu Wissenssystemen. Erst durch Geschichte werden Konflikte wie jene in Kurdistan oder im Kosovo verständlich.

Indem Historik immer konkrete Sachverhalte thematisiert, nicht allein funktionale Beziehungen beschreibt, betont sie die Freiheit des Menschen zur kulturellen Entäußerung. Damit deutet sie gleichzeitig das Andersartige, das Fremde als sinnhaftes Handeln und schafft somit die Basis für interkulturelle Kontakte. Selbstverortung innerhalb eines immer größeren kulturellen Angebots bedarf der historischen Erzählung, als Familiengeschichte, als Regionalgeschichte, als Firmengeschichte. Die Beobachtung „Das läßt sich nur historisch erklären" steht für eine Haltung, die bereit ist, Vielfalt und kulturelle Überlappungen zu akzeptieren.

Auch Technikwissenschaften greifen unreflektiert auf historische Argumente zurück, lassen sich doch aus systeminternen Parametern keine normativen Folgerungen ableiten und bleiben formale Modelle zwangsläufig unvollständig. Im Versuch, dennoch Aussagen über die Zukunft zu machen und zugleich Ansprüche zu formulieren, kann man drei Argumentationslinien unterscheiden: das lineare Fortschrittsmodell (abgeleitet aus beziehungsweise beeinflußt durch Elemente der christlichen Heilsgeschichte, der Hegelschen Geschichtsphilosophie beziehungsweise der Evolutionstheorie); das Modell zunehmend technisch-gesellschaftlicher Ausdifferenzierung (etwa: Ausdifferenzierung der Wirtschaft in einen primären, sekundären, tertiären und eventuell quartären Sektor); progressive Zyklen- oder Wellenmodelle (Kondratieff-Zyklen – nach dem russischen Wirtschaftswissenschaftler Nikolai Kondratieff (1892 bis 1931) –, Ablösung der Petrochemie- und der Automobilbranche (4. Kondratieff) durch die Informationstechnik (5. Kondratieff)). Geschichtswissenschaft stellt die wissenschaftlich-kritische Instanz dar, die eine Überprüfung dieser Modelle und Argumente, die oft einen erheblichen Einfluß auf Entscheidungen ausüben, leisten kann.

Dabei kann Vergangenes durchaus „Vorbild"-Funktion haben. Die heutige, „strukturelle" Arbeitslosigkeit wird angesichts der Erfahrung westeuropäischer Länder mit der Vollbeschäftigung von 1955 bis 1973/74 vielfach als vollkommen neues Faktum interpretiert. Der Rückblick auf geschichtlich vergangene Zeiträume zeigt freilich, daß Vollbeschäftigung historisch eher einen Ausnahmezustand darstellte. Wissen über den Umgang mit Unterbeschäftigung und Mangel an Erwerbsarbeit kann helfen, die heutige Situation besser zu verstehen (Bild 1), und bietet ein Arsenal historischer Modelle, wie mit Verteilungsproblemen, wirtschaftlichen und daraus resultierenden sozialen Phänomenen umgegangen wurde (Zugangsbeschränkung zum Arbeitsmarkt, Arbeitszeitverkürzungen, Intensivierung/Extensivierung der Produktionsprozesse, Reagrarisierung, Auswanderung, und weitere).

Nachrichten im Kontext

Bild 1 Themen für Geschichtswissenschaft: Unterbeschäftigung und Arbeitslosigkeit

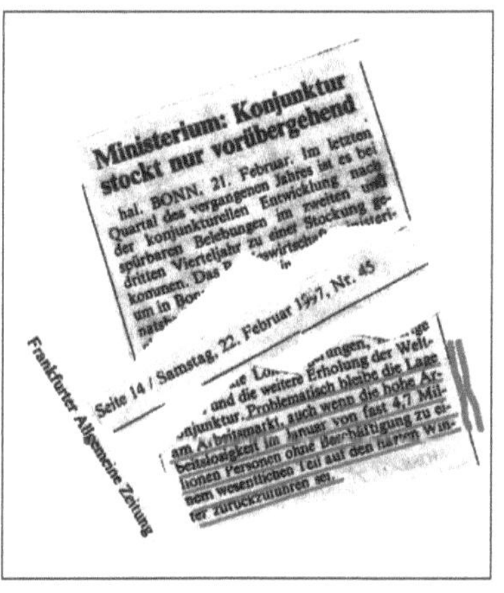

Noch in anderer Hinsicht kommt Geschichte eine wichtige Funktion zu. Die Historik als Kulturwissenschaft muß in der Lage sein, jede Form kultureller Ausdrucksmöglichkeit zu verarbeiten. Dies impliziert einerseits die Bereitschaft, sich auf Sprache und Bilder vergangenen menschlichen Schaffens (etwa die Lektüre lateinischer Texte) einzulassen, bedeutet andererseits die Erfordernis, die neuen Informations- und Kommunikationsmedien in den Methodenkanon einzubeziehen. Unter dieser Voraussetzung vermag Geschichtswissenschaft ihre spezifischen Stärken für die Gegenwart einzubringen. Angesichts der Manipulationsmöglichkeiten digitaler Schrift-, Sprach- und Bildverarbeitung kommt der klassischen Quellenkritik und Quelleninterpretation grundlegende Bedeutung zu. Informationsflut und Flüchtigkeit elektronischer Informationen erfordern stimmige Konzepte der Datensicherung und -aufbereitung. Seit langem ist deshalb Geschichtswissenschaft in der Diskussion um Datenschutz, Dokumentation und angemessenes Informationsmanagement engagiert. Schwieriger erweist sich demgegenüber die Nutzung der neuen Medien für die Publikation von geschichtswissenschaftlichen Erkenntnissen. Noch fehlen angemessene „Texttheorien", noch stehen Zeitaufwand und Ertrag in einem ungünstigen Verhältnis.

Fragt man nach den Fähigkeiten von Historikern über den engeren Bereich wissenschaftlichen Arbeitens hinaus, so lassen sich diese im Hinblick auf die Anforderungen der gegenwärtigen Gesellschaft folgendermaßen beschreiben: als „Vermittlungskompetenz" (Adressat von Geschichtswissenschaft ist generell das „breite Publikum"), als Medien- und Sprachkompetenz (Auswertung und Nutzung unterschiedlicher Formen kultureller Überlieferung), als Archivierungs- und Strukturierungskompetenz (Ordnung und Verdichtung komplexer „Texte") sowie als Recherchekompetenz.

Diese praktische Fertigkeit zur Informationsgewinnung, -verwaltung, -verdichtung und -präsentation ist heute ohne Zweifel in vielen Anwendungsbereichen auch außerhalb des engeren Arbeitsbereiches von Historikern elementar.

Will Geschichtswissenschaft den so definierten Ansprüchen gerecht werden, so muß sie sich in angemessener Weise der Herausforderung stellen. Studierende sollten in geeigneter Weise an die Informationstechnologie herangeführt, neue Konzepte zur Vermittlung von deklarativem, prozeduralem, Problemlösungs- und Metawissen entwickelt werden. Darüber hinaus gilt es, Angebote zu schaffen, die einem breiten Publikum erlauben, rasch kompetente Orientierung zur historischen Dimension von Fragen der Gegenwart zu finden.

Das im folgenden näher beschriebene Projekt für ein Lexikon zur Zeitgeschichte im Internet steht für einen Lehr- und Forschungsansatz, der versucht, den Anforderungen der Informationsgesellschaft gerecht zu werden.

Geschichte per Mausklick   In der Alltagswelt führt gegenwärtig eine wachsende Informationsflut zu einem Verlust von Kontextwissen. Presse, Rundfunk und Fernsehen berichten über das Jetzt. Sie leben vom Neuigkeitswert ihrer Nachrichten. Hintergrundanalysen erscheinen vergleichsweise selten und in differierender Qualität. Eine gezielte Information über die historische Dimension von Gegenwartsproblemen ermöglichen die öffentlichen Medien jedenfalls nicht. Der Rückgriff auf Bücher als Alternative ist vergleichsweise aufwendig (Recherche, Bewertung, Kauf, Ausleihe, Kopie, Lektüre). Darüber hinaus können Druckerzeugnisse wegen des notwendigen Erscheinungsverzuges neueste Sachverhalte nur bedingt reflektieren.

Als Alternative zu den traditionellen Medien ist der Aufbau eines Lexikons zur Zeitgeschichte im Internet (LeZI) geplant (Bild 2). Für aktuelle, zeitgeschichtliche Hintergrundinformation bedarf es eines neuen Mediums, das jederzeit konsultierbar und leicht zugänglich die historische Dimension aktueller Probleme offenlegt und auf einem aktuellen Stand schildert. Wichtig hierbei ist, daß nicht allein Fakten aneinandergereiht werden, sondern das neue Publikationsorgan auch die politische und wissenschaftliche Debatte schildert, um wirkliche Orientierung zu ermöglichen. Jeder, der einen vernetzten Computerarbeitsplatz nutzen kann, findet dann abrufbare Informationen zu aktuellen Problemen. So soll mit der Zeit ein Auskunftsmedium entstehen, welches das Denken in historischen Kategorien wieder möglich macht.

Auch wenn das Internet ein geeignetes Medium für ein lebendiges Lexikon darstellt, gibt es natürliche Grenzen der Reichweite und der Präsentation. Das Medium erzwingt eine Darstellungsform, die einer bewußt erzählenden, ausführlichen und schrittweisen Argumentationsweise entgegensteht. Die Bildschirmfläche definiert die angemessene Informationsmenge. Der Lesekomfort ist gering, und so kommt alles darauf an, die Informationen in einer Art aufzubereiten, die es erlaubt, die Texte rasch zu überfliegen. Notwendig ist die starke Strukturierung der Texte und eine Unterteilung in kurze Sinneinheiten. Das erfordert Kürze, bedeutet freilich auch die Chance zu einer klaren gedanklichen Fassung.

Eine der wesentlichen Leistungen von Geschichtswissenschaft besteht darin, komplexe Phänomene, die zeitgleich ablaufen, in ein Nacheinander von Erzählung und Analyse zu überführen. Hypertext und Hypermedia werden zukünftig vermutlich eher dazu verleiten, verschachtelte Texte zu konstruieren, welche zwar ein gedankliches Abbild der Vergangenheit bieten, aber nicht mehr eine zusammen-

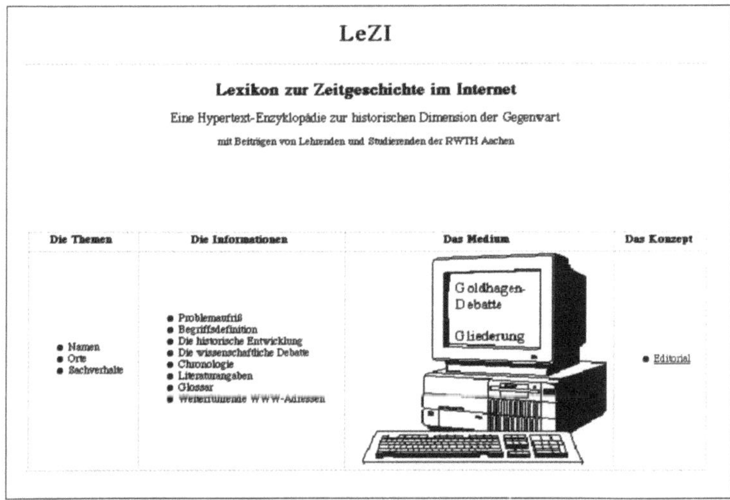

Bild 2 Das „Lexikon zur Zeitgeschichte im Internet"

hängende Erzählstruktur herstellen. Welche kognitiven Konsequenzen eine solch netzartige Präsentation geschichtlicher Sachverhalte hat, ist derzeit nicht zu erkennen. Deshalb sollen für das Lexikon eher traditionell strukturierte Fließtexte erzeugt werden, allerdings mit der Möglichkeit, zusätzliche Informationen anzufordern, etwa ergänzende Erklärungen, Diagramme, Karten, Schemata einzublenden (Bild 3).

Noch ein anderer Grund spricht dafür, Texte mit vielen Verknüpfungen, die aus dem eigentlichen Dokument hinausführen, zu vermeiden. Die durchaus umfangreichen Lexikonbeiträge sollen ausgedruckt oder zur Weiterverarbeitung abgespeichert werden können. In vielen Fällen ist es nach wie vor angenehmer, Informationen auf Papier zu lesen, als auf dem Bildschirm zu entziffern.

Alle Artikel haben eine gleichartige Gliederung. Diese beginnt mit einem Problemaufriß, in dem dargelegt wird, warum das Thema von Interesse ist und wie es in die aktuelle Nachrichtenlandschaft hineingehört. Es folgt eine Begriffsdefinition sowie eine Begriffserklärung. Danach werden die historischen Fakten beschrieben, der Sachverhalt in seiner geschichtlichen Entwicklung mit knappen Worten geschildert. Geschichtswissenschaft beinhaltet freilich auch das Streiten über die richtige Interpretation vergangenen menschlichen Handelns. So kommt der Darstellung der verschiedenen Forschungspositionen eine wichtige Bedeutung zu. Die Artikel enden mit einem umfangreichen Anhang. Dort findet man eine Chronologie, ausgewählte Literaturangaben, ein Glossar sowie Verweise auf weiterführende Links im World Wide Web. Selbstverständlich sollen die Möglichkeiten des neuen Mediums genutzt werden. Die Artikel enthalten deshalb Schemata, Grafiken oder andere Materialien, die für die Leser hilfreich sein können.

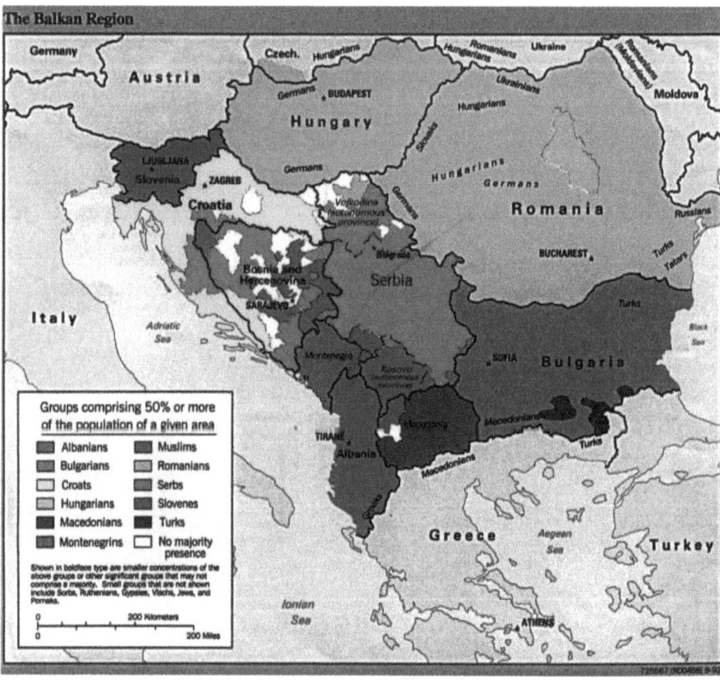

Bild 3 Hintergrundinformationen im Internet. Die ethnische Struktur des ehemaligen Jugoslawien

Sprachlich sollen die Artikel gut, verständlich und interessant gestaltet sein, der Stil wird bewußt einfach gehalten werden – mit der notwendigen Abwechslung. Fremdwörter sind zu vermeiden. Fachterminologie wird benutzt, doch sie soll erklärt, erläutert, verständlich gemacht werden. Insgesamt wird sich die Darstellungsweise von der in normalen Lexika unterscheiden. Die Beiträge sind eher essayistisch angelegt, besitzen aber die für eine schnelle Information notwendige Ausführlichkeit und Anschaulichkeit.

Wie entsteht das Lexikon zur Zeitgeschichte? Die Artikel spiegeln die Ergebnisse eines Kolloquiums, das – als Dauereinrichtung geplant – Studierende und Lehrende der Geschichtswissenschaft tragen. Ziel des Gesprächskreises ist es, Geschichte als Denkkategorie zur Erschlüsselung der Gegenwart ernst zu nehmen. Alle Themen sollen gemeinsam erörtert werden, anschließend ist ein Autor zu bestimmen, der so bald wie möglich ein Rohmanuskript vorlegt. Dieses wird ausführlich besprochen, verändert, korrigiert. So spiegeln die Beiträge zwar die Auffassung der jeweiligen Verfasser, die auch namentlich zeichnen, sind aber in einer Diskussion überprüft und unterliegen sachlich wie formal der Kritik aller Teilnehmer der Lehrveranstaltung.

Für Studierende der Geschichtswissenschaft ist es höchst ungewohnt, komplexe Zusammenhänge – die Entwicklung ganzer Epochen, die Hintergründe bedeutender Ereignisse – auf wenigen Seiten zusammenzufassen und anschaulich darzulegen. Tatsächlich beruht die Ausbildung zum Historiker auf anderen Maximen als jenen der Darstellungseffizienz und der Fähigkeit zur umfassenden Synthese. Seit der Jahrhundertwende, als die Historiker Karl Lamprecht (1856 bis 1915) und Ernst Bernheim (1850 bis 1942) erfolgreich für eine Studienreform stritten, galt und gilt immer noch die Aussage, daß die beste Ausbildung darin besteht, die Regeln wissenschaftlichen Arbeitens am kleinen Beispiel gründlich und intensiv zu üben. Vom Kleinen soll zum Großen vorgedrungen werden. Freilich sind hierfür viel Zeit und eine intensive geistige Beschäftigung mit den Inhalten notwendig. Richtschnur ist eine detaillierte Darstellung, deren Einzelheiten an den Quellen überprüfbar sind. Lediglich die Vorlesungen bieten einen Überblick zu ganzen Epochen oder anderen komplexen historischen Sachverhalten. Dieses Wissen bleibt aber in der Regel zunächst weitgehend rezeptiv und passiv.

Wenn Lehrende und Lernende gemeinsam ein Lexikon zur Zeitgeschichte vorlegen, so geht es auch darum, einen neuen Arbeitsstil kennenzulernen, sich eine Form der Erschließung und Aufbereitung des Materials anzueignen, die – im Unterschied zu den traditionellen Ausbildungszielen – stärker auf Effizienz setzt und geeignet scheint, vergleichsweise große Themen in wenigen Tagen zumindest im Überblick zu erarbeiten. Die Studierenden sollen somit eine Herangehensweise kennenlernen, wie sie täglich Gymnasiallehrer, Journalisten und viele andere fordern. Das Lexikon zur Zeitgeschichte ist demnach nicht nur ein Informationsangebot für Außenstehende. Es ist zugleich ein Lehrexperiment, bei dem Studierende Gelegenheit erhalten, eine Textsorte zu erstellen, die im beruflichen Alltag häufig erwartet, an der Universität jedoch nur selten eingeübt wird.

**Für Wissenschaftler ungewohnt:
In der Kürze liegt die Würze**

Noch in anderer Hinsicht gibt das Lexikon zur Zeitgeschichte eine Antwort auf die Krise der universitären Ausbildung. Indem alle Phasen, in denen ein Manuskript erstellt wird, von der Literaturrecherche bis zum fertigen Artikel ausführlich besprochen werden und Studierende erfahren, wie allmählich ein publikationsreifes Dokument entsteht, wird Geschichtsschreibung als praktische Tätigkeit ernst genommen. Viele der wichtigen Kulturtechniken lassen sich nicht durch Anweisung und Instruktion vermitteln, sondern müssen am Beispiel vorgeführt und in kleinen Schritten erarbeitet werden. Die Mitwirkung am Lexikon soll Lernenden und Studierenden helfen, in den Alltag professioneller Historiker einzudringen. Geschichtsschreibung wird damit auch als Produkt menschlicher Anstrengung erfahrbar und verliert seinen Objektcharakter.

Der Blick zurück – mit modernen Medien

Es ist noch nicht oft genug die Regel, daß Historiker moderne Technik einsetzen und die Chancen, aber auch die Zwänge moderner Präsentationsformen reflektieren. Geschichtswissenschaft ist immer noch möglich, ohne den Computer zu benutzen und ohne das Internet zu konsultieren. Dennoch bedingt eine den heutigen Erfordernissen genügende Ausbildung, daß computerunterstützte Verfahren in der Lehre angemessen berücksichtigt werden. Die Historik kann sich nicht aus der medialen Revolution herausdefinieren, wenn sie Teil der Informationsgesellschaft ist. Sie bedarf der elektronischen Datenverarbeitung als Hilfsmittel der Forschung und sie muß lernen, das Medium als Instrument der Vermittlung ihrer Ergebnisse zu nutzen.

Den Studierenden erlaubt die Mitarbeit am Lexikon zur Zeitgeschichte im Internet, sich mit der elektronischen Datenverarbeitung vertraut zu machen, die Literatursuche im Internet und die sachliche Recherche am CD-Server zu üben. Sie lernen, mit Textverarbeitungsprogrammen, Tabellenkalkulationssystemen und Graphiksoftware umzugehen, und schließlich erfahren sie, was es heißt, ein den Erfordernissen des Mediums entsprechendes Dokument zu erstellen.

Die gemeinsame Redaktionstätigkeit aller am Lexikon Beteiligten wird – so ist es gedacht – die Hemmungen mindern, die viele Studierende beim wissenschaftlichen Schreiben haben. Dazu dient das Brainstorming in der großen Runde, der Gedankenaustausch über relevante Literatur. Die Teilnehmer sollen Tips austauschen, wie sie ihre Recherchen möglichst effektiv gestalten können. Schließlich geht es darum, Mut zu machen, in kurzer Zeit ein Rohmanuskript zu erstellen, um es im Kolloquium zu besprechen. Nach der inhaltlichen Auffüllung geht es um die sprachliche und formale Struktur der Beiträge und schließlich in einer dritten und abschließenden Redaktionskonferenz um die orthographische und stilistische Ausformung der Artikel. So können die Studierenden ganz konkret erleben, wie Manuskripte allmählich reifen, daß es verschiedene Phasen und Strategien der Überarbeitung gibt und daß wirklich gute Texte nur entstehen, wenn sie von anderen Personen gegengelesen, kritisiert und korrigiert werden. Das Vorurteil vom Historiker im Elfenbeinturm entspricht ja keineswegs der Praxis.

Attraktiv ist das Projekt auch für die Hochschulen. Sie geben Rechenschaft über die Qualität ihrer Lehre, sie beweisen Innovationsfähigkeit. Die Ausbildung erhält einen stärkeren Praxisbezug. Schließlich machen Lehrende und Lernende ihr Wissen der Allgemeinheit in einer neuen und durchaus attraktiven Form zugänglich.

Somit könnte das Lexikon zur Zeitgeschichte für neue Ansätze in der universitären Lehre Modellcharakter haben. Gleichzeitig steht es für eine stärkere Verzahnung von Forschung und Öffentlichkeit, für eine Intensivierung des Dialogs zwischen Universität und Gesellschaft. Lehrende und Teilnehmer des Kolloquiums können ihr Ziel nur erreichen, wenn sie wirkliches Engagement mitbringen, wenn sie Bereitschaft zur Grenzüberschreitung zeigen und ein Interesse an den Problemen der Gegenwart haben. Die Fähigkeit zur Teamarbeit ist gefordert und Neugier, die modernen Medien tatsächlich zu nutzen. Nicht weniger verlangt die Projektteilnahme fachliche Fertigkeiten. Mit dem Lexikon zur Zeitgeschichte im Internet erhalten die Studierenden die Möglichkeit, einer breiteren Öffentlichkeit zu zeigen, was sie wirklich gelernt haben.

Autoren

Prof. Dr. phil. Armin Heinen ist Inhaber des Lehrstuhls für Neuere Geschichte und Leiter des Zusatzstudiengangs Europastudien.

Dipl.-Ing. Karl R. Kegler ist Geschäftsführer des Forums Technik und Gesellschaft.

Wolfgang Kuhlmann und
Thomas Peuker

Ein Projekt zur Entwicklung und Vermittlung praxisrelevanten philosophischen Wissens

In dem Projekt „Philosophie und Praxis" des Lehrstuhls für allgemeine Philosophie an der RWTH Aachen geht es um den Versuch, handlungsrelevantes philosophisches Wissen gezielt und systematisch für die Praxis aufzubereiten und insbesondere an Entscheidungsträger aus Wirtschaft, Politik und Gesellschaft zu vermitteln.

Philosophie ist einerseits zuständig für die rationale Beantwortung aller nichttechnischen Fragen, die das menschliche Leben im ganzen betreffen. Hervorragende Beispiele für solche Fragen findet man in dem berühmten – auch heute noch von vielen als maßgebend angesehenen – Kantischen Katalog philosophischer Grundfragen: 1. „Was kann ich wissen?" 2. „Was soll ich tun?" 3. „Was darf ich hoffen?" 4. „Was ist der Mensch?" Als eine solche Disziplin ist die Philosophie von Anfang an klar auf Anwendung, auf Praxis, auf Orientierung in praktisch relevanten Grundfragen bezogen.

Philosophie degeneriert, wenn sie zur sterilen „Katheder-" oder „Professorenphilosophie" wird. Sie richtet sich daher nicht nur an Philosophen oder Geisteswissenschaftler, sondern vor allem auch an diejenigen Personen, die maßgeblich unsere politische, ökonomische, technische und soziale Realität gestalten. Die wichtigsten Adressaten sind Personen, die Grund haben, ihre Praxis ganz besonders sorgfältig, umsichtig und überlegt einzurichten, und die dabei unvermeidlich immer wieder mit Problemen, Fragen und Begriffen zu tun haben – wie etwa „Rationalität", „Kommunikation", „Arbeit", „Macht", „Gerechtigkeit", „Institution", „Gesellschaft" –, mit denen sich die Philosophie in ihrer langen Geschichte schon ausführlich auseinandergesetzt hat und zu denen in der Regel bedeutende und nützliche, in der Öffentlichkeit freilich weithin unbekannte Einsichten erarbeitet wurden.

Andererseits gilt jedoch, daß die Philosophie – wie andere Universitätsfächer auch und aus denselben guten Gründen (Arbeitsteilung, Ausdifferenzierung) – sich faktisch immer mehr zur Spezialistendisziplin mit einer eigenen, der Umgangssprache fernen Spezialterminologie entwickelt hat. Gerade ihre wichtigsten Resultate werden oft in einer Form publiziert, in der sie nur noch dem Spezialisten, nicht aber dem Außenstehenden mehr zugänglich sind. Das führt dazu, daß die relevanten Ergebnisse philosophischer Arbeit, wenn überhaupt, dann nur mit großer Verspätung – 50 bis 100 Jahre – ihre eigentlichen Adressaten erreichen. Die in dieser Disziplin Arbeitenden haben sich zunehmend an diese Verhältnisse gewöhnt, schreiben fast ausschließlich für Fachgenossen oder die Nachwelt, ja sie perpetuieren diese Verhältnisse dadurch, daß sie auch ihre Studenten im Sinne dieser Vorgaben ausbilden.

Nun läßt sich die – im Grunde schon mit Kant und dem Deutschen Idealismus einsetzende – Entwicklung zur Spezialistendisziplin ersichtlich nicht völlig aufhalten. Es ist auch nicht zu erwarten, daß sich alle philosophischen Gedanken, Einsichten, Argumentationen dem philosophischen Laien begreiflich machen lassen. Dennoch gibt es vieles, ja es ist sogar das meiste, was sich mit einiger Mühe ohne Qualitätsverlust dem interessierten Außenstehenden so vermitteln läßt, daß dieser tatsächlich etwas damit anfangen kann. Und so ist es nicht einzusehen, warum eine Gesellschaft, die im Rahmen des gegenwärtigen Bildungssystems so viel Geld für die Philosophie ausgibt wie nie zuvor – nie hat es in der westlichen Welt jemals so viele philosophische Institute und Berufsphilosophen gegeben wie heute – und die damit ein hohes Interesse an dieser Disziplin bekundet, so überaus lange warten muß, bis die Resultate philosophischer Arbeit den eigentlichen Adressaten zugänglich werden. Es sollte daher wenigstens einige Stellen im Universitätsbereich geben, an denen über dieses Problem systematisch nachgedacht wird, an denen Lösungsmöglichkeiten entworfen und erprobt werden. Diese Aufgabe ist für alle Seiten wichtig: Für die Philosophie, weil es um ihre von jedem Philosophen notwendig immer schon erstrebte gesellschaftliche Wirksamkeit geht, für die Gesellschaft, weil sie ein Recht darauf hat, das, was sie an die Philosophie gibt, wenigstens teilweise und in angemessener Zeit wieder zurückzubekommen, und für die Adressaten, weil diese ansonsten auf wichtige Instrumente und Hilfen für die Diagnose und Bewältigung ihrer praktischen Probleme verzichten müssen.

Jeder Versuch, die Resultate philosophischer Forschung an die Praxis weiterzugeben, sieht sich mit der Schwierigkeit konfrontiert, daß fast alles in der Philosophie umstritten ist, daß es keine unter den meisten Forschern konsensfähige, den Stand der Forschung repräsentierende Lehrmeinung gibt. Die Vermittlung einer bestimmten Theorie könnte so als Versuch dogmatischer Indoktrination angesehen werden, zumindest würde sie jedoch darauf hinauslaufen, dem Laien Wesentliches vorzuenthalten, da diesem das Wissen um die diskutierten Alternativen fehlt.

Damit mag der Eindruck entstehen, daß es in der Philosophie keine vermittlungsfähigen „Ergebnisse", kein wirkliches Wissen gibt. Doch dieser Eindruck täuscht. Vermittlung des neuesten Stands philosophischer Erkenntnis kann allerdings nie heißen, die gegenwärtig für richtig befundene Theorie zu lehren, sondern nur, in den aktuellen Stand einer Diskussion und Auseinandersetzung einzuführen. Dieser Diskussionsstand repräsentiert jedoch selbst in hohem, zumeist unterschätztem Maße Wissen – nämlich in dem jeweils erreichten Maß an Angemessenheit von Begriffen und Methoden an die jeweils verhandelte Sache. Zudem wird über seine Aneignung ein Stück weit die Kompetenz philosophischer Reflexion selbst erworben.

Hieraus folgt, daß das vermittlungsfähige Wissen der Philosophie primär nicht in bestimmten Theorien besteht, sondern vor allem in den begrifflichen und methodischen Mitteln, mit deren Hilfe Anhänger und Kritiker sich heute über derartige Theorien auseinan-

Bild 1 Philosophie darf nicht zur grauen Theorie verkommen. Nicht erst seit heute fordern daher Philosophen selbst, den „Elfenbeinturm" zu verlassen und handlungsrelevantes philosophisches Wissen gezielt und systematisch für die Praxis aufzubereiten. Im Projekt „Philosopie und Praxis" der RWTH Aachen entwickeln die Philosophen Grundkonzepte für eine realistische Ethik.

dersetzen: Es besteht zum ersten in der reflexiven Klärung zentraler Grundbegriffe der lebensweltlichen Orientierung – wie etwa „Rationalität", „Kommunikation", „Wissen", „Gerechtigkeit", „Bedürfnis", „Institution", „Freiheit", „Identität", „Handlung", „Sprache". Hierbei handelt es sich um Begriffe, auf die wir nicht verzichten können, wenn wir die Situationen, in denen wir zu handeln haben, angemessen erfassen, uns selbst in diesen Situationen verstehen und uns mit anderen über sie verständigen wollen. Es sind Begriffe, die wir benötigen, um Handlungsalternativen in den Blick zu bekommen, und die die relevanten Gesichtspunkte für unsere Entscheidungen bestimmen.

Kriterien und Maßstäbe für alltagsweltliche Probleme

Es geht zweitens um philosophisches Wissen von der Struktur von Problemen, die sich als alltagsweltliche Probleme in den genannten Grundbegriffen stellen: Ob eine Meinung vernünftig, eine Handlung gerecht, eine Äußerung verständlich ist, sind Fragen, für die die Philosophie seit jeher in allgemeiner Form Kriterien und Maßstäbe zu entwickeln versucht. Dies sind nämlich ihre zentralen Themen. Zugleich sind es aber Fragen, vor deren expliziter oder impliziter Beantwortung wir im Alltag ständig stehen. Die Antworten selbst zu geben, kann den betroffenen Personen nicht abgenommen werden, aber die Vermittlung des philosophischen Diskussionsstandes sorgt dafür, daß diese Fragen in der Praxis auf dem zur Zeit bestmöglichen Niveau beantwortet werden und die Antworten einer öffentlichen Kritik standhalten können.

Schließlich kann drittens auch die philosophische Reflexion selbst vermittelt werden, indem man sie einübt. Sie kann als das geeignete „Verfahren" betrachtet werden, an Probleme, für die man nicht schon über Routinen, wissenschaftliche oder technische Methoden und so weiter verfügt, heranzugehen.

In dieser Bestimmung der möglichen Leistungen der Philosophie drückt sich zugleich das spezifische Verständnis des Praxisbezugs der Philosophie aus, das für das Projekt an der RWTH charakteristisch ist. Zu Beginn unseres Artikels war dieser Praxisbezug im Sinne einer globalen Orientierung der gesamten Lebensvollzüge eines Menschen dargestellt worden. Mit der Anerkennung der zumindest faktisch unaufhebbaren Pluralität philosophischer Ansichten muß sich wissenschaftliche Philosophie jedoch darauf beschränken, der Praxis quasi-technische Hilfsmittel zur Bewältigung von Orientierungsproblemen zu liefern; Mittel, die – wie gesagt – zwar nicht die richtige Lösung garantieren können, wohl aber ein dem Problem angemessenes Niveau der Auseinandersetzung. Der Ausdruck „Orientierungsprobleme" zielt auf solche Probleme, bei denen wir uns nicht nur nicht auf vorgegebene Lösungsstrategien verlassen können, sondern wir sogar unser Problemverständnis selbst, unsere Problembeschreibungen und problemerzeugenden Ziele eigens überprüfen und in Frage stellen sollten.

Ziel des Projektes „Philosophie und Praxis" ist es, die als wünschenswert beschriebene Vermittlung von philosophischem Wissen an die Praxis voranzutreiben, indem erstens die theoretischen Grundlagen dafür erarbeitet, zweitens geeignete philosophische Inhalte ausgewählt und drittens diese für die Vermittlung aufberei-

Bild 2 Plato (427 bis 347 vor Christus) mit Schülern im Garten der Akademie. Der griechische Philosoph richtete seine in Dialoge gefaßten Gedanken auch an Laien.

tet werden. Dabei ist es wichtig zu sehen, daß dies nicht einfach darauf hinausläuft, eine populärwissenschaftliche Darstellung philosophischen Bildungsgutes zu geben, sondern daß die genannte Aufgabe einen eigenständigen und für die Philosophie durchaus neuen Typ von Forschungstätigkeit erfordert.

Es gibt – modellhaft – vor allem zwei Wege, wie in den Wissenschaften erworbenes (Grundlagen-)Wissen für die Praxis effektiv gemacht werden kann. Man kann zum einen versuchen, dieses Wissen möglichst breit zu verteilen, es möglichst vielen Menschen direkt verfügbar zu machen. Man kann sich zum anderen gezielt an die Stellen wenden, an denen Entscheidungen fallen, die für viele Menschen wichtig sind und die für die Gestaltung unserer politisch-ökonomischen Praxis maßgeblich sind.

In beiden Fällen muß das zu vermittelnde Wissen eine jeweils passende Form und einen passenden Inhalt haben. Für den ersten Weg muß es sich um populäres Wissen handeln. Das im Prinzip zur Verfügung stehende Wissen muß so ausgewählt, verkürzt, vergröbert und veranschaulicht werden, daß bei begrenzten zeitlichen und intellektuellen Möglichkeiten möglichst viele Menschen es sich nutzbringend aneignen können. Da es für Menschen mit unterschiedlichsten Zielsetzungen und unter unterschiedlichsten Bedingungen einsetzbar sein soll, muß das Wissen zugleich relativ allgemein sein. Dies ist der Weg, der vor allem in Schule und Volkshochschule beschritten wird.

Für den zweiten Weg bedarf es dagegen vor allem eines hochspezialisierten Wissens, das im Hinblick auf das bestimmte Handlungsfeld eines „Spezialisten in der Praxis" ausgewählt, konkretisiert und auf Typen möglicher Anwendungen hin entwickelt, ausgearbeitet ist. Und es muß dem Spezialisten in einer Form zur Verfügung gestellt werden, die ermöglicht, daß es sich mit dem einschlägigen theoretischen Vorwissen des Spezialisten und seinem Wissen um spezifische Anwendungsprobleme möglichst problemlos und fruchtbar verbindet.

Um den ersten Weg gehen zu können, bedarf es primär einer didaktischen Aufbereitung schon fertig vorliegenden Wissens. Auf dem

Bild 3 Johann Gottlieb Fichte (1762 bis 1814) hielt die berühmte „Rede an die deutsche Nation" im Winter 1807/1808, in der er – die Kraft des deutschen Wesens beschwörend – die geistige Erneuerung durch eine allgemeine Nationalerziehung forderte.

Philosophisches Wissen – praxisnah für Entscheidungsträger

zweiten Weg geht es dagegen um die praxisorientierte Weiterentwicklung von Grundlagenwissen und daher um den Erwerb selbst neuen Wissens. Der zweite Weg kann daher von den Wissenschaften nicht externen Stellen überlassen werden, sondern erfordert die Kompetenz des Fachwissenschaftlers selbst. Paradigmatisch ist dieser Weg im Umgang der Ingenieurswissenschaften mit naturwissenschaftlichem Grundlagenwissen an Technischen Hochschulen (TH) beschritten.

An diesem „TH-Modell" der Vermittlung orientiert sich das Projekt „Philosophie und Praxis": Es versucht, vorhandenes philosophisches Grundlagenwissen derart weiterzuentwickeln, zu konkretisieren und zu ergänzen, daß es in einem jeweiligen Handlungsbereich möglichst direkt praxisrelevant angewendet werden kann. Von den Bemühungen in der angewandten Ethik einmal abgesehen, kann dies als ein für die Philosophie durchaus neuartiges Unterfangen betrachtet werden.

Modellhaft kann nun eine solche anwendungsorientierte philosophische Forschung wie folgt skizziert werden: Sie muß in einem ersten Schritt einen bestimmten Praxisbereich und seine spezifischen Bedürfnisse zur Kenntnis nehmen. Hierzu reicht es nicht aus, die Praktiker schlicht nach ihren Wünschen und Problemen zu befragen. Philosophie wirkt handlungsorientierend vor allem dadurch, daß sie das Verständnis verändert, das der Handelnde sowohl von seinem Praxisfeld wie auch von sich selbst und seinen Handlungen hat. Daher muß es zunächst darum gehen, dieses faktische Verständnis mit der dazugehörigen faktisch verwendeten Begrifflichkeit möglichst umfassend und systematisch aufzunehmen.

In einem zweiten Schritt sind die für diesen Praxisausschnitt relevanten philosophischen Ressourcen, die dabei helfen könnten, das Verständnis des Handelnden von sich und seinem Handlungsfeld zu verbessern und zu vertiefen, zu identifizieren und auszuarbeiten. Sie sind also zusammenzuführen, wenn nötig zu ergänzen und zu konkretisieren und gegebenenfalls im Hinblick auf die Probleme des Praxisausschnitts eigens zuzuspitzen.

Der dritte Schritt besteht dann in einer kritischen, möglichst durchsichtigen und verfremdenden Neuformulierung des Selbstverständnisses der Akteure und ihres Verständnisses vom Handlungsfeld mit Hilfe dieser philosophischen Mittel. Wesentlich ist, daß dabei auch die Tiefenstruktur des entwickelten Selbstverständnisses durchschaubar wird. Dadurch werden implizite Voraussetzungen, mögliche Widersprüche, verborgene Entscheidungsspielräume und Alternativen erkennbar.

Schließlich sind – im vierten Schritt – die so gewonnenen Ergebnisse praxisgerecht aufzubereiten. Dies bedeutet vor allem, daß hinsichtlich der Sprache und der Art der Präsentation die Erwartungen und Gewohnheiten der Adressaten aus Politik und Wirtschaft besonders berücksichtigt werden müssen. Dies ist keineswegs eine triviale Aufgabe und sollte nicht unterschätzt werden.

Die skizzierte Vermittlungsaufgabe ist weder der Sache nach (da sich die Praxisanforderungen beständig verändern) noch ihrem Umfang nach im Rahmen eines einzelnen Projektes abschließend zu bewältigen. Das Projekt sieht daher eine zusätzliche Aufgabe darin zu eruieren, wie weit es möglich ist, das Philosophiestudium praxisnäher zu gestalten, um so zumindest einen Teil der Philosophiestudenten für praxisrelevante Vermittlung von Philosophie zu qualifizieren. Es entwickelt hierzu Ansätze für praxisorientierte Studienbausteine.

Autoren

Prof. Dr. phil. Wolfgang Kuhlmann ist Inhaber des Lehrstuhls für allgemeine Philosophie, Philosophisches Institut. Seine Arbeitsgebiet sind Transzendentalpragmatik, Transzendentalphilosophie, Ethik, Hermeneutik, Philosophie und Praxis.

Thomas Peuker, M.A., ist wissenschaftlicher Angestellter am Lehrstuhl für allgemeine Philosophie, Philosophisches Institut. Seine Arbeitsgebiete sind Ethik, Sprachphilosophie, Philosophie und Praxis.

Vom schwierigen
Umgang mit der Zeit

Kurt Hammerich

Temporale Muster und soziale Beziehungen

Jahrhunderte, Jahrzehnte, Jahre, Monate, Wochen, Tage, Stunden und so weiter sind Zeiteinheiten, in deren Verlauf eine wie auch immer geartete Abfolge von Aktivitäten oder Ereignissen stattfinden kann. Solche temporalen Muster gewinnen insbesondere an Bedeutung, wenn Zeitstrukturen – oder genauer: deren Fixpunkte – nicht länger die Aktivitäten und deren Reihenfolge bestimmen.

Solange Zeitordnungen – wie selbstverständlich – bestimmte Handlungen voraussetzten oder nach sich zogen, solange wurde eine zeitliche Mikroordnung, wie sie sich gerade in der Abfolge von Aktivitäten äußerte, kaum als problematisch empfunden. Schließlich garantierten die Zeitfixpunkte, daß nichts Unvorhergesehenes passierte (etwa sechs Uhr: Aufstehenszeit; zwölf Uhr: Mittagszeit und so weiter).

Verschiedene Religionsgemeinschaften feiern kalendarisch unterschiedlich ihren Jahresanfang oder begehen in kürzeren, gewöhnlich „wöchentlichen" Abständen ihren „Tag der Heiligung" – in unserem Kulturraum zum Beispiel Muslime freitags, Juden samstags und Christen sonntags. Diese Tage stellen – zumindest auch jetzt noch in gewissem Rahmen – Eckpunkte dar, die gemeinsame Feiern welcher Art auch immer „provozieren" sollen. Wechsel von einem Jahrhundert zum anderen, von einem Jahr zum anderen, von einer Woche zur anderen, von einer Tageszeit zur anderen gelten als Einschnitte, gleichgültig wie rechnerisch sich deren Dauer ausnimmt. So schwankt beispielsweise die bisher bekannte Variation des Wochenumfangs von drei bis zu zehn Tagen.

Der Wechsel von Arbeits- und Nichtarbeitszeit (sogenannter Freizeit) gewann freilich erst an Bedeutung, nachdem im Prozeß zunehmender Industrialisierung eine „hinreichende" Zeitdisziplinierung durchgesetzt wurde. Gewissermaßen darauf aufbauend wurden die regulären Arbeitszeiten ständig weiter ausgedehnt bis hin zur Pariser Kommunardenverfassung von 1848, wo diese Entwicklung sogar als Recht auf (zehnstündige) Arbeit – nach heutigem Verständnis – pervertierte. Der sogenannte Blaue Montag, ein „Relikt" der mittelalterlichen Zunftverfassung, als „rechtsfreier" Gemeinschaftstag der Gesellen gegenüber dem sonstigen Abhängigkeitsverhältnis von Dienstherrn und „Vormund", konnte erst nach vielen Zugeständnissen der Fabrikbesitzer zu Beginn dieses Jahrhunderts faktisch abgeschafft werden. Nicht ganz so lange dauerte es, bis Arbeitnehmer dazu gebracht werden konnten, länger zu arbeiten, als es ihren bisherigen Gewohnheiten entsprach.

Zeitdisziplinierung und darauf basierend zunehmende Arbeitszeiten haben schließlich seit Ende des 19. Jahrhunderts zu einer Vielzahl von Aktivitäten verschiedener sozialer Bewegungen geführt mit dem Ziel, die Arbeitszeiten zu verkürzen. Schließlich entstand mit der Einführung des gesetzlich garantierten Acht-Stunden-Arbeitstages eine Zeitsicherheit, die dann mit einer tarifrechtlich abgesicherten Fünf-Tage-Woche abgerundet wurde.

Insbesondere Vertreter von Kirche und Gewerkschaft haben Arbeitszeitreduzierungen immer als Verkürzung der Normalarbeitszeiten angesehen, um den jeweiligen Nutznießern mehr Zeit für gemeinsame Aktivitäten zu gewährleisten. Nachtarbeit, Schichtarbeit, Sonntagsarbeit, Überstunden und so weiter betrachtete man in diesem Sinne sowohl tarif- wie auch arbeitspolitisch als – genehmigungspflichtige – Ausnahmen.

Dies alles hat sich zumindest von Mitte der achtziger Jahre an bis heute gewaltig verändert. An die Seite von Normalarbeitszeitverhältnissen sind Teilzeitverträge getreten bis hin zu Arbeitsverhältnissen für geringfügig Beschäftigte (sogenannte 630-DM-Jobs). Die Regelarbeitszeit geht in gleitende Arbeitszeiten einschließlich Überstunden mit und ohne Zeitgutschrift über. Orts- und zeitgebundene Berufstätigkeit wird zu orts- und zeitentbundener Telearbeit, oder wie auch immer die Vielzahl neuer Beschäftigungsverhältnisse beschrieben werden kann. Aus starren Geschäftsöffnungszeiten werden flexible(re), und auch andere Dienstleistungsanbieter, wie öffentliche Verwaltungen, haben ihren Zugriffszeitraum deutlich breiter gestreut. Forderungen nach Aufhebung jeglicher Beschränkungen für Öffnungs- und Arbeitszeiten gewinnen darüber hinaus zunehmend an Akzeptanz. Ein solcher Verlust der bis dahin relativ starren Zeitordnung wird folgerichtig als „Ende gemeinsamer Zeit" charakterisiert [1].

In einem solchen Sinne schließt totale Flexibilisierung aber auch ein, daß Personen einen Anspruch haben, die Abfolge der Aktivitäten in der Zeit frei zu gestalten, also Tätigkeiten oder Ereignisse unabhängig von irgendwelchen Vorgaben in ihrer jeweils idealen Reihenfolge festlegen zu können. Freie Verfügung über Zeit meint dabei in gleicher Weise freie Zeitgestaltung sowohl als Arbeitnehmer oder Dienstleistungsanbieter wie auch als Nachfragender von (Produkt- oder Informations-)Angeboten.

Bekanntlich haben tariflich abgesicherte Arbeitszeitreduzierungen bislang fast ausschließlich dazu geführt, daß die wöchentlichen Arbeitszeiten verkürzt beziehungsweise die Urlaubszeiten erweitert wurden. Unter Forschungsaspekten wurde, ausgehend von den überwiegenden „Normalarbeitszeiten", vor allem danach gefragt, welche psychischen und sozialen Nachteile Personen mit Arbeitsverhältnissen erleiden, die von „normalen" Arbeitszeiten abweichen, wie insbesondere bei Nacht- und Schichtarbeit sowie gleitenden Arbeitszeiten [2].

Angesichts der seit Mitte der achtziger Jahre verstärkt auftretenden Tendenz zu gleitender Arbeitszeit und Teilzeitarbeitsverhältnissen wurde jedoch auch die Arbeitsmotivation der Personen untersucht, die Teilzeitbeschäftigung zugunsten erhöhter Freizeitnutzung bevorzugen (sogenannte Zeitpioniere) [3]. Gegenstand des Interesses war somit vorwiegend – wenn nicht ausschließlich –, wie sich bestimmte, von der Regelarbeitszeit abweichende Zeitmodelle aus-

Das Ende der starren Zeitordnungen

wirken. Ein solcher Ansatz ist aber spätestens dann überholt, wenn diese „Norm"-Arbeitszeit etwa von 8.00 bis 16.15 Uhr – einschließlich der obligatorischen Pausen im Umfang von mindestens 45 Minuten – als Ausnahme und nicht länger als Regel anzusehen ist.

Die technologische Entwicklung vor allem ab den neunziger Jahren eröffnete mit der Einführung verschiedenster Formen der Informationsvermittlung – wie Fax, Anrufbeantworter, E-Mail – zudem nicht nur die Möglichkeit, Informationen schneller zu übertragen; sie erlaubte es nun plötzlich auch, den Empfänger nicht mehr antreffen zu müssen. Und so haben auch andere Entwicklungsprozesse dazu beigetragen, daß direkte soziale Kontakte abnehmen.

Flexible Arbeit erschwert die Koordination der sozialen Beziehungen

Die bisherige Betrachtungsweise des Verhältnisses von Arbeit und Freizeit geht von einem relativ starren Arbeit-Freizeit-Verhältnis aus, bei dem eine klare, zumindest zeitliche Trennung zwischen diesen beiden Abschnitten im Tages- beziehungsweise Wochenverlauf unterstellt wird. Wenn jedoch, wie bei einer Vielzahl der etwa fünf bis acht Millionen Jobs ohne Sozialversicherungspflicht (sogenannte 630-DM-Jobs), die tägliche, wöchentliche oder monatliche Arbeitszeit nicht langfristig festgelegt ist, sondern mehr oder minder nach Bedarf variiert und auch am Tag zwei und mehr zeitlich begrenzte Einsätze umfassen kann und selbst wenn bei gleitenden Arbeitszeiten die zeitlich variierenden Einsatzzeiten langfristig festgelegt sind, ergeben sich erhebliche soziale Koordinierungsprobleme.

Denn das Modell einer unbeschränkten Zeitflexibilisierung unterstellt auf der Anbieter- wie auch auf der Abnehmerseite einen Menschentypus, der „frei" ist von Sozialbindungen jeder Art. Personen dieser Art, Singles genannt, mögen hierbei zwar als „theoretischer" Bezugspunkt dienen. Doch auch sie machen – sofern es sie wirklich in Reinkultur gibt – allenfalls ein Drittel der Bevölkerung aus. Selbst Studierende, denen so gern ein beliebig verfügbares Zeitkontingent unterstellt wird, haben außer dem Studium erhebliche soziale und ökonomische Verpflichtungen, die das frei verfügbare Zeitvolumen spürbar einschränken. Dadurch entsteht ein fast paradoxer Zustand: Scheinbar können Individuen zunehmend mehr über ihre Zeit frei bestimmen, dennoch sind sie gleichzeitig stets neuen Rahmen der Zeitgestaltung unterworfen.

Im Rahmen des vom bisherigen Ministerium für Wissenschaft und Forschung des Landes Nordrhein-Westfalen geförderten Forschungsverbunds „Temporale Muster" an der RWTH Aachen, der Universität Bielefeld und der Deutschen Sporthochschule Köln offenbarte beispielsweise eine Studie bei älteren Personen der Euregio Maas/Rhein, daß traditionelle Zeitmuster für Außer-Haus-Aktivitäten – das heißt später Vormittag und früher Nachmittag – unabhängig von veränderten Öffnungszeiten fortbestehen. Dabei war es weitgehend unerheblich, welche Aktivität zuvor ausgeübt wurde. Selbst gesunde Personen in Ein-Personen-Haushalten unterscheiden sich in dieser Hinsicht kaum von denen in Mehr-Personen-Haushalten (Bild 1). Letzteren wird nach gängigem Verständnis freilich eine gewisse Koordination der Aktivitäten unter den Haushaltsmitgliedern, das heißt in der Regel unter den Ehepartnern, unterstellt. Insofern erweisen sich herkömmliche Orientierungen an bestimmte

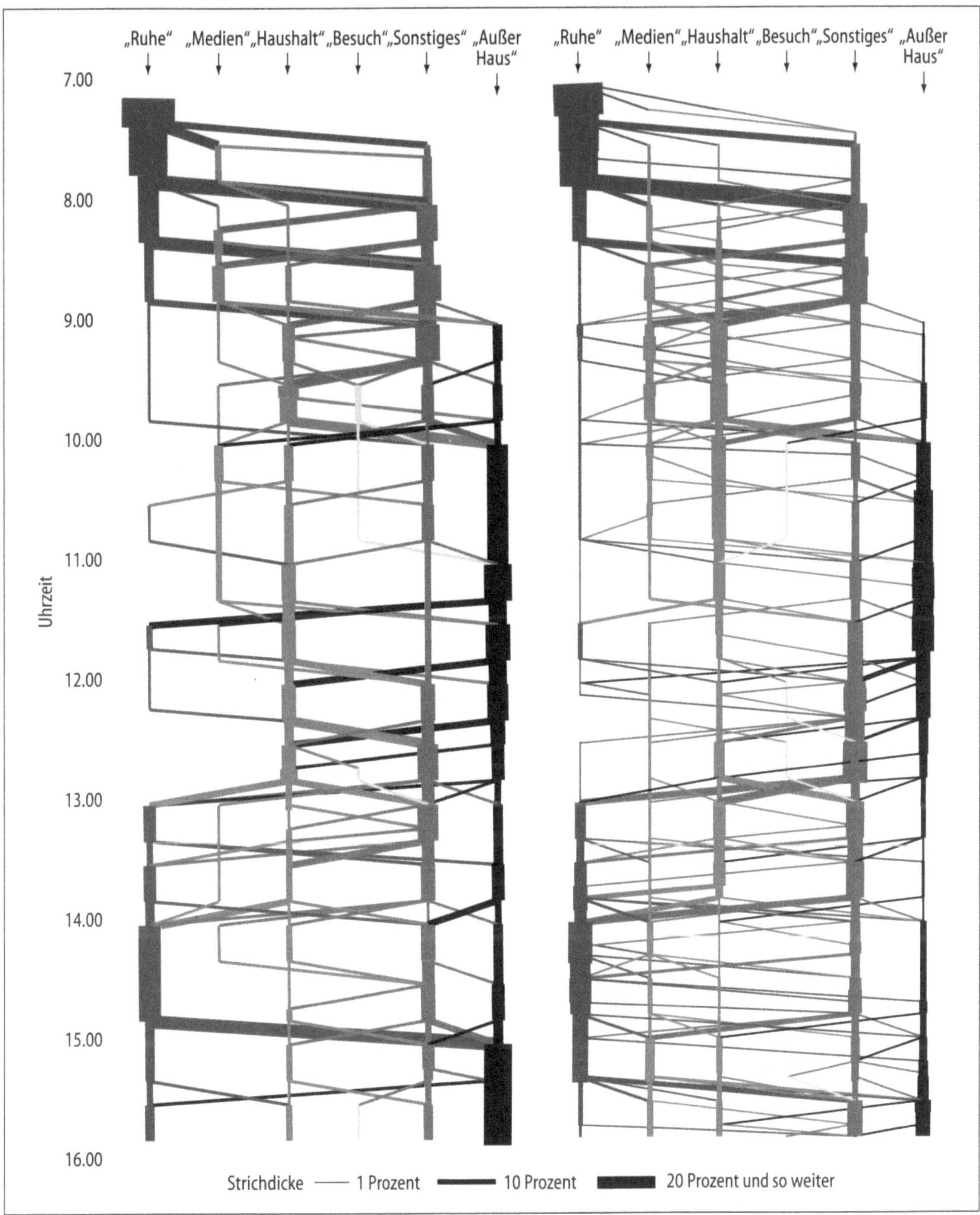

Zeitfixpunkte als relativ dauerhaft – möglicherweise durchaus unabhängig von der faktischen Abfolge der Aktivitäten (Bild 2). Davon unabhängig gilt offensichtlich für diesen Personenkreis aber auch, daß erst eine „rigide" Zeitplanung (Terminierungsstrategie) erlaubt, überdurchschnittlich viele Termine wahrzunehmen.

In einem weiteren Teilprojekt wünschten sich Schulkinder einen weitgehend anderen Stundenplan als den jeweils für sie geltenden,

Bild 1 Uhrzeitlich fixierte Tätigkeitsabfolge in Ein- (links) und Mehrpersonenhaushalten (rechts)

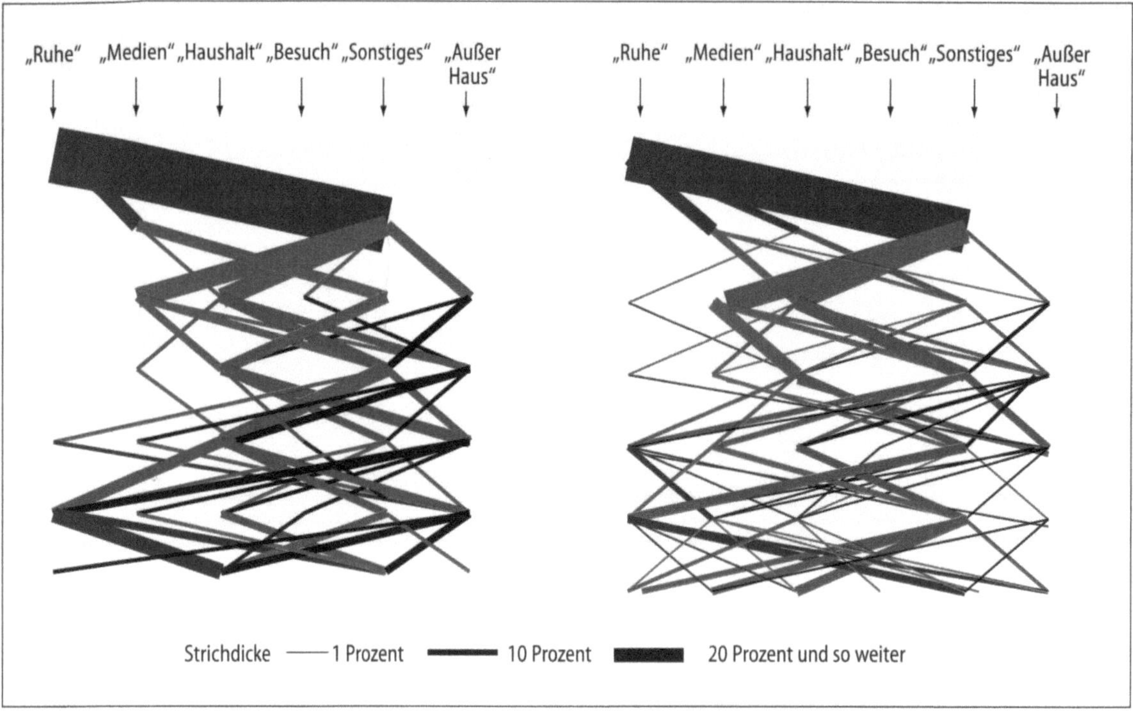

Bild 2 Tätigkeitsabfolge in Ein- (links) und Mehrpersonenhaushalten (rechts)

während ihre Eltern in dieser Hinsicht kaum Änderungswünsche vortrugen. Auch Studierende äußerten sich, nach ihrer gewünschten Studienplangestaltung befragt, hierzu höchst unterschiedlich. Ihre Wünsche reichten von tageszeitlicher Blockung oder einem entsprechenden Splitting in spätmorgens und frühnachmittags für jeden Wochentag bis hin zu einer auf zwei bis drei Wochentage verteilten Blockung [4, 5].

Offensichtlich zeigt sich in der gegenwärtigen Situation, daß die derzeit gängigen Öffnungs- beziehungsweise Nutzungszeiten öffentlicher Anbieter unterschiedlich beurteilt werden: Ihre Nutzer und ihre Anbieter bevorzugen in bestimmten Grenzen durchaus unterschiedliche Zeitmodelle. Probleme dieser Art treten freilich insbesondere dann auf, wenn Angebotszeiten und Nutzungswünsche nicht übereinstimmen. Bekanntlich werden Öffnungszeiten von Dienstleistungsanbietern im weitesten Sinne häufig geändert; besonders kommunale Einrichtungen machen hiervon regen Gebrauch. Dennoch ist im Prinzip zumindest eine Flexibilisierung in zweifacher Hinsicht zu beachten: nämlich im Sinne des Dienstleistungsanbieters und des Dienstleistungsnutzers mit ihren möglicherweise durchaus unterschiedlichen Zeitpräferenzen. Wie die Zeit auch immer eingegrenzt wird, dieses bleibt nicht folgenlos für die davon betroffenen Personen und ihre Möglichkeiten des Handelns.

Ältere Menschen bevorzugen beispielsweise frühe Einkaufszeiten, die sie in vielen Bereichen nicht wahrnehmen können, weil Supermärkte mit ihrem vergleichsweise häufig preiswerteren Angebot vielerorts erst ab zehn Uhr öffnen. Erst zu dieser Zeit sind aber auch die Personen vor solchen Geschäften versammelt, von denen sich Ältere bedroht fühlen. Diese – nennen wir sie Nichtseßhafte – erscheinen in der Regel (zumindest in Aachen) erst ab diesem Zeitpunkt. Auch für Frauen mit Kindern im Kindergarten- beziehungsweise schulpflichtigen Alter wären Öffnungszeiten vor zehn Uhr durchaus entlastend.

Wie auch immer man die bisherige Zeitöffnungsstruktur betrachtet, es gibt offenbar Gewinner und Verlierer, weil sich nicht alles für alle gleichzeitig „optimal" flexibel gestalten läßt und sich die Nachteile nicht automatisch ausgleichen. Insofern können mit zunehmender Zeitöffnung Personen zwar ihren Zeithaushalt und damit zum Beispiel auch die Abfolge ihrer Aktivitäten in dieser Zeit umfassender als bisher gestalten. Nutzungsgesichtspunkte begrenzen diese aber erneut und nehmen dabei nicht zwangsläufig Rücksicht auf individuelle Muster und auch nicht auf die bisherige Ordnung von Raum und Zeit.

Drei Problemkomplexe stehen im Vordergrund weiterer Zeitforschung: In welchem Bezugsverhältnis stehen für den Einzelnen ideale Aktivitäts- oder Ereignisfolgen zu Zeitvorgaben anderer Zeitgeber? Wie reagieren Personen auf Mißverhältnisse zwischen den individuell erwünschten und den realisierbaren zeitlichen Mustern? Wie können individuelle temporale Muster so koordiniert werden, daß die bisher übliche Fixierung auf die Uhrzeit überflüssig und dennoch zumindest ein Minimum an sozialen Beziehungen gewährleistet ist? Hier geht es folglich um die Frage, in welchem Ausmaß der Zeitrahmen für gemeinsame Aktivitäten „flexibilisiert" werden kann – im Sinne beispielsweise einer „Terminierung" frühestens um zehn Uhr und spätestens um 15 Uhr – gegebenenfalls per Handy.

Eines der potentiellen Anwendungsfelder ist die Verkehrsplanung. Bislang gehen Verkehrsleitplanungskonzepte davon aus, daß Über- oder Unterbeanspruchungen im Verkehr an bestimmte Tageszeiten gebunden sind. Folglich ergibt sich die Frage: In welchem Ausmaß müssen solche Zeitmodelle geändert werden, von welchen Aktivitätsabfolgen sind sie bestimmt, und wie sind sie vorhersehbar, wenn Zeitflexibilisierung und individuelle Zeitplanung zunehmen? Welches Maß an Anpassung an das neue Verhalten ist mit welchem Zeitrahmen zum Beispiel im öffentlichen Nahverkehr möglich?

Für die Gesundheitsvorsorge stellen sich folgende Fragen: Welche Aktivitätsketten fördern oder mindern Streß? Wie wird die Wirkung von Medikamenten durch vorhergehende oder nachfolgende Aktivitätsfolgen beeinträchtigt, und in welchem Ausmaß sind welche Tageszeitpunkte zu beachten?

Auf dem Gebiet der Gesellschaftspolitik schließlich gilt es zu erforschen, wie sich Konflikte aus den unterschiedlichen Zeit- und Aktivitätsstrukturen verschiedener sozialer Gruppen ergeben.

Wie auch immer diese Fragen zu beantworten sind, es geht auch um das Problem, ob sich soziale Beziehungen weiterhin „einigermaßen" dauerhaft strukturieren lassen, wenn die auf die Uhrzeit bezogene Fixierung von Aktivitäten wegfällt. Überpointiert geht es folglich beispielsweise darum, ob das bisherige familiale Motto „Um zwölf Uhr wird am gemeinsamen Mittagstisch gegessen, egal was vorher war" ersetzt wird etwa durch einen Laufzettel zur individuellen Nutzung der Mikrowelle.

Fragen an eine künftige Zeitforschung

Autor   Prof. Dr. phil. Kurt Hammerich lehrt und forscht am Institut für Soziologie. Seine Forschungsschwerpunkte aus der Angewandten Soziologie sind derzeit Hochschulevaluationsforschung, Konfliktfeld Naturschutz versus Freizeitnutzung, Tourismus, soziale Probleme, insbesondere Programme zur Reduzierung der Arbeitslosigkeit, sowie internationale, insbesondere interregionale Vergleiche: zur Zeit Strafvollzug, Freiraumplanung, Versorgung älterer Menschen, Zeitforschung.

Literaturhinweise

[1] Das Ende gemeinsamer Zeit? Risiken neuer Arbeitszeitgestaltung und Öffnungszeiten, Hrsg. von H. Przybylski und J. P. Rinderspacher, Bochum 1988.

[2] F. Nachreiner u. a.: Schichtarbeit bei kontinuierlicher Produktion, Arbeitssoziologische, sozialpsychologische, arbeitspsychologische und arbeitsmedizinische Aspekte, Wilhelmshaven 1975.

[3] K. H. Hörning, A. Gerhard und M. Michailow: Zeitpioniere. Flexible Arbeitszeiten – neuer Lebensstil, Frankfurt am Main 1990.

[4] R. Dollase: Temporale Muster in der Freizeitforschung. Eine neue Perspektive für empirische Untersuchungen, in: Spektrum Freizeit, 17, 1995, S. 107 bis 119.

[5] Temporale Muster. Die ideale Reihenfolge der Tätigkeiten, Hrsg. von R. Dollase, K. Hammerich und W. Tokarski, Opladen 1999.

Axel Gellhaus

Was heißt und zu welchem Ende studiert man Literaturgeschichte?

Es ist keine rhetorische Frage, wenn ein Literaturwissenschaftler heute den Titel der Antrittsvorlesung Friedrich Schillers, die er 1789 in Jena hielt, übernimmt – leicht abgewandelt, weil er statt der „Universalgeschichte" die Literaturgeschichte meint. An der Schwelle zum 21. Jahrhundert ist eine solche Frage naturgemäß eine nach der künftigen Bedeutung eines Faches, von dem manche sagen, es habe eine glänzende Zukunft hinter sich.

Wenn ich als Literaturwissenschaftler über die Zukunft meines Faches reflektiere, so bedeutet dies auch, daß ich hier nicht unbedingt und in allen Punkten die Zustimmung der Fachkollegen voraussetzen kann. Allerdings beginnt der Entwurf mit einer Beschreibung des Fachs, durch die sich die meisten Kollegen vertreten fühlen dürften. Bei der anschließenden Kritik und den sich mir abzeichnenden Perspektiven werden sich hingegen die Geister vermutlich scheiden.

Die Neuere deutsche Literaturgeschichte (NDL) ist der Teilbereich innerhalb der Germanistik, welcher sich der deutschsprachigen Literatur von der frühen Neuzeit (16. Jahrhundert) bis zur Gegenwart widmet (Bild 1). Sie steht im Verbund mit den beiden anderen germanistischen Fachgebieten: „Ältere deutsche Literatur" und „Sprachwissenschaft", ferner – jeweils abhängig von der spezifischen Perspektive auf den Forschungsgegenstand – mit der Philosophie, den anderen Philologien und der Komparatistik sowie den Geschichts- und Gesellschaftswissenschaften (Psychologie, Soziologie, Pädagogik).

Die Neuere deutsche Literaturgeschichte ist ihrem Anspruch nach Wissenschaft von der Literatur, sie befaßt sich mit dem Phänomen Literatur in seiner ganzen Komplexität und unter verschiedenen Perspektiven: Ihre Themen sind die Textphilologie (unter anderem Editionsverfahren, Textgenetik), die Frage nach der Entstehung einzelner Werke und dem Beziehungssystem zwischen ihnen (Intertextualität), die Sozialgeschichte und schließlich die Rezeption (Wirkungsgeschichte, Rezeptionsästhetik), weiterhin die literarischen Gattungen und die Theorie der Dichtung (Rhetorik, Poetik, Poetologie), der Einfluß moderner Medien (Photographie, Funk, Film, Internet) und die Medienkritik. Auch Fragen der Begriffsbildung, der ästhetischen Bewertung sowie die Wissenschaftsgeschichte gehören zu den wichtigen Aufgaben.

Außer dem historischen Wissen von der Literatur vermittelt die Neuere deutsche Literaturgeschichte grundlegende Kenntnisse der verschiedenen wissenschaftlichen Methoden, die zunehmend auch an den Verfahrensweisen der benachbarten geisteswissenschaftlichen Fächer orientiert sind.

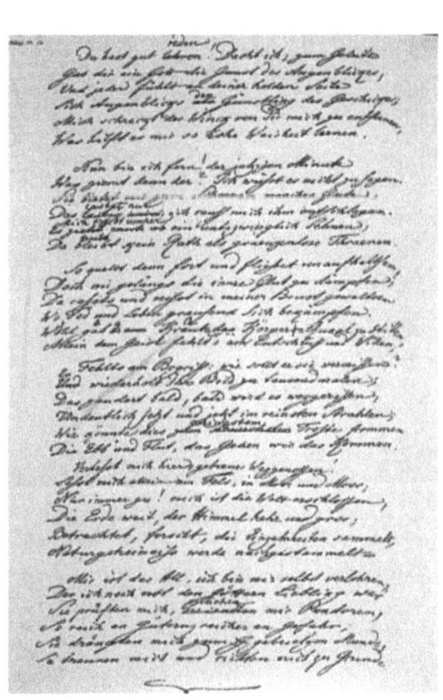

Bild 1 Marienbader Elegie von Johann Wolfgang von Goethe, letzte Seite der eigenhändigen Reinschrift. Blättern im Archiv unserer Kulturgeschichte

Die Abteilung NDL wirkt an den Staatsexamens-, Magister- und Promotionsstudiengängen der Fakultät mit. Übergreifend ist ein Modell zur Beteiligung am Angebot für die Studiengänge im Fach Komparatistik erarbeitet worden, das gegenwärtig dem Ministerium vorliegt. Eine Beteiligung der NDL an einem Studiengang „Kulturwissenschaft" ist denkbar, sofern diese nicht die Stelle der traditionellen Philologien einnimmt, sondern zusätzlich gelehrt wird.

Die internationale Konkurrenz des deutschen Universitätswesens wird die Einrichtung von Bachelor-Studiengängen ebenso erforderlich machen wie eine immer größere Transparenz der Studienleistungen im Hinblick auf internationale Kompatibilität (Internationalisierung). Künftige Generationen von Studierenden werden sich ihren Studienort zumindest innerhalb der Europäischen Union freizügiger wählen, als dies heute noch der Fall ist. Dadurch werden die Hochschulen zunehmend in Konkurrenz zueinander treten. Kleinere Institute – und dies gilt an der RWTH grundsätzlich für alle geisteswissenschaftlichen Fächer – werden dieser Situation nur durch zunehmende Spezialisierung gewachsen sein.

Cui bono? **– oder:**
Wem nützt das, was die
Literaturwissenschaft erarbeitet?

Die Literatur ist ein Archiv des kulturellen Gedächtnisses. Dieses Archiv bewahrt Zeugnisse des gesellschaftlichen Wandels und ist in der Lage, je nach den sich verändernden Ansprüchen und Fragestellungen der Archivbenutzer, verschiedene Auskünfte zu erteilen. Literaturgeschichte und Literaturtheorie sind Versuche, diese spezifischen, selbst wieder zeitbedingten Ansprüche zu kanalisieren.

Die literarischen Zeugnisse sind Dokumente individueller Welterfahrung. Welche dieser individuellen Erfahrungen zugleich allgemein bedeutsam sind, entscheidet das Rezeptionsverhalten der Jahrhunderte.

Man kann die Entwicklung der Kultur als Geschichte von Konflikten begreifen. Die Literatur ist einer der herausragenden Orte, an denen sich Konflikte artikulieren. Die Gesellschaft als System besitzt im Medium Literatur ein Instrument zur Reflexion ihres je gegenwärtigen Zustandes, der immer zugleich bestimmt ist durch ein Verstehen des Vergangenen und einen Entwurf von Künftigem. Anders gesagt: Das Konfliktpotential einer je historischen Gegenwart ist vorbestimmend für deren jeweilige Zukunft. Die Literatur ist das Medium, in dem dieses Konfliktpotential zum Bewußtsein kommt. Die Literaturwissenschaft legt solche Strukturen frei; sie kann verstanden werden als Mitarbeit am kollektiven Langzeitgedächtnis einer Kultur. Die Qualität dieses Gedächtnisses ist abhängig von seiner Tiefenschärfe und Plastizität und mitentscheidend für die Fähigkeit einer Gesellschaft, sich als Produkt ihrer Vergangenheit und als verantwortlich für ihre Zukunft zu erweisen.

Im Unterschied zu den anderen Archiven des kulturellen Gedächtnisses artikuliert und reflektiert sich in der Literatur die Bedingung der Möglichkeit (oder Unmöglichkeit) individueller Existenz in einer Gesellschaft und repräsentiert damit den Faktor „Individualität".

Das „Wissen" der Literatur ist also Empirie in kondensierter Form. Es liegt nicht als Formel oder Begriffsgebäude, nicht als Systematik oder Lehrbuch vor, sondern als individualsprachliches Kondensat. Es bedarf eines Lösemittels, um wirksam zu werden. Die literaturwissenschaftliche Arbeit kann das latente Potential der archivierten Welterfahrung zur Wirkung bringen.

Die Neuere deutsche Literaturwissenschaft ist eine der größten Abteilungen an der Philosophischen Fakultät; die Zahlen der Studienfälle und Abschlüsse bestätigen dies. Die hohe Anzahl an Studienabbrüchen muß allerdings zu denken geben. Sie ist ein Warnsignal im Hinblick auf die Entwicklungs- und Zukunftsfähigkeit des Fachs. Wie sind die Zeichen zu deuten?

Die Zukunftsfähigkeit der Literaturwissenschaft allgemein wird davon abhängen, ob sie es vermag, in einem guten Sinne wieder produktiv zu werden, und davon, wie gut sie es vermag, die Bedeutung ihres „Produkts" für die Gesellschaft darzustellen.

Steigerung der Produktivität kann nicht darin bestehen, den Ausstoß an Meinungen über Johann Wolfgang von Goethe, Heinrich von Kleist und Franz Kafka zu erhöhen, die sich gegenseitig im Gestus der Überbietung ad absurdum führen. Das Fach muß zugunsten seiner Absolventen und deren „Brauchbarkeit" alternative Aufgabenstellungen vorgeben, die dem Anspruch des Fachs als Wissenschaft von der Literatur gerecht werden.

Die Abbruchquoten sind nur das letzte Indiz einer sehr verbreiteten Unmotiviertheit unserer Studierenden auf allen Ebenen. (Und vielleicht ist die geringe Motivation nicht nur ein Mangel auf Seiten der Studierenden, sondern auch auf Seiten der Lehrenden.) Es muß angestrebt werden, durch eine Anpassung der Aufgabenstellungen und durch intensivere Arbeitsformen die Motivation zu erhöhen. Das Ansehen der Literaturwissenschaft ist seit Jahren eher gering. Die allgemeine Einschätzung der Nutzlosigkeit hat zu einer auch terminologischen Abkapselung geführt, die den herrschenden Eindruck (unfreiwillig aber nachdrücklich) bestätigt. Diese Tendenz gilt es umzukehren. Dazu bietet die Aachener Situation vielleicht eine besonders gute Chance aufgrund der Nachbarschaft zu den Fächern, denen in den öffentlichen Meinungen eine Vorreiterrolle zukommt.

Die Zukunftsfähigkeit einer Literaturwissenschaft an der RWTH läßt sich auf lange Sicht vielleicht nur über den systematischen Ausbau von Spezialisierungen sichern. Die an der RWTH gegebene Nähe zu den technischen Fächern legt eine Programmatik nahe, die einen größeren Praxisbezug auch der Geisteswissenschaften herstellt, ohne deren reflexiv-analytisches Anliegen dabei preiszugeben. Anders gesagt: Literaturwissenschaft kann produktiver werden, wenn sie einerseits wieder philologisch-handwerklicher wird, wenn sie andererseits ihren Vermittlungsauftrag ernst nimmt. Dies kann an einem Standort Aachen geschehen, indem man etwa Editionsprojekte zu Editionswerkstätten ausweitet, in denen Studierende mit literaturgeschichtlichem Wissen einerseits und technischem Sachverstand zur marktgerechten Darstellung dieses Wissens andererseits herangebildet werden.

Hierfür gibt es eine Reihe von Beispielen. Epochen der Literaturgeschichte lassen sich auf CD-ROM darstellen; auch Editionen können auf CD-ROM und fürs Internet aufbereitet werden. Wie und nach welchen Kriterien verfaßt man Literaturkritiken? Wie schreibt

Literaturwissenschaft an einer
Technischen Hochschule

man ein literaturwissenschaftliches Feature? Schließlich ist die Entwicklung von literaturgeschichtlicher Lernsoftware für Schüler und Studierende von maßgeblicher Bedeutung für das Medienzeitalter.

Das Fach Neuere deutsche Literaturgeschichte bildet nicht vorrangig künftige Literaturwissenschaftler und Hochschullehrer aus, es muß als eine seiner Hauptaufgaben ansehen, das potentielle Wissen über den Gegenstand Literatur angemessen darzustellen – und zwar mit Hilfe aller aktuellen Medien.

Je profilierter das Fach wird, um so mehr motivierte Studierende wird es anziehen. Motiviert ist, wer weiß, was er will.

Die geisteswissenschaftlichen Disziplinen müssen ihren Anteil an der Qualität und Stabilität einer Kultur in der Öffentlichkeit vermitteln, zumal dieser Anteil nicht mehr selbstverständlich vorausgesetzt werden kann. Wenn Fragen des menschlichen Handelns reduziert werden auf die der Realisierbarkeit technischer Herausforderungen, dann begibt sich unsere Gesellschaft der Möglichkeit, den Entwurf ihrer Zukunft aus einem Zusammenspiel von kulturgeschichtlicher Erfahrung, Pragmatismus und technologischer Kompetenz zu gestalten: Es gilt, ein Bewußtsein für den Wert geisteswissenschaftlicher Arbeit zu fördern.

Es mangelt den Geisteswissenschaften nicht an Ergebnissen, sondern an der Fähigkeit, ihre Ergebnisse öffentlich darzustellen. Da das „Produkt" der Geisteswissenschaften „Bewußtsein" ist, bedarf es um so größerer Anstrengung, dieses Bewußtsein zu vermitteln, je bewußtloser sich bestimmte Tendenzen unserer Gesellschaft verselbständigen.

Die Geisteswissenschaften an der RWTH müssen den Gedankenaustausch mit den mathematisch-technischen Wissenschaften und den Naturwissenschaften suchen. Wenn die führenden Köpfe dieser Disziplinen davon überzeugt sind, daß es ohne Geisteswissenschaften keine humanitäre gesellschaftliche Kultur gibt, wird die Gesellschaft einer geistigen Kultur wieder ihren genuinen Rang zugestehen. Erst wenn es ein allgemeines Bewußtsein von der geistigen Dürftigkeit unserer Zeit gibt, wird sich ein Bedarf an geistiger Nahrung artikulieren. Erst dann werden sich auch Studierende wieder mit unseren Fächern identifizieren können.

Man kann aber auch anders formulieren: Wenn die führenden Köpfe der genannten Disziplinen nicht von der Bedeutung der Geisteswissenschaften zu überzeugen sind, dann fehlt es den Geisteswissenschaften entweder an Argumenten oder am Bewußtsein für ihre eigene Bedeutung.

Thesen über den Zusammenhang von technischer und geistiger „Kultur"

Die früher geläufige Polarisierung: Technologie/Kultur genügt nicht mehr, um die gegenwärtige gesellschaftliche Entwicklung zu charakterisieren. Längst ist uns die Technik zu einer eigenen Kultur, man könnte beinahe sagen: zur zweiten Natur, geworden; es gibt seit langem kulturelle Prozesse, die von Technik geprägt und abhängig sind, wenn nicht schon gilt, daß die Technik fast alle heutigen kulturellen Prozesse in einer bestimmten Weise beherrscht. Technische Neuerungen und Erfindungen, wie zufällig ihre Entstehung sein mag, erzeugen Bedürfnisse bei Konsumenten und Rezipienten der technischen Kultur. Aus technischen Zufällen werden leicht gesellschaftliche Bedürfnisse, aus zufälligen Erfindungen werden „notwendige".

Den technischen Möglichkeiten stehen oft keine wirklich substantiellen Bedürfnisse gegenüber. So erzeugt die Kommunikationstechnik nur einen scheinbaren Kommunikationsbedarf, während gleichzeitig sogar die Fähigkeit zur Kommunikation abnimmt. Die menschliche Kommunikationsfähigkeit wächst nicht im Maßstab ihrer technischen Erleichterung, sie hängt vielmehr ab von der Ausdrucksfähigkeit und dem Wissen des einzelnen. Wenn Ausdrucksfähigkeit und Wissen, wenn die sprachliche Kompetenz des Menschen weiter abnehmen, werden in den immer dichteren Datennetzen zunehmend Impulse ausgetauscht, die nur noch die Notwendigkeit des Netzes zu bestätigen scheinen, in Wirklichkeit aber leer sind. Was noch schlimmer ist: Die in den neuen interaktiven Medien zum Schein Kommunizierenden werden von substantielleren Formen der Kommunikation abgelenkt, auf Dauer von der aktiven Teilnahme an der sozialen, politischen und das heißt humanen Realität abgelenkt (Bild 2).

Es bedarf einer kulturellen, gesellschaftlich mitwachsenden Vernunft im Umgang mit den technischen Möglichkeiten und deren Realisationen; einer individuellen Vernünftigkeit im persönlichen Umgang, also gegenüber der eigenen Bereitschaft, sich zum „User" technischer Angebote instrumentalisieren zu lassen. Es ist aber seit langem bekannt, daß diese Begrenzung nicht von der Technik selbst erwartet werden kann. Denn diese entwickelt sich nach den Gesetzen des marktwirtschaftlichen Erfolgs und der technologischen Potenz.

Der Philosoph Hans Blumenberg, der zuletzt bis zu seinem Tod 1996 in Münster wirkte, erinnert in seiner nachgelassenen Schrift „Ein mögliches Selbstverständnis" an die längst erkannte Tatsache, daß kein Verzicht auf eine bestimmte Forschung, nicht einmal ein Verbot auf Dauer diese Forschung verhindern wird, wenn sie sich mit einer gewissen Zwangsläufigkeit anbietet. Zur Not finden solche Forschungen in irgendeiner Wüste statt. Die Begrenzung kann nur von der Seite der geistigen, gesellschaftlichen und individuellen Kultur erfolgen. Denn allein der menschlichen Vernunft ist es gegeben,

Bild 2 Carl Spitzweg: „Der Bücherwurm", um 1850 (links). Vergangene Zeiten? Ein Fan der computergenerierten Figur Lara Croft. Ein Bild der Gegenwart (rechts)

Handlungen nach Wertvorstellungen einzuschätzen und gegebenenfalls zu korrigieren.

Die geistige Kultur darf nicht zur Funktion der technischen Kultur werden. Es wäre eine verhängnisvolle Verkehrung, wenn die geistig Kulturschaffenden nur noch ethische Nachsorge für die Intendanten und Produzenten der technischen Kultur leisteten. Dies gilt auch für das Verhältnis der Fächer an einer technischen Hochschule. Die geisteswissenschaftliche Fakultät ist kein Dienstleistungsunternehmen für die übrigen technisch-naturwissenschaftlichen Fakultäten. Die geisteswissenschaftliche Fakultät an einer Technischen Hochschule repräsentiert vielmehr die Welt der geistigen Kultur und sollte der technischen Kultur und allen an ihr Teilnehmenden den geschichtlichen, ethisch-sozialen und existentiellen Horizont für ihr eigenes Tun zur Verfügung stellen. Diese Repräsentanz-Funktion ist nicht zu verwechseln mit einer bloßen Alibi-Funktion, sie stellt sogar die geisteswissenschaftlichen Disziplinen unter einen höheren Anspruch als an einer traditionellen Universität.

Zur Horizont-Bildung sind die Geisteswissenschaften grundsätzlich befähigt aufgrund ihres geschichtlichen Wissens, ihrer sprachlich-analytischen Kompetenzen.

Aus dem Gefühl der Ohnmacht der geisteswissenschaftlichen Fächer gegen die oft empfundene Übermacht der Technologie entsteht das Gefühl der Angst vor der und Feindschaft gegen die Technik. Die Überwindung des Feindschaftsgefühls gelingt nur durch die Selbstbesinnung der Geisteswissenschaften auf ihre substantiellen gesellschaftlichen Funktionen und die selbstbewußte Behauptung dieser Position.

Man könnte, einen geläufigen Satz Kants abwandelnd, sagen: Die geistige ohne die technische Kultur ist stumm, die technische ohne die geistige ist leer.

Autor   Prof. Dr. phil. Axel Gellhaus ist Inhaber des Lehrstuhls für Neuere deutsche Literaturgeschichte.

Lehre und Forschung über Grenzen hinaus

Werner Weber, Dieter Neuschütz
und Silke Voß

Internationalisierung als Herausforderung für die RWTH im 21. Jahrhundert

Zu Beginn des 21. Jahrhunderts sehen sich die Universitäten Europas in ihrer Funktion als Bildungs- und Forschungsstätten mit einer neuen Situation konfrontiert. Sie müssen sich verstärkt auf grenzüberschreitende Kooperationen einlassen und dem Wettbewerb stellen, wenn sie motivierte und qualifizierte Studierende und wissenschaftlichen Nachwuchs gewinnen und Forschungsmittel erfolgreich einwerben wollen. Die unter dem Schlagwort Internationalisierung zusammengefaßte Entwicklung ist die zwangsläufige Folge davon, daß nationale Grenzen ihre Bedeutung verlieren.

Internationalität hat schon immer eine erhebliche Rolle für Universitäten gespielt, sind doch internationale Beziehungen meist ein zutreffender Indikator für die Qualität einer Institution. Weltweite wissenschaftliche Kontakte und Kooperationen mit Partnereinrichtungen, die ihrerseits ein hohes internationales Ansehen genießen, unterstreichen nachdrücklich die Reputation einer Hochschule in Bezug auf Forschung und Lehre (Bild 1).

Insbesondere die Grundlagenforschung orientiert sich naturgemäß über Staatsgrenzen hinaus. Die Vorteile der internationalen Kooperation sind hier besonders offensichtlich. Es ergeben sich bessere Lösungen für grenzüberschreitende Probleme, und Forschergrup-

Die traditionelle Bedeutung der internationalen Beziehungen von Universitäten

Bild 1 Seit jeher spielen weltweite wissenschaftliche Kontakte und Kooperationen eine wichtige Rolle für Universitäten. Sie sind meist ein zutreffender Indikator für die Qualität einer Institution. Auch die Anzahl der aus anderen Ländern stammenden Studierenden zeugt von der Attraktivität und dem Renommee einer Hochschule. Im staatlichen Studienkolleg für ausländische Studierende an der RWTH Aachen werden jährlich Studierende aus mehr als 30 Ländern auf ihr Fachstudium vorbereitet.

pen aus mehreren Ländern entwickeln aufgrund der kulturellen Verschiedenheiten ihrer Mitglieder mehr Kreativität. Für die forschungsaktiven Hochschulen ist es dementsprechend leicht, zunächst im Bereich der Forschung internationale Beziehungen aufzubauen und zu nutzen und diese auch in den Bereich der Lehre zu integrieren.

Die angewandte Forschung dagegen war bisher eher auf das einzelne Land beschränkt, und Kooperation und Technologietransfer fanden zumeist in nationalem Rahmen statt. Der Schutz des industriellen Know-how einer Firma, der Blick nur auf die nationalen Märkte, die Bewahrung traditioneller Beziehungen oder auch schlicht Sprachbarrieren standen neuen, grenzüberschreitenden Forschungskooperationen oft im Weg.

Erst recht sind Lehre und Studium nach wie vor weitgehend national bestimmt, denn als Sektoren der Bildung sind sie Teil der jeweiligen nationalen Kultur und in Deutschland zusätzlich noch von den föderalen Strukturen geprägt. Ausbildungsorientierte Institutionen und reine Lehreinrichtungen einzelner Universitäten hatten deshalb in der Vergangenheit der Möglichkeit internationaler Kontakte kaum Aufmerksamkeit geschenkt.

Neue Bedingungen für Lehre und angewandte Forschung

In Anbetracht der Notwendigkeit, für den europäischen Arbeitsmarkt eine große Zahl von Akademikern mit internationaler Orientierung heranzubilden, legte die Europäische Kommission Ende der achtziger Jahre die sogenannten Mobilitätsprogramme auf. „Erasmus", „Socrates" und „Leonardo" stehen heute als Synonyme für die zahlreichen Maßnahmen, die über die unmittelbare Anregung der Mobilität von Studenten und Dozenten hinaus der Europäisierung der Hochschulen und der Internationalisierung der europäischen Hochschulbildung dienen sollen.

Die europäischen Mobilitätsprogramme führten dazu, daß die Hochschulen sich dem Vergleich mit den Bildungsangeboten ihrer Partner jenseits der Grenzen nicht länger entziehen konnten. Alle waren nun gefordert, Entscheidungen zu treffen bezüglich der Wahl von Partnerhochschulen, an die sie ihre Studenten zu senden beziehungsweise von denen sie Studenten aufzunehmen bereit waren, die Studienpläne und die Vermittlungsmethoden der Partnerhochschulen mit den eigenen zu vergleichen und deren Qualität und Kompatibilität zu prüfen. Es galt, Verständnis dafür zu entwickeln, wie die Partnerinstitutionen organisiert sind und von welchen rechtlichen, personellen und finanziellen Grundbedingungen die Hochschulen und Hochschulsysteme, mit denen sie den Austausch betrieben, ausgehen.

Die RWTH Aachen und ihre Fachbereiche haben sich dieser Herausforderung gestellt und Austauschprogramme begonnen; die Studenten absolvieren ein oder zwei Semester an ausgewählten Partneruniversitäten in Europa, und dort erbrachte Studienleistungen werden zu einem anerkannten Bestandteil des hiesigen, eigenen Studienprogramms gemacht. In einigen Austauschprogrammen ist es sogar möglich, auf beiden Seiten ein Abschlußdiplom (Doppeldiplom) zu erwerben. All dies sind aber nur erste Versuche, die internationale Studentenmobilität anzuregen und zu erleichtern. Noch immer bedarf es für die einzelnen Austauschstudenten großer Anstrengungen, um angesichts der strukturellen Unterschiede zwischen den Systemen, oft noch verstärkt durch die Sprachbarrieren, durch ein Auslandsstudium nicht zu viel Zeit zu verlieren. Die Konditionen für ein international ausgerichtetes Studium müssen daher dringend weiter verbessert werden.

Parallel zu den Mobilitätsprogrammen in der Lehre eröffnete die Europäische Union (EU) auch auf dem Gebiet der angewandten Forschung neue Möglichkeiten für grenzüberschreitende Kooperationen. Die Besonderheit der europäischen Forschungsprogramme ist die Förderung der angewandten Forschung mittels multinationaler Projekte mit Partnern aus Industrie und Forschung. Für die daran beteiligten Studenten und Doktoranden bieten diese Projekte eine ausgezeichnete Möglichkeit, über die unmittelbare wissenschaftliche Arbeit hinaus eigene grenzüberschreitende Projekte durchzuführen und zu präsentieren und sich auf diesem Weg internationale Kommunikations- und Kooperationsfähigkeiten anzueignen. Die europäische Forschungsförderung zielt zudem neben der Industrieförderung und der Implementierung der gewonnenen Ergebnisse immer stärker darauf ab, auch die ökologischen und sozialen Konsequenzen der Forschungsarbeit zu berücksichtigen; daher fordert Internationalität unter diesen Bedingungen von den Forschungsspezialisten nicht nur, mobil und teamfähig zu sein, sondern auch, im Sinne von Interdisziplinarität Grenzen zu überschreiten.

Die Forschungsrahmenprogramme der EU (Bild 2) gewinnen seit Mitte der achtziger Jahre für die RWTH Aachen ständig an Bedeutung. Natürlich hat eine Technische Hochschule wie diese aufgrund ihrer langen Erfahrung in der Kooperation mit Industrie und Wirtschaft und mit ihren vielfältigen internationalen Beziehungen eine gute Ausgangsposition, wenn es um die Beantragung von europäischen Fördermitteln geht. Dies allein kann jedoch langfristig nicht ausreichen. Nur mit qualifiziertem, international kompetentem Nachwuchs kann es dauerhaft gelingen, exzellente Forschungslei-

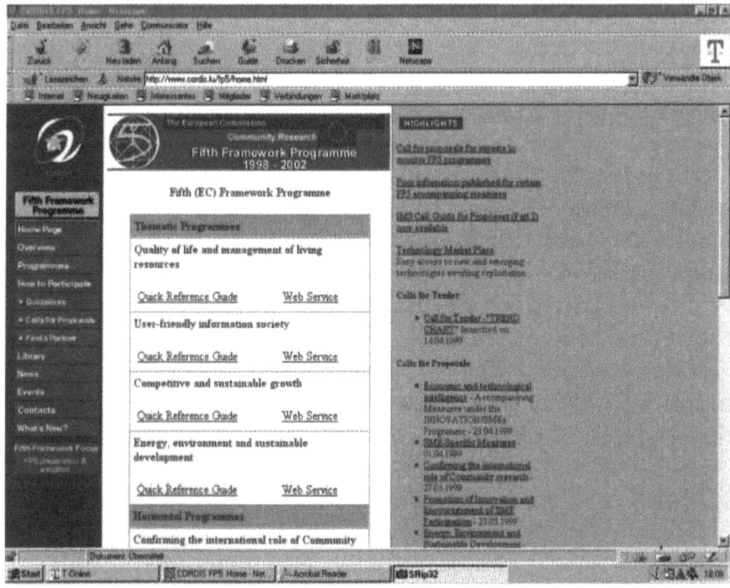

Bild 2 Auch im fünften Forschungsrahmenprogramm der Europäischen Union wird darauf bestanden, daß Wissenschaftler in den geförderten Projekten mit Forschern aus anderen EU-Ländern zusammenarbeiten.

stungen zu erbringen und im europäischen Wettbewerb um Fördermittel zu bestehen. Auch die RWTH muß folglich große Anstrengungen unternehmen, neue Generationen von wissenschaftlich hochqualifizierten und motivierten Mitarbeitern mit interdisziplinärer und internationaler Kompetenz auszubilden. Die Herausforderungen der Internationalisierung stellen sich damit in Lehre und angewandter Forschung gleichermaßen und sind letztlich eng miteinander verbunden.

Vor diesem Hintergrund gilt es, auf den zentralen Handlungsebenen der Lehre die Internationalisierung zu forcieren: Es gilt, die Bedingungen für die internationale Mobilität der eigenen Studenten und Dozenten zu verbessern, die eigenen Studienprogramme für ausländische Studenten zugänglicher zu machen und die Programme und Abschlüsse auf eine effiziente internationale Verwertbarkeit auszurichten, eine internationale Dimension in die Studienpläne und in die Lehre vor Ort zu integrieren und schließlich gemeinsam mit ausländischen Partnereinrichtungen neue Curricula und innovative Lehrmethoden zu entwickeln.

Erst wenn dies gelingt, ist die RWTH für die drei großen Herausforderungen der Internationalisierung dauerhaft gewappnet: Kooperation, Konvergenz und Wettbewerb.

Kooperation Zunächst zur Kooperation: Was in der Grundlagenforschung schon seit jeher gängige Praxis ist und sich auch in der angewandten Forschung nach und nach durchsetzt, bedarf für den Bereich der Lehre noch erheblicher Anstrengungen und Überzeugungsarbeit. Für den Einstieg in die gemeinsame Entwicklung und das gemeinsame Angebot von internationalen Studien- und Weiterbildungsprogrammen ist es im Vorfeld zunächst erforderlich, Bildungsziele und Qualifikationsprofile der verschiedenen Studienprogramme der europäischen Hochschulen und verschiedenen Typen von Hochschulbildung in Europa zu dokumentieren und transparenter zu machen. Es ist äußerst wichtig, ein gemeinsames System zur Beschreibung von Qualifikationsprofilen von Hochschulabsolventen zu entwickeln, um die Anerkennung von Qualifikationen verbessern und gemeinsam **Vergleichbare Qualifikationsprofile** moderne Curricula erarbeiten zu können. Solange ein solches System noch nicht besteht, wird die Anerkennung von Leistungsnachweisen und Abschlüssen, die Studierende in einem anderen Land erlangen, ein Problem und beständiger Gegenstand der Diskussion sein. Gegenwärtig weichen selbst bei nominell gleichem Studienziel (Lehrer, Jurist, Arzt, Ingenieur) in verschiedenen Ländern Europas die angestrebten Qualifikationsprofile der Absolventen erheblich voneinander ab.

In einer internationalisierten Arbeitswelt erscheint die Information über den akademischen Grad eines Absolventen allein nicht länger als ausreichende Information über seine Qualifikation. Es wird vielmehr nötig, daß jede Universität deutlich macht, welche Qualifikationsprofile sie mit ihren Studienprogrammen hervorzubringen beabsichtigt und welche Kenntnisse und Fähigkeiten ihr akademischer Abschluß garantiert. Dies muß sie dann klar herausstellen. Es wird schließlich dem Markt überlassen bleiben zu entscheiden, welche Absolventen für welche Aufgaben am besten geeignet sind.

Die Transparenz der Qualifikationsprofile von Hochschulabsolventen ist ein grundsätzliches Erfordernis, das aus der Internationalisierung von Hochschulbildung resultiert und den Zusammenschluß von internationalen Forschungsteams wesentlich erleichtert. Dadurch werden auch die Anerkennung deutscher und europäischer Hochschulabschlüsse weltweit verbessert und die Grundlagen geschaffen für die international kooperative Entwicklung zukunftsorientierter Studienpläne und internationaler Studienprogramme, die bestimmten Qualitätsstandards genügen. Die internationale Transparenz der Qualifikationsprofile wird insbesondere den Studenten von morgen helfen, für sich selbst das bestmögliche Studienprogramm im Sinne ihrer Interessen, ihrer Neigungen und angestrebten Berufstätigkeit zu finden. Und auch den Arbeitgebern in ganz Europa wird es möglich sein, gezielter die Fachkräfte zu finden, die sie für ihre spezifischen Aufgaben benötigen.

Zur Konvergenz: Besonders offensichtlich sind die Auswirkungen der Internationalisierung da, wo sich Englisch als Sprache der internationalen wissenschaftlichen Kommunikation durchsetzt und zur Voraussetzung für länderübergreifende Forschungskooperation wird. Dieser Entwicklung müssen die Anbieter von ingenieur-, natur- und wirtschaftswissenschaftlicher, aber auch geisteswissenschaftlicher Hochschulbildung in ganz Europa Rechnung tragen, indem sie sicherstellen, daß ihre Absolventen über ausreichende englische Sprachkompetenzen verfügen. Diese Qualifikation können sie nur dann sicher gewährleisten, wenn sie entweder entsprechende Sprachkenntnisse bereits als Zulassungsvoraussetzung verlangen oder wenn sie studienintegriertes Fremdsprachentraining anbieten, dies wiederum am besten durch eine angemessene Anzahl von Lehrangeboten in englischer Sprache. Überhaupt erscheint es erforderlich, daß zukünftig die Mehrzahl der Kurse in den genannten Wissenschaftsbereichen auf fortgeschrittenem Niveau in Englisch angeboten wird; nur so können die Hochschulen und Fakultäten für eigene und ausländische Studenten attraktiv bleiben. Wenn dann noch eine zweite Fremdsprache dazukommt, entsprechen die Absolventen um so eher den Anforderungen der international operierenden Wirtschaft.

Die in diesem linguistischen Kontext viel diskutierte Angloamerikanisierung der kontinentaleuropäischen Hochschulbildung ist allerdings ein Phänomen, das sich nicht nur auf die Unterrichtssprache bezieht, sondern auch auf die Bildungsstrukturen und akademischen Abschlüsse. Die Niederlande und die skandinavischen Länder bieten bereits Master-Programme in englischer Sprache an. Die Franzosen haben den Mastère eingeführt. Der Deutsche Bundestag hat mit Verabschiedung des neuen Hochschulrahmengesetzes 1998 den deutschen Universitäten die Möglichkeit gegeben, Bachelor- und Master-Studienprogramme zu entwickeln und diese Abschlüsse zu verleihen. Die RWTH hat diese neuen Möglichkeiten, um für ausländische Studenten attraktiver zu werden, bereits genutzt und ihre ersten Master-Programme eingeführt – ganz bewußt allerdings in Ergänzung zum Diplom und nicht, um dieses abzulösen.

Es darf nicht übersehen werden, daß über Sprachdifferenzen und akademische Abschlüsse hinaus noch weitere strukturelle Unter-

Konvergenz

Angloamerikanisierung
der Hochschulbildung

schiede zwischen den europäischen Systemen Hindernisse für die internationale Mobilität von Studierenden und Dozenten darstellen. Wäre es nicht sinnvoll, den Beginn und den Ablauf eines akademischen Jahres zu harmonisieren? Wäre es nicht möglich, eine gemeinsame europäische Definition für das zu finden, was man einen Credit nennt? Könnte nicht auch das System der Notenvergabe ohne Identitätsverlust für die nationalen Systeme europäisch vereinheitlicht werden?

Die Gegenfrage erscheint allerdings ebenso berechtigt: Sind solche mit Tradition und nationaler Identität begründeten Unterschiede es nicht wert, aufrechterhalten zu werden? Konvergenz sollte nicht eine (erzwungene) gesamteuropäische Regulierung und Angleichung der Systeme bedeuten. Wünschenswert ist vielmehr, daß der Wettbewerb im Rahmen eines freien Bildungsmarktes das notwendige Maß an Konvergenz herbeiführt.

Wettbewerb Schließlich zum Wettbewerb: Der Begriff bedeutet für die Universitäten nicht nur die Konkurrenz um die für Forschung und Bildung erforderlichen Mittel, sondern auch um qualifizierte, an Naturwissenschaften und Technik interessierte Studenten und Nachwuchswissenschaftler.

Im Hinblick auf die Unterrichtssprache mögen sich britische und amerikanische Hochschulen im Vorteil fühlen. Sie werden jedoch um so eher unter Konkurrenzdruck geraten, je mehr auch die kontinentaleuropäischen Hochschulen Englisch in der Lehre einsetzen. Amerikanische Firmen beklagen schon jetzt die mangelnden Sprachkenntnisse der Absolventen von amerikanischen Hochschulen und die daraus resultierende Unfähigkeit, sich in einer nicht englischsprachigen Kultur und Arbeitswelt zurechtzufinden. Aus diesem Grund werden die angloamerikanischen Hochschulen bald genötigt **Vorteile nationaler Eigenheiten** sein, den Erwerb von Fremdsprachenkenntnissen zum verbindlichen Bestandteil ihrer Studienpläne zu machen oder hinzunehmen, daß kleinere europäische Nationen für Bildungsinteressenten attraktiver werden, weil sie die erforderliche internationale Kompetenz besser vermitteln.

Der europäisch geförderte Studentenaustausch bietet allen Universitäten in Europa die Chance, die Stärken und Schwächen des eigenen Systems und der eigenen Studienprogramme klarer zu erkennen. So erscheinen zum Beispiel bestimmte Eigenschaften des deutschen Hochschulbildungssystems – wie die sogenannte akademische Freiheit für Studierende – aus der ausländischen Perspektive als höchst problematisch. Dennoch stellt sich, aus einem anderen Blickwinkel betrachtet, die Frage, ob stark verschulte Studienprogramme den Typ des unabhängigen, zum lebenslangen Lernen bereiten Hochschulabsolventen – wie ihn die moderne Industrie verlangt – überhaupt hervorbringen können. Könnte es nicht auch sein, daß Unabhängigkeit, Selbständigkeit und Disziplin, die das deutsche System einem Studenten abverlangt, sich auf dem internationalen Arbeitsmarkt als ein Vorteil erweist? Dies macht deutlich, daß es durchaus nicht immer und in jeder Hinsicht notwendig sein muß, dem Trend zur Angleichung an Systeme zu folgen, die gerade als „modern" gelten.

Über das spezielle Profil einer Hochschule hinaus wird sich der Wettbewerb noch sehr viel stärker als jetzt bei der Finanzierung von Hochschulbildung und -forschung bemerkbar machen. Es ist unbestritten, daß Hochschulen mit exzellenten Forschungskompetenzen bessere Chancen haben, das nötige Geld für die Fortsetzung ihrer Arbeit zu bekommen, und klar ist ebenso, daß die finanziell besser ausgestatteten Hochschulen auch bessere Studienbedingungen gewährleisten können. Eine der entscheidenden Fragen in der Zukunft wird sein, wer in Europa die beste Forschung und die beste Ausbildung zum günstigsten Preis sowohl aus der Sicht der Kunden, also der Studenten, als auch aus der Sicht der Gesellschaft bieten kann.

Die RWTH wird sich reformieren, ihr Profil schärfen und bei alledem ihren guten Ruf bewahren müssen, um den Herausforderungen der Internationalisierung gerecht werden zu können.

Autoren

Dipl.-Ing. Werner Weber ist Leiter des Akademischen Auslandsamtes.

Prof. Dr.-Ing. Dieter Neuschütz ist Rektoratsbeauftragter für EU-Forschungsförderung.

Silke Voß, M.A., ist Leiterin des Büros für EU-Forschungsförderung.

Natur
Mensch
Technik

Seit je sind Zeitenwenden Augenblicke des Zurückschauens und der
Orientierung für die Zukunft gewesen. Obwohl ein Jahrhundert nur eine
willkürliche Zeitspanne ist, deren Länge von unserem Zahlensystem
abhängt, zählen wir Zeit und ihre Geschichte nach Jahrhunderten. Wir
fragen, was für eine Bedeutung ein zu Ende gehendes Jahrhundert gehabt
hat und in welche Zukunft das kommende neue Jahrhundert uns führen
mag. In dem vorliegenden Band über die Rheinisch-Westfälische Technische Hochschule an der Schwelle zum 21. Jahrhundert fragen wir nach der
Bedeutung und nach der Zukunft wissenschaftlicher Forschung und
Lehre. Um unsere Gedanken zu ordnen, benutzen wir als Bild die Triade
Natur – Mensch – Technik. ▶▶

Natur – Mensch – Technik

Epilog:
Natur – Mensch – Technik

Jürgen Schnakenberg,
Max Kerner, Peter Vary und
Wolfgang Marquardt

Bild 1 Der deutsche Physiker Max Planck (1858 bis 1947) gab im Jahr 1900 mit der Ableitung des nach ihm benannten Strahlungsgesetzes den Anstoß zur Entwicklung der Quantentheorie und zählt damit zu den Mitbegründern der modernen Physik. Für seine Arbeiten erhielt er 1918 den Nobelpreis für Physik.

◄◄ Das zu Ende gehende 20. Jahrhundert war für die Naturwissenschaften und die Technik eine stürmische Zeitspanne, die in nur 100 Jahren zwei völlig verschiedene Gesichter von Forschung und ihren Folgen erkennen ließ. Die ersten zwei Drittel dieses Jahrhunderts waren gekennzeichnet vom Aufbruch in eine unerschöpflich scheinende Zukunft von Wissenschaft und Technik, nahezu von einem Glauben an den technischen Fortschritt als dem Weg, auf dem sich schließlich alles erreichen ließe. Das letzte Drittel des Jahrhunders stürzte uns in tiefe Skepsis, ob all das zuvor Erreichte uns wirklich vorangebracht hatte und in seinen Auswirkungen zu verantworten war.

Das 20. Jahrhundert begann auf das Jahr genau mit der Entdeckung der Quantentheorie durch Max Planck (Bild 1). Diese zunächst innerphysikalische Theorie hatte im Laufe des Jahrhunderts Auswirkungen, die bis in die Computertechnologie und die Werkstoffwissenschaften von heute reichen, aber auch in die Philosophie und Theologie. Ein weiterer Markstein ist 1905: die Entdeckung der speziellen Relativitätstheorie durch Albert Einstein, die erstmalige Veröffentlichung der Beziehung zwischen Masse und Energie, $E = mc^2$ (Bild 2). Eine Linie von dort aus führt über Otto Hahns Entdeckung der künstlichen Radioaktivität im Jahr 1938 bis zur kriegerischen, aber auch zur friedlichen Nutzung der Kernenergie, vielleicht in Zukunft noch zur friedlichen Nutzung der Fusionsenergie (Bild 3).

Auch die Mitte des 20. Jahrhunderts brachte bahnbrechende wissenschaftliche Entdeckungen hervor, deren Tragweite wir erst heute recht bemessen können. Da ist zunächst das Jahr 1948, in dem William Shockley, Walter Brattain und John Bardeen zum ersten Mal das Konzept des Transistors beschrieben, ohne den die heutigen modernen Computer und Kommunikationssysteme undenkbar sind (Bild 4). Im gleichen Jahr begründete Claude E. Shannon mit seinen Arbeiten die Informationstheorie. Erst das Zusammenwirken von beidem, Computertechnologie und Informationstheorie, trug jene Entwicklung in die heutige Informationsgesellschaft, deren Errungenschaften von der Scheckkarte über das Internet bis zum Mobilfunk uns fast schon alltäglich vorkommen.

Eine andere Entwicklung, die um die Mitte des zu Ende gehenden Jahrhunderts begann, ging aus von den Arbeiten von Joshua Lederberg sowie von James Watson und Francis Crick in den Jahren 1952 und 1953 (Bild 5). Sie beschritten mit ihren Forschungen den Weg, der uns in die moderne Molekularbiologie und die Gentechnologie führen sollte. Die Konsequenzen aus dieser Entwicklung sind bei weitem noch nicht alltäglich und gesellschaftlich akzeptiert. Jahrhundertwenden stellen eben keine scharfen Zeitenwenden für Forschung und Entwicklung dar: Es ist sehr wahrscheinlich, daß das vor

Bild 2 Albert Einstein (1879 bis 1955), aus Deutschland stammender Physiker, schuf 1905 die spezielle und zwischen 1914 und 1916 die allgemeine Relativitätstheorie. Der Nobelpreis für Physik wurde ihm 1921 jedoch für seine Beiträge zur Quantentheorie, insbesondere für die Deutung des Photoeffekts, verliehen.

Bild 3 Bereits seit 1904 befaßte sich der deutsche Chemiker Otto Hahn (1879 bis 1968) mit Untersuchungen radioaktiver Stoffe – seit 1907 zusammen mit der in Österreich geborenen und später nach Schweden emigrierten Physikerin Lise Meitner (1878 bis 1968). Dabei fanden sie zahlreiche radioaktive Elemente beziehungsweise Isotope. Diese Aufnahme der beiden im Labor entstand um 1910. Im Jahr 1938 entdeckten Hahn und sein Mitarbeiter Friedrich Straßmann (1902 bis 1980), nach Vorarbeiten von Meitner, die Kernspaltung beim Beschuß von Uran mit langsamen Neutronen. Für diese Entdeckung wurde ihm nach Kriegsende der Nobelpreis für Chemie des Jahres 1944 verliehen.

uns liegende 21. Jahrhundert ganz wesentliche Beiträge zur Gentechnologie sowohl in wissenschaftlicher als auch in gesellschaftlicher Hinsicht liefern muß.

Die Geschichte von Wissenschaft und Technik im 20. Jahrhundert zeigt auch, welche Bedeutung natur- und ingenieurwissenschaftliche Grundlagenforschung für technische Innovationen hat. Das Anwendungspotential von Projekten der Grundlagenforschung ist zunächst nur sehr schwer oder gar nicht abschätzbar. Der notwendige zeitliche Vorlauf von Grundlagenforschung kann offensichtlich ein Jahrzehnt oder länger betragen.

Ein solcher zeitlicher Vorlauf erstreckt sich auch über die Wende vom 19. zum 20. Jahrhundert, die natürlich für Forschung und Entwicklung ebenfalls keine scharfe Zeitenwende war. Die Technikentwicklung zu Beginn des 20. Jahrhunderts wertete viele wissenschaftliche Erkenntnisse des 19. Jahrhunderts aus und setzte sie in Produkte und Verfahren um, die uns bis heute vertraut sind, beispielsweise das Motorflugzeug 1901, die Vakuumröhre 1904, mit der übrigens bereits 1942 der erste „Röhrencomputer" gebaut wurde und die heute noch überwiegend das Bild in unseren Fernsehgeräten

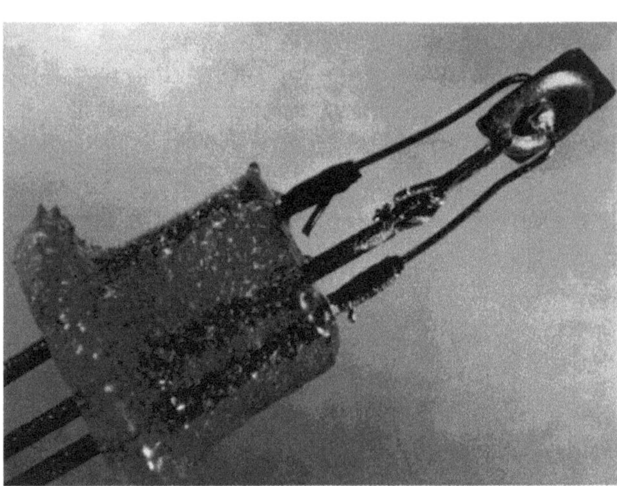

Bild 4 Im Jahr 1947 führten die amerikanischen Physiker und späteren Nobelpreisträger John Bardeen (1908 bis 1991), William Shockley (1910 bis 1989) und Walter Brattain (1902 bis 1987) im Labor der Bell Company der US-amerikanischen Telefongesellschaft AT&T in Murray Hill (New Jersey) erstmals den von ihnen entdeckten Transistoreffekt vor (links). Mit ihrem sogenannten Punktkontakttransistor, der aus einem Stück Germaniumkristall und ein paar Kabeln bestand, wurde zum ersten Mal eine menschliche Stimme durch einen Transistor verstärkt. Rechts ein legierter Transistor der Firma Siemens von 1955 ohne Gehäuse. Dieser besteht aus einem Germaniumplättchen, einem ringförmigen Anschluß als Basis sowie je einer Indiumkugel als Kollektor und Emitter.

Als man begann, den Fortschritt mit Skepsis zu betrachten

erzeugt, der Rundfunk 1906 oder der erste Kunststoff, „Bakelit", im Jahr 1909 (Bild 6).

Der Mensch glaubte, zum Herrscher über Natur und Technik geworden zu sein. Die Sprache der Wissenschaft liefert den Beweis für diese Behauptung: Beherrschen wird in der Wissenschaft synonym für verstehen gebraucht. Das Verständnis der grundlegenden Zusammenhänge in der Natur eröffnet neue Wege für die Ingenieurwissenschaft, nämlich zur Lösung von Problemen, die Menschen sich selbst stellen. Sie behaupten damit ihren Platz in der Welt, und bis ins 20. Jahrhundert hinein richtete sich diese Selbstbehauptung wesentlich auch gegen Bedrohungen aus der Natur und der Umwelt.

Der Markstein für den Umbruch im 20. Jahrhundert ist das Jahr 1968: Wissenschaftler, Politiker und Wirtschaftsführer aus aller Welt schlossen sich zum Club of Rome zusammen, der seinen ersten Bericht „Die Grenzen des Wachstums" 1972 veröffentlichte. Die Gesichtspunkte der Kritiker der bisherigen Entwicklung des Jahrhunderts waren der Schutz der Umwelt und – bereits damals – die globale soziale Gerechtigkeit auf der Erde. Wissenschaftlicher oder technischer Fortschritt wurde innerhalb weniger Jahre vom unkritisch gepriesenen Ziel zu einem Bedrohungsszenario. Man fragte nicht mehr nach den möglichen Fortschritten, die Wissenschaft und Technik morgen erreichen könnten, sondern nach den Gefährdungen durch ihre Erfolge, für die sie gestern noch gefeiert worden waren. Der Mensch wurde vom Herrscher zum Opfer seiner von ihm selbst geschaffenen Technik, und mit ihm die Natur in der Gestalt seiner Umwelt. Das Bild von Goethes Zauberlehrling drängt sich auf, nur daß heute eben nicht der Meister mit seiner erlösenden Formel in Sicht zu sein scheint.

Was ist geschehen? Der technische Fortschritt führt in unserer von Wissenschaft und Technik geprägten Welt für den einzelnen Menschen sowie für die Gesellschaft zu Veränderungen, die zunächst nur als positiv empfunden werden. Sie reichen von zahllosen Erleichterungen und Annehmlichkeiten des Alltags bis hin zu tiefgreifenden Verbesserungen der Lebensqualität: die Entlastung von körperlicher Arbeit, die Steigerung der persönlichen Mobilität, die

Erhöhung des Lebensstandards, die Verlängerung der Lebenserwartung, um nur einige Beispiele zu nennen. Daß diese Fortschrittsentwicklung auch in Zukunft weitergehen wird, dafür garantieren die Forschungsergebnisse und ihre technischen und wirtschaftlichen Verwertungen auf so unterschiedlichen Feldern wie sie in diesem Band dargestellt werden.

Aus der Computertechnologie und der Informationswissenschaft und aus der damit verknüpften Effizienzsteigerung bekannter Technologien erwachsen uns gerade ungeahnte Möglichkeiten. Von der Entwicklung der Informationstechnik sind weite Bereiche des menschlichen Lebens betroffen: Kultur, Bildung, soziale Umwelt, Arbeitswelt und Verkehr. Durch intelligente Kommunikationsnetze können wir uns zu jeder Zeit an jedem Ort Informationen beschaffen und sie austauschen. Eine zentrale Rolle spielen hierbei das Internet in Verbindung mit der Mobilkommunikation und die sich daraus ergebenden Möglichkeiten für globale Kooperationen.

In den letzten drei Jahrzehnten des 20. Jahrhunderts drängen sich uns angesichts solcher Perspektiven nun allerdings auch mancherlei Zweifel auf. Wir haben gelernt, auch die Risiken des technischen Fortschritts zu erkennen und mit der gebotenen Empfindlichkeit darauf zu reagieren. Die effizientere industrielle Produktion und die gesteigerte Mobilität verursachen schwerwiegende ökologische und klimatische Probleme, hochtechnisierte Volkswirtschaften verknappen die Erwerbsarbeit, großtechnische Entwicklungen provozieren gesellschaftliche Widersprüche.

Daß wissenschaftlicher und technischer Fortschritt diese beiden Gesichter trägt, also die Verbesserung der Lebensqualität und die Bedrohung der Natur und damit des Menschen, zeigt sich in besonderer Weise in der Molekularbiologie und in der biomedizinischen Technik. Was heute in der technisierten Humanmedizin geschieht,

Bild 5 Der amerikanische Biochemiker James Watson aufgenommen 1962 in seinem Labor. Im selben Jahr erhielten er und der britische Biochemiker Francis Crick für die Aufklärung der räumlichen Struktur der Desoxyribonukleinsäure (DNA), zusammen mit dem britischen Biophysiker Maurice Wilkins, den Nobelpreis für Medizin.

Bild 6 Obwohl bereits der deutsche Ingenieur und Computerpionier Konrad Zuse (1910 bis 1995), Erfinder des ersten vollautomatischen, programmgesteuerten Rechners der Welt, den Gedanken hatte, einen Rechenautomaten mittels Röhrentechnik aufzubauen, blieb es zwei amerikanischen Physikern, John P. Eckert (1919 bis 1995) und John W. Mauchly (1907 bis 1980), vorbehalten, diese Idee zu realisieren. Die elektronische Großrechenanlage ENIAC (Electronic Numerical Integrator and Computer), gebaut 1945 an der Universität von Pennsylvania in Philadelphia, wog 30 Tonnen, besaß 18.000 Verstärkerröhren sowie 1500 elektromagnetische Schaltrelais und arbeitete mit einer Taktfrequenz von fünf Kilohertz. Jede Programmänderung erforderte ein Umstecken der Verbindungsleitungen und eine Neueinstellung der Relaisschalter.

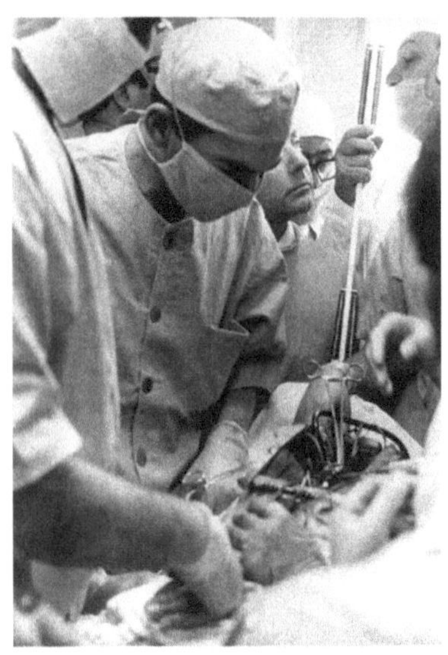

Bild 7 Der südafrikanische Herzchirurg Christiaan Barnard führte 1967 am Groote-Schur-Hospital in Kapstadt die erste erfolgreiche Herztransplantation am Menschen durch. Hier demonstriert er spanischen Chirurgen in einem Krankenhaus in Madrid seine Operationstechniken an einem Hund.

Die Geburt einer neuen Ethik

greift unmittelbar in das Innerste der menschlichen Existenz ein. Intelligenz und Gedächtnis des Menschen sind längst Gegenstand neurologischer Forschung mit dem Ziel der Nachbildung menschlicher Verstandesleistung, der menschliche Körper wird in Teilen ersetzbar, kranke Organe werden austauschbar (Bild 7). Das menschliche Genom wird entschlüsselt. Unvollkommenheiten, Schwächen und Krankheiten des Menschen können auf vielerlei Weise faszinierend „repariert" werden. Bild und Selbstverständnis des Menschen jedoch, wie es uns vertraut und anvertraut war, laufen Gefahr, „zu vergehen wie ein Gesicht im Sand am Meer", wie es der französische Philosoph Michel Foucault formulierte.

Die Auffassung, daß jeder Mensch ein unverwechselbares und nicht reproduzierbares Einzelwesen darstellt, ist aber gerade unserem Kulturkreis gewichtig. Diese Überzeugung steht der sich abzeichnenden Möglichkeit gegenüber, daß durch die Fortschritte der Gentechnologie Menschen prinzipiell reproduziert werden und bei diesem Vorgang sogar bestimmte genetische Eigenschaften gezielt erzeugt oder verändert werden können. Diese Möglichkeiten betreffen schließlich die Freiheit des Menschen. Haben das Nichtwissen über biologisch-genetische Zusammenhänge und das Unvermögen von Eingriffen in sie in vergangener Zeit das Individuum vor Zugriffen von außen bewahrt, erscheint der Mensch in Zukunft genetisch nicht nur analysierbar, sondern sogar manipulierbar. Dies betrifft unsere Begriffe von Person, Identität und Humanität, auch wenn die Anwendungen der modernen Genetik allein auf Heilung und Prävention genetisch bedingter Krankheiten oder „Anomalien" abzielen (Bild 8).

Das Wissen über die genetische Veränderbarkeit der menschlichen Erbsubstanz ist auch für ganz andere, medizinfremde Motive verfügbar, seien es etwa marktwirtschaftliche Interessen, die sich auf die Reduzierung von Krankenzeiten, auf gesunde und leistungsfähige Mitarbeiter richten, oder seien es Elternwünsche nach dem perfekten Wunschkind. Ist ein solchermaßen in seiner biologischen Substanz vollständig analysierbarer und konstruierter Mensch noch frei? Die Diskussion wissenschaftlicher und technischer Möglichkeiten mündet hier notwendigerweise in eine ethische Reflexion grundlegender Wertvorstellungen. Verdrängt die Gentechnik den Menschen aus der Mitte seiner selbst, wie man angesichts der angesprochenen Entwicklungen vielfach schon lesen und hören konnte, und ist dieses die konsequente Fortsetzung der Vertreibung des Menschen aus der Mitte des Universums durch Kopernikus und Galilei und aus der Mitte der Natur durch Charles Darwin?

An der Schwelle zum 21. Jahrhundert stellt sich nun die grundsätzliche Frage nach der denkbaren und verantwortbaren Zukunft von Wissenschaft und Technik. Weder darf die Reflexion und die Kritik von Wissenschaft und Technik, die wir als Erbe des ausgehenden 20. Jahrhunderts übernehmen, verdrängt oder vergessen werden, noch gibt es in der Gegenrichtung einen realistischen Weg zurück. Zu den unveränderlichen menschlichen Verhaltensweisen, zu den anthropologischen Konstanten also, zählt das Bestreben, Probleme in Vorwärtsrichtung zu lösen. Es gilt also, die kritischen

Bild 8 Insulin zur Therapie von Diabetes wurde nahezu 60 Jahre lang ausschließlich aus den Bauchspeicheldrüsen von Schlachttieren gewonnen. Zwar unterscheiden sich Schweine- und Rinderinsulin nur geringfügig von humanem Insulin, doch können diese Unterschiede immunologisch eine Rolle spielen. Seit 1980 ist es möglich, Humaninsulin in industriellem Maßstab gentechnisch mit Hilfe von Bakterien herzustellen. Hier eine Anlage zur biosynthetischen Produktion von Humaninsulin der Hoechst-Pharmatochter Marion Roussel, die 1998 in Frankfurt am Main in Betrieb ging.

Erkenntnisse über Wissenschaft und Technik und ihre Folgen aufzunehmen und mit den Lehren daraus behutsam, aber doch voller Entschlossenheit und Zuversicht in das 21. Jahrhundert aufzubrechen. Einer Technischen Hochschule kommt dabei eine Schlüsselstellung zu, weil sie die Ausbildung der zukünftigen Generation von Wissenschaftlern und Ingenieuren und Forschung von den Grundlagen bis hin zum Technologietransfer miteinander verbindet.

Die Beiträge in diesem Band über die wissenschaftliche Forschung und Lehre der RWTH an der Schwelle zum neuen Jahrhundert wählen die Richtung nach vorn. Es gibt ein breites Spektrum von Projekten, das sich von der Verbesserung und Optimierung bekannter Verfahren oder Produkte bis hin zu völlig neuen Konzepten erstreckt, die von vornherein die heutigen Bedingungen für wissenschaftliche und technische Entwicklungen in sich integrieren. Die zu findende Technologie von morgen soll jene Probleme lösen helfen, die uns angesichts des Zustandes der natürlichen Umwelt, der Endlichkeit der Ressourcen, der Bedrohung des Bildes vom Menschen und seiner Gesellschaft und der Gefahren einer unerfüllten globalen sozialen Gerechtigkeit aufgegeben sind.

Die ethische Rechtfertigung dieser Sichtweise nach vorn hat kaum jemand überzeugender dargestellt als Hans Jonas in seinem gerade von Naturwissenschaftlern und Ingenieuren oft gelesenen und zitierten Buch „Das Prinzip Verantwortung". Gerade dann, wenn man Jonas' These vom Vorrang der pessimistischen vor der optimistischen Prognose folgt, dann muß man auch seine Schlußfolgerung anerkennen, daß nämlich die Extrapolation von Folgen des augenblicklichen Standes der Wissenschaft einen höheren als diesen augenblicklichen Stand verlangt. Höchster Rang kommt also der wissenschaftlich-technischen Vorsorge für die Welt von morgen zu.

Die Kulturwissenschaften als Stifter von Identität

Allerdings erweist sich der Umgang mit den heutigen und zukünftigen naturwissenschaftlichen und technischen Möglichkeiten als eine besondere Herausforderung. Wissenschaft wird eine ihr eigenes Handeln begleitende Urteilskompetenz entwickeln müssen, eine wissenschaftliche und ethische Rationalität, die nur interdisziplinär und über die engeren Fachgrenzen hinaus zu gewinnen ist. Das Ziel muß eine neue Verbindung von Perspektiven sein, die Naturwissenschaft, Technik und Medizin einerseits und die Kulturwissenschaften andererseits verknüpft. Leitlinien für eine solche Urteilskompetenz ist zuerst die Feststellung, daß die Verfügbarkeit von Ressourcen für die Zukunft des Menschen und seine Technik abschätzbar und in vielen Fällen auch begrenzt ist. Zu nennen sind hier vor allem Energie, Materie in der Gestalt von Rohstoffen, Luft und Wasser, aber auch Information und Zeit. Der Beitrag der Kulturwissenschaften zu solchen Leitlinien besteht zuerst in der Kenntnis und in der Einbeziehung unveränderlicher anthropologischer Konstanten: der Begriff der individuellen Persönlichkeit, das Kommunikationsvermögen und das aufgeklärte Kontinuitätsbewußtsein in Person, Sprache und Geschichte. Diese Konstanten sind heute nicht deswegen in Gefahr, weil sie bewußt angegriffen würden, sondern weil sie aus der Mitte unseres Bewußtseins zu geraten drohen – dadurch, daß wissenschaftlicher und technischer Fortschritt die Horizonte des Machbaren so sehr erweitert hat.

Die Kulturwissenschaften sind aufgerufen, eine Vielzahl von Beiträgen zur zukünftigen Entwicklung von Wissenschaft und Technik und ihren Folgen zu liefern. Das durch Naturwissenschaft und Technik geschaffene Wissen hat unsere Erkenntnis und Handlungsmöglichkeiten in wenigen Jahrzehnten in einem bisher unbekannten Ausmaß erweitert und verändert. Nicht nur unsere technischen Systeme verändern sich mit zunehmender Geschwindigkeit, sondern auch unsere Lebensverhältnisse und unsere kulturellen Orientierungsmuster. Weil die Zukunft in immer kürzeren zeitlichen Abständen in die Gegenwart einbricht, drohen alte Vertrautheiten verloren zu gehen, ohne daß sich bereits neue Orientierungen her ausgebildet hätten. Der Ursprung unseres Universums, des Lebens und des menschlichen Bewußtseins wird heute durch die Naturwissenschaften enträtselt. Jahrhundertealte Auslegungen in der Philosophie, der Literatur und der Geschichte verblassen. Durch den naturwissenschaftlich-technischen Erkenntnisfortschritt und die Umwälzungen in der Arbeitswelt veralten Kenntnisse und Erfahrungen in einer bisher nie gekannten Geschwindigkeit. Lernfähigkeit erscheint vor dem Hintergrund dieser Umwälzungen entscheidender als althergebrachte Erfahrung.

Die Entwertung der eigenen Lebenserfahrung und des eigenen Wissens in einer Situation des ständigen Umbruchs ist für keinen Menschen ohne Beschädigung von Selbstwertgefühl und von Lebens- und Arbeitsmotivation tolerierbar. Es ist daher wichtig, einen Kern von allgemein akzeptierten kulturellen Inhalten zu entdecken und festzuhalten. Dieser Kern stellt die Basis für die Fähigkeit von Menschen dar, die rasante Änderung der Welt von Wissenschaft, Technik und Arbeit zu verarbeiten, Mißerfolge zu bewältigen. Er ist zugleich für jeden von uns eine entscheidende Triebfeder der Motivation. Wenn der Mensch mehr als das Experiment seiner selbst sein soll, wenn er in dem von ihm selbst inszenierten Turbulenzen einer sich immer schneller verändernden Welt nicht immer weiter sich selbst abhanden kommen will, dann braucht er dazu ganz wesentlich die geschichtliche Erinnerung und das kulturelle Gedächtnis. Diese müssen ihm von den Kulturwissenschaften nahegebracht werden.

Eine andere Herausforderung für die Kulturwissenschaften durch die heutige und zukünftige Technikentwicklung ist die Erforschung und Beherrschung der Kommunikationsformen, die mit dieser Entwicklung verknüpft sind. Es geht einmal um Sprache, die solche Technik faßbar und verständlich macht. Da die moderne Kommunikationstechnik eher zur Sprachlosigkeit im überlieferten Sinn von Sprache tendiert, geht es hier darum, sprachliche Ausdrucksweise in Wort und Schrift gegen einen verstümmelten Fachjargon zu verteidigen und dabei Technik in unsere Kultursprache zu integrieren. Das ist um so dringender, je mehr Menschen in ihrem Leben im Alltag und in der Arbeitswelt mit moderner Kommunikationstechnik konfrontiert werden. Letztlich muß es das Ziel sein, die Kommunikationstechnik zu einer Kulturtechnik werden zu lassen.

Es geht zum anderen darum, daß die moderne Kommunikationstechnik natürlich auch ihre eigenen Kommunikationsformen schafft. Lesen, schreiben, lernen und sich unterhalten am Monitor über das Kommunikationsnetz ist längst Wirklichkeit geworden. Auch diese Form sprachlichen Ausdrucks ist Gegenstand der Sprachwissenschaften. Hinzu kommt die Information und Kommunikation durch die „Sprache" von Graphiken und Bildern, die mit dem verstärkten Einzug von Computern in die Kultur Funktionen des gesprochenen und geschriebenen Textes wenigstens teilweise übernehmen wird. Ihre für heutige Verhältnisse am weitesten gehende Ausdrucksform ist die der virtuellen Realität. Vom Erfolg der Erforschung solcher Kommunikationsformen hängt es ab, ob und wie die Integration von Technik in die Kultur gelingt. Das historische Vorbild ist die Erfindung des Buchdrucks: Was ursprünglich wie die Lösung eines rein technischen Problems aussah, revolutionierte Sprache, Literatur und Kultur in einem bis dahin ungekannten Ausmaß. Die Parallele zu unserer heutigen Situation ist unübersehbar.

Eine nicht minder bedeutende Herausforderung stellt sich in Zukunft für die Arbeits- und Gesellschaftswissenschaften. In den frühen Phasen der Industrialisierung haben oft Maschinen den

Arbeitsrhythmus und die Handhabung für die Menschen vorgegeben, von denen sie bedient wurden. Demgegenüber erscheint mit dem Können von heute eine Technikgestaltung möglich und notwendig, so daß die Fähigkeiten und Bedürfnisse der Nutzer schon bei der Entwicklung von Maschinen und Geräten berücksichtigt und dadurch kreativere und flexiblere Arbeitsweisen eröffnet werden. Eine Vielzahl menschlicher Verhaltensweisen bei der Nutzung von Technik haben kulturelle, gesellschaftliche und psychologische Ursachen. Auch das individuelle Verhalten von Menschen gegenüber ihrer Umwelt gehört dazu. Es wäre ein Fehlschluß anzunehmen, allein durch mehr oder weiter entwickelte Technologien seien die Probleme ihrer Implementierung zu lösen. Entwicklung von Technik muß auch hier kulturelle Kompetenz sowie gesellschaftliche Akzeptanz einschließen.

Die Befreiung von anstrengender oder monotoner Arbeit ist ein sehr alter Menschheitstraum. Die Folge einer schrittweisen Verwirklichung dieses Traums ist aber der Verlust von Arbeitsplätzen durch die Steigerung der Produktivität in den hochindustrialisierten Volkswirtschaften (Bild 9). Es erscheint eher fraglich, ob dieser Trend durch mehr Technik oder gar durch neue Produkte aufgefangen werden kann. Es stellt sich vielmehr die Frage, welche Art und Organisationsform von Arbeit eine Gesellschaft belohnt, indem sie

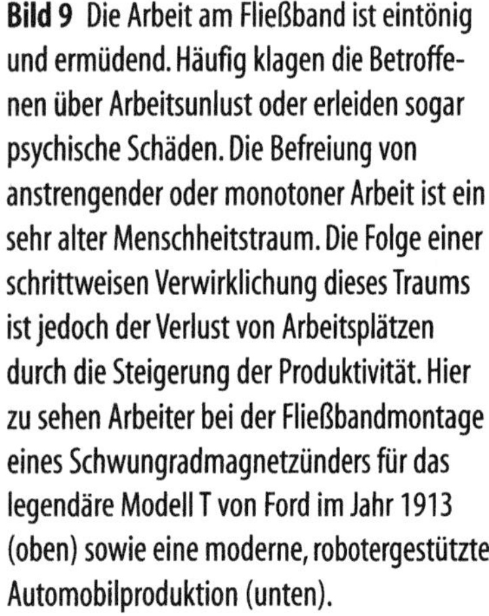

Bild 9 Die Arbeit am Fließband ist eintönig und ermüdend. Häufig klagen die Betroffenen über Arbeitsunlust oder erleiden sogar psychische Schäden. Die Befreiung von anstrengender oder monotoner Arbeit ist ein sehr alter Menschheitstraum. Die Folge einer schrittweisen Verwirklichung dieses Traums ist jedoch der Verlust von Arbeitsplätzen durch die Steigerung der Produktivität. Hier zu sehen Arbeiter bei der Fließbandmontage eines Schwungradmagnetzünders für das legendäre Modell T von Ford im Jahr 1913 (oben) sowie eine moderne, robotergestützte Automobilproduktion (unten).

den durch den Produktionsfortschritt erzielten volkswirtschaftlichen Gewinn verteilt. Die Antworten auf diese Frage müssen in einem gesellschaftlichen Diskurs gefunden werden, allerdings unter Einbeziehung der Kenntnis dessen, was technisch machbar ist.

Daß einer Hochschule, zumal einer Technischen Hochschule, bei all den genannten Entwicklungen eine besondere Rolle und Verantwortung zukommt, wurde hier bereits festgestellt. Aber die Hochschulen sind auch selbst den Veränderungen unterworfen, die sich in der Gesellschaft durch den Einsatz und die Aneignung von neuen Techniken und Verfahren vollziehen. Eine Vision, die daraus entspringt, wäre eine virtuelle Universität in der Gestalt eines Kompetenz-Netzwerkes wirklicher Hochschulen. Es wäre vorstellbar, daß unter Nutzung der elektronischen Medien und der sich daraus ergebenden Kommunikationstechniken virtuelle Studiengänge und Weiterbildungskurse mit größerer Flexibilität als bei den traditionellen Formen der Lehre angeboten werden könnten. Freilich setzt diese Vision die Entwicklung von Technik und Form eines „elektronischen Dialogs" zwischen den Lernenden und den Lehrenden voraus, wenn diese neue Form von Lehre nicht in dem inzwischen auch an den Hochschulen überwundenen Frontalunterricht stecken bleiben soll.

Auch die akademischen Strukturen einer Hochschule ändern sich. Ein wesentliches Merkmal heutiger und zukünftiger Entwicklung von Wissenschaft und Technik ist Interdisziplinarität. Es zeigt sich, daß die Kooperation verschiedener Disziplinen mehr als ihre Summe ergibt. Das Bild der Multiplikation liegt näher, weil Kooperation auch Rückwirkungen auf die Partner erzeugt. Interdisziplinäres Forschen und Lehren hat auch Rückwirkungen auf die Struktur einer Hochschule. Deren traditionelle Gliederung in Fakultäten und Fachgruppen wird in Zukunft noch mehr als heute höchstens als Organisationsstruktur dienen. Eine noch zunehmende Zahl von wissenschaftlichen Projekten wird „quer" zur traditionellen Gliederung wachsen und die Hochschule vor neue Managementprobleme stellen, für deren Lösung ihre derzeitigen Entscheidungsmechanismen kaum geeignet sein werden.

Interdisziplinarität beschwört die Gefahr herauf, „Potpourri-Studiengänge" zu entwerfen, in denen von allem ein wenig zusammengerührt wird. Interdisziplinär erfolgreich arbeiten kann aber nur, wer das Handwerk einer Disziplin erlernt hat. Diplomarbeiten und das Doktorandenstudium bieten sich an, um von der sicheren Basis des monodisziplinären Könnens aus zu entdecken, welche Erfolge jenseits der Grenzen der eigenen Disziplin zu holen sind. Freilich setzt das die Bereitschaft und die Fähigkeit voraus, eine bis dahin unbekannte Disziplin durch Studium neu kennenzulernen.

„Flächendeckendes" Studieren, das alle späteren Anforderungen in der Berufswelt vorwegnehmen will, wäre schon angesichts der gegenwärtigen Erwartungen von den Absolventen der Hochschulen eine Absurdität. Angesichts der sich noch beschleunigenden Vermehrung von Forschungswissen kann diese Feststellung in Zukunft nur noch an Berechtigung gewinnen. Wenn die Halbwertszeit von Wissenschaft heute eher bei fünf als bei zehn Jahren liegt, dann kann

Das künftige Gesicht der Hochschulen

es letztlich nur darum gehen, das Studieren zu studieren. Erfahrungen in interdisziplinären Forschungsprojekten an der Hochschule können helfen, sich solchen Erwartungen gewachsen zu fühlen.

Die beruflichen Tätigkeitsfelder der Hochschulabsolventen haben sich bereits im letzten Jahrzehnt von der Entwicklung von Produkten und Verfahren zu wissenschaftlichen Dienstleistungen hin verschoben. Deren Bedeutung wird in Zukunft noch weiter zunehmen, übrigens auch hochschulintern. Technologietransfer gehört dazu. Auch in interdisziplinären Projekten steckt notwendigerweise immer ein großer Anteil von wissenschaftlicher Dienstleistung. Die Hochschule wird diesen Aspekt für die zukünftige Gestaltung ihrer Lehre stärker als bisher zu beachten haben.

Der vorliegende Band will Rechenschaft darüber ablegen, daß sich die Rheinisch-Westfälische Technische Hochschule den genannten Zukunftsherausforderungen stellt. Das Motto, das alle Beiträge zu den acht Kapiteln dieses Bandes vereint, könnte „wissenschaftlich-technische Vorsorge für die Welt von morgen" lauten. Aus der Sicht der Hochschule bedeutet Vorsorge, die gesellschaftlichen Anforderungen an Wissenschaft und Technik frühzeitig zu erkennen und für die eigene Forschung und Lehre aufzugreifen und umgekehrt der Gesellschaft die zukunftsweisenden Erkenntnisse aus der Grundlagenforschung und der angewandten Forschung der Hochschule zu vermitteln. Zur Vorsorge gehört auch das ständige Bestreben, den jungen Menschen, die an der Hochschule studieren, jenes Wissen und jene Qualifikationen zu vermitteln, mit denen sie die Gesellschaft für die Zukunft gestalten können.

Die Bewahrung der Natur in ihrer Vielfalt im Sinne eines Erbes und einer Ressource für das Überleben einer immer noch wachsenden Menschheit ist dabei eine wesentliche Bedingung für die zukünftige Entwicklung von Gesellschaft und Technik. Für die Mehrheit der Menschen ist die Erfahrung der Natur durch Technik gezähmt, also nur mittelbar. Der Bezug auf die Natur ist für den Menschen aber elementar, da er ja als ein Lebewesen selbst Teil der Natur ist. Der Mensch ist zugleich Erfinder, Anwender und Ziel, Subjekt und Objekt von Technik. Natur ist für ihn Spiegel, beständige Inspirationsquelle und Lebensgrundlage. Die Selbstvergewisserung des Menschen vollzieht sich in seinem Werk. Nicht allein Funktionalität, sondern auch ethische Werte und Ästhetik sind wesentliche Dimensionen menschlichen Handelns.

Autoren

Prof. Dr. rer. nat. Jürgen Schnakenberg ist Inhaber des Lehrstuhls D für Theoretische Physik.

Prof. Dr. phil. Max Kerner ist am Historischen Institut auf dem Lehr- und Forschungsgebiet Mittlere und Neue Geschichte tätig.

Prof. Dr.-Ing. Peter Vary ist Inhaber des Lehrstuhls für Nachrichtengeräte und Datenverarbeitung.

Prof. Dr.-Ing. Wolfgang Marquardt ist Inhaber des Lehrstuhls für Prozeßtechnik.

Bildquellenverzeichnis

Mit Ausnahme der nachfolgend genannten Quellen stammt das gesamte Bildmaterial aus den Archiven der Autoren und der Institute der RWTH Aachen:

Prolog
S. 7 (unten), 18, 21, 24: P. Winandy;
S. 17 (oben): AGIT–Aachener Gesellschaft für Innovation und Technologietransfer

Kapitel Eins
S. 27, 28, 57 bis 59, 62: P. Winandy;
S. 40: S. Müller

Kapitel Zwei
S. 81, 82, 129, 134, 158, 171, 177: P. Winandy;
S. 111: European Southern Observatory;
S. 112 (oben): mit freundlicher Genehmigung von Hans Erni;
S. 130: Fa. Heimbach;
S. 135 (unten): Schumacher Umwelt- und Trenntechnik GmbH, Crailsheim;
S. 153: Voest-Alpine Industrieanlagenbau GmbH, Linz;
S. 156: LPW Blasberg Anlagen GmbH, Neuss;
S. 162: Pratt & Whitney (links), Airbus (oben rechts);
S. 164: nach: Medical Data International – RO 567001/Januar 1998

Kapitel Drei
S. 179, 180, 191, 243 (unten), 246 (unten), 248, 254, 264, 274: P. Winandy;
S. 197: Ingersoll Milling Machines;
S. 220: BASF, Ludwigshafen;
S. 221: Fuchs Petrolub, Mannheim;
S. 222: DaimlerChrysler, Stuttgart;
S. 251: Thyssen Krupp Stahl;
S. 252: nach: L. J. Gibson und M. F. Ashby;
S. 257 (unten), S. 258 (oben): mit freundlicher Genehmigung des Fraunhofer-IMS, Duisburg;
S. 263: Ticona GmbH, Frankfurt;
S. 279: nach: Informations-Zentrum Weißblech e.V.

Kapitel Vier
S. 301, 302, 305 (unten): P. Winandy;
S. 312: nach: H. G. Schlegel: Allgemeine Mikrobiologie;

S. 328: nach: J. D. Edwards, EMARC, Boulder, Colorado, USA;

S. 329: Daten aus: Oil and Gas Journal;

S. 331: G. Greenwell: Malampaya: The Fruits of interaction, in: Field-development planing, Shell International Exploration and Production BV, Rijswijk 1996, S. 22 bis 24;

S. 333: H. Gregor: Simulation der Beckensubsidenz, der Temperaturgeschichte, der Reifung organischen Materials und der Genese, Migration und Akkumulation von Methan und Stickstoff in Nordwestdeutschland auf der Basis seismischer Interpretation, Forschungszentrum Jülich, Jül-3521, S. 79;

S. 334: nach: International Energy Workshop;

S. 335: nach: Brennstoff Wärme Kraft, 49, 1997, Nr. 11/12, VDI-Verlag, Düsseldorf;

S. 346: Steinkohle Jahresbericht 1996, Gesamtverband des deutschen Steinkohlenbergbaus, Essen, nach: Energie Daten '97/'98: Nationale und internationale Entwicklung, Bundesministerium für Wirtschaft und Weltenergierat, 1995;

S. 348: nach: K. Hannes, 1994;

S. 368: Siemens AG;

S. 371: Solar-Verlag;

S. 372: ALSTOM Energietechnik GmbH

Kapitel Fünf

S. 389, 390, 393, 399, 401, 403, 414 (links), 458, 493: P. Winandy;

S. 411, 413: AKG;

S. 414 (rechts), 417, 436, 438, 440, 447: Mediakonzept;

S. 419, 430, 434, 437, 439, 444: dpa;

S. 422: G. Maisch und F. H. Wisch, 1987 (oben), G. Mally, 1993 (unten);

S. 467: nach: Common Concept on Mobility Management, unveröffentlichter Bericht des EU-Projektes MOSAIC;

S. 476 (oben): DASA;

S. 478: nach: McCormick (oben), ILR/Deutsch-Niederländischer Windkanal (unten);

S. 479 (oben): ILR/Deutsches Zentrum für Luft- und Raumfahrt

Kapitel Sechs

S. 497, 498, 541, 542, 547: P. Winandy;

S. 500, 501, 504, 506, 507, 508 (oben), 509, 511: NASA;

S. 535: nach: Studienprogramm Umweltverträgliches Stoffstrommanagement, hrsg. von der Enquete-Kommission „Schutz des Menschen und der Umwelt" des Deutschen Bundestages, Economica Verlag;

S. 536: Daten aus: Metallstatistik 1997;

S. 552: mit freundlicher Genehmigung der Franz Schneider Brakel GmbH, Brakel (links und oben rechts);

S. 555: nach: Institut für Arbeitsmarkt- und Berufsforschung;

S. 557: mit freundlicher Genehmigung von Klaus Humpert, aus: Einführung in den Städtebau, Kohlhammer Verlag, Stuttgart, Berlin, Köln 1997;

S. 559: Matej Fischinger;
S. 561: nach: F.-P. Müller und E. Keintzel: Erdbebensicherung von
Hochbauten, 2. Auflage, Ernst & Sohn, Berlin 1984

Kapitel Sieben

S. 571, 572, 582, 583 (oben), 605, 609, 610, 624, 664 (unten), 667, 668,
670 (unten): P. Winandy;
S. 615: nach: DSO Deutsche Stiftung Organtransplantation, Neu-
Isenburg;
S. 617, 618: Novartis Pharma GmbH, Nürnberg;
S. 669: Fa. Peter Brehm, Weisendorf (links), Fa. Ceraver Osteal, Paris
(rechts);
S. 670 (oben): Fa. Aesculap & Co. KG, Tuttlingen;
S. 673: nach: Vierter Bericht der Bundesregierung über die Lage der
Behinderten und die Entwicklung der Rehabilitation, 1998;
S. 674, 675: dpa

Kapitel Acht

S. 679, 680, 747, 765: P. Winandy;
S. 683, 703, 707 (unten), 763 (rechts): dpa;
S. 690: Trumpf Lasertechnik GmbH;
S. 704, 707 (oben), 767: Mediakonzept;
S. 715: nach: Zentrum für Europäische Wirtschaftsforschung;
S. 729: nach: U. Grünewald und G. Moraal: Kosten der betrieblichen
Weiterbildung in Deutschland. Ergebnisse und kritische Anmer-
kungen, Bundesinstitut für Berufsbildung, Berlin 1995, S. 23;
S. 749, 750, 759, 763 (links): AKG

Epilog

S. 773, 774, 776, 777, 779: AKG;
S. 778, 780, 781, 784: dpa